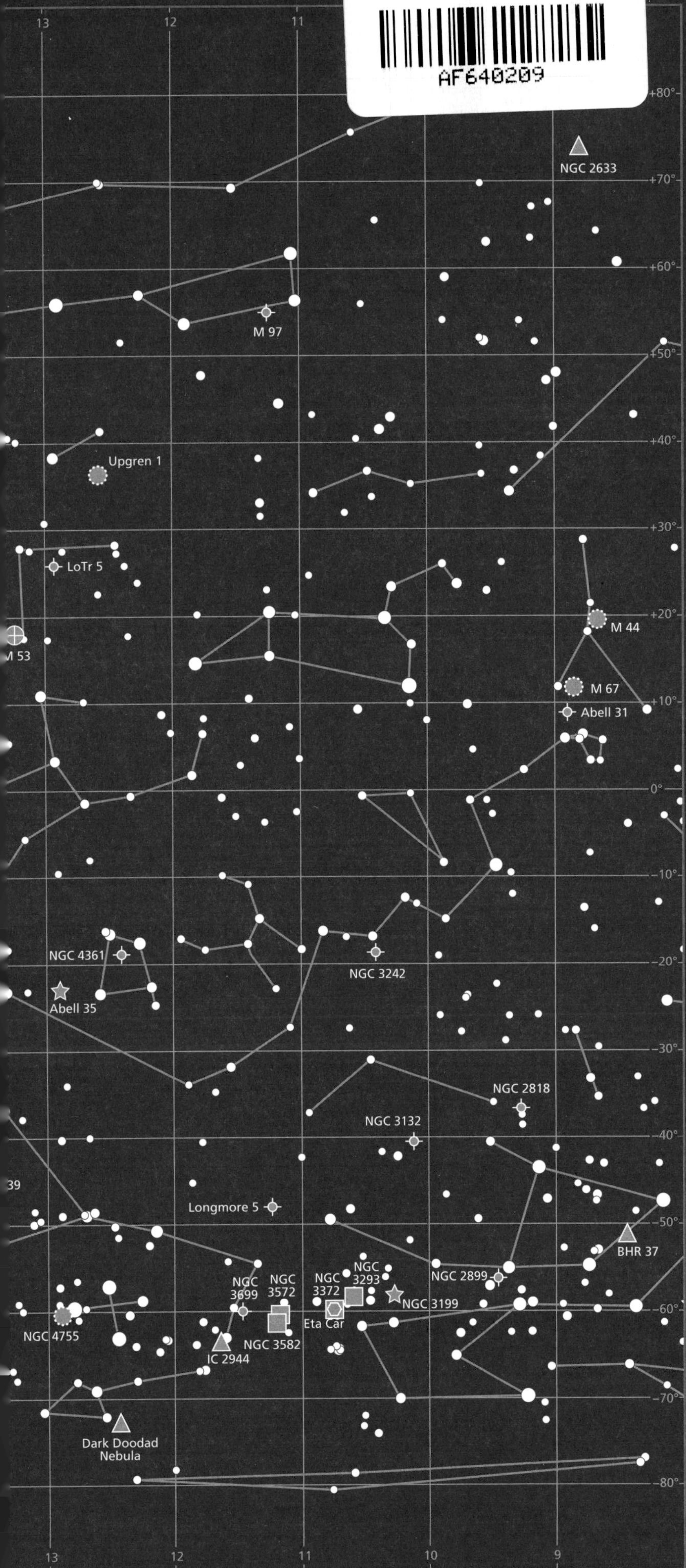

Objekt	Typ	Seite
Abell 24	PN	188
Abell 31	PN	187
Abell 35	EN	384
Abell 39	PN	190
Abell 7	PN	186
Abell 70	PN	191
Abell 74	PN	192
Abell 78	PN	193
Arp-Madore 1	KH	339
Barnard 150	DW	49
Barnard 72/75	DW	48
Barnards Loop	SNR	256
Berkeley 54	OH	285
BHR 37	DW	50
BP Piscium	YSO	92
Cas A	SNR	258
Ced 155	EN	385
CTB 1	SNR	259
Dark Doodad Nebula	DW	71
DoDz 6	OH	286
DWB 111	HII	130
EGB 9	PN	194
Eta Carinae	YSO	101
GN 16.43.7	DW	51
GN 20.18.3	YSO	93
Gum-Nebel	SNR	264
Haffner 15	OH	287
HBH 3	SNR	267
HDW 2	PN	197
Henize 2-111	PN	198
HFG 1	PN	199
HH 588	YSO	94
Hyaden	OH	288
IC 1276/Palomar 7	KH	340
IC 1318	HII	133
IC 1396	HII	136
IC 1805	HII	137
IC 2118	RN	53
IC 2162	HII	138
IC 2177	HII	139
IC 2220	EN	386
IC 2944	DW	54
IC 405	HII	132
IC 417	HII	140
IC 423/426	DW	52
IC 434	HII	134
IC 4406	PN	200
IC 443	SNR	269
IC 4604	RN	56
IC 4628	HII	141
IC 4665	OH	289
IC 4955	RN	55
IC 5070	HII	142
IC 5146	HII	144
IC 5148	PN	201
IPHASX J205013.6	PN	202
Jacoby 1	PN	203
Jones 1	PN	204
Jurasevich 1	PN	205
King 7	OH	290
KjPn 8	PN	206
Kronberger 61	PN	207
LBN 15	RN	59
LBN 248	RN	60
LBN 406	GZ	61
LBN 437	YSO	95
LBN 468 und PV Cephei	YSO	96
LBN 696	HII	145
LDN 1495	DW	62
LDN 1622	DW	64
Longmore 5	PN	208
LoTr 5	PN	209
Lupus 1006-SNR	SNR	274
M 1	SNR	270
M 10	KH	346
M 103	OH	306
M 11	OH	293
M 12	KH	347
M 13	KH	348
M 15	KH	350
M 16	HII	148
M 17	HII	150
M 19	KH	349
M 2	KH	341
M 20	HII	152
M 22	KH	352
M 27	PN	213
M 29	OH	294
M 2-9	PN	210
M 3	KH	342
M 30	KH	353
M 34	OH	295
M 35	OH	296
M 38	OH	297
M 39	OH	298
M 4	KH	343
M 42	YSO	99
M 42/43	HII	154
M 44	OH	299
M 45	OH	300
M 46	OH	302
M 47	OH	303
M 5	KH	344
M 52	OH	304
M 53 und NGC 5053	KH	363
M 54	KH	354
M 56	KH	355
M 57	PN	211
M 6	OH	291
M 67	OH	305
M 7	OH	292
M 71	KH	356
M 76	PN	214
M 78	RN	67
M 79	KH	357
M 8/M 20	HII	147
M 80	KH	358
M 9	KH	345
M 92	KH	360
M 97	PN	215
MBM 152	DW	68
MBM 54/55	GZ	65
Melotte 20	OH	307
Menzel 3	PN	216
Merope und IC 349	EN	387
Monoceros-SNR	SNR	272
NGC 104	KH	361
NGC 1333	YSO	102
NGC 1342	OH	312
NGC 1360	PN	218
NGC 1499	HII	156
NGC 1502	OH	313

Legende

- Dunkelwolke (DW)
- Reflexionsnebel (RN)
- Galaktischer Zirrus (GZ)
- Nebel um jungen Stern (YSO)
- HII-Region (HII)
- Planetarischer Nebel (PN)
- Supernovaüberrest (SNR)
- Offener Haufen (OH)
- Kugelsternhaufen (KH)
- Exotischer Nebel (EN)

— Bildatlas der Sternhaufen & Nebel

MICHAEL KÖNIG
STEFAN BINNEWIES

— Bildatlas der Sternhaufen & Nebel

MICHAEL KÖNIG
STEFAN BINNEWIES

KOSMOS

☞ *Inhalt*

Inhaltsverzeichnis der Sternhaufen und Nebel

VORWORT

Willkommen im *Bildatlas der Sternhaufen und Nebel!* Das vorliegende Buch ist die Ergänzung des vor sechs Jahren im selben Verlag erschienenen *Bildatlas der Galaxien* und beinhaltet nahezu ausschließlich Objekte unserer Milchstraße. Mehr als 300 Motive unserer Heimatgalaxie werden in den folgenden Bildern und Texten vorgestellt. Dabei wendet sich dieses Buch an all jene, die mehr über die aktuelle Wissenschaft der vielfältigen Phänomene unserer Galaxis erfahren möchten.

Aufhänger dazu sind zunächst die Bilder – vor allem sind dies wieder Aufnahmen von Amateurastronomen, auch wenn manche der dazu verwendeten Teleskope den üblichen Rahmen eines Hobbyastronomen sprengen. Doch sind allein in Deutschland und Österreich fünf Teleskope mit einem Durchmesser von mindestens 1 Meter in Amateurhänden; bei Fernrohren mit 60 cm bis 80 cm Durchmesser dürften es weit mehr als ein Dutzend sein. Diese und alle anderen Teleskope bis hin zu Teleobjektiven laden ein, selbst auf die Suche nach den Schätzen des Nachthimmels zu gehen. Und unter Einsatz der fortschreitenden Technik in der Astrofotografie wird es alsbald auch mit kleineren Instrumenten gelingen, die Bilder dieses Atlas in Bezug auf Detailauflösung und Tiefe zu übertreffen.

Um sich rasch orientieren zu können, ob ein Objekt zur Beobachtung gerade über dem Horizont steht, lohnt der Blick auf die Himmelskarten im Vor- und Nachsatz. Außerdem finden Leserinnen und Leser bei den Bildern das Sternbild und die Koordinaten und können diese bei der Planung eigener Beobachtungen nutzen. Angaben zu den Instrumenten, Belichtungszeiten, Bildautoren und Aufnahmeorten sind tabellarisch am Ende des Buchs aufgeführt.

Die Bilder werden dabei nicht um ihrer selbst willen gezeigt, sondern von einem gründlich recherchierten Text begleitet. Darin geht es in erster Linie um die Astrophysik, die in den Aufnahmen sichtbar wird. Nach der allgemeinen Einleitung bietet jedes der acht Kapitel eine thematische Einführung, die dabei hilft, die vorgestellten Objekte und die zugehörigen Texte besser zu verstehen. Es lohnt sich, diese immer mal wieder nachzulesen, auch wenn vielleicht nur ein Planetarischer Nebel oder ein Kugelhaufenmotiv für die kommende Beobachtungsnacht gesucht wird. Und wenn dann auch noch das ein oder andere Mal etwas zur Entdeckungsgeschichte der Objekte zu lesen ist, hoffen wir, dass die Leserin oder den Leser gelegentlich ein Schmunzeln überkommt. Wer noch tiefer in die Themen einsteigen möchte, dem helfen Literaturhinweise und die genutzten Quellen am Ende des Buchs.

Mit diesem 60-cm-Reflektor, hier aufgestellt in einer im Durchmesser 5 Meter großen Kuppel in der Vulkaneifel, wurden die meisten Aufnahmen für den Bildatlas der Sternhaufen und Nebel *belichtet.*

Der *Bildatlas der Sternhaufen und Nebel* ist während der letzten drei Jahre entstanden. Dafür essentiell waren die hier abgedruckten astronomischen Fotos. Dazu beigetragen haben:
Beate Behle, Lucas Binnewies, Markus Blauensteiner, Dietmar Böcker, Konstantin Buchhold, Dr. Stefan Heutz, Bernhard Hubl, Philipp Keller, Ralf Kreuels, Dr. Makis Palaiologou, Josef Pöpsel, Wolfgang Ries, Volker Robering, Frank Sackenheim, Johannes Schedler, Rainer Sparenberg, Ernst von Voigt, Volker Wendel, Bernd Flach-Wilken und die beiden Buchautoren. Allen sind wir zu großem Dank verpflichtet!
Gleichermaßen bedanken möchten wir uns bei Herrn Dr. Gunnar Radons für das professionell durchgeführte Lektorat. Und großen Dank schulden wir dem KOSMOS-Verlag und hier ganz besonders Herrn Sven Melchert mit seinem Team. Durch seine Fürsprache und freundschaftliche Begleitung schon während des *Bildatlas der Galaxien* und auch jetzt wieder für dieses Buch ist es erst möglich geworden, dass das, was einst ein Projekt war, nun vor Ihnen liegt.

Much und Rimbach, im Oktober 2022
Stefan Binnewies, Michael König

EINLEITUNG

„Die Handlung spielt in der Milchstraße. Die Gestalten des Dramas sind ihre Hundert Milliarden Sterne und einige Hundert Astronomen auf der Erde".

Mit diesen Worten beginnt ein bekanntes Sachbuch des Astronomen Rudolf Kippenhahn, das 1979 erschien. Die Anzahl derer, die sich wissenschaftlich mit dem Werden und Vergehen von Sternen beschäftigen, hat seitdem deutlich zugenommen. Ebenfalls angewachsen ist die Anzahl der gut bekannten Sterne in unserer Galaxie: Für etwa 1,7 Milliarden ihrer geschätzt bis zu 400 Milliarden Sterne liegen heute Messwerte vor.

Am Tage verhindert das in der Atmosphäre gestreute Licht der Sonne, dass wir andere Sterne sehen können. In der Dämmerung kommen dann erste Sterne zum Vorschein. Mit bloßem Auge können wir am gesamten Himmel etwa 6000, an einem beliebigen Standort auf der Erde also nur rund 3000 Sterne beobachten. Diese Angabe geht davon aus, dass der Mensch Sterne bis zu einer Größenklasse von 6,0 mag sehen kann. Wir bezeichnen diese Angaben als scheinbare Helligkeit, weil sie sich auf einen Beobachter auf der Erde beziehen und die Entfernung der Sterne, die zu einer Verringerung der Helligkeit führt, außer Acht lassen. Die Skala der scheinbaren Helligkeit ist etwas ungewöhnlich, da kleine Werte große Helligkeit und große Werte geringe Helligkeiten beschreiben (siehe Kasten „Zustandsgrößen von Sternen" auf Seite 12). Für Beobachter auf der Erde führt die Sonne diese Rangliste mit −26,8 mag an, der Vollmond steht bei −12,5 mag und die hellsten Sterne gehören zur 0. Größenklasse (was als „nullte Größenklasse" ausgesprochen wird). Der hellste Stern Sirius liegt bei −1,4 mag. Soweit die Theorie. Für Stadtbewohner ist schon deutlich vor der 3000er-Marke Schluss. In hellen Innenstädten sehen wir oft nicht einmal hundert Sterne. Ziehen wir die Grenze bei 4,0 mag, verbleibt eine Zahl von 240 sichtbaren Sternen. Ein guter Indikator für diese Grenze sind die Sterne im Sternbild des Kleinen Bären, das auch als Kleiner Wagen bekannt ist. Der Endpunkt der Deichsel ist Polaris, der 2 mag helle Polarstern. Die Verbindung zwischen Polaris und dem Wagenkasten bilden die zwei Sterne δ Ursae Minoris mit 4,4 mag und ε Ursae Minoris mit 4,2 mag. Erst ein Himmel auf dem Land, fernab der städtischen Lichtverschmutzung, zeigt Sterne schwächer als 5 mag und damit knapp 800 Sterne.

Der Extrabonus für einen guten Beobachtungsort ist dann die Milchstraße. Wir sehen dieses Band von Sternen am Himmel, weil wir eine bevorzugte Position innerhalb unserer Heimatgalaxie, der Milchstraße, haben. Das Sonnensystem liegt fast genau in der Hauptebene, in der sich, typisch für Spiralgalaxien, die allermeisten Sterne aufhalten. Es gibt beeindruckende Beschreibungen von Beobachtern an extrem dunklen Orten, wie etwa in Namibia, an denen die Milchstraße so hell leuchtet, dass der eigene Schatten sichtbar ist.

Bei allen Sternen handelt es sich um selbstleuchtende Körper. Wenn wir einmal von der Sonne absehen (und wenigen Riesensternen, die mit modernen Großteleskopen aufgelöst werden können), sind für uns alle Sterne nur Lichtpunkte am Himmel – ohne erkennbare Ausdehnung. Wir haben im Allgemeinen keinen Anhaltspunkt für ihre Entfernung. Die scheinbar unveränderlichen Gestirne, die Fixsterne am Firmament, prägten über Jahrtausende die Vorstellung, die sich die Menschen von den Sternen machten.

Hilfreich waren diese festen Örter für die Navigation der frühen Seefahrt. Die bis heute gebräuchlichen nautischen Tabellen referenzieren die relativen Bewegungen der Jupitermonde oder die Abstände des Monds zu den Sternen. Seit Ende des 18. Jahrhunderts stehen genaue Schiffschronometer zur Verfügung, die einen exakten Gleichlauf auch unter den widrigsten Bedingungen garantierten. Durch diese genaue Zeitbestimmung auf hoher See wurde es möglich, den aktuellen Längengrad zu bestimmen. Die Mittagshöhe der Sonne lieferte dazu noch den Breitengrad und schon war einigermaßen genau bekannt, wo sich das Schiff, auf dem man segelte,

Abb. E.1: Das Band der Milchstraße ist in Weitwinkelaufnahmen eindrucksvoll sichtbar. Die dunklen Strukturen sind Wolken aus Staub und Gas, die den Blick in die Tiefen der Hauptebene unserer Galaxie einschränken. In der Bildmitte liegt der Zentralbereich der Milchstraße. Besonders am rechten Bildrand ist das horizontal verlaufende, schwach leuchtende Zodiakallicht erkennbar. Die Aufnahme entstand in Namibia am 27. August 2019. Belichtet wurde 120 Sekunden mit einer Canon EOS 6D und einem 8-mm-Fisheye-Objektiv bei Blende 4.

befand – vorausgesetzt, es gab taugliches Kartenmaterial, um die gemessene Position dort wiederzufinden. Die Beobachtung von astronomischen Ereignissen mit kleinen Teleskopen auf einem schwankenden Schiff war aber fehlerbehaftet und außerdem durch das Wetter eingeschränkt.

Ein ganz klein wenig Astronavigation betreiben auch Astrofotografen, wenn sie ihre Montierung mithilfe des Polarsterns einnorden. So wird der Vorgang bezeichnet, bei dem die Rektaszensionsachse parallel zur Erdachse ausgerichtet wird, sodass die Erddrehung kompensiert und damit verhindert werden kann, dass die zu beobachtenden Sterne mit der Zeit aus dem Bildfeld des Teleskops herauslaufen.

DIE ENTFERNUNGEN DER STERNE

Im 19. Jahrhundert, dem Jahrhundert der Naturwissenschaften, machte auch die astronomische Forschung große Schritte hin zu einer modernen Wissenschaft. Es war damals erstmals möglich, die Sterne nicht mehr nur phänomenologisch zu beschreiben, sondern auch naturwissenschaftlich zu analysieren. Diese Messbarkeit half bei der Entwicklung und Bestätigung von Theorien, die heute als astronomisches Allgemeinwissen gelten.

Schon seit Anfang des 18. Jahrhunderts wurde bei den Astronomen diskutiert, wie die Entfernungen der Sterne mithilfe von Winkelmessungen, sogenannten Sternparallaxen, bestimmt werden könnten. Das Verfahren basiert auf der Beobachtung, dass ein uns nahestehender Stern vor dem Hintergrund weit entfernter Fixsterne im Laufe eines Jahres eine kleine Ellipse am Himmel beschreibt. Deren Ursache ist der Umlauf der Erde um die Sonne, der dafür sorgt, dass sich der beobachtete Stern vor dem Hintergrund hin- und herbewegt. Die große Halbachse dieser Ellipse entspricht dem, vom Stern aus betrachteten, Winkel des Erdbahnradius. Dieser Winkel wird als heliozentrische oder auch als jährliche Parallaxe eines Sterns bezeichnet.

Einer der ersten Versuche, Parallaxen zu messen, unternahm 1728 James Bradley. Es gelang ihm nicht. Stattdessen entdeckte er die Aberration des Lichts. Dieser Effekt geht auf die endliche Lichtgeschwindigkeit und die Bewegung der Erde zurück. Wir sind nämlich keine ruhenden Beobachter im All, sondern bewegen uns einschließlich unserer Fernrohre mit der Erde mit und müssen daher bei Winkelmessungen diese beiden Geschwindigkeiten berücksichtigen. Beobachten wir einen Stern, müssen wir das Teleskop in Richtung der Erddrehung um den (kleinen) Aberrationswinkel vorausneigen, damit es auf den Stern zeigt. Die Größe der jährlichen Aberration, gemessen als Winkelabweichung, liegt bei ±20,50″ und hängt nicht von der Entfernung des Sternes ab. James Bradley untersuchte damals den Stern γ Draconis, dessen Parallaxe mit 0,02″ viel zu klein ist, als dass Bradley sie hätte nachweisen können. Durch seine Entdeckung gelang Bradley jedoch die Bestätigung der damaligen Messwerte der Lichtgeschwindigkeit und ein weiterer Eintrag ins Buch der Beweise für das kopernikanische Weltbild.

Die erste direkte Messung einer Sternparallaxe gelang Friedrich Wilhelm Bessel 1838 in Königsberg (heute Kaliningrad, Russland) am Stern 61 Cygni. Es zeigte sich die erwartete jährliche Pendelbewegung, deren Amplitude Bessel mit 0,3138″ messen konnte.

Von seiner Ausbildung war Bessel kein Astronom, sondern Kaufmann, was aber in Bezug auf seine Entdeckung kein Nachteil, sondern eher ein Vorteil war. Er war auch ohne wissenschaftliche Ausbildung gewohnt, gewissenhaft zu arbeiten, und dokumentierte akribisch seine Messungen. Den Fehler seiner Messung bestimmte er zu 0,0202″. Dies macht nicht nur die hohe Qualität seiner Messungen deutlich, sondern lässt auch erkennen, dass er auf die Reproduzierbarkeit seiner Messreihen achtete, die er immerhin über einen Zeitraum von zwei Jahren durchführte. Bessel fiel schon damals auf, dass die Umgebungstemperatur einen Einfluss auf seine Messungen hatte und er dies berücksichtigen musste. Aus

ZUSTANDSGRÖSSEN VON STERNEN

Die gesamte Energie, die ein Stern in Form elektromagnetischer Strahlung abgibt, wird als seine Leuchtkraft bezeichnet. Ein Maß für diesen Energiefluss ist die bolometrische Helligkeit m_{bol} eines Sterns, die in der Einheit Magnituden angegeben wird. Das Kürzel für die Helligkeit ist die Magnitude, abgekürzt mag oder einfach m. Kleingeschrieben ist immer die scheinbare Helligkeit gemeint, großgeschrieben sprechen wir von der absoluten Helligkeit.

Die visuelle Helligkeit m_V betrifft die für das Auge sichtbaren Wellenlängen. Diese Helligkeit ist kein absoluter Wert, sondern ein Vergleichswert zwischen zwei Sternen. Das Verhältnis der Energieflüsse zweier Sterne, die sich um 1 mag unterscheiden, beträgt etwa das 2,5-Fache.

Die absolute Helligkeit M eines Sterns ist als die Helligkeit definiert, die er in einer Entfernung von 33 Lichtjahren (10 Parsec) besitzen würde.

Wird die Helligkeit eines Sterns mit einem hohen Wert angegeben, so ist dieser Stern lichtschwächer. Ein Stern mit kleiner oder sogar negativer Magnitudenangabe ist vergleichsweise hell.

Das Energiespektrum von Sternen ist durch ihre Oberflächentemperatur bestimmt. Die zugehörige Plancksche Strahlungsfunktion besitzt ein Maximum, das bei heißen Sternen im Ultravioletten und bei kühlen Sternen im roten Spektralbereich liegt.

Der Farbindex eines Sterns beschreibt die Differenz der scheinbaren Helligkeiten in bestimmten Wellenlängenbereichen. In der Astronomie ist dies oft B–V, die Differenz der blauen und der visuellen Helligkeit. Der Farbindex sehr blauer Sterne ist kleiner 0 mag, der roter Sterne kann über 1,5 mag liegen.

Sterne werden nach ihrer Oberflächentemperatur in die folgenden Spektralklassen eingeteilt: O B A F G K M. Jede Spektralklasse verfügt über 10 Unterklassen, nummeriert von 0 bis 9, die Temperatur nimmt dabei ab.

den Besselschen Aufzeichnungen wissen wir heute, dass die Temperaturen zwischen −3 °F (ca. −20 °C) und 66 °F (ca. 19 °C) lagen. Auch bemerkte er, dass die Messwerte von der Horizonthöhe abhingen. Die Ursache dafür war die Refraktion des Lichts beim Durchgang durch die Atmosphäre. 61 Cygni ist für Königsberg zirkumpolar, er kann also das ganze Jahr hindurch beobachtet werden – auch wenn er in den Februarnächten nur knapp 4° über dem Horizont steht. Für die Messreihe ist dies vorteilhaft, weil sie den ganzen Jahresverlauf abdeckt, ohne dass große Beobachtungslücken interpretiert werden müssen. Bessel hatte sich somit einen idealen Messstern ausgesucht – und aus der Perspektive des wissenden Lesers können wir anfügen, dass 61 Cygni zu den Top-20 der sonnennächsten Sterne zählt.

Als Instrument stand Bessel ein Heliometer zur Verfügung, das er sich von Joseph Fraunhofer hatte bauen lassen und das seit 1829 zur Ausstattung der Königsberger Sternwarte zählte. Wie der Name zum Ausdruck bringt, werden diese speziellen Teleskope für die Bestimmung des Sonnendurchmessers genutzt. Sie besitzen eine zweigeteilte Objektivlinse, deren Bestandteile sich gegeneinander verschieben lassen. Es entstehen so zwei Teilbilder, deren Verschiebung sich mit einem Nonius messen lässt. Bei Sonnenbeobachtungen werden damit die Sonnenränder in Deckung gebracht und der Sonnendurchmesser kann an der Nonius-Skala abgelesen werden. Auch wenn es verwunderlich scheinen mag, dass Bessel ein Sonnenteleskop für seine Arbeit einsetzte, macht dies bei näherer Betrachtung durchaus Sinn und seinen modernen naturwissenschaftlichen Ansatz deutlich. Er selbst schrieb dazu: „Das Heliometer hat nämlich ihm eigentümliche Vorzüge, welche seiner Anwendung diese größere Ausdehnung geben. Es umfasst weit größere Entfernungen als das Fadenmikrometer, es erfordert keine Art von Fadenbeleuchtung. Es ist endlich, auch ohne Uhrwerk, keiner Störung durch die tägliche Bewegung ausgesetzt."

61 Cygni erweist sich im Teleskopokular als Doppelstern. Die scheinbaren Helligkeiten der Komponenten sind 5,2 mag und 6,0 mag. Ihr Abstand voneinander betrug zu Bessels Zeit 13,8″ und war damit größer als die gemessene Parallaxe. Sowohl die Doppelsternnatur als auch die rote Farbe der beiden Sterne dürften Bessel bei den regelmäßigen Messungen geholfen haben – die Sterne waren leicht aufzufinden und ihre Hauptachse war ein hilfreicher Anhaltspunkt für die Bestimmung der Winkelabstände. Heute wissen wir, dass sich die beiden Komponenten in rund 660 Jahren einmal umeinander bewegen. Diese Bewegung ist damit hinreichend langsam, sodass die Messaufgabe nicht noch komplizierter wurde.

Die Besselsche Parallaxenmessung ist fast schon Folklore in vielen Astronomiebüchern. Was oft zu kurz kommt, ist die Beschreibung ihrer Umstände. Friedrich Bessel stieß bei seinen Arbeiten nicht zufällig auf die Parallaxe, sondern er suchte gezielt nach einem Beweis ihrer Existenz.

Abb. E.2: Am Doppelsternsystem 61 Cygni führte Friedrich Wilhelm Bessel die erste direkte Messung einer Sternparallaxe durch. Für diese Aufnahme wurde am 07. September 2019 in der Vulkaneifel in Deutschland ein 60-cm-Reflektor benutzt, dessen Brennweite 1800 mm beträgt. Belichtet wurde mit einer SBIG CCD-Kamera STL-11000M, LRGB = 3-3-3-3 min.

Für den Stern 61 Cygni hatte der Astronom Giuseppe Piazzi in den Jahren 1803 und 1804 die Eigenbewegung bestimmt. Dieser Wert beschreibt ebenfalls eine Bewegung vor dem Sternhintergrund. Diese geht aber nicht auf den Jahreslauf der Erde zurück, sondern auf die Bewegung relativ naher Sterne wie 61 Cygni vor den weit entfernten Hintergrundsternen. Piazzi maß für die Eigenbewegung von 61 Cygni einen Wert von 5,34″ in der Rektaszension, also parallel zum Himmelsäquator, und 2,93″ in der Deklination, senkrecht dazu in Nord-Süd-Richtung. Auch Piazzi war auf der Suche nach dem Beleg der jährlichen Bewegung als einem Teil der Bewegung, die 61 Cygni zeigt. Es gelang ihm aber nicht, genügend genaue Messungen durchzuführen.

Friedrich Wilhelm Bessel schaffte nicht nur die erste Messung der Parallaxe eines Sterns, sondern er konnte damit auch belegen, dass es sich bei 61 Cygni um ein Doppelsternsystem handeln musste: „In der Überzeugung, die Doppelsterne bilden eigene Systeme für sich, hoffte ich längst, bey meiner Bearbeitung der Bradleyschen Observationen, einen directen Beweis dafür zu finden. In der That zeigten mehrere nahe bey einander stehenden Sterne, durch ihre gemeinschaftliche Bewegung, eine Verbindung; allein der merkwürdigste von allen ist Nr°. 61 Cygni nach Flamsteeds Verzeichnisse – ein Doppelstern, der sich mit großer Geschwindigkeit fortbewegt, dessen Sterne offenbar durch das Band der

Attraction miteinander verbunden sind, indem sie seit 60 Jahren einen nicht unbeträchtlichen Theil ihrer Bahnen um ihren gemeinschaftlichen Schwerpunct beschrieben haben."
Bei seinem Fazit gab Bessel seine Quellen an und zeigte den intensiven Austausch der damaligen Forscher: „Die Bestimmung der eigenen Bewegung des Sterns Nr°. 61 habe ich auf Flamsteed's, Bradley's, D'Agelet's und Lalande's Beobachtungen gegründet. Die Beobachtungen von Hevel und Piazzi habe ich nicht berücksichtigt ... die durch die angeführten Beobachtungen erwiesene eigene Bewegung der beyden Sterne läßt keinen Zweifel mehr übrig, daß sie wirklich, und nicht blos scheinbar, einen Doppelstern ausmachen."
Bei der Sternparallaxe ergibt der Kehrwert des Winkels die Entfernung des Sternes als Vielfaches des Erdbahndurchmessers, also in Astronomischen Einheiten (AE). Für 61 Cygni berechnete Bessel diesen Wert zu 592.200 AE und er schloss damals auf eine Laufzeit des Lichts von 9¼ Jahren.
Eine Parallaxe von 1″ ergibt eine Entfernung von 1 „Parallaxensekunde" (1 Parsec oder kurz 1 pc). Die zugehörige Entfernung liegt bei 206.265 AE und entspricht 3,262 Lichtjahren. Die Entfernungsangaben in diesem Buch werden in Lichtjahren angegeben.
Der erste fotografische Nachweis einer Sternparallaxe erfolgte 1903. Dem Astronomen F. Schlesinger gelangen am Yerkes-Refraktor (Chicago, USA) und später am Allegheny-Observatorium (Pittsburgh, USA) Messungen von Parallaxen mit einer Genauigkeit von etwa ±0,01″. Um dieses Niveau zu erreichen, entwickelte Schlesinger trickreiche Verfahren, um die Helligkeit des Parallaxensterns zu reduzieren, der meist heller war als die Vergleichssterne. Er setzte beispielsweise eine rotierende Kreissektorenblende ein, um ein Überbelichten zu verhindern.

DAS LICHT DER STERNE

Die astronomischen Positionsmessungen waren interessanterweise mit dem irdischen Problem der genauen Ortsbestimmung verbunden. Und zwar durch die Astronomen, die meist auch an geodätischen Studien beteiligt waren. Zum einen war dies ihr Broterwerb, und zum anderen war die Landesvermessung auch höchste nationale Aufgabe. Zu Beginn des 19. Jahrhunderts war die politische Lage in Europa durch Napoleon geprägt. Neben den Landesvermessungen galten aber auch der Kalender und die Festlegung der genauen Zeit in der ersten Hälfte des 19. Jahrhunderts als höchst patriotische Aufgaben. In dieser Zeit entstanden daher in Deutschland immer mehr Sternwarten, die natürlich auch die Himmelskörper untersuchten.
In München wurde 1816 im Auftrag des bayrischen Königs Maximilian I. Joseph eine „Königliche Sternwarte" in Bogenhausen gebaut. Der Hofastronom war Johann Georg von Soldner, der mit Instrumenten arbeiteten konnte, die damals zu den weltweit besten gehörten. Herausragend war das „Universalinstrument", ein Meridiankreis aus der Werkstatt von Georg von Reichenbach und Traugott Ertel. Die Gradunterteilung des Limbus war in Silber geritzt, da dies feinere Messstriche als in Messing ermöglichte.
Die Prominenz der Münchner Instrumentenbauer war oft Gast in der Sternwarte, auch weil sie ihre astronomischen Instrumente, bevor diese an die Auftraggeber verschickt wurden, in Bogenhauen einem letzten Qualitätstest unterzogen. Mit Joseph Fraunhofer verband Soldner eine enge Freundschaft und so ergab sich fast zwangsläufig, dass die beiden im März 1820 zum ersten Mal an einer Sternwarte Spektren von Planeten und hellen Sternen beobachteten und vermaßen.
Im Sonnenspektrum waren William Hyde Wollaston bereits 1802 sieben dunkle Linien aufgefallen. Wollaston deutete diese aber als mögliche Trennung der Farbbereiche. Erst mit den Arbeiten von Fraunhofer wurde 1804 die Spektroskopie zur wissenschaftlichen Methode. Er konnte über 570 Linien im Sonnenspektrum messen (siehe Abb. E.3 auf Seite 15).
Die markantesten Linien versah er mit den Buchstaben A bis K (I und J sparte er aus). Die A-Linie liegt im roten Teil des Spektrums bei einer Wellenlänge von 759 nm, im Gelben liegen die zwei D-Linien dicht beieinander (589,0 und 589,6 nm) und auf der blauen Seite liegen zwei Linien im Violetten, die Fraunhofer mit K (393,4 nm) und mit H (396,8 nm) bezeichnete.
Joseph Fraunhofer war davon überzeugt, dass diese Linien „in der Natur des Sonnenlichts liegen, und dass sie nicht durch Beugung, Täuschung u.s.w. entstehen". Das Instrument, das Fraunhofer verwendete, hatte er selbst gebaut. Es war ein 10-cm-Refraktor mit 1,6 m Brennweite und einem Objektivprisma. Im Bildfeld sah er das farbige Spektrum des Sterns, das mithilfe einer Zylinderlinse verbreitert wurde. Anfang 1819 spektroskopierte Fraunhofer auch den Mond und fand die ihm bekannten Linien aus dem Sonnenspektrum. Das Fraunhofersche Prismenfernrohr wurde 1820 in der Bogenhausener Sternwarte aufgebaut.
In der ersten spektroskopischen Studie an Sternen der Astronomiegeschichte gelang es Fraunhofer und Soldner, das Spektrum des Sterns Sirius in mehreren Nächten mit hoher Präzision zu messen. Sie sahen breite dunkle Linien, die so nicht im Sonnenspektrum auftreten (siehe Abb. E.3, unterer Teil). Ohne es zu wissen, gelang ihnen damit der Nachweis der Balmer-Serie des Wasserstoffs (siehe Kapitel 3: Atomphysik). 1885 liefert der Physiker Jakob Balmer eine mathematische Formel zur Beschreibung der Linienpositionen. Auch wenn zu dieser Zeit das Wissen um die genauen Zusammenhänge von Spektrallinien und den chemischen Elementen in Sternatmosphären nicht bekannt war, ahnten die beiden Forschern bereits, dass diese Unterschiede mit den Sternen selbst zu tun haben müssen.
In einem Brief an Carl Friedrich Gauß schrieb Soldner: „Fraunhofer hat einen neuen und größeren Apparat zur

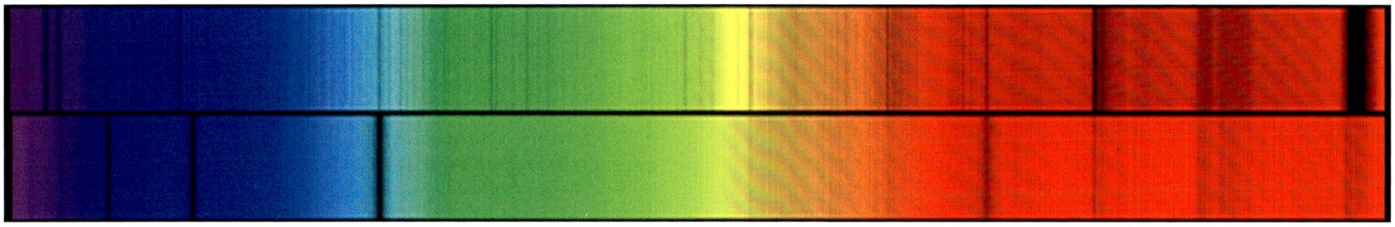

Abb. E.3: Oben: Tageslichtspektrum der Sonne. Die Fraunhoferschen Linien sind als dunkle Streifen zu erkennen und entstehen durch die elementspezifische Absorption in der Sonnen- und in der Erdatmosphäre. Bei den drei Linien im Roten handelt es sich um die Fraunhofersche A-Linie (759,4 nm, ganz rechts, atmosphärischer Sauerstoff), um die Absorptionsbanden durch Wassermoleküle (bei 720 nm) und um die Fraunhofersche B-Linie (686,7 nm, atmosphärischer Sauerstoff). Die vielen weiter links liegenden Linien gehen auf die Elemente in der Sonnenatmosphäre zurück. Ganz links, im Violetten, liegen dicht beieinander die Fraunhofersche K- und H-Linie (siehe Text).
Unten: Spektrum des Sterns Sirius (α Canis Majoris). Das Spektrum zeigt die Balmer-Serie des Wasserstoffs, deren Abstände zum kurzwelligen blauen Bereich hin geringer werden. Beide Spektren wurden mit einem Gitterspektrografen mit geringer Auflösung gewonnen, wodurch feine Liniendetails nicht abgebildet werden.

Untersuchung des Lichts, in Bezug auf die von ihm im Farben-Spectrum entdeckten schwarzen Linien, verfertigt und auf der K. Sternwarte aufgestellt. Wegen des schlechten Wetters haben wir erst wenig damit sehen können. Es ist was auffallendes mit dieser Eigenschaft des Lichts. Im Farbenbilde der Sonne u. der Planeten zeigen sich dieselben Linien, bei den Fixsternen aber sind sie sehr verschieden. Indessen scheint aber doch die Mannigfaltigkeit nicht ins Unendliche zu gehen; das Licht von Sirius und Castor (ob er schon Doppelstern) hat gleiches Verhalten, das des Pollux stimmt mit dem Sonnenlichte überein, Procyon, α Orionis, und noch einige welche wir bis jetzt untersucht haben, sind ganz eigen."
1859 stellte Gustav Robert Kirchhoff bei Experimenten im Labor – nicht am Teleskop – fest, dass es sich bei den dunklen Linien im Spektrum um Absorptionslinien handelt. Er arbeitete eng mit Robert Bunsen in Heidelberg zusammen und sie fanden heraus, dass die Wellenlängen der Linien im Spektrum charakteristisch für bestimmte Elemente waren. Kirchhoff vermaß dazu die Emissionslinien, die im Spektrum sichtbar werden, sobald Metallsalze im Bunsenbrenner zum Leuchten gebracht werden. Natriumsalze liefern beispielsweise helle, gelbe Emissionslinien. Die Verbindung zwischen Absorption und Emission brachte ein Versuch, bei dem Kirchhoff das Sonnenlicht durch die gleiche Flamme in sein Spektrometer fallen ließ. Er sah die bekannten Fraunhoferschen D-Linien, nur in „viel größerer Deutlichkeit", wie er damals schrieb.
In weiteren Versuchen wies die Forschergruppe von Kirchhoff nach, welche der Linien welchen Elementen zugeordnet werden können. Die chemische Spektralanalyse war geboren. Sie erlaubte den Nachweis der Elemente in einer bis dahin undenkbaren Empfindlichkeit, die bei Alkalimetallen (also bei Elementen der ersten Hauptgruppe des Periodensystems) in den Bereich von Milliardstel Gramm reichte. Mit der Methode wurden in einem Mineralwasser auch zwei neue Elemente entdeckt, nämlich Rubidium und Cäsium. Bunsen hat sie nach der Farbe ihrer Hauptlinien Rubinrot und Himmelblau benannt.

Durch Anders Jonas Ångström wurden 1868 für die Wellenlängen ein verbindliches Maß eingeführt. Er benutzte dazu einen Gitterspektrografen, der im Vergleich zu einem Prisma eine sogenannte nullte Ordnung des projizierten Spektrums aufweist. (Gitterspektrografen beruhen auf der Interferenz des Lichts, Prismen auf der wellenlängenabhängigen Brechung des Lichts.) Ångström maß den Abstand der Linien zu diesem Nullpunkt und bestimmte für über 1000 Linien im Sonnenspektrum deren Wellenlänge, die er in einem Katalog veröffentlichte. Es stellte sich später heraus, dass seine Angaben etwas zu klein waren, da sein Maßstab, mit dem er die Linienlage ermittelte, etwas zu kurz war. Später wurde dies korrigiert und das Ångström (= 0,1 nm = 10^{-10} m) etablierte sich als Wellenlängeneinheit.
Die erste Fotografie eines Spektrums fertigte 1872 Henry Draper an. Er veröffentlichte eine Aufnahme des gesamten sichtbaren Teils des Sonnenspektrums, später folgten dann Sternspektren (siehe Kapitel 3: M 42 und M 43). Mit den Fotos entfiel das mühsame Abzeichnen der Spektren, die im Okular sichtbar waren, und die Astronomen entwickelten eine Systematik zur Einordnung der Linien in den Sternspektren.
Eine der ersten Klassifikationen stammte 1867 von Pietro Angelo Secchi, der über 500 Sternspektren analysierte. Sein Arbeitsplatz war die neu aufgebaute Vatikansternwarte in Rom, ausgestattet auch mit einem Münchner Merz-Refraktor einschließlich Objektivprisma. Mit seinen Spektren, die er noch abzeichnete, erreichte er Sterne bis zur 8. Größenklasse. Secchi unterteilte die Sternspektren in vier Klassen: Die erste Klasse umfasst blauweiße Fixsterne, wie etwa Sirius oder Wega. Hier dominieren die Wasserstofflinien, gleichzeitig sind aber auch feine Metalllinien sichtbar und verraten die Anwesenheit von Natrium, Eisen und Magnesium. In die zweite Klasse kamen die leicht gelblichen Sterne, deren Spektren dem der Sonne ähnelten und auch die Fraunhoferlinien zeigten. In seinem Spektralatlas entfielen 95 von 209 Sternen auf die erste und 94 auf die zweite Klasse. Er führte eine drit-

te Klasse für 20 rote Sterne ein, die in ihren Spektren breite, dunkle Bänder besaßen. Im Laufe seiner weiteren Arbeiten fügte Secchi noch zwei Klassen hinzu, eine für sehr rote Sterne und eine für Sterne mit Emissionslinien im Spektrum. Bei den Sternen seiner ersten Klasse führten ihn Laborexperimente mit Geißlerschen Gasentladungsröhren, die mit Wasserstoff gefüllt waren, zu der Idee, dass die Breite der Linien etwas mit dem Gasdruck in den Sternatmosphären zu tun haben könnte.

In den 1860er- und 1870er-Jahren beendeten William Huggins und seine Frau, Lady Margaret Lindsay Murray, dann das übliche Zeichnen, indem sie fotografische Spektren als Forschungswerkzeug etablierten. In ihrem Observatorium in Tulse Hill (London, Großbritannien) nutzten die beiden Emissionslinien von Funkenentladungen, um aufgenommene Sternspektren zu kalibrieren. Das Verfahren war so genau, dass Huggins in der Lage war, eine geringe Linienverschiebung im Spektrum von Sirius festzustellen. Die brachte er in Verbindung zur relativen Bewegung des Sterns zur Sonne und erklärte dies richtigerweise als Wirkung des 1841 entdeckten und 1848 von Hippolyte Fizeau verfeinerten Dopplereffekts.

Ende des 19. Jahrhunderts entstanden immer umfangreichere Spektralkataloge: so etwa 1874 durch John Francis Skjellerup, der rote Riesensterne spektroskopierte, oder 1886 durch Edward Charles Pickering, der auf den Arbeiten von Secchi und Huggins aufbaute. Von Pickering stammt das erste System der Spektralklassifikation, das die Buchstaben A bis Q zur Gruppierung nutzte und das im Rahmen des „Henry-Draper-Katalogs" veröffentlicht wurde. Damit war der Grundstein für das Harvard-System gelegt, das bis heute im Einsatz ist.

Es folgten Streichungen, Ergänzungen und kleinere Umbauten des Systems. 1897 setzte Antonia Maury die Spektralklasse B vor die Klasse A. Vor die Klasse B kam die Spektralklasse O, weil die OB-Sterne Heliumlinien enthielten und sich von den anderen Sternen dadurch unterschieden. Sie berücksichtigte auch die Breite der Spektrallinien, die später zur Unterscheidung der Zwerg- und der Riesensterne und damit zum 1943 von William Wilson Morgan und Philip Keenan eingeführten MK-System führten.

Mit der Verbesserung der Instrumente kamen dann 1901 Unterklassen dazu, die zu einer Dezimalunterteilung führten. Jede Spektralklasse wird dadurch in zehn Teilbereiche untergliedert, sodass Änderungen in den Spektren besser beschrieben werden konnten. (Die Sonne ist ein G2-Stern.) Sie wurden von Annie Jump Cannon eingeführt, von der aber nicht der sexistische Merkspruch „Oh be a fine girl kiss me" für die OBAFGKM-Spektralklassenreihe stammt. Dieser geht wohl auf Henry Noris Russell (Princeton, New Jersey) oder seine Studenten zurück. Die Klassen R, S und N für kohlenstoffreiche Sterne kamen erst später dazu. Es gab Vorschläge zu passenderen Sprüchen, so etwa von Wendy Haugen-Bauer (Wellesley College, Wellesley, Massachusetts) mit „Oh backward astronomer, forget geocentricity, Keplers motions reveal natures simplicity". Auch im Deutschen gibt es einen Spruch: „Offenbar benutzen Astronomen furchtbar gerne komische Merksätze."

Mit der OBAFGKM-Reihe der Harvard-Klassifikation ist eine Abnahme der Temperatur des Sterns verbunden (siehe Abb. E.12 auf Seite 30). Damit geht eine Veränderung der Elementzusammensetzung einher, die wir im Spektrum der Sterne nachweisen können. Die bekannte Balmer-Serie ist besonders auffällig bei A-Sternen (siehe Abb. E.3 auf Seite 15) und nimmt bei F-Sternen ab. Bei G-Sternen wie der Sonne können wir sie kaum noch erkennen, hier sind aber die Calciumlinien sehr markant. Gehen wir weiter zu kühleren Sternen, so zeigen sich bei den K- und M-Spektren breite Molekülbanden, wie etwa die von Titanoxid. Diese breiten, dunklen Absorptionslinien hatte schon Secchi gesehen und in vorausschauender Weise für seine Klassifikation benutzt.

DIE MILCHSTRASSE ALS BÜHNE

Schon ein einfacher Blick in den Nachthimmel zeigt uns, dass die Sterne nicht gleichverteilt sind, sondern in Gruppen zusammenstehen. Alle Sternbilder, also die Konstellationen von Sternen, die am Himmel einander nahestehen (auch die heute 88 offiziell festgelegten Sternbilder), gehen auf die Fantasie der Menschen zurück. Die Internationale Astronomische Union (IAU) hat die heutigen Sternbilder erst 1928 festgelegt und damit die 41.253 Quadratgrad der Himmelskugel mit Grenzlinien durchzogen, die keine Lücken mehr ließen. (Noch 1830 gab es fast einhundert Sternbilder. Die damalige Vielfalt ist in Konstellationen wie Segel oder Schiffskiel noch erkennbar.)

Eine Aussage über die tatsächliche Nähe im Weltraum lässt sich aus der Zugehörigkeit zu einem Sternbild aber nicht ableiten. Erst die Entfernungsangabe erlaubt es festzustellen, ob die Sterne auch physikalische Nachbarn sind. Erst dann können wir erkennen, ob eine Sterngruppe am Himmel wirklich zusammengehört und beispielsweise einen Sternstrom oder einen Sternhaufen bildet. Sind die räumlichen Verhältnisse geklärt, können die Forscher außer den Sternen auch Nebelstrukturen in die kosmische Szenerie einordnen. Diese Nebel aus Gas und Staub sind oftmals Begleiter von jungen Sternhaufen und alten Sternen und so charakteristisch für die verschiedenen Stadien der Sternentwicklung.

Wie schon zu Anfang formuliert, spielt das Geschehen dieses Buches in der Milchstraße. Sehen wir einmal von den Begleitgalaxien der Milchstraße ab, sind alle vorgestellten Objekte ein Teil der Milchstraße und befinden sich in ihrem Inneren. Sie unterscheiden sich in Alter, Chemie und in ihren physikalischen Parametern, gehören aber alle zum galaktischen Inventar.

Abb. E.4: Die Aufnahme zeigt den Galaxienhaufen Abell 2151 im Sternbild Herkules. Der Haufen ist etwa 500 Millionen Lichtjahre entfernt und besteht aus hunderten Galaxien verschiedenster Typen. In der Bildmitte steht das wechselwirkende Galaxienpaar Arp 272, das aus den zwei Partnern NGC 6050 (oben links) und IC 1172 besteht. Bei beiden handelt es sich um Spiralgalaxien, einem Galaxientyp, zu dem auch die Milchstraße gehört. Das Aufnahmeinstrument war der 1,3-m-Reflektor des Skinakas-Observatoriums auf der Insel Kreta in Griechenland. Die Belichtung erfolgte mit einer CCD-Kamera Andor Tech DZ 436, LRVB = 180-60-60-60 min.

Mithilfe der Parallaxen, die wir mit erdgebundenen Teleskopen messen konnten, ließen sich Sternentfernungen von nur wenigen hundert Lichtjahren einigermaßen genau bestimmen. Mit den Satelliten Hipparcos und Gaia, die auch Sternparallaxen bestimmen, wurde der Messbereich größer und führte weiter in die Tiefen der Galaxis. Wir können nun einige tausend Lichtjahre weit messen und es ergab sich damit ein dreidimensionales Bild dieses Teils der Milchstraße. Diese genauen Messungen sind erst wenige Jahrzehnte alt und enthalten noch vergleichsweise junge Erkenntnisse der astronomischen Forschung.

Bei der Milchstraße war zu Beginn des 20. Jahrhunderts noch nicht sicher, ob es nur eine Weltinsel unter vielen anderen Galaxien ist, oder aber, ob alles, was Astronomen beobachten, zu einem großen, universalen Gebilde gehören könnte. Die damals geführte „große Debatte", welches Modell denn nun das Richtige sei, löste sich in den 1920er-Jahren auf, als Beobachtungen zeigten, dass es sich bei den Galaxien um unabhängige Welteninseln handelt. Edwin Hubble veröffentlichte 1929 seine berühmte Arbeit „A relation between distance and radial velocity among extra-galactic nebula". Er konnte nachweisen, dass eine Beziehung zwischen Geschwindigkeit und Entfernung besteht. Je weiter eine Galaxie entfernt ist, desto schneller entfernt sie sich von uns. Diese Expansion geht aber nicht auf eine Sonderstellung der Milchstraße zurück, sondern gilt universell. Die Milchstraße ist also nur eine Galaxie unter vielen anderen Galaxien. Diese Nicht-Besonderheit bedeutet aber auch, dass die Objekte, die in diesem Buch vorgestellt werden, prinzipiell auch in den anderen Galaxien zu finden sind.

Die Astronomen gehen heute davon aus, dass es sich bei der Milchstraße um eine Spiralgalaxie handelt, die im Zentrum einen Balken besitzt. Die Anzahl der Arme wird auf vier geschätzt, zwei davon sind vermutlich größer als die beiden anderen. Der Durchmesser der Milchstraße wird mit 100.000 bis 120.000 Lichtjahren angegeben. Die Werte beziehen sich auf die Ebene der galaktischen Scheibe, in der sich die Spiralarme befinden. In ihnen ist der größte Teil der 400 Milliarden Sterne zu Hause. In diesem Bereich bewegen sich vor allem die älteren Sterne, denn die Umlaufbahnen von Sternen um das Zentrum der Milchstraße gehen im Laufe der Zeit immer höher über die Mittelebene der Scheibe hinaus.

Die Sterne „diffundieren“ sozusagen im Laufe der Zeit von der Ebene weg. Das führt zu einer vertikalen Schwingungsbewegung, bei der die Sterne immer wieder die Ebene durchqueren. Daher sind dort junge und alte Sterne zu finden. Junge Sterne entstehen allerdings nahe der Scheibe und sind daher nur dort zu beobachten. Das zeigt sich in den Farben von Galaxien, die von der Kante aus beobachtet werden. Manchmal wird deswegen eine dünne Scheibe definiert, deren Dicke etwa 1500 Lichtjahre beträgt. Hier finden wir vornehmlich junge Sterne. Sie befindet sich in einer sogenannten dicken Scheibe mit einer Dicke von etwa 5000 Lichtjahren, die von älteren Sternen gebildet wird.
Die Scheibe besitzt eine zentrale Verdickung, die wir als „Bulge“ bezeichnen (im Deutschen wäre allerdings der Begriff Sphäroid korrekter). Dessen Durchmesser liegt bei etwa 15.000 Lichtjahren. Die Sterne, die wir im Bulge vorfinden, sind meist älter als die in der Scheibe. Die ganze Milchstraße ist in einem etwa kugelförmigen Halo eingebettet, sodass die Milchstraße einen Gesamtdurchmesser von 170.000 Lichtjahren hat. Im Halo finden die Astronomen die ältesten Sterne. Mit bis zu 13,5 Milliarden Jahren sind sie fast so alt wie das Universum, das vor 13,8 Milliarden Jahren entstand.

FOTOMETRISCHE SYSTEME

Bei der Angabe von Helligkeiten wird der Wellenlängenbereich des für die Messung benutzten Filters mit angegeben. Oft wird das UBVRI-System genutzt, auf das sich viele Datenbanken beziehen. In der Tabelle wurden Infrarotbereiche hinzugefügt.

Astronomische Filterbereiche

Filterbezeichnung	Wellenlänge (nm)	Breite (nm)	Spektralbereich
U	366	65	Ultraviolett
B	436	89	Blau
V	549	84	Visuell
R	641	158	Rot
I	798	154	Nahes Infrarot
J	1215	260	Infrarot
H	1654	290	Infrarot
K	2179	410	Infrarot

Der Satellit Gaia benutzt ein eigenes Filtersystem aus „Passbands“ (Durchlassbereichen), dessen Definition vom UBVRI-System abweicht. Aus der Differenz G_{BP}–G_{RP} ergibt sich in Analogie zu B–V ein einfacher „Gaia-Farbindex“. Ebenso entspricht die Gaia-G-Helligkeit recht gut der visuellen Helligkeit V.

Filterbereiche von Gaia

Filterband	Mittlere Wellenlänge (nm)	Breite (nm)
G_{BP}	490	340 – 650
G_{RP}	640	620 – 940
G	590	400 – 850

ASTROMETRIE DURCH DEN SATELLITEN GAIA

Bei Gaia handelt es sich um einen Astrometriesatelliten der europäischen Raumfahrtagentur (ESA), der seit Dezember 2013 im Einsatz ist. Die eigentliche Mission sollte 2019 abgeschlossen werden, wurde jedoch bis Ende 2025 verlängert. Gaia ist eigentlich das Kürzel für „Globales Astrometrisches Interferometer für die Astrophysik“. Die anfangs geplante Fähigkeit zur Interferometrie wurde aber nicht umgesetzt. Es blieb die Bezeichnung, nun in Anlehnung an die griechische Erdmutter.
Der direkte Vorgänger von Gaia war die ESA-Mission Hipparcos, mit der zwischen 1989 und 1993 mehr als 2,5 Millionen Sternpositionen vermessen wurden, mehr als hunderttausend mit sehr hoher Präzision. Sie waren die Start- und Vergleichsdaten für Gaia, die im Vergleich dazu viel genauere Positionen lieferte. Ein viel größeres Datenvolumen konnte in Form von Katalogen veröffentlicht werden. Der erste, Gaia-DR1, lieferte schon 1,1 Milliarden Objekte. Gaia-DR2 enthielt bereits 1,7 Milliarden und Gaia-DR3 erhöhte die Anzahl auf 1,8 Milliarden Objekte. Abgesehen von der großen Zahl verbesserte sich von Katalog zu Katalog die Genauigkeit der einzelnen Sterndaten.
Die Gaia-Daten, die von der ESA in Form von Online-Datenbanken der Öffentlichkeit zur Verfügung gestellt werden, enthalten die Helligkeiten in verschiedenen Filterbereichen, die Eigenbewegungen sowie die wichtigste Eigenschaft: die Entfernung eines beobachteten Sternes. Diese Parallaxen, aus denen die Entfernungsangaben abgeleitet werden, sind direkt gemessene Werte und hängen nicht von anderen Größen ab! Wir können ohne Übertreibung sagen, dass die Gaia-Daten einen gewaltigen Fortschritt für die gesamte astronomische Forschung bedeuten. Zu welchem stellaren Thema auch im-

mer Forscher Artikel veröffentlichen, die Entfernungsangaben beruhen heute fast durchgängig auf Gaia.
Wegen der allgemeinen Verfügbarkeit der Gaia-Daten ist es auch Amateurastronomen möglich, diese für ihre Auswertungen zu nutzen. Alle Diagramme zu Sternentwicklungsstadien, die in diesem Buch gezeigt werden, wurden mithilfe der Einträge in der Gaia-Datenbank erstellt.
Ebenso haben wir in den Bildkommentaren dieses Buchs die Gaia-Katalogdaten der besprochenen Objekte herangezogen, um die Entfernung der Sterne oder Sternhaufen zu berechnen oder aber die Gaia-Farbindizes anzugeben. Bei Entfernungsangaben geben wir auch die Fehlerspanne anhand der Werte von Gaia an. Durch die Genauigkeit der Gaia-Daten können wir nun Aussagen darüber treffen, wie die Objekte im Raum zueinander positioniert sind.
Damit Sie selbst solche Berechnungen anstellen können, nennen wir in der Regel den jeweils benutzten Gaia-Katalog. Wer sich tiefer in diese Art der Auswertung einarbeiten möchte, dem sei die Webseite des Gaia-Teams der Universität Heidelberg empfohlen (die Internetadresse finden Sie im Anhang im Quellenverzeichnis). Hier werden auch Programme angeboten, die Sie auf dem eigenen Rechner ausführen können. Unter anderem erlauben sie auf einfache Art und Weise die Kombinationen verschiedener Kataloge.

HILFSMITTEL FÜR DIESEN BILDATLAS

Der Astronomie steht eine breite Palette von Hilfsmitteln zur Verfügung, sowohl für die Erstellung und Speicherung von Bildern als auch für die Zusammenstellung von Daten der Himmelskörper. Bei der Erstellung der Texte haben wir die Online-Datenbank Simbad genutzt, die am „Centre de Données astronomiques de Strasbourg“ (CDS) in Straßburg (Frankreich) angesiedelt ist. Die Internetadresse lautet: https://cdsweb.u-strasbg.fr/. Zu allen Objekten findet sich dort eine Liste von Fachartikeln, die einen Bezug zum jewei-

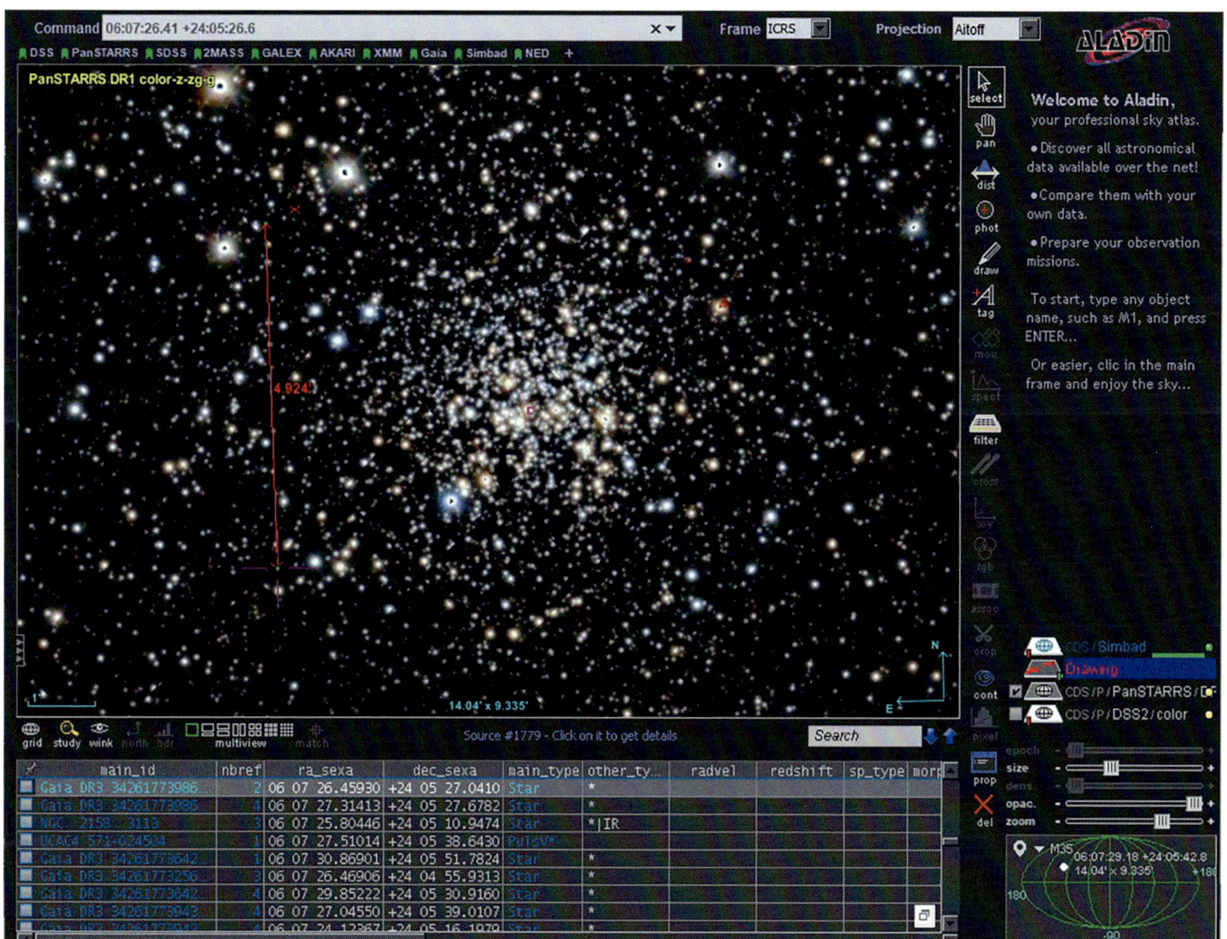

Abb. E.5: Screenshot der Benutzeroberfläche von Aladin mit einem Bild des Sternhaufens M 72. Übersichtlich angeordnet sind die Informationen über das Objekt im unteren Bereich des Bildschirms zu finden. Die Auswahl der Datenquellen wird im rechten Teil vorgenommen. Das links stehende Bild kann per Mausrad verkleinert oder vergrößert werden, sodass Sucherkarten fast von selbst entstehen.

Abb. E.6: Der Gasnebel IC 1318 im Sternbild Schwan, belichtet durch einen 10-cm-Refraktor, Brennweite 530 mm, mit einer CCD-Kamera SBIG STL-11000M. Die Belichtungszeiten durch verschiedene Filter betrug LRGB = 30-30-30-30 min, der Aufnahmeort war Nordhessen im Juli 2006. Im Anschluss daran wurde das Bild elektronisch nachbearbeitet. Der Vergleich mit Abb. E.7 auf Seite 21 zeigt, wie viel mehr Details beim Gasnebel IC 1318 durch Einsatz der digitalen Fotografie und der damit möglichen elektronischen Bildverarbeitung sichtbar werden. Gegenüber der filmbasierten Fotografie ist das Signal des Objekts im Verhältnis zum Bildrauschen (das sogenannte Signal-Rausch-Verhältnis) deutlich verstärkt. Deshalb sind alle Bilder (bis auf ein weiteres) in diesem Buch digitale Aufnahmen, die entweder mit einem CCD- oder einem CMOS-Chip gewonnen wurden.

ligen Objekt haben. Am CDS wird zudem der interaktive Himmelsatlas Aladin gehostet, der es ermöglicht, sich ein Bild vom Objekt zu machen und eine Sucherkarte anzufertigen (siehe Abb. E.5 auf Seite 19). Für das Bildmaterial stehen unterschiedliche Datenquellen zur Verfügung, die zur Darstellung genutzt werden können. Mit einigen Mausklicks können wir so zwischen den Spektralbereichen wechseln, um zu prüfen, ob sich das Objekt auch am Röntgenhimmel oder im Infraroten zeigt.

Die Literaturhinweise im Anhang enthalten ausgewählte Artikel, die wir für die Bildkommentare herangezogen haben. In den Texten genannte Jahreszahlen beziehen sich auf das Datum der Veröffentlichung oder der Entdeckung eines Objekts. Es kann sein, dass die genannten Fakten nicht mehr dem aktuellen Stand der Forschung entsprechen, da zwischen dem Verfassen dieses Buches und dem Zeitpunkt seiner Veröffentlichung natürlich Zeit verstreicht. Zudem kann Zeit vergehen, bis der Leser sich einem Text widmet. Möchten Sie also den Stand der Forschung kennenlernen, empfehlen wir Simbad: Dort führt der Objektname oder die Suche über die Koordinaten eines Objekts zu einer Zusammenstellung aller gespeicherten Referenzen dieses Himmelskörpers. Für die Bildkommentare zu den Sternhaufen haben wir auch die WEBDA-Datenbank des „Department of Theoretical Physics and Astrophysics of the Masaryk University" (Brno, Tschechien) benutzt. Der Zugang erfolgt über die Adresse https://webda.physics.muni.cz/.

Die in diesem Buch gezeigten Spektren wurden mit einem 35-cm-Reflektor aufgenommen, an dem ein Gitterspektrograf mit einer Dispersion von rund R = 1000 montiert war. Die Bearbeitung der Spektren erfolgte mithilfe der Software BASSProject (Basic Astronomical Spectroscopy Software, siehe https://groups.io/g/BassSpectro). Weitere Informationen zu auf diese Weise entstandenen Spektren erhalten Sie auf den Webseiten der Autoren oder im Forum der Fachgruppe Spektroskopie der Vereinigung der Sternfreunde (http://forum.sternfreunde.de/).

ASTROFOTOGRAFIE – DIE ROLLE DER AMATEURE

Blicken wir in die 1980er-Jahre zurück, so sehen wir den Beginn der „Digitalen Revolution in der Astrofotografie", in der die physikalisch-chemischen Verfahren mittels Fotoplatten oder Filme durch CCD-Kameras ersetzt wurden. An-

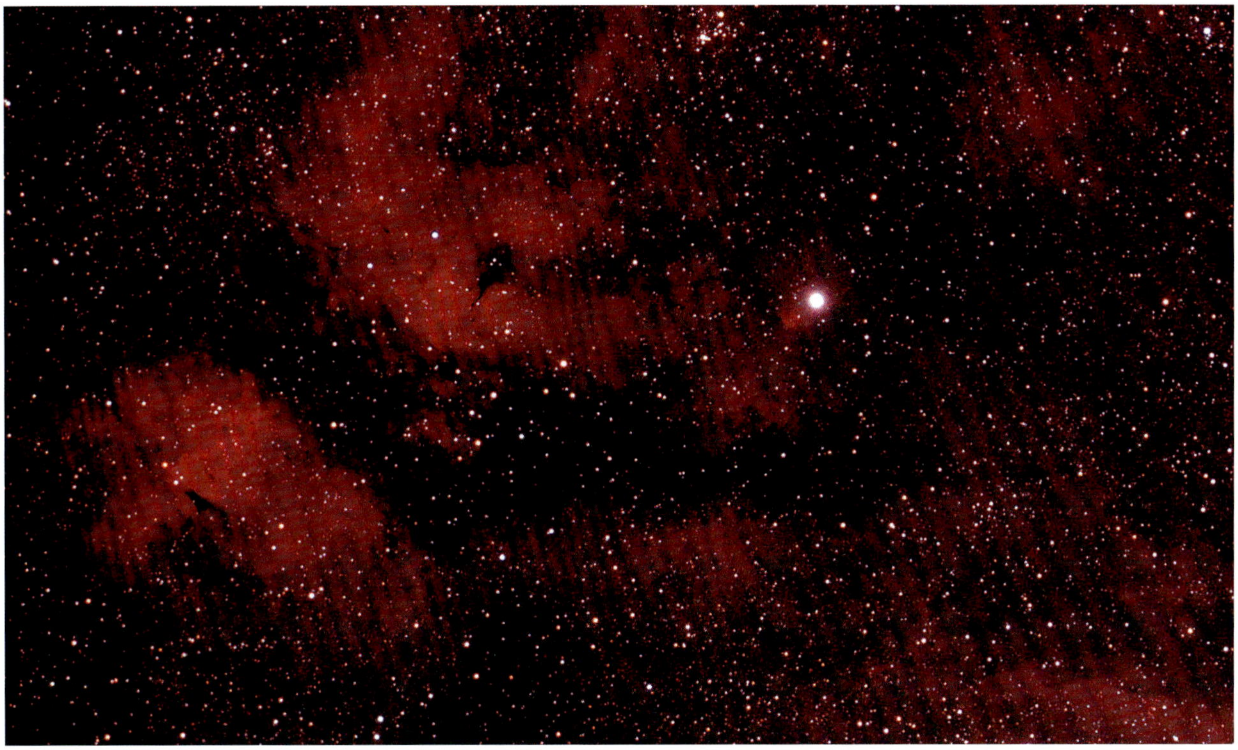

Abb. E.7: Der Gasnebel IC 1318 im Sternbild Schwan, belichtet durch einen 13-cm-Refraktor, Brennweite 760 mm, auf hypersensibilisierter Filmemulsion Agfa Optima II. Die Belichtungsdauer in der spanischen Sierra Nevada im August 2000 betrug 60 Minuten.

fangs waren diese teuer und damit Instituten und professionellen Observatorien vorbehalten, doch bald gab es Anbieter von CCD-Technik, die für Amateurastronomen (halbwegs) erschwinglich war. CCD-Chips tauchen in immer mehr Kamerasystemen auf und so stieg – und steigt immer noch – die Anzahl der Astrofotografen. In den einschlägigen Foren können wir anhand der veröffentlichten Lieblingsmotive der Astrofotografen eindrücklich nachvollziehen, welche großen Schritte die Aufnahmequalität genommen hat. Durch die hohe Empfindlichkeit und das geringe elektronische Rauschen von CCD- und CMOS-Chips können auch Amateure mit Aufnahmetechniken arbeiten, die vor 40 Jahren nur großen Observatorien vorbehalten war.

Die Aufnahmen gehen damit weit über die „pretty pictures" hinaus, die als Poster in Planetariumshops zu kaufen sind. Einige der Bildkommentare zeigen konkrete Beispiele, zu welchen Leistungen Amateure bei der Entdeckung und Fotografie von bis dahin unbekannten Objekten in der Lage sind. Dazu passt, dass es mittlerweile Forschungsprogramme gibt, bei denen Profis mit Amateuren zusammenarbeiten. Dies löst für die Fachastronomen teilweise das Problem, Beobachtungszeit an großen Observatorien zu bekommen. Diese „Win-Win-Situation" funktioniert bereits und ist über nationale oder internationale Fachgruppen gut organisiert.

Dieser Bildatlas wendet sich an alle, die sich für Astronomie und Astrofotografie interessieren. Wie schon beim *Bildatlas der Galaxien* werden auch in diesem Bildatlas Astroaufnahmen kommentiert, um nicht nur die sichtbaren Feinheiten, sondern auch die Astrophysik der gezeigten Objekte besser zu verstehen. Dieses Buch konzentriert sich auf eine einzige Galaxie: Es ist unsere Heimatgalaxie, die Milchstraße. Dieser Bildatlas widmet sich den verschiedensten Objekten, die Amateure heute beobachten und fotografieren können.

Zum besseren Verständnis der Sternhaufen und Nebel werden wir einige wichtige astrophysikalische Themen vertiefen. Dieses Einleitungskapitel liefert eine kompakte Grundlage für das Verständnis der Sternentwicklung. Es wurde weitestgehend auf Verwendung von Formeln verzichtet. Jedoch geht es nicht ganz ohne eine Beschreibung der Physik, die bei den Prozessen des Entstehens und Vergehens der Hauptakteure dieses Buchs, den Sternen, eine Rolle spielt.

Der Aufbau des Bildatlas folgt in den ersten fünf Kapiteln dem Entwicklungsweg von Sternen. In jedem Kapitel gibt es eine Einleitung, in der Sie weitere Details zum Thema finden und welche die Tür zur Astrophysik der Sterne weiter öffnet. Neben der Astrophysik werden dort auch Spektren von typischen Objekten gezeigt, die mit Amateurmitteln erstellt wurden. Den Großteil des Buches machen die Bildbeschreibungen aus, die anhand einer Fotografie auf die sichtbaren Bestandteile der Himmelskörper eingeht. Vielleicht ist manchmal auch ein zweiter Blick notwendig, der aber mehr Erkenntnis über das bringen kann, was, neben der Schönheit der Motive, in Sachen Astrophysik „hinter den Aufnahmen steckt".

STERNENTWICKLUNG

Um besser zu verstehen, wie die in diesem Bildatlas beschriebenen Nebel entstehen, gehen wir zunächst näher auf die allgemeine Entwicklung von Sternen ein. Begleiter auf unserer Reise ist das Hertzsprung-Russell-Diagramm, an dem der komplette Lebensweg eines Sterns nachvollzogen werden kann.

DAS HERTZSPRUNG-RUSSELL-DIAGRAMM

Mit den beobachteten Farben der Sterne, denen die Astronomen verschiedene Spektraltypen zuordnen (siehe Einleitung: sichtbare Himmelskörper), und mit der absoluten Helligkeit eines Sterns können wir ein zweidimensionales Diagramm erstellen. Als dessen x-Achse nutzen wir den Spektraltyp, von O bis M, und auf der y-Achse wird die absolute Helligkeit aufgetragen. Veröffentlicht 1913 von Henry Norris Russell, der Daten von Ejnar Hertzsprung benutzte, wird das Diagramm heute als Hertzsprung-Russell-Diagramm (HRD) bezeichnet.

Die Darstellung des HRD auf Basis der Gaia-Daten in der Abb. E.12 auf Seite 30 enthält diese Angaben. Dort ist auf der x-Achse unten die Spektralklasse und oben die Temperatur abzulesen. Übrigens gibt es Variationen des ursprünglichen Hertzsprung-Russell-Diagramms, in denen die Leuchtkraft (auf der y-Achse) und die Temperatur (auf der x-Achse) mit einer logarithmischen Skala angezeigt werden.

Von einem Farben-Helligkeits-Diagramm (FHD) wird gesprochen, wenn wir statt des Spektraltyps den Farbindex B–V heranziehen und auf der x-Achse auftragen. Obwohl ein Farben-Helligkeits-Diagramm einem Hertzsprung-Russell-Diagramm ähnlich sieht, führt die geänderte Größe auf der x-Achse zu einem anderen Erscheinungsbild. Ein Hertzsprung-Russell-Diagramm erscheint horizontal weiter gestreckt, dagegen ist beim Farben-Helligkeits-Diagramm die rechte rote Seite verbreitert. Dies wird beim Farben-Helligkeits-Diagramm von Gaia sichtbar, in dem die absolute Helligkeit über dem Gaia-eigenen Farbindex $G_{BP}-G_{RP}$ aufgetragen ist (siehe Einleitung: Gaia). Sehen wir von diesen Verzerrungen ab, zeigt ein Farben-Helligkeits-Diagramm die gleichen Aspekte, die auch in einem Hertzsprung-Russell-Diagramm zu sehen sind. Zu beachten ist, dass gewisse Begriffe, die etwa auf einen horizontalen Verlauf im Hertzsprung-Russell-Diagramm eingehen, bei einem Farben-Helligkeits-Diagramm nicht mehr streng gelten, da dort die horizontal verlaufenden Entwicklungswege gekippt dargestellt werden.

Wird das Farben-Helligkeits-Diagramm für eine Gruppe von Sternen gleicher Entfernung erstellt, können wir deren scheinbare Helligkeiten benutzen, ohne auf die absoluten Helligkeiten umrechnen zu müssen. In einem solchen Diagramm, etwa für die Sterne eines Sternhaufens, zeigt die y-Achse die visuelle Helligkeit V und die x-Achse den Farbindex B–V. Da die Sterne eines Haufens nicht nur ähnliche Entfernungen aufweisen, sondern auch fast gleichzeitig entstanden sind, dürfen wir aus solch einem Diagramm direkte Rückschlüsse auf die Physik des Haufens und seinen Entwicklungsgrad, also auf sein Alter ziehen (siehe Kapitel 6: Offene Haufen).

Aber auch aus der Lage eines einzelnen beobachteten Sterns im Hertzsprung-Russell-Diagramm können wir Eigenschaften dieses Sternes ableiten. Wir erfahren etwas zu seinem aktuellen Entwicklungszustand, da die gesamte astrophysikalische Entwicklung jedes Sterns auf einer Kurve im Hertzsprung-Russell-Diagramm verläuft. Je nach Lage im Diagramm können wir ableiten, ob der Stern sich noch am Anfang seiner Entwicklung befindet oder ob er schon einen Großteil seiner Lebenszeit hinter sich gebracht hat.

Das üblicherweise am dichtesten besiedelte Gebiet im Hertzsprung-Russell-Diagramm ist die sogenannte Hauptreihe. Jedes von uns heute beobachtete Hertzsprung-Russell-Diagramm ist ein Schnappschuss, in dem zu einem bestimmten Zeitpunkt Sterne unterschiedlichsten Alters in unterschiedlichen Stadien ihrer Entwicklung zu sehen sind. An den

Abb. E.8: Der HII-Emissionsnebel IC 1396, auch Elefantenrüssel genannt, ist ein aktives Sternentstehungsgebiet. Viele junge Sterne und Protosterne erblicken hier derzeit das Licht der Welt.

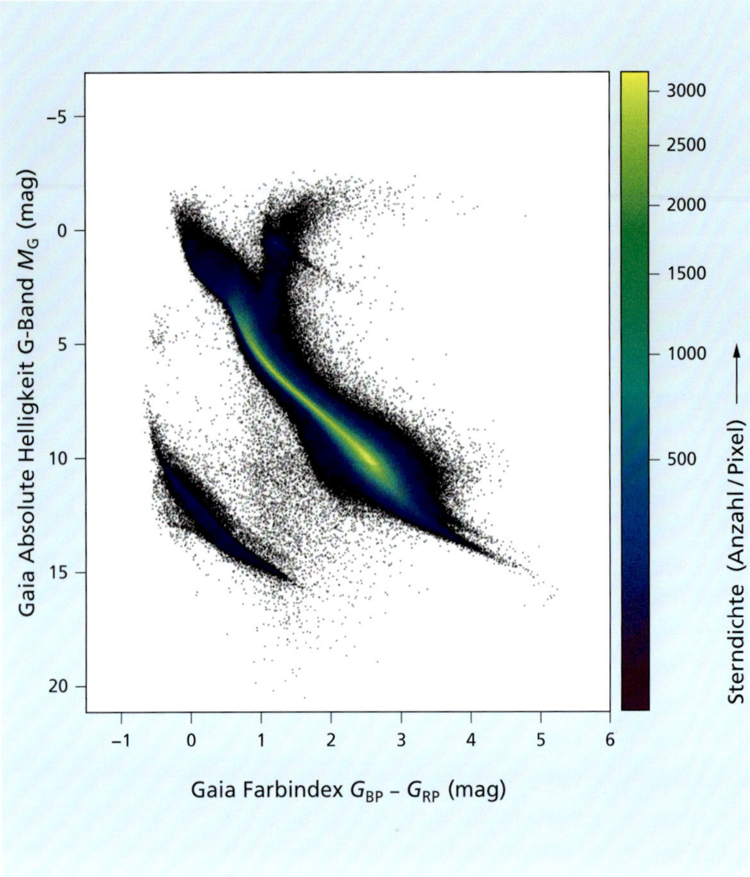

Abb. E.9: Gezeigt werden die Gaia-DR2-Daten aller Sterne in einer Entfernung von bis zu 1000 Lichtjahren mit guter Datenqualität. Im Diagramm sind etwa 3,2 Millionen Sterne erfasst und jeder Punkt entspricht dem Datensatz eines Sterns. Die absolute Helligkeit (auf der y-Achse) wurde aus der gemessenen Gaia-G-Helligkeit und der Gaia-Parallaxe der Sterne berechnet. Der Gaia-Farbindex auf der x-Achse entspricht etwa dem (B–V)-Farbindex, blaue Sterne stehen links, rote rechts. Die Anzahldichte der Sterne wird durch ein Farbraster dargestellt und ist entlang der Hauptreihe am größten. In den dichten Bereichen des Diagramms befinden sich besonders viele Sterne in unterschiedlichen Entwicklungsstadien.

Stellen, an denen wir viele Sterne beobachten, halten sich diese am längsten auf. Die leeren Stellen sind entweder astrophysikalisch verboten – Sterne mit den entsprechenden Zustandsgrößen können nicht existieren – oder werden so schnell durchlaufen, dass dort nur selten Sterne zu finden sind.
Im linken oberen Hauptreihenabschnitt fällt eine Spalte zwischen den Spektraltypen A5 und G0 auf. Im Farben-Helligkeits-Diagramm von Gaia (siehe Einleitung: Das Licht der Sterne) umfasst diese Lücke den Farbindex $G_{BP}–G_{RP}$ von 0 bis 1 mag: Diese sogenannte Hertzsprung-Lücke weist auf einen „Beschleunigungsstreifen" hin, einen Bereich, in dem die Sternentwicklung schnell verläuft. In Sternentwicklungsmodellen können wir den Weg eines Sterns im Hertzsprung-Russell-Diagramm als Film ablaufen lassen und die Unterschiede zwischen massereichen und massearmen Sternen studieren. Es zeigt sich, dass die Entwicklungsgeschwindigkeiten der Sterne im oberen rechten Bereich sehr hoch sind, wohingegen das „rote Ende" der Hauptreihe von Sternen bevölkert wird, die sich viel gemächlicher entwickeln. Die Hertzsprung-Lücke ist folglich ein mit Sternen unterbesetzter Bereich, weil die massereichen Sterne derartig schnell hindurchflitzen, dass der Schnappschuss unseres Hertzsprung-Russell-Diagramms nur wenige Exemplare erwischt. Gehen wir in der Hauptreihe nach unten, so nimmt die Breite der Lücke ab und verschwindet bei den G-Sternen ganz.
Neben der dicht besetzten Hauptreihe gibt es weitere Zonen im Diagramm, die im Laufe ihrer Entwicklung von vielen Sternen durchlaufen werden. Im sogenannten Riesenast finden sich Riesensterne, die in verschiedene Leuchtkraftklassen unterteilt werden. Ganz oben im Diagramm stehen die Überriesen der Leuchtkraftklasse I. Ihr Bereich verläuft weitgehend horizontal, doch die Bereiche der weiteren Leuchtkraftklassen kippen an der blauen Seite des HRD mehr und mehr ab und schmiegen sich schließlich an die Hauptreihe an. Unter den Überriesen kommen zuerst die hellen Riesen der Leuchtkraftklasse II und darunter die Riesen der Leuchtkraftklasse III. Es folgen dann die Unterriesen mit der Leuchtkraftklasse IV, die dicht über der Hauptreihe liegen. Die Sterne auf der Hauptreihe besitzen die Leuchtkraftklasse V und werden als Zwergsterne bezeichnet.
Je weiter wir uns nach rechts oben von der Hauptreihe entfernen, desto mehr nehmen die Radien der Sterne sowie ihre Leuchtkraft zu. Im Hertzsprung-Russell-Diagramm werden oft Diagonalen eingezeichnet, die gleiche Sternradien anzeigen (siehe Abb. E.12 auf Seite 30). Sie verlaufen von links oben nach rechts unten und ihre Steigung ist etwas geringer als die der Hauptreihe. Zwergsterne im linken blauen Bereich der Hauptreihe sind daher größer als die roten Zwerge am rechten Ende. Unterhalb der Hauptreihe finden sich die Bereiche der Unterzwerge mit einer etwa um ein- bis dreifach geringeren Magnitude. Und noch weiter unten, im Bereich der Spektralklassen B bis G, liegt fast schon isoliert die Gruppe der Weißen Zwerge mit einer um etwa acht- bis zwölffach geringeren Magnitude als die Sterne der Hauptgruppe und einem sehr geringen Durchmesser (siehe Kapitel 4: Die Lage der Weißen Zwerge im Hertzsprung-Russell-Diagramm).

FUSIONSPROZESSE

Alle Entwicklungsphasen, die ein Stern in seinem Leben durchläuft, sind das Ergebnis des Kräftegleichgewichts zwischen der Gravitationskraft, die zum Zentrum des Sterns gerichtet ist, und ihrem Gegenspieler, dem Strahlungsdruck, der nach außen weist und seine Energie aus der stellaren Kernfusion bezieht. Besteht hier ein Kräftegleichgewicht, sprechen wir vom hydrostatischen Gleichgewicht, denn der Stern befindet sich in einem stabilen Zustand. Abhängig von der Sternmasse kann diese Phase viele Milliarden Jahre andauern.

ENERGIEERZEUGUNG DURCH WASSERSTOFFBRENNEN

Der erste Fusionsprozess, der in jungen Sternen wirkt, ist das sogenannte Wasserstoffbrennen. „Brennen" ist ein historischer Begriff und hat nichts mit der uns vertrauten Verbrennung in Anwesenheit von Sauerstoff zu tun. Gemeint ist nun die Verschmelzung von Wasserstoffkernen zu Heliumkernen. Aufgrund der hohen Kerntemperatur sind die Wasserstoffatome im Sterninneren (die Protonen, bezeichnet als ^1H) vollständig ionisiert. Es beginnt ein Fusionsprozess, in dem zunächst aus zwei Protonen ein Deuterium-Kern ^2H entsteht. Nach der Bildung dieses Wasserstoffisotops wandelte sich ein Proton in ein Neutron um und sendet dabei ein Positron (e^+, das Antiteilchen des Elektrons) und ein Neutrino aus. (Genau genommen ein Elektron-Neutrino ν_e, denn es gibt verschiedene Neutrinosorten.) Das Positron wechselwirkt sofort mit einem freien Elektron, beide werden durch Aussenden von Strahlung vernichtet (Annihilation). Das Neutrino wechselwirkt nur schwach mit Materie und verlässt die Sonne. Es trägt einen Teil der Reaktionsenergie weg, spielt aber sonst keine weitere Rolle. Im nächsten Schritt fusioniert der Deuterium-Kern ^2H mit einem Proton zum Helium-Isotop ^3He. Zwei dieser ^3He-Kerne fusionieren dann schließlich zu ^4He. Die überzähligen Protonen werden wieder freigesetzt und können an weiteren Fusionsreaktionen teilnehmen. Bei allen Reaktionen wird Energie verbraucht und freigesetzt, doch netto wird Strahlung frei, die sich als Massendefekt der Reaktionsgleichung mithilfe der Einsteinschen Formel $E = mc^2$ berechnen lässt. Insgesamt sind dies 25 MeV.

KENNGRÖSSEN FÜR STERNE: MASSE, LEUCHTKRAFT, RADIUS

Für die Sterne auf der Hauptreihe gilt grob die Masse-Leuchtkraft-Beziehung zwischen ihrer Masse M und ihrer Leuchtkraft L:

$$L \propto M^3 .$$

Bei massereichen Sternen liegt der Exponent etwa bei 3,5, im Massebereich der Sonne bei 4 und bei massearmen Sternen unter 2,5. Im Vergleich zur Sonne strahlt ein doppelt so massereicher Stern mit der achtfachen Leuchtkraft.
Auf der Hauptreihe herrscht in den Sternen ein Gleichgewicht zwischen der Gravitation und dem Strahlungsdruck. Hier besteht zwischen der Leuchtkraft und der Oberflächentemperatur der Zusammenhang

$$L \propto T^4 .$$

Bei sonnenähnlichen Sternen gilt für den Radius

$$R \propto M .$$

Hauptreihensterne mit der größten Masse besitzen ebenfalls den größten Radius, es gilt

$$R \propto M^{0,6} .$$

Als Einheit werden die Werte der Sonne benutzt (L_{Sonne}, M_{Sonne}, R_{Sonne}). So hat Beteigeuze etwa 600 Sonnenradien, Aldebaran erreicht nur 40 Sonnenradien. Ein O-Stern kann mehr als 100.000 Sonnenleuchtkräfte erreichen, ein später M-Stern auf der Hauptreihe schafft nur 0,001 Sonnenleuchtkräfte.

PARAMETER VON HAUPTREIHENSTERNEN

Spektraltyp	M / M_{Sonne}	L / L_{Sonne}	T in Kelvin	Entwicklungszeit
O5	60	790.000	44.000	$3{,}4 \times 10^6$ Jahre
B0	18	52.000	31.000	12×10^6 Jahre
B3	8	1900	19.000	33×10^6 Jahre
B5	6	830	15.000	53×10^6 Jahre
A0	3	54	9500	390×10^6 Jahre
A5	2	14	8000	$1{,}1 \times 10^9$ Jahre
G0	1,1	1,5	6050	$5{,}1 \times 10^9$ Jahre
G2	1	1	5900	11×10^9 Jahre
K0	0,8	0,43	4600	25×10^9 Jahre
M0	0,5	0,08	3850	48×10^9 Jahre
M2	0,4	0,02	3500	100×10^9 Jahre
M5	0,2	0,011	3250	über 150×10^9 Jahre
M7	0,1	0,003	2900	über 1000×10^9 Jahre

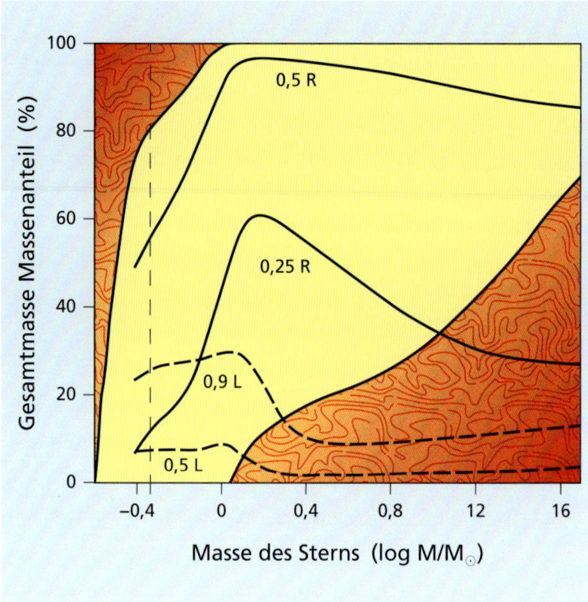

Abb. E.10: Das Diagramm zeigt für Hauptreihensterne verschiedener Masse, wie die im Zentrum erzeugte Energie nach außen transportiert wird. Die wolkenartigen Zonen zeigen den Energietransport durch Konvektion, weiße Bereiche stehen für Wärmetransport durch Strahlung. Die x-Achse ist logarithmisch skaliert, dadurch befindet sich die Sonne bei 0. Bei der 1 befindet sich ein Stern mit zehn Sonnenmassen. Auf der y-Achse wird der Anteil der Gesamtmasse angegeben, das Diagramm ist also nicht maßstabsgetreu. In der Vertikalen wird für jede Sternmasse die Art des Energietransports dargestellt. Die Sonne besitzt außen eine dünne Konvektionszone, im Inneren ist die Sonne strahlungsdominiert. Bei massearmen Sternen (links im Diagramm) reicht die Konvektionszone sehr tief, die masseärmsten Sterne sind vollständig konvektiv. In massereichen Sternen dominiert der CNO-Zyklus die Fusion, die in einem konvektiven Kern stattfindet. Die mit R gekennzeichneten Linien markieren 25 % beziehungsweise 50 % des Sternradius, bezogen auf den Massenanteil. Bei der Sonne befinden sich mehr als 80 % der Masse innerhalb der 50 %-Kugel. Die zwei Kurven, die mit 0,5 L und 0,9 L bezeichnet sind, geben an, in welchem Bereich des Sterns 50 % beziehungsweise 90 % der gesamten Leuchtkraft produziert wird. Die Sonne erzeugt 90 % ihrer Leuchtkraft innerhalb eines Bereichs, in dem sich 30 % ihrer Masse befinden (Diagramm nach Kippenhahn und Weigert, 1990).

Neben dieser direkten Proton-Proton-Reaktion, deren Fusionszyklus wir kurz pp-Zyklus nennen, entsteht Helium auch im sogenannten Bethe-Weizsäcker-Zyklus (CNO-Zyklus), bei dem die Fusion von ^4He über Zwischenisotope der schwereren Elemente Kohlenstoff, Stickstoff und Sauerstoff führt. In der Sonne entstehen etwa 1,5 % des ^4He durch den CNO-Zyklus, der erst bei einer Kerntemperatur von 14 Millionen Kelvin effizient wird. Dessen Energieerzeugung hängt von der 18. Potenz der Temperatur ab, steigt also immens mit der Kerntemperatur an. Bei massereichen Sternen und einer Temperatur von über 30 Millionen Kelvin dominiert dieser Prozess die Heliumerzeugung. Bei solchen Sternen läuft der CNO-Zyklus schneller ab als der pp-Zyklus, weshalb sich diese Sterne auch schneller entwickeln.

In der Sonne, die eine Kerntemperatur von 15,6 Millionen Kelvin besitzt, werden in jeder Sekunde 564 Millionen Tonnen Wasserstoff zu 560 Millionen Tonnen Helium fusioniert. Der Massendefekt in Höhe von 4 Millionen Tonnen wird als Energie abgestrahlt. Um das Wasserstoffbrennen überhaupt in Gang zu setzen, benötigt der Stern eine Mindestmasse von 0,08 Sonnenmassen. Schafft es ein Stern nicht, diese Grenze zu überwinden, bleibt er ein sogenannter Brauner Zwerg. Dieser speist seine abgestrahlte Energie aus unvollständig ablaufenden pp-Fusionsprozessen, bei denen Lithium und Deuterium entstehen.

Bei der Sonne wird sich in den nächsten 4 Milliarden Jahren die Kerntemperatur erhöhen und damit der Anteil des CNO-Prozesses am Energieausstoß zunehmen. Im Alter von 11 Milliarden Jahren wird die Sonne die Hauptreihe verlassen, auf der sie fast 90 % ihres Lebens verbracht haben wird.

WEITERE FUSIONSPROZESSE

Das Produkt des zentralen Wasserstoffbrennens ^4He ist der Ausgangsstoff des zentralen Heliumbrennens. Diese Fusionsreaktion ist weniger ergiebig als das Wasserstoffbrennen und liefert nur etwa 1/10 der Energie der ersten Fusion. Beim Heliumbrennen wird im 3α-Prozess aus drei ^4He-Kernen, über das instabile Beryllium-Isotop ^8Be, ein Kohlenstoff-Kern ^{12}C fusioniert. Der 3α-Prozess startet erst bei Kerntemperaturen von 100 Millionen Kelvin und liefert einen Massendefekt von 7,3 MeV. Die extreme Temperaturabhängigkeit zeigt, dass dieser Prozess nach seinem Beginn die Energie in viel kürzerer Zeit freisetzt als das Wasserstoffbrennen. Die großen Unterschiede in der Temperaturabhängigkeit des pp-Zyklus und des CNO-Zyklus beeinflussen entscheidend die Entwicklung eines Sterns. Wird es in seinem Zentrum heißer, schaltet der Stern gleichermaßen einige Gänge nach oben und die Prozesse laufen intensiver und schneller ab.

Das Heliumbrennen setzt eine Sternmasse von mindestens 0,26 Sonnenmassen voraus. Die Sonne liegt über dieser Grenze und unser Heimatstern wird noch die Phase des Heliumbrennens erleben. Diese Phase wird etwa 130 Millionen Jahre andauern. Bei einem Stern mit 15 Sonnenmassen läuft sie in nur 2 Millionen Jahren ab, bei einer Masse von 25 Sonnenmassen ist das Heliumbrennen nach weniger als 700.000 Jahren vorbei. Schauen wir auf die Lebenszeit eines Sterns, so gehört das Heliumbrennen zu der Nachhauptreihenentwicklung, die später weiter besprochen wird.

Bei Sternen, deren Masse den Bereich von 4 bis 5 Sonnenmassen übertrifft, kann es zu weiteren Brennphasen kommen, die bei immer höheren Kerntemperaturen die Elemente Kohlenstoff, Neon, Sauerstoff und schließlich Eisen im Stern hervorbringen. Diese Prozesse laufen in der Regel mehr oder minder zeitgleich ab. Die Fusionsreaktionen, die bei höherer Temperatur ablaufen, sind im Kern eines Sterns angesiedelt.

Diesen umschließen – abhängig von der Temperatur – verschiedene Kugelschalen, in denen weitere Fusionsprozesse ablaufen. In dieser Entwicklungsphase beruht die Energieerzeugung also auf dem Schalenbrennen. Da zwischen dem Ende eines Fusionsprozesses im Sterninneren und dem Einsetzen der nächsten möglichen Fusion eine gewisse Zeit verstreicht, in der sich ein Stern zusammenzieht und so seine Kerntemperatur erhöht, gehören viele Sterne in dieser Entwicklungsphase zu den Pulsationsveränderlichen Sternen.

ENERGIETRANSPORT

Im Inneren von Sternen kann die Energie durch Strahlung, Konvektion, Wärmeleitung sowie durch das Abströmen von Neutrinos transportiert werden. Bei der Wärmeleitung diffundiert die Energie nach außen, ohne dass Materie transportiert wird. Dieser Prozess tritt zusammen mit der Konvektion auf, bei der ein Materiefluss die thermische Energie transportiert, ist aber bei normalen Sternen nicht von Bedeutung. Bei Weißen Zwergen wird die Wärmeleitung allerdings zum dominanten Prozess.

Bei Sternen kann die Konvektion im Kern und in der äußeren Hülle auftreten. Die radialen Temperaturgradienten der beiden Prozesse bestimmen, in welchen Gebieten Konvektion und in welchen Strahlung die Wärme nach außen transportiert. Der Stern wählt immer die effizienteste Art, um die Fusionswärme zur Sternoberfläche zu befördern.

Die Lage der Konvektionszone, d.h. die Bereiche im Stern, in denen Konvektion stattfindet, hängt von der Masse des Sterns ab. Sehr massearme Sterne sind vollständig konvektiv, hier spielt die Wärmestrahlung keine Rolle. Werden die Sterne massereicher, so wird ihr Zentrum heißer und ab einer Masse von 0,26 Sonnenmassen bildet sich um den Kern, in dem die Fusion stattfindet, eine Strahlungszone aus. Diese wird mit steigender Masse immer größer und verschiebt die Konvektionszone immer weiter nach außen. Bei einer Masse von rund 1,5 Sonnenmassen kehrt sich der Aufbau um. Nun ist der Kern von einer Konvektionszone umgeben, während weiter außen die Energie durch Strahlung transportiert wird. Hintergrund für diese Umkehr ist der CNO-Zyklus, der nun die Oberhand über den pp-Zyklus gewinnt.

Die Ausdehnung dieser Konvektionszonen ist nicht sicher bekannt. Die Astronomen gehen davon aus, dass bei den massereichen Sternen diese Zone in Wirklichkeit größer ist als berechnet und weiter nach außen reicht. Sie sprechen daher von einem „Überschießen" über den berechneten Konvektionsradius hinaus. Die Theorie der Konvektion ist nur unzureichend verstanden, ganz einfach weil die Konvektion alles und in alle Richtungen durchmischt. Modellrechnungen, die nur von lokalen Annahmen ausgehen und alles nur radial modellieren, können das nicht vollständig abbilden. Aus den Prozessbetrachtungen können wir aber eine Obergrenze ableiten: Bei etwa 100 Sonnenmassen umfasst die Konvektion wieder den gesamten Stern. Sterne mit noch mehr Masse wären instabil und können daher nicht existieren. Auch während der Entwicklung von Protosternen zu „richtigen" Sternen (siehe Kapitel 2: Der Protostern wird zum Vor-Hauptreihenstern) wird Wärme durch Konvektion abgeführt. Allerdings befindet sich der künftige Stern noch nicht im hydrostatischen Gleichgewicht, in dem eine selbsterhaltende Kernfusion möglich wird, sondern zieht sich noch zusammen. Im Hertzsprung-Russell-Diagramm trennt die sogenannte Hayashi-Linie, die im Wesentlichen rechts von Hauptreihe und Riesenast verläuft, den Übergang von Protosternen und vollständig entwickelten Sternen zwischen dem konvektiv verbotenen Bereich (rechts davon) und dem Bereich, wo ein hydrostatisches Gleichgewicht möglich ist (siehe Kapitel 2: Typen verschiedener Vor-Hauptreihensterne).

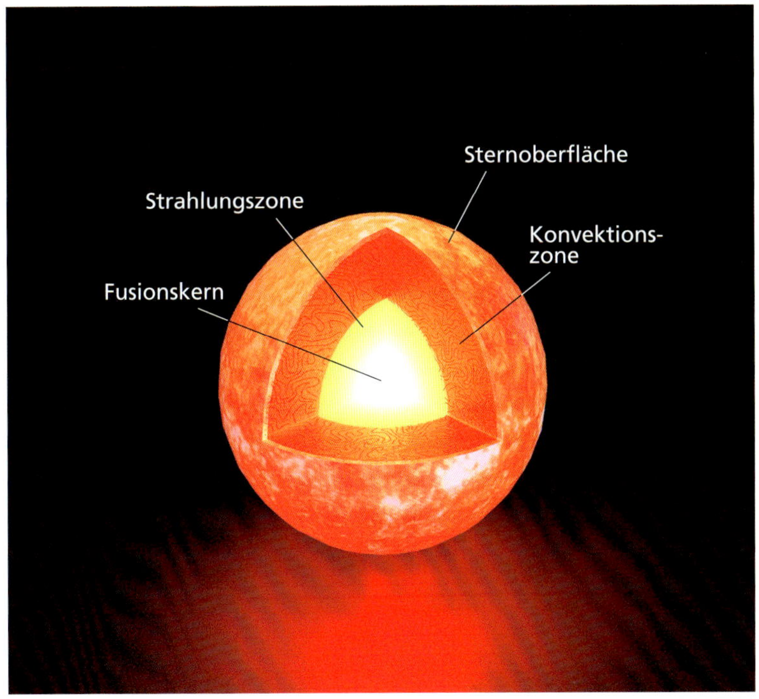

Abb. E.11: Diese dreidimensionale Darstellung zeigt einen Schnitt durch einen Hauptreihenstern, der die Lage der Konvektions- und Strahlungstransportzone deutlich macht. Die Konvektionszone dieses Sterns von knapp einer Sonnenmasse (siehe gestrichelte Linie in Abbildung E.10) macht etwa 30 % des Radius aus.

Bei der Sonne erfolgt der Energietransport weitgehend durch Strahlung. Im Außenbereich, der etwa 30 % vom Sonnenradius ausmacht, liegt eine Konvektionszone, deren äußerste Schicht wir als Granulation der Sonnenoberfläche beobachten können. In der Sonne wird die Strahlung nicht einfach geradlinig nach außen transportiert. Vielmehr nimmt ein Photon an einer großen Zahl von physikalischen Prozessen teil, wie die Streuung an Elektronen mittels Compton-Effekt. Diese Prozesse reduzieren die Geschwindigkeit des Photons enorm und verändern zudem ständig seine Bewegungsrichtung. Ein Photon, das in der Fusion entsteht, muss also

auf seinem Weg zur Sternoberfläche einen enorm langen Zickzack-Marathon bewältigen. Daher braucht es nicht nur einen Sekundenbruchteil vom Zentrum bis zu uns, sondern ist schon recht „alt". Die Photonen, die uns heute erreichen, sind schon vor Millionen Jahren im Fusionskern entstanden.
In den Endphasen eines Sternlebens ist aufgrund der hohen Dichten und Temperaturen die Energieabstrahlung von Neutrinos geprägt, die fast die gesamte Fusionsenergie wegtransportieren, aber nicht zur Sternleuchtkraft beitragen.
Hat ein Stern das Ende seiner eigentlichen Entwicklung erreicht – und meist auch seine Atmosphäre abgestoßen – bleibt ein Weißer Zwerg übrig. Sie stehen im HRD tief unterhalb der Hauptreihe. Weiße Zwerge sind im Grunde genommen die Kerne der früheren Sterne. Nach dem Ende aller Fusionsprozesse ist die Materie dort „entartet", verhält sich also im Wesentlichen gemäß den Gesetzen von Quantenmechanik und Relativitätstheorie. Dies macht z. B. Stöße zwischen den Teilchen so effizient, dass der Energietransport durch Wärmeleitung besser verläuft als durch Strahlung oder Konvektion.

PROTOSTELLARE NEBEL UND VORHAUPTREIHENSTADIUM

Die Vorstufen von Sternen entstehen in den dichten Wolken des interstellaren Mediums. Es handelt sich dabei um kühle Objekte, die durch ihre eigene Gravitation immer dichter und kompakter wurden. Diese dichten und kühlen Materiewolken bestehen in der Regel zu 70 % aus molekularem Wasserstoff und enthalten einige Prozent interstellaren Staub. Heute und in den letzten Jahrmilliarden entstehen diese Wolken aus sogenanntem „prozessierten Material", also Gas und Staub, das frühere – meist massereiche – Sterne im Verlauf ihrer Entwicklung produziert haben. Die Massen der Wolken überdecken einen großen Bereich von 10^4 bis 10^7 Sonnenmassen und ihre Ausdehnungen übersteigen 100 Lichtjahre. Die Dichtewerte liegen bei verschwindend geringen 10^{-20} g/cm^3. Durch äußere Einflüsse, etwa das durch die Himmelskörper erzeugte lokale Gravitationsfeld, Sternwinde oder Supernovaexplosionen, entstehen in den Wolken erste Verdichtungen. In ihnen steigt die Dichte um Größenordnungen an, weshalb die Wolken immer undurchlässiger für Strahlung werden. Die Temperatur solcher Wolken liegt bei nur 10 K.
Der Weg zum Stern ist dann erst möglich, wenn die Gravitationskraft den nach außen gerichteten Gasdruck überwinden kann. Die Größenordnung der dazu notwendigen Dichten für eine vorgegebene Temperatur und Gesamtmasse einer Wolke können wir abschätzen. Eine wichtige Bedingung für den Kollaps einer Gaswolke ist die Erfüllung des Jeans-Kriteriums. Es beschreibt den Kipppunkt, bei dem die nach innen gerichtete Gravitation größer wird als die nach außen gerichteten Größen des Gasdruck und der Zentrifugalkräfte. Die zugehörige Jeansmasse hängt von der Dichte, dem Radius und der Temperatur der Wolke ab. Die Theorie sagt dazu, dass die Gravitationskraft dann überwiegt, wenn die potenzielle Energie E_G der Wolke größer ist als die thermische Energie E_{th}, die den Gasdruck bestimmt. Genau genommen muss E_G größer als $2 \times E_{th}$ sein, um den Kollaps einer Wolke einzuleiten.
Für eine Wolke mit einer Masse von zehn Sonnenmassen und einer Temperatur von 10 K liegt diese Grenze der Gravitationsinstabilität bei einer Teilchendichte von 10^4 cm^{-3}. Für eine Wolke mit 100 Sonnenmassen ist die Teilchendichte geringer, hier reichen schon 10^2 cm^{-3}. Allgemein können wir sagen, dass die Gravitationsinstabilität bei umso kleineren Wolkenmassen auftritt, je höher die Dichten und je geringer die Temperaturen sind. Es muss keineswegs die Wolke als Ganzes kollabieren. Die Gravitationsinstabilität tritt durchaus lokal auf, d. h. auch kleinere Gebiete innerhalb der Molekülwolke können kollabieren. Die dabei frei werdende Gravitationsenergie wird in thermische Energie umgewandelt und maßgeblich als Millimeterwellen abgestrahlt. In einer sich verdichtenden Wolke entsteht über einen Zeitraum von 10.000 Jahren ein hydrostatisches Gleichgewicht zwischen Gravitation und Strahlung. Der Radius eines solchen Gebiets liegt bei 10 bis 30 AE. Von außen fällt weiter Materie in Richtung des Wolkenzentrums. Dessen Temperatur nimmt weiter zu, bis sie ausreicht, um Wasserstoffmoleküle in Atome aufzuspalten. Dies benötigt Energie, die für die Ausbil-

DURCHSCHNITTSWERTE FÜR RADIEN UND MITTLERE DICHTEN (IN EINHEITEN DER SONNE)

	Masse			Radius			Mittlere Dichte		
Leucht-kraft-klasse	V	III	I	V	III	I	V	III	I
O5	60		70	18		30	0,032		3×10^{-3}
B0	17,5	20	25	7,4	15	30	0,039		6×10^{-3}
A0	2,9	4	16	2,4	5	60	0,196		$2{,}5 \times 10^{-4}$
F0	1,6		12	1,4	5	80	0,71		5×10^{-5}
G0	1,05	1,0	10	1,1	6	120	0,96	1×10^{-2}	1×10^{-5}
K0	0,79	1,1	13	0,9	15	200	1,259	9×10^{-4}	$1{,}6 \times 10^{-6}$
M0	0,51	1,2	13	0,6	40	500	2,0	$2{,}0 \times 10^{-5}$	$1{,}3 \times 10^{-7}$

dung eines Gleichgewichts fehlt und so setzt sich der Kollaps fort. Er stoppt erst, wenn der Kern, der dichteste Teil im Zentrum der Wolke, etwa 1,5 Sonnenradien aufweist. Aus diesem Kern bildet sich der Protostern, der aber erst 1 % der Gesamtmasse in sich vereinigt. Es folgt die sogenannte Hauptakkretionsphase, in der der junge Stern durch einstürzendes und dann aufgesammeltes Material der Wolke immer massereicher wird.
Die genaue Masse der Sterne in der Wolke hängt von den Bedingungen in der Wolke ab, insbesondere der unregelmäßigen Masseverteilung. Aufgrund des Jeans-Kriteriums liegt die Gleichgewichtsmasse einer Wolke von 30 K und 300 Teilchen/cm³ bei etwa 170 Sonnenmassen – weit jenseits der Massen, die für Sterne möglich sind. Wir können daher folgern, dass in großen Wolken ganz unterschiedliche Klumpen existieren müssen, aus denen später Sterne unterschiedlicher Masse entstehen.
Da die Molekülwolken rotieren, wird von der einströmenden Materie auch Drehimpuls übertragen. Beim Erhöhen der Dichte eines Wolkenkerns können Dichteunterschiede schneller rotieren als andere. So können sich Kerne vom Kollaps eines Kerns abkoppeln, wodurch es vorkommen kann, dass dieser Drehimpuls umverteilt wird und nicht nur ein Protostern, sondern Mehrfachsysteme ausgebildet werden.
Im Hertzsprung-Russell-Diagramm entstehen die Protosterne weit rechts der Hayashi-Linie – sie sind noch nicht im hydrostatischen Gleichgewicht. Ihre Geburtsstunde schlägt, sobald die Protosterne die Linie überqueren. Danach wandern sie zuerst vertikal nach unten und bewegen sich dann, von rechts kommend, horizontal auf die Hauptreihe zu. Der wesentliche physikalische Unterschied zwischen massearmen Vorhauptreihensternen und normalen Sternen besteht darin, dass Vorhauptreihensterne durch Kontraktion Energie gewinnen, also Gravitationsenergie in Strahlungsenergie umsetzen. Die wichtigste Energiequelle normaler Hauptreihensterne ist die Kernfusion. In Kapitel 2 wird die Entwicklung der Protosterne detailliert besprochen.

ENTWICKLUNG AUF DER HAUPTREIHE

Das Hauptreihenstadium der Sonne dauert etwa 9 Milliarden Jahre an. Von heute aus betrachtet, hat sie somit schon die Hälfte davon zurückgelegt. Ihre Eigenschaften haben sich dabei im Lauf der Zeit spürbar verändert und werden sich in der Zukunft noch stärker verändern.
Während der zentral ablaufenden Fusion im Kern eines Hauptreihensterns nimmt der Heliumgehalt zu und der Vorrat an zentralem Wasserstoff ab. Damit verbunden ist eine Änderung in den beobachtbaren Eigenschaften der Sterne wie z. B. der Leuchtkraft. Dies bedingt, dass Sterne während ihrer Hauptreihenzeit nicht an einer Stelle im HRD stehen bleiben, sondern sich durch das Diagramm bewegen, wobei sie aber immer innerhalb des Streifens der Hauptreihe bleiben.
Die „Startlinie" auf der Hauptreihe beschreiben die Astronomen auch als „Alter-Null-Hauptreihe" oder engl. zero age main sequence (ZAMS). Sie stellt die idealisierte Linie dar, bei der die Sterne auf der Hauptreihe „angekommen" sind. In der Abbildung des Hertzsprung-Russell-Diagramms ist dieser Zeitpunkt für einen Stern mit 1 Sonnenmasse mit „a" markiert (siehe Abb. E.12 auf Seite 30). Durch die allmählich geringer werdende Wasserstoffkonzentration nimmt die Fusionsrate ab und das Gleichgewicht zwischen Strahlungsdruck und Gravitation verschiebt sich zugunsten der Gravitation. Damit erhöhen sich trotz laufender Fusion Druck und Temperatur im Zentrum. Sterne mit bis zu 1,25 Sonnenmassen wandern in dieser Zeit etwas nach oben, ihre Leuchtkraft nimmt also zu. Ab einer Masse von 1,5 Sonnenmassen gleicht der Weg einer Seitwärtsbewegung, bei der der Stern nur leicht an Leuchtkraft zulegt, seine Oberflächentemperatur aber um ca. 20 % abnimmt. Bezogen auf den diagonalen Verlauf der Hauptreihe geht diese Bewegung nach rechts oben, was mit einer leichten Zunahme des Sternradius einhergeht. Da dieses Verhalten bei allen, auch bei massereichen Sternen mit 15 Sonnenmassen, auftritt, bildet die Hauptreihe keinen feinen Strich im Hertzsprung-Russell-Diagramm, sondern einen breiten Streifen. Sternmodellrechnungen zeigen, dass im weiteren Verlauf der Sternentwicklung mit der Abnahme der zentralen Wasserstofffusion auch der Bereich schrumpft, in dem die Fusion stattfindet. Der gesamte Stern wird nun wieder kleiner, aber die Kerntemperatur nimmt zu, obwohl die Fusionsrate zurückgeht. Im Hertzsprung-Russell-Diagramm macht der Stern in dieser Zeit eine Bewegung nach links, er bleibt aber immer noch innerhalb der Hauptreihe. Diese Bewegung tritt bei allen Sternen mit mehr als 1,25 Sonnenmassen auf.
Dass wir bei der Hauptreihe von einer „Reihe" sprechen, also einer linearen Abfolge, ist eine Idealisierung. In der Realität ist die Hauptreihe zweidimensional, sodass eher von einem „Hauptband" die Rede sein müsste. Die Breite des Bandes entsteht aus den Entwicklungswegen vieler Sterne, die fortwährend auf die Hauptreihe zuwandern oder sich davon entfernen. Wichtig ist aber auch die Altersmischung großer Sternansammlungen wie beispielsweise den Sternen in der Milchstraße. Unterschiedliche Alter bedeuten unterschiedliche chemische Zusammensetzung, insbesondere unterschiedliche Anteile schwerer Elemente. Jede Sterngeneration gibt ihre schweren Elemente beim Vergehen an die interstellare Materie ab. Je mehr Sterngenerationen die Wolke, aus denen sich neue Sterne bilden, bereits angereichert haben, desto höher ist der Metallgehalt (also der Anteil aller Elemente schwerer als Helium). Die Hauptreihe für Sterne mit geringer Metallizität ist, im Vergleich mit der von Sternen höheren Metallgehalts, etwas nach links versetzt. Diese Ster-

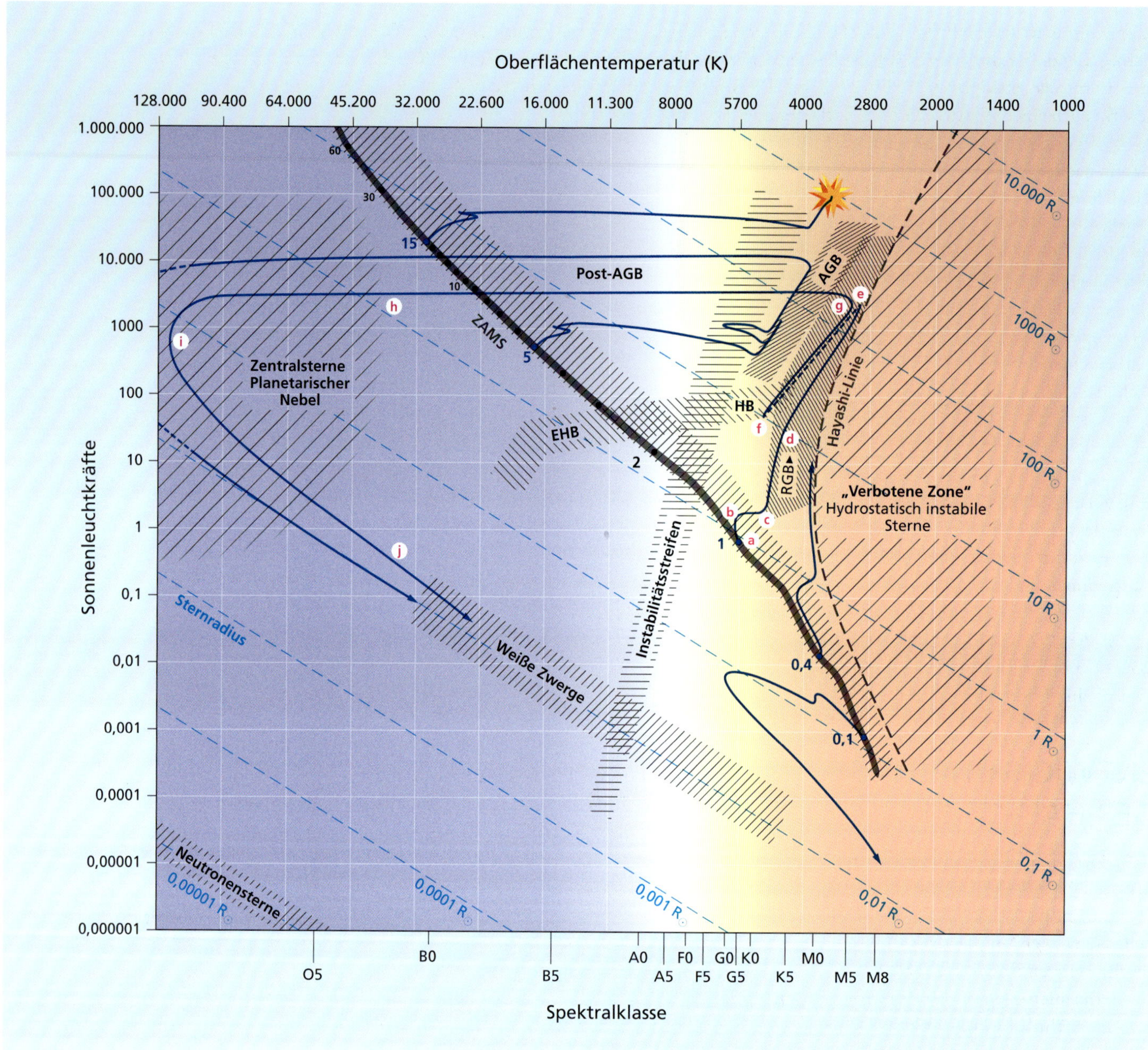

Abb. E.12: Im Hertzsprung-Russell-Diagramm werden Sterne mit ihrer Leuchtkraft (auf der y-Achse) und ihrem Spektraltyp (gleichbedeutend mit der Oberflächentemperatur, auf der x-Achse) aufgetragen. Die meisten Sterne liegen im Bereich der Hauptreihe. Die Nummern entlang der Hauptreihe nennen die Massen der Sterne in Sonnenmassen. Die Entwicklungswege von fünf Sternen sind als blaue Linien eingezeichnet (deren Sternmassen sind ebenfalls blau hervorgehoben). Für einen Stern mit einer Sonnenmasse sind die verschiedenen Entwicklungsstufen durch Buchstaben markiert, die im Text erläutert werden. Die Diagonalen im Diagramm sind Linien gleichen Sternradius. Ebenfalls eingezeichnet sind wichtige Zonen, in denen wir Sterne während bestimmter Entwicklungsstadien finden.

ne sind also etwas blauer als metallreichere Sterne, die weiter rechts liegen. Auch das ergibt eine Verbreiterung der Hauptreihe.

Bei Sternen, die massereicher als die Sonne sind, wird die Energie im Zentrum nicht durch Wärmestrahlung, sondern durch Konvektion nach außen transportiert. Am Ende des Wasserstoffbrennens liegt ein massereicher stellarer Kern vor, der überwiegend aus Helium besteht und von einer Hülle aus Wasserstoff umgeben ist. Sobald das zentrale Wasserstoffbrennen aufhört, kontrahiert der Kern, er wird also dichter. Die frei werdende Gravitationsenergie führt zu einem Anstieg der Kerntemperatur. Solange die Kontraktion anhält, ist der Stern ohne eine Fusionsquelle. Allerdings dauert dieser Prozess nur wenige Millionen Jahre. Die höhere Kerntemperatur bewirkt den Beginn einer Heliumfusion im Kern. Zusätzlich kann in einer Kugelschale um den Kern die Fusion von Wasserstoff einsetzen. Die zusätzliche Energie bewirkt auch einen Anstieg der Oberflächentemperatur, somit bewegt sich der Stern im Hertzsprung-Russell-Diagramm nach links. Sterne, deren Masse nicht ausreicht, um die Heliumfusion zu zünden, können dennoch weit genug kollabieren, um nach dem Ende der zentralen Wasserstofffusion das Wasserstoff-Schalenbrennen zu beginnen.

Der Entwicklungsweg massereicher Sterne innerhalb des Hauptreihenstreifens führt zu einer „Zacke" in Form einer „Nase" (siehe Abb. E.12, Punkt b). Die Sonne läuft beim Aufbrauchen ihres zentralen Wasserstoffs nicht „der-Nase-nach", sondern macht eine leichte Rechtskurve, bei der ihre Leuchtkraft um 30 % bis 40 % zunimmt, während ihre Oberflächentemperatur geringfügig abnimmt. Schauen wir auf die physikalischen Größen, so geht die erhöhte Leuchtkraft auf eine Temperaturzunahme im Zentrum zurück, wodurch der pp-Zyklus schneller abläuft. Bei der Sonne hat die Temperatur im Zentrum dann um etwa 2 Millionen Kelvin zugenommen.

Als die Sonne geboren wurde, betrug ihr Radius etwa 90 % des heutigen Radius. Die Sonne wurde also während ihrer Nach-Alter-Null-Hauptreihenentwicklung schon etwas größer und ihre Massendichte im Zentrum nahm ebenfalls zu.

ENTWICKLUNG NACH DER HAUPTREIHE

Gehen wir von der „zero age main sequence" (ZAMS, zu deutsch „Alter-Null-Hauptreihe") aus, entscheidet die Masse über die Entwicklung der Sterne. Zur besseren Orientierung helfen die folgenden Massenbereiche, welche die Weichen für die weiteren Entwicklungswege stellen.

1. Sterne mit geringen Massen unter 0,7 Sonnenmassen
2. Sonnenähnliche Sterne mit Massen zwischen 0,7 und 2,3 Sonnenmassen
3. Massereiche Sterne mit Massen über 2,3 und unter 8 Sonnenmassen
4. Sehr massereiche Sterne mit mehr als 8 Sonnenmassen

Die hier genannten Grenzmassen beruhen auf physikalischen Rahmenbedingungen, die das Ablaufen bestimmter Fusionsprozesse verbieten, verzögern oder beschleunigen. Allerdings erschweren – außer der Physik im Sterninneren – Prozesse in den Außenbereichen der Sterne und den Sternatmosphären die genaue Angabe von Grenzmassen. Je massereicher die Sterne werden, umso stärker sind die Sternwinde und der damit verbundene Massenverlust. Auch das Gegenteil, eine Massenzunahme, existiert, allerdings nur in Doppel- oder Mehrfachsystemen. Dort kann ein Stern Materie von seinem Begleiter aufsammeln. Es gibt auch Fälle, in denen beide Effekte wirken. Ein Stern kann also einen etwas anderen Entwicklungsweg einschlagen, als wir allein anhand seiner Masse vermuten würden. Auch kann er in seiner Entwicklung durch den Zustrom oder Verlust von Materie seine Masse ändern und daher auf seinem Entwicklungsweg vor- und zurückgehen. Die Angaben von Grenzmassen sind deswegen zwar Richtwerte, aber keine Schranken, die den Weg der Sterne exakt vorgeben.

DIE LEICHTGEWICHTE BIS 0,7 SONNENMASSEN

In einem Massenbereich von 0,013 Sonnenmassen bis 0,08 Sonnenmassen kommt es zu einer Vorstufe des Wasserstoffbrennens, dem Deuteriumbrennen, das zu einer Anreicherung von Helium im Stern führt. Das Endprodukt ist ein brauner Zwergstern.

In Sternen mit Massen zwischen 0,08 Sonnenmassen und 0,7 Sonnenmassen findet zentrales Wasserstoffbrennen statt, an dessen Ende ein Weißer Zwerg steht, der einen zentralen Kern aus Helium enthält. Die Leichtgewichte unter 0,26 Sonnenmassen schaffen es gerade, die Zündtemperatur für die Wasserstofffusion im Zentrum zu erreichen. Sie werden in ihrem Zentrum aber nie heiß genug, um auch die Heliumfusion zu zünden. Andererseits liegen alle diese Sterne, die jemals entstanden, noch auf der Hauptreihe. Die Suche nach ihren Endzuständen ist daher eine rein akademische Überlegung – keiner dieser Sterne hat bisher sein Ende erlebt.

Genaue Analysen für Sterne mit Massen im Bereich von 0,1 – 0,26 Sonnenmassen finden wir in der Fachliteratur kaum. Das kommt etwas überraschend, besitzen doch etwa 70 % der Sterne der Milchstraße eine Masse unter 0,26 Sonnenmassen. Betrachten wir einen Stern mit 0,1 Sonnenmassen. Dessen Entwicklung vom Protostern zur Hauptreihe dauert schon 2 Milliarden Jahre und das Hauptreihenstadium nimmt unglaubliche 5700 Milliarden Jahre (also 5,7 Billionen Jahre) in Anspruch. Das übertrifft das derzeitige Alter des Universums um das 400-fache! In Abb. E.12 ist der Entwicklungsweg eines Sterns mit 0,1 Sonnenmassen eingezeichnet. Er steht am unteren, rechten Ende der Hauptreihe. Der Stern wandert zuerst sehr langsam nach oben links. Auf diesem Weg nimmt die Helium-Konzentration zu und verringert im Stern die Opazität, d.h. die Durchlässigkeit des Sternmaterials für Strahlung. Die Photonen aus dem Zentrum gelangen daher einfacher nach außen. Mathematisch gesehen verläuft der Temperaturgradient, also die Abnahme der Temperatur mit dem Radius, weniger steil. Der Strahlungstransport wechselt in dieser Zeit von Konvektion auf Strahlung. Die Astronomen sprechen dann davon, dass der Kern radiativ wird. Durch die höhere Effektivität der Energieabfuhr „kühlt" der Stern also aus. Er reagiert als Ganzes darauf, indem er kontrahiert, was seine Leuchtkraft verringert. Auf dem Entwicklungsweg des 0,1-Sonnenmassen-Sterns ist dies als kleine Stufe (bei einer Oberflächentemperatur von etwa 4000 K und einer Leuchtkraft zwischen 0,01 und 0,001 L_{Sonne}) zu sehen. Nun entwickelt sich der Stern schneller, sein Heliumkern wächst an, umgeben von einer wasserstoffbrennenden Zone. Solche massearmen Sterne verbrennen fast 99 % ihres ursprünglichen Wasserstoffs und sind damit viel effizienter als die massereichen Sterne, die später noch beschrieben werden. Als Spoiler: Die Sonne wird nur rund 10 % ihres Wasserstoffs fusionieren.

Der massearme Stern durchläuft im Hertzsprung-Russell-Diagramm jetzt eine Linkskurve. Seine Lebensuhr zeigt in dieser Phase 6100 Milliarden Jahre an. Der Stern entwickelt sich zu einem Weißen Zwergstern, der fast nur aus Helium besteht. Er ist auf seine Zielgerade eingebogen und läuft weiter nach rechts unten. Der Weg führt entlang einer Abkühlsequenz, die von oben, also von etwas größeren Radien kommend, sich der Zone der Weißen Zwerge annähert. Diese Endzone hat er nach etwa 6200 Milliarden Jahren erreicht.

Bei Sternen mit Massen zwischen 0,26 und 0,7 Sonnenmassen kommt es zwar zur Helium-Fusion im Kern, der entstehende Heliumkern bleibt aber unter einer Masse von 0,5 Sonnenmassen. Diese Grenze ist für die weitere Entwicklung wichtig, da, wie wir gleich beschreiben werden, sich nur Sterne mit massereicheren Kernen zu roten Riesensternen entwickeln können. Sterne mit Massen unter dem Grenzwert von 0,7 Sonnenmassen bleibt die Entwicklung zum Roten Riesen verwehrt. Es ist davon auszugehen, dass Sterne zwischen 0,26 und 0,7 Sonnenmassen dem prinzipiellen Entwicklungsweg für Sterne von 0,1 Sonnenmassen folgen. Ihre nach links ausschlagenden Entwicklungswege ragen aber weiter in den blauen Bereich des HRD hinein, da sie höhere Leuchtkräfte und höhere Oberflächentemperaturen erreichen.

STERNE MIT MASSEN ZWISCHEN 0,7 UND 8 SONNENMASSEN

Der Unterriesenast und der Riesenast

Ganz allgemein können wir für massereichere Sterne sagen, dass die brennende Wasserstoffschale den Strahlungsdruck ansteigen lässt und eine Expansion der äußeren Schichten des Sterns bewirkt. Bei gleicher Energiemenge und einem größeren Radius muss aber die Oberflächentemperatur des Sterns sinken. Durch die Temperaturabnahme der sichtbaren äußeren Hülle verändert sich auch seine Position im Hertzsprung-Russell-Diagramm: Der Stern verlässt die Hauptreihe. Geringere Oberflächentemperatur bedeutet: Er wandert nach rechts und wird röter. Das kleine Wegstück nach rechts (bei etwa 5700 K und einer Sonnenleuchtkraft) von Punkt b zu Punkt c in Abb. E.12 wird als Unterriesenast bezeichnet. Es wird oft mit SGB abgekürzt, vom englischen Begriff „subgiant branch“. Der SGB ist das erste Wegstück einer Sternentwicklung weg von der Hauptreihe. Die Länge des SGB nimmt mit der Masse zu. Bei massereichen Sternen liegt dort auch die Hertzsprung-Lücke.

Sterne, deren Masse über 0,7 Sonnenmassen liegt, haben keinen konvektiven Kern, es kommt dort also nicht zu einer kompletten Materialdurchmischung. In ihren Kernen verbrennen sie Wasserstoff zu Helium. Dort nimmt die Wasserstoffhäufigkeit ab, die nach außen hin wieder zunimmt. Im Laufe des Kernbrennens kontrahiert der Stern geringfügig und erzeugt dadurch mehr Energie. An der Oberfläche wird der Stern heißer und heller. Im Hertzsprung-Russell-Diagramm läuft er während dieser Zeit auf der Hauptreihe nach links oben. Sind die zentralen Wasserstoffvorräte erschöpft, geht auch seine Zeit auf der Hauptreihe zu Ende. Im Sternzentrum steckt dann ein inerter Heliumkern, der keine Fusion aufweist, aber von einer brennenden Wasserstoffschale umgeben ist. Wie früher im Sterninneren läuft die Fusion in der Schale zunächst nach dem pp-Zyklus ab, später setzt der CNO-Zyklus ein. Die Schale produziert weiter Helium. Die von ihr erzeugte Energie führt zur Ausdehnung der äußeren Schichten des Sterns, weshalb sich die Sternoberfläche abkühlt. Der Stern wandert im Hertzsprung-Russell-Diagramm nach rechts oben. Wegen seines vergrößerten Radius entwickelt er sich zu einem roten Riesenstern. Sein Weg führt den Stern durch den Roten Riesenast nach oben vom Punkt c über Punkt d zum Punkt e. Der Riesenast wird oft mit RGB abgekürzt, vom englischen „red giant branch“.

Ein roter Riesenstern (oder kurz Roter Riese) vereinigt in seinem Inneren große Dichtegegensätze. Im Kern des Roten Riesen herrscht enorme Dichte (700.000.000 kg/m^3 sind möglich.) Der äußere Bereich des Sterns besteht aus extrem dünnem Gas. Die Dichte ist dort geringer als in einem Laborvakuum auf der Erde. Dieses Gas wird durch die Gravitation festgehalten, kann aber durch verschiedene Wechselwirkungen verloren gehen. Ein solcher Massenverlust beträgt bei Riesensternen typischerweise etwa 10^{-7} Sonnenmassen/Jahr. Wir kennen dies schon bei der Sonne als Sonnenwind. Noch ist die Sonne sehr sparsam, denn ihr Massenverlust beträgt nur 10^{-17} Sonnenmassen/Jahr.

Der Rote Riesenast verjüngt sich nach oben und formt einen Aufstiegskanal zwischen den Punkten d und e. Auf diesem Weg nach oben nimmt mit der Masse des Heliumkerns auch die zentrale Dichte immer weiter zu. An der Spitze des Roten Riesenasts finden wir Sterne, die alle einen fast gleich schweren Heliumkern von 0,5 Sonnenmassen in sich tragen. Wie wir gleich sehen werden, sind sie aufgrund der quantenmechanischen Bedingungen in ihrem Inneren in der Lage, das Heliumbrennen zu zünden. Daher ist die Helligkeit dieser Sterne, trotz einer geringen Abhängigkeit von ihrer Metallizität, annähernd gleich. Wir können diese Roten Riesen daher als Standardkerzen benutzen.

Über den folgenden Entwicklungsschritt entscheidet die Masse, die der Stern am Ende seiner Roten Riesenphase besitzt. Bei Sternen mit Massen im Bereich von 0,7 Sonnenmassen bis 2,3 Sonnenmassen kommt es zu einer Entartung des Elektronengases im Kern. Die Physiker sprechen von einem entarteten Gas, wenn es sich nicht mehr wie ein normales Gas verhält. Dieses würde bei zunehmender Dichte heißer

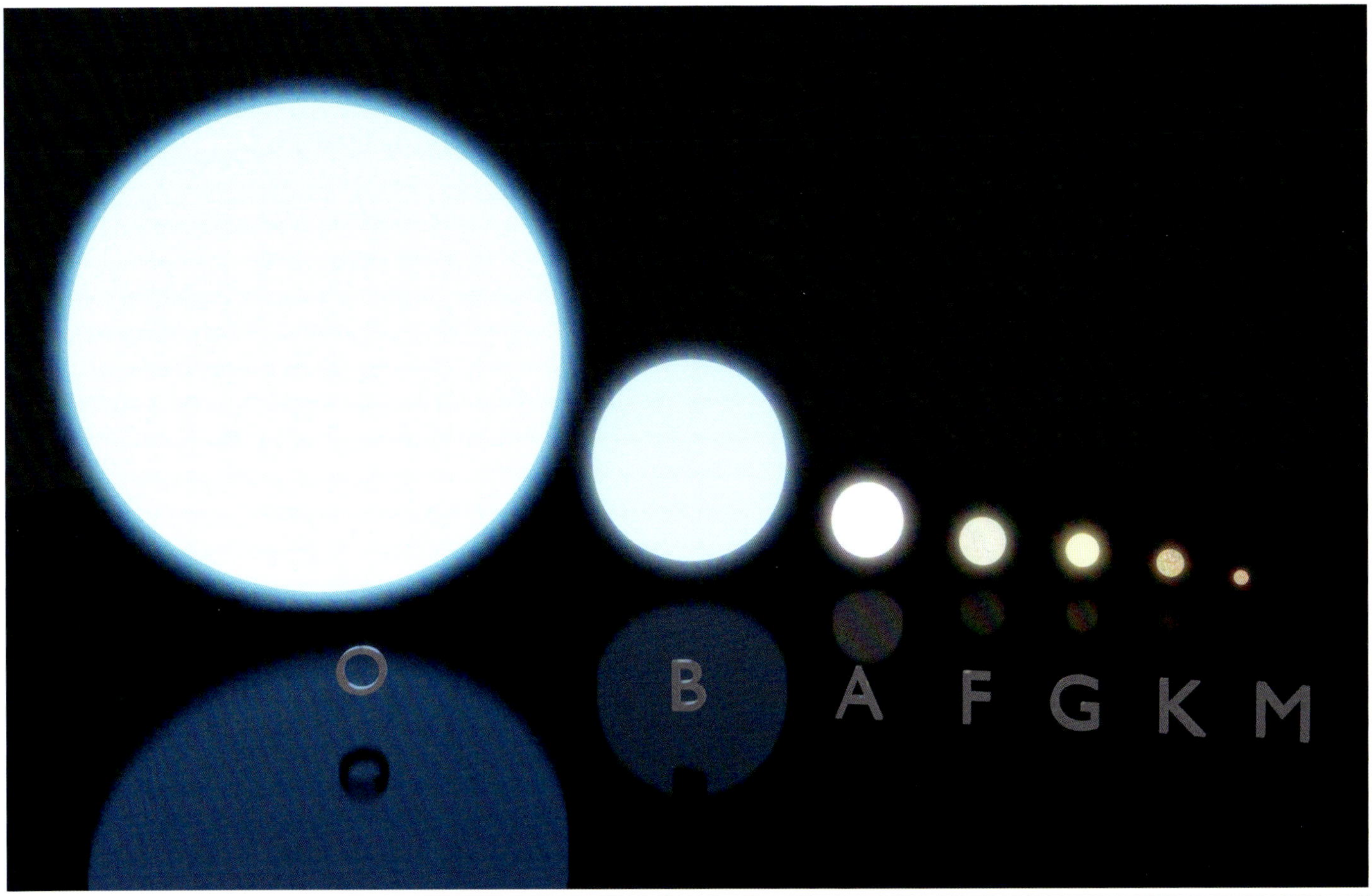

Abb. E.13: Das Rendering zeigt die Sterne der verschiedenen Spektralklassen im Vergleich. Die Durchmesser orientieren sich an den Hauptreihengrößen. Zur besseren Darstellung wurden die Leuchtkraftverhältnisse verkleinert und die Farben intensiviert.

und der Druck des Gases würde sich erhöhen. In einem entarteten Gas sind alle möglichen Energiezustände der Atome (siehe Kapitel 3: Atomphysik) mit Elektronen besetzt. Der Gravitationsdruck kann die Atome nicht mehr dichter packen, da die quantenmechanischen Abstoßungskräfte (aufgrund des Pauli-Prinzips) einen konstanten Gegendruck erzeugen, der wie eine Barriere wirkt. Da nun aber Druck und Temperatur voneinander entkoppelt sind, wird das Helium im Kern aufgeheizt, ohne weiter komprimiert zu werden!
Liegt die Sternmasse unter 2,3 Sonnenmassen, beginnt bei einer Zündtemperatur von 100 Millionen Kelvin blitzartig die Helium-Fusion. Wir sprechen dann bei diesen Sternen von einem „Heliumflash" im Zentrum.
In vielen Beschreibungen ist zu lesen, dass der Stern nun das Helium im Kern verbrennt. Schon eine frühe Arbeit zum Heliumflash von 1967, deren Ergebnisse durch neuere Computermodelle bestätigt wurden, konnte zeigen, dass der Flash im Kern nicht so einfach zünden kann. Aufgrund der hohen Neutrinodichte wird der Kern durch die abfließenden Neutrinos sehr effektiv gekühlt. Durch diese Neutrinokühlung wird es eigentlich zu kalt für die Heliumfusion. Da diese Kühlung im Zentrum des Sterns effektiver ist als etwas weiter außen, beginnt die Heliumfusion vielmehr in einer Schale innerhalb des Kerns. Über der heliumbrennenden Schale entsteht eine Konvektionszone, die bis zur Kernoberfläche reicht und sich allmählich in das Innere des Kerns hineinwühlt.
Kurz nachdem der Heliumflash seine maximale Energieproduktion erreicht, erlischt die brennende Wasserstoffschale. Durch die hohe Energieproduktion expandiert der Kern etwas und drängt die Schale weiter nach außen, bis die Bedingungen nicht mehr ausreichen, um die Fusion zu unterhalten. Sie zündet erst später wieder. Über der heliumbrennenden Schale ist eine Konvektionszone entstanden, die sich bis zur Sternoberfläche ausdehnt. Die Heliumschale frisst sich nun nach innen, wobei es zu weiteren sekundären Heliumflashs kommt, bis die Schale schließlich im Sternzentrum angekommen ist. Jetzt erst fusioniert der Stern Helium im gesamten Kern und verbrennt dieses zu Beryllium und dann zu Kohlenstoff. Die Zeitspanne vom Helium-Schalenbrennen bis zum Kernbrennen liegt typischerweise bei ein bis zwei Millionen Jahren.
Der Stern kann zuerst nicht auf die Temperaturerhöhung im Zentrum reagieren. Erst wenn die Dichte abgenommen hat

und die Entartung nicht mehr gegeben ist, setzt eine Expansion des Heliumkerns sein. Die starke Temperaturerhöhung im Kern lässt in diesem Abschnitt die Fusionsrate stark anwachsen. In kurzer Zeit wird dadurch viel Energie erzeugt, was eine enorm hohe Leuchtkraft im Kern zur Folge hat. Ein Großteil der frei werdenden Energie sendet der Kern in Form von Strahlung aus. Die äußeren Schichten absorbieren diese Energie, sodass von den dramatischen Abläufen im Kern kaum etwas zur Sternoberfläche vordringt. Gelegentlich verliert ein Stern während dieser Entwicklungsphase einen geringen Teil der Hülle. Er erreicht trotzdem ein thermodynamisches Gleichgewicht, aber bei geringerem Radius. Damit hat auch seine Leuchtkraft abgenommen.
Interessanterweise wird im Stern gleichzeitig Helium im Kern und Wasserstoff in einer Schale fusioniert, dennoch nimmt die gesamte Energieerzeugung des Sterns im Vergleich zum Maximum während des Roten Riesenstadiums ab. Er kontrahiert ein wenig und die geringere Größe bedeutet entsprechend etwas geringere Leuchtkraft. Die Oberflächentemperatur steigt dabei und der Stern verändert seine Farbe von Rot zu Gelb. Er wandert damit im HRD nach links.
Im Hertzsprung-Russell-Diagramm wandert der Stern vom Ende des RGB (Punkt e in Abb. E.12) nach links unten (Punkt f). Die Bewegung ist im HRD von Abb. E.12 als gestrichelte Linie eingetragen. In der Realität verläuft diese Bewegung deutlich komplexer, aber schnell. Der Bereich, in dem er sich nun aufhält, bildet sozusagen einen „Landeplatz" für alle Sterne, die ihr zentrales Heliumbrennen mit einem Heliumflash begonnen haben. Er wird als Horizontalast (engl. „horizontal branch", kurz HB) bezeichnet.

Der Horizontalast und der asymptotische Riesenast

Alle Sterne auf dem Horizontalast fusionieren in ihrem Kern Helium zu Kohlenstoff. Sie unterscheiden sich hinsichtlich der Masse an Wasserstoff, die noch in den äußeren Schichten enthalten ist. Ist diese stellare Hülle dick genug, befindet sich dort die oben beschriebene zweite Fusionszone in Form einer wasserstoffbrennenden Schale. Die unterschiedliche Dicke der wasserstoffhaltigen Hülle bei unterschiedlichen Sternen führt dazu, dass der Horizontalast ebenfalls eine Massensequenz darstellt. Der Horizontalast ähnelt dabei grob der Hauptreihe und einige Forscher sprechen beim Start des Heliumbrennens im Kern auch von einem „zero age horizontal branch", einem Alter-Null-Horizontalast. Die nukleare Entwicklungszeitskala auf dem Horizontalast ist aber kürzer. Sie beträgt etwa ein Zehntel der Zeit, die der Stern mit Wasserstofffusion auf der Hauptreihe verbracht hat. Die Zeit des Heliumbrennens im Kern definiert die Aufenthaltszeit eines Sterns auf dem Horizontalast. Wie bei der Hauptreihe gibt es auch hier einen Farbverlauf, der durch die unterschiedlichen Radien und Oberflächentemperaturen der Sterne bestimmt ist. Bei einer dünnen Wasserstoffhülle liegt der Stern am linken blauen Ende des Horizontalasts, bei einer dickeren Hülle finden wir den Stern am rechten roten Ende.
Die Forschung konnte während der letzten Jahrzehnte nachweisen, dass der Horizontalast über die Hauptreihe hinausreicht. An seinem linken Ende liegen die Sterne des extremen Horizontalasts (engl. extreme horizontal branch). Diese EHB-Sterne fusionieren zwar auch Helium im Kern, jedoch sind ihre äußeren Schichten so massearm, dass sich dort keine wasserstoffbrennende Schale ausbilden kann. Die fehlende stellare Hülle erlaubt praktisch den direkten Blick auf den Heliumkern. Vermutlich entwickeln sich diese Sterne zu Weißen Zwergen. Warum gibt es diese kompakten, heißen Sterne überhaupt? Die Astronomen sind der Ansicht, dass sie sich in Doppelsternsystemen entwickelten und durch die Einwirkung ihres Begleiters sowie durch ihre eigenen starken Sternwinde fast ihre gesamte Hülle verloren.
Betrachten wir den rechten Bereich des Horizontalastes, in dem wir Riesensterne finden. Wenn in ihnen das zentrale Heliumbrennen erlischt und ein Helium-Schalenbrennen einsetzt, verlässt der Rote Riese den Horizontalast. Im Stern findet nun in zwei Schalen Fusion statt: Es gibt eine innere heliumbrennende Schale und eine äußere wasserstoffbrennende Schale. Im HRD bewegt sich der Stern den asymptotischen Riesenast (engl. „asymptotic giant branch", AGB) hinauf (in Abb. E.12 ist dies die Strecke von Punkt f zu Punkt g). Die hellsten Sterne erreichen dabei bis zu 10.000 Sonnenleuchtkräfte. Ihre Radien liegen im Bereich von einigen hundert Sonnenradien. Die Zeitskala, die zu diesem Entwicklungsweg gehört, ist durch instabile Heliumfusion in der Schale gekennzeichnet. Das Heliumbrennen, beruhend auf den hohen Temperaturen, zündet innerhalb weniger Jahrtausende immer wieder – viele Sterne auf dem AGB sind Pulsationsveränderliche. Sie wird daher als thermische Zeitskala bezeichnet. Sie läuft relativ schnell ab und dauert je nach Masse einige zehntausend oder hunderttausend Jahre.
Für Sterne massereicher als 2,3 Sonnenmassen erfolgt diese Heliumzündung nicht so blitzartig wie bei ihren masseärmeren Kollegen. Der Grund liegt darin, dass die Kerne dieser massereicheren Sterne so heiß sind, dass sie nicht entarten. In ihren Zentren beginnt die Heliumproduktion schon während des RGB-Aufstiegs mithilfe des 3α-Prozesses, noch bevor die Sterne die Spitze des Riesenasts erreicht haben. In ihnen expandiert der heliumbrennende Kern und bewirkt eine Druckreduzierung in der wasserstoffbrennenden Schale. Dort wird zwar weiter Wasserstoff fusioniert, jedoch nimmt deren Intensität ab und die äußeren Schichten des Sterns reagieren darauf mit Kontraktion. Im Hertzsprung-Russell-Diagramm vollführen sie eine oder sogar mehrere „blaue Schleifen": Sie laufen nach links, kehren wieder nach rechts zurück und schwenken irgendwann auf den AGB ein. Je massereicher die Sterne sind, desto weiter können diese blaue Schleifen reichen.

Abb. E.14: Der Planetarische Nebel NGC 1501 befindet sich im Sternbild Giraffe (Camelopardalis). Er ist 4200 Lichtjahre von der Erde entfernt. Sein Zentralstern ist ein massearmer Wolf-Rayet-Stern mit einer Temperatur von 130.000 Kelvin.

Die AGB-Entwicklung, die Post-AGB-Zeit und die Schlusskurve

Der Vergleich der beiden Entwicklungswege, einmal den über den RGB und einmal den über den AGB, zeigt, dass beide durch Schalenbrennen bestimmt sind. Beim RGB tritt eine wasserstoffbrennende Schale auf, beim AGB finden wir zwei Schalen, eine wasserstoff- und eine heliumbrennende Schale. In beiden Fällen erleiden die Sterne starken Massenverlust durch Sternwinde. Modellrechnungen zufolge droht der Sonne ein Masseverlust von etwa 0,3 – 0,5 Sonnenmassen.

Im Hertzsprung-Russell-Diagramm verläuft durch die Bereiche des HB und des AGB auch der vertikal liegende Instabilitätsstreifen. Sterne in diesem Streifen werden durch die physikalischen Parameter und die Elementzusammensetzung in eine schwingende Entwicklungsphase gezwungen. Die Strahlung aus den beiden brennenden Schalen heizt die äußeren Schichten auf. Die sind aber aufgrund ihrer chemischen Zusammensetzung zu opak, also zu undurchlässig für die ausgesandte Strahlung. Dadurch baut sich im Inneren wieder Druck auf, der den Stern aufbläht. Sind die äußeren Schichten dünn genug, kann die Energie abgestrahlt werden, der Druck im Inneren und der Radius sinken wieder. Der Antrieb für die Schwingungen ist die Strahlungsenergie der zwei brennenden Schalen und die rückstellende Kraft ist die variierende Strahlungsdurchlässigkeit der äußeren Hülle.

Das Resultat ist ein radial pulsierender Stern. Eine wichtige Klasse solcher Himmelskörper sind die Cepheiden. Ihre Perioden-Leuchtkraft-Beziehung ermöglicht den Astrono-

men Entfernungsbestimmungen in weiten Bereichen des Universums.
Die AGB-Phase wird von Sternwinden begleitet, deren Intensität zeitweise stark variiert. Die äußersten Schichten des Sterns können sich dabei ablösen und bilden eine den Stern umhüllende Plasmawolke, die sich mit Geschwindigkeiten zwischen 20 km/s und 40 km/s entfernt. Sie bildet die Vorstufe des entstehenden planetarischen Nebels.
Erreicht der Stern die Spitze des AGB, hat er seinen größtmöglichen Radius erreicht. Er wird ab jetzt immer kleiner. Schon vor dem Erlöschen der beiden brennenden Schalen beginnt der Stern zu schrumpfen, denn die Fusion erreicht Regionen, in denen Temperatur und Dichten nicht mehr ausreichen, um die Fusion aufrechtzuerhalten. Der weitere Entwicklungsweg des Sterns führt nun nach links im Hertzsprung-Russell-Diagramm, in Abb. E.12 ist dies Punkt h. Die Leuchtkraft des Sterns bleibt auf seinem „Post-AGB"-Weg in etwa gleich. Die Zeitskala für diese Entwicklung hängt von der Masse des Sterns ab. Ein Stern mit einer Sonnenmasse, wie die Sonne, benötigt für die AGB-Phase etwa 100.000 Jahre, ein massereicher Stern nur noch einige 10.000 Jahre.
Die Oberflächentemperatur der Post-AGB-Sonne wird von etwa 5000 K auf 100.000 K zunehmen, die Sonne wird auf ihre alten Tage noch zu einem O-Stern. In dieser Post-AGB-Entwicklung können die Sterne planetarische Nebel ausbilden. Abhängig von den individuellen Gegebenheiten, beispielsweise nahe Begleiter, besonders starke Sternwinde oder schnelle Rotation, entstehen unterschiedliche Nebelformen, die einen bunten Zoo planetarischer Nebel bilden (siehe Kapitel 4: Planetarische Nebel).
Auch Prozesse, die tief im Sterninneren ablaufen, spielen eine Rolle, etwa thermische Pulse, die in der Lage sind, das Heliumschalenbrennen immer wieder zu zünden und zum Erlöschen zu bringen. Darüber hinaus reicht die Konvektionszone so tief, dass durch sie metallreichere Materie aus dem Sterninneren zur Oberfläche geschafft wird. Durch die Sternwinde wird sie in die planetarischen Nebel und in die interstellare Materie eingebracht.
Hat der Stern den am weitesten links liegenden Punkt seiner Entwicklung erreicht, durchläuft er im HRD eine finale Linkskurve und biegt nach unten ab (Punkt i). Mit Blick auf die Ereignisse in der Post-AGB-Phase könnten wir sagen, dass der Stern nun sein Pulver gänzlich verschossen hat. Das Pulver steht hier für seine äußeren Schichten, übrig bleibt nur der Kern. Der Stern verliert jetzt deutlich an Leuchtkraft und schwenkt in die Abkühlsequenz der Weißen Zwerge ein (engl. „cooling track"). Er wandert entlang einer Diagonalen nach rechts unten. Dies bedeutet, dass sein Radius gleichbleiben muss. Er kühlt zwar weiter ab, wird aber nicht mehr kleiner. Im Hertzsprung-Russell-Diagramm mündet diese Diagonale in den Bereich der Weißen Zwerge (Punkt j), der sich links unterhalb der Hauptreihe befindet.

DIE ENTWICKLUNG MASSEREICHER STERNE ÜBER 8 SONNENMASSEN

Wenn die Sternmasse 8 – 10 Sonnenmassen überschreitet, setzt das Heliumbrennen auf dem Entwicklungsweg noch früher ein. Bei Sternen mit mehr als 15 Sonnenmassen kann dies auf ihrem Weg nach rechts, zum Riesenast, der Fall sein, also schon während der Passage der Hertzsprung-Lücke, kurz nachdem sie die Hauptreihe verlassen haben. Sterne mit derart hohen Massen sind im Kern so heiß, dass der Strahlungsdruck locker der Gravitation widersteht. Das bedingt entsprechend hohe Temperaturen und verhindert somit eine Entartung des Kerns. Das ermöglicht weitere Glieder der Fusionskette im Kern. Die Zeitdauer der einzelnen Fusionsphasen laufen geradezu rasant ab und werden immer kürzer! Diese beginnt mit der Fusion von Kohlenstoff, bei der Sauerstoff, aber auch Magnesium, Natrium und Neon entstehen. Das Kohlenstoffbrennen dauert einige hundert Jahre. Es folgt die Fusion von Neon zu Sauerstoff, die rund ein Jahr in Anspruch nimmt. Daran schließt sich die Sauerstofffusion an, die Silizium erzeugt und nur noch einige Monate dauert. Schließlich enden die möglichen Fusionszyklen mit dem Siliziumbrennen, das in nur einem Tag einen Eisenkern hervorbringt. Die Fusionszeiten der einzelnen Brennphase werden immer kürzer. Die letzten beiden Brennphasen dauern bei massereichen Sternen wenige Jahre (Sauerstoffbrennen) und nur wenige Wochen (Siliziumbrennen).
Die Sternentwicklungstheorie von Sternen hoher Masse (zwischen acht und zehn Sonnenmassen) hat, wie es heute so schön heißt, noch „Raum für Verbesserungen". Unter anderem kann die Kerntemperatur durch verschiedene Effekte beeinflusst werden, etwa durch eine höchst effiziente Neutrinokühlung. Die große Zahl aus dem Kern abfließender Neutrinos tragen Energie aus dem Kern fort. Als Folge könnte das Kohlenstoffbrennen nicht zentral, sondern außerhalb des Zentrums, im Fachjargon „off-center", zünden. Der Fusionsbereich arbeitet sich innerhalb von 20.000 Jahren ins Zentrum vor. Das Endprodukt dieser Form des Kohlenstoffbrennens ist ein entarteter O/Ne/Mg-Kern (bestehend aus einer Mischung von Sauerstoff, Neon und Magnesium). Dies ist im Grunde genommen ein Weißer Zwerg, der aber nicht aus C/O (Kohlenstoff und Sauerstoff), sondern aus O/Ne/Mg besteht. Seine Masse liegt zwischen 1,0 und 1,4 Sonnenmassen. Ist der Massenverlust durch Sternwinde groß, so kann dieser Kern freigelegt werden. Erfolgt dies nicht, bleibt das Zentrum heiß genug, um weitere Fusionsprozesse in Gang setzen zu können. Es bildet sich ein Kern, der wie eine Zwiebelschale schichtweise aus Fusionsprodukten aufgebaut ist. Im Inneren liegt der Eisenkern, der von Schalen immer leichterer Elemente umgeben ist. Eisen ist das Element mit der maximalen Kernbindungsenergie. Die Kurve, mit der die Bindungsenergie für ein Nukleon beschrieben wird, hat genau genommen ein (flaches) Maximum bei den Elementen Eisen/Kobalt/Nickel. Wollten wir diese Elemente fusionie-

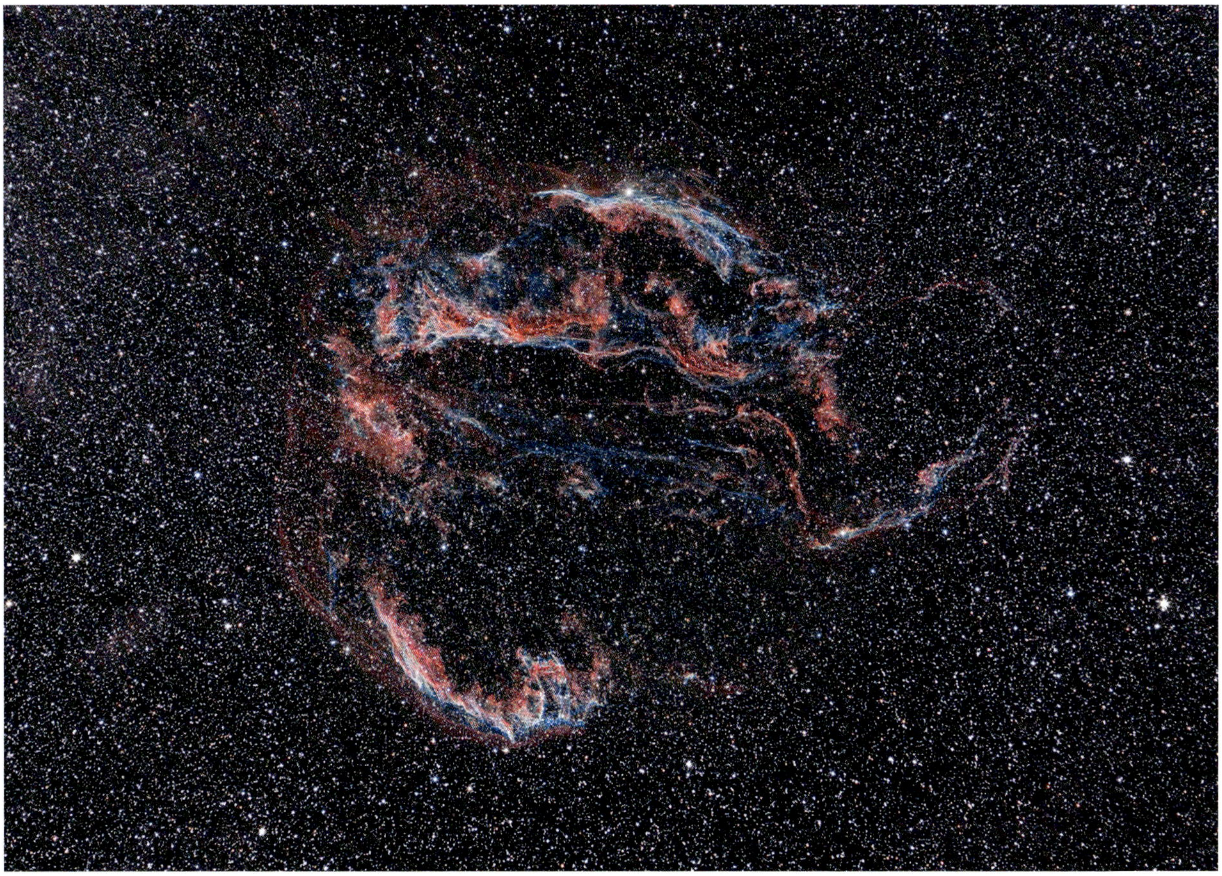

Abb. E.15: Wo wir heute den Cirrusnebel sehen, explodierte etwa 8000 Jahre zuvor eine Supernova. Der Vorgängerstern sollte ca. 12 bis 15 Sonnenmassen besessen haben, ein kompakter Sternenrest konnte dort aber bislang nicht gefunden werden.

ren, müssten wir dem Prozess Energie zuführen, könnten aber keine Energie mehr gewinnen. Es ist damit der Endpunkt der stellaren Kernfusion!

Ohne Fusion wirkt kein Strahlungsdruck mehr nach außen und der Stern stürzt aufgrund der Gravitation in sich zusammen. Innerhalb von nur einer Sekunde entsteht ein Neutronenstern mit 1,4 Sonnenmassen. Der Druck ist so extrem, dass er die Elektronen mit den Protonen verschmelzen kann, wodurch Neutronen entstehen. Der Eisenkern, das Endprodukt der Fusionskette, wird in einen riesigen Ball aus Neutronen umgewandelt, dessen Durchmesser im Bereich von 12 km liegt. Auch die Neutronensterne lassen sich in das Hertzsprung-Russell-Diagramm eintragen. Sie liegen parallel zu den Weißen Zwergen. Da ihr Radius drei Größenordnungen geringer ist, liegen sie links unterhalb der Weißen Zwerge.

Wegen der Drehimpulserhaltung rotieren Neutronensterne extrem schnell – in ihnen ist der gesamte Drehimpuls des früheren Sterns konserviert, der nach den Entwicklungsphasen mit Massenverlust noch vorhanden war. Einige Exemplare erreichen 1000 Umdrehungen/s und werden als Millisekundenpulsare beobachtet.

Die hohe Schwerkraft des stellaren Kerns lässt die äußeren Schichten des Sterns nach innen fallen. Sie prallen auf den neu entstandenen Neutronenstern auf und werden sofort zurückgeschleudert. Stoßwellen rasen durch das Material nach außen und durchmischen die Materie der ehemaligen Sternhüllen, die weiter nach innen stürzt. Die gewaltigen Energien begünstigen Kernprozesse, bei denen unterschiedlichste Isotope und relativistische Teilchen, allen voran Neutrinos, entstehen. Ihre Zahl ist so hoch, dass sie trotz ihrer geringen Wechselwirkungen mit Materie das Gas enorm aufheizen und dabei noch mehr nach außen beschleunigen. In dieser Schockwelle werden alle chemischen Elemente erzeugt, die schwerer als Eisen sind. Die Expansionsphasen der Supernovae werden im Kapitel 5 näher beschrieben.

Aus Sternen mit Massen zwischen 12 Sonnenmassen und 50 Sonnenmassen entstehen Neutronensterne, deren Massen zwischen 1,4 und 1,8 Sonnenmassen liegen. Bei noch massereicheren Sternen endet die Supernovaexplosion vermutlich mit einem Schwarzen Loch, dessen Masse mehr als 1,8 Sonnenmassen beträgt. Berechnen wir die Entwicklungswege für noch massereichere Sterne, müssen wir Hochenergieprozesse berücksichtigen, die aus einem solchen massereichen Stern einen Teilchenbeschleuniger im Großmaßstab machen. Auch hier ist das furiose Finale eine Supernova, deren Leuchtkraft aber die Supernovae masseärmerer Sterne um

DIE ENDPRODUKTE DER STERNENTWICKLUNG

Massenbereich in M_{Sonne}	Entwicklungsschritte	Endzustand
Unter 0,013	Keine Kernfusion möglich	Gasplanet
0,013 bis 0,08	Deuterium-Brennen	Brauner Zwergstern
0,08 bis 0,7	Wasserstoff-Fusion mit pp-Zyklus	Weißer Zwergstern mit Heliumkern
0,7 bis 2,3	Riesenstadium, Helium-Flash im entarteten Kern, Post-AGB und PN	Weißer Zwergstern, C/O-Kern mit Masse von 0,4 – 0,6 Sonnenmassen
2,3 bis 8	Riesenstadium, Heliumbrennen im nicht entarteten Kern, Post-AGB und PN	Weißer Zwergstern, C/O-Kern mit Masse von 0,6 – 1,0 Sonnenmassen.
8 bis 10	Riesenstadium bis Kohlenstofffusion; auch mögliches explosives Ne- und O-Brennen; mögliches Ende als Supernova Typ Ia und Neutronenstern. (Details der Entwicklung [z. B. Winde] hängen von der Metallizität ab, daher Unsicherheiten bei den Grenzmassen)	Weißer Zwergstern mit O/Ne/Mg-Kern mit 1,0 – 1,4 Sonnenmassen, oder Neutronenstern mit 1,4 Sonnenmassen
10 bis 12	Riesenstadium bis Kohlenstofffusion; mehrstufiges nicht explosives Ne-Brennen, dann O- und Si-Fusion; Kollaps des Eisenkerns als Supernova Typ II und Neutronenstern	Supernova mit Neutronenstern von 1,4 Sonnenmassen
12 bis 50	Riesenstadium; Fusion bis zum kollabierenden Eisenkern; Supernova Typ II und Neutronenstern	Supernova mit Neutronenstern; Massen von 1,4 – 1,8 Sonnenmassen
Sterne massereicher als 50 (Obergrenze ist unsicher)	Riesenstadium; Fusion bis zum kollabierenden Eisenkern; Supernova Typ Ib und Ic mit Schwarzem Loch	Supernova mit Schwarzem Loch mit Masse oberhalb 1,8 Sonnenmassen; möglicher Verursacher von Gammastrahlungsausbrüchen
Sterne massereicher als 130 (Obergrenze ist unsicher)	Riesenstadium; Fusion bis zum Si-Kern, der wegen e^-/e^+-Paarerzeugung durch Gammaquanten kollabiert; explosives O-Brennen (nur bei metallarmen Sternen, massereiche Sterne mit hohem Metallgehalt gibt es nicht)	Paar-Instabilitäts-Supernovae; möglicherweise kein Überrest

den Faktor 10 übertrifft. In den 1980er-Jahren entstand für diese sehr hellen Supernovae der Begriff „Hypernova", oder auch „Paar-Instabilitäts-Supernova".
Der Prozess, der hier wirkt, ist die Paarbildung. Dabei entsteht aus zwei Gammastrahlungsphotonen ein Teilchenpaar, genauer ein Elektron und ein Positron. Aus Gründen der Energieerhaltung sollte ein Atomkern in der Nähe sein, dann können beide Teilchen sich auch voneinander entfernen. Sobald die Bedingungen für die Paarbildung erfüllt sind, reduziert dieser Prozess einen großen Teil der hochenergetischen Photonen und reduziert schlagartig den Strahlungsdruck und der Gravitationskollaps setzt als „Runaway-Prozess" ein. Laut der Modellrechnungen können stellare Kerne von 130 Sonnenmassen und mehr solche Paar-Instabilitäts-Supernovae erzeugen. Die Szenarien hängen empfindlich von der Metallizität und auch von der Rotation des Vorläufersterns ab. Sternmassen von bis zu 250 Sonnenmassen sind denkbar. Solche Monster können nicht stabil existieren. Sie werden durch die Photodesintegration verhindert. Bei diesem Prozess absorbieren die Atomkerne Gammastrahlungsphotonen. Sie werden dann im Kern so sehr angeregt (siehe Kapitel 3: Atomphysik), dass sie – ähnlich wie in unseren Kernreaktoren – in verschiedene Elemente und Kernbausteine zerfallen. Bislang besteht die Liste solcher Paar-Instabilitäts-Supernovae aus acht Kandidaten. Die letzte war SN 2016iet. Heutzutage sind Sterne mit so hohen Massen nicht mehr möglich. Allerdings könnten Sterne der ersten Generation zu Hypernovae führen. So exotisch diese Supernovae auch sein mögen, sie sind sehr wahrscheinlich die lang gesuchte Erklärung für einen Großteil der Gammastrahlungsausbrüche (engl. „gamma ray bursts"), die seit den 1970er-Jahren durch Hochenergieinstrumente auf Satelliten beobachtet wurden. Sie sind die energiereichsten Strahlungsereignisse, die wir bis heute beobachtet haben.

ZEITSKALEN DER STERNENTWICKLUNG

In der Astronomie kennen wir verschiedene Zeitskalen, in denen sich Veränderungen in einem Stern abspielen.
Die „nukleare Zeitskala" umfasst allgemein die Zeit, in der ein Stern seine Leuchtkraft durch Kernfusion decken kann. Wir müssen hier im Auge behalten, dass bei der Fusion nicht der gesamte Wasserstoff eines Sternes in Helium umgewandelt wird, sondern nur etwa 10 %. Die sogenannte Entwicklungszeitskala beträgt also nur 1/10 der nuklearen Zeitskala. Die Entwicklungszeitskala der Sonne dauert somit 10 Milliarden Jahre. Die Masse-Leuchtkraft-Beziehung von Sternen auf der Hauptreihe lässt sich als Formel durch $L \propto M^3$ beschreiben (siehe Infobox: Metallgehalt von Sternen auf Seite 40). Steigt die Masse, so steigt auch die Leuchtkraft sehr stark an. Ursache ist die starke Temperaturabhängigkeit der Fusionsprozesse. Ein Stern mit 30 Sonnenmassen besitzt eine

Leuchtkraft von 140.000 Sonnenleuchtkräften. Er verjubelt seinen Fusionsbrennstoff deutlich schneller als die Sonne. In Zahlen ausgedrückt hat solch ein massereicher Stern eine Entwicklungszeitskala von nur 2,1 Millionen Jahren. Berechnen wir die Zeitskala für die Entwicklung eines G0-Sterns mit 1,1 Sonnenmassen, der also nur etwas massereicher als die Sonne ist, so beträgt diese nur 5 Milliarden Jahre. Er „lebt" damit nur halb so lang wie die Sonne. Zur anderen Seite der Massenskala, bei den massearmen Sternen, steigt die Entwicklungszeitskala an. Ein K0-Stern mit 0,8 Sonnenmassen erreicht auf der Hauptreihe eine Leuchtkraft von 0,42 Sonnenleuchtkräften. Seine Lebenserwartung erreicht 14 Milliarden Jahre, was dem Alter des Universums entspricht. Daraus lässt sich umgekehrt schließen, dass in allen existierenden Sternen mit weniger als 0,8 Sonnenmassen immer noch die zentrale Wasserstofffusion vorherrscht. Sie haben sich noch nicht von der Hauptreihe fortentwickelt.
Die Astronomen kennen zudem die thermische Zeitskala (genauer die Helmholtz-Kelvin-Zeitskala). Innerhalb dieser Zeit kann ein Stern seine Leuchtkraft allein aus seiner Temperatur decken, ohne das Fusionsprozesse ablaufen. Bei der Sonne beträgt diese Zeitskala etwa 20 Millionen Jahre – deutlich kürzer als die nukleare Entwicklungsskala! Generell gilt, dass im HRD Entwicklungsschritte nach der Hauptreihenentwicklung auch schneller ablaufen als diese.
Eine dritte Zeitskala ist die Freifallzeit, die wir auch als dynamische Zeitskala bezeichnen. Sie beschreibt den Sternkollaps unter der Annahme, dass es keinen stabilisierenden Strahlungsdruck aus dem Inneren gibt. Diese Skala ist wichtig für Pulsationsveränderliche. Bei der Sonne, besser bei Sternen mit der mittleren Massendichte der Sonne, liegt der Wert bei nur 30 min.

NUKLEOSYNTHESE – DIE ENTSTEHUNG DER ELEMENTE

ELEMENTSYNTHESE IN MASSEREICHEN STERNEN

Das Wasserstoffbrennen in den massereichen Sternen liefert die Grundbausteine für die Entstehung der verschiedenen Elemente. Entscheidend dafür ist der CNO-Zyklus, der bei massereichen Sternschwergewichten abläuft. Die Elemente entstehen in ihm nicht direkt, sondern über eine Abfolge von Fusions- und Fissionsprozessen, bei denen die im CNO-Zyklus produzierten Elemente wieder gespalten werden. Ein Beispiel ist die Umwandlung von Stickstoff in Magnesium, $^{14}N \rightarrow {}^{18}F \rightarrow {}^{18}O \rightarrow {}^{22}Ne \rightarrow {}^{25}Mg$, deren Zwischenprodukte nicht erhalten bleiben. Ein indirekter, aber ungeheuer wichtiger Beitrag für die Elemententstehung sind eigentlich Nebenprodukte dieser Kettenreaktionen – die freien Neutronen! Sie werden für den Aufbau schwerer Elemente benötigt, deren Ordnungszahlen größer als 56 ist. Sie sind alle schwerer als Eisen. Durch den CNO-Zyklus entströmt den inneren Schalen der roten Riesensterne ein stetiger Neutronenfluss. Sogenannte Saatkerne fangen diese Neutronen ein und lassen radioaktive Isotope entstehen. Ein Teil von ihnen zerfällt über den Betazerfall, der neben Neutrinos auch stabile Elemente produziert, die wiederum als Saatkerne dienen können.
Erfolgt der Neutroneneinfang langsamer als der Betazerfall, sprechen wir vom s-Prozess (vom englischen „slow neutron capture"). Dieser Synthesepfad läuft schon während des Heliumbrennens in den Roten Riesen ab und liefert Elemente bis zur Kernladungszahl Z = 82, also bis zum Element Blei. Auf der Nuklidkarte der Kernphysiker bewegt sich der s-Prozess im unteren Bereich des sogenannten Stabilitätstals. Dieses „Tal" bildet eine gezackte Linie stabiler Nuklide inmitten aller möglicher Isotope. Schwerere Elemente sind nicht mehr stabil genug, um durch den s-Prozess Neutronen einzufangen und dies zu überleben. Steigt in dem Stern die Neutronendichte an, so wird die Neutroneneinfangzeit kürzer als die Halbwertszeit des Betazerfalls. Durch dieses Baden in Neutronen kann der Atomkern anwachsen, bevor ein Betazerfall stattfindet. Der Kern wird schwerer und es entstehen Elemente, die bis zu 20 Protonen mehr enthalten als mit dem s-Prozess erreichbar. Die Zeitskala dieses Neutroneneinfangs liegt unter 1 Millisekunde und ist viel kürzer als beim s-Prozess. Dies wird als r-Prozess (vom englischen „rapid neutron capture") bezeichnet. Die benötigten extremen Neutronendichten treten bei Supernovaexplosionen oder bei der Verschmelzung zweier Neutronensterne auf. Neben dem s- bzw. r-Prozess kennen die Physiker auch noch den p-Prozess. Für ihn werden verschiedene Szenarien diskutiert, die ein protonenreiches Umfeld ermöglichen, doch dem Protoneneinfang stehen andere Reaktionen entgegen, welche die Kerne schnell wieder auflösen. 32 stabile schwere Metalle werden historisch als p-Prozess-Elemente bezeichnet, doch viel mehr werden erzeugt. Die Modelle zeigen eine Spitze in der Elementhäufigkeit bei Molybdän und Rubidium, ansonsten liegen die erzeugten Häufigkeiten jedoch um einen Faktor 100 bis 1000 unter denen, die vom s- bzw. r-Prozess erzeugt werden.
Der s-Prozess findet während der AGB-Phase in Sternen mit Massen zwischen 1,5 und 3 Sonnenmassen statt. Der r-Prozess, wie auch der p-Prozess, treten nicht in Riesensternen, sondern in Supernova-Explosionen oder auch in Neutronensternen auf. Der r-Prozess benötigt Neutronendichten von 10^{22} Neutronen/cm^3. In sehr kurzer Zeit, innerhalb von nur 0,5 Sekunden, entstehen Kerne mit einem hohen Neutronenanteil bis hin zum Thorium und Uran. Darunter sind auch instabile Isotope, die schnell wieder zerfallen. Der Entstehungsort ist eine heiße Blase, die den frisch entstandenen Neutronenstern umgibt. Hat sich diese unter 10^9 K abgekühlt, setzt der Betazerfall ein, der dann die leichteren, stabilen Kerne hervorbringt. Bei diesem r-Prozess mischen auch

hochenergetische Gammaphotonen mit, die noch vor dem Einsetzen des Betazerfalls durch Photodesintegration (auch als Kernfotoeffekt bezeichnet) Neutronen aus den Kernen herausschlagen können. Nach und nach füllt sich so die Nuklidkarte mit den stabilen Kernen.

NUKLEOSYNTHESE NACH DEM URKNALL

Wir müssen noch anfügen, dass es auch eine primordiale Nukleosynthese gibt. Die ersten Millisekunden des Universums sind durch die Aufspaltung einer Urkraft in die heutigen vier fundamentalen Kräfte gekennzeichnet. Damit verbunden ist die Kondensation der heutigen Materie aus einem Gemenge, dass immer mehr und immer schwerere Elementarteilchen enthielt. Etwa eine Mikrosekunde nach dem Urknall lag ein sogenanntes Plasma aus Gluonen und Leptonen vor, aus dem die Quarks entstanden. In dieser Quark-Ära (eigentlich die Hadronen-Ära) bildeten sich Mesonen und Baryonen, also die wesentlichen heutigen Kernbausteine, und zwar sowohl die „normale" Materie als auch die Antimaterie, in der die Ladungen umgekehrt sind. Der kleine Überschuss an normalen Nukleonen im Vergleich zu den Antinukleonen ist heute immer noch nicht verstanden (vermutet wird ein zufälliges Ungleichgewicht), wohl aber die Ursache der Entstehung von Neutronen und Protonen.

Die Nukleosynthese erfolgte, als das Universum etwa eine Millisekunde alt war. In diesem Zeitraum war die Temperatur hoch genug, um Protonen zu Deuterium, Tritium und Lithium zu fusionieren, die durch Gammaphotonen fast genauso schnell wieder zerstört wurden. Aus Deuterium (^2H) entstand ^3H und ^3He, schließlich ^4He und danach ^7Li. Möglicherweise entstanden in dieser Frühphase des Universums durch energiereiche Strahlung auch geringe Mengen der Elemente Beryllium und Bor. Am Ende der Nukleosynthese-Ära hatte die primordiale Nukleosynthese eine Mischung geliefert, die zu 75 % aus Wasserstoff und zu 25 % aus ^4He bestand. Zudem gab es freie Elektronen sowie Spuren von Deuterium und Lithium. Physikalisch betrachtet fanden also die ersten Fusionsprozesse ohne die Beteiligung von Sternen statt!

Durch die gleichzeitige Ausdehnung nahmen die Teilchendichte und die Temperatur im Universum ab, die universale Fusion kam zum Erliegen. Die Synthese (in der sogenannten Nukleosynthese-Ära) dauerte knapp 5 Minuten und umfasste das gesamte junge Universum. Mit etwas Fantasie können wir uns dieses junge Universum als einen einzigen riesigen Stern vorstellen, der überall rund 10^{10} K heiß war (der Vergleich hinkt ein wenig, denn die Inflationsphase hatte bereits stattgefunden). Nach weiteren 380.000 Jahren öffnete sich schließlich der Nebel aus Atomkernen, Elektronen und Photonen und das Universum wurde durchsichtig.

Auch wenn Lithium nur eine kleine Nebenrolle in der primordialen Ouvertüre gespielt hat, ist mit diesem Element ein großes Problem verbunden. Die Modelle der Elemententstehung in den ersten Minuten des Universums führen auf eine Lithiumkonzentration, die wir in den Sternen nicht wiederfinden. Ihr Lithiumgehalt ist im Vergleich zur Theorie um den Faktor 3 geringer als erwartet. Genauer wird die ^7Li-Häufigkeit in Abhängigkeit von der Metallizität gemessen. Da die Häufigkeit dieses Lithiumisotops für alle Sterne in guter Näherung dasselbe Niveau hat, sollte dieses Lithium für alle Wolken, aus denen Sterne entstanden, gleich häufig gewesen sein. Somit scheint es, als ob alle Sterne nur ein Drittel des erwarteten Lithiums abbekommen haben.

METALLGEHALT VON STERNEN

Für viele Astronomen ist es eher unwichtig, aus welchen Elementen schwerer als Helium die Materie zusammengesetzt ist. In Modellen wird die Häufigkeit von Wasserstoff mit dem Großbuchstaben X, die von Helium mit Y und die Häufigkeit aller anderen schwereren Elemente mit Z beschrieben. Die letztgenannte Größe bezeichnen die Astronomen auch als „Metallizität", obwohl diese Elemente nicht nur Metalle im chemischen Sinne enthalten. Bei der Sonne liegt der heutige Massenanteil des Wasserstoffs bei 73,8 %, der Heliumanteil bei 24,9 % und die „Metalle" machen 1,3 % aus. Sprechen wir von metallarmen Sternen, so beträgt deren Z-Wert nur 1/1000 des solaren Werts – einige Extremfälle liegen sogar nur bei einem Zehnmillionstel. Diese metallarmen Sterne gehören zur Population II der Milchstraße. Metallreiche Sterne wie die Sonne zählen zur Population I, sind also jünger.

Eine Vergleichsgröße für die Metallizität, die in der Astronomie oft genutzt wird, ist das Verhältnis der Häufigkeit von Eisen zu Wasserstoff, das aus den Spektrallinien eines Sterns ermittelt wird. Eisen ist gut nachzuweisen und daher ein passender „Metallindikator" für Sterne. Der Messwert [Fe/H] wird üblicherweise als logarithmischer Wert in Einheiten der solaren Häufigkeit angegeben. Entspricht die Metallizität derjenigen der Sonne, ist ihr Wert 0. Die absolute Häufigkeit von Eisen in der Sonne liegt bei $3{,}2 \times 10^{-5}$. Der dekadische Logarithmus (zur Basis 10) ist daher –4,5. Bei negativer Metallizität hat ein Stern weniger Eisen als in der Sonne. Bei positiven Werten wird der solare Vergleichswert übertroffen.

Als Maßeinheit für solche logarithmischen Werte, also auch für [Fe/H], wird oft „dex" benutzt, das auf die dekadische Exponentenschreibweise verweist.

Bei einem Verhältnis von [Fe/H] = 1.0 dex hätte der „metallreiche" Stern zehnmal mehr Eisenteilchen als die Sonne. Das absolute Verhältnis der Eisen- zu den Wasserstoffteilchen beträgt dann 1/3125. Der Wert [Fe/H] = –1 dex verweist dagegen auf eine Metallizität, die nur 10^{-1} = 1/10 des Sonnenwertes beträgt.

Abb. E.16: Mit etwa 100.000 Sternen zählt M 2 zu den kompaktesten und überdies mit 13 Milliarden Jahren zu den ältesten Kugelsternhaufen.

In den letzten Jahren zeigte sich als eine mögliche Lösung der Faktor-3-Problematik, dass es früher mehr Lithium in den Sternen gegeben hatte. An der Sternoberfläche, also dort, wo die von den Astronomen beobachteten Spektren entstehen, kommt das Lithium heute selten vor. Die Ursache könnten Differentiationsprozesse sein, die das schwere Lithium in das Sterninnere absinken lassen. Im heißen Sterninneren würde dann Lithium in Fusionsprozessen verarbeitet werden und die Lithiumhäufigkeit würde insgesamt abnehmen.

Vielleicht spielen auch Planeten, die den Stern umkreisen, eine Rolle. Einige Forscher glauben, dass ein Stern bei der Planetenentstehung Drehimpuls verliert und dieser dadurch langsamer rotiert. Diese Verlangsamung würde auch die Durchmischung in den tiefen Schichten beeinflussen und damit letztlich die für uns sichtbare ^{7}Li-Häufigkeit reduzieren.

In der jüngeren Vergangenheit werden kernphysikalische Untersuchungen durchgeführt, die besonders die Wirkungsquerschnitte der Kernreaktionen zum Ziel haben. Diese Größe beschreibt, wie leicht Kernreaktionen stattfinden können. Viele davon sind nur annähernd bekannt. Bessere Reaktionsquerschnitte scheinen auf eine deutlich geringere Lithiumhäufigkeit zu führen, wodurch das Problem in absehbarer Zukunft möglicherweise gelöst werden könnte.

Wir sehen, dass die Vorhersage der Häufigkeit leichter Elemente weit in die Vergangenheit zurückgreift und eine wichtige Stütze von kosmologischen Modellen ist oder diese relativiert. Alle schwereren Elemente sind in den ersten Sternen, lange nach der primordialen Synthese, entstanden.

Im Periodensystem der Elemente können wir verfolgen, wie die einzelnen Kästchen durch die Nukleosynthese von oben nach unten befüllt werden. Nach der primordialen Synthese steht ganz oben links Wasserstoff in der ersten Hauptgruppe und ganz rechts das erste Edelgas Helium. In der zweiten Periode finden sich die Spurenelemente der ersten Synthese. Unter dem Wasserstoff ist Lithium vertreten und daneben als erstes Erdalkalimetall Beryllium. In der dritten Gruppe steht Bor. Das Periodensystem dieser Epoche war noch sehr übersichtlich.

Die Fusionsprozesse in den ersten Sternen fügten den ersten vier Elementen dann weitere Elemente hinzu, darunter Kohlenstoff, Sauerstoff, Magnesium, Silizium und Kalzium. Auch wenn das Universum nun deutlich gealtert ist: Viel Zeit ist noch nicht vergangen, denn die allerersten Sterne lebten nur kurz. Aus ihnen entstanden nach einigen Millionen Jahren auch die ersten „exotischen" Supernovae, die dem Elementbaukasten vorwiegend Strontium, Zinn, Gold und Uran hinzufügten. Elemente wie Xenon und Rubidium kamen nach einigen 10 Millionen Jahren durch die ersten verschmelzenden Neutronensterne hinzu. Und als nach einigen 100 Millionen Jahren die ersten Typ-Ia-Supernovae in Doppelsternsystemen zündeten, gelangten größere Mengen an Eisen, Kobalt, Zink und Nickel ins Universum, was zu der heute bekannten chemischen Zusammensetzung führte.

Allgemein können wir sagen, dass alle Elemente schwerer als Eisen aus Prozessen in Super- oder Kilonovae stammen. Diese Lieferungen reichen bis zum schwersten in der Natur vorkommenden Element Uran (^{92}U). Mitunter wird stattdessen Plutonium (^{94}Pu) genannt, das in geringen Mengen in Gesteinen nachgewiesen wurde.

Die radioaktiven Elemente bei noch höheren Ordnungszahlen wurden alle von Menschen hergestellt und stammen durchweg aus Beschleunigerexperimenten. Die Kernphysiker sorgen immer wieder für Neuzugänge, in der Hoffnung, die theoretisch existierende „Insel der Stabilität" zu erreichen. In diesem Bereich der Nuklidkarte, der bei Ordnungszahlen um 120 und Neutronenzahlen um 180 erwartet wird, sollten neu hergestellte Elemente für längere Zeit stabil bleiben. Dieses Gebiet wurde aber noch nicht erreicht. Die neu entdeckten superschweren Elemente sind nur extrem kurze Zeit nachweisbar, bevor sie in leichtere Elemente zerfallen. Aktuell hält den Schwererekord das Element Oganesson mit einer Ordnungszahl von 118. Es handelt sich kurioserweise um ein Edelgas, das die 7. Periode im Periodensystem komplettiert.

DUNKELWOLKEN, REFLEXIONS-NEBEL, GALAKTISCHE ZIRREN

Alles Sternenleben beginnt in Gas- und Molekülwolken. Ganz am Anfang der Kette stehen Dunkelwolken, Reflexionsnebel und galaktische Zirren. Dabei bergen interstellare Wolken noch viele weitere astrophysikalische Wunder.

INTERSTELLARES GAS – EXTINKTION UND ABSORPTION

Zu Anfang des 20. Jahrhunderts beschäftigte die „Große Debatte" die astronomische Fachwelt. Sie versuchte zu klären, ob es sich bei der Milchstraße um die Gesamtheit aller beobachteten Objekte im Universum handle oder aber ob die Milchstraße eine von vielen Welteninseln sei.

In diesem Zusammenhang entwickelte sich mit der „Stellarstatistik" ein Forschungszweig, der die Verteilung der Sterne im Raum untersuchte. Die Messmethoden waren damals noch eingeschränkt und nicht mit unseren heutigen Datenbanken voller Satellitenmessungen zu vergleichen. Fotometrische Untersuchungen von Sternhaufen ergaben, dass deren Durchmesser mit der gemessenen Entfernung zunahmen. Dies erschien unwahrscheinlich und ließ vermuten, dass die fotometrischen Entfernungen systematisch überschätzt waren. Wegen der Extinktion des Lichts auf dem Weg durch den interstellaren Raum sind die scheinbaren Helligkeiten ebenfalls systematisch reduziert.

Weit entfernte Sterne werden also nicht nur lichtschwächer, weil ihr Strahlungsfluss mit dem Quadrat der Entfernung abnimmt, sondern weil es auch noch einen exponentiell wirkenden Extinktionskoeffizienten gibt, der das Sternenlicht abschwächt.

In der Optik bezeichnet Extinktion allgemein die Schwächung von elektromagnetischer Strahlung beim Durchgang durch ein Medium. Verursacht wird diese durch Absorptions- und Streuprozesse. Bei geringen Teilchendichten können wir die Streuung vernachlässigen und die Extinktion entspricht der Absorption. Die Absorption scheint zwar ein ähnlicher Effekt zu sein, ist aber wellenlängenabhängig und beträgt in der Sonnenumgebung im visuellen Bereich etwa 0,3 mag entlang eines Weges von 3300 Lichtjahren. Die Absorption wirkt besonders bei kurzen Wellenlängen, daher ist das interstellare Medium im Infraroten durchlässiger. Die Absorption nimmt zu längeren Wellenlängen hin linear ab, unterbrochen durch den sogenannten „UV-Bump" (den „UV-Buckel") bei 220 nm. Diese sprunghafte Erhöhung ist auf sehr kleine Staubteilchen (zwischen 0,1 µm und 10 µm) zurückzuführen, die hauptsächlich aus Graphit (Kohlenstoff) und Silikaten (Verbindungen aus Silizium und Sauerstoff) bestehen. Wegen der Wellenlängenabhängigkeit der Absorption verändert sich auch die Farbe von weiter entfernten Sternen im Vergleich zu nahen Sternen gleichen Spektraltyps. Die weiter entfernten Sterne erscheinen systematisch röter. Diese Rötung wird durch den Farbexzess E(B–V) wiedergegeben.

Abb. 1.1: LDN 1355, ein Himmelsareal mit Dunkelwolken und zarten Reflexionsnebeln im Sternbild Cassiopeia. Aufnahme: Josef Pöpsel, Stefan Binnewies, Frank Sackenheim mit 60-cm-Reflektor

CHEMISCHE ELEMENTE IM WELTRAUM

Die Absorptionslinien in den Spektren der Sterne verraten nicht nur etwas über die chemische Zusammensetzung der Sternoberfläche, sondern dienen auch zur Analyse des interstellaren Gases, das sich zwischen uns und dem beobachteten Stern befindet. In heißen Sternen ist das Gas ionisiert, während in kühlen Sternen sogar neutrale Atome und Moleküle existieren können. Die Breite der Linien in den Spektren hängt auch von der Temperatur des Gases ab. Wir erhalten also aus dem Aussehen der Spektrallinien Informationen über ihren Entstehungsort und die Temperatur des Gases, das die Linien erzeugte.

Im Spektrum von δ Orionis fand Johannes Hartmann 1904 durch Zufall eine scharfe Absorptionslinie. Dieser spektroskopische Doppelstern im Gürtel des Orion besitzt im Spektrum breitere Linien, die sich mit der Umlaufperiode der zwei Sterne im Spektrum hin- und herbewegen. Diese Bewegung verursacht die kleine periodische Änderung der Wellenlänge der Spektrallinien. Die ebenfalls sichtbare, aber auffällige scharfe Absorptionslinie bewegt sich jedoch nicht. Sie wird als „ruhende Kalziumlinie" bezeichnet, verursacht durch einfach ionisiertes Kalzium. Später wurden auch scharfe Absorptionslinien von Natrium gefunden.

Indem Otto Struve 1928 die Stärke der Linien mit den Entfernungen der Sterne korrelierte, konnte er empirisch belegen, dass diese Linien auf interstellares Gas zurückzuführen sind. Je weiter ein Stern von uns entfernt ist, desto tiefer war die Linie im Spektrum eingesenkt. Auch wurde damals die Konzentration des absorbierenden Gases zur Mittelebene der Milchstraße festgestellt.

Mit der Zeit festigte sich die Vorstellung eines interstellaren Gases aus einzelnen Wolken, die sich unabhängig von anderen bewegen können. Die Wolken in Beobachtungsrichtung tragen mit unterschiedlichen Geschwindigkeiten zur Absorption bei. Durch den Dopplereffekt sind die resultierenden Absorptionslinien entsprechend ihrer Geschwindigkeitsdifferenzen verschoben. Aber diese Linien überlagern sich teilweise. Doch erst die Verbesserung des spektralen Auflösungsvermögens ermöglichte die Bestätigung dieser Hypothese von Gaswolken.

Den stärksten Beitrag des interstellaren Gases liefert der Wasserstoff, der in den Spiralarmen der Milchstraße konzentriert ist. Die interstellare Gasdichte ist extrem gering, daher wird oft die Abschätzung von einem Wasserstoffatom pro Kubikzentimeter genutzt. Die Strahlungsdichte ist in den meisten Wolken ebenfalls gering. Außerdem sind Wechselwirkungen der Gasteilchen untereinander recht selten. Daher werden die allermeisten Wasserstoffatome nicht durch Strahlung angeregt und können sich durch Stöße nicht wieder abregen. Sie befinden sich im Grundzustand und die höheren Energieniveaus sind unbesetzt (siehe Kapitel 3: Atommodelle).

Den Nachweis des interstellaren Wasserstoffs lieferte die damals neue Radioastronomie. Entdeckt wurde die Radiostrahlung der Milchstraße 1933 zufällig durch Karl Guthe Jansky, der Störsignale im Kurzwellenband für eine Telefongesellschaft untersuchte. Durch Grote Reber entstand 1941 die erste vollständige Radiodurchmusterung für seinen Standort (bei Wellenlängen von 0,5 m und 1,9 m). 1944 empfahlen die Astronomen Jan Hendrik Oort und Hendrik Christoffel van de Hulst, die 21-cm-Linie des atomaren Wasserstoffs zu nutzen. Sechs Jahre später gelang deren Nachweis, was eine neue Forschungsära einleitete.

Zu Ehren von K. G. Jansky wurde die Einheit Jansky für die Stärke von Radioquellen eingeführt. Der Wert 1 Jansky (Jy) entspricht 10^{-26} W m^{-2} Hz^{-1}. Für die 21-cm-Wellenlänge liefert die ruhige Sonne eine Intensität von 500.000 Jy. Beim Supernovaüberrest Cas A messen wir 2400 Jy, die Radiogalaxie 3C405 schafft 1500 Jy und beim Krebsnebel sind es noch 800 Jy.

Der atomare Übergang, der die 21-cm-Strahlung hervorbringt, liegt zwischen zwei Hyperfeinstrukturniveaus im Wasserstoffatom (siehe Kapitel 3: Regeln und ihre Ausnahmen). Der Übergang zwischen den beiden Energieniveaus wird nach den Auswahlregeln der Quantentheorie als „verbotener Übergang" klassifiziert. Das bedeutet, dass er statistisch nur sehr selten auftritt. Dass diese Strahlung dennoch nachgewiesen werden kann, liegt an der hohen Säulendichte, also an der riesigen Anzahl an Wasserstoffatomen, die entlang der Beobachtungsrichtung auftreten. Im Vergleich zum Visuellen liefern die Radiodaten eine genauere Definition des galaktischen Äquators, da die Messungen nicht durch Dunkelwolken oder Sternverteilungen beeinflusst werden.

Lange Zeit war ungewiss, ob in den interstellaren Gaswolken auch molekularer Wasserstoff H_2 vorhanden ist. Wäre dies der Fall, so ließen sich die Wasserstoffmoleküle allein anhand ihrer Absorptionslinien im Ultravioletten nachweisen. Weil ein Molekül, anders als ein Atom, viel mehr diskrete Energiezustände annehmen kann, ergeben sich Systeme von eng beieinanderliegenden Linien, die oft nicht aufgelöst werden können und als Banden bezeichnet werden. Wir wissen aus der Theorie, dass der Zusammenschluss zweier Wasserstoffatome zu einem H_2-Molekül aufgrund der geringen interstellaren Teilchendichte sehr unwahrscheinlich ist. Hier kommt dem Staub, der in den interstellaren Wolken mit enthalten ist, eine wichtige Rolle als Katalysator zu. Die Wasserstoffatome lagern sich an die Staubteilchen an, die meistens aus Kohlenstoffverbindungen bestehen. Allmählich verbinden sich die einzelnen Atome auf dem Staub zu Molekülen. Die frei werdende Bindungsenergie des H_2-Moleküls reicht aus, um diese dann verdampfen zu lassen.

PHYSIK DER INTERSTELLAREN WOLKEN

Aus den Radiodaten der diffusen Wolken in der Milchstraßenebene können wir deren Temperatur mit rund 100 K abschätzen. Ihre Dichten liegen zwischen zehn und 100 Wasserstoffatomen/cm^3. Diese Wolken befinden sich allgemein in einem thermischen Gleichgewichtszustand. Zugeführte und abgestrahlte Energie gleichen sich also aus. Eine Wolke ist typischerweise in ihrem Inneren dichter als in ihren äußeren Schichten. Aus der Gasgleichung folgt, dass im Wolkenkern die niedrigsten Temperaturen herrschen müssen. Gehen wir weiter nach außen, wird das Gas dünner und heißer. Die Wolke wird von koronalem Gas mit rund 10.000 K umgeben. In diesem ist der Wasserstoff ionisiert, es tritt also keine

Abb. 1.2: Nahe des Sterns δ Orionis finden sich die beiden Dunkelwolken IC 423 und IC 426. Aufnahme: Josef Pöpsel, Stefan Binnewies, Frank Sackenheim.

21-cm-Emission oder -Absorption mehr auf. Dieses heiße, die Wolke umhüllende Gas beinhaltet hoch ionisierte Ionen, die wir durch UV-Absorptionslinien nachweisen können. Da auch in den kalten Wolkenkernen ein kleiner Teil der Atome ionisiert sind, enthält das interstellare Medium stets Ionen und Elektronen. Somit liegen die Voraussetzungen für die Existenz interstellarer Magnetfelder vor. Ein Magnetfeld ist immer die Folge einer einheitlichen Bewegung von Ladungsträgern, also fließt auch ein elektrischer Strom. Werden die Ladungsträger abgebremst, etwa durch Stöße mit anderen Gaspartikeln, stoppt der Ladungstransport und das Magnetfeld wird abgebaut. Aufgrund der geringen Teilchendichten ist die elektrische Leitfähigkeit des Mediums sehr hoch und damit besitzen die Magnetfelder eine sehr lange Abklingzeit. Rechnerisch sind diese so groß wie das Alter des Universums. Aufgrund dieser Leitfähigkeit wird das Magnetfeld durch die Gasbewegungen mitgenommen. Die Astronomen sprechen dann davon, dass die Feldlinien im Gas quasi eingefroren sind. Die Beobachtungen zeigen, dass die Gaswolken wie Perlen auf einer „Schnur" aus Feldlinien aufgefädelt sind. Das Gas fließt entlang dieser Linien und Gasströme senkrecht zu den Feldlinien sind praktisch nicht möglich.

Aus dieser Eigenschaft folgt die grundlegende Struktur des Magnetfelds in der galaktischen Scheibe der Milchstraße. Sie zeigt eine planparallele Schichtung mit einem parallel zur Ebene verlaufenden Magnetfeld. Genau betrachtet fließen die Magnetfeldlinien spiralförmig um das Milchstraßenzentrum. Es herrscht ein Gleichgewicht zwischen der Gravitationskraft, die zur Mittelebene der Scheibe zeigt, und dem Druck des Mediums. Dieser entsteht durch den thermischen Druck des Gases, durch kosmische Strahlung und durch den magnetischen Druck, der senkrecht zu den Feldlinien wirkt. Alle drei Druckkomponenten sind etwa gleich stark. Aus dem Druckgleichgewicht folgt eine Schichtdicke der Milchstraßenebene von etwa 800 Lichtjahren. Das ist aber nur ein Idealbild. Lokale Schwankungen sorgen dafür, dass die Schichtung nicht überall stabil ist. Kommt es zu Ausbeulungen der eingefrorenen Magnetfeldlinien, verstärkt sich der Gasfluss. Aus solch einer Störung kann eine Verdichtung entstehen, die wir irgendwann als Wolke beobachten. Bildet sich eine solche Wolke, wird sie im Vergleich zur Umgebung kühler. Der Temperaturabfall verringert den Druck und erhöht somit die Dichte. Der Prozess aus Abkühlung und Verdichtung verläuft zunächst sehr langsam. Er beschleunigt sich ab einer Teilchendichte von etwa 1 Teilchen/cm^3. Die Wolken „regnen“ dann regelrecht auf die Scheibe herunter, was durch die beobachteten, vorwiegend negativen, Radialgeschwindigkeiten von Wolken bestätigt wird. Gleichzeitig steigen heiße Gasblasen aus der Ebene empor. Es zeigt sich, dass die galaktische Gasscheibe kein statisches Gebilde ist, sondern eher einem Springbrunnen ähnelt, in dem ein ständiges Auf und Ab von Gaswolken die Regel ist.

TURBULENZ IN DEN INTERSTELLAREN WOLKEN

Innerhalb von feingliedrigen Wolkenstrukturen, von den Fachleuten als Filamente bezeichnet, beobachten wir deutliche Veränderungen sowohl der Struktur als auch der Dichte – und das schon bei sehr kleinen Abständen. Das sind äußere Anzeichen von Turbulenzen innerhalb der Wolken, also von schnellen Gasbewegungen, die teilweise an chaotische Prozesse und die dort typischen Fragmentierungen erinnern. Diese Turbulenzen lassen sich in den Spektren der Wolken nachweisen. Die Spektrallinien der Wolkenkerne zeigen sogar Linienbreiten, die auf Überschallgeschwindigkeiten hindeuten. (Zur Erinnerung, die Schallgeschwindigkeit ist eine Materialeigenschaft und hängt unter anderem von der Dichte der Materie ab. Sofern im Universum Materie in Form von Atomen, Molekülen, Gas oder Staubteilchen vorhanden ist, können Dichtewellen und damit „Schall“ auftreten, deren Schallgeschwindigkeit wir bestimmen können.) Sterne werden an den Orten geboren, an denen diese Wolken Fragmentierungen aufweisen. Dort werden die Verdichtungen so stark, dass sie sich von der Wolke ablösen und sich dann, sozusagen „intern“, mit der Erzeugung eines Protostern befassen. Diese Ausgangspunkte der Sternentstehung werden in der Literatur als „Wolkenkerne“ bezeichnet, die sich in einer größeren „Wolke“ befinden. Meist sprechen die Astronomen auch von „Mutterwolken“, passend zum Bild der „Geburt“

Abb. 1.3: Turbulenzen machen sich in vielen interstellaren Wolken bemerkbar, so wie hier bei L 1688, aufgenommen von Stefan Binnewies und Rainer Sparenberg.

neuer Sterne. Wie wir sie auch bezeichnen – in ihnen allen herrschen Überschallturbulenzen vor, sodass in der Wolke fortwährend Gas und Staub durchmischt werden.

Es erscheint zunächst widersinnig, dass die Dynamik der Turbulenz in den dichten Bereichen am größten ist. Denn genau dort, wo wir die Sternentstehung vermuten, finden wir Turbulenz, die gegen die Eigengravitation wirkt und damit den Kollaps der Wolke behindert. Genauso ist es aber – die Sternentstehung in den Wolken ist immer eine Gratwanderung. In der Regel gewinnt die Turbulenz. Wird diese aber durch andere äußere Effekte, wie Magnetfelder oder durch Winde bereits vorhandener Sterne gestört, wirkt sie weniger stark. Dann gewinnt die Schwerkraft die Oberhand und der Weg zu einem gravitativen Kollaps des Wolkenkerns und damit zu einem Protostern ist frei.

Mit Blick auf die Milchstraße sehen wir deutlich, dass die großräumige Bewegung des interstellaren Mediums durch das galaktische Gravitationsfeld unserer Heimatgalaxie kontrolliert wird. Wir dürfen aber keinen längerfristigen Gleichgewichtszustand annehmen, da sich das interstellare Medium fortwährend ändert. Hauptursache ist die Entwicklung von Sternen. Sternwinde verwandeln das Gas in expandierendes Plasma und bringen große, verdünnte Blasen hervor. Supernovae, die von massereichen Sternen ausgelöst werden, führen zu Druckwellen, die durch die Umgebung pflügen. Geschwindigkeiten und Temperaturen ihrer teilweise relativistischen Teilchen beeinflussen Bereiche des Weltraums von einigen hundert oder tausend Kubiklichtjahren und üben damit einen deutlichen Einfluss auf den Aufbau der Milchstraßenscheibe aus. Dieser Unruhezustand wird zudem durch die galaktischen Dichtewellen gestört, die für die Ausbildung der Spiralarme verantwortlich sind. Wie in einem riesigen Rührwerk durchmischen sie das interstellare Medium. Und dennoch schafft es die Milchstraße, quasi nebenbei, in lokalen Verdichtungen die Voraussetzungen für die Entstehung von Sternen zu schaffen.

Die Prozesse, die einen jungen Stern hervorbringen, werden in Kapitel 2 ausführlich beschrieben. In den Bildkommentaren dieses Kapitel wird aber schon vorab der Fachausdruck „YSO“ (die Abkürzung des englischen „young stellar object“) benutzt, mit dem junge Sterne bezeichnet werden, die man häufig in Dunkelnebeln antrifft.

Abb. 1.4: Die Nebelfilamente von LDN 1495 formen einen besonders plastisch wirkenden Nebelstrang, festgehalten von Stefan Binnewies und Rainer Sparenberg.

BARNARD 72/75 SCHLANGENNEBEL

OPH | $17^{h}\ 23^{m}\ 39^{s}$ | -23° 41′ 42″

Der Titel der Arbeit von Edward Emerson Barnard aus dem Jahr 1919 klingt wie der eines Horrorfilms. Der amerikanische Astronom nannte sie „On the dark markings of the sky, with a catalogue of 182 such objects". Dieser Pionier der Astrofotografie widmete sich in dem Artikel den Dunkelwolken in den Sternbildern Skorpion und Ophiuchus. Er orientierte sich an Regionen entlang der Milchstraße, weil sich dadurch für die dunklen Wolken ein guter Kontrast gegenüber den Milchstraßensternen ergab. Im Text beschreibt er passenderweise, dass sich in einem 15-cm-Instrument solch ein Nebel wie ein Klecks dunkler Tinte vor dem hellen Hintergrund der Milchstraße abhebt. Seine ersten Funde, auf die er bei der Suche nach Kometen gestoßen war, lagen zu dieser Zeit schon fast 40 Jahre zurück. Er berichtet auch von der Beobachtung einer solchen Dunkelwolke mithilfe des 91-cm-Refraktors am Lick-Observatorium. Mit 350-facher Vergrößerung und einem Bildfeld von nur 6′ füllte die Dunkelwolke das Bildfeld komplett aus. Barnard fiel auf, dass die Dichte nicht gleichförmig war, sondern dass es diffuse Bereiche gab, durch die Sterne durchschimmerten.

Seine damalige Vermutung war, dass es sich bei den dunklen Stellen nicht um eine leere Stelle im Raum, sondern um „black masses" (dunkle Massen) handeln müsste, also um Materie in Form einer dunklen Wolke. Bei einigen Objekten notierte er Details wie etwa Fortsätze und Filamente. Er berichtete auch von scharf definierten Formen, die ihn an die Fühler von Insekten erinnerten.

Neben den visuellen Beobachtungen fertigte E. E. Barnard mit dem 91-cm-Refraktor auch Aufnahmen an. Er wählte Motive in der Region um ϑ Ophiuchi und um die große Sternwolke im Sternbild Scutum, in der Nähe des Sternhaufens M 11. Als eines der feingliedrigsten Objekte nannte er die Nummer 78, die einige Grad südöstlich von ϑ Ophiuchi liegt. In der etwa 3° großen Dunkelwolke beschrieb er die außergewöhnlichen Formen, und merkte an, dass solche reichhaltigen Strukturen in den leuchtenden Nebeln nicht zu finden seien.

Die Aufnahme zeigt auf der rechten Seite das Objekt mit der Nummer 72 im Sternbild Ophiuchus. Es steht in direkter Nachbarschaft zu den Objekten 68 und 74 und findet sich etwa 1,5° nördlich von ϑ Ophiuchi. Die Wolke ist ein Teil des größeren „Dark Horse Nebula" (der „dunkle Pferdenebel").

Die auffällige S-Form von Barnard 72 führt zum Beinamen „Schlangennebel" (engl. „Snake Nebula") und ist etwa 17′ hoch. Mit dem östlichen Fortsatz, der hier nach unten zeigt, erreicht das Filament eine Länge von 35′. Dicht rechts daneben steht der 7,7 mag helle K0-Stern HD 157398 mit einer Entfernung von 492 ± 2 Lichtjahren. Die Entfernung von Barnard 72 schätzen die Astronomen auf 650 Lichtjahre.

In der unteren linken Bildhälfte finden wir Barnard 75. Neigt man den Kopf nach links, erkennt man, dass dessen Aufbau dem Buchstaben E ähnelt. Setzt man nun die beiden Barnard-Nebelbuchstaben zusammensetzen, erhält man das Wort „ES" und damit den Verweis auf den gleichnamigen Roman von Stephen King. Glauben wir den Filmcharts, so ist die Filmfassung von 2017 der erfolgreichste Horrorfilm aller Zeiten.

BARNARD 150 SEEPFERDCHENNEBEL

CEP | $20^h\ 51^m\ 6^s$ | 60° 11′ 0″

Im Sternbild Cepheus, dicht an der Grenze zum Sternbild Schwan, finden sich dunkle Einsenkungen im hellen Band der Milchstraße. Hier liegen auch kleine, dichte Dunkelwolken wie Barnard 150 (LDN 1082), die auf der Aufnahme zu sehen ist.

Die Länge des Filaments misst etwa 1,4°, die Breite liegt unter 10′. Der im Optischen dichteste Teil befindet sich am unteren Teil des Nebelfadens, im Nordosten. Für die Entfernung von Barnard 150 schwanken die Angaben in den Katalogen zwischen 650 Lichtjahren und 1400 Lichtjahren.

Das Gesamtbild der Dunkelwolke erinnert an den griechischen Buchstaben ζ, der auf der Aufnahme in die Horizontale gekippt ist. Je nachdem, wie man das Bild dreht, kann man auch den in der Literatur bekannten Beinamen von Barnard 150 erkennen: Barnard 150 wird als „Seepferdchennebel" bezeichnet.

Mithilfe eines Online-Sternkatalog wie Aladin können wir die Bilddaten von Satellitenmissionen übereinanderlegen. Bei Barnard 150 ist der Vergleich der Infrarotdaten mit den optischen Daten recht aufschlussreich. Das dunkle Filament strahlt im Infraroten sehr hell und besitzt auch „hot spots", also kompakte Stellen, die deutlich wärmer sind als die durchschnittliche Helligkeit der Filamente. Eine dieser Stellen ist die Dunkelwolke GF 9. Sie steht über dem Kopf des Seepferdchens – rechts oberhalb einer kleinen Gruppe aus drei blauen Sternen. Ihre Entfernung wird mit 880 ± 33 Lichtjahren angegeben. Mit dem 45-m-Radioteleskop in Nobeyama (Nagano, Japan) wurde 2009 in diesem dichten Teil der Dunkelwolke die Strahlung des Ammoniakmoleküls (NH_3) untersucht.

Die Forscher fanden in GF 9 zehn kompakte Kerne mit NH_3-Emission. Ein Vergleich mit den Infrarotdaten zeigte, dass sieben davon mit bereits bekannten Infrarotquellen zusammenfallen, die vermutlich junge Protosterne darstellen. Im Fall des Objekts GF 9-2 (IRAS 20503+6006) lieferten die anhand der Spektren berechneten Modelle eine Temperatur von 10 K und eine Masse des Wolkenkerns von 1,8 – 8,2 Sonnenmassen. Die Teilchendichte ergab sich zu $n(H_2) = 10^4\ cm^{-3}$.

Die Kerne liegen wie an einer Schnur aufgereiht nebeneinander. Ihre Abstände betragen ein bis drei Lichtjahre. Die gemessenen Emissionslinienbreiten deuten auf Winde mit Überschallgeschwindigkeiten. Sie sind Hinweise auf die starke Turbulenz. Die Forscher deuten dies als mögliche Instabilität der Wolkenkerne. Sie könnten also an der Schwelle zum Gravitationskollaps stehen, um dann massearme Sterne entstehen zu lassen.

In einem Artikel aus dem Jahr 2020 wurde die Existenz dieser Sternembryos in GF 9 bestätigt. Mithilfe von Infrarotdaten konnten die Geschwindigkeiten des Gaseinfalls in den Kernen gemessen und die dynamischen Parameter der entstehenden Akkretionsscheiben bestimmt werden. Bei GF 9-2 entwickelt sich so auf Größenskalen von weniger als 850 AE gerade eine Hülle der Klasse 0 um den zentralen Protostern.

Es ergibt sich auch noch ein biologischer Aspekt: Da bei den Seepferdchen nur die männlichen Tiere trächtig sind, dürfen wir kosmo-biologisch folgern, dass die Dunkelwolke Barnard 150 wohl ein Männchen sein muss.

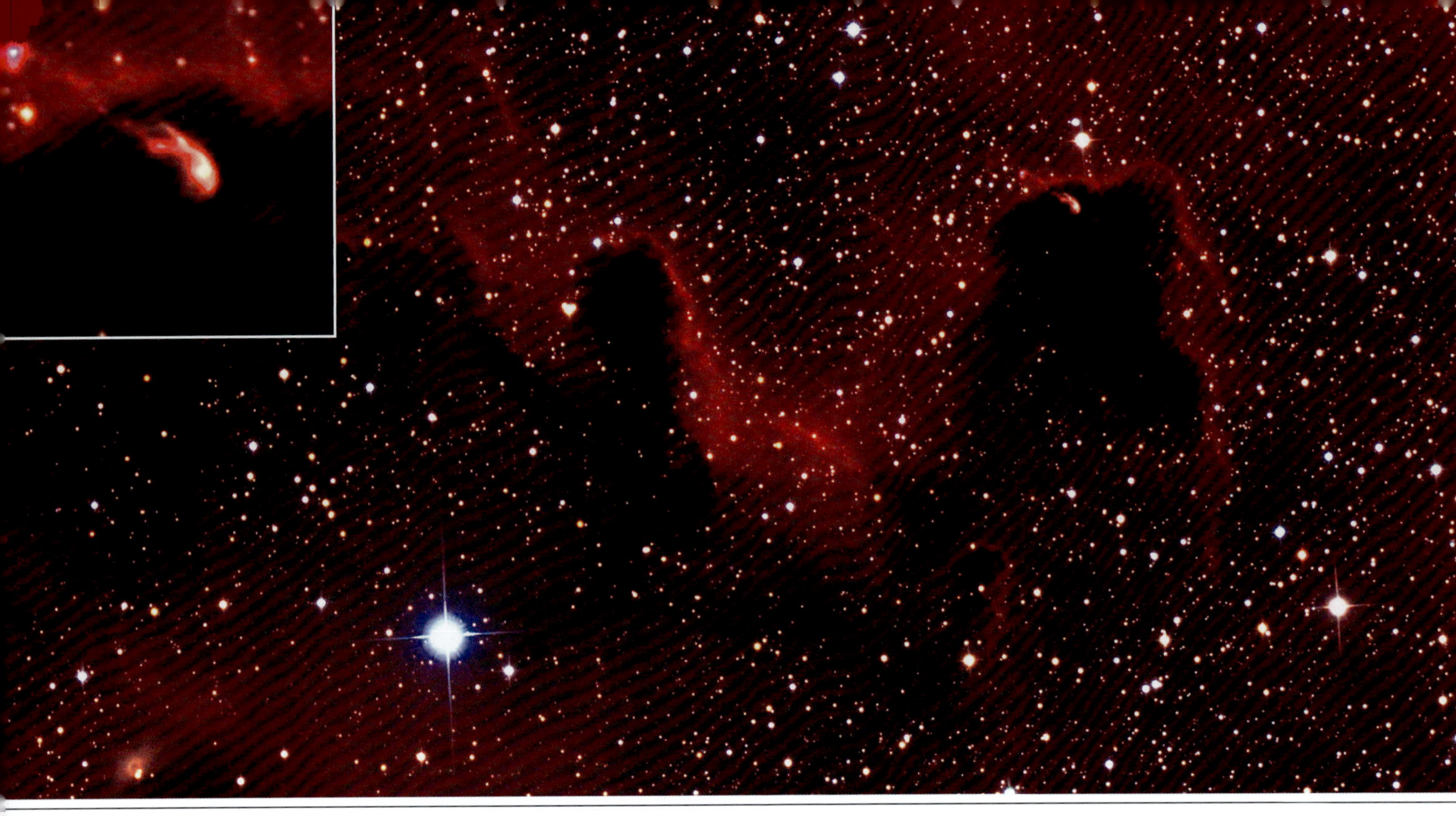

BHR 37 / ESO 210-6A / GN 08.26.2

VEL | $08^h\ 26^m\ 40^s$ | -51° 2' 0''

Bei dem „Atlas der Galaktischen Nebel" handelt es sich um ein dreibändiges Werk, das zwischen 1985 und 1990 veröffentlicht wurde. Die Autoren waren der Astronom Thorsten Neckel und der bekannte Amateurastronom Hans Vehrenberg. Sie stellten auf Basis von Platten des Palomar Observatory Sky Survey und des ESO/SERC Southern Sky Survey eine Liste von 1547 Objekten zusammen, die größtenteils aus galaktischen Emissions- und Reflexionsnebeln besteht.

Für viele der Objekte wurden Aufnahmen mit den 2,2-m-Reflektoren der Sternwarten auf dem Calar Alto und in La Silla angefertigt und als „Nahaufnahmen" mit in ihre Auswahl aufgenommen. Die Nebel wurden in Ringbüchern auf 462 Kartondruckseiten dargestellt. Auch wenn der Atlas einige Fehler aufweist – unter anderem gibt es falsche Koordinaten oder es wurden Galaxien als Nebel identifiziert – ist die Zusammenstellung ein reicher Fundus für Nebelmotive fernab vom astrofotografischen Mainstream. Die Autoren benutzten eine ungewohnte Terminologie – nach dem Präfix steht die Rektaszension des Objektes. Liegen mehrere Objekte bei gleicher Rektaszension, so erhielten diese noch eine fortlaufende Nummer angehängt.

Die Aufnahme zeigt unten links noch die Ausläufer des Nebels GN 08.26.2. Die zwei Nebelsäulen im Bild haben keine GN-Bezeichnung und gehören zum Gum-Nebel (siehe Kapitel 5: Gum-Nebel). Sie zählen zu den dort bekannten 32 „kometaren Globulen". Diese dichten Molekülwolken im Vela-Supernovaüberrest sind Ausgangspunkte für neue Sterne.

Die linke Nebelsäule ist in der Simbad-Datenbank als BHR 37, die rechte Säule als ESO 210-6A oder [LM99] 93 identifiziert. Die beiden Wolken sind etwa 9′ voneinander entfernt. Bei dem 7,4 mag hellen Stern im unteren, linken Quadranten handelt es sich um HD 71790, einen A3V-Stern in 558 ± 4 Lichtjahren Entfernung. Die beiden Wolken sind etwa 1450 Lichtjahre von uns entfernt.

An der Nordgrenze der dichten Molekülwolke ESO 210-6A erkennen wir einen kleinen leuchtenden Strich (siehe Inset). Dies ist das Herbig-Haro-Objekt HH 46/47. Es handelt sich dabei um kollimierte bipolare Ausströmungen eines rotierenden Protosterns und seiner Akkretionsscheibe. Bedingt durch die Drehimpulserhaltung kann ein Überschuss der auf den entstehenden Stern zuströmenden Materie nur senkrecht zur Scheibe entlang der Rotationsachse entweichen. Diese ausströmende Materie transportiert Verdichtungen nach außen. Die „Klumpen" laufen auf langsamere Materie auf und erzeugen dort eine Stoßfront. So entsteht in den Jets eine Abfolge leuchtender Stoßfronten.

Bei HH 46/47 handelt es sich um ein massearmes Klasse-1-Objekt mit einer Leuchtkraft von zwölf Sonnenleuchtkräften. Seine Materie schießt mit rund 300 km/s nach außen. Die Masse schätzen wir auf 0,3 Sonnenmassen. In HH 46/47 wird der Vorläufer eines Doppelsternsystems mit zwei Protosternen vermutet, die etwa 120 AE voneinander entfernt sind. Von deren gemeinsamer Akkretionsscheibe strömen die Jets nach außen. Aus neueren Untersuchungen wissen wir, dass es dabei etwa alle 300 Jahre zum Ausstoß von Klumpen kommt. Der Massenverlust bei HH 46/47 wird auf 10^{-7} Sonnenmassen/Jahr geschätzt. Während einer Klumpen-Episode steigt die Verlustrate um zwei Größenordnungen an.

Diese Dynamik zeigt sich auf der Aufnahme an den hellen Enden des Jets. Bei genauer Betrachtung erkennen wir links oben noch den lichtschwachen Bogen einer Stoßfront, die auf den Auswurf eines solchen Klumpens zurückgeht.

GN 16.43.7

SCO | $16^h\ 47^m\ 10^s$ | -41° 16' 30''

Im südlichen Teil des Sternbilds Skorpion liegt der Emissionsnebel IC 4628. Ein Grad nördlich davon steht der offene Sternhaufen NGC 6242 und zwei Grad südlicher der offene Haufen NGC 6231 mit einer Helligkeit von 2,6 mag. Gehen wir etwa 1,4° von diesen Haufen nach Westen, stoßen wir auf den hier abgebildeten Dunkelnebel GN 16.43.7.

Am südöstlichen Ende, auf der Aufnahme ist dies links unten, leuchtet ein Reflexionsnebel in Blau, der vom 10,5 mag hellen B2-Stern HD 326006 angestrahlt wird. Der Stern ist 5600 ± 610 Lichtjahre entfernt und liegt damit in fast derselben Distanz wie der 5500 Lichtjahre entfernte Sternhaufen NGC 6231.

Die meisten hellblauen Sterne, die vor der dunklen Wolke stehen, befinden sich auch räumlich vor ihr. Wir können gut erkennen, welche Sterne der Wolke am nächsten stehen. Sie sind, wie HD 326006, von einem kleinen Reflexionsnebel eingerahmt. Ein solcher Entfernungsmarker findet sich auch noch weiter rechts, nahe dem unteren Wolkenrand. Dort zeigt sich um den 11,8 mag Stern CD −41 10857 im Blau des Reflexionsnebels auch noch ein horizontal verlaufendes Staubband. Die Gaia-EDR3-Daten liefern für CD −41 10857 eine Entfernung von 5340 ± 190 Lichtjahren.

Die Dunkelwolke ist auch als MSX6C G343.0500+02.6094 in den Datenbanken geführt. Diese Bezeichnung geht auf eine Infrarot-Satellitenmission Ende der 1990er-Jahre zurück, die den „Midcourse Space Experiment Point Source Catalog" hervorbrachte. Damals wurde der Zusammenhang zwischen einer solchen kompakten Globule und dem Auftreten von hellen Rändern in leuchtendem Rot hergestellt. Diese „bright rimmed clouds" (BRC, „Wolken mit hellen Rändern") strahlen im Licht der Hα-Linie. Sie wurden 1991 von Koji Sugitani, Yasuo Fukui und Katsuo Ogura in einem eigenen Katalog zusammengefasst und erhielten SFO-Nummerierungen. Für die gezeigte Dunkelwolke wählten die Autoren SFO 82. Das Zentrum der Wolke ist auch als Infrarotquelle IRAS 16433-4108 geführt.

Die Energiequellen der BRC sind nahegelegene OB-Sterne, deren UV-Photonen den Wasserstoff am dichten Wolkenrand ionisieren und die Ränder rot aufleuchten lassen. Bei den BRC von SFO 82 leisten diese Arbeit die etwa 130 Lichtjahre entfernten OB-Sterne des Haufens NGC 6231. Würden wir das Bildfeld der Aufnahme vergrößern, so könnten wir gut das riesige, fast kugelförmige Volumen erkennen, das die Sternwinde der OB-Haufensterne freigeräumt haben.

An den Rändern wurde Materie aufgeschoben und verdichtete sich zu Dunkelwolken wie SFO 82. Diese werden nun durch die Strahlung der Sterne immer weiter abgetragen. Bei Astrofotografen ist für die Dunkelwolke auch der etwas pathetische Name „Dark Tower of Scorpius" geläufig (der „Dunkle Turm des Skorpions"). Dieser Turm ist das verbliebene, kompakte Bollwerk gegen diese Strahlung. Die Lebenszeit des Turms ist aber doch nur begrenzt und mit wenigen Millionen Jahren für ein astronomisches Objekt vergleichsweise kurz. Mit dem Erlöschen der massereichsten Haufensterne in NGC 6321 wird vermutlich auch die Dunkelwolke SFO 82 Geschichte sein.

IC 423/426

ERI | $5^h\ 33^m\ 21^s$ | 0° 38′ 0″

Dieses Himmelsareal gehört zu den beliebtesten Fotomotiven vieler Astrofotografen. Das Bildfeld besitzt eine Diagonale von etwa 1,3° und befindet sich zwischen den beiden Sternen Alnilam (ε Orionis) und Mintaka (δ Orionis). Alnilam ist der mittlere, Mintaka der rechte der drei Gürtelsterne im Sternbild Orion.
Nahe der rechten unteren Bildecke erkennen wir die Dunkelwolke IC 423 (LBN 913). Ihr steht nahe am linken Bildrand, in etwa 50′ Abstand, IC 426 (LBN 921) gegenüber. Die beiden Wolken sind auch als Bok-Globulen CB 31 und CB 32 bekannt. Die Ausdehnung der beiden Globulen beträgt 4′ bzw. 6′. Rund 10′ nördlich von IC 423 schwebt die kleine Wolke IC 424 (LBN 914)
Etwas rechts oberhalb des dunklen Kerns von IC 423 steht der T-Tauri-Stern IRAS 05307-0038. Visuell liegt dessen Helligkeit bei 13,3 mag, im infraroten K-Band ist er mit 8,6 mag fast 80-mal heller. Die Gaia-Parallaxe verortet diesen Stern in eine Entfernung von 1056 ± 13 Lichtjahren.
In der darüber befindlichen kleinen Nachbarwolke IC 424 finden wir die Infrarotquelle 2MASS J05333959-0025041. Auf dieser Aufnahme ist es der linke der beiden Sterne in der Wolke. Im K-Band liegt die Helligkeit bei 11,0 mag, visuell sind es 13,4 mag. Die Entfernung beträgt 1226 ± 14 Lichtjahren. Diese kleine Wolke befindet sich also mehr als 200 Lichtjahre hinter IC 423.
Die Form von IC 426 am linken Rand der Aufnahme erinnert entfernt an eine Blume. Im dunklen Blütenkelch schimmert ein orangebrauner Längsstreifen, in dem der 16,4 mag helle Stern 2MASS J05362868-0017235 zu finden ist. Dessen Infrarothelligkeit misst 8,9 mag und seine Entfernung beträgt 998 ± 64 Lichtjahre.
Dicht unterhalb des Blumenstiels springen noch drei kleinere Wolken ins Auge. Die eben noch erkennbare Wolke ganz links beherbergt die Quelle Gaia-DR2 3217806678033147136. Sie ist 14,4 mag hell und 1391 ± 23 Lichtjahre entfernt. Das mittlere der drei Wölkchen ist sternenleer.
Bei der rechten Wolke werden wir auf der Suche nach Kandidaten für Protosterne wieder fündig. Ganz links leuchtet in orange Gaia-DR2 3217804586385340672, ein im Visuellen 14,4 mag heller Protosternkandidat. Dessen Entfernung beziffert Gaia mit 1295 ± 20 Lichtjahren. Bei dieser Wolke leuchtet rechts auch HD 290657. Der B9-Stern ist 9,5 mag hell und steht 160 Lichtjahre vor der kleinen Wolke. Damit befindet er sich rund 130 Lichtjahre hinter der größeren Blumenwolke.
Bei all diesen Funden, also der Kombination aus Wolken und Protosternen, sind die Teilchendichten der isolierten Dunkelwolken groß genug, so dass in ihren Kernen massearme Sterne entstehen können. Die Gaia-Daten vergegenwärtigen in schöner Weise die Anordnung der Wolken im Raum. Diese Gruppe von Protostern-Kandidaten, die man hier gefunden hat, füllt ein Volumen mit einer Breite von etwa 70 Lichtjahren und einer Tiefe von rund 400 Lichtjahren.

IC 2118 HEXENKOPFNEBEL

ERI | $5^h\ 2^m\ 0^s$ | -7° 54′ 0″

Der hell leuchtende Stern im linken unteren Bildquadranten ist Rigel (β Orionis). Dieser B8-Überriese strahlt visuell mit 0,13 mag und ist etwa 860 Lichtjahre entfernt. Die Grenze zum Sternbild Eridanus verläuft rechts von ihm, senkrecht durch das Bildfeld. Der rote Bogen im Hintergrund ist ein HII-Emissionsnebel, der dem „Barnard-Loop" zugeordnet wird. Es handelt sich vermutlich um einen Supernovaüberrest in etwa 1500 Lichtjahren Entfernung.
Der Nebel IC 2118 (NGC 1909) liegt im Eridanus, wie auch die Sterne, die ihn einrahmen. Der Teil der auf der Aufnahme sichtbaren Dunkelwolke misst in der Länge etwa 4,3°. Die Wolke erstreckt sich noch fast 2° über den unteren Rand der Aufnahme hinaus. Die projizierte Länge der Wolke liegt damit bei über 90 Lichtjahren.
IC 2118 ist eine Dunkelwolke und besteht aus dichtem Staub und Gas. Die Farbe der Wolke, die zwischen braun und blau changiert, entsteht aus unterschiedlichen Abschattungs- und Beleuchtungseffekten der umliegenden Sterne. Im Visuellen wirkt IC 2188 wie ein Reflexionsnebel. Hier wird Licht mittels Rayleigh-Streuung an den Staubteilchen gestreut. Die Intensität der Abstrahlung ist proportional zu $1/\lambda^4$ und damit stark wellenlängenabhängig. Dies erklärt, warum Blau die Grundfarbe vieler Reflexionsnebel ist.
Da in der nahen Umgebung von IC 2118 etwa ein Dutzend T-Tauri-Sterne liegen, war der Nebel schon in den 1980er-Jahren als Sternentstehungsregion bekannt. Mit dem Spitzer-Weltraumteleskop wurden 2010 die dichten Bereiche von IC 2118 im infraroten Licht untersucht. Gesucht werden junge Sterne mithilfe des Infrarotexzess. Bei kompakten, dichten Objekten, wie etwa bei Akkretionsscheiben um junge Sterne, erreicht uns aus der Wolke nur langwelliges infrarotes Licht, denn die blauen Anteile werden herausgestreut. Die Spitzer-Daten lieferten in IC 2118 zehn solcher Protosternkandidaten, die alle im oberen, dichten Wolkenbogen liegen. CO-Molekülspektren der Infrarotquellen ermöglichten eine Abschätzung der Massen dieser Objekte. Der Spitzenreiter lieferte 85 Sonnenmassen und war etwa dreimal so massereich wie die anderen Kandidaten.
Bei einigen dieser Sterne haben wir durch Gaia-Parallaxen genaue Entfernungen, wie bei 2MASS J05072865-0613258, in 966 ± 28 Lichtjahren. Diese Messung ist genauer als die von Rigel, die aufgrund seiner enormen Helligkeit fehlerbehaftet bleibt.
Da wir die Abstandsverhältnisse vor Ort kennen, sind wir in der Lage, die Lichtquellen zu benennen, die IC 2118 für uns erst sichtbar machen. Es sind dies der 4,5° entfernte Rigel und die 7,4° links oben liegenden Trapezsterne im Orionnebel (siehe Kapitel 2: M42). Der räumliche Abstand von IC 2118 zu Rigel beträgt rund 65 Lichtjahre. Der Sternhaufen im Trapez ist etwa 400 Lichtjahre weiter entfernt. Diese ungeheuerlich weit reichenden Fernwirkungen werden noch unterstrichen, wenn wir das Bild um 180° drehen. Dann taucht nämlich im Nebelverlauf ein märchenhafter Schattenriss auf, der dem Nebel seinen Namen gibt: IC 2118 wird auch als Hexenkopfnebel bezeichnet.

IC 2944 RUNNING CHICKEN NEBULA

CEN | $11^h\ 38^m\ 20^s$ | -63° 22′ 22″

Im Sternbild Centaurus (Zentaur) liegt IC 2944. Der Emissionsnebel zählt wegen seiner Ausdehnung – er erreicht die doppelte Größe des Vollmonds (also fast ein Grad) – zu einem der größten am Südhimmel. Der Nebel hat eine Ausdehnung von rund 140 Lichtjahren und beinhaltet einen Sternhaufen, zu dem auch die in der Abbildung sichtbaren Sterne gehören. Der Bildausschnitt zeigt ein Detail von IC 2944, das nur etwa 8′ × 10′ groß ist.

Der hellste Stern im Bildfeld ist HD 101205, ein 6,5 mag heller Bedeckungsveränderlicher, bei dem sich zwei B7-Überriesen umkreisen. Ihre Entfernung zu uns beträgt 7590 ± 840 Lichtjahre. Gehen wir 2,1′ nach rechts, erreichen wir HD 308819. Dies ist ein 10 mag-Stern mit dem Spektraltyp A0. Die Gaia-EDR3-Daten liefern eine Entfernung von 7250 ± 250 Lichtjahren.

Der mit 7,2 mag hellste Stern am oberen Bildrand ist V1051 Centauri und ebenfalls ein Bedeckungsveränderlicher. Dessen Gaia-Entfernung von 8600 ± 1800 Lichtjahren ist stark fehlerbehaftet. Den Stern können wir aber, innerhalb der Fehlergrenzen, zum Sternhaufen in IC 2944 zählen. Die anderen Sterne, die rechts und links von V1051 Centauri sichtbar sind, liegen vor oder hinter IC 2944, sie gehören also nicht zum Haufen.

Einer der ersten Artikel, die sich mit IC 2944 beschäftigten, stammt aus dem Jahr 1965. Die Autoren Andrew David Thackeray und Adriaan Jan Wesselink analysierten Haufensterne mittels Fotometrie und Spektroskopie. Sie maßen bei 61 Sternen die Helligkeit bis zu einer Grenzgröße von 15 mag. Für 24 Sterne erstellten sie Spektren und ermittelten deren Radialgeschwindigkeiten. Als Energiequelle der HII-Emission konnten die beiden Astronomen acht O-Sterne identifizieren. Aus den Spektren schlossen sie, dass es sich bei IC 2944 um einen relativen jungen Haufen handeln müsste. In ihrem Artikel steht über die nicht zu übersehenden Dunkelwolken, dass die Entdeckung kleiner Globulen mit scharfen Rändern, aber unregelmäßiger Form ihr Interesse an diesem Gebiet geweckt habe. Mehr dazu hatte A. D. Thackeray fünfzehn Jahre zuvor in einem allgemeinen Artikel über Nebel bei südlichen Sternen geschrieben. Bei der größten Dunkelwolke fiel ihm auf, dass ihre Grenzlinie sehr unregelmäßig verläuft und sich damit von den Globulen unterscheidet, die Bok 1947 beschrieben hatte. Bemerkenswert ist, dass Thackeray auf seiner Plattenaufnahme dasselbe sehen konnte, das auch unsere Aufnahme zeigt: Über die Dunkelwolke verläuft ein vertikaler Streifen, der die Wolke in einen helleren linken und einen dunkleren rechten Teil trennt. Er vermutete, dass diese kleine dunkle Wolke nicht vor dem roten HII-Hintergrund stehen würde, sondern in diesen eingebettet sein könnte.

Diese Interpretation hat sich später als sehr wahrscheinlich erwiesen. Die Dunkelwolken besitzen Massen zwischen 4 und 11 Sonnenmassen und Ausdehnungen bis zu etwa 2 Lichtjahren. In ihnen wurden Fragmentierungen gefunden, deren Ausmaße bis zu 2000 AE herunterreichen. Sie bestehen aus dynamisch unterscheidbaren Teilen. Kurz gesagt: Die Dunkelwolken sind dabei, sich aufzulösen. Ursache ihrer Vergänglichkeit sind die Sternwinde der Haufensterne. Die Wolken von Thackeray zeigen eindrucksvoll, dass nicht aus jeder Verdichtung von Gas und Staub ein Stern entstehen muss.

IC 4955

VUL | $20^h\ 4^m\ 54^s$ | 29° 11′ 0″

Im Zentrum der Aufnahme ist der offene Sternhaufen Roslund 4 zu sehen, der aus nur wenigen dutzend Sternen besteht. Der etwa 10 mag helle Haufen liegt im Sternbild Vulpecula (Füchschen). Der Milchstraßenäquator verläuft weiter rechts und ist etwa 1° entfernt. Im Sternhaufen erkennen wir zwei Reflexionsnebel, die ihn für Beobachter interessant machen.

Unten links, in südöstlicher Richtung, steht IC 4955 und nach Nordwesten, etwa 3′ darüber, liegt IC 4954.

Die Haufenentfernung beträgt gemäß der Gaia-Daten rund 7000 Lichtjahre. Allerdings gehören nicht alle Sterne mit der gleichen scheinbaren Helligkeit zum Haufen. Der auffallend goldgelbe Stern TYC 2153-1637-1, der rechts neben IC 4599 zu sehen ist, gehört zu Roslund 4 und seine Entfernung beträgt 7075 ± 270 Lichtjahre. Der Stern ist im Visuellen 13,0 mag hell und sein Gaia-Farbindex beträgt $G_{BP}–G_{RP}$ = 2,4 mag.

Ins Auge sticht bei der Aufnahme die scheinbare Veränderung der Bildschärfe. Über beiden IC-Objekten liegt eine diffus wirkende Nebelschicht, die zwischen ihnen so dicht ist, dass sie eine Dunkelwolke bildet.

Im „Two Micron All-Sky Survey“ (2MASS) wurde zwischen 1997 und 2001 der gesamten Himmel nach Infrarotquellen durchsucht. Beobachtet wurde mit zwei erdgebundenen Observatorien auf dem Mount Hopkins in Arizona (USA) und auf dem Cerro Tololo (Chile) in den Infrarotbändern J (1,25 μm), H (1,65 μm) und K (2,2 μm).

Mit der 2MASS-Durchmusterung fanden die Forscher 42 neue Infrarotsternhaufen, in denen auch IC 4954 und IC 4955 enthalten sind. Es folgten weitere Beobachtungen, die Hinweise auf Sternentstehung im Dunkelwolkenkomplex lieferten. So fanden mehrere Forscherteams aktive Regionen in [SII]-Aufnahmen, die sie als Indikatoren für versteckte Herbig-Haro-Objekte ansehen. Eines dieser Objekte erkennen wir auf der Aufnahme als kleinen roten Fleck links oberhalb von IC 4955.

Aus den Analysen ergibt sich, dass das gesamte Objekt nicht durch eine, sondern durch mindestens zwei Sterngenerationen bestimmt ist. Wir blicken also auf die Mischung einer älteren Generation, die den Sternhaufen Roslund 4 hervorbrachte, und einer Gruppe von gerade erst entstehenden Sternen.

Vergleichen wir die Emissionen von [SII] und Hα, so erkennen wir, dass diese im Bildfeld relativ scharf getrennt sind. Die Hα-Emission ist in den Bereichen am stärksten, in denen die Dunkelwolke am schwächsten erscheint. Dies spricht dafür, dass die Roslund 4-Sterne durch ihre Sternwinde Gas und Staub aufgeschoben und damit die dichten Nebelstrukturen hervorgebracht haben.

Dieses Freiräumen war teilweise so erfolgreich, dass der Nebelvorhang vollkommen weggezogen wurde und wir auf die dahinter liegenden Sterne in der Milchstraßenebene schauen können. Besonders auffällig ist dieser Effekt bei IC 4954, bei dem auf der Westseite eine regelrechte Nebelkante entstanden ist.

IC 4604

OPH | $16^{h}\,26^{m}\,0^{s}$ | -23° 24′ 0″

Bei dieser Aufnahme dürfte es sich um das farbenreichste Motiv dieses Bildatlas handeln. Zur besseren Orientierung in diesem Objektmix aus Dunkelwolken, Reflexions- und Emissionsnebeln folgen wir dem Weg, den die hellen Sterne in dem etwa 12° × 10° messenden Bildfeld aufzeigen. Die Objekte gehören zu den Sternbildern Skorpion und Ophiuchus. Die Sterne zählen zu einer Untergruppe der Scorpius-OB2-Assoziation, die als „Scorpius-subgroup“ bezeichnet wird. Wie auch die Sonne liegen diese im „Orion spur“, einem Verbindungsstück zwischen dem inneren Sagittariusarm und dem Perseusarm der Milchstraße.

Der Motivweg durch die linke Aufnahme startet oben links. Die braune Dunkelwolke, die links oben in das Bildfeld hereinragt, endet rechts mit dem Reflexionsnebel IC 4952. Dieser wird vom 4,1 mag hellen B2-Stern ν Scorpii beleuchtet, der nur 474 ± 53 Lichtjahre von uns entfernt ist. Gleich rechts des Nebels, etwa 1,6° entfernt und selbst ohne Nebel, steht β_1 Scorpii. Dieser spektroskopische Doppelstern ist mit 404 ± 38 Lichtjahren noch näher bei uns. Ebenfalls ein Doppelstern ist der 2,2 mag helle δ Scorpii, der 3° weiter rechts unten zu sehen ist. Eine seiner Komponenten ist ein B0-Überriese, der den HII-Nebel Sh2-7 beleuchtet. In der Projektion hat er eine Größe von etwa 25 Lichtjahren. δ Scorpii ist 491 ± 67 Lichtjahre entfernt.

Gehen wir auf dem Rundweg 3,5° nach unten, so wird es wieder bunter. Um den Stern π Scorpii leuchtet eine HII-Region. Unter und rechts von ihr verzieren tiefblaue Kanten des Reflexionsnebels die Wolkenfragmente von Sh2-1. π Scorpii ist ein 2,7 mag helles Doppelsternsystem vom Spektraltyp B1, das aber nur aus Zwergsternen besteht. Damit ist es weniger leuchtkräftig als der Stern darüber und erzeugt infolgedessen eine kleinere HII-Region. Mit 585 ± 68 Lichtjahren ist π Scorpii der entfernteste der hellen Sterne im Bildfeld. Die blauen Wolken befinden sich räumlich davor und stehen uns etwa 100 Lichtjahre näher.

Das furiose Finale des Stern-Hoppings füllt den unteren linken Quadranten fast vollständig aus. Wir erkennen am unteren Rand den Kugelsternhaufen M 4 (siehe Kapitel 7: M 4). Links darüber finden wir noch einen zweiten kleineren Kugelsternhaufen. Es ist NGC 6144, der mit 28.000 Lichtjahren den entferntesten galaktischen Ankerpunkt aller Motive im Bild darstellt.

Ein Schritt von 1,3° nach links führt zu Antares (α Scorpii). Im Blauen liegt seine Helligkeit bei 2,7 mag, im Visuellen bei 0,9 mag

und im Roten leuchtet Antares mit –0,64 mag. Dieses Mehrfachsystem wird von einem M0-Überriesen dominiert, der etwa 700-mal größer ist als die Sonne. Seine Oberfläche ist nur 3500 K heiß und sein gelboranges Licht erhellt die Szenerie aus dichten Dunkelwolken, die im Bild über ihm stehen. Antares ist 554 ± 97 Lichtjahre weit entfernt und liegt hinter dem Wolkenkomplex.

Über dem dichten, horizontalen Wolkenstrang strahlt in frischem Blau der Stern ρ Ophiuchi, der oft als Namensgeber des gesamten Gebildes dient. Seine Helligkeit beträgt 4,7 mag und er besteht vermutlich aus zwei Sternen vom Typ B2. Mit 361 ± 36 Lichtjahren liegt ρ Ophiuchi deutlich vor den blauen Wolken in der rechten unteren Ecke.

Lassen wir uns die Objekte in der Dunkelwolke (siehe rechtes Bild) mit der Suchfunktion der Online-Datenbank Aladin anzeigen, werden wir von der Fülle fast erschlagen. Im dichten, etwa 1° breiten Strang finden sich weit über 300 YSO und mehr als 100 YSO-Kandidaten. Am dichtesten gedrängt sind diese Infrarotquellen in zwei „dense cores", also zwei dichten Wolkenkernen, die etwa 15′ voneinander entfernt sind. Diese zwei Kerne sind tief im dunkelbraunen, rechten Endstück des Stranges verborgen, das als L 1688 katalogisiert ist.

In der Nebelrandzone finden wir einige Infrarotquellen, die auch Gaia identifiziert hat und die wir zur Entfernungsbestimmung benutzen können. So liefert Haro 1-6 eine Distanz von 438 ± 4 Lichtjahren. Für den T-Tauri-Stern DoAr 24 wird der fast identische Wert von 438 ± 3 Lichtjahren angegeben. Die Dunkelwolke schwebt also räumlich zwischen dem uns näheren ρ Ophiuchi und Antares, der aus dem Hintergrund sein Gelb zum Farbspektakel beisteuert.

Die Masse der Wolke schätzen Astronomen auf etwa 3000 Sonnenmassen. Die meisten der dort entstehenden Sterne sind nur wenige hunderttausend Jahre alt und ihre Masse liegt im Mittel bei 0,4 Sonnenmassen. Die große Anzahl an Quellen erwärmt den Staub relativ stark auf 30 K.

Neuere Beobachtungen lieferten Details zu den jungen Sternen und ihren protoplanetaren Scheiben in L 1688. 31 dieser Scheiben zeigen keine Vorzugsrichtung ihrer Ausrichtung in der Wolke. Es gibt keinen Hinweis auf einen möglichen Einfluss von Magnetfeldern, die den Kollaps der Protosternwolke überlebt haben. Wir gehen davon aus, dass – trotz ihrer Größe und der Vielzahl an Protosternen – in solchen Sternentstehungsgebieten keine Verbindung zwischen den Protosternen besteht. Wegen der Turbulenz in den Wolken, die zu den Kondensationskernen der Sternentstehung führt, sind diese Protosterne von ihrer Nachbarschaft gleichsam entkoppelt. Wenn wir einmal von Mehrfachsystemen absehen, die gemeinsam in einem Kondensationskern entstehen, wird hier ein Grundprinzip sichtbar: Jeder Stern entsteht für sich allein.

N

LBN 15

SER | $15^h\ 52^m\ 0^s$ | $-3°\ 42'\ 0''$

Nur die wenigsten Astrofotografen dürften die Region kennen, die auf dieser Aufnahme zu sehen ist. Das Bildfeld überdeckt die Grenze des Sternbilds Schlange (obere Hälfte), genauer des Schlangenkopfs, Serpens Caput, und des Sternbilds Waage. Links unten ragen noch das Sternbild Schlangenträger und sogar ein kleiner Teil des Sternbilds Skorpion herein.

Der hellste Stern der Vierergruppe ist μ Serpentis, ein 3,5 mag heller B9-Riese, bei dem es sich vermutlich um ein Mehrfachsystem in nur 170 ± 3 Lichtjahren Entfernung handelt.

2014 berichtete ein Artikel über die Beobachtung von μ Serpentis mit dem Starfire Optical Range 3,5-m-Teleskop des Air Force Research Laboratory auf der Kirtland Air Force Base in Albuquerque (New Mexico, USA). Mithilfe von adaptiver Optik wurde die Bahngeometrie der beiden Komponenten direkt vermessen. Die Halbachse der Bahn liegt bei 0,26'' und die Bahnebene ist rund 40'' zur Beobachtungsrichtung gekippt. Der Helligkeitsunterschied der beiden Komponenten liegt bei rund 1,7 mag.

Links über μ Serpentis steht β Serpentis. Es handelt sich um ein 5,1 mag helles A2-Mehrfachsystem in einer Entfernung von 162 ± 3 Lichtjahren. Rechts unter μ Serpentis leuchtet der 5,7 mag helle A5-Stern 30 Serpentis. Gaia misst für ihn eine Entfernung von 175 ± 1 Lichtjahren.

Diese drei Sterne stehen im Raum eng zusammen. Weit dahinter steht HD 141569. Dieser ist der vierte helle Stern, der 15' links von 30 Serpentis steht. Der Stern ist ein 7,2 mag helles YSO, also ein noch sehr junger Stern. Umrahmt wird der Stern von einem kleinen, blauen Reflexionsnebel. Seine Entfernung beträgt 361 ± 2 Lichtjahre.

Um diesen noch jungen B9-Stern liegt eine protoplanetare Scheibe mit enormen Ausmaßen. Sie besteht vornehmlich aus Gas und aus relativ wenig Staub. Die Gesamtmasse schätzen die Astronomen grob auf den Bereich zwischen 13 und 200 Erdmassen. Innerhalb einer Zone von weniger als 200 AE, was in dieser Entfernung etwa 1,8'' entspricht, liegt in der Scheibe ein Massenanteil von ungefähr 1,5 Erdmassen.

Die Polarisation des Lichts von HD 141569 enthüllte mehrere Ringe in der Scheibe. Vielleicht gibt es dort auch einen spiralförmigen Arm, der durch dieses turbulente Umfeld entstanden ist, aber sicher bald wieder verschwunden sein wird. Einen nachweisbaren Planeten hat diese Scheibe jedoch noch nicht hervorgebracht. Vermutlich ist dazu die Dichte zu gering, zudem dürfte es an Staub fehlen.

Die Dunkelwolke LBN 15, deren Rotbraun sich vor dem Sternenhintergrund abhebt, wird im Katalog „Lynds Bright Nebulae“ (Lynds Katalog der hellen Nebel) aufgelistet. Die Verdichtungen selbst sind im Lyndsschen Katalog der dunklen Nebel (Lynds Dark Nebulae, LDN) aufgeführt. Die dichtesten Fragmente, die links der Vierergruppe zu sehen sind, finden wir dort als LDN 183 und LDN 169.

In LDN 183 haben Forscher 2018 fotometrisch die Extinktion von einigen Dutzend Sternen bestimmt, die vor und hinter der Wolke stehen. Zusammen mit den Gaia-Parallaxen konnten sie so nicht nur die Entfernung der Wolke feststellen, sondern auch ihre Größe abschätzen. Die Wolke beginnt in rund 340 ± 25 Lichtjahren und reicht etwa 65 Lichtjahre weit. Ihre Größe am Himmel von knapp 4° entspricht in dieser Entfernung ungefähr 25 Lichtjahren. Wegen ihrer galaktischen Breite von 37° handelt es sich bei der Wolke um eine typische „high latitude dust cloud“ (eine Staubwolke bei hoher galaktischer Breite). Dieser Staub schwebt in dünnen Schichten über- und unterhalb der Milchstraßenebene. Dass dort Sterne entstehen, ist sehr ungewöhnlich, aber nicht unmöglich, wie HD 141569 beweist.

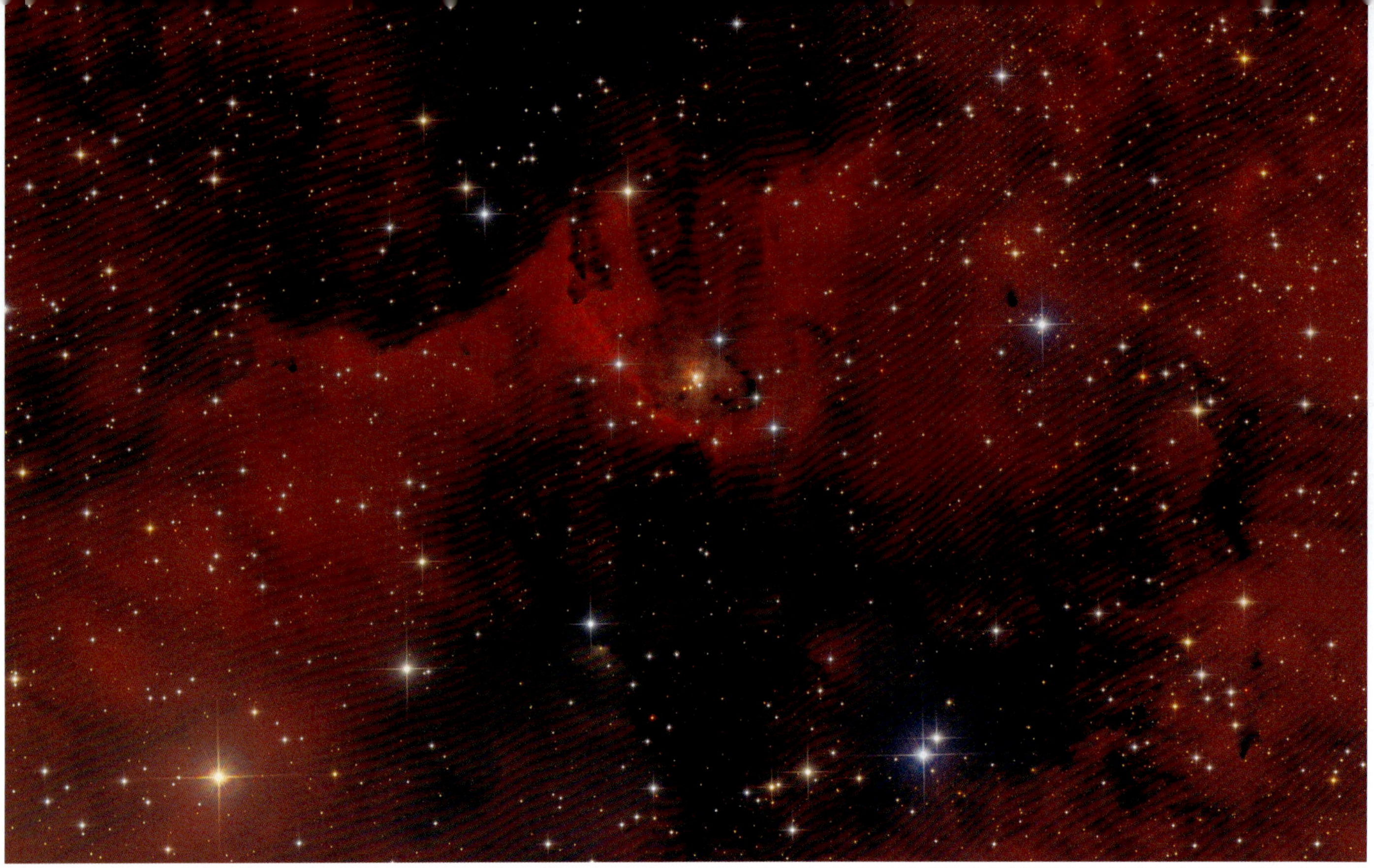

LBN 248

CYG | $20^h\ 21^m\ 0^s$ | 41° 12′ 0″

Die Aufnahme zielt knapp neben dem zentralen Stern Sadr (γ Cygni) ins Sternbild Schwan. Sadr liegt 1° links unterhalb des Bildzentrums (in südlicher Richtung). Trotz des nur etwa 1° großen Bildausschnitts liefert das Milchstraßenband eine Fülle von Objekten.
Über dem Zentrum ist dies der Emissions- und Reflexionsnebel LBN 248. Es handelt sich um eine Sternentstehungsregion, die die Mitte der Wolke orange leuchten lässt. Diese wird von einem roten, etwa 5′ großen u-förmigen Bogen umrahmt, der durch Hα-Emission hervorgerufen wird. Der kleine Haufen ist als Dolidze 6 katalogisiert.
Mittig steht mit BD +40°4124 ein Herbig-Ae/Be-Stern, der visuell 11,6 mag hell ist, im K-Band aber 5,8 mag erreicht. Dieser B2-Zwergstern ist 2986 ± 85 Lichtjahre von uns entfernt. Er fand sich schon 1960 in der ersten Veröffentlichung von Georg Herbig zu Ae/Be-Sternen erwähnt. Diese sind massereicher und leuchtkräftiger als die anderen jungen Objekte, etwa die T-Tauri-Sterne.
Zum Haufen gehört auch der ungewöhnlich junge Stern V1318 Cygni. Wir finden ihn nicht im hellen Hotspot, sondern etwas links nach unten versetzt. Es ist ein Veränderlicher vom Typ A4, dessen Helligkeit über Jahrzehnte hinweg unregelmäßig variiert. In den 1970er-Jahren war er mit 14 mag relativ hell, wurde dann schwächer und war Anfang der 1990er-Jahren optisch nicht mehr auffindbar. Danach wurde V1318 Cygni binnen 20 Jahren wieder heller und übertraf das 1960er-Niveau, das er seitdem hält. Seine Variationen sind teilweise eruptiv und umfassen 2 bis 3 mag große Sprünge. Als Ursache vermuten die Astronomen einen geometrischen Effekt in Kombination mit einer starken Ausströmung von Materie. Wir blicken fast frontal auf die Scheibe um den jungen massereichen Stern und sehen in einen von zwei abströmenden Jets. Das mit etwa 100 km/s wegströmende Material enthält Verdichtungen. In Zusammenspiel mit der Präzession des Jets bewirkt dies, dass wir den Stern zeitweise direkt sehen oder aber erleben, wie er verdeckt wird. Diese Schwankungen in der Ausrichtung des Jets erschwert die sichere Klassifikation von V1318 Cygni. Es könnte sich um einen seltenen FU-Orionis-Stern oder einen EX-Lupi-Stern handeln.
Die Dunkelwolken, die um LBN 248 angeordnet sind, sind als Objekte im Katalog des japanischen Astronomen Kazuhito Dobashi verzeichnet. Auf Basis des Two Micron All Sky Survey Point Source Catalog (2MASS PSC) hat Dobashi 2005 und 2011 umfassende Extinktionskarten des Himmels erstellt. Durch die Auswertung der Farben der Hintergrundsterne und der Sterndichten fertigte er einen Atlas von Dunkelwolken mit einer Auflösung im Bogenminutenbereich.
Kazuhito Dobashi berücksichtigte in seinen Karten besonders die Milchstraße und modellierte sowohl das Milchstraßenband bei niedrigen galaktischen Breiten als auch die weit außen liegende Position unseres Sonnensystems in der galaktischen Ebene. Seine Auswahlkriterien lieferten einen Katalog mit 7614 Dunkelwolken, die sich in den allermeisten Fällen bei niederen galaktischen Breiten mit b = ±15° befinden.
Auf der Aufnahme sind einige der Dobashi-Wolken zu sehen. Über dem aktiven Zentrum, das als Dobashi 2439 im Katalog steht, befindet sich leicht nach links versetzt Dobashi 2449. In der unteren Aufnahmehälfte liegen (von links nach rechts) Dobashi 2438, Dobashi 2429, Dobashi 2421 und darunter, am unteren Bildrand halb angeschnitten, Dobashi 2418.

LBN 406

DRA | $16^h\ 46^m\ 0^s$ | 60° 12′ 0″

Die Dunkelwolke LBN 406 (Sh2-118) gehört zum Sternbild Drache und befindet sich bei den galaktischen Koordinaten l = 87,5° und b = 9,0°. Die Milchstraße ist hier, verglichen mit Bereichen, die mehr in Richtung des galaktischen Zentrums liegen, weniger reich mit Sternen besetzt. Viele der Hintergrundsterne gehören zum Perseusarm und sind mehr als 10.000 Lichtjahre entfernt.
Rechts von LBN 406, in westlicher Richtung, liegen die lockereren Filamente der Dunkelwolken LBN 413 (oben) und LBN 415. Dort erkennen wir auch die nur etwa 1′ große Galaxie NGC 6223, die zu einer Gruppe von Galaxien gehört, die 270 Millionen Lichtjahre von der Milchstraße entfernt sind.
Es klingt nach einem Widerspruch, wenn wir bei Dunkelnebeln von „hellen Dunkelnebeln" sprechen. Im „Lynds' Catalogue of Bright Nebulae", den Beverly Lynds in den 1960er-Jahren zusammengestellt hat, finden sich wie erwartet auch Emissionsnebel. Beispielsweise wird der Orionnebel dort als LBN 974 geführt. Neben diesen selbstleuchtenden Nebel gibt es aber auch „passive" Nebel, die in Lynds Helligkeitssystem, das von 1 bis 6 reicht, mit „1" – also gerade noch erkennbar – beschrieben werden.
Das fahle Leuchten der LBN-Wolken geht auf das Licht von Sternen in der galaktischen Scheibe zurück. Es wird an den Staubteilchen der Wolken in die Ebene zurückgestreut. Diese „high galactical latitude clouds" werden dann sichtbar, wenn sie vor einem wolkenlosen, dunklen Hintergrund stehen. Sie befinden sich in der Regel zwischen 150 Lichtjahre und 1400 Lichtjahre über der galaktischen Ebene. In der Literatur wird das diffuse Licht, das die Milchstraße abstrahlt, als „interstellar radiation field" (ISRF) bezeichnet. Es entsteht durch die Strahlung schwacher Sterne sowie die Streuung an und Strahlung von Staubkörnern.
Das Rückstrahlvermögen einer Oberfläche geben die Astronomen allgemein als Albedo an, einer Zahl, die zwischen 0 und 1 liegt. Bei einer Zahl nahe 1 wird fast das ganze Licht zurückgestrahlt, frischer Schnee liefert beispielsweise fast 0,9. Bei den Dunkelwolken untersuchen wir diese Rückstrahlung, um aus deren Wellenlängenabhängigkeit auf die physikalische Beschaffenheit der Wolken zu schließen.
In einer Studie aus dem Jahr 2018 wurden einige LBN-Wolken analysiert, darunter auch LBN 406. Ihre Entfernung zur Milchstraßenebene schätzten die Astronomen auf etwa 1300 Lichtjahre. Das Streulicht der Wolken wurde mithilfe von 6 Farbfiltern untersucht, die spektral von 350 nm bis 820 nm reichten und deren Bandbreiten zwischen 90 nm und 300 nm lagen.
Das Spektrum von LBN 406 zeigt ein zu langen Wellenlängen hin ansteigendes Kontinuum. Dunkelnebel sind also mehr rot als blau, was die rotbraune Färbung einiger dieser Wolken erklärt. Wie stark die Farbe ausgeprägt ist, hängt von der Streugeometrie und dem Abstand der Wolken von der Milchstraßenebene ab. Das ISRF erweist sich dabei als stark richtungsabhängig.
Die Albedo von LBN 406 liegt bei 0,6 im UV und bei 0,7 im Roten. Aus Modellrechnungen kann auf eine Gastemperatur von rund 100 K geschlossen werden und die Teilchendichte von Wasserstoff lässt sich mit etwa 1400 cm^{-3} abschätzen. Dieser Wert ist rund 1000-mal größer als der eines galaktischen Himmelsfelds ohne Dunkelwolken.

LDN 1495

TAU | 4^h 18^m 6^s | 27° 37′ 0″

LDN 1495 ist die Dunkelwolke, die sich quer durch diese Aufnahme zieht. Das hier etwa 1,8° lange Filament ist Teil eines größeren Wolkenkomplexes: der Taurus-Molekülwolke. Die riesige Wolke wird auch als TMC-1 bezeichnet. Deren Form gleicht einem Ypsilon und nimmt am Himmel, wie der Infrarotsatellit Herschel 2017 bestätigte, etwa 14° × 7° ein.

Von TMC-1 wusste Beverly Lynds noch nichts. Die Zuordnung von LDN 1495 zu ihrem „Catalog of Dark Nebulae" aus dem Jahr 1962 beruhte nicht auf astrophysikalischen Gründen, sondern aufgrund ihrer eigenen Einschätzung. Jede Wolke bekam von ihr einen Opazitätswert zwischen 1 und 6 zugewiesen. Bei LDN 1495 finden wir dort eine „5", also fast den lichtschwächsten Wert. (Bitte beachten Sie: Dies sind die Kategorien im Katalog der Dunkelnebel. Weiter oben hatten wir die Klassifikationen für den Katalog der hellen Nebel kennengelernt.)

LDN 1495 ist die der Sonne nächstgelegene Sternentstehungsregion und wird zum „Gould Belt" (siehe Sandqvist 103) gezählt, einer lokalen Struktur der Milchstraßenebene. 2020 wurde die TMC-1 auch der Radcliffe-Welle zugeordnet, einem wellenförmig verlaufenden Bereich unseres Spiralarms.

Der hellste Stern der Aufnahme ist ϕ Tauri. Dieser K0-Riesenstern hat eine visuelle Helligkeit von 5,0 mag. Seine Entfernung ist mit 300 ± 4 Lichtjahren dank der Gaia-EDR3-Daten genau bekannt. Dicht darüber, in einem Abstand von 12′, steht ein weiterer Riesenstern. Es handelt sich um HD 27482, ein 7,3 mag heller M0-Typ in 603 ± 5 Lichtjahren Entfernung.

Bei der Bestimmung des Abstands von LDN 1495 hilft ein Objekt, das im oberen Wolkenstreifen als orangegelbe Struktur zu sehen ist. Wir erkennen eine Zweiteilung der Helligkeit und erahnen darüber hinaus auch einen kleinen Lichtbogen.

Es handelt sich um das Mehrfachsystem FS Tauri (HH 157) in einer Entfernung von 437 ± 8 Lichtjahren. Das System besteht zum einen aus einem M0- und einem M3-Stern mit einer eine Gesamtmasse von 0,8 Sonnenmassen. Visuell ist das System 14,1 mag hell, im K-Band ist es mit 8,2 mag deutlich heller, da die beiden jungen Sterne in Staub eingebettet sind. Sie sind von einer Scheibe umgeben (engl. „circum binary disk", also „Scheibe um einen Doppelstern"). Zum anderen befindet sich in 20″ Abstand ein einzelner junger Stern, bei dem bipolare Abströmungen nachgewiesen wurden. Das Alter des FS-Tauri-Systems schätzen die Forscher auf 2,8 Millionen Jahre.

Anhand der Herschel-Beobachtungen wurde deutlich, dass die dichteren Teilstücke von LDN 1495 die Materie der Umgebung anziehen. Staub und Gas, das der Wolke nah genug ist, scheint in diese dichten Bereiche zu strömen. Es entsteht so ein Muster aus Streifen (engl. „striations"), die senkrecht zur Hauptachse des Filaments stehen. Die Astronomen fanden heraus, dass parallel zu diesen Streifen Magnetfeldlinien verlaufen. Diese Feldlinien stehen wiederum alle senkrecht zum Feld in den dichteren Stellen des Filaments. Das galaktische Magnetfeld spielt wahrscheinlich eine wesentliche Rolle beim Materialtransport, sodass die Verdichtungen noch dichter werden und Sternentstehung erst ermöglichen.

Nehmen wir die Gaia-Daten zu Hilfe, so liefern die Eigenbewegungen und Entfernungen der jungen Sterne Hinweise, dass in der TMC-1 sechs verschiedene Sternpopulationen entstanden sind. Diese finden sich in den dichten Wolkenstücken und dort vorzugsweise an den Wolkenrändern aber weniger in den Zentren. Im Teilstück LDN 1495 ist die Aktivität der Sternentstehung vergleichsweise schwach ausgeprägt. Die größte Anzahl an jungen Sternen in TMC-1 findet sich weiter nördlich in einer noch dichteren Wolke, die an LDN 1495 anschließt.

LDN 1622

ORI | $5^h\ 54^m\ 28^s$ | 1° 48′ 12″

Wir befinden uns mit diesem Objekt im Sternbild Orion. Das Bildfeld liegt auf etwa halber Höhe zwischen den Gürtelsternen und Beteigeuze. Der Barnard-Loop (siehe Kapitel 5: Barnards Loop) verläuft nur etwa 1,4° südlich. Wie bei diesem leuchtet hinter dem Dunkelnebel LDN 1622 auch ionisierter Wasserstoff, wodurch sich die dichten Teile der Wolken als dunkle Silhouette vor einem roten Hintergrund abheben.

Im Molekülwolkenkomplex Orion bezeichnen die Astronomen die zwei prominentesten Wolken mit Orion A und Orion B. In beiden entstehen Sterne und beide enthalten hunderte YSO. An diese dichten Bereiche schließen sich im Südwesten unterhalb von Orion A (zu dem auch M 42 zählt) die Wolken LDN 1616 und IC 2118 an. Nordöstlich von Orion B (über Alnitak) gibt es zwei weitere benachbarte Wolken, die auch auf der Aufnahme zu sehen sind. Links über LDN 1622 steht die kleinere Wolke LDN 1621.

Bei dem Paar aus blauen Sternen nahe dem linken Bildrand handelt es sich um 59 Orionis, ein A8-Stern mit 5,9 mag, sowie um HD 40335 mit einer Helligkeit von 6,9 mag. Die Entfernungen sind fast identisch und liegen bei 349 ± 4 bzw. 351 ± 2 Lichtjahren.

Die Sternentstehungsregionen sind weiter entfernt. Das Spitzer-Teleskop identifizierte in LDN 1622 28 YSO-Kandidaten. Mithilfe der Gaia-Daten wurden in der Wolke acht sichere YSO festgestellt. Dazu zählt HD 288313 (L 1622 6) mit einer Entfernung von 1090 ± 20 Lichtjahren, das auf der Aufnahme aufgrund seines kleinen Lichtrahmens leicht zu finden ist. Links darüber steht, etwa 5′ entfernt, LkHA 336 mit 1090 ± 5 Lichtjahren in gleicher Entfernung (siehe Inset).

In einer umfangreichen Arbeit der Universität Wien aus dem Jahr 2021 wurde die genaue Lage im Raum von 14 Bereichen der Orion-Molekülwolke und ihre Bewegung zueinander mithilfe der Gaia-Daten modelliert.

Die Relativgeschwindigkeiten dieser Bereiche lagen – in einem lokalen Bezugsystem – zwischen −2 km/s und 10 km/s. Bemerkenswert war die geringe mittlere Geschwindigkeitsdispersion von nur knapp 1 km/s. Die einzelnen Teile der Wolken sind vergleichsweise stabil. Sie verändern aber ihre Lage zueinander und so verformt sich das Gesamtkonstrukt der Orion-Molekülwolke im Laufe der Zeit.

In der Rekonstruktion wurde deutlich, dass vor etwa 6 Millionen Jahren die Wolkenteile am dichtesten beieinanderstanden. Seit dieser Zeit treibt eine bis heute anhaltende Expansionsbewegung die Teile auseinander. Diese halten teilweise noch zusammen, sodass ihre Bewegung wie an Schnüren gezogen verläuft.

Diese Aussage wird durch eine an der Uni Wien gehostete interaktive Animation wunderbar visualisiert (siehe Referenzen). Über einen Schieberegler lässt sich dort die Entwicklung während der vergangenen und künftigen sieben Millionen Jahre durchlaufen. So können wir auch das weitere Schicksal von LDN 1621 + LDN 1622 ablesen. Als einziger Teil der Wolke bewegt es sich aus der galaktischen Ebene hinaus und wird in weiteren sieben Millionen Jahren schon mehr als 300 Lichtjahre weit aufgestiegen sein.

MBM 54/55

PEG | 23h 0m 18s | 18° 29′ 0″

Auf eine gewisse Art und Weise ähnelt die Aufnahme einer irdischen Landschaft im Mondlicht. Oben rechts steht aber nicht der Erdmond, sondern α Pegasi (Markab). Dieser B3-Riesenstern ist 2,5 mag hell und steht in nur 133 ± 1 Lichtjahren Entfernung. Die Nähe erklärt auch, warum der Stern ein „high-proper-motion star" (ein Stern mit hoher Eigenbewegung) ist, denn in einem Jahr bewegt er sich über 70 mas (vom engl. „milli arcsecond", Millibogensekunde) am Himmel.

α Pegasi ist der untere rechte Stern im bekannten Pegasus-Herbstviereck. Im Vergleich zum Anblick am Himmel ist die Aufnahme um 60° im Gegenuhrzeigersinn gedreht, Norden ist also links oben. Das Viereck öffnet sich dann in linker, nordöstlicher Richtung. Das Bildfeld ist mit 8,5° × 7,2° sehr groß. Dies wird durch den folgenden Vergleich besonders deutlich: Im Bildfeld hätten über 240 Vollmonde Platz.

Die Wolken, die sich durch die Szenerie ziehen, gehören zu einem Molekülwolkenkomplex, der als MBM 54 und MBM 55 bekannt ist. MBM 54 liegt in der linken Bildhälfte und MBM 54 sind die Wolken unterhalb von α Pegasi. Die Bezeichnungen gehen auf eine Arbeit der Astronomen L. Magnani, L. Blitz und L. Mundy aus dem Jahr 1985 zurück. Die drei untersuchten das molekulare Gas bei hohen galaktischen Breiten und nutzen dazu die CO-Emission der Wolken, die im Radiowellenbereich liegt. Sie identifizierten in 35 Wolkenkomplexen insgesamt 57 Wolken, bei galaktischen Breiten über 25°. Der Komplex Nr. 33 wird durch MBM 54 und MBM 55 gebildet. Sie stellten schon damals eine Asymmetrie in der Verteilung der Wolken fest, bezogen auf die Milchstraßenebene, die auf die Position des Sonnensystems in der Milchstraße zurückgeht. Wir liegen etwa 100 Lichtjahre über der Mittelebene.

Die Temperatur der Wolken beträgt nur wenige Kelvin. Aktive Sternentstehung konnte für die letzten zehn Millionen Jahre nicht nachgewiesen werden. Die Sterne, die den Wolken nahestehen, sind viel ältere Hauptreihensterne, die eine andere Chemie als die Wolken haben und die weit vor den Wolken entstanden sind.

MBM 55 hat eine Entfernung von etwa 450 Lichtjahren und ist die größte „high latitude translucent cloud" („durchscheinende Wolke bei hoher Breite"). Ihre Masse schätzen wir auf 164 Sonnenmassen. Fassen wir diese und die benachbarten Wolken HLCG 92-35 und MBM 53 zusammen, so beträgt deren Gesamtmasse 1200 Sonnenmassen. Diese Struktur überdeckt am Himmel etwa 15° und ist etwa doppelt so groß wie das gezeigte Bildfeld. Die Länge der vier Wolken erstreckt sich entlang eines leichten Bogens über 110 Lichtjahre. Das Verhältnis von CO/HI schwankt hier um den Faktor 10. Die Struktur dieser Wolken ist also nicht stabil. Die einzelnen Teile bewegen sich relativ zueinander, angetrieben durch Sternwinde oder zurückliegende Supernovae. Dass hier Sternentstehung stattfindet, ist damit keineswegs ausgeschlossen, sondern erscheint sogar wahrscheinlich. Das Material dazu wäre vorhanden – allein im Bildfeld der Aufnahme schweben etwa 240 Sonnenmassen vor dem Sternhintergrund.

N

M 78

ORI | $5^h\,46^m\,46^s$ | 0° 4′ 45″

M 78 ist der hellste Reflexionsnebel am Himmel. Mit einer Helligkeit von 7,8 mag ist er auch im Feldstecher zu sehen. Als Aufsuchhilfe benutzen wir die drei Gürtelsterne des Orion und starten dort beim linken Stern, Alnitak (ζ Orionis). Es folgt ein Schwenk nach links oben, nach Nordosten in Richtung Beteigeuze. Bei einem 7×50-Fernglas mit einem Bildfeld von 6° sehen wir M 78 schon am Rand, wenn wir auf Alnitak zielen. Bezogen auf die Aufnahme, die ungefähr 26′ × 17′ umfasst, steht Alnitak in 2,5° Abstand rechts unterhalb.

Die Größe von M 78 von etwa 8′ × 6′ passt zu der von Edwin Hubble 1922 gefundenen Gesetzmäßigkeit bei Reflexionsnebeln, derzufolge der Logarithmus ihrer Größe umgekehrt proportional zur Helligkeit des assoziierten Sterns ist – also des Sterns, der den Nebel beleuchtet.

M 78 (NGC 2068) ist Teil der großen Orion-Molekülwolke und befindet sich im Komplex Orion-B. Die Katalogposition des hellen Kerns von M 78 entspricht der Bildmitte. Links daneben, und auch noch unter dem breiten Staubband, befindet sich NGC 2064. Rechts über dem Band leuchtet als Reflexstreifen NGC 2067. Auf der Aufnahme erkennen wir in der Ecke links oben noch Ausläufer von NGC 2071.

Vesto M. Slipher nahm 1919 das M 78-Spektrum auf und entdeckte, dass es sich bei M 78 um einen Reflexionsnebel handelt. Seine Messungen zeigten ein Kontinuum, das dem der umgebenden Sterne ähnlich war. M 78 leuchtet im Visuellen also nicht selbst, sondern reflektiert das Sternenlicht seiner hellen Bewohner.

Der hellste dieser Sterne leuchtet mit 10,8 mag, steht mittig dicht über dem Staubband und wird teilweise von ihm verdeckt. Es ist HD 38563, ein B2-Doppelsternsystem in 1315 ± 11 Lichtjahren Distanz. Etwa 50″ leicht nach rechts unten versetzt steht der vom Staub nicht verdeckte 11,0 mag helle B3-Stern HD 290862, der mit 1383 ± 25 Lichtjahren etwas weiter entfernt ist. Gehen wir etwa 2′ weiter nach unten, so stoßen wir auf den Stern [SSC 75] M78 11. Dieser 13,1 mag helle A0-Stern steht mit 1332 ± 9 Lichtjahren im Raum zwischen seinen beiden B-Stern-Kollegen. Etwas unterhalb von [SSC 75] M78 11 wechselt die Nebelfarbe von einem Blau in ein Violettbraun. Man hat den Eindruck, dass die diffuse Nebelwand im Hintergrund steht und von den hellen Sternen beleuchtet wird.

Die Frage, ob die Wand wirklich im Hintergrund steht, können wir durch die eingebetteten YSO-Objekte beantworten, die im Infraroten nachgewiesen werden konnten. Hier finden wir in den Katalogen einige Objekte, die auch Gaia-Parallaxen besitzen. Die so bestimmte Entfernung der Nebelwand beträgt etwa 1480 Lichtjahre. Die Nebelwand liegt also tatsächlich rund 100 – 150 Lichtjahre hinter den Sternen.

Das gleiche Verfahren lässt sich nutzen, um die räumliche Lage des großen Staubbandes zu bestimmen, das sich quer durch das Bild zieht. Die Entfernungen der YSO in diesem dichten Wolkenfilament sind geringer und reichen bis zu 1220 Lichtjahren herunter. Damit wird das Staubband zu einem Nebelbogen, der uns etwa 100 Lichtjahre näher steht als die hellen Sterne im Inneren von M 78.

Als grobes Modell ergibt sich mit diesen Ergebnissen für M 78 ein schalenförmiger Aufbau. Die Schale betrachten wir fast von der Seite, sie öffnet sich nach unten und in ihr leuchtet das blaue Reflexionslicht. Auch verläuft der Schalenrand nicht kreisförmig, sondern elliptisch. Wir blicken auf die schmale Seite, die etwa 40 Lichtjahre breit ist. In der Tiefe misst die Schale rund 200 Lichtjahre.

So ganz passt das Modell aber nicht, die Schalenform ist eine Vereinfachung. Im Bildfeld findet man YSO, die nicht in der Schale, sondern räumlich separiert sind. So liegt das Objekt mit der Bezeichnung HGBS J054641.2+000304, ein unscheinbares Sternchen etwa 1' rechts von [SSC 75] M78 11, mit 1.153 ± 26 Lichtjahren deutlich vor dem Schalenrand. Dennoch können wir anhand der von Gaia gelieferten Ausdehnung der Schale und den Spektraltypen der Sterne im Zentrum begründen, warum es bei M 78 nicht zu einem Emissionsnebel gereicht hat. Die Schale ist zu groß und die Molekülwolken mit ihren jungen Sternen sind zu weit entfernt. Diese sind zwar hell, produzieren aber zu wenig UV-Photonen.

Das kann sich in Zukunft ändern. Bei der großen Anzahl an YSO in den Staubregionen werden einige OB-Sterne entstehen, die zum heute sichtbaren Blau einen Rotanteil beisteuern werden. Aktuelle Schätzungen sprechen von bis zu 800 Wolken, die so dicht sind, dass ihre Eigengravitation messbar den Kollaps beschleunigt. Bei 76 kompakten Wolken wurde ein protostellarer Kern nachgewiesen. Eine neue Population an Sternen in M 78 steht also bereits in den Startlöchern.

MBM 152

CRA | 19^h 13^m 36^s | -38° 15′ 0″

Einige Dunkelwolken sind so groß, dass sie in der Forschung nach den Sternbildern benannt werden, in denen sie liegen. Die hier gezeigte Wolke ist ein Teil einer solchen übergeordneten Wolke. Es handelt sich um die 10° × 9° große Corona-Australis-Dunkelwolke (engl. „CrA dark cloud"). Das Bildfeld zeigt nur ein Eckstück der Wolke, das entlang der Felddiagonalen 4,5° misst.

Im linken oberen Quadranten, der von aufgelockerten Filamenten bestimmt ist, befindet sich MBM 152. Im dichten Wolkenstück rechts des Zentrums liegen Dobashi 7595, Dobashi 7604, Dobashi 7602 und ganz rechts Dobashi 7608. Im ganzen Komplex existieren Dutzende YSO. Im rechten Rand der Wolke wird das Gas dünner und wir können besser hineinblicken. Am Übergang finden wir den kompakten gelben Nebel GN 18.58.5.

Gleich rechts des Nebels liefert das Blau des Reflexionsnebels NGC 6726 einen schönen Farbkontrast zu dessen Rotbraun. Das blaue Licht liefern zwei B9-Sterne, die sich auf der Aufnahme aber nicht trennen lassen. Dies ist HD 176386, ein 7,3 mag helles YSO, 519 ± 5 Lichtjahre entfernt, und mit V* TY CrA ein Herbig-Ae/Be-Stern, mit einer visuellen Helligkeit von 9,4 mag und einer Entfernung von 445 ± 8 Lichtjahren.

Räumlich betrachtet, befinden sich die zwei Sterne hinter dem Nebel GN 18.58.5. Mit Hilfe der Gaia-Daten des YSO im Nebel kann man auf eine Nebelentfernung von 410 Lichtjahren schließen.

Ein YSO ist das Herbig-Haro-Objekt HH 100, das in den Katalogen als HH 100N und HH 100S geführt wird. Es könnte sein, dass im Zentrum des links liegenden HH 100S gerade zwei Sterne geboren werden. Deren Abströmungen formen Hohlräume, die vom Licht der jungen Sterne bestrahlt werden. In diesem System wandern Jets um die Senkrechte der Bahnebene der Sterne. Eine Folge wäre der kleine Lichtbogen, der an einen Spiralarm erinnert.

Gleich unterhalb der kompakten Spitze des „Wolkenbergs" von GN 18.58.5 leuchtet noch ein zweiter Reflexionsnebel, der sein Licht von zwei dicht beieinanderstehenden YSO erhält. Beide sind B9-Sterne mit 6,4 mag. HD 176270 steht in 532 ± 6 Lichtjahren Abstand, während HD 176269 nur 493 ± 5 Lichtjahre entfernt ist. Die zwei Sterne liegen also fast genauso weit entfernt wie die Objekte der Dreieckspitze und beide dürften zur gleichen Zeit entstanden sein. Vielleicht machten HD 176269 und HD 176270 den Anfang und ihre Sternwinde haben dann das Wolkengas nach oben verschoben und dort verdichtet.

Dieser Prozess ist keineswegs ungewöhnlich, sondern für Dunkelwolken typisch. Die Stoßfronten der Sternwinde komprimieren die Materie und erzeugen dichte Filamente, die senkrecht zu den galaktischen Magnetfeldlinien liegen. Vermutlich wird so die Verdichtung begünstigt und es kann sich besonders viel Masse in einem Wolkenkern sammeln. Bei einem Objekt der CrA-Wolke haben die Forscher Akkretionsraten von etwa einer Sonnenmasse in 10.000 Jahren gemessen. Der Wert wäre groß genug, um in den Wolken schon nach 100.000 Jahren das Entstehen von massereichen O-Sternen zu ermöglichen.

Diese Zeitmaßstäbe spielen für ein Objekt, das die gesamte Szenerie sozusagen von hinten aus der Ferne beobachtet, keine Rolle. Es ist der Kugelsternhaufen NGC 6723, der rechts neben der Dreieckspitze zu sehen ist. Seine Entfernung beträgt 33.600 Lichtjahre und sein Alter schätzen wir auf 12,5 Milliarden Jahre.

NGC 1788 FLEDERMAUSNEBEL

ORI | $5^h\ 6^m\ 54^s$ | -3° 20′ 30″

Ein kosmischer Nachbar des Hexenkopfnebels IC 2188 (siehe Kapitel 1: IC 2188) ist NGC 1788. Die Aufnahme zeigt diesen Nebel, der im südöstlichen Bereich des Sternbilds Orion zu finden ist und rund 3° über IC 2188 steht. Zu dieser Nachbarschaft passt, dass der Nebel auch als Fledermausnebel bekannt ist. Die beiden Enden des dunklen Bandes, das über dem hellen Nebel liegt, werden auf der rechten westlichen Seite mit Dobashi 4759 und auf der linken Seite mit LDN 1616 bezeichnet.

Aus den Infrarotquellen im Zentrum des Nebels schätzen wir dessen Entfernung zu etwa 1300 Lichtjahren ab. Ein Messpunkt ist der T-Tauri-Stern 2MASS J05065551-0321132, der im hellen Zentrum steht und im Visuellen 12,8 mag hell ist. Im K-Band sind es 8,5 mag, was auf den dichten Staub in NGC 1788 hinweist. Im Zentrum, das etwa 3′ misst, sind sechs T-Tauri-Sterne bekannt. Der mit 10,1 mag hellste von ihnen besitzt auch eine HD-Nummer, nämlich HD 293815. Er befindet sich rechts oberhalb des Zentrums und wurde als B9-Stern klassifiziert. Dieser Stern ist eine der UV-Photonenquellen, die den roten Hα-Bogen zum Leuchten anregen. Auf der Aufnahme verläuft er von oben nach unten. Der kleinste projizierte Abstand dieses Sterns zum Hα-Bogen beträgt rund 2,2 Lichtjahre. Mit einem Abstand von knapp 4′ steht ein anderer B9-Stern noch näher. Dies ist der blaue Stern HD 33056, der am linken Rand zu sehen ist. Mit einer Entfernung von 1224 ± 30 Lichtjahren steht er etwas vor NGC 1788, könnte aber immer noch die Hα-Emission anregen. Die anderen blauen Sterne im Bildfeld sind Vordergrundsterne und zu weit vom Nebel entfernt, um einen Beitrag leisten zu können.

Die Molekülwolke, die NGC 1788 in sich trägt, reicht weit über das Bildfeld hinaus und zeigt kometenähnliche Strukturen, die wir auch bei IC 2118 sehen. Diese kompakten Nebelfilamente zeigen in Richtung der Sterne, deren Winde sie hervorgebracht haben.

Allerdings ist die Molekülwolke, in der sich NGC 1788 befindet, weniger hell, es wird also weniger Licht reflektiert als beim Hexenkopfnebel. Der Grund ist die Entfernung, denn der Fledermausnebel ist etwa 300 Lichtjahre weiter entfernt als der Hexenkopfnebel. Untersuchungen der jungen Sterne in LDN 1616 zeigten, dass diese große Ähnlichkeiten mit den jungen Sternen im Orionnebel aufweisen. Die LDN 1616-Sterne sind mit ein bis zwei Millionen Jahren fast gleich alt. Ihre Massen reichen von 0,3 – 2,2 Sonnenmassen. Auch wenn sie fernab von den aktiven Regionen Orion A und B stehen, könnte eine Verbindung bestehen. Da die Sternentstehung offenbar schlagartig eingesetzt hat, vermuten die Astronomen ein einzelnes Ereignis als „Trigger", d.h. als Auslöser der Sternentstehung. Dies könnte eine Supernova in den aktiven Orion-Regionen gewesen sein, die dann in der Vorläufermolekülwolke von NGC 1788 die Sternentstehung in Gang setzte.

NGC 2633

CAM | $8^h\ 48^m\ 5^s$ | 74° 5′ 55″

Sie könnten auf den ersten Blick vermuten, dass sich die Aufnahme fälschlicherweise in diesen Bildatlas verirrt hat. Der Blick führt aus der Milchstraße hinaus und wir sehen die Galaxiengruppe aus NGC 2633, NGC 2634 und NGC 2634A (Arp 80) im Sternbild Camelopardalis.

Quer durch das etwa 45′ × 36′ große Bildfeld laufen scheinbar feine Rauchfahnen. Tatsächlich sind es zwei Filamente der galaktischen Zirren. Sie werden als Infrarot-Zirren bezeichnet, denn in diesem Wellenlängenbereich sind sie am hellsten und wurden 1983 durch den Infrarotsatelliten IRAS entdeckt. In der IRAS-Himmelskarte zeigen sich diese zirrusartigen Filamente mit Ausdehnungen von 10° bis 20°. Der Begriff Zirrus geht auf das lateinische Wort für Haarlocke zurück und wird für irdische Federwolken verwendet. Diese 8 km bis 12 km hohen Wolken bestehen aus Eiskristallen und sind auch bei scheinbar klarem Himmel fast immer zu entdecken. Beim galaktischen Zirrus gehen die Astronomen davon aus, dass er auf Staubteilchen aus kondensiertem Kohlenstoff zurückgeht. Entstanden sind die nahegelegenen Zirren vermutlich bei Supernovaexplosionen in der näheren Umgebung des Sonnensystems.

Die Größe der Staubteilchen ähnelt der von Teilchen im Tabakrauch. Die Forschung der letzten Jahre konnte verschiedene Typen dieser Staubteilchen unterscheiden. Wir gehen von mindestens 4 Typen aus, die für verschieden starke Infrarotbeiträge verantwortlich sind. Die Staubtemperatur hängt von der Teilchengröße ab. Dominierend ist die Strahlungskomponente bei einer Wellenlänge von 100 µm, die von Teilchen mit 22 K stammt. Einige Wolken strahlen auch bei den kürzeren Wellenlängen 12 und 25 µm, und entsprechen Temperaturen von rund 100 K. Da sich in den Zirruswolken auch verschiedene Farbbeiträge mit roten und blauen Anteilen finden lassen, besteht die Vermutung, dass es noch mehr Staubvarianten geben könnte. Der Blauanteil ist ein direktes Maß für die Temperatur.

Die Dichte der Zirruswolken variiert deutlich. Die dichtesten Filamente zeigen sich in der Taurus-Region. Hier finden wir kaum kleine Staubteilchen, sodass wir annehmen können, dass die Verdichtung des Staubes zu einem adhäsiven Wachstum führt, wobei aus kleinen Teilchen die größeren entstehen.

Die Entfernung der Zirruswolken ist Gegenstand intensiver Diskussionen in der Fachwelt, denn bei Zirruswolken sind oft auch Galaxien im Hintergrund zu sehen. In einigen Fällen scheinen der Zirrus mit diesen Galaxien direkt assoziiert zu sein, oder er wurde auch als Verbindung zwischen Galaxien gedeutet, ähnlich wie Gezeitenschweife, die bei galaktischen Wechselwirkungen entstehen.

Bei detaillierter Betrachtung können galaktische Zirren anhand ihrer Geschwindigkeit in drei Gruppen unterteilt werden: Langsame Wolken mit Geschwindigkeiten kleiner als 20 km s^{-1}, solche mit Geschwindigkeiten größer als 100 km s^{-1} und eine Gruppe mit dazwischen liegenden Geschwindigkeiten. Die Zirruswolken mit niedrigen und mittleren Geschwindigkeiten gehören zur Milchstraßenumgebung in Entfernungen zwischen ungefähr 300 Lichtjahren und etwa 3000 Lichtjahren. Die Hochgeschwindigkeitswolken sind mehr als 3000 Lichtjahre entfernt. Die Abstände der nächstgelegenen Zirren beginnen bei 1000 AE, sind also fast noch interplanetar, meist sind es aber einige Hundert Lichtjahre.

DARK DOODAD NEBULA

MUS | $12^h\ 25^m\ 45^s$ | -72° 39′ 33″

Die Namen, die Amateurastronomen für Objekte wählen, sind meist viel fantasiereicher als die Katalognamen. Die Aufnahme zeigt den Dunkelnebel im Sternbild Fliege (Musca), der als „Musca Dark Cloud" bekannt ist. Die dichten Teile des Filaments sind [DB 2002b] G300.68-9.40, [DB 2002b] G301.25-8.37 und [DB 2002b] G301.31-8.22. Sie sind Mitglieder eines rund 500 Einträge umfassenden Katalogs mit Dunkelnebeln von Carlos M. Dutra und Eduardo Bica.
Diese Nummern klingen langweilig im Vergleich zum „Dunklen Dingsbums Nebel" (engl. „Dark Doodad Nebula"). Der Name wurde vom amerikanischen Amateurastronom Dennis di Cicco 1988 eingeführt, als er den Nebel 1988 in Alice Springs (Australien) fotografierte.
Die galaktische Breite der Dunkelwolke beträgt knapp 10°. Der reiche Hintergrund an Sternen gehört zur südlichen Milchstraße und hat die galaktische Länge von etwa 300°. Links oberhalb des Bildfeldes liegt in nördlicher Richtung das Sternbild Kreuz des Südens mit dem als „Kohlensack" bezeichneten dichten Dunkelnebel.
Der blaue Stern ist der 3,7 mag helle γ Muscae. Dieser B3-Stern ist 325 ± 4 Lichtjahre entfernt. Etwa 23.000 Lichtjahre weiter in Beobachtungsrichtung liegt der Kugelsternhaufen NGC 4372, dessen Abstand am Himmel zu γ Muscae nur 44′ beträgt.
Die Länge des dunkelbraunen Filaments schätzen die Astronomen auf etwa 20 Lichtjahre, seine Entfernung auf rund 500 Lichtjahre. Die Wolke setzt sich nach rechts unten fort, ihre Dichte nimmt aber deutlich ab. Die Aufnahme zeigt den dichtesten Bereich, in dem während der letzten Jahre einige wenige Wolkenkerne gefunden wurden, aus denen sich Sterne entwickeln könnten. Mikrowellenbeobachtungen des CO-Gases in diesen Verdichtungen lieferten Unterschallgeschwindigkeiten, sodass in der Molekülwolke die Fragmentation bereits begonnen haben dürfte.
In der Molekülwolke gibt es etwa zwei Dutzend dieser Fragmente, deren Massen zwischen 0,5 und 1,5 Sonnenmassen liegen. Das größte Fragment besitzt sieben Sonnenmassen und seine Dichte ist mehr als doppelt so groß wie die durchschnittliche Dichte der anderen Fragmente.
Die Größe der Fragmente beträgt etwa 1,5′, was in der Entfernung des Doodad-Nebels 14.000 AE entspricht. Interessant ist, dass diese Fragmente bevorzugt in den beiden Enden des Filaments liegen. Hydrostatische Modellrechnungen zur Fragmentation in einer zylinderförmigen Wolke belegen genau diesen Effekt: An den Enden sind die Gasgeschwindigkeiten am größten. Dies führt dazu, dass die Kondensation von Materie in lokalen Verdichtungen zwei- bis dreimal schneller abläuft als im ruhigeren mittleren Bereich.
Die Modelle liefern auch eine Zeitskala für die Fragmentation. Vor einigen 10 Millionen Jahren setzte diese ein und wandert nun beschleunigt von außen nach innen. Die verbleibende Lebenszeit der Dunkelwolke schätzen wir auf ein bis drei Millionen Jahre. Dann leuchten im Sternbild Fliege einige Sterne mehr und das Dingsbums ist Geschichte.

NGC 5367/CG 12

CEN | $13^h\ 57^m\ 44^s$ | -39° 58′ 48″

Im südlichen Sternbild Centaurus liegt das Motiv dieser Aufnahme. Es ist der Reflexionsnebel NGC 5367, der sich im kompakten Ende der kometaren Globule CG 12 (MBM 112) befindet. Der CG-Katalog wurde 1976 von Timothy George Hawarden und Peter W. Brand vorgestellt. Die beiden Astronomen führten zwölf Dunkelnebel auf, die sie zuerst in der Außenzone des Gum-Nebels fanden, nahmen dann aber auch weiter entfernte Nebel dazu. Dazu zählte der Nebel um NGC 5367, der die prototypische Form einer kometaren Globule aufweist. Der Kopf der Globule weist, wie meistens, in Richtung eines größeren Nebelkomplexes. NGC 5367 zeigt die Besonderheit, dass Sterne im Nebelkopf stehen. Außerdem ist diese Dunkelwolke mit einer galaktischen Breite von –21° relativ weit von der Milchstraßenebene entfernt.

Das Kopfstück von CG 12 hat einen Durchmesser von rund 10′ und die Länge des Nebelschweifs erreicht fast 1°. Die Längsachse der Globule steht fast senkrecht zur Milchstraßenebene. Die Autoren vermuteten schon damals, dass es sich um Material handeln könnte, das in Richtung der Milchstraßenebene stürzt, gaben aber zu bedenken, dass die Orientierung von CG 12 nicht wirklich passt. Der Kopf zeigt in die falsche Richtung, denn in der Aufnahme befindet sich die galaktische Ebene links.

Der hellste Teil des Reflexionsnebels wird durch den Stern CD –39 8581 beleuchtet. Hierbei handelt es sich um ein Doppelsternsystem mit einem B4- und einem B7-Stern. Die Gaia-EDR3-Daten ergeben für den 10,7 mag hellen B4-Stern eine Entfernung von 2236 ± 25 Lichtjahren. Für den 9,8 mag hellen B7-Partner lauten die Angaben 2201 ± 30 Lichtjahre. Innerhalb der Fehlergrenzen sind diese beiden Angaben identisch.

Ein zweiter heller Bereich in NGC 5367 ist 6′ weiter links zu sehen (siehe Bild Seite 73). Dort steht CD –39 8583, ein B8-Stern mit 10,1

mag und einer Entfernung von 2159 ± 41 Lichtjahren. Der projizierte Abstand zum nahen Doppelstern beträgt 3,8 Lichtjahre.
Erste CO-Messungen von NGC 5367 schätzten 1975 die Masse der Wolke noch auf rund 30 Sonnenmassen. Mit der Verbesserung der astronomischen Beobachtungstechniken wurde in drei dichten Wolkenkernen von CG 12 das Entstehen junger Sterne nachgewiesen. Die Massen dieser Kerne reichen von 100 bis 250 Sonnenmassen. Diese hohen Massen passen gut zur Vermutung, dass massereiche OB-Sterne meist in derartigen kompakten Globulen entstehen. Normalerweise treten diese aber inmitten ausgedehnter HII-Regionen auf. Eine solitäre Lage wie bei CG 12 ist ungewöhnlich.
Aufnahmen mit dem Chandra-Röntgensatelliten offenbarten den Astronomen 2008 die große Zahl von 128 Quellen im Bildfeld von CG 12. Ziehen wir die Quellen im Vorder- und Hintergrund ab, bleiben immer noch etwa 60 übrig. Zwei Drittel von ihnen sind vermutlich T-Tauri-Sterne, die gerade sichtbar werden. Ihr Alter reicht von unter 1 Millionen Jahre bis zu 10 Millionen Jahren, aber die meisten sind 4,5 Millionen Jahre alt. Die Zeitspanne, in der die Sternentstehung stattgefunden hat, beträgt einige Millionen Jahre, der Prozess dauerte daher sehr lang. Dies ist ein deutlicher Hinweis darauf, dass das Wechselspiel zwischen Turbulenz und Kollaps in den Kernen der Molekülwolken keinen kurzen Moment, sondern einen lang andauernden Prozess beschreibt.
In CG 12 wächst wohl ein neuer Sternhaufen heran. Sein Entstehen könnte auch die Frage der ungewöhnlichen Orientierung des CG 12-Kopfes beantworten. Nordwestlich von CG 12, in der Abbildung rechts, steht eine Gruppe von B-Sternen, die fast die gleiche Entfernung besitzen. Der direkte Abstand zum nächsten Stern HD 120958 beträgt rund 50 Lichtjahre. Das reicht, um noch den Einflüssen einer oder mehrerer Supernovae ausgesetzt zu sein, die dort explodiert sind. Deren Strahlung wäre stark genug gewesen, um die Sternentstehung in CG 12 anzustoßen.

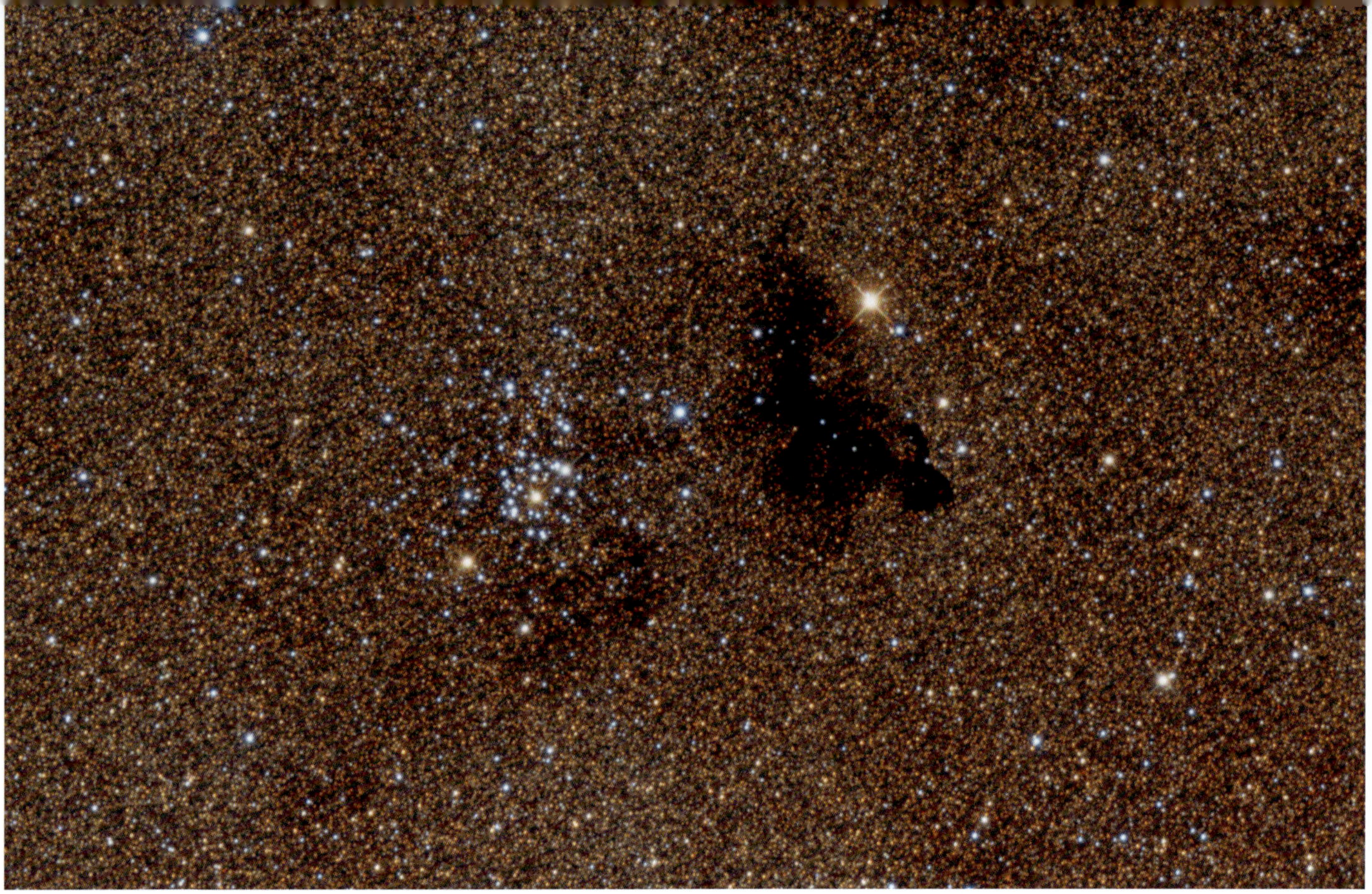

NGC 6520/CB 107 KOSMISCHER TINTENFLECK

SGR | $18^h\ 3^m\ 25^s$ | -27° 53′ 0″

Das Bildfeld dieser Aufnahme besitzt eine Seitenlänge von etwa 30′ und befindet sich im Sternbild Schütze. Die Sterndichte der Milchstraße ist in Richtung des galaktischen Zentrums geradezu überwältigend! Das supermassereiche Schwarze Loch im Zentrum unserer Galaxie ist 26.673 ± 42 Lichtjahre von der Erde entfernt. Es befindet sich rechts unten außerhalb des Bildfelds, etwa 4° in südwestlicher Richtung.

Die Datenbank Simbad nennt allein für dieses Bildfeld mit den Ausmaßen des Vollmonds rund 4100 Objekte. Berechnen wir daraus eine mittlere Objektdichte, so erhalten wir 4,5 Objekte in einem Himmelsschnipsel, der nur eine Quadratbogenminute groß ist. Eines dieser Objekte ist der offene Haufen NGC 6520, der links vom Bildzentrum steht. Dieser Haufen ist etwa 5900 Lichtjahre entfernt. Sein Alter wird auf 60 Millionen Jahre geschätzt. Auffällig ist die zunehmende Rötung seiner Sterne nach Süden hin. Dies passt zur Lage der Dunkelwolke LDN 93 (Dobashi 0141), den Amateure auch als „kosmischen Tintenfleck“ (engl. „black ink nebula“) kennen. Der dichte Teil der Wolke steht 6′ rechts des Haufens. Die lockeren Filamente können wir nach links unten weiterverfolgen, da sie sich vom hellen Sternhintergrund abheben.

Rechts über der Wolke strahlt der K4-Riesenstern HD 164562. Er ist im Visuellen 6,7 mag hell, erreicht aber im K-Band 2,6 mag. Dieser Stern in 4256 ± 458 Lichtjahren Entfernung ist gemäß den Katalogen mit der Molekülwolke CB 107 assoziiert. In der Fachliteratur beinhaltet dieser Katalogeintrag die gesamte Dunkelwolke. Die Entfernung von CB 107 wird auf 580 Lichtjahre geschätzt, sie liegt also deutlich vor NGC 6520 und HD 164562.

Die Extinktion von Sternenlicht durch das interstellare Medium ist wellenlängenabhängig, denn kurzwelliges, blaues Licht wird durch den Staub zur Seite gestreut und somit stärker verschluckt als rotes. Die Astronomen erkennen dies anhand von Extinktionskurven für kleinere Objekte, die bei größeren Himmelskörpern zu Extinktionskarten mutieren. Dabei wird immer auch der Farbexzess berücksichtigt, der die Helligkeitsdifferenz zweier Filterbereiche ist.

Theoretische Modelle des Verlaufs der Extinktionskurven besagen, dass der Anstieg der Kurven von der Größenverteilung der Staubkörner in der Wolke abhängt. Im Umkehrschluss lässt der durchschnittliche Wert der Extinktion in einem Gebiet Rückschlüsse auf die durchschnittliche Größe der Staubkörner zu. Kommen in einer Wolke wenig kleine Staubkörnchen vor, dann liegt die Extinktion der Wolke über dem galaktischen Durchschnitt. Diese Unterhäufigkeit von kleinen Körnchen entspricht der Vorstellung, das in dichten Wolken durch Anlagerung kleiner Staubkörner immer größere heranwachsen.

Bei der Untersuchung der Helligkeiten und Farben der Sterne, die hinter CB 107 stehen, wurde 2007 eine Extinktionskarte der Dunkelwolke angefertigt. Im Vergleich zur durchschnittlichen Extinktion am Rand der Wolke ist die Rötung im dichten Wolkenzentrum rund 40 % größer.

Die Astronomen gehen davon aus, dass in CB 107 die Verdichtung der Wolke voranschreitet. Die Daten erlauben auch den Schluss, welcher Prozess dabei vorherrscht: Die Körnchen werden nicht durch Kondensation ihrer Eismäntel größer, sondern die größeren Staubkörner entstehen durch Anlagerung.

NGC 7023 IRISNEBEL

CEP | $21^h\ 1^m\ 37^s$ | 68° 9' 48″

Der blaue Reflexionsnebel wird auch Irisnebel genannt und gehört zum offenen Sternhaufen NGC 7023 im Sternbild Cepheus. Die meisten Astrofotos bilden nur den hellen oberen Teil ab, der von der Dunkelwolke LDN 1174 umrahmt wird. Die Aufnahme zeigt dieses etwa 10′ × 7′ große Fenster ins Wolkeninnere, im unteren Teil erkennen wir aber auch, dass sich die Wolke im Nebel mit der Bezeichnung LDN 1172 fortsetzt.

Für die Blaufärbung sorgt der 7,4 mag helle B2-Stern HD 20075. Er steht am Anfang seiner Entwicklung und ist 1158 ± 15 Lichtjahre von uns entfernt. Im Hertzsprung-Russell-Diagramm bewegt er sich noch auf die Hauptreihe zu, sein Alter wird auf nur wenige Millionen Jahre geschätzt.

Aus den spektroskopischen Untersuchen wissen wir zum einen, dass es sich um einen Herbig-Be-Stern handelt, also einen Stern, der von einer zirkumstellaren Scheibe umgeben ist. Zum anderen vermuten wir, dass es sich um ein Doppelsternsystem handelt. Die primäre Komponente besitzt eine Masse von elf Sonnenmassen, die sekundäre neun Sonnenmassen. Die Orbitalperiode beträgt 3,72 Jahre.

Der Wolkenkomplex mit LDN 1172 und LDN 1174 bildet eine isolierte Sternentstehungsregion bei relativ hoher galaktischer Breite (l = 104,1°, b = +14,2°). Die Form der beiden Wolken zeigt einen typischen Kopf-Schwanz-Aufbau und die Längsachse bildet einen Winkel von 50° mit der galaktischen Ebene. Eine bipolare Abströmung aus dem System von HD 200775 hat im Nebel den Raum in Form eines Doppelkegels freigeräumt, der nun mit heißem, molekularem Gas gefüllt ist.

In den Dunkelwolken um NGC 7023 wurden in den letzten Jahren rund 50 YSO-Kandidaten nachgewiesen. HD 200775 ist von einer Gruppe von T-Tauri-Sternen umgeben. Untersuchungen zeigten, dass deren Alter mit dem Abstand von HD 200775 abnimmt. Daher ist es wahrscheinlich, dass die Sternwinde von HD 200775 allmählich das umgebende Material komprimiert haben und aus diesen Verdichtungen erst die jungen Sterne entstehen konnten.

Etwa 8,5′ links des hellen Nebelzentrums erkennen wir den kleinen Nebel GN 21.02.4.02 (siehe Inset). Dessen fahlgelbes Licht beruht auf der Reflexion des Lichts von IRAS 21023+6754, einem jungen Stern im Zentrum dieser lokalen Verdichtung im Nebel. Ein Staubband über diesem 15,9 mag hellen Stern gibt dem kleinen Gebilde die Form eines Schmetterlings. Die Gaia-Parallaxe liefert eine Entfernung von 1064 ± 15 Lichtjahren und wir können vermuten, dass dieser junge Stern am vorderen Rand des rund 100 Lichtjahre großen Komplexes steht.

Betrachten wir auch die Umgebung des Nebels, so stellen wir fest, dass sich der Komplex mit LDN 1172 und LDN 1174 inmitten einer etwa 4° langen Struktur befindet. Rechts und links liegen mit BD +68 1118 und PV Cephei zwei Herbig-Ae/Be-Sternsysteme, die fast identisch lokalisiert sind wie HD 200775. Ihre Eigenbewegung und ihre Entfernungen sind fast gleich, und daher werden alle drei Sterne zum Cepheus-Flare gezählt. Dieser „Lichtfleck im Cepheus" wird von Molekülwolken bei relativ hoher galaktischer Breite gebildet. In 650 bis 1400 Lichtjahren Entfernung entstehen dort Sterne mit geringen und mittleren Massen.

SANDQVIST 103 „HAND GOTTES"

PUP | $7^h\ 34^m\ 9^s$ | -46° 54′ 18″

Im Zentrum der Aufnahme steht die Dunkelwolke Sandqvist 103, die auch als CG 4 bezeichnet wird. Die Verdichtungen sind auch in anderen Katalogen erfasst (G 259.43-12.72, Dobashi 5246).
Die Wolke gehört zum südlichen Teil des Sternbilds Puppis (Achterdeck des Schiffs). Mit einer galaktischen Breite von etwa –12° blicken wir aus der Milchstraßenebene hinaus. Unser Sehstrahl geht am galaktischen Sphäroid vorbei, sodass wir fast ungestört auch extragalaktische Objekte sehen können. Am linken Bildrand ist die Sc-Galaxie ESO 257-19 zu erkennen. Diese 14,4 mag helle Galaxie sehen wir in Kantenlage (im Fachjargon „edge-on"). Ihre Ausdehnung beträgt etwa 4′ × 0,6′. ESO 257-19 ist 120 Millionen Lichtjahre entfernt.
Die beiden Astronomen A. Sandqvist und K. P. Lindroos untersuchten in den 1970er-Jahren die Radiostrahlung von Molekülwolken. Ihr Ausgangspunkt waren Dunkelnebel, die sie auf Fotoplatten des 1964 erweiterten Palomar Sky Atlas fanden. Diese deckten die südlichen Deklinationen –32° bis –46° ab und die zwei Forscher erstellten eine Liste von 42 „dark dust clouds". Sie suchten nach der charakteristischen Absorption von Radio-Hintergrundstrahlung, die von einem Rotationsübergang im Formaldehydmolekül bei 4,83 GHz hervorgerufen wird. Ihr Instrument war das 42,7-m-Teleskop des National Radio Astronomy Observatory (NRAO), Green Bank, West Virginia (USA). Das Radioteleskop liefert eine Auflösung von 6,6′, was genügte, um 1976 durch Vermessung der Absorptionsprofile das Molekül Formaldehyd in 33 Nebeln nachzuweisen. 1977 legte A. Sandqvist nach und nutzte den ESO(B)-Atlas, in dem er 95 Dunkelwolken identifizierte. Er begann deren Nummerierung mit 100, um eine Verwechslung mit den Objekten aus der ersten Liste von 1976 zu vermeiden. Sandqvist klassifizierte die Durchsichtigkeit der Wolken, in Anlehnung an die Lynds-Kataloge, in einem sechsstufigen System. Für die 95 Wolken benötigte er nur die Klassifikationen 4, 5 und 6. In seinem Artikel ist zu lesen, dass er keine Radiobeobachtungen der neuen Objekte durchführte. Aber Sandqvist untersuchte die Verteilung der Dunkelnebel in Bezug auf die Milchstraßenebene. Die dunkelsten Wolken zeigten eine eindeutige Häufung zum galaktischen Zentrum. Außerdem lagen etwa zwei Drittel der Wolken oberhalb der Milchstraßenebene. Interessanterweise befanden sich die Wolken bei südlichen Breiten überhäufig bei galaktischen Längen von 180° bis 270°. Die Schlussfolgerung von Sandqvist war, dass das System der Dunkelwolken zur Milchstraßenebene geneigt ist. Dies entspricht der heute etablierten Ansicht, dass die Dunkelwolken zum Gouldschen Gürtel gehören, einer grob ellipsoiden Struktur der lokalen Milchstraße, in der viele Sternentstehungsgebiete zu finden sind.
Sandqvist 103 ist Teil der größeren Dunkelwolke Sandqvist 101, die rechts an das Bildfeld anschließt und fast 0,5 Quadratgrad abdeckt. Die Entfernung der beiden Wolken liegt bei ungefähr 1300 Lichtjahren. Das Spitzer-Weltraumteleskop konnte in der Sandqvist 101/103-Region 22 YSO identifizieren, von denen sechs in den Verdichtungen der Sandqvist-103-Dunkelwolke liegen.
Der Dramatik des Bildes, bei der die kometare Globule nach der Galaxie zu greifen scheint, entspricht bestens der Name „Hand of God" („die Hand Gottes"), der bei Astrofotografen gebräuchlich ist. Mit der Galaxie hat die Ausrichtung der Wolke aber nichts zu tun. Ihre Form ist galaktischen Ursprungs, sie zielt in Richtung des Vela-Supernovaüberrests (siehe Kapitel 5: Vela-SNR).

SANDQVIST 169

CIR | $15^h\,0^m\,6^s$ | -63° 7′ 0″

Das kleine Sternbild Zirkel (lat. Circinus) befindet sich inmitten der südlichen Milchstraße. An den Himmel kam es durch Nicolas-Louis de Lacaille, der in den 1750er-Jahren den Südhimmel von Südafrika aus beobachtete und dabei fast 10.000 Sterne katalogisierte. Keiner der Sterne des Sternbilds Zirkel ist heller als 3 mag, α Circini erreicht 3,2 mag. Relativ zum Bildfeld der Aufnahme steht er in 2,7° Entfernung rechts unten.

Die Dunkelwolke Sandqvist 169 ist die drittgrößte Wolke des 1977 veröffentlichten Sandqvist-Katalogs. Das dichte diagonale Filament ist etwa 1,4° lang. Ebenso weit sind nach rechts unten weniger dichte Wolkenstücke zu erkennen. Am linken und rechten Rand der Aufnahme liegen weitere Segmente, die zusammen mit Sandqvist 169 die „Circinus Cloud“ aufbauen. Dieser große Komplex misst etwa 4° × 4° und füllt damit mehr als 1/6 des Sternbilds aus.

Bei der Circinus-Wolke handelt es sich um eine Sternentstehungsregion. Besonders aktiv ist der westliche Teil, der hier als Sandqvist 169 zu sehen ist. Es wurden einige YSO gefunden, unter anderem sechs Herbig-Haro-Objekte. Da die Wolke in dieser Region sehr dicht ist, können wir visuell kaum etwas erkennen. Nur mithilfe von Spektren wurden Sterne gefunden, die Hα-Emission zeigten und als Herbig-Haro-Objekt klassifiziert wurden. Das größte Objekt ist HH 76, dessen bipolare Abströmungen sechs Aufhellungen über einen Bereich von 3′ zeigen. Die Astronomen schätzen die Entfernung zu Sandqvist 169 mit 2300 Lichtjahren ab, wodurch sich eine projizierte Strecke von 2 Lichtjahren ergibt.

Für die Astronomen ist die Circinus-Wolke ein typisches Beispiel einer aktiven Region, in der vornehmlich massearme Sterne entstehen. Die Gesamtmasse der Wolke wird auf 50.000 Sonnenmassen geschätzt. 2018 veröffentlichten Jungmi Kwon und seine Kollegen Beobachtungen der Dunkelwolke im nahen Infrarot, die mit dem 1,4-m-Teleskop des South Africa Astronomical Observatory in Sutherland (Südafrika) durchgeführt wurden. Bei diesem „Nahinfrarot-Teleskop“ wird nicht, wie sonst üblich, eine goldbeschichtete Optik eingesetzt, sondern es wird ein mit Aluminium bedampfter Spiegel verwendet. Im nahen Infrarot reflektiert Aluminium etwa 97 % der Strahlung, bei Gold sind es etwa 99 %. Die eingesetzte Kamera bestand aus drei infrarotempfindlichen Chips, die gleichzeitig die Filterbänder J, H und K aufnahmen. Vor der Kamera wurde ein Polarimeter gesetzt, mit dem der Polarisationswinkel (die Schwingungsebene) des einfallenden Lichts verändert werden kann, um so den Polarisationsgrad zu messen.

Hunderte von Punktquellen konnten nachgewiesen werden, von denen sich 133 in allen 3 Infrarotbändern befanden. Die Stärke der Polarisation liegt meist bei 10 %, bei einigen Quellen sogar über 20 %. Allerdings ist der Messfehler bei solchen Ausreißern relativ hoch. Die Polarisationsvektoren der Quellen sind nicht zufällig verteilt, sondern großflächig geordnet: Die Vektoren sind zueinander parallel ausgerichtet und stehen fast genau senkrecht zur Längsrichtung der Dunkelwolkenfilamente.

Diese Vorzugsrichtung der Polarisation entsteht durch die Ausrichtung der Staubpartikel in der Wolke. Diese beruht wiederum auf dem Magnetfeld der Milchstraße am Ort der Circinus-Wolke. Wir dürfen dabei nicht vergessen, dass dieses lokale Magnetfeld sich nicht erst jetzt auf den Staub auswirkt, sondern sehr wahrscheinlich der Auslöser war, der die Circinus-Wolke mit Sandqvist 169 überhaupt erst hat entstehen lassen.

N

vdB 4

CAS | $0^h\ 43^m\ 18^s$ | 61° 54′ 40″

Dieser Reflexionsnebel ist im Sternbild Kassiopeia zu finden. Seine Bezeichnung lautet vdB 4 und geht auf den Katalog „A Study of Reflection Nebulae" aus dem Jahr 1966 zurück, erstellt von Sidney van den Bergh, einem der berühmtesten Astronomen des 20. Jahrhunderts.

Sidney van den Bergh wurde 1929 in Holland geboren, wo er zunächst auch studierte. Seinen Master erlangte er an der Ohio State University (USA). Seine Doktorarbeit legte er 1956 in Göttingen vor. Er ging wieder nach Ohio und arbeitete später 19 Jahre in Toronto. Von 1978 bis 1986 war er Direktor des Dominion Astrophysical Observatory in Victoria, Kanada.

Van den Berghs Interesse als beobachtender Astronom galt vielen Themen. Bekannt geworden ist er unter anderem mit einem Klassifikationsschema für Galaxien. Er entdeckte auch die Zwerggalaxie Andromeda II und 1974 einen nach ihm benannten Kometen. Darüber hinaus beschäftigte er sich mit Sternhaufen, veränderlichen Sternen und Nebeln.

Die Suche nach Nebeln für seinen Katalog basierte auf den Sternen der Bonner- und der Cordoba-Durchmusterung. Er suchte aus der ungeheuren Zahl von etwa 500.000 Sternen mit Deklinationen größer als –33° die Sterne heraus, für die er sowohl auf der blauen als auch der roten Platte des Palomar Sky Surveys einen Nebel finden konnte. Dies führte zu einer Liste von 158 Sternen. Schon damals bemerkte van den Bergh, dass die Verteilung der Nebel der galaktischen Verteilung der Sternentstehungsgebiete folgt, wenn wir von einigen uns sehr nahestehenden Ausnahmen absehen.

Der Nebel vdB 4 ist mit dem Stern BD +61 154 verbunden. Es handelt sich um einen 11,1 mag hellen Herbig-Ae/Be-Stern vom Spektraltyp B8, in einer Entfernung von 1820 ± 14 Lichtjahren.

Im Bildfeld liegt der offene Haufen NGC 225, der rund 450 Lichtjahre weiter entfernt ist. Ober- und unterhalb des blauen Reflexionsnebels schließen sich weitere Dunkelwolken an (Dobashi 3724, LDN 1302).

Van den Berghs Doktorarbeit beschäftigte sich mit der „Polarisation des Sternlichtes im Gebiet der Plejaden". Schon damals verband er die Ausrichtung von Staubteilchen im galaktischen Magnetfeld mit dem Nachweis polarisierter Strahlung. Bei den Plejaden lieferten seine Daten eine eindeutige Vorzugsrichtung der Polarisation, die nur 12° gegen den galaktischen Äquator geneigt ist. Erklärt hat van den Bergh dies damals mit einer lokalen Abweichung, also durch dichte Wolkenfilamente oder andere vorgelagerte Wolken, die von der galaktischen Vorgabe abweichen können. Wahrscheinlich verhält es sich bei vdB 4 genauso. Für Astrofotografen wäre es interessant, dies mit einem Polarisator im Strahlengang und einigen Aufnahmeserien zu überprüfen. Hierzu muss man nur den Farbfilter durch einen Polfilter ersetzen.

vdB 29

TAU | $4^h\ 48^m\ 23^s$ | 29° 46′ 23″

Der Reflexionsnebel vdB 29, der rechts über dem Bildzentrum strahlt, befindet sich im nördlichen Teil des Sternbilds Stier. Sein blaues Leuchten beruht auf der Reflexion des Lichts von BD +29 741 (HD 30378), einem 7,5 mag hellen B9-Stern, der uns mit 513 ± 2 Lichtjahren Entfernung recht nahesteht. Fast gleich weit entfernt ist HD 30466 mit 501 ± 3 Lichtjahren, ein zweiter B9-Stern, der links unterhalb des Zentrums zu sehen ist. Beide haben fast dieselbe Entfernung und ihre Eigenbewegung zeigt in die gleiche Richtung. Sie dürften daher kosmisch eng benachbart sein. Bei HD 30466 handelt es sich um einen Veränderlichen (V473 Tauri), der seit den 1960er-Jahren intensiv beobachtet wird. Sein Spektrum macht ihn zu einem chemisch auffälligen Stern, der bei einer Oberflächentemperatur von 6500 K andere Elemente zeigt, als sie für einen späten B- oder frühen F-Stern typisch wären. Die Astronomen fassen solche Sterne unter dem Bp-Typ zusammen. Das „p" steht für pekuliar (vom lateinischen für eigenartig), weil sich die Zusammensetzung der Elemente sehr von der solaren Zusammensetzung unterscheidet, denn Metalle oder seltene Erden sind überhäufig vertreten. Eine Eigenheit dieser Bp-Sterne ist ihre langsame Rotation.

Heute nehmen die Forscher an, dass Magnetfelder bei diesen Sternen die Verteilung der Elemente auf der Sternoberfläche bestimmen. Könnten wir diesen Stern aus der Nähe betrachten, so zeigten sich vermutlich große Flecken oder auch Ringe in seiner Photosphäre. Durch die Sternrotation sieht ein Beobachter eine bewegte, ungleichförmige Oberfläche. Daher verändern sich nicht nur die Helligkeit, sondern auch die Magnetfeldlinien und die Linienprofile im Spektrum. Der ganze Ablauf ist auch keineswegs gleichbleibend, sondern ist auf Zeitskalen von Jahrzehnten Veränderungen unterworfen. 2018 wurde die Periode des Lichtwechsels für V473 Tauri mit 1,406830 ± 0,000010 Tagen sehr genau bestimmt. Es wurde deutlich, dass die Periode mit der Zeit zwar langsam, aber beständig abnimmt. Der Stern rotiert demnach pro Jahr etwa 0,11 Sekunden schneller. Normalweise rotieren nur massereiche Bp-Sterne so schnell. Mit einer Masse von 2,6 Sonnenmassen ist V473 Tauri aber eher ein Leichtgewicht.

In Bewegung gesetzt werden Bp-Sterne vermutlich durch die magnetische Kopplung zwischen einem internen Magnetfeld und einer mitrotierenden Gashülle um den Stern. Diese Sterne könnten nicht nur ein einfaches Dipolmagnetfeld, sondern komplexe Multipolmagnetfelder aufweisen. Diese gekoppelten Felder werden durch allerlei Faktoren beeinflusst. Ein Beispiel wären Sternwinde, die Drehimpulsveränderungen bewirken und dadurch Bp-Sterne beschleunigen, aber auch abbremsen können.

Interessant ist das Alter von V473 Tauri: Er befindet sich im HRD noch sehr nahe an der ZAMS, ist also noch recht jung. Es gibt eine Theorie, der zufolge Sterne erst nach 30 % ihres Hauptreihenalters Magnetfelder entwickeln. Dass V473 Tauri schon früh ein Magnetfeld entwickelt haben muss und daher die Magnetfeldkopplung bereits lange wirken konnte, würde seine heutige schnelle Rotation erklären.

Warum V473 Tauri zu dieser Besonderheit eines „frühen Magnetfelds" kam, ist eine offene Frage. Vielleicht gibt es einen Zusammenhang mit dem Staub um seinen Nachbarn, der ein Fingerzeig auf eine lokale magnetische Besonderheit am Ort dieser zwei Sterne sein könnte?

vdB 126

VUL | $19^h\ 26^m\ 11^s$ | 22° 45′ 26″

Die Szenerie dieser Weitwinkel-Aufnahme (3,6° × 2,8°) liegt im Sternbild Vulpecula. Den Hintergrund mit der hohen Sterndichte liefert die Milchstraße. Das vertikale Wolkenfilament setzt sich aus LDN 769, vdB 126, LDN 767, LBN 133, LDN 772 und LDN 768 zusammen. Das Blau des etwa 6′ großen Reflexionsnebels vdB 126 wird durch den Stern BD +22 369 hervorgerufen. Dieser 8,7 mag helle B6-Hauptreihenstern befindet sich in 1030 ± 130 Lichtjahren Entfernung.

Für diesen Nebel finden sich keine individuellen Fachbeiträge. In den 20 Referenzen der Simbad-Datenbank war vdB 126 nur Teil größerer Samples, die untersucht wurden. Einer der Artikel stammt aus dem Jahr 1987 und wurde von den Astronomen Karl Josafatsson und Theodore P. Snow unter dem Titel „CCD Observations of Diffuse Interstellar bands (DIB) in Reflexion Nebulae" veröffentlicht. Die Nutzung von CCD war damals noch neu genug, um im Titel erwähnt zu werden. Die „diffusen Bänder" sind Absorptionslinien im Spektrum von Sternen, bei denen vermutet wurde, dass sie beim Durchgang des Lichts durch das interstellare Medium entstehen. Um herauszufinden, welche Moleküle diese Absorption erzeugen, wurden in hochaufgelösten Spektren die Feinstruktur der Spektrallinien entschlüsselt. Für diese Analyse ist ein gutes Signal-Rausch-Verhältnis entscheidend. Wählen wir einen Spektrografen mit geringer Dispersion, verteilt sich das Licht des Spektrums auf wenige CCD-Pixel. Das liefert zwar ein deutliches Signal, aber die spektrale Auflösung bleibt gering und nur wenig Details der Absorptionslinien können gemessen werden. Ist die Dispersion groß, ist die spektrale Auflösung besser, denn eine Linie verteilt sich auf mehrere CCD-Pixel, jedoch fällt auch weniger Licht auf ein Pixel. Das elektronische Rauschen pro Pixel wird dann zu groß, sodass wir die Linien kaum mehr vom Hintergrund unterscheiden können.

Die zwei Astronomen untersuchten die DIB von 59 Sternen im grüngelben Spektralbereich. Hier liegen die beiden bekanntesten bei 578,0 nm und 579,7 nm. Die Spektren wurden am Kitt Peak National Observatory mit einer spektralen Auflösung von ca. 25.000 gewonnen. Aus den Spektren ermittelten sie die Lage und die Breite der DIB und suchten nach Korrelationen mit dem Farbexzess des jeweiligen Sterns E(B–V), dem Extinktionsbump bei 220 nm und zwischen den verschiedenen Linien. Es zeigte sich, dass die DIB sich nicht gleich verhalten, sondern dass wir zwischen engen und breiten Linien unterscheiden müssen. Die engen Linien sind mit E(B–V) korreliert. Die breiteren Linien wichen davon ab, woraufhin die Astronomen vermuteten, dass andere Moleküle beteiligt sein könnten. Diese würden sich vom üblichen Staub unterscheiden. Es könnte sich beispielsweise um größere, komplexere Kohlenwasserstoffe handeln.

Heute kennen wir zwischen dem UV- und dem Infrarotbereich ungefähr 500 dieser diffusen interstellaren Banden. Welche Moleküle daran beteiligt sind, ist zwar etwas besser bekannt, jedoch ist noch vieles unklar.

Im Visuellen liefern die im interstellaren Staub enthaltenen polyzyklischen aromatischen Kohlenwasserstoffe einen Beitrag zu den Banden. Im Infraroten sind es andere komplexe Kohlenstoffverbindungen, wie etwa auch die Buckminster-Fullerene. Dies sind Moleküle, deren Namensgeber aus 60 Kohlenstoffatomen aufgebaut ist und deren Gittermodell einem Fußball ähnelt. 2018 gelang der Nachweis von Fullerenen im interstellaren Staub.

vdB 142 ELEFANTENRÜSSEL

CEP | $21^h\ 36^m\ 41^s$ | 57° 30′ 8″

Die Aufnahme zeigt einen Ausschnitt einer Sternentstehungsregion, die zum offenen Haufen IC 1396 im Cepheus gehört. Im Kopf der abgebildeten Globulen IC 1396A, die vielen als „Elefantenrüssel" bekannt ist, befindet sich mit vdB 142 auch ein Objekt des van-den-Bergh-Kataloges. Die Objektfülle dieser Globule und ihrer Umgebung ist auch Thema in zwei weiteren Kapiteln (siehe Kapitel 2: HH 588 und Kapitel 3: IC 1396).

Der dichte Kopf von IC 1396A besitzt einen Durchmesser von etwa 4,5′. Fast zentral haben wir Einblick auf junge Sterne, wie LkHA 349. Gehen wir 1,5′ in südwestlicher Richtung, nach rechts unten, stoßen wir auf den kleinen Reflexionsnebel vdB 142. Dessen blaue Farbe kontrastiert mit der rotbraunen Umgebung.

Der Stern BD +56 2604 (HD 239710), der das Nebelfilament erhellt, ist ein B3-Typ und befindet sich in einer Entfernung von 3052 ± 38 Lichtjahren. Mit den Gaia-Entfernungen können wir die relative Lage von vdB 142 zur Sternentstehungsregion untersuchen. Demnach befindet sich vdB 142 rund 190 Lichtjahre vor der kompakten Region mit LkHA 349. Die Helligkeit im UV-Bereich von HD 239710 beträgt 9,4 mag, im Visuellen liegt sie bei 12,7 mag, passend zu einem B3-Stern. Im Infraroten K-Band wird sie mit 8,6 mag gemessen, übertrifft also die visuelle Helligkeit. Wir dürfen folgern, dass wir diesen Stern nicht ungestört durch Staub und Gas beobachten, obwohl HD 239710 vor dem großen Nebelkomplex IC 1396A steht. Um den Abstand von vdB 142 vor dem Nebelkomplex besser einordnen zu können, hilft die berechnete Breite des Filaments von IC 1396A, das die Horizontale fast ausfüllt. Die Winkelgröße von rund 20′ entspricht einer Strecke von fast 20 Lichtjahren.

Die rüsselartige Form von IC 1396A entsteht durch die Strahlungswirkung des massereichen O-Mehrfachsystems HD 206267, das sich im Zentrum von IC 1396 befindet. Die hochenergetischen Photonen dieser zentralen Quelle ionisieren das Gas der Umgebung und treiben es nach außen, wobei Stoßfronten entstehen. So formt sich eine Blase aus heißem Gas und Staub und bildet eine Grenzschicht, die dann als HII-Region sichtbar wird (Strömgren-Sphäre, siehe Kapitel 3). Die Dichte dieser Schicht ist normalerweise nicht konstant. Lokale Verdichtungen können dem extremen Strahlungswind zumindest eine Zeit lang Einhalt gebieten. Dabei entstehen vielfältige Formen, beispielsweise hell erleuchtete Wolkenränder, sogenannte „bright rimmed clouds" (BRC), kometare Globulen oder finger- bzw. rüsselartige Filamente wie IC 1396A.

In der gesamten HII-Region um IC 1396 wurden 2018 die BRC, zu denen auch IC 1396A-BRC36 gehört, untersucht, um zu klären, ob diese Verdichtungen schon beim Entstehen der HII-Region existierten. Beobachtet wurde die Polarisation des Lichts der BRC aus der auf das wirkende Magnetfeld geschlossen werden kann. Das Ergebnis war verblüffend – die Magnetfeldlinien aller BRC zeigten fast in die gleiche Richtung und waren damit älter als die HII-Region.

Es konnte aber auch festgestellt werden, dass durch die starke Strahlung bereits leichte Verschiebungen der Feldlinien an den Rändern der BRC zu sehen waren. Der Strahlungsdruck presst hier die Wolken zusammen wobei die Eigengravitation Verdichtungen hervorruft, aus denen in IC 1396A junge Sterne entstehen. Allein im Bildfeld der Aufnahme tummeln sich laut Simbad über hundert YSO-Kandidaten.

vdB 149/152

CEP | 22h 9m 8s | 72° 53′ 5″

Die Weitwinkelaufnahme zeigt eine 7,8° × 5,6° große Region des Sternbilds Cepheus. Der Südteil dieses Sternbilds reicht bis ins Band der Milchstraße, die sich, bezogen auf das Zentrum, etwa 13° weiter links befindet und fast vertikal verläuft. Die Dunkelwolken der Abbildung liegen bei nördlichen galaktischen Breiten.

Am linken Rand des Weitwinkelfelds ist der kompakte Teil von LDN 1221 zu sehen, der wie ein Rechteck mit zwei Fortsätzen geformt ist. Im 8′ × 3′ großen Rechteck wurde die Infrarotquelle IRAS 22266+6845 gefunden, bei der es sich um einen YSO-Kandidaten handelt. Mit den Daten des Spitzer-Weltraumteleskops schließen wir auf eine Leuchtkraft von 0,4 Sonnenleuchtkräften und eine ungefähre Entfernung von etwa 800 ± 150 Lichtjahren.

Folgen wir dem dünner werdenden Filament der Wolke nach unten, gelangen wir nach 1,7° zum auffälligen Reflexionsnebel vdB 152. An diesen schließen sich die Wolken LDN 1217 und LDN 1219 an. Das LDN-1217-Filament startet fast senkrecht in Bezug auf die Richtung zu LDN 1221. Weiter rechts bildet es eine Kurve und erhält die Objektbezeichnung LDN 1219. Es schwenkt dann nach unten, in Richtung des LDN-1221-Filaments ein.

Der Nebel vdB 152 wird durch den 9,3-mag-Stern BD +69 1231 beleuchtet. Dieser B9-Stern ist 1250 ± 12 Lichtjahre von uns entfernt. Es handelt sich um einen Schnellläufer, der von links unten in die Dunkelwolke eingetreten ist. Er ist also nicht mit dem Nebel entstanden, sondern kam erst später dazu. Die Astronomen schätzen, dass er vor 1500 Jahren in den Nebel hineinlief und nun eine Bugwelle aus Nebelmaterie vor sich herschiebt. Die Dichte des Nebels liegt im Bereich von einigen Tausend Teilchen pro cm^3 und die Temperatur bei 300 K. Im Sternspektrum findet wir Absorptionslinien, die den Molekülen CO, CO_2 und HCO zugeordnet werden können.

Etwa 0,5° über der Kurve des Filaments LBN 538 leuchtet schwach blaurot der mögliche planetarische Nebel DeHt 5 (PK 111+11.1).

Die mittlere Säule des Bildes bildet eine fast senkrecht stehende Dunkelwolke, die aufgrund des markanten Kopfteils als „dark shark nebula“ („Dunkler Haifischnebel“) bezeichnet wird (siehe gedrehte Detailauf-

N

nahme auf Seite 83). Die dichte Wolke LDN 1235 bildet dabei die Nase des Fischs, und der Stern HD 211300 ist sein Auge. Dieser 6,1 mag helle G8-Riesenstern ist 723 ± 7 Lichtjahre entfernt. Rechts darunter strahlt vdB 150 in blau, verursacht durch BD +72 1020. Die Entfernung dieses B8-Sterns beträgt 1122 ± 12 Lichtjahre. Das Fischauge steht vermutlich vor der Wolkensäule. Das blaugelbe Sternpaar, das rechts und damit auf der Bauchseite des Hais zu sehen ist, setzt sich aus dem M3-Stern DM Cephei und dem B9-Stern BD +72 1018 zusammen. Letzterer gehört zum Reflexionsnebel vdB 149, dessen Gaia-Daten eine Entfernung von 1128 ± 14 Lichtjahren liefern.

Das Gesamtbild (Seite 82) komplettiert die Dunkelwolke LDN 1251, die in der oberen Bildhälfte nahe am rechten Rand der Aufnahme schwebt. Dieses Filament enthält zwar weniger dichte, dafür aber mehr kompakte Zonen. In ihnen sind junge Sterne zu finden, die wir zur Entfernungsbestimmung heranziehen können. So erhalten wir für das Objekt 2MASS J22393307+7513171 einen Wert von 1104 ± 16 Lichtjahren, und für den T-Tauri-Stern IRAS 22376+7455 sind es 1067 ± 37 Lichtjahre.

In LDN 1215 liegen etwa 30 bekannte junge Sterne und die fünf Herbig-Haro-Objekte HH 149, HH 189, HH 374, HH 364 und HH 373. Damit sind die Kerne dieser Wolke die aktivsten des gezeigten Himmelsauschnitts.

Ordnen wir die Staffage der gezeigten vier großen Filamente, so können wir sagen, dass die beiden rechten Objekte etwa gleich weit entfernt sind. Der Abstand ihrer Wolkenkerne beträgt rund 50 Lichtjahre. Der Schnellläufernebel liegt im Vergleich dazu etwa 120 Lichtjahre weiter hinten. Die Rechteckwolke könnte mit zu den drei Objekten gehören. Ihre Entfernungsangabe weist aber den größten Fehler auf.

Alle vier Filamente gehören zum Cepheus-Flare-Komplex, der insgesamt 190 Quadratgrad umfasst. An dessen Rand liegt LDN 1251 mit einer galaktischen Länge von 114°. Der dunkle Hai schwimmt bei etwa 112° und der Schnellläufernebel rennt bei 110° Breite. Es lässt sich abschätzen, dass die vier Filamente eine Gesamtmasse von einigen tausend Sonnenmassen in sich tragen. Trotz dieser beeindruckenden Zahl fallen die lokalen Dichten im Vergleich zu anderen Sternentstehungsgebieten hier geringer aus. Als Folge entstehen kaum massereiche Sterne. Die durchschnittliche Masse eines Protosterns im Cepheus-Flare-Komplex beträgt nur 0,56 ± 0,21 Sonnenmassen.

NEBEL UM JUNGE STERNE

Aus den Verdichtungen in den Molekülwolken, die das Thema des vorangegangenen Kapitels waren, können Wolkenkerne entstehen, sobald diese kompakter werden. Ein solcher Kern ist die Vorstufe eines Sterns – in seinem Inneren findet aber noch lange keine Fusion statt. In diesem Kapitel beschreiben wir die Schritte des künftigen Sterns, in denen er immer heißer wird, bis er auf der Hauptreihe ankommt.

VOM PRÄSTELLAREN KERN ZUM PROTOSTERN

Zu Anfang bezieht der werdende Stern den Großteil seiner Leuchtkraft aus der Energie, die durch den Kollaps der ihn umgebenden Wolke frei wird. Dieses Zusammenfallen erfolgt aufgrund der Eigengravitation der Wolke, also durch die Masse der Wolke selbst. Die frei werdende potenzielle Energie wird in thermische Energie umgewandelt, die Wolke heizt sich auf. Jeder Körper strahlt aber aufgrund seiner Temperatur Energie ab. Die Physiker sprechen hier von einem Schwarzen Körper, was zunächst verwirrt, weil ja Strahlung abgegeben wird. Der Begriff „schwarz" beruht auf einer Idealvorstellung eines solchen Körpers, der keinerlei Strahlung reflektieren soll. Ein Schwarzer Körper emittiert nur Wärmestrahlung, die als Schwarzkörperstrahlung bezeichnet wird. Es handelt sich nicht nur um eine einzige Wellenlänge, sondern es wird ein ganzes Kontinuum abgestrahlt: ein Spektrum. Dessen Verlauf wird mathematisch durch das Plancksche Strahlungsgesetz beschrieben. Das Maximum dieser Kurve hängt von der Temperatur ab und wird als Kennzeichen dieser Temperatur verwendet. Steigt die Temperatur, dann wandert das Maximum zu kürzeren Wellenlängen – ein Umstand, der uns schon von den Spektralklassen bekannt ist. Dieser Zusammenhang wird als Wiensches Verschiebungsgesetz bezeichnet. Unser heißer werdender Sternvorläufer bewegt sich im Hertzsprung-Russell-Diagramm vom roten Bereich ganz rechts herkommend, nach links in Richtung des blauen Gebiets. Noch können wir aber diesem sich verdichtenden Etwas keine Spektralklasse zuordnen, das ist noch Zukunftsmusik.

Abb. 2.1: Dunkelwolken, Reflexionsnebel und der junge T-Tauri-Stern V1331 Cygni am Ende der fingerförmigen Dunkelwolke oben links im Bild. Aufnahme: Josef Pöpsel, Stefan Binnewies, Frank Sackenheim mit 60-cm-Reflektor.

Das Zentrum der Wolke, der Ort der größten Dichte, bildet einen prästellaren Kern, den die Astronomen (vor allem im englischen Sprachgebrauch) auch den „ersten" Kern nennen. Die durch den Kollaps einfallende Materie trifft auf das schon vorhandene Material, wobei die schneller einfallenden Atome immer wieder mit den langsameren des Kerns kollidieren. Das verursacht Stoßfronten, die den Kern immer weiter aufheizen – damit erhöht sich auch die Wärmestrahlung. Nach etwa 10.000 Jahren entsteht ein hydrostatischer Kern, in dem ein erstes Gleichgewicht zwischen dem Gravitationsdruck und dem Strahlungsdruck besteht. Der Durchmesser eines solchen Gebildes liegt im Fall eines Protosterns wie der Sonne bei etwa 10 AE. Im heutigen Sonnensystem reichte dieser Kern unserer jungen Sonne noch über die Jupiterbahn hinaus.

Für die weiteren Schritte spielen dichter Staub und angeregte Gasmoleküle eine wichtige Rolle. Durch die Aufheizung der Kernregion steigt die Temperatur von 2000 K auf 3000 K. Nun werden die Wasserstoffmoleküle dissoziiert, also gespalten, und bilden Wasserstoffatome. Dies stellt den Übergang des prästellaren Sterns zum Protostern dar. Der Kern wandelt sich in eine Wolke um, die fast nur aus Wasserstoffatomen besteht und als „zweiter Kern" bezeichnet wird. Mit etwa 1,5 Sonnenradien ist er deutlich kleiner ist als der „erste Kern". Die Temperatur dieses Protosterns liegt bereits bei über 3000 K und seine Wärmestrahlung sorgt für die Aufheizung der umgebenden Molekülwolke.

Wir wissen heute, dass die Materiezufuhr für die Eigenschaften, die der junge Stern dem Beobachter zeigt, eine entscheidende Rolle spielt. So setzt sich die Struktur eines Protosterns aus mehreren Kugelschalen zusammen. Im Inneren befindet sich der hydrostatische Kern. In der daran anschließenden Zone bildet die einfallende Materie eine Stoßfront

Abb. 2.2: V1647 Ori ist ein FU-Ori-Stern, daneben findet sich McNeils Nebel. Aufnahme: Makis Palaiologou, Stefan Binnewies.

aus. Sie ist umgeben von einer dichten Staubschicht und noch weiter außen von einer Hülle aus Staub und Gas. Vor allem die beiden letzten dichten Schalen sind der Grund, warum Protosterne im Optischen nicht sichtbar sind. Dennoch ist der Übergang vom prästellaren zum protostellaren Zustand weiterhin Gegenstand aktueller Forschung. So finden beim Aufheizen der Wolke gleichzeitig auch wichtige Kühlprozesse statt. Erst in den letzten Jahren wird etwa der Wärmetransport durch Turbulenz in Plasmen besser verstanden. Es zeigt sich, dass er deutlich effizienter ist als früher vermutet. Übrigens: Mit dem gleichen Problem haben auch Experimentalphysiker in irdischen Fusionsreaktoren zu kämpfen. Beim Bau der ersten Apparaturen gingen die Kernphysiker noch davon aus, dass ein kompakter Aufbau die Fusion starten könnte, was aber nicht gelang. Erst mit der Vergrößerung der Reaktionsgefäße wurde es möglich, das Plasma im Zentrum des Reaktors auf hohe Temperaturen zu bringen. Noch sind Fusionsreaktoren aber ineffizient, ihr Betrieb kostet noch immer mehr Energie, als durch die Fusion freigesetzt wird.

Einem Protostern fällt dieser Weg zur Fusion leichter. Der Grund hierfür ist seine Akkretionsscheibe, mit der Materie aus der umgebenden Wolke nach innen zum sich verdichtenden Kern transportiert wird. Diese Akkretionsscheibe bildet sich aus, weil die Wolke kein „statisches" Gebilde ist, in dem Material nur radial von außen nach innen transportiert wird. Vielmehr rotiert die Wolke langsam, sodass sich Gas und Staub auf Spiralbahnen nach innen bewegen. Im Zentrum der Scheibe wächst der Stern heran, der sich mehr und mehr stabilisiert. Auch er rotiert, ist aber nicht in Gefahr, durch zu schnelle Rotation zerstört zu werden. Die Größe der Scheibe nimmt zu und es entsteht eine zirkumstellare Scheibe, die einen Durchmesser von 100 AE aufweist. Vereinfacht ausgedrückt ist die Scheibe ein Materiespeicher und moderiert den Zustrom auf die Scheibe. Auf dem Weg nach innen verliert das Material in der Scheibe durch Reibung langsam Drehimpuls und fließt schließlich in der Innenzone der Scheibe auf den Protostern.

Außer dem Zustrom gibt es auch abströmende Materie. Durch die Scheibengeometrie können sich Magnetfelder aufgrund der fließenden Materie verstärken. Besonders spektakulär erfolgt dies in Form der Jets, die senkrecht zur Scheibe gerichtet sind und als bipolare Gasströme sichtbar werden, sobald sie nach oben und unten mit Überschallgeschwindigkeiten aus der umgebenden Hülle ausbrechen.

DER PROTOSTERN WIRD ZUM VORHAUPTREIHENSTERN

Auf dem Entwicklungsweg zur Hauptreihe nimmt der Zustrom von Materie immer weiter ab. Die Akkretionsraten gehen während dieser Entwicklung um 5 bis 6 Größenordnungen zurück. Diese Abnahme kennzeichnet den physikalischen Übergang von einem Protostern zu einem Vorhauptreihenstern. Da keine weitere Materie mehr zuströmt, verändert sich die Masse des Sterns von nun an nicht mehr. Seine weitere Entwicklung zur Hauptreihe ist durch Strahlungsprozesse in seinen äußeren Schichten bestimmt. Im Hertzsprung-Russell-Diagramm kommen alle Protosterne aus dem „verbotenen Bereich" rechts der Hayashi-Linie (siehe Einführung) und laufen nach links auf die Hauptreihe zu. Welche Wege sie dabei genau einschlagen, wird durch ihre Masse bestimmt.

Allgemein gilt für diesen sonnenähnlichen Protostern wie für seine massereicheren Kollegen, dass die durch Kontraktion frei werdende Energie den Stern aufheizt. Seine Temperatur ist aber noch zu gering, als dass sich ein hydrostatisches Gleichgewicht einstellen könnte. Der Protostern durchläuft die „verbotene Zone" (siehe Abb. 2.3 auf Seite 87), die rechts der Hayashi-Linien liegt. Dabei kontrahiert er weiter. Die Zeit, die er dafür benötigt, ist die „Kelvin-Helmholtz-Zeitskala", die deutlich flotter abläuft als die nuklearen Zeitskalen der Fusion, die den Stern noch erwarten. Diese Zeitskala hängt umgekehrt quadratisch von der Sternmasse ab. Sie ist also bei massereichen Protosternen kürzer. Könnten wir im Hertzsprung-Russell-Diagramm die Entwicklungswege von Protosternen während der Kontraktionsphase direkt verfolgen, so würden die massereichen Protosterne die massearmen Sterne, deren Wege unterhalb verlaufen, überholen.

DIE HAYASHI-LINIEN IM HERTZSPRUNG-RUSSELL-DIAGRAMM

Das in der Einleitung gezeigte Hertzsprung-Russell-Diagramm (siehe Abb. E.12 auf S. 30) enthält die Hayashi-Linie als Grenze zum „verbotenen Bereich“. Diese Linie ist nicht nur eine Barriere für Rote Riesen, die links von ihr nach oben laufen, sobald sie sich von der Hauptreihe weg entwickeln. Sie ist bereits für Protosterne eine wichtige Leitlinie. Die Theorie der Hayashi-Linien stammt von 1961, als die meisten Details der protostellaren Entwicklung noch unbekannt waren. Chushiro Hayashi, der die Theorie entwickelte, ging es um die physikalische Beschreibung von kontrahierenden Wolken. Deren Kollaps endet mit einem vollständig konvektiven Protostern. In der Theorie der Hayashi-Linie besteht eine Abhängigkeit zwischen der Oberflächentemperatur, der Masse des Protosterns, seiner Leuchtkraft und seiner chemischen Zusammensetzung. Die Abhängigkeit zwischen Leuchtkraft und Temperatur ist nur schwach, daher verläuft die Hayashi-Linie im Hertzsprung-Russell-Diagramm sehr steil. Die Linie hat eine konvexe Form, ihr Bauch zeigt nach links mit einem Maximum im Bereich von 1 – 100 Sonnenleuchtkräften. In vielen Hertzsprung-Russell-Diagrammen wird oft nur eine Hayashi-Linie gezeigt. Dies ist eine starke Vereinfachung, denn Sterne unterschiedlicher Masse besitzen unterschiedliche Hayashi-Linien, die mehr oder minder parallel verlaufen. Je massereicher ein Stern ist, desto weiter links liegt „seine“ Hayashi-Linie. Durch den gebogenen Verlauf der Linien können wir für jede Sternmasse eine Maximaltemperatur angeben, die während der Entwicklung erreicht wird. Für einen Stern mit 0,5 Sonnenmassen befindet sich diese bei 3900 K, ein Stern mit einer Sonnenmasse liegt bei 5000 K und ein Stern mit 5 Sonnenmassen erreicht beim Hayashi-Bogen 7900 K. Die Hayashi-Linie in Abb. E.12 entspricht der Linie eines Sterns mit 0,5 Sonnenmassen. In Abb. 2.3 ist die Schar von Hayashi-Linien für verschiedene Sternmassen eingezeichnet, wobei in allen Entwicklungswegen die gleiche Chemie zugrunde gelegt wurde. Die Linien von Sternen mit geringerer Metallizität wären etwas nach links versetzt.

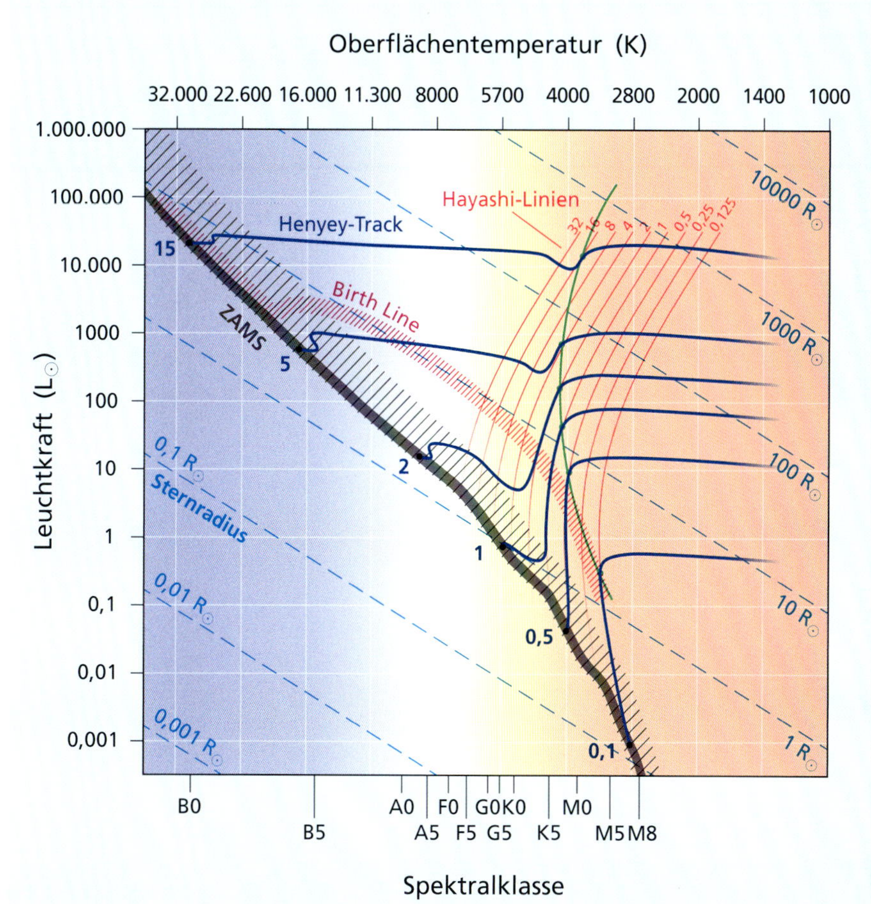

Abb. 2.3: In der Abbildung sind die Wege der Vorhauptreihenentwicklung für Sterne mit den Massen 0,1, 0,5, 1, 2, 5 und 15 Sonnenmassen eingetragen (dunkelblaue Ziffern). Die Schar aus Hayashi-Linien ist mit den zugehörigen Massen dargestellt (rosa), die zugehörigen Massen sind in Sonnenmassen daneben angegeben. Die grüne Linie wird aus den Punkten gebildet, die das Einschwenken der Entwicklungswege auf die Hayashi-Linie markieren. Auf der „birth line“ (rosa, schraffiert) werden die Vorhauptreihensterne sichtbar. Die weiteren Beschriftungen entsprechen denen des früher gezeigten Hertzsprung-Russell-Diagramms (siehe Abb. E.12 auf S. 30).

DIE ENTWICKLUNG MASSEARMER STERNE UNTER 0,6 SONNENMASSEN

Erreicht ein so massearmer Protostern seine Hayashi-Linie, ist er voll konvektiv. Der Stern kontrahiert nun. Er schrumpft, aber seine Temperatur bleibt gleich. Dies hat zu Folge, dass seine Leuchtkraft abnimmt und der Stern im HRD auf der Hayashi-Linie fast senkrecht nach unten läuft. Diese Sterne schwenken nicht auf einen horizontalen Entwicklungsweg ein, sondern gehen direkt von der Hayashi-Linie auf die Hauptreihe über. Durch die Kontraktion nimmt seine Kerntemperatur zu und vor Erreichen der Hauptreihe ist der Kern heiß genug, damit dort das Wasserstoffbrennen einsetzen kann. In der Abb. 2.3 ist ein solcher Entwicklungsweg für einen Stern mit 0,1 Sonnenmassen eingetragen.

STERNE MIT MASSEN IM BEREICH ZWISCHEN 0,6 UND 2 SONNENMASSEN

Die Entwicklung dieser sonnenähnlichen Sterne führt zunächst entlang ihrer Hayashi-Linie nach unten. Auf diesem Weg ist der Energietransport der Sterne zunächst konvektionsdominiert. Dieses Wegstück nennen die Astronomen „Hayashi-Track“. Der Kern dieser Sterne wird so heiß, dass die Opazität, die Lichtundurchlässigkeit, im Kern stark abnimmt. Das bedeutet gleichzeitig, dass die Durchlässigkeit für Strahlung so sehr zunimmt, dass der Kern radiativ wird. Sterne ab etwa 0,6 Sonnenmassen verlassen nun den Hayashi-Track und bewegen sich horizontal nach links. Diese zweite Etappe in Richtung Hauptreihe wird als „Henyey-Track" bezeichnet. Auch dahinter steckt eine relativ alte Theorie. Ihren Namen verdankt sie Louis G. Henyey, der 1955 beschrieb, wie sich ein strahlungsdominierter Stern entwickelt. In seinem Inneren wird das Gas mehr und mehr ionisiert und wird damit durchlässiger für Strahlung. Der Stern verändert, deutlich erkennbar, seine Farbe. Kurz vor dem Erreichen der Hauptreihe zündet in diesen Sternen die Kernfusion.

STERNE MIT MASSEN ÜBER 2 SONNENMASSEN

Bei diesen Sternen ist der Hayashi-Track viel kürzer als bei massearmen Sternen. Sie sind strahlungsdominiert und auf ihrem Henyey-Track gilt bereits die Masse-Leuchtkraft-Beziehung $L \propto M^3$. Abbildung 2.3 enthält die Entwicklungswege von Sternen mit 2 und 5 Sonnenmassen. Wir erkennen beim Vergleich der beiden Wege, dass beim massereichen Stern mit 5 Sonnenmassen der Henyey-Track doppelt so weit reicht, der Hayashi-Track aber nur ein Viertel der Länge eines Sterns mit 2 Sonnenmassen hat.

Sterne, die massereicher als 8 Sonnenmassen sind, entwickeln sich auf ihren Hayashi-Linien ohne ein voll konvektives Zwischenspiel. In Modellrechnungen zeigt ihr horizontaler Entwicklungsweg nach links eine kleine Einsenkung bei der Passage ihrer Hayashi-Linie. Nur ihr heißer Kern ist konvektiv, in ihren kühleren äußeren Schichten verläuft der Temperaturgradient flacher, hier erfolgt der Energietransport durch Strahlung. Kurz vor der Ankunft auf der Hauptreihe zündet aber auch bei den massereichen Sternen die Fusion im Kern. Abbildung 2.3 zeigt dies am Beispiel eines Sterns mit 15 Sonnenmassen.

DIE GEBURTSLINIE DER VORHAUPTREIHENSTERNE

Markieren wir auf den verschiedenen Entwicklungswegen von Sternen unterschiedlicher Massen den gleichen Zeitpunkt ihrer Entwicklung, dann bilden sie Linien im Hertzsprung-Russell-Diagramm, die sogenannten Isochronen. So können wir erkennen, wann der Protostern seine ersten 100.000 Jahre geschafft hat. Diese Zeitspanne passt gut zu der Phase, in der ein Stern sichtbar wird. Er tritt also aus seiner umgebenden Wolke heraus, in der er bislang verborgen war. Verbinden wir diesen Moment in allen Entwicklungswegen, erhalten wir die „Geburtslinie" der Sterne (engl. „birth line"), da sie praktisch auf dieser Linie geboren werden. Diese Linie markiert den Übergang der Protosterne zu Vorhauptreihensternen. Das Sichtbarwerden des Sterns entspricht dem Zeitpunkt, in dem die Hauptakkretionsphase endet.

Die „birth line" verläuft bei leichteren Sternen etwas versetzt, aber parallel zur Hauptreihe. Die „birth line" ist in Abbildung 2.3 als breiter Streifen eingetragen, weil sie keiner scharfen Linie entspricht, sondern einen Übergangszeitraum umfasst, der vom jeweiligen Modell und von der chemischen Zusammensetzung des Sterns abhängt. Enthält die Mutterwolke Gas mit höherer Metallizität Z, das durch eine Vorgängergeneration von Sternen produziert wurde, bewirkt dies eine Rechtsverschiebung der Linie. Sterne mit höherem Z starten also weniger heiß und damit röter in ihr Sternenleben.

Bei massereichen Sternen starten zentrale Fusionsreaktionen schon zu Ende der Hauptakkretionsphase. Für diese Sterne liegt die „birth line" sehr nahe an der Hauptreihe. Die Astronomen sprechen dann davon, dass die massereichen Exemplare „auf der Hauptreihe" geboren werden.

KLASSIFIKATION DER PROTOSTERNE UND DER VORHAUPTREIHENSTERNE

Wie auch bei Hauptreihensternen benutzten die Astronomen einen Spektralindex, um Protosterne zu klassifizieren. Der englischsprachige Ausdruck YSO („young stellar object") wird in vielen Katalogen als Überbegriff für Protosterne genutzt und noch mit der Protosternklasse ergänzt.

Um diese Klasse zu bestimmen, messen wir den Strahlungsfluss im nahen Infrarot – bei Wellenlängen zwischen 2,2 µm und 10 µm – und bilden den als Infrarotindex bezeichneten Spektralindex, grob das logarithmische Verhältnis von Strahlungsfluss und Wellenlängen. Ganz am Anfang seiner Existenz befindet sich das Strahlungsmaximum eines Protosterns im fernen Infrarot. Betrachten wir den Spektralindex in dieser Zeit, so liegt er über 0,3. Solche Protosterne ordnen wir in die Klasse 1 ein.

Entwickelt sich der Protostern, wird er heißer und sein Strahlungsmaximum wandert zu kürzeren Wellenlängen. Da dadurch die Strahlung im nahen Infrarot abnimmt, wird der Spektralindex kleiner. Wir rechnen mit logarithmischen Angaben, deswegen kann der Spektralindex auch negative Werte liefern. Solche Protosterne ordnen wir in die Klasse 2 ein.

Beim Erreichen der Hauptreihe hat der Stern eine Temperatur von 1000 K und gibt den größten Teil seiner Strahlung im Optischen ab. Besitzt der Protostern eine Akkretionsscheibe, liefert diese einen zusätzlichen Beitrag zum Infrarotanteil seines Spektrums. Dann sprechen wir von einem Protostern der Klasse 3.

Die Akkretionsscheibe löst sich mit der Zeit auf, und so verliert das Spektrum diesen infraroten Zusatzfluss. Es nähert sich immer mehr dem reinen Schwarzkörperspektrum an. Das ist nun maßgeblich durch die Strahlung des Sterns bestimmt und die Protosternklassifikation entspricht der

Abb. 2.4: Der Stern T Tauri ist Prototyp für eine ganze Klasse junger Sterne, hier eingefangen von Makis Palaiologou, Stefan Binnewies und Josef Pöpsel.

Klasse 4. Auf der Lebensuhr eines sonnenähnlichen Protosterns sind in Klasse 3 etwa 10^6 Jahre vergangen, die Klasse 4 erreicht er nach etwa 10^7 Jahren.

Die Klassifikation wird durch eine erst später eingeführte Klasse 0 komplettiert, in die wir prästellare Kerne einordnen. Diese Objekte sind nur wenige tausend Jahre alt und in dieser kurzen Zeitspanne ist der absolute Materiezustrom am stärksten. Die Masse des einhüllenden Molekülnebels, aus dem dieser Zustrom gespeist wird, ist größer als die Masse des Sternembryos im Zentrum. Mit dem Übergang zur Klasse 1 bildet sich nach heutigem Verständnis die Akkretionsscheibe aus und bestimmt die nachfolgenden Klassen.

TYPEN VERSCHIEDENER VORHAUPTREIHENSTERNE

Den Protosternklassen lassen sich Sterne zuordnen, die als Prototypen dienen können. Sie geben beispielhaft den Entwicklungszustand auf dem Weg zum Hauptreihenstern wieder. Solche Sterne bezeichnen wir auch als eruptive Veränderliche. Dieser Überbegriff fasst die schnellen Variationen der Sternhelligkeit grob zusammen, ohne die physikalischen Unterschiede zu berücksichtigen. Ein solches Auf und Ab der Sternhelligkeit kann nicht nur zu Anfang seines Lebens, sondern auch an seinem Ende auftreten, wenn etwa dichte und kühle Sternwinde große Mengen Staub produzieren, die den Stern über Wochen verdunkeln können. Ein Beispiel lieferte der rote Riesenstern Beteigeuze Ende 2019: Er stieß dunkle Rußwolken aus, die über Wochen zu einer Abnahme seiner Helligkeit führten.

Es gibt noch weitere Prototypen junger Sterne, die aber weniger häufig anzutreffen sind als diejenigen, die wir gleich beschreiben. Das Grundprinzip ist aber dasselbe: Der sich entwickelnde Stern ist von einer Scheibe umgeben, die ihn mit Material versorgt. Was die Typen grundsätzlich unterscheidet, ist die Sternmasse, die Menge der einströmenden Materie und die Beobachtungsgeometrie.

T-TAURI-STERNE

T-Tauri-Sterne, benannt nach dem Veränderlichen im Sternbild Stier, sind Sterne mit weniger als zwei Sonnenmassen. Die masseärmsten Exemplare haben nur einige Zehntel Sonnenmassen. Sie umfassen die Spektraltypen F, G, K und M. Sie haben also dieselben Oberflächentemperaturen wie Hauptreihensterne, jedoch sind die T-Tauri-Sterne größer und damit leuchtkräftiger.

Diese Sterngruppe rotiert mit Perioden von wenigen Tagen. Wenn sie weiter kontrahieren und damit im Inneren heiß genug für das Wasserstoffbrennen werden, drehen sie sich auch schneller. Dies liegt an ihrem durch die Kontraktion verringerten Trägheitsmoment bei gleichbleibendem Drehimpuls

– genau wie eine Eiskunstläuferin schnellere Pirouetten dreht, wenn sie ihre Arme anlegt.
In den Spektren der T-Tauri-Sterne beobachten wir Lithium. Es kann erst abgebaut werden, wenn die Fusionstemperatur 2,5 Millionen Kelvin überschritten hat. Dann wird das Lithium im Rahmen des pp-Zyklus fusioniert. Dieser Prozess wird der wichtigste Energielieferant, der schließlich den Stern als wasserstofffusionierende Gaskugel auf der Hauptreihe abliefert. Die beschleunigte Rotation unterstützt die Durchmischung der Sternmaterie und macht den Lithiumabbau noch effektiver. Die Lithiumhäufigkeit, die wir aus dem Spektrum eines T-Tauri-Sterns ableiten können, ist somit ein Maß für das Alter des Sterns.
Typisch ist für alle T-Tauri-Sterne die Existenz einer rotierenden Akkretionsscheibe. Die Masse der Scheibe liegt im Bereich von 0,01 – 1 Sonnenmassen, die Durchmesser liegen vorwiegend zwischen 100 AE und 1000 AE. Durch die Reibung in der einströmenden Materie wird also Drehimpuls abgeben. Erst dadurch wird sie in die Lage versetzt, zum Scheibenzentrum zu gelangen. Von dort aus kann sie dann auf den Protostern fallen. In der oben genannten Klassifikation fallen die T-Tauri-Sterne in die Klasse 2.
Allein durch die Scheibe erklärt sich zwangsläufig auch die Variabilität, die wir in den Lichtkurven der T-Tauri-Sterne beobachten. Zum einen können umlaufende Verdichtungen in der Scheibe den Zentralstern abdecken, zum anderen können Sternflecken auf dem Protostern, die durch einen ungleichmäßigen Materiezustrom hervorgerufen werden, die Helligkeitsänderungen erklären. Das alles wird noch komplizierter, wenn es sich um ein Doppelsternsystem handelt, hier wird die Scheibe durch den Partner gestört, oder aber die Scheibe als Ganzes zeigt eine Präzessionsbewegung.

FU-ORIONIS-STERNE

Bei FU-Orionis-Sternen handelt es sich um junge Sterne, die durch ihre veränderlichen Lichtkurven bekannt wurden. Ihre Helligkeit steigt über einen Zeitraum von Monaten mitunter steil an, um dann langsam über Jahre wieder abzufallen. Solche großen, nicht periodischen Ausbrüche dauern Jahrzehnte bis Jahrhunderte. Darüber hinaus zeigen sie ein Flackern auf kurzen Zeitskalen mit kleinen Amplituden. Vor einem Ausbruch sieht ein FU-Orionis-Stern wie ein T-Tauri-Stern aus. Während des Ausbruchs finden wir in seinem Spektrum P-Cygni-Linienprofile (siehe Kapitel 8: P-Cygni-Profile), die ein Hinweis auf abgestoßene, expandierende Hüllen sind. Diese Sterntypen kommen selten vor, aktuell sind kaum 20 von ihnen sicher bekannt. Sie bilden vermutlich keinen eigenen Sterntyp, sondern markieren die Entwicklungsphase ei-

Abb. 2.5: Inmitten des Nebels Parsamian 21 versteckt sich ein FU-Orionis-Stern. Aufgenommen von Makis Palaiologou und Stefan Binnewies.

nes jungen Sternes. Es könnte sein, dass beim Wechsel von Klasse 2 zur Klasse 3 der Protostern Hüllen abstößt, was dann auch das Ende der Akkretionsscheibe einläutet. Diese sogenannte „FUOR"-Phase (der Fachjargon für FU-Orionis) kann ein Stern nicht nur einmal, sondern dutzende Male durchlaufen. Das Ergebnis ist dann wieder ein T-Tauri-Stern, der an einem neuen Ort im Hertzsprung-Russell-Diagramm steht. Dazu passt, dass T-Tauri-Sterne während der Entwicklung auf ihrem Hayashi-Track eine relativ große Wegstrecke zurücklegen.

Der Akkretionsscheibe eines FU-Orionis-Sterns kommt in Sachen Sichtbarkeit die Hauptrolle zu. Sie bestimmt, ob wir etwas sehen und was wir sehen. Der heiße innere Scheibenteil leuchtet wie ein F-Superriese, doch weiter außen sehen die kühleren Bereiche der Scheibe aus wie ein M-Superriese. Ergänzend kommen noch heiße Flecken dazu. Sie entstehen an den Stellen der Sternoberfläche, an der ein, zwei oder gar mehrere Materieströme auftreffen. Geführt wird dieser Zustrom durch das Magnetfeld des Sterns. Bei jungen Sternen werden diese in der Regel noch nicht erwartet, sodass es auch Magnetfelder in der Scheibe sein könnten, die hier den Zufluss steuern. Die Flecken auf dem Stern können so heiß werden, dass sie sogar im Röntgenlicht leuchten und dann von entsprechenden Satelliten nachgewiesen werden können.

HERBIG-HARO-OBJEKTE

Bei diesen Objekten handelt es sich nur indirekt betrachtet um junge Sterne. In den 1950er-Jahren entdeckten George Herbig und Guillermo Haro unabhängig voneinander diese Objekte im Orionnebel. Ihr auffälligstes Kriterium sind protostellare Jets, die ins Nebelmaterial hineinlaufen und dort über einen weiten Spektralbereich Emissionen hervorrufen. Heute sind mehr als 500 Herbig-Haro-Objekte bekannt, die sich als helle Flecken in den Dunkelwolken zeigen.

In den Jets der Herbig-Haro-Objekte zeigen sich Verdichtungen, die durch das Aufschieben von Gas geformt werden. Meist sind die Jets bipolar, zeigen also in zwei entgegengesetzte Richtungen. Die Verdichtungen reihen sich dann entlang einer Linie auf, in deren Mitte der junge Stern steht. Die Materie dieser Jets wurde kurz zuvor über die Akkretionsscheibe zum Protostern transportiert und kann das System aus Stern und Scheibe aufgrund der Drehimpulserhaltung nur entlang der Senkrechten nach oben und nach unten verlassen. So eindrucksvoll dies auf den Fotos wirkt, der Massenverlust durch Jets ist mit 10^{-7} Sonnenmassen/a relativ gering. Physikalisch betrachtet sind die Herbig-Haro-Objekte winzige Abbilder derselben Akkretionsmaschine, wie sie auch in den Kernen aktiver Galaxien zu finden ist.

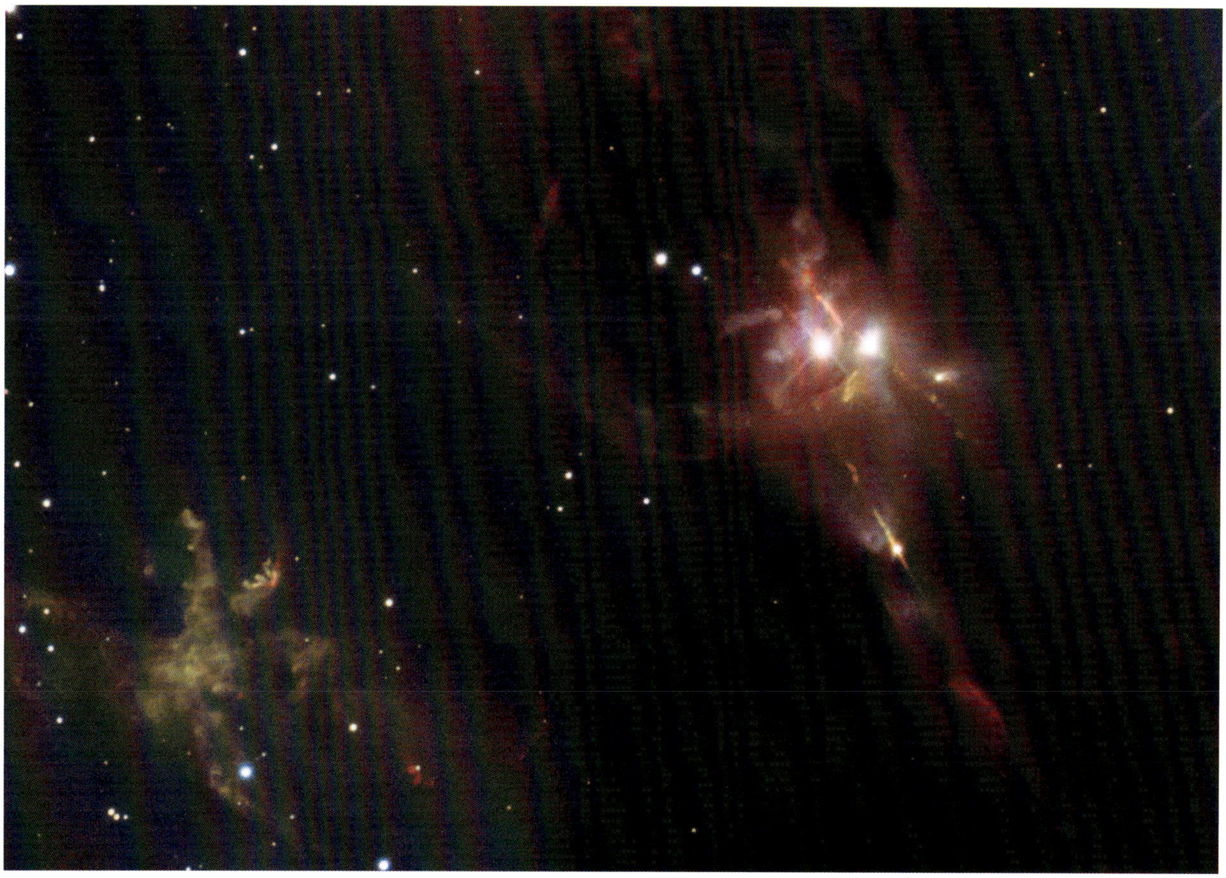

Abb. 2.6: In der Nähe von Sh2-239 liegt das Herbig-Haro-Objekt HH 30, hier abgelichtet von Makis Palaiologou und Stefan Binnewies.

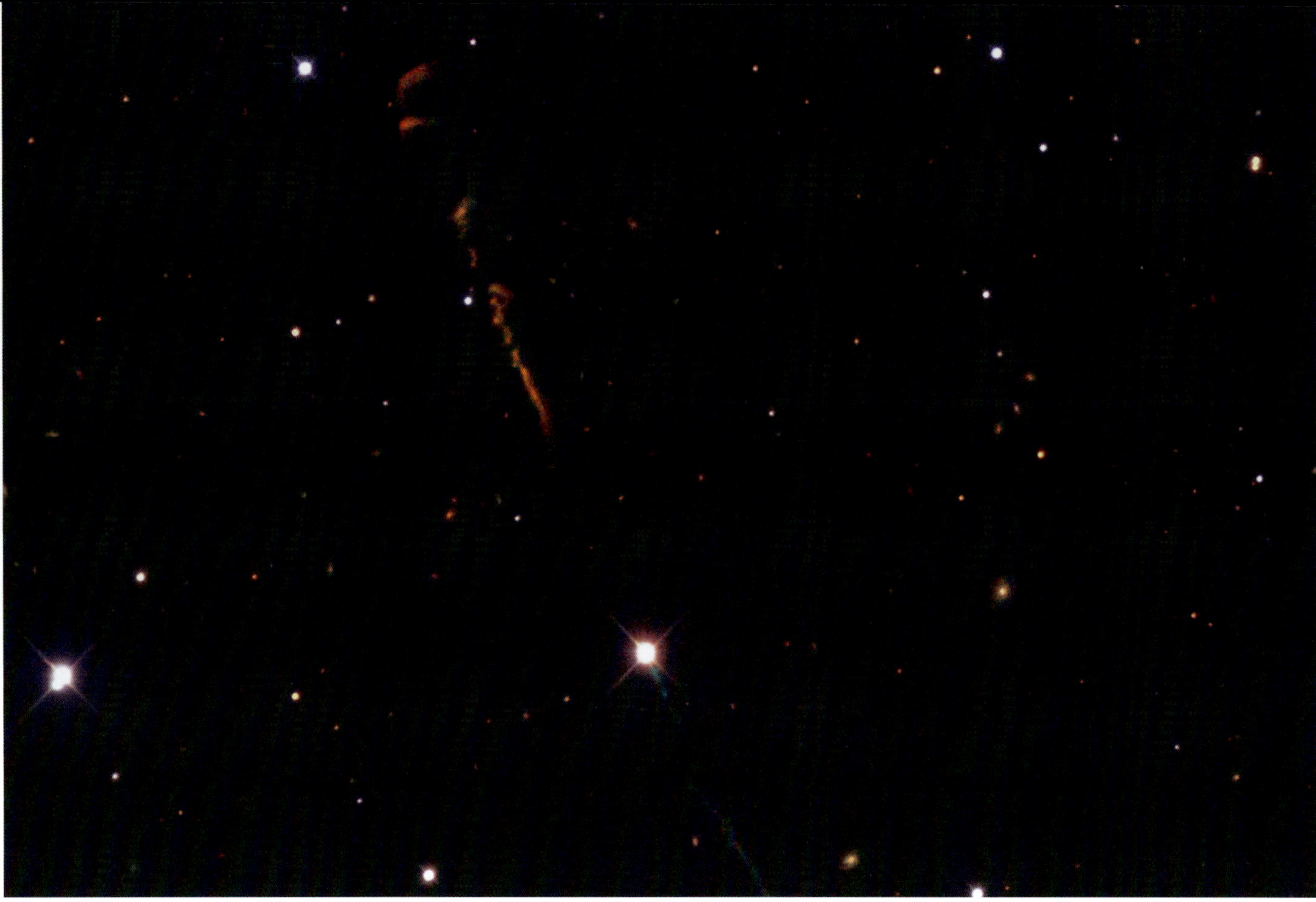

BP PISCIUM

PSC | 23^{h} 22^{m} 25^{s} | -2° 13′ 41″

Der Stern BP Piscium besitzt eine visuelle Helligkeit von 11,8 mag und wird anhand seines Spektrums als G9IIIe-Typ klassifiziert. Im Infrarotbereich finden wir breite Absorptionslinien, weshalb ihn die Astronomen, nach seiner Entdeckung im Jahr 1986, als jungen Stern beschrieben haben, der noch von einer dichten Scheibe aus Gas und Staub umgeben ist.

Zunächst wurde BP Piscium als isoliert stehender K0-Stern betrachtet, der die T-Tauri-Phase durchläuft. Später fiel aber auf, dass der Lithiumanteil im Licht von BP Piscium viel geringer war, als bei jungen Sternen üblich. Dieses Lithium wird erst in den Fusionsprozessen alter Sterne abgebaut. Die Breite der Lithium-Absorptionslinie (λ = 670,8 nm) betrug nur ein Siebtel derjenigen eines klassischen T-Tauri-Sterns. Ein zweiter Hinweis darauf, dass BP Piscium kein junger Stern ist, lieferte die spektral ermittelte Oberflächenbeschleunigung.

Bei Protosternen ist sie geringer als bei Hauptreihensternen, da ihre Kontraktionsphase noch nicht beendet ist und sie von Gas geringerer Dichte umhüllt werden. Die äußere Sternatmosphäre gleicht eher einer diffusen Wolke als einer Sternoberfläche.

Die für BP Piscium gemessene Oberflächenbeschleunigung beträgt $10^{2,5}$ cm/s². BP Piscium liegt deutlich unter den Werten, die wir für junge Sterne normalerweise erwarten. Die Astronomen gehen heute davon aus, dass es sich nicht um einen jungen, sondern um einen alten Stern handelt, der die Hauptreihe bereits verlassen hat. Dieser sich entwickelnde Riesenstern verliert Material, das ihn in Form einer dichten Scheibe umgibt.

Aufgrund des hohen Staubanteils ist es schwierig, aus der Leuchtkraftklasse auf die Entfernung zu schließen. Die Gaia-DR2-Daten ergeben eine Entfernung von 610 ± 90 Lichtjahren für diesen Post-AGB-Kandidaten. Bei BP Piscium belegen die Gaia-Daten auch eine große Eigenbewegung. Diese liegt bei 52 mas/a, in 1200 Jahren legt BP Piscium knapp 1 Bogenminute am Himmel zurück. Es darf spekuliert werden, ob BP Piscium vielleicht einmal Mitglied eines Sternhaufens war, aus dem er durch eine nahe Wechselwirkung herausgeschleudert wurde.

Die Gesamtmasse des Systems BP Piscium beträgt ungefähr 1,8 Sonnenmassen. Seine Staubscheibe enthält einen Massenanteil, der etwa 50 Erdmassen entspricht. Entlang der Drehachse der Scheibe formen sich ober- und unterhalb Jets, die einige Lichtjahre weit reichen und die wir auf der Aufnahme gut erkennen können.

Als wäre das nicht genug, besitzt BP Piscium noch weitere rätselhafte Eigenschaften. So gibt er auch schwache Röntgenstrahlung ab, die auf eine magnetische Aktivität seiner Korona oder auf die Wechselwirkung mit der Scheibe zurückzuführen sein könnte. Dies ist ein Hinweis auf eine schnelle Rotation von BP Piscium. In neueren Untersuchungen kommt noch ein Aspekt hinzu: In der zirkumstellaren Scheibe könnten auch Planeten entstehen. Das Material hierzu liefert der Sternenstaub, der in der Scheibe von BP Piscium zum Großteil aus Forsterit (Mg_2SiO_4) besteht, einem Silikatmineral, dessen Massenanteil in der Scheibe um den Stern etwa 1,2 Mondmassen ausmacht. Würden auf diese Weise Planeten entstehen, so wären sie wohl kurzlebig. BP Piscium wird sich auf seinem Weg zum Roten Riesen ausdehnen und dann alle Planeten wieder verschlingen.

GN 20.18.3

CYG | $20^h\ 20^m\ 13^s$ | 37° 10′ 12″

Das Bild zeigt die Region um den Reflexionsnebel GN 20.18.3 im Sternbild Schwan, der am Ende des Staubfilaments in der oberen Bildhälfte liegt.

Am rechten Bildrand strahlt das Licht des 6,6 mag hellen Sterns HD 193621 in das Bildfeld hinein. Die Bezeichnung GN 20.18.3 bezieht sich auf den Eintrag im *Atlas Galaktischer Nebel* von T. Neckel und H. Vehrenberg aus dem Jahr 1987. Das Objekt steht auch unter der Kennung GM 1-27 im 1977 veröffentlichten Katalog der armenischen Astronomen A. L. Gyulbudaghian und T. Y. Maghakian. In beiden Katalogen wird das Objekt als kometarischer Nebel beschrieben. Die begriffliche Anlehnung an „Komet" bedeutet, dass es einen hellen kompakten Kern gibt, in dem ein junger Stern steckt. Von diesem geht ein längliches Staubfilament aus, das an den Schweif eines Kometen erinnert.

Der junge Stern ist HH 214. Sein Spektrum weist die Charakteristik eines Herbig-Haro-Objektes auf und sein Licht beleuchtet zugleich die Staubstrukturen. Für den jungen Stern liefert Gaia eine Entfernung von 2320 ± 40 Lichtjahren und eine Helligkeit von 12,9 mag im G-Band.

Für die genaue Untersuchung des Aufbaus von HH 214 nutzen die Astronomen die Eigenschaften von Streulicht, das auf die zwei der wichtigsten (elastischen) Streuprozesse zurückgeht: die Rayleigh-Streuung und die Mie-Streuung. Die Mie-Streuung beschreibt die Streuung von Licht an Teilchen mit einem Durchmesser, der gleich oder größer als die Wellenlänge des Lichts ist. Ihre Intensität ist proportional zum Quadrat des Teilchendurchmessers, beispielsweise Staub. Bei der Rayleigh-Streuung sind die Streupartikel klein im Verhältnis zur Lichtwellenlänge, zum Beispiel Gasatome und Gasmoleküle. Hier werden die Elektronen der Gasmoleküle durch das einfallende Licht angeregt. Es wird ein Dipolmoment induziert, sodass nun Licht nahezu gleicher Wellenlänge wieder abgestrahlt wird. Die Intensität der Rayleigh-Streuung ist proportional zu $1/\lambda^4$, was erklärt, warum blaues Licht stärker als rotes gestreut wird. Obwohl die Rayleigh-Streuung deutlich schwächer als die Mie-Streuung ist, entsteht durch sie das Blau des Himmels. Rayleigh-Streuung ist im Wesentlichen symmetrisch und nach vorne gerichtet, während Mie-Streuung eher asymmetrisch ist. Die Mie-Streuung besitzt bei kleinen Teilchen eine starke Winkelabhängigkeit.

Das Rayleigh-gestreute Licht ist senkrecht zur Einfallrichtung vollständig polarisiert. Erstellen wir also das Polarisationsbild von GN 20.18.3, so können wir auf die Staubstrukturen rückschließen. Die Polarisationswerte zeigen Maxima von etwa 50 % und eine bandförmig verlaufende Ausrichtung der Polarisationsvektoren. Für GN 20.18.3 bedeutet dies, dass der junge Stern möglicherweise von einer zirkumstellaren Scheibe aus Staub und Gas umgeben ist, die wir von der Seite beobachten.

Die Verdichtungen des Herbig-Haro-Objekts HH 214, die durch die bipolaren Jets entstehen, befinden sich etwa 7″ südwestlich des jungen Sterns. In der Entfernung des Sterns entspricht dies einem projizierten Abstand von 29 Lichttagen. Die Scheibe um den jungen Stern ist jedoch viel kleiner: Ihr Durchmesser liegt in der Größenordnung von etwa 15 Lichtstunden.

HH 588 in IC 1396

CEP | $21^h\ 40^m\ 29^s$ | 56° 35′ 56″

Im südlichen Teil des Sternbilds Cepheus findet sich die HII-Region IC 1396, die zu den aktivsten Regionen der Cepheus-OB2-Assoziation zählt. Deren Sterne sind 2400 Lichtjahre von uns entfernt. Die Hauptenergiequelle der HII-Region IC 1396 ist der O6,5V-Stern HD 206267. Er beleuchtet etwa 15 kleine Nebelwolken und Globulen, die als Infrarotquellen bekannt sind. Die bekannteste Nebelstruktur ist der Elefantenrüsselnebel IC 1396A (siehe Kapitel 3: IC 1396). Die Aufnahme zeigt mit BRC 37[1] eine dieser Globulen mit einer hellen Verdichtung, die nach rechts oben, in Richtung von HD 206267 weist.

Ein Team von Astronomen um Dirk Froebrich hat 2003 mithilfe der MAGIC-Kamera am 2,2-m-Teleskop auf dem Calar Alto (Spanien) diese Nebelgebilde im Infraroten untersucht. Dabei wurden JHK-Filter genutzt, die im nahen Infraroten bei den Wellenlängen 1,26 µm, 1,60 µm und 2,22 µm durchlässig sind. Zum Vergleich: Im Visuellen werden meist UBVRI-Filter benutzt, die von 0,36 µm bis 0,79 µm reichen. Bei den MAGIC-Beobachtungen wurde zusätzlich ein Schmalbandfilter für die Wellenlänge 2,122 µm eingesetzt. Bei dieser Energie tritt am molekularen Wasserstoff eine bestimmte Rotations-Vibrations-Anregung auf, also eine Drehschwingung. Diese Linie des molekularen Wasserstoffs ist ein hervorragender Indikator, wenn wir ausströmendes molekulares Wasserstoffgas nachweisen möchten. Die Infrarotbeobachtungen wurden durch optische Beobachtungen ergänzt, die mit der 2-m-Schmidt-Kamera der Thüringer Landessternwarte in Tautenburg entstanden sind. Auch hier wurden Schmalbandfilter, etwa für die Schwefellinie [SII], eingesetzt, um die Emissionsstrukturen in IC 1396 hervorzuheben und zu analysieren.

Im Bildfeld von IC 1396 finden sich einige Bereiche mit hoher Extinktion, und die Autoren konnten insgesamt 25 Globulen identifizieren. Sie bestätigten auch das Objekt HH 588 (IRAS 21388+5622), das im Nebel BRC 37[1] liegt. Das Herbig-Haro-Objekt HH 588 ist auf der Aufnahme als grüner Punkt am oberen Ende der dunklen Nebelsäule zu sehen. Die grüne Farbe beruht hier darauf, dass für den grünen Kanal des RGB-Komposits ein [SII]-Filter verwendet wurde. Bekannt war auch, dass etwas weiter links eine Emissionsquelle mit der Bezeichnung HH 588 NE2 zu sehen ist. Links neben dieser kleinen Nebelstruktur steht ein 12,4 mag heller Stern, der vermutlich vor der Struktur liegt. Noch weiter links entdeckten die Forscher die neue Verdichtung HH 588 NE3. Sie gehen davon aus, dass es sich auch hier um ein Herbig-Haro-Objekt handelt.

LBN 437

LAC | $22^h\ 32^m\ 12^s$ | 40° 35′ 0″

Im Sternbild Lacerta liegt der Emissionsnebel Sh2-126 (siehe Kapitel 3: Sh2-126). Es ist eine HII-Region, die etwa 2° × 3° misst und an deren nördlichen Rand die Molekülwolke LBN 437 zu finden ist. LBN 437 wird der Sternentstehungsregion Lacerta-OB1 zugeordnet und ist rund 1200 Lichtjahre von der Sonne entfernt. Die Aufnahme blickt an den östlichen Rand der Molekülwolke. Die Verdichtungen im unteren Bildfeld enthalten einige Herbig-Haro-Objekte. Links unterhalb des Bildzentrums fällt ein heller x-förmiger Nebel auf, in dem der Stern V375 Lacertae liegt, mit einem A7Ve-Spektraltyp, der als Herbig-Ae/Be-Stern klassifiziert wird (siehe Inset). Diese Sterntypen bewegen sich auf die Hauptreihe zu, ihre erste Entwicklungsphase ist also noch nicht abgeschlossen. Sie enthält ein Wechselspiel aus Zu- und Abflüssen von Gas. Aus solchen Strömungen können Akkretionsscheiben entstehen. Abhängig von den lokalen Bedingungen könnten in den Scheiben auch Planeten entstehen. Wir wissen heute, dass es sich bei Herbig-Ae/Be-Sternen um Sterne mittlerer Masse von 2 – 8 Sonnenmassen handelt und dass ihre Akkretionsscheiben mit spezifischen Linien zum visuellen und zum infraroten Spektrum beitragen.

Obwohl wir diese Prozesse heute für einige Vorhauptreihensterne, wie klassische T-Tauri-Sterne, genau beschreiben können, sind diese bei den Herbig-Ae/Be-Sternen weniger gut bekannt. Analysieren wir deren Spektren, so sehen wir Unterschiede zu den klassischen T-Tauri-Sternen. Herbig-Ae/Be-Sterne besitzen zwar auch Akkretionsscheiben, jedoch mit schwächeren Magnetfeldern. Somit kommt es nicht zu einer wirksamen Magnetosphärenakkretion, die Scheibenmaterial auf die T-Tauri-Sterne regnen lässt. Um dies besser zu verstehen, untersuchen die Astronomen die Spektrallinienprofile, da hier die physikalischen Parameter Temperatur, Radialgeschwindigkeit und Magnetfeld ihren Fingerabdruck hinterlassen. Wir können folgern, dass Herbig-Ae/Be-Sterne kleinere Magnetosphären besitzen, die sowohl die Einströmung auf den Stern als auch die Abströmung von Materie aus der Scheibe auf besondere Art und Weise beeinflussen. Wie dies geschehen könnte, zeigen Simulationen der magnetohydrodynamischen Prozesse. Das Magnetfeld des rotierenden Sterns wird bei diesem Modell als ein Komposit aus Dipol- und Quadrupolkomponenten aufgebaut. Die sich ergebende Magnetfeld-Struktur ist nicht mehr symmetrisch zur Scheibenebene. So wurde entdeckt, dass sich einseitige Abströmungen ausbilden können, die von der Seite der Akkretionsscheibe stammen, die das stärkere Magnetfeld aufweist. Sie sind quasistabil, können sich aber nach 30 – 50 Sternumdrehungen wieder auflösen. Bei einem rein magnetischen Dipolfeld tritt die Besonderheit auf, dass die Abströmung zwischen Ober- und Unterseite der Scheibe hin- und herpendeln kann. Es ergeben sich zwei entgegengesetzt gerichtete, sich öffnende Kegel aus abfließender Materie. Diese Doppelkegelstruktur wäre auch eine mögliche Erklärung für die bipolare X-Form, die wir bei V375 Lacertae beobachten.

LBN 468 und PV CEPHEI

CEP | $20^h\ 42^m\ 0^s$ | 67° 54′ 0″

Am westlichen Rand des Sternbilds Cepheus, an der Grenze zum Sternbild Draco, zeigen die Sternkarten einen Komplex aus drei Dunkelwolken. Die größte Wolke LBN 475 misst 3° im Durchmesser. Die kleinste Wolke ist LBN 483 mit nur 20′. Die Größe von LBN 468 liegt mit 1,5° dazwischen und überquert die Sternbildgrenze. Die Aufnahme zeigt nur den nordöstlichen Teil dieser Molekülwolke, das Zentrum von LBN 468 liegt weiter rechts unten. Am linken Bildrand erkennen wir zwei benachbarte Sterne, einen bläulichen und einen orangefarbenen. Es sind der 9,9 mag helle A0-Stern BD +67 1265 und, etwas rechts unterhalb, der 10,5 mag helle K3-Stern MCC 826, der uns mit 184 Lichtjahren Entfernung sehr nahe steht. Sein blauer Nachbar ist mit etwa 1400 Lichtjahren weiter entfernt und steht hinter dem Nebel.

In LBN 468 liegen einige Herbig-Haro-Objekte, die im oberen linken Quadranten als orangefarbene Verdichtungen zu sehen sind. Legen wir die Intensitäten der Radiowellenlängen (CO-Emission) über die Aufnahme, so fallen die Maxima der Radiokonturen mit den Verdichtungen zusammen. Besonders prominent ist die Struktur links neben MCC 826, die auch als Gyulbudaghians Nebel (GN 20.45.4) oder als HH 513 bekannt ist. In diesem Nebel liegt der Vorhauptreihenstern PV Cephei, dessen Kontraktionsphase noch nicht abgeschlossen ist, und der mit Stoßfronten die Nebelumgebung verdichtet und mit seinem Licht beleuchtet. Die Entfernung von PV Cephei beträgt 1120 ± 20 Lichtjahre, seine visuelle Helligkeit ist mit 17,5 mag viel geringer als seine Infrarothelligkeit, die schnell mit der Wellenlänge zunimmt, da das langwellige Licht den dichten Nebel besser durchdringt. Im J-Filter beträgt sie 12,5 mag, im H-Filter 9,5 mag und im K-Filter schon 7,3 mag.

PV Cephei ist als Herbig-Ae-Stern klassifiziert, der etwa 3,5 Sonnenmassen besitzt und dessen Leuchtkraft bis zu 100 Sonnenleuchtkräfte erreichen kann. Er ist umgeben von einer zirkumstellaren Scheibe, in der ungefähr 20 % der Masse enthalten sind, und deren Inklination etwa 80° beträgt. Wir blicken also auf den Scheibenrand. Abschattungseffekte aufgrund von Knoten in der Scheibe erlauben keinen fortwährenden direkten Blick auf PV Cephei. Da PV Cephei auch den Nebel beleuchtet, werden für den Nebel und den Stern Helligkeitsvariationen beobachtet, die bei mehr als 1 mag in 200 Tagen liegen. Es sind aber auch kürzere Zeitskalen bekannt.

Das langsame Auf und Ab der Lichtkurven von PV Cephei und dem Nebel verlaufen gleichzeitig. Die auf diesen Schwankungen sitzenden schnelleren Variationen, die im Bereich von 10 bis 20 Tagen erfolgen, verlaufen dagegen unkorreliert. Vergleichen wir die Helligkeitsverläufe von Stern und Nebel, so zeigt sich, dass Helligkeitsanstiege und -absenkungen mit einem Versatz von 27 Tagen erfolgen. Diese Zeit passt recht genau zur geometrisch bestimmten Lichtlaufzeit zwischen Stern und Nebel. Wenn die Helligkeit von PV Cephei, ausgelöst durch einen spontanen Materiezufluss, ansteigt, erhöht sich die Lichtemission und der Nebel wird stärker beleuchtet. Die Unterschiede zwischen den zwei Lichtkurven werden durch Inhomogenitäten in der Scheibe erklärt, sodass sich für die beiden unterschiedlichen Lichtwege (direkt zu uns und mit Umweg über den Nebel) unterschiedliche Abschattungen ergeben.

V1647 ORIONIS McNeils Nebel

ORI | $5^h 46^m 14^s$ | 0° 5′ 48″

Im Februar 2004 berichtete das IAU Circular 8284 – ein astronomischer Kurznachrichtendienst – über die Entdeckung eines neuen Nebels, etwa 13′ südlich von M 78 im Sternbild Orion, in der dichten Nebelumgebung LDN 1630. Der Amateurastronom J. W. McNeil aus Paducah (Kentucky, USA) hatte mit einem 7,6-cm-Refraktor am 23. 1. 2004 die M 78-Region fotografiert. Bei der Bildbearbeitung fiel ihm ein kleiner dreieckiger Nebelfleck auf, der auf keiner Aufnahme der Surveys zu sehen war. Er nahm Kontakt zu professionellen Astronomen auf. Keine zwei Tage später wurde durch eine Aufnahme mit dem 8,1-m-Gemini-Teleskop auf Hawaii dieser Nebel bestätigt.

Die Aufnahme zeigt McNeils Nebel als orangeviolettes Dreieck nahe der Bildmitte. Der junge Stern V1647 Orionis befindet sich am unteren Eckpunkt. Es wird vermutet, dass dieser entstehende Stern eine Akkretionsscheibe besitzt und dieses System eine aktive Phase durchlaufen hat, die zur Entstehung oder besser zur Sichtbarkeit des Nebels geführt hat.

Es ist ein bekanntes Phänomen von sogenannten eruptiven Veränderlichen, dass die Akkumulation von Materie als episodischer Prozess abläuft. Es kann vorkommen, dass sich eine niedrige Akkretionsrate schlagartig erhöht und der Veränderliche eine Zeit lang zwei bis sechs Größenklassen heller erscheint.

Bei Veränderlichen vom Typ FU Orionis, wozu auch V1647 Orionis gezählt wird, können diese Phasen einige Jahre bis Jahrzehnte andauern. Die Langzeitlichtkurve von V1647 Orionis besitzt eine Plateauphase von etwa 3 Jahren. Erst Ende 2006 fiel die Infrarothelligkeit innerhalb von zwei Monaten um den Faktor 100 ab. Der visuelle Helligkeitsanstieg von V1647 Orionis im Januar 2004 betrug etwa 4,5 mag und beleuchtete den Nebelkonus, der die eigentliche Neuentdeckung war. Während der Plateauphase nahm die Helligkeit von 11 mag auf 12 mag ab. In dieser Zeit zeigten sich nichtperiodische Variationen auf Zeitskalen von einigen Tagen und mit Amplituden von weniger als 0,5 mag.

Für den Protosterns V1647 Orionis ermittelte man eine Masse von 0,8 Sonnenmassen, eine Oberflächentemperatur von 3800 K und einen Radius von 3,3 Sonnenradien. Dem intensiven Akkretionsereignis Anfang 2003 folgte die Umverteilung im System von Stern und Scheibe. Dabei zeigten die Hα-Linienprofile einen starken Materieabfluss in Form von Sternwinden. Es ist bemerkenswert, dass die Energiequelle von V1647 Orionis noch nicht die Kernfusion ist – sie wird erst in einigen Millionen Jahren einsetzen. Vielmehr wird die Gravitationsenergie des auf ihn stürzenden Gases in Form von Wärmeenergie freigesetzt. Auch ohne Fusion ist die Energiemenge beeindruckend. Es entstehen Temperaturen von über 10^6 K und damit Röntgenstrahlung.

Astronomen vermuten, dass es bei V1647 Orionis zwei Zuströmungen aus der Scheibe gibt, die von Magnetfeldern geführt werden und in zwei heißen Bereichen der Oberfläche des jungen Sterns enden. Beobachtungen mit dem Röntgensatelliten XMM-Newton zeigen, dass der Stern mit einer Periode von etwa einem Tag rotiert und zwei Röntgen-Hotspots aufweist, von denen der erste fünfmal mehr Energie ausstößt als der zweite.

M 42 ORIONNEBEL

ORI | 5^h 35^m 17^s | -5° 23′ 28″

Der Orionnebel M 42 (NGC 1976) ist ohne Zweifel die meistfotografierte und am gewissenhaftesten studierte HII-Region am Sternenhimmel – und das sowohl bei den professionellen Astronomen als auch bei den Amateurastronomen. Eine Simbad-Literaturrecherche liefert 3671 Referenzen zu M 42, das entspricht etwa 1 % aller Referenzen (Stand Januar 2020). Sie übersteigt deutlich die 2912 Referenzen für die Plejaden.

Die Entfernung von M 42 zur Erde beträgt 1344 ± 20 Lichtjahre und seine Ausdehnung erreicht knapp 25 Lichtjahre. Der Orionnebel liegt in der Orion-A-Molekülwolke, die unter anderem auch M 43, NGC 1980 und NGC 1981 beheimatet. Er gehört zum größeren Orion-Komplex, einer Sternentstehungsregion, die unter der Bezeichnung Orion OB1b bis zu den Gürtelsternen des Sternbilds Orion reicht und als Orion OB1a sogar nördlich darüber hinausführt. Diese Orion-OB1-Assoziation enthält neben einigen Dutzend großer OB-Sterne auch tausende masseärmerer Sterne. Die Aufnahme blickt in die helle Zentralregion von M 42 und wir sehen rechts des Zentrums das Trapez (ϑ_1 Orionis). Das hellste Mitglied ϑ_1 Orionis C ist ein O7Vp-Stern. Er ist in der Aufnahme unten zu finden und ist fast 3 mag heller als der lichtschwächste der vier Trapezsterne ϑ_1 Orionis B, ein B1V-Stern mit 8,0 mag, der im Trapez ganz oben steht. Alle vier Sterne sind Mehrfachsysteme. Mit zwei Sternen tummelt sich in ϑ_1 Orionis C die kleinste Zahl, mit mindestens sechs weist ϑ_1 Orionis B die größte Anzahl an Komponenten auf. Insgesamt stecken in der Trapezgruppe 45 Sonnenmassen. Auf die fünf hellsten Sterne entfallen allein 20 bis 30 Sonnenmassen.

Im unteren linken Bildfeld steht die Dreiergruppe von ϑ_2 Orionis, die etwa 2′ groß erscheint. Der darüber anschließende Balken mit dem Hell-Dunkel-Übergang trägt die Bezeichnung „die Klippe" (engl. „the cliff"). Dreidimensional betrachtet führt der Nebelvorhang hier nach hinten, tritt aber in der oberen Bildhälfte wieder in den Vordergrund. Die Trapezgruppe liegt in dieser schüsselartigen Einsenkung, die sie beleuchtet und ionisiert. Auf der Suche nach den Hauptionisationsquellen nutzen die Astronomen ortsaufgelöste Spektren, in denen nicht nur das Spektrum, sondern auch der Ort der Emission erkennbar bleibt. Der Ionisationsgrad im Nebel lässt sich neben dem ionisierten Wasserstoff (Hα bei 656,3 nm) auch anhand der doppelt ionisierten Sauerstofflinie ([OIII] 500,7 nm) und der einfach ionisierten Heliumlinie (HeI 667,8 nm) festmachen. Die heißen Bereiche in M 42 werden von den Zonen gebildet, in denen He^+/H^+ vorliegen. In größerer Entfernung von der Ionisationsquelle ist das Helium neutral und es zeigt sich eine schmale He^0/H^+-Zone. Alles zusammen führt zum hellsten Stern ϑ_1 Orionis C, der in der Trapez-Schüssel die Ionisation dominiert. Auf der Höhe des hellen Balkens ist es aber ϑ_2 Orionis A, der Stern ganz rechts in der Dreierreihe.

Die Wirkung der beiden Ionisationsquellen zeigt sich auch gut bei den zahlreichen protoplanetarischen Scheiben (engl. „proplyds", eine Zusammenziehung von „protoplanetary discs"), die sich um entstehende Sterne in der Region bilden. Bei den meisten weist die vom Strahlungsdruck verdichtete Seite zum emittierenden Stern. Nur bei den Scheiben, die zwischen ϑ_1 Orionis C und ϑ_2 Orionis A stehen, finden sich die Verdichtungen auf zwei Seiten, die jeweils in Richtung des ionisierenden Sterns weisen. Die leuchtenden Verdichtungen variieren hinsichtlich der Intensität ihrer [O II] / [O III]-Emissionslinien. Fügen wir das von Astronomen oft benutzte Verhältnis S_{23} = ([S II] + [S III]) / Hβ hinzu, so lassen sich die verschiedenen Regionen deutlich unterscheiden. Der Bereich dicht unterhalb des Trapezes leuchtet intensiv im Licht der [SII]- und [OIII]-Linien. Bestimmen wir aus den Linienintensitäten die Elektronentemperatur, so finden wir das Maximum von ca. 13.000 K in der Nähe des Trapezsterns. Die zugehörige Elektronendichte liegt zwischen 12.000 e^-/cm^3 und 15.000 e^-/cm^3. Der Balken ist allerdings die hellste [SII]-Quelle und überstrahlt das Trapez. Er ist aber im Vergleich dazu mit einer Elektronentemperatur von 8500 K relativ kühl. In den zugehörigen Intensitätskarten erscheinen Herbig-Haro-Objekte als „hot spots", also als helle, heiße Flecken.

Übrigens ist die Trapez-Region in M 42 die uns nächstgelegene OB-Assoziation unserer Milchstraße. Das geringe Alter ihrer Mitglieder, die jüngsten sind zwischen 100.000 und 1 Million Jahre alt, zeigt die bestehende Dynamik der Sternentstehung, die wir hier „live" beobachten können. Untersuchen wir mithilfe der Gaia-DR2-Daten auch die weiter außen liegenden Haufenmitglieder, so folgt aus der dreidimensionalen Analyse von etwa 1800 Sternen, dass 26 von ihnen in den letzten 1 bis 2 Millionen Jahren herausgeschleudert wurden – vermutlich aufgrund dichter Passagen mit anderen Sternen. Es sind neun Kandidaten bekannt, die einstmals zur Trapez-Gruppe gehört haben könnten. Das Trapez ist demnach ein Gebilde junger Sterne, das keineswegs dauerhaft ist, sondern sich schon jetzt in einem Auflösungsprozess befindet.

Die Detailaufnahme zeigt die doppelkegelförmige Struktur um Eta Carinae, die an ein Menschlein (lat.: homunculus) erinnern soll.

Aufnahme des Carinanebels NGC 3372.

ETA CARINAE (HOMUNCULUS-NEBEL)

CAR | $10^h\ 45^m\ 2^s$ | -59° 42′ 0″

Der Carinanebel (NGC 3372) im Sternbild Schiffskiel (lat. Carina) ist mit −60° Deklination für mitteleuropäische Amateurastronomen nicht beobachtbar. Diese HII-Region liegt in etwa 8500 Lichtjahren Entfernung und zählt zu den größten der Milchstraße. Sie ist Bestandteil der Carina-OB1-Assoziation, die mehrere Sternhaufen enthält, in denen auch Wolf-Rayet-Sterne enthalten sind. Die Winkelausdehnung des Carinanebels beträgt etwa 2° und entspricht einem Durchmesser von 300 Lichtjahren.

Das Bildfeld der Aufnahme besitzt eine Kantenlänge von 4′ und zeigt den Doppelstern η Carinae, der 7660 Lichtjahre entfernt ist. Bekannt wurde dieser 1837, als John Herschel einen großen Helligkeitsausbruch beobachtete, dessen visuelle Helligkeit sogar 0 mag übertraf – so hell wie Wega in der Leier. Seitdem zeigte η Carinae immer wieder Ausbrüche, deren Maxima einige Wochen anhielten, um dann langsam über Jahre schwächer zu werden. Die historische Lichtkurve zeigt einen abfallenden Trend ab 1855, der 1862 bei etwa 4 mag endete. Da der Stern diesen Ausbruch von 1837 überlebte, sehen Astronomen in η Carinae einen möglichen Prototyp für einen sogenannte LBV (engl. „luminous blue variable“, ein „leuchtender blauer Veränderlicher“). Dies ist ein sehr leuchtkräftiger Stern, der kurz davorsteht, als Supernova zu explodieren.

Rechnen wir zurück, so muss der Stern bei dem großen Ausbruch etwa 15 Sonnenmassen ausgestoßen haben, aus denen der bipolare Homunculus-Nebel entstand. Dessen Spektren zeigen noch heute hohe Expansionsgeschwindigkeiten von 3000 – 5000 km/s. Ein Großteil der äußeren Nebelmaterie ist in zwei polaren Schalen konzentriert. Die äußeren Bereiche des Nebels bewegen sich langsamer und es wird vermutet, dass diese auf schwächere Ausbrüche zurückgehen, die 300 – 600 Jahre vor der großen Eruption stattfanden.

Die Gesamtmasse des Doppelsternsystems liegt bei ca. 120 Sonnenmassen. Aufgrund dieser Größenordnung hätte man η Carinae auch den Exoten (Kapitel 8) zuordnen können. Beide Sterne umlaufen einander auf einer exzentrischen Bahn mit einer Periode von etwa 5,5 Jahren. Kommen sich beide Sterne im Periastron sehr nahe, strömt Materie auf die massive Komponente und bildet vermutlich eine heiße instabile Hülle. Expandiert, oder besser, explodiert diese, so überholt sie langsameres zirkumstellares Material, das η Carinae in Scheibenform umgibt. Die dabei entstehenden Stoßfronten heizen das Material auf. Der Stern zeigt die fünffache Leuchtkraft und wir beobachten eine Plateauphase, die 20 Jahre anhält. Für dieses Modell spricht auch die bipolare Symmetrie des Homunculus-Nebels.

In den vergangenen Jahren kamen neue Erkenntnisse hinzu, die Astronomen aus der Analyse von Lichtechos gewinnen konnten. Es handelt sich dabei um das Licht des ursprünglichen Ausbruchs, das aber nicht direkt in unsere Beobachtungsrichtung ausgestrahlt wurde, sondern in die dichte Nebelumgebung hineinlief. Dort wurde es reflektiert und erreichte uns erst 180 Jahre nach dem Ausbruch. So lieferte 2012 ein Spektrum aus einem Bereich des η Carinae-Nebels, der durch das Licht der großen Eruption beleuchtet wurde, eine Temperatur von ca. 5000 K. Bei Lichtechos, die näher bei η Carinae liegen, ist die Temperatur mit 4000 K noch geringer, und die Spektren zeigen Molekülbanden, die wir von kalten Kohlenstoffsternen kennen.

Wir können versuchen, mithilfe der Lichtechos den Verlauf der historischen Lichtkurve zu rekonstruieren. Die zugehörigen Helligkeitsvariationen im Nebel liegen zwischen 20 mag und 22 mag, sind also viel schwächer als die Eruptionshelligkeit, zeigen aber die gleichen charakteristischen Variationen.

Die Forscher fanden auf diese Weise zwei Lichtechos, die sie dem Ausbruch zuordneten. Aus der dreidimensionalen Rekonstruktion ergab sich dann, dass es sich wahrscheinlich bei diesen Nebelverdichtungen um zwei konzentrische Schalenfragmente von Stoßwellen handelt, die beim Ausbruch entstanden sind. Aus ihrer heutigen Lage wurde ein projizierter Abstand der beiden Fragmente von etwa 9 Lichtjahren berechnet.

Es gibt in der Literatur zu η Carinae auch Überlegungen, die von einem einstmaligen Dreifachsternsystem ausgehen, das durch eine Sternverschmelzung erst zu einem Doppelsternsystem wurde. Bei der großen Eruption wäre demnach die dritte kleinste Komponente zerrissen worden. Gegen dieses Modell spricht die Stabilität der Bahnkurve, die wir bis heute beobachten. Auch passt das Zeitverhalten nicht zu solch einem einmaligen Vorgang. Somit empfiehlt sich η Carinae für weitere Untersuchungen, da wir hier möglicherweise die Vorstufe einer bevorstehenden Supernova beobachten.

NGC 1333

PER | $3^h\ 29^m\ 11^s$ | 31° 18′ 36″

Die Aufnahme blickt in die Grenzregion der drei Sternbilder Stier, Widder und Perseus. Die Horizontale überstreicht knapp 2°. Nahe der unteren, rechten Ecke steht der 7,5 mag helle A0-Stern HD 21611 (Stier), links darüber finden wir den B3-Stern HD 21483 (Widder), der mit 7,1 mag visuell hellste Stern im Bild, das von Schleiern aus interstellaren Molekülwolken durchzogen ist. Rechts über HD 21483 schwebt die dichte Wolke LDN 1455. Auf der gegenüberliegenden Bildhälfte fällt der Blick sofort auf die Nebelstruktur LDN 1450 (Perseus), die durch den Stern BD +30 549 als blauer Reflexionsnebel erscheint. Im NGC-Katalog hat sie die Nummer 1333. Bei diesem Stern handelt es sich um ein YSO, mit einem Spektraltyp B8 und einer visuellen Helligkeit von 10,5 mag. Wir erkennen die wirkende Extinktion an seiner höheren Infrarothelligkeit: im K-Filter beträgt sie 8,4 mag. Die Gaia-Daten liefern eine Entfernung von 964 ± 24 Lichtjahren.

Gleich rechts des dichten und von orangefarbenen Quellen durchzogenen Nebelbalkens leuchtet, wie durch ein Loch des Nebels, der G4-Stern BD +30 547. Mit einer Entfernung von 896 ± 59 Lichtjahren ist dieser vermutlich ein kosmischer Nachbar von BD +30 549. Auch BD +30 547 ist ein YSO mit einer visuellen Helligkeit von 10,0 mag und im K-Filter mit 7,7 mag.

Durch die große Datenbasis des Gaia-Kataloges können wir die Entfernung von Molekülwolken gut abschätzen. Dazu wird die Extinktion aller Sterne im Bildfeld analysiert und es wird im G-Band nach diskreten A_G-Stufen gesucht. Mit der Unterscheidung zwischen Sternen, die sich vor und hinter der Wolke befinden, letztere haben höhere Extinktion A_G, bestimmen wir den Abstand zu 913 ± 127 Lichtjahren. Berücksichtigt man die sichtbare Beleuchtungssituation, kann man folgern, dass beide BD-Sterne hinter dem Nebel stehen. Für die Untersuchung der Infrarotquellen in NGC 1333 nutzten die Astronomen auch das IRAM-Radioteleskop auf dem Plateau de Bure in den französischen Alpen in den Frequenzbereichen von 94 GHz (3,18 mm) bis 231 GHz (1,29 mm). In NGC 1333 wurden die IR-Quellen IRAS 2A2A, IRAS 4A, IRAS 4B und SVS 13B im Detail betrachtet. Das Ziel war die Anpassung von sogenannten Hüllenmodellen um die protoplanetarischen Scheiben der entstehenden Sterne. Die Form der Emissionsprofile liefert dabei Hinweise auf die Größe der Akkretionsscheiben. Für die genannten Quellen ergeben sich Radien von 5,7″ ± 1,0″, 3,7″ ± 0,5″, 4″ ± 2″ und 14″ ± 7″. In der Entfernung der Objekte entspricht 1″ etwa 300 AE. Es sind also noch relativ große Scheiben, die das frühe Stadium auf ihrem Entwicklungsweg zum Stern deutlich machen.

NGC 1555 und T TAURI

TAU | $4^{h}\ 21^{m}\ 57^{s}$ | 19° 32′ 7″

Die Aufnahme zeigt den Reflexionsnebel NGC 1555, der zum sogenannten „Taurus Dark Cloud Komplex“ gehört. Diese große Molekülwolke im Sternbild Stier befindet sich bei den galaktischen Koordinaten l = 172° und b = −15° und ist etwa 7,5° × 5° groß. Bezogen auf ihre Entfernung von 480 Lichtjahren ergibt sich daraus ein projizierter Durchmesser von über 60 Lichtjahren.

Bei dem hellen Stern nahe dem Bildzentrum handelt es sich um HD 27560, einen G0-Stern mit einer visuellen Helligkeit von 8,7 mag. Er liegt mit 288 ± 1,4 Lichtjahren Entfernung vor dem Nebel. Links oberhalb steht T Tauri, dessen Gaia-Parallaxe eine Entfernung von 470 ± 4 Lichtjahren liefert. Das Schattenspiel im Detailbild belegt zweifelsfrei, dass T Tauri die Lichtquelle des Reflexionsnebels ist. Oft wird der Name „Hinds variabler Nebel“ verwendet, weil der T-Tauri-Entdecker, der englischen Astronom John Russell Hind, feststellte, dass mit dem Stern auch die Helligkeit des Nebels variiert.

Der amerikanische Astronom Alfred H. Joy beschreibt T Tauri 1945 als Prototyp einer neuen Klasse von veränderlichen Sternen. Es handelt sich dabei um junge Objekte, die noch nicht auf der Hauptreihe angekommen sind. Ihre Masse liegt unter 3 Sonnenmassen und sie sind noch von einer Akkretionsscheibe umgeben, durch die sie im Infraroten hell leuchten. Der innere Rand der Scheibe hat einen Abstand von einigen Sternradien. Hier dominiert das magnetische Feld des Sterns und die Scheibenmaterie fließt entlang der magnetischen Feldlinien auf die Oberfläche des Sterns. Typisch für T-Tauri-Sterne ist ihre starke koronale Aktivität und die Emission von Röntgenstrahlung. Simulationen zeigen, dass diese Korona, also der äußerste Teil der Sternatmosphäre, bis zur Scheibe reicht. Wie auf dem Stern gibt es in der Scheibe Röntgenflares, die von wenigen Stunden bis zu ein oder zwei Tagen lang andauern können und für den unregelmäßigen Emissionsbeitrag der Lichtkurve verantwortlich sind.

Wie fast immer in der Astronomie weicht der Aufbau des T-Tauri-Systems vom verallgemeinerten Prototyp für T-Tauri-Sterne ab. 1982 wurden die beiden Komponenten T Tauri N und T Tauri S entdeckt, die einen Abstand von 0,7″ besitzen. Der südlich stehende T Tauri S wurde 2000 weiter in T Tauri Sa und Sb aufgelöst. Deren damaliger Winkelabstand von 0,05″ entspricht einem Abstand von 7,4 AE – ungefähr eine Lichtstunde. T Tauri Sa vereinnahmt fast die gesamte Masse des Dreifachsternsystems, ist also der „Hauptstern“ des Systems, den die prototypische Akkretionsscheibe umgibt. Die Astronomen gehen heute davon aus, dass die Komponenten Sa und Sb eine gemeinsame Einhüllende umgeben könnte oder sogar noch eine zweite gemeinsame Akkretionsscheibe den Materiefluss auf die zwei Sterne steuern könnte. Wie so oft in der Astronomie läge dann auch hier der Fall vor, dass sich ein Prototyp nach intensiven Analysen am Ende als ein Sonderfall seiner eigenen Klasse herausstellt.

NGC 1999 SCHLÜSSELLOCHNEBEL

ORI | $05^h\ 36^m\ 25^s$ | -6° 42′ 42″

N

Etwa 2° südlich von M 42, und wie dieser auch Teil der großen Molekülwolke Orion A, findet sich der kleine, blaue Reflexionsnebel NGC 1999. Die große Aufnahme zeigt die Umgebung des Nebels. Das Bildfeld ist 2° × 3° groß. NGC 1999 im Bildzentrum misst nur etwa 2′ im Durchmesser. Entdeckt wurde NGC 1999 im Jahre 1785 durch Friedrich Wilhelm Herschel. Lange wurde davon ausgegangen, dass es sich um eine sehr dichte Nebelwolke, eine Bok-Globule, handelt, die von dem Stern V380 Orionis beleuchtet wird. Noch im Jahr 2000 zeigte die NASA-Webseite „Astronomy Picture of the Day" eine Aufnahme des Hubble Weltraumteleskops und beschrieb, dass in dieser dunklen Wolke neue Sterne entstehen.

Eine entscheidende Wende bei der Interpretation von NGC 1999 lieferte im Jahr 2000 der Infrarotsatellit Herschel der ESA. Bei Beobachtung dieser vermeintlichen Dunkelwolke fanden sich an der dunklen Stelle keine Infrarotquellen. Aus den Herschel-Daten konnte eine obere Massengrenze von 0,024 Sonnenmassen für diese vermutete Globule berechnet werden. Zu wenig Masse für eine kompakte Dunkelwolke! Die Schlussfolgerung war, dass es sich nicht um eine Globule, sondern um ein „Loch" im Nebel, also um einen scharf definierten Ort geringer Gasdichte handelt. Durch dieses Loch leuchteten außerdem schwache Hintergrundsterne, deren Extinktionswerte geringer waren als die des nebligen Umfelds.

Der Durchmesser dieses „Lochs" beträgt etwa 10.000 AE. Es wird auf protostellare Jets von V380 Orionis zurückgeführt, die den Nebel an dieser Stelle durchstießen und Gas und Staub wegpusteten. Bei V380 Orionis handelt es sich wahrscheinlich um ein Dreifachsystem. Die Gesamtmasse des Systems beträgt 4,5 Sonnenmassen, die primäre Komponente ist ein Herbig-Ae/Be-Stern. Gemäß den Gaia-Daten befindet sich das System in einer Entfernung von 1600 ± 120 Lichtjahren. V380 Orionis liegt damit dicht hinter dem 1500 Lichtjahre entfernten Nebelvorhang. Die primäre Komponente ist von einer Akkretionsscheibe umgeben, deren Senkrechte fast genau in unsere Richtung zeigt. Die kleine Abweichung zwischen der Senkrechten auf die Scheibe und unserem Sehstrahl bewirkt, dass der fast auf uns gerichtete Jet das Loch im Vorhang mit einem kleinen Versatz zur Position von V380 Orionis produziert hat.

Im Bildfeld der Aufnahme liegen mehrere HH-Objekte. Dicht unterhalb von NGC 1999 sind dies HH 1 und HH 2. Ihre Jets zeigen sich als helle Längsstrukturen, die etwa 30° zur Vertikalen geneigt sind. Ein weiteres Objekt, HH 34, liegt über NGC 1999 (siehe Detailbild). HH 34 befindet sich am rechten, unteren Ende des schmalen Nebelbogens. Man erkennt die beiden symmetrischen v-förmigen Stoßfronten, deren projizierter Abstand 0,65 Lichtjahre misst. Der Sternvorläufer HH 34 IRS ist mit nur 0,5 Sonnenmassen ein kosmisches Leichtgewicht.

Die Objekte HH 1 und HH 2 liegen direkt unter NGC 1999.

Das Herbig-Haro-Objekt HH 34 im Detail.

NGC 2070 TARANTELNEBEL

DOR | $5^h\ 38^m\ 42^s$ | -69° 6′ 0″

Der Emissionsnebel NGC 2070, der auch als 30 Doradus oder Tarantelnebel bekannt ist, ist ein extragalaktischer Nebel. Er befindet sich in der Großen Magellanschen Wolke (engl. LMC), im Sternbild Dorado in einer Entfernung von 179.000 Lichtjahren. Der beeindruckende Nebel residiert nordöstlich des Balkens der Zwerggalaxie. Sie begleitet die Milchstraße und entfernt sich relativ zu ihr mit 250 km/s. Die Bewegung wird aber abgebremst und wird sich in circa 1 Milliarde Jahren umkehren. Die LMC dürfte in 2,4 Mrd. Jahren mit der Milchstraße kollidieren. Der Durchmesser von NGC 2070 liegt bei rund 25′, was etwa 2000 Lichtjahren entspricht und sie damit nicht nur zur größten Sternentstehungsregion der Großen Magellanschen Wolke, sondern sogar der ganzen Lokalen Gruppe macht, zu der neben der Milchstraße auch die Andromedagalaxie gehört.
Im Zentrum der Aufnahme finden wir im Radcliffe Observatory Magellanic Cloud Katalog den Sternhaufen RMC 136. Dieser Haufen enthält in einem Volumen von nur 16 Lichtjahren Durchmesser 72 O- und Wolf-Rayet-Sterne und übertrifft die Dichte der OB-Regionen der Milchstraße über das Hundertfache. Er enthält nur junge, massive Sterne und hat ein Alter von weniger als 2 Millionen Jahren. Es gibt noch keine entwickelten Riesensterne, jedoch besitzt RMC 136 die massereichsten heute bekannten Sterne. Allen voran steht R 136a1 mit dem Spektraltyp WN5h, dessen Spektrum durch Emissionslinien von Stickstoff (NIII bis NV) dominiert wird und dessen Oberflächentemperatur auf 46.000 K geschätzt wird. Seine Leuchtkraft erreicht fast 7,3 Millionen Sonnenleuchtkräfte. Seine spektroskopisch ermittelte Masse liegt bei etwa 300 Sonnenmassen – weit oberhalb dessen, was Modellrechnungen erlauben! Allerdings gibt es bei Sternen so hoher Massen auch eine Diskrepanz zwischen der bestimmten Masse und dem, was angepasste Sternmodelle liefern. Demzufolge wäre R 136a als Stern von 273 Sonnenmassen entstanden und sollte heute durch seine Entwicklung, und vor allem durch kräftige Sternwinde, auf 222 Sonnenmassen geschrumpft sein – deutlich unterhalb des spektroskopischen Messwerts. Die Gesamtmasse von RMC 136 beträgt vermutlich mehr als 450.000 Sonnenmassen. Die Astronomen sehen dies als möglichen Kondensationspunkt für die Entstehung eines Kugelsternhaufens, zu dem sich RMC 136 entwickeln könnte. Das schon seit Jahrzehnten diskutierte Thema R 136 dürfte wohl noch lange aktuell bleiben.
Mithilfe der Gaia-Daten wurden die Bewegungsdaten massiver Sterne in NGC 2070 untersucht, um sogenannte „runaway stars“ zu finden. Die astrometrischen Daten solcher sich schnell bewegender Sterne erlauben heute aufgrund ihrer Genauigkeit einen Rückschluss darauf, ob ihr Ursprung in RMC 136 gelegen haben könnte. Der Stern VFTS 16, der sich in der Projektion mit 80 km/s bewegt, könnte ein solcher Runaway-Kandidat sein. Das Alter von VTFS 16 berechneten die Astronomen zu etwa 700 Millionen Jahren. Die Wechselwirkung aufgrund einer nahen Begegnung mit dem Monsterstern R 136a1 vor etwa 1,5 Millionen Jahren könnte VTFS 16 aus dem Sternhaufen RMC 136 hinauskatapultiert haben. Die heutige Position von VTFS 16 befindet sich schon außerhalb des Bildfelds dieser Aufnahme.

NGC 6726

CRA | $19^{h}\ 1^{m}\ 38^{s}$ | -36° 53′ 30″

Im Sternbild Südliche Krone gibt es einen großen Nebelkomplex mit einer Ausdehnung von mehreren Grad, der bis zum Sternbild Schütze reicht. Diese CrA-Molekülwolke ist eine Sternentstehungsregion, in der vorwiegend Sterne geringer und mittlerer Masse entstehen. Ihr dichtester Bereich, die Molekülwolke Bernes 157, ist noch ansatzweise am unteren linken Bildrand zu erkennen. Die gesamte Aufnahme zeigt nur einen kleinen Himmelsausschnitt mit einem Durchmesser von etwa 40′.

Unten rechts strahlt das Blau des Reflexionsnebels IC 4812. Hier fallen zwei parallele vertikale Linien auf, die durch Beugung des Lichts an den Fangspiegelstreben des Teleskops entstehen. Ihre Dopplung verweist auf zwei dicht zusammenstehenden Sterne: Rechts den 6,7 mag hellen B9V-Stern HD 176269, in 494 ± 5 Lichtjahren Entfernung, und links, ebenfalls ein B9V-Typ, den 6,4 mag hellen HD 176270, für den mit Gaia-Daten eine Entfernung von 532 ± 6 Lichtjahren berechnet werden kann.

Der zweite große blaue Nebel NGC 6726 steht oben im Bildfeld und besitzt ebenfalls zwei Energielieferanten. Der obere Stern ist V* TY CrA, ein Herbig-Ae/Be-Stern mit Spektraltyp B9e, der also Emissionslinien im Spektrum aufweist. Seine visuelle Helligkeit beträgt 9,4 mag und wird von seiner Infrarothelligkeit übertroffen, die im K-Filter 6,7 mag beträgt. Die Astronomen sehen dies als Hinweis auf eine Akkretionsscheibe um den jungen Stern an. Die Entfernung von V* TY CrA beträgt 445 ± 10 Lichtjahre.

Etwas weiter unten in NGC 6726 leuchtet HD 176386, ein B9V-Stern mit visuellen 7,3 mag und 6,7 mag im K-Filter. Dieser junge Stern ist 519 ± 5 Lichtjahre entfernt und zeigt keinen IR-Exzess, besitzt also wohl keine zirkumstellare Scheibe mehr. Mit einem Alter von etwa 2 Millionen Jahren ist er schon weiterentwickelt und den Kinderschuhen entstiegen.

Im unteren linken Quadranten des Bildes liegen verstreut mehr als ein Dutzend farbenprächtige HH-Objekte, die durch ihre ungewöhnlichen Formen auffallen. Allen voran ist dies HH 100 mit seiner strukturierten Nebelkugel, aus der ein bogenförmiges Filament nach unten weist. Das Inset zeigt den kleinen Wirbel, auf dem oben HH 100 sitzt. Die Infrarothelligkeit von HH 100 variiert stark. Ursache könnten entweder Temperaturschwankungen des Protosterns oder Abschattungen durch Unregelmäßigkeiten in der umgebenden Scheibe sein. Rechts unter HH 100 steht HH 97, ein kleiner roter Fleck (s. Inset). Auf der großen Aufnahme folgt mit HH 101N/S südlich ein weiterer, größerer roter Farbtupfer. Diese leuchtenden Wolken gehören zu den Stoßfronten des Herbig-Haro-Objekts.

PARSAMIAN 21

AQL | 19h 29m 1s | 9° 38′ 43″

Eines der Sternbilder, durch das die Sommermilchstraße verläuft, ist das Sternbild Adler. Dessen Hauptstern Altair liegt 5° westlich des gezeigten Bildfelds, in dessen Zentrum der Nebel Parsamian 21 steht.

Dieser ungewöhnliche Name geht auf den Katalog kometarischer Nebel zurück, den die armenische Astronomin Elma S. Parsamian 1965 veröffentlichte. Sie hatte 23 dieser Objekte auf den Fotoplatten des Palomar Observatory Sky Survey entdeckt. Hier ist der Nebel nicht, wie bei anderen jungen Sternen, bipolar aufgebaut, sondern es kann nur eine einseitige Abströmung beobachtet werden.

Wir können davon ausgehen, dass die verschiedenen möglichen Orientierungen der zirkumstellaren Scheibe um den jungen Stern den Formenreichtum der kometarischen Nebel hervorbringen. Schauen wir frontal auf die Scheibe, so sehen wir dabei nur einen der zwei Jets. Liegt die Scheibe in Kantenlage, so sehen wir beide Jets, und es sind die bipolaren Nebelstrukturen zu erkennen.

Auf der Aufnahme können wir gut erkennen, dass um Parsamian 21 herum weitere dichte Nebelwolken liegen, die das Licht der Hintergrundsterne verdunkeln. Den jungen Stern selbst können wir nicht identifizieren, er ist in der hellen Kondensation der Nebelwolken eingeschlossen.

Dies erklärt auch, warum es keine Astrometriedaten von Parsamian 21 gibt, aus denen wir direkt eine Entfernung ermitteln könnten. Anhand der spektralen Daten schätzen die Astronomen die Entfernung auf etwa 1300 Lichtjahre. Der junge Stern besitzt aufgrund des gemessenen Spektrums den Spektraltyp F5Iabe. Die Kürzel „ab“ gehören zur Leuchtkraftklasse I, den Hyper- und Überriesen. Das Kürzel „e“ verweist auf Emissionslinien im Spektrum von Parsamian 21. Die visuelle Helligkeit beträgt 14,1 mag und steigt zum Infraroten hin stark an. Im J-Filter weist er 11,2 mag auf, im H-Filter 10,5 mag und im K-Filter 9,8 mag. Das Maximum des Kontinuums liegt zwischen 10 μm und 100 μm.

Bei Parsamian 21 handelt es sich um ein FU-Orionis-Objekt. Diese jungen Sterne zeigen lang anhaltende optische Helligkeitsausbrüche, die auf einen starken Materiezufluss aus einer Akkretionsscheibe auf den Stern zurückzuführen sind. Diese Objekte sind zusätzlich von dichten Hüllen umgeben, die eine wichtige Rolle bei den Ausbruchmechanismen spielen. Bei diesen Ereignissen kann es dazu kommen, dass die Hülle aufreißt und zumindest zeitweise den Blick auf den Protostern und seine Scheibe freigibt.

Das Licht von Parsamian 21 ist im Durchschnitt zu 30 % bis 40 % polarisiert, daher muss ein Großteil des sichtbaren Lichts Streulicht sein. Wir können aus den Werten die Orientierung der Akkretionsscheibe schätzen. Im Fall von Parsamian 21 liegt die Scheibenebene fast horizontal und ihre Senkrechte fällt mit der Längsachse des Nebels zusammen. Den Modellen zufolge erreicht die Größe der Scheibe etwa 700 AE, der sich nach oben öffnende Nebelkonus ist im Vergleich dazu 35-mal größer.

RNO 109

AQL | 19h 20m 24s | 11° 23′ 0″

Der Astronom Martin Cohen hat 1980 auf den Fotoplatten des ersten Palomar Observatory Sky Survey (der „National Geographic Society Palomar Observatory Sky Survey“, kurz „NGS-POSS“ oder einfach „POSS“, digital durchsuchbar unter https://archive.stsci.edu/cgi-bin/dss_form) 150 auffallend rote, nebelhafte Objekte entdeckt, die meist in Dunkelwolken lagen und bis dato noch nicht katalogisiert waren. Für 55 Objekte gab er Spektralklassen an. Der Katalog enthielt vorrangig Herbig-Haro-Objekte, T-Tauri-Sterne und einige heiße Emissionsliniensterne. Cohen wies darauf hin, dass heiße, massereiche Sterne bevorzugt in den dichten Kernen dunkler Wolken entstehen.

In diesem Katalog von „Red Nebulous Objects“ findet sich auch das Objekt RNO 109, das im Sternbild Adler im Dunkelnebel LDN 673 liegt. LDN 673 ist etwa 1000 Lichtjahre entfernt und die Aufnahme zeigt den nördlichen Teil der Wolke. Im oberen, rechten Quadranten zeigt sich eine Aufhellung, die durch einen weiter hinten liegenden Stern im Nebel verursacht wird. Durchsuchen wir die astronomischen Datenbanken, so finden wir für diesen Stern keinen Eintrag in einem der üblichen Sternkataloge, sondern die Objektbezeichnung 2MASS J19201949+1121544. Dieses Objekt wurde also mit dem „Two Micron All Sky Survey“ gefunden und als Infrarotquelle identifiziert. Die Objekthelligkeit ist nur in den JHK-Filterbändern angegeben und steigt zum IR-Spektralbereich deutlich an. Im J-Filterband sind es 10,0 mag, im H-Band 8,7 mag und im K-Band schon 7,8 mag.

Die Dunkelwolke LDN 673 wurde im Rahmen des Projekts „c2d“ („from molecular clouds to planet forming disks“) mit dem Infrarot-Weltraumteleskop Spitzer untersucht. Damit hofften die Astronomen besser zu verstehen, wie aus Molekülwolken die Scheiben um junge Sterne entstehen. Die Besonderheit bei LDN 673 besteht darin, dass eine relativ massearme Wolke vorliegt, die von großen Molekülwolkenkomplexen isoliert ist. Damit bietet sie im ganzen Nebelbereich einheitliche physikalische Bedingungen, was die Klassifikation der enthaltenen Objekte erleichtern sollte.

Der Blick von Spitzer auf LDN 673 zeigte dabei eine Vielzahl von Sternen, die im Visuellen nicht zu erkennen sind. Spitzer identifizierte 27 solcher Protosternkandidaten im Nebel. Die meisten dieser YSO wurde den Klassen 2 und 3 zugeordnet. Es handelt sich also um eine Gruppe schon entwickelter junger Sterne. Auch die Frage zur Natur von 2MASS J19201949+1121544 konnte beantwortet werden: An der Position befindet sich L 673-3, ein YSO-Kandidat der Klasse 2, also vermutlich ein gerade entstehender Stern mit einer ausgebildeten Akkretionsscheibe.

Infrarote Modellspektren, die für dieses Objekt berechnet und an die Beobachtungen angepasst wurden, liefern für L 673-3 eine Masse von 3,1 Sonnenmassen. Die Masse der umgebenden Scheibe beträgt etwa 1/100 der Sonnenmasse.

Die bolometrische Temperatur dieses Objektes liegt bei 1246 K und passt damit ebenso zur Klasse 2 mit ihrem Temperaturbereich von etwa 1000 – 3000 K. Es gibt Protosterne, die sogar noch kühler starten. Objekte der Klasse 0 und Klasse 1 sind dichter eingehüllt. Die noch jüngeren Protosterne der Klasse 0 erreichen bolometrische Temperaturen bis 100 K, bei der Klasse 1 sind es schon 1000 K.

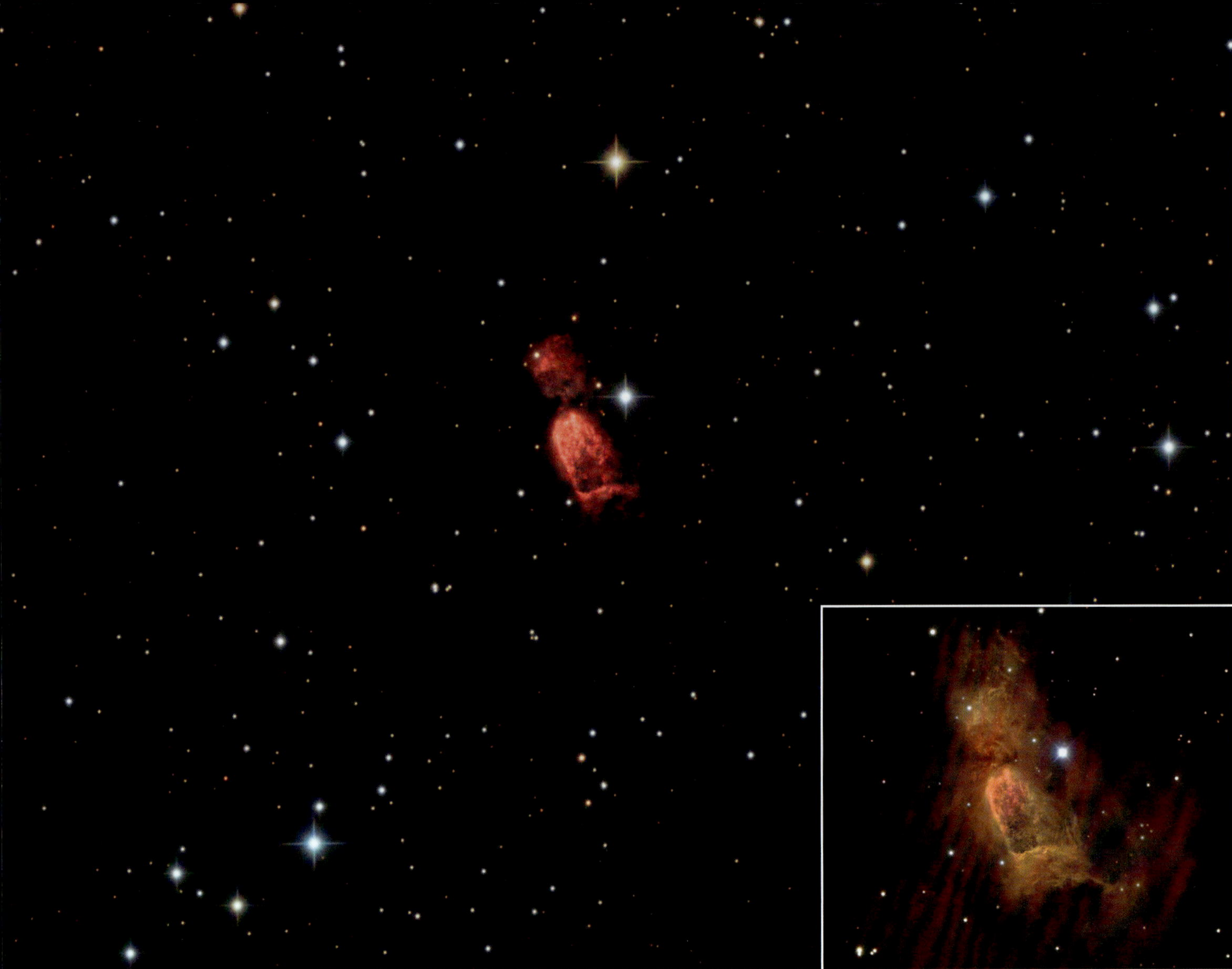

Sh2-106

CYG | $20^h\ 27^m\ 27^s$ | 37° 22′ 49″

In den 1950er-Jahren veröffentlichte das Observatorium in Flagstaff (Arizona) des United States Naval Observatory einen Katalog von HII-Regionen. Ausgangspunkt war die Sucharbeit des Astronomen Steward Sharpless im Palomar Sky Survey. Die zweite Auflage aus dem Jahr 1959 enthielt 312 Nebel, unter denen auch einige planetarische Nebel und Supernovaüberreste enthalten waren. Der bipolare HII-Nebel Sh2-106 liegt inmitten des Sternbilds Schwan und ist 4300 Lichtjahre entfernt. Sein Winkeldurchmesser beträgt etwa 4′. Die Nebelform erklärt auch den Beinamen „hourglass nebula" („Stundenglas-Nebel"). Auf den Aufnahmen erkennen wir einen blauweißen Stern, der rechts neben dem Staubband liegt. Dies ist BD +36 4078, ein 10,3 mag heller Stern, der mit einer Distanz von 500 Lichtjahren vor Sh2-106 steht.

Im Zentrum des Nebels vermuten die Astronomen einen jungen und mit 15 bis 30 Sonnenmassen sehr massereichen Stern, dessen zentrale Fusion erst vor 100.000 Jahren zündete. Aus der ihn umgebenden Scheibe strömen zwei Jets und bewirken die bipolare Symmetrie des Nebels. Die Energie der Jets erhitzt das Gas und den Staub auf über 10.000 K und lässt den Nebel sichtbar werden. Wir blicken fast auf die Kante der Scheibe (die Inklination beträgt 83°), sodass uns der direkte Blick auf den Stern verwehrt bleibt.

Mithilfe von Infrarotteleskopen wurde versucht, mehr Details des zentralen Sterns S 106IR zu ermitteln. Doch selbst mit dem Verfahren des „Lucky-Imagings", bei dem die Überlagerung vieler kurzer Aufnahmen von etwa 200 ms die störende Turbulenz der Erdatmosphäre reduziert, blieb nur das Bild eines diffusen Flecks mit einem Durchmesser von 0,5″. Infrarotspektren im Millimeter- und Sub-Millimeter-Bereich ermöglichten den Nachweis einfacher Moleküle (CO, NH_3, CH, OH). Außerdem konnte die Masse der dichten Scheibe mit etwa 275 Sonnenmassen abgeschätzt werden.

Die bei neueren Infrarotuntersuchungen gefundenen Helligkeitsschwankungen der zentralen Quelle S 106IR mit einer Periode von etwa 5 Tagen sehen einige Forscher als möglichen Hinweis auf eine Doppelsternnatur. Es könnte sich bei S 106SR um einen engen O/B-Doppelstern mit einem Abstand von 0,3 AE handeln. Eine leichte Verkippung der Bahnebene der zwei Sterne zu der Ebene ihrer gemeinsamen Akkretionsscheibe würde den Massenzustrom modulieren und die beobachteten Helligkeitsvariationen hervorrufen.

V1025 TAURI

TAU | $4^h\ 35^m\ 54^s$ | 22° 54′ 13″

Im Sternbild Stier finden wir zwischen den Hörnern den Veränderlichen V1025 Tauri. Mithilfe der Gaia-DR2-Daten können wir seine Entfernung recht genau zu 541 ± 4 Lichtjahren berechnen. Seine visuelle Helligkeit variiert zwischen 11,0 mag und 11,2 mag. Sein Spektraltyp wird als G2e angegeben.

Die Datenbank der „American Association of Variable Star Observers" (AAVSO) enthält weitere Details zu diesem Stern. Er ist dort als T-Tauri-Typ geführt, der eine periodische Variabilität mit einer Periode von 28,9 Stunden aufweist. Sie entsteht keineswegs in einem Doppelsternsystem, in dem ein Stern durch einen Begleiter bedeckt wird, sondern wird durch umlaufende Sternflecken auf der Oberfläche des jungen Sterns erklärt. Bei V1025 Tauri ist diese Periodizität sehr regelmäßig, sodass für eigene Vergleiche im AAVSO-Portal (unter https://www.aavso.org/data-download) eine Ephemeridentabelle mit den minutengenau angegebenen Minima heruntergeladen werden kann.

Im optischen Spektrum von V1025 Tauri sehen wir keine prominenten Emissionslinien (engl. „weak-lined T Tauri star", WTTS). Auch gibt es keine Anzeichen für starke Sternwinde oder eine zirkumstellare Scheibe. Die Astronomen bezeichnen V1025 Tauri daher auch als „nackten" T-Tauri-Stern. Die Aufnahme liefert den Beleg für diesen Zustand. Der noch junge Stern hat gerade die ersten Aufräumarbeiten abgeschlossen und die umgebenden Nebelwolken weggeschoben. Er ist nun direkt beobachtbar. Im Vergleich zu den helleren Vorhauptreihensternen vom Typ Herbig-Ae/Be sind T-Tauri-Sterne weniger massereich. Während die Ae/Be-Sterne im Bereich von zwei bis acht Sonnenmassen liegen, liegt die Obergrenze der T-Tauri-Sterne bei etwa zwei Sonnenmassen. Diese geringe Masse bewirkt, dass sie sich langsamer entwickeln. Während Ae/Be-Sterne auf ihrem Weg zur Hauptreihe nur etwa 10 Millionen Jahre benötigen, dauert dies bei einem solchen T-Tauri-Stern etwa zehnmal so lang. Die Spektraltypen der T-Tauri-Sterne sind zudem breiter gestreut und umfassen die F-, G-, K- und M-Sterne. Für V1025 Tauri schätzen die Astronomen eine Masse von 1,7 Sonnenmassen und ein Alter von etwa 5 Millionen Jahren. Seine Leuchtkraft liegt beim Siebenfachen der Sonnenleuchtkraft.

Das Zentrum von Sh2-239 mit L 1551

Die HL-Tauri-Gruppe

Sh2-239

TAU | $4^h\ 31^m\ 18^s$ | 18° 6′ 0″

Die Molekülwolke Sh2-239 oder LDN 1551 befindet sich im Sternbild Stier und liegt, räumlich betrachtet, direkt hinter dem Sternhaufen der Hyaden.

Die Übersichtsaufnahme zeigt diese etwa 450 Lichtjahre entfernte Sternentstehungsregion, die dem südlichen Ende des Taurus-Molekülwolkenkomplexes zugeordnet wird. Mit 50 Sonnenmassen und einem Durchmesser von 3 Lichtjahren besitzt sie eine durchschnittliche Größe.

Im Halo von Sh2-239 befinden sich etwa drei Dutzend T-Tauri-Sterne und entstehende Braune Zwergsterne. Dies weist auf eine etablierte, bereits einige Millionen Jahre andauernde Sternentstehung hin. In Sh2-239 gibt es zwei aktive Bereiche, die auf den beiden Ausschnitten oben im Detail zu sehen sind.

Der zentrale Bereich von Sh2-239 befindet sich auch in der Mitte der Aufnahme. Er besteht aus den beiden Objekten L 1551-IRS5 und L 1551-NE. Dieses Motiv mit dem karminroten Farbstreifen ist in der linken Detailaufnahme zu sehen. Das rechte Detailbild zeigt die HL-Tauri-Gruppe, die 50′ nordöstlich von L 1551 liegt.

In der HL-Tauri-Gruppe sind zwei Sterne zu erkennen. Links steht der 10,4 mag helle XZ Tauri und 22″ weiter rechts finden wir den Namensgeber, HL Tauri. Es handelt sich um einen erst 100.000 Jahre alten T-Tauri-Stern mit einer visuellen Helligkeit von 14,8 mag, der im K-Band mit 7,4 mag deutlich heller strahlt. Im dichten Staub, der ihn umgibt, liegt auch das Herbig-Haro-Objekt HH 150. Um HL Tauri wird eine zirkumstellare Scheibe vermutet. Den Modellrechnungen zufolge steckt in ihr eine Masse von 0,1 Sonnenmassen und ihr Durchmesser beträgt etwa 400 AE. Fast genau unter HH 30 zeigt das Bild ein weiteres Herbig-Haro-Objekt. Der gelbe Strich markiert die Ausströmrichtungen der Jets und gehört zu HH 30, das mit dem Stern V1213 Tauri assoziiert ist.

Im linken Detailbild liegt mit dem Objekt L 1551-IRS5 die hellste Submillimeterquelle in der Taurus-Wolke. Im Vergleich dazu beträgt die Helligkeit von L 1551-NE nur etwa ein Drittel dieses Werts. Beide Quellen zeigen Anzeichen von bipolaren Abströmungen sowie von Hüllen. Um die Bewegung des Gases nachzuweisen, haben die Astronomen in den Infrarotspektren die relative Verschiebung der CO-Emissionslinien gemessen. Die Ursache der Verschiebung ist der Dopplereffekt, der eine Wellenlängenänderung der Emission bewirkt. Deren Stärke hängt von der Geschwindigkeit des abströmenden Gases ab.

Diese Abflüsse sind für die lang gestreckte Geometrie von Sh2-239 verantwortlich. Die Symmetrieachse ist etwa 30° zur Horizontalen des Bildes geneigt. Die Gasströmung auf der rechten südwestlichen Kegelseite liefert Geschwindigkeiten von −6 km/s bis +6 km/s, auf der gegenüberliegenden linken Seite sind es 7 km/s bis 20 km/s.

Die abströmende Materie der beiden L 1551-IRS5-Jets schiebt Material auf und lässt in den damit verbundenen Stoßfronten der Jets Herbig-Haro-Objekte entstehen. Auch beim Objekt L 1551-NE fanden sich Hinweise darauf, dass dieser Prozess für Verdichtungen und Herbig-Haro-Objekte in Sh2-239 verantwortlich ist.

Die Astronomen gehen zudem davon aus, dass es sich bei L 1551-IRS5 um einen Doppelstern handelt, der aus zwei Protosternen besteht. Es scheint so zu sein, dass sowohl die L 1551-IRS5-Jets als auch die von L 1551-NE eine ähnliche Ausrichtung aufweisen und damit gemeinschaftlich den Nebel geformt haben. Diese Ähnlichkeit könnte auf eine gemeinsame Entstehungsgeschichte der Sterne hindeuten, bei der die Ausrichtung der Bahnebenen und Drehachsen gekoppelt war und nicht zufällig erfolgte. Diese Kopplung wäre ein historisches Überbleibsel und die Längsform von Sh2-239 damit ihre bis heute reichende Wirkung.

V1331 CYGNI

CYG | 21h 1m 9s | 50° 21′ 45″

Der T-Tauri-Stern V1331 Cygni steht etwa 5° nördlich des Nordamerikanebels im Sternbild Schwan. Die Aufnahme zeigt ihn am Ende der Dunkelwolke LDN 981. Zu erkennen ist auch der helle Staubring, der einen Durchmesser von 40″ aufweist. V1331 Cygni liegt in einer Entfernung von 1946 ± 28 Lichtjahren und der projizierte Durchmesser ergibt sich zu etwa 24.000 AE (etwa ein Drittellichtjahr). Die visuelle Helligkeit ist mit 12,0 mag angegeben, sein Spektraltyp schwankt zwischen F0 und G5. Die Lichtkurve variiert zwischen 10,6 mag und 13,1 mag. Teilweise erfolgen diese Veränderungen unregelmäßig, sie enthalten aber auch eine regelmäßige Variation mit einer Periode von 8,77 Tagen. Diese gehen auf helle Bereiche des Sterns oder seiner nahen Umgebung zurück, die ihn umkreisen.

Schon in den 1960er-Jahren wurde V1331 Cygni als T-Tauri-Stern klassifiziert. Die Astronomen vermuten, dass er eine zirkumstellare Scheibe besitzt, die von einer Gashülle umgeben ist. An diese Hülle schließen sich die beobachteten ringförmigen Nebelstrukturen an. Die Lage der Scheibe, bezogen auf unsere Beobachtungsrichtung, ist die Besonderheit bei V1331 Cygni. Wir blicken senkrecht auf die Scheibe und somit auf einen der Pole des jungen Sterns – im Fachjargon wird diese Perspektive „pole-on" genannt. Normalerweise verhindern die dichten Staubschichten der Scheibe den direkten Blick auf den zentralen Stern. Doch der Blick von oben oder unten geht genau in den Bereich, der von den Jets freigeräumt wurde. Sie transportieren auch Hüllenmaterial nach außen, das dabei lokal verdichtet wird, somit kommt es zu kurzzeitigen Bedeckungen der zentralen Lichtquelle. Das Ergebnis sind die unregelmäßigen Variationen in der Lichtkurve.

Bei V1331 Cygni können die Astronomen auch eine räumliche Unterteilung der Scheibe beobachten. Es gibt einen inneren Ring, einen Teil der Akkretionsscheibe, aus dem Materie auf den jungen Stern strömt. Umgeben wird diese Scheibe von einem größeren Torus aus Staub und Gas, der in der Aufnahme als Ring mit 40″ Durchmesser zu erkennen ist. Die Scheibenstruktur und die deutlichen Öffnungen in der Hülle bringen einige Astronomen dazu, V1331 Cygni als einen möglichen „pre-outburst" FU-Ori-Kandidaten einzustufen. V1331 Cygni könnte also vor einem großen Helligkeitsausbruch stehen. Die Akkretionsscheibe besitzt eine geschätzte Masse von 0,5 Sonnenmassen und ist damit für einen solchen Ausbruch gut gefüllt. Das Material stammt aus einem früheren Ausbruch, der vor etwa 4000 Jahren erfolgt sein könnte. Noch aber verhält sich V1331 Cygni ruhig, und da es keine störenden, äußeren Einflüsse gibt, kann der ruhige T-Tauri-Zustand noch so lange andauern, bis V1331 Cygni die Hauptreihe erreicht hat.

V1515 CYGNI/vdB 132

CYG | $20^{h}\ 23^{m}\ 48^{s}$ | 42° 12′ 26″

Die Aufnahme zeigt eine Region, die etwa 2,5° nördlich des zentralen Sterns Sadr im Sternbild Cygnus zu finden ist. Sie ist durchzogen von roten HII-Emissionsgebieten. Blaue Emissionsnebel sowie Dunkelwolken bilden dazu den Kontrast. Flankiert wird das Blickfeld am linken Rand von LDN 899, und am rechten Rand von LDN 897. NGC 6914 ist der Reflexionsnebel im linken, unteren Quadranten. Sein Durchmesser beträgt 3′ und seine Energiequelle sind die OB-Sterne der Cygnus-OB2-Assoziation. Gehen wir weiter nach rechts, treffen wir auf vdB 132 und weiter oben auf vdB 131. Dort befindet sich der offene Haufen Dolidze 8. Mit einer Entfernung von etwa 3300 Lichtjahren steht er deutlich vor dem HII-Hintergrund, der rund 6000 Lichtjahre von uns entfernt ist. Die hellsten Sterne in Dolidze 8 liegen bei 9 mag. Dort treffen wir auch auf den blassweiß bis gelb leuchtenden bipolaren Nebel Parsamian 22 (GN 20.22.7), den die Astronomen ebenfalls dem Sternhaufen zurechnen.

Das ungewöhnlichste Objekt des gesamten Bildes steht nahe der oberen rechten Ecke. Es ist V1515 Cygni, ein FU-Orionis-Stern, dessen Abstand 3290 ± 95 Lichtjahre beträgt. Dieser entstehende Stern lässt sich räumlich dem Haufen Dolidze 8 oder, wenn wir den Blick weiten, der OB-Assoziation zuordnen. Die visuelle Helligkeit von V1515 Cygni wird mit 12,5 mag angegeben. Zum Infraroten hin steigt die Helligkeit an und erreicht im K-Band 7,4 mag. Der Spektraltyp des Veränderlichen liegt zwischen G0 und G5 und seine Helligkeit schwankte in den letzten 20 Jahren unregelmäßig zwischen 12,6 mag und 13,4 mag.

Das Licht dieses Himmelskörpers stammt nicht nur vom Stern, sondern auch von seiner Akkretionsscheibe, aus der Materie auf den Protostern (also nach innen) strömt, sowie von Winden, die vom Stern, aber auch vom heißen Innenbereich seiner Scheibe angetrieben werden und sich nach außen bewegen. Das Detailbild von V1515 Cygni zeigt die typischen Abströmungen eines solchen Vorhauptreihenobjektes und seiner umgebenden Scheibe. Die Akkretionsrate, also die Menge an einströmender Materie, schätzen die Forscher auf 10^{-5} bis 10^{-4} Sonnenmassen pro Jahr. Die Neigung der Scheibe zur Blickrichtung beträgt bei V1515 Cygni rund 55°. Aus dem Spektrum lässt sich eine Abströmgeschwindigkeit von 200 km/s bis 300 km/s bestimmen. Da diese Winde sich aufgrund der Strahlung der Scheibe bewegen, vermuten die Astronomen, dass sie mit der Scheibe mitrotieren.

Bei der spektralen Analyse nutzen die Astronomen die sogenannten P-Cygni-Linienprofile, die sich aus einer blauverschobenen Absorptionslinie und einer Emissionslinie zusammensetzen. Diese Linien treten dann auf, wenn dichtes Material expandiert, sich also relativ zum Stern auf die Erde zubewegt und aufgrund des Dopplereffektes eine Absorptionslinie im Spektrum produziert, die zu kürzeren Wellenlängen hin verschoben ist.

Das Bild, das wir uns vom Innenbereich von V1515 Cygni machen, berücksichtigt, dass es keine scharfe Trennung zwischen Stern und Scheibe gibt. Der entstehende Stern und die dichte Scheibe formen vielmehr eine Übergangsregion, die heißer ist als die Sternhülle und daher vermutlich die stärkste Quelle des Windes darstellen könnte.

V2493 CYGNI/HBC 722

CYG | $20^h\ 58^m\ 17^s$ | 43° 53′ 43″

Die bekannteste HII-Region im Sternbild Schwan ist der Nordamerikanebel. Der hier gezeigte veränderliche Stern V2493 Cygni (HBC 722) befindet sich in diesem Nebel, genauer gesagt im kosmischen „Golf von Mexiko". Es handelt sich um einen FU-Orionis-Stern, der nur etwa 20′ östlich der „Great Wall" steht, einer hellen Längsstruktur innerhalb des Nordamerikanebel, die in Richtung der Dunkelwolke LDN 935 verläuft. Für diesen dichten Wolkenbereich finden wir in den Katalogen eine Extinktion von $A_v = 5$. Die Entfernung des Nebelkomplexes, zu dem auch der Nordamerikanebel gezählt wird, liegt bei 2000 bis 3000 Lichtjahren. Der Komplex wird dem Orion-Spiralarm der Milchstraße zugeordnet. Für den Abstand von V2493 Cygni ergibt sich aus den Gaia-Daten ein Wert von 2510 ± 60 Lichtjahren.

Dieser entstehende Stern V2493 Cygni erlangte große Aufmerksamkeit, als in seiner Lichtkurve ein deutlicher Helligkeitsausbruch festzustellen war. Die langfristige Lichtkurve zeigt eine Variabilität im visuellen Bereich zwischen 18,0 mag und 18,5 mag. Im Sommer 2010 sprang die Helligkeit jedoch um sechs Größenklassen nach oben! Deswegen wurde der Stern auch als Veränderlicher eingestuft. In anderen Wellenlängenbereich änderten sich die Lichtkurven in gleicher Weise: Nach einem steilen Anstieg binnen weniger Wochen folgte ein langsamer Abfall um eine Größenklasse. Es dauerte annähernd ein Jahr, bis ein erneuter stetiger, aber im Vergleich zum ersten Helligkeitsausbruch langsamerer Anstieg um etwa zwei Größenklassen begann. Anfang 2013 hatten sich alle Werte auf dem höheren Niveau eingepegelt und verlaufen seit dieser aktiven Phase ungefähr konstant. Es gibt nur geringe Fluktuationen, deren Amplituden unter 0,2 mag bleiben.

Während des Ausbruchs veränderte sich auch die Farbe von V2493 Cygni: Während (B–V) relativ konstant bei etwa 1,5 mag blieb, zeigte (V–I) deutliche Veränderungen. Vor dem Ausbruch betrug der Farbindex 3,0 mag. Während des Ausbruchs waren es 2,0 mag und zur Zeit des Helligkeitsanstieges wuchs er langsam auf 2,3 mag an. Das Bild zeigt den Vergleich zweier Aufnahmen, die vor und nach dem Ausbruch entstanden. Im linken Bild finden wir V2493 Cygni in der Sternkette am oberen Bildfeldrand. Auf der rechten Aufnahme, sie entstand nach dem Ausbruch, ist die nahe Umgebung von V2493 Cygni stärker beleuchtet und wir sehen eine helle, diffuse Struktur mit einem Durchmesser von 30″.

Die Lichtkurven der FU-Orionis-Objekte variieren zwar, aber bei allen steigt die Helligkeit schneller an, als sie wieder abnimmt. Somit verhielt sich V2493 Cygni ganz typisch für einen FU-Orionis-Stern. Die Astronomen nehmen daher an, dass während des Ausbruchs eine eruptive Veränderung in der einströmenden Materie erfolgte. Die dadurch ausgelösten Winde von Stern und Scheibe machten die Hülle in unmittelbarer Umgebung des Sterns durchlässig, wodurch uns der direkte Blick auf den Protostern mit umgebender Scheibe möglich war. Ursache könnte eine Instabilität in der Scheibe gewesen sein. Letztere spielt in dieser frühen Phase der Sternentstehung eine maßgebliche Rolle. Die Stabilität des oberen Helligkeitsniveaus erklären einige Forscher ebenfalls mithilfe der Akkretionsscheibe. Sie vermuten, dass der Ausbruch die Größe der emittierenden Region in der Scheibe grundlegend verändert haben könnte. Wenn das stimmt, wird uns der helle Fleck um V2493 Cygni, und damit diese kleine Besonderheit im Golf von Mexiko, noch lange erhalten bleiben.

vdB 1

CAS | $0^h\ 10^m\ 46^s$ | 58° 46′ 10″

Das Bildfeld dieser Aufnahme ist mit 9' × 4,5' recht klein und liegt etwa 26′ südlich des Sterns Caph (β Cassiopeiaee). Am linken Rand steht der Reflexionsnebel vdB 1, der in dichte Wolken des Dunkelnebels Dobashi 3622 eingebettet ist. Zu den rotbraunen Wolken um vdB 1 bilden drei hellblaue Sterne, die von feinen Nebelschleiern umgeben sind, einen schönen Farbkontrast.

Von den drei Sternen ist nur HD 627 im Bildfeld. Dieser ist 8,4 mag hell. Seine zwei Nachbarn verraten ihre Existenz nur durch die Beugungsfiguren. Diese Spikes gehören zu HD 594, einem 8,1 mag hellen B3-Stern, und zu HD 236327, der mit 8,7 mag den Nebel anstrahlt.

Mit den Gaia-Daten kann man prüfen, ob die drei Sterne nur zufällig so eng beieinanderstehen, oder ob sie auch eine räumliche Nähe aufweisen. Die Sternparallaxen belegen, dass HD 594 mit 1404 ± 25 und sein linker Nachbar HD 236327 mit 1418 ± 24 Lichtjahren ein nahes Sternpaar bilden. Der weiter oben stehende HD 627 liegt mit 1268 ± 36 Lichtjahren deutlich vor dem Paar. Berücksichtigen wir die Fehlergrenzen von Gaia, so würde ein Statistiker sagen, dass die Aussage zur Lage von HD 627 belastbar ist, da die Wahrscheinlichkeit, dass dieser Messwert und seine Fehlergrenzen falsch sind, kleiner 1 Promille ist.

Da das gestreute blaue Licht des Nebels um HD 627 am hellsten scheint, kann man vermuten, dass die Staubwolke hier am dichtesten ist. Das Sternenlicht der beiden anderen Sterne würde auf dem Weg zu uns durch den Nebel hindurchlaufen, der etwa 150 Lichtjahre vor ihnen steht. Vielleicht ist der Nebel mit der Dunkelwolke um vdB 1 verbunden und es handelt sich um einen dünnen Ausläufer einer Wolke, deren Dichte nach links immer weiter zunimmt. Träfe dies zu, so wäre diese lang gestreckte Wolke über 100 Lichtjahre groß.

In vdB 1 liegen die beiden Veränderlichen V633 Cassiopeiae und V376 Cassiopeiae. V633 Cassiopeiae bestrahlt den u-förmigen unteren Nebelbogen, während V376 Cassiopeiae über dem horizontalen, diffusen Nebelband liegt. Im Gaia-Katalog wird weder für V633 Cassiopeiae noch für V376 Cassiopeiae eine Parallaxe angegeben. Aus der interstellaren Extinktion haben die Astronomen für V633 Cassiopeiae einen Abstand von ungefähr 2000 Lichtjahren abgeschätzt. Beides sind junge Sterne, deren Materieausströmungen ihre Wolkenumgebung geformt haben. Um den unteren Protostern, V633 Cassiopeiae, haben die Stoßfronten der Winde einen ovalen Bogen entstehen lassen. Der Stern wird auch als EM*LkHA 198 bezeichnet.

Diese Bezeichnung besagt, dass er ein Emissionslinienstern ist und im Hα-Katalog des Lick Observatory die Nummer 198 erhielt. Er besitzt eine visuelle Helligkeit von 13,8 mag und wird der Herbig-Ae/Be-Sternklasse zugeordnet. Im Infraroten ist der Stern etwa sieben Größenklassen heller als im sichtbaren Licht. Seine Lichtkurve der letzten Jahre zeigt keine Ausbrüche oder Einsenkungen, sondern eine mäßige zufällige Variabilität mit Amplituden im Bereich von 0,1 mag bis 0,2 mag. Die Astronomen folgern hieraus, dass EM*LkHA 198 kein Doppelsternsystem ist, und auch, dass die Scheibe um den jungen Stern unter einem Winkel von etwa 60° beobachtet wird. Würden wir in Polrichtung blicken, also „pole-on“, in Richtung der bipolaren Abströmungen, oder „edge-on“, auf die Scheibenebene von EM*LkHA 198, so wären die Abschattungseffekte stärker und die resultierenden Helligkeitsvariationen würden intensiver ausfallen.

HII-REGIONEN

Ist die Sternentstehung innerhalb einer interstellaren Wolke bereits in vollem Gange, dann regen die neugeborenen Sterne ihre Umgebung zum Leuchten an. Viele dieser sogenannten HII-Regionen sind kosmische Schmuckstücke.

HII-Regionen verdanken ihren Namen den großen Mengen an ionisiertem und atomarem Wasserstoff, aus dem sie bestehen. Übrigens wird dies als „H-Zwei" und nicht als „H-Römisch-Zwei" ausgesprochen. Die physikalische Nomenklatur HII bezeichnet Wasserstoffatome, die ihr Elektron abgegeben haben und nur noch aus einem positiv geladenen Kern, einem Proton, bestehen. (Was als Ionisierung bezeichnet wird, siehe unten.) Der neutrale, atomare Wasserstoff wird im Gegensatz dazu HI genannt (ausgesprochen als „H-Eins"). In kühleren Bereichen können die HII-Regionen zudem molekularen Wasserstoff H_2 enthalten – was ebenfalls als „H-Zwei" ausgesprochen wird. Diesen molekularen Wasserstoff nutzen wir auch auf der Erde. Es ist das gleiche Gas, das bei uns beispielsweise in Brennstoffzellen zum Einsatz kommt.

ATOMPHYSIK

ATOMMODELLE

Ursache der Farbigkeit von HII-Gebieten sind die Wechselwirkungen zwischen Atomen und Energie in Form von Strahlung. Dazu müssen wir einen Ausflug in die Welt der Atome unternehmen. Die Details sind ebenso interessant wie umfangreich, deshalb können wir hier nur einen kurzen Überblick geben. Umfangreichere Darstellungen finden Sie in den meisten Physikbüchern.

Schon im 19. Jahrhundert war bekannt, dass ein Atom aus positiv und negativ geladenen Teilchen besteht. Dem damaligen Verständnis zufolge sollten diese Teilchen ähnlich wie in einem „Teig" miteinander vermischt sein. Das änderte sich 1911, nachdem Ernest Rutherford eine Goldfolie mit positiv geladenen Heliumatomen bestrahlt hatte. Die Streuung dieser Alphateilchen ließ nur den Schluss zu, dass ein Atom aus einem winzigen positiv geladenen Atomkern und einer weit davon entfernten, negativ geladenen Atomhülle besteht.

Im Lauf des letzten Jahrhunderts hat sich dieses Bild – insbesondere durch Beschleunigerexperimente – weiter verfeinert, wobei immer mehr Elementarteilchen gefunden wurden, aus denen die Materie aufgebaut ist. Unser heutiges Bild des Atoms zeigt immer noch einen positiv geladenen Atomkern, in dem sich zwei Teilchensorten, die Nukleonen, befinden: Die positiv geladenen Protonen sowie die elektrisch neutralen Neutronen. Beide bestehen aus drei sogenannten Quarks, die insbesondere durch gedrittelte Ladungen auffallen und sich auch in leistungsfähigen Teilchenbeschleunigern nicht frei darstellen lassen. Ein Proton besteht demnach aus zwei „up"-Quarks mit einer Ladung von +2/3 sowie einem „down"-Quark der Ladung –1/3. Alle zusammen führen auf die Ladung des Protons von +1. Entsprechend ist das Neutron aus zwei „down"-Quarks und einem „up"-Quark zusammengesetzt und deshalb elektrisch neutral. Für die Farben von Gas- und Staubnebeln ist das eher eine interessante Nebenbemerkung, da wir die wichtigsten Prozesse mit dem einfacheren Bohrschen Atommodell verstehen können.

Das Elektron scheint interessanterweise ein „echtes" Elementarteilchen zu sein. Alle Versuche es zu durchleuchten, zeigten nur, dass es kleiner als 10^{-18} m sein muss. Auch ist die „Position" der Elektronen um den Atomkern nicht genau bekannt, sondern nur die Regionen, in denen es mit hoher Wahrscheinlichkeit anzutreffen ist. Diese werden durch sogenannte Wellenfunktionen beschrieben. Mehrere Parameter darin, die sogenannten Quantenzahlen, modellieren die Form der Wellenfunktionen und sind die Ursache aller chemischen Prozesse.

Damit sich die Wissenschaftler nicht immer mit den umfangreichen Wellenfunktionen herumschlagen mussten, entwickelten sie Modelle, die ein einfacheres Bild der Atome lieferten. Das sogenannte Bohrsche Atommodell wird oft, ähnlich wie die frühen Darstellungen des Planetensystems, durch einen punktförmigen Atomkern wiedergegeben, der von mehreren Kreisen umgeben ist. Diese werden als „Schalen" bezeichnet. „Auf" ihnen befinden sich sogenannte

Abb. 3.1: IC 2944 ist ein ausgedehnter HII-Emissionsnebel und steht im südlichen Sternbild des Centaur. Aufnahme: Stefan Binnewies, Rainer Sparenberg mit 13-cm-Reflektor

„Unterschalen", die nur eine bestimmte Zahl von Elektronen aufnehmen können.
Ein quantenmechanisch begründetes Bild berücksichtigt, dass Elektronen sich extrem schnell bewegen und daher schlecht auf einen Ort im Atom festgelegt werden können. Aber es gibt Bereiche, in denen sie sich mit hoher Wahrscheinlichkeit aufhalten. Sie nehmen unter anderem die Form von Kugelschalen und Keulen an, in denen jeweils nur eine begrenzte Zahl von Elektronen Platz haben. Diese Gebilde werden heute noch als „Orbitale" bezeichnet, was den bis heute andauernden Einfluss der frühen Atommodelle deutlich macht. Bilden sich Moleküle, dann überlappen sich im Bohrschen Atommodell die Schalen zweier Atome. Im quantenmechanischen Atommodell überlappen sich die Schalen oder Keulen zweier (oder mehrerer Atome).

QUANTENZAHLEN

Die eben erwähnten Parameter werden benötigt, um Lösungen für die Wellenfunktionen zu finden, welche die Positionen der Elektronen festlegen. Für jede Raumdimension wird eine Quantenzahl benötigt. Um die Wellenfunktion lösen zu können, wird noch eine vierte Quantenzahl benötigt, die durch die Relativitätstheorie gefordert wird. Je mehr Nukleonen und Elektronen beteiligt sind, desto umfangreicher werden die Wellenfunktionen und ihre Terme, in denen die gegenseitigen Einflüsse der Teilchen berücksichtigt werden. Daher wird in den Lehrbüchern üblicherweise nur das einfachste Atom, das Wasserstoffatom, beschrieben. Alle Aussagen dort gelten in gleicher Weise bei allen anderen Atomen. Glücklicherweise reicht schon der Blick auf die Quantenzahlen, um jeden möglichen Zustand eines Atoms beschreiben zu können. Damit begegnet uns bereits ein erstes allgemeines Wort, das in der Physik eine eigene Bedeutung bekommen hat.
„Zustand" bedeutet nun, dass ein Teilchen eine bestimmte Energie einnimmt. Ändert sich die Energie des Elektrons oder Nukleons, weil es Strahlung aufgenommen oder abgegeben hat, ändert sich auch der Zustand. Ein Synonym dafür ist das „Niveau" eines Elektrons. Hier dürfen wir nicht vergessen, dass die Energie in der Welt der Atome und Teilchen „gequantelt" ist. Das bedeutet, es kann nicht beliebig viel Energie aufgenommen oder abgegeben werden, sondern nur bestimmte, durch die Quantenzahlen festgelegte Energiemengen. (Übrigens: Die Begriffe „Niveau" und „Zustand" werden in der Physik gleichwertig und gerne auch nebeneinander benutzt. Beide bedeuten dasselbe: Ein Teilchen mit quantenmechanisch erlaubter Energie.)
Die wesentlichen Quantenzahlen sind: Hauptquantenzahl n, Nebenquantenzahl l, Magnetquantenzahl m_l und Eigendrehimpuls m_s (Spin).
Wenn es um die Strahlung von Atomen geht, werden die Positionen der Elektronen gerne in einem „Termschema" dargestellt. Dessen vertikale Achse ist die Energie des Elektrons, sein Energieniveau. Die Abbildung gibt die physikalischen Gegebenheiten im Atom wieder: Der niedrigste mögliche Zustand, der sogenannte Grundzustand, ist dann ganz unten, der obere Rand der Grafik bildet die Ionisationsgrenze. Die Hauptquantenzahl n kennzeichnet die festgelegten Energieniveaus, die das Elektron im Bereich um das Atom annehmen kann. Ihre Werte reichen von eins bis unendlich. Die einzelnen Niveaus liegen bei jedem chemischen Element bei unterschiedlichen Energien und sind daher Charakteristika der Elemente. Nur deshalb können wir in Spektren die verschiedenen Elemente voneinander unterscheiden!
Im Bohrschen Atommodell „kreisen" die Elektronen noch auf Bahnen um den Kern, ähnlich wie die Planeten im Sonnensystem. In der quantenmechanischen Betrachtung folgt daraus, dass die Elektronen einen Bahndrehimpuls besitzen, der natürlich auch quantisiert sein muss. Dieser wird durch die Nebenquantenzahl beschrieben. Sie hat das Kurzzeichen l und kann Werte zwischen null und n−1 annehmen. Bei einer Hauptquantenzahl n = 3 hätte l die Werte l = 0, 1, 2.
Der Bahndrehimpuls hat nicht nur einen Betrag, sondern auch eine Richtung – er ist ein Vektor. Diese Richtung muss ebenfalls gequantelt sein und wird als magnetische Quantenzahl m_l bezeichnet. Das tiefgestellte l soll daran erinnern, dass sich die Größe auf den Bahndrehimpuls bezieht, also auf eine Bewegung um den Atomkern. Ihre Werte liegen zwischen −l und +l.
Schließlich haben die Elektronen selbst einen Drehimpuls. Um diese Größe vom Bahndrehimpuls zu unterschieden, heißt sie Eigendrehimpuls oder Spin. Anschaulich wird diese Größe, wenn wir uns das Elektron als Kugel vorstellen, die um ihre eigene Achse rotiert. Aber wegen der Quantisierung kann diese Rotation nur zwei Werte annehmen, die im Fachjargon kurz als Spin-aufwärts und Spin-abwärts bezeichnet werden. Beschrieben werden sie durch die Spinquantenzahl m_s. Ihre Werte sind nur +1/2 und −1/2.

ÜBERGÄNGE

Wie bereits erwähnt können die Elektronen Energie in Form von Strahlung (also von Photonen) aufnehmen oder abgeben und verändern dadurch ihre Lage im Termschema. Diesen Übergang von einem Niveau zu einem anderen nennen die Physiker einen „Übergang". Allerdings unterscheiden sie gleich verschiedene Varianten: Bleibt das Elektron innerhalb

Abb 3.2: In solchen Diagrammen, die auch als Grotrian-Diagramme bezeichnet werden, sind die verschiedenen Energieniveaus zu erkennen, die im Wasserstoffatom möglich sind, sowie die verschiedenen Übergänge vom jeweiligen Niveau auf die anderen Niveaus innerhalb des Atoms. Die Ionisierungsenergie des Wasserstoffs liegt bei 13,6 eV. Absorbiert ein Elektron so viel Energie, dass seine Energie größer wird als 13,6 eV, verlässt es das Atom, das danach ionisiert ist. Genannt werden auch die Linienserien, die durch die jeweiligen Übergänge definiert werden.

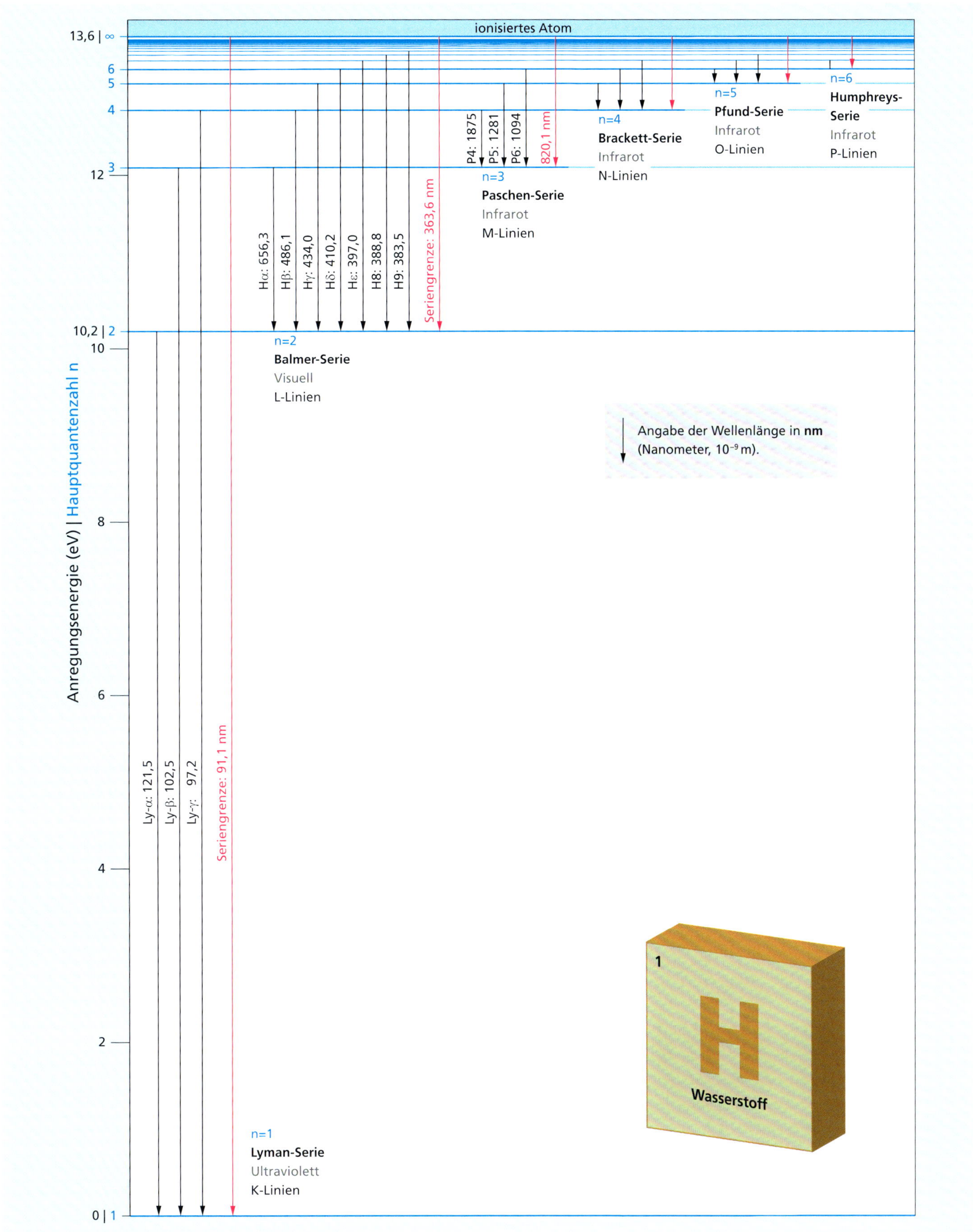
ionisiertes Atom
13,6 | ∞
6
5
4
12 3
10,2 | 2
10
8
6
4
2
0 | 1
Anregungsenergie (eV) | Hauptquantenzahl n
P4: 1875
P5: 1281
P6: 1094
820,1 nm
n=3
Paschen-Serie
Infrarot
M-Linien
n=4
Brackett-Serie
Infrarot
N-Linien
n=5
Pfund-Serie
Infrarot
O-Linien
n=6
Humphreys-Serie
Infrarot
P-Linien
Hα: 656,3
Hβ: 486,1
Hγ: 434,0
Hδ: 410,2
Hε: 397,0
H8: 388,8
H9: 383,5
Seriengrenze: 363,6 nm
n=2
Balmer-Serie
Visuell
L-Linien
Angabe der Wellenlänge in nm
(Nanometer, 10⁻⁹ m).
Ly-α: 121,5
Ly-β: 102,5
Ly-γ: 97,2
Seriengrenze: 91,1 nm
n=1
Lyman-Serie
Ultraviolett
K-Linien
1
H
Wasserstoff

des Atoms, springt also von einem tieferen auf ein höheres Niveau oder umgekehrt, nennen wir dies einen „gebunden-gebunden"-Übergang. Wird ein freies Elektron eingefangen (genannt Rekombination, bei Abstrahlung eines Photons) oder ausgesandt (die Ionisation, bei der erst Energie absorbiert werden muss), liegt ein „gebunden-frei"-Übergang vor. Nicht zuletzt gibt es auch noch sogenannte „frei-frei"-Übergänge. Sie treten auf, wenn ein freies Elektron eine enge Begegnung mit einem Atom hat und im Feld des Atoms seine Energie ändert. Dabei muss es Energie abstrahlen. Da das Elektron vor und nach der Begegnung frei umherfliegt, ist der abgestrahlte Energiebetrag beliebig groß. Er trägt zum Kontinuum der Spektren bei.

Das Termschema aus der Abbildung zeigt nur die Lage der Hauptquantenzahl und verschleiert dadurch eine Regel, die im Lauf vieler Messungen an Spektrallinien und ihrer nachfolgenden Interpretation entdeckt wurde: Elektronenübergänge dürfen (!) nur stattfinden, wenn sich die Nebenquantenzahl von Ausgangsniveau und Zielniveau mindestens um eins unterscheiden. Erfüllen Übergänge diese Auswahlregel, heißen sie „erlaubte Übergänge". Verletzen sie die Forderung, werden sie als „verbotene Übergänge" bezeichnet. Allerdings sind letztere nicht völlig unmöglich, sondern besitzen nur eine sehr geringe Wahrscheinlichkeit. Bei Stoßprozessen und Lasersystemen sind sie von großer Bedeutung.

Mithilfe des Bohrschen Atommodells können wir gut berechnen, welche Energiedifferenz zwischen den einzelnen Niveaus liegt. Diese wird freigesetzt, sobald sich ein Elektron „nach unten" in Richtung niedrigerer Energien bewegt, wobei ein Photon emittiert wird (also Energie abgestrahlt wird). Die gleiche Energie benötigt ein Elektron, wenn es von dem unteren Niveau auf das höhere Niveau zurück wechselt. Dies geschieht, wenn das Atom ein Photon absorbiert, dessen Energie der Energiedifferenz entspricht. Im Fall der Emission zeigt sich im Spektrum eine Emissionslinie und bei der Absorption eine Absorptionslinie. (Jedes Spektrum hat ein Kontinuum, das durch Gas hoher Temperatur verursacht wird. Absorptionslinien bilden Einsenkungen unterhalb dieses Kontinuums, während Emissionslinien sich über das Kontinuum erheben.) Beide Linien befinden sich bei der gleichen Energie, haben also die gleiche Wellenlänge. Was wir dann schlussendlich im beobachteten Spektrum sehen, wird dadurch bestimmt, ob die Emission oder die Absorption die Oberhand gewinnt. In HII-Regionen ist dies die Emission, wie die prominente Hα-Linie im Spektrum von M 42 zeigt (siehe Abb. 3.4 auf S. 128).

Wir dürfen hier nicht vergessen, dass Übergänge bei Molekülen nicht nur in den Atomhüllen stattfinden können – und damit Spektrallinien erzeugen –, sondern auch bei Schwingungen und Drehungen der Moleküle gegeneinander auftreten. Da viele Übergänge bei ähnlichen Energien möglich sind, führt dies zu eng beieinanderliegenden Spektrallinienbüscheln. Die Bewegungen vieler Moleküle verschmieren deren Lage zusätzlich, sodass diese Übergänge als „Molekülbanden" in den Spektren erkennbar werden. Von Bedeutung sind sie bei Molekülwolken und in den Spektren kühler Sterne.

DAS QUANTENMECHANISCHE ALPHABET

Aus den frühen Beobachtungen von Spektren hat sich eine Schreibweise herausgebildet, die bis heute Bestand hat. Damals wurde die Qualität von Spektrallinien mit Begriffen wie „sharp", „principal", „diffuse" und „fundamental" beschrieben. Allerdings wurden meist nur die Anfangsbuchstaben verwendet: s, p, d, f. Als mehr Spektrallinien mit immer besserer Auflösung verfügbar wurden, zeigte sich, dass diese Buchstaben nicht ausreichten. Sie wurden um g, h, … ergänzt. So lässt sich für jeden Zustand mithilfe der einfachen Formel nl_j schnell ein Kürzel erstellen. Darin steht n für die Hauptquantenzahl und nimmt, wie oben erwähnt, Werte von eins bis unendlich an. Der zweite Wert l beruht auf der Nebenquantenzahl und kann Werte zwischen 0 und n–1 annehmen. Schließlich wird noch die Magnetquantenzahl tiefgestellt hinzugefügt. Sie wird aus der Summe von Bahndrehimpuls und Spin zusammengesetzt. Der Grundzustand des Wasserstoffs (und jedes anderen Elements) wird daher als $1S_{1/2}$ bezeichnet. Der im Text genannte Zustand $2P_{3/2}$ würde somit durch die Quantenzahlen n = 2, l = 1 (p) und j = 3/2 beschrieben.

Beachten Sie bitte, dass die Schreibweise mit Großbuchstaben zur Kennzeichnung von **Energieniveaus**, also Zuständen eines Elektrons genutzt wird. Eine ähnliche Schreibweise wird verwendet, um im Periodensystem der Elemente die **Anzahl** von Elektronen einer Schale anzugeben. Die Notation $2s^2 2p^4$ macht deutlich, dass im Sauerstoff die zweite Hauptschale (n = 2) mit insgesamt sechs Elektronen besetzt ist, von denen sich zwei in der s-Unterschale befinden (die damit gefüllt ist) und vier in den p-Unterschalen (in denen noch Platz wäre).

Der Unterschied liegt in der Schreibweise der Schalen: Bei den Zuständen wird großgeschrieben, bei der Elektronenzahl klein.

REGELN UND IHRE AUSNAHMEN: FEINSTE SPEKTRALE STRUKTUREN

Damit die Welt der Quantenphysik nicht zu einfach bleibt, gibt es eine Reihe von Gesetzmäßigkeiten, die auch in den einfacheren Atommodellen von Bedeutung sind. Mitte der 1920er-Jahre hatte Wolfgang Pauli das Ausschlussprinzip formuliert (das üblicherweise als Pauli-Prinzip bezeichnet wird). Demzufolge können zwei Elektronen nicht exakt den gleichen Zustand aufweisen. Sie dürfen also nicht in allen Quantenzahlen übereinstimmen. Dieses Gesetz ist die Ursache aller stöchiometrischen Regeln der Chemie: Bei der Verbindung zweier Atome zu einem Molekül werden Elektronen „ausgetauscht", das heißt, zwei Atome „betrachten" ein Elektron so, als wäre es jeweils ihr eigenes, um so ihre Elektronenschalen optimal zu füllen (was als „abschließen" bezeichnet wird). Dieses Bindungselektron darf aber nicht dieselbe Energie besitzen wie ein anderes, das in derselben Unterscha-

Abb. 3.3: Die Natrium-Doppellinie ist als doppelte Absorptionslinie in der Mitte der Aufnahme zu sehen. Beide Linien werden nach der Einteilung von Joseph von Fraunhofer mit den Kürzeln D1 (589,592 nm) und D2 (588,995 nm) bezeichnet. Damit ein Spektrum diese beiden Linien aufweisen kann, muss die Auflösung des Spektrografen hoch genug sein, andernfalls ist nur eine breite Linie zu sehen. Für das hier gezeigte Tageslichtsspektrum wurde ein Gitter mit 1200 Linien/mm verwendet.

le bereits vorhanden ist. Daher dürfen maximal zwei Elektronen eine Unterschale bzw. dasselbe Orbital besetzen. Sowohl die anorganische Chemie als auch die organische Chemie leben davon, Atome trotz dieser Einschränkung zu Molekülen zusammenzufügen, was uns auch beeindruckende kosmische Staubwolken beschert.

Aus dem Termschema kennen wir bereits die Linienserien. Die Energieniveaus, von denen sie ausgehen, werden nur durch die Hauptquantenzahl n bestimmt. Bei hoher spektraler Auflösung (feiner als 0,1 nm) beobachten wir aber, dass diese „Hauptniveaus" aus eng beieinanderliegenden parallelen Linien bestehen. Dies wird als Feinstruktur der Spektren bezeichnet. Physikalischer Hintergrund ist die Wechselwirkung zwischen dem Eigendrehimpuls der Elektronen (dem Spin) und ihrem Bahndrehimpuls. Zusammen mit relativistischen Korrekturen werden so aus einem Energieniveau mehrere. Zur Beschreibung einer solchen Aufspaltung benutzen wir weitere Quantenzahlen. Aus dem Grundzustand bei n = 1 entsteht ein etwas tieferes Niveau $1S_{1/2}$ mit der Quantenzahl J = ½. Das Energieniveau bei n = 2 spaltet sich in zwei energetisch tieferliegende Niveaus auf. Eines wird mit $2S_{1/2}$ $2P_{1/2}$ bezeichnet (mit J = 1/2) und eines als $2P_{3/2}$ (mit J = 3/2).

Ein schöner Anwendungsfall für eine Feinstruktur aufgrund der Spin-Bahn-Kopplung ist die Natrium-D-Linie. Sie spaltet sich in zwei fast gleichstarke Linien auf, die als Natrium-D1-D2-Doppellinie bezeichnet wird. Jeder kennt sie, denn sie verursacht das orangegelbe Licht der Straßenlaternen. Eine der beiden Linien entsteht durch den Übergang von $3P_{1/2}$ zu $3S_{1/2}$ (die D1-Linie). Die andere entsteht durch den Übergang von $3P_{3/2}$ zu $3S_{1/2}$ (die D2-Linie). Die winzige Energiedifferenz von 0,0021 eV zwischen D1- und D2-Linie entspricht einer Wellenlängendifferenz von 0,597 nm. Genau diese Differenz kann in Spektren gemessen werden. Die D1-Linie liegt bei 589,592 nm und die D2-Linie bei 588,995 nm. In der Spektroskopie werden Termschemata genutzt, sogenannte Grotrian-Diagramme, die alle möglichen Übergänge eines chemischen Elements enthalten. Sie sind wertvolle Hilfsmittel bei der Identifikation von Linien im Spektrum. Bei genügender Auflösung oder schwereren Atomen entsteht durch ihre größere Anzahl an Elektronen ein ganzer „Linienwald", weshalb die Erstellung dieser Diagramme keine leichte Aufgabe ist. Beschäftigen Sie sich mit Spektralanalyse, hilft Ihnen die NIST-Datenbank (www.nist.gov) bei der Zuordnung von Linien und Elementen, denn natürlich wurden die meisten möglichen Übergänge längst in Laboratorien gemessen und in Datenbanken aufgelistet.

Zur Feinstruktur kommen noch zahlreiche weitere Effekte hinzu, die Lage und Zahl der Energieniveaus geringfügig verändern. So etwa die Lamb-Verschiebung. Sie beruht auf quantenelektrodynamischen Effekten im Atom und wurde festgestellt, weil zwei eigentlich entartete Zustände doch eine winzige Energiedifferenz aufwiesen.

Übrigens: Entartung ist ein Effekt, der uns in der Astrophysik besonders in hochverdichteten stellaren Kernen und Endstadien der Sternentwicklung – Weißen Zwergen und Neutronensternen – wieder begegnen wird. Wie oben erwähnt, verbietet das Pauli-Prinzip, dass zwei Elektronen exakt dieselbe Energie aufweisen. Äußere Einflüsse wie extreme Schwerkraft können dieses Prinzip durchbrechen. Haben verschiedene Elektronenzustände dieselbe Energie, werden sie deshalb als entartet bezeichnet.

Auch die Hyperfeinstruktur ist ein wichtiger Effekt, der auf die Wechselwirkung des magnetischen Moments des Atomkerns mit dem von den Elektronen verursachten Magnetfeld zurückgeht. Wie der Name schon erahnen lässt, sind die dadurch verursachten Aufspaltungen größenordnungsmäßig etwa tausendmal kleiner als die Feinstrukturaufspaltung. Die entsprechenden Spektrallinien liegen somit sehr eng beieinander.

Ein ebenso schöner wie bedeutender Anwendungsfall der Hyperfeinstrukturaufspaltung ist beim Wasserstoff zu finden. In der Modellvorstellung entsteht sie durch das Umklappen des Elektronenspins. Der Übergang vom parallelen zum antiparallelen Zustand – im Vergleich zum Feld des Kerns – erzeugt eine Emissionslinie, bei der Energie abgestrahlt wird. Die Energiedifferenz der beiden Zustände beträgt winzige 5,87 μeV (Mikroelektronenvolt) und ist 2,3 Millionen Mal kleiner als die des oben beschriebenen Hα-Übergangs. Eine so geringe Energie entspricht einer Wellenlänge von 21,106 cm, die im Frequenzbereich der Radiowellen bei 1420 GHz zu finden ist. Diese Radiostrahlung des neutralen Wasserstoffs (HI) ist eines der wichtigsten Radiosignale, die wir aus dem Kosmos aufnehmen können, denn sie liefert uns Informationen über Dichte und Verteilung beispielsweise des Wasserstoffs in der Milchstraße und somit auch über das Aussehen der Milchstraße.

Elektronen reagieren nicht nur auf ihre Atomkerne. Auch äußere Einflüsse können die Lage der Energieniveaus verändern und eine Linienaufspaltung bewirken. Starke Magnetfelder, die einige Sterne erzeugen, führen zu einer Linienaufspaltung aufgrund des Zeeman-Effekts. Er beruht auf der Wechselwirkung des magnetischen Moments der Elektronenhülle mit dem von außen einwirkenden Magnetfeld des Sterns. Durch diesen Effekt und die Messung der zugehörigen Energieniveaus kennen wir die Stärke einiger stellarer Magnetfelder.

Ein ähnlicher Effekt wird durch den Stark-Effekt hervorgerufen. Die Wechselwirkungen von Ionen und Elektronen in heißen Gasen, wie sie in Sternen zu finden sind, erzeugen schnell veränderliche elektrische Felder, die mit den Elektronenhüllen wechselwirken und eine Aufspaltung von Linien hervorrufen. Da die Zahl der Ladungsträger mit der Temperatur und dem Druck zunimmt, können wir diesen Effekt als sogenannte Druckverbreiterung von Spektrallinien wahrnehmen. Sie liefert ebenfalls einen Einblick in die Zustände von Gasen in den Regionen, in denen Spektrallinien entstehen.

IONISATION UND EMISSION

Ionisierung ist ein Prozess, in dem Atome Elektronen abgeben oder aufnehmen. Unter den Bedingungen im Weltall dominieren zwei mögliche Hauptprozesse den Austausch von Elektronen: Stöße und Strahlung. Bei Stößen kollidieren zwei Wasserstoffatome mit so hoher Energie, dass ein Atom sein Elektron verliert und an das andere Atom abgibt. Aber: Trotz der enormen Gasmengen in HII-Regionen sind deren Dichten noch viel zu gering, als dass Stöße eine bedeutende Rolle spielen könnten. Der Hauptprozess zur Ionisierung des Wasserstoffs ist daher die Strahlung. Die Energie der auf das Atom auftreffenden Photonen wird von einem Elektron absorbiert, dass sich in einem Bereich um das Atom bewegt, der als Atomhülle oder Elektronenhülle bezeichnet wird. Ist diese Energie groß genug, verliert das Wasserstoffatom sein Elektron und es entsteht ein Wasserstoffion. Dieses Ion ist positiv geladen, denn es besteht nur aus dem Proton, das eine einzige positive Elementarladung trägt.

Die Energie, die für diesen Vorgang benötigt wird, können wir mithilfe der Atommodelle berechnen und spektroskopisch messen. Sie liegt im Fall des Wasserstoffs bei 13,6 eV, was einer Wellenlänge von 91,1 nm entspricht. Photonen aus dem Bereich des sichtbaren Lichts sind nicht in der Lage, diese Energie zu liefern. Es bedarf dafür ultravioletter Photonen (kurz UV). Ein einzelnes UV-Photon würde allerdings noch keine HII-Region hervorrufen. Um die leuchtenden Nebel zu erzeugen, bedarf es vieler Photonen, die in ausreichender Menge nur von Sternen der Spektraltypen O und B erzeugt werden. Es gibt mitunter, wenn auch kleine, HII-Regionen um frühe A-Sterne. Entscheidend ist die Oberflächentemperatur der Sterne, die über 20 000 K liegen muss. Nur dann kommt ein Stern als UV-Photonenquelle einer HII-Region in Frage.

Für das Entstehen einer bunten HII-Region bedarf es also zweierlei Zutaten: Zum einen braucht es molekularen Wasserstoff und zum anderen mindestens einen hinreichend heißen Stern (oder einen Sternhaufen aus jungen Sternen). Dessen Licht im sichtbaren blauen Licht bzw. nahen UV spaltet zunächst die Wasserstoffmoleküle (H_2) auf und liefert atomares Wasserstoffgas (HI). Danach werden die freien Wasserstoffatome durch die extreme UV-Strahlung ionisiert. Es entsteht ein Gemisch aus positiv geladenen freien Protonen sowie negativ geladenen freien Elektronen. Diese Teilchen ziehen sich wegen ihrer unterschiedlichen Ladungen an und versuchen elektrisch neutrale Teilchen, also Wasserstoffatome, zu werden. Sie sind damit Bestandteile eines Kreislaufs aus Ionisation (wegen des anhaltenden Sternlichts) und Rekombination (wegen des Abbaus der Ladungsunterschiede). Wir verwenden den Begriff des Kreislaufs, weil die positiv geladenen Wasserstoffatomkerne die Elektronen wieder einfangen. Die nun wieder vorhandenen HI-Atome sind weiterhin der UV-Strahlung ausgesetzt und so beginnt mit der Ionisation der Prozess von Neuem.

Ionisation und Rekombination können aufgrund der quantenmechanischen Gesetze nur bei bestimmten Energien stattfinden. Das Elektron landet somit auf einem von mehreren erlaubten Energieniveaus innerhalb der Hülle. Von dort aus kann es auf niedrigere Energieniveaus zurückfallen. Jedes dieser Energieniveaus entspricht einer bestimmten Energie, die beim Wechsel der Niveaus abgegeben bzw. aufgenommen wird. (Grob vereinfachend können wir uns das so vorstellen: Je mehr Energie ein Elektron besitzt, desto wilder schwingt es um das Atom. Je geringer seine Energie ist, desto langsamer wird es und desto näher rutscht es an den Kern – aber nur bis zu seinem Grundzustand. Weniger Energie kann ein Elektron in der Atomhülle nicht haben.) Da diese Niveaus bei allen Wasserstoffatomen gleich sind, tritt die Strahlung des Wasserstoffs immer bei denselben charakteristischen Frequenzen auf.

SPEKTRALE TREPPEN: DIE FARBIGEN LINIENSERIEN IN SPEKTREN

Rekombination – das Gegenstück der Ionisation – liefert meistens einen angeregten Zustand, von dem aus das Elektron in einer Kaskade in den Grundzustand gelangt. Da die Zustände immer dieselbe Energie haben, emittiert das Wasserstoffatom aufgrund dieser Kaskaden charakteristische Spektrallinien, die sogenannten Linienserien des Wasserstoffs (siehe Abb. 3.2 auf S. 121). Im sichtbaren Licht dominiert das rote Licht der Hα-Linie aus der Balmer-Serie. Zur Balmer-Serie gehören alle Übergänge von Elektronen, die auf dem zweitniedrigsten Niveau enden (im Bohrschen Atommodell die L-Schale mit der Hauptquantenzahl $n = 2$). Die zugehörige Wellenlänge beträgt 656,3 nm. Das Elektron springt hierbei von der M-Schale mit $n = 3$ auf die L-Schale mit $n = 2$. In einer symbolischen Notation schreiben wir dies als ($3 \rightarrow 2$). Die nachfolgenden Emissionslinien der Balmer-Serie sind Hβ bei 486,1 nm ($4 \rightarrow 2$), Hγ bei 434,1 nm ($5 \rightarrow 2$) und Hδ bei 410,0 nm ($6 \rightarrow 2$). Weitergehende Bezeichnungen der Balmer-Serie nutzen – meist nach Hε (397,0 nm, $7 \rightarrow 2$) – eine numerische Zählung: (H8 ($8 \rightarrow 2$), H9 ($9 \rightarrow 2$) ...), da es bis zur Ionisierungsgrenze Hunderte Balmer-Linien gibt, die zumeist im UV-Spektralbereich liegen.

In einer HII-Region finden ständig Ionisation und Rekombination statt. Die Prozesse sind über ihre Energie miteinander verbunden, sodass etwa ein emittiertes Hγ-Photon einen Hβ-Übergang anregen kann, dem mittels Hβ-Emission ein Hα-Übergang folgt. Die Wirkungskette beruht physikalisch auf den Übergangswahrscheinlichkeiten zwischen den einzelnen Linien. Das sogenannte „Balmer-Dekrement" in der Balmer-Linienserie definiert die Verhältnisse der Intensität einzelner Linien. Hα ist üblicherweise die stärkste Linie, gefolgt von Hβ, erst dann folgen die weiteren Balmer-Linien. So ist unter typischen Bedingungen in einer 10.000 K heißen HII-Region das Verhältnis Hα / Hβ = 2,86 und Hγ / Hβ = 0,47. Beeinflusst werden diese Verhältnisse durch interstellaren Staub, der kurze Wellenlängen stärker zur Seite streut. Beobachten wir eine HII-Region durch dichten Staub, etwa in der Milchstraßenebene, so ist Hα / Hβ größer und Hγ / Hβ kleiner als im staubfreien Fall. Das Balmer-Dekrement kann daher eine Abschätzung liefern, ob der Sehstrahl in Richtung eines Nebels stark durch interstellaren Staub gestört wird.

DIE PHYSIKALISCHEN PARAMETER VON HII-REGIONEN

Die Temperatur von HII-Regionen liegt in der Regel zwischen 8000 K und 10.000 K und übertrifft die der Molekülwolken, in denen meist nur einige Dutzend Kelvin gemessen werden. Bei einigen HII-Regionen wurde festgestellt, dass sie von einem heißen Plasma umgeben sind. Wie die Zustandsgleichung eines idealen Gases ($p \times V = n \times T$) zeigt, ist eine geringe Teilchendichte n mit einer hohen Temperatur T verbunden. Diese Temperatur wird durch die hohen Geschwindigkeiten der Gasteilchen bestimmt und kann einige Millionen Kelvin erreichen. Diese Zonen sind dann heiß genug, um Röntgenstrahlung zu emittieren. Röntgensatelliten wie ROSAT, XMM, Chandra oder eROSITA können diese als diffuse Emission um Sternhaufen nachweisen. Die Energielieferanten sind in der Regel massereiche Haufensterne.

HII-Regionen unterscheiden sich in Dichte und Temperatur deutlich von den Wolken aus neutralem oder atomarem Wasserstoff innerhalb des interstellaren Mediums. In den Molekülwolken besitzt das neutrale Gas hohe Teilchendichten mit Werten über 1000 / cm^3, die Gastemperatur liegt unter 100 K. Die Temperatur variiert in diesen Gebieten und kann 8000 K erreichen. Das Gleiche gilt auch für die Teilchendichte. Hier reicht die Spannweite von kalten Zonen mit 25 Teilchen / cm^3 bis zu 0,25 Teilchen / cm^3 in heißen Bereichen der Molekülwolken.

Die wichtigste Energiequelle, die HII-Regionen zur Emission von Strahlung anregt, ist neben der UV-Strahlung der OB-Sterne auch die mechanische Energie, die durch starke Sternwinde in Form von überschallschnellen Stoßfronten in den interstellaren Raum transportiert wird. Diese Fronten kollidieren mit den Winden anderer Sterne und wechselwirken dabei mit den Magnetfeldern in der Umgebung der Sterne. Die Folge ist eine ständige Abnahme der Wasserstoffverteilung um die jungen Sterne, was zu einer Aushöhlung der Gaswolken führt. Ist die Gaswolke schon von Anfang an inhomogen, werden diese Prozesse des Plasmas noch unterstützt. Die Teilchendichten spielen dabei eine entscheidende Rolle hinsichtlich Form und Größe der Strukturen in einer HII-Region. Da die Teilchendichte über mehrere Größenordnungen variiert – von 10 bis 100.000 Teilchen / cm^3 – ist das Aussehen der HII-Regionen, wie die Objekte in diesem Kapitel zeigen, im Detail recht unterschiedlich.

Mit dem Balmer-Dekrement, also den Verhältnissen der Wasserstoff-Linienstärken, können wir auf die Temperatur vor Ort schließen. Im Detail müssen wir die Dichte der HII-Region berücksichtigen, denn sie beeinflusst, wie erfolgreich die energiereichen UV-Photonen der Lyman-Übergänge absorbiert und wieder emittiert werden. Bei hoher Gasdichte bleiben die Photonen in der Region. Ist das Gas zu dünn, können sie entweichen. Diese Lyman-Photonen bilden das energetische Ausgangsmaterial für die Balmer-Linien. Bei einer Elektronendichte in der HII-Region von 100 pro cm^3 entsteht bei einer Temperatur von 10.000 K das oben genannte Linienverhältnis Hα / Hβ = 2,86. Bei einer höheren Dichte von 10^6 Elektronen / cm^3 sinkt das Verhältnis bei gleicher Temperatur auf 2,81. Ist die HII-Region 20.000 K heiß, so finden wir ein Verhältnis Hα / Hβ = 2,75 bei einer Elektronendichte von 100 / cm^3. Als Regel wird bei gleicher Elektronendichte das Verhältnis Hα / Hβ größer, wenn die

Temperatur abnimmt. Die relative Änderung des Werts bleibt aber im Rahmen. Für eine mit 5000 K relativ kühle HII-Region ist Hα / Hβ = 3,04.
Die größten HII-Regionen, die wir heute kennen, erreichen Ausdehnungen von 500 Lichtjahren und ihre Massen betragen mindestens 100.000 Sonnenmassen. Deren Energieversorgung erfolgt auch nicht mehr durch einen einzelnen Stern, sondern durch einen OB-Cluster, einen kleinen Sternhaufen aus heißen Sternen. Solche großen HII-Regionen kommen in der Milchstraße aber nicht vor. Bei uns bleiben sie eher überschaubar mit Ausdehnungen von etwa 30 Lichtjahren. Ihre Teilchendichten liegen bei 10 Teilchen / cm^3 und ihre Massen bei einigen 100 Sonnenmassen. Mit bloßem Auge lässt sich nur eine HII-Region erkennen – M 42 im Sternbild Orion (siehe Kapitel 3: M 42). Die größte uns heute bekannte HII-Region ist der Gum-Nebel (siehe Kapitel 5: Gum-Nebel).

DIE CHEMIE DER HII-REGIONEN

Massereiche O-Sterne versorgen während ihrer Wolf-Rayet-Phase durch starke Sternwinde eine sie umgebende HII-Region mit Materie, deren Metallizität größer ist als die der ursprünglichen HII-Region (siehe Kapitel 8: Wolf-Rayet-Sterne). Die Astronomen bezeichnen das als Kontamination des HII-Gases durch die Wolf-Rayet-Sterne. Sicher ist, dass massereiche Sterne durch ihre rasante Entwicklung und durch ihr schnelles Ende die chemische Zusammensetzung der HII-Region beeinflussen, die genaue Komposition dieser Beimischung ist aber noch nicht verstanden.
Die Metallizität der Wolf-Rayet-Sterne ist ein wichtiger Faktor, wenn wir im Auge behalten, welche Beiträge sie bei der Anreicherung einer HII-Region leisten. Ein Wolf-Rayet-Stern mit solarer Metallizität durchläuft alle Wolf-Rayet-Phasen. Ist die Metallizität gering, schafft es nur ein Stern mit über 85 Sonnenmassen zum Wolf-Rayet-Status, der ihn 20.000 Jahre beschäftigen wird. Wolf-Rayet-Sterne mit sonnenähnlichem Elementmix gibt es schon ab 25 Sonnenmassen und sie wirken 400.000 Jahre lang als Sternwindproduzent.
Die Modellrechnungen für die Elementanreicherung in HII-Regionen durch Wolf-Rayet-Sterne sagen voraus, dass die Menge an Kohlenstoff durch deren Wirken zunehmen wird. Deren Beitrag ist vergleichbar mit dem der Winde von Sternen auf dem asymptotischen Riesenast (AGB-Sterne). Der Hauptlieferant von Stickstoff sind dagegen nur die AGB-Sterne. Was den Sauerstoff angeht, so gehen die Astronomen davon aus, dass dieses Element maßgeblich durch Supernovae vom Typ II in das interstellare Medium hineingetragen wird. Diese Modelle gelten nicht allgemein, sondern hängen von lokalen Gegebenheiten ab. So wurde festgestellt, dass dort viel Kohlenstoff anzutreffen ist, wo auch hauptsächlich metallreichere Wolf-Rayet-Sterne stehen. An diesen Orten befindet sich aber vergleichsweise wenig Sauerstoff. Auch wenn die Veränderungen in den HII-Regionen noch Gegenstand aktueller Forschung sind, wird deutlich, dass der eingebrachte Kohlenstoff in Form von Staub das Ende der HII-Region mit einläutet.
HII-Regionen bestehen zu mehr als 90 % aus Wasserstoff, die restlichen 10 % macht fast gänzlich Helium aus. Alle anderen Elemente kommen nur in geringen Mengen vor. Die Spektrallinien des Wasserstoffs, allen voran die Hα-Linie der Balmer-Serie, bestimmen die Farbpalette, die beim Malen der HII-Region auf der kosmischen Leinwand zum Einsatz kommt. Das oben beschriebene Balmer-Dekrement zeigt, dass die Wasserstoff-Linienstärken zwar von der Temperatur der HII-Region und den Elektronendichten abhängen, dass diese Verhältnisse aber bei den HII-Regionen nur wenig variieren. Der Wert für Hα / Hβ liegt ungefähr bei 3. Es gibt Ausreißer mit größeren Werten, was dann auf die Extinktion durch dichte Staubwolken zurückgeht. Allgemein können wir sagen, dass der Einfluss der Temperatur der HII-Region auf ihre Farbe eher gering ist, und so ist Hα der dominierende Farbanteil. Die anderen Wasserstofflinien sind weniger intensiv und mischen Türkis (Hβ) und auch Blau (Hγ und Hδ) mit ins Bild. Weitere Farbbeiträge sind Türkis durch die [OIII]-Linien oder Rot durch [NII], wie das M 42-Spektrum deutlich macht (siehe Abb. 3.4 auf S. 128).
In der HII-Region bestimmen die lokalen Druck- und Temperaturverhältnisse, wie stark die Beiträge der Linien sind. Die HII-Region erscheint mitunter nicht im kräftigen Hα-Rot, sondern changiert etwas mit Blau-Türkis-Tönen, die sie lachsrosa leuchten lässt.
Vergleichen wir die HII-Regionen hinsichtlich ihrer Metallizität und ihrer Lage in der galaktischen Ebene, so ergibt sich auch hier eine chemische Abhängigkeit. Die Menge an schweren Elementen ist bei den HII-Regionen am größten, die dichter am galaktischen Zentrum liegen. Entfernen wir uns vom Zentrum, treffen wir vermehrt auf metallärmere HII-Regionen. Dies erklären die Astronomen dadurch, dass es weiter außen in der Ebene weniger dichte Sternentstehungsregionen gibt. Die höhere Dichte einer Region bewirkt so eine stärkere Anreicherung mit schweren Elementen, etwa weil dort die Wahrscheinlichkeit größer ist, dass massereiche Sterne entstehen.

DIE PHYSIKALISCHE ENTWICKLUNG VON HII-REGIONEN

Bei HII-Regionen handelt es sich nicht um dauerhafte, sondern um transiente, also vorübergehende Objekte, deren Existenz eng mit Sternentstehungsprozessen verbunden sind. Alles beginnt mit der Aktivierung der HII-Emission durch einen jungen Stern. Dessen Sternwinde lassen mit der zunehmenden Verdünnung des umgebenden Gases auch Strahlungsfronten in äußere Bereiche der Wasserstoffwolke vordringen. Durch die Sternwinde entstehen so Hohlräume um die Sterne, die von Wolken umgeben sind, welche durch das Aufschieben von Staub und Gas geformt werden.

Neben der Geburt einer HII-Region bestimmt der Stern, der die UV-Photonen liefert, auch ihr Ende. Die typischen Zeitskalen für das Alter von HII-Regionen liegen bei einigen Millionen Jahren, die durch die Sternentwicklungszeiten der O- und B-Typen vorgegeben sind. Entsteht also in einer HII-Region ein besonders massereicher Stern, so besitzt diese einen „eingebauten Ausschalter". Die starken Sternwinde sorgen für eine Verdünnung des Gases. Diese Gaserosion bringt zwar auch Verdichtungen hervor, insgesamt gesehen verliert die HII-Region aber an Substanz.

Mit dem Kohlenstoff, der in den Endstadien der Sterne in das interstellare Medium eingebracht wird, kommt es zu einer Staubbildung und damit zur Grundsteinlegung für einen Reflexionsnebel, der die hellen Sterne später umgeben wird. Die Sterne sind letzten Endes die Ursache der HII-Region und ihre Winde verändern die HII-Region. Die Astronomen sprechen von einem „clearing", also einem Entfernen von Gas, das auf Zeitskalen von wenigen Millionen Jahren wirkt. So kann aus einem Sternhaufen in einer HII-Region ein frei stehender Sternhaufen werden. Wir dürfen annehmen, dass etwa die Plejaden mit ihren beeindruckenden blauen Reflexionsnebeln als junger Sternhaufen bei einem Hα-Survey ganz vorne mit dabei gewesen wären.

Bei der Betrachtung der Lebensdauern von HII-Regionen in der Milchstraße hilft der Blick in andere Galaxien, um allgemeingültige Zeitspannen zu bestimmen. Astronomen haben 2019 in drei nahen Spiralgalaxien etwa 700 HII-Regionen um junge Sternhaufen untersucht. Bei der Analyse wurde die Hα-Morphologie der Sternhaufen in drei Gruppen unterteilt – konzentriert, teilweise aufgelöst und ohne Hα-Emission. Dies setzte das Forscherteam in den Kontext mit dem Alter der Sternhaufen, der Farbe und anderen Parametern, die aus den Spektren abgeleitet wurden. Es zeigte sich ein Zusammenhang zwischen dem Alter eines Sternhaufens und dem Evolutionsstand seiner Hα-Region, der schon aus der Milchstraße bekannt war. Die Sternhaufen mit der konzentrierten Hα-Emission waren mit einem Alter von zwei bis drei Millionen Jahren auch die jüngsten Haufen. Bei Haufen, die zwischen drei Millionen Jahren und vier Millionen Jahre alt waren, lösten sich die Hα-Regionen bereits auf, und bei Haufen, die älter als fünf Millionen Jahre waren, war keine Hα-Emission mehr zu erkennen. Der Verlust des Hα-Gases muss sich in weniger als einer Million Jahren ereignen. Bei den Sternhaufen, deren mittlere Masse bei 1000 Sonnenmassen lag, besaßen etwa 20 % eine oder mehrere „rote Quellen", in Form von entwickelten Superriesen. Die Farbe eines Haufens hängt also von mehreren Faktoren ab, die sich auf der Entwicklungszeitskala verändern. Eine deutliche Tendenz zeigte sich aber auch in den Nachbargalaxien – mit dem Verlust des Wasserstoffgases erscheinen die Sternhaufen auch weniger rot.

Die HII-Regionen dieses Kapitels sind in astronomischen Zeitskalen gesehen nur Momentaufnahmen in den Sternwicklungsregionen in der Milchstraße und in anderen Spiralgalaxien.

DIE SPEKTREN VON HII-REGIONEN

In den Spektren sind weitere Linien vertreten, die dem Rot des Hα weitere Farben hinzufügen. Alle Spektrallinien sitzen auf einem Kontinuum, das durch die hohe Gastemperatur in der HII-Region erzeugt wird. Wäre es ein Stern, so würden wir aufgrund dieses Kontinuums auf einen frühen Spektraltyp schließen. Durch seine geringe Intensität im Vergleich zur Linienemission tritt es aber farblich in den Hintergrund und bewirkt keine grundsätzliche Einfärbung der HII-Region. Im Spektrum erkennen wir auch die Bedeutung der Balmer-Linien im Vergleich zu den anderen Wasserstoffserien: Die Balmer-Linien liegen im optischen Spektralbereich!

Es gibt Rekombinationsvorgänge, die auf dem niedrigsten Energieniveau (dem Grundniveau) enden. Diese definieren die sogenannte Lyman-Serie, deren Übergänge aber alle im UV-Bereich liegen. Interessanterweise werden Lyman-Übergänge im Optischen sichtbar, wenn wir weit entfernte Galaxien beobachten. Durch die kosmologische Rotverschiebung wird die Lyman-α-Absorptionslinie auch ohne UV-Technik für Amateure im sichtbaren Licht sichtbar.

Das Spektrum einer HII-Region setzt sich aus einem kontinuierlichen Verlauf und über 300 Emissionslinien im Visuellen und Infraroten zusammen. Das Kontinuum erhält seine Energie aus sogenannten gebunden-frei-Übergängen. Bei diesen werden Elektronen aus dem Atom gelöst und haben eine beliebige kinetische Energie, die nicht mehr den diskreten Energieniveaus der Atomhülle entspricht. Es ergibt sich eine breite Energieverteilung, eben ein Kontinuum. Dazu kommen „frei-frei"-Übergänge der Elektronen in den elektrischen Feldern der Ionen. Das dicht vorbeifliegende Elektron wird abgelenkt, die Physiker sprechen von „Bremsstrahlung". Aus diesen Prozessen summiert sich die Kontinuumsstrahlung der HII-Region.

In der Astrophysik zeigt der atomare Absorptionskoeffizient des Wasserstoffs für gebunden-frei-Übergänge die typischen Peaks bei Energien, die als Grenzkontinua den Serien zuzuordnen sind. Dies sind 91,2 nm für die Lyman-, 364,7 nm für die Balmer- und 820,6 nm für die Paschen-Serie. Die Absorption von Wasserstoff für Strahlung setzt in einer Serie erst mit dem Erreichen der spezifischen Wellenlänge sprunghaft ein, bei höheren Photonenenergien nimmt der Koeffizient dann ab.

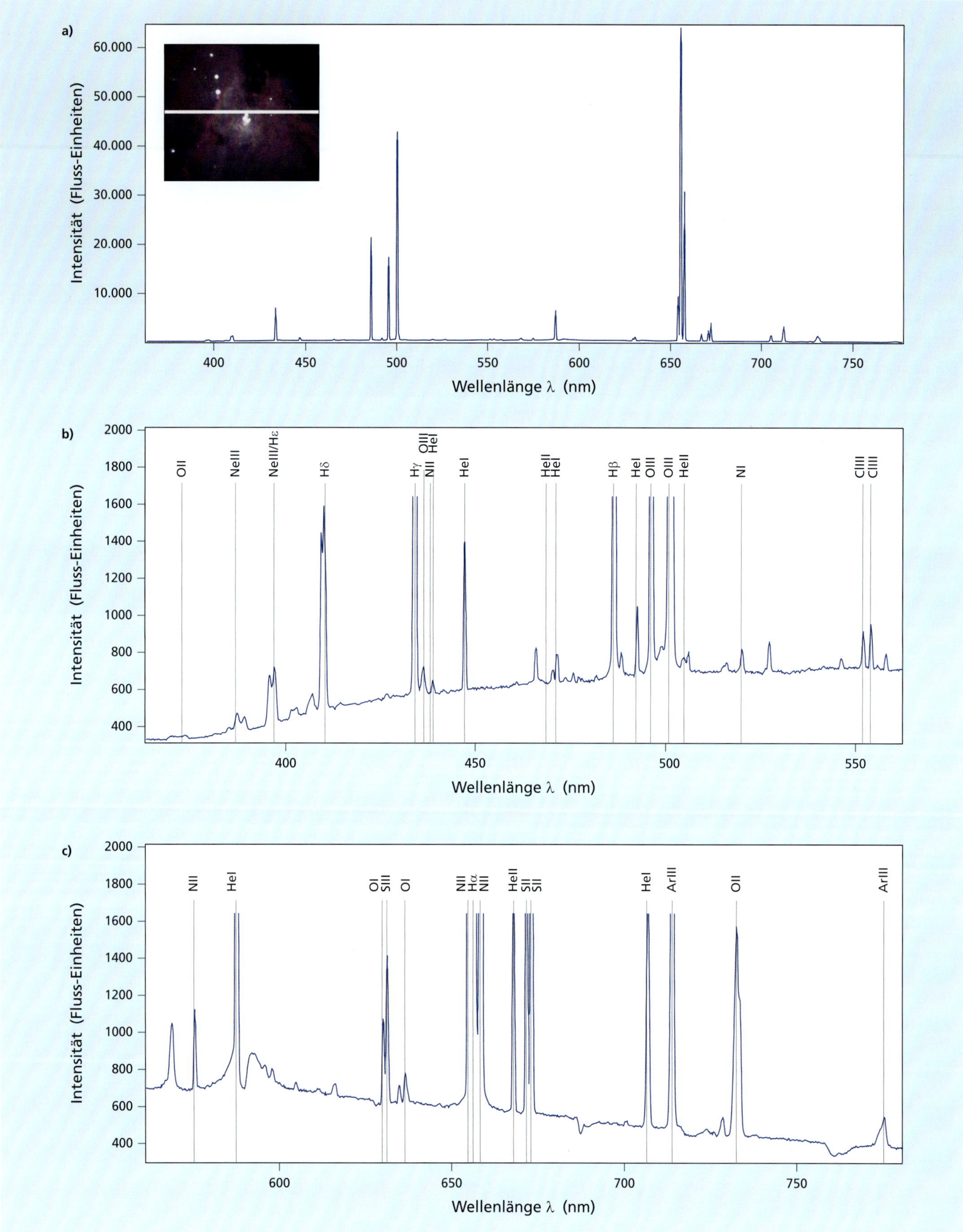
a)
Intensität (Fluss-Einheiten)
60.000
50.000
40.000
30.000
20.000
10.000
400
450
500
550
600
650
700
750
Wellenlänge λ (nm)
b)
2000
1800
1600
1400
1200
1000
800
600
400
OII
NeIII
NeIII/Hε
Hδ
Hγ
OIII
HeI
NII
HeI
HeII
HeI
Hβ
HeI
OIII
OIII
HeII
NI
ClIII
ClIII
Intensität (Fluss-Einheiten)
400
450
500
550
Wellenlänge λ (nm)
c)
2000
1800
1600
1400
1200
1000
800
600
400
NII
HeI
OI
SIII
OI
NII
Hα
NII
HeII
SII
SII
HeI
ArIII
OII
ArIII
Intensität (Fluss-Einheiten)
600
650
700
750
Wellenlänge λ (nm)

Dieser diskrete Energieübergang bewirkt auch eine scharfe räumliche Grenze der HII-Region, was als Strömgren-Radius bezeichnet wird. Die wichtige Rolle, die der Strömgren-Radius bei der Entfernungsbestimmung spielt, wird in einigen Bildkommentaren dieses Kapitels erläutert.

Neben den Strahlungsprozessen der Rekombination gibt es auch Fluoreszenzeffekte und Elektronenstöße, die Photonen produzieren. Bei der Fluoreszenz bewirkt ein von einem Atom ausgesandtes Photon einer bestimmten Energie eine Anregung eines passenden Energiezustands in einem anderen Atom. Übertragen Elektronen beim Zusammenstoßen mit anderen Atomen Energie, so können auch angeregte Zustände die Folge sein. Die Besonderheit ist hierbei, dass metastabile Energieniveaus angeregt werden können, die dann beim Übergang in den Grundzustand „verbotene Linien" mehrfach ionisierter Atome abstrahlen.

Ein Beispiel ist die [OIII]-Linie, die von einem angeregten, zweifach ionisierten Sauerstoffatom abgestrahlt wird. Wir bezeichnen dies als metastabilen Zustand, da das angeregte Elektron in der Hülle des Sauerstoffatoms auf dem Energieniveau viel länger verbleibt als bei normalen Übergängen. Im Normalfall würde das Elektron gerne auf ein niedrigeres Niveau wechseln, jedoch ist dieser Übergang quantenmechanisch verboten. Die Drehimpulserhaltung schreibt bei diesen metastabilen Übergängen vor, dass elektromagnetische Strahlung höherer Multipolmomente abgestrahlt werden muss. Normalerweise wird bei einem Übergang elektrische Dipolstrahlung emittiert. Der Zwang zu den höheren Multipolmomenten ist mit einer viel geringeren Übergangswahrscheinlichkeit verbunden, daher werden auch sie als „verbotene Übergänge" bezeichnet.

Erzeugen wir auf der Erde im Labormaßstab solche angeregten OIII-Atome, so ist es selbst bei bestmöglichem Vakuum kaum möglich, diesen metastabilen Zustand mit Elektronen zu bevölkern. Der Grund liegt darin, dass es trotz des Vakuums zu Stößen zwischen den Atomen kommt, bei dem die Anregung strahlungslos verloren geht.

Nur bei extrem geringen Teilchendichten, wie etwa in den HII-Regionen, kommt es so gut wie nicht zur Stoßabregung. Das quantenmechanische Verbot wird durch eine Übergangswahrscheinlichkeit beschrieben, die zwar winzig, aber dennoch nicht Null ist. Wenn es also genügend dieser OIII-Atome gibt, kommt es zu einer ausreichenden Anzahl von Übergängen, und im Spektrum lassen sich die verbotenen Linien nachweisen.

Abb. 3.4: Die Abbildung (a) zeigt das Spektrum der HII-Region M 42. Der Spalt der Spektrografen wurde nahe an der Trapezregion platziert (s. Inset). In den Abbildungen (b) ist der kurzwellige Teil des Spektrums aus (a) dargestellt, (c) zeigt den langwelligen Teil. Die y-Skalierung wurde angepasst, um die schwächeren Linien hervorzuheben. Für die Linien sind in (b) und (c) die zugehörigen Elemente eingetragen.

EMISSIONSLINIEN IN SPEKTREN VON HII-REGIONEN

In den Spektren von HII-Regionen finden wir viele charakteristische Emissionslinien. Einige der wichtigsten Spektrallinien von M 42 im optischen Bereich werden in der unten stehenden Tabelle aufgeführt. Die Intensität der Linien ist bei Hα auf den Wert 100 normiert. Die Angaben variieren mit der Spaltlage des Spektrografen, sie sind also keine Konstanten für M 42. Ganz grob sind auch die Farbbereiche angegeben, in denen diese Linien strahlen. Die Dominanz starker Emissionslinien im orangeroten und roten Bereich erklärt die rote Farbe vieler Nebel.

Linie	Wellenlänge (nm)	Relative Intensität	Farbbereich
[OII]	372,7	2	ultraviolett
[OII]	372,9	2	ultraviolett
[Ne III]	386,9	1	ultraviolett
H ζ (H8)	388,9	1	violett
H ε	397,0	2	violett
H δ	410,2	3	indigoblau
H γ	434,1	7	indigoblau
He I	447,1	1	blau
H β	486,1	30	blau
[OIII]	495,9	20	blaugrün
[OIII]	500,7	60	grün
He I	587,6	5	gelb
[NII]	654,8	10	orangerot
H α	656,3	100	orangerot
[NII]	658,4	15	orangerot
Hε I	667,8	1	orangerot
[SII]	671,7	2	orangerot
[SII]	673,1	2	orangerot
He I	706,5	3	rot
[Ar III]	713,6	5	rot
[OII]	731,9	3	purpurrot
[OII]	733,0	3	purpurrot

DWB 111 PROPELLERNEBEL

CYG | $20^h\ 16^m\ 0^s$ | 43° 40′ 0″

Die Aufnahmen zeigen die HII-Region DWB 111 und ihre im nordwestlichen Teil des Sternbilds Schwan beheimatete Umgebung in verschiedenen Maßstäben und Farbkanälen (oben: Hα, B und G, unten: Hα, [SII] und [OIII]). Die Bezeichnung DWB 111 geht auf einen heute eher unbekannten Katalog zurück, den die Astronomen Hélène Ramseyer Dickel, Heinrich Wendker und John H. Bieritz in einer Veröffentlichung 1969 vorgestellt haben. Ihre Arbeit beschäftigte sich mit der Analyse der „Cygnus-X-Region“ und nennt 193 HII-Regionen zusammen mit einer Abschätzung ihrer Entfernungen.

Die von ihnen benutzte Bezeichnung „Cygnus-X-Region“ stammte aus frühen Radiobeobachtungen von Jack Hobart Piddington und Harry Clive Minnett. Sie wurde 1952 eingeführt, um diesen im Radiobereich hell strahlenden Bereich von der Radiogalaxie Cygnus-A unterscheiden zu können, die nur etwa 4° entfernt ist.

Bei Cygnus-X handelt es sich um eines der aktivsten und reichhaltigsten Sternentstehungsgebiete in der uns bekannten Milchstraße. Sie beinhaltet über 800 einzelne HII-Regionen sowie eine große Zahl an Wolf-Rayet-Sternen, O-Sternen und OB-Assoziationen. Insbesondere sticht die Region Cygnus-OB2 heraus, die vermutlich mehr als 3000 Sterne mit einer Gesamtmasse von 100.000 Sonnenmassen enthält.

Dickel, Wendker und Bieritz arbeiteten damals schon interdisziplinär. Sie hatten ihre optischen Beobachtungen mit Radiodaten der Region verglichen und so festgestellt, dass die Gebiete mit HII-Emission hervorragend mit den HI-Radioemissionen übereinstimmten. Daraus folgerten sie, dass es sich bei den meisten Quellen um thermische Emissionsquellen handeln muss. Bei ihnen werden Wasserstoffatome durch die Strahlung von Sternen im optischen Bereich angeregt. In der Nähe der Sterne, bei hoher Energiedichte, dominiert die Ionisation und das durch die Rekombination hervorgerufene Licht im visuellen Bereich taucht auf. In großer Entfernung regt die nun sehr viel schwächere Strahlung nur noch den sogenannten „21-cm-Spinflip-Übergang“ an (mit „Spinflip“ bezeichnet der Fachjargon das Umklappen des Elektronenspins im Wasserstoff). Hier wird beim Wechsel auf das niedrigere der beiden möglichen Energieniveaus Radiostrahlung ausgesendet. Auch folgerten die Autoren, dass diese Regionen alle etwa die gleiche Entfernung zur Sonne haben sollten. Sie suchten daher nach den anregenden Sternen, um aus deren Entfernung auf die Entfernung der HII-Regionen schließen zu können.

Die galaktische Lage der Cygnus-X-Region war bereits grob bekannt. Sie gehört zum lokalen Spiralarm und ist einige tausend Lichtjahre entfernt. Von der Position der Sonne schauen wir tangential am Spiralarm entlang. Wir beobachten diese Region bei einer galaktischen Breite von etwa 80° und messen daher vergleichsweise kleine Rotationsgeschwindigkeiten. Dies macht es nahezu unmöglich, mithilfe von Radialgeschwindigkeitsmessungen an den HII-Gaswolken die Entfernungen bestimmen zu wollen. Die Eigenbewegungen der Wolken sind ungefähr so groß wie die Radialgeschwindigkeiten und erlauben somit keine Differenzierung der Bewegungen.

Zur Entfernungsbestimmung wurde daher ein Verfahren benutzt, das die Hα-Flächenhelligkeit der Nebel mit deren Radiohelligkeit vergleicht und daraus die interstellare Absorption bestimmt. Verbinden wir das mit der Rötung der Sterne durch die Absorption, erhalten wir eine Abschätzung für die Entfernung der HII-Wolke. Die DWB-Objekte befinden sich in Entfernungen zwischen 3200 Lichtjahren und 12.000 Lichtjahren. Etwa die Hälfte der HII-Regionen liegt in einem engen Bereich von 1900 bis 5800 Lichtjahren. Zu größeren Distanzen hin nimmt die Anzahl deutlich ab. Erst ab Entfernungen von 10.000 Lichtjahren finden sich wieder HII-Regionen. Auch wenn die Messfehler dieser Distanzen wegen der fehlenden Vergleichssterne größer sind als diejenigen von nahen Wolken, könnten wir so große Werte durch die Annahme erklären, dass diese HII-Regionen nicht mehr zum lokalen Spiralarm gehören, sondern sich bereits im nächsten Arm oder im Gebiet zwischen den Spiralarmen befinden.

Die Ausdehnung von DWB 111 (G 80.3+4.8) beträgt 11,1′ × 2,2′. Sie gehört zu den vier hellsten HII-Regionen im DWB-Katalog und auch zu den nächstgelegenen. Viele Amateuraufnahmen bezeichnen sie als „Propellernebel“, was aufgrund der Wellenform, die durch eine längs verlaufende Dunkelwolke entsteht, leicht ersichtlich ist. Genau genommen ist DWB 111 der helle südwestliche Teil des Propellers. Der nordöstliche Flügel, links oberhalb der Propellerachse, ist als DWB 119 (G 80.5+4.7) katalogisiert. Der größere, lichtschwächere HII-Vorhang hinter dem Propeller wird im Katalog als DWB 118 (G 80.4+4.7) bezeichnet.

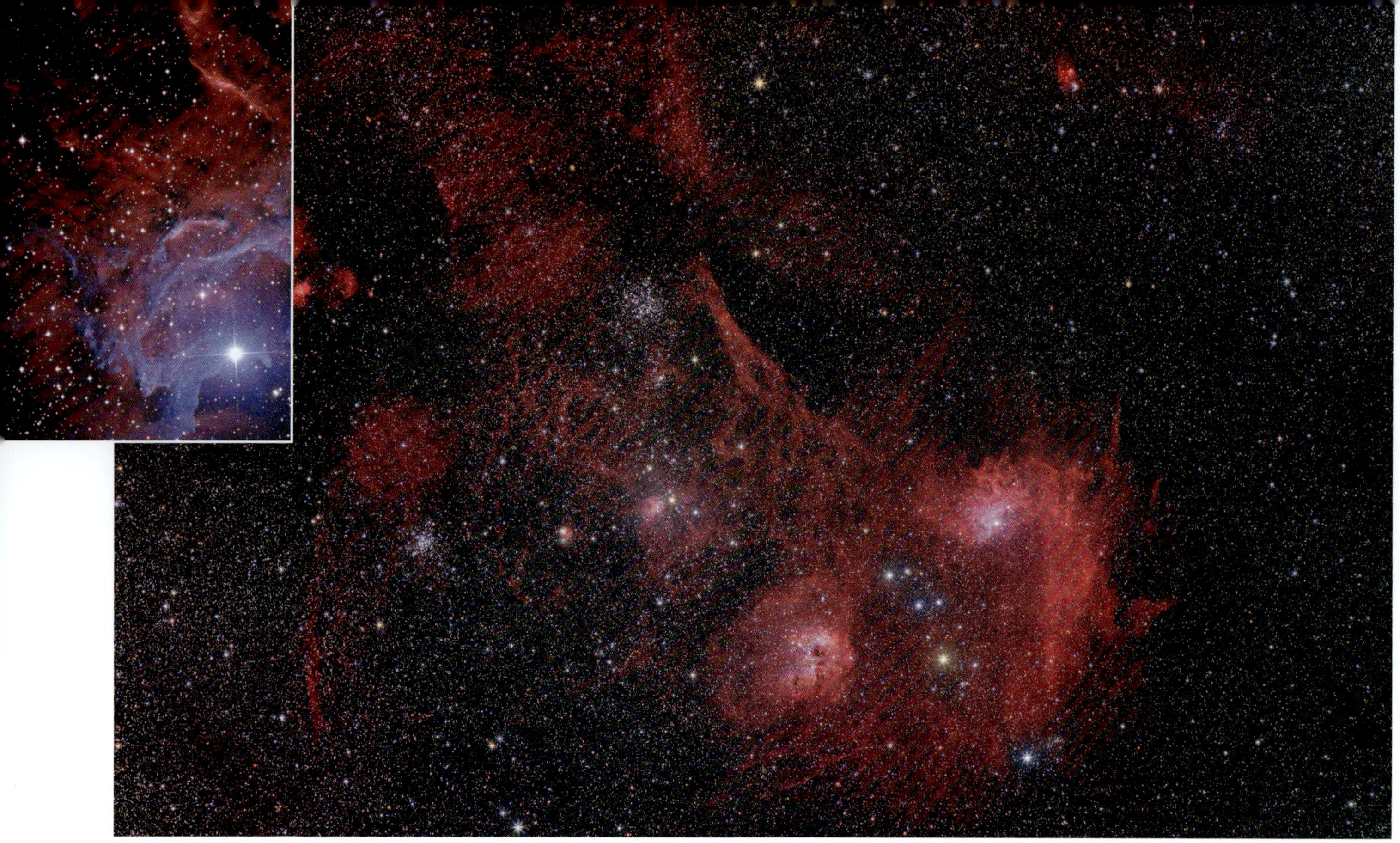

IC 405 FLAMING STAR NEBULA

AUR | $5^{h}\ 17^{m}\ 24^{s}$ | 34° 23′ 0″

Die Weitwinkelaufnahme zeigt einen etwa 6° × 7° großen Ausschnitt aus dem südlichen Teil des Sternbildes Fuhrmann. Oberhalb des Zentrums steht der offene Haufen M 38. Dicht darunter finden sich mit NGC 1907, sowie weiter links mit dem deutlich auffälligeren M 36, zwei weitere Haufen. Zusammen mit den beiden Messier-Haufen bildet IC 417 ein rechtwinkliges Dreieck. Diese HII-Region wird durch den 5 mag hellen Stern ϕ Aurigae mit Energie versorgt. Im unteren rechten Quadranten finden wir die Hauptdarsteller dieses Bildes, die sich nahe einer Sternassoziation befinden. Links ist es IC 410 mit dem Haufen NGC 1893, und rechts liegt IC 405, der oben von LBN 795 und rechts darunter von LBN 791 begleitet wird. Für IC 405 ist auch der Name „Flaming Star Nebula“ gebräuchlich.

Das kleine Bild zeigt blaue Reflexionen in IC 405, die auf AE Aurigae zurückgehen. Für diesen Stern, einen O9,5-Zwergstern, lieferte Gaia eine Entfernungsangabe von 1324 ± 35 Lichtjahren. Gaia belegt auch, dass es sich bei AE Aurigae, aufgrund dessen hoher Eigenbewegung von fast 50 mas/a, um einen „runaway star“ handelt. An sich ist das keine Besonderheit, da aufgrund der Gaia-Datenqualität mit Hunderten solcher Sterne gerechnet wurde. Von Interesse für die Forscher ist aber die Kombination dieser Schnellläufer mit den Sternen in ihrer Umgebung. So kann man prüfen, ob vielleicht einige dieser Flitzer bei engen Wechselwirkungen aus Sternhaufen herausgeschleudert wurden.

Betrachten wir den Fall AE Aurigae, so schließen die Forscher auf einen Ausgangspunkt im Haufen des Orionnebels. Vor etwa 2,5 Millionen Jahren kam es dort zu einer Wechselwirkung von 4 massereichen Sternen, deren Gesamtmasse etwa 20 Sonnenmassen betrug. Dabei wurden die Sterne herausgeschleudert, die heute als μ Columbae, AE Aurigae und ι Orionis katalogisiert sind.

Das Doppelsternsystem ι Orionis und die beiden Einzelsterne haben dieses Ereignis überstanden. Anhand der gemessenen transversalen Geschwindigkeiten von 50 km/s bis 100 km/s und ihrer Koordinaten lässt sich zurückrechnen, dass diese Objekte heute etwa 800 Lichtjahre von ihrem Ursprungsort entfernt sind – der immer noch den Massenschwerpunkt bildet. Die Tatsache, dass sie dem Gravitationspotenzial des Trapezhaufens im Orion entkommen konnten, lässt auf dessen Masse von etwa 10.000 Sonnenmassen schließen.

Die Leuchtkraftklasse V von AE Aurigae kennzeichnet ihn als Zwergstern auf der Hauptreihe. Mit über 30.000 K ist er heißer und auch größer als die Sonne, die ein G2V-Zwerg ist. Obwohl AE Aurigae als Veränderlicher gilt, wird dies durch Beobachtungen in den letzten Jahrzehnten nicht wirklich gestützt. Er wird in den Katalogen auch als Standard-O9,5V-Stern beschrieben. In seinem Spektrum gibt es keine Dopplereffekt-Linienstrukturen. AE Aurigae ist also wohl kein spektroskopischer Veränderlicher. Auch die Radialgeschwindigkeit blieb über viele Jahre hinweg konstant. Dieser Stern ist mit etwa 23 Sonnenmassen ein schwerer Brocken, der siebenmal so groß wie die Sonne ist. Er durchpflügt wie ein Bulldozer die feinen Nebelfilamente von IC 405 und schiebt eine Stoßfront vor sich her, die auch für eine andere Emission verantwortlich ist: Würden wir den Bildausschnitt im Röntgenlicht betrachten, so wäre der Hintergrund komplett schwarz – bis auf eine einzige helle Quelle: AE Aurigae.

IC 1318 SCHMETTERLINGSNEBEL

CYG | $20^h\,16^m\,48^s$ | 41° 57′ 24″

Die HII-Region IC 1318 umschließt den Stern Sadr im Sternbild Schwan und ist reich an Gas- und Nebelstrukturen. Die Weitfeldaufnahme zeigt rechts der Bildmitte den Stern Sadr (γ Cygni) und links von ihm den γ Cygni-Nebel, der auch als Schmetterlingsnebel beschrieben wird. Die helle HII-Region IC 1318 wird von der horizontal verlaufenden Dunkelwolke LDN 889 in zwei Bereiche geteilt. Etwa ein halbes Grad über dem Stern Sadr glitzert der offene Haufen NGC 6910. Dies ist der zentrale Haufen der OB9-Assoziation. Er ist 3700 Lichtjahre entfernt und steht damit tiefer im Weltraum als Sadr, der 1830 ± 280 Lichtjahre entfernt ist. Diese Entfernungsangabe beruht auf Hipparcos-Daten und hat daher nicht die höhere Gaia-Präzision.

In der kosmischen Landschaft lassen sich mit langen Brennweiten viele Details aufstöbern. Das Inset zeigt einen kleinen kompakten Nebel, der sich nördlich von LDN 889 und vor LBN 249 (links) befindet. Auf der Weitfeldaufnahme steht er etwas oberhalb des Bildzentrums. Links der Inset-Mitte leuchtet HD 194789. Dies ist ein 6,6 mag heller B8-Stern in einer Entfernung von 1183 ± 21 Lichtjahren. Links unten im Inset steht mit HD 194908 ebenfalls ein B9-Stern, der aber 1 mag schwächer ist und dessen Entfernung 1076 ± 13 Lichtjahre beträgt. Beide Sterne gehören zum Sternhaufen RSG 6, der ein Areal von 2,5° × 2,5° umfasst. Auf der Weitfeldaufnahme überdeckt dieser die linke Bildhälfte. Im RSG 6-Areal liegt auch der mit ca. 1600 Lichtjahren weiter entfernte Haufen Roslund 6, der unter IC 1318, nahe am Bildrand, zu sehen ist.

Bei beiden Sternen findet sich keine starke Extinktion, sodass sie sich vor dem Emissionsnebel befinden dürften. Um die Entfernung von IC 1318 zu bestimmen, betrachtet man weitere Sterne und kombiniert die verschiedenen Helligkeiten in den Simbad-Katalogdaten mit den Gaia-Entfernungen. Findet man Sterne, deren Infrarothelligkeit ihre visuelle übertrifft, ist dies ein Hinweis, dass sich diese Sterne hinter IC 1318 befinden.

Man schließt so auf einen Bereich zwischen 4700 Lichtjahren und 5400 Lichtjahren. Der gelbliche Stern BD +39 4179, der im Inset oben links am Nebelfleck zu sehen ist, liegt mit 6254 ± 318 Lichtjahren hinter IC 1318. Die Sterne in der kleinen Dreiergruppe im dunklen Zentrum haben Entfernungen zwischen 2300 Lichtjahren und 2600 Lichtjahren und stehen demnach vor dem Inset-Nebelfleck.

Vergleichen wir das Ergebnis dieses einfachen Verfahrens mit professionellen Resultaten, so ergibt sich eine gute Übereinstimmung. Bei IC 1318 schwanken die Angaben zwischen 4800 Lichtjahren und 5000 Lichtjahren. Radiobeobachtungen des Dunkelnebels LDN 889 machten deutlich, dass es zwischen dem dunklen, molekularen Nebel und der angrenzenden HII-Region Gasströmungen gibt. Da schwer auszumachen ist, welcher Bereich wohin strömt, können wir bei IC 1318 vermuten, dass es Verbindungen zwischen den hellen und dunklen Strukturen gibt. Die Astronomen interpretieren dies als möglichen Hinweis auf eine gemeinsame Entstehungsgeschichte. In der hellen HII-Zone wären Sterne entstanden, deren Strahlungsdruck hätte molekulare Gasanteile mehr und mehr zur Seite geschoben. Die Urwolke hätte sich daher teilweise aufgelöst. Die jüngsten der entstandenen Sterne liefern die Energie zur Anregung von IC 1318. Die dunklen Molekülwolken wären damit die Überbleibsel einer Entwicklung, die vor etwa 100 Millionen Jahren ihren Anfang nahm.

IC 434 PFERDEKOPFNEBEL

ORI | 5h 41m 0s | -2° 30′ 0″

Eine der Ikonen der Astrofotografie ist der Pferdekopfnebel (Barnard 33). Diese dichte Wolke ragt vom Westrand der Orion-B-Molekülwolke (Lynds 1630) in die HII-Region IC 434 hinein, die sich senkrecht durch das Bild zieht.
Der links vom Pferdekopf stehende Stern HD 37805 besitzt eine visuelle Helligkeit von 7,5 mag. Es handelt sich bei ihm um einen jungen Stern, dessen Gaia-Parallaxe die Entfernung 321,7 ± 1,8 Lichtjahre liefert. Sein Spektraltyp lautet A8/9V. In seinem Spektrum dominieren Wasserstofflinien und es gibt schwache Beiträge ionisierter Metalle (CaII). Die Oberflächentemperatur liegt bei etwa 7500 Kelvin, somit ähnelt HD 37805 dem Stern Altair vom Spektraltyp A7Vn. Im Nebelstreifen, unterhalb des Pferdekopfes, scheint gelblich und fast verdeckt der Veränderliche V615 Orionis. Visuell ist er 13,1 mag hell, seine Helligkeit steigt zum Infraroten aber deutlich an und liegt im K-Filterbereich bei 7,4 mag. Dieser klassische T-Tauri-Stern ist 440 ± 70 Lichtjahre entfernt. Sowohl HD 37805 wie auch V615 Orionis stehen vor dem Pferdekopfnebel, dessen Entfernung auf 1150 Lichtjahre geschätzt wird. Der HII-Gasvorhang, vor dem sich die Silhouette des Pferdekopfes abzeichnet, liegt etwa 200 Lichtjahre dahinter.
Die Aufnahme zeigt die feinen radialen Strukturen dieses HII-Hintergrundes, der vom Stern σ Orionis ionisiert wird. Dieser steht etwa ein halbes Grad außerhalb des Bildfeldes, ein Abstand, der in der Projektion 13 Lichtjahren entspricht. In σ Orionis steckt ein Mehrfachsystem, das mit einer enormen Gesamtleuchtkraft von 76.000 Sonnenleuchtkräften strahlt und dessen intensiver UV-Beitrag die Szenerie für uns erst sichtbar macht. Die Entfernung von σ Orionis beträgt gemäß der Gaia-Daten ca. 1300 Lichtjahre. Vergleichen wir dies mit den anderen Angaben, so steht, von uns aus betrachtet, σ Orionis vor IC 434 und hinter dem Pferdekopfnebel.
In den Randzonen der Molekülwolke entstehen Ionisationsfronten, die in unterschiedlicher Tiefe durch unterschiedliche Spektralbereiche angeregt werden und nachweisbar sind. Davor liegende Dunkelwolken heben sich daher deutlich vor dem hell leuchtenden Hintergrund ab. Da die ionisierende Strahlung durch die Nebelschichten abgeschirmt wird, können wir die verschiedenen Anregungsgebiete nur in unterschiedlichen Spektralbereichen beobachten. Hier liegt hinter der Ionisationsfront atomares Gas vor. Es wird durch die Strahlung aufgeheizt und leuchtet dadurch im Infraroten. Noch tiefer im Nebel und weiter von der Ionisationsfront entfernt finden wir molekulares Gas, da die Strahlung nicht in diese Tiefe vordringen kann. Die Übergangsregion zwischen vollständig ionisierten und vollständig molekularen Gasbereichen bezeichnen die Astronomen als „Fotodissoziationsregion“ (PDR, vom englischen „photodissociation region“).
Die notwendige Energie, um Wasserstoff zu ionisieren, beträgt, vom Grundzustand des Atoms aus betrachtet, mindestens 13,6 eV – das entspricht den Übergängen der Lyman-Serie. Liegen Balmer-Linien vor, sind immer noch mindestens 3,4 eV notwendig.
Strömt das Gas durch die Ionisationsfront, erfährt es eine Temperaturänderung und damit auch eine entsprechende Druckänderung. Die Gastemperatur fällt von etwa 10.000 K auf 400 K ab. Die Opazität, also die Undurchsichtigkeit des Nebels, wird maßgeblich durch den enthaltenen Staub bestimmt. Dessen Partikel bestehen aus unterschiedlichen chemischen Elementen und absorbieren daher in der Fotodissoziationsregion unterschiedliche niederenergetische Lichtanteile. Die hochenergetische Strahlung kann sogar Bestandteile des Staubs wie Kohlenstoff oder Silizium ionisieren.
Im Gleichgewichtszustand halten sich Fotoionisation und Rekombination die Waage. Die meisten freien Elektronen der Fotodissoziationsregion stammen von Atomen, deren Ionisierungsenergie unterhalb von 13,6 eV liegt. Sie geben ihre Elektronen daher leichter als Wasserstoff ab. In den Dunkelwolken sind dies Magnesium-, Silizium- und Schwefel-Atome.
Auch der Pferdekopfnebel ist eine „molekulare Küche“. Ihre Bestandteile sind teilweise in Form komplexer organischer Moleküle wie H_2CO, CH_3OH, CH_3CN, CH_2CO und CH_3CHO nachweisbar. Vermutlich entstehen sie auf den Staubpartikeln, die in der Fotodissoziationsregion vorhanden sind. Dabei können sich auch Verdichtungen aus Gas und Staub ausbilden. Radiobeobachtungen von IC 434 zeigten im Zentrum ein kompaktes CO-Filament von etwa 0,5 Lichtjahren Ausdehnung, das langsam rotiert.
In vielen Artikeln wird die Region oberhalb des Pferdekopfes, die sich als hellere Einwölbung in der Nebelgrenze von Orion-B zeigt, als „Bucht“ bezeichnet. Es handelt sich hier um eine 1,5 Lichtjahre dicke Fotodissoziationsregion. Ihre Dichte ist eine Größenordnung kleiner als die des Pferdekopfes, doch ihre Temperatur ist um eine Größenordnung höher. Die Astronomen gehen heute davon aus, dass es einen Zusammenhang zwischen den Formen an der Grenzfläche des Nebels und dem Strahlungsdruck von σ Orionis gibt. Konkave Bereiche wie die Bucht wären demnach auf dicke Ionisationsschichten geringer Dichte zurückzuführen. Sind die Schichten vergleichsweise dünn und dicht, so zeigen sich Gebilde aus konvexen Formen wie in der Gestalt des Pferdekopfs.

N

IC 1396

CEP | 21^h 38^m 59^s | 57° 30′ 48″

Die Aufnahme zeigt das Bildfeld, das sich bei Benutzung eines 200-mm-Objektivs und eines CCD-Chips im Kleinbildformat ergibt. Der Himmelsausschnitt von 10,2° × 6,7° blickt in das Sternbild Cepheus. Dominiert wird die Aufnahme von dem links stehenden großen HII-Emissionsnebel IC 1396, neben dem sich rechts oben der lichtschwächere Sh2-129 befindet.
IC 1396 wird von dem Stern HD 206267 beleuchtet, der im Zentrum des Nebels residiert. Dieses 5,8 mag helle System ist aus einem blauen Stern und zwei oder drei schwachen Begleitsternen aufgebaut. Als Spektrum wird O6,5V((f)) + O9,5: V angegeben. Das Sternsystem hat eine Entfernung von 2400 Lichtjahren. HD 206267 befindet sich nahe dem Zentrum des wenig bekannten Sternhaufens Trumpler 37. Dieser wird von IC 1396 umschlossen und ist Teil der Cepheus-OB2-Assoziation. HD 206267 ist nahezu bedeckungsfrei zu beobachten. Für die Astronomen zeigt dies, dass der Strahlungsdruck dieses Sterns das Gas aus dem inneren Bereich des Nebels nach außen transportiert und dort teilweise verdichtet hat. Dies führte zur Entstehung der typischen Strukturen an den Rändern der HII-Regionen, die als „bright-rimmed clouds“ (BRC, zu Deutsch „Wolken mit hellen Rändern“) bezeichnet werden.
Diese Verdichtungen scheinen in Richtung des Zentrums zu zeigen, wobei dies ein gradueller Effekt ist, der durch die Verdrängung von Material mit geringerer Dichte nach außen hervorgerufen wird. So entstehen schlauchartige, als „kometare Globulen“ bezeichnete Nebelfinger. Am bekanntesten ist IC 1396A, der auch den kleinen Reflexionsnebel vdB 142 einschließt und der als „Elefantenrüssel“ auf vielen Astroaufnahmen zu sehen ist (siehe Kapitel 2: GN 20.18.3).
Diese Nebelverdichtungen erlauben im infraroten Licht einen Einblick in umschlossene, kleine Sternentstehungsregionen.
Das Alter von HD 206267 wird auf etwa 4 Millionen Jahre geschätzt. Die anderen Sterne von Trumpler 37 sind mit 7 Millionen Jahren älter. Es ist davon auszugehen, dass es schon zuvor Phasen von Sternentstehung gab, die vor 13 bis 18 Millionen Jahren einsetzten. Das heute noch sichtbare Resultat ist die „Cepheus Bubble“. Diese 400 Lichtjahre große Blase in der interstellaren Materie beherbergt IC 1396. In ihrem Umfeld hat die ionisierende Strahlung verschiedene Strukturen entstehen lassen, wozu neben anderen HII-Regionen auch die kleineren Dunkelwolken zählen, die sich in der ganzen Aufnahme finden lassen. Aus der ersten Sterngeneration stammt wahrscheinlich der gelbe Überriese μ Cephei, der am Nordrand von IC 1396 leuchtet. Es handelt sich um einen der hellsten Sterne der Milchstraße. Seine Leuchtkraft beträgt etwa 350.000 Sonnenleuchtkräfte.
Auch Sh2-129 verdankt seine Existenz IC 1396. Die „verwehte“ Struktur ist ein augenfälliger Hinweis, der in Richtung des Verursachers dieser kosmischen Materieverwehung zeigt. Da die Aufnahme mithilfe von Schmalbandfiltern erstellt wurde, in denen die RGB-Farbkanäle mit Hα, [SII] und [OIII]-Filtern bestückt waren, ist der blaue Beitrag von Ou 4 in Sh2-129 gut zu erkennen (siehe Kapitel 8: Ou 4). Es handelt sich möglicherweise um einen lichtschwachen planetarischen Nebel, der 2011 vom französischen Amateurastronom Nicolas Outters entdeckt wurde. Es ist noch unklar, ob Ou 4 zu Sh2-129 gehört oder doch eher im Vordergrund der HII-Region steht und die vermeintliche kosmische Nähe nur ein Projektionseffekt ist.

IC 1805 HERZNEBEL

PER | $2^{h}\,32^{m}\,50^{s}$ | 61° 28′ 18″

In einer Entfernung von etwa 6500 Lichtjahren steht im Perseus-Spiralarm der Milchstraße der sogenannte W4-Komplex. Dieser ist Teil der größeren W3-/W4-/W5-Struktur, die von dem Astronomen Gary Westerhout in den 1950er-Jahren untersucht wurde. Hier sind Sternentstehungsgebiete mit den zugehörigen HII-Regionen sowie die begleitenden Gas- und Nebelwolken zusammengefasst. Der Perseusarm ist weiter vom galaktischen Zentrum entfernt als unser lokaler Arm, der auch als ein Zwischenarm gesehen wird. Weiter innen liegt der Sagittariusarm der Milchstraße. Radial betrachtet überdecken die drei Arme eine Zone von etwa 15.000 Lichtjahren. Tragen wir die Position der Sternentstehungsstrukturen, beispielsweise der W-Strukturen auf, wird eine Dichtewelle erkennbar, die alle drei Arme durchquert. Werfen wir mithilfe der Gaia-Daten einen genaueren Blick darauf, so zeigt sich, dass sich die Welle mit einer Relativgeschwindigkeit von etwa 28 km/s durch die Milchstraßenebene bewegt.

Der W4-Komplex, der auch als „Herznebel" bezeichnet wird, umschließt die Quelle seiner ionisierenden Strahlung: den Sternhaufen IC 1805. Die umgebende Wolke zeigt mit E(B–V) = 0,8 mag auffallend geringe Extinktion. Ursache ist das astronomisch geringe Alter der Haufenmitglieder von schätzungsweise 2,5 Millionen Jahren. Die Gesamtmasse von IC 1805 beträgt rund 2700 Sonnenmassen. Wir finden einige Dutzend massereiche O- und B-Sterne unter den Mitgliedern. Herausragend sind die drei größten: BD +60502 (O4,5III), BD +60501 (O7V) und HD 15570 (O4I). Sie sind leuchtkräftiger als die OB-Sterne des Orionnebels. Diese Haufensterne haben allein durch ihren Gas- und Strahlungsdruck einen Hohlraum von etwa 140 Lichtjahren Durchmesser in W4 erzeugt. In der W4-Blase wurden auf diese Art mehrere bright rim clouds verursacht, von denen einige in ihren „Köpfen" Infrarotquellen enthalten, die zu den YSO-Klassen 0 und 1 gehören. Es zeigt sich, dass die Verteilung dieser BRC mit stellarem Inhalt von ihren Entfernungen zu den Ionisationsquellen in IC 1805 abhängen. Die nächstgelegenen Wolken geben den jüngsten Sternen eine Heimat. Dies lässt sich erklären, wenn die Sternentstehung nicht gleichzeitig stattfindet. Sie bildet vielmehr eine Sequenz aufeinanderfolgender Sternentstehungsphasen.

Die kleine Aufnahme zeigt ein Detail aus dem Zentrum von IC 1805. Hier fallen deutlich die hell umrandeten Wolken mit ihren Nebelschläuchen auf, die an Elefantenrüssel erinnern. Dieser tierische Beiname hat sich in der Wissenschaft mittlerweile als „elephant-trunk-link-structure" etabliert (ETLS, „elefantenrüsselförmige Verbindungsstrukturen"). Überraschenderweise hat sich gezeigt, dass sie nicht mit beliebigen Massen auftreten, sondern so etwas wie eine Standardgröße besitzen. Die meisten liegen bei fünf bis zehn Sonnenmassen und sind die Brutstätten massearmer Sterne.

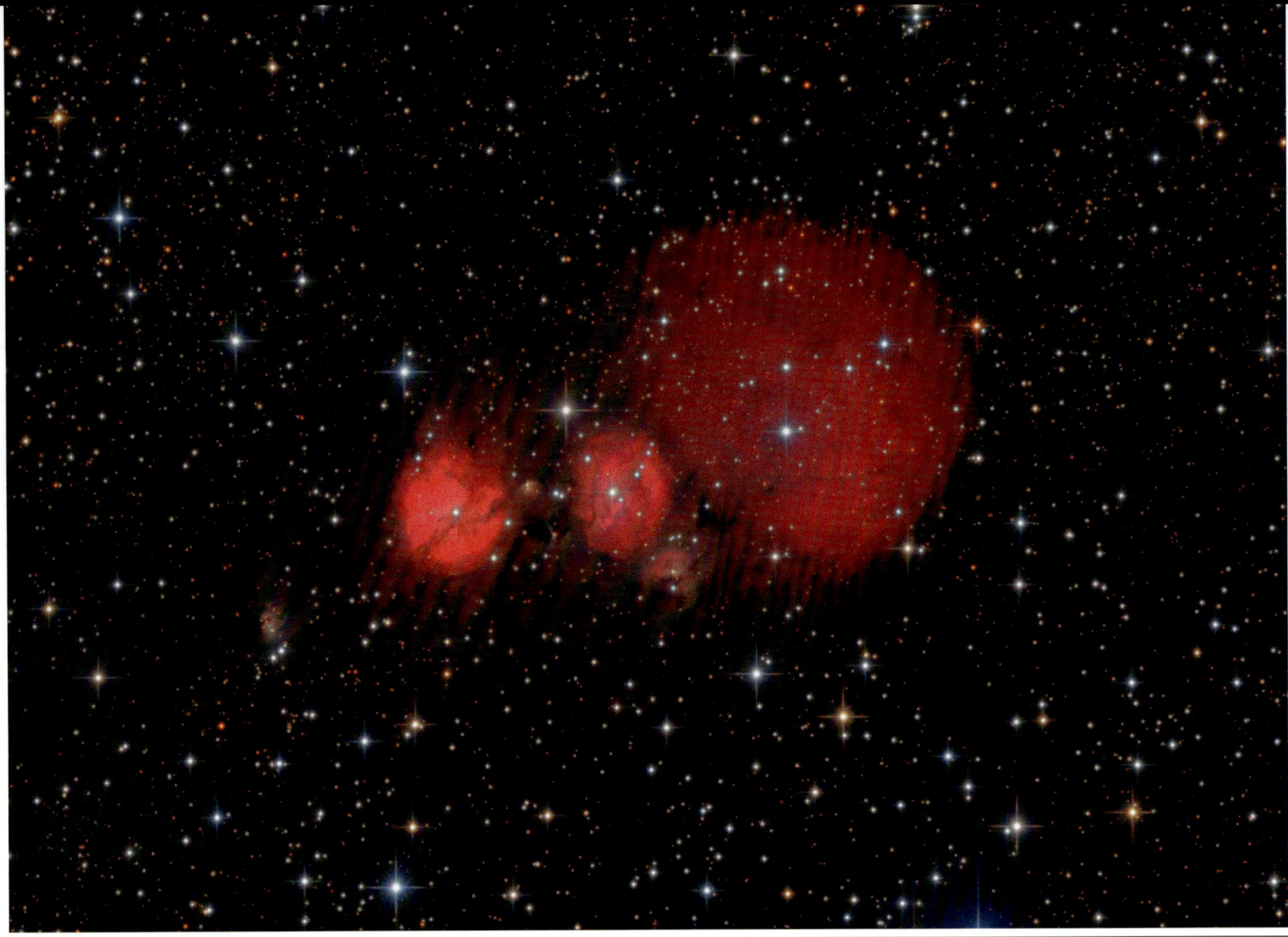

IC 2162/Sh2-255

ORI | $6^h\ 13^m\ 4^s$ | 17° 58′ 44″

Im Sternbild Orion, an der östlichen Grenze zum Sternbild Zwillinge, findet sich diese Ansammlung von Sharpless-Objekten. Diese sind als Sh2-254, Sh2-255, Sh2-256, Sh2-257 und Sh2-259 gelistet. Das hellste Sh2-255 – es steht auf der Aufnahme links – ist auch als IC 2162 klassifiziert. Der Winkeldurchmesser von Sh2-255 beträgt ungefähr 4′. Wir erkennen hier fast lehrbuchgerecht, dass eine HII-Region eine Energiequelle benötigt, ohne die keine Ionisation stattfinden kann. In Sh2-255 ist die Strahlungsquelle ein O9,5-Stern, dessen visuelle Helligkeit 11,7 mag beträgt. Dieses „young stellar object", das in Simbad als LS 19 zu finden ist, weist im Infraroten eine größere Helligkeit auf – im K-Filterband sind es 9,0 mag. Dies spricht dafür, dass der Stern von einer dichten Gaswolke umgeben ist. Die Gaia-Entfernungsmessung liefert für diesen Stern, und damit für die HII-Region, den Wert 6720 ± 375 Lichtjahre.
Weiter rechts erreichen wir Sh2-257, eine etwas kleinere und ovaler erscheinende HII-Region. Im Zentrum steht HD 253327, ebenfalls ein YSO, mit fast derselben Helligkeit: Visuell sind es 10,8 mag und im K-Band 9,1 mag. Seine Gaia-Entfernung ist mit 5000 ± 1800 Lichtjahren geringer, verglichen mit der seines linken Nachbarn. Auf der rechten Seite schließt mit Sh2-254 eine größere HII-Region an. Im Zentrum erkennen wir den Stern HD 253247 als Quelle der ionisierenden Photonen. Laut Simbad ist er ebenfalls ein YSO, der mit 9,9 mag im Visuellen etwas schwächer, im K-Band mit 8,9 mag aber heller ist als die beiden Nachbarn. Die Entfernung von HD 253247 liegt mit 6480 ± 310 Lichtjahren im Bereich derjenigen von Sh2-255.
Interessanterweise hat sich die Distanz von HD 253327 zwischen den Gaia-Katalogeditionen „verändert". Bei den ersten ergab die Gaia-Parallaxe für HD 253327 eine Entfernung von unter 1000 Lichtjahren. Damit hätte aber die mittlere HII-Region uns deutlich näher gelegen als die beiden anderen. Gerade wegen der Ähnlichkeit der HII-Regionen, aber auch der dunklen Nebelfilamente, die sie partiell überdecken, scheint dies aber nicht korrekt zu sein. Bei Sh2-254 erkennt man am linken Rand deutlich zwei dunkle Bögen, die man visuell gut der linken HII-Region Sh2-255 zuordnen kann. Die Gaia-EDR3-Daten verorten die drei HII-Region in eine etwa gleiche Entfernung. Die mittlere Region besitzt die größte Parallaxe und stünde damit etwas vor den zwei anderen, jedoch ist ihr Parallaxenfehler auch mehr als fünfmal so groß. Es ist daher anzunehmen, dass die drei HII-Region einen gemeinsamen Nebelkomplex aufbauen.
In Infrarotanalysen wird der Sh2-Komplex der Dunkelwolke G 192.76+00.10 zugeordnet, in der über 60 YSO gefunden wurden. Basierend auf Messungen mit Radiointerferometern wird der Abstand dieser Wolke auf knapp 6000 Lichtjahre geschätzt. Die Daten des Infrarot-Satelliten Spitzer platzieren sie in eine Entfernung von 8250 Lichtjahren. Dieser Wert passt zu unseren Überlegungen über die anregenden Sterne der HII-Regionen.

IC 2177 MÖWENNEBEL

MON | $7^h\ 4^m\ 25^s$ | -10° 27′ 18″

Das Bild zeigt den Nebelkomplex IC 2177, der teilweise im Sternbild Einhorn und im Sternbild Großer Hund liegt. Für uns Mitteleuropäer gehört er zur Wintermilchstraße. Die Astronomen ordnen ihn der Canis Majoris-OB1-Assoziation und dort dem Canis Majoris-R1-Reflexionsnebel zu.

Die helle wellenförmige Struktur, die auf der Aufnahme fast vertikal steht, erklärt auch den Namen Möwennebel (engl. „seagull nebula"), unter dem diese Region bei Astrofotografen bekannt ist. Die Flügel sind als Sh2-296 in der Simbad-Objektreferenz aufgeführt. Wir finden hier auch zwei offene Sternhaufen: NGC 2335 am Ende des oberen Flügels und etwas weiter links NGC 2343. Die Entfernung für NGC 2343 beträgt 3630 ± 150 Lichtjahre bzw. für NGC 2335 entsprechend 5575 ± 560 Lichtjahre. Oft finden sich für den Möwennebel Entfernungsangaben von 3600 Lichtjahren, was mit der des Haufens NGC 2343 übereinstimmen würde. Demnach wäre dieser Haufen maßgeblich verantwortlich für das HII-Licht. Da die Flügel der Möwe den Haufen teilweise einrahmen, erscheint uns diese Zuordnung sehr wahrscheinlich. Der Haufen NGC 2335 hingegen steht, den Gaia-Daten zufolge, hinter dem Nebelkomplex. Mit diesen Angaben können wir seine Ausdehnung abschätzen und erhalten für die Flügelspannweite der Möwe einen Wert von etwa 120 Lichtjahren.

In IC 2177 befindet sich eine helle kreisförmige HII-Region, fast genau im Zentrum der Aufnahme. Sie bildet den Kopf der Möwe und besitzt die Bezeichnungen Sh2-292 oder Gum 1. Ihre Emission wird durch den Stern HD 53367 angeregt. Dieser B0-Stern ist im Visuellen 7,0 mag hell und wird anhand seines Spektrums als Herbig-Ae/Be-Stern klassifiziert. Es handelt sich um einen jungen Stern, der sich gerade auf die Hauptreihe zubewegt, und der erst vor einigen Millionen Jahren entstanden ist. Die Masse von HD 53367 schätzen die Astronomen auf 20 Sonnenmassen. Der Stern dürfte auch einen oder zwei Begleiter besitzen.

Der Durchmesser von Sh2-292 beträgt etwa 30′ und mit der Gaia-Entfernung von HD 53367 von 420 ± 43 Lichtjahren erhalten wir einen projizierten Durchmesser von rund 2 Lichtjahren. Dieser Wert für den Strömgren-Radius der HII-Region passt gut zu einem jungen B-Stern, der noch durch seinen Nebel überdeckt wird. Im Laufe seiner Entwicklung wird der zunehmende Strahlungsdruck diesen nahen Nebel wegfegen. Die damit verbundene Reduzierung der Wasserstoffdichte wird den Durchmesser der HII-Kugel ansteigen lassen.

Vergleichen wir die Entfernungen der Flügel und des Kopfes, so müssen wir folgern, dass der Kopf – Sh2-292 mit HD 53367 – vor der Flügel-Region steht. Obwohl die Aufnahme einen harmonischen Zusammenhang herstellt und der maritime Name so schön zu passen scheint, dürften die Gaia-Messungen hier einen scharfen Trennschnitt vollzogen haben, sodass nun eine kopflose Möwe kosmische Realität ist.

IC 417

AUR | 5^h 28^m 3^s | 34° 24′ 42″

Die Aufnahme zeigt den inneren Bereich von IC 417 (Sh2-234), einer HII-Emissionsregion im Sternbild Fuhrmann. In der rechten Bildhälfte sind die etwa drei Dutzend Sterne des offenen Haufens Stock 8 zu sehen. Die dort enthaltenen frühen B-Typen liefern die ionisierende Strahlung für die HII-Emission. Die Entfernung von Stock 8, und damit die von IC 417, ist dank der Gaia-Astrometriedaten aus 2018 genau bekannt: sie beträgt 7310 ± 850 Lichtjahre. Dieser Wert liegt unter der Angabe von 10.000 Lichtjahren, die oft in der Literatur zu finden ist, und macht deutlich, dass IC 417 noch für Überraschungen gut sein könnte.

Der Nebelkomplex ist größer, als es die Aufnahme erahnen lässt, und liegt nur wenige Bogenminuten entfernt von ϕ Aurigae. In einem größeren Ausschnitt werden Strukturen innerhalb der HII-Emission sichtbar, durch die dieser Nebel den Namen „Spinnennebel" erhalten hat. ϕ Aurigae ist zwar mit 482 ± 12 Lichtjahren deutlich weiter entfernt als der Hauptstern des Sternbilds Capella mit seinen 43,0 ± 0,3 Lichtjahren, gehört aber wie alle hellen Sterne im Fuhrmann zum galaktischen Nahbereich. IC 417 steht in derselben Richtung, ist im Gegensatz dazu aber im weiter außen verlaufenden Perseus-Spiralarm zu Hause.

Unterhalb des Zentrums liegt der Fußpunkt eines Elefantenrüssels. Verlängern wir ihn horizontal nach rechts, so stoßen wir auf eine längliche Dunkelwolke, die sich nach oben fortsetzt. Auch wenn der Rüssel und die Dunkelwolke nahe beieinander zu stehen scheinen, zeigt ihre unterschiedliche Beleuchtung, dass sie weiter voneinander entfernt sind. Die ETLS ist mit dem weiter links gelegenen hellen HII-Rand verbunden und erscheint fast genauso hell. Daher dürfte sie etwas hinter den Sternen von Stock 8 liegen und von ihm beleuchtet werden. Der HII-Rand dominiert die Bildvertikale und schließt oben mit einem orangegelben Filament ab, das sich etwas in Richtung Stock 8 neigt.

Die ungewöhnlichen Farben entstehen durch die Zuordnung von Aufnahmen mit Schmalbandfiltern zu den RGB-Kanälen des Bilds. Der Rotkanal wurde mit einem Hα-Filter bei 656,3 nm aufgenommen, das Grün zeigt das Licht der verbotenen Schwefellinien [SII] bei 671,6 nm und 673,1 nm. Das Blau im Bild geht auf die verbotenen Sauerstofflinien [OIII] bei 495,9 nm und 500,7 nm zurück. Wir müssen also umdenken – die orangegelbe Farbe der Filamente ist, in RGB übertragen, eigentlich ein Blau. Und dies verweist auf einen Beitrag von reflektiertem Licht dieser Bereiche zum Gesamteindruck von IC 417.

IC 4628 GARNELENNEBEL

SCO | $16^{h}\,56^{m}\,55^{s}$ | -40° 30′ 44″

In den südlichen Gefilden der Sommermilchstraße steht das Sternbild Skorpion, das von Mitteleuropa aus nur horizontnah zu beobachten ist. Der Emissionsnebel IC 4628 ist etwa 15° südlich von Antares, dem Hauptstern des Skorpions, bei einer Deklination von −40° zu finden.

Die Szenerie ist reich an Objekten, die sich weit gestaffelt im Raum verteilen. Sie gehören teilweise zum lokalen Spiralarm, aber auch zum Carina-Sagittarius-Spiralarm. Dies ist der nächstgelegene Spiralarm in Richtung des Milchstraßenzentrums. In diesem Arm, in annähernd 6000 Lichtjahren Entfernung, liegt auch die Heimat von IC 4628. Die Bildregion besitzt eine projizierte Diagonale von ungefähr 500 Lichtjahren.

Bei australischen Astronomen heißt IC 4628 „Garnelennebel“ (engl. prawn nebula), ansonsten wird er als Gum 56 bezeichnet. Seine Nähe zur Mittelebene der galaktischen Scheibe erklärt die Dunkelnebel, die das Bildfeld durchziehen. Links oben findet sich Barnard 48, dessen Filamente sich nach unten verfolgen lassen und beim kompakten Sternhaufen NGC 6231 enden. Die Helligkeit des Haufens liegt bei 2,5 mag und der Durchmesser bei etwa 8′. Die Gaia-Messungen liefern für ihn eine Entfernung von 5500 ± 500 Lichtjahren. Gehen wir ein halbes Grad nach links unten, gelangen wir zu ζ_2 Scorpii, einem 3,6 mag hellen K3-Stern. Er ist gerade einmal 132 Lichtjahre von uns entfernt. Er ist ein Schnellläufer, der am Himmel pro Jahr 0,26″ zurücklegt.

Am oberen Rand des Bildfeldes finden wir rechts oberhalb von IC 4628 einen weiteren offenen Haufen. Es ist NGC 6242, mit einer Helligkeit von 6,4 mag und einer Entfernung von ca. 4300 Lichtjahren. Er liegt also vor den im HII-Licht leuchtenden Gasvorhängen von IC 4628.

Die Hauptionisationsarbeit an der HII-Region wird durch eine Handvoll O-Sterne verrichtet. Allen voran ist es der 7,2 mag helle O6,5-Riesenstern HD 152723. Er leuchtet, wie in einem Sandwich, zwischen den beiden HII-Schalenhälften von IC 4628 und lässt diese als rotleuchtende Emissionsnebel hervortreten. Suchen wir weitere Details zu HD 152723 in den astronomischen Datenbanken, so stolperten wir bei Simbad bis vor Kurzem über die viel zu große Entfernung von 55.000 Lichtjahren. Forschungsarbeiten aus dem Jahr 2019 zeigten, dass es sich um einen Gaia-Messfehler handelte, der mittlerweile in den Simbad-Daten korrigiert wurde. Fotometrische Messungen führten für HD 152723 damals schon auf eine Entfernung von 6300 Lichtjahren und bestätigten, dass sich IC 4628 im Carina-Sagittarius-Spiralarm befinden müsste. Gaia-DR3-Messungen platzieren IC 4628 nun in eine Entfernung von 5332 ± 1657 Lichtjahren, was innerhalb der Fehlergrenzen gut zu den Fotometriedaten passt.

IC 5070 PELIKANNEBEL

CYG | 20h 51m 0s | 44° 22′ 0″

Der Emissionsnebel IC 5070, der auch Pelikannebel genannt wird, steht im Sternbild Schwan. Der Stern Deneb befindet sich 2° von der Bildmitte entfernt im Nordwesten, also rechts oberhalb des sichtbaren Felds, das einen Durchmesser von ungefähr 1,5° besitzt.

Das dunkle Band auf der linken Hälfte der Aufnahme verbindet die Dunkelwolken LDN 936 (oben) und LDN 935. Die helle Region in der linken oberen Ecke gehört schon zum Nordamerikanebel NGC 7000, mit dem IC 5070 assoziiert ist. Die Entfernung von IC 5070 beträgt circa 2000 Lichtjahre, seine Winkelgröße umfasst etwa 40′.

Die auf den ersten Blick ungewöhnliche Farbpalette der Weitfeldaufnahme benutzt wieder die Schmalbandfilter [SII], Hα und [OIII] für die RGB-Kanäle. Die Trennung der beiden roten Beiträge von Hα und [SII] betont die heiße Zone der hellen Wolkenränder, da hier die Schwefelemission eine stärkere Intensität aufweist. Die Detailaufnahme zeigt die natürlichen Farbkanäle. Hier ist fast kein Farbkontrast am BRM-Übergang zu sehen.

Wir erkennen aber feine Strukturen im Bereich der hellen Zone und an dem überdeckenden Dunkelnebel. Besonders fällt eine schlauchartige Struktur auf, die als Silhouette vor dem HII-Hintergrund gut zu sehen ist. Es handelt sich um einen „elephant trunk“ (ETLS), an dessen Spitze sich das Herbig-Haro-Objekt HH 555 befindet. Die Entfernung von HH 555 liegt bei 1800 Lichtjahren. Ein genauer Blick offenbart zwei leuchtende kleine vertikale Striche oberhalb und unterhalb der Rüsselspitze, die fast senkrecht zur Längsachse des Rüssels stehen. Es handelt sich hierbei um die bipolaren Abströmungen, die sich vom zentralen Protostern wegbewegen (siehe die Aufnahme auf Seite 143).

Da diese ETLS-Strukturen nicht gerade selten sind und sich durch immer bessere Bildqualität auch immer besser untersuchen lassen, sind Astronomen 2010 der Frage nachgegangen, ob es einen räumlichen Zusammenhang zwischen der Achse der Abströmungen und der des Rüssels gibt. Diese Frage wird durch den

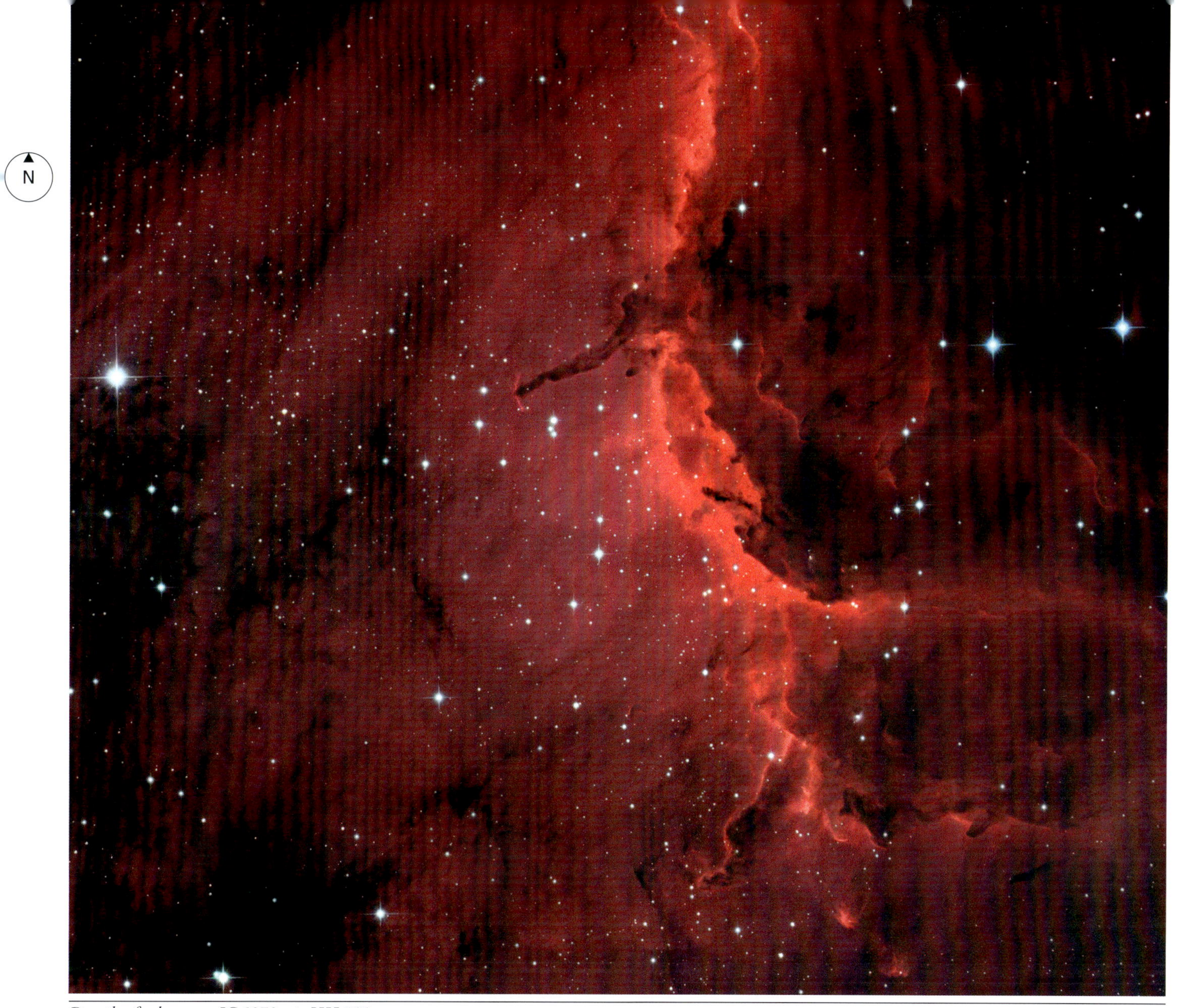

Detailaufnahme von IC 5070 mit HH 555

Winkel beantwortet, der zwischen den beiden Achsen gemessen wird. Bei dieser Bildanalyse wurde der Auswahleffekt aufgrund der Perspektive berücksichtigt. Nicht alle ETLS werden von der Seite beobachtet und die Abströmungen können auch in Richtung des Beobachters weisen. Bei der Untersuchung gingen die Astronomen von einer gleichförmigen Verteilung der Elefantenrüssel am Himmel aus und verglichen die statistische Vorhersage mit den Messungen an realen ETLS. Die Verteilung der gemessenen Winkel zwischen der Ausflussachse und der Rüsselachse zeigt bei 60 % der Elefantenrüssel eine signifikante Häufung von Winkeln über 75°. Auch wenn mit 22 untersuchten ETLS die Anzahl der Objekte scheinbar nur gering war, können wir aus der Statistik schließen, dass eine Gleichverteilung der Winkel zwischen den Achsen viel unwahrscheinlicher ist als die senkrechte Orientierung. Dies deutet darauf hin, dass es bei der Identifikation von Elefantenrüsseln einen Auswahleffekt geben könnte, durch den die senkrechte Orientierung leichter und damit häufiger erkannt wird als Orientierungen bei geringeren Winkeln.

Gut aufgelöste Aufnahmen von HH 555 zeigen außerdem, dass die Abströmungen gebogen sind. Ihre Krümmung weist von der Ionisationsquelle weg. In der Aufnahme steht diese Quelle links von HH 555. Ihr Strahlungsdruck verbiegt die bipolaren Ausflüsse. Dieser Effekt ist umso stärker, je weiter sie aus dem dichten Bereich der Rüsselspitze in die Umgebung hineinragen. Der Grund ist die geringere Teilchendichte in diesem Gebiet. Die gesamte Zone ist durch Strahlungserosion geformt und sie hat auch den Rüssel entstehen lassen. Verknüpfen wir die beiden Beobachtungen, so könnte es sein, dass die rechtwinklige Orientierung des Ausflusses diese ETLS länger überleben lässt. Damit wäre die schützende hohe Teilchendichte im Rüssel nicht gefährdet und der Rüssel bliebe als Relikt der Erosion erhalten. Rotieren wir die Abströmungen in der Bildebene, wird also der Winkel zwischen den Achsen deutlich kleiner als 90°, strömt einer der Ausflüsse in Richtung der Rüsselachse und es könnte sein, dass die dabei entstehenden Stoßfronten die Rüsselstruktur zerstören. Übrig bliebe dann ein rüsselloses Herbig-Haro-Objekt mit einem bipolaren Ausfluss.

IC 5146 KOKONNEBEL

CYG | 21^h 53^m 29^s | 47° 14′ 48″

Der „Kokonnebel“ IC 5146 hat auch die Bezeichnungen LBN 424 und Sh-125 und befindet sich etwa 7° östlich des Nordamerikanebels im Sternbild Schwan. Es handelt sich um einen kombinierten Emissions- und Reflexionsnebel, dessen Dunkelwolkenanteile als Barnard 168 katalogisiert sind. Links unten steht mit GN 21.50.7 noch ein kleiner bläulicher Reflexionsnebel.

Beleuchtet wird GN 21.50.7 vom Ae-Stern BD +46 3471, der eine visuelle Helligkeit von 10,6 mag besitzt und dessen Entfernung bei 2528 ± 57 Lichtjahren liegt. Der A-Stern sendet zu wenige UV-Photonen aus, sodass in der Nebelzone keine signifikante HII-Anregung möglich ist. Daher leuchtet dieser Nebel nicht selbst, sondern reflektiert nur das Sternlicht.

Anders ist es bei seinem großen Nachbarn IC 5146. Hier steht der Stern BD +46 3474 im Zentrum, dessen Helligkeit bei 10,4 mag liegt und der den Spektraltyp B1 besitzt. Die Gaia-Daten liefern für BD +46 3474 eine Entfernung von 2400 ± 40 Lichtjahren. Im Vergleich zu einem A-Stern hat ein B-Stern eine Oberflächentemperatur von etwa 9000 K und ist damit um einige Tausend Grad heißer. Somit strahlt er genügend UV-Photonen aus, um in seiner Umgebung das Wechselspiel zwischen der Ionisation und Rekombination von Wasserstoffatomen anregen zu können. Das Resultat ist eine fast kreisförmige Emissionszone, die auf der Aufnahme gut zu erkennen ist. Dreidimensional handelt es sich um eine Kugel und um ein schönes Beispiel für die Strömgren-Sphäre. Sie ist nach dem dänischen Astronomen Bengt Strömgren benannt, der 1939 diesen Zusammenhang erstmals astrophysikalisch untersuchte und mathematisch beschrieb. Die dritte Potenz des Kugelradius ist dabei proportional zur Menge der UV-Photonen und umgekehrt proportional zum Quadrat der Wasserstoffdichte. Bei der achtfachen Menge an Photonen würde sich somit der Radius verdoppeln. Würde sich dagegen die Wasserstoffdichte auf das Zehnfache erhöhen, so würde der Radius auf ein Fünftel abnehmen.

Die Strömgren-Sphäre hat einen Winkeldurchmesser von etwa 10′; somit erhalten wir einen projizierten Durchmesser von etwa sieben Lichtjahren. Der typische Wert für B-Sterne liegt bei 20 bis 30 Lichtjahren. Dies ist ein Hinweis auf eine vergleichsweise hohe Wasserstoffdichte. Wir können mit Strömgrens Formel abschätzen, dass die Wasserstoffdichte bei IC 5146 um einen Faktor 5 größer sein muss als um andere B-Sterne. Dies ist so zu erklären, dass IC 5146 in einem Sternhaufen steht, also zu einem ausgedehnten Sternentstehungsgebiet gehört. Mithilfe der Gaia-Daten lassen sich 115 Mitgliedssterne identifizieren, deren Entfernungen gut zusammenpassen. Mit diesen Werten sollte IC 5146 eine Entfernung von 2550 ± 81 Lichtjahren aufweisen. Die Analyse der Gaia-Daten zeigt zudem, dass der Haufen in IC 5146 gleichförmig expandiert. Die Ausdehnungsgeschwindigkeit beträgt etwa 0,5 km/s. Eine solche Expansion wird oft bei jungen Sternhaufen in den ersten Millionen Jahren ihrer Existenz beobachtet.

Obwohl die Größe der Strömgren-Sphäre bei IC 5146 im Vergleich zum kleinen blauen Nachbarn beeindruckend wirkt, wird sie von heißeren Sternen noch weit übertroffen. So emittieren O-Sterne mit Oberflächentemperaturen von 30.000 K bis 50.000 K mehr als das Zehnfache an UV-Photonen und der Radius der HII-Kugel kann bei diesen Sternen sogar einige hundert Lichtjahre erreichen.

LBN 696/NGC 1491/1624

CAM | $4^h\ 40^m\ 36^s$ | 50° 27′ 42″

Das Bildfeld dieser Aufnahme spannt am Himmel 11,4° × 7,1° auf und überdeckt Teile der Sternbilder Camelopardalis (links) und Perseus (rechts unten). Auf der linken Seite erkennen wir eine ausgedehnte HII-Region, die im oberen Bereich von horizontal verlaufenden Dunkelwolken überdeckt wird. Diese Region ist nicht als eigenständiges Objekt katalogisiert, was daran liegen könnte, dass ihre Flächenhelligkeit recht gering ist. Erst die Bildbearbeitung schafft es, diese Struktur deutlich hervorzuheben. Im unteren Bereich fällt ein nur etwa 2′ großes HII-Dreieck auf, das als LBN 712 katalogisiert ist.

Inmitten der Region strahlt der Stern 1 Cam (HD 28446). Es handelt sich um ein 5,8 mag helles Dreifachsystem, das aus zwei B-Sternen und einem O-Stern besteht. Der größte Stern ist ein B0-Überriese, der auch als Pulsationsveränderlicher bekannt ist. Die Gaia-Daten liefern für 1 Cam eine Entfernung von 2520 ± 180 Lichtjahren. Da es keine anderen hellen Sterne in dieser Region gibt, die heiß genug sind, um die HII-Emission des Nebels anzuregen, erscheint es wahrscheinlich, dass die gesamte HII-Region mit 1 Cam assoziiert ist.

Die HII-Region im rechten unteren Quadranten ist deutlich heller als ihr linker Bildnachbar. Auf ihrer linken Seite steht mit NGC 1496 ein offener Haufen mit einem Winkeldurchmesser von etwa 6′ und einer Helligkeit von 9,6 mag. In der WEBDA-Datenbank ist für diesen Haufen ein Alter von 630 Millionen Jahre notiert sowie eine Entfernung von 4000 Lichtjahren. Diese wurde durch die Gaia-Messungen auf 5330 ± 370 Lichtjahre korrigiert, was sich durch den hohen Farbexzess von E(B–V) = 1,4 mag erklären lässt. Entdeckt wurde NGC 1496 am 8. November 1831 durch den Astronomen John Frederick William Herschel. Am rechten Rand der HII-Region liegt mit NGC 1444 ein weiterer offener Haufen. Dieser ist mit 90 Millionen Jahren jünger und mit 6,6 mag auch heller. Die Entfernungswerte von WEBDA passen gut zu den neuen Gaia-Messungen und rücken NGC 1444 in eine Distanz von 3920 ± 220 Lichtjahren. Entdeckt hat diesen Haufen am 18. Dezember 1788 der Vater des NGC-1496-Entdeckers, der Astronom Friedrich Wilhelm Herschel. Aus den Positionen der beiden Sternhaufen ergibt sich, dass die HII-Region räumlich zwischen den beiden Haufen platziert ist. Da zudem auf der rechten Seite die hellen HII-Filamente Sh2-205 leuchten, gehen wir davon aus, dass die Wolke näher bei NGC 1444 steht.

Die hellste HII-Emissionsregion im Bildfeld schließt unten links an. Es ist NGC 1491, eine HII-Region, die etwa 5′ Durchmesser groß ist. Überprüfen wir die Kataloge, so kommt als Ionisationsquelle nur der Stern BD +50 886 infrage. Es handelt sich um einen O4V-Typ mit einer visuellen Helligkeit von 11,2 mag und einer IR-Helligkeit von 8,4 mag im K-Band. Für diesen Stern liefert Gaia die enorme Entfernung von 11.800 ± 3000 Lichtjahren.

Seine Strömgren-Sphäre hat einen Durchmesser von 10′, was in dieser Entfernung 34 Lichtjahren entspricht. Da NGC 1491 kompakt ist und die Wasserstoffdichte hoch sein dürfte, ist diese Radiusschätzung realistisch. Somit handelt es sich beim hellsten HII-Objekt der Aufnahme zugleich um das am weitesten entfernte. Während die beiden Sternhaufen NGC 1444 und NGC 1496 zur Camelopardalis-OB1-Assoziation gehören, also Teil des lokalen Spiralarms sind, dürfen wir davon ausgehen, dass NGC 1491 weiter entfernt ist und zum Perseus-Spiralarm der Milchstraße gehört.

RGB-Detailaufnahme des Lagunennebels

Der Lagunennebel im Licht von Hα, [SII] und [OIII]

M 8/M 20 LAGUNENNEBEL/TRIFIDNEBEL

SGR | $18^h\ 3^m\ 37^s$ | -24° 23′ 12″

Die Motive dieser Aufnahme sind für viele Astrofotografen einer der Gründe für einen Urlaub in südlichen Gefilden. Der Trifidnebel M 20 (siehe Kapitel 3: M 20) und weiter südlich der Lagunennebel M 8 stehen inmitten des Sternbildes Schütze, das in Deutschland nur im Sommer zu beobachten ist – und nur im südlichen Deutschland steigen sie weit genug über den Horizont. Beide liegen in der Milchstraßenebene, und der Hintergrund des Bildfelds zeigt die typischen Staub- und Nebelwolken. In einem noch größeren Bildausschnitt könnten wir erkennen, dass diese zwei Nebel die hellsten Flecke eines dunklen Bandes sind, das sich über 15° hinweg zwischen den galaktischen Längen +10° bis −10° erstreckt. Bei M 8 beträgt die galaktische Länge l = 6,0° und bei M 20 sind es l = 7,1°. Beide Nebelregionen müssen daher zum lokalen oder zum nächsten Spiralarm in Richtung Zentrum, dem Carina-Sagittarius-Spiralarm, gehören.

Bei M 20 (NGC 6514) handelt sich um eine Kombination aus einer rötlichen HII-Region und einem blauen Reflexionsnebel. Der südliche Teil ist eine 15′ große HII-Region, die von HD 164492 beleuchtet wird. Dieser 6,8 mag helle Doppelstern besteht aus einem O7V- und einem A2I-Stern, könnte aber auch noch weitere Sterne enthalten. Die Gaia-Entfernung wird mit 4791 ± 337 Lichtjahren angegeben. Der HII-Radius beträgt hier etwa 50 Lichtjahre. Der Farbwechsel bei M 20 zeigt eindrucksvoll die Reichweite der Wasserstoffionisation durch HD 164492. Im Inneren von M 20 haben Astronomen acht kompakte Objekte nachweisen können, in denen junge Sterne entstehen. In diesen wachsen jeweils kleine Sternhaufen heran, deren Leuchtkräfte jetzt schon im Bereich einiger hundert Sonnenleuchtkräfte liegen. Die Sternentstehung begann vor etwa 300.000 Jahren und trägt zur Expansion von M 20 bei.

Der Lagunennebel M 8 enthält die beiden Sternhaufen NGC 6523 und NGC 6530. Der Haufen NGC 6530 ist etwa 14′ groß und auf der linken Seite der Detailaufnahme zu erkennen. Seine hellsten Sterne erreichen 7 mag. Benutzen wir die Gaia-Parallaxen der hellsten Haufensterne, lässt sich eine Entfernung von etwa 4370 ± 220 Lichtjahren ermitteln. Wir gehen davon aus, dass dieser Haufen mit M 8 verbunden ist. Dessen O-Sterne und rund 60 weitere B-Sterne liefern die ionisierende Strahlung der etwa 50′ × 40′ großen HII-Region. Die Hauptquelle ist der O4V-Stern 9 Sgr. Seine Helligkeit beträgt 6 mag und seine Gaia-Parallaxe liefert eine Entfernung von 4111 ± 374 Lichtjahren. Damit läge 9 Sgr auf unserem Sehstrahl noch vor NGC 6530.

Der westliche Teil von M 8 ist kompakter und lässt sich gut als sphärische HII-Region beschreiben, die um den O7V-Stern Herschel 36 entstanden ist. Dieses Zentrum von M 8 wurde von John Herschel auch als „Hourglass-Nebel" bezeichnet. Die zweite Detailaufnahme nutzt Schmalbandfilter, um im roten Farbband einen besseren Farbkontrast der feinen Unterschiede zwischen der Hα- und der [SII]-Emission herzustellen. Besonders auffallend sind dadurch die radial angeordneten Ionisationsfronten, die zusammen mit dunklen Filamenten den dreidimensionalen Aufbau andeuten. In M 8 befinden sich über 30 Kandidaten für T-Tauri-Sterne. Ihre Spektren lassen vermuten, dass sie alle jünger als 3 Millionen Jahren sind und ihre Massen zwischen 0,8 Sonnenmassen und 2,5 Sonnenmassen liegen. Neben diesen Zwergsternen wurden im Hertzsprung-Russell-Diagramm von M 8 aber auch massereichere OB-Sterne gefunden, die schon ihr Hauptreihenstadium erreicht haben. Ihre Massen werden auf 5 bis 70 Sonnenmassen geschätzt. Dies ist ein Zeichen dafür, dass in M 8 die Bedingungen für die Entstehung von Sternen ideal waren und Sterne mit breitgefächerten Eigenschaften entstehen konnten.

Die Entfernungen von M 8 und M 20 begrenzen einen Ring von etwa 600 Lichtjahren Breite in der Milchstraßenebene. Beide Nebel befinden sich im Carina-Sagittarius-Spiralarm. Es handelt sich hier um einen kleineren Zwischenarm, der in Richtung des galaktischen Zentrums vor dem größeren Scutum-Centaurus-Arm verläuft. Dieser ausgedehnte Spiralarm liefert den für das sichtbare Licht undurchdringlichen, braunen Bildhintergrund, der die Nebelfarben noch kräftiger hervortreten lässt.

M 16 ADLERNEBEL

SER | $18^h\ 18^m\ 45^s$ | -13° 47′ 30″

Der Schweizer Astronom Jean-Philippe de Cheseaux entdeckte dieses Objekt 1745 bei Beobachtungen im Sternbild Schlange und nahm es als vierten von 21 Nebeln in seine Liste auf. Charles Messier verzeichnete es dann 1764, unabhängig von Cheseaux, in seinem Katalog. Der Nebel von M 16 ist auch als IC 4703 bekannt, während der Sternhaufen als NGC 6611 katalogisiert ist. Im 18. Jahrhundert wurden beide, der Emissionsnebel und der Sternhaufen, noch nicht getrennt betrachtet, sie galten zusammen als „M 16".
Der Haufen ist eher offen und unregelmäßig geformt. Sein Trumpler-Typ lautet II 3 m n (siehe Kapitel 6: Klassifikation von Sternhaufen). HD 168076, mit 8,2 mag der hellste Stern, ist ein Doppelstern aus zwei O-Spektraltypen. Die Entfernung des nur ein bis zwei Millionen Jahre alten Haufens liegt bei 5700 Lichtjahren und sein Durchmesser von etwa 7′ entspricht in dieser Entfernung einer Strecke von 15 Lichtjahren. Der Sternhaufen wird vom Emissionsnebel umgeben, der deutlich weiter reicht und ein Areal von 30′ × 20′ überdeckt. Besonders springt eine markante Dunkelwolke ins Auge, die im nördlichen Teil eine fast gerade Kante zeigt. Dieses dunkle Band wird an einer Stelle von einem kleinen, leuchtenden Gasbogen unterbrochen. So entsteht eine in den blauen Bereich hineinragende Abschattung in Form eines Adlers – dies erklärt auch den Namen „Adlernebel", unter dem M 16 besser bekannt ist.
Die ersten Aufnahmen von M 16 stammen von Edward Emerson Barnard aus dem Jahr 1895, Max Wolf fertigte 1923 weitere Aufnahmen an. Sie dienten als Belege, dass die Dunkelwolken tatsächlich vor dem Haufen stehen und es sich nicht um „Löcher" im Milchstraßenband handelt, wie damals einige Astronomen noch vermuteten. Letztendlich bestätigte dies Robert J. Trumpler in den 1930er-Jahren. Er untersuchte die Korrelation zwischen der Haufengröße und der Sternhelligkeit. Mit der groben Annahme von einheitlichen Haufen folgerte er, dass weiter entfernte Haufen auch weniger hell erscheinen müssten. Trumpler stellte fest, dass weit entfernte Haufen eine zusätzliche Helligkeitsabnahme aufweisen, was er durch dazwischenliegendes absorbierendes Material erklärte. Damit legte er die Grundlage für das heute noch geltende Bild der Staubstrukturen in der Milchstraßenebene! Diese Tatsache ergibt sich aufgrund der Qualität der heutigen Aufnahmen fast zwangsläufig, war aber vor 100 Jahren keineswegs selbstverständlich.
M 16 ist mit einem weiteren Meilenstein der astronomischen Forschung verbunden: Als im Jahr 1990 das Hubble Space Telescope gestartet wurde, merkten die Astronomen schnell, dass der 2,4-m-Spiegel eine starke sphärische Aberration aufwies, da er durch eine fehlkalibrierte Messapparatur falsch geschliffen worden war. Die NASA konnte diesen Fehler im Dezember 1993 im Rahmen einer Reparaturmission korrigieren. Mit dem Flug STS-61 des Space-Shuttles wurde eine korrektive Optik (engl. „Corrective Optics Space Telescope Axial Replacement", COSTAR) installiert. Die „Brille" war aus fünf Paaren von Korrekturspiegeln aufgebaut und besaß die Größe einer Telefonzelle. (Oder für jüngere Leser, die diese nicht mehr kennen: etwa von der Größe mobiler Toilettenhäuschen, wie sie auf Musikfestivals zum Einsatz kommen.) An der Konstruktion von COSTAR arbeiteten unabhängig voneinander zwei

Die „Saulen der Schopfung“ im Detail.

Detailaufnahme der „schwarzen Säule“.

Teams: eines praktisch, ausgehend vom vorliegenden, fehlerhaften Messwerkzeug, und eines theoretisch, mithilfe der Untersuchung der Punktverteilungsfunktion des Hauptspiegels. Um sicher zu sein, dass die Korrektur auch wirklich funktionieren würde, wurde ein eigens entwickeltes optomechanisches Simulationssystem eingesetzt. Die gesamten Testreihen wurden von zwei Teams von zwei verschiedenen Instituten durchgeführt, zudem wurden bei den Tests verschiedene Messinstrumente eingesetzt. Für die NASA war dies eine Schlüsselmission und ein Misslingen hätte schwere Folgen für die Zukunft der gesamten Organisation haben können. So ist es verständlich, dass der NASA geradezu Asteroiden vom Herzen polterten und das zweite „first light“ des Hubble Space Telescope entsprechend zelebriert wurde. Die Korrektur war gelungen und Hubble konnte endlich scharfe Bilder liefern.

In den nächsten Jahren verstärkte die NASA die Öffentlichkeitsarbeit und nutzte dazu das beeindruckende Hubble-Bildmaterial. Wie kaum ein anderes Bild wurde die Aufnahme des Adlernebels, die am 1. April 1995 entstand, zu einer Ikone der Astrofotografie. Mit diesem Hubble-Foto wurde auch die besondere Farbpalette bekannt, bei der die HII-Emission im Grün-Kanal eingesetzt wird und damit eine „Rotverschiebung“ des Bilds bewirkt. So entsteht das spezifische blaugrüne Leuchten der Hubble-Aufnahmen. Für den Blau-Kanal wird die Emission von [OIII] und für den Rot-Kanal die [SII]-Emission genutzt.

Die „Säulen der Schöpfung“ (engl. „pillars of creation“) sind auf der linken Detailaufnahme zu sehen. Bei den „Säulen“ handelt es sich um die für HII-Regionen typischen Elefantenrüssel-Strukturen (ETLS). In den Enden der etwa fünf bis sechs Lichtjahre langen Säulen liegen kompakte Gaswolken, in denen Sterne entstehen – die sogenannten EGG (engl. „evaporating gaseous globules“, zu Deutsch „verdampfende gasförmige Globulen“). Die rechte Detailaufnahme zeigt eine weitere Säule, sie ist im östlichen Nebelteil zu finden. Diese filigran wirkende Säule ist unter den Astrofotografen auch als „black pillar“ („die schwarze Säule“) bekannt und ungefähr 10 Lichtjahre groß.

Im Lauf der Jahre wurden die Säulen in M 16 auch mit anderen Instrumenten intensiv untersucht. Im Infraroten wurde nachgewiesen, dass die etwa 20 OB-Sterne in NGC 6611 nicht genügend UV-Photonen liefern, um das gemessene Spektrum von M 16 zu erklären. Genauer gesagt wurde herausgefunden, dass für Wellenlängen unter 10 µm die Haufensterne besser zur beobachteten Infrarotsignatur passen. Bei mittleren Wellenlängen von 12 µm – 24 µm wurde im Infraroten zwar eine leuchtende Schalenstruktur erkennbar, es war aber nicht möglich, in der Nähe stehende Haufensterne als Energiequellen zuzuordnen. Eine mögliche Erklärung lieferte ein Forscherteam 2009. Sie vermuteten, dass eine Supernova, die bereits vor etwa 8000 Jahre explodierte, die notwendige Energie lieferte. Die von ihr ausgelösten Stoßfronten hätten beim Durchlaufen der Nebelregion zu einer Wechselwirkung zwischen den Elektronen und den Staubteilchen geführt und die IR-Emissionen angeregt. Träfe die Erklärung zu, so wäre diese Supernova die erste, die nur aufgrund der von ihr verursachten Staubanregung nachgewiesen worden wäre.

Licht ins Dunkle brachte 2014 wieder eine Hubble-Aufnahme. In den fast 20 Jahren seit der Reparatur wurden in weiteren Missionen Kameras getauscht, wodurch sich die Auflösung noch weiter verbesserte. Die späteren Untersuchungen zeigten, dass die Säulenstrukturen doch durchsichtiger waren, als bei den ersten Aufnahmen vermutet wurde. Somit war zur Erklärung keine Supernova mehr notwendig. Außerdem werden uns so die filigranen Feinheiten von M 16 noch lange erhalten bleiben.

M 17 OMEGANEBEL/SCHWANENNEBEL

SGR | 18^h 20^m 47^s | -16° 10′ 18″

Mit seinem Nachbarn M 16 im Messier-Katalog teilt M 17 viele Eigenschaften. Wie dieser ist er eine HII-Region nahe der Milchstraßenebene und wird dem Carina-Sagittarius-Spiralarm zugeordnet. Er ist innerhalb der Fehlergrenzen fast so weit entfernt wie M 16, nämlich ungefähr 5700 Lichtjahre. Im Sagittariusarm sind die beiden Nebel nur etwa 300 Lichtjahre voneinander entfernt. Am Himmel sind es knapp 2,5°. Auch M 17 wird durch einen Sternhaufen zum Leuchten angeregt – es ist NGC 6618, ein Haufen mit einem Durchmesser von etwa 1,7′.

Die Gaia-Daten der hellsten NGC-6618-Haufensterne liefern einen Wert von 5750 Lichtjahren, beim Kollegen M 16 sind es 5450 Lichtjahre. Die Messfehler liegen bei M 16 in der Größenordnung von 360 Lichtjahren, bei M 17 betragen sie nur etwa 60 Lichtjahre. Beim M 16-Haufen NGC 6618 wurden 82 Sterne und beim M 17-Haufen NGC 6611 wurden über 350 Sterne zur Berechnung benutzt. Dies bestätigt zum einen ihre Positionen im Carina-Sagittarius-Spiralarm, es zeigt aber auch, dass M 17 einen kompakten Haufen als Energiequelle besitzt.

M 17 wird zu den großen HII-Regionen (engl. „giant HII-regions“, kurz „GHII“) der Milchstraße gezählt. In ihnen entstehen die massereichsten Sterne unserer Heimatgalaxie, die etwa 50 solcher Riesen-HII-Regionen enthält. Diese Zonen sind auch extrem helle IR-Quellen, da die massereichen Sterne die umgebenden, dichten Staubwolken anregen. Zudem erzeugen sie ein intensives Radiokontinuum. Die Summe der spektralen Beiträge dieser GHII zeigt, dass sie den Hauptteil der bolometrischen Leuchtkraft der Milchstraße liefern.

Mit dem SOFIA-Observatorium („Stratospheric Observatory For Infrared Astronomy“, „Stratosphärenobservatorium für Infrarotastronomie“), einer für die astronomische Forschung umgebauten Boeing 747-SP, wurde M 17 im Jahr 2017 während dreier Flüge beobachtet. Der SOFIA-Hauptspiegel hat eine effektive Öffnung von 2,5 m und das Mehrkanal-Instrument FORCAST („Faint Object infraRed CAmera“, zu Deutsch „Infrarotkamera für schwache Objekte“) liefert im Wellenlängenbereich von 5 µm – 40 µm sowohl IR-Bilddaten wie auch IR-Spektren. SOFIAs Bildfeld von 10′ × 10′ zielte auf das Zentrum von M 17, das auf der gezeigten Aufnahme im rechten, hellen Teil des Nebels liegt und teilweise von einer Dunkelwolke verdeckt wird. Hinter diesem Wolkenvorhang konnten die Wissenschaftler sieben massereiche junge Sterne (engl. „massive young stellar objects“, MYSO) identifizieren. Mithilfe der Daten anderer Kampagnen wurde die spektrale Energieverteilung der Quellen modelliert, sodass die Massen der entstehenden Sterne berechnet werden konnten. Das massereichste junge Objekt in M 17 erreicht dabei 64 Sonnenmassen.

Insgesamt bestätigte sich für M 17, der auch als Omeganebel oder Schwanennebel bezeichnet wird, was schon frühere Untersuchungen gezeigt hatte: Die Sternentstehung muss in M 17 in mehreren Schritten erfolgt sein. Das größte Resultat war bisher der Haufen NGC 6618. Die Sternentstehung dauert aber noch an, was die nach außen wandernden Schalen zeigen, in denen MYSO zu finden sind. Trotz des Beinamens steht M 17 also nicht am Ende der Entwicklung, sondern stößt die Sternentstehung in seinem Inneren immer wieder neu an.

N

M 20 TRIFIDNEBEL

SGR | 18^h 2^m 42^s | -22° 58′ 18″

Der Trifidnebel M 20 (NGC 6514) wurde bereits mit M 8 zusammen vorgestellt. Der Trivialname „Trifidnebel“, den John Herschel für diesen Emissions- und Reflexionsnebel eingeführt hat, geht auf das lateinische „trifidus“ (dreifältig) zurück und beschreibt die drei großen sichtbaren Nebelteile, die durch die Bedeckung mit dem davor liegenden Dunkelnebel Barnard 85 entstehen. Die blauen Nebelanteile deuten an, wie viel Licht die tiefer im Haufen enthaltenen O-Sterne in den blauen Bereich des Spektrums abstrahlen. Die von ihnen ausgesandten UV-Photonen regen im unteren südlichen Teil die HII-Emission an. Auf ihrem weiteren Weg nach oben verlieren die Photonen aber durch Wechselwirkungen mit dem Wasserstoffgas Energie. Wären im südlichen Teil mehr O-Sterne enthalten und der UV-Photonenfluss damit stärker, so würde das Blau dem Lachsrot der HII-Emission weichen (siehe Kapitel 3: M 8 / M 20).
Für viele Amateurastronomen macht dieser Kontrast von Blau und Rot den Trifidnebel zu einem gern fotografierten Objekt. Eine der ersten Aufnahmen von M 20 fertigte Max Wolf Anfang des 20. Jahrhunderts mit dem Bruce-Teleskop der Sternwarte auf dem Königstuhl in Heidelberg an. Er benutzte hierzu die damals immer noch üblichen 10 cm × 8 cm großen Fotoplatten aus Glas. Auf diesen war eine lichtempfindliche Gelatine-Schicht aus aufgeschlämmten Silbersalzen aufgetragen, die allerdings nur Schwarz-Weiß-Bilder erlaubten. Deren spektrale Empfindlichkeit überdeckte den visuellen Bereich von 400 nm bis 700 nm. Auf der Wolfschen Fotoplatte von M 20 ist zu erkennen, dass beide Farbanteile des Nebels aufgenommen wurden, natürlich nur in schwarz-weiß.
Die ESO betreibt mit ihrem 4,2-m-VISTA-Teleskop auf dem Paranal in Chile eines der größten erdgebundenen Infrarotteleskope. Die Abkürzung VISTA steht für „Visible and Infrared Survey Telescope for Astronomy“ und beschreibt das beeindruckende Vorhaben, den Südhimmel systematisch zu durchmustern. Zusätzlich sollen ausgewählte Regionen im Detail untersucht werden. Das Teleskop wurde bereits 2009 in Betrieb genommen und seine 67-Megapixel-Kamera produziert riesige Datenmengen: Jede Nacht sind es 315 GByte. Die Kamera wird dabei auf −200° C gekühlt und besteht aus 16 infrarotempfindlichen CCDs, die aus technischen Gründen nicht direkt nebeneinander montiert sind. Ein Gesamtbild hat daher große Lücken, die allmählich durch aufeinanderfolgende Belichtungen gefüllt werden. Die CCDs liefern monochromatische Luminanzbilder (die im Wesentlichen Grautöne enthalten). Mithilfe von Filtern können Farben innerhalb des VISTA-Wellenlängenbereich von 0,9 µm – 1,2 µm durch Filter ausgewählt werden. Mit VISTA führte die ESO bislang sechs Durchmusterungen des Südhimmels durch, die öffentlich zugängliche Daten lieferten. Einer davon war „VVV – VISTA Variables in the Via Lactea“ („VISTA-Variablen in der Milchstraße“), eine Suche nach Variablen entlang des Milchstraßenbandes, um eine dreidimensionale Modellierung des Sphäroids zu ermöglichen. Die etwa 520 Quadratgrad der Durchmusterung enthalten 355 offene Haufen und 33 Kugelsternhaufen, zu denen Entfernungen bestimmt werden konnten.
Es entstand ein Katalog von über einer Milliarde Punktquellen, von denen über eine Million variabel sind. Aufgrund dieser enormen Datenmenge werden die Astronomen noch viele Jahre mit der Auswertung beschäftigt sein. Der Blick auf die von der ESO veröffentlichten VISTA-Aufnahmen zeigt ein gänzlich anderes Aussehen als die bekannte bunte Aufnahme in mehreren visuellen Bändern (zum Beispiel die skalierbare Aufnahme unter https://www.eso.org/public/germany/images/eso1504e/zoomable/). Das Blau ist verschwunden und die Rot-Anteile sind kaum mehr zu sehen. Nur das Zentrum wie auch der nördliche Teil zeigen noch ein schwaches Leuchten. In der VISTA-Farbgebung ist es ein zarter blauer Schleier, der von den Nebelfäden von Barnard 85-Dunkelwolken überdeckt wird. Im Infraroten können wir durch den Nebel blicken und in Bereiche vordringen, die über das Zentrum der Milchstraße hinausreichen.
2014 wurden hinter dem Trifidnebel zwei klassische Cepheiden gefunden. Aus dem regelmäßigen Lichtwechsel und der Standardhelligkeit konnte ihre Entfernung abgeschätzt werden. Beide Lichtkurven zeigten ähnliche Perioden von etwa 11 Tagen. Die Forscher schlossen aus den ebenfalls fast identischen Infrarothelligkeiten von 12,7 mag im K-Band auf eine Entfernung von etwa 37.000 ± 2800 Lichtjahren. Ihr Winkelabstand liegt bei 18,3", was in dieser Entfernung 3,2 Lichtjahren entspricht. Die beiden Cepheiden, die etwa 50 Millionen Jahre alt sind, könnten also zusammen entstanden sein. Sie könnten zu einem Haufen gehören, der schon auf der anderen Seite der Milchstraße liegt. Ihre Position passt dabei gut zu der Lage des sogenannten „3-kpc-Spiralarms“, der sich auf der gegenüberliegenden Seite des Sphäroids befindet.
In den Resultaten zu den Zwillingscepheiden fällt eine Zahl auf. Die Extinktion beträgt A_V = 32 mag, das Licht der beiden Cepheiden ist also enorm gerötet! Dies belegt eindrucksvoll, dass durch VISTA die Barriere des galaktischen Staubbandes durchdrungen und ein neues Infrarotfenster für die astronomische Forschung aufgestoßen werden konnte.

N

M 42/43 ORIONNEBEL

ORI | $5^h\ 35^m\ 17^s$ | -5° 23′ 28″

Die zwei Emissionsnebel M 42 (NGC 1976) und M 43 (NGC 1982) sind Teile der Orion-A-Molekülwolke. Die Entfernung von M 42 liegt bei 1344 ± 20 Lichtjahren (siehe Kapitel 2: M 42) und seine maßgeblichen Ionisationsquellen sind die etwa 10 Sterne des Orion-Trapezhaufens. Die Ionisation des Wasserstoffs in M 43 wird dagegen durch einen einzelnen Stern angeregt: Es ist der 7,1 mag helle Veränderliche NU Orionis (HD 37061) mit dem Spektraltyp O9,5V. Sein Licht besitzt den zur Ionisation benötigten hohen UV-Anteil. Die Entfernung von NU Orionis beträgt 1706 ± 36 Lichtjahre und ist damit unwesentlich größer als die von M 42. Die Aufnahme unterstützt diese Folgerung der räumlichen Anordnung.

Der kleinere Emissionsnebel M 43 schmiegt sich links oberhalb an den hellen Bogen von M 42 an. Der Dunkelnebel mit der Bezeichnung „Fischmaul", der die beiden HII-Gebiete trennt, liegt unter M 43 und damit zwischen den zwei Bereichen.

M 43, der auch als kleiner Orionnebel oder nach seinem Entdecker auch als De Mairans Nebel bezeichnet wird, ist fast kreisförmig und besitzt einen Winkeldurchmesser von knapp 20′. Seine Größe von 10 Lichtjahren passt gut zum Strömgren-Radius eines jungen O-Sterns, der noch von einer dichten Wolke umgeben ist.

Etwa 50′ weiter nördlich, im Bild oberhalb von M 42/43, steht ein blauer Reflexionsnebel mit der Bezeichnung NGC 1977. Er gehört zur HII-Region Sh2-279, die vom Stern 42 Orionis beleuchtet wird. Aufgrund der Dunkelwolken vor NGC 1977 hat sich dafür die Bezeichnung „Running-Man-Nebula" (zu Deutsch etwa der „Läufernebel") etabliert. Mit etwas Fantasie lässt sich ein Läufer erkennen, der sich im Bild nach rechts oben „bewegt".

Der Blick auf diesen Nebel ist auch ein Blick auf die Anfänge der Astrofotografie. Der amerikanische Astronom Henry Draper erstellte am 30. September 1880 die erste Aufnahme des Orionnebels. Er benutzte dazu den 28-cm-Refraktor, der von Alan Clark für Henry Drapers Sternwarte Hastings-on-Hudson im Staat New York (USA) hergestellt wurde. Der Refraktor war für Fotozwecke optimiert und besaß auch Objektivprismen zur Erstellung von Spektren. Henry Draper war einer der Pioniere der Spektroskopie. Er nahm 1872 auch als erster ein fotografisches Sternspektrum auf, für das er die Wega wählte. Seine M 42-Aufnahme aus dem Jahr 1880 zeigte die Trapezregion (noch ohne M 43), die er 51 Minuten lang belichtet hatte. Zur genauen Nachführung des Refraktors nutzt er eine Kombination aus mehreren Uhrwerken, die zur Laufregulierung Pendel besaßen. Die Getriebe für diesen Antrieb konstruierte Henry Draper selbst. Mit ihm konnte er einen Stern für etwa 1 Stunde ohne Korrekturen nachführen.

Die erste erhaltene M 42-Aufnahme zeigt noch einen leichten Nachführfehler. Henry Draper war mit der Aufnahme nicht zufrieden. Er experimentierte mit verschiedenen Belichtungszeiten und stellte fest, dass die hellen Trapezsterne bei seinen Fotoplatten schon nach etwa 2 Minuten gesättigt waren. Im März 1881 gelangen ihm deutlich bessere Aufnahmen. Die beste belichtete er 104 Minuten lang und erreichte damit Sterne bis zu einer Helligkeit von 14,7 mag. Draper war jedoch noch immer nicht zufrieden und verbesserte seine Ausrüstung weiter. Am 14. März 1882, gemäß seinen Aufzeichnungen ein –3° C kalter und sehr windiger Abend, belichtete er den Orionnebel 137 Minuten lang. Er nutzte dazu eine größere Fotoplatte, die mit Brom-Gelatine belegt war. So ergab sich ein größeres Bildfeld, auf dem nun auch M 43 abgebildet wurde. Im März 1882 fertigte Henry Draper außerdem Spektren des Orionnebels an. Er benutzte einen Spaltspektrografen und war damit in der Lage, die Emissionslinien Hγ und Hδ des Wasserstoffs nachzuweisen.

Henry Draper musste als erster M 42-Fotograf auch der Umstände Herr werden, die heute jedem Astrofotografen bekannt sind. Am windigen Märzabend gab es teilweise starke Böen, die an seinem Refraktor rüttelten und kleine Auslenkungen produzierten, die sich in vergrößerten Sterndurchmessern zeigten. Er hatte dies erkannt und begonnen, die Böen zu messen. Als Einheit benutze er die damals gebräuchliche Maßeinheit des Drucks „pounds per square foot" („Pfund pro Quadratfuß"). Die stärksten Böen erreichten damals, umgerechnet auf heutige SI-Einheiten, etwa 24 kg/m², was etwa Windstärken zwischen 6 und 7 Beaufort entspricht.

Die Beharrlichkeit von Henry Draper ist jedem engagierten Amateurastronomen vertraut. Eine misslungene Aufnahme ist der beste Antrieb, es weiter zu versuchen, um die Störquellen sukzessive auszuschalten. Auch wenn dies Jahre dauert, sind wir erst dann zufrieden, wenn es uns endlich gelungen ist, auf unseren Aufnahmen nadelfeine Sterne und kleinste Nebelstrukturen abgebildet zu haben.

NGC 1499 CALIFORNIA-NEBEL

PER | $4^h\ 3^m\ 18^s$ | 36° 25′ 18″

Der California-Nebel (NGC 1499) liegt im Sternbild Perseus und besitzt eine Winkelausdehnung von 150′ × 40′. Diese länglich geformte HII-Region ist etwa viermal so lang wie breit und erinnert an die Umrisse des US-Bundesstaats an der Pazifikküste. Entdeckt wurde dieser lichtschwache Nebel 1885 durch den Astronomen Edward Emerson Barnard auf Aufnahmen, die er mit dem 15-cm-Wilard-Refraktor am Lick-Observatorium auf dem Mount Hamilton, Kalifornien (USA) angefertigt hatte.

Der Stern Menkib (ξ Persei), der auf der Aufnahme unterhalb von NGC 1499 zu sehen ist, liefert die Energie für die HII-Emission. Betrachten wir den Helligkeitsverlauf entlang der Längsachse, fällt auf, dass der Nebel nicht gleichförmig leuchtet, sondern dass der Bereich in der Nähe von ξ Persei heller ist. In NGC 1499 liegt in diesem hellen Bereich die kleine Dunkelwolke LDN 1464, die besonders kontrastreich auf der unteren Aufnahme zu sehen ist, da sie mit Schmalbandfiltern erzeugt wurde. Dabei ist anzumerken, dass NGC 1499 nur auf langbelichteten Aufnahmen direkt als großes Objekt zu sehen ist. Dennoch gibt es Berichte von Amateurastronomen, denen zufolge NGC 1499 unter sehr dunklem Himmel schon mit bloßem Auge oder unter Zuhilfenahme eines Nebelfilters zu beobachten sei.

Die visuelle Helligkeit von ξ Persei beträgt 4,1 mag, die Helligkeit im nahen infraroten K-Band liegt bei 4,0 mag. Da diese beiden Helligkeiten fast gleich sind, dürfte ξ Persei nicht von einer nahen Wolke umgeben sein. Die Hipparcos-Astrometrie lieferte eine Entfernung des Sterns von 1245 ± 252 Lichtjahren. Die Gaia-Daten sind für ξ Persei leider unbrauchbar, da der Fehler der Parallaxe größer ist als der Parallaxenwert.

Wir gehen heute davon aus, dass es sich bei ξ Persei um einen O7,5III-Stern handelt. Der Riesenstern besitzt eine Masse im Bereich von 25 bis 40 Sonnenmassen und eine Größe von etwa 7 Sonnendurchmessern. Der Stern ist mit 7 Millionen Jahren noch jung und rotiert mit 204 km/s. Dieser Geschwindigkeitswert enthält einen Faktor sin(i), wobei i der unbekannte Neigungswinkel der Rotationsachse von ξ Persei ist. Gemessen werden kann nur der Anteil der Rotationsgeschwindigkeit, der in unsere Richtung zeigt. Es könnte aber sein, dass die Achse relativ zu unserer Beobachtungsrichtung geneigt ist und die absolute Äquatorialgeschwindigkeit der Sternoberfläche daher größer ist. Im Vergleich dazu dreht sich die Äquatorregion der Sonne mit etwa 2 km/s geradezu gemächlich. Bei den Parametern von ξ Persei fällt auf, dass für diesen Stern eine Rotverschiebung von z = 0,0002182 angegeben ist. Dies entspricht etwa 65,4 km/s. Seine Eigenbewegung liegt bei recht genau 4 mas/a und liefert eine transversale Geschwindigkeit von 7,2 km/s. Diese Werte sprechen dafür, dass es sich bei ξ Persei um einen „runaway star“, also um einen kosmischen Schnellläufer handeln könnte.

Aus dem Spektraltyp und den Emissionslinien im Spektrum folgt eine hohe Oberflächentemperatur von 35.000 K. ξ Persei ist einer der heißesten Sterne, die wir mit bloßem Auge beobachten können. Die enorme Leuchtkraft von ξ Persei können wir erahnen, wenn wir uns vor Augen halten, dass dieser Stern auch als Röntgenquelle bekannt ist. Die Röntgenphotonen entstehen aber nicht direkt auf dem Stern, denn selbst ein O-Stern ist dafür zu kalt. Die Quelle der Röntgenstrahlung sind vermutlich Wechselwirkungen innerhalb eines starken Sternwinds, dessen Atome, Ionen und Elektronen mit verschieden Geschwindigkeiten aufeinanderprallen und dabei Röntgenstrahlung emittieren.

Im Optischen ist ξ Persei ein beliebtes Objekt für Spektraluntersuchungen, da seine Linien starke Variabilität aufweisen. Außerdem zeigt die Lichtkurve von ξ Persei eine Periode von 2,09 Tagen, deren Amplituden teils regelmäßig und teils zufällig schwanken. Eine Aussage zum genauen Mechanismus dieses Lichtwechsels ist noch nicht möglich. Es erscheint jedoch wahrscheinlich, dass durch starke Magnetfelder große Sternflecken auf der Oberfläche von ξ Persei entstehen könnten, die für die Variabilität verantwortlich sind. Das wäre auch eine mögliche Erklärung für die intensiven Variationen im Sternwind. Ganz am Anfang des Lebens von ξ Persei könnte ein gewaltsames Ereignis gestanden haben, das ihn aus einem Sternhaufen der Perseus-OB2-Assoziation herausgeschleudert hat. Diese Dramatik könnte ihm auch seine starke Eigenrotation mitgegeben haben.

Trifft dieses Szenario zu, handelt es sich bei der HII-Region NGC 1499 um keine Struktur von Bestand, sondern nur um eine kosmische Momentaufnahme, die deshalb möglich ist, weil ξ Persei sehr dicht – aktuell sind es knapp 15 Lichtjahre – an der Wasserstoffwolke vorbeizieht. Aufgrund der gemessenen Geschwindigkeit können wir folgern, dass ξ Persei in etwa 700.000 Jahren zehnmal weiter von der Wasserstoffwolke entfernt sein wird. Das könnte dann der Zeitpunkt sein, an dem, im wahrsten Sinn des Wortes, das Licht von NGC 1499 wieder ausgeht.

NGC 2264

MON | $6^h 40^m 52^s$ | 9° 52′ 36″

Im Sternbild Einhorn steht etwa 6° weiter nördlich des Rosettennebels ein prominentes Paar aus HII-Nebel und Haufen. Dieses Objekt wird als NGC 2264 bezeichnet und besteht aus dem sogenannten „Weihnachtsbaumhaufen" und dem Konusnebel. In diesem Nebelfeld gibt es einige besonders auffällige Strukturen, die von den Astrofotografen mit eigenen Namen versehen worden sind.

Die Aufnahme zeigt mit dem „Fuchsfellnebel" („fox fur nebula", Sh2-273) eine dichte Dunkelwolke, die durch den Wind der jungen Sterne eine auffällige Textur entwickelt hat, die an einen Pelz erinnert. Die rotbraune Farbe erklärt ihren Beinamen. Das rotbraune Licht enthält Bestandteile von HII, das blaue Licht ist das reflektierte Sternenlicht des 4,6 mag hellen Stern S Monocerotis (15 Monocerotis). Er befindet sich links unterhalb des Bildausschnittes und gehört zum Weihnachtsbaumhaufen. Bei S Monocerotis handelt es sich um ein Doppelsternsystem, das aus einem O7V- und einem B1,5V-Stern aufgebaut ist. Der Abstand der beiden Partner beträgt aktuell 2,9" und sie sind 2410 ± 170 Lichtjahre von uns entfernt. Dies definiert auch mit hoher Wahrscheinlichkeit die Lage des Nebels. Dieser steht uns also fast 3000 Lichtjahre näher als sein Sternbildnachbar, der Rosettennebel.

Der Stern, der auf der Aufnahme unterhalb des Nebels zu sehen ist, ist der 8,1 mag helle Veränderliche V641 Monocerotis. Auch V641 ist ein Doppelsternsystem, bestehend aus einem B1,5IV-Stern, der durch die Gravitation seines kleineren B2V-Partners ellipsoidisch verformt ist. Die Gaia-Daten liefern für V641 Monocerotis eine Distanz von 2345 Lichtjahren. Dieser Stern steht also vor dem Nebel und hat weniger Einfluss auf das Aussehen des Nebels als S Monocerotis.

Bei einer umfassenden fotometrischen Studie der Region um NGC 2264 wurden 2019 fast 190.000 Punktquellen untersucht, die in einem 2° × 2° großen Himmelsareal in Katalogen zu finden waren. Die Helligkeiten reichten von 12 mag bis 22,5 mag. Eine erste triviale Feststellung war, dass diese Sterne nicht gleich verteilt waren. Dort, wo dichte Nebelstrukturen lagen, war die Sterndichte deutlich reduziert. Anhand der Sternfarben wurde eine Extinktionskarte der Region erstellt. Mit ihr konnten die Forscher untersuchen, wie eine Sterngruppe mit einer bestimmten Rötung verteilt ist. Von Besonderheit war dabei das Vorgehen in Form einer Blindstudie. Sie nutzen also keine Zusatzinformationen, welche die Zugehörigkeit eines Sterns zu einem Haufen oder Nebel offenbart hätte. Ihren Daten zufolge wird das Sternfeld von zwei Populationen bestimmt: Einer diffusen Feldpopulation und einer haufenartig verteilten Gruppe, die mit den Dunkelwolken verknüpft ist. Letztere ist mit einem Alter von 0,5 bis 5 Millionen Jahren vergleichsweise jung. Die Astronomen konnten außerdem feststellen, dass der Bereich der Sternentstehung um NGC 2264 einen Radius von 8 Lichtjahren aufweist, während die massenärmsten Sterne einen Bereich von etwa 50 Lichtjahren überdecken. Aus der Karte konnten sie auch folgern, dass NGC 2264 einen länglichen Aufbau besitzt, der den netzartigen Wolkenfilamenten folgt. Er befindet sich im sogenannten „Orion-Spur" (zu Deutsch „Orion-Sporn"). Dieser Orion-Sporn ist ein „Zwischenarm" der Milchstraße, zwischen dem lokalen und dem Perseus-Spiralarm.

NGC 3293/3324

CAR | $10^h\ 35^m\ 53^s$ | -58° 13′ 54″

Dieses Motiv ist den meisten europäischen Astrofotografen eher unbekannt, da es sich bei fast 60° südlicher Deklination befindet. Es zeigt den Haufen NGC 3293 und den Emissionsnebel NGC 3324 im Sternbild Carina (Kiel des Schiffs). Entdeckt wurde der Sternhaufen 1751 durch Nicolas-Louis de Lacaille, der vom Kap der Guten Hoffnung in Südafrika aus beobachtete. Obwohl Lacaille den größeren Carinanebel dokumentiert hatte, fiel ihm der etwa 0,5° weiter nördlich stehende Nebel NGC 3324 nicht auf – vermutlich lag es an seinem kleinen 1,25-cm-Refraktor. Auf der Aufnahme finden wir NGC 3324 unten links. Der schottische Astronom James Dunlop katalogisierte ihn schließlich 1826. Sein Instrument war übrigens ein 8-cm-Refraktor, und sein Beobachtungsort war Parmatta, in New South Wales in Australien.

Die Größe von NGC 3324 beträgt 16′ × 14′, die visuelle Helligkeit liegt bei 6,7 mag und die Entfernung bei 9200 ± 180 Lichtjahren. Zu dem Nebel gehört auch ein Sternhaufen, der aber weniger kompakt ist als sein Bildnachbar NGC 3293. Letzterer ist mit über 1000 Sternen einer der dichtesten Haufen im riesigen Carinanebelkomplex, der sich weiter unten links befindet. Das Bildfeld zeigt davon nur die nordwestliche Ecke. Die Entfernung von NGC 3293 ist 8675 ± 46 Lichtjahre. Die meisten seiner Sterne besitzen Massen im Bereich einer Sonnenmasse, allerdings konnten auch massereichere Sterne nachgewiesen werden. Sie erklären die große Zahl von über 1000 aufgefundenen Röntgenquellen. Das Alter von NGC 3293 wird auf 8 bis 10 Millionen Jahre geschätzt. Es dürfte aber schon viele O-Sterne im Haufen gegeben haben, die mittlerweile als Supernova explodiert sind. Sie könnten die Entwicklung des gesamten Carina-Komplexes mitbestimmt oder sogar erst eingeleitet haben.

Auf der Aufnahme erkennen wir am unteren Rand von NGC 3324 den hellen Stern HD 92297. Dieser ist ein 8,4 mag heller A3mA7-Stern, der mit 492 Lichtjahren deutlich vor dem Nebel steht. Im oberen nördlichen Teil von NGC 3324 liegt ein kleiner Sternhaufen, der einige O-Sterne enthält. Schauen wir in den Sternkatalogen nach, so finden wir dort ein Mehrfachsystem, das vermutlich aus dem engen Doppelsternsystem HD 92206 und dem nur 0,3″ entfernten Begleiter HD 92206A aufgebaut ist. Bei HD 92206 sind es zwei O6,5V-Sterne, bei HD 92206A ist es ein O6V-Typ. Dicht dabei, in einem Abstand von nur 5,6″, steht mit HD 92206B ein weiterer O6V-Stern. Er ist mit 9,1 mag etwas lichtschwächer als die Sterne der Dreiergruppe, die alle etwa 8,2 mag hell sind. Diese Sterngruppe ist der wichtigste Energielieferant für den hellen HII-Bogen am Westrand von NGC 3324. Dazu passt, dass der Bogen oben heller erscheint, was auf einen erhöhten UV-Photonenfluss schließen lässt. Interessant ist dabei, dass ein auf der Aufnahme gelblich erscheinender Stern, der etwa oberhalb der Dreiergruppe steht, nicht in Simbad aufgeführt ist. Im Gaia-Archiv können wir ihn mit der Bezeichnung Gaia DR2 5350683318378870912 finden. Mit einer Entfernung von 8800 Lichtjahren gehört er zu NGC 3324. Aus den Gaia-Helligkeiten können wir auf einen M-Typ schließen. Er weicht also vom Gruppenstandard ab, und da er auch als einziger eine Radialgeschwindigkeit von –10 km/s besitzt, dürfen wir vermuten, dass es sich um einen Runaway-Stern handelt, der den Nebel nur durchläuft.

NGC 3372 CARINANEBEL

CAR | $10^h\ 45^m\ 2^s$ | -59° 42′ 0″

Der Carinanebel (NGC 3372) im gleichnamigen Sternbild des Südhimmels liegt in einem Bildfeld von etwa 3° Durchmesser und beinhaltet viele Einzelobjekte. Dazu zählen neben Sternhaufen auch große Nebelstrukturen wie der „Schlüssellochnebel“ und kleine Herbig-Haro-Objekte.

Diese riesige Sternentstehungsregion ist etwa 8500 Lichtjahre entfernt und enthält die Carina-OB1-Assoziation, in der mehrere offene Sternhaufen zu finden sind. Die gesamte Struktur spannt eine Strecke von 500 Lichtjahren auf. Im Zentrum stehen die beiden Sternhaufen Trumpler 14 und Trumpler 16, die eine ungewöhnlich hohe Anzahl an massereichen Sternen besitzen, einschließlich Eta Carinae (η Carinae) sowie sechs der siebzehn heute bekannten O3-Sterne der Milchstraße (Stand Juni 2020). Beide Haufen stehen oberhalb des fast horizontal verlaufenden dunklen Nebelbalkens. Trumpler 14 findet sich rechts des helleren Zentrums, in dem sich Trumpler 16 befindet.

Der Sternhaufen Trumpler 14 hat die halbe Masse seines Partners Trumpler 16, der auf über 4000 Sonnenmassen geschätzt wird. Trumpler 14 ist einer der jüngsten bekannten Sternhaufen. Dort hat die Sternentstehung erst vor 300.000 bis 500.000 Jahren eingesetzt, man sieht noch 14 frühe Sterntypen mit über 10 Sonnenmassen. Dominiert wird Trumpler 14 durch HD 93129. Dies ist ein Mehrfachsystem mit mindestens drei O-Riesen, mit Massen im Bereich von 70 bis 100 Sonnenmassen. Addieren wir die Leuchtkräfte der drei Riesen, erhalten wir über 2,5 Millionen Sonnenleuchtkräfte.

Auch Trumpler 16 kann mit stellaren Superlativen protzen: Neben Eta Carinae (siehe Kapitel 2) ist es der Doppelstern WR 25 (HD 93162). Das System besteht aus einem Wolf-Rayet-Stern, vermutlich ein O2-Überriese, der während seiner Entwicklung einen Teil seiner äußeren Hülle abgestoßen hat und dessen Leuchtkraft auf 2,4 Millionen Sonnenleuchtkräfte geschätzt wird. Sein Begleiter ist ebenfalls ein O-Überriese. Für die Trumpler-16-Objekte lassen sich die Entfernungen genau messen. Die aktuellen Werte von 6800 Lichtjahren für WR 25 und 7500 Lichtjahren für Eta Carinae deuten an, dass Trumpler 16 vor dem Carinanebel stehen könnte oder dass der gesamte Nebelkomplex eine größere räumliche Tiefe besitzt als bisher vermutet.

Beim Carina-Komplex handelt es sich um eines der massereichsten Sternentstehungsgebiete in unserer Galaxie, das sich im Carina-Sagittarius-Spiralarm befindet. Die Sterne des Carina-Komplexes sind zwar gut untersucht, die Molekülwolken sind aber immer noch ein aktuelles Forschungsthema. Mit dem Herschel-Weltraumteleskop wurde der Carinanebel im Wellenlängenlängenbereich von 70 µm bis 500 µm beobachtet, um die physikalischen Eigenschaften der Staub- und Gaswolken zu messen. Aus den Karten für Temperatur und Gasdichten folgt, dass die Wasserstoff-Säulendichte $n_{H2} = 10^{22}/cm^2$ beträgt, was einer Extinktion von 10 mag im Visuellen entspricht. Die Temperatur der Wolken lag im Zentrum bei 35 – 40 K. Bei den höheren Gasdichten im Außenbereich war es dort 20 K kälter. Die Wolken aus Staub und Gas, die im 2°-Gesichtsfeld des Herschel-Weltraumteleskops lagen, besitzen die enorme Masse von etwa 890.000 Sonnenmassen. Und obwohl die Sternentstehung in dieser Intensität schon einige Millionen Jahre andauert, gibt es keinen Grund zur Sorge, dass sie bald zum Erliegen kommen könnte. Im Nebel schlummern noch Gasreserven von einigen zehntausend Sonnenmassen, um neue Sterne zu bilden.

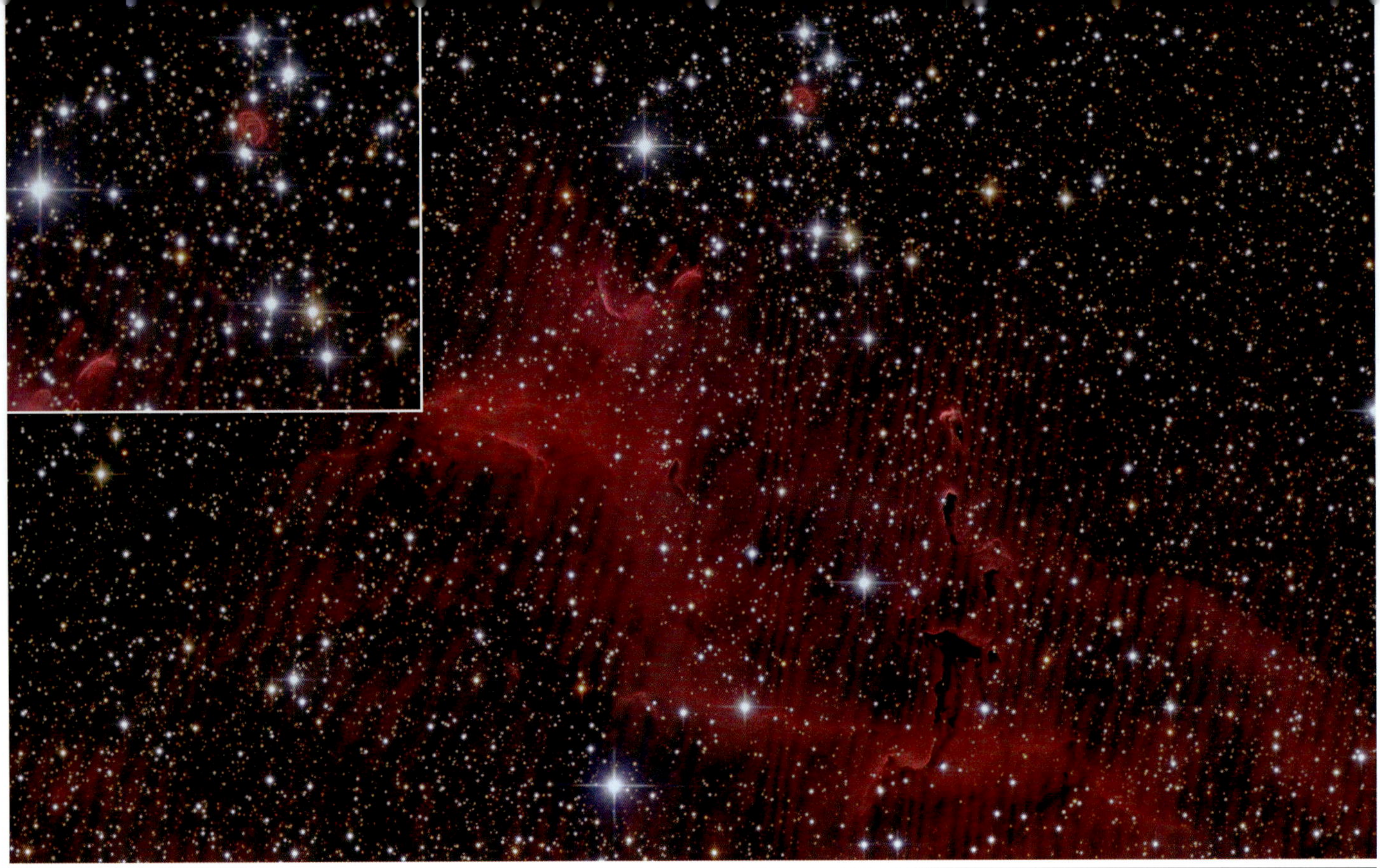

NGC 3572

CAR | $11^h\ 10^m\ 34^s$ | -60° 17′ 36″

Im Sternbild Carina findet sich knapp 3° östlich des Carinanebels das Paar aus Nebel und Haufen NGC 3572, das weniger bekannt und weniger gründlich erforscht ist als sein prominenter Nachbar. Die Entfernung von NGC 3572 liegt bei 8700 ± 115 Lichtjahren, was ihn zu einem physischen Partner des Carinanebels macht. Der Abstand der beiden beträgt in dieser Entfernung etwa 450 Lichtjahre. Die visuelle Helligkeit des Sternhaufens wird mit 6,6 mag angegeben, sein Durchmesser beträgt 7′. Auf der Aufnahme liegt der HII-Emissionsnebel unterhalb des Haufens. Das WEBDA-Archiv liefert für NGC 3572 ein Alter von 7,8 Millionen Jahren. Erfasst sind dort etwa 120 Sterne, allerdings mangelt es an objektspezifischen Veröffentlichungen.

Mehr Aufmerksamkeit erfuhr NGC 3572 durch einen 2003 veröffentlichten Artikel. Bei ihm wurde ein kleiner elliptischer Lichtbogen untersucht, der Jahre zuvor zufällig bei einer Hα-Durchmusterung gefunden worden war. Auf der Aufnahme entdeckt man diesen kleinen Ring rechts oberhalb des Zentrums. Die Größe beträgt 25″ × 19″.

Auf der Hand lag, dass es sich um einen planetarischen Nebel handeln könnte. So groß die Ähnlichkeit auch ist, die Folgerung ist aus astrophysikalischen Gründen unwahrscheinlich, denn der am weitesten entwickelte Stern in NGC 3572 ist ein O8-Riese. Planetarische Nebel entstehen aber aus Sternen geringerer Masse. Außerdem benötigt ihre Entwicklung deutlich mehr Zeit, als es das Alter von NGC 3572 zulässt. Der Ring wurde spektral untersucht, wobei man den Spektrografenspalt so platzierte, dass Zentrum, Ring und Außenbereich gleichzeitig spektroskopiert werden konnten. Die Profile zeigten die für HII-Regionen wie auch für planetarische Nebel typischen Emissionslinien der Elemente Wasserstoff, Schwefel, Stickstoff und Sauerstoff. Mithilfe der Geschwindigkeitsmessungen der Stickstoff-Emissionslinie [N II] bei 658,3 nm wurde der Gesamtfluss und daraus die Gesamtmasse des Rings bestimmt: Die Masse an ionisiertem Gas betrug rund 1,4 Sonnenmassen. Auffälligerweise ist die Anregung im Inneren des Rings geringer als in seinem Außenbereich. Damit konnte sich die mögliche Ionisationsquelle nicht innerhalb des Rings befinden, sondern musste außerhalb liegen! Als Quellen kommen die OB-Sterne in NGC 3572 in Frage. Es handelt sich um O9- und B0-Sterne, die sich noch auf der Hauptreihe befinden, zusammen mit dem O8-Riesen aber genügend UV-Photonen liefern, um den Doppelring leuchten zu lassen.

Da somit ein planetarischer Nebel ausgeschlossen ist, bleibt die Frage: Wie könnte dieser markante Doppelring denn entstanden sein? Eine alternative Möglichkeit wäre eine Globule. Sie wäre ein Überbleibsel aus der Frühzeit des Nebels, also ein Rest der Molekülwolke, aus der die ersten Sterne entstanden. Solche Globulen sind nicht stabil, sie verdampfen im Strahlungsfeld des Sternhaufens wie auch ihre Fachbezeichnung „photoevaporating molecular globules" (PMG) andeutet. Sie können ein Alter von 200.000 Jahren bis zu einer Million Jahre erreichen. Unterstützt wird diese Deutung durch den Carinanebel, den großen Nachbarn von NGC 3572. Dort finden sich ähnliche PMG, die von außen bestrahlt werden. Für die Astronomen ist daher die Interpretation als Wolke, die gerade durch Licht aufgelöst wird, deutlich wahrscheinlicher als andere Deutungen, weil sie nicht auf astrophysikalische Widersprüche stößt – auch wenn solche verdampfenden Globulen für uns eher ungewöhnliche Objekte sind.

NGC 3582

CAR | $11^h\ 12^m\ 12^s$ | -61° 16′ 25″

Im südlichen Sternbild Carina steht dieser HII-Emissionsnebel, dessen Energie von jungen Sternen in seinem Inneren stammt. Der zugehörige Sternhaufen ist als NGC 3576 katalogisiert. Über das helle Zentrum spannt sich eine Dunkelwolke, bei der durch die Bildbearbeitung – hier wurden zum RGB-Bild noch Hα-Schmalbandaufnahmen addiert – eine noch intensivere Rotfärbung erzeugt wurde. Dieser Nebel misst 25′ × 12′ und gehört zur Sternentstehungsregion RCW 57, die auch als Gum 38a und Gum 38b bezeichnet wird.

Eine Weitfeldaufnahme dieser Region zeigt, dass NGC 3582 inmitten eines größeren Dunkelwolkenkomplexes sitzt, der nur an dieser Stelle den Einblick freigibt. Nordöstlich und südwestlich dieses Leuchtturms dominiert einige Grad weit die Dunkelheit. Untersuchungen zeigten, dass diese Sternentstehungsregion zu den leuchtkräftigsten Quellen für Radio-, Infrarot- und visuelles Licht in der Milchstraße zählt. Sie liegt im Carina-Sagittarius-Spiralarm und ihre Distanz beträgt rund 7800 Lichtjahre. Die beiden auffallenden Gasbögen im rechten Teil der Aufnahme besitzen in dieser Entfernung Durchmesser von etwa 25 Lichtjahren.

Das Farben-Helligkeits-Diagramm des Sternhaufens zeigt eine starke Rötung, die $A_v = 30$ mag erreicht. Es wurden auch 33 Sterne gefunden, die nur im infraroten L-Band zu sehen waren und bei kürzeren Wellenlängen nicht festgestellt werden konnten. Die Astronomen vermuten, dass diese Sterne die Spektraltypen von A3 bis O5 abdecken. Das Maximum der Verteilung wäre bei frühen B-Typen. Mit dieser Annahme wurden die Massen der Sterne grob abgeschätzt und es folgte eine Massenverteilung zwischen zwei und 60 Sonnenmassen. Die B-Sterne liegen dabei im Rahmen von sieben bis 17 Sonnenmassen. RCW 57 produziert demnach vorwiegend massereiche Sterne. Der gesamte Haufen hat wahrscheinlich eine Masse von 5400 Sonnenmassen.

Der gemessene hohe Infrarotanteil der Strahlung zeigt, dass diese Emission nicht allein von so heißen Sternen stammen kann. Vielmehr müssen auch zirkumstellare Scheiben einen Beitrag liefern. Abhängig von der Charakteristik solcher Scheiben kämen dafür T-Tauri-Sterne und Ae/Be-Sterne in Frage. Die Existenz solcher Scheiben wäre demnach ein Hinweis auf das Entwicklungsstadium eines Haufens. Denn mit dem Erreichen der Hauptreihe nimmt die Strahlungsleistung zu, wodurch sich die Scheiben, die bis dahin die jungen Sterne umgeben haben, auflösen. Die sogenannte „cluster-disk-fraction" (CDF) beschreibt den Anteil der Sterne eines Haufens, die eine Scheibe besitzen. RCW 57 weist mit 80 % einen relativ hohen CDF-Wert auf. Auffälligerweise wird der CDF-Wert zum Zentrum hin größer. Innerhalb eines Radius von 1′ liegt er sogar bei 95 %! Dieses Phänomen ist noch nicht verstanden, denn eigentlich müsste der Anteil der Scheiben wegen des hohen Strahlungsdrucks und der hohen Zahl enger Sternbegegnungen abnehmen. Die Faktoren, von denen die Cluster-Disk-Fraction bestimmt wird, hängen aber nicht einfach linear zusammen, sondern verschiedene komplexe Wechselwirkungen dürften eine Rolle spielen. Ein ähnliches Verhalten zeigt ein Verwandter von RCW 57, nämlich das Trapez im Orionnebel – dessen CDF liegt auch bei 80 %, woraus ebenfalls ein Alter von weniger als zwei Millionen Jahren geschätzt wird.

NGC 6188

ARA | $16^h\ 40^m\ 0^s$ | -48° 30′ 0″

Folgen wir dem Band der Milchstraße an einem Sommerabend nach Süden, endet für uns die Reise meist im Sternbild Schütze. Könnten wir unseren Weg fortführen, so würden wir im Sternbild Ara auf den Emissionsnebel NGC 6188 stoßen. Dieser liegt inmitten von Dunkelwolken und umschließt den Sternhaufen NGC 6193. Dessen junge Sterne gehören zur Ara-OB1-Assoziation.

Auf der Aufnahme können wir gut erkennen, dass der Sternhaufen eine Tasche im Gasnebel geformt hat. Der Blick von der linken Seite ist frei, auf der rechten Seite liegt allerdings ein Nebelfilament vor dem Haufen und verdeckt die dahinter liegende, im HII-Licht leuchtende Oberfläche. Die hellroten Ränder des Filaments sind ein Paradebeispiel für „bright rims" in HII-Regionen.

Im Haufen dominiert HD 150136, ein 5,8 mag helles Dreifachsystem, bestehend aus einem engen Doppelsternsystem mit einem O3- und einem O6-Riesen sowie einem etwas weiter entfernten O6-Stern. Gaia liefert eine Entfernung von 4727 ± 330 Lichtjahren für das Sternsystem. Die Gesamtmasse wird auf etwa 130 Sonnenmassen geschätzt, wobei allein 100 Sonnenmassen auf den Doppelstern entfallen. Ein Umlauf des engen Systems dauert nur 2,7 Tage, der dritte Stern umläuft das Paar vergleichsweise langsam mit einer Periode von etwa 10 Jahren. Der massereichste Stern der drei, er wird auf 60 Sonnenmassen geschätzt, liefert einen theoretischen Photosphärenradius von enormen 850 Sonnenradien! Alle drei geben starke Sternwinde ab, die weiter außen miteinander kollidieren. Dort stoßen hochenergetische geladene Teilchen mit unterschiedlichen Richtungen aufeinander und es entsteht nicht-thermische Synchrotronstrahlung, die im Radiobereich nachgewiesen werden kann. HD 150136 ist eines der massereichsten bekannten O-Mehrfachsysteme und es gehört zu denjenigen, die uns am Nächsten liegen. Die Entfernung von HD 150136 gilt vermutlich sowohl für den Haufen als auch für NGC 6188.

Auf der rechten Seite der Aufnahme fällt ein lachsrotes Objekt in Form einer „8" auf. Das Objekt hat die Bezeichnungen NGC 6164 und NGC 6165. Der Stern ist der 6,7 mag helle HD 148937 mit dem Spektraltyp O6, der mit 3880 ± 103 Lichtjahren deutlich vor NGC 6188 steht. In seinem Zentrum steht ein Stern und er ist von einer zartblauen bipolaren Nebelhülle umgeben, die an einen planetarischen Nebel erinnert. Das ist er aber nicht!

Die Astronomen konnten – unter anderem mit dem Weltraumteleskop Hubble – feststellen, dass es sich um abströmendes Material handelt. Sie gehen davon aus, dass HD 148937 einen heißen Stern mit einem starken Magnetfeld darstellt. Dieser rotiert in sieben Tagen um seine Achse und sein Licht wird durch Flecken unterschiedlicher Temperatur auf seiner rund 40.000 K heißen Oberfläche moduliert. Sowohl Kinematik als auch Verteilung der Elemente in der Nebelschale lassen vermuten, dass sie eine Helix-Struktur besitzt. Vermutlich kanalisiert das starke Magnetfeld des Sterns den Wind in Richtung seiner magnetischen Achse, die aber gegen die Rotationsachse des Sterns geneigt ist. Die Nebelstruktur ist dann ein Ergebnis der magnetischen Geometrie des Systems, bei der ein abströmender Wind in zwei Jets auf Verdichtungen im interstellaren Medium trifft. Durch die Drehung der Jetachse aufgrund der Sternrotation bildete sich im Lauf der Zeit die Helixstruktur heraus. Es könnte sich aber auch um das Resultat einer Verschmelzung zweier Sterne eines früheren Doppelsternsystems handeln (siehe Kapitel 8: NGC 6164/5).

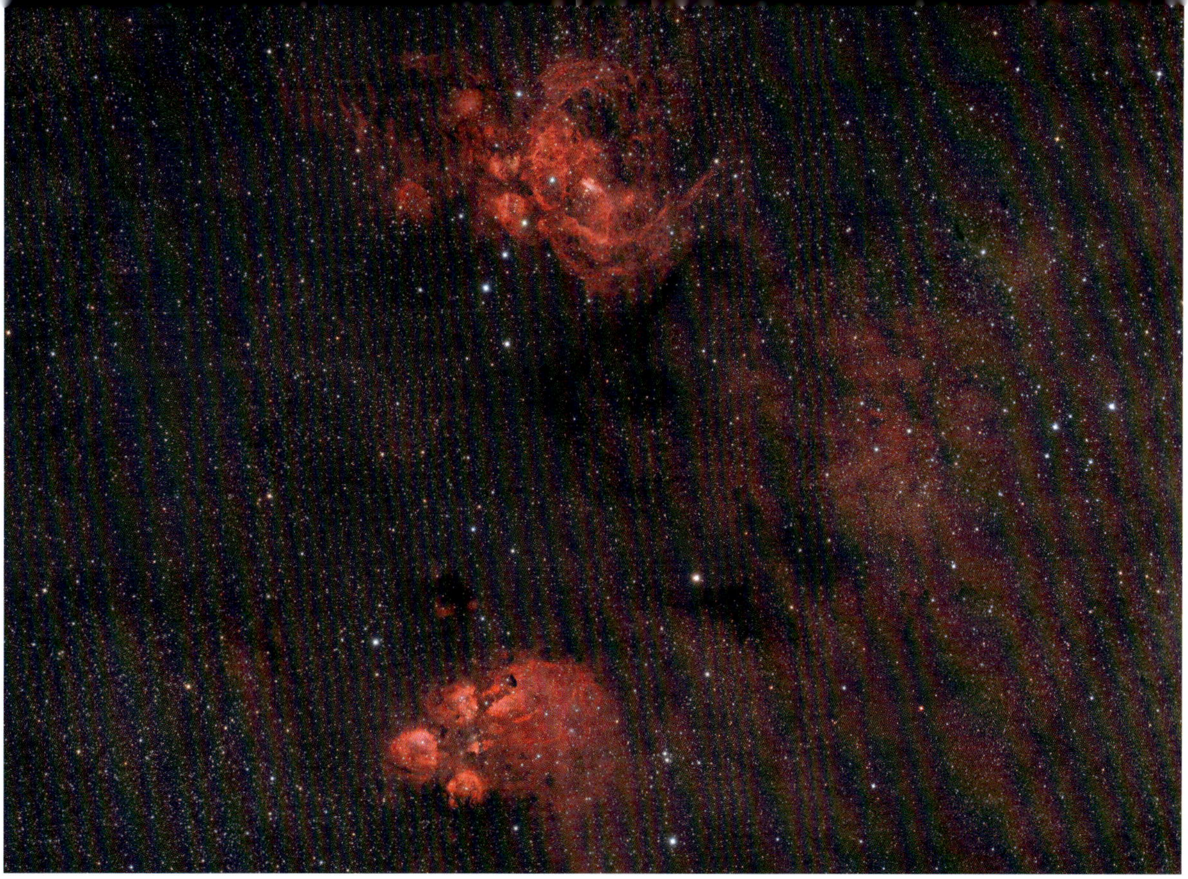

NGC 6357/6334 HUMMER-/KATZENPFOTENNEBEL SCO | $17^h\ 24^m\ 44^s$ | -34° 12′ 12″

Beide Emissionsnebel NGC 6357 (oben) und NGC 6334 (unten), die auf der Aufnahme zu sehen sind, liegen im Sternbild Skorpion. Für NGC 6357 (Gum 66) finden wir auch den Namen Hummernebel (engl. „lobster nebula"), da die markanten Gasbögen an die Scheren des Krustentiers erinnern. Seine Deklination beträgt −34,3°. Wir können die Bildhöhe der Weitfeldaufnahme anhand der Deklination von −36,0° für NGC 6334 gut abschätzen. Für ihn sind auch die englischen Bezeichnungen „Cat's Paw Nebula" (deutsch „Katzenpfotennebel"), „Bear Claw Nebula" (deutsch „Bärentatzennebel") oder Gum 64 in Gebrauch.

NGC 6357 ist mit mehreren Sternhaufen verknüpft. Der größte ist Pismis 24, der sich im Zentrum des Kreises befindet, den die Hummerscheren aufspannen. Schauen wir genau hin, erkennen wir einen kleinen, hellroten Leuchtstreifen. Hier verläuft ein leuchtender Rand nur knapp 1′ nördlich von Pismis 24. Bei den anderen Sternhaufen in NGC 6357 handelt es sich um G 353.2+0.7 (östlich von Pismis 24) und G 353.1+0.6 (südöstlich). Alle diese Haufen enthalten große O-Sterne. Den Massenrekord liefert Pismis 24 mit dem ungewöhnlich massereichen Stern Pismis 24-1. Er wird auf etwa 300 Sonnenmassen geschätzt und würde damit den massereichsten bekannten Stern beschreiben!

Die Schreibweise hat es schon verraten: Pismis 24 ist ein Mehrfachsystem aus O-Riesen, das sich visuell in zwei Komponenten trennen lässt, die mit NE und SW bezeichnet werden. Bei NE handelt es sich zudem um einen spektroskopischen Doppelstern. Die addierte Leuchtkraft beider Komponenten erreicht den enormen Wert von 1,5 Millionen Sonnenleuchtkräften. Ihre geschätzte Masse von 300 Sonnenmassen sprengt keineswegs die Grenzen der Sternentwicklung, sondern verteilt sich auf die Einzelsterne. Auf die beiden größten Komponenten, NE und SE, entfallen jeweils etwa 70 Sonnenmassen.

Aus den Entfernungen der Einzelsterne der Haufen folgt eine Entfernung von NGC 6357 von 5900 ± 450 Lichtjahren. Der Abstand der beiden Scheren von 40′ entspricht projiziert etwa 70 Lichtjahren. Die Entfernungsangaben von NGC 6334 reichen von 4200 bis 5500 Lichtjahren. Es darf aber davon ausgegangen werden, dass sich beide Regionen im Carina-Sagittarius-Spiralarm der Milchstraße befinden. Bei NGC 6334 ist der Nebel durch bandförmige Dunkelwolken in fünf HII-Regionen unterteilt. Die größten sind NGC 6334-I und NGC 6334-I(N). In ihnen liegen kompakte Sternhaufen, deren Einzelsterne einen mittleren Abstand von 4000 AE voneinander besitzen. Wie sich zeigte, enthält NGC 6334 im Vergleich zu NGC 6357 eher Sterne mittlerer Masse, mit einem Mittelwert von 3 Sonnenmassen. NGC 6334 ist ein anschauliches Beispiel hierarchisch fragmentierter Sternentstehung: Molekülwolken bringen zuerst massereiche Sterne und dann Sterne immer geringerer Massen hervor. Das zeigt sich auch in der Ausdehnung der Wolken. Das obere Ende ihrer Größenskala bilden Filamente mit 50 Lichtjahren. Es folgen immer kleinere Wolken, die bis zu 1000 AE reichen. In ihnen werden einzelne massearme Sterne beziehungsweise kleine Systeme geboren.

Die gesamte Wolke, in der sich NGC 6334 befindet, dehnt sich etwa 150 Lichtjahre weit aus. Die Fragmentierung wird durch turbulente Prozesse in der Wolke verursacht. Das Ergebnis ist die beobachtete Verteilung der verschieden großen Kondensationen mit den darin entstehenden, unterschiedlich großen Sternhaufen.

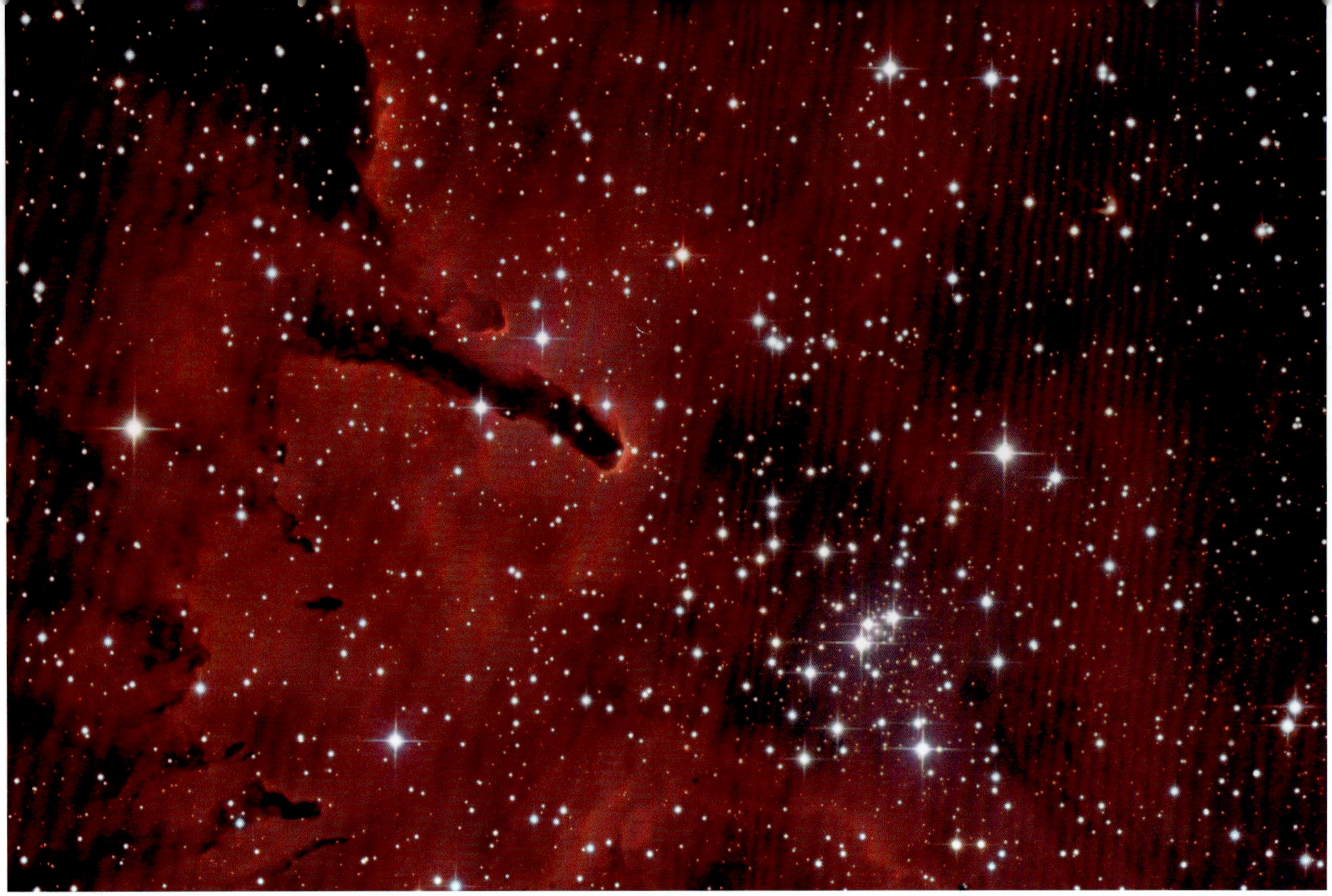

NGC 6820

VUL | 19^h 42^m 28^s | 23° 5′ 15″

Inmitten des Sommerdreiecks aus Altair, Deneb und Wega steht das kleine Sternbild Vulpecula (Füchschen). Auch wenn es keine Sterne heller als 4 mag besitzt, kennen es viele Astrofotografen als Heimat des planetarischen Nebels M 27. Einige werden wissen, dass der erste 1967 von Jocelyn Bell entdeckte Pulsar PSR B1919+21 ebenfalls hier zu finden ist. Er rotiert mit einer Periode von 1,34 Sekunden. 15 Jahre später wurde nur einige Grad entfernt, ebenfalls in Vulpecula, der erste Millisekundenpulsar PSR B1937+21 gefunden, der sich sogar in nur 1,56 Millisekunden einmal um seine Achse dreht.

Etwas weiter nördlich liegt in der Nachbarschaft dieses Pulsars die HII-Region NGC 6820, die den offenen Haufen NGC 6823 beinhaltet. Der gesamte Komplex wird im Sharpless-Katalog als Sh2-86 geführt. Der Sternhaufen besitzt eine Handvoll O-Sterne, deren Helligkeit etwa 9 mag beträgt. Ihre Spektraltypen liegen zwischen O6 und O9, bei den anderen Haufensternen handelt es sich meist um B-Sterne. Sie bilden den Kern der Vulpecula-OB1-Assoziation. Das Bildfeld der Aufnahme besitzt eine Diagonale von etwa 30′ und der etwa 4′ große Sternhaufen NGC 6823 steht im rechten unteren Quadranten. Die visuelle Helligkeit von NGC 6823 liegt bei 7,7 mag. Aus den Gaia-Messungen seiner Sterne folgt eine Entfernung des Haufens von 7315 ± 82 Lichtjahren. Bei NGC 6823 handelt es sich um einen jungen Haufen, der erst vor ein bis zwei Millionen Jahren entstand. Daher enthält er noch viele Protosterne, die sich erst in Richtung der Hauptreihe entwickeln, diese aber noch nicht erreicht haben.

Typisch für dieses Haufenalter: Es sind auch viele Sterne mit unregelmäßigem Lichtwechsel zu finden. Sie sind nämlich noch von dichten Nebeln umgeben, durch die sich die Strahlung ihren Weg bahnen muss. Dabei liegen diese Kreißsäle der Sternentstehung nicht zufällig im Raum, sondern werden durch die Strahlung anderer Haufenmitglieder beeinflusst. Zirkumstellare Scheiben um junge Sterne besitzen aufgrund ihrer Rotation auch noch eine ganz eigene Dynamik. All dies beeinflusst die Materiebewegungen um die Protosterne und erzeugt Abschattungseffekte, die zu Variationen des entstehenden Sterns hinzukommen. Bei NGC 6823 besitzen etwa 20 % der jungen Sterne noch eine ausgeprägte Scheibe (Protosterne der Klassen 1 und 2), bei den anderen hat bereits die Auflösung begonnen (Klasse 3). Durch den stärker werdenden Sternwind bestehen deren Scheiben nur noch aus Bruchstücken (engl. „debris disks“) und der damit mögliche Einblick in das System macht sie zu Kandidaten für die Suche nach protoplanetarischen Scheiben mit Planetesimalen.

In NGC 6820 belegt die Aufnahme, dass es bei den jungen, noch gut verhüllten Protosternen schon die typischen schlauchartigen Strukturen gibt, die durch die Sternwinde der Nachbarsterne geformt werden. Besonders auffällig ist der etwa 5′ lange Elefantenrüssel, in dessen Spitze sich der Protostern G 059.4734-00.1848 versteckt. Etwas weiter oben, und weniger deutlich ausgeprägt, findet sich eine zweite solche Struktur, die mit G 059.5141-0.1952 bezeichnet ist. Dort wird eine Entfernung von etwa 7500 Lichtjahren angegeben, was zur Entfernung von NGC 6823 passt.

NGC 7380 ZAUBERERNEBEL

CEP | $22^h\ 47^m\ 16^s$ | 58° 7′ 30″

Der HII-Komplex NGC 7380 (Sh2-142) ist im Cepheus zu finden und steht dort etwas unterhalb einer Dunkelwolke der Milchstraße, die durch das Sternbild verläuft. Der Nebel ist mit einem Winkeldurchmesser von 25′ recht kompakt und auf seiner rechten Seite befindet sich der gleichnamige offene Sternhaufen. Entdeckt wurde der Nebel 1787 durch Caroline Herschel. Die visuelle Helligkeit des Nebels beträgt 7,2 mag, die hellsten Sterne des Sternhaufens erreichen 8 mag. In der Literatur sind verschiedene Angaben für die Entfernung des Haufens zu finden. In Simbad werden 9800 ± 1380 Lichtjahre angegeben. Bestimmen wir mit dem Gaia-DR2-Katalog den Mittelwert für die hellsten Sterne, so errechnen wir eine Entfernung von 10.250 ± 1100 Lichtjahren. Zusammen mit der galaktischen Länge von 108° folgt, dass NGC 7380 nicht zum lokalen Arm gehört, sondern sich im größeren und weiter entfernten Perseusarm befindet. Im Internet wird für NGC 7380 oft eine Größe von 100 Lichtjahren angegeben, die auf einer Entfernung von 7000 Lichtjahren basiert. Nachdem der Haufen in den Perseusarm gerückt wurde, muss dieser Wert auf 150 Lichtjahre korrigiert werden.

Auf der Aufnahme erkennen wir im rechten Randbereich ein helles Sternpaar. Die mit 7,6 mag etwas hellere Komponente ist der F8-Stern HD 215714. Er ist gerade einmal 205,6 ± 0,4 Lichtjahre entfernt. Links von ihm steht der 8,6 mag helle G0-Stern HD 240051, für den wir fast dieselbe Distanz von 206,3 ± 0,4 Lichtjahren berechnen. Bei beiden Sternen handelt es sich also um Vordergrundsterne, die ein physisches Sternpaar bilden, das außerdem mit etwa 50 mas/a eine extrem große Eigenbewegung besitzt.

Die Ionisationsquelle von NGC 7380 steht auf halbem Weg zum Nebelkomplex links unterhalb des schnellen Paares. Der Stern DH Cephei (HD 215835) ist laut Simbad ein spektroskopischer Doppelstern mit einer visuellen Helligkeit von 8,6 mag und einer Gaia-Entfernung von 9619 ± 391 Lichtjahren. Aus seinem zusammengesetzten Spektrum folgern die Astronomen, dass es sich um zwei O-Sterne mit den Spektraltypen O5,5V und O6V handelt. Sowohl die Entfernung als auch die Geometrie bei der Beleuchtung des HII-Nebels bestätigen, dass NGC 7380 ohne DH Cephei ein Dunkelnebel geblieben wäre, der nicht geleuchtet hätte. Ohne den Sternwind von DH Cephei hätten sich nicht die filigranen Strukturen des Nebels ausformen können. Keine der vielen Kondensationen wäre entstanden, die teilweise auch Protosterne enthalten.

Das Objekt 2MASS J22472238+5801214 im südlichen Teil von NGC 7380 ist ein Beispiel für diese jungen Objekte. Im Visuellen nur 15 mag hell, ist dieses Objekt im Infraroten mit 8 mag deutlich heller. Bei genauer Betrachtung wird deutlich, dass es sich hier um einen Fast-Elefantenrüssel handelt. Der typische dichte ETLS-Kopf besitzt aber keinen Schlauchfortsatz, sondern verjüngt sich tropfenförmig. Wir erleben hier „live" die Erosion eines Elefantenrüssels. Bewirkt wird dies durch den anhaltenden Sternwind von DH Cephei. Er reduzierte die Teilchendichte immer mehr, bis schließlich eine kometare Globule entstand. Der Protostern wird freigelegt und entwickelt sich weiter. Von ihm strömt Gas mit 200 km/s nach außen, das mit dem Sternwind eine Stoßfront ausbildet und daher als winziger HII-Nebel leuchtet.

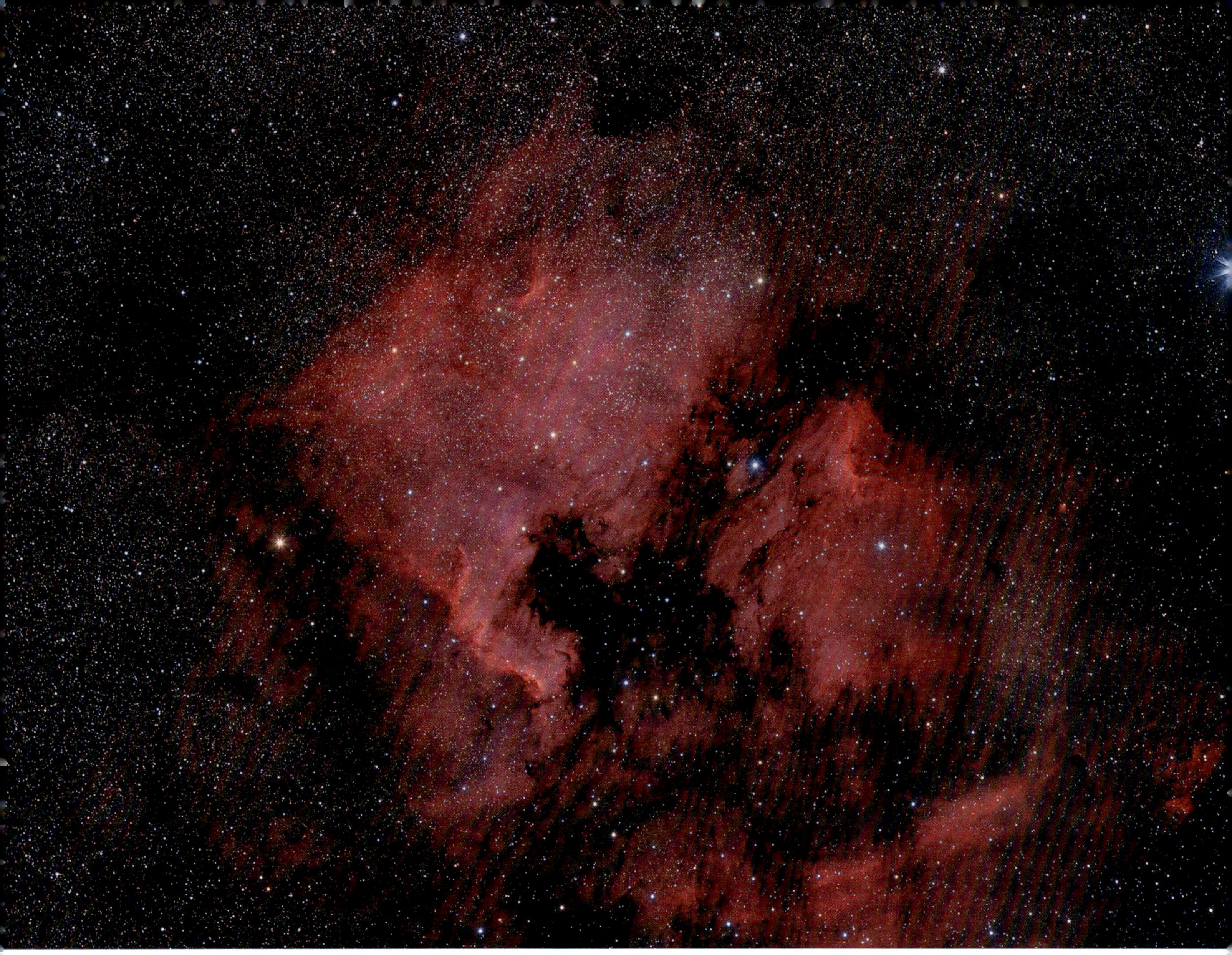

NGC 7000 NORDAMERIKANEBEL

CYG | $20^h\ 58^m\ 47^s$ | 44° 19′ 48″

NGC 7000 im Sternbild Schwan ist einer der bekanntesten HII-Emissionsnebel am Nordhimmel. Aufgrund seiner enormen Ausmaße von 120′ × 100′ wird er in mehrere Objekte mit eigenen NGC-Nummern untergliedert. Sein nordwestlicher Teil, NGC 6989, wurde vermutlich von William Herschel entdeckt. Im nördlichen Teil befindet sich der offene Haufen NGC 6996, der 1833 von John Herschel beschrieben wurde. Im Westteil, also neben „der Ostküste von Nordamerika", liegt der junge Sternhaufen NGC 6997, der ebenfalls von William Herschel entdeckt wurde. Er beobachtete den Haufen 1786; den Nebelteil, NGC 6989, fand er 1790, wobei er als Eindruck notierte: [einen] „leuchtschwachen, extrem großen und diffusen Nebel". Unsere erste Aufnahme zeigt NGC 7000 links der Bildmitte. Der helle Stern am rechten Bildrand ist Deneb (α Cygni), der hellste Stern im Sternbild Schwan.

Die Ähnlichkeit der für uns sichtbaren Nebelform mit dem nordamerikanischen Kontinent geht auf Max Wolf zurück. Er machte die erste astronomische Aufnahme von NGC 7000 am 1. Juni 1891. Einige Quellen nennen auch den 12. Dezember 1890 als Datum für diese Aufnahme. Wenn wir bedenken, dass es sich beim Schwan um ein Sommersternbild handelt, wäre eine Dezember-Aufnahme von NGC 7000 bemerkenswert, da der Nebel über Max Wolfs Privatsternwarte in Heidelberg in den Dezembernächten nur wenige Grad über dem Horizont steht. Aufgrund seiner Adresse in der Märzgasse 16 in Heidelberg, nur knapp 300 m vom Neckarufer entfernt, wird schnell deutlich, dass die kaum weiter entfernten Berge des Odenwalds ihm ohnehin den Nordhorizont stark einschränkten. Max Wolf benutzte als Instrument für die erste NGC 7000-Aufnahme ein 12,5-cm-Kranz-Portraitobjektiv und belichtete die Fotoplatte drei Stunden lang. Er beschrieb den Nebel zwar als groß, hell, fein strukturiert und flügelförmig – die Bezeichnung „Nordamerika" findet sich aber nicht in seinen Notizen. Später erstellte Max Wolf auf der Sternwarte am Königsstuhl am 12. und 13. Juli 1901 mit dem 41-cm-Bruce-Refraktor eine 4,75-Stunden-Aufnahme von NGC 7000. In den „Publikationen des Astrophysikalischen Obser-

LDN 935 bildet den „Golf von Mexiko"

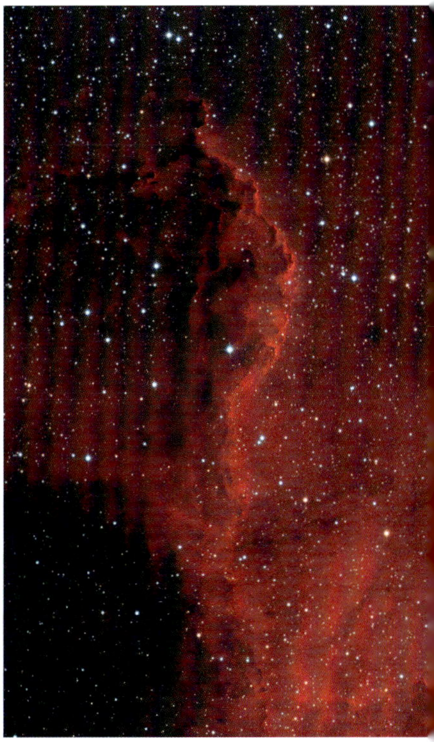

Details im Nordteil der Cygnus Wall

vatoriums Königstuhl-Heidelberg" stand dann, unter dem Foto des Nebels auf dem Frontispiz des Bandes, die Bildunterschrift „Der Amerikanebel im Cygnus". In einem Artikel des Bandes hat sein Assistent, August Knopff, NGC 7000 ebenfalls als „Amerikanebel" bezeichnet. Und als Wolfs Freund, Edward Emerson Barnard, 1903 noch „North" hinzufügte, war der Name „Nordamerikanebel" geboren und im wissenschaftlichen Umlauf.

Auf der zweiten Aufnahme ist auf der rechten Seite die Dunkelwolke LDN 935 zu sehen, die durch Abschattung den „Golf von Mexiko" entstehen lässt und den Nordamerikanebel vom Pelikannebel IC 5070 (siehe Kapitel 3: IC 5070) trennt, der weiter rechts außerhalb des Bildfelds liegt. Beide Emissionsnebel gehören zum gleichen, größeren Nebelkomplex. Entlang der Bilddiagonalen formt eine Hell-Dunkel-Grenze die „Westküste" des Nebels. Dies ist die dichteste und im Hα-Licht hellste Region in NGC 7000. In dieser sogenannten „Cygnus Wall" (zu Deutsch die „Cygnus-Mauer") findet Sternentstehung statt. Auf Infrarotaufnahmen dieser Zone lassen sich zahlreiche junge Sterne nachweisen. Gehen wir von der hellen bestrahlten rechten Seite der Cygnus Wall aus, muss die Ionisationsquelle rechts der Mauer zu finden sein. Ein möglicher Kandidat ist Deneb in etwa 3° Entfernung. Mit einer Entfernung von 1600 Lichtjahren für NGC 7000 beträgt der projizierte Abstand etwa 160 Lichtjahre. Dies wäre der Strömgren-Radius eines O-Sterns, da Deneb aber ein A2-Stern ist, fehlt der zur HII-Emission notwendige UV-Photonenfluss, selbst wenn Deneb ein bereits entwickelter Riesenstern ist. Dazu kommt, dass Deneb mit 1400 Lichtjahren Entfernung auch zu weit vor dem NGC-7000-Nebelvorhang steht. Somit scheidet Deneb als Ionisationsquelle aus.

Die dritte Aufnahme zeigt ein Detail des Nordteils der „Cygnus Wall". Zusammen mit der zweiten Aufnahme könnten wir den Eindruck gewinnen, dass die Quelle der Beleuchtung und vermutlich auch der Ionisation von einem Ort ausgeht, der hinter der Dunkelwolke LDN 935 liegen könnte. Bei einer Studie aus dem Jahr 2003 wurden die Infrarothelligkeiten von Kandidaten im J-, H- und K-Band untersucht, die sich im nahen Umkreis der Mauer befinden. Da sie hinter LDN 935 liegen sollten, müssten sie eine hohe Extinktion aufweisen. 19 Sterne erfüllten diese Kriterien und wurden spektroskopisch untersucht. Es zeigte sich, dass 16 der 19 Kandidaten zu kühl waren, um Ionisationsquellen sein zu können. Einer der drei verbliebenen Sterne zeigte in seinem Spektrum Brackett-Linien des Wasserstoffs, was auf einen A- oder späten B-Typ hindeutet. HD 199373, der zweite Kandidat, ist ein F5-Stern, der zudem zu weit hinter LDN 935 liegt. Somit verblieb nur ein Stern mit der Bezeichnung 2MASS J205551.25+435224.6. Im Visuellen ist er nur als schwacher roter Stern zu sehen, dessen Helligkeiten laut USNO-Katalog B = 15,5 mag und R = 11,7 mag sind. Bei eingehender spektroskopischer Untersuchung dieser Kandidaten wurden He-II-Linien nachgewiesen. Die Pickering- und Fowler-Linien bei 420,0 nm, 454,2 nm und 468,6 nm klassifizieren das im Visuellen unscheinbare Objekt 2MASS J205551.25+435224.6 eindeutig als O5V-Stern. Das bedeutet, dass sowohl der Nordamerikanebel als auch der Pelikannebel von einem einzigen O5-Stern mit etwa 60 Sonnenmassen ionisiert werden. Darin unterscheidet sich diese HII-Region in markanter Weise von vielen anderen herausragenden Emissionsnebeln, in denen meist ein ganzer Sternhaufen die Ionisationsarbeit leisten muss.

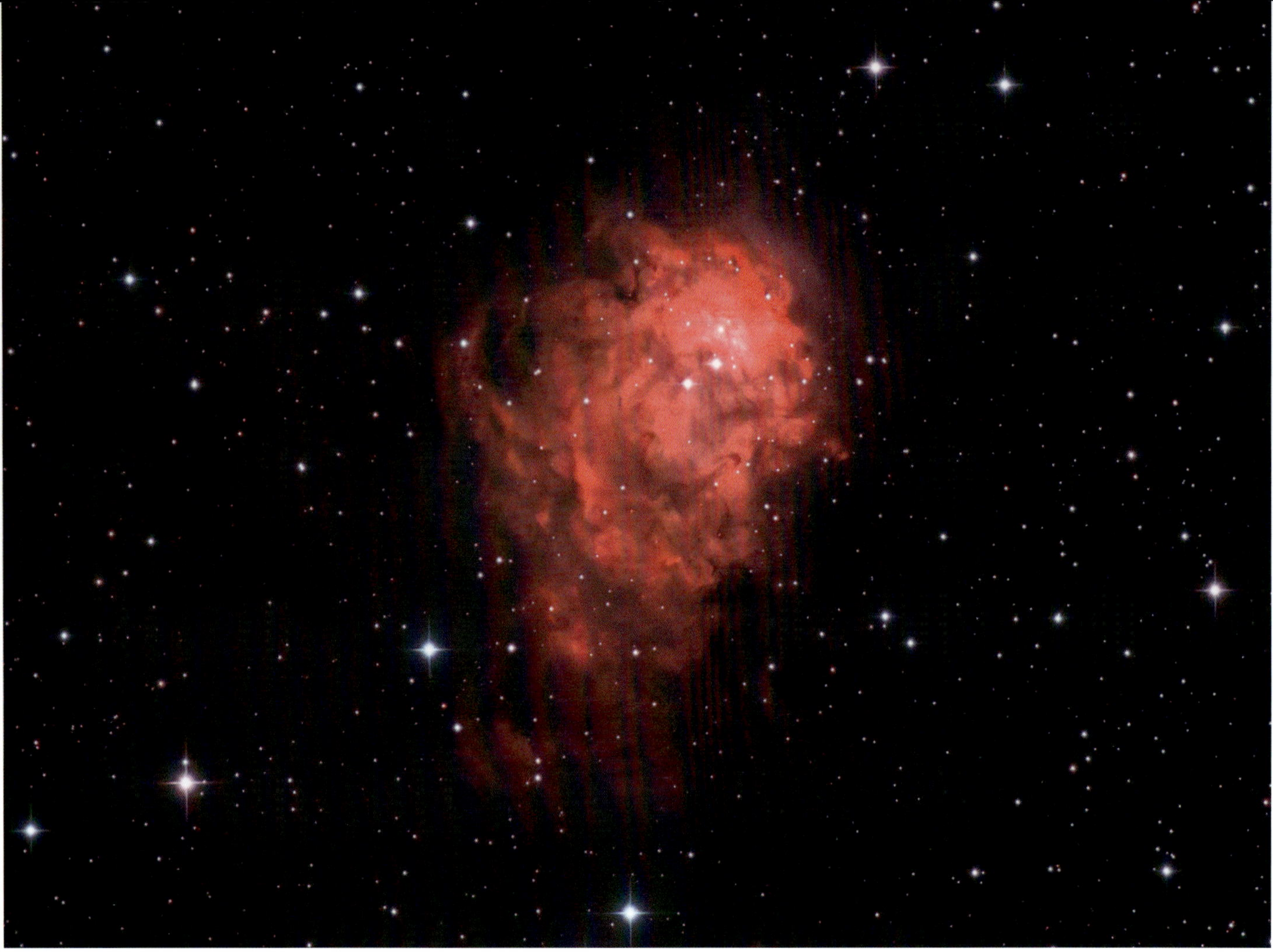

NGC 7538

CEP | 23^h 13^m 37^s | 61° 30′ 0″

NGC 7538 liegt im nördlichen Teil des Sternbilds Cepheus und ist Teil einer großen Molekülwolke, der auch sein berühmter Nachbar NGC 7635 angehört, der später noch vorgestellt wird. Diese Wolke ist mit der Cassiopeia-OB2-Assoziation verbunden und liegt im Perseus-Spiralarm der Milchstraße.

Die Winkeldurchmesser des auf der Aufnahme oben sichtbaren hellen Hauptteils von NGC 7538 beträgt nur etwa 4′. Seine visuelle Helligkeit wird in Simbad nicht aufgeführt, sie liegt aber im Bereich von 12 mag bis 13 mag. Die Energiequelle der HII-Emission ist der einzelne Stern TYC 4279-1463-1, der sich etwas links unterhalb des kleinen hellen HII-Bogenstücks befindet. Für diesen 12 mag-Stern gibt es keine Nummer in einem der klassischen Sternkataloge, denn er wurde erst durch den Astrometriesatellit Tycho katalogisiert. Dies zeigt, dass NGC 7538 zu den unscheinbaren Objekten zählt. Bei TYC 4279-1463-1 handelt es sich nicht um einen Einzelstern, sondern um ein Mehrfachsystem, das aus mindestens zwei Sternen aufgebaut ist: einem O3,5V- und einem O9,5V-Stern. Die primäre Komponente liegt dabei auf Platz 5 der galaktischen Rangliste für Sterne mit einem Spektraltyp früher als O4. Das Sternsystem muss auch von einem dichten Nebel umgeben sein, da es im Infraroten um 4 mag heller leuchtet. Die Gaia-DR3-Angaben von TYC 4279-1463-1 ergeben eine Entfernung von 9894 ± 568 Lichtjahren und einen projizierten Durchmesser des hellen Nebelteils von 12 Lichtjahren.

Bei Infrarotaufnahmen aus dem Jahr 2019 von NGC 7538 wurden mehrere helle Quellen gefunden, die auf Protosterne zurückzuführen sind. Dies war für eine HII-Region zu erwarten, jedoch fiel ein als NGC 7538-IRS1 bezeichnetes Objekt aus dem Rahmen. Selbst bei höchsten Auflösungen war nur eine ungewöhnlich kompakte Gaswolke mit extrem hohen Teilchendichten sichtbar. Die Extinktion im Visuellen beträgt 15 mag. Das führt auf mittlere Teilchendichten des Innenbereichs (mit einer Ausdehnung von etwa 2000 AE) von $2{,}1 \times 10^9/\text{cm}^3$. Ein solch hoher Wert wurde für einen anderen Protostern noch nie gemessen!

Aus den Infrarotspektren konnten die Astronomen auch eine ins Zentrum führende Gasströmung erkennen, die etwa 0,01 Sonnenmassen pro Jahr auf das zentrale Objekt fallen lässt. Sie gehen davon aus, dass dieses Gas eine Akkretionsscheibe ausgebildet hat, die auch bei masseärmeren Protosternen auftreten. Die extremen Werte für NGC 7538-IRS1 sind ein Hinweis, dass nicht, wie sonst üblich bei der Sternentstehung in Molekülwolken, eine hierarchische Fragmentierung stattgefunden hat. Es gibt also nicht mehrere masseärmere Protosterne, die heranwachsen, sondern nur einen. Wie die Astronomen bei solchen Objekten immer monieren: Ob diese groß skalierte Version eines Protosterns Bestand haben wird, oder ob die Fragmentation noch stattfinden wird, können nur weitere Beobachtungen zeigen.

NGC 7635 BLASENNEBEL

CAS | $23^h\ 20^m\ 48^s$ | 61° 12′ 6″

Zwischen den Sternbildern Cepheus und Cassiopeia finden wir die HII-Region NGC 7635, die einen Winkeldurchmesser von etwa 20′ besitzt und eine visuelle Helligkeit von 10 mag aufweist. Die Aufnahme zeigt einen Ausschnitt mit HII-leuchtenden Wolken sowie den Stern BD +602522, der die Ionisationsquelle von NGC 7635 ist, aber nicht mehr im Zentrum der Wolke steht. Bei der Aufnahme wurden die Schmalband-Filter [SII], [OIII], Hα für die RGB-Farbkanäle verwendet. Die intensive blaue Farbe im Bild entsteht durch den großen Beitrag des leuchtenden Wasserstoffs.

In den Katalogen wird für BD +602522 der Spektraltyp O6,5 genannt. Die Gaia-DR2-Parallaxe führt auf eine Entfernung von 8790 ± 690 Lichtjahren. Seine visuelle Helligkeit beträgt 8,7 mag und im Infraroten leuchtet er 1,5 mag heller. Die Entfernung von NGC 7635 entspricht der von BD +602522, und wenn wir diese Distanz auf die Ebene der Milchstraße übertragen, passt sie gut zur Entfernung und Richtung des Perseus-Spiralarms. Sehr wahrscheinlich ist BD +602522 ein Stern der Cassiopeia-OB2-Assoziation.

Die auffallende Besonderheit ist diese Gasblase um BD +602522, die durch dessen Sternwind entstanden ist und dem Nebel den Beinamen „Blasennebel" (engl. „Bubble nebula") gegeben hat. Es ist bis heute kein anderer Stern bekannt, der ebenfalls von einer solch fast perfekten symmetrischen Blase umgeben ist! Die Blase bildet eine sphärische HII-Emissionsstruktur mit einem Durchmesser von 3′, was in dieser Entfernung 8,2 Lichtjahren entspricht. Sie ist im Visuellen und im Infraroten sichtbar. Ihr Nordteil leuchtet am hellsten und weist in Richtung der hellen HII-„Wand" (Sh2-162), die als Wolke mit leuchtendem Rand oberhalb der Blase zu sehen ist. Wie die Radialgeschwindigkeitsmessungen zeigen, sind diese beiden Nebel dynamisch miteinander verknüpft.

BD +602522 ist ein Riesenstern mit einer Oberflächentemperatur von 37.500 K und einer Windgeschwindigkeit von 2500 km/s. Seine Masse wird auf 44 Sonnenmassen geschätzt, sein Radius auf 15 Sonnenradien. Der Stern leuchtet fast 400.000-mal heller als die Sonne. Durch den Wind verliert der Stern rund $1{,}7 \times 10^{-6}$ Sonnenmassen pro Jahr. Der Sternwind von BD +602522, der in alle Raumrichtungen und somit kugelförmig abströmt, hat das interstellare Medium, das eine Teilchendichte von etwa $100/cm^3$ besitzt, aufgeschoben und daraus die Blase geformt. Die Teilchendichten der umgebenden Sh2-162-Wolken sind aber mit $10^3/cm^3$ bis $10^4/cm^3$ deutlich höher. Die Gaia-DR2-Daten bestätigten eine Vermutung aus den 1970er-Jahren: BD +602522 bewegt sich mit einer Geschwindigkeit von 28 km/s nach Norden, der Stern läuft also von uns weg, in Richtung der weiter hinten liegenden dichteren Nebelbereiche. Die hell leuchtenden Knoten von Sh2-162 bewegen sich langsamer als der Stern und werden durch die Stoßfronten eingeholt und allmählich aufgelöst. Wir blicken von hinten auf diese sich entfernenden Fronten. Die genaue dynamische Beschreibung ist schwierig, da diese Geschwindigkeit im Vergleich zur Geschwindigkeit des Sternwinds eher klein und damit fehlerbehaftet ist. Da BD +602522 ein Schnellläufer sein könnte, der in die dichteren Nebelzonen eindringt, dürfen wir in ferner Zukunft von NGC 7635 ein einzigartiges HII-Spektakel erwarten.

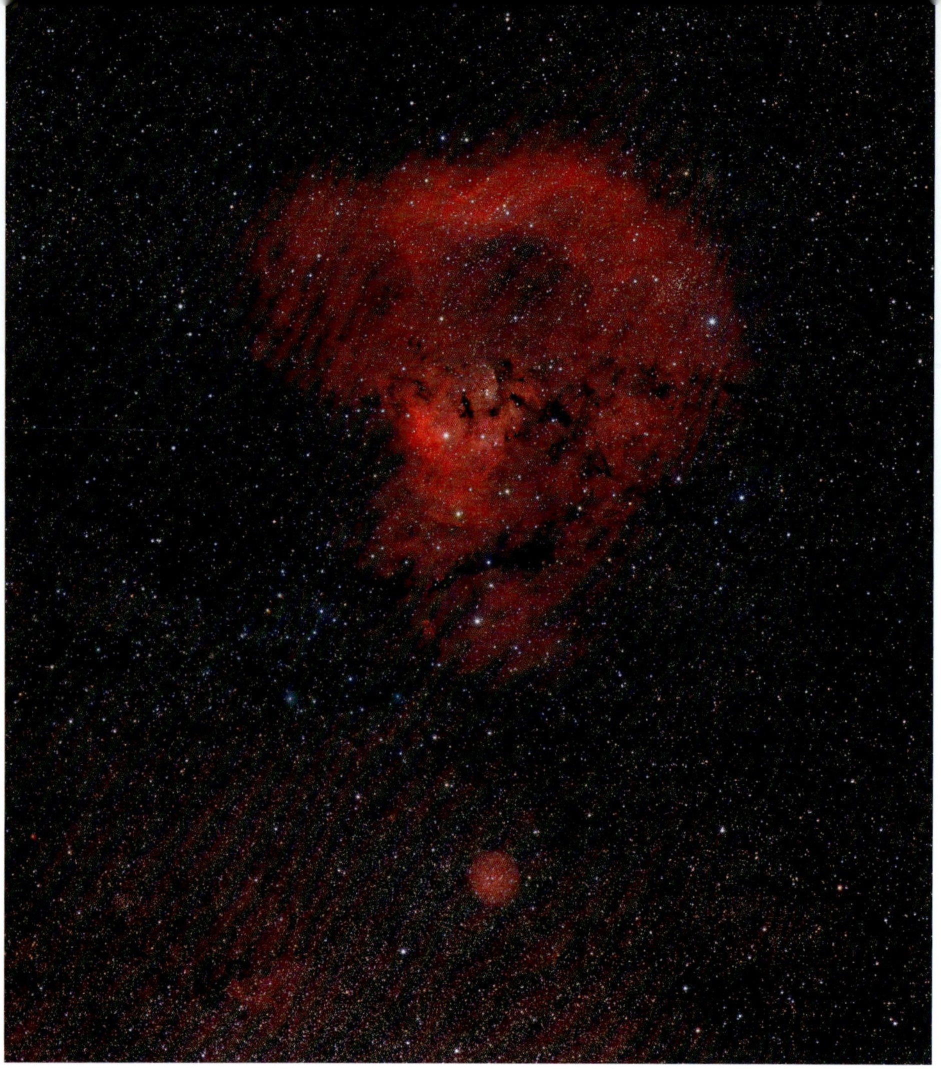

NGC 7822 KOSMISCHES FRAGEZEICHEN

CEP | $0^h\ 1^m\ 9^s$ | 67° 25′ 17″

Das Bildfeld dieser Weitwinkelaufnahme misst 6° × 4°. Es befindet sich zum großen Teil an der Ostgrenze des Sternbilds Cepheus, der untere Teil liegt im Sternbild Cassiopeia. Betrachten wir den ganzen Komplex (Sh2-171), erinnert dieser an ein Fragezeichen. Diese Form erfordert die Hinzunahme des unterhalb stehenden kleinen Emissionsnebels, der den offenen Haufen Stock 18 umschließt. In NGC 7822 steht rechts oberhalb des hellen Zentrums der junge Sternhaufen Berkeley 59. Die genauen Gaia-DR2-Entfernungen entzaubern die Form eines zusammenhängenden Fragezeichens, denn NGC 7822 hat demnach eine Entfernung von 3560 ± 325 Lichtjahren, Stock 18 aber 11.100 ± 1030 Lichtjahre. Der unscheinbare Sternhaufen Stock 18 befindet sich weit entfernt im Perseus-Spiralarm, wogegen NGC 7822 uns viel nähersteht und zum lokalen Spiralarm der Milchstraße gehört.

Vor dem hellen Zentrum der HII-Emission steht der 5,7 mag helle K1-Stern HD 225216, der mit einer Distanz von nur 325 Lichtjahren zur nächsten Sonnenumgebung gehört. Er ist also nur ein Vordergrundstern und kommt aufgrund seiner Entfernung und seines späten Spektraltyps nicht als Ionisationsquelle von NGC 7822 in Frage.

Am westlichen Rand des Haufens Berkeley 59 befindet sich der Stern BD +661673, der inmitten der Cepheus-OB4-Assoziation liegt. Er ist ein Bedeckungsveränderlicher vom Algol-Typ mit der Bezeichnung V747 Cephei. Seine Primärkomponente ist ein O5V-Stern, der Begleiter ist ein B-Stern. Aus ihrer Lichtkurve können wir eine Umlaufperiode von 5,33 Tagen entnehmen. Die mittlere visuelle Helligkeit von BD +661673 liegt bei 10,1 mag, die Infrarothelligkeit ist mit 6,4 mag im K-Band deutlich höher. Dies liefert einen Hinweis auf den Gas- und Staubreichtum in Berkeley 59.

Obwohl BD +661673 am Nordrand von Berkeley 59 steht und damit auf der anderen Seite der hellsten HII-Wolken in NGC 7822, ist er doch die Ionisationsquelle des gesamten Komplexes. Die von den UV-Photonen zurückgelegte projizierte Strecke beträgt ungefähr 30 Lichtjahre. Mit der genauen Gaia-DR2-Entfernung von 3210 ± 260 Lichtjahren steht er uns etwas näher als der Sternhaufen.

Der Verlauf der HII-Emission in den Nebelfilamenten der nahen Umgebung von BD +661673 ist deutlich lichtschwächer als in denjenigen, die 30 Lichtjahre weiter links liegen. Diese Filamente müssen sich also in größerer Entfernung befinden und weit hinter BD +661673 im Raum stehen. Setzen wir diese Informationen zu einem Gesamtbild zusammen, so folgt, dass NGC 7822 eine räumliche Tiefenstruktur besitzt, die in ihrer Ausdehnung die von uns beobachtbare auf die Himmelsebene projizierte Struktur weit übertrifft.

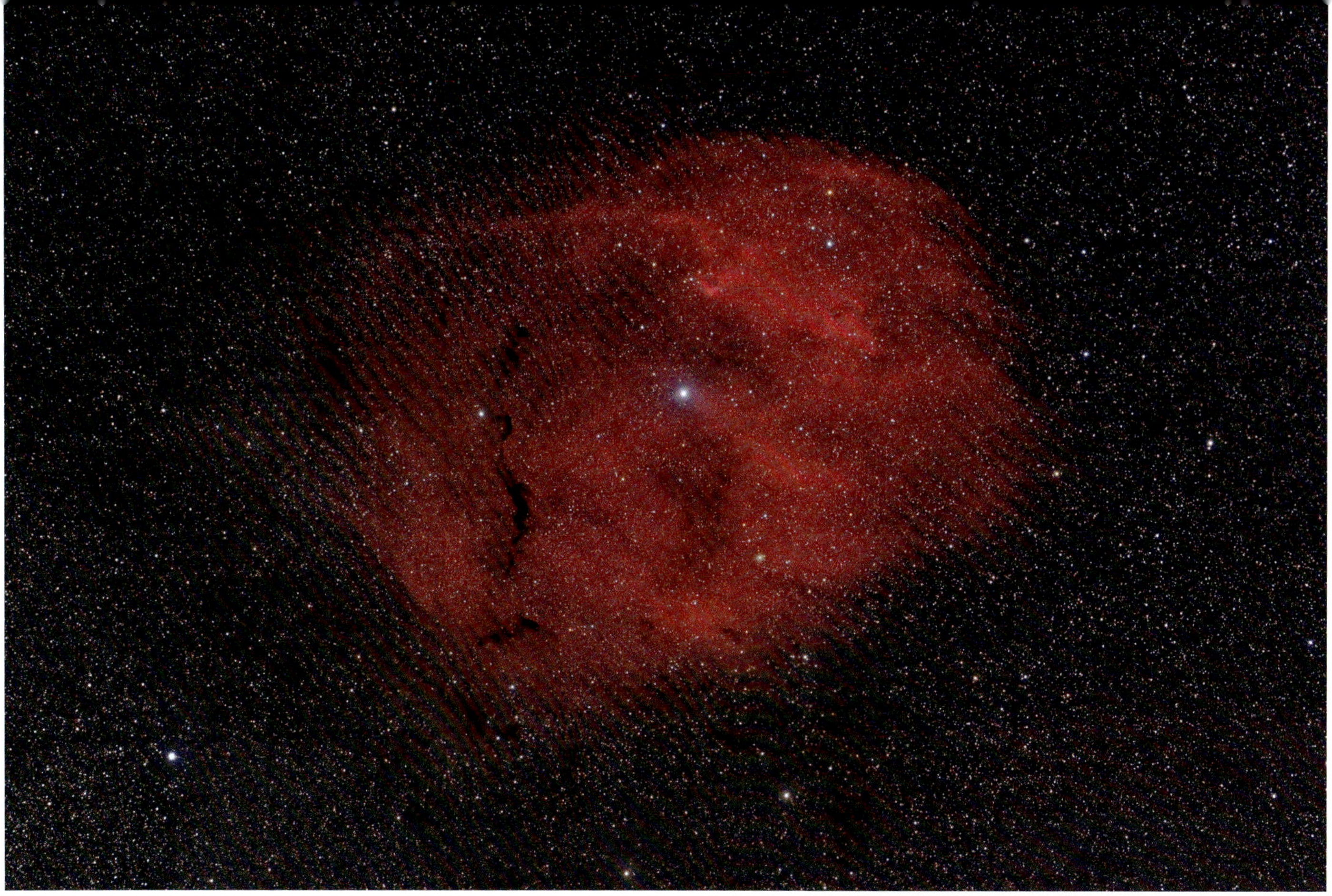

Sh2-27

OPH | $16^h\ 35^m\ 57^s$ | -12° 43′ 5″

Eine gute Vorstellung über das Vorkommen von Staub und Gas in der Milchstraße liefern Übersichtskarten, die mithilfe von Infrarotsatelliten entstanden sind. Wir sehen beispielsweise auf der IRAS-Karte die Milchstraße als helles Band, das sich über den gesamten Himmel zieht. Bei galaktischen Breiten von 180° erscheint dies weniger hell und wolkiger. (Bei guten Sichtbedingungen im Winter lässt sich der immer schwächer werdende Verlauf der Milchstraße auch mit bloßem Auge bis zu dieser Region im Fuhrmann verfolgen.) Blicken wir in die entgegengesetzte Richtung zum Milchstraßenzentrum, ist das Band schärfer definiert und leuchtet hier am hellsten.

In dieser Region liegt auch eine 40° breite und etwa 30° hohe Wolkenstruktur, die nur nördlich der galaktischen Ebene zu sehen ist. Sie gehört nicht zum symmetrisch geformten Sphäroid der Milchstraße, sondern liegt vielmehr in der näheren Sonnenumgebung. Hier befindet sich auch die HII-Region Sharpless 2-27 (Sh2-27, Gum73), in deren Mitte der 2,6 mag helle Stern Zeta Ophiuchi (l = 6,3°, b = 23,6°) zu sehen ist. Es handelt sich um einen O9,2IV-Typ, der in einer Entfernung von nur 366 ± 8 Lichtjahren steht. Das unterstützt die Vermutung, dass die von IRAS beobachteten Wolken in unserer Nähe stehen. Seine hohen Eigenbewegungswerte von 30 mas pro Jahr und seine Radialgeschwindigkeit von −9 km/s definieren ihn als Schnellläufer. Die Winkelgröße von Sh2-27 umfasst etwa 10° und entspricht einem projizierten Durchmesser von 64 Lichtjahren.

Die Verteilung der Gas- und Staubwolken in der Milchstraße, die das interstellare Medium (ISM) bilden, wird durch galaktische Magnetfelder bestimmt. Sie beeinflussen die großräumige Bewegung der Materie, aus der Sterne entstehen werden. Diese wird durch Gravitation verdichtet und bringt schließlich Sternentstehungsgebiete hervor. Die Messung der Struktur und Stärke dieser Magnetfelder ist schwierig, da sie nur mittelbar beobachtbar sind. Eine Möglichkeit bieten spektroskopische Messungen der Polarisation im Radiobereich (im Englischen als „radio-spectro-polarimetry" bezeichnet). Mit ihr wird die Synchrotronstrahlung beobachtet, die schnell bewegte Elektronen auf ihrem Weg durch Magnetfelder aussenden. In den Radiofrequenzen bewirkt dann die sogenannte Faraday-Rotation, dass sich der Polarisationswinkel der Radiowellen verändert, während sie sich auf uns zu bewegen. In HII-Regionen ist die Elektronendichte durch den hohen Ionisationsgrad deutlich größer als in der neutralen interstellaren Materie. Sie sind also prädestiniert für die Untersuchung der Magnetfelder, die sich entlang der Sichtlinie von der HII-Region zur Sonne befinden.

Eine Untersuchung aus dem Jahr 2019 benutzte dieses Verfahren des „Faraday-Fensters" bei Sh2-27. Es lieferte Hinweise auf zwei vorgelagerte Wasserstoffwolken, die zur lokalen Blase um die Sonne gehören. Beide Wolken haben eine Größe von etwa 100 Lichtjahren. Die in ihnen wirkenden Magnetfelder, die man bei der Untersuchung hat nachweisen können, sind entgegengesetzt gerichtet und liegen bei −15 µGauß beziehungsweise +30 µGauß. In Mitteleuropa liegt die Vertikalkomponente des Erdmagnetfelds bei 0,4 Gauß (0,4 µTesla) und ist somit 260.000-mal stärker als das galaktische Magnetfeld.

Sh2-82 KLEINER TRIFIDNEBEL

SGE | $19^h\ 30^m\ 15^s$ | 18° 17′ 30″

Im kleinen Sternbild Pfeil (Sagitta) leuchtet der Nebel Sh2-82 dicht neben einer Dunkelwolke, die durch den östlichen Teil des Sternbilds verläuft. Die typische rote Hα-Emission wird von einem blau leuchtenden, fast vollständig geschlossenen Ring umgeben, der auch erklärt, warum Sh2-82 inoffizielle Bezeichnungen wie „kleiner Trifidnebel" („little Trifid-nebula") und „kleiner Kokonnebel" („little Cocoon-nebula") trägt. Hier kombiniert der Kosmos in einem einzigen Objekt einen Emissions- und einen Reflexionsnebel.

Der Durchmesser liegt bei etwa 10′. Die HII-Emissionsregion, die im Lynds-Katalog die Nummer LBN 053.54+00.04 erhalten hat, konzentriert sich auf den linken Bereich der Aufnahme. Sie sieht nahezu kreisförmig aus, was an das Idealbild einer Strömgren-Sphäre erinnert. Die Ionisationsquelle ist der zentral stehende Stern HD 231616. Es ist ein 10,7 mag heller B0,5III-Stern. Die Infrarothelligkeit des Riesensterns beträgt im J-Band 8,5 mag und im K-Band 7,8 mag. Er steht also in einer dichten Wolke, die von ihm teilweise ionisiert wird, aber über den sichtbaren Bereich hinaus verläuft. Der Übergang von Rot nach Blau ist an den Stellen zu finden, an denen die Anzahl der UV-Photonen zu gering ist, um den Gleichgewichtsprozess der Ionisation und Rekombination auszulösen.

Auch wenn sich einige Amateuraufnahmen im Internet finden lassen, so ist dieser kleine Komplex von der Wissenschaft bislang stiefmütterlich behandelt worden. In den letzten 20 Jahren gab es nur 10 Veröffentlichungen. Bis auf eine war Sh2-82 immer nur Teil eines Samples von HII-Regionen, die untersucht wurden. Und die eine beschäftigte sich mit jungen Protosternen, die sich in der Umgebung von Sh2-82 finden lassen. Die Astrometriesatelliten Tycho und Gaia haben HD 231616 identifiziert, es gibt aber keine Parallaxenangaben in der astronomischen Datenbank Simbad. Eine Erklärung hierfür wäre, dass Gaia zwei sehr dicht beieinanderstehende Quellen gemessen hat und damit das automatische Katalogisierungsverfahren dies als Messfehler interpretierte. Die Position der Gaia-Quelle 4323127850373105536 entspricht dabei bis auf 0,02″ derjenigen von HD 231616. Die Gaia-Daten liefern für dieses Objekt die Entfernung von 2790 ± 300 Lichtjahren und eine G-Helligkeit von 9,9 mag. In einer Entfernung von 1,5″ befindet sich gemäß Gaia ein zweites Objekt mit der ID 4323127854691986944 in einer Entfernung von 1660 ± 220 Lichtjahren und einer Helligkeit von 11,8 mag. Es könnte sein, dass es sich bei HD 231616 um ein enges Doppelsternsystem handelt. UBVRI-Messungen in den 1980er- und 1990er-Jahren führten auf einen B0-Stern mit einem grob geschätzten Abstand von 4500 bis 5800 Lichtjahren.

Das alles passt nicht zusammen. Wir können nur sagen, dass Sh2-82 sehr wahrscheinlich HD 231616 zugeordnet werden kann, da dies die einzige UV-Photonenquelle in der Nebelzone ist. Mit der Entfernung von 2790 Lichtjahren beträgt der Radius der HII-Kugel knapp 3 Lichtjahre. Da der Reflexionsnebel deutlich sichtbar ist, können wir auf eine hohe Teilchendichte schließen. Für einen B0,5-Stern bedeutet eine hohe Dichte nach der Theorie einen relativ kleinen Strömgren-Radius. Dies passt also gut zur Beobachtung. Trotz der offenen Fragen zeigt Sh2-82, dass die Strömgren-Sphäre eine gute Annahme ist, die aber auf einem idealisierten physikalischen Modell beruht. Die Wirklichkeit der Gasverteilung vor Ort ist sicherlich inhomogener und damit deutlich komplexer.

Sh2-101 TULPENNEBEL

CYG | 19h 59m 55s | 35° 16′ 36″

Zu den auffälligsten Sommersternbildern entlang der Milchstraße gehört das Sternbild Schwan. Der zentrale Stern des Schwans ist γ Cygni (Sadr), an dem die Flügel und der Hals des kosmischen Zugvogels zusammenlaufen. In der Nähe des Sterns Eta Cygni, der auf der halben Strecke zwischen Sadr und β Cygni (Albireo) liegt, finden wir den HII-Nebel Sh2-101, der auch als Tulpennebel bekannt ist. Der Frühlingsblüher hat eine Ausdehnung von etwa 15′ × 9′ und seine visuelle Helligkeit liegt bei 9 mag.

Bei den zwei auffälligen gelblichen Sternen im oberen und unteren Nebelteil handelt es sich beide Male um K-Sterne, die nicht mit Sh2-101 zusammenhängen. Oben steht der 7,6 mag helle Stern HD 189777, der 9400 Lichtjahre entfernt ist, und unten der mit 7,7 mag fast gleich helle Stern HD 189688 mit einem Abstand von 1900 Lichtjahren. Rechts neben diesem Stern finden wir den O6,5V-Stern HD 227018 – die Energiequelle von Sh2-101. Die Gaia-Daten liefern für diesen 9,0 mag hellen Stern eine Entfernung von 6870 ± 490 Lichtjahren. Er ist Teil der Cygnus-OB3-Assoziation, die aus etwa drei Dutzend OB-Sternen besteht. Messen wir deren Bewegung am Himmel, so stellen wir fest, dass sich die Assoziation in Richtung des galaktischen Zentrums bewegt. Das berühmteste Mitglied der Assoziation ist die Röntgenquelle Cygnus X-1, in der sich vermutlich ein Schwarzes Loch befindet. Sehen würde man aber nur den O9-Begleiter, der zudem außerhalb des Bildfeldes liegt. Die Sterne der Cygnus-OB3-Assoziation haben im Mittelwert eine Entfernung von 6260 ± 1010 Lichtjahren.

Bei genauer Betrachtung der astrometrischen Daten dieser Sterne fällt auf, dass HD 227018 aus der Verteilung der gemessenen Eigenbewegungen herausfällt. Während die schnellsten anderen Cygnus-OB3-Nachbarn Geschwindigkeiten von 20 km/s bis 25 km/s aufweisen, mit einem Mittelwert von 22 km/s, rast HD 227018 mit 52 km/s durchs Weltall. Es könnte sich um einen Schnellläufer handeln! Seine Radialgeschwindigkeit erreicht mit 20 km/s ebenfalls einen Spitzenwert innerhalb der Assoziation. Außer dem Mittelwert der Geschwindigkeit ist auch die Breite der Geschwindigkeitsverteilung von 7,7 km/s ein Hinweis darauf, dass HD 227018 ursprünglich wohl nicht zur Cygnus-OB3-Assoziation gehört hat. Die Geschwindigkeit von Cygnus X-1 entspricht ziemlich genau dem Mittelwert, und obwohl Cygnus X-1 räumlich am Rand der Assoziation liegt, wird er dieser Sternengruppe zugeordnet.

An welcher Stelle nun die Bewegung von HD 227018 ihren Ausgang hatte, lässt sich schwer sagen. Es könnte sein, dass er durch eine enge Begegnung innerhalb der Gruppe beschleunigt wurde. Wahrscheinlicher stammt er aber ursprünglich aus dem Sternhaufen NGC 6871. Dieser hat fast die gleiche Entfernung und ist am Himmel nur 1,2° südöstlich von Sh2-101 zu finden. In der Entfernung der Quellen sind es nur 130 Lichtjahre, die beide trennen. Träfe diese Hypothese zu, so wäre HD 227018 seit etwa 800.000 Jahren unterwegs gewesen – immerhin die Hälfte seiner stellaren Lebenszeit –, bis er schlussendlich die rote Tulpe zum Leuchten bringen konnte.

Sh2-114

CYG | $21^h\ 21^m\ 12^s$ | 38° 42′ 0″

Die HII-Region Sh2-114, die auch als LBN 084.24-07.79 beziehungsweise LBN 347 bezeichnet wird, dürfte vielen Astrofotografen unbekannt sein. Sie steht am östlichen Flügelende des Sternbilds Schwan. Die Länge des hellen Bogens im Zentrum beträgt nur etwa 8′. Das Bildfeld der Aufnahme beträgt 20′ × 12′.

Wir finden in den Sammlungen astronomischer Fachzeitschriften keine Veröffentlichungen, die sich speziell auf Sh2-114 beziehen. Im Simbad gibt es drei Referenzen auf umfangreichere Durchmusterungen, die Sh2-114 beinhalteten, aber keine individuellen Aussagen zu diesem HII-Objekt machen. Durchsuchen wir die Gaia-DR2-Daten selbst, finden wir etwa 7700 Einträge in einem Kreis von 10′ Durchmesser um die Koordinaten von Sh2-114. Die Parallaxen dieser Objekte zeigen keine Auffälligkeiten, die beispielsweise auf einen lockeren Sternhaufen hindeuten würden. Die Parallaxen zeigen bei Werten von etwa 14.000 Lichtjahren ein Maximum. Aufgrund der galaktischen Koordinaten mit $l = 84°$ und $b = -8°$ sind die meisten Sterne in diesem Bild im Perseusarm der Milchstraße zu finden. Die Breite der Parallaxenverteilung von etwa 3000 Lichtjahren passt bei dieser galaktischen Länge ebenfalls zur Position im Perseusarm.

Schwierig gestaltet sich die Suche nach dem Stern oder den Sternen, die das Wasserstoffgas in Sh2-114 ionisieren könnten, denn die herkömmlichen Sternkataloge enthalten im Bildbereich keine hellen O- oder B-Sterne. Mithilfe der Gaia-Daten können wir ein Farben-Helligkeits-Diagramm erstellen, um mögliche OB-Kandidaten ausfindig zu machen. Der Gaia-Farbexzess $G_{BP}-G_{RP}$ liegt bei OB-Sternen im Bereich von 0 mag oder ist sogar negativ. Schließen wir Sterne mit zu geringer Helligkeit (größer als 20 mag) aus, so sind in unserer Gaia-Auswahl nur drei Sterne zu finden, deren Farbe für B-Sterne blau genug ist, was einen Farbindex von $G_{BP}-G_{RP} < 0{,}2$ mag bedeutet. Dies wären (1) Gaia DR2 1964880025340364672 mit einem Farbindex von 0,19 mag und einer Entfernung von 3620 ± 160 Lichtjahren, (2) Gaia DR2 1964898167282286464 mit einem Farbindex von 0,18 mag und 3080 ± 100 Lichtjahre entfernt und (3) Gaia DR2 1964891673291692672 mit einem Farbindex von 0,17 mag in einer Entfernung von 3100 ± 120 Lichtjahren.

Alle drei Sterne liegen nicht im Perseusarm, sondern gehören zum lokalen Spiralarm. Da sie in etwa gleiche Entfernungen, Helligkeiten und Farben besitzen, könnten sie eine kleine Gruppe von späten B-Sternen bilden und gemeinsam für die HII-Emission verantwortlich sein. Es bleibt aber eine Unsicherheit. Denn auf Aufnahmen geringerer Brennweite und somit einem größeren Bildfeld zeigen sich rechts und links des hellen Bogens zwei 10′ weitreichende HII-Flügel, die als LBN 346 und LBN 333 bekannt sind. Sie haben Sh2-114 bei Astrofotografen auch den Namen „Flying Dragon" („fliegender Drache") beschert. Die feinen Gasfilamente erinnern an einen alten Supernovaüberrest. Es gibt aber keine Radio- oder Röntgensignatur in der Umgebung von Sh2-114, die dieses alternative Szenario stützen könnte.

Somit hat Stewart Sharpless 1959 mit der Nummer 114 den Astronomen ein kniffliges Rätsel hinterlassen, das noch nicht gelöst wurde. Dazu passt auch die kleine Notiz in seinem Katalog, die er bei Sh2-114 eintrug: „irregulär".

Sh2-126/LBN 442

AND/LAC | $22^h\,34^m\,38^s$ | 40° 40′ 0″

Diese Weitfeldaufnahme misst etwa 9° × 6,5° und zeigt die Region an den Sternbildgrenzen zwischen den Sternbildern Lacerta (Eidechse) und Andromeda. Unten links ist ο Andromedae zu erkennen. Mit 3,5 mag ist der Be-Stern der hellste Himmelskörper im Bildfeld. Die Sterngruppe im oberen rechten Quadranten gehört zum Sternbild Lacerta. Die dort sichtbaren Sterne sind alle schwächer als 4,5 mag.

Die Basis eines Dreiecks aus bläulichen Sternen bilden 12 Lacertae (links) und 10 Lacertae (rechts), mit einem Winkelabstand von 1,2°. 12 Lacertae ist ein B2III-Stern in 1260 ± 65 Lichtjahren Entfernung. Etwas weiter von uns weg befindet sich 10 Lacertae, ein O9V-Stern in einer Distanz von 1730 ± 200 Lichtjahren. Etwas links oberhalb von 10 Lacertae steht der optische Doppelstern 8 Lacertae, der sich aus zwei B1-Sternen zusammensetzt. Die eine Komponente 8 Lac A ist 1724 ± 84 Lichtjahre entfernt, die zweite Komponente 8 Lac B bringt es auf 1502 ± 41 Lichtjahre. Über diesem Dreieck, nahe des oberen Bildrands, leuchtet mit HD 212978 ein B2V-Stern, der mit 1725 ± 48 Lichtjahren gut zum lokalen Arrangement passt. Diese fünf Sterne sind die stärksten UV-Photonenquellen, die in der Lage sind, das Wasserstoffgas in Sh2-126 (auch als LBN 428 bekannt) zu ionisieren und die HII-Emission kontinuierlich mit Energie versorgen.

Über die ganze Aufnahme verteilt liegen graubraune Staubwolken vor den hellen HII-Fronten. Ein kleinerer Bereich oberhalb der durch HII gebildeten Horizontale, nämlich Lynds heller Nebel LBN 437, zeigt besonders dichte Wolken. Dort sticht ein kompakter „Staubfinger" ins Auge, in dessen etwa 5′ großen Spitze mehrere Sterne zu sehen sind. Prüfen wir ihre Lage im Raum, finden wir zwei B-Sterne mit 6,9 mag und 8,5 mag, die sich 50 beziehungsweise 100 Lichtjahre vor der Gruppe aus vier Sternen befinden. Da diese B-Sterne eigentlich das Wasserstoffgas dieses Staubfingers ionisieren müssten, dürfen wir davon ausgehen, dass er uns näher steht als die beiden Sterne.

Zu dieser Überlegung passt gut, dass sich in der „Fingerspitze" der K0-Stern BD +39 4883 befindet. Er ist deutlich zu kühl, um die UV-Emission anregen zu können. Die Entfernung des Sterns ist mit 1158 ± 16 Lichtjahren recht genau bekannt. Knapp 3′ darunter liegt LkHA 233, ein Herbig-Haro-Objekt, das bipolare Abströmungen zeigt und mit dem Nebel verbunden ist (siehe Kapitel 2: Herbig-Haro-Objekte). Die Entfernung von LkHA 233 beträgt 1060 ±180 Lichtjahre.

All diese Entfernungsangaben ermöglichen uns, ein einheitliches Bild zu zeichnen: Wir können den „Finger", die beiden Sterne in ihm sowie 12 Lacertae als Teil einer ebenen Struktur betrachten, die senkrecht zum Sehstrahl orientiert ist und die, von unserer Position im All aus betrachtet, etwa 700 Lichtjahre vor den HII-Vorhängen von Sh2-126 schwebt.

Sh2-140

CEP | 22^h 19^m 8^s | 63° 17′ 7″

Die HII-Region Sh2-140, auch LBN 505, liegt im Sternbild Cepheus und beherbergt den Sternhaufen Pismis-Moreno 1. Am nordöstlichen Rand ragt ein Teil der Dunkelwolken von LDN 1204 in den HII-Verlauf hinein und schattet ihn ab. In der linken oberen Bildecke wird erkennbar, wie dicht diese Wolke sein muss, denn dort ist die Anzahl der Hintergrundsterne deutlich reduziert. Am rechten Bildrand liefert der Reflexionsnebel GN 22.12.3, der im Lynds-Katalog die Bezeichnung LBN 500 trägt, den farblichen Kontrast zur HII-Dominanz. Der dort stehende B8V-Stern HD 211242 liefert zwar viel blaues Licht, aber zu wenig UV-Photonen. Er kann nicht für die Ionisation verantwortlich sein. Zudem hat HD 211242 nur ein Drittel der Entfernung wie Sh2-140.
Würden wir die Aufnahme nach außen zoomen, so könnten wir sehen, dass das Emissionsgebiet von Sh2-140 die Miniaturversion eines größeren, fast 10° großen kreisförmigen Komplexes ist. Dies ist die Sternassoziation Cepheus-OB2. Der Kreis wird durch eine Blase im lokalen Spiralarm verursacht, die vor 10 Millionen Jahren um den Sternhaufen NGC 7160 ihren Ursprung nahm. Durch Sternwinde und Supernovaexplosionen wuchs diese Blase weiter an und produzierte an allen Stellen, an denen sie auf dichteres Material traf, Emissionsnebel. Das größte Beispiel hierfür ist IC 1396 (siehe Kapitel 3: IC 1396). Sh2-140 fällt trotz Vollmondgröße im Vergleich dazu eher klein aus.

Die hellen Sterne im Sternhaufen Pismis-Moreno 1 erreichen Helligkeiten von 8 mag. Am hellsten ist HD 211880 mit 8,0 mag. Dieser B0,5V-Stern befindet sich 3140 ± 105 Lichtjahre entfernt. Etwas rechts unterhalb, in nur 24″ Abstand, und damit auf der Aufnahme gerade noch getrennt, finden wir BD +62 2060. Dies ist ein 8,6 mag heller B8-Stern, der mit 3592 ± 154 Lichtjahren tiefer im Raum steht und hinter dem Haufen liegt.
Betrachten wir die Dunkelnebelzone im oberen linken Quadranten, so fallen hier Wolken mit unterschiedlichen Schwärzegraden auf. Es sind Verdichtungen in der Molekülwolke, aus denen sich später Sterne entwickeln können. Die Teilchendichten übertreffen hier 100 pro cm^3. Diese Kondensationen in der Wolke sind nicht alle gleich groß, sondern es ist eine Größenverteilung der Wolken zu erkennen, die einem Potenzgesetz folgt: Je kleiner die Wolken sind, desto häufiger treten sie auf. Diese Verteilung bestimmt die Masse des Protosterns, der in einer solchen Wolke entstehen kann. Die Astronomen haben festgestellt, dass es eine charakteristische Grenzmasse gibt. Kondensationen oberhalb einer bestimmten Masse kollabieren und bilden einen Protostern, massearme Wolken kollabieren nicht. Im Fall von LDN 1204 liegt diese Massengrenze bei 30 Sonnenmassen und übertrifft damit deutlich andere Molekülwolken. Wir dürfen also davon ausgehen, dass sich in diesen Geburtsstätten eher massereiche Sterne bilden.

Sh2-264/vdB 38/WDHS 1

ORI | $5^h\ 35^m\ 18^s$ | 9° 56′ 0″

Im Sternbild Orion steht diese HII-Region oberhalb der beiden Schultersterne des Himmelsjägers und bildet den Kopf der himmlischen Sagengestalt. Auf der Aufnahme leuchtet links unten α Orionis (Beteigeuze). Die zwei blauweißen Sterne im Zentrum sind λ Orionis, ein 3,0 mag helles System mit einem O9III- und einem B0,5V-Stern, und 27′ nach unten versetzt befindet sich ϕ_1 Orionis, ein 4,3 mag heller spektroskopischer Doppelstern mit dem Spektraltyp B0III. Beide Sterne befinden sich innerhalb der Fehlergrenzen in derselben Entfernung: λ Orionis ist 1137 ± 211 Lichtjahre und ϕ_1 Orionis ist 1095 ± 91 Lichtjahre entfernt. Die Flüsse der UV-Photonen beider Sterne erzeugen eine HII-Ionisationskugel mit einem Strömgren-Radius von maximal 4°, was etwa 75 Lichtjahren entspricht. Am rechten unteren Rand der Aufnahme erkennen wir den kleinen Reflexionsnebel vdB 38, der den Stern HD 34989 umgibt. Schließlich finden wir am linken Rand noch den lichtschwachen Planetarischen Nebel PN WDHS 1, der auch die Katalognummer PN G197.4-06.4 trägt.

Die grundlegenden Eigenschaften der frühen Sterne vom O-Typ werden durch die Parameter Masse, Radius und Temperatur bestimmt und legen damit die Entwicklungswege im Hertzsprung-Russell-Diagramm fest. Die Abschätzung des Radius und der Masse gelingt bei Mitgliedern von Bedeckungsveränderlichen recht gut. Eine Problematik besteht aber in der Wechselwirkung der beiden Sterne dieses Systems. Sie tauschen Materie aus und verändern damit sowohl ihre Masse als auch, durch die Verformung im Bereich des Auftreffpunkts, den Energietransport im Inneren. Damit sind ihre Entwicklungswege nicht mehr zuverlässig vorhersagbar. Meist nutzen die Astronomen für O-Sterne spektrale Daten, etwa die Druckverbreiterung der Wasserstofflinien, um die Temperatur und die Schwerkraft zu bestimmen. Dabei wurde festgestellt, dass bei diesem Spektraltyp die Temperaturen über einen gewissen Bereich streuen, was durch Variationen der Schwerkraft verursacht wird. Wir benötigen daher zur Bestimmung des Spektraltyps genaue Atmosphärenmodelle. Eine Hilfe auf dem Weg dorthin sind die Winkeldurchmesser der nahen O-Sterne, die mithilfe der optischen Interferometrie mit langen Basislinien („very long baseline interferometry“, VLBI) gemessen werden können. In einer Studie des „Center for High Angular Resolution Astronomy“ (CHARA, Mount Wilson, USA) aus dem Jahr 2018 wurden sechs O-Sterne auf diese Art vermessen, einer davon war λ Orionis. Die Interferometrie basiert auf der Annahme einer Mitte-Rand-Verdunkelung des Sterns, ein Effekt, den wir auch von der Sonne kennen. Die Berechnungen lieferten für λ Orionis Winkeldurchmesser im Bereich zwischen 0,22 und 0,24 mas bei einer Temperatur von 36.000 K. Aus diesen Werten kann ein von der Parallaxe unabhängiger Abstand berechnet werden, der hier 1380 ± 170 Lichtjahre beträgt. Dieser Wert ist zwar größer als der der Parallaxenentfernung, im Rahmen der Fehlergrenzen sind beide aber gleich.

Durch die Entfernung erhalten wir auch den Radius für λ Orionis, dieser ist 10,2 ± 1,3 Sonnenradien. Es handelt sich damit um einen Riesenstern. Die O-Sterne, die noch auf der Hauptreihe liegen, erreichen Radien, die fast dem Niveau der O-Riesen und O-Überriesen entsprechen, denn die prozentuale Variation der Radien von O-Sternen ist deutlich kleiner als bei anderen Spektralklassen. Wir erkennen dies auch am Gedränge in der obersten linken Ecke des Hertzsprung-Russell-Diagramms.

PLANETARISCHE NEBEL

Das Ende eines Sternenlebens ist aus kosmischer Perspektive nur eine Zwischenstation im interstellaren Kreislaufsystem. Den Neubeginn markieren Gaswolken, die vom sterbenden Stern abgestoßen wurden. Haucht ein massearmer Stern sein Leben aus, entstehen planetarische Nebel, die faszinierende Strukturen bilden.

ENTSTEHUNG PLANETARISCHER NEBEL

Nach dem Verlassen der Hauptreihe durchläuft ein Stern im Hertzsprung-Russell-Diagramm verschiedene Riesenstadien. Die Schlussphase wird erreicht, wenn er auf dem asymptotischen Riesenast ankommt (siehe Einleitung: Die AGB-Entwicklung, die Post-AGB-Zeit und die Schlusskurve). In dieser Zeit erlischt mehrfach das zentrale Heliumbrennen und startet explosionsartig wieder in Form des „Helium-Flashs". Dadurch kommt es zu einer Durchmischung der fusionierenden Schalen und zu einer Umverteilung der im Sterninneren erzeugten Elemente in die äußeren Bereiche des Sterns. Das wichtigste beobachtbare Charakteristikum ist die Radiuszunahme des AGB-Sterns, die zu einem hohen Massenverlust durch Sternwinde führt. Dieser Prozess wird noch verstärkt, wenn sich der Stern in einem Doppelsternsystem befindet und Materie auf den Begleiter fließt. Trotz dieses Materieverlusts entsteht ein planetarischer Nebel nicht einfach, weil ein AGB-Stern seine äußeren Schichten verliert, sondern weil – zeitlich versetzt – auch Materie von freigelegten inneren Sternregionen mit hoher Geschwindigkeit abströmt. Sie bilden dann die schalenförmigen Gashüllen, die wir später als planetarischen Nebel beobachten. Die Dichte dieser Schalen ist größer als die der abgestoßenen AGB-Sternhülle, denn diese wird durch Stoßfronten aufgeschoben, da die verschiedenen Gasströmungen unterschiedliche Geschwindigkeiten aufweisen. Auch sind die Gashüllen schärfer definiert. Solche Hüllenstrukturen von AGB-Sternen sind, sofern sie nachgewiesen werden können, diffuser als die weiter außen liegenden Gasschalen und sie treten bevorzugt in einer Ebene auf, die durch die Rotation des Sterns definiert wird. Die Rotationsachse des Sterns steht senkrecht zu dieser Ebene. Während seiner AGB-Entwicklung wird der rote Riesenstern immer heißer. Im Hertzsprung-Russell-Diagramm läuft er nach links. Der Stern erscheint also immer blauer. Der protoplanetarische Nebel – so heißt ein eigentlich noch unsichtbarer planetarischer Nebel – kann durch den Stern noch nicht ionisiert werden, da dieser noch nicht heiß genug ist. Somit beschränkt sich die Strahlung des Nebels auf den Infrarotbereich. Diese Protophase ist kurz und umfasst nur 10 % der gesamten Lebensdauer eines Nebels. Mit dem Erreichen einer Temperatur von 30.000 K sind in der Strahlung des Sterns so viele UV-Photonen enthalten, dass deren Energie ausreicht, um die Nebelbestandteile zu ionisieren. Bei höheren Temperaturen können auch Übergänge mit höherer Energie angeregt werden. Das als protoplanetarischer Nebel ausgestoßene Material ist um einige Stundenkilometer schneller als die früher abgeströmte AGB-Materie. Daher entsteht an der Außenfläche des Protonebels eine Stoßfront, in der die Dichte lokal erhöht ist und in der höhere Temperaturen vorliegen. Da die Sternwinde bevorzugt in der Äquatorebene auftreten, wird der Nebel als breiter Ring sichtbar, sofern wir senkrecht und damit von oben auf die Äquatorebene blicken. Schaut der Beobachter mehr von der Seite auf diesen Nebel, erscheint dieser Ring eher als breite Ellipse.

Im zweiten Entwicklungsschritt eines planetarischen Nebels kommen nun sehr schnelle Sternwinde dazu, die den Nebel von innen auseinandertreiben. Sie treten jetzt als Akteure auf, weil nach dem Verlieren der Außenhülle das heiße Sterninnere eine ideale Sternwindquelle wird. Steht im Zentrum des planetarischen Nebels ein Doppelsternsystem, so werden diese Winde gebündelt und sind in der Lage, feine Hohlraumstrukturen in der zuvor abgestoßenen Hülle zu formen. Sobald die schnellen Winde auf langsam expandierendes Hüllenmaterial treffen, bildet sich eine zweite Stoßfront aus. Die Temperatur kann dabei immens ansteigen, sodass der

Abb. 4.1: HFG 1 und Abell 6, zwei leuchtschwache planetarische Nebel im Sternbild Cassiopeia. Aufnahme: Josef Pöpsel, Stefan Binnewies, Frank Sackenheim mit 60-cm-Reflektor.

Abb 4.2: Das Spektrum von M 57 wurde mit Hilfe eines Transmissionsgitters erzeugt. Es wurde kein Spalt eingesetzt, sondern das Spektrum auf einen Chip projiziert, sodass der Ring des planetarischen Nebels an allen Stellen im Spektrum sichtbar wird, an denen bei einem Spaltspektrum die Emissionslinien zu sehen wären.

Nebel im Röntgenlicht strahlt. Aufgrund der verschiedenen Vorgänge können planetarische Nebel sehr vielfältige Formen aufweisen. Dennoch ist bei fast allen Nebeln die Materiedichte in Richtung der Pole geringer. Bei sehr alten planetarischen Nebeln haben sich solche Details der Gasschalen wieder aufgelöst. Übrig bleibt eine Gaskugel, die sich weiter ausdehnt, dabei immer geringere Dichte aufweist und sich schließlich im interstellaren Medium auflöst.

DIE SPEKTREN PLANETARISCHER NEBEL

Durch die extrem niedrigen Teilchendichten in planetarischen Nebeln unterscheidet sich deren Strahlung deutlich von der eines normalen Sterns. Im Spektrum dominiert kein thermisch hervorgerufenes Kontinuum, sondern es dominieren eine Reihe einzelner Emissionslinien, die aus einem flachen Kontinuum herausragen. Diese Linien sind charakteristisch für bestimme Atome und deren Ionisationsstufen. Die markantesten Linien sind die der Elemente Wasserstoff und Sauerstoff, die beim Übergang der Elektronen in den angeregten Atomen entstehen. Bei Wasserstoff sind dies Hα, Hβ, Hγ und Hδ (siehe Kapitel 3: Liste von Emissionslinien).
Beim Sauerstoff unterscheiden wir zwischen Übergängen beim neutralen Sauerstoff OI, Übergänge im einfach ionisierten Sauerstoff OII sowie Übergänge im zweifach ionisierten Sauerstoff OIII. Weitere Elemente, die sich in den Nebelspektren nachweisen lassen, sind Helium, Stickstoff, Neon, Schwefel und Eisen.
In den Spektren der planetarischen Nebel treten auch die verbotenen Linien auf, die uns schon im Kapitel über HII-Regionen begegnet sind (siehe Kapitel 3: Atomphysik). Ursache sind die sehr geringen Teilchendichten, die eine Stoßabregung eines metastabilen Zustands im angeregten Atom verhindern und so bei den planetarischen Nebeln grüne (Hβ, [OIII]) und rote (Hα, [NII], [SII]) Spektrallinien verursachen. Interessanterweise spielen Stöße dennoch eine wichtige Rolle. Die Anregung der Atome in der Gashülle erfolgt nämlich nicht direkt durch die UV-Photonen des Zentralsterns, sie wären zu energiereich. Die Photonen erzeugen stattdessen zuerst freie Elektronen, die mit Atomen zusammenstoßen, sie dadurch anregen und die Emission auslösen. Die Emission von Strahlung in Form von Spektrallinien ist auch der Grund, warum bei der Beobachtung und der Fotografie planetarischer Nebel immer wieder Schmalbandfilter zum Einsatz kommen. Wir erreichen dadurch selbst bei aufgehelltem Himmelshintergrund einen maximalen Kontrast. Gerade bei nicht idealen Bedingungen, mit denen leider viele Astrofotografen zu kämpfen haben, wurden diese Filter in den letzten Jahren zu einem beliebten Werkzeug.

DIE ZENTRALSTERNE IN PLANETARISCHEN NEBELN

Im Hertzsprung-Russell-Diagramm bevölkern die Zentralsterne der planetarischen Nebel den unteren linken Quadranten. Es handelt sich um Weiße Zwerge, also um kompakte heiße Objekte. Oft liegt ihre Temperatur über 50.000 K. Im Grunde genommen ist der freigelegte Kern des AGB-Sterns zu sehen, der seine äußeren Schichten verloren hat. Obwohl die Oberflächentemperaturen riesig sind, findet keine Fusion mehr statt. Deshalb ändern sich Masse und Radius eines Weißen Zwerges nicht mehr. Ein Weißer Zwerg strahlt nur noch aufgrund seiner Wärme. Ganz zu Anfang seiner Entstehung, in den Endstadien des AGB-Vorläufersterns, aus dem der Weiße Zwerg hervorgeht, verliert der Weiße Zwerg die meiste Energie durch abströmende Neutrinos, später ist es dann die Abstrahlung von Photonen. Der Weiße Zwerg kühlt allmählich aus und endet irgendwann als Schwarzer Zwerg.
Weiße Zwerge bestehen aus entarteter Materie und sind in der Regel zwischen 1000 km und 10.000 km groß. Ihr Kern wird von einer nur etwa 50 km dünnen Gashülle umgeben. Die mittlere Masse der Weißen Zwerge beträgt 0,57 ± 0,03 Sonnenmassen. Die maximale Masse von 1,44 Sonnenmassen ist durch die Chandrasekhar-Grenze definiert: Darüber ist ein Weißer Zwerg nicht mehr stabil und kollabiert zu

Abb. 4.3, rechts: die Abbildung (a) zeigt das Spektrum des planetarischen Nebels M 57. Hierbei lag der Spalt des Spektrografen über dem Zentrum. Das Profil gehört zur hellen, rechten Ringzone (siehe Inset). In Abbildung (b) ist der kurzwellige Teil des Spektrums aus (a) dargestellt, (c) zeigt den langwelligen Teil. Die Skalierung in der Vertikalen wurde angepasst, um die schwächeren Linien hervorzuheben. Bei allen Linien sind die zugehörigen Elemente eingetragen.

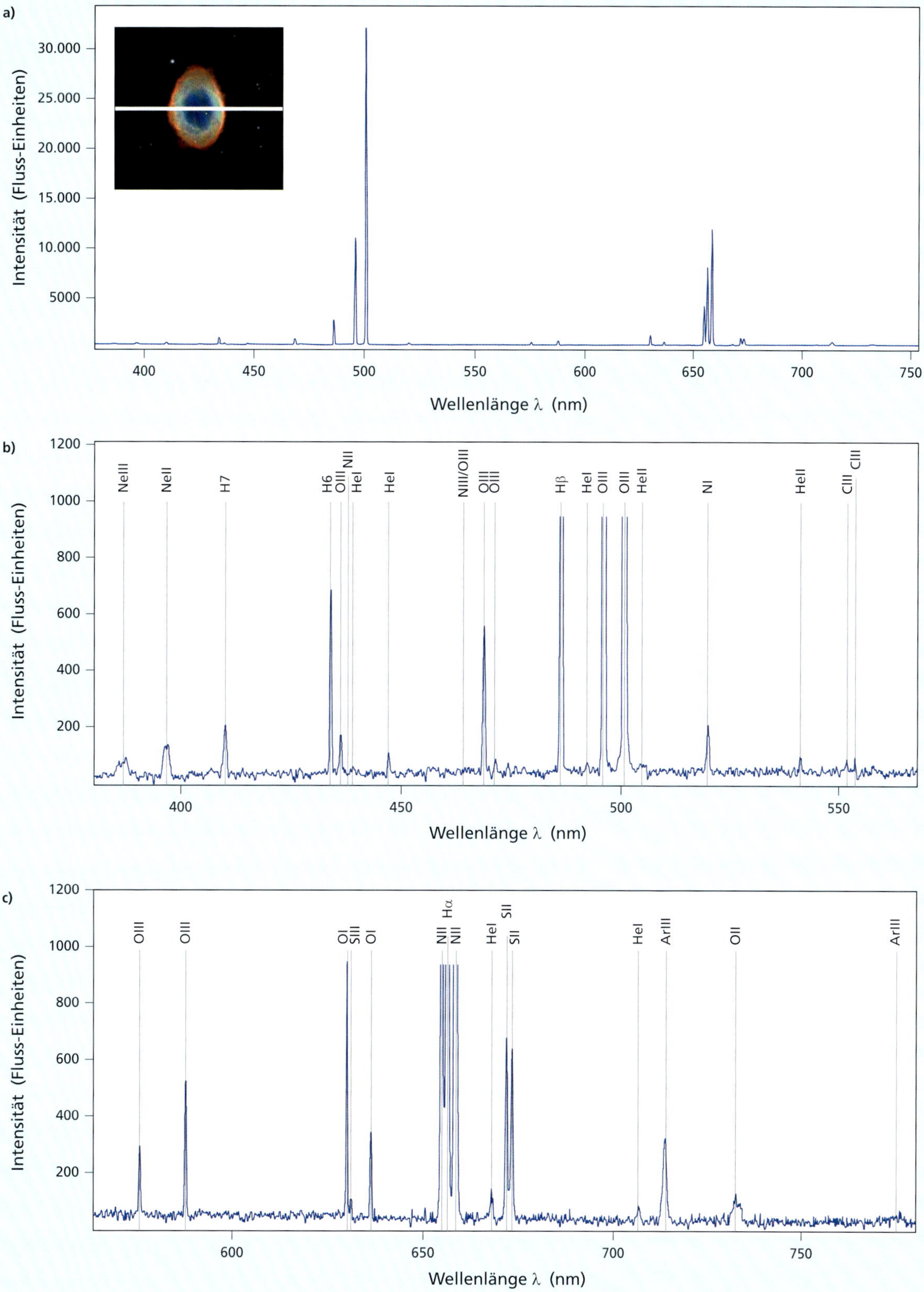
a)
Intensität (Fluss-Einheiten)
30.000
25.000
20.000
15.000
10.000
5000
400
450
500
550
600
650
700
750
Wellenlänge λ (nm)
b)
Intensität (Fluss-Einheiten)
1200
1000
800
600
400
200
NeIII
NeII
H7
H6
OII
NII
HeI
HeI
NIII/OIII
OIII
OIII
Hβ
HeI
OIII
OIII
HeII
NI
HeII
ClII
ClII
400
450
500
550
Wellenlänge λ (nm)
c)
Intensität (Fluss-Einheiten)
1200
1000
800
600
400
200
OIII
OIII
OI
SIII
OI
NII
Hα
NII
HeI
SII
SII
HeI
ArIII
OII
ArIII
600
650
700
750
Wellenlänge λ (nm)

Abb. 4.4: Im Zentrum des planetarischen Nebels M 76 steht der Weiße Zwerg WD 0139+513, der ein PG1159-Stern ist.

einem Neutronenstern (siehe Einleitung: Entwicklung nach der Hauptreihe). Der Weiße Zwergstern Sirius B ist nur 8,6 Lichtjahre von uns entfernt und umläuft den Hauptstern Sirius A im Sternbild Canis Major (Großer Hund). Sirius B ist der uns nächstgelegene Weiße Zwerg. Seine Masse beträgt 0,98 Sonnenmassen und sein Durchmesser wird mit 6000 km angegeben. Die mittlere Dichte von Sirius B beträgt ungefähr 3 Tonnen/cm^3. Er gehört zu den massereicheren Vertretern Weißer Zwerge. Mit einer Temperatur von 25.000 K ist er heißer als der A1-Stern Sirius A. Sein Farbindex ist mit (B–V) = –0,12 mag auch deutlich blauer als der von Sirius A, dessen Farbindex (B–V) = 0,01 mag beträgt. Der Vorläufer von Sirius B war vermutlich ein Stern mit fünf Sonnenmassen und damit mehr als doppelt so massereich wie Sirius A. Das Doppelsternsystem entstand vor rund 240 Millionen Jahren und vor 100 Millionen Jahren wurde aus dem Vorläufer von Sirius B zuerst ein roter Riesenstern und dann ein AGB-Stern. Er brachte einen planetarischen Nebel hervor, von dem heute aber nichts mehr zu sehen ist.

DIE SPEKTRALE KLASSIFIKATION DER WEISSEN ZWERGE

Für Weiße Zwerge entstand in den 1980er-Jahren eine eigene spektrale Klassifikation. Alle Bezeichnungen besitzen das Präfix „D“, das nicht für das englische „dwarf“ („Zwerg“), sondern für „degenerate“ steht. Der zweite Buchstabe charakterisiert die Elementhäufigkeit. „A“ steht für das Element Wasserstoff, das im Spektrum die stärksten Absorptionslinien zeigt. Wird neutrales Helium gefunden, benutzen wir „B“, bei ionisiertem Helium „O“. Bei Kohlenstoff ist es „Q“, und wenn es andere Elemente sind, die von den Astronomen alle als Metalle bezeichnet werden, verwenden wir Z. Zeigt das Spektrum des Weißen Zwerges keine klaren Linien und ist durch das Kontinuum bestimmt, lautet der Zusatz „C“. Lassen sich im Spektrum zwei Elemente nachweisen, werden die Buchstaben kombiniert. In der dünnen Gasschicht eines DBA-Sterns herrschen also neutrales Helium und neutraler Wasserstoff vor.

Die wasserstoffreichen Zwerge machen etwa 80 % der bekannten Weißen Zwerge aus. Diese DA-Typen sind entlang der gesamten Abkühlsequenz (engl. „cooling track“) zu finden, die im Hertzsprung-Russell-Diagramm eine Diagonale zur Hauptreihe bildet (siehe Abb. E.12 auf S. 30). Das heiße Ende der Abkühlsequenz liegt bei T = 120.000 K. Die heliumreichen Zwerge mit der Spektralklassifikation DO besitzen Temperaturen von über 45.000 K. DB-Zwerge sind kühler und haben Temperaturen zwischen 30.000 K und 11.000 K. Am kühlsten sind DC-Zwerge mit Temperaturen unter 11.000 K. Zwischen 45.000 K und 30.000 K klafft eine „DB-Lücke“, deren Ursache noch nicht verstanden ist. Mit der Temperatur verändert sich auch die Ionisationsstufe des Heliumgases in der dünnen Atmosphäre. Die DO-Zwerge des heißen Endes zeigen ein reines HeII-Spektrum. Zum kühlen Ende hin kommen mehr HeI-Linien dazu und DB-Zwerge zeigen ein HeI-Spektrum. Bei kälteren Zwergen können HeI-Linien nicht mehr angeregt werden, ihre Spektren zeigen keine Heliumlinien mehr. Werden sie noch kühler, rekombiniert der Wasserstoff in der Gasschicht über dem Weißen Zwerg und aus dem ionisierten wird molekularer Wasserstoff. Es gibt noch weitere Unterschiede in der Spektralklassifikation der Weißen Zwerge: So werden DO-Zwerge, bei denen wir Metalllinien in den Spektren beobachten, als DOZ bezeichnet. Die heißen DOZ sind bei den He/O/C-reichen PG1159-Sternen zu finden. Es wird heute vermutet, dass die DOZ-Sterne im Verlauf der Abkühlung auf ihrem Weg nach rechts unten im HR-Diagramm in DO-Sterne übergehen könnten.

Die PG1159-Sterne sind nach dem Prototyp PG 1159-053 (GW Virginis) benannt und definieren eine Klasse von kompakten, heißen Sternen, die sich zu einem Weißen Zwerg entwickeln. Im Hertzsprung-Russell-Diagramm liegen sie weit links oben, also im Kurvenbereich nach dem Verlassen des asymptotischen Riesenasts. Ihre Besonderheit besteht darin, dass ihre Atmosphäre fast keinen Wasserstoff enthält. Die Temperaturen der PG1159-Sterne reichen bis zu 200.000 K und sind damit die Rekordhalter bei den heißesten Sternoberflächen.

DIE LAGE DER WEISSEN ZWERGE IM HERTZSPRUNG-RUSSELL-DIAGRAMM

Ein genauer Blick auf die Zone mit den Weißen Zwergen zeigt, dass die Diagonale deutliche Unterschiede enthält. Mithilfe der Gaia-Ergebnisse ließen sich Feinstrukturen nachweisen, die zwar erwartet wurden, aber dennoch Überraschungen bereithielten. Beeindruckenderweise können wir aufgrund der hohen Genauigkeit der Gaia-Daten das aus ihnen erstellte Hertzsprung-Russell-Diagramm praktisch als Massenspektrometer für Weiße Zwerge nutzen. Ein solches Instrument wird in der Atomphysik verwendet, um verschiedene Elemente und Isotope aufgrund ihres unterschiedlichen Verhältnisses von Masse und Ladung zu trennen, wobei sie elektrische und magnetische Felder durchlaufen müssen. Das Diagramm liefert ein ähnliches Ergebnis (siehe Abb 4.5 rechts). Die Diagonale ist im links oben liegenden heißeren Ende am dichtesten besetzt. Gehen wir nach rechts unten, spaltet sich die Diagonale in einen dichter besetzten oberen Teil und einen dünner besetzten unteren Teil auf. Die Theorie der Weißen Zwerge erklärt dies durch ihre unterschiedlichen Massen. Der obere, dichte Verlauf wird von massearmen Weißen Zwergen gebildet. Ihre Masse liegt bei rund 0,6 Sonnenmassen. Die darunter liegende Parallele wird von Zwergen mit 0,9 Sonnenmassen bevölkert. Anhand der Linien gleichen Radius lässt sich im Hertzsprung-Russell-Diagramm auch gut erkennen, dass die massereichen Weißen Zwerge etwas kleiner sind als ihre masseärmeren Nachbarn Bei der Abkühlung der Weißen Zwerge spielt die Kristallisation der Kernmaterie eine Rolle. Im Inneren der Weißen Zwerge findet dabei ein Phasenübergang statt, bei dem sich Kohlenstoffatome und Sauerstoffatome aus einem ungeordneten plasmaartigen Zustand zu einem Kristallgitter anordnen. Bei diesem schon 1968 vorausgesagten Vorgang wird die Abkühlung für einen gewissen Zeitraum durch die bei der Kristallisation freiwerdende Energie verringert. Der Zeitraum, in dem die Abkühlsequenz durchlaufen wird, reicht von einigen Milliarden Jahren bis zu über 10 Milliarden Jahren. Dass es bei der Abkühlung tatsächlich zur Kristallisation kommt, lässt sich im Farben-Helligkeits-Diagramm direkt ablesen. Der kleine Ast, der nach links herausragt und sich dann weiter rechts wieder an die Diagonale anschmiegt, enthält die Weißen Zwerge, in denen die Kristallisation stattfindet (siehe Abb. 4.5).

Dieser etwa 50 Jahre verspätete Nachweis der Theorie war eine der großen Gaia-Entdeckungen. Es war klar, dass sich Weiße Zwerge abkühlen und trotz ihres Namens immer röter und schließlich zu Schwarzen Zwergen werden. Dass jeder Weiße Zwerg zu einer riesigen Kristallkugel wird, bevor

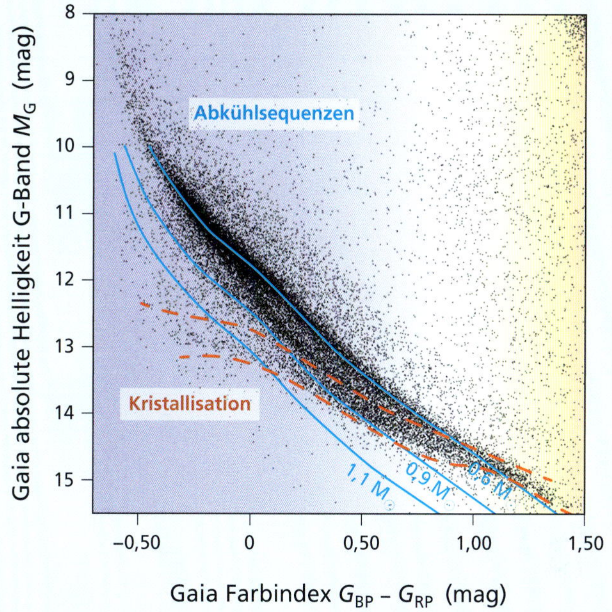

Abb. 4.5: Dieses Gaia-Farben-Helligkeits-Diagramm ist ein vergrößerter Ausschnitt des Diagramms aus Abb E.9 auf Seite 24, das Gaia-Farben-Helligkeits-Diagramm der Sterne der Sonnenumgebung. Die Diagonale enthält Weiße Zwergsterne und wird als Abkühlsequenz bezeichnet. Die blauen Linien stellen dabei die Abkühlsequenzen für verschiedene Massen dar. Im orange skizzierten Bereich findet in den Weißen Zwergen Kristallisation statt.

seine Farbe von Blau erst zu Weiß und dann ins Rote wechselt, ist ein schöner Beleg, dass Satellitenmissionen, selbst nach Jahrzehnten der astronomischen Forschung, immer wieder Neues zum Vorschein bringen. Bei den massereicheren Exemplaren eines Weißen Zwerges, in denen es der Vorläuferstern geschafft hatte, im Kern Helium zu Kohlenstoff zu fusionieren, bringt die Kristallisation faktisch riesige Diamanten mit 10 km Durchmesser hervor.

Bei Weißen Zwergen werden auch Pulsationen beobachtet, die sich in periodischen Veränderungen ihrer Helligkeit zeigen. Aufgrund ihrer Kompaktheit sind diese Schwingungen aber nur gering ausgeprägt und besitzen nur kleine Amplituden von einigen Hundertstel Magnituden. Die Periodenlänge liegt im Bereich von Minuten, denn die Schwingungen finden nur in der äußeren Gasschicht des Weißen Zwerges statt – der kristalline Kern schwingt nicht mit. Die astrophysikalische Erklärung dieser Pulsationen liefert die Verlängerung des Instabilitätsstreifens im Hertzsprung-Russell-Diagramm. Die Schwingungen werden durch dieselben Prozesse in Gang gesetzt, die auch bei den viel weiter oben im Hertzsprung-Russell-Diagramm liegenden pulsationsveränderlichen Sternen wirken.

ABELL 7

LEP | $5^h\ 3^m\ 12^s$ | -15° 36′ 0″

Abell 7 (PN A66 7, PK 215-30,1) ist ein lichtschwacher planetarischer Nebel, der im südlichen Teil des Sternbilds Hase zu finden ist. Mit einer Deklination von –15,4° ist er ein horizontnahes Objekt am Winterhimmel. Der Nebel ist auf der Aufnahme als Oval sichtbar, dessen Längsachse fast vertikal steht. Der Durchmesser liegt bei etwa 10′ × 12′. Sein Zentralstern ist ein DAO.6-Typ mit einer Helligkeit von 15,4 mag. Die mit Gaia gemessene Entfernung des Weißen Zwerges liegt bei 1614 ± 58 Lichtjahren. Der mittlere Durchmesser ergibt sich daraus zu rund fünf Lichtjahren.

Rechts von Abell 7 sehen wir die Galaxie MCG-03-13-058, die als Vergleich der Winkelgrößen und der Helligkeiten dienen kann. Ihre visuelle Helligkeit beträgt nur rund 15 mag, ihre Größe misst 0,48′ × 0,24′. Für den planetarischen Nebel finden wir in den Katalogen eine Helligkeit von 15,5 mag. Berücksichtigen wir seine große Fläche im Vergleich zur Galaxie, wird klar, warum die Gaskugel im Online-Viewer von Aladin weder mit den DSS- noch mit den Pan-STARRS Daten sichtbar ist. Lediglich auf den rotempfindlichen Fotoplatten des DSS sind die hellen, roten Zonen der Aufnahme als schwache Schleier zu erkennen.

Der Name Abell 7 geht auf George O. Abell zurück, der 1966 einen Katalog mit planetarischen Nebeln veröffentlichte – in ihm hat der gezeigte Nebel die Nummer 7. George Abell arbeitete am California Institute of Technology und war dort Doktorand bei Daniel Osterbrock. Abell war einer der Mitarbeiter des Palomar Observatory Sky Survey der National Geographic Society. Seine bekanntesten Arbeiten sind zum einen der Katalog der Galaxienhaufen, mit 2712 Einträgen, und der Katalog der planetarischen Nebel mit 86 Objekten. Den Fachartikel betitelte Abell mit „Properties of Some Old Planetary Nebula" („Eigenschaften einiger alter planetarischer Nebel"). Durch sein äußerst schwaches Erscheinungsbild schaffte es Abell 7 in die Aufstellung. Abell beschrieb diesen Nebel als „optisch dünn", also von geringer Gasdichte, was er auf das hohe Alter des planetarischen Nebels zurückführte.

In modernen Studien wurde der Zentralstern WD 0950+139 in Abell 7 näher untersucht. Es handelt sich um einen wasserstoffreichen Weißen Zwerg, dessen Spektrum starke Absorptionslinien der Balmer-Serie enthält. Da sich zusätzlich noch Spektrallinien des atomaren und des ionisierten Heliums nachweisen lassen, wird WD 0950+139 mit dem Spektraltyp DAO klassifiziert. Die Temperatur beträgt etwa 105.000 K. Dieser Weiße Zwerg offenbart bei näherer Betrachtung noch zwei Besonderheiten: Zum einen ist ein Infrarotexzess sichtbar, zum anderen wurde in nur 0,17″ Abstand ein kleiner Begleiter beobachtet. Dies könnte ein M-Zwergstern sein, der die Explosion seines Nachbarn vor rund 15.000 Jahren überlebt hat.

ABELL 31

CNC | $8^h\ 54^m\ 12^s$ | 8° 55′ 0″

Der planetarische Nebel Abell 31 (PN A66 31, PK 219+31) steht im Sternbild Krebs. Dort finden wir ihn etwa 3° südlich des offenen Sternhaufens M 67 und 3° nördlich von ζ Hydrae, einem Stern aus dem Kopf der Wasserschlange. Entdeckt wurde er von George Abell und war schon Bestandteil dessen erster Nebelliste aus dem Jahr 1955. Dort ist er das an 20. Stelle geführte Objekt (PN A55 20). In der umfassenderen Veröffentlichung aus dem Jahr 1966 erhielt er dann die Nummer 31. Die Aufnahme zeigt Abell 31 in den beiden für planetarische Nebel typischen Farben – das Blaugrün der Hβ- und [OIII]-Linien und das Rot der Hα-, [NII]- und [SII]-Emissionen. Für die rote Außenzone messen wir eine Winkelausdehnung von rund 13′ × 17′. Die visuelle Helligkeit von Abell 31 liegt im Bereich von 16 mag.

Der Zentralstern WD 0851+090 ist ein DAO-Zwerg mit einer Helligkeit von 15,5 mag im G-Band des Gaia-Satelliten. Der Gaia-Farbindex $G_{BP}-G_{RP} = -0{,}47$ mag verdeutlicht die blaue Farbe des Weißen Zwergs. Da in der Aufnahme im Innenbereich die blaugrüne Hüllenemission den Farbeindruck dominiert, kommt das Blau des Zwergs nicht gut zur Geltung. Aus der Anpassung von Modellatmosphären an das Spektrum von WD 0851+090 schließen die Astronomen auf eine Oberflächentemperatur von 114.000 K.

Die Gaia-EDR3-Daten liefern für WD 0851+090 und damit für Abell 31 eine Entfernung von 1771 ± 53 Lichtjahren. Daher hat Abell 31 eine Ausdehnung von 8 bis 9 Lichtjahren.

So einfach es heute ist, mit einer Gaia-Datenabfrage die Parallaxe von WD 0851+090 zu erhalten, so aufwendig waren diese Messungen noch vor wenigen Jahren. In einer Studie aus dem Jahr 2009 ermittelten Astronomen die Parallaxen von vier Zentralsternen planetarischer Nebel mithilfe des Hubble Space Telescope. Genau genommen benutzten sie für die Messungen die „Fine Guidance Sensors", die im Grunde sehr präzise Nachführteleskope sind. Bei der Datenbearbeitung berücksichtigten die Astronomen die Eigenbewegungen der Zentralsterne und mussten beim ekliptiknahen Abell 31 zudem den Einfluss des Zodiakallichts berücksichtigen. Bei Abell 31 wurden 15 Beobachtungen aus 4 Jahren untersucht, was auf eine Parallaxe von 1,61 ± 0,21 mas führte – eine Entfernung von 2030 ± 270 Lichtjahren. Wie wir heute wissen, ist der reine Messwert zu groß, aber innerhalb der Fehlergrenzen eben noch identisch mit den moderneren Werten von Gaia. Schließlich wurde das Hubble Space Telescope auch nicht für astrometrische Aufgaben gebaut! Einer der größten Vorteile von Gaia ist seine Position im ca. 1,5 Millionen Kilometer von der Erde entfernten Lagrange-Punkt L2 der Erdbahn, den Gaia auf Lissajous-Bahnen umkreist. Der Satellit befindet sich nämlich auf der sonnenabgewandten Seite der Erde, muss dort aber dem Kernschatten der Erde ausweichen, der immer noch 13.000 Kilometer umfasst. Anders als bei den nur 95,4 Minuten dauernden Erdumläufen des Hubble-Teleskops sind dort viel längere durchgängige Messzeiten möglich.

ABELL 24

CMI | $7^h\ 51^m\ 42^s$ | 3° 0′ 0″

Im Sternbild Kleiner Hund leuchtet rot der planetarische Nebel Abell 24 (PN A66 24, PK 217 +14,1). Er ist knapp 4° südöstlich von Prokyon, dem Hauptstern des Sternbildes, entfernt. Wie bei den meisten planetarischen Nebeln wird sein Licht maßgeblich durch Linienemissionen bestimmt. Bei Abell 24 lässt sich unschwer erkennen, dass die roten Beiträge, also Hα, [NII] und [SII] signifikant stärker als die blauen und grünen von Hβ und [OIII] sind und den Farbeindruck des Nebels prägen. Würden wir einen [OIII]-Filter benutzen, so könnten wir den planetarischen Nebel fotografieren oder in größeren Teleskopen mit bloßem Auge sehen. Allerdings würde die Gasblase dann andere Helligkeitsstrukturen aufweisen.

Diese Gashülle besitzt eine Winkelgröße von 5,5′ × 4′. In der Bildvertikalen liegen oberhalb und unterhalb des Zentralsterns hellere Nebelbereiche, die sich deutlich von den anderen Bereichen abheben. An diese schließen sich weiter außen zwei Ausstülpungen an, die etwa 6,6′ aufspannen. Wir können diese beiden Strukturen durch eine Linie verbinden, die durch das Nebelzentrum von Abell 24 läuft.

Die visuelle Helligkeit wird bei Abell 24 mit 17,2 mag angegeben. Der Zentralstern wurde als Gaia EDR3 3088991026757468800 identifiziert, dessen Helligkeit im Gaia-G-Band 17,4 mag beträgt. Das G-Band bei Gaia umfasst die Strahlung zwischen 400 nm und 850 nm. Es entspricht dem „weißen", ungefilterten Spektralband. Durch die Nutzung von vorgeschalteten Prismen und Filtern ergibt sich eine Bandpass-Anordnung, was Gaia erlaubt, mit einem „blauempfindlichen" Fotometer den Bereich zwischen 340 nm und 650 nm und mit dem „rotempfindlichen" Fotometer die Wellenlängen zwischen 620 nm und 940 nm zu messen. Aus den Helligkeiten in diesen drei Gaia-Bändern können wir Farbindizes ableiten. Für den Zentralstern von Abell 24 bestätigt der Wert $G_{BP}-G_{RP} = -0{,}62$ mag den blauen Farbeindruck, der auch auf Aufnahmen sichtbar ist.

Die Entfernungsbestimmung bei planetarischen Nebeln war in der Zeit vor Gaia schwierig. In einer Studie aus dem Jahr 2008 wurde eine Kalibrationsmethode benutzt, die aus Einzelmessungen die ionisierte Masse μ und die optische Dichte τ abschätzte. Gemessen wurden dabei die Winkelgröße und die Radioleuchtkraft bei 5 GHz, die aus dem Hβ-Fluss abgeschätzt werden kann. Die Eichung dieser Kalibration erfolgte mit planetarischen Nebeln, die sicher in den Magellanschen Wolken beheimatet sind. Die Entfernungen der Nebel beruhten auf den Abstandswerten dieser beiden Begleitgalaxien der Milchstraße, die mit anderen Methoden ermittelt wurden. Das Ergebnis war eine so genannte μ-τ-Korrelation, die eine noch feinere Unterscheidung für Nebel mit hoher und geringer Flächenhelligkeit erfuhr. Für die beiden Magellanschen Wolken wurde sogar deren Orientierung im Raum berücksichtigt. Dazu kommt auch noch, dass bei den beiden Magellanschen Wolken die Metallizität nur die Hälfte bis ein Viertel der Werte in der Sonnenumgebung beträgt. Die AGB-Sterne dort haben daher in der Sternwindphase weniger Materie verloren. Damit hätten ihre Nebelhüllen geringere Dichte – was beim Übertragen der Entfernungen auf galaktische planetarische Nebel zu beachten ist.

Wie schwierig solche mehrstufigen Entfernungsbestimmungen in unterschiedlichen Regionen sind, zeigt das Beispiel Abell 24. Wir erhalten damit eine Entfernung von rund 700 Lichtjahren. Die Gaia-DR2-Daten liefern anhand der Parallaxe des Zentralsterns einen viel genaueren Wert, nämlich 2238 ± 226 Lichtjahre. Mit den ab Dezember 2020 verfügbaren Gaia-EDR3-Daten folgte für Abell 24 eine noch etwas größere Entfernung von 2345 ± 163 Lichtjahren. Die große Abweichung zu den früher bestimmten 700 Lichtjahren ist aber kein Drama, sondern vielmehr eine Ermutigung: Mit den Gaia-Ergebnissen lässt sich die Kalibrationsmethode für die Nutzung in der Milchstraße anpassen. Die Methode wird damit verbessert und wir können sie bei planetarischen Nebeln anwenden, deren Zentralsterne für Gaia zu dunkel sind.

N

ABELL 39

HER | $16^h\ 27^m\ 30^s$ | 27° 54′ 0″

Für Astrofotografen in Mitteleuropa ist der planetarische Nebel Abell 39 (PK 047+42 1, PN A55 27, PN A66 39) ein ideales Objekt am Frühjahrshimmel. Er steht an der westlichen Grenze des Sternbilds Herkules, nur ein halbes Grad entfernt von der Grenze zum Sternbild Nördliche Krone. Seine Geometrie ist fast exakt kreisförmig: Die Messung liefert für den horizontalen Durchmesser 2,62′ und für den vertikalen 2,61′. Abell 39 ist damit einer der größeren bekannten planetarischen Nebel. Wir können vermuten, dass der sichtbare Kreis durch die Projektion einer kugelförmigen Gashülle entsteht. Diese auffallend schöne Kreisgeometrie bietet dem Betrachter auch einen Schönheitsfleck, denn der Zentralstern steht nicht genau im Kreismittelpunkt: Der Weiße Zwergstern WD 1625+280 ist rund 3″ nach Westen versetzt.

Die Gaskugel weist eine dichtere Außenschicht auf, die etwa 10″ dick ist. Auf der Aufnahme erkennen wir, dass die linke, östliche Seite der Hülle heller leuchtet als die Westseite. Dieser Helligkeitskontrast passt zwar zum festgestellten Offset, eine Erklärung gibt es aber noch nicht. Das Blaugrün prägt zwar den Farbeindruck der Hülle, Abell 39 leuchtet aber auch im roten Spektralbereich, wobei die Intensität der Hα-Emissionslinie nur 26 % der [OIII]-Linie beträgt. Fertigen wir tiefe rote Aufnahmen von Abell 39 an, so zeigt sich auch hier die schöne Gaskugel.

Mit der Parallaxe von WD 1625+280 berechnen wir die Entfernung von Abell 39 zu 3838 ± 191 Lichtjahren. Der Durchmesser der Hülle liegt damit recht genau bei 3 Lichtjahren. Der Offset zum Hüllenmittelpunkt entspricht in dieser Entfernung einer Strecke von 0,056 Lichtjahren, was etwa 3500 AE gleichkommt. Der Zentralstern besitzt eine visuelle Helligkeit von 15,6 mag, seine Oberfläche ist 85.900 K heiß und er ist als DAO.7-Zwerg katalogisiert. Aufgrund der weiteren Abkühlung werden die Spektrallinien des ionisierten Heliums zurückgehen und bei 65.000 K wird schließlich ein DA-Zwerg zu sehen sein. Die Modelle liefern für WD 1625+280 eine Sternmasse von 0,57 Sonnenmassen und eine Leuchtkraft von 2,1 Sonnenleuchtkräften.

Eine ausführliche Studie zu Abell 39 aus dem Jahr 2001 nimmt noch eine Entfernung von ca. 7000 Lichtjahren an. Dies entspricht einem Faktor 1,8 im Vergleich zu den Gaia-Messungen. Die damals berechnete Masse der abgestoßenen Hülle betrug etwa 0,6 Sonnenmassen. Mit der aktuelleren Entfernung reduziert sich diese Masse auf 0,1 Sonnenmassen. Damit folgt auch eine geringere Gasdichte als früher vermutet. Der Vorgängerstern des planetarischen Nebels hat demzufolge auch deutlich weniger Materie abgestoßen und wir können weiter schließen, dass seine Ausgangsmasse bei einer Sonnenmasse gelegen hat. Die Annahme ist berechtigt, dass wir mit Abell 39 heute einen planetarischen Nebel beobachten, den auch die Sonne einmal produzieren könnte.

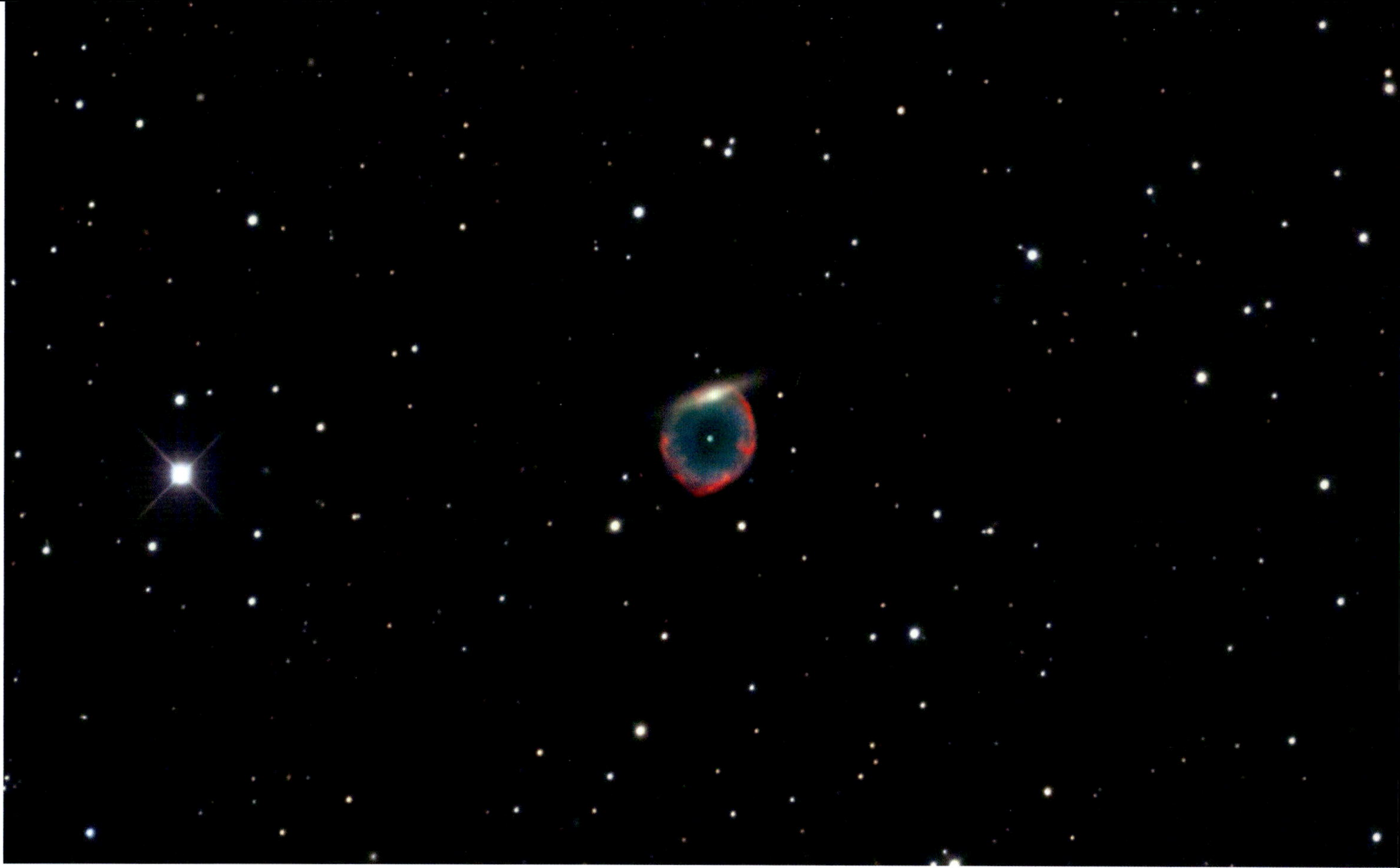

ABELL 70

AQL | 20ʰ 31ᵐ 36ˢ | -7° 6′ 0″

Das Bildfeld dieser Aufnahme misst nur 6′ × 10′. In der Mitte steht der planetarische Nebel Abell 70 (PN A66 70, PN A55 57, PK 038-25 1), dessen Hülle etwa 36″ × 40″ groß ist. Links von Abell 70, in einem Abstand von 3,5′ in östlicher Richtung, sehen wir den 11,1 mag hellen Stern TYC 5188-14-1, der wie Abell 70 im südlichen Teil des Sternbilds Adler zu finden ist.

Der Hingucker bei Abell 70 ist die Hintergrundgalaxie, die auf der nördlichen Hüllengrenze zu balancieren scheint. Katalogisiert ist sie unter der Bezeichnung 2MASX J20313312-0705014. Es handelt sich wahrscheinlich um eine S0-Galaxie mit den Winkelabmessungen 0,54′ × 0,18′. Die Helligkeit liegt bei 13,1 mag und übersteigt deutlich die des planetarischen Nebels. Ihre Entfernung übertrifft mit etwa 270 Millionen Lichtjahren die von Abell 70 um Weiten. Der Nebel ist rund 8500 Lichtjahre entfernt. Gaia liefert für diesen Wert einen großen Fehler von über 40 %, was daran liegt, dass die Helligkeit des Zentralsterns bei der Messgrenze des Astrometriesatelliten liegt.

Bei der Spektrometrie des Zentralsterns von Abell 70 stoßen wir auf eine Besonderheit. Das Spektrum ist das eines G8IV-Sterns, der mit s-Prozess-Elementen, vornehmlich von einfach ionisiertem Barium, angereichert ist. Es weist eine Hα-Emissionslinie auf, die in seiner Chromosphäre entsteht. Im UV-Bereich des Spektrums war aber auch die Signatur eines Weißen Zwerges zu sehen. Diese Doppelnatur führen die Forscher darauf zurück, dass es sich bei dem Zentralstern um einen sogenannten Barium-Stern handelt. Diese Barium-Sterne sind Riesensterne und Teil eines Doppelsternsystems, das erst durch den Massentransfer seitens des Nachbarsterns entsteht.

Als sich der heutige Weiße Zwergstern des Paares noch in der AGB-Phase befand, produzierte er in seinem Kern Kohlenstoff und in seinem Inneren entstanden s-Prozess-Elemente, die dann durch Konvektion nach außen transportiert wurden (siehe Kapitel 2: Elementsynthese in massereichen Sternen). Als der Stern auf dem asymptotischen Riesenast größer wurde und seine Roche-Grenze ausfüllte, kam es zu einem Massentransfer auf den Nachbarn, der sich noch auf der Hauptreihe befand. Dieses Überströmen kontaminierte den Hauptreihenstern mit einem für ihn untypischen Elementcocktail: Zu beobachten ist ein normaler G-Stern, der aber Elemente wie Zirkon oder Zirkonoxid enthielt, die eigentlich erst in deutlich späteren Entwicklungsphasen entstehen. Die Erklärung für diese spektrale Besonderheit erkannten die Astronomen bereits in den 1950er-Jahren und führten für diese besonderen Sterne den Spektraltyp S zur Beschreibung ein.

Die Entwicklung des Barium-Sterns hält natürlich nicht an, sondern birgt noch genug Stoff für ein furioses Finale. Er hat sich heute schon zu einem Riesenstern entwickelt und wird in seiner AGB-Phase mithilfe von Sternwinden und überströmendem Gas den früheren Gastransfer umkehren. Diese Materie stürzt dann auf den Weißen Zwergstern und wird dabei durch die frei werdende Gravitationsenergie stark aufgeheizt. An den Auftreffpunkten strahlen die „hot spots" besonders stark. Aus dem Doppelsternsystem könnte sich somit ein kataklysmischer Veränderlicher entwickeln, der dann im Röntgenlicht deutlich zu sehen sein wird.

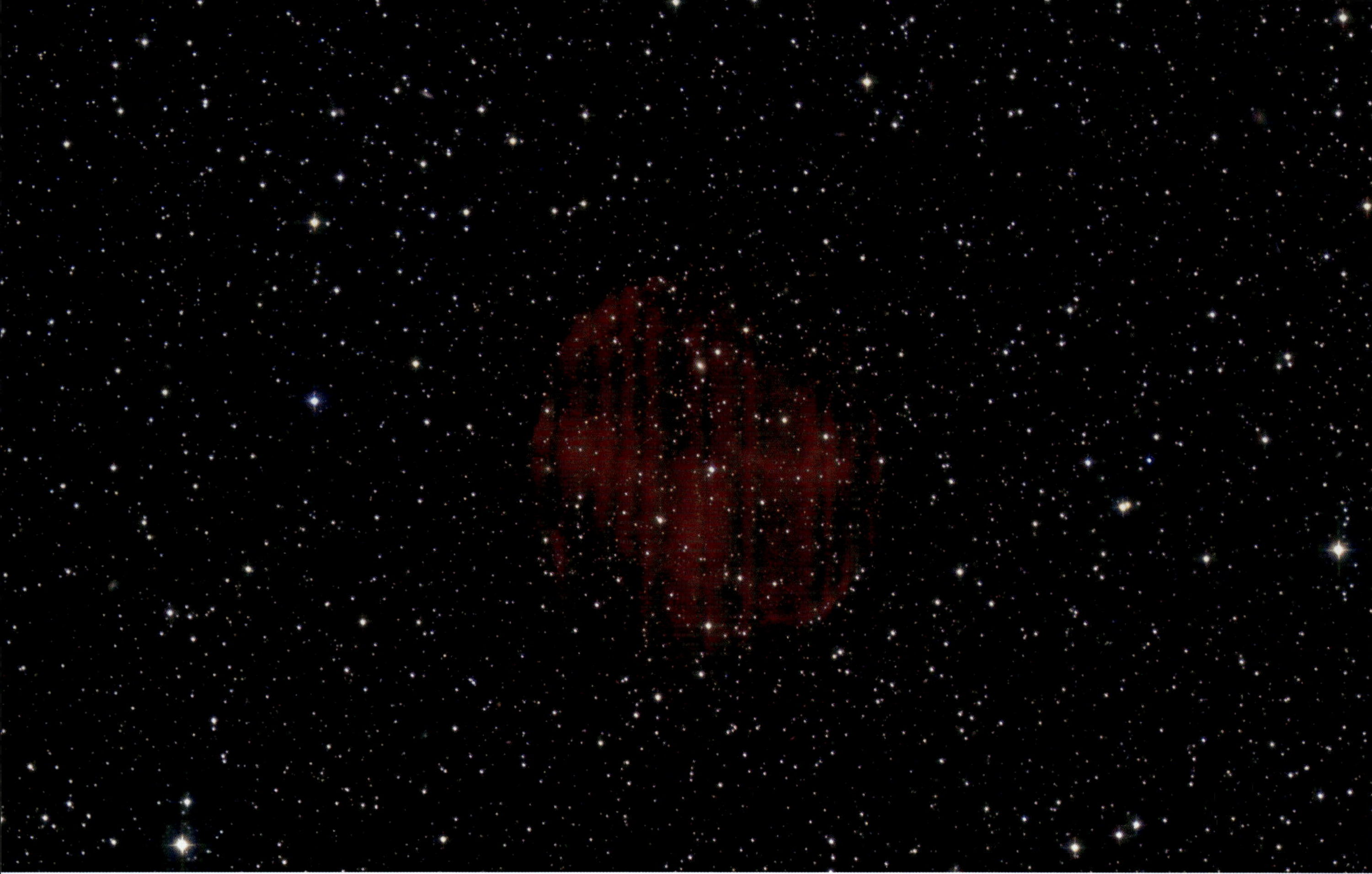

ABELL 74

VUL | $21^{h}\,16^{m}\,54^{s}$ | 24° 10′ 0″

Bei Abell 74 handelt es sich um einen der größten planetarischen Nebel. Er steht im Sternbild Vulpecula. Sein Winkeldurchmesser von etwa 15′ ist doppelt so groß wie der des viel bekannteren Hantelnebels. Dass Abell 74 wenig bekannt ist, liegt an seiner sehr geringen Flächenhelligkeit. Betrachten wir die roten Plattenaufnahmen des DSS, so können wir dort nur mit Mühe ein leichtes Schimmern erkennen. Erst mit der Nutzung von Schmalbandfiltern ist es Astrofotografen möglich, die Nebelstrukturen bei der Bildverarbeitung herauszuarbeiten. Die gezeigte Aufnahme entstand aus einer Hα-Serie mit 3,5 Stunden, die RGB-Kanäle belichtete der Fotograf nur je 1,5 Stunden lang. Für visuelle Beobachter ist Abell 74 fast nicht zu knacken. Es gibt Berichte von Beobachtern, die unter besten, hochalpinen Bedingungen und Dobson-Teleskopen mit Öffnungen über 0,5 m beim Schwenken über die Nebelkoordinaten einen Lichteindruck erhascht haben wollen.

Solche Berichte sind vermutlich mit einigen Körnchen Salz zu nehmen, denn die visuelle Helligkeit von Abell 74 (PN A66 74, PN G072.7-17.1) wird im „Strasbourg-ESO Catalogue of Galactic Planetary Nebulae“, der 1992 veröffentlicht wurde und 1143 Objekte enthält, mit nur 17,64 mag angegeben.

Der Zentralstern in Abell 74 ist ein Weißer Zwerg mit der Bezeichnung WD 2114+239. Es handelt sich um einen DAO-Stern, der eine Temperatur von 108.000 K besitzt. Modellieren wir die Post-AGB-Entwicklungswege, so bekommen wir für den Zwerg eine Massenschätzung von 0,53 Sonnenmassen. Laut Gaia-EDR3 besitzt er eine Helligkeit von 17,0 mag, der Gaia-Farbindex ist $G_{BP}-G_{RP} = -0{,}45$ mag und seine Entfernung berechnen wir entsprechend zu 2145 ± 111 Lichtjahren.

Die geringe Hα-Leuchtkraft der Hülle ist ein Zeichen für das hohe Alter von Abell 74. Oftmals wirken solche antiken Nebel stark zerzaust, da sie mit dem interstellaren Medium in Wechselwirkung getreten sind. Bei Abell 74 erkennen wir aber noch gut die Symmetrie der abgestoßenen Hülle. Es gibt viele Artikel, die sich mit der Form von planetarischen Nebeln beschäftigen. In ihnen teilen die Astronomen die Nebel in die drei Kategorien rund, elliptisch und bipolar ein. Über die in der Hülle nachgewiesenen Elemente wird dann versucht, eine Verbindung zum Vorgängerstern herzustellen. Bei den runden Formen vermuten sie Vorläufersterne mit Massen von etwa 1,1 Sonnenmassen. Die Sterne, aus denen bipolare Nebel hervorgehen, sind massereicher und weisen mehr als 2,3 Sonnenmassen auf. In den runden Hüllen sind weniger Elemente nachzuweisen als in den elliptischen. Daraus schließen die Forscher, dass das breitere Elementspektrum der elliptischen Nebel auf einen größeren Massenbereich bei den Vorläufersternen zurückzuführen sein könnte. Die Formen stehen auch in einem Zusammenhang mit den Temperaturen ihrer Zentralsterne. Runde Nebel, wozu auch Abell 74 gehört, haben geringere Temperaturen als bipolare Nebel. Abell 74 liegt mit WD 2114+239 am heißen Rand dieser Verteilung und wir schätzen, dass sein Vorgängerstern eine Masse von 1,5 Sonnenmassen besessen hat.

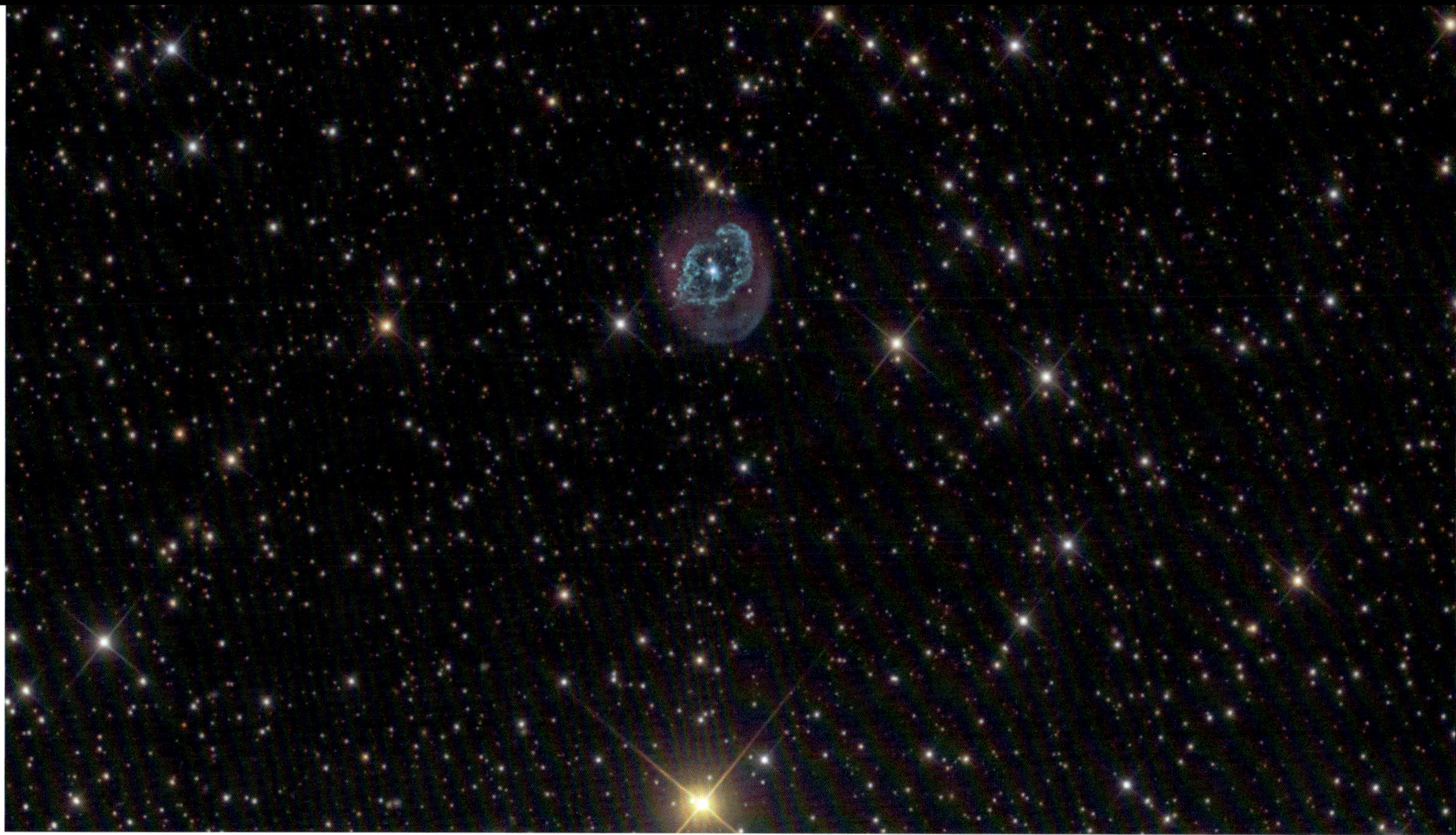

ABELL 78

CYG | 21^h 35^m 30^s | 31° 40′ 0″

An das Sternbild Schwan grenzt südöstlich das Sternbild Pegasus. Die Aufnahme blickt direkt vor dessen Vorderhufe, aber noch in den Schwan. Der auffällige orangefarbene M0-Stern BD +30 4481 ist 8,2 mag hell und steht 8′ südöstlich unter dem planetarischen Nebel Abell 78 (PN A66 78).

Dessen Hülle besteht aus einem äußeren Bereich und einem deutlich strukturierten inneren Gebiet, das intensiv in den Farben Blaugrün und Rot leuchtet. Die Hauptachse der inneren blaue Ellipse misst 1,3′. Die Entfernung von Abell 78 beträgt 5550 ± 260 Lichtjahre, die Hauptachse entspricht damit rund 2 Lichtjahren.

Der 13,1 mag helle Zentralstern von Abell 78 ist ein seltenes Übergangsobjekt zwischen einem kohlenstoffreichen Wolf-Rayet-Stern und einem PG1159-Stern. Letztere sind ein Prototyp für heiße Zwergsterne mit Temperaturen über 100.000 K. Diese Sterne werden als Kohlenstoff-Sauerstoff-Kern eines Weißen Zwerges interpretiert, der keine Wasserstoff- oder Heliumoberflächenschicht mehr besitzt.

Vermutlich entstand Abell 78 als normaler planetarischer Nebel. Dieses Vorläuferobjekt besaß einen Weißen Zwerg im Zentrum, dessen heißer Kohlenstoffkern von einer dünnen Wasserstoffschicht bedeckt war. Der Wasserstoff fusionierte zu Helium und führte die Heliumschale an ihre kritische Masse heran. Als diese erreicht war, kam es zum Heliumblitz und zu einem kurzen C-O-Brennen auf dem Zwerg. Die Astronomen bezeichnen dies als verspäteten thermischen Puls oder „thermonuclear runaway“. Es bildete sich ein zweiter planetarischer Nebel innerhalb des zuvor entstandenen planetarischen Nebels. In der Literatur finden wir daher auch die Bezeichnung „born-again planetary“ („wiedergeborene Planetarische Nebel“). Anders als beim ersten Mal expandiert jetzt aber wasserstoffarme und kohlenstoffreiche Materie. Es folgt eine rasche Abkühlung, sodass Staub entsteht, der den Zentralstern einhüllt. Eine Eigenschaft bei diesen wiedergeborenen Nebeln ist bipolar abfließende Materie, wobei eine äquatoriale Scheibe auch dichtes Material enthält. Bei Abell 78 wurden hierfür Geschwindigkeiten von rund 4000 km/s gemessen. Die Strukturen des blauen Innenbereichs illustrieren diesen Effekt. Verstärkt wird die vom Ring emittierte Strahlung, wenn das schnelle Material auf langsames Wasserstoffgas des ersten planetarischen Nebels aufläuft. Die Temperaturen steigen dann auf über 1 Million Kelvin und die Zone strahlt im Röntgenlicht.

Typisch für diese Sonderfälle ist auch eine invertierte Ionisationsstruktur. Normalerweise finden sich die höher ionisierten Elemente näher beim heißen Zentralstern. Bei der beobachteten Umkehr sind die äußeren Hüllenbereiche höher ionisiert als die inneren, denn hier stammt die Energie aus der Stoßfront der zusammenprallenden Nebelhüllen.

Als wäre die seltene „born-again“-Eigenschaft von Abell 78 nicht schon Besonderheit genug, stellen wir auch fest, dass in den letzten vier Jahrzehnten deutliche Veränderungen im Spektrum des Zentralsterns auftraten. Auch dies wird durch die nach dem zweiten thermischen Impuls ausgestoßene Materie erklärt. Sie besteht aus schweren Elementen, die Resultate höherer Fusionsprozesse sind, und läuft in die wasserstoffreiche Hülle hinein. Aufgrund der hohen Geschwindigkeiten können wir diesem Prozess fast zusehen. Für die Halbachse der blauen Ellipse brauchte dieser nur 85 Jahre. In der kosmischen Zeitrechnung ist das nur ein Wimpernschlag.

EGB 9

CMI | $7^h\ 18^m\ 58^s$ | 7° 22′ 23″

Die Fotoplatten des ersten Palomar Observatory Sky Survey dienten seit den 1950er-Jahren vielen Astronomen als reichhaltige Quelle für Neuentdeckungen. Berühmte Beispiele sind etwa die Galaxienhaufen oder planetarischen Nebel von Abell, die Nebel von Lynds oder aber van den Berghs Zwerggalaxien und Reflexionsnebel.
Bis in die 1980er-Jahre hinein rissen die Entdeckungen auf den POSS-Platten nicht ab – meist waren es große und extrem lichtschwache Objekte, darunter auch einige der ältesten bekannten planetarischen Nebel. Die POSS-Fotoplatten haben die Ausmaße etwa 36 cm × 36 cm und sind nur 1 mm dick, da der Plattenhalter des genutzten 1,2-m-Schmidt-Teleskops leicht gewölbt ist. Von jedem Feld wurde eine blau- und eine rotempfindliche Aufnahme angefertigt, die in der Druckversion des POSS als Negativ, mit schwarzen Sternen auf weißem Hintergrund, veröffentlicht wurden.
1984 untersuchten die Astronomen Glenn L. Ellis, Earl T. Grayson und Howard E. Bond der Louisiana State University solche POSS-Ausdrucke. Sie benutzten keine Hilfsmittel, sondern hängten einfach die Fotos an die Wand, traten einen Schritt zurück und suchten nach Auffälligkeiten wie z. B. Helligkeitsvariationen. Die Gruppe fand so sieben Kandidaten für planetarische Nebel und drei weitere Objekte geringer Leuchtkraft. Zu diesen letzten dreien gehört als Nummer 9 der hier gezeigte Nebel EGB 9. Die Autoren maßen eine Größe von 3,7′ × 0,7′ und fügten in ihrem Artikel nur die Beschreibung „gekrümmter, lichtschwacher Nebel" an.
In der Datenbank Simbad ist EGB 9 aufgeführt, es finden sich aber keine anderen Katalogindizes, auch sagt die Simbad-Titelzeile des Objekts, dass es sich um eine HII-Region handelt. Eine Studie aus dem Jahr 2000 zu lichtschwachen Kandidaten planetarischer Nebel enthielt EGB 9 und die Autoren ordneten aufgrund von Aufnahmen und Spektren EGB 9 als planetarischen Nebel ein. Die typischen Emissionslinien waren nachzuweisen, ein Zentralstern konnte aber nicht sicher festgestellt werden. In EGB 9 sehen wir einen entwickelten planetarischen Nebel, der bereits mit dem ISM wechselwirkte und sich in Auflösung befindet. Ein Artikel aus dem Jahr 2012 klassifiziert den Grad der Auflösung dieser Nebel, wobei EGB 9 zur Kategorie 4 gehörte, zu den am weitesten entwickelten Objekten. Zu diesem Entwicklungszustand passt auch die festgestellte langsame Expansion von 20 km/s.
Das Hineinlaufen in das ISM verlangsamt sich weiter und die Einflüsse von lokalen Dichteschwankungen oder Magnetfeldern nehmen zu. Auf Aufnahmen wirken diese Nebel dann wie vom Winde verweht.
2020 haben Aufnahmen von Markus Blauensteiner, ergänzt durch ein Spektrum von Lionel Mulato, EGB 9 als planetarischen Nebel bestätigt. In der kleinen blauen Wolke im Zentrum des Nebels, die wir auf der Aufnahme erkennen können, fand sich auch ein möglicher Kandidat für den Zentralstern. PanSTARRS-Bilder zeigen dort einen blauen Stern, für den eine Gaia-Helligkeit von 19,4 mag angegeben wird (Gaia EDR3 3154775769519597056). Eine Entfernung kennen wir nicht, jedoch können wir, mit einem angenommenen Alter von 40.000 Jahren, für den planetarischen Nebel EGB 9 eine projizierte Größe von etwa 6 Lichtjahren und damit eine Entfernung von ungefähr 2000 Lichtjahren abschätzen.

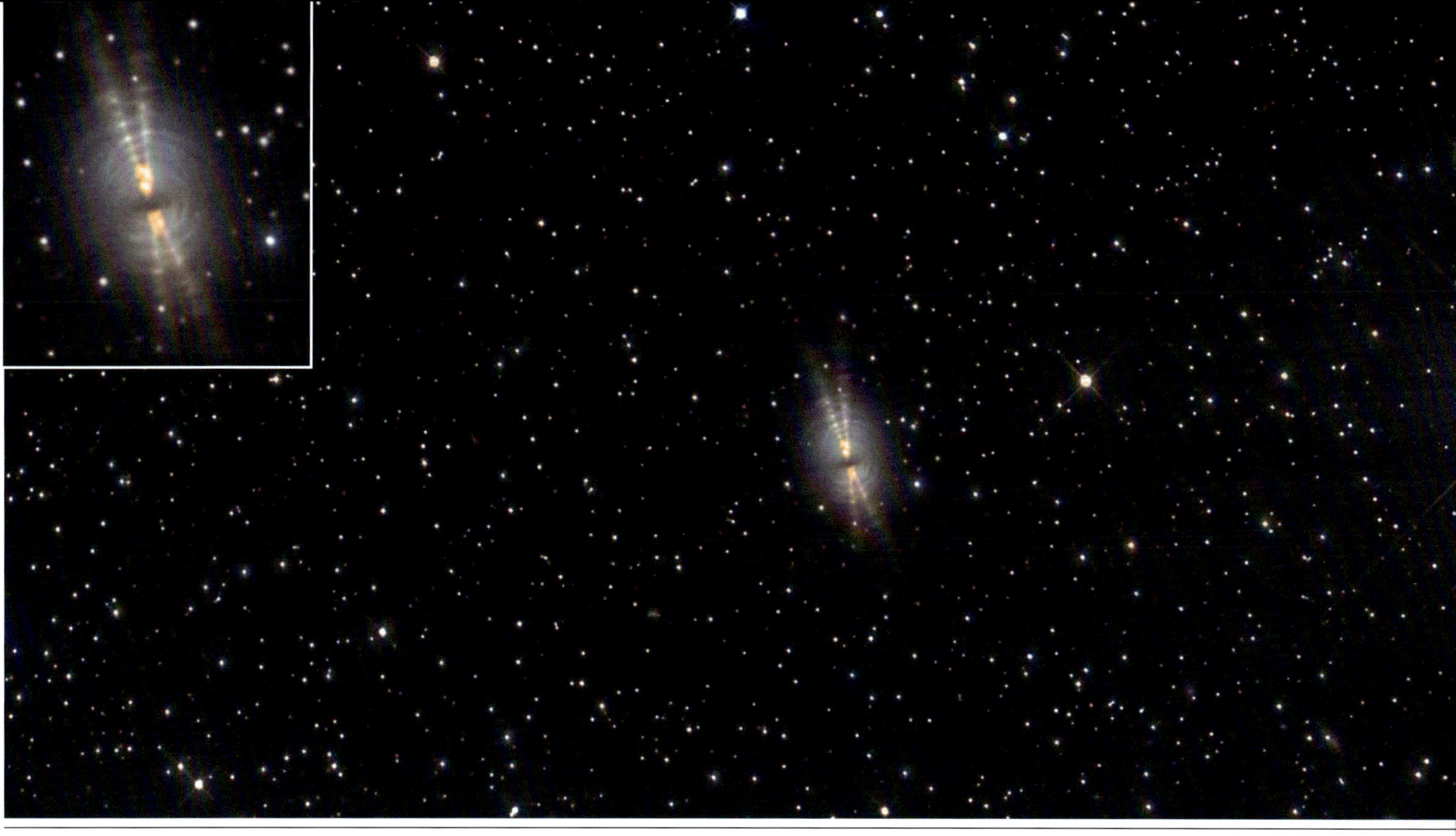

PN G080.1-06.5 EGG NEBULA

CYG | 21h 2m 18s | 36° 41′ 37″

Im östlichen Flügel des Schwans leuchtet der planetarische Nebel PN G080.1-06.5, der auch als CRL 2688 oder PK 080-06.1 eingetragen ist. Am bekanntesten dürfte aber sein Spitzname „egg nebula" sein, der auf sein eiförmiges Aussehen verweist. Entdeckt wurde PN G080.1-06.5 auf Platten des Palomar Observatory Sky Survey. Fritz Zwicky hielt dieses Objekt noch für ein Paar wechselwirkender Galaxien und nahm es als IV Zw 67 in seinen Katalog der kompakten Galaxien auf. Die dort angegebene Rotverschiebung von 3000 km/s stellte sich später als Fehler heraus.

1975 lenkte ein populärwissenschaftlicher Artikel in der Zeitschrift „Sky & Telescope" das Interesse der Astronomen auf dieses außergewöhnliche Objekt. Spektren, die dem eines F5I-Riesensterns ähnelten, zeigten einen deutlichen Infrarotbeitrag. Dies führte dazu, dass mit einer Forschungsrakete des „Air Force Cambridge Research Laboratories Rocket Project" die Mikrowellenstrahlung des Nebels bei 11 μm untersucht wurde und die Quelle als Infrarotquelle CRL 2688 katalogisiert wurde. Das Kontinuum passte gut zu einem Schwarzkörperstrahler mit einer Temperatur von 150 K, zudem ist die Strahlung stark polarisiert.

Die Winkelgröße des 13,5 mag hellen, ovalen Bereichs von PN G080.1-06.5 liegt bei 30″ × 15″, die x-förmigen „Strahlen" erreichen eine Länge von fast 2′. Bei einer Entfernung von 3000 Lichtjahren entspricht dies 1,7 Lichtjahren. Der Zentralstern ist nicht direkt beobachtbar, das Inset zeigt aber konzentrische Kreisbögen, die das Licht des Sterns reflektieren. Eine Aufnahme des Hubble Space Telescope fügte PN G080.1-06.5 nicht nur der Galerie der Astro-Ikonen hinzu, sondern bewies auch, dass es sich um einen bipolaren planetarischen Nebel handelt.

Wir blicken bei PN G080.1-06.5 auf die Kante einer dichten, äquatorialen Staubscheibe. Im dunklen Band dieser Scheibe wurde in den Hubble-Infrarotaufnahmen eine kompakte Quelle entdeckt, die unpolarisiertes Licht abstrahlt und die 750 AE vom Zentrum des Nebels entfernt ist. Damals wurde vermutet, dass es sich um einen Begleiter des Post-AGB-Sterns im Zentrum von PN G080.1-06.5 handeln könnte.

Die Phase nach dem Ende des asymptotischen Riesenasts, die den Anfang des späteren planetarischen Nebels bildet, dauert nur wenige tausend Jahre. Bei den sichtbaren Kreisbögen handelt es sich um Hüllen, die der Riesenstern abgestoßen hat, denn der Stern pulsiert und bläst in Intervallen von einigen hundert Jahren seine äußeren Schichten weg. Diese Hüllen bestehen überwiegend aus molekularem Wasserstoffgas und Staub. Sie expandieren mit 10 km/s bis 50 km/s und bringen diese kosmischen „Zwiebelschalen" hervor. In einem folgenden Entwicklungsschritt bildet der sterbende Stern eine äquatoriale Scheibe, die heute einen Durchmesser von 2000 AE aufweist und das Zentrum wie ein Kokon umgibt. Die Vermutung, dass darin ein Doppelsternsystem liegen könnte, erscheint berechtigt, weil wir so vorhandene Löcher im Kokon und damit die auffällige Doppelstruktur der weitreichenden Strahlen erklären können. Aktuelle Forschungen vermuten in PN G080.1-06.5 sogar ein Dreifachsystem.

Auch wenn dies noch nicht gesichert ist, so ist doch sichtbar, dass in diesem Nebel ein Weißer Zwerg steht. Die Modelle liefern für ihn eine Masse von 0,6 Sonnenmassen, die Masse der abgestoßenen Materie wird auf 1,2 Sonnenmassen geschätzt. Bleiben wir beim Spitznamen von PN G080.1-06.5, so ist der Weiße Zwerg das Küken, das gerade dabei ist, aus seiner recht staubigen Eierschale zu schlüpfen.

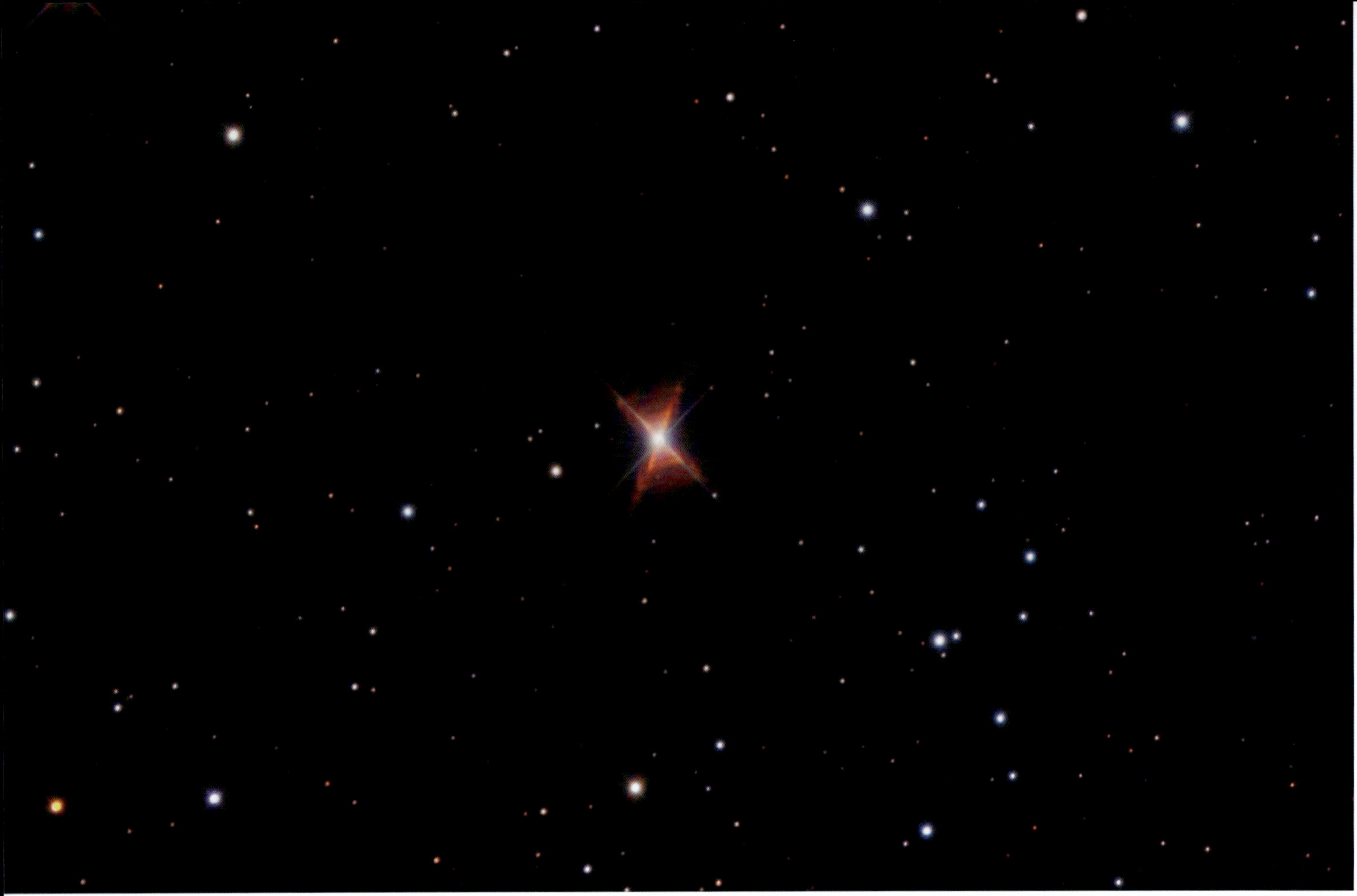

PN G218.9-11.7

MON | $6^h\ 19^m\ 58^s$ | -10° 38′ 15″

Das Bildfeld der Aufnahme besitzt eine Diagonale von rund 12′ und in der Mitte steht der protoplanetarische Nebel PN G218.9-11.7.
Der Nebel umgibt den Stern HD 44179, bei dem es sich um einen Doppelstern mit dem Spektraltyp B9I/II handelt. HD 44179 steht im Sternbild Einhorn und ist im Visuellen 9,0 mag hell. Dessen Entfernung liegt bei etwa 2300 Lichtjahren. Die Aufnahme benutzt gewöhnliche RGB-Farben, nutzt also keine künstliche Farbpalette aufgrund von Schmalbandfiltern. Das auffällige Rot der rechteckigen Nebelbereiche führte auch zum Beinamen „red rectangle nebula". Das weiße Kreuz ist eine von den optischen Elementen des Teleskops verursachte Beugungsfigur und hängt nicht mit dem Nebel zusammen.
Mithilfe von hochauflösenden Speckleaufnahmen gelang 2002 ein detaillierter Blick ins Zentrum des Systems HD 44179. Bei solchen Aufnahmen wird die Luftunruhe sozusagen „ausgetrickst", indem viele sehr kurze Aufnahmen des Sterns übereinandergelegt werden. Vor Entwicklung adaptiver Optiken war das ein Standardverfahren, um hohe optische Auflösungen zu erreichen. Die bipolaren Abströmungen entstammten demnach einem engen Doppelsternsystem, das aus einem Post-AGB-Stern und einem Weißen Zwerg aufgebaut ist. Ihr Abstand liegt bei nur 0,6 AE. Die Masse der helleren Komponente beträgt 0,57 Sonnenmassen, ihre Leuchtkraft entspricht etwa 6000 Sonnenleuchtkräften und die Oberfläche dieses Post-AGB-Sterns ist 7750 K heiß. Der masseärmere Begleiter ist ein Helium-Zwerg mit 0,35 Sonnenmassen. Er strahlt mit nur etwa 100 Sonnenleuchtkräften bei einer Temperatur von 60.000 K.
Die zwei Sterne umgibt ein extrem dichter, rotierender Torus mit einer riesigen Teilchendichte von $n_H = 2{,}5 \times 10^{12}$. Das Verhältnis von Gas zu Staub liegt hier bei 100. Im Gas finden sich auch komplexe Kohlenwasserstoffe. Diesen Gasring betrachten wir von der Seite, wobei die Torusebene in der Aufnahme fast horizontal liegt. Der heiße Zwergstern liefert die UV-Photonen zum Ionisieren der ausströmenden Materie, sodass diese im Torusumfeld wie eine HII-Region leuchtet.
Im Gegensatz zu anderen protoplanetarischen Nebeln sind die Abströmungen bei HD 44179 schwächer und mit Geschwindigkeiten von 5 km/s bis 10 km/s deutlich langsamer. Die Forscher vermuten, dass eine rotierende Scheibe und diese Art von Abströmungen für masseärmere Nebel typisch sein könnten. Das sichtbare rote „X" entsteht in dem Modell durch Verdichtungen am Rand zweier konusförmiger Gashüllen. Anders als bei massereicheren Nebeln ist auch eine andere Ursache für die rechteckigen Formen in PN G218.9-11.7 denkbar. Die dichteren Nebelzonen gehen möglicherweise nicht auf nacheinander abgestoßene Gashüllen des Post-AGB-Sterns zurück, sondern die Materie könnte aus einer gemeinsamen Gashülle beider Sterne stammen. Ursache der Abströmungen wären beispielsweise stärkere Sternwinde, wie sie nach dem Überströmen von Materie zwischen den beiden Sternen entstehen.

HDW 2

CAS | 3^h 11^m 1^s | 62° 47′ 45″

Die Sternbilder Giraffe und Kassiopeia gehören in Mitteleuropa zu den zirkumpolaren Sternbildern. Mit einer Deklination von +62,8° ist der planetarische Nebel HDW 2 im Sternbild Kassiopeia ein Objekt, das wir im Jahreslauf durchgängig beobachten können. Der planetarische Nebel ist unter anderem auch als PK 138+04.1, PN G138.1+04.1 oder als Sh2-200 in den astronomischen Datenbanken eingetragen. Mit den HII-Regionen IC 1805 (siehe Kapitel 3: IC 1805) und IC 1848, die einige Grad südöstlich liegen, und nicht mehr Teil der Aufnahme sind, hat HDW 2 zwar prominente Nachbarn, ist selbst aber eher unbekannt.

Der Katalog HDW geht auf einen Artikel aus den „Mitteilungen der Astronomischen Gesellschaft“ von H. Hartl, J. Dengel und R. Weinberger aus dem Jahr 1983 zurück. Es ging den Autoren um die Identifikation von „alten planetarischen Nebeln“. Hierbei setzten sie zunächst willkürlich einen Mindestdurchmesser von einem Lichtjahr an. Ihre Überlegung fußte auf einer Ausdehnungsgeschwindigkeit von 25 km/s und einem zugehörigen Mindestalter eines Nebels von 6000 Jahren. Daraus schätzten sie die geringe Flächenhelligkeit solcher alten Nebel zu mehr als 20 mag pro Quadratbogensekunde ab. Den Vorteil sahen sie darin, dass der Zentralstern bei diesen lichtschwachen Nebeln nicht mehr die fotometrischen und spektroskopischen Messungen beeinträchtigen würde.

Am Innsbrucker Institut für Astronomie wurde damals eine sorgfältige Durchmusterung der roten und blauen POSS-Plattenaufnahmen durchgeführt. Dabei wurden 43 neue Kandidaten für planetarische Nebel entdeckt. Bei 13 dieser Objekte handelte es sich um lichtschwache Nebel, die nach Meinung der Forscher aufgrund der interstellaren Extinktion auch in unserer relativen Nähe stehen sollten. Sie schätzten eine maximale Entfernung von 10.000 Lichtjahren ab. Die Aufgabe ihres Projektes bestand nun darin, die lokale Population der planetarischen Nebel zu erfassen. Wichtig war ihnen die Vollständigkeit dieser Gruppe, sodass auch lichtschwache Vertreter zu den bereits bekannten helleren Nebeln hinzugefügt wurden. Zur Bestimmung der lokalen Raumdichte dieser Nebel nutzten sie auch die Plattenarchive der Sternwarten in Heidelberg, Asiago und Tautenburg. Ihre Funde ergaben eine Liste von 13 bis dato unbekannten planetarischen Nebeln.

In einem weiteren Artikel von 1987 konnte die Liste um zwei weitere Nebel erweitert werden. Für einige Objekte hatten die Autoren eigene Spektren aufgenommen und die Analysen ergänzt. Bei HDW 2 stimmen ihre Ausführungen gut mit der Aufnahme überein: Der Nebel leuchtet im Licht der [OIII]-Linie als blauer, etwa 6′ großer Kreis. Der südöstliche breite Lichtbogen von HDW 2, der schwach rötlich schimmert, besitzt eine Flächenhelligkeit von nur 24,5 mag/Quadratbogensekunde. Für HDW 2 können wir auf eine Entfernung von 1900 Lichtjahren und einen Durchmesser von 3,2 Lichtjahren schließen. Sowohl der rote Kreisbogen wie auch das Streifenmuster im Inneren können wir als Hinweise interpretieren, dass die expandierende Nebelhülle mit dem umgebenden Medium wechselwirkt. Das könnten interstellare Molekül- und Gaswolken sein, aber auch Magnetfelder der Milchstraße. Von diesen örtlichen Begebenheiten würde man ohne HDW 2 nichts sehen.

HENIZE 2-111

CEN | $14^{h}\ 33^{m}\ 18^{s}$ | -60° 49′ 36″

Das nahe Umfeld besonders heller Sterne bietet für Astronomen mitunter Überraschungen. Auf früheren Aufnahmen mit Schmidt-Kameras überstrahlten solche Sterne alle Objekte mit geringem Winkelabstand. Auch der planetarische Nebel Henize 2-111 erfordert eine sorgfältige Bildbearbeitung, da er nur 47′ östlich des 0 mag hellen Sterns α Centauri liegt. Dieser Hauptstern des Sternbilds Zentaur ist 4,34 ± 0,03 Lichtjahre entfernt. Hier verbirgt sich ein Dreifachsystem, das neben dem Sonnenzwilling α Centauri A aus dem K1-Zwerg α Centauri B und aus dem kleinen M6-Zwerg Proxima Centauri besteht.

Die Bildgröße der Aufnahme beträgt 20′ × 14′. Bei dem blauen Stern, der rechts unterhalb etwa 4,6′ nordöstlich vom hellen Nebelzentrum entfernt zu sehen ist, handelt es sich um den 7,8 mag hellen A2-Riesen HD 127470.

Entdeckt wurde Henize 2-111 durch den Astronomen Karl Gordon Henize. Er war von 1949 bis 1951 im Auftrag des Observatoriums der University of Michigan am Lamont-Hussey-Observatorium in Bloemfontein (Republik Südafrika) tätig. Dort benutzte er einen 25-cm-Refraktor mit Objektivprisma, um am Südhimmel gut aufgelöste Spektren aufzunehmen. Das verwendete Bildfeld war etwas kleiner als das dieser Aufnahme. Im Spektrum des 16,7 mag hellen Nebelkerns fand er die typischen Emissionslinien von [OIII] und Hα. In seiner Veröffentlichung aus dem Jahr 1967 zu den planetarischen Nebeln am Südhimmel führt Henize insgesamt 459 Nebel auf, von denen 150 Neuentdeckungen waren.

Die rautenförmigen roten Bögen des planetarischen Nebels wurden erst 1978 durch Betty Louise Webster auf tiefen Plattenaufnahmen am Anglo-Australischen Teleskop (Siding Springs, Australien) nachgewiesen. Diese selbst für einen bipolaren Nebel ungewöhnliche Hüllenform ist fast 10′ groß und weist relativ zum Zentrum des Nebels Radialgeschwindigkeiten von –380 km/s bis zu 360 km/s auf. Der lichtschwächere östliche Teil ist dabei der schnellere. Diese Geschwindigkeiten liegen fast zwei Größenordnungen über denen anderer Nebel und konnten lange nicht erklärt werden. In neuerer Zeit gab es Ansätze, diese Extreme durch episodisch auftretende bipolare rotierende Jets zu deuten (engl. „bipolar rotating episodic jet“, BRET). Ursache wäre ein gebündelter Sternwind eines Doppelsternsystems, der Überschallgeschwindigkeiten erreichen kann. Der Stern bestände dabei aus einem AGB-Riesen, der eine gemeinsame Hüllen mit seinem Begleiter besitzt (engl. „common envelope“).

In hochaufgelösten Spektren der äußeren Gashülle des rund 6900 Lichtjahre entfernten Nebels konnten Astronomen 2018 einen hohen Anteil an Stickstoff nachweisen. In der Feinstruktur der Randzone fanden sich Verdichtungen, deren großes [N II] / Hα-Verhältnis den Werten im Kern entspricht. Das weiter innen liegende Hüllengas besitzt dagegen eine geringere Stickstoffhäufigkeit. Es wird vermutet, dass es sich bei den Verdichtungen um Materie handelt, die mit hoher Geschwindigkeit ausgestoßen wurde. Rechnen wir zurück, so erhalten wir eine mittlere Geschwindigkeit von 600 km/s, was auf einen Ausbruch vor etwa 8100 Jahren deutet. Freigesetzt wurde sie vielleicht während eines Entwicklungsschrittes der AGB-Komponente.

Karl Henize, der später als Wissenschaftsastronaut bei Spaceshuttle-Missionen mitflog, hätte sich über seinen Hochgeschwindigkeitsnebel gefreut. Doch er starb leider 1993 bei einer Mount-Everest-Expedition der NASA.

HFG 1

CAS | $3^h\,3^m\,47^s$ | 64° 54′ 36″

Das reiche Sternfeld dieser Aufnahme liegt im Sternbild Kassiopeia. Mit einer Diagonale von rund 2,8° fängt es viele verschiedene Objekte ein. Die schwach rotleuchtenden Filamente beruhen auf Molekülwolken der nur wenige Grad südlich verlaufenden Milchstraße. Im Zentrum des Bildes leuchtet der planetarische Nebel HFG 1 (PK 136+05) im Licht des zweifach ionisierten Sauerstoffs. Etwa 40′ südwestlich, in Richtung der unteren rechten Bildecke, findet sich mit PN A66 6 (Abell 6) noch ein zweiter planetarischer Nebel. Er ist mit einem Durchmesser von 3,1′ und einer Entfernung von ca. 2600 Lichtjahren etwas weiter entfernt als sein Nachbar HFG 1, der in 2335 ± 36 Lichtjahren Abstand steht. Die Entfernungsangabe ist bei PN A66 6 ungenauer, weil wir hier keinen Zentralstern als Hilfestellung nutzen können. Bei HFG 1 finden wir im Zentrum den 14,6 mag hellen Stern V664 Cassiopeiae.

Entdeckt wurde HFG 1 auf lang belichteten Aufnahmen mit Schmalbandfiltern, die 1979 entstanden. Die Veröffentlichung erfolgte 1982 durch die Astronomen Joy N. Heckathorn, Robert A. Fesen und Theodore R. Gull und so entstand der HFG-Katalog, der aber nur dieses eine Objekt enthält. 2009 folgte eine erste Hα + [N II]-Aufnahme von HFG 1, die einen lichtschwachen roten Schweif erkennen ließ.

Die Astrometrie liefert für HFG 1 eine Eigenbewegung von etwa 13,0 mas/a. Der Durchmesser liegt bei rund 9′ und vor der südöstlichen Grenze der [OIII]-Kugel leuchtet ein farblich passender Kreisbogen. Ein genauer Blick lässt einen rötlichen Schweif erkennen, der vom Zentrum von HFG 1 ausgeht und nach rechts oben reicht. Setzen wir beide Beobachtungen zusammen, so können wir folgern, dass sich der Stern V664 Cassiopeiae, und damit auch der Nebel HFG 1, durch das interstellare Medium bewegen muss. Der Stern V664 Cassiopeiae pflügt demnach gerade durch Staub- und Gaswolken, was zum einen eine Stoßfront in Bewegungsrichtung hervorruft und zum anderen ein kometenähnliches „Kielwasser" zur Folge hat.

Bei V664 Cassiopeiae handelt es sich um ein Doppelsternsystem. Die Variationen in der Lichtkurve lassen auf einen präkataklysmischen Veränderlichen schließen, bei dem eine heißere Komponente einen kühleren Hauptreihenstern aufheizt. Die Sterne umlaufen einander, bedecken sich aber nicht. Die aufgehellte Sternseite bewirkt eine Modulation der Helligkeit von 0,58 Tagen. Die heiße Komponente ist ein O-Unterzwerg, der von einem sonnenähnlichen F-Stern umkreist wird. Die Masse des kleinen 83.000 K heißen Zwerges wird auf 0,57 Sonnenmassen geschätzt, sein Radius auf nur 0,2 Sonnenradien. Modellieren wir die Entwicklung von HFG 1, so führt dies zu einem Vorgängerstern mit einer Masse von etwa drei Sonnenmassen, der durch die starken Sternwinde in seiner AGB-Phase viel Materie verloren haben muss. Wir können weiter folgern, dass die AGB-Sternwindphase kurz, aber intensiv gewesen sein muss. Ein einziges Superwind-Ereignis, das nur wenige Tausend Jahren dauerte, lieferte genügend Material für die hübsche grüne Bugwelle von HFG 1.

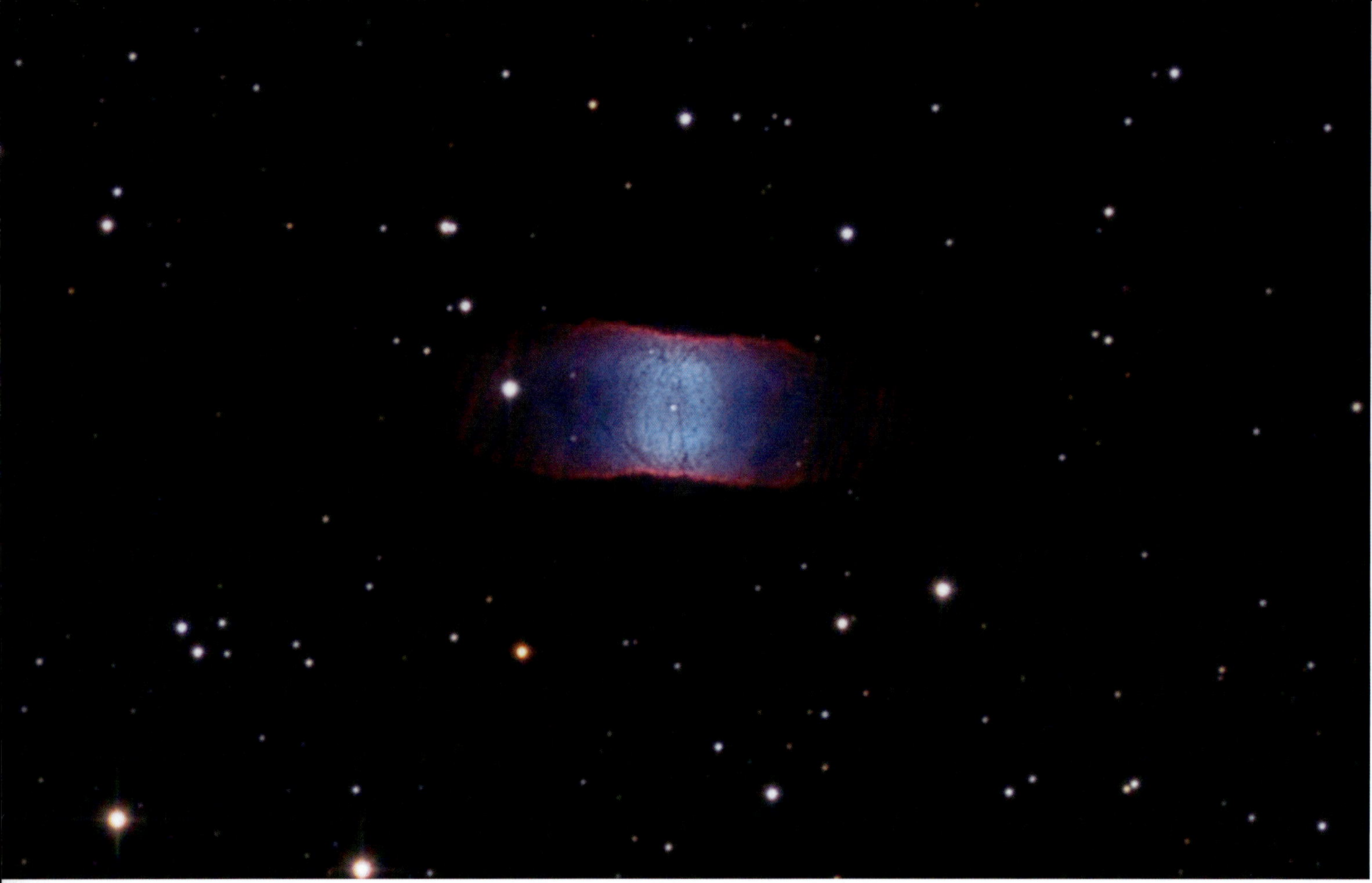

IC 4406

LUP | $14^h\ 22^m\ 26^s$ | -44° 9′ 2″

Nahe der nordwestlichen Ecke des Sternbilds Wolf, das am Südhimmel zu sehen ist, liegt der bipolare planetarische Nebel IC 4406. Mit einer Deklination von −44,1° ist für eine gute Beobachtung des Nebels ein Standort südlich des Äquators empfehlenswert. Dies erklärt auch die Entdeckung von IC 4406 an der Boyden Station in Arequipa, Peru, die vom Harvard-College-Observatorium in den Jahren 1891 bis 1927 betrieben wurde. Auf den Platten der dort gewonnenen Objektivprismen fand Williamina Fleming 1901 den Nebel und katalogisierte ihn als Fleming 94. Ihr Kollege DeLisle Stewart aus Harvard stieß auf einer 1899 angefertigten Platte ebenfalls auf den planetarischen Nebel, veröffentlichte dies aber erst 1908. Stewart notierte damals, dass „zwei nebelartige Sterne eine Hantel formen", und fügte noch „bemerkenswert" an. Unabhängig von diesen beiden Astronomen stieß Robert Innes 1901 bei einer Beobachtung mit dem 18-cm-Refraktor des Royal Observatory am Kap der Guten Hoffnung (Republik Südafrika) auf den 10,2 mag hellen Nebel.

Die Entfernung von IC 4406 liegt bei 3720 ± 510 Lichtjahren. Sein Zentralstern hat im Gaia-Katalog die G-Band-Helligkeit von 17,2 mag, bei einem Farbindex von $G_{BP}-G_{RP} = -0{,}06$ mag. Daher erscheint der Zwerg nicht so blau wie andere Zentralsterne.

Die Winkeldurchmesser der Gashülle liegen bei 1,6′ und 0,6′, bezogen auf den roten Rand der Hülle. Das Innere des Nebels leuchtet blau und ist von feinen, dunklen Filamenten durchzogen, die IC 4406 den Beinamen „Retina-Nebel" eingebracht haben. Bei der dreidimensionalen Form der Hülle gehen wir von einem prolaten, also einem abgeplatteten, Ring aus, den wir von der Seite betrachten. Auf lang belichteten Aufnahmen erscheinen lichtschwache, konzentrische Strukturen, die zur abgeflachten Symmetrie eine zusätzliche, sphärische Komponente hinzufügen.

IC 4406 wurde in den letzten Jahrzehnten in mehreren Kampagnen beobachtet. Im hellblauen Zentrum konnte molekularer Wasserstoff nachgewiesen werden. Das Konturenbild der Emission zeigt zwei H_2-Blasen, die etwa 15″ ober- und unterhalb der horizontalen Hauptachse liegen. Diese passen gut zu den beiden festgestellten Maxima der Hα-, [NII]- sowie der [OIII]-Emission. Das alles spielt sich im hellen, ovalen Innenbereich ab, der nur deshalb so blau erscheint, weil die Emissionslinien, die die roten Anteile zum Licht besteuern, weniger prominent sind. Die Astronomen sehen diese zwei leuchtenden Bereiche als Hinweis auf die Existenz eines dichten Staubrings. Dieser kompakte, zentrale Ring könnte neben dem fehlenden Blau des Zentralsterns auch die UV-Strahlung aus dem Inneren abschirmen und so den Farbverlauf im äußeren, größeren Gasring erklären, den wir beobachten können.

CO-Submillimeter-Beobachtungen von IC 4406 lieferten einen interessanten zusätzlichen Aspekt. Die Forscher wiesen eine mit rund 50 km/s expandierende Kugel aus molekularem Gas nach. Sie umschließt die beiden optischen Maxima sowie den Staubtorus. Das filamentartige Muster im Optischen lässt sich daher als Abfolge von Verdichtungen in dieser Kugelschale deuten, die vom AGB-Vorgängerstern abgestoßen wurde.

IC 5148

GRU | $21^{h}\ 59^{m}\ 35^{s}$ | -39° 23′ 8″

Der planetarische Nebel IC 5148 wird im „Second Index Catalogue of Nebulae and Clusters of Stars“ von Johan L. E. Dreyer aus dem Jahr 1910 sowohl mit der Nummer IC 5148 als auch mit der Nummer IC 5150 geführt. Dies geht auf zwei voneinander unabhängige Entdeckungen zurück, die 1897 durch Edward D. Swift und 1894 durch Walter F. Gale erfolgten. Bei beiden war die Position aber ungenau und mit einem Fehler von einigen Bogenminuten behaftet, sodass es zum IC-Doppeleintrag kam. Erst 1961 konnte Cuno Hoffmeister eindeutig klären, dass es sich um ein und dasselbe Objekt handelt. IC 5148 liegt im Sternbild Kranich (Grus) und ist auf der Aufnahme als etwa 2,3′ große Nebelhülle in Taubenblau zu erkennen. Die Helligkeit des Nebels beträgt 12 mag und macht die Notiz von Gale „pretty bright, pretty large, annular“ („ziemlich hell, ziemlich groß, kreisförmig“) verständlich, die er nach der Beobachtung am 22-cm-Refraktor des Sidney-Observatoriums anfertigte.

Der Zentralstern in IC 5148 hat den Katalogeintrag Gaia DR2 6574225217863069056. Seine Entfernung beträgt 3810 ± 240 Lichtjahre, seine Helligkeit im Gaia-G-Band liegt bei 16,1 mag und der Farbindex ist $G_{BP}-G_{RP} = -0{,}59$ mag.

In der kreisförmigen Hülle erkennen wir zwei helle Ringe mit geringerem Durchmesser als der Außenrand der Hülle, die aber nicht konzentrisch liegen, sondern in Nord-Süd-Richtung verschoben sind. Dadurch sieht ein Betrachter eine Abweichung von der Kreissymmetrie. An der Stelle, an der sich beide Ringe überdecken, können wir in der Aufnahme gelbliche Aufhellungen erkennen. Im Spektrum von IC 5148 ist die [OIII]-Emission die prominenteste und rund zehnmal intensiver als Hα. Es folgen Hβ, HeII und HeI. Alle Emissionen sind in der äußeren Nebelhälfte um eine Größenordnung intensiver als in der inneren.

Die [OIII]-Dominanz ist ein Indikator für hochionisiertes Gas, das auch noch in einem äußerst lichtschwachen Halo nachzuweisen ist, der als konzentrischer Bogen die Hülle umgibt. Würden wir hier Farben sehen können, so wäre IC 5148 von einem intensiv blauen Ring umgeben. Die [OIII]-Prominenz lässt sich aber nicht allein aufgrund der Fotoionisation durch den etwa 130.000 K heißen Weißen Zwerg im Zentrum erklären. Die Astronomen sehen hier eine mögliche Verbindung zu den Ringen in der Nebelhülle. Diese gehen mit einiger Wahrscheinlichkeit auf Stoßfronten zurück, die beim Abwerfen der äußeren Bereiche eines Vorgängersterns von etwa 1,5 Sonnenmassen ausgelöst wurden. Das Nachglühen der expandierenden Stoßfronten wäre in diesem Modell ein selektiver Verstärker der [OIII]-Emission. Träfe dies zu, so würden wir den planetarischen Nebel IC 5148 aktuell in seiner „blauen Phase“ beobachten.

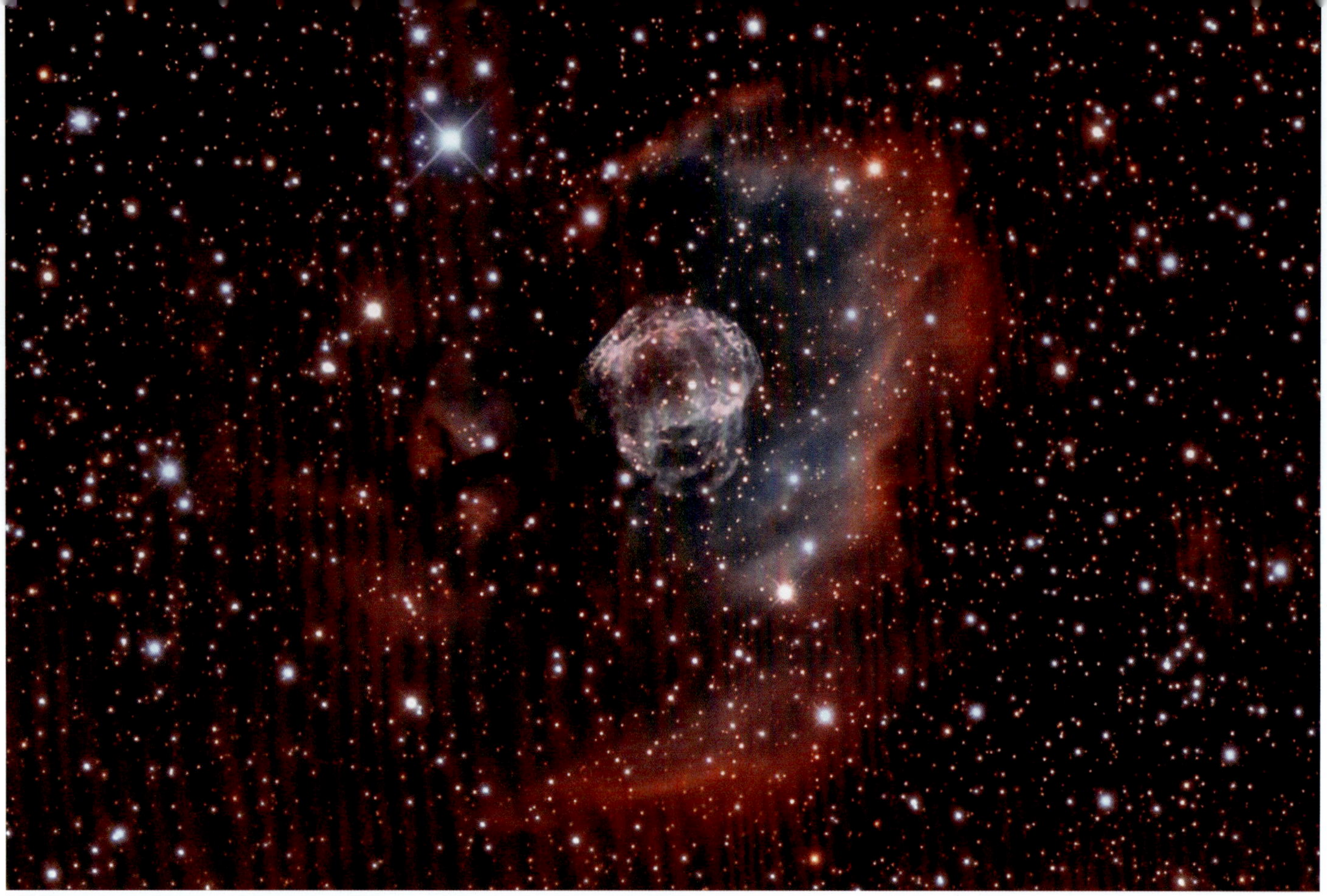

IPHASX J205013.6 +465515

CYG | 20^h 50^m 13^s | 46° 55′ 18″

Im Rahmen des IPHAS-Programms (The INT Photometric Hα Survey of the Northern Galactic Plane, zu Deutsch „Fotometrische INT-Hα-Durchmusterung der nördlichen galaktischen Ebene") wurde mit dem Isaac-Newton-Teleskop auf La Palma (Spanien) die nördliche Milchstraße systematisch durchmustert. Die Aufnahmen umfassen die galaktischen Koordinaten –5° < b < +5° und 29° < l < 215° und reichen bis zu Hα-Helligkeiten größer als 20 mag. Die Datensammlung startete 2003 und bis 2008 war jedes Feld der Durchmusterung einmal beobachtet worden. Es wurden drei Filterbereiche benutzt, wobei der IPHAS-Hα-Filter mit 95 nm eine große Bandbreite besitzt und daher neben der Hα-Wellenlänge (656,3 nm) auch die [NII]-Linien (654,8 nm und 658,3 nm) passieren lässt. Die beiden anderen Filter waren Breitband-Sloan-Filter im r-Band (648,5 nm mit einer Durchlassbreite von 130 nm) und i-Band (830 nm mit einer Durchlassbreite von 193 nm). Die IPHAS-Daten sind seitdem eine reichhaltige Quelle, um noch unbekannte Hα-Strahler zu finden.

Bei den planetarischen Nebeln sind dies vor allem ältere Nebel mit weit ausgedehnten Gashüllen, deren Wechselwirkung mit dem interstellaren Medium begonnen hat oder sogar schon weiter fortgeschritten ist. Im IPHAS-Katalog von 2014 wurde eine Liste von 159 möglichen Kandidaten für bislang unbekannte planetarische Nebel veröffentlicht. Eine erste Auflistung mit 21 möglichen Nebeln aus dem Jahr 2009 enthält IPHASX J205013.6+465515, der dort auch als „ear nebula" („Ohrennebel") bezeichnet wird.Der 2014er-Katalog benannte den Nebel damals noch IPHASX J205013.7+465518. In einer Überarbeitung des Katalogs aus dem Jahr 2021 bekam der Nebel dann den heute gültigen Namen IPHASX J205013.6+465515.

Die Aufnahme zeigt eine Region mit einer Kantenlänge von etwa 9′, die rund 2,2° nordöstlich von Deneb, dem hellsten Stern im Sternbild Schwan, liegt. Betrachten wir zum Vergleich die DSS- oder PanSTARRS-Bilder, so erkennen wir dort den helleren Innenbereich von IPHASX J205013.6+465515 als extrem lichtschwache, hufeisenförmige Aufhellung. Auf der Aufnahme ist nicht nur das horizontal liegende Hufeisen deutlich zu erkennen, sondern auch dessen Feinstruktur, die im unteren, südlichen Teil mehrere Ringe zeigt, die wir als typische Kugelschalen deuten können.

Die Größe des Hufeisens misst 72″ × 45″. Im Symmetrie-Zentrum leuchtet ein 19,6 mag heller Stern mit der Katalogbezeichnung Gaia EDR3 2166497919218123648. Ob es sich dabei um den Zentralstern des Nebels handelt, ist fraglich, da der Gaia-Farbindex wegen der geringen Helligkeit zu fehlerbehaftet ist. Die äußere Gashülle des „ear nebula" ist als etwa 3′ großes rotes Halboval zu erkennen, das sich im Westen um das Hufeisen legt. Vermutlich handelt es sich um eine Stoßfront, die bei ihrer Expansion in das interstellare Medium eine blaue [OIII]-Schleppe hinter sich herzieht.

Diese Wechselwirkung ist ein mögliches Indiz zur Bestimmung der Entfernung des Nebels. Gehört dieses Gas zu dem benachbarten Wolkenkomplex des Nordamerikanebels, so wäre IPHASX J205013.6+465515 etwa 2200 Lichtjahre entfernt. Die Größe der kosmischen Ohrmuschel läge demzufolge bei rund zwei Lichtjahren.

JACOBY 1

BOO | $15^h\ 21^m\ 47^s$ | 52° 22′ 4″

An der nördlichen Grenze des Sternbilds Bootes liegt das Bildfeld dieser Aufnahme. Die Diagonale misst 1,2° und das obere Viertel des Feldes gehört schon zum Sternbild Drache. Im Bildzentrum ist der Stern HD 137000 zu sehen. Dieser 7,7 mag helle F2-Stern ist 562 ± 3 Lichtjahre entfernt. Er steht allerdings vor dem planetarischen Nebel Jacoby 1 (PK 085+52.1), dessen blaue Gashülle einen Kreisring mit rund 5′ Radius definiert. Die Intensität im Ringverlauf ist nicht gleichförmig, die hellste Stelle befindet sich unten, am südlichen Ende.

Auch Jacoby 1 gehört zu den spät entdeckten planetarischen Nebeln. Gefunden haben ihn George H. Jacoby und Griet van de Steene 1993 bei einer Suche nach Gashüllen um heiße Weiße Zwerge. Ihr Ausgangspunkt waren sogenannte sdO-Sterne, die als PG1159-Sterne bezeichnet werden. Diese planetarischen Nebel sind selten zu finden, denn entweder haben die Vorgängersterne nicht die typische Gashülle produziert oder diese hatte genügend Zeit sich aufzulösen. Die zwei Astronomen beobachteten mit dem 0,9-m-Reflektor am Kitt Peak National Observatory (Tucson, Arizona, USA). Ihr Ausgangspunkt waren die Koordinaten von PG 1520+525. Dieser Weiße Zwerg ist eines von 1874 Objekten des „Palomar-Green Catalog of UV-Excess Stellar Objects“ („Palomar-Green-Katalog von stellaren Objekten mit UV-Exzess“). Dieser Katalog wurde 1986 publiziert und 40 % seiner Einträge sind solche heißen Unterzwerge. Die Zwergtypen DA, DB und DO umfassen etwa 25 %, der Rest sind andere heiße Sterne. Knapp 10 % sind Quasare, also extragalaktische Quellen.

Die von Jacoby 1 gewonnenen Spektren zeigen [OIII]-Emission, was zum blauen Ring passt. In Hα ist der Nebel weniger präsent als in [NII], zudem konzentriert sich die Hα-Emission auf die helle, südliche Sichel im Ring. Es lässt sich eine Expansion der Gashülle mit rund 20 km/s nachweisen, womit Jacoby 1 ein ungefähres Alter von 65.000 Jahren haben dürfte.

Beim Blick auf die Aufnahme springt dem Betrachter der intensive blaue Zentralstern sofort ins Auge. Die Gaia-Daten liefern für PG 1520+525 eine Entfernung von 2517 ± 79 Lichtjahren und eine Helligkeit im Gaia-G-Band von 15,6 mag. Der Gaia-Farbindex beträgt $G_{BR}-G_{RP} = -0{,}59$ mag und bestätigt den Farbeindruck. Wie andere PG1159-Sterne belegt auch der Zentralstern von Jacoby 1 im Hertzsprung-Russell-Diagramm einen Platz am heißen Ende der Zwergesequenz. Passen wir eine Modellatmosphäre an das Spektrum von PG 1520+525 an, erhalten wir die enorme Temperatur von 140.000 K. Die Masse des Zwergs wird auf 0,6 Sonnenmassen geschätzt, die Masse seines Vorgängersterns auf rund 2 Sonnenmassen. In diesem fand am Ende seiner Zeit auf dem asymptotischen Riesenast die Fusion in zwei Schalen statt: Weiter innen erfolgte das Kohlenstoffbrennen, weiter außen das Heliumbrennen. Dazwischen lag eine sauerstoffreiche Region. Durch thermische Pulse wurden die Schalen weggeschleudert. Bei diesem Entblättern durchläuft der Stern mehrere Stadien: Zuerst zeigte er sich als Wolf-Rayet-Stern, danach als der gegenwärtige PG1159-Stern, der sich auf dem Weg zu einem DO-Zwerg befindet.

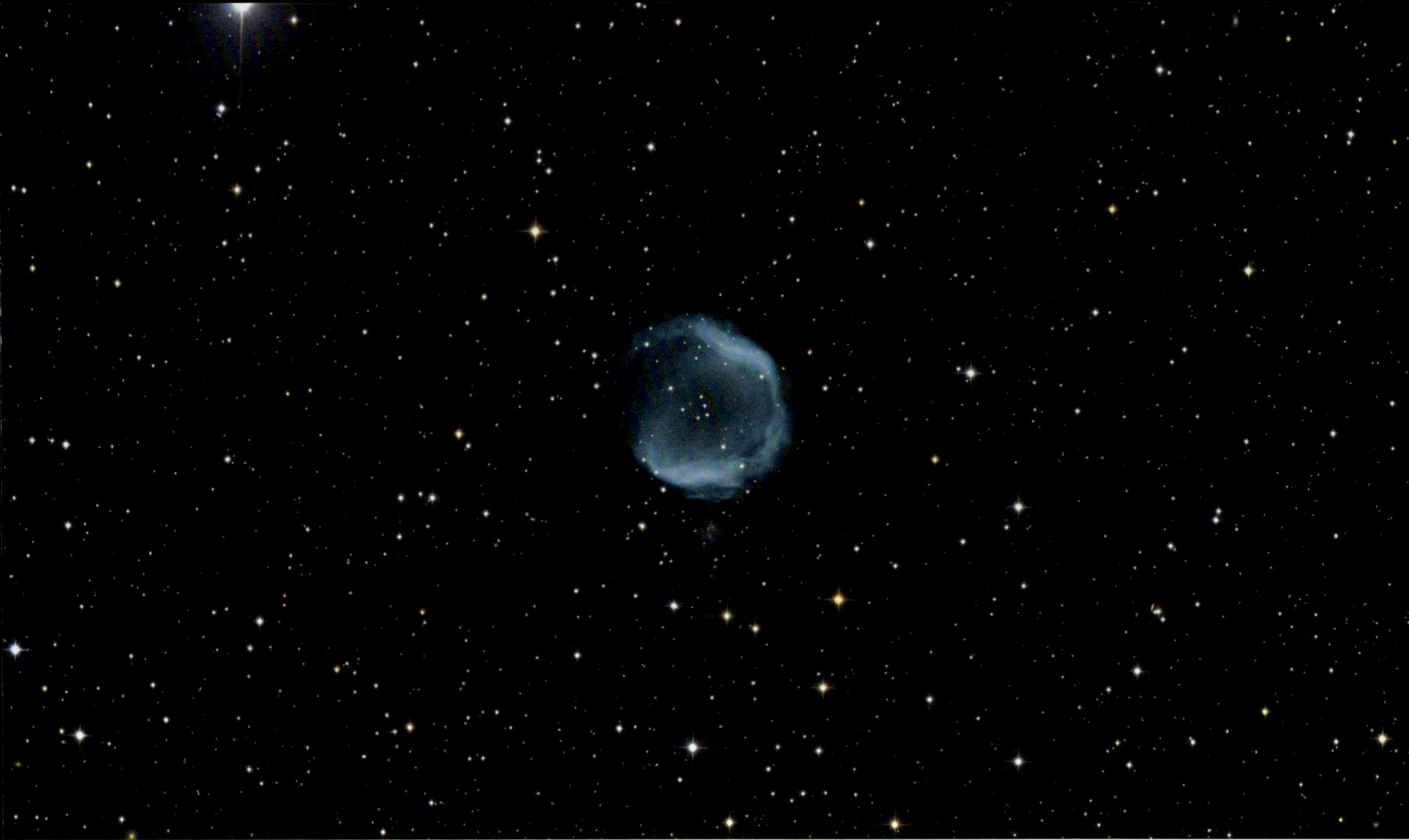

JONES 1

PEG | $23^h\ 35^m\ 53^s$ | 30° 28′ 6″

Oft findet sich in der Beschreibung von Herbststernbildern das Pegasus-Viereck. Der Name stimmt allerdings nicht ganz, da der obere linke Stern zum Sternbild Andromeda gehört. Es ist α Andromedae (Alpheratz) und er bildet mit β Pegasi (Scheat) die obere Kante des Vierecks. Fast in der Mitte und 2° nördlich der Oberkante ist der planetarische Nebel Jones 1 (PK104-29.1) zu finden.

Jones 1 hat eine Ausdehnung von 6,4′ × 5,2′, seine visuelle Helligkeit liegt im Bereich von 17 mag bis 18 mag. Auch wenn die blaue Farbe auf [OIII]-Emission hinweist, können wir fast dieselbe Form des Nebels im Hα erkennen. Im Zentrum des Nebels leuchtet, noch blauer als die Hülle, der Weiße Zwerg WD 2333+301. Die Gaia-G-Helligkeit ist 16,0 mag, die visuelle Helligkeit des Zwergsterns beträgt 15,7 mag. Sein Gaia-Farbindex ist $G_{BP}-G_{RP} = -0{,}48$ mag. Die Entfernung beträgt 3224 ± 19 Lichtjahre. Südlich des Zentrums, etwa 3,7′ darunter, erkennen wir einen schwach rötlichen Fleck. Es könnte sich dabei um eine im Hα leuchtende Wolke handeln, deren Anregung auf eine Wechselwirkung einer Stoßfront des planetarischen Nebels mit einer lokalen Verdichtung in der interstellaren Materie zurückgeht. Aufgrund der hohen galaktischen Breite von −29,4° und seiner Entfernung dürfen wir vermuten, dass sich Jones 1 nicht gerade in einer gasreichen Umgebung befindet. Da somit interstellare Materie Mangelware ist, fehlt es auch an größeren Strukturen im Hα.

Entdeckt wurde dieser lichtschwache Nebel 1941 durch Rebecca B. Jones. Es gab damals aber keine Veröffentlichung zu diesem Fund auf einer Fotoplatte, die mit dem 41-cm-Metcalf-Refraktor am Oak-Ridge-Observatorium des Harvard-Smithsonian-Center aufgenommen wurde. 1949 entdeckten dann Freeman D. Miller und Elsa van Dien den Nebel nochmals und berichteten darüber im Astrophysical Journal. Sie mussten ihre Anwartschaft auf die Entdeckung zurücknehmen, da sie von Rudolph Minkowski auf Jones früheren Fund aufmerksam gemacht wurden. Rebecca Jones hatte bereits 1939, zusammen mit R. Emberson, einen anderen planetarischen Nebel (PN JE 1) auf einer Metcalf-Platte entdeckt. Dazu wurde aber nur ein kurzer Artikel im Harvard College Observatory Bulletin veröffentlicht. Wir können nur spekulieren, warum Rebecca Jones vergessen hatte, über den neuen Fund ausführlicher zu berichten. Eine Erklärung könnte sein, dass sie als Assistentin von Wallace Eckert arbeitete und schlichtweg zu wenig Zeit für einen zweiten Artikel hatte.

Wallace Eckert hatte zwar eine Professur für Astronomie an der Columbia University, sein Schwerpunkt lag aber bei der damals noch jungen Computertechnologie. Er gründete 1937 das Thomas J. Watson Astronomical Computing Bureau, dem 1945 das Watson Scientific Computing Laboratory folgte. Die Arbeiten der beiden beeindrucken noch heute. Sie waren auch bei den Berechnungen der Mondbahn beteiligt, die bei den Apollomissionen benutzt wurden. Ihr Verdienst liegt vorrangig in der Automatisierung von astronomischen Aufgaben mithilfe von Rechenmaschinen, die mit Lochkarten gesteuert wurden. Eine davon war die „Star Measuring Machine“, die automatisch Fotoplatten auswertete und die gemessenen Sternpositionen ausdruckte. Rebecca Jones ist im Verlauf dieser Arbeiten auf ihre beiden Nebel gestoßen. Ob sie ihr damals vielleicht sogar als „Error“ im Programmlauf gemeldet wurden, ist leider nicht bekannt.

JURASEVICH 1 SEIFENBLASENNEBEL

CYG | 20h 15m 22s | 38° 2′ 58″

Durch das Sternbild Schwan verläuft die Milchstraße und die dort anzutreffenden Objekte gehören zu den Standardmotiven vieler Astrofotografen. Eines davon ist der Crescent-Nebel (NGC 6888), doch die wenigsten Fotografen sind sich bewusst, dass sie gleichzeitig den ca. 40′ östlich stehenden planetarischen Nebel Jurasevich 1 aufgenommen haben.

Entdeckt wurde der Nebel durch den amerikanischen Astrofotografen Dave Jurasevich. Er nahm im Juni 2007 und Juli 2008 eine lichtschwache HII-Region in der Nachbarschaft von NGC 6888 auf. Er nutzte seinen 16-cm-Refraktor, eine Vollformat-CCD-Kamera und einen Hα-Filter mit einer Bandbreite von 6 nm. Bei der Bildauswertung bemerkte Dave Jurasevich den zarten Kreisbogen. Noch im Juli 2008 sandte er seine Daten an die International Astronomical Union (IAU). Ein Jahr später wurde der neu entdeckte Nebel im IAU Electronic Telegram No.1876 bekannt gemacht. Die Verzögerung ergab sich, weil der Nebel im Juli 2008 auch von zwei anderen Astrofotografen, Keith B. Quattrocchi und Mel Helm, aufgenommen wurde. Es ergaben sich intensive Diskussionen, welchen Entdeckerstatus ein Objekt hat, das von mehreren Fotografen aufgenommen wurde, aber noch keine offizielle Bezeichnung besitzt. Die erste Meldung ging aber auf Dave Jurasevich zurück und daher finden wir den Nebel in den Datenbanken mit Bezeichnungen, die auf seinen Namen zurückgehen: Jurasevich 1, PN Ju1, PN G75.5+1.7. Der Nebel erhielt sogar einen eigenen Namen, nämlich „soap bubble nebula“ („Seifenblasennebel“).

Die Achsen der Gashülle haben die Abmessungen 260″ × 235″. Aufnahmen mit Profiteleskopen belegen, dass die Gashülle im Hα- und im [OIII]-Licht leuchtet. Die Sauerstoffemission dominiert und gibt der Seifenblase ihre blaue Farbe. In der gleichen auffälligen Farbe wie die Hülle, mit deutlichem Kontrast zum roten HII-Umfeld, strahlt der Zentralstern von Jurasevich 1, der als Gaia EDR3 2060926897208561280 katalogisiert ist. Dessen Helligkeit ist mit 19,3 mag sehr gering und die Entfernung ist bei 3730 ± 1110 Lichtjahren daher mit einer großen Unsicherheit behaftet. In diesem Abstand hat die Hülle einen Durchmesser von etwa 4,8 Lichtjahren. Und mit der Annahme einer für planetarische Nebel typischen, gleichmäßigen Expansionsgeschwindigkeit von 25 km/s erhalten wir ein ungefähres Alter von 57.000 Jahren für Jurasevich 1.

Bei seinem kosmischen Nachbarn NGC 6888 handelt es sich um eine HII-Region, die von einem heißen Wolf-Rayet-Stern (WR 136) zum Leuchten angeregt wird. Diesen eindeutigen Hinweis auf interstellares Gas können wir auch so deuten, dass Jurasevich 1 in der gleichen Entfernung liegen könnte, die wir mit 5650 ± 158 Lichtjahren recht genau angeben können. Der große Fehler in der Gaia-Parallaxe von Jurasevich 1 macht dies zwar rechnerisch möglich, erscheint aber unwahrscheinlich, da die nach außen laufenden Stoßfronten sicherlich auf genügend Wasserstoff gestoßen wären, um eine deutliche Hα-Emission zu verursachen. Da davon nichts sichtbar ist, können wir annehmen, dass diese zarte Seifenblase uns näher steht und vor dem Milchstraßenvorhang schwebt.

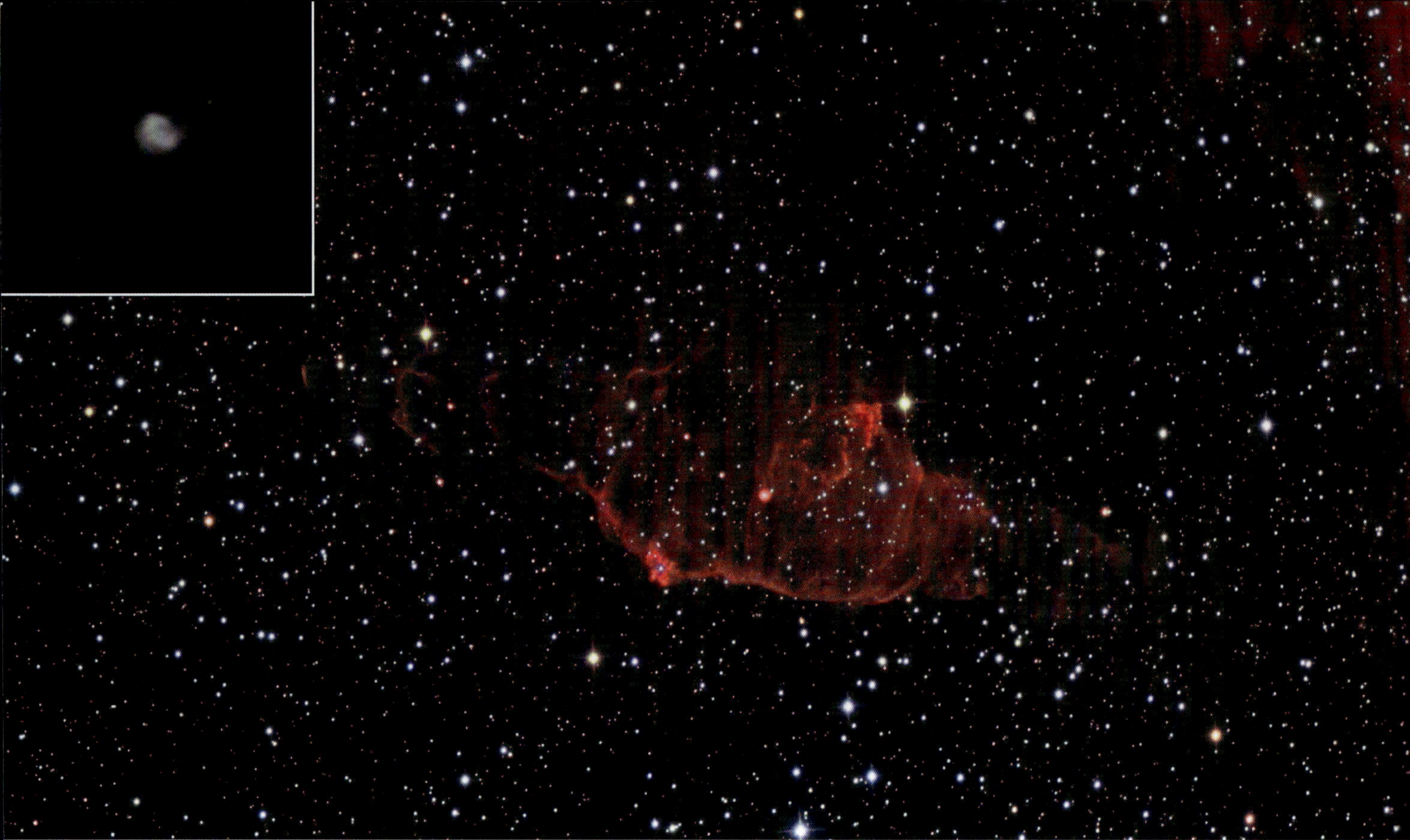

KjPn 8

CAS | 23h 24m 10s | 60° 57′ 31″

Der Katalog der planetarischen Nebel von Misha A. Kazarian und Elma S. Parsamian umfasst acht Einträge und wurde 1971 im „Astronomicheskij Tsirkulyar“ veröffentlicht. Es wurde vom „Byurakan Astrophysical Observatory“ herausgegeben, dem wichtigsten Forschungsinstitut in Armenien und einem der damals bedeutendsten Observatorien in der ehemaligen Sowjetunion.

Die Aufnahme zeigt den Nebel KjPn 8, der auch im 1972 erstellten Katalog von Luboš Kohoutek als K 3-89 aufgeführt ist. Der Artikel von Kohoutek trägt den Titel „Hamburg Schmidt-Camera Survey of Faint Planetary Nebulae - Cygnus-Perseus Region“ („Durchmusterung nach schwachen planetarischen Nebeln in der Cygnus-Perseus-Region mit der Hamburger Schmidt-Kamera“). KjPn 8 liegt im Sternbild Kassiopeia, etwa 40′ südlich des Sternhaufens M 52 und fast in derselben Entfernung östlich der HII-Region NGC 7635. Diese Nachbarschaft zeigt sich am rötlichen Leuchten in der oberen rechten Bildregion.

Der bipolare Aufbau ist bei KjPn 8 gut zu erkennen. Der Nebel ist außergewöhnlich groß: die Längsausdehnung beträgt 11,0′, die Breite etwa 4,5′. Symmetrisch zum Zentrum versetzt leuchten zwei helle Verdichtungen, die obere mit einem Abstand von 1,9′, die untere mit 1,8′. Dieses Zentrum von PN KjPn 8 erscheint für einen planetarischen Nebel untypisch. Wir finden keinen Zentralstern, schon gar nicht den blauen Punkt eines eines weißen Zwergsterns, sondern nur einen rötlichen Fleck. Das Spektrum dieses Kerns zeigt als Besonderheit eine geringe Temperatur von rund 8000 K. Im Spektrum dominiert die Emissionslinie [NII], die etwa dreimal so stark wie Hα oder [OIII] ist. Die Entfernung von KjPn 8 lässt sich mit 5900 ± 1000 Lichtjahren nur grob abschätzen.

Auf Aufnahmen des Hubble Space Telescope aus dem Jahr 2000 konnte im Zentrum ein 4″ × 2″ großer elliptischer Ring aus molekularem Material aufgelöst werden. Das Inset zeigt diesen Ring, der durch die Vergrößerung und die Nachbearbeitung des Zentralbereichs der hier gezeigten Aufnahme sichtbar gemacht wurde. Der Ring expandiert mit 16 km/s und die Hauptachse der Ringebene liegt genau in Richtung der beiden roten Verdichtungen, die sich mit rund 300 km/s viel schneller vom Zentrum entfernen.

All diese Beobachtungen führten dazu, dass KjPn 8 als polypolarer Nebel bezeichnet wurde. Heute gehen die Astronomen davon aus, dass eine Reihe von aufeinanderfolgenden Expansionsereignissen diese spezielle Form hervorbrachte. Den Anfang machte ein bipolarer Ausstoß, der die großen horizontalen Gasblasen erzeugte. Er fand vor rund 50.000 Jahren statt. Seine Ursache könnte ein kurzzeitiger bipolarer Jet gewesen sein, wie er in den BRET-Modellen beschrieben wird (siehe Kapitel 4: Henize 2-111). Die beiden hellen Verdichtungen gehen auf ein späteres Ereignis zurück, das vor rund 3200 Jahren stattfand. Sie finden sich an den Stellen, an denen das zugehörige schnelle Material auf die langsamere, zuerst entstandene, bipolare Gashülle aufläuft.

Wie es scheint, ist KjPn 8 ein Lehrbuchbeispiel eines zweiten planetarischen Nebels, der gerade dabei ist, im Zentrum eines früheren ersten Nebels zu entstehen. Auslöser ist möglicherweise der gegenseitige Massentransfer zwischen zwei Sternen in einem engen Doppelsternsystem. Allerdings steht bislang der Nachweis zweier Objekte im Zentrum noch aus.

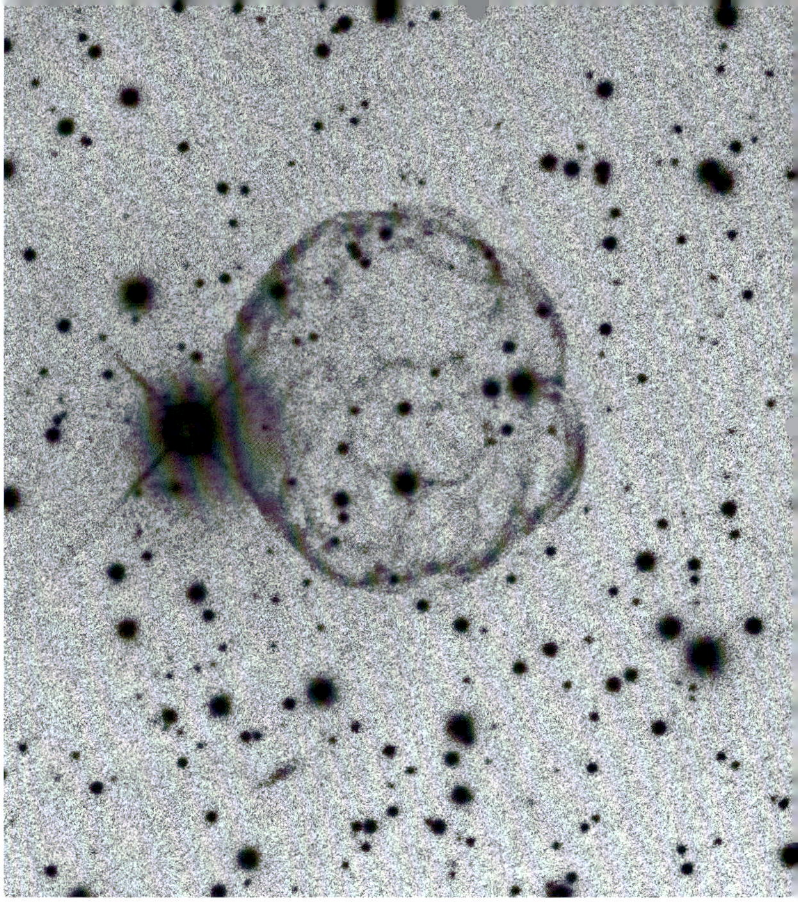

KRONBERGER 61

LYR | $19^h 21^m 39^s$ | 38° 18′ 57″

Bei den spät entdeckten planetarischen Nebeln finden wir in diesem Kapitel Beispiele für sehr lichtschwache und recht kleine Objekte. Auf den planetarischen Nebel Kronberger 61 treffen beide Eigenschaften zu. Das quadratische Bildfeld der Aufnahme besitzt eine Kantenlänge von 6,5′ und wurde mit dem 1,29-m-RC-Teleskop des Skinakas-Observatoriums auf Kreta (Griechenland) mit einer Brennweite von 9,87 m gewonnen. Dies übertrifft das übliche Instrumentarium eines Astrofotografen, jedoch kann dieser Nebel auch mit kleineren Geräten aufgenommen werden, sofern nur genügend Belichtungszeit investiert wird. In dieser Aufnahme wurden die Einzelaufnahmen der Farbkanäle jeweils 15 min lang belichtet. Hinzugefügt hat der Fotograf dann sechs 30-minütige Aufnahmen, für die ein [OIII]-Filter mit 12 nm Bandbreite eingesetzt wurde.
Entdeckt wurde der Nebel 2011 durch den österreichischen Amateurastronomen Matthias Kronberger bei der Durchsicht von Aufnahmen des Digitized Sky Survey (DSS). Er gehört zur Gruppe der Deep-Sky-Hunter (DSH). Sie analysierten damals Bilddaten zusammen mit Profi-Astronomen, die Forschungsarbeiten mit dem Kepler-Weltraumteleskop der NASA durchführten.
Dicht am Ostrand der Hülle von Kronberger 61 steht der 10,4 mag helle Stern TYC 3134-1188-1. Dies ist ein δ-Scuti-Veränderlicher, dessen Abstand zur Sonne 2101 ± 38 Lichtjahre beträgt. Er hat auch die Katalogbezeichnung KIC 3231406 (aus dem Kepler-Input-Catalog) und befindet sich, wie das ganze Bildfeld, im Sternbild Leier, das von der Kepler-Mission regelmäßig beobachtet wurde. Dicht unterhalb des δ-Scuti-Sterns erkennen wir eine Balkenspiralgalaxie, die fast frontal betrachtet wird. Ihre etwas unhandliche Bezeichnung ist 2MASS J19214405+3818381 (KIC 3231410) und ihre Helligkeit wird mit 19,0 mag angegeben.
Der Zentralstern von Kronberger 61, KIC 3132337, besitzt eine R-Helligkeit von 18,3 mag. In den Gaia-Daten ist der Stern als Gaia EDR3 2052811676760671872 zu finden, mit einer G-Helligkeit von ebenfalls 18,2 mag. Der Gaia Farbindex $G_{BP}-G_{RP} = -0{,}36$ mag bestätigt das sichtbare Blau. Allerdings verhindert ein Parallaxenfehler von 80 %, dass eine sinnvolle Entfernung berechnet werden kann. Der Radius der fast sphärischen Gashülle von Kronberger 61 misst rund 50″. Nehmen wir an, dass die absolute Größe zwei Lichtjahre beträgt, so würde dies einer Entfernung von etwa 4000 Lichtjahren entsprechen.
Das Spektrum des Zentralsterns zeigt sich als fast strukturloses Kontinuum, das nach Anpassung eines Modells eine Temperatur von 120.000 K liefert. Das Fehlen von Wasserstoff lässt auf einen PG1159-Stern mit einer Masse von 0,5 Sonnenmassen und einer Leuchtkraft von 250 Sonnenleuchtkräften schließen. In der Gashülle gibt es wenig Wasserstoff, denn dass [OIII] / Hα-Verhältnis beträgt 5,4. Anhand des Spektrums erkennen wir, dass diese Hülle nahezu leer ist, und der sichtbare dünne Rand mit 68 km/s expandiert. Wo der ganze Wasserstoff bei Kronberger 61 steckt, bleibt schleierhaft. Einige Forscher vermuten, dass schon der AGB-Vorgängerstern kaum noch Wasserstoff besaß und die grob geschätzt vor 16.000 Jahren abgestoßene Hülle nur sauerstoffreiches Material mitführte. Auch wenn bei Kronberger 61 noch viele Fragen offen sind, ist eines klar: Sein Beiname „soccer ball nebula“ („Fußball-Nebel“) passt hervorragend.

LONGMORE 5

CEN | $11^h\ 13^m\ 54^s$ | -47° 57′ 1″

Mit dem UK-1,2-m-Schmidt-Telescope in Siding Springs (Australien) wurde in den 1970er-Jahren eine fotografische Durchmusterung des Südhimmels durchgeführt. Das Vorhaben war Teil eines Projektes der ESO-SRC-Kollaboration (Science Research Council of the UK, der wissenschaftliche Forschungsrat des Vereinigten Königreichs), die das Ziel hatte, den Südhimmel nach dem Vorbild des Palomar Observatory Sky Survey (POSS) zu fotografieren, um so den Deklinationsbereich von −90° bis −20° abzudecken. Beabsichtigt war eine Überlappung mit den südlichen POSS-Platten, die dort eine geringere Qualität besaßen. Den Anfang machte ein „Quick-Survey" von 1973 bis 1976, bei dem blauempfindliche Platten zum Einsatz kamen und 606 Himmelsfelder abgelichtet wurden. Solche Aufnahmen sind prädestiniert für die Suche nach planetarischen Nebeln mit ihren charakteristischen Emissionsbeiträgen von Hβ (486,1 nm) und [OIII] (495,9 nm und 500,7 nm).
Bei der manuellen Durchsicht der ersten Platten, sie erfolgte mithilfe einer Lupe, wurden 17 bislang unbekannte Nebel gefunden. 1977 veröffentlichte A. J. Longmore eine Liste der Funde. Die Aufnahme zeigt den fünften Nebel, der als Longmore 5 (PK 286+11.1) katalogisiert wurde und im Sternbild Zentaur liegt. Longmore beschrieb den Nebel als „ziemlich großen Ring, mit einer diffusen inneren Grenze und einer scharfen äußeren Kante". Er stellte auch fest, dass der Ring nicht gleichmäßig hell erscheint, und bemerkte die differenzierte Struktur im nordwestlichen Teil. Diese konzentrischen Kreisbögen sind auf der Aufnahme rechts oben im Ring gut zu erkennen. Longmore erwähnt nicht die beiden bipolaren roten Aufhellungen im Bereich des äußeren hellen Rings, denn der Emulsion seiner Fotoplatten fehlte es an Rotempfindlichkeit. Seine Aufnahmen konnten diese Details gar nicht erfassen.
Der Zentralstern von Longmore 5 hat die Bezeichnung Gaia EDR3 5374348102823679744 und befindet sich in einer Entfernung von 4960 ± 430 Lichtjahren. Die Helligkeit im Gaia-G-Band liegt bei 16,9 mag und der Gaia-Farbindex ist mit $G_{BP}-G_{RP} = -0{,}48$ mag typisch blau. Aufgrund der Entfernung können wir die absoluten Abmessungen abschätzen. Der Ringdurchmesser beträgt 2,5′, was 3,4 Lichtjahren entspricht. Der Abstand der roten Flecken zum Zentrum ist 58″. Aus diesen Werten und unter Annahme einer gleichmäßigen Expansion von 25 km/s berechnen wir ein dynamisches Alter von rund 16.000 Jahren für Longmore 5. Berücksichtigen wir die Anzeichen einer extrem lichtschwachen, weiter außen liegenden Schale, wäre der Nebel sogar noch älter.
Das Helligkeitsprofil des Nebels entlang einer durch das Zentrum führenden Linie liefert uns, in guter Übereinstimmung mit der Theorie, das Bild einer im Inneren leeren, leuchtenden Kugelschale. Bei Longmore 5 liefert dieses einfache Modell eine Gaskugel mit einem inneren Radius von 1,3 Lichtjahren und einer Dicke von 0,4 Lichtjahren. Die Realität ist deutlich komplexer und es ist wahrscheinlich, dass es sich nicht nur um eine, sondern um mehrere Hüllen handelt, die der Vorläuferstern, vielleicht als Teil eines Doppelsternsystems, abgestoßen haben könnte.

LoTr 5

COM | $12^h\ 55^m\ 34^s$ | 25° 53′ 31″

Der planetarische Nebel LoTr 5 wurde im Rahmen des ESO-SRC Southern Sky Survey entdeckt und 1980, in der zweiten Veröffentlichung, der Fachwelt vorgestellt. Der Autor war wie schon bei der ersten Liste A. J. Longmore, unterstützt durch S. B. Tritton, sein Kollege am Royal Observatory in Edinburgh (Großbritannien). Unter den elf Fundstücken war LoTr 5 mit einer Größe von 9,3′ × 8,2′ der mit Abstand größte Nebel. Er besaß mit +26,1° nicht nur die nördlichste Deklination, sondern befindet sich bei (l = 399°, b = 88°) auch an einer außergewöhnlichen galaktischen Position. LoTr 5 steht im Sternbild Coma Berenices (Haar der Berenike), dicht am Nordpol des galaktischen Koordinatensystems.
In der Mitte der Aufnahme ist der 8,7 mag helle G5-Stern IN Comae Berenices (HD 112313) zu sehen. Longmore und Tritton waren sich nicht sicher, ob es sich dabei wirklich um den Zentralstern des Nebels handelte. Sie vermuteten aber schon damals, dass der G-Stern einen heißen, kompakten Begleiter besitzen müsse, um die [OIII]-Emission des planetarischen Nebels anregen zu können. Die Spektren von LoTr 5 bestätigen ein System aus einem Weißen Zwerg mit einer Temperatur von 150.000 K und einem G-Riesen mit 5400 K. Die Gaia-Werte liefern für LoTr 5 eine Entfernung von 1484 ± 32 Lichtjahren.
Anhand der regelmäßigen Modulationen der Lichtkurve bestimmten die Forscher eine Umlaufperiode von etwa 7,4 Jahren für die beiden Sterne. Zudem rotiert der G5-Riese mit einer projizierten Geschwindigkeit von 65 km/s rasant und seine ungleichmäßige helle Oberfläche bewirkt eine zusätzliche 5,9-tägige Helligkeitsvariation. Die hochaufgelösten Spektren offenbaren s-Prozess-Elemente und klassifizieren IN Comae Berenices als Barium-Riesenstern.
Es wurde auch vermutet, dass der Weiße Zwerg einen weiteren nahen Begleiter besitzen könnte. Dies ergab sich aus einem himmelsmechanischen Modell, demzufolge wir die Bahnebene des Doppel- oder Dreifachsystems mit einer Inklination von 17° fast frontal beobachten. In diesem Modell hätte der G-Stern eine Masse von 1,1 Sonnenmassen. Sein Begleiter müsste 3,5 Sonnenmassen aufweisen, hätte damit aber zu viel Masse für einen Weißen Zwerg. Die Inklination i spielt bei diesen Rechnungen eine große Rolle, weil alle Werte mit dem Faktor sin(i) versehen sind. Schon kleine Veränderungen des Neigungswinkels können Erklärungsmodelle schnell über den Haufen werfen. Ein verlässliches Bild über die Bahngeometrie von IN Comae Berenices gibt es noch nicht.
Die spektrale Zeitreihenanalyse der Hα-Emission des G-Sterns zeigt eine weitere Auffälligkeit: Mit der Rotationsperiode verändert sich auch die Form der Hα-Emissionslinie. Alle 5,9 Tage ist ein Maximum mit einer enormen Breite von ±300 km/s zu sehen. In dieser „breiten Phase“ fehlt im Kern der Hα-Linie aber die Emission, als ob wir im Licht von Hα nur die Ränder einer rotierenden Scheibe beobachten würden. Auch wenn die lichtschwache Hülle von LoTr 5 zeigt, dass Sternwinde keine große Rolle in diesem System gespielt haben, beweist die Bariumklassifikation des G-Sterns den Materietransfer vom Vorgänger des Weißen Zwergs. Vielleicht hat sich die Materie des Nachbarn in einer Akkretionsscheibe um den G-Stern gesammelt und sichert nun dessen Rotation.

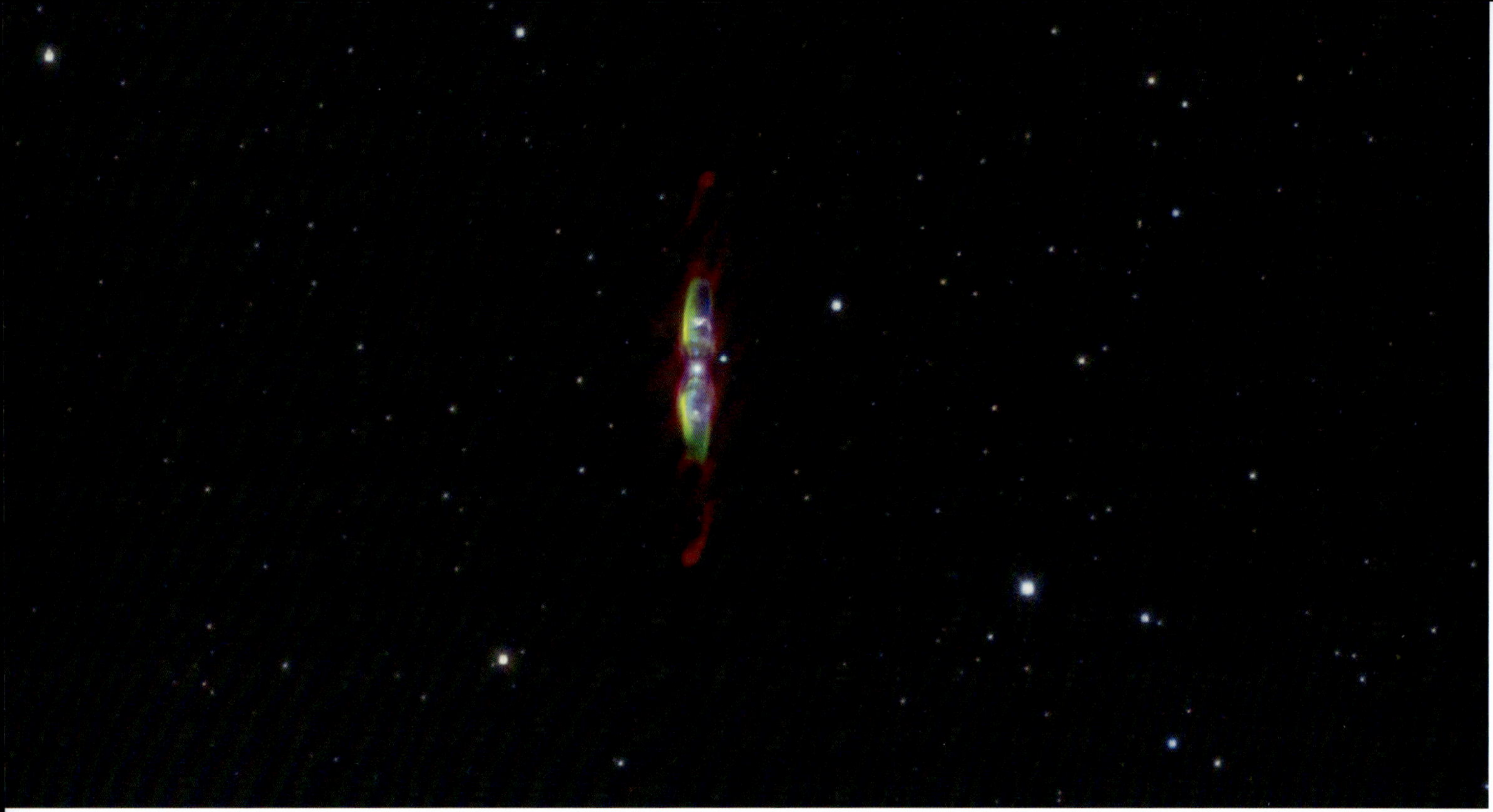

M 2-9 MINKOWSKIS SCHMETTERLINGSNEBEL

OPH | $17^h\ 5^m\ 38^s$ | -10° 8′ 35″

Zwar wurde dieser planetarische Nebel bereits 1947 durch Rudolph Minkowski entdeckt, berühmt wurde der Nebel aber erst durch die spektakuläre Aufnahme des Hubble Space Telescope aus dem Jahr 1997. Dessen spezielle Farbpalette lässt diesen bipolaren Nebel in Blau, Grün und Violett erstrahlen und brachte seine besondere Hüllenform gut zur Geltung. Die Beinamen „Minkowskis Schmetterlingsnebel" oder „Twin-Jet-Nebel" sind heute bekannter als seine Katalogbezeichnung M 2-9.

Der Nebel befindet sich im Sternbild Schlangenträger (Ophiuchus). Der helle, wie eine schlanke Acht geformte Teil hat eine Länge von etwa 56″. Die visuelle Helligkeit liegt bei 14,5 mag. Umgeben wird diese Acht von einer rot leuchtenden Hülle, die weiter nach außen reicht und an beiden Enden Aufhellungen zeigt. Ihr Abstand beträgt 2,3′ und sie definieren die fast senkrechte Hauptachse von M 2-9. Auf dieser Linie liegen auch zwei weitere, weiß erscheinende Verdichtungen. Ihr identischer Abstand vom Zentrum beträgt rund 27″. Das Licht der Gashüllen ist mit 60 % senkrecht zur Hauptachse polarisiert. Diese starke Polarisation entsteht durch Streuprozesse an optisch dünner Materie.

Im Zentrum von M 2-9 ist weder auf optischen Aufnahmen noch im Sub-Mikrowellenbereich ein Stern zu sehen. Anhand der CO-Emission lassen sich zwei Ringe aus molekularem Gas nachweisen, die in einer senkrecht zur Hauptachse von M 2-9 stehenden Äquatorialebene liegen. Die Neigung dieser Ebene gegen den Sehstrahl beträgt ungefähr 20°. Beide Ringe expandieren mit 4 km/s beziehungsweise 8 km/s deutlich langsamer als wir das von AGB-Winden erwarten würden. Die Ringe werden mit dem Ausstoß von Materie durch das Zentralsystem assoziiert, die vor 1400 beziehungsweise 900 Jahren stattfanden. In dem ersten Ereignis entstanden wahrscheinlich auch die großen axialen Nebelformen. Nehmen wir eine Entfernung von 4200 Lichtjahren für M 2-9 an, so liegen die Ringradien bei 1500 AE und 3900 AE.

Es fällt auf, dass die Ringe einen Offset von 0,3" aufweisen, was in Projektion in der Entfernung des planetarischen Nebels 390 AE entspricht. Dies sehen die Astronomen als Beleg für ein Doppelsternsystem im Zentrum, dessen Sterne sich um den gemeinsamen Schwerpunkt bewegen. Im System läuft vermutlich ein Weißer Zwerg mit einer Masse von 0,2 Sonnenmassen um einen roten AGB-Riesen mit einer Masse zwischen 0,5 und 2 Sonnenmassen. Ihr gegenseitiger Abstand wird auf 20 AE geschätzt und die Periode eines Umlaufs im Modell beträgt 90 Jahre. Diese Zeit zeigt sich auch in Helligkeitsvariationen der Hülle, die sich im Optischen nachweisen ließen. Fügen wir die Aufnahmen der letzten Jahrzehnte zu einer Animation zusammen, vermittelt sie den Eindruck zweier gerichteter, ionisierender Materiestrahlen, die aus dem Zentrum in den nördlichen und südlichen Nebelteil hinausschießen. Diese paarweisen Abströmungen bewegen sich mit rund 200 km/s und so entstand die Bezeichnung „Twin-Jet" für M 2-9. An den Stellen der Nebelhülle, in denen das schnelle Gas auf die langsameren Verdichtungen der früheren Ausströmungen trifft, wird die Materie zum Leuchten angeregt.

Die strenge Symmetrie des Hüllenaufbaus, die wir sogar bei bipolaren Nebeln nicht in dieser Klarheit vorfinden, macht M 2-9 zu etwas Besonderem. Mit den für menschliche Verhältnisse schnellen Veränderungen haben die Astronomen hier ein System auf dem Silbertablett, mit dem sie im gesamten elektromagnetischen Spektrum Untersuchungen zur Entwicklung von AGB-Sternen in planetarischen Nebeln durchführen können.

M 57 RINGNEBEL

LYR | $18^h\ 53^m\ 35^s$ | 33° 1′ 45″

Der planetarische Nebel M 57 wurde im Februar 1779 vom Astronomen Antoine Darquier de Pellepoix beim Aufsuchen des von Johann Elert Bode im Januar entdeckten Kometen C/1779 A1 gefunden. Er gilt aber nicht als Entdecker, da sein Kollege Charles Messier bereits am 31. Januar 1779 auf den Nebel gestoßen war. De Pellepoix können wir aber den ersten Vergleich des Teleskopbilds mit dem Bild eines Planeten zuschreiben. Er notierte: „...hat die scheinbare Größe wie Jupiter, ist vollkommen rund und scharf begrenzt; sein matter Schein gleicht dem dunkeln Theil des Mondes vor dem ersten und nach dem letzten Viertel. Der Mittelpunkt scheint unterdessen etwas weniger matt als der übrige Theil seiner Oberfläche.“ Die Bezeichnung „planetarischer Nebel“ für diese Art von Nebeln führte 1785 William Herschel ein, obwohl die Größenverhältnisse nicht genau passen. Die Größe des hellen inneren Ovals von M 57 beträgt 1,6′ × 1,3′ und ist größer als Jupiter, dessen Durchmesser 50″ erreichen kann. Der Planet Uranus, den Herschel 1781 entdeckt hat, hat etwa den scheinbaren Durchmesser eines Jupitermonds und misst nur knapp 4″.

Die Aufnahme zeigt M 57, der im Sternbild Leier zwischen den Sternen β Lyrae und γ Lyrae steht. Die hellen Sterne im Bildfeld sind zwischen 12 mag und 13 mag hell. Die Galaxie IC 1296, die 4,2′ nordwestlich von M 57 zu sehen ist, hat eine visuelle Helligkeit von etwa 14 mag. Die äußere Grenze des Nebels wird durch zwei Kugelschalen aufgebaut, für die Radien von 1,3′ und 2,1′ gemessen wurden. Die größte Schale ist, im Gegensatz zu den inneren Strukturen, nicht oval, sondern zeigt eine Kreissymmetrie.

Der Zentralstern WD 1851+329 von M 57 ist ein Weißer Zwerg mit einer Temperatur von 120.000 K, einer Gaia-G-Helligkeit von 15,7 mag, einem Farbindex von $G_{BP}-G_{RP} = -0{,}57$ mag und einer Entfernung von 2569 ± 88 Lichtjahren. Aus der Expansion der Hülle, die im Mittel mit 25 km/s vonstattengeht, erhalten wir für M 57 ein dynamisches Alter von rund 7000 Jahren. Dies passt gut zum theoretischen Entwicklungsweg des Zentralsterns von WD 1851+329, der etwa 0,6 Sonnenmassen und 200 Sonnenleuchtkräfte aufweist. Dieser Weiße Zwerg steht im Hertzsprung-Russell-Diagramm am Anfang der Abkühlsequenz der Zwerge.

Bei M 57 handelt es sich um einen entwickelten bipolaren Nebel, dessen Hauptebene wir nicht in Kantenlage, sondern frontal beobachten. Unsere Blickrichtung liegt mit einer Neigung von etwa 10° fast genau in Richtung der Hauptachse eines Rings. Dessen Grenzfläche ist durch die Ionisationsfront mit der roten Hα- und [NII]-Strahlung bestimmt. In der Ringzone finden wir molekulares Gas wie etwa polyzyklische aromatische Kohlenwasserstoffe und Staub. Das Innere von M 57 ist vergleichsweise leer. Bei diesen geringen Gasdichten leuchtet der zweifach ionisierte Sauerstoff, der durch die zentralen UV-Photonen angeregt wird.

Der Aufbau des Nebels wird klar, wenn wir die Geschwindigkeitsprofile der einzelnen Emissionslinien untersuchen. Dann kann jedem Punkt des Nebels das dort vorhandene Element zugeordnet werden. Sie bestätigt, dass M 57 einen optisch dichten Äquatorring besitzt. Es zeigen sich aber auch große äußere Gasblasen, die ober- und unterhalb der Hauptebene liegen. Aufgrund unserer Perspektive sehen wir nur eine der Gasblasen. Es kann sein, dass die [OIII]-Linien im Zentrum auf bogenförmige Fugen in dieser Blase zurückzuführen sind. Könnten wir unseren Blickwinkel um 90° ändern und M 57 in Kantenlage beobachten, so würde sich seine Form verändern und statt des Ringes ergäbe sich wahrscheinlich ein Anblick, der M 27 ähnelt.

M 27 HANTELNEBEL

VUL | $19^{h}\,59^{m}\,36^{s}$ | 22° 43′ 16″

Charles Messier entdeckte diesen Nebel am 12. Juli 1764 im Sternbild Vulpecula (Füchschen) und nahm ihn mit der Nummer 27 in seinen ersten Katalog von 1771 auf. Messier notierte zur Position des Nebels „...im Sternbild Fuchs, zwischen den beiden Vorderpfoten und sehr nahe an dem Stern 5. Größe, dem 14. dieses Sternbilds nach dem Flamsteedschen Katalog". Er beschrieb die Nebelform als oval, ohne einen Stern im Zentrum. M 27 war der erste von vier planetarischen Nebeln in Messiers Katalog. Die besondere Form von M 27 fiel 1828 auch John Herschel auf, der sie als hantelförmig bezeichnete und die Größe von M 27 mit 7′ bis 8′ bereits gut abschätzte.

Die Aufnahme zeigt den etwa 7,5 mag hellen Nebel und benutzt Hα- und [OIII]-Schmalbandfilter, um die Details der äußeren Hülle hervorzuheben. Die Höhe der hellen Hantel beträgt 5,5′. Senkrecht dazu reichen die bläulichen „Ohren" des Nebels weiter und erreichen eine Weite von 7,6′. Nehmen wir noch die äußeren lichtschwachen Bereiche der Aufnahme dazu, so passt die Gashülle von M 27 in einen Kreis mit einem Durchmesser von rund 20′, was einer projizierten Strecke von 7,1 Lichtjahren entspricht. Die Hantel, die durch die zwei roten Kreisbögen begrenzt ist, ist hingegen nur zwei Lichtjahre hoch. Die Gaia-Entfernung für M 27 liegt bei 1227 ± 20 Lichtjahren.

Die erste von Simbad zitierte Veröffentlichung stammt aus dem Jahr 1915. Dort berichtete Francis G. Pease über ein Spektrum, bei dem der Spalt des Spektrografen über das Zentrum gelegt worden war. Es wurden vier helle Emissionslinien gefunden, nämlich bei 495,9 nm und 500,7 nm sowie bei den bekannten Wellenlängen von Hβ und Hγ. Die ersten beiden Linien wurden noch dem damals hypothetischen Element Nebulium zugeordnet, da diese Emissionslinien in irdischen Laboratorien unbekannt waren. Erst 1927 fand Ira S. Bowen heraus, dass die Erklärung kein unbekanntes Element braucht, sondern dass es sich um verbotene [OIII]-Übergänge handelt, die aufgrund der geringen Teilchendichte in den Nebelspektren zu sehen sind.

Im Zentrum von M 27 steht der Weiße Zwerg WD 1957+225 mit einer Helligkeit von 14,1 mag. Er besitzt einen Spektraltyp DAO.6 und eine Temperatur von 110.000 K. Den Beobachtungen zufolge hat der Zwergstern eine Masse von 0,56 Sonnenmassen und einen Radius von 0,06 Sonnenradien. Vom Zentralstern ausgehend, können wir sternförmig verlaufende Linien verfolgen (engl. „radial streamers"), die durch Verdichtungen in der bipolaren Hülle markiert werden.

Die Form der Hülle lässt sich als ein Torus darstellen. Dessen Äquatorialebene beobachten wir in Kantenlage. Wäre unser Blickwinkel um 90° gedreht, so würde M 27 eine Ringform ähnlich des Ringnebels M 57 aufweisen. Auffällig ist, dass in M 27 wenig Staub und wenig molekulares Gas gefunden wurde. Die Hülle wird durch Elemente mit geringer Ionisationsstufe dominiert, die mit Geschwindigkeiten zwischen 30 km/s und 70 km/s expandieren – die höher ionisierten Elemente bewegen sich langsamer. Es gibt keine Hinweise auf strahlungsgetriebene Winde in M 27. Die Suche nach Metallen in hochaufgelösten Spektren liefert die Absorptionslinien von Kohlenstoff, Stickstoff, Sauerstoff, Schwefel und Silizium. Eisen ist dagegen kaum nachzuweisen.

Die krümelige Helligkeitsstruktur von M 27 geht auf Verdichtungen zurück, die sich in ihrer Elementzusammensetzung unterscheiden. Ein Artikel aus dem Jahr 2015 identifiziert rund 800 solcher Verdichtungen (engl. „clumps") in der Hantelzone. Etwa 180 davon leuchten im Licht der [NII]- und [SII]-Linien. Hα-Klumpen waren weniger häufig anzutreffen und mit 59 Stück waren die [OIII]-Verdichtungen am seltensten. Ihre Durchmesser von 30″ machen sie aber fast doppelt so groß wie die anderen Klumpen.

Die äußere Hülle von M 27 bewegt sich mit 10 km/s in das interstellare Medium hinein. Die sichtbaren Ausfaserungen im Hα-Licht zeigen, dass es am Ort von M 27 nicht homogen ist. Diese Außenzone geht auf den Sternwind des Vorläufersterns zurück. Aus dieser Dynamik können wir ein Alter von rund 10.000 Jahren abschätzen. Heute ist M 27 ein gut entwickelter planetarischer Nebel, der nicht mehr durch Sternwinde vorangetrieben wird und seine aktive Zeit bereits weit hinter sich gelassen hat.

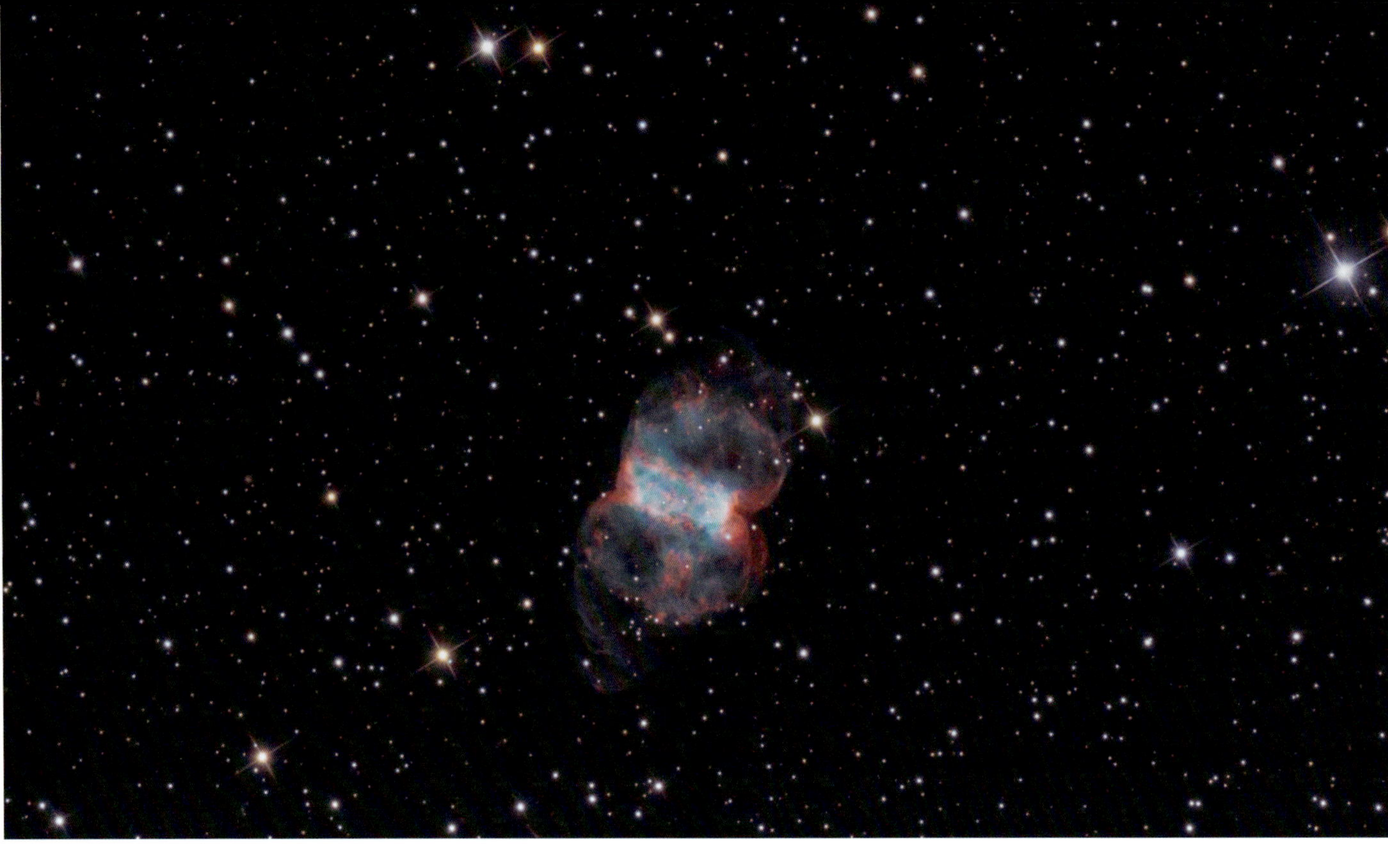

M 76 KLEINER HANTELNEBEL

PER | $1^{h}\,42^{m}\,20^{s}$ | 51° 34′ 32″

Stellt man sich ein Dreieck vor, das die Sternbilder Kassiopeia, Perseus und Andromeda verbindet, dann liegt der planetarische Nebel M 76 in dessen Mitte. Im äußersten westlichen Bereich des Perseus, etwa 1° nördlich von ϕ Persei, können wir schon mit einem kleinen Teleskop diesen 10,1 mag hellen und 2,7′ × 1,8′ großen Nebel erkennen. Der Anblick ähnelt M 27, und so erhielt er den Namen „kleiner Hantelnebel".

M 76 wurde 1780 von Pierre Méchain entdeckt und von Charles Messier katalogisiert. Messier zitiert Méchain: „...der Nebel enthält keine Sterne; er ist klein und schwach." Messier selbst beschreibt den Nebel anders: „Es schien ihm, dass er nur aus sehr kleinen Sternen bestand, umgeben von einem Nebel...". Einen Einblick in seine Probleme während der Beobachtung erhalten wir ebenfalls: „...und dass wenige Licht, das zur Beleuchtung des Mikrometerdrahtes verwendet wurde, sie verschwinden ließ." 1787 bezeichnete William Herschel M 76 als Doppelnebel, deren beiden Teile 2′ voneinander entfernt seien. Aus dieser Beobachtung erklärt sich der Doppeleintrag NGC 650 und NGC 651 für M 76.

Auf der Aufnahme erkennen wir den rechteckigen Innenbereich, dessen Länge 1,7′ misst. Südöstlich und nordwestlich schließen an diese „Box" Gasbögen an. Wie für bipolare Nebel typisch, finden wir noch weitere entfernte Filamente, die symmetrisch zum Zentrum liegen. Sie reichen 4,2′ weit und ihre Achse steht senkrecht auf der Hauptachse von M 76. Bei einer Entfernung von 3900 Lichtjahren entspricht dies einer projizierten Strecke von 4,8 Lichtjahren.

Im Zentrum von M 76 steht der 17,7 mag helle Weiße Zwerg WD 0139+513, der ein PG1159-Stern ist. Ein genauer Blick offenbart im Zentrum zwei Sterne: Der oben links stehende blaue Stern ist der Zentralstern – sein Nachbar steht nur zufällig in der gleichen Richtung. WD 0139+513 ist ein DOZ.4-Zwerg mit der enormen Temperatur von 208.000 K. Seine Leuchtkraft von 261 Sonnenleuchtkräften ist aber relativ gering und zeigt an, dass der Stern schon einen weiten Weg auf der Abkühlsequenz zurückgelegt hat. Aus diesen Daten schließen die Astronomen auf einen Vorgängerstern mit 7 Sonnenmassen.

Die Gaia-Daten von WD 0139+513 besitzen einen großen Fehler in der Parallaxe, vielleicht wird die Messung durch den zweiten Stern im Zentrum beeinträchtigt. Man nimmt es dennoch als wahrscheinlich an, dass WD 0139+513 im Zentrum von M 76 steht. Aus der Expansionsgeschwindigkeit der inneren Hülle mit 60 km/s ergibt sich ein dynamisches Alter von 8000 Jahren für M 76.

Der Nebelaufbau ist weitgehend verstanden. Dieser besteht aus einer dichten Scheibe in der Äquatorebene, die wir von der Seite beobachten, und die man als helles Rechteck sieht. Von dieser Scheibe gehen zwei symmetrische Gasblasen aus, die auf der Aufnahme nach oben und unten an die horizontal liegende Scheibenebene anschließen. Die Neigung der Symmetrieachse zum Sehstrahl beträgt ungefähr 80°, sie verläuft damit fast in der Himmelsebene. Im Inneren der Scheibe existiert eine Zone hoher Ionisation mit Linien des HeII und [NeV]. Es finden sich aber auch große Mengen Staub und molekulares Gas.

Lang belichtete Aufnahmen von M 76 zeigen ein interessantes Detail: Es sind Kreisbögen im Hα- und [OIII], die als Teil eines sphärischen Halos gedeutet werden können. Eine Erklärung, die allgemein für bipolare Nebel gilt, würde diese den Sternwinden der AGB-Phase eines Vorläufersterns zuordnen. Sichtbar werden diese Windrelikte erst durch die Wechselwirkung mit dem interstellaren Medium, nicht zuletzt, weil sich das System M 76 mit einigen km/s relativ dazu bewegt.

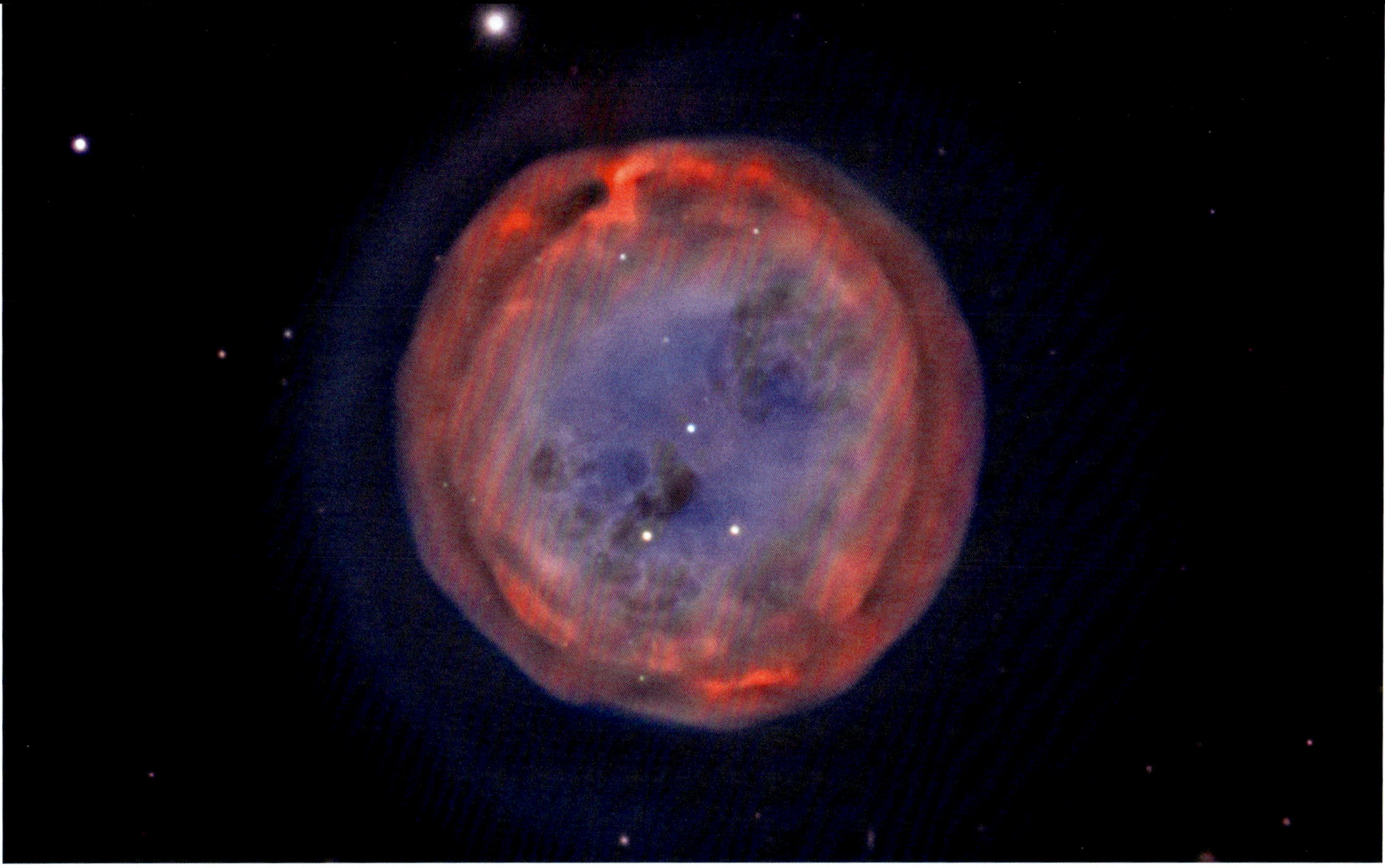

M 97 EULENNEBEL

UMA | $11^h\ 14^m\ 48^s$ | 55° 1′ 8″

Der planetarische Nebel M 97 wurde am 11. März 1848 von William Parsons, dem 3. Earl of Rosse, beobachtet. Seine Notizen sprechen von zwei Sternen, die in der zentralen Region stehen, die von Penumbren umgeben sind. Er schrieb von „spiral arrangements". Entdeckt wurde M 97 bereits 1781 durch Pierre Méchain. Die Besonderheit der Beobachtungen von Lord Rosse war aber die detaillierte Zeichnung, die er mithilfe seines 1,8-m-Reflektors, dem „Leviathan of Parsonstown", anfertigte. Das Bild von M 97 wirkt heute wie ein erster, leicht verunglückter Smiley. Die zwei kreisrunden Formen erinnern aber eindeutig an ein Eulengesicht und erklären den Trivialnamen „Eulennebel". M 97 ist am Himmel einfach zu finden. Der Nebel steht im Sternbild Großer Bär, rund 2° südöstlich von β Ursae Majoris (Merak), dazwischen liegt die Galaxie M 108. Der fast kreisförmige rote Rand von M 97 auf der Aufnahme hat einen Durchmesser von etwa 3,4′, die lichtschwache blaue Hülle umfasst 5,2′. Deutlich ist auch der Versatz zwischen dem blauen und dem roten Kreiszentrum sichtbar.

Bei M 97 handelt es sich um einen entwickelten bipolaren Nebel. Das Spektrum des Zentralsterns WD 1111+552 ist typisch für einen DAO.5-Typ. Der Weiße Zwerg weist eine Temperatur von 94.000 K, eine Leuchtkraft von etwa 100 Sonnenleuchtkräften und eine Masse von 0,65 Sonnenmassen auf. Aus den Gaia-EDR3-Daten folgt eine Entfernung von 2641 ± 98 Lichtjahren.

Im roten Randbereich erkennen wir einen dunklen Kreis, der eine innere und äußere Gasschale trennt. Im Inneren finden wir Emissionen hochionisierter Elemente wie [OIII] oder [SIII], die äußere zeigt niedriger ionisierte Elemente wie [NII] oder [OII]. Die beiden Teile der inneren Schale expandieren unterschiedlich schnell. Der äußere Bereich bewegt sich mit 80 km/s schneller als der innere, der eine Geschwindigkeit von 56 km/s besitzt.

Die blaue Außenschale wird auf Stoßfronten bei der Wechselwirkung des Sternwinds eines früheren AGB-Sterns mit dem interstellaren Medium zurückgeführt. Die Richtung dieser Expansionsbewegungen folgt der Hauptachse von M 97, die um etwa 45° zur Bildhorizontalen geneigt ist und von links oben nach rechts unten verläuft. Diese Vorzugsrichtung der Expansion ist möglicherweise der Grund, warum entlang der Hauptachse, „hinter" dem abströmenden Gas, zwei dunkle Regionen zu sehen sind. In diesen zwei Hohlräumen ist weniger Gas vorhanden, somit fehlt es hier an leuchtendem Material und ihre Helligkeit fällt daher geringer aus.

Aus den Spektraldaten können wir ein 3D-Modell des komplexeren Aufbaus von M 97 konstruieren. Es zeigt sich, dass ein einfacher bipolarer hantelförmiger Nebel die Realität nicht ausreichend beschreibt. Vergleicht man verschiedene Architekturen für den Nebel, so passt das Modell besonders gut, bei dem die Hantelform aus zwei getrennten Bereichen gebildet wird. Das 3D-Bild gleicht einem Tierchen, das durch einen Ballonkünstler aus drei Ballons zusammengeknotet wurde. Die Astronomen nennen dies ein „tripolares Hohlraummodell". Der südöstliche Teil von M 97 besteht dabei aus einer blau- und einer rotverschobenen Komponente. Dieser Tripol könnte während einer Starkwindphase in der Entwicklung des Zentralsterns entstanden sein. Einige Astronomen sehen in M 97 den Prototyp solcher multipolaren Nebel. Sie nennen diese „strigiform nebulae" und nutzen dabei die zoologische Ordnung „Strigiformes" der Eulenvögel.

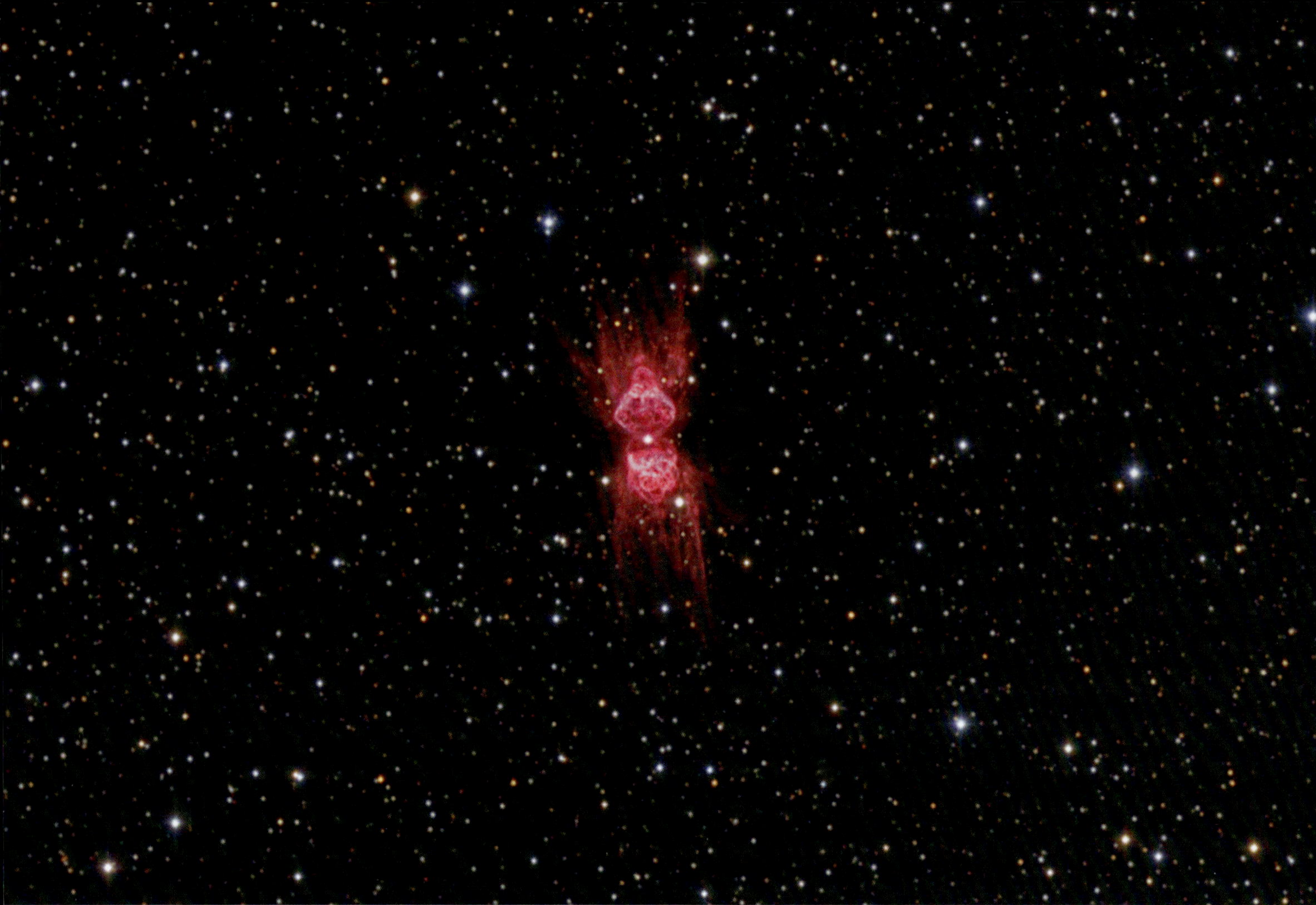

MENZEL 3

NOR | $16^h\ 17^m\ 13^s$ | -51° 59′ 11″

Im Sternbild Norma (Winkelmaß) am Südhimmel, inmitten der Milchstraße, leuchtet der bipolare Nebel Menzel 3. Dieser gehört zu jenen fünf Nebeln, die von Donald N. Menzel 1922 auf Platten des 60-cm-Bruce-Refraktors an der Südsternwarte des Harvard-College-Observatoriums in Arequipa (Peru) entdeckt wurden.
Die hellrote bipolare innere Hülle hat in der Vertikalen eine Größe von etwa 30″. Der größte Durchmesser der roten strahlenartigen Ausläufer beträgt 2,5′. Bei Menzel 3 ist sichtbar, dass die Hauptachse fast vertikal steht und etwa 20° in Beobachtungsrichtung geneigt ist. Der obere (nördliche) Teil der Hülle steht uns etwas näher. Die Entfernung von Menzel 3 beträgt gemäß Gaia-EDR3-Daten 8920 Lichtjahre, allerdings sind diese Daten mit einem hohen Fehler von 2210 Lichtjahren behaftet.
Die Gesamtform von Menzel 3 ähnelt grob einer Sanduhr. Auf Aufnahmen des Hubble Space Telescope erkannten die Astronomen, dass die bipolare Gashülle aus drei Paaren von Gashüllen sowie einer elliptischen Struktur aufgebaut ist. Letztere steht senkrecht zur Hauptachse und wird der Äquatorialebene zugeordnet. Der Zentralstern ist ein O9-Zwerg mit einer visuellen Helligkeit von 14 mag. Der Stern ist von einer dichten Scheibe aus Silikatstaub mit einem Durchmesser von 12 Millibogensekunden umgeben. Es handelt sich also nicht um eine Akkretionsscheibe. Aus ihr strömt keine Materie auf den Zentralstern. Vielmehr expandiert diese Scheibe, die mit rund einer Sonnenmasse relativ massereich ist. Aus ihrer Expansionsgeschwindigkeit und ihrer Größe ergibt sich ein Alter der Scheibe von nur 1000 Jahren.
Mehrere Studien bestätigen bei Menzel 3 die Existenz von Jets, die teilweise mit mehreren hundert Kilometern pro Sekunde entlang der Hauptachse abströmen. Versuchen wir die mögliche Geschichte des Nebels zu rekonstruieren, dann muss es mindestens zwei kurze Jetphasen gegeben haben. Zwischenzeitlich wurde auch ein zweiter Stern im Zentrum vermutet, der aber nicht gefunden werden konnte. Allerdings wird ein Begleiter nicht benötigt, zur Erklärung genügt, nach Meinung vieler Forscher, ein einzelner AGB-Stern. Auslöser war eventuell eine instabile Phase dieses AGB-Vorgängersterns, die nur einige Monate bis wenige Jahre lang dauerte. In dieser kurzen Zeit verlor der Stern aber bis zu einer Sonnenmasse. Die Jets waren zwar gebündelt, trotzdem besaßen ihre Strömungskegel einen relativ großen Öffnungswinkel von 30°. Die Jets interagierten mit den dichten Gashüllen, die zuvor abgestoßen wurden, und so entstanden die strahlenförmigen Finger der äußeren Hülle, die Menzel 3 auch den Namen „Ameisennebel" beschert haben. Diese Theorie episodischer Jetereignisse (siehe Kapitel 4: Henize 2-111), wird durch die Beobachtung gestützt, dass bei Menzel 3 die Expansionsgeschwindigkeit von Gasverdichtungen mit dem Abstand vom Zentrum zunimmt.

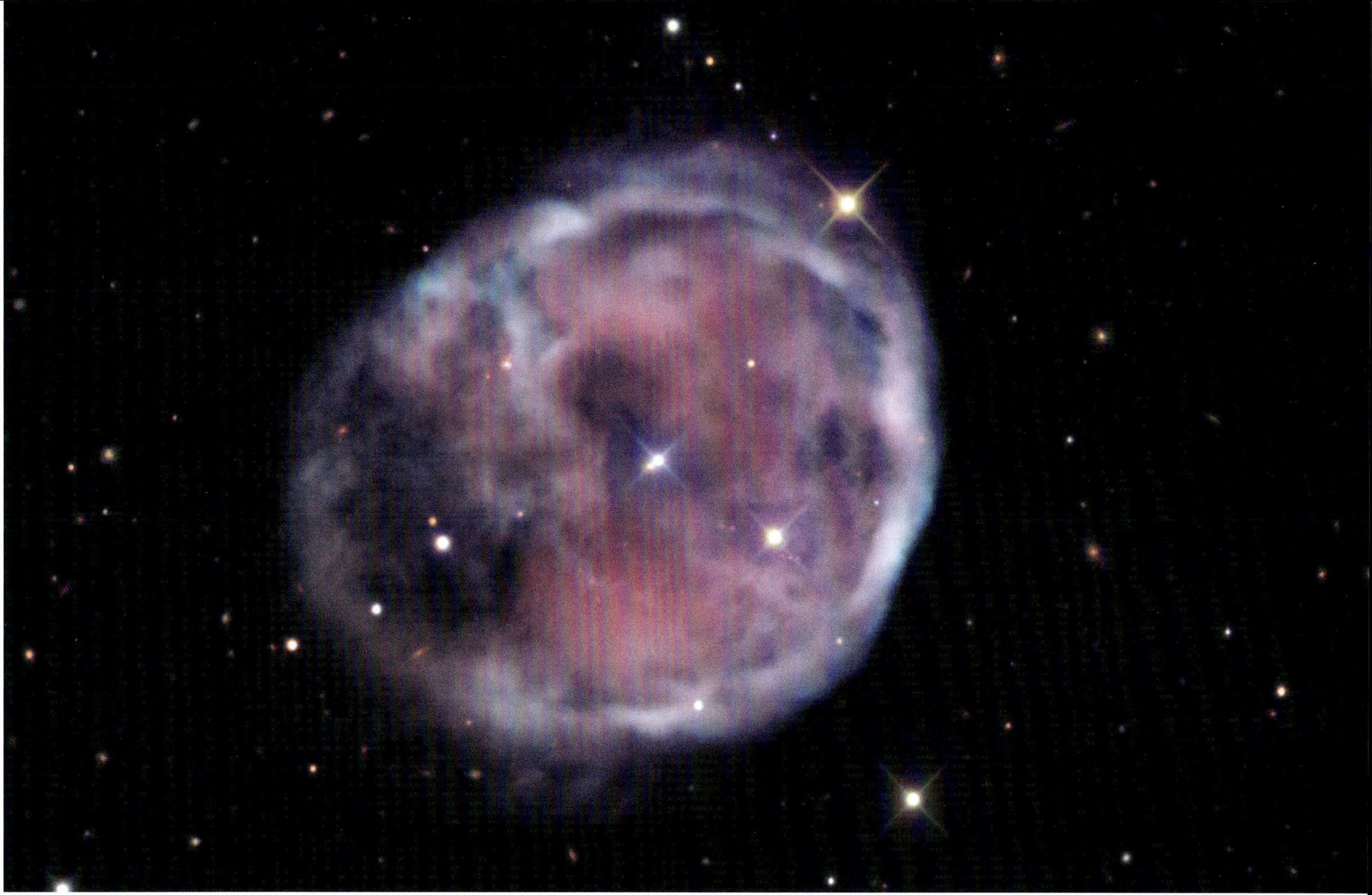

NGC 246

CET | $0^h\,47^m\,3^s$ | -11° 52′ 19″

Das Sternbild Walfisch (Cetus) steht zwischen Eridanus und Wassermann am Herbsthimmel. Der planetarische Nebel NGC 246 findet sich 1° bis 2° südlich der Sternkette aus ϕ_1 bis ϕ_4 Ceti.
Die POSS-Aufnahme von NGC 246 aus dem Jahr 1954 zeigt nur ein längliches Zentralobjekt. Unsere Aufnahme löst dieses schon in zwei Sterne auf, nämlich HIP 3678A (der blauer Zentralstern, rechts oben) und in 3,9″ Abstand HIP 3678B. Mithilfe des Hubble Space Telescope wurde 1994 noch eine dritte Komponente dieses Zentralsystems nachgewiesen. In 1,3″ Abstand zu HIP 3678A fand sich HIP 3678C. Mit einer Helligkeit im J-Band von 18,4 mag ist dieser kleine Begleiter, der auf der Aufnahme nicht zu sehen ist, lichtschwächer als HIP 3678A mit 12,8 mag und auch schwächer als HIP 3678B mit 13,1 mag.
Für HIP 3678A schätzen die Astronomen eine Masse von 0,84 Sonnenmassen. Es handelt sich um den Weißen Zwerg WD 0044-121, der aus einem Vorgängerstern mit 4,3 Sonnenmassen entstand. Dessen Verweildauer auf der Hauptreihe liegt bei 260 Millionen Jahren. Da die Modelle für HIP 3678A eine (bisherige) Abkühlzeit von nur 6600 Jahre liefern, ist die Hauptreihenzeit auch gleich das Alter des Systems. Die Rechnungen für das Dreifachsystem ergeben für HIP 3678B einen K-Zwergstern mit einer Masse von 0,85 Sonnenmassen und bei HIP 3678C handelt es sich um einen M-Zwerg mit 0,098 Sonnenmassen. Die Gaia-EDR3-Entfernungen sind 1813 ± 79 Lichtjahre für HIP 3678A und 1793 ± 197 Lichtjahre für HIP 3678B. Dies bestätigt ihre physische Nachbarschaft, der projizierte Abstand liegt bei 2100 AE.
Der Nebel hat einen elliptischen Aufbau mit einer Längsachse von 4,7′, die 30° zur Horizontalen geneigt ist. Die nordwestliche Seite, rechts oberhalb des Zentrums, erscheint heller und zeigt in unsere Richtung. Die südwestliche Seite ist von uns abgewandt und enthält weniger Gas.
Der Zentralstern WD 0044-121 ist ein PG1159-Stern und mit einer Temperatur von 170.000 K extrem heiß. Bei diesem Zwerg wurden Pulsationen mit einer Amplitude von etwa 0,002 mag und einer Periode von 24 min bis 31 min nachgewiesen. Der Fluss der UV-Photonen macht den Stern zu einem Objekt für den Far Ultraviolet Spectroscopic Explorer (FUSE) und erlaubt es sogar, den Stern als Röntgenquelle im Chandra X-Ray Observatory nachzuweisen. NGC 246 zeigt sich als hochionisierter Nebel mit Neonlinien wie NeV (bei 114,6 nm) und [NeV] (bei 342,6 nm) sowie von Sauerstofflinien wie OVI (bei 103,2 nm und 103,7 nm). Dabei wurde festgestellt, dass die Emissionsgebiete der Linien optisch dicht sind, da die Linienformen Zeichen von Anregung durch Kollisionen der Atome sowie von Streustrahlung zeigen. Das Zentrum muss daher extrem heiß sein, allerdings ist es gegenüber dem Nebel abgeschattet. Die äußere Nebelhülle selbst ist ein bipolarer Kegel, der in der AGB-Phase des Vorläufers von WD 0044-121 entstanden ist. Das nebeltypische Äußere verrät also nichts über das von ihm verhüllte extreme Zentrum.

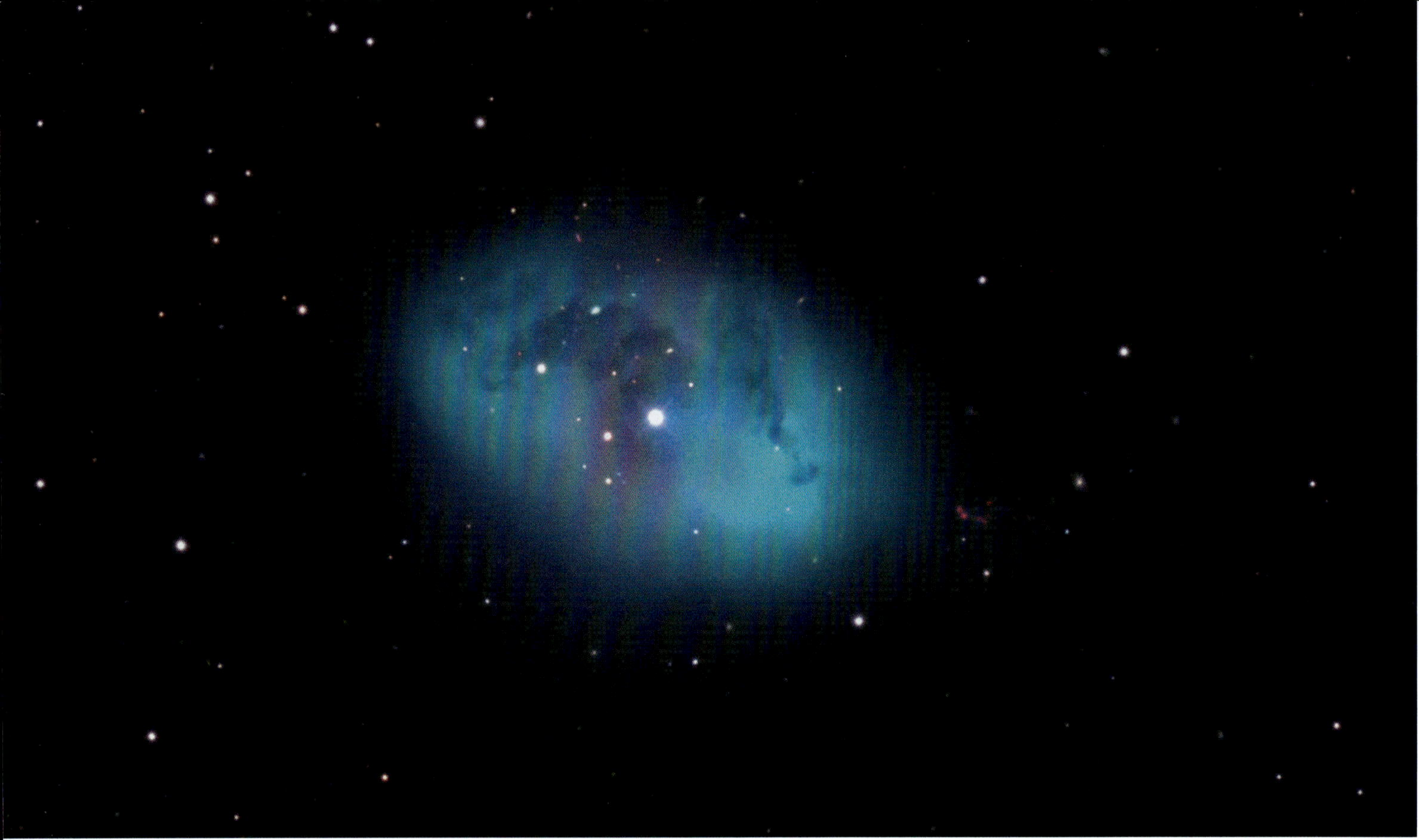

NGC 1360

FOR | $3^h\ 33^m\ 15^s$ | -25° 52′ 18″

Das Sternbild chemischer Ofen (Fornax) erstreckt sich zwischen −50° und −78° galaktischer Breite. Die Blickrichtung führt aus der Milchstraßenebene hinaus, und nur etwa 10° Grad entfernt finden wir den Fornax-Galaxienhaufen. Die Winkelgröße des planetarischen Nebels NGC 1360 beträgt 6,6′ × 4,6′, die visuelle Helligkeit ist mit 9,6 mag relativ hoch. Diese Angaben gelten für die blaue Ellipse. Bei genauer Betrachtung erkennen wir links oben und rechts unten rötliche langgestreckte Fragmente, deren axiale Symmetrie trotz der geringen Helligkeit auffällt. Die Verbindungslinie zwischen ihnen liegt fast genau in Nord-Süd-Richtung. Im Bildfeld der Aufnahme ist Norden unten rechts und Süden links oben.

Der Zentralstern von NGC 1360 wird als HIP 16566 bezeichnet und ist mit 11,2 mag im Gaia G-Band der hellste Stern der Aufnahme. Seine Entfernung beträgt 1278 ± 41 Lichtjahre und der Gaia-Farbindex $G_{BP}-G_{RP} = -0{,}56$ mag macht deutlich, dass er das blaueste Objekt im Bild ist.

Für HIP 16566 gelang mittels Linienverschiebungen der OV-Linie bei 493,0 nm in hochaufgelösten Spektren der Nachweis einer Periode von 142 Tagen und einer Amplitude von 11,8 km/s. Dies spricht für einen spektroskopischen Doppelstern im Zentrum. Wenn wir annehmen, dass dessen Bahnebene der Hauptebene des Nebels entspricht, so ergibt sich für NGC 1360 eine Inklination von rund 30°. Bezogen auf die Himmelsebene ist die Lotrechte also um 30° zur Beobachtungsrichtung gekippt. Die Grundform des Nebels ist also ein abgeflachtes Ellipsoid, auf das wir mehr oder minder von oben schauen. Bestätigt wird diese Geometrie durch Messungen der Bewegungsrichtung von über hundert Verdichtungen, die im Nebel zu finden sind. Bei diesen handelt es sich um sehr kompakte Emissionsstrukturen im Hα und [NII] (im englischen als „low-ionisation-structures", LIS, bezeichnet, zu Deutsch „Strukturen mit geringer Ionisation"). Die hellsten sind als längliche, rötliche Striche in der Aufnahme zu erkennen. Es zeigte sich, dass diese LIS ringförmig um das Binärsystem verteilt sind und bei einem früheren Materieauswurf entstanden sein könnten. NGC 1360 ist mit 10.000 Jahren ein bereits weit entwickelter planetarischer Nebel.

Die Masse des Weißen Zwerges HIP 16566 wurde zu 0,6 Sonnenmassen berechnet. Neue Forschungsergebnisse belegen, dass der Begleiter von HIP 16566 ein weiterer Weißer Zwerg ist, der mit 0,7 Sonnenmassen fast dieselbe Masse besitzt. Da dieser sich aber nur durch seine Gravitation bemerkbar macht und keinen merklichen Beitrag zum Spektrum leistet, vermuten die Astronomen, dass der Begleiter sich bereits weiterentwickelt hat. Für die Historie von NGC 1360 heißt dies, dass der Nebel schon eine oder mehrere Common-Envelope-Phasen durchlaufen haben könnte (siehe Kapitel 4: Henize 2-111).

Interessant ist, dass HIP 16566 eigentlich einen Widerspruch zur Theorie dieser Doppelzwergsysteme darstellt. Diese sagt nämlich voraus, dass die allermeisten Perioden kürzer als 10 Tage sein müssten. Träfe dies nicht zu, müssten wir viel mehr solcher zentralen Systeme beobachten. Dann müssten sich die Astronomen aber Gedanken über die vorhergesagte, jedoch zu geringe Anzahl von Vorgängersternen der Typ-Ia-Supernovae machen und auch den Prozentsatz der Doppelsterne in Zentren planetarischer Nebel auf 40 % bis 50 % heraufsetzen.

NGC 1514

TAU | $4^h\ 9^m\ 17^s$ | 30° 46′ 33″

Am 13. November 1790 entdeckte William Herschel diesen planetarischen Nebel und beschrieb ihn in einer 1791 erschienenen Arbeit: „A most singular phenomenon…". Leider verliert die deutsche Übersetzung das schöne Wortspiel von „singular" als einzigartig und einzeln: „Ein höchst einzigartiges Phänomen. Ein Stern von 8. Größe mit einer schwach leuchtenden Atmosphäre, kreisförmig und etwa 3′ im Durchmesser". Dieses Objekt brachte ihn auch von seiner These ab, dass diese Nebel alle aus Sternen aufgebaut seien, man diese aber wegen der Entfernung nicht in Einzelsterne auflösen könne. Worüber Herschel noch als „leuchtende Flüssigkeit" spekulierte, ist die komplexe Gashülle von NGC 1514. Es handelt sich um einen hochionisierten Nebel mit dominierender [OIII]-Emission. Im Zentrum steht HD 281679, der mit einer visuellen Helligkeit von 9,4 mag der hellste bekannte Zentralstern eines planetarischen Nebels ist. Die Gaia-Entfernung liegt bei 1519 ± 27 Lichtjahren. Es zeigte sich schon in den 1960er-Jahren, dass der Spektraltyp A0III von HD 281679 zu kühl ist, um das Gas des Nebels anzuregen. Um dieses Dilemma aufzulösen, brachten die Astronomen einen zweiten Stern ins Spiel. Zusammen mit dem A0-Riesen sollte ein sdO-Stern mit einer Temperatur von 100.000 K ein Doppelsternsystem im Zentrum bilden.

Diese Theorie passt auch gut zum sichtbaren mehrschaligen Aufbau der Hülle – in Doppelsternsystemen lassen sich nichtsphärische Strukturen einfacher erklären. Die Aufnahme von NGC 1514 zeigt eine fast strukturlose Hülle und einen Innenbereich mit kleineren Kreisformen, die wie Blütenblätter angeordnet sind. Bei den spektralen Untersuchungen wurde festgestellt, dass die Geschwindigkeiten der einzelnen Hüllen, so man sie als kugelförmige Blasen deutet, nicht zum Modell eines bipolaren Nebels passen. Typisch wäre eine blau- und eine rotverschobene Komponente. Bei NGC 1514 strömen diese Blasen aus dem Zentrum heraus, sind aber nicht gebündelt. Eine eindeutige Nebelachse ist nur schwach ausgeprägt. Bezogen auf die Himmelsebene wird die Inklination auf 60° geschätzt. Interessanterweise ist die visuelle Struktur in Infrarotaufnahmen von zwei leuchtenden Ringen eingefasst, die an den Stundenglasnebel erinnern. Diese Ringe werden auf Staub zurückgeführt. Dieser hatte den Vorgänger des heutigen Zentralsterns bei eruptiven Sternwindereignissen verlassen. Er stößt nun in eine den Nebel umgebende Materiewolke vor, wird dadurch aufgeheizt und es ergeben sich die Ringe im Infraroten.

In einem Artikel aus dem Jahr 2015 wurden die Eigenschaften für das Doppelsternsystem bestimmt. Damals wurde für den A0-Stern eine Masse von 0,55 Sonnenmassen berechnet, während sein heißer Partner 0,56 Sonnenmassen besitzt. Im Laufe der Jahre wurden immer mehr Spektren gewonnen und immer wieder geprüft, ob es nicht doch zwei sich umlaufende Sterne sein könnten. 2016 bestanden noch Zweifel, ob es sich wirklich um ein Doppelsternsystem handelt. Doch schon 2017 konnte in Daten, die über 7,5 Jahre hinweg gewonnen worden waren, eine Periodizität nachgewiesen werden. Die beiden Sterne umlaufen sich in 3300 Tagen auf einer exzentrischen Bahn, deren Inklination rund 30° beträgt. Mit dieser Bahnbestimmung wurden auch die Massen der Sterne neu berechnet, wobei der A0-Stern nun 2,3 Sonnenmassen und der heiße sdO-Stern 0,9 Sonnenmassen erhielt.

Im Rückblick zeigt dieses Beispiel, wie Forschungsarbeiten aufeinander aufbauen und auch über Umwege zu verlässlichen Ergebnissen führen. Dass es dabei zu Korrekturen kommt, wie beim Zentrum von NGC 1514, ist zwangsläufig und gewollt.

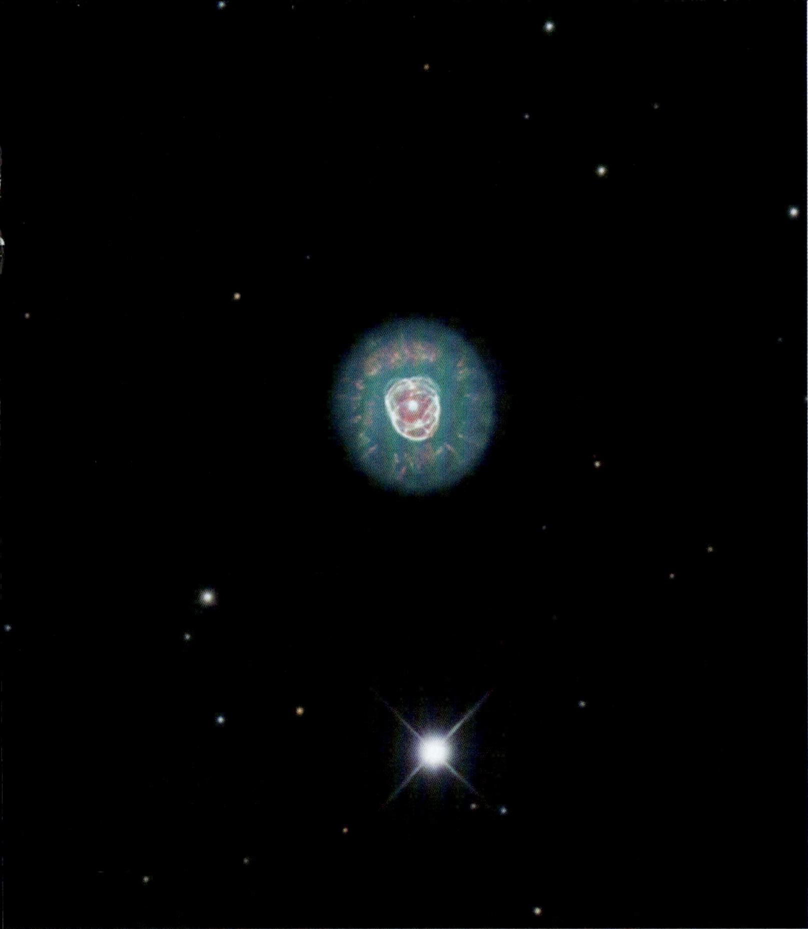

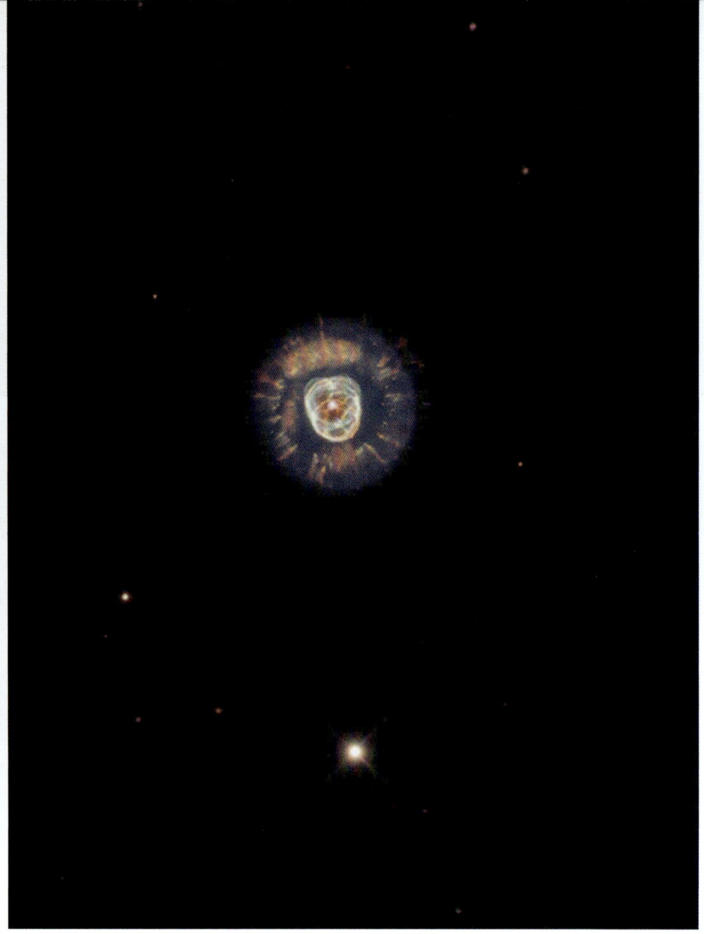

NGC 2392

GEM | $7^{h}\ 29^{m}\ 11^{s}$ | 20° 54′ 42″

Im August 2020 teilte die NASA mit, dass sie die Bezeichnungen von Objekten mit inoffiziellen Spitznamen, die sie für diskriminierend hält, im Rahmen ihres Engagements für Vielfalt und Gleichberechtigung nicht mehr verwenden wird. Als Erstes traf dieser Entschluss den planetarischen Nebel NGC 2392, der von nun an nicht mehr „Eskimonebel“ genannt wird (das Wort Eskimo ist eine verächtliche Bezeichnung für die Inuit).

Der Durchmesser des nahezu kreisförmigen Nebels beträgt rund 50''. Der Wert hängt etwas von den gewählten Farbfiltern ab. Beim linken Bild handelt es sich um ein LRGB-Komposit, für das breitbandige Farbfilter benutzt wurden. Die rechte Aufnahme entstand am selben Abend mit dem gleichen Instrument. Für die RGB-Kanäle verwendete der Astrofotograf die Kombination der Schmalbandfilter [NII]-Hα-[OIII]. Diese Darstellung macht deutlich, dass es am östlichen Rand rötliche Ausfransungen gibt.

Der Zentralstern von NGC 2392 mit der Bezeichnung Gaia EDR3 865037169677723904 besitzt eine G-Band-Helligkeit von 10,7 mag und eine Entfernung von 5980 ± 520 Lichtjahren. Der Gaia-Farbindex ist mit $G_{BP}-G_{RP} = -0{,}26$ mag nicht so blau, wie wir das für einen Weißen Zwerg erwarten würden. Der Spektraltyp wurde 1977 zu O6 bestimmt. Somit wäre seine Oberflächentemperatur mit 35.000 K zu kühl, um die hoch ionisierte Hülle von NGC 2392 zu erklären. Neuere Beobachtungen vermuten ein Doppelsternsystem und stellen dem O6-Stern einen 250.000 K heißen kompakten Begleiter an die Seite.

Das Entstehen der Hüllenform und ihre Geometrie sind heute gut verstanden. Die Neigung der Hauptachse liegt bei nur etwa 9°, wir blicken somit fast genau von oben auf die Hauptebene des Nebels und sehen daher nur eine Hälfte der bipolaren Hülle. Die zweite Hälfte befindet sich auf der von uns abgewandten Seite des Nebels. Daher sehen wir die bipolaren Jets nicht als Ganzes. Im rechten Bild sind nur ihre äußersten Enden als helle orange Strukturen sichtbar. Die obere gehört zu dem auf uns zeigenden Jet. Der Jet der abgewandten Seite liegt dem gegenüber und ist lichtschwächer, da er durch die Materie in der Hauptebene verdeckt wird. Die anderen kometenartigen Ausfransungen sind von den Jets entkoppelt und befinden sich in einer Scheibe, die in der Hauptebene von NGC 2392 liegt.

Die äußere Hülle ist eine Gaskugel, die mit 16 km/s expandiert und die ein Überrest der AGB-Phase des 1,7 Sonnenmassen schweren Vorgängersterns ist. Aus ihrer Größe errechnet sich ein Alter von 9300 Jahren für NGC 2392. Etwa zu dieser Zeit entstand auch die Scheibe. Im Inneren liegt eine komplexe Hülle aus dichter Materie, die mit 120 km/s schneller expandiert. Sie entstand nach Verlassen des asymptotischen Riesenasts und hat die äußere Hülle noch nicht erreicht. Die beiden Jets stoßen mit der hohen Geschwindigkeit von 180 km/s durch die dichte Innenhülle. Sie räumen für den Blick ins Zentrum etwas den Weg frei, doch es bleibt nach wie vor durch die abgestoßene Materie verdeckt. Der O6-Stern im Zentrum reicht allerdings zur Erklärung der Jets nicht aus. Berücksichtigen wir jedoch, dass im Zentrum von NGC 2392 Röntgenstrahlung nachgewiesen wurde, erscheint es sehr wahrscheinlich, dass die Theorie des kompakten Begleiters zutrifft.

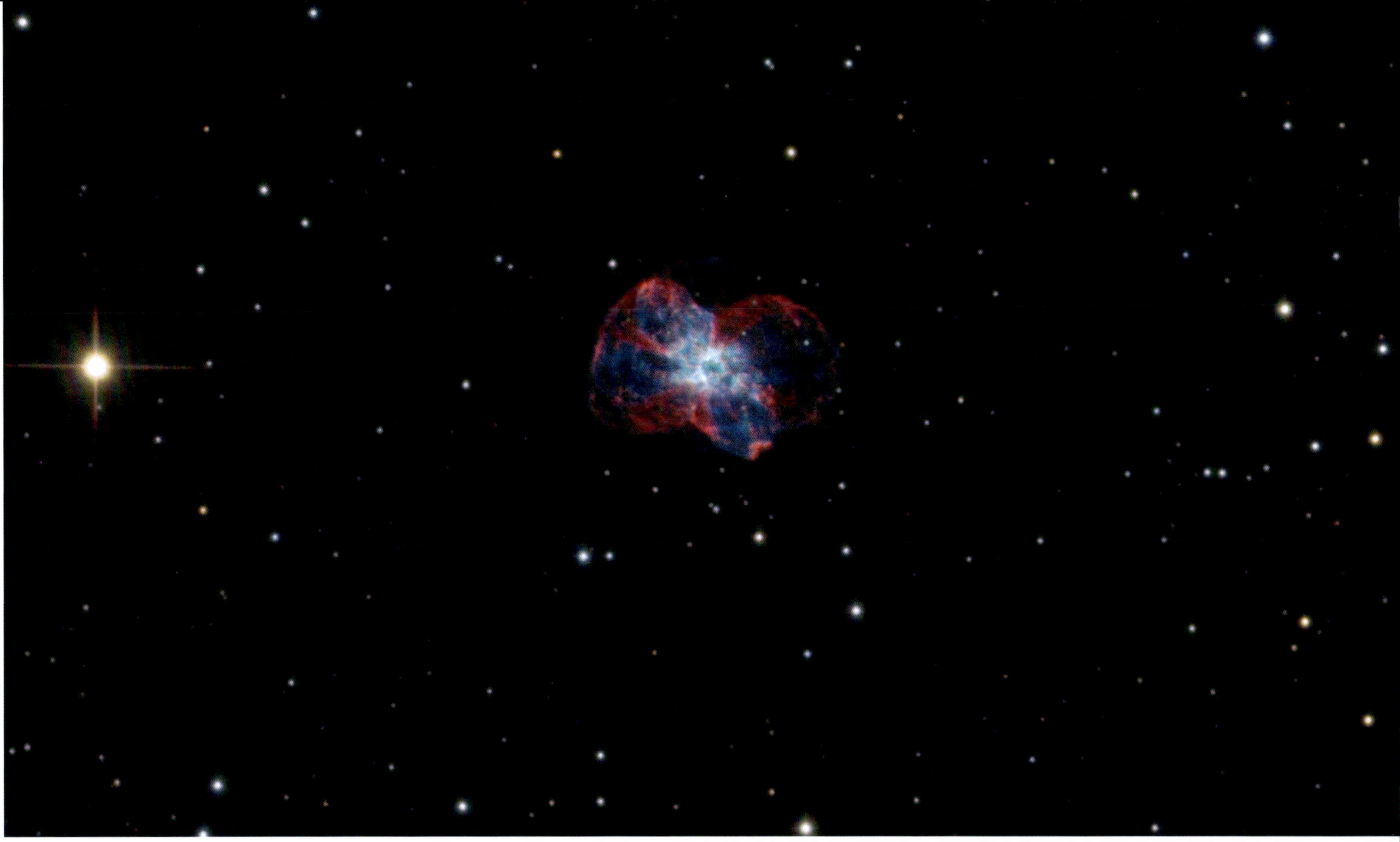

NGC 2440

PUP | $7^h\ 41^m\ 51^s$ | -18° 12′ 31″

Bei NGC 2440 handelt es sich um einen bipolaren planetarischen Nebel, der im Sternbild Achterdeck des Schiffs (Puppis) zu finden ist. Mit einer galaktischen Breite von +2,4° liegt er im Band der Wintermilchstraße. Seine Deklination von −18,2° reicht eben noch aus, um ihn von Mitteleuropa aus zu fotografieren – ein weiter südlich liegender Standort ist aber vorteilhafter. Die hier gezeigte Aufnahme entstand auf dem Cerro Tololo in Chile.

Links von NGC 2440 strahlt der 8,5 mag helle K5-Stern HD 62167 in warmem Orange. Dessen Entfernung liegt bei 1578 ± 15 Lichtjahren. Als Zentralstern von NGC 2440 wird zwar ein Stern mit der Bezeichnung HD 62166 angegeben, allerdings ist im Zentrum der Aufnahme kein sternartiges Objekt zu erkennen. In den Simbad-Daten fehlen Entfernungsdaten, zudem wird keine Gaia-Quelle angegeben. Da wir bei Nebeln mit gebündelten Abströmungen oft Quellen beobachten, in denen sich verschiedene Bereiche überdecken, und das ist auch bei NGC 2440 der Fall, versagen Entfernungsschätzungen aufgrund der Extinktion. Bei NGC 2440 schätzen wir die Entfernung anhand der beobachteten Expansion zu 7100 Lichtjahren.

Die Spannweite der bipolaren Flügel beträgt 1,3′, was 2,7 Lichtjahren entspricht. Die Struktur der beiden Hüllenbestandteile ist komplex. Es sind mehrere bipolare Elemente erkennbar, deren Positionswinkel leicht versetzt sind. Das Erscheinungsbild dominiert ein rotleuchtender Gasstreifen, der sich wie ein kosmisches Möbiusband von Ost nach West erstreckt. NGC 2440 ist ein sogenannter Typ I-Nebel, der durch das Elementverhältnis N/O > 1 charakterisiert ist. In NGC 2440 erreicht das ausströmende Gas Geschwindigkeiten von bis zu 200 km/s. Die Hauptachse des Nebels liegt mit nur geringer Neigung fast horizontal in Ost-West-Richtung. Wir betrachten NGC 2440 also von der Seite.

Der im Visuellen verdeckte Zentralstern ist mit 208.000 K extrem heiß. Es handelt sich um einen der heißesten, wenn nicht sogar um den heißesten bekannten Weißen Zwerg eines planetarischen Nebels. Seine Strahlung verursacht das hochionisierte Gas in den Hüllen. Betrachten wir den Nebel im Infraroten, fällt der runde Halo aus neutralem Wasserstoffgas (H_2) auf, der ihn umgibt und der mit dem interstellaren Medium interagiert. Die schärfste Struktur aus molekularem Gas liegt im Nordwesten, passend zum links außen auf der Aufnahme befindlichen Kreisbogen.

Der Zentralstern von NGC 2440 ist nicht nur sehr heiß, sondern auch ungewöhnlich massereich. Seine Masse wird auf 0,7 bis 0,9 Sonnenmassen geschätzt. Die Masse des Vorgängersterns könnte mehr als 4 Sonnenmassen betragen haben. Erreichen derartige Sterne den asymptotischen Riesenast, werden ihre äußeren Bereiche konvektiv. In den Tiefen dieser staubreichen Bereiche des Sterns läuft der CNO-Fusionsprozess ab und produziert aus ^{12}C – über ^{13}C – schließlich ^{14}N. Laut der Theorie wäre der kernphysikalische Fingerabdruck hierfür ein Verhältnis von ^{12}C / ^{13}C zwischen drei und vier. Bei weniger massereichen Sternen ist die Zahl mehr als fünfmal größer, denn hier gibt es zwar viel Kohlenstoff, die Nukleosynthese stoppt aber früher. In den Mikrowellenspektren von NGC 2440 wurde ein Verhältnis ^{12}C / ^{13}C von 4,2 ± 1,2 gemessen. Dies spricht für das Szenario eines Sterns von vier Sonnenmassen, vielleicht begleitet von einem explosiv verlaufenden Absprung des AGB-Sterns in das Stadium des planetarischen Nebels.

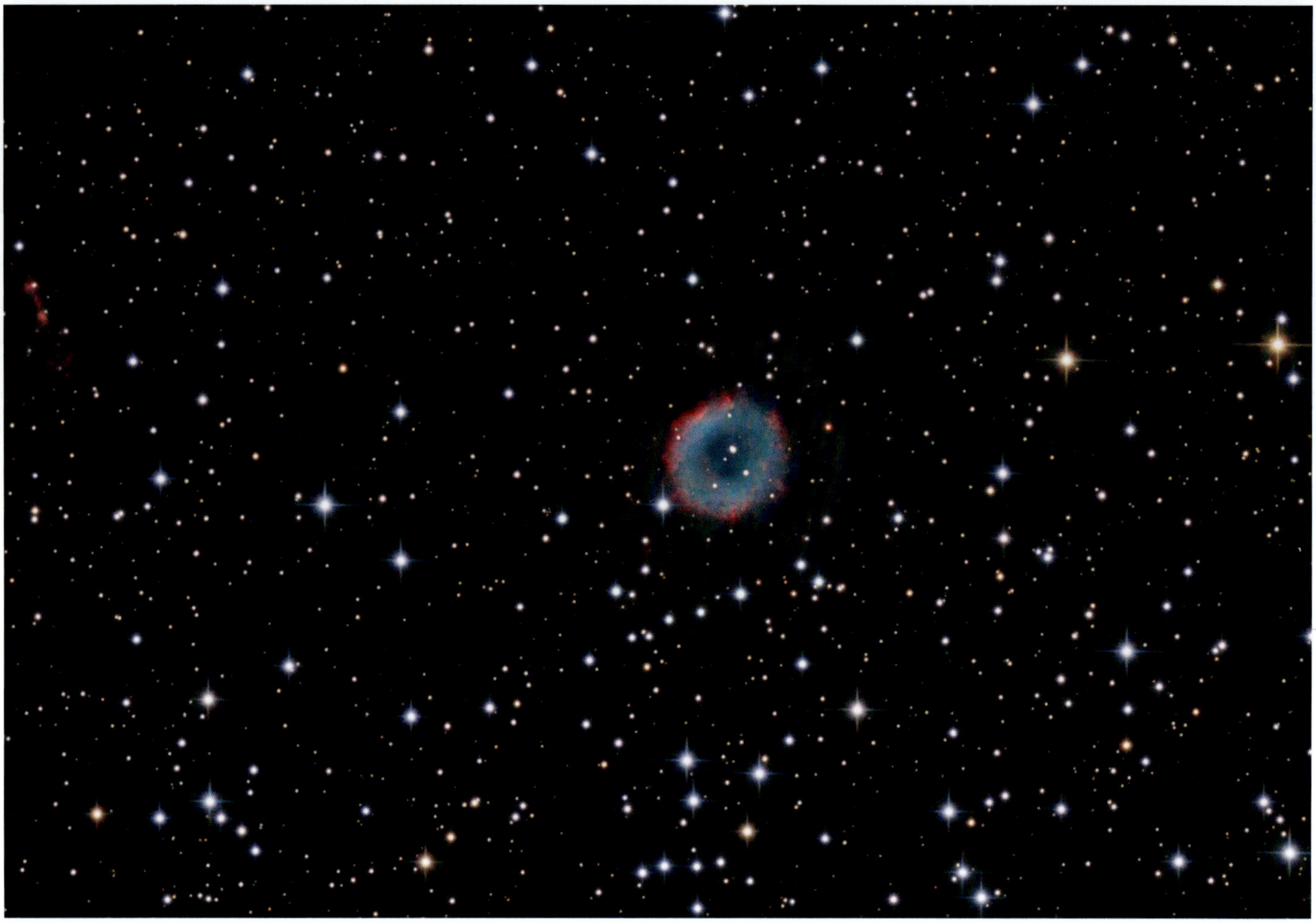

Der offene Sternhaufen M 46 mit dem planetarischen Nebel NGC 2438.

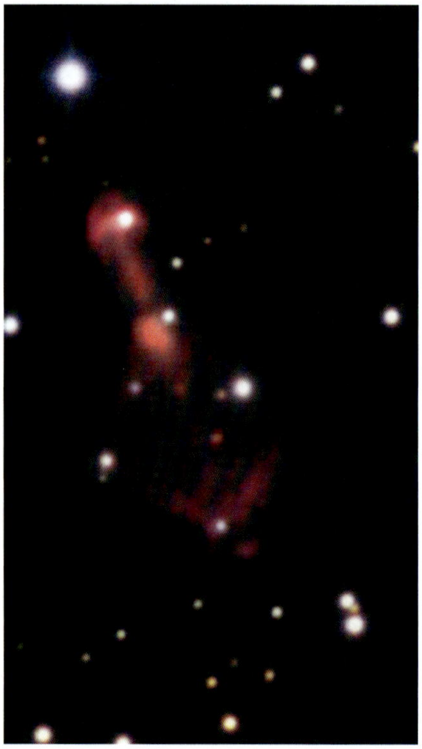

Detailbild des Gammelei-Nebels

NGC 2438

PUP | 7^h 41^m 51^s | -14° 44′ 7″

In der Mitte des oberen Bildes steht der planetarische Nebel NGC 2438 im Sternbild Puppis (Achterdeck des Schiffs). Dieses Sternbild ist der östliche Nachbar des Großen Hundes und liegt inmitten der Wintermilchstraße. Die zahlreichen Sterne, die unterhalb des Nebels zu sehen sind, gehören zum Sternhaufen M 46 (siehe Übersichtsbild links unten und Kapitel 6: M 46). Der Nebel und der Haufen liegen aber nur zufällig in der gleichen Richtung. NGC 2438 ist 2360 ± 390 Lichtjahre von uns entfernt, das Licht der Haufensterne ist etwa 3100 Jahre länger unterwegs zu uns.

Das Übersichtsbild zeigt rechts, einige Grad über dem Haufen, den bläulichen Nebel PN G231.1+03.9. Weiter links, fast direkt über dem Haufen, steht als kleiner roter Kringel der PN M 1-18. Der lichtschwache PN G231.1+03.9 hat einen Durchmesser von 2,2′ und wurde erst 2008 im MASH-II-Katalog aufgeführt (siehe „https://ui.adsabs.harvard.edu/link_gateway/2008MNRAS.384..525M/SIMBAD“). Bei M 1-18 handelt es sich um einen etwa 32″ großen Nebel aus der 1949 veröffentlichten ersten Liste von Rudolph Minkowski.

Am linken Bildrand der oberen Aufnahme ist gerade noch der Nebel OH 231.8+4.2 zu erkennen. In seinen Spektren ist das Element Schwefel besonders auffällig, was dem Nebel den Beinamen „rotten egg nebula“ („Gammelei-Nebel“) beschert hat. Die Entfernung von OH 231.8+4.2 liegt bei 5400 Lichtjahren und macht diesen zu einem direkten Nachbarn von M 46. Der Entwicklungsweg von planetarischen Nebeln führt von AGB-Sternen über Post-AGB-Sterne und protoplanetarische Nebel bis zu planetarischen Nebeln. OH 231.8+4.2 wird zu den Post-AGB-Objekten gezählt, bei denen dichter Staub den Blick ins Zentrum verdeckt. In der polarisierten Radiostrahlung von OH 231.8+4.2 lässt sich immer noch das starke Dipolmagnetfeld des ehemaligen AGB-Riesensterns nachweisen.

Im Gegensatz dazu ist NGC 2438 ein alter, entwickelter Nebel. Der Durchmesser des hellen Innenbereichs misst etwa 1,2′. Ihn umgibt ein lichtschwächerer Ring mit dem doppelten Durchmesser von 2,4′. Es lässt sich dazwischen sogar ein noch schwächerer Kreisbogen mit einem Radius von 1,8′ erkennen.

Die Spektren von NGC 2438 enthalten mehrere Bestandteile mit unterschiedlicher Chemie. Die hochangeregten Elemente wie HeII, NeII und ArIV sind im Zentrum konzentriert. Die Elemente mit mittleren Anregungsenergien, zu ihnen gehören [OIII], Hα und Hβ, verteilen sich gleichmäßig über den ganzen Nebel. Und die niedrig angeregten Elemente wie [OII], [NII] und [SII] sind hauptsächlich in den klumpigen Strukturen zu finden. Die intensive [OIII]-Linie bestimmt die Blaufärbung der Ringe, da sie etwa doppelt so stark ist wie die zweitstärkste Emissionslinie des Hα. Die blauen und roten Beiträge der niedrig angeregten [OII]- und [NII]-Linien heben sich im Inneren gegenseitig auf und hinterlassen keinen Farbeindruck. Nur am äußersten Rand fällt die Intensität des blauen [OII] schnell ab. Daher sind die Hα- und [NII]-linien dort in der Lage, den Rand rot aufleuchten zu lassen. Aus den Linienprofilen erkennen wir auch, dass die Leuchtkraft des äußeren Rings mit 2,4′ nur 1/50 des hellen inneren Rings beträgt – was die geringe Flächenhelligkeit ganz natürlich erklärt.

In den Spektren einiger Weißer Zwerge finden wir Absorptionslinien von Metallen, die so intensiv sind, dass sie nicht durch eine den Stern umgebende Scheibe erklärt werden können. Sie werden auf dichte Materiebrocken zurückgeführt, die der Vorgängerstern im Laufe seiner Entwicklung abgestoßen hat. Sie umkreisen den Zwerg und ähneln Kometen im Sonnensystem und werden, wie diese, auch zerstört. Die Ähnlichkeiten führten zur Bezeichnung „Oort cloud analogues“ (OCA, zu Deutsch etwa „Objekte ähnlich der Oortschen Wolke“).

Diese Objekte befinden sich in einem Gebiet auf kleiner als 100 AE. Es verschwindet in der Aufnahme völlig in der Lichtscheibe des Zentralobjektes. Aus dem Infrarotteil des Spektrums können wir die Masse der Oort cloud analogues abschätzen, für die wir üblicherweise 2 bis 60 Erdmassen erwarten. Zum Vergleich – bei der Sonne liegt die Masse der Oortschen Wolke zwischen 1 und 10 Erdmassen. Beim Zentralstern von NGC 2438 fand sich ein Extremwert von 1225 Erdmassen. Möglicherweise stößt das Modell bei leuchtkräftigen Weißen Zwergen wie bei NGC 2438 an seine Grenzen und überschätzt die OCA-Masse. Dennoch wird deutlich, dass es sich bei NGC 2438 um einen extrem verstaubten planetarischen Nebel handelt.

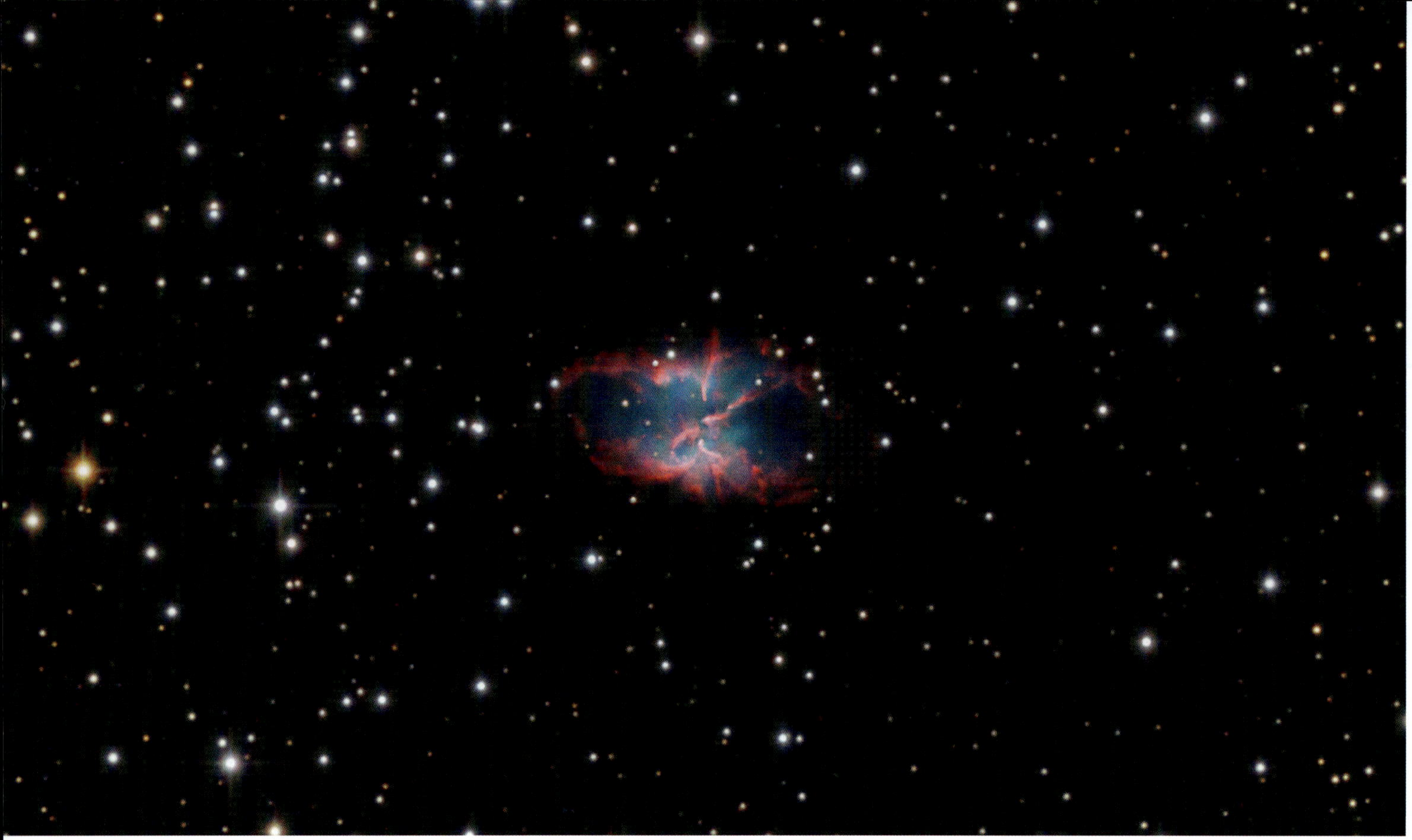

NGC 2818

PYX | $9^h\ 16^m\ 8^s$ | -36° 38′ 10″

Die hellen Sterne auf der linken Bildhälfte gehören zum offenen Sternhaufen NGC 2818A. Ihre Helligkeiten liegen meist im Bereich zwischen 13 mag und 15 mag, die hellsten erreichen 11,5 mag. Laut der Gaia-Astrometriedaten befindet sich dieser Haufen in einer Entfernung von 11.900 ± 2000 Lichtjahren. Der planetarische Nebel NGC 2818 könnte ein Mitglied des Haufens sein. Leider ist der Zentralstern von einem Filament überdeckt, die Gaia-Messungen sind daher stark fehlerbehaftet. Die Kombination ähnelt der von NGC 2438 und M 46 (siehe Kapitel 4: NGC 2438). Die gesamte Szenerie ist am Südhimmel im Sternbild Pyxis (Kompass) zu finden.

Die Gashülle von NGC 2818 zeigt einen bipolaren Aufbau mit einer Ausdehnung von rund 1,5′. In der Entfernung des Sternhaufens entspricht dies 5,2 Lichtjahren. Im Vergleich zu anderen Nebeln ist dies ein großer, aber keinesfalls ungewöhnlicher Wert. Zu der Annahme eines schon entwickelten Nebels passt das fast durchsichtige, bläuliche Innere, das von dichten rötlichen Filamenten durchzogen ist. In fast der gesamten Hülle ist die Emission der [OIII]-Linie nachzuweisen. Die kometenartigen Filamente leuchten aber im Licht von [NII], Hα und [SII]. Untersuchen wir das Spektrum von NGC 2818 entlang der horizontalen Hauptachse, stellen wir fest, dass die zwei Seiten des Nebels blau- beziehungsweise rotverschoben sind. Die Geschwindigkeiten nehmen vom Zentrum aus zu und erreichen Werte von rund 50 km/s. Dies bestätigt die bipolare Natur, die aus zwei großen Gasblasen besteht. Die Hauptachse von NGC 2818 ist um etwa 60° gegen die Beobachtungsrichtung gedreht. Daher bewegt sich die östliche (linke) Blase auf uns zu, die westliche (rechte) bewegt sich von uns weg. In der Aufnahme erscheinen die Nebelstrukturen auf der rechten Seite lichtschwächer. Ihr Licht läuft durch die Äquatorialebene und wird dabei gestreut und geschwächt.

Betrachten wir die Mikrostruktur der Filamente, erkennen wir eine interessante Abweichung von der Bipolarität des Nebels. Um dies zu untersuchen, wird der Spalt des Spektrografen entlang des Filaments gelegt, das etwa 30° zur Himmelsebene gekippt ist und durch das Nebelzentrum läuft. Messen wir nun die Lage der Emissionswellenlängen, sind diese im rechts oben befindlichen Bereich blauverschoben. Ursache ist der Dopplereffekt, da sich dieser Teil des Filaments auf uns zubewegt. Im Bereich links unten sind die Emissionslinien dementsprechend rotverschoben, denn hier bewegt sich das Filament von uns weg. Die Orientierung des Filaments spiegelt somit nicht die Bewegung der Gashülle wider. Auf der rechten Seite liegt das Filament vor der sich entfernenden Hülle, auf der linken Seite befindet sich das Filament hinter der Gashülle, die auf uns zuläuft. Dieses kometenartige Filament lässt sich einem Materieauswurf zuordnen, der entlang der Äquatorialebene des Nebels, oder derjenigen des AGB-Vorgängersterns, ausgerichtet war und heute senkrecht zur Hauptachse des Nebels steht.

Die Entfernungsangaben in der Literatur zu NGC 2818 weisen große Unsicherheiten auf: Die Artikel nennen zwischen 6000 Lichtjahren und 10.000 Lichtjahren. Dabei wurden auch Methoden genutzt, die nicht von der Entfernung des Sternhaufens abhängig sind. Die Mitgliedschaft zum Sternhaufen erscheint zwar möglich, ist aber keineswegs sicher. Weil sichere Zahlen fehlen, ist auch das Alter von NGC 2818 nur grob mit 8400 ± 3500 Jahren abschätzbar.

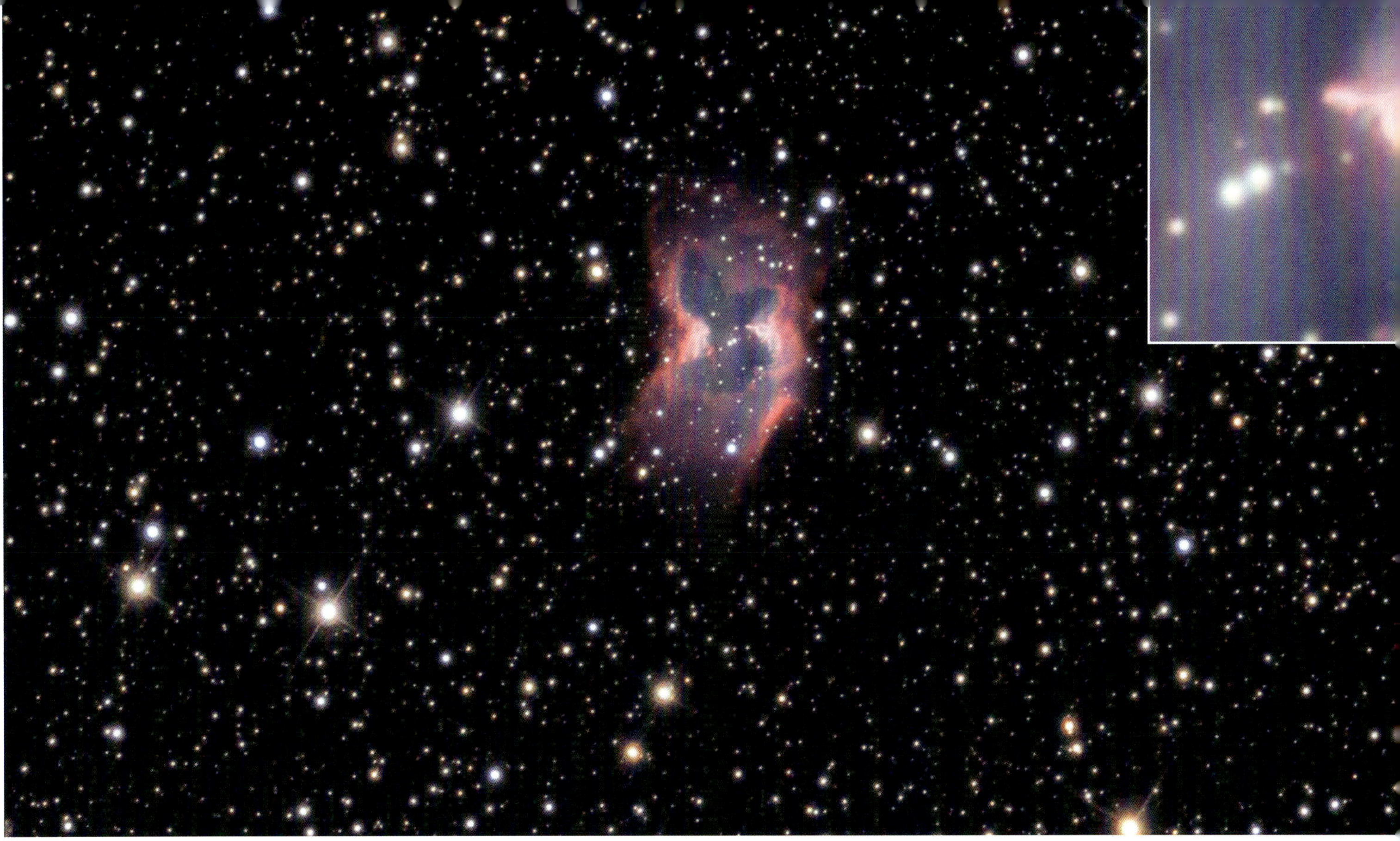

NGC 2899

VEL | $9^h\ 27^m\ 3^s$ | -56° 6′ 21″

Tief am Südhimmel, bei einer Deklination von −56,1°, strahlt nahe der südlichen Grenze des Sternbilds Vela (Segel des Schiffs) der planetarische Nebel NGC 2899 mit einer Helligkeit von 11,8 mag. Die bipolar aufgebaute Gashülle erscheint leicht gekrümmt und nimmt eine Fläche von 2,5′ × 1,0′ ein. Der Winkel zwischen der Hauptachse von NGC 2899 und unserer Blickrichtung beträgt etwa 75°. Im Vergleich zu anderen bipolaren Nebeln in etwa gleicher Entfernung und mit geringeren Neigungswinkeln messen wir bei NGC 2899 eine geringere Leuchtkraft. Erklärt wird dies durch eine Scheibe oder einen Staubring, den wir fast in Kantenlage betrachten. Würden wir aus der Polrichtung in das Zentrum blicken können, wäre der Blick durch Winde oder sogar durch Jets freigeräumt.

Die Nord-Süd-Achse verläuft in der Aufnahme horizontal. Im Zentrum des Nebels erkennen wir auf der Aufnahme zwei Sterne. Keiner von diesen ist der Zentralstern. Er ist lichtschwächer, leicht bläulich und liegt rechts des Paares (siehe Inset). In dem 2014 veröffentlichten „VST Photometric Hα Survey of the Southern Galactic Plane and Bulge" (VPHAS, etwa „Fotometrische Durchmusterung im Hα der südlichen galaktischen Ebene und des Sphäroids") ermittelten die Astronomen eine Helligkeit von 19,4 mag und schätzten aus dem spektralen Fluss dieses Sterns auf eine effektive Temperatur von 215.000 K. Wir wollen nicht unerwähnt lassen, dass diese Durchmusterung Aufnahmen mit Blaufilter enthielt, in denen der Zentralstern deutlich sichtbar ist. Auf Rotaufnahmen ist der Stern nicht zu sehen.

Die Entfernungsbestimmung des Zentralsterns und damit von NGC 2899 ist schwierig. Die Gaia-G-Helligkeiten der beiden hellen Sterne im Zentrum betragen 15,9 mag und 15,7 mag. Ihre Entfernungen sind 7310 ± 460 Lichtjahre beziehungsweise 6220 ± 330 Lichtjahre. Für den mit VPHAS gefundenen Kandidaten für einen Zentralstern (Gaia EDR3 5307241785763662720) misst Gaia 20,0 mag. Der Fehler der Parallaxe ist aber doppelt so groß wie die Parallaxe selbst. Den Gaia-Wert von 16.000 Lichtjahren müssen wir daher mit einem großen Fragezeichen versehen – oder besser gleich streichen. Eine automatisierte Suche nach Zentralsternen in planetarischen Nebeln mithilfe der Gaia-Daten aus dem Jahr 2020 tappte in die Falle der zwei hellen Sterne im Zentrum und identifizierte den linken als Zentralstern, obwohl dessen Gaia-Farbindex mit $G_{BP}–G_{RP}$ = 1,0 mag überhaupt nicht zu einem Weißen Zwerg passt.
Bei NGC 2899 erleben wir heute noch die generelle Problematik der Entfernungsbestimmung bei planetarischen Nebeln. Es gibt für sie keine Standardkerzen, daher können lokale und individuelle Einflüsse zu falschen Annahmen führen. Verglichen mit genauen Parallaxenmessungen liegen wir deswegen oft um einen Faktor zwei bis drei daneben. In den 1980er-Jahren wurde für NGC 2899 anhand von Standardannahmen noch eine Entfernung von rund 1450 Lichtjahren angegeben. Diese geringe Distanz ist unwahrscheinlich, da Gaia dann eine größere Parallaxe hätte messen müssen. Auch hätte der Nebel dann nur eine Ausdehnung von einem Lichtjahr. Dies widerspricht der Krümmung der Hülle. Sie weist darauf hin, dass möglicherweise bereits eine Wechselwirkung mit dem interstellaren Medium eingesetzt hat. Dazu kommt die geringe mittlere Expansionsgeschwindigkeit von nur 13 km/s. Daher dürfte NGC 2899 ein älterer, entwickelter Nebel sein, der mehr als 7000 Lichtjahre von uns entfernt ist.

NGC 3132 SÜDLICHER RINGNEBEL

VEL | $10^h\ 7^m\ 2^s$ | -40° 26′ 11″

Auch dieses Bildfeld liegt im Sternbild Vela (Segel des Schiffs). Nur 5′ über dem planetarischen Nebel NGC 3132 verläuft die Grenze zum Sternbild Luftpumpe (Antlia). Der planetarische Nebel wird von einem blauen Oval mit einem umlaufenden roten Ring geprägt, weshalb er auch als „Ringnebel des Südhimmels" bezeichnet wird. Auf Astrowebseiten finden wir teilweise den Namen „Eight-Burst Planetary Nebula", der darauf zurückgeht, dass der 9,5 mag helle Nebel in überbelichteten Aufnahmen die Form einer „8" annimmt.

Die rote Außenzone hat eine Ausdehnung von etwa 2,2′ und das textmarkerblau leuchtende Innere misst entlang der Hauptachse 1′. Senkrecht zu dieser Achse verläuft ein feines, bräunliches Staubband. Ein weiteres, aber schwächer ausgeprägtes Band finden wir auch unterhalb des Zentrums. Die Helligkeit des roten Rings ist nicht gleichförmig. Rechts und links des Zentrums ist er am hellsten und an diesen Stellen glänzt auch das Blau des Innenbereichs am intensivsten.

Im Zentrum von NGC 3132 steht der 10,1 mag helle A2-Stern HD 87892, und nur 1,7″ rechts unterhalb erkennen wir bei genauem Hinsehen Gaia EDR3 5420219732233481472, einen Stern mit 16,1 mag. HD 87892 ist 2471 ± 64 Lichtjahre entfernt, aber nicht der Verursacher des planetarischen Nebels. Dieser geht auf den schwachen blauen Nachbarstern zurück. Ob es sich wirklich um ein physisches und nicht nur um ein visuelles Doppelsternsystem handelt, ist unklar, da der Fehler der Gaia-Entfernung (bei 6376 Lichtjahren) mit 2816 Lichtjahren 38 % beträgt. Aufnahmen seines Spektrums werden durch das Licht des A2-Sterns kontaminiert. Trotzdem ist es möglich, eine Temperatur von 110.000 K zu messen, die den kleinen blauen Stern als Ionisationsquelle des Nebels identifiziert.

Um NGC 3132 dreidimensional zu beschreiben, legten die Astronomen die Spalte der Spektrografen über den Nebel. Aus den Profilen ließ sich dann die Häufigkeit der Elemente entlang der Spaltlinie ermitteln. So zeigte die gewonnene Karte der [OIII]-Verteilung, dass die Hülle von NGC 3132 nicht durch eine verformte Kugelschale modelliert werden kann. Zwar liegt eine bipolare Expansion mit ±14 km/s vor, die aber nicht rotationssymmetrisch ist. Es musste sich somit um die perspektivische Überlagerung zweier Expansionsbewegungen handeln.

Bei der Suche nach einem passenden Modell wurden die Astronomen schließlich bei einem Kinderspielzeug fündig: ein sogenanntes Diabolo, ein aus zwei Halbkugeln aufgebauter Kreisel, der auf einer Schnur in Drehung versetzt werden kann, um damit artistische Kunststücke vorzuführen. Die Drehachse des kosmischen Diabolos – und damit die Hauptachse des Nebels – ist um ca. 40° zur Beobachtungsrichtung gekippt. Das Licht der hellen ovalen Struktur in der Hülle von NGC 3132 stammt von zwei expandierenden Komponenten: Die Halbschale, die auf uns zuläuft, und die Halbschale, die sich von uns entfernt. Gehen wir davon aus, dass sich im Zentrum von NGC 3132 ein Doppelstern befindet, so erhalten wir für den Nebel ein Alter von etwa 7700 Jahren. Archäologische Funde lassen vermuten, dass das Diabolo schon vor 10.000 Jahren unseren Vorfahren in der Jungsteinzeit bekannt war – zu einer Zeit, als der AGB-Stern noch intakt gewesen sein dürfte.

NGC 3699

CEN | $11^h\ 27^m\ 58^s$ | -59° 57′ 28″

Am 1. April 1834 entdeckte John Herschel diesen Nebel im Sternbild Zentaur. Es zählt zu den flächenmäßig größten Sternbildern, durch dessen südlichen Teil die Milchstraße verläuft. Nur etwa 5° westlich von ihm befindet sich das bekannte Kreuz des Südens. Der Sternreichtum dieser Region ist auch auf der Aufnahme deutlich sichtbar. Die durch das Bildfeld laufenden roten HII-Filamente gehören zu Gasnebeln der Milchstraßenebene.
John Herschel beschrieb die Nebelform als „recht hell, groß und nicht ganz rund". Lange wurde angenommen, dass NGC 3699 ein Emissionsnebel sei, bis 1953 Dorrit Hofleit eine Arbeit in der Zeitschrift „Annals of Harvard College Observatory" veröffentlichte. Die Tochter deutscher Einwanderer arbeitete zu dieser Zeit als Astronomin an der Harvard University. Später wechselte sie an die Yale University und wurde als Autorin des Bright Star Catalogue bekannt. Dorrit Hofleit nutzte Fotoplatten der Carina- und Centaurus-Region, die mit dem 1,5-m-Rockefeller-Reflektor im Boyden-Observatorium in Südafrika entstanden waren. Ihr Ziel war die Untersuchung galaktischer Emissionsnebel. Da sowohl blau- als auch rotempfindliche Platten belichtet wurden, konnte sie Farbhelligkeiten bestimmen und auffallend blaue Nebel identifizieren. So entdeckte sie sechs Objekte, von denen sie vermutete, dass es sich um planetarische Nebel handeln könnte. Der hier gezeigte vermeintliche Emissionsnebel NGC 3699 wurde dadurch zum planetarischen Nebel PN Hf 62.
Die visuelle Helligkeit von NGC 3699 beträgt 11,3 mag und die Winkelgröße der Hülle liegt bei etwa 2,0′ × 1,7′. Der Abstand der beiden hellen Zonen im Inneren des Nebels misst 25″. Die Breite des dunklen Bandes, das diese hellen Zonen trennt, schwankt um 10″ herum. Der Zentralstern von NGC 3699 ist HD 306491, dessen visuelle Helligkeit 13 mag beträgt. Im Spektrum des Zentralsterns finden sich Hinweise auf einen Weißen Zwerg mit einem Magnetfeld, der eine messbare Polarisation aufweist. Dieser Zwergstern ist 140.000 K heiß und er hat laut Gaia eine Entfernung von 4450 ± 499 Lichtjahren.
Die Hülle von NGC 3699 ist zwar komplex aufgebaut, dennoch sind deutliche bipolare Strukturen sichtbar. Dazu zählen die beiden hellen Bereiche, die als konvexe Hüllen gedeutet werden. Der Vorläuferstern des Zentralsterns hat vermutlich in zwei aufeinanderfolgenden Ereignissen Materie abgestoßen. Sobald diese auf die umgebende langsamere Materie trifft, entstehen Stoßfronten, welche die Energie der beiden hellen Zonen liefern. Der projizierte Abstand der Gashüllen liegt bei etwa 0,54 Lichtjahren. Die beiden weit außen sichtbaren Kreisbögen haben eine Ausdehnung von 4,2′, etwa das Zehnfache der inneren Bereiche, entsprechend 5,4 Lichtjahren. Infrarotbeobachtungen mit dem Infrarotsatelliten Spitzer deuten eine dichte Äquatorialscheibe an, die wir fast in Kantenlage beobachten. Die darüber und darunter befindlichen bipolar angeordneten Bereiche der Nebel leuchten zum einen aufgrund der Ionisation durch den Zentralstern, reflektieren aber auch dessen Strahlung.
Die Datenlage zu NGC 3699 ist dürftig. Eine Studie aus dem Jahr 1982 nennt eine mittlere [OIII]-Expansionsgeschwindigkeit von 29 km/s. Daraus errechnet sich, dass die äußere blaue Gashülle vor rund 10.000 Jahren ihren Anfang nahm. Das Ereignis, das die beiden inneren Schalen hervorbrachte, muss jüngeren Datums sein. Durch geometrische Überlegungen können wir mit Hilfe der Expansionsgeschwindigkeit abschätzen, dass es vor 3000 Jahren stattfand und der Vorgängerstern nur noch den Weißen Zwerg zurückließ.

NGC 3242 JUPITERS GEIST

SER | $10^h\ 24^m\ 46^s$ | -18° 38′ 32″

Der planetarische Nebel NGC 3242 wird auch „Jupiters Geist" genannt, weil der hellgrüne Ring mit einem Durchmesser von 50″ grob dem Winkeldurchmesser von Jupiter entspricht. Genau genommen ist dies sein maximaler Durchmesser. Da NGC 3242 zum einen sehr viel lichtschwächer ist und zum anderen im Sternbild Wasserschlange liegt, rund 26° südlich der Ekliptik, ist eine Verwechslungsgefahr auf jeden Fall ausgeschlossen.

Auf der Aufnahme erkennen wir, dass die Hülle von NGC 3242 aus mehreren Teilen aufgebaut ist. Innerhalb des Rings mit 50″ liegt eine Ellipse mit 28″ × 20″, die mit rund 30 km/s expandiert. Die Teilchendichte dieser Ellipse ist mit $2200/cm^3$ recht groß und erklärt die vergleichsweise hohe Flächenhelligkeit dieses Nebels. Zwischen der Ellipse und dem Ring erkennen wir Knoten mit bipolarer Symmetrie. Auf Detailaufnahmen schimmern sie aufgrund der [NII]-Emission leicht rötlich. Ober- und unterhalb der Ellipse befinden sich zwei henkelartige Filamente. Die Hauptachse des Nebels ist um etwa 30° zur Vertikalen geneigt.

Die Gaia-EDR3-Daten liefern für den Zentralstern eine Entfernung von 4377 ± 296 Lichtjahren und eine G-Helligkeit von 12,2 mag. Der Gaia-Farbindex $G_{BP}-G_{RP} = -0{,}49$ mag passt zu einem Weißen Zwerg, jedoch dürfte das grellgrüne Innere diese Werte beeinflussen. Aus den UV-Spektren des Zwerges schätzen wir eine Temperatur von 90.000 K ab. Mit der Entfernung des Zentralsterns liefert das einen projizierten Durchmesser von 1,1 Lichtjahren für den hellen äußeren Ring. Mithilfe dieser Skala können wir auch die Entfernung der weiter außen liegenden Strukturen von NGC 3242 abschätzen, die auf der Aufnahme zu sehen sind. Der Durchmesser der etwa 2,5′ großen Schale mit gewelltem Rand liegt bei 3,2 Lichtjahren. Darüber hinaus gibt es zwei nach unten herauslaufende Strahlen, die über 5 Lichtjahre weit reichen.

Auch der Röntgensatellit XMM-Newton konnte NGC 3242 beobachten. Die Gastemperatur des visuell sichtbaren Gebiets von 50″ ist mit $2{,}4 \times 10^6$ K so hoch, dass sie Röntgenstrahlung emittiert. Strukturen konnten zwar nicht aufgelöst werden, doch es wurde deutlich, dass der Zentralstern nicht mit dem Zentrum der Emission zusammenfällt. Ihre Energie bezieht diese Quelle aus einer Wechselwirkung zwischen Fotoionisation der dichten Materie und aus dem Zentrum stammenden Sternwinden.

Einige Studien sehen die innere Hülle von 50″ als ein Relikt der vom AGB-Stern abgestoßenen Materie. Die Hülle wird entlang der Hauptachse von Jets durchstoßen, die dieses AGB-Ereignis begleitet haben. Die schnellen Ausströmungen traten auch noch später auf und bildeten nach Vermutung der Forscher die innere Ellipse. Dabei liefen sie auf langsamere, zuvor ausgestoßene Materie des AGB-Sterns auf. Die beiden Strahlen unterhalb von NGC 3242 können wir in diesem Modell mit Jet-Vorläufern erklären, die der AGB-Stern hervorbrachte.

Eine andere Theorie versucht in den AGB-Phasen auch die Existenz von Exoplaneten zu berücksichtigen, die der Vorläuferstern besessen haben könnte. Diese „heißen Jupiter" hätten die Ausströmungen mit beeinflusst oder wären ihnen im Extremfall zum Opfer gefallen. Dann wären sie als Klumpen dichter Materie mit herausgeschleudert worden.

Die blaugrün und rot leuchtenden Nebelvorhänge in der rechten Bildhälfte sind im Ultravioletten deutlich sichtbar und bilden einen unterbrochenen Ring um den planetarischen Nebel. Es ist sehr wahrscheinlich, dass sie nicht auf ausgeworfene Materie zurückzuführen sind, sondern dass es sich um interstellare Wolken handelt, die von NGC 3242 beleuchtet werden. Diese Wolken sind also nur Betrachter dieses geisterhaften Nebels.

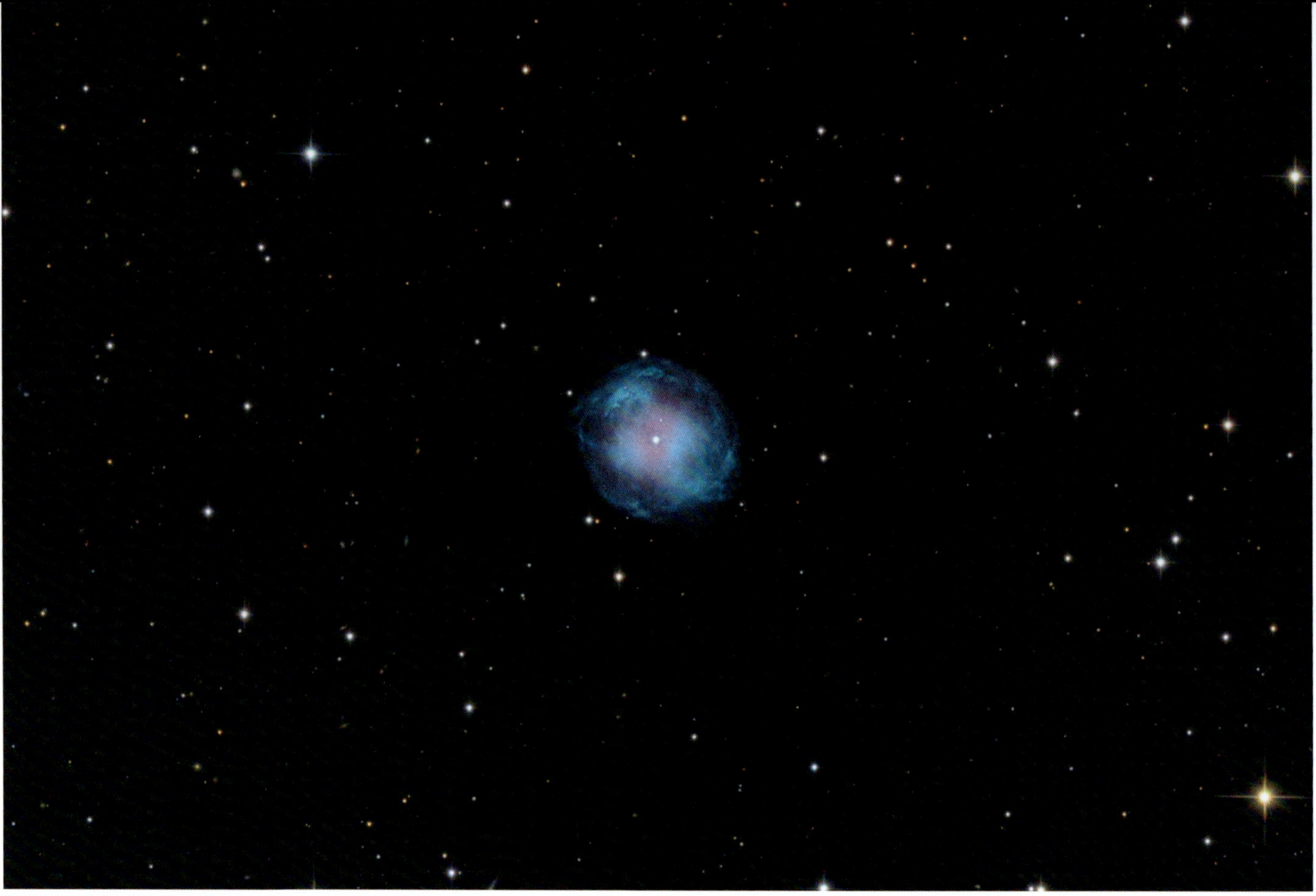

NGC 4361

CRV | 12h 24m 31s | -18° 47′ 6″

Der planetarische Nebel NGC 4361 steht im Sternbild Corvus (Rabe), das südlich des Sternbilds Jungfrau zu finden ist. Der Nebel ist aufgrund seiner Abmessungen von 2,0′ × 1,8′ und seiner Helligkeit von 10,9 mag für Beobachter leicht zu finden. Allerdings steht er mit einer Deklination von −18,8° in Mitteleuropa recht nah am Horizont. Doch selbst mit Teleskopen großer Öffnung ist nur eine helle Scheibe erkennbar. Die blaue Farbe liefert erst die Astrofotografie.
Auf der Aufnahme erkennen wir nicht nur die regelmäßige Form des Nebels, sondern auch, dass außerhalb des Nebelovals weder Bögen noch Filamente zu sehen sind. Abgesehen von dem vertikalen roten Streifen, der dem Beobachter einen zweigeteilten Nebel ins Auge legt, ist eine bipolare Struktur nur schwach ausgeprägt. Orientieren wir uns grob an den Hell-Dunkel-Zonen der Hülle, erhalten wir vielmehr den Eindruck, dass es vier helle Bereiche gibt, die jeweils um 90° versetzt sind. NGC 4361 erinnert entfernt an ein blaugrünes, vierblättriges Kleeblatt.
Der Zentralstern HD 107969 ist 3379 ± 154 Lichtjahre entfernt, mit einer Gaia-G-Helligkeit von 13,1 mag und dem Gaia-Farbindex $G_{BP}–G_{RP}$ = −0,54 mag. Als Spektraltyp wird [WC] angegeben – die eckigen Klammern zeigen an, dass es sich um einen Wolf-Rayet-Stern handelt, der in einem planetarischen Nebel sitzt. Der Stern hat eine Temperatur von 95.000 K. Sein Spektrum zeigt die für Wolf-Rayet-Sterne charakteristischen Hinweise auf eine kugelförmige, expandierende Hülle. Sie wird durch den [WC]-Stern produziert, dessen starker Sternwind auch die komplexen Bestandteile der Hüllen verursacht.
Dies kann zudem erklären, warum das Zentrum weniger hell und weniger blau wirkt. Hier transportiert der Strahlungsdruck Materie nach außen – mit dem Ergebnis einer reduzierten Gasdichte. Der rote Streifen erweist sich als Bereich geringerer [OIII]-Leuchtkraft. An dieser Stelle ist die Hülle im [OIII] durchsichtig und lässt die zentralen Hα- und [NII]-Emissionen erkennen.
Aufgrund seiner Spektren wird NGC 4361 als hoch ionisierter Nebel bezeichnet. Auffälligerweise sind nur sehr wenig Metalle zu finden. Daher ist die Elementhäufigkeit von Wasserstoff etwa 7000-mal größer als die von Sauerstoff. NGC 4361 wird daher bei den metallarmen planetarischen Nebeln eingeordnet. Für diese Gruppe vermuten die Astronomen, dass die Masse ihrer Vorgängersterne unterhalb einer Sonnenmasse gelegen haben muss.
Die Analysen der Spektren belegen auch die Vermutung einer Kleeblattstruktur. Die Hülle wird demnach aus vier Gasblasen gebildet, was NGC 4361 zu einem der wenigen bekannten Quadrupolnebeln macht. Es wird vermutet, dass HD 107969 einen Begleiter mit einer Sonnenmasse besaß und die beiden Sterne ein enges Paar bildeten. Ihr Abstand wird auf nur 50 AE geschätzt. Dem Modell zufolge gab es in einem Abstand von nur 900 Jahren zwei Ereignisse, bei denen Materie ausgestoßen wurde, die jeweils zwei Paare von Gasblasen erzeugten. Dies wäre zwar nur eine kurze Episode während der Entstehungszeit des etwa 9400 Jahre alten Nebels, die aber für die heutige Form von NGC 4361 entscheidend war.

NGC 5189

MUS | $13^h\ 33^m\ 33^s$ | -65° 58′ 27″

Mit einer Deklination von knapp −66° gehört der planetarische Nebel NGC 5189 zu den südlichsten Objekten dieses Kapitels. Den Nebel finden wir im Sternbild Fliege (Musca). Seine galaktische Breite beträgt −3,5°, wir blicken also fast in die Milchstraßenebene. Am Himmel erscheint der Nebel rautenförmig mit einer Fläche von etwa 3,2′ × 2,0′. Das Gasfilament, das die Hülle durchzieht, erinnert an ein spiegelverkehrtes Supermann-Logo. NGC 5189 wird als bipolarer, in einigen Artikeln auch als quadrupolarer Nebel bezeichnet, dessen Strukturen in der Hülle eine auffällige Punktsymmetrie zeigen. Dies führt schnell auf HD 117622, laut Simbad der Zentralstern des Nebels. Seine mit Gaia gemessene Parallaxe führte auf eine Entfernung von 4790 ± 130 Lichtjahren. In dieser Entfernung hat der Nebel einen Radius von grob 0,74 Lichtjahren. Der Gaia-Farbindex des 14,5 mag hellen Sterns beträgt $G_{BP}-G_{RP} = 0{,}0$ mag. Der Vergleich dieses Farbindexes mit denen anderer Zentralsterne zeigt deutlich, dass dieser Stern ganz und gar nicht blau ist.
Der Zentralstern von NGC 5189 ist also (noch) kein Weißer Zwerg. Sein stellares Spektrum zeigt breite OIV- und weniger breite HeII-Emissionslinien. Die Spektrallinie des CIV besitzt ein P-Cygni-Profil, das auf eine mit 1540 km/s expandierende Gasschale hinweist. Andere Spektrallinien liefern sogar fast die doppelte Geschwindigkeit. Vom etwa 165.000 K heißen Zentralstern strömt sehr wahrscheinlich Materie ab. Der Spektraltyp wird mit [WO1] angegeben, es liegt also ein Wolf-Rayet-Stern mit prominenten Sauerstofflinien vor. Kühlen diese Sterne ab, entstehen [WC]-Sterne, in denen Kohlenstofflinien dominieren. Dieser Entwicklungsweg eines Wolf-Rayet-Zentralsterns führt zu einem PG1159-Stern. Diese Abfolge, die sogenannte „WR carbon sequence", wird bei „born-again"-Nebeln vermutet (siehe Kapitel 4: Abell 78). Dort findet auf dem kompakten Stern, der den ersten Nebel hervorbrachte, ein explosionsartiges Fusionsereignis statt, durch das wasserstoffarme und kohlenstoffreiche Materie weggeschleudert wird.
Solch ein Szenario benötigt einen Doppelstern. Dazu passt, dass das Bild von NGC 5189 durch niedrig ionisierte Filamente bestimmt ist. Sie könnten durch eine frühere Phase entstanden sein, in der beide Sterne von einer gemeinsamen Gashülle umgeben waren. Die Filamente des heutigen Nebels würden dann auf zentrale Sternwinde zurückgehen, die durch den engen Umlauf der beiden Sterne entstehen. Gleichzeitig fließt Materie auf den kompakteren Stern und verursacht dort die zweite Fusionsphase. Die Bahngeometrie der beiden Sterne führt dann dazu, dass die Sternwinde als kollimierte Gasstrahlen auf das Gas der umgebenden Hülle treffen und die entstehenden Stoßfronten die Filamente aufleuchten lassen.
Ein starkes Indiz für die Doppelsternnatur des Zentralsterns von NGC 5189 liefern regelmäßige Variationen der Spektrallinien mit einer Periode von 4 Tagen. Damit kann man berechnen, dass der etwa 0,6 Sonnenmassen schwere [WO1]-Stern einen Begleiter mit 0,8 Sonnenmassen besitzt. Es könnte ein Weißer Zwerg sein, doch es gibt auch Astronomen, die noch einen dritten Stern mit ins Spiel bringen, der die Winde und damit die Hülle mitgestaltet. Träfe dies zu, so hätte NGC 5189, seinem Logo entsprechend, einen stellaren Superlativ in seinem Zentrum zu bieten.

NGC 5882

LUP | $15^h\ 16^m\ 50^s$ | -45° 38′ 59″

Der planetarische Nebel NGC 5882 im Sternbild Lupus (Wolf) wird auf vielen Webseiten als kleiner und mit 9,4 mag recht heller Nebel beschrieben. Dies bezieht sich auf den hellen innersten Ring, dessen Winkelgröße nur etwa 10″ × 5″ beträgt. Auf der Aufnahme erkennen wir auch eine fast senkrecht stehende, bipolare Ausstülpung der Gashülle. Die Länge dieser Struktur entlang der Achse beträgt 50″. Die Aufnahme zeigt auch lichtschwache, weiter außen liegende Gasstrukturen, die wie die weggeschleuderten Überreste einer Explosion wirken und in der Horizontalen konzentriert zu sein scheinen. Auf der linken, östlichen Seite erreichen diese Gasfilamente einen Abstand von 1,6′. Dieser wird von denen auf der rechten, westlichen Seite noch übertroffen. Die äußerste, schwach rotblau leuchtende Struktur erreicht einen Abstand von 2,4′.

Der Zentralstern von NGC 5882, HD 135456, hat im Gaia-Katalog eine Entfernung von etwa 7060 ± 460 Lichtjahren. Seine G-Helligkeit beträgt 13,3 mag und seinen Gaia-Farbindex von $G_{BP}-G_{RP} = -0{,}1$ mag können wir als leicht bläulich beschreiben. Ein direkt beobachtbarer Weißer Zwergstern wäre aber stärker blau. Die Temperatur des Zentralsterns erreicht 78.000 K und er hat die 2800-fache Sonnenleuchtkraft. Anhand der Gaia-Entfernung können wir die projizierten Abstände bestimmen: Das äußerste Filament ist knapp 5 Lichtjahre vom Zentrum entfernt und der innere helle Ring erreicht 0,34 Lichtjahre.

Legen wir den Spalt eines Spektrografen etwas abseits des Zentralsterns quer über den Nebel, wird das Spektrum von NGC 5882 von der [OIII]-Linie dominiert. Die Intensität dieser Sauerstoffemission ist fast um einen Faktor 4 größer als die der zweithellsten Linie, Hα. Die blaue Hβ-Linie (486,1 nm) weist nur die halbe Intensität von Hα auf. Zwischen den Intensitäten der beiden Wasserstoff-Linien ist die [NeIII]-Linie bei 386,9 nm angesiedelt. Da somit drei der vier hellsten Linien im blauen Farbbereich liegen, muss die Farbe von NGC 5882 zwangsläufig vom Blau dominiert sein.

Im ultravioletten Teil des Spektrums beobachten wir in den Spektrallinien sogenannte „P-Cygni-Profile“, die neben der Emission eine schmalere, blauverschobene Absorptionslinie aufweisen. Benannt wurde die Profilform nach dem Prototyp, in der sie 1976 zum ersten Mal beobachtet wurde (siehe Kapitel 8: P-Cygni-Profile). In NGC 5882 messen wir im Profil der OV-Linie bei 137,1 nm eine Expansionsgeschwindigkeit von rund 2300 km/s.

Aus den Spektren im Nebelzentrum schätzen die Astronomen ein Alter von rund 1500 Jahren für NGC 5882 ab. Es könnte sich demnach um einen noch jungen planetarischen Nebel handeln. Diese kurze Zeitspanne und die Strukturen in der Außenhülle passen allerdings nicht zusammen. Die Astronomen haben aber eine mögliche Erklärung parat: Die beobachteten Strukturen entstanden nicht mit dem planetarischen Nebel, sondern sind älter und gehen auf Kondensationen in den Sternwinden des AGB-Vorläufersterns zurück. Sterne auf dem asymptotischen Riesenast können 50 % bis 70 % ihrer Masse verlieren, ihre Massenverlustrate kann dabei 10^{-4} Sonnenmassen/Jahr erreichen. Bei NGC 5882 wurde berechnet, dass diese Phase massereicher Winde vor rund 100.000 Jahren stattgefunden haben könnte.

NGC 6302 KÄFERNEBEL

SCO | $17^h\ 13^m\ 44^s$ | -37° 6′ 11″

Der planetarische Nebel NGC 6302 ist inmitten der Sommermilchstraße im Sternbild Skorpion zu finden. Er ist nur rund 10° vom Milchstraßenzentrum im benachbarten Schützen entfernt. Bei angloamerikanischen Beobachtern kennen wir NGC 6302 auch als „butterfly-nebula" („Schmetterlingsnebel") oder als „bug-nebula" („Käfernebel").

Der Stern im Zentrum des Nebels ist als HD 155520 katalogisiert. Wie wir auf der Aufnahme gut erkennen können, ist der direkte Blick auf das zentrale Objekt nicht möglich. Die Forscher führen dies auf einen Staubtorus zurück, den wir fast in Kantenlage beobachten und der so dicht ist, dass die ionisierenden UV-Photonen des Zentralsterns nur rechts und links die Hülle beleuchten können.

Der bipolare innere Teil von NGC 6302 misst in der Horizontalen etwa 2′. Auf der nordwestlichen Seite wird die bipolare Symmetrie durch eine große Gasstruktur gestört. Der elliptische Rahmen dieser Struktur reicht 2,4′ weit und besitzt auf der gegenüberliegenden Seite kein gleichwertiges Gegenstück, was dazu führte, dass NGC 6302 als polypolarer Nebel bezeichnet wird.

Die Entfernung von NGC 6302 konnte mithilfe der Eigenbewegung von 15 Verdichtungen in der nordwestlichen Gasstruktur bestimmt werden. Dazu benutzten die Astronomen Fotoplatten des South African Astronomical Observatory aus dem Jahr 1956 und verglichen diese mit Aufnahmen von 2007. Sie ermittelten nicht nur eine Entfernung von 3800 ± 460 Lichtjahren, sondern lieferten auch ein Modell für die Gasstruktur. Demzufolge befindet sich das Gas in einem lang gestreckten Ellipsoid, dessen Längsachse etwa 13° zur Himmelsebene gekippt ist. Während diese Struktur expandiert, werden die Geschwindigkeiten der leuchtenden Verdichtungen mit dem Abstand vom Zentrum immer größer und erreichen Werte von bis zu 600 km/s. Die Astronomen bezeichnen dies als „Hubble-Flow", denn eine beschleunigte Bewegung mit größerer Entfernung zu einem Ausgangspunkt entspricht dem Verhalten von Galaxien bei der kosmologischen Expansion. Physikalisch hat letztere natürlich nichts mit NGC 6302 zu tun. Rechnen wir die Gasbewegung zurück, so können wir folgern, dass es vor 2200 Jahren eine starke Eruption gegeben haben muss, bei der diese Verdichtungen mit hoher Geschwindigkeit herausgeschleudert wurden.

Im Vergleich dazu bewegt sich das Material des dichten, zentralen Torus langsamer. Es ist zu vermuten, dass dieser Torus in einer Phase starker Sternwinde des Vorgängersterns entstanden ist, die vor 7500 Jahren begann und vor 2900 Jahren endete. Die bipolaren Gasblasen, wie auch die nordwestliche Struktur, entstanden erst 700 Jahre später, vermutlich im gleichen Ereignis. Wir können zwar sagen, dass es schneller abgelaufen sein muss als die Entstehung des Staubtorus in NGC 6302 – warum aber ein Prozess sowohl langsames als auch sehr schnelles Gas hervorbrachte, ist unklar. Gehen wir von einem Doppelstern im Zentrum aus, wäre denkbar, dass beim Massentransfer eine Akkretionsscheibe um einen der beiden Sterne entstanden sein könnte. Hier kann es zu gebündelten Abströmungen kommen, die senkrecht zur Scheibe gerichtet sind. Das Ergebnis wäre dann eine Mischung von langsamen und schnellen Gasstrukturen – wie in der Hülle von NGC 6302.

NGC 6543 KATZENAUGENNEBEL

DRA | $17^h\ 58^m\ 33^s$ | 66° 37′ 59″

Der planetarische Nebel NGC 6543 im Sternbild Draco (Drache) ist besser unter dem Namen „Katzenaugennebel" bekannt. Er verdankt ihn seinem strahlend hellen Innenbereich. Hier leuchtet eine komplexe, bipolare Struktur, deren Gasbögen eine elliptische Form ausbilden, die an die vertikale Pupille eines Katzenauges erinnert. Umgeben ist das Auge von klumpigen Verdichtungen, die ebenfalls an eine Retina erinnern und auch im Ultravioletten zu erkennen sind. Beim Blick durch ein Teleskop ist nur dieser Innenbereich sichtbar. Die lichtschwache äußere Hülle hebt sich nur auf lang belichteten Aufnahmen vom Himmelshintergrund ab. Der Bildausschnitt zeigt NGC 6543 und in einem Winkelabstand von 9,4′ die 14,6 mag helle SB-Galaxie NGC 6552. Diese Seyfert-II-Galaxie hat einen aktiven Galaxienkern und ist etwa 380 Millionen Lichtjahre von uns entfernt. Der Durchmesser der galaktischen Scheibe von 63″, fast so groß wie das Innere des Katzenauges, entspricht etwa 120.000 Lichtjahren.

Der Zentralstern von NGC 6543 ist gemäß dem Gaia-DR3-Katalog 4455 ± 17 Lichtjahre von uns entfernt. Seine Gaia-G-Helligkeit beträgt 11,2 mag und sein Gaia-Farbindex von $G_{BP}-G_{RP} = -0{,}35$ mag deutet auf einen blauen Stern hin. Aus dem Spektrum können die Astronomen ableiten, dass es sich um einen Wolf-Rayet-Stern mit einer Temperatur von 80.000 K handelt. Der Stern hat eine Masse von 0,65 Sonnenmassen und besitzt eine Leuchtkraft, welche die der Sonne um drei Größenordnungen übertrifft.

Bei NGC 6543 springt ein kreisförmiger Rand der Gashülle ins Auge, der dichte Fragmente enthält. Diese kosmische Retina wurde erst in den 1970er-Jahren entdeckt und hat einen Radius von rund 2,5′ – entsprechend einem projizierten Durchmesser von 6,4 Lichtjahren.

Vergleichen wir die Helligkeit dieser Fragmente mit dem hellen Innenbereich, so leuchten diese 10.000-mal schwächer. Eine grünliche Verdichtung auf der rechten, westlichen Seite ist heller und besitzt als IC 4677 sogar einen eigenen Katalogeintrag. Rechts unterhalb davon befindet sich ein v-förmiges, rötliches Filament, das in Richtung des Zentrums von NGC 6543 zeigt. Die dort sichtbare Anregung der Emissionen von Hα und [NII] erfolgen aber nicht durch die ionisierende Strahlung des Zentralsterns, denn dieser ist zu weit entfernt. Sie beruhen vielmehr auf Stoßfronten schneller Materie, die in dichtes, aber langsameres Material hinein läuft. Sie stammt aus frühen Ausbrüchen des Zentralsterns von NGC 6543. Das Filament entsteht, weil die Winde zweier aufeinanderfolgender Sternwindphasen aufeinanderprallen, da sich ihre Geschwindigkeiten bis zu einem Faktor 100 unterscheiden. Die dabei frei werdende Energie lässt die Filamente aufleuchten.

Ein Blick ins Innere des Katzenauges zeigt auch dort die Auswirkungen von Winden. Der helle Innenbereich ist von einigen konzentrischen Ringen umgeben. Es wird vermutet, dass diese durch Pulsationen des Vorgängersterns entstanden sein könnten. Es lässt sich abschätzen, dass die Pulse in einem Abstand von 1500 Jahren aufeinanderfolgten und vor 15.000 Jahren begannen. Dieser regelmäßigen Phase folgte eine Phase explosionsartiger und intensiver Sternwinde, die vor nur 1000 Jahren das helle Katzenauge entstehen ließen.

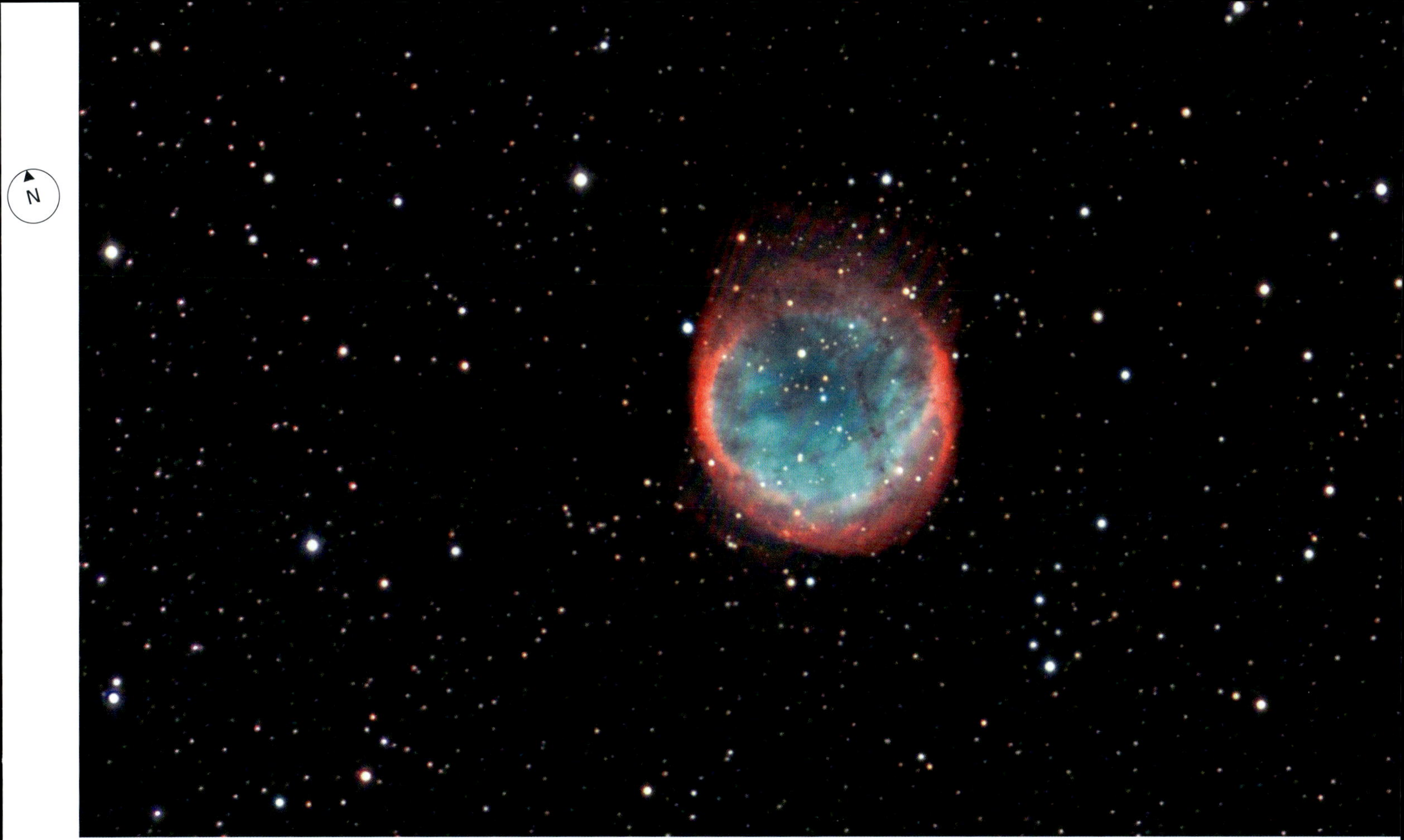

NGC 6781

AQL | $19^h\ 18^m\ 28^s$ | 6° 32′ 19″

Im Sternbild Aquila (Adler) finden wir etwa 8,4° westlich des Hauptsterns Altair den planetarischen Nebel NGC 6781. Seine kreisförmig erscheinende Hülle hat einen Winkeldurchmesser von rund 1,8′. In Nord-Süd-Richtung ist sie aufgrund lichtschwacher, weit außen liegender Bereiche größer und erreicht eine Ausdehnung von 2,6′.

Im Zentrum von NGC 6781 steht ein DAO-Zwergstern mit einer Temperatur von 110.000 K und einer Leuchtkraft von rund 380 Sonnenleuchtkräften. Die Gaia-Messung liefert für den Zentralstern eine Entfernung von 1628 ± 55 Lichtjahren und eine G-Helligkeit von 16,7 mag. Der Farbindex liegt bei $G_{BP}-G_{RP} = 0{,}37$ mag, ist also keineswegs blau. Das passt zu der Annahme, dass ausgestoßenes Material in unserer Blickrichtung den DAO-Stern verdeckt und eine starke Rötung des Lichts bewirkt.

Aufgrund seines möglichen Entwicklungswegs im Hertzsprung-Russell-Diagramm dürfen wir vermuten, dass der Vorgängerstern eine anfängliche Masse von 1,5 Sonnenmassen besessen haben könnte und heute eine aktuelle Masse von nurmehr 0,6 Sonnenmassen aufweist.

Beim planetarischen Nebel NGC 6781 handelt es sich um einen entwickelten Nebel, der vor etwa 30.000 bis 40.000 Jahre entstanden ist. Auch wenn die Aufnahme einen anderen Eindruck hinterlässt, handelt es sich um einen bipolaren Nebel. Die Ringstruktur setzt sich aus zwei separaten zylindrischen Bereichen zusammen, die jeweils vor und hinter einer Ebene liegen, in der sich der Zentralstern befindet. Da der Sehstrahl etwa 20° gegen die Senkrechte des kreisförmigen Nebels geneigt ist, überlagern sich diese beiden Zylinder und es entsteht die etwas „ausgebeult" erscheinende Nebelhülle. Der hellere und unten liegende Kreisbogen beruht auf unserem Blick auf die hell beleuchtete Innenseite des uns zugewandten Gaszylinders.

NGC 6781 repräsentiert die Klasse der staubhaltigen und molekülreichen Nebel. Diese Zuordnung treffen die Astronomen aufgrund der deutlichen Infrarotemission, die im Bereich der optischen Ringstruktur am hellsten strahlt. Die Masse des Staubes schätzen sie auf 4×10^{-3} Sonnenmassen. Die Infrarotspektren verraten auch, woraus dieser Staub besteht: Er ist reich an amorphen Kohlenstoffverbindungen, die eine Temperatur von rund 40 K aufweisen. Die Modelle liefern für die Gesamtmasse der Hülle den Wert von 0,86 Sonnenmassen. Sie setzt sich zusammen aus 0,54 Sonnenmassen ionisiertem Gas, 0,12 Sonnenmassen atomarem Gas und 0,2 Sonnenmassen molekularem Gas. Die Masse der Hülle passt damit fast genau zur Massendifferenz zwischen dem Zentralstern und dem Vorgängerstern.

Aus Sicht des stellaren Kerns von NGC 6781 ist die Entwicklung des planetarischen Nebels abgeschlossen. Er befindet sich im HRD schon auf der Abkühlsequenz eines Weißen Zwerges. Bis er verglommen ist, wird es aber noch einige Milliarden Jahre dauern. Schon weit früher wird sich die staubige Hülle von NGC 6781 mit dem interstellaren Medium vermischt haben und den Rohstoff für neue Sterngenerationen liefern.

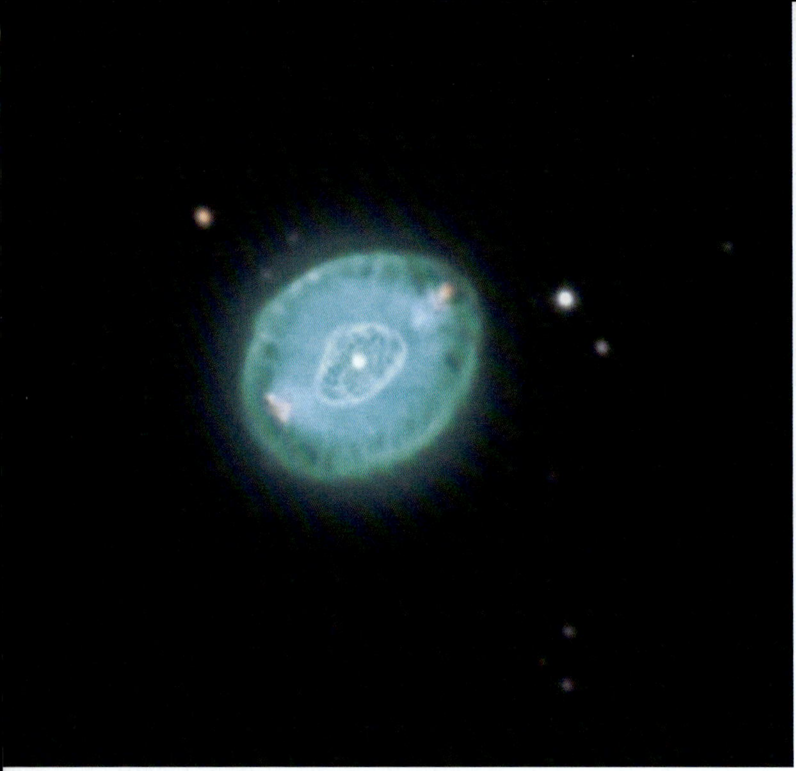

NGC 6826 BLINKING PLANETARY

CYG | $19^h\ 44^m\ 48^s$ | 50° 31′ 30″

Den planetarischen Nebel NGC 6826 im Sternbild Schwan (Cygnus) kennen viele Amateurastronomen als „blinking planetary“. Beobachten wir den Nebel im Visuellen und blicken wir auf den hellen Zentralstern, erscheint die umgebende Hülle dunkel – obwohl sie auf der Aufnahme hell im Grün der [OIII]-Linie leuchtet. Schweift unser Blick vom Zentralstern zur Hülle, so erscheint diese plötzlich heller: in der Wahrnehmung „blinkt“ der Nebel. Die Ursache ist die veränderte Helligkeitswahrnehmung auf der Netzhaut unserer Augen. Wenn wir Objekte nicht direkt, sondern peripher beobachten, sehen wir sie weniger scharf, dafür sind die dann ausgeleuchteten Stäbchen der Sehzellen lichtempfindlicher.

NGC 6826 ist aus mehreren Hüllen aufgebaut, wobei die äußere, sphärische Hülle sehr lichtschwach ist und im Visuellen nur mit größeren Instrumenten beobachtet werden kann. Ihr Durchmesser liegt bei 2,2′. Sie ist durch eine marmorierte Helligkeitsverteilung gekennzeichnet, mit einer Verdichtung an ihrer linken, östlichen Grenze. Die äußere Hülle weist nur eine sehr schwach ausgeprägte Bipolarität auf. Die innere Hülle ist bipolar aufgebaut, mit einer Hauptachse, die um etwa 30° zur Horizontalen gekippt ist. Der elliptische Rand der Hülle erreicht einen Durchmesser von rund 30″, die kleine Ellipse um den Zentralstern misst noch 12″. Die beiden hellen Verdichtungen erscheinen bei kürzer belichteten Aufnahmen rötlich und werden als „Fast Low-Ionization Emission Regions“ bezeichnet. Es wird vermutet, dass es sich um stationäre Verdichtungen handelt, auf die Materie aus dem Zentrum mit Überschallgeschwindigkeit auftrifft – die schnellen Sternwinde erreichen Spitzengeschwindigkeiten von einigen 1000 km/s!

Die Gaia-Daten für den Zentralstern HD 186924 liefern eine Entfernung von 4230 ± 200 Lichtjahren. Damit berechnet sich für die elliptische Hülle eine projizierte Ausdehnung von 0,61 Lichtjahren. Die Gaia-G-Helligkeit beträgt 10,6 mag und der Gaia-Farbindex $G_{BP}-G_{RP} = -0{,}33$ mag. Der Zentralstern muss daher blau erscheinen. Es handelt sich um einen O6-Stern mit einer geschätzten Temperatur von 45.000 K. Im Spektrum finden wir Hinweise auf abgestoßene Hüllen, die wir bei Wolf-Rayet-Typen erwarten würden.

Da NGC 6826 mit seiner Position im nördlichen Flügel des Schwans im Bildfeld des Kepler-Weltraumteleskops der NASA lag, konnte der Zentralstern über einen Zeitraum von 300 Tagen beobachtet werden. Mit einer Auflösung von einigen Hundertstel Magnituden wurden die Helligkeitsvariationen genau unter die Lupe genommen, mit dem Ergebnis einer Periode von 1,23799 ± 0,00001 Tagen, die zudem eine Doppelwelle zeigt! Dieser extrem konstanten Periodizität sind unregelmäßige Schwankungen mit einer fünfmal stärkeren Amplitude überlagert. Betrachten wir die Absorptions- und Emissionslinien, so finden wir dort unregelmäßige Veränderungen im Bereich von Stunden.

Für die Astronomen ergibt sich damit das folgende Bild: Aufgrund der kurzen Periode kann ein Doppelstern im Zentrum ausgeschlossen werden, denn ein möglicher Begleiter müsste sich innerhalb des etwa 0,8 Sonnenmassen schweren Zentralsterns bewegen. Aber der Zentralstern von NGC 6826 rotiert und besitzt auf seiner Oberfläche zwei heiße Zonen. Die regelmäßige Rotation erklärt die festgestellte Konstanz der Periode. Zu diesem Modell eines Einzelsterns passt der regelmäßige Rand der Außenhülle – diese wäre am Ende der AGB-Phase des Vorgängersterns entstanden, ohne durch einen Begleiter verformt worden zu sein. Die äußere Hülle von NGC 6826 expandiert mit rund 12 km/s und wäre demnach heute ungefähr 34.000 Jahre alt. Als das Gas abgestoßen wurde, rotierte der Vorgängerstern noch langsamer als heute. Erst mit dem Verlust des äußeren Sternbereichs und der damit verbundenen Abnahme des Sternradius musste die Rotationsgeschwindigkeit wegen der Drehimpulserhaltung zunehmen.

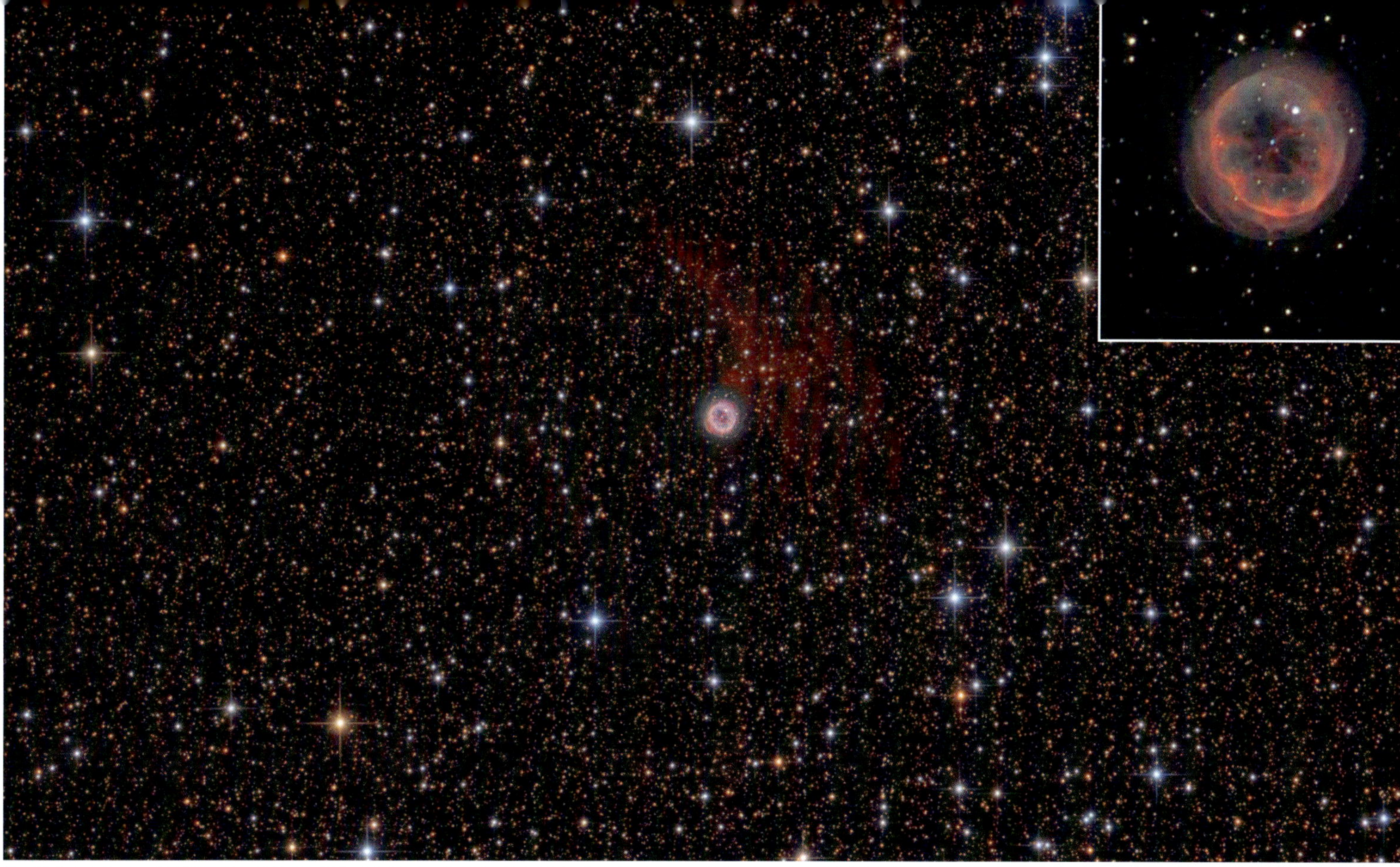

N

NGC 6894

CYG | $20^h\ 16^m\ 24^s$ | 30° 33′ 53″

Die Übersichtsaufnahme mit dem planetarischen Nebel NGC 6894 in der Mitte blickt in die Sommermilchstraße, die durch das Sternbild Schwan (Cygnus) verläuft. In der Detailaufnahme des Nebels scheint die Hülle eine Überlagerung mehrerer Ringe zu sein. Die resultierende helle Zone innerhalb dieser Ringe misst etwa 53″ × 48″. Die Rotfärbung ist nicht gleichmäßig über den ganzen Nebel verteilt, sondern dominiert die untere Hälfte. Auch fällt im Inneren ein rotes netzförmiges Muster auf, das sich bis zur Ringzone erstreckt. Der blaue Zentralstern Gaia EDR3 2053683628140774528 hat eine G-Helligkeit von 18,1 mag. Sein Gaia-Farbindex ist mit 0,26 mag keineswegs blau, wie die Aufnahme eigentlich vermuten lässt. Für den Stern wurde eine Temperatur von 90.000 K geschätzt, passend zu einem Weißen Zwerg. Das Zentrum muss daher verdeckt und gerötet sein, weshalb kein negativer Farbindex gemessen werden kann.
Die Gaia-Parallaxe liefert eine Entfernung von 4760 ± 810 Lichtjahren. Für den roten Ring folgt damit ein Durchmesser von etwa 1,2 Lichtjahren. Die Eigenbewegung des Zentralsterns beträgt etwa 7,5 mas/a. Auf der Aufnahme liegt Norden oben. Relativ dazu bewegt sich der Nebel nach unten. Wir können grob abschätzen, dass der Nebel innerhalb von 6700 Jahren am Himmel eine Strecke zurückgelegt hat, die seinem heutigen Durchmesser entspricht. In Projektion entspricht dies einer Geschwindigkeit von etwa 55 km/s.
Um die räumliche Bewegung abzuschätzen, benötigen wir noch die Radialgeschwindigkeit, die bei NGC 6894 –58 km/s beträgt. Der Nebel durchquert demnach das interstellare Medium und bewegt sich auf uns zu.

Bei NGC 6894 verraten die oberhalb des Nebels sichtbaren lichtschwachen roten Streifen, dass es dabei zu Wechselwirkungen kommt. Als Ursache vermuten die Astronomen galaktische Magnetfelder, die senkrecht zur Bewegungsrichtung verlaufen. Sie sind in der interstellaren Materie „eingefroren". Trifft die Materie des Nebels auf das interstellare Medium, wird es in einer Stoßfront verdichtet. Gleichzeitig werden die Feldlinien in Flugrichtung durch die expandierende Gashülle des Nebels gestaucht. Zu dieser Deutung passt die höhere Helligkeit der unteren Ringhälfte, die auf eine 20 % größere Gasdichte zurückgeführt wird. Hinter dem sich bewegenden Nebel, sozusagen in seinem Kielwasser, verliert der Nebel Gas aus seiner Hülle. Da das Gas ionisiert ist, folgt es bei der Abströmung den Magnetfeldlinien innerhalb des ISM.
Bei einem angenommenen Alter von 15.000 Jahren für NGC 6894 können wir abschätzen, dass dieser bereits ein bis zwei Sonnenmassen an das ISM verloren hat. Rechnen wir mit seiner Geschwindigkeit sowie seinem Durchmesser zurück, dürfen wir vermuten, dass der Großteil des Gasverlusts gleich zur Anfangszeit des Nebels stattfand und den hellsten der Streifen mit dem heute noch leuchtenden Gas versorgte. Die Längsrichtung der Streifen liegt parallel zur galaktischen Ebene und liefert damit einen weiteren Hinweis auf das Magnetfeld der Milchstraße, das im leuchtenden Umfeld von NGC 6984 sichtbar wird. Dessen magnetische Flussdichte liegt bei nur etwa 5×10^{-10} Tesla (5 Mikrogauß in CGS-Einheiten). Zum Vergleich: Das Erdmagnetfeld in Deutschland beträgt 5×10^{-5} Tesla und ein handelsüblicher Kühlschrankmagnet hat ein Magnetfeld von 5×10^{-3} Tesla.

NGC 7048

CYG | $21^h\ 14^m\ 15^s$ | 46° 17′ 16″

Der planetarische Nebel NGC 7048 befindet sich 3° nordöstlich des Nordamerikanebels und 5,5° östlich des Sterns Deneb im Sternbild Cygnus (Schwan). Der rötliche Schimmer, der über der Aufnahme liegt, ist ein Hinweis auf die geringe galaktische Breite von –1,7°, da hier Staub und Gas in der Milchstraßenebene den Hintergrund dominieren. Entdeckt wurde der etwa 1′ große Nebel 1878 von Édouard Jean-Marie Stephan. Das typische Linienspektrum der planetarischen Nebel konnte Edwin Hubble 1921 bestätigen, der damals zwölf Nebel mithilfe von Objektivprismenaufnahmen untersucht hatte. NGC 7048 besitzt daher auch den Katalogeintrag PN Hb 9.
Die fast kreisförmige Gashülle ist an der Nordseite unterbrochen, mit einem nach oben versetzten Hüllenrand. Ein kleines bipolares Gegenstück auf der unteren südlichen Seite ist nur auf hochaufgelösten Aufnahmen auszumachen. Auf dem Inset erkennen wir auch, dass die helle Gashülle ein lichtschwacher Halo umgibt, der nicht geschlossen ist. Auf seiner linken östlichen Seite ist er dunkler: Hier ist der im Hα-Licht leuchtende Halo schwächer, was ein Hinweis auf geringere Gasdichte sein könnte.
Im Zentrum von NGC 7048 lässt sich ein kleiner blauer Stern mit der Katalogbezeichnung Gaia EDR3 2164192930525717248 ausmachen, bei dem es sich vermutlich um den Zentralstern des Nebels handelt. Schauen wir in den Gaia-EDR3-Katalog, so finden wir für diesen Stern eine Entfernung von 5200 Lichtjahren mit einem Unsicherheitsbereich von fast 2000 Lichtjahren. Die G-Helligkeit beträgt 19,0 mag. Damit kratzt der Stern an der Nachweisgrenze des Astrometriesatelliten, was sich in dem großen Fehler niederschlägt. Interessanterweise variiert die Farbe zwischen den Angaben für DR2 und EDR3. Der Stern wäre in DR2 mit einem Farbindex von +0,1 schwach rot.
Benutzen wir die Werte aus EDR3, hat die helle Gashülle einen projizierten Durchmesser von 1,5 Lichtjahren. Der Gaia-Farbindex ist in der Datenbank mit $G_{BP}-G_{RP} = -0{,}1$ mag angegeben. Mithilfe der sogenannten Zanstra-Methode zur Bestimmung der Temperatur von Zentralsternen planetarischer Nebel (hier wird die Intensität der Hβ-Emissionslinie genutzt, um auf die Absorption der UV-Photonen und damit auf die Temperatur zu schließen) erhalten wir 120.000 K. Sehr wahrscheinlich und wenig überraschend steht im Zentrum von NGC 7048 ein Weißer Zwergstern.
Bei NGC 7048 vermuten die Astronomen, dass der Halo ein Relikt der AGB-Endphase des Vorgängersterns sein könnte. Für die Abweichung von der Kreissymmetrie wird ein Dreifachsternsystem angenommen, das aus dem AGB-Vorgänger und einem engen Doppelsternsystem bestand. Auf seinem Entwicklungsweg zum planetarischen Nebel müsste sich der Vorgängerstern dieses Doppelsternsystem in seine expandierende Hülle einverleibt haben.
Anders als im Optischen liefern Infrarotaufnahmen im Licht des molekularen Wasserstoffs Hinweise auf eine solche Vorgeschichte. Wir sehen dort eine bipolare Struktur in Form einer horizontal liegenden Acht. Die intensive H_2-Emission entsteht, sobald schnelle Sternwinde auf zuvor abgestoßenes Hüllenmaterial treffen und dort Stoßfronten hervorrufen. Gerade bei entwickelten Nebeln wie NGC 7048 hat sich gezeigt, wie wichtig es ist, auch die H_2-Emissionen zu beachten, denn die hier erkennbaren Strukturen sind im visuellen Bereich unsichtbar.

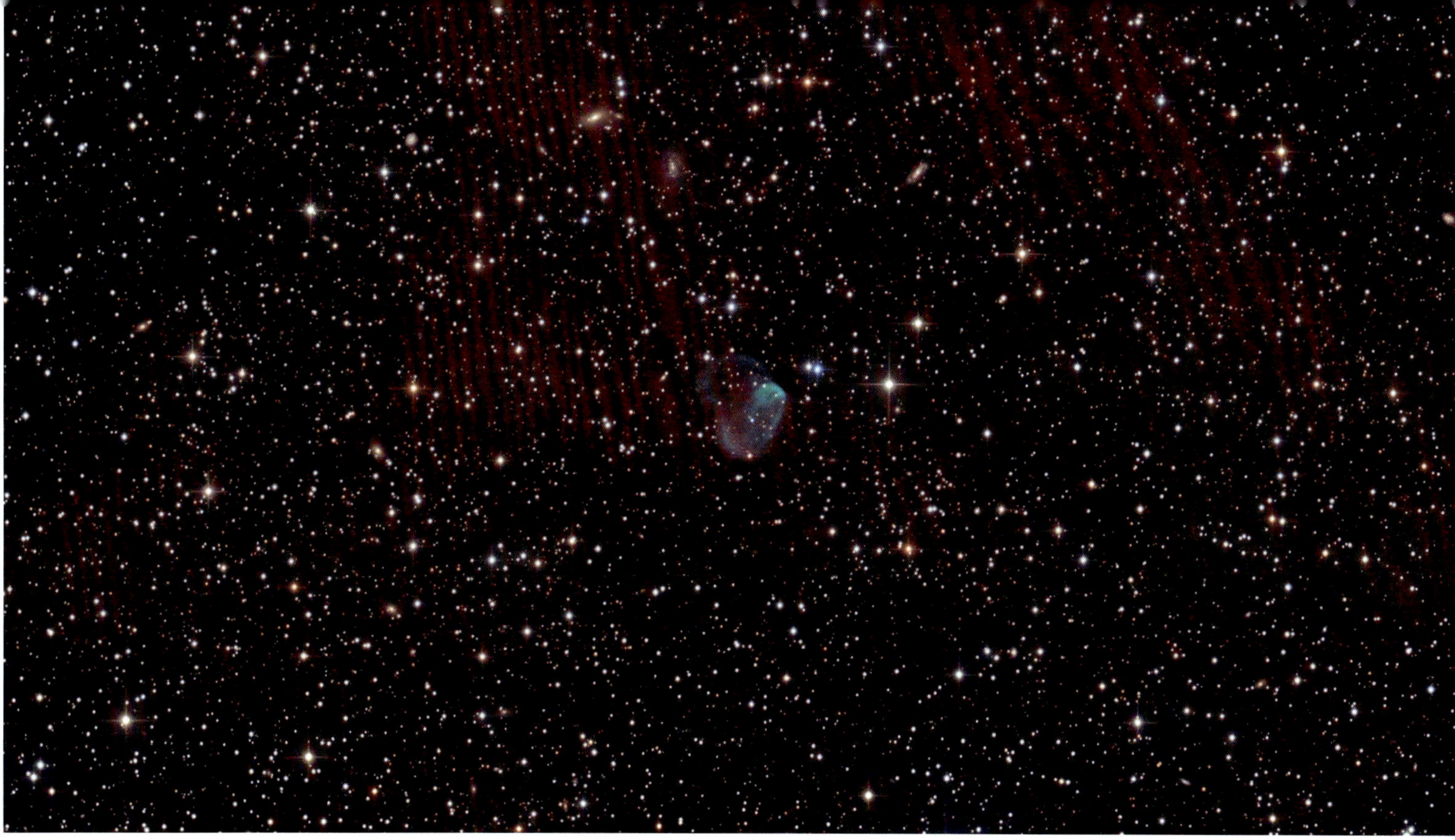

PATCHICK 5

CYG | $19^h\ 19^m\ 31^s$ | 44° 45′ 43″

Wir müssen bei diesem planetarischen Nebel schon genau hinschauen, um seine Umrisse auszumachen. Die zahlreichen Galaxien im Bild sind leichter zu erkennen als der Nebel. Patchick 5 ist ein erst 2005 entdeckter bipolarer Nebel im Sternbild Schwan. Sein Entdecker, der amerikanische Amateurastronom Dana Patchick, gehört zur Gruppe der „Deepsky-Hunters", die nach Objekten in online gestellten Durchmusterungen Ausschau halten, die übersehen wurden. Bei einer solchen Suche nach offenen Sternhaufen war dieser planetarische Nebel sozusagen der Beifang. Fündig wurde Dana Patchick im Digitized Sky Survey (DSS). Zum weiteren Abgleich benutzte er die Simbad- und die WEBDA-Datenbank.

Die in geisterhaftem Blau leuchtende Hülle scheint aus zwei Ovalen aufgebaut zu sein, die sich im unteren, südlichen Teil des Nebels überlappen. Das kleinere Oval hat eine Länge von etwa 2,1′, das größere ist breiter und mit 2,8′ auch länger. Das Gasgebilde können wir sich aus zwei Nullen zusammengesetzt denken. Die obere Null ist größer als die untere und liegt horizontal. Im oberen, türkisfarbenen Teil strahlt Patchick 5 am intensivsten.

Gaia EDR3 2127040806264002944, der Zentralstern von Patchick 5, liegt inmitten des unteren Teils. Laut den Gaia-Daten ist er etwa 7510 ± 730 Lichtjahre entfernt. Seine G-Helligkeit liegt bei 15,7 mag und der Gaia-Farbindex von $G_{BP}-G_{RP} = -0{,}35$ mag identifiziert den Stern als Weißen Zwerg. Die doppelte Null hat in dieser Entfernung eine Ausdehnung von über sechs Lichtjahren. Damit ist Patchick 5 sehr wahrscheinlich ein alter Nebel. Die Eigenbewegung des Zentralsterns misst Gaia zu 7,0 mas/a. Bezogen auf den Himmelshintergrund bewegt sich der Zentralstern fast genau nach Süden, auf der Aufnahme läuft er nach unten. In 10.000 Jahren hätte sich der Stern um einen Winkel weiterbewegt, der in etwa dem heutigen, halben Nebeldurchmesser entspricht.

Patchick 5 wurde vom Kepler-Satelliten als KIC 8619526 bezeichnet. Man stellte zeitliche Variation des Zentralsterns fest und maß eine Periode von 1,12 Tagen mit einer extrem geringen Amplitude von nur 0,05 %. Möglicherweise geht dieser Lichtwechsel nicht auf einen Doppelstern zurück, sondern beruht auf Temperaturunterschieden auf der Oberfläche des rotierenden Zentralsterns.

Bei Aufnahmen von Patchick 5 mit einem [OIII]-Schmalbandfilter entsprechen diese in etwa unserer Aufnahme. Bei Hα-Bildern erkennt man zwar die Form des Nebels, jedoch ist das innere Oval gleichmäßiger ausgefüllt und der Rand weniger auffällig. Auf der Aufnahme ist vom Rot des Wasserstoffs kaum etwas zu sehen, doch das liegt an der Kalibrierung der Filteranteile für das Farbbild. Die Gewichtung der Farben lässt das Blau hervortreten.

Bei der spektroskopischen Untersuchung legten die Astronomen den Spektrografenspalt in Richtung der Hauptachse des kleineren Ovals, sodass sie die [OIII]- und Hα-Emissionslinien beobachten konnten. Es zeigte sich, dass beide Linien aufgesplittet waren. Bei dem kleinen Oval handelt es sich demzufolge um eine lang gestreckte, mit etwa 45 km/s expandierende Gashülle. Das Äußere der Hülle dominiert der Sauerstoff, im Inneren der Hülle ist dagegen Wasserstoff zu finden.

Setzen wir all die Puzzlestücke zusammen, können wir für Patchick 5 folgern, dass der Nebel vor 20.000 Jahren entstand. Die lichtschwache Hülle geht auf die explosive Schlussphase des AGB-Vorläufers zurück. Zu dieser Zeit befand sich der Stern weiter nördlich. Vielleicht lieferten seine damals abströmenden Sternwinde die Materie, die wir heute als Doppelnull aus Gas beobachten können.

Weitfeldaufnahme von NGC 7293 im Licht von Hα, [SII] und [OIII].

NGC 7293 HELIXNEBEL

AQR | $22^h\ 29^m\ 39^s$ | -20° 50′ 13″

NGC 7293 gehört ohne Zweifel zu den Top 10 der planetarischen Nebel. Vielleicht ist dieser Nebel im Sternbild Aquarius (Wassermann) auch der Superstar unter allen bekannten Nebeln, weil er uns mit einer Entfernung von nur 651 ± 6 Lichtjahren am nächsten steht. Diese galaktische Nachbarschaft bedingt auch seine enormen Ausmaße. Der Durchmesser des blau leuchtenden Innenbereichs liegt bei etwa 6.5′. Auf der Übersichtsaufnahme erkennen wir mehrere Kreisbögen und sogar detaillierte, auf Stoßfronten zurückgehende Filamente, die, vom Zentrum aus gemessen, horizontal fast 25′ weit zu verfolgen sind. Dies entspricht einem projizierten Abstand von 4,7 Lichtjahren und ist ein deutlicher Hinweis, dass NGC 7293 ein weit entwickelter Nebel ist.

Der Astronom Karl Ludwig Harding entdeckte 1824 bei Himmelsdurchmusterungen NGC 7293 als „neuen Nebelfleck". Die heute gebräuchliche Bezeichnung „Helixnebel" geht auf erste Astrofotografien zurück, die nur die hellen Ringbereiche mit ihrem gekrümmten und korkenzieherartigen Verlauf zeigten.

Der Zentralstern WD 2226-210 hat eine Gaia-G-Helligkeit von 13,2 mag und den Gaia-Farbindex $G_{BP}-G_{RP} = -0{,}58$ mag. Es handelt sich um einen DAO.5-Stern mit einer Masse von 0,57 Sonnenmassen und einer Temperatur von 105.000 K. Im Ultravioletten liegt die Helligkeit bei 11,9 mag und im Infraroten bei 14,6 mag. Damit strahlt der Stern im Blauen zwölfmal heller als im Roten. Die visuelle Helligkeit von NGC 7293 liegt bei 7,3 mag.

Der Nebel expandiert im Außenbereich mit rund 32 km/s, im Inneren werden 40 km/s gemessen. Aus diesen Expansionsgeschwindigkeiten schließen wir auf ein Alter von etwa 11.000 Jahren. Die Spektren verschiedener Bereiche des Nebels erlauben auch einen Rückschluss auf die Geometrie. Wir blicken demnach bei NGC 7293 auf einen Ring und nicht auf eine Kugel. Alle sichtbaren Strukturen von NGC 7293 liegen fast in einer Ebene. Würden wir unsere Beobachtungsrichtung um 90° drehen, wäre NGC 7293 ein schmaler Streifen am Himmel, der nur ein Viertel der Breite des heute sichtbaren Rings messen würde.

Auf einer Aufnahme des Hubble Space Telescope aus dem Jahr 1996 sind im blauen Innenbereich Verdichtungen zu erkennen. Auch andere Nebel zeigen solche „cometary knots" („kometenartige Knoten"). Vermutlich gehören sie in unterschiedlichen Ausprägungen zum Standardrepertoire beim Übergang von der AGB-Phase zum planetarischen Nebel. Auf Infrarotaufnahmen erkennen wir noch weitere, viel dichter stehende Strukturen, die alle zum Zentrum ausgerichtet sind. Sie bestehen vermutlich aus Materie, die in der AGB-Endphase herausgeschleudert wurde. Demnach waren die Sternwinde reich an Staub. In einer Zone, in der die Sternwinde ausreichend abgebremst wurden und ihre Materialdichte noch groß genug war, um zu verklumpen, kondensierte der Staub und bildete kompakte Verdichtungen. Der freigelegte stellare Kern des Vorläufers, der heutige Weiße Zwerg, bestrahlte diese Verdichtungen mit UV-Photonen und sogar mit Röntgenstrahlung. Das führte zum Abströmen von Materie, die wir als kleine, staubige Pseudokometen beobachten können.

Die Zahl dieser Strukturen wird auf 20.000 bis 40.000 geschätzt. Aufgrund ihrer Infrarotspektren wissen wir, dass sie aus kohlenstoffreichem Material bestehen. Bei der Untersuchung der größten dieser Verdichtungen fanden die Astronomen heraus, dass die Moleküldichte im Schatten der Strahlung abnimmt, und dass ihre Staubdichte die des Gases um den Faktor 10 übertrifft. Die Masse der größten Verdichtung entspricht rund zwei Drittel der Masse des Planeten Saturn. Einige Studien rechnen die Masse aller Verdichtungen zusammen und kommen auf 1,5 Sonnenmassen. Das bedeutet, dass der Helixnebel zum allergrößten Teil aus solchen Verdichtungen besteht.

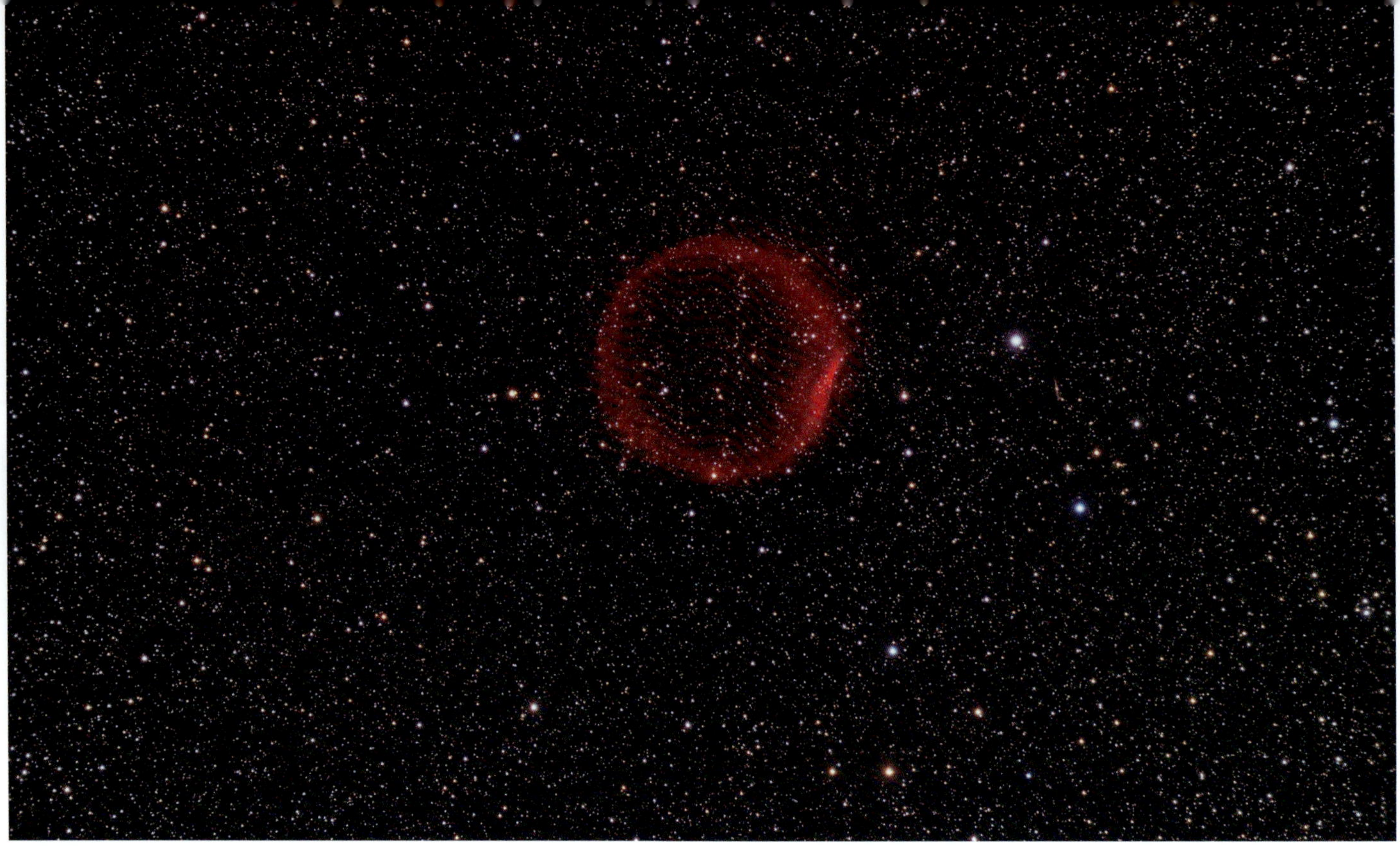

PFP 1

MON | $7^h\ 22^m\ 18^s$ | -6° 21′ 46″

Das UK-Schmidt-Teleskop ist ein 1,24-m-Reflektor, der seit 1973 am Australian Astronomical Observatory in Siding Springs (Australien) in Betrieb ist. Genutzt wurde das Instrument für Durchmusterungen des Südhimmels, wie den „AAO/UKST SuperCOSMOS Hα survey“, der nach lichtschwachen Objekten im roten Wellenlängenbereich suchte, in dem neben Hα auch die Stickstoff-Emissionslinien des [N II] bei 654,8 nm und bei 658,4 nm liegen.
Im Verlauf dieser Untersuchung fand 2004 eine Gruppe von Astronomen etwa 30 Kandidaten für planetarische Nebel sowie einige Supernovaüberreste. Einer dieser Kandidaten war PFP 1 – benannt nach den Astronomen Mark J. Pierce, David J. Frew und Quentin A. Parker. Die Aufnahme zeigt PFP 1 als zartroten, etwa 20′ × 18′ messenden Ring, dessen hellste Stelle auf der rechten Seite zu sehen ist. Auf der Aufnahme liegt Norden rechts. Interessanterweise ist an diesem hellen Teilstück eine Einbuchtung im sonst gleichförmigen Ringverlauf zu erkennen. Der planetarische Nebel befindet sich im Sternbild Einhorn (Monoceros), inmitten der Wintermilchstraße bei einer galaktischen Breite von +4°.
Betrachten wir PFP 1 auf Bildern des Digitized Sky Survey mithilfe eines Online-Viewers wie Aladin, ist überraschenderweise erst einmal nichts zu sehen. Erst ein zweiter Blick lässt in den roten Aufnahmen einen lichtschwachen Streifen erahnen. Er befindet sich genau am Ort der Einbuchtung in der hier gezeigten Aufnahme. Der rote Ring, der auf der Aufnahme eindrucksvoll zu sehen ist, ist im Aladin-Bild nicht sichtbar. Nur durch lange Belichtungszeit und eine geschickte Nachbearbeitung ist es dem Astrofotografen gelungen, die Struktur vollständig herauszuarbeiten.
Mithilfe der Gaia-Daten und der Suche nach dem blauesten Objekt innerhalb des Ringes stoßen wir auf den möglichen Zentralstern EDR3 3058094200264637312. Es handelt sich um einen 15,8 mag hellen Stern mit einem Gaia-Farbindex von $G_{BP}-G_{RP} = -0{,}57$ mag, der sich in einer Entfernung von 1742 ± 69 Lichtjahren befindet. Der leuchtende Ring hat daher einen Durchmesser von rund 10 Lichtjahren. Um zu bestätigen, dass es sich bei PFP1 wirklich um einen planetarischen Nebel handelt, wurden 2004 mit dem SAAO-1,9-m-Reflektor Spektren der hellen Einbuchtung aufgenommen. Die [NII]-Emissionslinie hatte die größte Intensität und war etwa doppelt so hell wie Hα. Die grünen [OIII]-Linien, aber auch Hβ sind viel schwächer, was die rote Ringfarbe erklärt.
In der ersten Veröffentlichung benutzten die Astronomen ein Farben-Helligkeits-Diagramm, in dem sie die spektral gemessenen Farb-Indizes aller Sterne in einem Bereich von 10′ um das Zentrum eintrugen. So fanden sie – noch vor der Zeit von Gaia – den Zentralstern, der mit mehr als 1 mag Abstand das „blauste“ Objekt darstellt. Die Masse des Weißen Zwergsterns liegt bei etwa 0,6 Sonnenmassen. Das entspricht der Masse, die auch für den Ring abgeschätzt wird. Die Expansionsgeschwindigkeit von 20 km/s führt bei PFP 1 auf das beeindruckende Alter von 80.000 Jahren! Damit zählt dieser Nebel zu den Methusalems unter den planetarischen Nebeln.
Es darf vermutet werden, dass wir PFP 1 nur noch deshalb sehen, weil seine Gashülle in dichte Bereiche des interstellaren Mediums hineinläuft. Die gerade noch wirksame Anregung aufgrund der Stoßfronten liefert das verbleibende Restlicht. Passend zu dieser Idee wäre das Medium am Ort der Einbuchtung besonders dicht. Hier würde die Materie am stärksten abgebremst und die auffällige Einbuchtung wäre das zwangsläufige Ergebnis dieses komischen Zusammenstoßes.

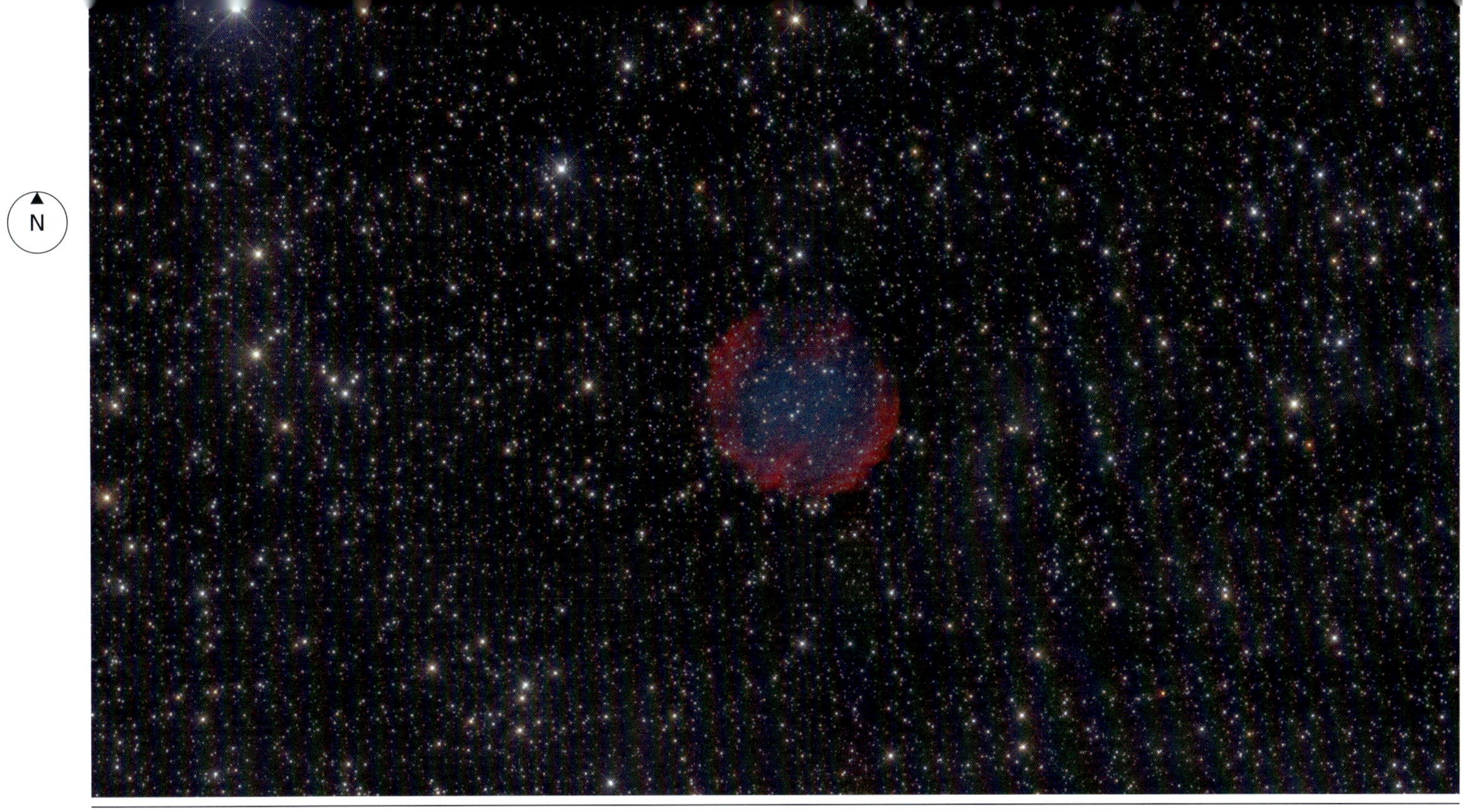

PuWe 1

LYN | 6h 19m 34s | 55° 36′ 44″

Das österreichische Astronomen-Duo Alois Purgathofer und Ronald Weinberger suchte 1980 auf Drucken des Palomar Observatory Sky Survey nach passenden Sternfeldern für eine Arbeit über sogenannte Flare-Sterne (UV-Ceti-Sterne). Bei diesen verursachen starke Magnetfelder Helligkeitsausbrüche, die in schwächerer Form auch auf der Sonne zu finden sind.

Auf der roten POSS-(E)-Platte Nr. 984 stieß Weinberger auf einen ungefähr 20′ großen Kreis. Das Bildfeld zeigte die Grenzregion der Sternbilder Luchs, Giraffe und Fuhrmann, in der zahlreiche schwache Galaxien zu finden sind. Der Nebel selbst lag im Sternbild Luchs (Lynx). Der untere südliche Teil des Kreises war heller als der nördliche, der sich gerade noch vom Himmelshintergrund abhob. Ein Vergleich mit dem blauen POSS-(O)-Ausdruck zeigte dort einen etwas kleineren und weniger auffälligen Kreis mit einer Flächenhelligkeit von 23,7 mag/Quadratbogensekunde. Die Annahme, dass es sich bei dem Kreis eigentlich um eine optisch dünne Kugel handelt, lieferte eine Entfernungsschätzung von etwa 450 Lichtjahren. Würde dies zutreffen, wäre der neu entdeckte Nebel einer der nächstgelegenen, wenn nicht sogar der nächste planetarische Nebel. Im Jahr 1986 revidierte R. Weinberger seine frühere Schätzung und gab die Entfernung des Nebels mit 2300 Lichtjahren an.

In einem 1987 gestarteten Programm des United States Naval Observatory wurde versucht, die Entfernung einiger planetarischer Nebel genau zu messen. In diesem Programm kam die damals noch junge CCD-Technik zu Einsatz. Das ermöglichte die Bestimmung von Parallaxen der Zentralsterne mit einer Genauigkeit von 0,5 mas. Mit von der Partie war PuWe 1, für den eine Entfernung von etwa 1400 Lichtjahren angegeben wurde.

Die Unsicherheiten in den Entfernungsangaben wurden vom Gaia-Satelliten beseitigt: Der Zentralstern WD 0615+556 ist 1287 ± 30 Lichtjahre entfernt. Seine G-Helligkeit beträgt 15,5 mag, der Gaia-Farbindex liegt bei $G_{BP}-G_{RP} = -0{,}39$ mag. Es handelt sich um einen DAO.5-Stern mit einer Temperatur von 94.000 K. In seinem Spektrum finden wir keine P-Cygni-Profile, eine expandierende Hülle gibt es daher ebenso wenig wie Indizien für abströmende Sternwinde. Dennoch zeigen hochaufgelöste Aufnahmen einen rotumrandeten Nebel, über dessen lichtschwaches blaues Zentrum wellenförmige rote Streifen verlaufen, die eine Kugelsymmetrie andeuten.

Offenbar kann der Weiße Zwerg zwar das Innere etwas ionisieren, es reicht aber nicht mehr für die Außenbereiche, die daher rot bleiben. Helligkeitsmessungen des Zentralsterns liefern einen Rotanteil, der nicht allein durch das Kontinuum von WD 0615+556 erklärt werden kann. Im Zentrum von PuWe 1 könnte sich also ein Doppelsternsystem verbergen. In diesem Fall würden die Helligkeiten im Roten und Infraroten auf einen sehr späten M-Hauptreihenstern hindeuten, der als zweite Komponente mit von der Partie ist. Vielleicht leuchtet aber nur Staub in der nahen Umgebung und mischt etwas Rot in die blau-dominierte Farbpalette.

Mithilfe der mittleren Expansionsgeschwindigkeit der Hülle von 23 km/s ergibt sich ein Alter von etwa 48.000 Jahren, sodass PuWe1 zu den ältesten planetarischen Nebeln gehört. Obwohl der Nebel schon „alt" ist, beinhaltet er einen „jungen" Weißen Zwergstern, der nun langsam ausglüht. Dieser Abkühlprozess startet zwar schnell, verläuft aber immer langsamer. Rein rechnerisch würde uns die expandierende Hülle von PuWe 1 in 8,2 Millionen Jahren erreichen. In dieser Zeitspanne wird die Leuchtkraft von WD 0615+556 um den Faktor 100 abgenommen haben und die Temperatur auf 30.000 K gesunken sein. Sinkt die Leuchtkraft des Weißen Zwergs nochmals um den Faktor 100, ist der Zwerg nur noch so heiß wie die heutige Sonne und weitere 4 Milliarden Jahre sind ins Land gegangen.

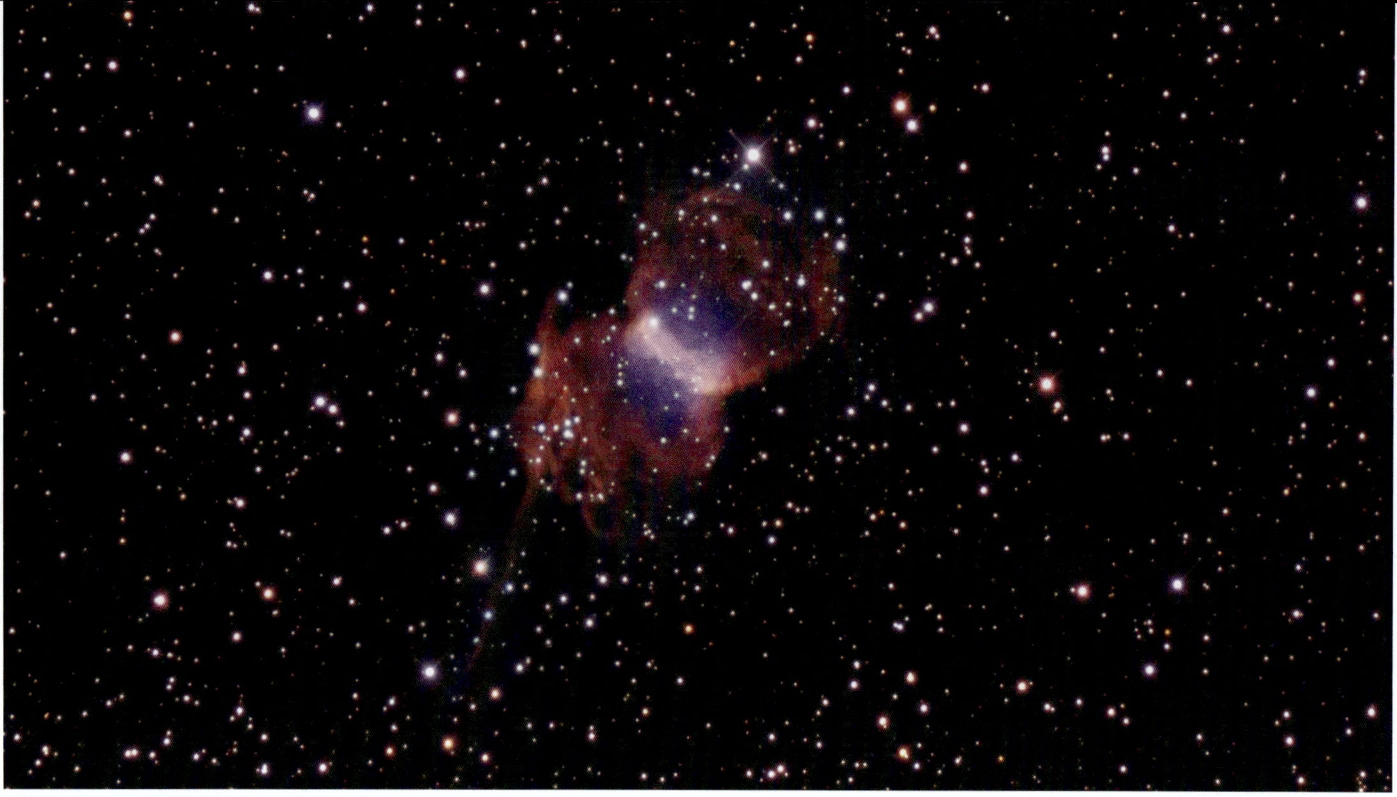

Sh1-89

CYG | 21^h 14^m 8^s | 47° 46′ 22″

Im Sternbild Schwan (Cygnus) findet sich der planetarische Nebel Sh1-89 (PK 089-001). Er ist nur rund 4° vom Nordamerikanebel entfernt und liegt in der Milchstraßenebene. Außerhalb des Bildfelds zeichnen sich in einem Umkreis von 1° deutlich Dunkelwolken vor dem Sternhintergrund ab. Es ist davon auszugehen, dass in dieser Region das Sternlicht stark gerötet ist. Dies erklärt zum einen den rötlichen Hintergrund der Aufnahme und zum anderen, warum der innere Teil nicht das auf vielen Bildern gewohnte Blaugrün, sondern eher ein leichtes Violett zeigt.

Die Gashülle von Sh1-89 ist bipolar. Ihre Länge beträgt etwa 3,6′ und sie ist an der schmalsten Stelle ungefähr 1′ breit. Dort liegt ein heller Streifen, der senkrecht zur Hauptachse des Nebels steht. Südwestlich vom Zentrum stoßen wir auf der linken Seite des Nebels auf ein 3′ langes Filament. Es hat seinen Anfang im rotleuchtenden Außenbereich der Gashülle und wird mit zunehmendem Abstand zur Hülle schwächer. Auf der gegenüberliegenden Seite findet sich auf den ersten Blick kein entsprechendes Gegenstück. Tatsächlich gibt es aber ein kleines Filament, das links oben aus der Hülle ragt. Wenn wir von der Färbung und den Filamenten absehen, hat Sh1-89 eine verblüffende Ähnlichkeit zum kleinen Hantelnebel (siehe Kapitel 4: M 76).

Das Spektrum von Sh1-89 zeigt, dass die Quellen der [OIII]-Emission im Zentrum und der [NII]-Emission in der Außenzone der Hülle verschiedene Expansionsgeschwindigkeiten aufweisen. Das Sauerstoffgas entfernt sich mit 15 km/s vom Zentrum, das Stickstoffgas expandiert mit 32 km/s. Umgeben ist der Nebel von molekularem Wasserstoffgas. Aus der Stickstoffemission können wir schließen, dass Sh1-89 ein entwickelter Nebel ist, bei dem schnelle Sternwinde weit außen auf langsamere Winde gestoßen sind und so die rote Hüllenemission zur Folge hatten.

Innerhalb des Streifens erkennen wir zwei schwache Sterne im Zentrum von Sh1-89. Sie sind aber nur knapp 2″ voneinander entfernt: Links oben steht die blauere Komponente Gaia EDR3 2164519416761365248 und rechts unten liegt Gaia EDR3 2164519416754192128. Gaia nennt für den blauen Stern eine G-Helligkeit von 20 mag und eine Entfernung von 6100 Lichtjahren, mit einem großen Fehler von knapp 4000 Lichtjahren.

Schon seit Längerem benutzen die Astronomen extinktionsbasierte Verfahren, die für Sh1-89 eine verlässlichere Entfernung von 4400 ± 600 Lichtjahren liefern. Mit diesen Angaben können wir die absolute Größe des Nebels berechnen. Die beiden Teile der Hülle besitzen jeweils eine projizierte Größe von 2,2 Lichtjahren. Mit der Geschwindigkeit der [NII]-Expansion folgt daraus für Sh1-89 ein Alter von rund 20.000 Jahren.

In der Wissenschaft führt Sh1-89 bislang eine Randexistenz. In den Fachjournalen finden wir nur wenige Artikel, und meist ist Sh1-89 lediglich ein Bestandteil eines größeren Samples. In einer Veröffentlichung aus dem Jahr 1997 werden bereits die Filamente erwähnt, die wir auch auf der Aufnahme sehen. Dort sprechen die Autoren von jetähnlichen Strukturen auf beiden Seiten der großen Gasblasen. Eine mögliche Erklärung könnte sein, dass diese Filamente nicht auf den Vorgängerstern zurückgehen, sondern durch die expandierende Hülle entstehen, die in dichtere interstellare Materie aufläuft. Dieses Medium würde demnach auf der linken Seite eine im Visuellen nicht sichtbare Barriere bilden. Erst die Stoßfronten des auf die interstellare Materie auftreffenden Hüllengases bringen das umliegende Gas zum Leuchten. Das langgezogene Filament wäre demnach ein Anzeichen für Sternwinde aus der Vergangenheit, die schon vor dem expandierenden Hüllengas die ISM-Barriere erreicht haben könnten.

Sh2-42

SGR | $18^h\ 10^m\ 14^s$ | -16° 47′ 49″

Die Milchstraße ist von Dunkelnebeln durchzogen, die in Richtung des galaktischen Zentrums besonders dicht stehen. Im Sternbild Sagittarius (Schütze) sind die dichten Gas- und Staubwolken dieser Nebel an einigen Stellen durchbrochen. In einer solchen, etwa 40′ großen Lücke liegt das Feld dieser Aufnahme mit dem planetarischen Nebel Sh2-42. Am linken Rand fallen mehrere blaue Sterne auf: Der hellste mit 8,0 mag ist HD 166287, ein B1-Überriese in 4790 ± 170 Lichtjahren Entfernung. Der hellste Stern der darüberstehenden kleinen Dreiergruppe ist HD 166286, ein heller B2-Riese mit 8,3 mag. In ihr folgen mit LS 4723 ein B2-Hauptreihenstern mit 8,6 mag und schließlich ALS 19763, ein B2-Unterriese mit 9,7 mag. Die beiden schwächeren Sterne dieser Dreiergruppe haben etwa die gleiche Entfernung wie HD 166287.

Dass Sh2-42 ein planetarischer Nebel ist, wurde erst 2003 im Rahmen des MASH-Projektes entdeckt. Bis dahin galt Sh2-42 als eine kleine HII-Region. Die Abkürzung „MASH" steht für „Macquarie/AAO/Strasbourg Hα Planetary Nebula Project" und war ein Beobachtungsprogramm, mit dem in der Milchstraße über 1000 neue planetarische Nebel gefunden wurden. Die erste Beschreibung dieser Nebel erfolgte beim IAU-Symposium 2003 durch die Astronomen Quentin A. Parker, Malcolm Hartley und Delphine Russeil, was die alternative Bezeichnung PHR 1810-1647 für Sh2-42 erklärt. Die Aufnahme zeigt den bipolaren Aufbau von Sh2-42, dessen Außenhülle von zwei blauen Rändern begrenzt wird, deren Abstand etwa 1,6′ beträgt. Das Innere der Hülle leuchtet rötlich, und im Zentrum des Nebels funkelt der blaue Zentralstern Gaia EDR3 4144080009654211200, der in einer Entfernung von 3290 ± 830 Lichtjahren steht. Die Gaia-G-Helligkeit liegt bei 18,8 mag, doch ein Farbindex wird nicht angegeben.

Ober- und unterhalb der blauen Ränder erkennen wir lichtschwache breite Streifen. Diese erscheinen auf der zum Zentrum weisenden Seite blau, die abgewandten Seiten wirken rötlich. Ob es sich dabei um Materie aus früheren Sternwinden handeln könnte, ist schwer zu sagen. Wahrscheinlich beruht das Leuchten dieser Materie auch auf Verdichtungen im interstellaren Medium, die durch Stoßfronten der Sternwinde angeregt werden. Mit der Entfernung des Zentralsterns folgt für Sh2-42 ein Durchmesser von etwa 1,5 Lichtjahren. Da auch zu Sh2-42 kaum Fachartikel veröffentlicht wurden, schätzen wir die Expansion mit dem typischen Wert von 20 km/s ab und benutzen diesen Wert zur Altersbestimmung. Demzufolge dürfte der Nebel vor ungefähr 11.000 Jahren entstanden sein.

Aus einer galaktischen Perspektive betrachtet, liegt Sh2-42 vor dem Carina-Sagittarius-Spiralarm der Milchstraße – dem Nachbar des Orionarms, in dem unser Sonnensystem beheimatet ist. In dieser Richtung finden wir viele prominente Sternentstehungsgebiete, zum Beispiel den Omeganebel M 17, nur etwa 2,5° von Sh2-42 entfernt, der im Vergleich zum planetarischen Nebel inmitten des Spiralarms liegt. In ähnlich großer Entfernung befindet sich auch der B1-Überriese HD 166287, von dem zu Anfang die Rede war.

Dass Sh2-42 sich etwa 1500 Lichtjahre vor dem Carina-Sagittarius-Spiralarm befindet, können wir als Folge von Dichtewellen in der Milchstraße deuten. Sie erzeugen großräumige Verdichtungen im interstellaren Medium, aus denen Sterne entstehen. Die Sterne verlassen den Bereich der erhöhten Dichte wieder, da die Dichtewellen langsamer um das Milchstraßenzentrum rotieren als die Sterne. Durch die Entwicklung der Sterne hin zu planetarischen Nebeln landen letztere schließlich im Niemandsland zwischen den Spiralarmen unserer Galaxie.

Sh2-188

CAS | 1^h 30^m 33^s | 58° 24′ 50″

Die Aufnahme zeigt den planetarischen Nebel Sh2-188 im Sternbild Kassiopeia. An ihrem linken Rand steht HD 9353, ein 5,7 mag helles Mehrfachsystem, das vermutlich aus zwei Sternen besteht: einem K3-Riesen und einem B7-Stern. Dieses System ist 1896 ± 79 Lichtjahre entfernt und der Winkelabstand zu Sh2-188 liegt bei 23′.

Der Nebel wurde Anfang der 1950er-Jahre als Simeiz 22 (S 22) im Katalog der russischen Astronomen Vera F. Gaze und Grigory A. Shajn als ein Emissionsnebel aufgeführt. Stewart Sharpless nahm ihn 1959 in seinen „Catalogue of HII-Regions" auf. Der für uns zirkumpolare Sh2-188 scheint aufgrund seiner Bogenform eher ein Supernovaüberrest als ein planetarischer Nebel zu sein. Dieser Ansicht waren die meisten Astronomen bis 1982, als Radiobeobachtungen Klarheit über die Natur des Nebels brachten. Auf Karten mit Radiokonturen ist Sh2-188 als schwache Quelle zu erkennen. Das Radiospektrum entspricht dem thermischen Kontinuum eines optisch dichten Gases. Dessen Temperatur schätzten die Forscher damals auf 10.000 K, die Expansionsgeschwindigkeit ermittelten sie zu etwa 40 km/s. Dies alles sprach gegen einen Supernovaüberrest, aber dafür, dass es sich bei Sh2-188 um einen alten und entwickelten planetarischen Nebel handelt, der seitdem als PK 128-04.1 bezeichnet wird.

Der im Visuellen 17,5 mag helle Zentralstern WD 0127+581 von Sh2-188 wurde 1982 als DAO.6-Stern identifiziert. Die Gaia-EDR3-Daten liefern dazu eine Entfernung von 3080 ± 210 Lichtjahren. Im Gaia-G-Band ist der Stern 17,4 mag hell. Mit einem Gaia-Farbindex $G_{BP}-G_{RP} = 0{,}0$ mag ist er zwar bläulich, aber nicht so blau wie andere Zentralsterne. Zoomen wir in die Aufnahme hinein, ist der Zentralstern unter allen Nachbarsternen derjenige mit der intensivsten blauen Farbe. Der Gaia-Farbindex wird sicherlich von der Rötung durch die Milchstraßenebene beeinflusst.

Bei der Form von Sh2-188 drängt sich der Eindruck auf, dass der Nebel sich schnell nach links bewegt und seine äußere Hülle im „Fahrtwind" abströmt. Auf der dem Wind zugewandten linken Seite, sozusagen der Luvseite, beträgt der Abstand der leuchtenden Stoßfront zum Zentrum 2,2′. In Projektion sind dies fast 2 Lichtjahre. Auf der windabgewandten Leeseite reicht die Gashülle mehr als doppelt so weit. Das Alter von Sh2-188 können wir aufgrund der Asymmetrie daher nur grob zu 20.000 Jahren abschätzen. Die Richtung der Eigenbewegung von Sh2-188 passt bestens zur hellen südöstlichen Luvseite, also nach links unten, mit einer Geschwindigkeit von 7 mas/a, was 33 km/s entspricht.

Die Forschung geht ebenfalls davon aus, dass Sh2-188 mit dem interstellaren Medium wechselwirkt. Genau genommen sprechen die Astronomen von einem Dreifachwindmodell. Zwei Winde sind typisch für planetarische Nebel – zuerst eine langsame Komponente mit rund 10 km/s, die noch aus der Zeit des AGB-Vorläufersterns stammt. Dazu kommt ein schneller Wind, der mit etwa 1000 km/s vom heißen Zentralstern ausgeht und in den langsamen Wind hineinläuft. Die Besonderheit bei Sh2-188 ist der dritte „Wind", sozusagen der Fahrtwind, aufgrund der Bewegung durch das interstellare Medium. Simulationen liefern mit 125 km/s auch eine Abschätzung der „Windstärke", der Sh2-188 ausgesetzt sein muss, damit dieser Fahrtwindeffekt auftritt. Rechnen wir die transversale Geschwindigkeit von 33 km/s und die Radialgeschwindigkeit von –26 km/s für Sh2-188 zusammen, reicht dies aber noch nicht aus. Man kann also vermuten, dass der planetarische Nebel sich nicht nur durch das interstellare Medium bewegt, sondern dass am galaktischen Ort von Sh2-188 ein „Wind" in der interstellaren Materie dem Nebel kräftig entgegenbläst.

Sh2-216

PER | $4^h\ 43^m\ 21^s$ | 46° 42′ 6″

Zwischen den Sternbildern Fuhrmann und Perseus liegt das hier gezeigte Feld mit einer Bilddiagonalen von etwa 10°. In der linken unteren Bildregion ist der hellste Stern ε Aurigae mit 3,0 mag. Der Hauptstern des Fuhrmanns, Capella, steht rund 5° weiter links von der Bildmitte.

Diese Weitfeldaufnahme zeigt eine ganze Reihe von Objekten des Sharpless-Katalogs. Gehen wir von links nach rechts, so beginnt die Reihe mit Sh2-221. Über dessen lichtschwacher Blütenform steht klein und kompakt Sh2-217. Noch kleiner und fast punktförmig liegt rechts darunter Sh2-219. Rechts der Blüte folgt etwas unterhalb die HII-Region BFS 44 mit dem Dunkelnebel B 25. Weiter rechts beginnt der rotblaue Lichtbogen von Sh2-216. Dieses Objekt gehört zum Sternbild Perseus.

Bei Sh2-221 handelt es sich um einen Supernovaüberrest (SNR G160.8+02.6). Dieser befindet sich in etwa 6000 Lichtjahren Entfernung und enthält dazu passend eine kompakte Quelle, den Pulsar PSR B0458+46/PSR J0502+4654. Er könnte ein Überrest der Supernova sein, die schätzungsweise vor 4000 bis 7000 Jahren explodiert ist. SNR G160.8+02.6 ist eine Quelle hochenergetischer Strahlung und sendet sowohl Röntgen- als auch Gammastrahlung aus.

In Sh2-216, der mit einem Durchmesser von 3° etwa gleich groß wie der Supernovaüberrest ist, sehen wir die leuchtende Gashülle eines planetarischen Nebels. Zu Anfang der 1980er-Jahre galt Sh2-216 noch als Kuriosität, denn im hellen Bogen konnte ein Spektrum aufgenommen werden, das die typischen Emissionslinien eines planetarischen Nebels aufwies, ohne dass ein Zentralstern ausfindig zu machen war. Aufgrund der beeindruckenden Größe von 3° stand die Frage im Raum, ob Sh2-216 nicht doch auf eine Supernova zurückzuführen sei. Schließlich entspricht dies dem sechsfachen Durchmesser des Vollmonds!

1985 wurde mithilfe der Spektren die Expansionsgeschwindigkeit der Hülle zu 4 km/s bestimmt. Daher musste Sh2-216 ein sehr alter Nebel sein. Die geringe Geschwindigkeit wurde durch die Abbremsung der Hülle im interstellaren Medium erklärt. Damals wurde das Alter auf 300.000 Jahre und die Entfernung auf nur 250 Lichtjahre geschätzt. Zudem wurde der etwa 13 mag helle Zentralstern LSV +4621 identifiziert. In den 1990er-Jahren lieferten Modelle für den Stern eine Temperatur von 90.000 K und er wurde als wasserstoffreicher DAO.6-Zwerg klassifiziert.

Mit den Gaia-Daten wurde die Entfernung von LSV +4621 zu 416 ± 3 Lichtjahren bestimmt. Diese Entfernung gilt auch für den planetarischen Nebel. Daher macht Sh2-216 dem Helixnebel (siehe Kapitel 4: NGC 7293) vermutlich den Platz als nächstgelegener planetarischer Nebel streitig. Die G-Helligkeit des Zentralsterns liegt bei 12,6 mag und der Gaia-Farbindex bei $G_{BP}-G_{RP} = -0{,}50$ mag.

Beeindruckend an der Aufnahme ist das ausgesprochen seltene Nebeneinander zweier Endstadien von Sternen: Zum einen eine Supernova, die auf einen Stern mit einer Masse von über zehn Sonnenmassen zurückgeht, und direkt daneben, aber 15-mal näher gelegen, das Ende, das auf einen Stern mit ein bis zwei Sonnenmassen wartet.

SHAPLEY 1

NOR | 15ʰ 51ᵐ 41ˢ | -51° 31′ 29″

Vielen ist der amerikanische Astronom Howard Shapley von der „great debate“ bekannt (der „großen Debatte“, was auch ein Wortspiel auf „Größendebatte“ beinhaltet), die zu Anfang des 20. Jahrhunderts geführt wurde. Bei dieser ging es um die Natur der Milchstraße. Für Shapley war unsere Galaxie die einzige im Universum und diese „big-galaxy“ musste daher zwangsläufig alle bekannten Objekte beinhalteten. Im Kontrast dazu argumentierten die Gegner, allen voran Heber Doust Curtis, dass die Milchstraße eine von vielen Galaxien sei, es also viele Welteninseln gäbe. Erst die Arbeiten von Edwin Hubble entschieden 1923 diese Auseinandersetzung.

In der Zeit vor seiner Promotion im Jahr 1913 arbeitete Shapley als Student unter Henry Norris Russell an der Princeton-Universität in New Jersey (USA). Er heiratete 1914 Martha Betz, eine Mathematikerin aus einer deutsch-amerikanischen Familie. Zusammen hatten sie fünf Kinder. Ihre Tochter Mildred Shapley Matthews wurde ebenfalls Astronomin, ihr Sohn Willis Shapley arbeitete bei der NASA und ihr Sohn Lloyd S. Shapley erhielt 2012 den Wirtschaftsnobelpreis. Die Eheleute Shapley waren am Mount-Wilson-Observatorium in Kalifornien und am Harvard College Observatory in Cambridge in Massachusetts tätig. Howard Shapley war dort von 1921 bis zu seinem Ruhestand im Jahr 1952 Direktor.

Im Harvard College Observatory Bulletin No. 902 aus dem Jahr 1936 erschien sein Artikel mit dem Titel „Five Planetary Nebulae and a Globular Cluster“ („Fünf planetarische Nebel und ein Kugelsternhaufen“). Auf Fotoplatten des Bruce-Teleskops der Boyden-Station in Bloemfontein (Südafrika) konnte Shapley zusammen mit Muriel M. Seyfert fünf planetarische Nebel nachweisen – zwei waren bis dato unbekannte Objekte. Für die Nummer 1 seiner Liste gaben sie einen Durchmesser von 72″ und eine Helligkeit von 13,6 mag an. Dieser Nebel hat die Bezeichnung Shapley 1 (Sp 1 oder auch PN G329.0+01.9) und befindet sich im Sternbild Norma (Winkelmaß).

Die Hülle von Shapley 1 bildet einen „hübschen Ring“ – seine inoffizielle Bezeichnung lautet „fine ring nebula“. Eine äußere, graublaue Zone umschließt einen violetten, strukturierteren inneren Ring, der auf der rechten westlichen Seite am hellsten leuchtet. Die mittlere Expansionsgeschwindigkeit des Rings beträgt 25 km/s, aus der auf ein Alter des Nebels von rund 7800 Jahren geschlossen wird.

Inmitten von Shapley 1 steht Gaia-EDR3-5982072132545824128, ein Doppelsternsystem, dessen Sterne sich in 2,91 Tagen einmal umlaufen. Die Entfernung des etwa 14 mag hellen Sterns beträgt gemäß der Gaia-EDR3-Daten 4542 ± 106 Lichtjahre. Aufgrund des Spektrums muss es sich bei dem kompakten System um einen Wolf-Rayet-Stern handeln, dessen Begleiter ein K-Stern ist. Wir beobachten die Bahnebene der beiden Sterne fast genau von oben. Die Astronomen gehen davon aus, dass damit auch die Geometrie der Hülle erklärt wird. Wir blicken demnach entlang der Rotationsachse in eine zylinderförmige, bipolare Hülle. Typisch für Nebelhüllen mit einem zentralen Doppelstern ist der hohe Kontrast zwischen den äquatorialen und den polaren Regionen. Bei Shapley 1 erlaubt dieser Umstand, dass wir fast ungestört durch den Nebel hindurchschauen können.

WeBo 1

CAS | $2^h\ 40^m\ 14^s$ | 61° 9′ 17″

Durch das Sternbild Kassiopeia verläuft die Milchstraße mit ihren Dunkelwolken, deren leuchtende Gegenstücke die vielen HII-Regionen mit jungen Sternen sind. Eine der größten ist NGC 896 (siehe Kapitel 2: NGC 896), der sogenannte Herznebel. In seinem Zentrum steht der offene Haufen IC 1805. Der planetarische Nebel WeBo 1 liegt etwa 50′ östlich des Sternhaufens. Bezogen auf unsere Aufnahme befindet sich der Haufen rechts oberhalb der Bildmitte. Entdeckt wurde der Nebel durch Ronald F. Webbink 1995 bei der Überprüfung der Koordinaten des Röntgendoppelsterns LS I +61 303 auf Aufnahmen des Digitized Sky Survey. Er stieß nur 5′ abseits von LS I +61 303 auf einen elliptischen Ring mit 64″ × 22″, der einen 14-mag-Stern umgab. Sein Kollege Howard E. Bond machte im Herbst 1996 Schmalbandaufnahmen mit dem 0,9-m-Reflektor am Kitt Peak National Observatory (KPNO) und später auch mit dem dortigen 4-m-Mayall-Teleskop. Sie bestätigten, dass es sich um einen planetarischen Nebel handelte. Der Name WeBo 1 wurde den Astronomen vorgeschlagen. Im Straßburger ESO-Katalog wird der Nebel als PN G135.6+01.0 geführt. Schon zuvor war das Objekt zwei Beobachtergruppen aufgefallen: eine davon dachte, es handele sich um eine Galaxie bei geringer galaktischer Breite, die andere vermutete eine HII-Region.

Die Entfernung von WeBo 1 können wir mittels der Gaia-Daten des Zentralsterns Gaia EDR3 465640807845756160 ziemlich genau mit 5134 ± 183 Lichtjahren angeben. Damit liegt der Nebel fast 2000 Lichtjahre vor NGC 896 mit seinem Herzstück IC 1805. Verblüffend ist, dass der im G-Band 13,8 mag helle Zentralstern auf der Aufnahme orange leuchtet – ein deutlicher Farbkontrast zu dem blauen Stern, der im Ring etwa 14″ darübersteht, aber nicht mit WeBo 1 zusammenhängt. Der Gaia-Farbindex des Zentralsterns beträgt G_{BP}–G_{RP} = 1,9 mag, der des blauen Nachbarn lautet G_{BP}–G_{RP} = 1,2 mag.

Bei spektroskopischen Untersuchungen stellte sich 2007 heraus, dass im Zentrum von WeBo 1 vermutlich ein Doppelsternsystem steht. Eine Komponente ist ein kühler K0-Riesenstern, genauer ein Barium-Stern. Damals war dies ein einzigartiger Befund, später fanden sich solche Sterne auch in den Zentren anderer Nebel (siehe Kapitel 4: Abell 70). Diese Sterne entstehen in Doppelsternsystemen durch das Aufsammeln bariumreicher Materie, die der Begleitstern am Ende der AGB-Phase abgibt. Dieser verliert seine komplette Hülle und wird zu einem kompakten heißen Stern. Bei WeBo 1 war er nicht im optischen Spektrum nachzuweisen, da es vom Barium-Stern dominiert wird. Mit dem Swift Ultraviolet Optical Telescope wurden 2012 im UV-Spektrum Hinweise auf den kompakten Stern gefunden. Es könnte sich demnach um einen PG1159-Stern mit einer Temperatur von mindestens 40.000 K handeln. Die Temperatur dieser wasserstoffarmen Vorstufe Weißer Zwerge kann sogar 100.000 K übertreffen.

Vermutlich besaßen der Rote Riese und der Zwergstern zu Anfang etwa die gleiche Masse. Der massereichere Stern entwickelte sich zu einem PG1159-Zwergstern, der andere steigt im Hertzsprung-Russell-Diagramm gerade den Riesenast hinauf. Aufgrund der Bahnbewegung strömten die Sternwinde des AGB-Vorgängers vornehmlich in der Äquatorialebene ab und zeigen sich heute als kleiner, feiner Ring vor dem roten Vorhang des Herznebels.

SUPERNOVAÜBERRESTE

Das Dasein eines massereichen Sterns endet in einer gewaltigen Explosion. Übrig bleibt neben einem Neutronenstern ein Supernovaüberrest. Diese Emissionsnebel bilden nicht nur wunderschöne Fotomotive - sie reichern den interstellaren Raum auch mit frisch entstandenen Elementen an.

SUPERNOVAE

Der Begriff „Supernova" geht auf Arbeiten von Fritz Zwicky und Walter Baade aus den 1920er-Jahren zurück. Er wurde gewählt, um Helligkeitsausbrüche von Sternen zu beschreiben, die weit über diejenigen von normalen Novae hinausgingen. Mittlerweile sind die Hintergründe besser bekannt und der Begriff steht für die energiereichen Explosionen, die mit dem Gravitationskollaps eines massereichen Sterns verbunden sind. Solch ein Stern hat seinen nuklearen Brennstoff aufgebraucht und das Ende seiner Entwicklung erreicht.
Bei der Analyse von Supernovae wurde früh deutlich, dass es sich nicht um eine einheitliche Objektklasse handeln konnte, da sich ihre Lichtkurven und Spektren unterscheiden.
Das wichtigste Merkmal war das Vorhandensein von Wasserstoff im Spektrum kurz nach dem Helligkeitsausbruch. 1939 nutzte Rudolph Minkowski den Wasserstoff zur Einteilung der Supernovae in einen Typ-I – ohne Wasserstofflinien – und in einen Typ-II – mit Wasserstofflinien. Im Laufe der Jahre wurden aufgrund ihrer spektralen Besonderheiten Untertypen eingeführt: Typ-Ia enthält Silizium, Typ-Ib enthält viel Helium und Typ-Ic zeigt wenig Helium im Spektrum. Beim Typ-II unterscheiden wir den Typ-IIb mit dominanten Heliumlinien, während in den Typen II-L und II-P Wasserstofflinien dominieren. Deren Lichtabfall ist entweder linear (L) oder es ist vor dem Helligkeitsrückgang in der Lichtkurve noch eine Plateauphase (P) zu erkennen.
Diese beiden Typen sind historisch bedingt. Physikalisch trennen sie nicht scharf hinsichtlich des physikalischen Mechanismus, der zur Explosion führt. Heutzutage wird der Typ-II auf die Explosion eines einzelnen massereichen Sterns zurückgeführt. Beim Typ-Ia wird von einem Doppelsternsystem ausgegangen, bei dem Materie von einem entwickelten Stern auf einen Weißen Zwergstern überfließt. Sie sammelt sich auf dessen Oberfläche an und der Zwergstern explodiert schließlich als thermonukleare Supernova. Die Energiequelle dieser Typ-Ia-Supernova ist die Energie der kernphysikalischen Prozesse in der Hülle um den Weißen Zwerg und nicht die Gravitation wie beim Typ-II.
Die Astronomen Fred Hoyle und Witty Fowler erklärten in den 1950er-Jahren den Explosionsmechanismus. Demzufolge wird durch die angesammelte Materie die Chandrasekhar-Grenze eines kohlenstoffreichen Weißen Zwergs – die nach Subrahmanyan Chandrasekhar benannte Massengrenze von etwa 1,4 Sonnenmassen – überschritten. Dann werden die Dichten so hoch, dass die Kernfusion zündet. Die Fusion findet aber nicht nur in der Hülle statt, wie in einer Nova, sondern zündet fast gleichzeitig im gesamten Weißen Zwerg. Durch die Fusion werden Kohlenstoff und Sauerstoff, aus denen der Kern des Weißen Zwergs besteht, zu Nickel, dann zu Kobalt und schließlich in Eisen umgewandelt. Dieser nur wenige Sekunden dauernde Prozess zerstört den Weißen Zwerg vollständig. Die Halbwertszeiten der entstandenen radioaktiven Elemente von 6,1 Tagen ($^{56}Ni \rightarrow {}^{56}Co$) und 77 Tagen ($^{56}Co \rightarrow {}^{56}Fe$) sind dabei Zeitmarken, die beim Absinken der Leuchtkraft sichtbar werden und die Form der Lichtkurve der Supernova beeinflussen.
Auf den Astronomen David Arnett geht eine Regel zurück, die sich aus Berechnungen einer Typ-Ia-Explosion ergibt. Die maximale Helligkeit einer Typ-Ia-Supernova ist proportional zur produzierten Menge an ^{56}Ni. So schön eine solche Regelmäßigkeit auch ist, vieles bleibt noch unverstanden. Da ^{56}Ni gleich nach der Explosion nachgewiesen werden kann, muss es sich schon auf der Oberfläche des Zwergs befunden haben. Es ist nicht bekannt, wie die Zündung der Supernova genau abläuft. Eine Detailfrage ist beispielsweise, wann die Massengrenze eigentlich als überschritten gilt. Mit zunehmender Masse nimmt die Geschwindigkeit der entarteten Elektro-

Abb 5.1: Zentralregion des Gum-Nebels, eines ausgedehnten Supernovaüberrests am Südhimmel. Aufnahme: Stefan Binnewies, Rainer Sparenberg mit 13-cm-Reflektor.

nen zu (siehe Kapitel 3: Regeln und ihre Ausnahmen: feinste spektrale Strukturen). Daher ist der Materiezustrom auf den Weißen Zwerg bei Typ-Ia-Supernovae die entscheidende Größe. Es wäre durchaus möglich, dass die Kernfusion auf der Oberfläche schon zündet, bevor die Masse des Zwergs die kritische Chandrasekhar-Grenze erreicht hat.

In den letzten zwei Jahrzehnten der Supernovaforschung wurde deutlich, dass sich immer mehr Unterschiede innerhalb des Typ-Ia herauskristallisieren. Da die Einflussparameter in Doppelsternsystemen sehr vielfältig sind, sollte das eigentlich nicht verwundern. Eine Rolle spielt beispielsweise das Entwicklungsstadium des materieliefernden Begleiters. Im Grunde genommen ermöglicht der Materiestrom nicht nur eine Explosion des Weißen Zwergs. Auch ein länger andauerndes Hüllenbrennen, gespeist durch den Materiestrom, ist denkbar. Eine andere Alternative wäre ein System aus zwei Weißen Zwergen, die auch noch Material austauschen, dabei Drehimpuls verlieren und schließlich verschmelzen. Alle Varianten münden in der Explosion eines Weißen Zwergs, also eines weitgehend standardisierten Objektes. Damit haben die Typ-Ia-Supernovae eine besser eingrenzbare Energie als die Typ-II-Supernovae, weshalb sie sich gut als astronomische Standardkerze zur kosmologischen Entfernungsbestimmung eignen. Aber auch der Typ-Ia kennt Ausreißer, die mehr Energie freisetzen als erwartet. Als mögliche Ursachen gelten Unterschiede in den Silizium- und Nickelanteilen der Zwergsterne.

Beim detonierenden Weißen Zwerg ist entscheidend, wie schnell er an die Grenzmasse herangeführt wird. Je näher er dabei der Grenze kommt, umso mehr Nickel wird in der Detonation produziert. Explodiert er mit 0,9 Sonnenmassen, so liefert die Explosion 0,1 Sonnenmassen ^{56}Ni. Sind es 1,0 Sonnenmassen, so werden schon 0,6 Sonnenmassen ^{56}Ni produziert, und schafft er es, mit 1,1 Sonnenmassen zu explodieren, so werden 1,0 Sonnenmassen ^{56}Ni freigesetzt. Die meisten Typ-Ia-Supernovae produzieren 0,5 Sonnenmassen ^{56}Ni. Durch Simulationen kennen wir die Ausgangsmasse recht gut und die erwartete Masse des Nickels lässt sich in den meisten beobachteten Supernovae nachweisen.

Die Frage, warum die Weißen Zwerge bei einer Masse von etwa 1,0 Sonnenmassen explodieren und nicht exakt bei der theoretischen Chandrasekhar-Grenze von 1,4 Sonnenmassen, beantworten die Astronomen heute mit der Akkretion von Materie auf den Weißen Zwerg, die eine besondere Hüllensituation in Doppelsternsystemen schafft. Es bildet sich eine dünne Heliumschicht um den C/O-Kern aus, in der die Fusion früher starten kann. Da bei Heliumkernen die elektrostatische Abstoßung geringer ist als bei Kohlenstoff, fusioniert der Kohlenstoff zunächst noch nicht. Die plötzliche Heliumfusion, möglicherweise auch noch an mehreren lokalen Stellen der Oberfläche, treibt aber Stoßfronten in den Kern, der daraufhin die Kohlenstofffusion zündet und explodiert.

DIE AUSDEHNUNG VON SUPERNOVAÜBERRESTEN

Die Explosion als Supernova kennzeichnet das Ende des Vorläufersterns und gleichzeitig den Beginn eines Supernovaüberrests (engl. „supernova remnant“, Abkürzung SNR). Das freigesetzte Material – der zerrissene Stern – dehnt sich von nun an aus. Die Verteilung der Energie, die in der Supernovaexplosion freigesetzt wird, ist kompliziert, wird heute aber durch aufwendige Simulationen mehr und mehr verstanden. Grundsätzlich gilt: Die kinetische Energie der Sterntrümmer wird in thermische Energie der Umgebung umgewandelt. Dies dauert so lange, bis die ursprüngliche Expansionsgeschwindigkeit von etwa 10.000 km/s auf einige 100 km/s – die Schallgeschwindigkeit des aufgeheizten interstellaren Mediums – abgebremst wurde. Die Entwicklung einer Supernova kann bis zu hunderttausend Jahren andauern und wird in vier Phasen unterteilt.

Am Anfang steht die freie Expansionsphase, die nur wenige hundert Jahre dauert. Die Stoßfront der Explosion läuft dabei durch das interstellare Medium. In ihr wird die Materie lokal verdichtet und es kommt zu Kollisionen zwischen der Sternmaterie und dem interstellaren Medium. Als Folge schiebt die Explosionsfront die interstellare Materie als Bugwelle vor sich her. Dies führt dazu, dass sich eine heiße Kugel mit konstanter Geschwindigkeit ausdehnt. Das interstellare Medium stellt kein nennenswertes Hindernis dar und wird durch die abgestoßene Supernovamaterie auf 10 bis 100 Millionen Kelvin aufgeheizt und dabei ionisiert. Dabei wird unter anderem thermische Röntgenstrahlung ausgesandt, die von Röntgenteleskopen beobachtet werden kann

Es folgt die adiabatische Phase, die üblicherweise als Taylor-Sedov-Phase bezeichnet wird und etwa 20.000 Jahre lang andauert. Benannt wurde sie nach Sir Geoffrey Taylor und Leonid Sedov, die unabhängig voneinander die zugrundeliegende Physik entwickelt hatten. In dieser Phase wird die Expansion kontinuierlich abgebremst. Nun ist die Masse des aufgeschobenen interstellaren Mediums bereits größer als die der abgestoßenen Supernovamaterie. Es bildet sich noch eine zweite Stoßfront aus, die nach innen läuft (engl. „reverse shock“). Sie trifft auf nachströmende Materie, die sie komprimiert und aufheizt. Sehen wir von der Aufheizung ab, kennen wir diesen Effekt vom Schneeschippen: Das geht anfangs leicht, wird jedoch immer schwerer, je mehr Schnee wir vor uns herschieben.

Die Details der ablaufenden Prozesse in den Stoßfronten sind komplex. Sie hängen von den lokalen Rahmenparametern des Mediums und von den Eigenschaften des explodierten Sterns ab, etwa dessen Rotation oder Magnetfelder, die in der ionisierten Materie sozusagen eingefroren sind und mittransportiert werden. In diesen Fronten werden nun auch hochenergetische Teilchen und sogar Teilchen mit relativistischen Geschwindigkeiten produziert.

In der nächsten Phase, die als radiative Phase oder „Schneepflug-Phase" bezeichnet wird, wird die kinetische Energie auf das interstellare Medium übertragen. Eine Expansion findet kaum mehr statt. Diese Phase dauert sehr lange und kann etwa 500.000 Jahre umfassen. Modellrechnungen zeigen, dass weniger als 1 % der Energie, die zu Anfang der Phase in der expandierenden Gashülle steckt, an das interstellare Medium abgegeben wird. Dieser geringe Anteil formt all die Strukturen, die in den Bildkommentaren dieses Kapitels näher vorgestellt werden. Der Löwenanteil der Energie dient zur Aufheizung des interstellaren Mediums oder wird als kosmische Strahlung abtransportiert. Für diese Phase sind die in der Supernova erzeugten schweren Elementen von großer Bedeutung, denn ihre Kerne fangen Elektronen ein. Dadurch wird das Medium abgekühlt, denn es werden Kernreaktionen angestoßen, in denen neue Isotope und Elemente entstehen können. Die freien Elektronen fangen zudem Photonen ab. Sinkt ihre Zahl, wird die Materie daher für optische Strahlung durchlässig, sodass sich das Innere des Supernovaüberrests auch im Visuellen beobachten lässt.
Die letzte Phase der Supernovaentwicklung ist die Verschmelzung mit der interstellaren Materie. Der Supernovaüberrest ist nun im Visuellen nicht mehr von der umgebenden Materie zu unterschieden und kann nur noch im Radiobereich nachgewiesen werden. Nach einigen 100.000 Jahren ist die Durchmischung der Supernovamaterie mit dem interstellaren Medium abgeschlossen und es können neue Sterne aus dem Molekülwolkenmix entstehen.

STAUB IN SUPERNOVAE

Für die Entstehung der Elemente ist die Staubbildung in Supernovaüberresten essenziell wichtig. Die Astronomen sprechen hier von homogener und inhomogener Keimbildung (Nukleation). Der Staub entsteht in allen Phasen der Expansion, doch er kondensiert nur dann aus, wenn die richtigen Bedingungen gegeben sind. Die Entstehungszeit des Staubs ist für die verschiedenen Elemente charakteristisch. Der Kondensationsprozess startet erst, wenn die Temperaturen abgenommen haben. Den Anfang macht bei 1800 K der Kohlenstoff, also faktisch Ruß, und bei 1200 K entstehen Silikate. Gemäß Modellrechnungen für einen Beispielstern mit 14 Sonnenmassen entstehen innerhalb von 1000 Tagen nach der Explosion bis zu einer Sonnenmasse an Staub. Es gibt auch Modelle, die einen noch größeren Staubanteil liefern.
In den letzten Jahren wurden in den Galaxien des frühen Universums gewaltige Mengen an Staub nachgewiesen. Nach heutiger Anschauung waren Supernovae der Ursprung dieses Staubs. Ihre Rolle als „Staubbildner" ist offenbar größer als bisher angenommen. Diese Galaxien sind nur wenige Hundert Millionen Jahren alt, die explodierten Supernovae haben also Materie mit einer primordialen Elementmischung verarbeitet. Es handelte sich um massereiche Sterne, deren Entwicklung zu einer Typ-II-Supernova führte. Der Nachweis, ob dies so zutrifft, ist heute schwierig, denn es gibt nur bestimmte Überbleibsel, die sich direkt untersuchen lassen: die Staubpartikel, die in Meteoriten eingebettet sind. Diese Meteoriten haben die Zustände, die lange vor der Entstehung unseres Sonnensystems herrschten, konserviert. Bei der Untersuchung konzentrieren sich die Astronomen auf spezielle Elementhäufigkeiten, etwa von Vanadium und Titan, die Teil einer Isotopenzerfallskette sind ($^{49}Vn \rightarrow {}^{49}Ti$). Beide kondensieren leicht in der Anwesenheit von Siliziumkarbid, wobei ihr Isotopenverhältnis praktisch in den Meteoriten eingefroren wird. Das lässt Rückschlüsse auf die Staubproduktionsrate der präsolaren Supernova zu. Von Bedeutung ist hierbei, dass der Zerfallsprozess eine Halbwertszeit von etwa 330 Tagen hat. Die gemessenen Mengen erlauben daher auch Rückschlüsse auf die Geschwindigkeit, mit der die Prozesse ablaufen.
Wir müssen hier anmerken, dass in Supernovae, Novae oder Roten Riesen zwar ähnliche Kernfusionsprozesse stattfinden, deren Rahmenbedingungen sich aber deutlich unterscheiden. Daher entstehen in den verschiedenen Prozessen jeweils andere Isotopenverhältnisse, die in den Silikatkörnern des Staubs erhalten bleiben.
Bei Roten Riesen ist die Staubproduktion ein möglicher Vorbote der bevorstehenden Supernovaexplosion. Bei Beteigeuze im Orion wurde zwischen Oktober 2019 und Februar 2020 eine Abnahme der Strahlungsintensität um den Faktor 3 beobachtet. Die Astronomen gehen davon aus, dass während dieser Zeit in der Konvektionszone des roten Riesensterns große Mengen heißen Plasmas nach außen transportiert wurden. Die Masse von Beteigeuze beträgt etwa 22 Sonnenmassen. Er ist ungefähr 900-mal größer als die Sonne, wodurch die äußeren Schichten zum einen relativ kühl sind und zum anderen die Schwerkraft dort vergleichsweise gering ist. Während der Verdunklung kühlte das Plasma in den Randschichten stark ab und wurde als Staubwolke abgestoßen, die ein Viertel der Sternoberfläche bedeckte. Der Sternwind verdünnte die Staubwolke und transportierte sie nach außen weg, sodass Beteigeuze im April 2020 wieder seine normale Helligkeit erreichte. Als Auslöser vermuten die Astronomen, dass sich bei Beteigeuze zwei Pulsationsmoden überlagert haben könnten. Beim Pulsationsmechanismus von Beteigeuze wirken neben den messbaren Perioden von etwa 400 Tagen und 2100 Tagen noch andere Beiträge mit. Es handelt sich um Obertöne der Schwingungen, die sich überlagern und die Vorhersagen erschweren. Alle diese Effekte sind typisch für die Endphase des Roten Riesenstadiums. Seine Außenschichten weisen große Ausstülpungen auf, die wir mittels Interferometer nachweisen können. Wie das Beispiel Beteigeuze gezeigt hat, kommt es zu Ausbrüchen und Hot Spots. Würde Beteigeuze jetzt explodieren, würden wir das Aufleuchten der Supernova erst in 720 Jahren im linken Schulterstern des Orions sehen. Die Helligkeit der Supernova läge

Abb. 5.2: Das Alter des Supernovaüberrests Sh2-91 wird auf ca. 300.000 Jahre geschätzt.

bei etwa –12 mag, und damit zwischen der des Vollmonds (–13 mag) und der des Halbmonds (–11 mag). Diese Helligkeit würde etwa drei Monate lang anhalten und die Supernova würde nachts sogar einen Schatten verursachen. Die Beteigeuze-Supernova wäre etwa ein Jahr lang auch am Taghimmel zu sehen. Im Verlauf einiger Jahre würde die Helligkeit abnehmen – bis dem Himmelsjäger schließlich eine Schulter fehlt.

HOCHENERGETISCHE PROZESSE IN SUPERNOVAE

Bei Supernovae treten aufgrund der hohen Energien relativistische Teilchen auf und es kommt dabei zu Prozessen, die wir von Hochenergielaboratorien und Beschleunigern auf der Erde kennen. Als „relativistisch" bezeichnen Physiker Teilchen, die sich mit Geschwindigkeiten nahe der Lichtgeschwindigkeit bewegen.

Typisch für diese Prozesse ist die Erzeugung von hochenergetischen Photonen, deren Energien im Bereich der Röntgenstrahlung oder – sogar noch energiereicher – im Bereich der Gammastrahlung liegen. Als Faustregel können wir uns merken, dass Plasmen mit Temperaturen im Bereich von 1 Million Kelvin im Röntgenlicht strahlen.

Quelle solcher Teilchen können verschiedene Effekte sein, etwa die thermische Strahlung eines heißen Plasmas. Andere Effekte beruhen auf den Wechselwirkungen von Teilchen mit Atomen und Feldern. Ein Beispiel ist der Comptoneffekt, bei dem ein Photon auf ein Elektron trifft. Ist es Teil der Elektronenhülle eines Atoms, kann es einen Teil der Photonenenergie aufnehmen und aus dem Atom herausgerissen werden. Einen anderen Teil der Energie erhält das Elektron als kinetische Energie mit. Das einfallende Photon hat nach der Begegnung mit dem Atom eine andere Flugrichtung, Energie und Wellenlänge. Physiker bezeichnen das als Streuung, da das Photon nach dem Stoß, im Vergleich zum Photon vor dem Stoß, in eine andere Richtung wegfliegt. Bei dieser Form des Comptoneffekts wird das Atom ionisiert und das freigesetzte Elektron kann so viel Energie erhalten, dass es selbst nun relativistisch wird. Im Gegensatz zum Photoeffekt verschwindet das Photon hier nicht „im Atom". Der Comptoneffekt kann auch bei freien Elektronen auftreten und nichtrelativistische Teilchen auf relativistische Energien beschleunigen.

Bei Supernovae finden wir auch einen Hochenergiebeitrag durch die sogenannte Bremsstrahlung. Sie wird ausgesandt, wenn sich schnelle Elektronen durch das Feld der elektrisch positiven Ladung eines Atomkerns bewegen. Dabei werden sie auf eine gekrümmte Bahn gezwungen und senden Photonen als Bremsstrahlung aus. Diese Strahlung bildet das Röntgenkontinuum von natürlichen oder technischen Quellen. Gibt ein Elektron seine gesamte kinetische Energie an ein Photon ab, entsteht dadurch ein definierter Startpunkt im kurzwelligen Bereich des Röntgenspektrums.

Da bei den Supernovaexplosionen auch Magnetfelder eine Rolle spielen, kommt mit der Synchrotronstrahlung ein weiterer Effekt hinzu, der hochenergetische Teilchen produzieren kann. Diese Strahlung entsteht, wenn geladene Teilchen ihre Richtung ändern, beispielsweise beim Durchqueren eines Magnetfelds. Übrigens ist für Physiker auch die Bremsstrahlung ein Sonderfall der Synchrotronstrahlung. Die Synchrotronstrahlung tritt auch bei niedrigeren Energien auf und ist bis in den Radiobereich nachweisbar. Auch im Optischen ist sie zu erkennen: etwa beim blauen Leuchten im Zentrum des Supernovaüberrests M 1.

N

RCW 114

SCO | $17^h\ 25^m\ 0^s$ | -46° 30′ 0″

Der Supernovaüberrest RCW 114 ist bei einer Deklination von −46° im südlichen Teil des Sternbilds Skorpion und des Sternbilds Ara (Altar) zu finden. Seine Größe wird mit 250′ × 250′ angegeben. Seine Bezeichnung beruht auf dem Katalog von HII-Gebieten in der südwestlichen Milchstraße, den die Astronomen Alex Rodgers, Colin Campbell und John Whiteoak 1960 am australischen Mount Stromlo Observatorium erstellt und veröffentlicht haben.

Basierend auf der kreisförmigen Struktur folgerte ein Forscherteam 1977, dass es sich bei RCW 114 um einen alten Supernovaüberrest handeln könnte. Da einige B-Sterne hinter RCW 114 liegen, zeigen deren Spektren die charakteristischen Na-Absorptionslinien des SNR. Mit den Abständen dieser Sterne ergibt sich eine Distanz zu RCW 114 von weniger als 750 Lichtjahren. Die radiale Expansionsgeschwindigkeit von RCW 114 bestimmten die Forscher zu etwa 30 km/s.

Im Jahr 1988 wurde für RCW 114 ein kontroverses Szenario vorgeschlagen: Demnach wäre RCW 114 kein Supernovaüberrest, sondern die Nebelstrukturen wären die Relikte eines starken Sternwinds, der von einem Wolf-Rayet-Stern in RCW 114 stammte. Bei diesem Stern handelt sich um WR 90 (HD 156385), ein Stern von 6,9 mag, der sich auf der Aufnahme im etwas dunkleren Filament, rechts oberhalb der Bildhorizontalen, befindet. Die dezentrale Lage von WR 90 wurde durch eine inhomogene Verteilung des interstellaren Mediums erklärt. Die Sternwinde des massereichen WR-90-Vorgängersterns hätten daher keine Kugelsymmetrie erzeugt. Die Parallaxe von WR 90 liefert eine Entfernung von 4512 ± 168 Lichtjahren. Demnach wäre RCW 114 deutlich weiter entfernt als die erste Berechnung vermuten ließ.

Ein koreanisches Team kombinierte 2010 die UV-Spektralaufnahmen des FIMS/SPEAR Mikrosatelliten mit HI-Radiodaten aus dem Southern Galactic Plane Survey. Sie konnten zeigen, dass Regionen mit UV-Emission des Kohlenstoffs CIV, bei 154,8 nm und 155,1 nm, sehr gut mit den HII-Filamenten zusammenfallen. Diese CIV-Linien sind ein typischer Indikator für abgekühlte Supernovaüberreste und unterstützen somit die These des nahegelegenen RCW 114. Da sie in den Radiodaten eine kleine HI-Blase um WR 90 fanden, können wir davon ausgehen, dass es sich bei RCW 114 um einen nahen und alten Supernovaüberrest handelt. WR 90 liegt dagegen weit dahinter und hat nichts mit dem Überrest zu tun.

BARNARDS LOOP

ORI | $5^h\ 27^m\ 30^s$ | $-3°\ 58'\ 0''$

Die Aufnahme zeigt den südlichen Teil des Sternbilds Orion. Fast im Bildzentrum leuchtet M 42, darüber befinden sich die drei charakteristischen Gürtelsterne, von links nach rechts: Alnitak, Alnilam und Mintaka. Unten links steht κ Orionis (Saiph), der mit 2,1 mag hellste Stern auf dieser Aufnahme.

Der rote Halbkreis, der das Motiv dominiert, ist ein als „Barnards Loop" (SH2-276) bekannter HII-Emissionsnebel. Diese Bezeichnung geht auf den amerikanischen Astronomen Edward Emerson Barnard zurück, der im letzten Jahrzehnt des 19. Jahrhunderts als einer der Pioniere der Astrofotografie Enormes leistete.

Als 19-Jähriger (1876) kaufte Barnard einen 12,5-cm-Refraktor für 380 $. Dies war damals eine enorme Summe und entsprach 2/3 seines Jahresverdiensts, er konnte damit aber in die beobachtende Astronomie einsteigen. Im Jahr 1881 entdeckte Barnard seinen ersten Kometen und es folgten weitere. Eine Motivation war sicherlich, dass ihm ein Mäzen der US-Astronomie, H. H. Warner aus Rochester, New York, für jeden neuen Kometen ein „Kopfgeld" von 200 $ zahlte. Barnard war dadurch in der Lage, sich und seiner Frau ein Haus zu kaufen. Er gewann Preise, seine Reputation wuchs und er erhielt 1883 ein „Fellowship" an der Vanderbilt University in Nashville (Tennessee). Als sich Barnard die Chance bot, zum gerade entstehenden Lick-Observatorium nach Kalifornien zu wechseln, tat er dies sofort. Er verkaufte sein Haus, zog 1887 nach San Francisco und wohnte mit seiner Frau für ein Jahr in einem gemieteten Zimmer. Der damalige Direktor des Lick-Observatoriums, Edward S. Holden, hatte für ihn noch keine Stelle und so verdiente Barnard vorübergehend sein Geld als Rechtsanwaltsgehilfe. Dies macht seinen unbedingten Willen deutlich, sich ganz und gar der Astronomie zu widmen. Das Lick-Observatorium nahm den Betrieb Ende 1888 auf und Barnard setzte mit der Astrofotografie neue Maßstäbe. Er erhielt 1897 für seine Arbeiten die Gold Medal of Britain's Royal Astronomical Society.

In dieser Zeit konzentrierten sich seine Fotoarbeiten auf die Milchstraße. Für eine Aufnahme des Orion benutzte Barnard eine Kamera mit einem 3,8-cm-Objektiv (Blende f/2,3), das aus einer Projektionslampe stammte. Das resultierende 30° große Bildfeld war nur zur Hälfte eben und damit für Messungen nutzbar. Barnard machte zwei Aufnahmen, eine mit 2 h und eine mit 1,25 h Belichtungszeit, die beide den schwach leuchtenden Halbkreis mit seinem Durchmesser von etwa 15° zeigten. In der 1894 erfolgten Veröffentlichung in der Zeitschrift „Astronomy and Astro-Physics" skizziert er den Verlauf und insbesondere die helle Verdichtung oberhalb der Gürtelsterne. Er stand auch in Kontakt mit William H. Pickering, der bereits 1890 auf diese Nebelstruktur hingewiesen hatte.

Die Astronomen gehen heute davon aus, dass Barnards Loop von einer Supernova erzeugt wurde, die vor zwei Millionen Jahren explodierte. Der im HII sichtbare Halbkreis ist etwa 1500 Lichtjahre von uns entfernt und besitzt einen Durchmesser von 300 Lichtjahren. Vor Barnards Loop liegen mehrere Dunkelwolken, darunter der Pferdekopfnebel (LDN 1630), dessen HII-Hintergrund ein Teil von Barnards Loop ist.

Betrachtet man die kosmische Staffage der Hauptdarsteller in diesem Bild, so liegt M 42 rund 160 Lichtjahre vor dem Barnardschen Bogen. Die drei Gürtelsterne im Orion stehen auch davor, Alnitak mit 1262 Lichtjahren sogar noch vor M 42, Alnilam mit 1344 Lichtjahren Distanz und Mintaka drängelt sich mit nur 916 Lichtjahren Entfernung an den vorderen Rand der kosmischen Bühne.

Die Halbkreisform von Barnards Loop ist der leuchtende Teil einer großen Kugelschale. Die gesamte Kugel wird auch als Orion-Eridanus-Blase bezeichnet. Die in ihrem westlichen Teil befindliche Ionisationsfront regt die sichtbare HII-Emission an und ist von einer doppelt so großen Kugel aus neutralem Wasserstoff umgeben. Das Licht im HII beruht auf Fotoionisation durch die hellen Sterne der Orion-OB1-Assoziation.

Es ist denkbar, dass die Supernova, die Barnards Loop verursachte, eine von mehreren Supernovae gewesen sein könnte. Sie hinterlassen Doppelsterne, die im Verlauf der Supernovaexplosion herausgeschleudert wurden und nun als „runaway stars" durch das All rasen. Kandidaten hierfür wären AE Aurigae, μ Columbae und 53 Arietis. Diese Sterne liegen alle in Entfernungen zwischen 1000 Lichtjahren und 1500 Lichtjahren und ihre hohen Eigenbewegungen dürfen wir als ein Indiz für ihre bewegte Vergangenheit werten. Genaugenommen spricht alles für eine gemeinsame Historie, also ein Supernova-Gruppen-Ereignis, das als Ausgangspunkt diente.

N

CAS A

CAS | $23^h\ 23^m\ 24^s$ | 58° 48′ 54″

Sehen wir von der Sonne ab, so ist Cassiopeia A (Cas A) die hellste Radioquelle am Himmel. Deswegen konnte der Supernovaüberrest als eine der ersten extraterrestrischen Radioquellen identifiziert werden. Dies geschah 1948 durch das Long-Michelson-Interferometer in Cambridge, England, das aus zwei fest aufgebauten Radioantennen bestand. Die historischen Fotos der Antennenkonstruktion zeigen Ähnlichkeit mit einem großen Gartenzaun. Mit diesen Antennen konnte nur ein 1,5° schmaler Himmelsauschnitt beobachtet werden. Die Quellen wanderten aufgrund der Erddrehung durch diesen Bereich hindurch und lieferten ein Interferenzmuster, durch das ihre Positionen mit einer Genauigkeit von 5′ bis 10′ bestimmt werden konnten. Der 1950 veröffentlichte 1C-Katalog, der „First Cambridge Catalogue of Radio Sources“ enthält 50 Radioquellen, unter denen Cas A die hellste Quelle ist. Aus der Radioastronomie-Gruppe der Universität in Cambridge wurde später die Cavendish Astrophysics Group, die bis heute große Radioteleskope betreibt und deren Kataloge für die Forschung wichtige Dienste leisten.

Der Supernovaüberrest Cas A befindet sich in einer Entfernung von 11.000 Lichtjahren. Die auf der Aufnahme zu erkennende Kugelschale besitzt einen Durchmesser von nur 10 Lichtjahren. Das Licht der Supernovaexplosion hat uns vermutlich erst vor etwa 300 Jahren erreicht. Der Vorläuferstern könnte der von John Flamsteed 1680 beobachtete Stern 3 Cassiopeiae gewesen sein, der später nicht mehr an der genannten Position gefunden wurde. Dass keine anderen historischen Sichtungen vorliegen, lässt sich auf die Absorption durch den Staub der Milchstraßenebene oder durch eine zuvor abgestoßene äußere Sternhülle zurückführen.

Die Form der Überreste sollte prinzipiell Rückschluss auf die zurückliegende Supernovaexplosion zulassen. Die Schwierigkeit besteht darin, diese Relikte von Strukturen zu unterscheiden, die durch den Kontakt von expandierenden abgestoßenen Hüllen mit dem interstellaren Medium hervorgerufen werden und ähnlich aussehen. Die Astronomen untersuchen zur Klärung dieser Frage verschiedene alte Supernovaüberreste. Cas A ist ein attraktives Objekt, da es noch relativ jung ist und wir eine frühe Entwicklungsphase betrachten.

Der Vorläuferstern war vermutlich ein roter Überriese mit einer Masse von 20 Sonnenmassen. Laut Modellrechnungen wäre er vor 340 Jahren explodiert und hätte zuvor vier Sonnenmassen Materie abgestoßen. Der Riesenstern, der einen Durchmesser von etwa 800 Sonnenradien besaß, verlor also einen merklichen Anteil seiner Wasserstoffhülle. Insbesondere zeigen dreidimensionale Rekonstruktionen, dass die sichtbaren, kleinräumigen Verdichtungen dann entstehen, wenn extrem schnelle Supernovatrümmer auf langsamer expandierendes Hüllenmaterial treffen, das noch aus der letzten Phase des Riesensterns stammt.

CTB 1

CAS | 23ʰ 59ᵐ 13ˢ | 62° 26′ 12″

Der Supernovaüberrest CTB 1 liegt im westlichen Teil des Sternbilds Cassiopeia und zeigt sich auf lang belichteten Aufnahmen als 36′ große Blase. George Abell nahm CTB 1 zunächst und fälschlicherweise als planetarischen Nebel „Abell 85“ in seinen Katalog auf. 1960 schlug Sidney van den Bergh vor, dass es sich um einen Supernovaüberrest handeln könnte – dies wurde 1971 bestätigt. 1965 hatte Beverley Lynds Abell 85 auch als LBN 576 bezeichnet.

Die auch heute wenig gebräuchliche Bezeichnung „CTB 1“ geht auf eine Zusammenstellung von Radioquellen des Observatoriums des California Institute of Technology (Caltech) in Owens Valley (Kalifornien, USA) zurück. Deren 1960 veröffentlichte „Liste B“ enthält 110 Objekte.

Die Kreisform des Überrests ist im nördlichen Bereich unterbrochen. Da diese Störung auch auf Radioaufnahmen zu sehen ist, gehen die Forscher davon aus, dass sie auf ein lokales Defizit an neutralem Wasserstoffgas zurückzuführen ist. Am rechten westlichen Bogenstück fällt die blaue Emission von [OIII] und Hβ auf. Im Vergleich zu anderen Supernovaüberresten ist der Anteil dieser Emissionslinien aber geringer. CTB 1 ist auch eine Röntgenquelle, deren Strahlung in der Mitte der Kugelschale konzentriert ist. Die Entfernung von CTB 1 wird mit etwa 10.000 Lichtjahren angegeben, die Kugelschale hat in dieser Entfernung einen Durchmesser von 100 Lichtjahren. Das Alter von CTB 1 wird auf 9000 Jahre bis 13.000 Jahre geschätzt.

Erst 2019 wurde eine Besonderheit im Inneren von CTB 1 entdeckt: ein Pulsar (PSR J0002+6216), der einen kometenhaften Schweif von 7′ Länge hinter sich herzieht und aus dem Zentrum von CTB 1 zu kommen scheint. Er befindet sich 28′ vom Zentrum entfernt (auf dem Bild links unten, außerhalb von CTB 1) und bewegt sich mit einer projizierten Geschwindigkeit von 1100 km/s. Der Pulsar kreuzte die Blase vor etwa 5000 Jahren und ist gegenwärtig 6500 Lichtjahre von der Erde entfernt. Für die Astronomen ist PSR J0002+6216 ein Hochgeschwindigkeitspulsar, der bei der Supernovaexplosion, ähnlich wie eine Kanonenkugel, aus dem Zentrum herausgeschossen wurde. Der Pulsar kann sowohl von Radioteleskopen als auch von Gammastrahlungsteleskopen beobachtet werden. Im optischen Bereich ist er nicht sichtbar. Solche schnellen Pulsare bilden eine eigene Klasse von Himmelskörpern – ihre relativistischen Pulsarwinde lösen Stoßfronten aus, die mit Überschallgeschwindigkeit durch das interstellare Medium laufen. Auf ihrem Weg hinterlassen sie einen schmalen Kegel aus zusammengeschobenem Gas, das nichtthermische Synchrotronstrahlung emittiert. Die Frage, was dem Pulsar in CTB 1 einen „Tritt“ versetzte, ist noch ungeklärt. Seine hohe Geschwindigkeit passt nicht zu einem Doppelstern als Vorläufersystem. Als Alternative betrachten die Astronomen ein hydrodynamisches Modell. Der Vorgängerstern war vermutlich ein Riesenstern mit 12 bis 15 Sonnenmassen, der eine starke Asymmetrie aufwies. Diese müsste sich dann auch in der Verteilung des weggeschleuderten Materials zeigen, also auch in der Bahn, die der Pulsar durch den Nebel zog. Es gibt bei CTB 1 erste Hinweise darauf, dass die schweren Elemente diese asymmetrische Verteilung zeigen, der definitive Nachweis steht aber noch aus.

Aufnahme von NGC 6960 im Westteil des Cirrusnebels, auch als Hexenbesen bekannt.

NGC 6960 CIRRUSNEBEL

CYG | $20^h\ 45^m\ 38^s$ | +30° 42′ 30″

Der Cirrusnebel ist ein Nebelkomplex im Sternbild Schwan mit einer Ausdehnung von 2,5° × 3°. Die Weitwinkelaufnahme zeigt den kreisförmigen Aufbau, in dem sich einzelne Filamente befinden, die eigene Katalogeinträge besitzen. Links außen auf der großen Aufnahme liegt der östliche Bogen, mit NGC 6992 am oberen sowie NGC 6995 und IC 1340 am unteren Ende. Im Englischen wird der Cirrusnebel als „veil nebula" (Schleiernebel) bezeichnet, daher heißt dieser östliche Teil auch „eastern veil".

Gehen wir nach rechts, finden wir am oberen Rand mit NGC 6974 und NGC 6979 zwei helle Verdichtungen, die schon von William Herschel und dem 3. Earl of Rosse beobachtet wurden. Vor dem etwas weiter unten stehenden westlichen Bogen leuchtet ein Filament in Form eines länglichen Dreiecks. Es wird als „Pickering's triangle" bezeichnet. Diese Struktur wurde 1904 durch Williamina Fleming am Harvard Observatory fotografisch entdeckt. Damals war Edward Charles Pickering Direktor und wurde so zum Namensgeber – obwohl diese Ehre eigentlich der Entdeckerin gebühren würde.

Am westlichen Rand des Cirrusnebels, am rechten Rand der großen Aufnahme, befindet sich NGC 6960, ein länglicher Nebelstrang, der im Englischen den Beinamen „witch's broom" („Hexenbesen") erhielt. Die auf dem Besen sitzende Hexe fliegt nach rechts und passiert gerade den Stern 52 Cygni. Dieser 5,3 mag helle Stern ist ein K0-Riese in einer Entfernung von 201 ± 2 Lichtjahren. 51 Cygni ist ein Doppelsternsystem. Sein 9,5 mag heller Begleiter besitzt einen Winkelabstand von 6,2″. Der Cirrusnebel befindet sich in einer Entfernung von 2600 Lichtjahren und ist der Überrest einer Supernova, die vor etwa 8000 Jahren explodierte.

Neben den auffälligen roten Lichtanteilen des Cirrusnebels fallen die blauen Lichtsäume auf. Im sichtbaren Bereich sind sie zum großen Teil auf die Emission ionisierter Gase, aber auch auf die Reflexion von Licht am Nebel zurückzuführen. Beobachten wir den Komplex im UV-Licht, leuchten im Cirrusnebel fast dieselben Bereiche wie im Optischen. Allerdings beruht die UV-Emission maßgeblich auf der Emission von OVI. Bei noch kürzeren Wellenlängen wird der Supernovaüberrest bis in den Röntgenbereich zu einer vollständigen Blase. Die Gastemperatur der Blase liegt bei über einer Million Kelvin und der Nebel sieht nun eher wie eine Gasblase aus – im Vergleich zum sichtbaren Bereich. Wie dort fällt in allen Wellenlängenbereichen auf, dass der nördliche Teil kugelsymmetrischer ist. Die Explosion verlief dort vermutlich nahezu gleichförmig. Der südliche Teil erinnert an eine „blowout region" („Bereich mit Gasausstoß"). Hier konnten sich sowohl die Stoßfronten der Explosion als auch die schon früher abgestoßene Hülle des Vorgängersterns schneller fortbewegen. Die Astronomen sehen dies als Hinweis, dass die Dichte des interstellaren Mediums dort geringer sein muss.

Die Energiequelle des gesamten Nebels sind Wechselwirkungsprozesse, die beim Auftreffen der schnellen Stoßfronten der Supernova auf das langsame Hüllenmaterial stattfinden. Die Astronomen konnten abschätzen, dass die Masse des Vorgängersterns bei 12 bis 15 Sonnenmassen gelegen haben muss. Ein kompaktes Überbleibsel, ein Neutronenstern oder ein Schwarzes Loch, ist im Zentrum des Nebels aber nicht zu finden. Es besteht eine Vermutung, dass diese „blowout region" die Folge eines Pulsarwinds sein könnte, verursacht von einem Neutronenstern, der bei der Supernovaexplosion in südlicher Richtung herausgeschleudert worden sein könnte. Die Suche nach ihm blieb bislang aber erfolglos.

Die anderen Aufnahmen widmen sich den Details des Cirrusnebels. Diese Aufnahmen sind teilweise um 90° gedreht, bezogen auf die Orientierung der großen Aufnahme des gesamten Supernovaüberrests. Die Brennweiten der benutzen Instrumente waren länger und somit erkennen wir in den Ausschnitten deutlich mehr Strukturen mit feinen Farbgradienten.

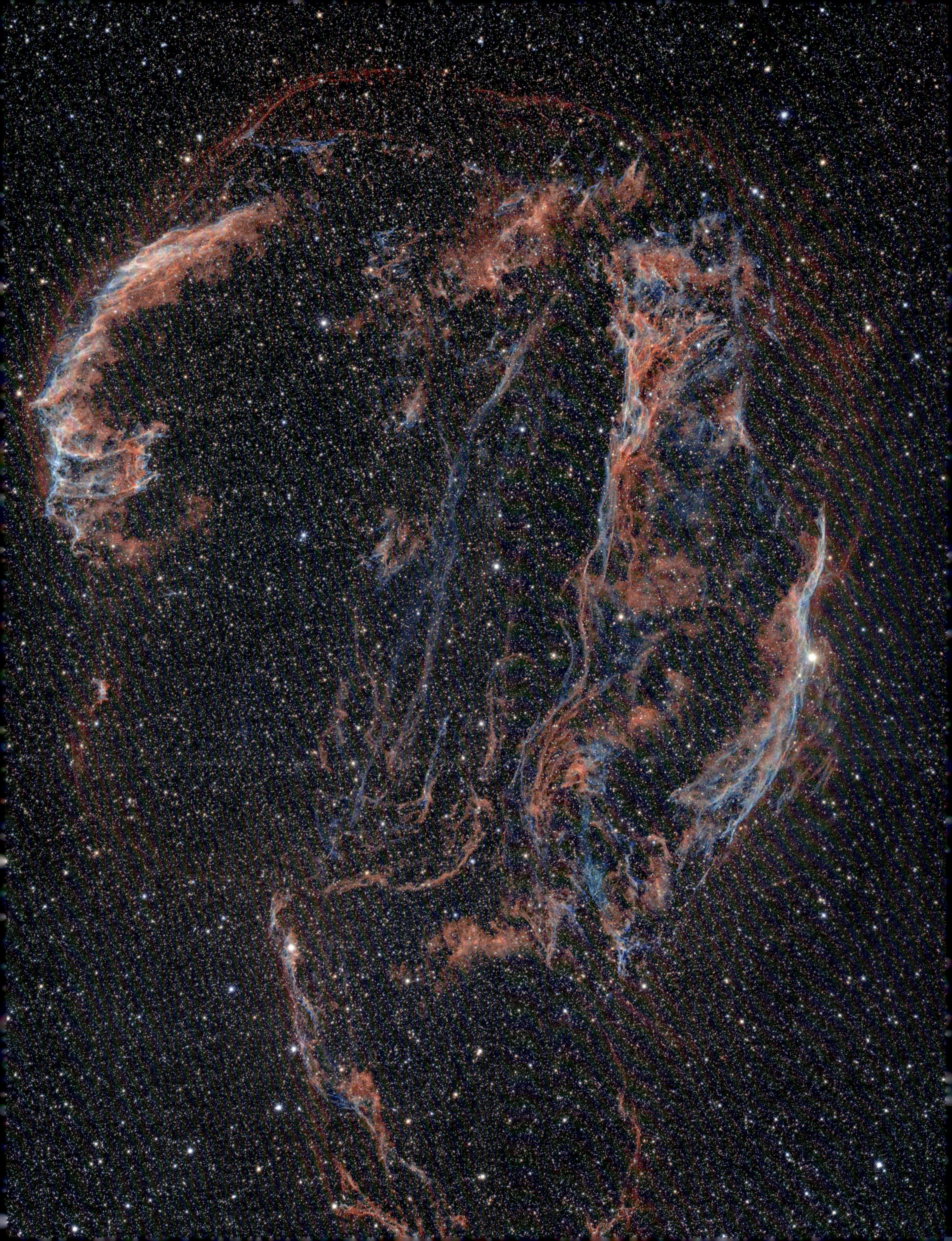

NGC 6992 bildet den östlichen Teil des Cirrusnebels.

Detailansicht von NGC 6995 und IC 1340

Detail im Südosten des Nebelkomplexes

Detailaufnahme von „Pickerings Dreieck"

Gesamtaufnahme des Gum-Nebels.

GUM-NEBEL

VEL | $7^h\ 43^m\ 0^s$ | -42° 6′ 0″

Der Gum-Nebel (Gum 12) ist mit einer Größe von über 40° der größte Nebel, den wir am Nachthimmel beobachten können. Das Zentrum liegt im Sternbild Vela (Segel) und Gum 12 dehnt sich in das Nachbarsternbild Achterdeck des Schiffes aus (siehe Kapitel 6: NGC 2477). Die Weitfeldaufnahme, die über diesem Text steht, zeigt den Gum-Nebel und misst eine diagonale Länge von 40°. Der helle Stern ganz rechts ist Sirius.
Der Entdecker war der australische Astronom Colin Stanley Gum, der 1955 seinen Katalog „A survey of Southern HII Regions" veröffentlichte, der 85 Nebel enthielt. Gum 12 gehört zum sogenannten Gouldschen Gürtel, einem etwa 3000 Lichtjahre großen Bereich in der lokalen Milchstraßenebene, die von zwei länglich angeordneten Strukturen in der interstellaren Materie dominiert wird. Man nimmt an, dass der Gouldsche Gürtel aus einer Kollision zwischen einer großen Gaswolke mit mehr als einer Million Sonnenmassen und dem lokalen Milchstraßenarm hervorging.
Gum 12 ist mit weitem Abstand das größte Einzelgebilde innerhalb dieser Struktur. Wir befinden uns 400 Lichtjahre vor der uns zugewandten Seite von Gum 12 und somit dicht vor der Gasblase, die einen gesamten Durchmesser von 1100 Lichtjahren hat. Die Astronomen sehen in Gum 12 einen über eine Million Jahre alten Supernovaüberrest.
In Gum 12 liegen weitere Objekte, die erst nach der Supernovaexplosion entstanden sind. Im „Kindergarten" dieser Objektfamilie befinden sich der 11.000 Jahre alte Vela-Pulsar sowie die Vela-OB-Assoziation. Zu dieser Gruppe junger, massereicher Sterne gehören auch die O-Sterne γ Velorum und ζ Puppis. Sie werden als mögliche Geschwister des Vorgängersterns der Vela-Supernova gehandelt. Die OB-Sterne sind die maßgeblichen Energielieferanten der heute sichtbaren HII-Emission.
Der 1,7 mag helle Stern γ_2 Velorum ist einer der hellsten Sterne am Himmel. Auf der obigen Weitfeldaufnahme ist er im linken Hauptkreis von Gum 12 zu sehen. γ_2 Velorum steht am inneren Rand des roten Kreisrings. Die seitenfüllende Aufnahme gegenüber ist etwas gedreht; hier ist γ_2 Velorum der gelbliche Stern im linken unteren Bildviertel. Es handelt sich um ein Vierfachsternsystem in 1100 Lichtjahren Entfernung, dessen größte Komponenten ein O-Riese mit 29 Sonnenmassen und ein WR-Stern mit 9 Sonnenmassen sind.

N

Der Bleistiftnebel trägt die Katalogbezeichnung NGC 2736.

Der Vela-SNR ist der erdnächste Supernovaüberrest.

Die beiden Sterne umkreisen sich in 78,5 Tagen bei einem mittleren Abstand von nur 1 AE. Dieser WR-Stern ist der uns nächstgelegene Wolf-Rayet-Stern. Es handelt sich um einen WC-Stern, bei dem Emissionslinien von Sauerstoff- und Kohlenstoff das Spektrum bestimmen. Die starken Sternwinde des Wolf-Rayet-Sterns erzeugen Stoßfronten um den O-Stern in Form eines Kegels. Dies bewirkt eine spezielle Abstrahlungsgeometrie, die von der eines normalen Sterns abweicht. Die Fachliteratur nennt solche Systeme „colliding-winds binaries" („Doppelsterne mit kollidierenden Winden"). Unter diesen Sternen ist γ_2 Velorum das hellste uns bekannte System.
Mit den Gaia-Daten konnten die Sterne der Vela-OB2-Assoziation untersucht werden. Sie befinden sich zum Großteil in der kreisförmigen Region, in der keine HII-Emission zu finden ist. Sie umfassen ein Raumvolumen mit einem Durchmesser von etwa 350 Lichtjahren und ihre Gesamtmasse wird auf 2300 Sonnenmassen geschätzt. Die Daten zeigen, dass sie nicht gleichverteilt im Raum stehen. Die Sterne befinden sich in knapp einem Dutzend Verdichtungen, die eine expandierende Ringstruktur bilden. Vermutlich geht dies auf ein Ereignis zurück, das noch vor der Entstehung der Assoziationen lag und die kugelförmige Gasstruktur (IRAS Vela-Shell) geschaffen hat, in der die Sternentstehung stattfand. Auslöser könnte eine Supernova gewesen sein, die vor 20 Millionen Jahre explodierte und damit viel älter ist als die Vela-OB2-Sterne. Nachfolgende, jüngere Supernovae könnten deren Expansion begleitet und weiter verstärkt haben.
Im Gum-12-Nebel liegt der Vela-Supernovaüberrest G263.9−3.3, der oft nur als Vela-SNR bezeichnet wird. Als der Erde nächstgelegener Supernovaüberrest wurde er über das gesamte elektromagnetische Spektrum hinweg detailliert untersucht. In einer Entfernung von circa 950 Lichtjahren rotiert im Zentrum des Überrests der etwa 11.000 Jahre alte Vela-Pulsar PSR B0833−45 mit einer Frequenz von 11,2 Hz. Damit beträgt die Periodendauer 89 ms. Der Pulsar wurde zuerst 1968 als Radiopulsar entdeckt, es folgte dann 1975 der Nachweis mittels Gammastrahlung und 1993 im Röntgenbereich. Alle diese Beobachtungen zeigen, dass die Emission maßgeblich durch das Magnetfeld des Neutronensterns bestimmt ist und eine starke Phasenabhängigkeit aufweist.
Einzelne Teile des Vela-SNR besitzen individuelle Katalogeinträge. So wird NGC 2736 als Bleistiftnebel bezeichnet (s. linke Detailaufnahme). Dessen relativ scharf definiertes Gasband zeigt die Stoßfront der Supernovaexplosion, die immer noch mit über 120 km/s nach außen läuft. Die Entfernung dieser Zone beträgt etwa 800 Lichtjahre und ihre Breite entspricht etwa 5 Lichtjahre. Die beiden Farben beruhen auf dem Blaugrün der [OIII]- und dem Rot der HII-Emission.
Der Vela-SNR, der auf der Aufnahme als filigranes, fast schaumartiges Gebilde zu sehen ist, hat einen Durchmesser von ungefähr 8° (s rechte Detailaufnahme). Es ist eine der heißesten uns bekannten Regionen, die nicht-thermische Radiostrahlung aussendet. In der heißen Kernzone von 45′ × 12′ finden wir auch den Vela-Pulsar. Dort wirkt der besonders intensive Pulsarwind. Durch ihn verliert der Pulsar Rotationsenergie und entlang seiner Magnetfeldlinien werden Teilchen auf relativistische Geschwindigkeiten beschleunigt. Sie laufen dann in das umgebende Gas hinein, werden dort in einer Stoßfront stark abgebremst und senden Strahlung aus.

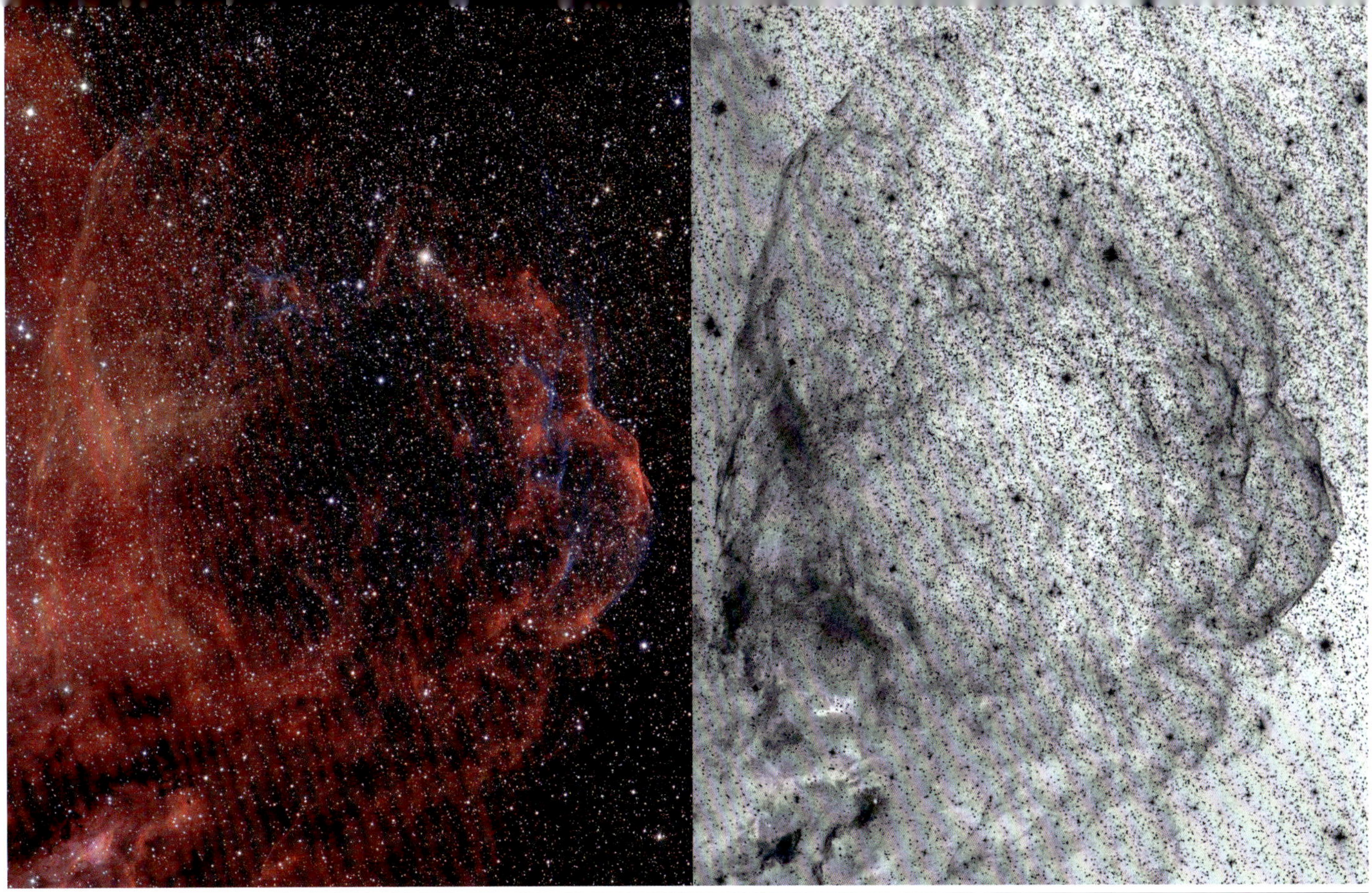

HBH 3

CAS | $2^{h}\ 17^{m}\ 40^{s}$ | 62° 45′ 0″

Der Supernovaüberrest HBH 3 befindet sich im östlichen Teil des Sternbilds Cassiopeia in direkter Nachbarschaft zur HII-Region IC 1805 (Herznebel, siehe Kapitel 3: IC 1805). Das Zentrum der HII-Region hat eine Entfernung von etwa 2,5°. Auf dem abgebildeten Himmelsausschnitt der Aufnahme befindet sich diese HII-Region links außerhalb des Bildfelds. Einige ihrer Ausläufer sind am linken Rand sichtbar. Das Hochformat der Aufnahme besitzt eine Diagonale von 2,8°. Der Supernovaüberrest HBH 3 hat eine Ausdehnung von etwa 1,4° × 2,5°. Man erkennt zwei Bereiche, die sich gedanklich zu einer großen Blase zusammensetzen lassen. Deren Außenbereiche sind oberhalb und unterhalb des Zentrums besonders auffällig zu erkennen. Der größere Teil des Supernovaüberrests bildet eine langgestreckte Ellipse, wobei der rechts liegende Nordteil besser definiert ist als der Südteil.

Entdeckt wurde der Überrest bei einer Radiodurchmusterung des nördlichen Sternhimmels. 1953 veröffentlichten die beiden Astronomen Robert Hanbury Brown und Cyril Hazard den Katalog „A survey of 23 localized radio sources in the Northern hemisphere". Erstellt wurde dieser mit einer 70-m-Parabolantenne des Radioobservatoriums Jodrell Bank (Lower Withington, Cheshire, Großbritannien). Aus diesem Instrument wurde einige Jahre später das etwas größere und bewegliche Lovell-Radioteleskop. Gemessen wurde bei einer Radiowellenlänge von 1,89 m und einer Auflösung von 2°. Die Technik, die damals eingesetzt wurde, um Radioquellen aufzuspüren, basierte noch auf der Transitmethode: Wie bei einem Meridiankreis wurde das Instrument auf eine Höhe fest ausgerichtet. Dann wurde die Radiointensität des Himmelsausschnitts gemessen, der aufgrund der Erdrotation vor dem Instrument vorbeizog. Bewegte sich eine Radioquelle am Teleskop vorbei, stieg die gemessene Intensität an. Aus dem Verlauf der Strahlungskurve konnten das Maximum und die Ausdehnung der Radioquelle abgeleitet werden. Der dritte Eintrag dieses Katalogs war der hier vorgestellte Supernovaüberrest. Er wird als HBH 3 beziehungsweise HB 3 bezeichnet oder als SNR G132.6+01.5.

Seit seiner Entdeckung hat die Astronomen die Frage beschäftigt, ob HBH 3 nur zufällig in Richtung der HII-Region steht. Schon Ende der 1980er-Jahre zeigte der Vergleich von Radio- und Röntgendaten, dass die Stoßfronten der Supernova mit Materie der HII-Region wechselwirken könnten und die dortige thermische Radioquelle W 3 (IC 1795, in der linken oberen Ecke) mit Energie versorgen. Die in den letzten Jahrzehnten gesammelten Daten bestätigen diese Hypothese. Die Quelle W 3 ist so heiß, dass mit dem Fermi Gamma-ray Space Telescope auch Gammaphotonen im Bereich zwischen ein und zehn GeV nachgewiesen wurden.

Die expandierenden Gashüllen von HBH 3 bewegen sich mit einer Geschwindigkeit von rund 340 km/s und ihre Teilchendichte liegt bei 0,32 Teilchen/cm^3. Die berechnete Entfernung von HBH 3 beträgt 6360 ± 130 Lichtjahre, die große Blase hat in dieser Entfernung einen Durchmesser von 160 Lichtjahren. Das umgebende Ellipsoid, so vermuten einige Astronomen, könnte auf einen gebündelten Sternwind des Vorläufersterns zurückzuführen sein, der zeitlich vor der Supernovaexplosion abgestoßen wurde. Ausgehend von diesen Expansionsüberlegungen schätzen die Forscher das Alter der Supernova von HBH 3 auf 30.000 Jahre.

N

IC 443 QUALLENNEBEL

GEM | $6^h\ 17^m\ 0^s$ | 22° 34′ 0″

Der Supernovaüberrest IC 443 liegt zu Füßen der Zwillinge und ist im englischen Sprachraum auch als „jellyfish nebula“ (zu Deutsch „Quallennebel“) bekannt. IC 443 hat im Sharpless-Katalog die Nummer Sh2-248. Der HII-Emissionsnebel im oberen linken Quadranten ist Sh2-249. IC 443 ist ein entwickelter Supernovaüberrest, der sich in einer Entfernung von 5600 ± 300 Lichtjahren befindet. Für sein Alter finden wir in der Literatur nur grobe Angaben zwischen 3000 und 30.000 Jahren. Aufgrund seiner Größe von etwa 0,5° und der vergleichsweise freien Sicht auf das Objekt bietet IC 443 optimale Bedingungen für die Untersuchung der Wechselwirkungen zwischen Supernovaüberresten und dem interstellaren Medium. Bei IC 443 liegt eine Mischung verschiedener morphologischer Elemente vor: Wir erkennen eine Schalenstruktur, die im Radiobereich und im Optischen hell strahlt, sowie ein Röntgenstrahlung emittierendes Zentrum.

Das Spektrum von IC 443 wird seit Jahrzehnten intensiv untersucht. Eine Studie aus dem Jahr 2019 benutzte dazu multispektrale Daten, die mit dem Spektrometer SITELLE am 3,6-m-Canada-France-Hawaii-Teleskop auf Hawaii (USA) gewonnen wurden. SITELLE steht für „Spectromètre Imageur à Transformée de Fourier pour l'Etude en Long et en Large de raies d'Emission“ (etwa „Abbildendes Fourier-Transform-Spektrometer für die flächige Untersuchung von Emissionslinien“). Dabei wurden auf der 11′ × 11′ umfassenden Größe des Detektors räumlich aufgelöste Spektren des Supernovaüberrests erstellt. Die einstellbare spektrale Auflösung wurde so festgelegt, dass die Emissionslinien gut getrennt werden konnten. Gleichzeitig blieb das Signal-Rausch-Verhältnis aber so groß, dass sich die Verschiebung der Linien relativ zur Ruhewellenlänge und damit die Ausbreitungsgeschwindigkeiten der Gase mit hoher Genauigkeit bestimmen ließen.

Bei den prominenten Emissionslinien handelt es sich um die Linien Hα, Hβ, [O II], [O III], [N II] und [S II]. Die Linienstärken und ihre Intensitätsverhältnisse sind wichtige Werkzeuge, um Rückschlüsse auf die physikalischen Bedingungen der Gase zu ziehen. Wir wissen, dass in interstellaren Stoßfronten die Balmer-Linien des Wasserstoffs meist durch Rekombination entstehen. Nur ein kleiner Teil der Wasserstoffatome wird durch Kollisionen angeregt. Das Verhältnis Hα / Hβ beträgt etwa drei. Größere Werte wären ein Hinweis auf langsamere Stoßfronten. Simulationen zeigen, dass die Ionisationsrate für H^+ ab Geschwindigkeiten von 70 km/s bei über 90 % liegt. Bei Geschwindigkeiten von über 100 km/s erhalten wir für He^+ eine Ionisationsrate größer 80 %, aber erst bei mehr als 200 km/s entstehen 40 % der He^{++}Ionen. Als Faustregel gilt: Je schneller die Stoßfronten sind, desto höher werden die Gasatome ionisiert. Die gemessenen Linienverhältnisse Hα / Hβ, [O III] / Hβ und [O III] / [O II] sind somit feine Sensoren für die Untersuchung der räumlichen Details von Stoßfronten in IC 443. Sie erlauben eine räumlich detaillierte Betrachtung der Nebelbereiche. Es zeigt sich, dass die Stoßfronten in den äußeren Gasschalen unterbrochen sind. Hier ist die Stoßfront „ausgefranst“, was durch lokale Variationen der Gasdichten erklärt wird. Die größten Dichten finden sich im hellen nördlichen Filament von IC 443, das auf der Aufnahme oben links zu sehen ist. Die Verteilung der Geschwindigkeiten reicht von 20 km/s bis 150 km/s. Im Inneren von IC 443 ist die Stoßfront, oder besser das nachströmende Gas, mit Geschwindigkeiten unter 40 km/s deutlich langsamer.

Für IC 443 liegen auffällig viele Studien vor. Zu ihnen gehören Untersuchungen mit dem Röntgensatelliten ROSAT, der Ende der 1990er-Jahre links neben den Gashüllen von IC 443 eine schwache kreisförmige Struktur in den All-Sky-Survey-Daten feststellte. Damals wurde vermutet, dass hier ebenfalls das Relikt einer Supernova vorliegen könnte, das als SNR G189.6+3.3 katalogisiert wurde. Es lag 30′ neben IC 443 (SNR G189.1+3.0). Obwohl im Kollisionsbereich zwischen IC 443 und der Molekülwolke Sh2-249 deutliche, durch Stoßfronten angeregte Emission nachgewiesen wurde, blieb die Region um den möglichen benachbarten Überrest im wahrsten Sinne des Wortes dunkel. Mithilfe der Online-Datenbanken können wir selbst nachvollziehen: Keiner der verschiedenen Kataloge im Radio-, Infrarot- und Hochenergiebereich zeigt den ROSAT-SNR-Kandidaten. Mit großem Interesse wurden daher die Daten des Röntgensatelliten XMM untersucht, der ROSAT nachfolgte. Die Kollisionsregion von IC 443 ist zwar gut zu erkennen, jedoch befindet sich links davon keine auffällige Röntgensignatur, was für eine falsch interpretierte Messung der ROSAT-Daten spricht.

Einen Beleg für diese mögliche Fehlinterpretation der Daten lieferte ROSAT selbst. Nach der Himmelsdurchmusterung wurden von ROSAT Einzelquellen beobachtet. Zu diesen gehörten auch IC 443 und dessen Umgebung, die länger belichtet wurden als im Survey. Leider wurde in dieser Aufnahme der Bereich mit dem möglichen benachbarten Überrest nur angeschnitten, die kreisförmige Struktur ist aber nicht zu sehen. Zusammen mit den fehlenden Daten in den anderen Wellenlängenbereichen ist dies ein deutliches Indiz für einen Messfehler: Der Kreis war kein Supernovaüberrest, sondern möglicherweise nur ein technischer Defekt der ROSAT-PSPC-Detektoren. Diese sogenannten „Position Sensitive Proportional Counters“ („ortsauflösende Proportionalzähler“) sind große Zählrohre, die durch Elektroden aus einem feinen Drahtgeflecht die Röntgenstrahlung räumlich auflösen konnten. Abgedeckt von einer dünnen Plastikfolie, ließen sie nur die fokussierte Röntgenstrahlung der Wolter-Röntgenteleskope passieren. Die Folie wurde von Streben fixiert, in deren Zentrum sich ein freier Kreis befand. Und da dieser Kreisradius den gleichen Winkeldurchmesser wie der vermeintliche kreisförmige Überrest besaß, ist es wahrscheinlich, dass bei der Verarbeitung der All-Sky-Survey-Daten ein Problem mit der Subtraktion des Hintergrunds vorlag, der diese falsche Identifikation verursachte.

M 1 KREBSNEBEL

TAU | $5^h\ 34^m\ 32^s$ | 22° 0′ 48″

Entdeckt wurde M 1 bereits 1731 vom britischen Astronomen John Brevis, 27 Jahre bevor Charles Messier den Nebel, unabhängig von Brevis, neu entdeckte und als erstes Objekt in seinen Katalog aufnahm. Den allgemein verwendeten Namen „Krebsnebel" (englisch „crab nebula") erhielt M 1 im Jahr 1844 aufgrund einer Zeichnung, die William Parsons, 3. Earl of Rosse, nach Beobachtungen mit einem 91-cm-Spiegelteleskop angefertigt hatte. Die Form erinnert entfernt an ein Krustentier, und auch wenn eine weitere Zeichnung von Parsons aus dem Jahr 1855, die er mithilfe seines 1,8-m-Reflektors erstellte, ein ganz anderes Bild ergab, blieb die Bezeichnung erhalten. Obwohl die korrekte deutsche Übersetzung eigentlich „Krabbennebel" lauten müsste, hat sich im Deutschen der Name „Krebsnebel" etabliert.

M 1 ist ein Supernovaüberrest mit einer Ausdehnung von 6′ × 4′ und einer visuellen Helligkeit von 8,4 mag. Chinesische und japanische Beobachter dokumentierten zu Anfang des Jahres 1054 einen −6 mag hellen Stern im Sternbild Stier, der über 3 Wochen deutlich am Taghimmel sichtbar war. Wir dürfen davon ausgehen, dass dies die Supernova war, deren Überrest wir heute als Krebsnebel bezeichnen.

Im Sommer des Jahres 1967 entdeckte das radargestützte Frühwarnsystem der US Air Force Base in Clean Air (Alaska) gepulste Radiosignale. Die Messungen erfolgten mit einer fest aufgebauten 50-m-Antenne. Da der Zeitpunkt, zu denen Radioimpulse auftraten, eine tägliche vierminütige Verschiebung aufwiesen (im englischen „siderial drift"), wurde auf eine astronomische Quelle geschlossen. Ein Dutzend signifikante Quellen konnten ausgemacht werden, von denen M 1 die intensivste war. 1968 führten Radiobeobachtungen in Arecibo, Puerto Rico und später in Green Bank (USA) auf die Periode von 33,09 ms für den Radiopulsar in M 1. Der rotierende Neutronenstern besitzt einen Durchmesser von 24 km und ein Magnetfeld von $2{,}5 \times 10^8$ Tesla (zum Vergleich: das Erdmagnetfeld liegt bei 50 μTesla).

Wie nur sehr wenige andere Himmelskörper liefert M 1 ein intensives elektromagnetisches Spektrum, das vom Radiobereich über das Infrarote und den visuellen Bereich bis zu den hochenergetischen Röntgen- und Gammastrahlen reicht. Das blaue Schimmern des Bilds wird durch diffuse Synchrotronstrahlung hervorgerufen, die im gesamten Nebel emittiert wird.

Mit dem optischen Spektrum kann die Expansion der Nebelstrukturen dieses Überrests nachgewiesen werden. Die kleine Abbildung zeigt ein solches M1-Spektrum: Horizontal ist die Wellenlänge aufgetragen, die Vertikale entspricht der Spaltlage über dem Überrest. Die Helligkeitsintensität ist ein Hinweis auf die Intensität der Emission. Das Spektrum zeigt den roten Bereich mit den [NII]-Hα-[NII]-Linien und weiter rechts die zwei [SII]-Linien. Die „Emissionslinien" sind keine scharfen Linien, sondern weisen eine Zweiteilung auf, die durch den Dopplereffekt hervorgerufen wird: In Blickrichtung befinden sich sowohl Filamente, die sich von uns weg bewegen, als auch solche, die sich auf uns zu bewegen. Die Geschwindigkeiten von ±1200 km/s lassen sich auch mithilfe von Aufnahmen belegen, die mit einem Abstand von mehreren Jahrzehnten aufgenommen wurden.

Obwohl M 1 eines der am besten untersuchten Objekte ist, war seine Distanz lange Zeit unsicher. Es gab keine Parallaxenmessungen im optischen oder Radiobereich. Oft wurde ein Wert im Bereich von 6300 Lichtjahren genannt. Der durch seine Variabilität bereits bekannte Pulsar im Krebsnebel (PSR B0531+21, Gaia EDR3 3403818172572314624) ist mit einer visuellen Helligkeit von 16,7 mag hell genug für eine Gaia-Messung. Aufgrund der Parallaxe beträgt die Entfernung des Pulsars 6384 ± 1008 Lichtjahre. Werden die Sterne häufiger mit Gaia beobachtet, so können die Parallaxen und ihre Entfernungen mithilfe statistischer Betrachtungen verbessert werden. Beim Krebsnebel führte dies auf einen Wert von 10.977^{+13172}_{-3164} Lichtjahren. Trotz der enorm großen Fehlergrenzen zeigen diese statistischen Betrachtungen, dass die Entfernung von M 1 mit 95-prozentiger Wahrscheinlichkeit größer ist als der bisherige Wert von 6300 Lichtjahren. Trifft diese Hypothese zu, läge die Intensität des Pulsars in M 1 um den Faktor drei höher als bislang vermutet.

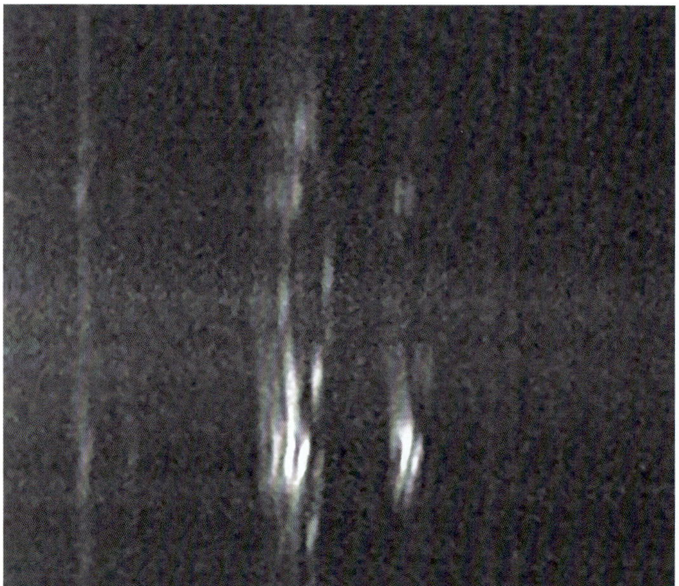

Spektrum des Krebsnebels. (Spektrografen-Spalt vertikal, Wellenlänge horizontal.)

MONOCEROS-SNR

MON | $6^h\ 38^m\ 43^s$ | 6° 30′ 12″

Die Aufnahme blickt in das Sternbild Einhorn und enthält im unteren Teil den Emissionsnebel, der vielen Astrofotografen als Rosettennebel bekannt ist (siehe Kapitel 3: NGC 2246). Seine Ionisationsquelle ist der in seinem Zentrum stehende Sternhaufen NGC 2244. Aus der Ausdehnung von etwa 80′ × 60′ können wir auf die Abmessungen des größeren Hα-Gebildes schließen, das links oberhalb des Rosettennebels zu sehen ist. Es bildet eine große Gasblase mit einem Durchmesser von ungefähr 3°. Am oberen Bildrand finden wir links, in einer Umgebung aus Hα, den offenen Sternhaufen NGC 2264 (siehe Kapitel 3: NGC 2246). Rechts davon ist der blaue Reflexionsnebel IC 2169 zu erkennen. Ihn umgeben eine Handvoll helle Sterne mit Helligkeiten zwischen acht und neun Magnituden. Links oberhalb des Rosettennebels befindet sich der spektroskopische Veränderliche V640 Monoceros, der auch als „Plasketts Stern" bezeichnet wird. Dieses Doppelsternsystem ist 4284 ± 398 Lichtjahre entfernt und besteht aus zwei massereichen O-Riesensternen, die einander in 14,4 Tagen umlaufen. Ihre Massen betragen 54 Sonnenmassen und 56 Sonnenmassen. Bemerkenswert ist hier, dass einer der beiden mit 300 km/s extrem schnell rotiert.

Heute gilt als sicher, dass es sich bei der großen Gasblase um einen Supernovaüberrest handelt, der in einer Entfernung von 6500 Lichtjahren steht und einen Durchmesser von etwa 200 Lichtjahren besitzt. Er wird als Monoceros-SNR (G205.5+00.50) bezeichnet. Die Astronomen vermuten, dass die ursprüngliche Supernova vor 30.000 Jahren explodiert ist, wobei die Expansionsgeschwindigkeit der ausgeworfenen Materie heute nur noch 50 km/s beträgt. Die Teilchendichte des interstellaren Mediums, in das sich die Stoßfronten hineinbewegen, ist mit 3,6 Teilchen/cm^3 so groß, dass der Monoceros-SNR sowohl eine Radio- als auch eine Quelle hochenergetischer Strahlung ist.

Wie die Aufnahme andeutet, stoßen der expandierende Supernovaüberrest und der Rosettennebel tatsächlich zusammen. Als Ergebnis dieser Kollision bildet der Nebel eine Hochenergiequelle, die Photonen im Gammabereich aussendet. Ein besonderes Teleskop, das für die Beobachtung dieser Teilchen gebaut und benutzt wurde, ist das H.E.S.S.-Observatorium. Die Abkürzung steht für „High Energy Stereoscopic System" (etwa „stereoskopisches Hochenergieteleskop"). Dieser Komplex aus mehreren, abbildenden Tscherenkow-Teleskopen steht in der Nähe des bei Astronomen beliebten Gamsbergs in Namibia und wird von über 40 Instituten aus 13 verschiedenen Ländern betrieben. Benannt ist das Observatorium nach Victor Hess, der mithilfe von Ballonexperimenten zwischen 1911 und 1912 die kosmische Höhenstrahlung entdeckt hat. Die Teleskope können Teilchen in einem Energiebereich zwischen 10 GeV und 10 TeV beobachten. Mit den H.E.S.S.-Teleskopen werden nicht direkt die hochenergetischen Teilchen beobachtet, sondern die von ihnen ausgelöste Tscherenkow-Strahlung. Sie entsteht, wenn hochenergetische Teilchen (zumeist, aber nicht nur, Gammastrahlung) in die Erdatmosphäre eintreten. Die Teilchen bewegen sich mit relativistischen Geschwindigkeiten bis hin zur Lichtgeschwindigkeit. In der Erdatmosphäre ist die Lichtgeschwindigkeit aber geringer als im Vakuum des Weltraums. Bei Wechselwirkungen mit der Atmosphäre werden die Teilchen abrupt abgebremst und senden dabei das 1934 von Pawel A. Tscherenkow entdeckte Licht aus.

In der Überlappungsregion des Monoceros-SNR mit dem Rosettennebel wurden Photonen mit bis zu 10 GeV nachgewiesen. Als Ursprung der Gammaphotonen vermuten die Astronomen Protonen, die durch die Stoßfronten beschleunigt werden und auf das interstellare Medium treffen. Ein Verstärker dieser Beschleunigung wären auch lokale Magnetfelder. Die Folge sind inelastische Stöße zwischen Protonen (die wir uns wie das Zusammenstoßen von Tischtennisbällen vorstellen können). Aufgrund der Starken Wechselwirkung (dies ist eine der vier Urkräfte) entstehen nun neutrale Teilchen, sogenannte Pionen. Sie zerfallen mit einer mittleren Lebensdauer von nur 10^{-16} s. Jetzt werden endlich die Hochenergiephotonen freigesetzt. Die zugehörige Wellenlänge der Gammaphotonen ist kleiner als 10 Pikometer (10^{-12} m) und ihre Frequenz liegt bei über 30 EHz (Exahertz, entsprechend 10^{18} Hz). Ein Gammaphoton hat somit eine etwa 50.000-mal höhere Energie als ein Photon des für uns gewohnten sichtbaren Lichts.

LUPUS 1006-SNR

LUP | $15^h\ 2^m\ 22^s$ | -42° 5′ 49″

Im Jahr 1006 berichten ostasiatischen Quellen über einen neuen Stern. Obwohl der Himmel damals oft aus astrologischen Motiven beobachtet wurde, enthalten die Texte systematische Beobachtungen, deren Angaben genau genug sind, um auch heute noch ausgewertet zu werden. In China beschrieben mehrere Texte unabhängig voneinander den „Gaststern". Der Bericht über diese Supernova datiert auf den 30. Mai 1006. Demzufolge war am 1. Mai 1006 ein neuer Stern zu sehen, dessen Helligkeit beständig zunahm. Interessant ist, dass die Beobachter von einer auffallenden gelben Farbe des neuen Sterns sprechen. Als Ort wird das chinesische Sternbild Di (zu Deutsch „Wurzel") angegeben. Es liegt östlich unseres heutigen Sternbilds Lupus und westlich des Sternbilds Centaurus bei einer Deklination von knapp −42°. Die Helligkeitsangaben von −8,5 mag zeigen die enorme Helligkeit der Supernova, die über einen Zeitraum von mehr als drei Jahren sichtbar war.

Es gibt wenige Entfernungsangaben für SNR 1006, die meistens zwischen 3000 und 7200 Lichtjahren schwanken. Die am besten mit der Realität übereinstimmenden Ergebnisse von Modellrechnungen gehen davon aus, dass die Supernova mit der Katalogbezeichnung SNR G327.6+14.6 in einer Entfernung von höchstens 7400 Lichtjahren explodierte und eine absolute Helligkeit von M_v = −20,5 mag erreichte. Das macht sie zu einer der hellsten bisher beobachteten Supernovae. Aufgrund ihrer Helligkeit war sie vermutlich vom Typ Ia.

Das interstellare Medium, in das der Supernovaüberrest heute expandiert, besitzt eine geringe Teilchendichte von nur 0,1/cm^3, sodass wir einen nahezu kugelförmigen Himmelskörper vorfinden. Sichtbar ist diese Kugel aber nur für Radio- und Röntgenteleskope. Die Aufnahme zeigt den kleinen, im optischen Bereich sichtbaren Teil: ein dünnes Gasfilament, das sich am Kugelrand befindet. Die gesamte Kugel hat am Himmel eine Ausdehnung von etwa 30′, was einem Durchmesser von ungefähr 65 Lichtjahren entspricht. Berechnen wir daraus die mittlere Expansionsgeschwindigkeit, erhalten wir den enormen Wert von 10.000 km/s.

Der größte Teil des Supernovaüberrests ist im optischen Bereich durchsichtig. Durch den dünnen Schleier des Überrests scheinen andere Quellen wie Sterne und Galaxien. Hier nutzen die Astronomen die Absorptionslinien in deren Spektren, um die Elementzusammensetzung in der expandierenden Blase zu bestimmen. Damit lässt sich das Material erforschen, das für die direkte Emission zu kalt ist.

Sie fanden breite Linien der Elemente Eisen und Silizium. Die Eisenlinien sind zweigeteilt, mit einer rot- und einer blauverschobenen Komponente. Die Siliziumlinien zeigen sich dagegen nur rotverschoben: Es fehlt also Silizium in der Hälfte des Überrests, die sich auf uns zubewegt.

In den Radiodaten können die Astronomen die Faraday-Rotation ausnutzen, um die Drehung der Polarisationsebene der Radiowellen zu ermitteln, um so das äußere Magnetfeld zu messen. Bei SNR G327.6+14.6 führt dies auf ein bipolares Bild, mit einem Pol am nordöstlichen und einem am südwestlichen Rand der Kugelschale. Die Dipolform der Radioemission ist ein Relikt des Magnetfelds des explodierten Vorgängersterns. Die Suche nach einem Pulsar in SNR G327.6+14.6 oder einem anderen Überrest des Vorgängersterns blieb bislang erfolglos. Dies könnte ein Hinweis sein, dass diese Supernova durch die Verschmelzung zweier kompakter Objekte ausgelöst wurde.

S 147 SPAGHETTINEBEL

AUR | $5^h\,39^m\,0^s$ | 27° 50′ 0″

Im südlichen Teil des Sternbilds Fuhrmann, teilweise auch im Sternbild Stier, zeigt sich der Supernovaüberrest Simeis 147 (SNR G180.0-01.7). Die feinen Gasfilamente haben diesem Supernovaüberrest bei den Astrofotografen auch den Beinamen „Spaghettinebel" eingebracht.

Die Aufnahme macht die auffällige Kugelform deutlich, die aus einem Netz von Filamenten gewoben ist. Der Durchmesser des Überrests beträgt mehr als 3°. An der östlichen Seite ist die Symmetrie unterbrochen, hier zeigt sich eine Ausstülpung, deren bläuliche Farbe in Kontrast zur fast durchgängigen Hα-Emission von Simeis 147 steht. Auf der gegenüberliegenden Seite der Kugel ist das Hα reduziert, möglicherweise befindet sich dort weniger Gas. Die Entfernungsangaben von Simeis 147 schwanken um den Wert von 4000 Lichtjahren. Der Durchmesser entspräche damit 150 Lichtjahren. Das Alter von Simeis 147 beträgt etwa 40.000 Jahre. Damit zählt Simeis 147 zu den alten Supernovaüberresten, die einen Anteil von 80 % aller Überreste bilden.

Ungefähr 28′ nördlich des Kreiszentrums wurde 1996 der Pulsar PSR J0538+2817 entdeckt. Der Pulsar ist sowohl im Radio- als auch im Röntgenbereich sichtbar und weist eine Periode von 143,16 ms auf. Aus der Parallaxe erhalten wir für den Pulsar eine Transversalgeschwindigkeit von etwa 357 ± 51 km/s bei einer Entfernung von 4200 Lichtjahren. Besonders interessant wurde es, als 2015 der Stern HD 37424, ein B0,5V-Stern, als mögliche zweite Komponente des Doppelsternsystems identifiziert wurde, das den Pulsar hervorbrachte. Er steht etwa 10′ vom heutigen Zentrum entfernt. Aus den Linienverschiebungen im Spektrum von HD 37424 folgt eine Radialgeschwindigkeit von −9,2 ± 6,5 km/s und aus den Parallaxenmessungen erhalten wir eine transversale Komponente von 74 ± 8 km/s. Rechnen wir nun die Bewegungen der beiden Objekte in die Vergangenheit zurück, lässt sich ein gemeinsamer räumlicher und zeitlicher Ursprung bestimmen. Demnach hätten beide Sterne vor etwa 30.000 Jahre einen relativ geringen Abstand von nur 0,4 Lichtjahren gehabt. Die Forscher vermuten, passend zur Kompaktheit des Systems, dass die Supernova beide Himmelskörper vom Ort der Explosion weggeschleudert hat. Der Vorläuferstern war vermutlich ein wechselwirkendes Doppelsternsystem, dessen massereichere Komponente, ein OB-Stern mit einer Masse von 15 bis 20 Sonnenmassen, kollabierte und als asymmetrische Supernova explodierte. Eine Asymmetrie könnte durch nichtradiale Oszillationen entstehen, die in den Stunden vor der Explosion den Eisenkern und die Silizium-Sauerstoff-Schalen relativ zueinander schwingen ließen. Im folgenden Sternkollaps stürzte alles zusammen, was die Schwingungen verstärkte, bis asymmetrische Stoßfronten den Neutronenstern und seinen Begleiter in unterschiedliche Richtungen aus ihrer bisherigen gemeinsamen Bahnebene herauskatapultierten.

Simulationen zufolge erreichte die Supernova vor 40.000 Jahren eine scheinbare Helligkeit von −2 mag bis −9 mag. Die Menschheit befand sich damals am Beginn der jüngeren Altsteinzeit. Vielleicht haben unsere Vorfahren der Aurignacien-Kultur diese Himmelserscheinung in ihren zu dieser Zeit entstandenen Felsbildern dokumentiert.

N

Sh2-91

CYG | 19h 35m 36s | 29° 36′ 0″

Sh2-91 ist ein Teilstück eines Nebels, das zusammen mit anderen, ähnlich feinen Filamenten als Supernovaüberrest SNR G065.2+05.7 katalogisiert ist.
Die Aufnahme zeigt einige rot-blaue Nebelfäden von Sh2-91. Das Bildfeld der Aufnahme misst etwa 1° x 0,6°. Der hellste Stern ist der 5,4 mag helle Stern 9 Cygni. Dieser liegt am Himmel etwa 1° südwestlich von HD 185735. 9 Cygni ist ein spektroskopischer Doppelstern, der sich aus einem G8- und einem A2-Riesenstern zusammensetzt. Gaia liefert für 9 Cygni eine Entfernung von 607 ± 12 Lichtjahren. Im Vergleich dazu ist HD 185735 3,5-mal weiter von uns entfernt.
Mithilfe eines Online-Planetariums, das Daten verschiedener Durchmusterungen darstellen kann, sind wir selbst in der Lage, weitere Filamente ausfindig zu machen. Ihre heutige Lage zeigt, wie weit die expandierende Schale, oder besser die Stoßfront der Supernovaexplosion, schon gelaufen ist. Durch ihre Krümmung bilden die erkennbaren Segmente einen Kreis. Bei SNR G065.2+05.7 erkennen wir einen südlichen Teil, zu dem auch Sh2-91 gehört. Außerhalb des Bildfelds liegt ihm im Nordwesten ein kürzeres Teilstück gegenüber. Entdeckt wurde der Supernovaüberrest bei einer optischen Himmelsdurchmusterung. Seine Größe beträgt beeindruckende 3° × 4°. Die Entfernung wird auf etwa 2400 Lichtjahre geschätzt, sodass es sich um einen relativ nahe gelegenen Überrest handelt. Die expandierende Gaskugel hat einen Durchmesser von etwa 200 Lichtjahren und liegt rund 250 Lichtjahre oberhalb der galaktischen Ebene.

Das Alter von Sh2-91 wird auf 300.000 Jahre geschätzt. Es handelt sich also um einen alten Supernovaüberrest und dies erklärt, warum dieser zu den „low surface brightness radio sources" („Radioquellen mit geringer Oberflächenhelligkeit") zählt. Wegen der geringen Dichte der interstellaren Teilchen ist SNR G065.2+05.7 eine sehr schwache Radioquelle. Man kann nun mit der Zustandsgleichung für ideale Gase, die jeder Mittelstufen-Schüler lernt, die Temperatur des Gases ableiten. Obwohl dies ein einfaches Modell ist, folgt aus geringen Teilchendichten eine sehr hohe Temperatur. Als physikalische Konsequenz ergibt sich, dass SNR G065.2+05.7 Röntgenstrahlung abgeben muss. Bestätigt wurde dies durch den Röntgensatelliten ROSAT, der SNR G065.2+05.7 als helle Quelle erfasste.
Ein wichtiger Hinweis auf die komplexe, in verschiedenen Phasen ablaufende Entwicklung von Supernovaüberresten zeigt die fehlende Röntgenstrahlung aus der äußeren Hülle von SNR G065.2+05.7. Die von ROSAT nachgewiesene Strahlung stammt vorwiegend aus dem Innenraum des Überrests. Die Astronomen sind der Ansicht, dass sich SNR G065.2+05.7 gerade beim Übergang von der adiabatischen in die Strahlungsphase befindet. Die Außenbereiche expandieren dann nicht mehr, aber es findet eine Durchmischung mit dem interstellaren Medium statt. In diesen Bereichen können schwere Atomkerne rekombinieren und es bleibt nur noch die optische Strahlung sichtbar – Physiker bezeichnen einen solchen Prozess als „Kühlung". Für SNR G065.2+05.7 hat also die letzte Phase seiner Existenz begonnen. Könnten wir weitere 200.000 Jahre in die Zukunft blicken, wäre von den Filamenten nichts mehr zu sehen.

N

SNR 110.3+11.3/SNR G107.0+9.0

CEP | $22^{h}\ 14^{m}\ 0^{s}$ | 70° 12′ 0″

Im Jahr 1934 veröffentlichte Edwin Hubble eine Arbeit, die sich mit der räumlichen Verteilung von Galaxien beschäftigte. Er beschrieb eine „zone of avoidance" („leere Bereiche"), in der auf Fotoplatten keine oder nur wenige Galaxien zu finden waren. Dieser Bereich fällt mit der galaktischen Ebene zusammen und erstreckt sich etwa 10° bis 20° über und unter die Mittelebene der Milchstraße. Die Randbereiche sind nicht scharf definiert, sondern verlaufen in irregulären Bögen, da sie die Dunkelwolken der Milchstraße umschließen. Hubble stellte fest, dass es in diesem Verlauf zwei „Strahlen" („flares") gibt, die bis in höhere galaktische Breiten reichen. Den einen Bereich bezeichnete er als „Cepheus flare" – seine galaktische Breite reicht über 20° hinaus und schließt den Himmelsnordpol (bei l = 90°, b = 28°) mit ein.

Wir gehen heute davon aus, dass es sich beim Cepheus-Flare um einen riesigen Komplex aus mehreren Molekülwolken handelt, deren einzelne Komponenten über einen weiten Bereich der Milchstraße verteilt sind. Mit b < 11° befindet sich die Cepheus-OB2-Assoziation im untersten Bereich galaktischer Breiten. Ihre Entfernung liegt zwischen 2600 und 2900 Lichtjahren. Es folgt die Cepheus-R2-Assoziation, die uns mit 1500 Lichtjahren näher liegt. Schließlich gibt es noch den Hauptbestandteil des Komplexes, der bis zu hohen galaktischen Breiten reicht und eine Entfernung von etwa 1000 Lichtjahren besitzt. Im Nebelkomplex fanden die Astronomen Hinweise auf expandierende Gashüllen, die OB-Assoziationen enthalten, und die als einige Millionen Jahre alte Supernovaüberreste interpretiert werden.

Aus dieser Vielfalt an Strukturen stammt der Ausschnitt dieser Aufnahme. Er wird als SNR 110.3+11.3 bezeichnet und befindet sich am Rand eines etwa 6° großen Hohlraums. Dieser enthält nur wenig Wasserstoffgas, sendet aber weiche Röntgenstrahlung aus und könnte durch mehrere Supernovaexplosionen entstanden sein.

Schätzungen zufolge hat SNR 110.3+11.3 eine Entfernung von 1300 Lichtjahren, was diesen Überrest zu einem der uns nächstgelegenen machen würde. Um diese Filamente als Supernovaüberrest identifizieren zu können, benutzen die Astronomen das Verhältnis der Emissionslinien Hα / [SII], die Stoßfronten erkennen lassen. Die Aufnahme zeigt Filamente von SNR 110.3+11.3, die nur wenige Bogenminuten von der – außerhalb des Bilds liegenden – Bok-Globule B175 entfernt sind. Die Winkelausdehnung der Filamente beträgt über 8°, was in Projektion einer Länge von 30 Lichtjahren entspricht. Damit die lichtschwachen Strukturen überhaupt sichtbar werden, benutzt die Aufnahme für den Rotkanal lang belichtete Hα-Aufnahmen in einem Schmalbandfilter.

Eine Arbeit aus dem Jahr 2020 zeigte, dass SNR 110.3+11.3 vermutlich ein Teil eines weiteren, bislang unbekannten Supernovaüberrests ist. Dieser steht einige Grad südlicher, misst fast 3° im Durchmesser und wird als SNR G107.0+9.0 bezeichnet. Mehrere seiner Filamente konnten spektroskopisch untersucht werden, wonach die Entfernungsschätzung für SNR 110.3+11.3 korrigiert werden musste: SNR G107.0+9.0 dürfte zwischen 4500 Lichtjahren und 6000 Lichtjahren entfernt sein. Seine Ausdehnung beträgt enorme 300 Lichtjahre. Aufgrund seines Alters von etwa 100.000 Jahren vermischt sich SNR G107.0+9.0 schon mit dem interstellaren Medium.

W 44

AQL | $18^h\ 56^m\ 11^s$ | 1° 13′ 21″

Der Supernovaüberrest W 44 (G34.7-0.4) befindet sich im Sternbild Adler. Seine galaktischen Koordinaten (l = 34,7°, b = –0,4°) zeigen, dass er fast genau in der Milchstraßenebene steht. Aufgrund seiner Entfernung von etwa 10.000 Lichtjahren lässt die starke Extinktion auf der optischen Aufnahme nur wenig von W 44 erkennen, doch wir können uns an das Objekt herantasten: In der unteren Bildhälfte liegt die Dunkelwolke LDN 618. An ihrer oberen, nördlichen Grenze fällt ein rötlich leuchtendes, fast geschlossenes Oval auf, das lichtschwache optische Bild von W 44. Da die Vertikale des Bildfelds 2,25° beträgt, hat das Oval eine Ausdehnung von etwa 20′ × 25′. Das Licht entstammt der Emission von Hα- und [SII]. Es sind Indikatoren für Stoßfronten, die das interstellare Medium durchlaufen.

Auf Radioaufnahmen erscheint W 44 deutlich prominenter und zeigt die typische Emission eines Supernovaüberrests mittleren Alters, das auf 20.000 Jahre geschätzt wird. Im südlichen Teil von W 44, hinter dem nach oben ragenden Nebelfinger von LDN 618, wurde der Pulsar PSR B1853+01 gefunden, der diesem Supernovaüberrest zugeordnet wird.

Besonders für die Hochenergieastronomie ist W 44 interessant, da aus der hohen Teilchendichte eine hohe Wahrscheinlichkeit für Proton-Proton-Wechselwirkungen folgt. Die Dichte beträgt im Mittel 300 Teilchen/cm^3, lokal teilweise sogar über 1000 Teilchen/cm^3, das Hundertfache der Werte anderer SNR.

Bei W 44 wurde die Emission von Gammastrahlung in einem breiten Spektralbereich zwischen 10^7 eV und 10^{12} eV nachgewiesen. Somit können mehrere denkbare Entstehungsmechanismen für Strahlung detailliert untersucht werden. Der größte Anteil beruht auf dem Zerfall von neutralen Pionen. Sie bilden ein breites Maximum bei Energien größer als 67 MeV. Die Magnetfeldstärke bei W 44 muss über 100 μGauß betragen. Sie liegt damit im oberen Bereich der Werte von typischen Supernovaüberresten. Diese Verstärkung des Felds kann durch die Kompression der interstellaren Materie – und der darin eingeschlossenen Magnetfelder – durch die Stoßfronten der Supernova erklärt werden.

In den letzten Jahren wurde für Hochenergiequellen, deren Emissionen im Bereich von Petaelektronenvolt-(Peta-eV = 10^{15} eV) liegen, der Begriff „Pevatron“ eingeführt, in Analogie zu irdischen Teilchenbeschleunigern. Damit soll daran erinnert werden, dass diese Quellen kosmische Teilchenbeschleuniger sind. Supernovaüberreste sind vermutlich solche Quellen, wobei noch unklar ist, welche Maximalenergien erzeugt werden können. Obwohl W 44 nicht in diesen hochenergetischen Bereichen strahlt, deutet sein Spektrum auf einen Beitrag der Supernovaüberreste hin, der uns allen bekannt ist: Dies ist kosmische Strahlung, also die etwa 1000 hochenergetischen Teilchen, die pro Quadratmeter und Sekunde die Erde treffen. Astrofotografen sehen diese dann als „Cosmics“ auf ihren Aufnahmen.

N

W 63

CYG | 20^h 19^m 0^s | 45° 30′ 0″

Wir müssen schon genau hinschauen, um in der Aufnahme die zartblauen Gasschleier von SNR W 63 (SNR G082.2+05.3) zu erkennen. Am auffälligsten sind die rechts und links des Zentrums liegenden Teile der Hülle, die zwei gelbliche Sterne umgeben. Der linke Stern ist HD 194152, ein K0-Riesenstern mit 5,6 mag in 434 ± 9 Lichtjahren Abstand. Der rechte Stern ist HD 192985, ein F5V-Stern mit 5,9 mag. Er steht uns mit 111,9 ± 0,2 Lichtjahren sehr nahe und rast geradezu mit 44 mas/a vor dem Himmelshintergrund vorüber. Der Winkelabstand der beiden Sterne von 1,1° entspricht recht gut dem Winkeldurchmesser von W 63. Form und Lage der beiden Teile der Gasblase lassen vermuten, dass W 63 ein Oval mit vertikaler Längsachse bildet.

Wie uns die Katalogbezeichnung schon zeigt, ist W 63 in einem Radioteleskop einfacher nachzuweisen. Der Supernovaüberrest W 63 ist Teil des 1958 veröffentlichten Westerhout-Radiokatalogs. In Radiobeobachtungen ist W 63 als 95′ × 65′ große Blase aus Wasserstoffgas zu erkennen.

Wie fast immer bei Supernovaüberresten, die keinen erkennbaren Pulsar im Zentrum aufweisen, ist die Entfernungsbestimmung nicht einfach. In solchen Fällen tragen die Astronomen Beobachtungen aus möglichst vielen Wellenlängen zusammen und erstellen daraus ein Spektrum des Überrests. Danach versuchen sie ein Modell der Energieverteilung an das beobachtete Spektrum anzupassen, woraus sie auf die Entfernung zurückschließen können. Das Modell von W 63 enthält die Annahme, dass sich der Supernovaüberrest in seiner Sedov-Phase befindet: Es beginnt also die Abbremsung der von der Supernova ausgestoßenen Materie (siehe Kapitel 5: Die Ausdehnung von Supernovaüberresten).

Das Ergebnis dieses Modells lässt hinsichtlich der Entfernung viel Spielraum: Die Werte reichen von 5200 Lichtjahren bis zu 10.800 Lichtjahren. Ermitteln wir nur die Expansionsgeschwindigkeiten der im Optischen sichtbaren Nebelfilamente, kommen wir ebenfalls auf 5200 Lichtjahre. Zusammen mit Radiodaten des 100-m-Radioteleskops in Effelsberg (Eifel) konnten die Astronomen 2020 eine Entfernung von 4370 ± 420 Lichtjahren für W 63 bestimmen. Vielleicht wirkt es verwunderlich, warum die Nutzung eines einzelnen Spektralbereichs andere Ergebnisse liefern soll als ein breites Energiespektrum. Die Erklärung ist einfach: Modellergebnisse aufgrund guter Messdaten lassen sich einfacher an schmale Energiebereiche anpassen. Die Radiodaten aus Effelsberg erfüllten die Anforderung an die Qualität.

Das sternreiche Bildfeld der Aufnahme enthält Objekte, die uns bei der räumlichen Einordnung des Überrests helfen. Links neben dem K0-Riesenstern in der oberen linken Bildecke liegt der Sternhaufen Berkeley 89. Seine Entfernung beträgt laut Simbad 13.650 ± 343 Lichtjahre. Einen weiteren Sternhaufen finden wir in der Mittelachse der Aufnahme, dicht am oberen Rand. Es ist [FSR2007] 0254, der mit 12.700 Lichtjahren eine ähnliche Entfernung besitzt. Beide Haufen markieren ungefähr die Lage der roten Nebelfilamente, die im Bild zu erkennen sind. W 63 liegt weit davor. Wenn wir die 4370 Lichtjahre heranziehen, hat W 63 einen Durchmesser von 120 Lichtjahren.

OFFENE STERNHAUFEN

Offene Haufen sind lockere Sternansammlungen mit meist unregelmäßiger Form. Die Anzahl der Haufenmitglieder liegt im Durchschnitt bei einigen hundert Sternen. Es gibt aber zahlenmäßige Ausreißer: Manche enthalten mehr als 1000 Sterne, andere sind so sternarm, dass sie kaum von den Sternen im Himmelshintergrund zu unterscheiden sind.

Eine grobe Definition von Sternhaufen sagt aus, dass die Sterne eines Haufens gravitativ aneinander gebunden sind. Dies bedeutet, dass sie räumlich nahe beieinanderstehen, denn die Haufensterne sind in der Regel gleich alt. Wie die in diesem Kapitel diskutierten Objekte zeigen werden, gibt es Ausnahmen von diesen Grundregeln. Wir dürfen aber davon ausgehen, dass über 90 % aller Sterne in Sternhaufen gleichzeitig mit den anderen Haufenmitgliedern entstanden sind. Die genaue Anzahl der bekannten offenen Haufen der Milchstraße wächst stetig, da mit neuerer Technik immer wieder Haufen gefunden werden und so auch die Schätzungen angepasst werden müssen. Die Astronomen gehen heute davon aus, dass es mehr als 20.000 offene Sternhaufen gibt. Aber nicht jede Ansammlung von Sternen ist ein offener Haufen. Wir unterscheiden zwischen Bewegungsströmen, offenen Haufen und Sternassoziationen. Bewegungsströme sind lose Sternansammlungen, die meist nur zufällig durch den Umlauf der Sterne um das galaktische Zentrum entstehen und sich auch bald wieder auflösen. Manche könnten auch die Reste eines offenen Haufens sein, der sich bereits aufgelöst hat. Assoziationen haben größere Ausdehnungen als Sternhaufen, enthalten mehr Sterne, sind aber gravitativ eher schwach aneinandergebunden – deswegen auch die größere Ausdehnung. Sie werden nach den vorwiegenden Spektraltypen ihrer Mitglieder unterteilt: OB-Assoziationen enthalten überwiegend O-Sterne und wenige B-Sterne, bei R-Assoziationen finden wir B- und A-Sterne, während T-Assoziationen überwiegend T-Tauri-Sterne enthalten. Diese Häufung der Spektraltypen ist ein Indiz für die mehr oder minder gleichzeitige Entstehung der Sterne – T-Assoziationen, deren Mitglieder alle noch Protosterne und daher ungefähr gleichaltrig sind, bilden ein Beispiel dafür. Ursachen der Unterschiede zu Sternhaufen könnten die Größe der Mutterwolken sein, die intensivere Strahlung der O-Sterne aber auch enge Begegnungen der jungen Sterne nach ihrer Entstehung.

Abb 6.1: Die Plejaden, der bekannteste offene Sternhaufen mit dem im März 2021 in dessen Nachbarschaft stehenden Planeten Mars. Aufnahme: Stefan Binnewies mit 13-cm-Reflektor.

KLASSIFIKATION VON STERNHAUFEN

Das Aussehen offener Haufen wird durch drei Parameter bestimmt: Die Konzentration der Sterne, die Anzahl der Sterne und die Helligkeitsunterschiede ihrer Sterne. Anhand dieser Größen erfolgt eine generelle Klassifikation der Haufen, die auch ihre unterschiedlichen astrophysikalischen Bedingungen widerspiegelt. Eine bis heute genutzte Kennzahl ist der sogenannte Trumpler-Typ (siehe Kasten Seite 282). Wie bei allen flächigen Objekten ist auch bei den Sternhaufen zu beachten, dass man zwischen den Angaben zur Helligkeit und zur Flächenhelligkeit unterscheiden muss. Letztere wird in Magnituden/Flächeneinheit angegeben, hier wird also die Größe des Objekts mit berücksichtigt. Bei den Sternhaufen sind die einzelnen Sterne im Haufen lichtschwächer als die angegebene Haufenhelligkeit.

ELEMENTHÄUFIGKEITEN IN OFFENEN HAUFEN

Die Häufigkeit der Elemente jenseits von Wasserstoff und Helium, angegeben durch die Metallizität Z, liegt bei den offenen Haufen im Bereich der solaren Werte. Die meisten Haufen weisen bei der Metallizität einen Mittelwert von [Fe/H] = 0 dex auf, nur ganz wenige Haufen sind metallärmer als [Fe/H] = −0,5 dex.
Ob die Metallizität und das Alter des Haufens sich auf die gleiche Weise verändern, war Gegenstand vieler Untersuchungen. Eine Gesetzmäßigkeit konnte bisher aber nicht

beobachtet werden. Die Z-Werte streuen stark und viele Astronomen sehen darin den Beweis, dass es in der Milchstraßenebene Austauschprozesse zwischen metallreichem und metallarmem Gas gibt: Je jünger ein Haufen ist, desto wahrscheinlicher ist es, dass er aus prozessiertem Material aufgebaut ist, dass also seine Mutterwolke eine höhere Metallizität besaß. Somit bestimmen lokale Gegebenheiten, woraus die Sterne eines neuen Haufens entstehen.
Dabei muss ein offener Haufen nicht aus einer einzigen Generation bestehen. Es kann auch vorkommen, dass in offenen Haufen mehrere Sterngenerationen aufeinander folgen. Die spätere Generation verarbeitet dann die durch ältere Sterne angereicherte Materie. Das Ergebnis ist eine breit gestreute Metallizität in den Sternen des offenen Haufens.

ENTSTEHUNG DER OFFENEN HAUFEN

Offene Sternhaufen finden sich vorwiegend in der Milchstraßenebene, also bei geringen galaktischen Breiten. In der englischen Literatur werden die offenen Haufen daher auch als „galactic clusters" bezeichnet. Mit zunehmendem Abstand von der Ebene nimmt die Zahl der Haufen stark ab. So sinkt die Haufendichte auf 1/100, wenn wir uns 1500 Lichtjahre über oder unter der galaktischen Ebene befinden. Die Entfernung entspricht der „Dicke" der galaktischen Scheibe (im engeren Sinne wäre es die Entfernung, bei der die Sterndichte auf etwa ein Drittel abgesunken ist).
Im nahen Umfeld der Sonne sind auch Sternhaufen bei hohen galaktischen Breiten zu beobachten. Dies ist aber ein lokaler Auswahleffekt: Wir stehen praktisch direkt neben und unter solchen Haufen. Ist ein Haufen, bei gleichem Abstand zur Milchstraßenebene, weiter von uns entfernt, beobachten wir ihn unter einem flacheren Winkel.
Die Konzentration der Haufen in der Milchstraßenebene lässt sich durch die dort liegenden Spiralarme erklären, denn dort entstehen die neuen Sterne. Dies zeigt auch die Altersverteilung der Sternhaufen. Die jüngsten Haufen, die nur wenige Millionen Jahre alt sind, stehen nahe der galaktischen Ebene. Je älter Sternhaufen sind, desto häufiger treffen wir sie in größeren Abständen zur galaktischen Ebene an. Auch das ist eine Folge der allmählichen Aufweitung der galaktischen Scheibe.
Da junge Haufen zahlreicher sind als alte Haufen, ergibt sich fast zwangsläufig die Folgerung, dass es sich bei den offenen Haufen um eher kurzlebige Objekte handelt. Im Laufe der Zeit lösen sich offene Haufen auf und tragen damit zur galaktischen Feldpopulation bei. Die Beobachtungen deuten auf eine mittlere Lebensdauer der offenen Haufen von rund 300 Millionen Jahren hin. Je massereicher ein Haufen ist, desto stärker ist seine Eigengravitation und umso besser kann sich der Haufen gegen Gezeitenkräfte wehren, die an ihm zerren. Desto häufiger sind aber auch nahe Begegnungen von Sternen, durch die Sterne vom Zentrum weggelenkt werden, die einen Haufen also „aufheizen" und zu seiner Auflösung beitragen.
Die Astronomen benutzen für die Abschätzung der Lebenszeit eines Haufens die sogenannte „Verdampfungszeit". Ein Haufen mit einer Gesamtmasse von 1000 Sonnenmassen und 1000 Sternen, die sich in einer Kugel mit etwa 6,3 Lichtjahren Durchmesser bewegen, hat die genannte Lebensdauer von etwa 300 Millionen Jahren. Sind die offenen Haufen masseärmer, so ist ihre gravitative Bindung schwächer, und sie können ihre Mitglieder nicht so lange festhalten. Die Astronomen sagen, dass masseärmere Haufen schneller verdampfen. Die Analogie passt gut: Erhitzen wir Wasser in einem Topf, so wird dies umso schneller verdampfen, je weniger Wasser sich im Topf befindet. Das andere Extrem bilden die Kugelsternhaufen. Sie haben viel höhere Masse und leben viel länger – ihr Alter liegt bei mehreren Milliarden Jahren (siehe Kapitel 7: Kugelsternhaufen).
Die offenen Haufen entstehen in den Sternentstehungsgebieten der Milchstraßenebene. Dort sind sie oft noch in die Molekülwolken eingebettet, aus denen die Materie ihrer Sterne stammte. Eine Folge davon ist, dass viele Sternhaufen im Optischen nicht zu beobachten sind und nur durch ihre Infrarotstrahlung auffallen. Es ist bemerkenswert, dass zwar alle

DAS KLASSIFIKATIONSSYSTEM FÜR OFFENE HAUFEN

Das heute am meisten genutzte Klassifikationssystem für offene Haufen geht auf den Schweizer Astronomen Robert Julius Trumpler zurück, der es in den 1930er-Jahren am Lick-Observatorium der University of California (USA) entwickelt hatte. Er benutzte drei Kriterien:

Der Grad der Konzentration der Sterne
I = stark zentralisiert
II = schwach zentralisiert
III = keine sichtbare Konzentration
IV = Haufen ist nicht deutlich vom Hintergrund trennbar

Die Verteilung der Sternhelligkeiten
1 = die meisten Sterne besitzen die gleiche Helligkeit
2 = die Helligkeiten sind moderat verteilt
3 = deutliche Unterschiede zwischen hellen und schwachen Sternen

Die Anzahl der Sterne im Haufen
r (rich) = große Zahl von Sternen (>100)
m (medium) = mittlere Sternzahl (50 – 100)
p (poor) = wenige Sterne (<50)

Zusätzlich zu diesen drei Werten wird noch „n" angefügt, wenn der offene Haufen von einem Emissions- oder Dunkelnebel umgeben ist (Beispiel: Plejaden mit dem Typ I 3 r n).

Haufen einmal als eingebettete Sternhaufen ihre Existenz begonnen haben, die Theorie aber zeigt, dass sich nur jeder zwanzigste Haufen zu einem offenen Haufen weiterentwickelt. Die meisten anfänglichen Haufen lösen sich wieder auf – oft auch weil die Mutterwolke durch die intensive Strahlung benachbarter Haufen beziehungsweise Assoziationen aufgelöst wird.
Die Anzahl von offenen Haufen hängt vom Galaxientyp ab, in der sie entstehen. In vielen Spiralgalaxien finden wir massereiche Haufen, wohingegen wir in elliptischen Galaxien oft weniger Glück haben, solche Haufen zu finden – was nicht zuletzt daran liegt, das elliptische Galaxien nur wenig Staub enthalten. Die intensivste Sternentstehung und damit auch die massereichsten Haufen befinden sich in kleinen, irregulären Galaxien. Die Milchstraße ist zwar eine Spiralgalaxie, aber ihre Sternentstehungsrate ist eher moderat, was eine unterdurchschnittliche Zahl von Haufen und geringere Haufengrößen zur Folge hat.

ENTWICKLUNG OFFENER HAUFEN

In den letzten Jahren wird zwischen offenen Haufen und Kugelsternhaufen nicht mehr strikt unterschieden. Betrachten wir nämlich die Altersverteilung von Haufen, so sehen wir eine überraschende Verbindung zu den Kugelsternhaufen, den ältesten Objekten der Milchstraße. Nicht nur ihr Alter, sondern auch ihre Masse übertrifft die der offenen Haufen. Interessanterweise gibt es eine gleichmäßige Verteilung der Sternhaufen. In dieser Vorstellung befinden sich die offenen Haufen am jüngeren und massearmen Ende der Verteilung. Die Kugelsternhaufen finden wir dagegen am älteren und massereichen Ende. Wir bleiben in diesem Buch jedoch bei der historischen Aufteilung zwischen offenen Haufen und Kugelsternhaufen.
Dieser Abknickpunkt wird umgangssprachlich auch als „Knie" bezeichnet und ist ein Maß für das Alter des offenen Haufens. Je früher der Spektraltyp, der sich an diesem Knie befindet, desto massereicher sind die Haufensterne, die an dieser Stelle gerade die Hauptreihe verlassen. Das Ende ihrer Hauptreihenzeit entspricht dem Alter des offenen Haufens (siehe Tabelle auf Seite 284).
Bilden wir ein Farben-Helligkeits-Diagramm mit den Sternen eines offenen Haufens, befinden sich die meisten Sterne auf der Hauptreihe. Auf der linken, blauen Seite der Hauptreihe haben sich aber, abhängig vom Alter des Haufens, schon einige Sterne von der Hauptreihe entfernt. Die Wasserstoffkonzentration in ihren Kernen reicht daher nicht mehr aus, um die zentrale Kernfusion aufrechtzuerhalten (siehe Einleitung: Entwicklung nach der Hauptreihe). Jeder Stern entfernt sich an einem anderen Punkt von der Hauptreihe, abhängig von seiner Masse. Betrachten wir aber alle

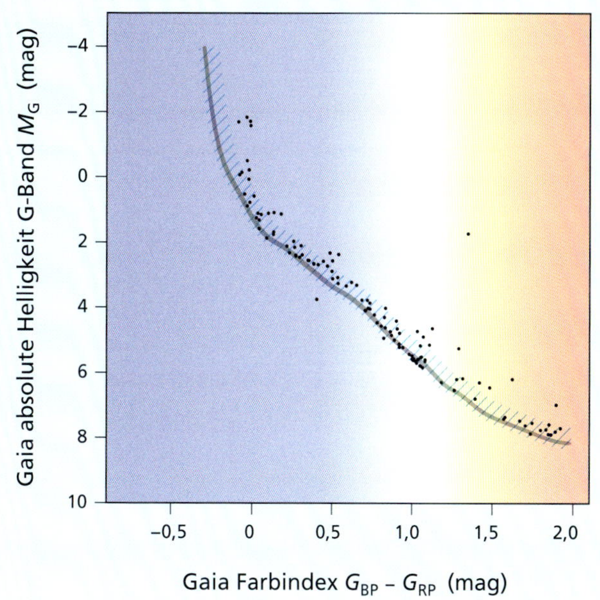

Abb 6.2: Das Gaia-Farben-Helligkeits-Diagramm zeigt die Sterne der Plejaden (M 45). Für das Diagramm wurden im Gaia-EDR3-Katalog Sterne ausgewählt, die mit hoher Wahrscheinlichkeit zum Haufen gehören und deren Gaia-Daten geringe Messfehler aufweisen. Die eingezeichnete Linie ist die Hauptreihe. Die Sterne der Plejaden befinden sich noch fast alle darauf, nur die massereichsten Haufensterne (oben links) haben sich schon aus der Zone nahe der Hauptreihe entfernt (blau schraffiert)

Haufenmitglieder, zeichnet sich im Farben-Helligkeits-Diagramm ein besonderer Punkt ab: Der Abknickpunkt, an dem die Sterne die Hauptreihe verlassen und sich zu roten Riesensternen entwickeln.
Die Fachliteratur gibt bei der Modellierung des Haufenalters „Linien gleichen Alters" an, die sogenannten Isochronen. Alle Sterne auf einer dieser Linien sind zur gleichen Zeit entstanden, unterscheiden sich aber in ihrer Masse und damit auch in den Entwicklungswegen, die sie schon zurückgelegt haben.
Tragen wir theoretische Entwicklungswege für verschiedene Sternmassen ein, können wir im gemessenen Farben-Helligkeits-Diagramm nicht nur das Knie, sondern auch den Aufstiegsweg auf den Riesenast benutzen, um das Alter des Haufens abzuschätzen. Das setzt aber voraus, dass der Haufen alt genug ist, sodass massereiche Mitglieder schon eine Entwicklung nach der Hauptreihe aufweisen.
Diese Nachhauptreihenentwicklung verläuft sehr schnell. Somit verteilen sich die massereichen Haufenmitglieder im Farben-Helligkeits-Diagramm über einen weiten Bereich. Die Situation ist ganz anders als auf der dicht bevölkerten Hauptreihe. Eine genaue Identifikation des Punkts, an dem sich ein Stern im Farben-Helligkeits-Diagramm befindet, ist anhand von Isochronen oft schwierig, weil ein Sternhaufen nur wenige massereiche Sterne besitzt.

Die Verteilung der Massen der Sterne in einem gerade neu entstandenen offenen Haufen bezeichnen die Astronomen als „initial mass function" (IMF, zu Deutsch etwa „anfängliche Massenverteilung"). Diese Verteilung beschreibt die Anzahl der Sterne in einem bestimmten Massenintervall und gilt für fast alle Sterne und offenen Haufen einer Galaxie. Allerdings hängt sie auch geringfügig von der Metallizität ab, was insbesondere beim Blick in andere Galaxien deutlich wird. Diese nach ihrem Entdecker Edwin Ernest Salpeter gelegentlich noch als „Salpeter-Funktion" bezeichnete Verteilung lässt sich näherungsweise durch ein Potenzgesetz beschreiben, das bei geringen Massen flach verläuft und zu großen Massen hin steiler wird (siehe Haufen M 52). Massereiche Sterne sind in Haufen also seltener als massearme Sterne. Aus der Verteilung folgt, dass ein Haufen mit 200 Sternen von einer Sonnenmasse nur einen einzigen Stern mit 10 Sonnenmassen enthält.

Ein offener Haufen ist ein dynamisches Gebilde. Die Sterne bewegen sich und es wird vermutet, dass die beobachtete Massenverteilung, bei der massereiche Sterne bevorzugt in der Nähe des Haufenzentrums zu finden sind, das Ergebnis eines Entwicklungsprozesses sind.

Die Entwicklung eines offenen Haufens wird nicht nur durch die Bewegung der Sterne, sondern auch durch die Sternwinde der ersten Sterngeneration beeinflusst. Wir gehen heute davon aus, dass gerade massereiche Sterne die Haufenentwicklung stören: Bringt ein Haufen einen massereichen O-Stern hervor, so können dessen Strahlung und seine Sternwinde die Mutterwolke des Haufens auflösen. Die Materie, die den Haufen umgab, wird im interstellaren Medium verteilt und das Entstehen weiterer Haufensterne wird jäh unterbunden.

Bis vor wenigen Jahren war die gängige Lehrmeinung, dass offene Haufen nicht länger als 10 Millionen Jahre existieren könnten. Die Sternentstehung sollte im Laufe der Zeit nachlassen, sobald der Haufen 30 % der Materie der Mutterwolke in Sterne umgewandelt hat. Der Verlust von Gas und Staub sollte durch Sternwinde von Haufensternen beschleunigt werden. Mit der abnehmenden Gesamtmasse des Haufens würde die gravitative Bindung der Mitglieder weiter abnehmen. Das Ergebnis wäre eine Auflösung des offenen Haufens.

Beobachtungen von entwickelten Sternhaufen in der Sonnenumgebung zeigen aber, dass diese viel weniger Gas umgewandelt haben: Nur die wenigsten erreichen die 30%-Marke! Mithilfe von Simulationsrechnungen konnte nachgewiesen werden, dass die Sternentstehung in den Haufen nicht genau genug zwischen den Innen- und Außenbereichen eines Haufens unterschieden hatte. Die Sternentstehung im Haufen erfolgt nicht überall mit der gleichen Intensität. Im Inneren ist sie effizienter als in den Randgebieten. Somit enthält das Zentrum eines offenen Haufens am wenigsten Gas. Simulationen zeigen auch, dass der Haufen durch den Verlust von Materie nicht so stark beeinflusst wird wie einst gedacht – Haufen sind deutlich stabiler als erwartet.

Die Modelle ergeben schon für einen Gasverlust von nur 15 % eine durchschnittliche Lebensdauer eines offenen Haufens von einigen hundert Millionen Jahren. Hat ein offener Haufen 25 % der ursprünglichen Wolkenmasse umgewandelt, kann er ein Alter von einer Milliarde Jahren erreichen. Diese Region stellt in der Theorie das Ende der Alters-Fahnenstange dar. Dies stimmt auch gut mit Beobachtungen der ältesten offenen Haufen überein, die bislang als nicht verstandene Ausreißer behandelt wurden.

ENTWICKLUNGSZEITEN VON HAUPTREIHENSTERNEN

Spektraltyp	M in Sonnenmassen	Zeit, nach der 12 % des Wasserstoffs verbraucht wurde
O5	39	500.000 Jahre
B0	20	4,6 Millionen Jahre
B5	6,7	46,0 Millionen Jahre
A0	3,5	320,0 Millionen Jahre
A5	2,2	1,16 Milliarden Jahre
F0	1,7	2,70 Milliarden Jahre
F3	1,26	3,80 Milliarden Jahre
F6	1,13	6,00 Milliarden Jahre

Die in der Tabelle genannten 12 % geben an, wie viel Wasserstoff durch die Fusion im Stern bereits aufgebraucht wurde. Auch wenn die Änderungen aufgrund der Fusionsprozesse etwas unterschiedlich verlaufen, markiert dieser Wert das Verlassen der Hauptreihe. Da die Zahlen verschiedener Quellen variieren, wurden in der Tabelle die Daten mehrerer Quellen kombiniert.

BERKELEY 54

CYG | $21^h\ 2^m\ 59^s$ | 40° 26′ 0″

Der offene Haufen Berkeley 54 besitzt einen Durchmesser von 4′ und liegt im Sternbild Schwan. Seine galaktische Breite beträgt −4,1°, was dazu führt, dass wir diesen Haufen nur durch dichte Staubwolken beobachten können, die sich nahe der Milchstraßenebene besonderes oft störend bemerkbar machen. Kommt dann noch eine große Entfernung hinzu, ist das Licht der Haufensterne stark gerötet. Dies liegt daran, dass die Streuung von Photonen von der Wellenlänge des Lichts abhängt und bevorzugt kurzwellige, blaue Lichtanteile entlang des Lichtweges zur Seite gestreut werden. Das Sternenlicht ist durch die Streuung also nicht nur geschwächt, sondern verändert auch noch die Farben der Sterne. Dieser Prozess wird als interstellare Extinktion bezeichnet. Für Berkeley 54 wird die Rötung mit 0,77 mag angegeben. Sie verursacht das strohgelbe Erscheinungsbild der Haufenmitglieder in der Aufnahme. Was die Farbe schon erahnen lässt, belegen Entfernungsmessungen: Aus den Gaia-Daten folgt ein Wert von ungefähr 26.000 Lichtjahren. Die Helligkeiten der hellsten Sterne in Berkeley 54 liegen zwischen 14 mag und 15 mag. Der Haufen wird als Trumpler-Typ I 3 m eingeordnet.

Der Name dieses offenen Haufens geht auf eine Veröffentlichung der University of California in Berkeley aus dem Jahr 1958 zurück. Die Astronomen Gosta Lynga und Jiri Alter stellten, zusammen mit weiteren Kollegen, einen Katalog aus Sternhaufen und Assoziationen zusammen, der 104 Objekte enthielt.
Ihre Arbeitsgrundlage waren Fotoplatten des Palomar Observatory Sky Survey (POSS) und sie konzentrierten sich darauf, besonders alte Sternhaufen zu erfassen. Im Berkeley Open Cluster Catalogue waren auch 88 bislang unbekannte Haufen enthalten. Sie sind im „Catalogue of Star Clusters and Associations“ (CoSCaA) enthalten, der über Simbad abgerufen werden kann.
Im Berkeley-Katalog ist auch einer der ältesten offenen Sternhaufen enthalten: Es ist Berkeley 17 mit einem Alter von 10,7 Milliarden Jahren. Die anderen Kandidaten für die Rolle des ältesten Sternhaufens sind Collinder 261 und NGC 6791. Diese beiden Haufen liegen in demselben Altersbereich. Ein Spitzenreiter lässt sich nicht genau bestimmen, da die Altersangaben Fehlerbereiche von ein bis zwei Milliarden Jahren aufweisen. Berkeley 54 ist mit seinen vier Milliarden Jahren noch ein vergleichsweise jünger Hüpfer.

DoDz 6

HER | $16^h\ 45^m\ 24^s$ | 38° 21′ 0″

Der Haufen DoDz 6 besteht gerade einmal aus fünf Sternen und hat die Trumpler-Klassifikation IV 3 p. Auch der Katalog, dem dieser Haufen seine Bezeichnung verdankt, ist überschaubar: Dolidze-Dzinselejvili 6 gehört zu einem kleinen, nur elf Einträge umfassenden Katalog. Als Kurzform wird oft die Bezeichnung DoDz benutzt, hier also DoDz 6. Fünf dieser Haufen liegen im Sternbild Herkules, zu ihnen zählt auch DoDz 6. Zwei weitere befinden sich in den Sternbildern Schwan und Stier, und je einen DoDz-Haufen finden wir in den Sternbildern Widder und Orion.

Obwohl dieser Katalog kaum bekannt ist und die DoDz-Haufen eher exotische und wenig fotografierte Motive sind, bieten sie sich besonders für die Beobachtung mit kleinen Optiken an, beispielsweise in Feldstechern. Dort erscheint DoDz 6 mit seiner Größe von knapp 6′ als auffälliges Sternmuster im Bildfeld. Zum Vergleich – die Diagonale der Aufnahme beträgt etwa 45′ und das Bildfeld ist somit größer als der Vollmond. Alle Haufen bestehen aus nur wenigen Sternen, deren Helligkeiten im Bereich zwischen 8,5 mag bis 11,5 mag liegen.

Der DoDz-Katalog wurde 1966 von den Astronomen Georgie Madona, Vladimir Dolidze und Galina Dzinselejvili veröffentlicht. Dieser Katalog war der Nachtrag zu einem größeren, 57 Einträge umfassenden Katalog, der auf eine Beobachtungskampagne am Abastumani Astrophysical Observatory (Georgien) zurückgeht. Bei dieser Studie wurde mit einem 70-cm-Maksutov-Astrographen nach Emissionslinienssternen gesucht. Es hat sich im Laufe der Jahre gezeigt, dass beide Kataloge auch „Asterismen" enthalten, also Sternmuster, die im Vergleich zum Hintergrund auffällig erscheinen, deren Sterne aber nicht physikalisch verbunden sind.

Ob diese Vermutung auch DoDz 6 betrifft, war lange unklar, da sich nur wenig Literatur zu dem Haufen finden lässt. Klarheit brachten die Gaia-Parallaxenmessungen. Wir erhalten damit für die 5 Sterne in DoDz 6 Entfernungen von 416, 518, 2679, 2799 und 6309 Lichtjahre. Da die Messfehler bei allen Werten unter 2 % liegen, dürfen wir schließen, dass sich die Haufeneigenschaft von DoDz 6 in Luft aufgelöst hat. Wie viele der anderen zehn DoDz-Haufen werden wohl einen weiteren „Gaia-Faktencheck" überstehen?

HAFFNER 15

PUP | $7^{h}\ 45^{m}\ 31^{s}$ | -32° 50′ 48″

Das Bildfeld der Aufnahme misst 35′ × 25′ und zeigt im Zentrum den Haufen Haffner 15, dessen Ausdehnung etwa zehnmal kleiner ist. Westlich und östlich wird der Haufen von zwei orangefarbenen M-Sternen eingefasst: Links, etwa 4′ östlich von Haffner 15, steht CD –32 4374 in einer Entfernung von 11.024 Lichtjahren. Am rechten Haufenrand finden wir den M3-Überriesen CD –32 4371 in 11.760 Lichtjahren Entfernung. Wie wir unten noch sehen werden, stehen diese beiden Sterne, räumlich betrachtet, in direkter Nachbarschaft zu Haffner 15.

Haffner 15 ist der südlichste Haufen eines 22 Mitglieder umfassenden Kataloges, der 1957 durch den Astronomen Hans Haffner veröffentlicht wurde. Der Katalog umfasst ein begrenztes Himmelsareal in den Sternbildern Großer Hund, Einhorn und Achterschiff (Puppis, hier liegt auch Haffner 15). Er geht auf 26 Plattenaufnahmen zurück, die 1955 am Boyden-Observatory (Bloemfontein, Südafrika) am 25-cm-Metcalf-Refraktor entstanden. Dieser Refraktor hatte eine Brennweite von 1,25 m und lieferte ein großes Feld mit 3° Durchmesser. Um die gewonnenen Daten abzusichern, beobachtete Haffner die Haufenkandidaten auch mit dem 1,5-m-Rockefeller-Reflektor. Deshalb hatte er fünf weitere Kandidaten wegen zu schwacher Konzentration nicht in den Katalog aufgenommen. Einen weiteren Abgleich führte Haffner mithilfe des damals entstehenden Palomar-Surveys durch. Für Haffner 15 fand er 55 Sterne – der Haufen hat damit den Trumpler-Typ II 3 m –, wobei die fünf hellsten Sterne eine mittlere Größenklasse von 12 mag aufweisen. Seine Helligkeitsschätzung eichte er mit einer Vergleichsaufnahme des Praesepe-Haufens. Zur damaligen Zeit wurden halbautomatische Fotometer benutzt, bei denen die Differenzmessung zwischen Objekt- und einem Vergleichslicht mittels einer Irisblende eine Genauigkeit von ± 0,01 mag ermöglichte.

Aus der galaktischen Konzentration der Haufen und einer Entfernungsschätzung der neuen Haufen von 10.000 Lichtjahren bis 15.000 Lichtjahren schloss Haffner, dass sie sich im gleichem Spiralarm in der Milchstraßenebene befinden sollten. Ihre galaktischen Längen überdecken Werte von 188° bis 216°, sie befinden sich also fast genau gegenüber dem galaktischen Zentrum. Aufgrund der heute bekannten Spiralstruktur sollten sich alle Haffner-Haufen mit hoher Wahrscheinlichkeit im Perseusarm der Milchstraße befinden. Auch bei Haffner 15 können wir mit wenigen Klicks die Gaia-Parallaxen der hellsten Mitglieder bestimmen. Die Entfernungen liegen zwischen 10.500 und 12.500 Lichtjahren. Herr Haffner lag mit seiner Vermutung des Perseusarms also goldrichtig.

HYADEN

TAU | $4^h\,29^m\,47^s$ | 16° 56′ 54″

Der Kopf des Sternbilds Stier wird durch den v-förmigen Sternhaufen der Hyaden gebildet. Das Auge des himmlischen Stieres, Aldebaran, ist auf der Aufnahme zu sehen, gehört aber nicht zu den Hyaden. Aldebaran ist mit 67 Lichtjahren nur halb so weit entfernt wie die Hyaden mit 153 Lichtjahren. Die Hyaden sind der offene Haufen mit der geringsten Entfernung zur Sonne.
Der Haufendurchmesser beträgt 12 Lichtjahre, wobei die Randsterne bis zu 70 Lichtjahre vom Haufenzentrum entfernt sind. Ihre geringe Entfernung verleiht den Hyaden ihre besondere Bedeutung, da hier interstellare Extinktion und Rötung keine Rolle spielen. Außerdem kann ihre Parallaxe auch mit erdgebundenen Teleskopen gemessen werden, was sie zu einer der ersten Stufen der kosmischen Entfernungsleiter macht. Ihr Alter wird mit 660 Millionen Jahren angegeben, somit sind sie älter als die Plejaden, die mit ihnen das „goldene Tor der Ekliptik“ bilden. Allerdings sind die Hyaden kein Messier-Objekt. Katalogbezeichnungen sind Melotte 25 oder Caldwell C 41.
In der griechischen Mythologie waren die Hyaden die Töchter von Atlas und Aithra. Ihre vergossenen Tränen über den Tod ihres einzigen Bruders Hyas führten zu der Bezeichnung „Regengestirn“.
Die Hyaden wurden oft als Beispiel eines sich bewegenden Sternhaufens untersucht. Dazu werden die sogenannten Sternstromparallaxen vermessen (auch als „kinematische Parallaxen“ bezeichnet). Das Prinzip geht darauf zurück, dass alle Sterne der Hyaden sich gemeinsam durch den Weltraum bewegen und daher alle den fast gleichen Geschwindigkeitsvektor relativ zur Sonne besitzen, der jeweils auf einen Konvergenzpunkt am Himmel deutet. Dieser „Vertex“ befindet sich im Sternbild Orion, östlich von Beteigeuze.
Genau genommen finden diese Ortsveränderungen aber nicht ganz so einheitlich statt, wie es frühere Beobachtungen andeuteten. Mithilfe der Gaia-DR1-Daten konnte genauer als je zuvor untersucht werden, welche Sterne kinematische Haufenmitglieder sind. Die ursprüngliche Anzahl von ca. 350 Sternen reduzierte sich auf 187 kinematisch gleichartige Sterne. Für diese Auswahl ergibt sich auch ein scharf definiertes Farben-Helligkeits-Diagramm mit einem Abknickpunkt bei etwa B–V = 0,4 mag. Vier dieser Hyaden-Sterne sind schon von der Hauptreihe abgewandert und bilden eine kleine Insel der Riesensterne bei B–V = 1,0 mag.
Als die Gaia-DR2-Daten hinzugenommen wurden, wurde etwas entdeckt, das so noch nie bei offenen Haufen beobachtet wurde: Aufgrund der höheren Genauigkeit der Gaia-Daten wurden etwa 500 Sterne identifiziert, die bislang niemand als Haufenmitglieder auf dem Schirm hatte. Gaia belegte, dass sie sich mit den Hyaden bewegen. Dadurch bildet der Sternhaufen zwei Sternströme mit einer Länge von 650 Lichtjahren: viel länger als man bei offenen Sternhaufen bislang vermutet hatte, eher wie die Sternströme, die wir von Kugelsternhaufen kennen.

IC 4665

OPH | $17^{h}\,46^{m}\,13^{s}$ | 5° 36′ 54″

Der Sternhaufen IC 4665 im Sternbild Ophiuchus ist mit einer visuellen Helligkeit von 4,2 mag bemerkenswert hell. Deswegen ist es erstaunlich, dass er nicht im Messier-Katalog enthalten ist. Die Trumpler-Klassifikation von IC 4665 lautet III 2 p, seine Entfernung beträgt 1130 Lichtjahre. Das Bildformat der Aufnahme besitzt eine Diagonale von rund 1°, der Durchmesser von IC 4665 wird mit knapp 70′ angegeben. Die äußeren Sterne des Haufens sind also nicht mehr auf der Aufnahme zu sehen.

Entdeckt wurde er 1745 von Philippe Loys de Cheseaux, einem Schweizer Astronomen, der ihn als Nr. 2 in seine 21 Objekte umfassende Liste „Nebelartiger Sterne“ aufgenommen hatte. Dort finden wir als Ortsangabe für den Haufen die Anmerkung „über der Schulter β des Schlangenträgers…“, gefolgt von den Positionsangaben der beiden hellsten Sterne. Die Liste von Cheseaux gelangte 1746 zur Französischen Akademie, wo sie zwar verlesen, aber erst 1892 von Guillaume Bigourdan schriftlich veröffentlicht wurde. Der Haufen wurde später als IC 4665 in die Index-Kataloge aufgenommen, die von Johann Ludvig Dreyer als Erweiterung des NGC-Kataloges entstanden. Der erste IC-Katalog wurde 1895 publiziert, der zweite Index-Katalog folgte 1908. In sein fast 150-jähriges Dasein als nahezu unbekannter Haufen fällt auch die Beobachtung von Johann Elert Bode, der ihn 1782 in seinen Sternkatalog „Vorstellung der Gestirne auf XXXIV Kupfertafeln“ eingetragen hatte. Auch haben Caroline und William Herschel den Sternhaufen im Jahr 1783 beobachtet, diesen aber nicht als Haufen katalogisiert. Vielleicht lag das daran, dass er aufgrund seiner Ausdehnung nur bei der Beobachtung mit einem kleinen Instrument ein auffälliges Objekt ist.

IC 4665 ist einer der offenen Haufen, die von Astronomen intensiv spektroskopisch untersucht wurden, um die Intensitäten der Lithium-I-Absorptionslinien der Haufenmitglieder zu bestimmen. Vor ihrer Hauptreihenphase kontrahieren die Hauptreihensterne aufgrund ihrer Schwerkraft, wobei ihre Kerntemperatur ansteigt und bei etwa 3×10^{6} K das Lithiumbrennen einsetzt. Die Lithiumhäufigkeit nimmt von nun an ab. Da der Zeitpunkt empfindlich von der Sternmasse abhängt, können wir auf das Alter eines Sternhaufens schließen, indem wir Sterne mit und ohne Lithiumlinien identifizieren. Diese Methode ist von Annahmen unabhängig, die für Altersmodelle im Farben-Helligkeits-Diagramm gemacht werden. Für den Sternhaufen IC 4665 folgt daraus ein relativ geringes Alter von 27,7 ± 4,2 Millionen Jahren.

KING 7

PER | 3^h 59^m 8^s | 51° 47′ 6″

Bei King 7 handelt es sich um einen etwa 11.400 Lichtjahre entfernten offenen Haufen im Sternbild Perseus. Seine geringe galaktische Breite von –1,02° macht deutlich, durch wie viel Staub und Gas das Licht seiner Sterne gelaufen sein muss. Das Ergebnis ist eine starke Rötung von E(B–V) = 1,25 mag. Die WEBDA-Datenbank enthält 738 Mitglieder des King-7-Haufens. Der hellste Stern hat eine Helligkeit von 14,1 mag, der schwächste 21,5 mag. Im Mittel liegen die Helligkeiten zwischen 18 mag und 20 mag.

Ivan R. King veröffentlichte 1949 im Harvard College Observatory Bulletin einen nur knapp eine Seite langen Artikel mit dem Titel „Some new galactic clusters" („Einige neue offene Sternhaufen"). Für seine Untersuchung nutzte er den 41-cm-Metcalf-Refraktor am Oak-Ridge-Observatorium in Harvard (Massachusetts, USA). Auf den dort gewonnenen, lang belichteten Fotoplatten fanden seine Kollegen und er neue galaktische Haufen. Position und Größe der Haufen wurden auf diesen Platten – wie damals üblich – mit dem Lineal bestimmt, wobei 1 mm einem Winkelabstand von 98″ entsprach. Die Tabelle mit den neuen Haufen bestand aus zwölf Einträgen. Die Nr. 7 hat eine Größe von 2′ und Sternhelligkeiten von 15 mag bis 17 mag. Somit konnte Ivan R. King nur die hellsten Haufenmitglieder auf den Platten identifizieren. Sein Artikel enthielt noch eine zweite Tabelle (mit den Kandidaten Nr. 13 bis Nr. 21), die er als „vermutliche Haufen" einordnete.

Eigentlich selbstverständlich, aber trotzdem bemerkenswert ist, dass King in diesem Artikel die Entdeckung aller Haufen nicht für sich selbst reklamiert. Er notierte, dass drei Haufen von Rebecca B. Jones und ein Haufen von Carl K. Seyfert gefunden worden waren. 1966 – Ivan King arbeitete zu dieser Zeit für das Berkeley Astronomy Department der University of California (USA) – fand er im Verlauf eines Kurses, der sich mit den Platten des Palomar-Observatory-Sky-Surveys beschäftigte, fünf weitere offene Haufen, die er als Nr. 22 bis Nr. 26 seinem Katalog hinzufügte. In dieser Veröffentlichung ging er noch sparsamer mit Worten um. Sehen wir von der Tabelle mit den fünf Haufendaten ab, brachte er gerade noch 10 Zeilen zu Papier. Bekannt wurde Ivan R. King aber nicht durch seinen Katalog der Sternhaufen, sondern durch ein bestimmtes Helligkeitsprofil, mit dem sich die radial abnehmende Helligkeit von Kugelsternhaufen gut beschreiben lässt.

M 6 SCHMETTERLINGSHAUFEN

SCO | $17^h\ 40^m\ 17^s$ | -32° 14′ 30″

M 6 ist ein junger offener Haufen im Sternbild Skorpion mit einem Alter von 100 Millionen Jahren und ist etwa 1500 Lichtjahre von uns entfernt. Er liegt in der Milchstraßenebene zwischen dem lokalen Spiralarm und dem Sagittariusarm.

Offene Sternhaufen sind wichtige Instrumente für das Studium der Sternentwicklung und der galaktischen Strukturen. Mit den Gaia-Daten ist es möglich, eine große Zahl von Sternhaufen mit dahin nie erreichter Präzision zu untersuchen. Die Astrometriedaten des Satelliten enthalten Position, Eigenbewegung und Parallaxe, sodass relativ einfach die erste Frage bei der Untersuchung eines Haufens beantwortet werden kann: Welche Sterne gehören zum Haufen? Zudem wird dadurch geklärt, welche in diesem Areal stehenden Sterne sich vor oder hinter dem Haufen befinden. Dabei nutzen die Astronomen aufgrund der Datenfülle automatisierte und statistische Verfahren.

Um die Wahrscheinlichkeit für einen Stern zu berechnen, zu einem Haufen zu gehören, suchte ein Arbeitsgruppe in den Gaia-Daten zunächst eine Gruppe von Haufenkandidaten. Sie gingen hierbei vom Haufenzentren aus, das in verschiedenen Katalogen tabelliert ist. Um dieses Zentrum wurden Kreise gelegt, deren Durchmesser größer als der bekannte Haufendurchmesser sein muss. Als weiteres Auswahlkriterium mussten Messungen der Eigenbewegung und der Parallaxen dieser Sterne vorliegen. Schließlich mussten in den Gaia-Daten auch alle drei fotometrischen Größen von Gaia enthalten sein, nämlich die Helligkeiten im G-, B- und R-Band. Für M 6 lieferte das sogenannte „Gaussian mixture model" (GMM, zu Deutsch das „Gaussche Mischungsmodell") schließlich 40.318 Kandidaten, konnte zunächst aber keine engere Auswahl liefern. Das Verfahren beruht auf der Annahme, dass die Werte aus einer „Mischung" möglicher Werte rein zufällig „gezogen" wurden.

Die statistischen Auswahlkriterien beschränkten sich zunächst auf die reinen Astrometriedaten. In einem zweiten Analyseverfahren wurde mithilfe „sicherer" Haufenmitglieder Auswahlkriterien für ein selbstlernendes Analyseprogramm festgelegt, in dem nun auch die fotometrischen Daten berücksichtigt werden konnten.

Es ist dabei wichtig anzumerken, dass für dieses Verfahren nur die Astrometriewerte genutzt werden können. Die Farben und Helligkeiten der Sterne im Haufen folgen keiner Gaußverteilung. So einfach diese Vorgehensweise auch erscheint, so schwierig war sie in der Umsetzung.

Im Verlauf dieser Analysen mussten die Astronomen feststellen, dass es viele Feldsterne gab, die fälschlicherweise zum Haufen gezählt wurden. Erst in Kombination mit einem zweiten statistischen Verfahren, das auf Bekanntem aufbauen und mehr Parameter nutzen konnte, entstanden zufriedenstellende Ergebnisse. So blieben 518 Sterne übrig, die mit mehr als 60 % Wahrscheinlichkeit Mitglied von M 6 sind. Für die Entfernungsbestimmung nutzten die Astronomen allerdings nur knapp 400 Sterne mit einer Mitgliedswahrscheinlichkeit von über 80 %.

Durch die vielen Kriterien in diesem Verfahren wurden fast 9 von 10 anfänglichen Sternkandidaten ausgesiebt. Nur aufgrund der großen, von Gaia gelieferten Ausgangsmenge, blieben am Ende mehr als 500 Sterne übrig. Diese Zahl ist deshalb bemerkenswert, weil die Anzahl an Sternen in M 6 damit etwa viermal höher war als zuvor vermutet.

M 7 STERNHAUFEN DES PTOLEMÄUS

SCO | $17^{h}\ 53^{m}\ 47^{s}$ | -34° 50′ 30″

Der griechische Mathematiker und Astronom Claudius Ptolemäus, der um das Jahr 100 nach Christus geboren wurde und in Alexandria in der damaligen römischen Provinz Ägypten lebte, verfasste die 13-bändige Abhandlung „Almagest“, die als eines der Hauptwerke der antiken Astronomie gilt. Als Teil der Darstellung seines geozentrischen Weltbildes erläuterte Ptolemäus seine mathematischen Methoden, mit denen er die Positionen für Sonne, Mond und die fünf mit bloßem Auge sichtbaren Planeten berechnete. Er benutzte hierzu die Epizykeltheorie, um die Schleifenbahnen der Himmelskörper und die damit verbundenen rückläufigen Bewegungen vor dem Fixsternhintergrund zu berechnen. Zwei Bände des Almagest umfasste ein Sternkatalog, der 1025 Sterne in 48 Sternbildern enthielt. Da dort der Hinweis auf einen „Nebel neben dem Stachel des Skorpions“ zu finden ist, wird M 7 auch als „Sternhaufen des Ptolemäus“ bezeichnet, den Charles Messier 1764 als dritthellsten Sternhaufen in seinen Katalog aufnahm.

M 7 steht uns mit 910 Lichtjahren näher als sein knapp 3° entfernter Sternbild-Nachbar M 6 und ist mit einem Alter von 300 Millionen Jahren auch älter. Dieser Zeitraum reicht aus, um Riesensterne hervorzubringen. Für die Entwicklung von der Hauptreihe bis zum Roten Riesen braucht ein Stern mit drei Sonnenmassen etwa 250 Millionen Jahre, ein Stern mit fünf Sonnenmassen benötigt nur noch 70 Millionen Jahre. Eine Studie untersuchte die Natriumhäufigkeit in den Sternspektren der Riesen von M 7. Das sichtbare Licht eines Sterns stammt aus seiner Photosphäre, die uns aber keinen Einblick in tiefere Schichten des Sterns erlaubt. Während der Entwicklung zum Riesenstern reicht die Konvektionszone aber immer tiefer in das Sterninnere hinein und transportiert schließlich Natrium an die Oberfläche.

In M 7 gibt es drei rote Riesen, von denen einer als spektroskopischer Doppelstern identifiziert und daher nicht untersucht wurde. Die Intensität der Absorptionslinien zeigten bei den beiden verbleibenden roten Riesen des Haufens das erhöhte Verhältnis [Na/Fe] = 0,23 dex. Genaue Rückschlüsse aus diesem im Spektrum gemessenen Parameter auf das Entwicklungsstadium des Sterns sind schwierig, da auch die Rotation bei der Elementverteilung im Stern eine Rolle spielt. Die Werte führen für die Riesensterne in M 7 auf einen Massenbereich von zwei bis fünf Sonnenmassen, in gutem Einklang mit dem Alter des Haufens, das sich aus den Gaia-DR2-Daten ableiten lässt.

M 11 WILDENTENHAUFEN

SCT | $18^h\ 51^m\ 4^s$ | -6° 16′ 18″

Im Jahr 1681 entdeckte der Astronom Gottfried Kirch diesen offenen Haufen im Sternbild Scutum (Schild). Charles Messier übernahm ihn 1764 in seinen Katalog. M 11 ist mit 7640 Lichtjahren einer der am weitesten entfernte der darin enthaltenen 26 offenen Sternhaufen und lässt sich mit bloßem Auge eben noch erkennen. M 11 hat den Trumpler-Typ II 2 r. Mit einer Winkelausdehnung von 14′ erscheint er in kleinen Instrumenten als kompaktes Objekt, das auf den ersten Blick einem Kugelsternhaufen ähnelt. Seine heißesten Sterne besitzen die Spektralklasse B8, was auf ein Alter von etwa 200 Millionen Jahre schließen lässt.

Das gängigste Verfahren zur Altersbestimmung eines offenen Sternhaufens ist die Bestimmung des Abknickpunktes seiner Hauptreihensterne. Allerdings beinhaltet es typischerweise einen Fehler von über 10 %. Sofern entwickelte Doppelsternsysteme (engl. „detached eclipsing binary", DEB, etwa „getrennte Bedeckungsveränderliche") zu erkennen sind, lässt sich das Haufenalter präziser bestimmen. Aus der Bedeckung erhalten wir Informationen über die Umlaufperiode. Enthalten beide Sternspektren Emissions- oder Absorptionslinien, können wir die Radialgeschwindigkeiten der Sterne messen und erhalten nicht nur die Spektraltypen, sondern auch Hinweise auf die Bahngeometrie. Tragen wir all diese Werte zusammen, können wir die Massen und Größen der beiden Komponenten des Doppelsternsystems abschätzen.

Im offenen Haufen M 11 konnten die Astronomen mehrere solche Systeme identifizieren. Dazu zählt auch KV 29 (Gaia EDR3 4252502851280453120), der als A0-Stern klassifiziert ist. Aufgrund seiner dynamischen Parameter ist er mit einer Wahrscheinlichkeit von 98 % ein Mitglied von M 11. Die Variation der Spektrallinien dieses spektroskopischen Doppelsterns erfolgt mit einer Periode von 4,64576 Tagen. Zur Analyse wurden zwei synthetische Sternspektren benutzt, aus denen Sterntemperaturen von 9480 K und 7810 K folgten. Es folgte auch, dass der hellere Stern eine Masse von 3,6 Sonnenmassen und einen Radius von 5,4 Sonnenradien besitzt. Der Begleiter hat eine Masse von 1,8 Sonnenmassen und einen Radius von 1,6 Sonnenradien. Der hellere Stern füllt sein Roche-Volumen bereits zu 47 % aus, der Begleiter liegt erst bei 18 %. Mit diesen Angaben folgt, dass die Hauptkomponente heller ist, als es dem Wert des Abknickpunktes im Farben-Helligkeits-Diagramm entspricht. Das Alter von KV 29 lässt sich somit auf 222 ± 15 Millionen Jahre schätzen.

M 34

PER | $2^h\ 42^m\ 7^s$ | 42° 43′ 18″

Für den offenen Haufen M 34 im Sternbild Perseus finden wir in der WEBDA-Datenbank eine Entfernung von 1630 Lichtjahren, eine Rötung von 0,07 mag, ein Alter von 177 Millionen Jahren und die geringe Metallizität von −0,30 dex. Die Datenbank nennt auch die erfassten Sterne: es sind 282 Sterne mit visuellen Helligkeiten von 7,7 mag bis 15,8 mag. Auf dem Bildfeld der Aufnahme mit einer Ausdehnung von 23′× 17′ erkennen wir das hellste Dutzend der Sterne in M 34.

Das Institut für Astronomie der Universität Wien forscht seit vielen Jahren im Bereich der offenen Sternhaufen und hat mit WEBDA ein wichtiges Instrument für die Forschung geschaffen. Entstanden ist die Datenbank als Gemeinschaftsprojekt der Universität Wien (Österreich) und der Masaryk-Universität in Brno (Tschechien). Die Entwicklung der Datenbank-Architektur geht auf einen Beitrag des früheren Institutes für Astronomie der Universität in Lausanne (Schweiz) zurück (Der Zugang erfolgt über die Adresse https://webda.physics.muni.cz/).

Für 63 Sterne aus M 34 enthält die WEBDA-Datenbank Spektraltypen. Diese Angaben stammen aus der Zusammenstellung verschiedener Kataloge, Archive und Veröffentlichungen. Finanziell unterstützt wird das Projekt auch durch die Stadt Wien. Dies ist wichtig, da die Pflege einer Datenbank die Voraussetzung ist, um den Bestand aktuell zu halten und WEBDA als ein Standard-Instrument für die Forschung zu etablieren.

Die Abfrage nennt für M 34 durchaus weitere Details, wobei die Anzahl der ausgeworfenen Sterne immer geringer wird, je spezifischer die Abfragen sind. So werden bei M 34 aufgrund von spektralen Messungen nur noch 40 Mitglieder mit Lithium-Häufigkeiten angegeben. Für diese Sterne wurde die Rötung herausgerechnet, um den Farbindex B–V zu bestimmen. Einer der Sterne (Nummer 2229) erreicht sogar 1,22 mag. Für diesen Stern mit seiner visuellen Helligkeit von 16,1 mag wird eine Effektivtemperatur von 4144 K angegeben. Auf der Aufnahme ist dieses Objekt als schwacher, orangefarbener Stern im oberen, westlichen Bereich des Haufens zu finden. Zum Vergleich: Der auf der Aufnahme am rechten Rand leuchtende Stern HD 16771 besitzt eine visuelle Helligkeit von 7,3 mag. Relativ zu M 34 betrachtet steht dieser G5-Stern im Vordergrund. Er ist mit einem Farbindex von B–V = 0,68 mag hellgelb und mit seiner Oberflächentemperatur von 5200 K fast so heiß wie die Sonne.

M 35

GEM | $6^h\ 9^m\ 5^s$ | 24° 20′ 12″

Im Sternbild Gemini finden wir zu Füßen des Zwillings Castor den offenen Haufen M 35. Seine Entfernung beträgt 2700 Lichtjahre und er ist zwischen 100 und 175 Millionen Jahren alt. Die Trumpler-Klassifikation für M 35 lautet III 3 r. Dies bedeutet, dass sich der Haufen vom Hintergrund abhebt, aber über keine deutliche Konzentration verfügt. Auch besteht er aus vielen Sternen unterschiedlicher Helligkeit. Es gibt mehr als 400 Mitglieder, von denen etwa 120 heller sind als 13 mag. Die Sterndichte von M 35 liegt bei 0,18 Sternen pro Kubiklichtjahr. Im Mittel entspricht dies etwa 1 Stern in einem Volumen von 5,6 Kubiklichtjahren. Die Kernregion, die in dieser Entfernung ca. 11 Lichtjahre Durchmesser hat, umschließt eine Masse von 1600 bis 3200 Sonnenmassen.

Im Bildfeld der Aufnahme finden wir in nur 50′ von M 35 den offenen Haufen NGC 2158. Er ist mit 11.000 Lichtjahren viermal weiter entfernt. Schon die fahlgelbe Farbe seiner Sterne zeigt, dass er älter als M 35 ist. Sein Alter beträgt 2 Milliarden Jahre und aufgrund der geringen Metallizität seiner Sterne muss er zur alten Scheibenpopulation der Milchstraße gehören. Mit einer visuellen Helligkeit von 8,6 mag ist er lichtschwächer als der 5,3 mag helle M 35. Unsere Aufnahme bietet aufgrund der guten Auflösung aber einen anderen Eindruck als der Blick durch ein Teleskop.

In den letzten Jahrzehnten wurden in vielen Durchmusterungen die Sterne in offenen Haufen detailliert untersucht. Darin wurden auch rotierende Sterne gefunden, deren Helligkeit durch Sternflecken auf der rotierenden Sternoberfläche Schwankungen unterliegt. Sie betragen nur einige Hundertstel Magnituden, was aber genügt, um ihre magnetische Aktivität zu untersuchen. So zeigen Simulationen, dass Sterne vor Erreichen der Hauptreihe eine Phase durchlaufen, bei der ihre Chromosphäre und ihre Korona intensive Emissionen aufweisen müssen. Bei Sternen in M 35 lagen die Perioden zwischen 0,1 Tagen und 15 Tagen, mit zwei Häufungspunkten bei unter einem Tag und bei etwa 6 Tagen. Die schnellen Rotatoren waren dabei masseärmere Sterne (0,6 bis 1 Sonnenmassen, B–V = 0,8 mag bis 1,2 mag), während die langsamer rotierenden Sterne massereichere, blaue Sterne sind, (1,4 bis 1,9 Sonnenmassen, B–V = 0,4 mag bis 0,8 mag).

Die Wissenschaftler folgerten daraus, dass die Perioden umgekehrt proportional zur Masse der Sterne sein müssen. Aus einer Zeitmessung, also ohne Hinzunahme anderer Sterneigenschaften, lässt sich bei offenen Sternhaufen direkt ein „gyroskopisches Alter“ abschätzen, welches bei M 35 zwischen 135 Millionen Jahren und 161 Millionen Jahren liegt.

M 38

AUR | $5^h\ 28^m\ 40^s$ | 35° 49′ 24″

M 38 ist einer von drei offenen Sternhaufen der Messier-Liste im Sternbild Auriga (Fuhrmann). Mit einer visuellen Helligkeit von 6,4 mag ist er der lichtschwächste dieser drei Haufen, die alle eine ähnliche Entfernung zu uns aufweisen: Bei M 38 sind es etwa 3500 Lichtjahre. Sein Winkeldurchmesser von etwa 20′ entspricht einem projizierten Durchmesser von 13 Lichtjahren.

Ein offener Haufen ist kein statisches Gebilde, sondern verändert sich mit der Zeit. Seine Stabilität hängt von der Verteilung seiner Sterne ab: Man unterscheidet grundsätzlich zwischen dem „Kern" und der „Korona". Der Kern des Haufens beinhaltet die hellen und massereichen Sterne, die Korona enthält eine große Anzahl schwacher Sterne. Der Übergang zwischen beiden Bereichen ist nicht scharf, da die Sterne sich um das Haufenzentrum bewegen und sich bei relativ engen Begegnungen in neue Richtungen steuern.

Die Koronen von offenen Haufen sind aufgrund der dazu notwendigen größeren Bildfelder weniger intensiv untersucht und bieten gerade für Instrumente mit geringerer Brennweite einen interessanten Forschungsbereich. So wurden 1999 fotometrische Beobachtungen mit Großfeld-CCDs am 105-cm-Schmidt-Teleskop des Kiso-Observatoriums (Japan) und am 104-cm-Sampurnanand-Teleskop des Aryabhatta Forschungsinstitutes von Nainital (Indien) durchgeführt. Die 2048 × 2048 Pixel der CCD-Kameras lieferten mit der indischen f/3,1-Optik ein Bildfeld von 50′ × 50′. Zusätzlich wurde 45′ von M 38 entfernt ein sogenanntes „blank field" („leeres Feld") aufgenommen. In ihm wurde eine Häufigkeitsverteilung der Feldsterne erstellt, um im Außenbereich von M 38 die Haufensterne und die Feldsterne besser unterscheiden zu können.

Zunächst wurde eine fotometrische Kalibration mit den Standardfiltern B, V, R, I für 50 Sterne durchgeführt. Für den Haufen wurde eine Gaußverteilung an die Sterndichte angepasst. In konzentrischen Kreisen wurde dabei die Sterndichte als Funktion des Abstandes vom Zentrum bestimmt. Bei Betrachtung aller Sterne folgt für M 38 so ein Kernradius von 3,8′. Benutzen wir nur Hauptreihensterne, steigt der Radius auf 4,5′.

Die daraus abgeleitete Massenfunktion der Sterne von M 38 lieferte für die hellsten Sterne, mit V = 11 mag bis 12 mag, Massen von 3,06 bis 2,62 Sonnenmassen. Für die schwächsten Sterne, mit V = 16 mag bis 17 mag, werden Sterne im Bereich von 1,14 bis 0,98 Sonnenmassen gefunden. Somit entspricht die Massenfunktion sehr gut der Salpeter-Funktion, die auch für die Milchstraße als Ganzes verwendet wird (siehe Kapitel 6: Entwicklung offener Haufen).

Die höhere Massendichte im Kern von M 38 könnte sich bereits bei der Entstehung des Haufens gebildet haben oder ist Teil einer dynamischen Entwicklung, bei der die Sterne im Lauf der Zeit in das Zentrum des Haufens wandern. Gleichzeitig werden massenärmere Sterne nach außen geschoben und verlassen allmählich den Haufen – die Astronomen bezeichnen dies als „verdampfen". Überprüfen können wir dies mit der sogenannten „Relaxationszeit". (Die Relaxationszeit beschreibt die Zeit, in der ein dynamisches System nach einer Störung wieder einen Gleichgewichtszustand erreicht.) In ihr wird unter anderem die Zahl der Haufensterne und der Haufenradius berücksichtigt. Für M 38 beträgt sie etwa 40 Millionen Jahre. Das ist deutlich geringer als das Alter des Haufens, das auf 250 bis 300 Millionen Jahre geschätzt wird. Diese Zeitspanne ist kurz genug: Die beobachtete Massentrennung ist daher das Ergebnis der dynamischen Entwicklung des Haufens, bei der sich die massereicheren Sterne in Richtung des Haufenzentrums bewegten.

N

M 39

CYG | $21^h\ 31^m\ 33^s$ | 48° 14′ 48″

Der offenen Haufen M 39 befindet sich im Sternbild Cygnus (Schwan) und ist etwa 9° von Deneb entfernt. Seine enorme Größe von 32′ ergibt sich auch aus der vergleichsweise geringen Entfernung zur Erde von 1060 Lichtjahren. Sein absoluter Durchmesser von 7,2 Lichtjahren entspricht aber der typischen Größe eines offenen Sternhaufens.

Die Trumpler-Klassifizierung von M 39 lautet III 2 m. Der Haufen besitzt also keine zentrale Konzentration und seine Sterne haben ähnliche Helligkeiten. In der WEBDA-Datenbank finden wir für M 39 eine Liste mit 201 potenziellen Mitgliedern, wobei nur 63 dieser Sterne mit mehr als 50 % Wahrscheinlichkeit wirklich zum Haufen gehören.

Der Arbeitsaufwand, der in den vergangenen Jahrzehnten mit der erdgebundenen astronomischen Forschung an Sternhaufen verbunden war, hat sich durch die Astrometriesatelliten, wie Hipparcos oder Gaia, deutlich verändert. Vor mehr als hundert Jahren stand am Anfang einer Studie zu offenen Haufen immer die Beobachtung einzelner Sterne und die direkte Messung der interessierenden Zustandsgrößen. Statistische Analysen oder die Altersbestimmung im Hertzsprung-Russell-Diagramm waren erst möglich, wenn viele Einzelmessungen gesammelt und kombiniert waren. Schon die Einführung der Fotografie, mehr noch die der CCD-Detektoren, ermöglichte eine gleichzeitige Beobachtung vieler Sterne, die danach – erst manuell, später mit Computerunterstützung – Stern für Stern ausgewertet wurden. Immer noch stand der Sternhaufen selbst im Vordergrund. Die Astrometriesatelliten überschütten uns geradezu mit einer Flut von Daten, in denen nun Haufenmitglieder und Feldsterne zusammengemischt sind. Nun müssen wir aus dieser immensen Datenmenge die Haufenmitglieder sinnvoll separieren. Dies führte zur Entwicklung sogenannter „Pipeline-Verfahren“, die eine automatisierte Analyse erlauben.

Eine Gruppe von Astronomen hat dieses Verfahren 2018 bei nahen Sternhaufen eingesetzt. Wegen der geringen Entfernungen lassen sich die Haufenmitglieder aufgrund der größeren Eigenbewegungen und höheren Helligkeiten gut vom Sternenhintergrund unterscheiden. Damit gelang es, die Haufenmitglieder überhaupt erst zu identifizieren, sodass die Anpassungsmethoden sinnvolle Ergebnisse liefern konnten.

In dieser Untersuchung wurden Sterne mit einer Eigenbewegungsdifferenz kleiner als 2 mas/a dem Haufen zugeordnet. Sternen mit Werten kleiner 5 mas/a wurden nur dann mit berücksichtigt, wenn ihre Eigenbewegung innerhalb eines Fehlerintervalls von 95 % (das sogenannte „3-Sigma-Fehlerintervall“) mit der mittleren Eigenbewegung übereinstimmte. Das ist natürlich ein „selbstgemachter“ Auswahleffekt, den die Astronomen aber als legitim ansahen. Für M 39 lieferten die Daten so eine mittlere Parallaxe von 3,3 mas, entsprechend 977 Lichtjahren.

M 39 enthält keine Riesensterne: Das hellste Haufenmitglied ist ein A0-Stern mit 6,83 mag. Daher wurde das FHD bestimmter Haufenmitglieder, ebenfalls automatisch, an theoretisch berechnete Isochronen angepasst, mit dem Ergebnis, dass M 39 ein Alter von 354 Millionen Jahren hat. Die Ergebnisse passen gut zu denen anderer Kataloge und somit hoffen die Forscher, diese Pipeline-Verfahren auch für weiter entfernte Haufen einsetzen zu können.

M 44 PRAESEPE

CNC | 8^{h} 40^{m} 13^{s} | 19° 37′ 18″

Das Sternbild Cancer (Krebs) besitzt mit M 44 einen der hellsten offenen Haufen des Messier-Kataloges, der mit einer visuellen Helligkeit von 3,1 mag in der sternarmen Umgebung deutlich hervorsticht. Dies zeigt sich auch in der Liste seiner historischen Beobachter wie unter anderem Hipparchos von Nicäa, Claudius Ptolemäus und Galileo Galilei. Er wird auch als Praesepe bezeichnet, nach dem lateinischen Wort für „Krippe". Die Entfernung von M 44 beträgt 580 Lichtjahre und sein Durchmesser etwa 1,5°, in dieser Entfernung sind das ungefähr 16 Lichtjahre. Er enthält laut der Standardkataloge ca. 350 Sterne und die Altersangaben von M 44 liegen zwischen 600 Millionen Jahren und 750 Millionen Jahren.

Bei der Analyse der Gaia-DR2-Daten von M 44 fanden die Astronomen 938 Kandidaten, die zum Haufen gehören könnten. Durch Einschränken der Auswahlkriterien hinsichtlich der mittleren Parallaxe und der mittleren Eigenbewegung konnte eine andere Forschergruppe diese Zahl auf 719 Sterne reduzieren.

Da M 44 der Erde nahesteht und zudem einen großen Durchmesser besitzt, eignet er sich gut für die Untersuchung möglicher Gezeitenwechselwirkungen zwischen dem Haufen und der Milchstraße. Sobald solche Kräfte auf einen offenen Haufen ausgeübt werden, verliert er ständig Sterne. Diese sind dann nicht mehr gravitativ an den Haufen gebunden und machen sich als Gezeitenschweife vor und hinter dem Haufen bemerkbar, aufgereiht entlang der Bewegungsrichtung des Haufens. Dasselbe Phänomen kennen wir von wechselwirkenden Galaxien. Bei Sternhaufen in der Milchstraße ist es schwer nachweisbar, da die Haufenmasse und die Kräfte zu gering sind, um große Effekte zu bewirken. Der Gezeiteneffekt wird allerdings durch die Sternbegegnungen innerhalb des Haufens verstärkt, die ein allmähliches „Verdampfen" des Haufens bewirken.

Am Anfang einer Suche müssen Positionen, Eigenbewegungen und Radialgeschwindigkeiten der Haufensterne bestimmt werden. Diese Werte werden zudem in galaktische Koordinaten umgerechnet. Das Zentrum dieses kartesischen Koordinatensystems befindet sich im Massenschwerpunkt der Sonne. Die X-Koordinate weist zum galaktischen Zentrum, die Y-Koordinate zeigt in Richtung der galaktischen Rotation und die Z-Werte zeigen zu den galaktischen Polen. Zur weiteren Analyse wurden die Sternpositionen noch in ein Koordinatensystem umgewandelt, dessen Ursprung im Zentrum des Sternhaufens liegt. Damit lassen sich Sterne, die sich gemeinsam mit dem Haufen bewegen, aber weiter als der Haufendurchmesser von ihm entfernt sind, leichter aufspüren. Zudem haben sich die Astronomen auf einen vertikalen Bereich von ± 160 Lichtjahren um das Zentrum von Praesepe konzentriert.

Als Ergebnis der Auswertungen bestimmten die Astronomen den Gezeitenradius für Praesepe. Knapp definiert entspricht dieser der größtmöglichen Ausdehnung eines Sternhaufens. Für M 44 beträgt er etwa 35 Lichtjahre bei einem Kernradius von etwa 12 Lichtjahren. Die zugehörige Gezeitenmasse des Haufens beträgt 483 Sonnenmassen. Die Forscher wiesen aber darauf hin, dass ihre Daten für sehr massearme Sterne mit weniger als 0,25 Sonnenmassen unvollständig sind. Dennoch befinden sich 725 Sterne innerhalb des Gezeitenradius, insgesamt 1004 Sterne liegen innerhalb von zwei Gezeitenradien. Weitere 389 Sterne fanden sich in zwei länglichen Strukturen in Y-Richtung. Diese beiden Gezeitenschweife besitzen jeweils eine Ausdehnung von 540 Lichtjahren. Sie enthalten daher Sterne, die bei früheren Untersuchungen aufgrund des großen Abstandes zu M 44 nicht als ehemalige Mitglieder des Haufens berücksichtigt wurden.

M 45 PLEJADEN

TAU | $3^h\,46^m\,24^s$ | 24° 6′ 48″

Zusammen mit den Hyaden sind die Plejaden (M 45) im Sternbild Taurus (Stier) der am besten untersuchte Sternhaufen der nördlichen Himmelssphäre. Die Mitglieder der Plejaden weisen mit 19,5′ mas in Rektaszension und −45,5 mas in Deklination eine spürbare jährliche Eigenbewegung auf. Zusammen mit ihrer hohen galaktischen Breite von 24° macht sie das zu idealen astrometrischen Studienobjekten. Die Haufenhelligkeit liegt bei 1,6 mag, die Sterne sind über 440 Lichtjahre von der Erde entfernt und der projizierte Durchmesser der Kernregion liegt bei 8 Lichtjahren. Der Gezeitenradius der Hyaden reicht 43 Lichtjahre weit hinaus. Die Anzahl der Mitglieder ist daher mit über 1000 recht hoch, wobei der visuelle Eindruck dieses bekannten Haufens durch die fünf hellsten Sterne bestimmt wird. Trotz der wenigen mit bloßem Auge sichtbaren beziehungsweise der 1000 nicht sichtbaren Sterne heißt es „Siebengestirn". In der griechischen Mythologie hatte die Okeanide Pleione mit dem Titan Atlas sieben Töchter, die Plejaden: Alcyone, Asterope, Kelaino, Elektra, Maia, Merope und Taygete.

Rechts unterhalb der Bildmitte steht Merope (23 Tauri), ein B6IV-Stern mit einer Helligkeit von 4,17 mag. Die Besonderheit dieses Sterns ist ein Reflexionsnebel, der als NGC 1435 bekannt ist. Entdeckt wurde dieser Nebel 1859 durch Ernst Wilhelm Leberecht Tempel mithilfe eines 10-cm-Steinheil-Refraktors bei 24-facher Vergrößerung und einem Gesichtsfeld von etwa 2°. Er arbeitete als freischaffender Lithograf in Venedig, war also kein Fachastronom, weshalb die Fachwelt seine Entdeckung zunächst nicht beachtete. Später arbeitete er an der Sternwarte von Marseille und entdeckte 1865 den Kometen Tempel-Tuttle. Einige Jahre später, 1890, fand der amerikanische Astronom Edward Emerson Barnard in NGC 1435 eine kleine, 13 mag helle v-förmige Nebelstruktur. Sie erhielt die Bezeichnung IC 349 und reflektiert das Licht des Sterns Merope (siehe Kapitel 8: IC 349).

Das Alter von M 45 wird in der Fachliteratur intensiv diskutiert. Die Altersangaben differieren je nach Methode und mit der Anzahl der Messpunkte. Mit der Anpassung der Alter-Null-Hauptreihe und der Bestimmung des Abknickpunktes erhalten wir 70 – 80 Millionen Jahre. Andere Wissenschaftler berechneten mit der Anpassung von theoretischen Isochronen ein Alter von 120 – 130 Millionen Jahre. Durch die Bestimmung von reduzierten Lithiumhäufigkeiten finden wir in neueren Artikeln eine Altersangabe von 112 Millionen Jahren. Die Fehlergrenzen schwanken zwischen 5 Millionen Jahren bei neueren Daten und 20 Millionen Jahren für Messungen der 1980er-Jahre.

Auch bei den Plejaden konnten die Gaia-Messungen die bisherige Datenlage verbessern. Die Entfernung der Plejaden beträgt gemäß Gaia-DR2 440,9 ± 1,4 Lichtjahre. Blicken wir in Richtung des Haufens, so entfernt sich dieser im Mittel mit 32,73 ± 0,18 km/s.

Die größte Komponente des Geschwindigkeitsvektors liegt dabei tangential zur Rotationsrichtung der Milchstraße. In dieser Richtung zeigt die Verteilung der Haufensterne zudem eine lineare Struktur, die zu beiden Seiten aus den sichtbaren Plejaden herausragt. Es sind zwei Gezeitenschweife, die sich über 60 – 90 Lichtjahre verfolgen lassen, und ein Zeichen, dass der Auflösungsprozess von M 45 bereits begonnen hat.
Die Gaia-Kollaboration bezifferte 2018 die Anzahl der Haufenmitglieder mit 1295 Sternen. Dies ist weit mehr als die lange benutzte Zahl von 385, die erst 1993 durch die Auswertung fotografischer Platten ermittelt wurde. Aktuelle Gaia-DR2-Analysen schrauben den Wert noch höher und gehen von 2152 Sterne aus, die mit einer Wahrscheinlichkeit von über 75 % zu den Plejaden gehören. Bestimmen wir die Leuchtkraftfunktion der Plejaden, so sind die meisten Sterne zwischen 10 mag und 12 mag zu finden. Die Massenfunktion von M 45 besitzt bei 0,12 – 0,56 Sonnenmassen ein breites Plateau, mit einer deutlichen Häufung bei 0,16 Sonnenmassen. Sterne dieser Masse kommen mehr als doppelt so oft vor wie Sterne anderer Masse. Die Position der Sterne im Haufen entspricht bei den Plejaden dem, was wir schon von anderen Haufen kennen: Sterne mit großen oder mittleren Massen tummeln sich vermehrt im Zentrum! Im Gegensatz dazu steigt die Anzahl der massearmen Sterne nach außen hin an.
Das Farben-Helligkeits-Diagramm eines Sternhaufens enthält Hauptreihensterne, Riesensterne und Weiße Zwerge. In den Plejaden finden wir mit LB 1497 einen einzigen Weißen Zwergstern, der recht sicher zum Haufen gehört, da er innerhalb des Gezeitenradius liegt. Ein zweiter Kandidat, GD 50, verliert aufgrund seiner zu geringen Entfernung von 100 Lichtjahren den Kandidatenstatus. Mit LB 1497 und seinem Farbexzess von $E(B-V) = 0{,}045$ mag folgt für M 45 ein Haufenalter von 132 Millionen Jahren.
Unsere zweite Aufnahme der Plejaden zeigt großräumige Nebelstrukturen. Radiobeobachtungen lieferten Details des atomaren und molekularen Gases im Umfeld des Haufens. Die Analyse der fotometrischen Sternfarben belegte, dass sich zwischen den Plejaden und der Erde Staub befindet, der für die Lichtstreuung, und damit für die auffallende Blaufärbung, verantwortlich ist. Besonders dicht ist das molekulare Gas an der Westseite des Haufens, südwestlich von Merope. Dort sind auch die interstellare Polarisation und Rötung des Lichts am intensivsten. Der vor den Plejaden liegende Schleier aus Gas und Staub weist zwei Geschwindigkeitskomponenten auf: Eine markante Komponente in Richtung von M 45 und eine zweite, die breiter und über eine große Fläche nachzuweisen ist. Auch ist zu erkennen, dass der Staub näher am Westrand des Haufens liegt. Wir dürfen nicht vergessen, dass auch hinter dem Haufen Gas und Staub zu finden sind. Im Erscheinungsbild des Haufens spielt somit das „Blending" („Vermischung") von reflektiertem Licht eine wichtige Rolle. Die Plejaden könnten sich inmitten eines „Spiegelkabinetts" befinden, in dem das Licht aber nicht gespiegelt, sondern gestreut wird.

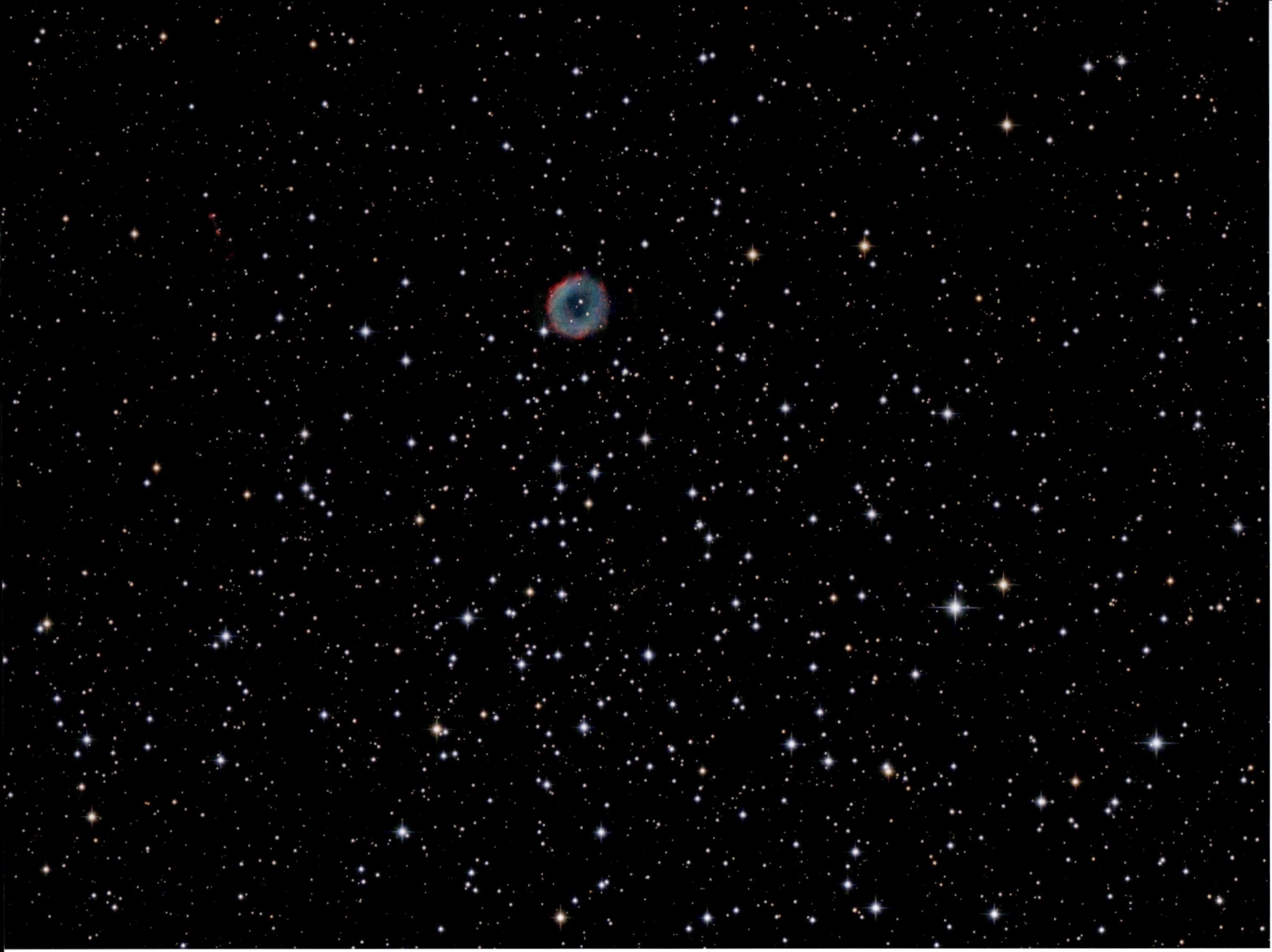

M 46

PUP | $7^h\ 41^m\ 47^s$ | -14° 50′ 36″

Der offene Haufen M 46 befindet sich im Sternbild Puppis (Achterdeck des Schiffs) und steht südöstlich des Sternbilds Großer Hund. Der französische Astronom Nicolas Louis de Lacaille führte 1763 eine Aufteilung des antiken Sternbilds Argo Navis (zu Deutsch „Schiff Argo") durch, wobei neben dem Achterdeck auch der Kiel des Schiffs (Carina), das Segel des Schiffs (Vela) und das Sternbild Pyxis (Schiffskompass) entstanden. Mit einer Deklination von fast –15° steht der sternreiche Haufen M 46, mit der Trumpler-Klassifikation II 2 r, auf etwa gleicher Höhe wie Sirius und ist ein bei Amateurastronomen beliebtes winterliches Beobachtungsobjekt.

Eine Studie aus dem Jahr 2006 zeigte anhand der Analyse von CCD-Aufnahmen bis in den infraroten Bereich, dass rote (und damit in der Regel masseärmere) Sterne bei M 46 räumlich weiter verteilt sind als die blauen, massereichen Sterntypen. Die Aufnahmen waren Teil des MegaCam-Projektes am Canada-France-Hawaii-Telescope (CFHT) auf dem Mauna Kea (Hawaii, USA). Der Detektor setzte sich aus 36 Einzel-CCDs zusammen, die jeweils 2014 × 4612 Pixel umfassten. Insgesamt überdeckten sie ein Bildfeld von etwa 1 Quadratgrad. Die Aufnahmen lieferten Sternfarben bis zu einer Helligkeit von 20 mag. Das daraus entstandene Farben-Helligkeits-Diagramm zeigte die Hauptreihe als feine Linie mit einem Abknickpunkt bei etwa 12 mag. Das Diagramm enthielt allerdings nicht nur M 46-Sterne, sondern auch eine große Zahl von Feldsternen der Milchstraße und sogar Galaxien. Besonders deutlich wird diese Kontamination durch eine vertikale Struktur im blauen Bereich des Diagramms, die auf Vordergrundsterne zurückzuführen ist. Die Daten wurden in ein Zweifarbendiagramm eingetragen, dessen Achsen durch die Farben U–G und G–R gebildet wurden. Dies erleichterte die Unterscheidung zwischen den Haufensternen und anderen Objekten. Isochronenmodelle für das Farben-Helligkeits-Diagramm lieferten für M 46 ein Alter von 220 Millionen Jahren.

Etwa 1′ vom Haufenzentrum entfernt befindet sich in M 46 auch noch der planetarische Nebel NGC 2438 (siehe Kapitel 4: NGC 2438). Auf der Aufnahme ist dies der rot-blaue Kringel im oberen Teil des Haufens. Da dessen Radialgeschwindigkeit von 77 km/s doppelt so groß ist wie die des Haufens, vermuteten die Forscher, dass er nicht zum Haufen gehört. Bestätigt wurde dies durch die Gaia-DR2-Parallaxe, die für NGC 2438 eine Entfernung von 2360 Lichtjahren ergab. Zum Vergleich: der offene Sternhaufen M 46 ist laut Gaia 5431 ± 8 Lichtjahre von der Erde entfernt.

M 47

PUP | $7^h\ 36^m\ 35^s$ | -14° 29′ 20″

Der offene Haufen M 47 befindet sich ebenfalls im Sternbild Puppis, ist aber im Vergleich zu seinem himmlischen Nachbarn M 46 sternarm. Auf der Aufnahme ist M 47 der rechts stehende der beiden Haufen. Er besteht aus nur etwa 50 bis 100 auffallend blauen Sternen. Die Entfernung von M 47 ist mit 1580 Lichtjahren deutlich geringer als die von M 46. M 47 hat somit eine projizierte Größe von 12 Lichtjahren. Die Trumpler-Klassifikation von M 47 lautet III 2 m, seine visuelle Helligkeit beträgt 4,4 mag. Die hellsten Sterne des offenen Haufens liegen bei 5,7 mag und machen somit M 47 mit seiner Ausdehnung von 30′ sogar zu einem Objekt für das bloße Auge. Die geringe Distanz der beiden Haufen war vermutlich die Ursache, weshalb Charles Messier die Ortsangaben von M 47 fehlerhaft notierte und M 47 lange Zeit als nicht auffindbar galt. 1934 vermutete der österreichische Astronom Oswald Thomas, dass es sich beim Messier-Eintrag zu M 47 um den bekannten Haufen NGC 2422 handeln könnte. Unabhängig davon fand der kanadische Astronom T. F. Morris 1959 heraus, dass Messier offenbar ein Vorzeichenfehler unterlaufen war: Er gab die Koordinaten eines Objekts immer relativ zu einem Stern an, im Fall von M 47 war es 2 Puppis. Ändern wir das Vorzeichen der Rektaszensionsdifferenz in Messiers Angaben, landen wir direkt bei NGC 2422.

Für M 47 finden wir eine Altersangabe von etwa 150 Millionen Jahren. Da alle Mitglieder eines Sternhaufens zum selben Zeitpunkt ihre Sternentwicklung begonnen haben, sollten wir keine älteren Objekte finden. Ein guter Indikator hierfür sind Weiße Zwergsterne, da sie Endprodukte der Sternentwicklung darstellen. Zeitlich betrachtet steckt in ihnen der ganze Lebenszyklus des Vorgängersterns. In M 47 war die Suche nach Weißen Zwergen erfolgreich und brachte einen kompakten Stern einer Masse von etwa 1,1 Sonnenmassen zum Vorschein. Sein Magnetfeld ist mit 2,5 Megagauß relativ stark. Die Besonderheit dieses Weißen Zwergs ist aber seine rötliche Farbe! Sie gilt als Hinweis darauf, dass dieser Zwerg einen Begleiter mit 0,4 Sonnenmassen besitzen muss. Die Massensumme beider Sterne liegt oberhalb der Chandrasekhar-Grenze, wodurch dieses Doppelsternsystem eine mögliche Vorstufe einer Typ-Ia-Supernova sein könnte. Im nächsten Entwicklungsschritt würde sich der kleine Begleiter zu einem Stern entwickeln, der sein Roche-Volumen ausfüllt, sodass Materie zum kompakten Weißen Zwerg überströmen kann. Vielleicht ist dieses Stadium bereits erreicht. Dann könnte das Doppelsternsystem, etwa durch die Messung einer Periodizität in der Röntgenleuchtkraft des Weißen Zwerges, als kataklysmischer Veränderlicher klassifiziert werden.

M 52

CAS | $23^h\ 24^m\ 47^s$ | 61° 35′ 24″

Im Sternbild Kassiopeia finden wir den offenen Haufen M 52. Mit einer visuellen Helligkeit von 7,3 mag ist er bei den Amateuren ein beliebtes Feldstecherobjekt. Er liegt 6° westlich des Sterns β Cassiopeiae (Caph), der rechte obere Punkt des Himmels-W. Die ursprüngliche Klassifikation von Robert Julius Trumpler, II 2 r, wurde später auf I 2 r korrigiert, um den kompakten Kern des Haufens besser zu berücksichtigen. Der Haufen befindet sich in einer Entfernung von 5470 ± 18 Lichtjahren und enthält 1200 Sonnenmassen. Sein Kernradius beträgt 4 Lichtjahre und sein Gezeitenradius liegt bei rund 40 Lichtjahren.

Die Verteilung der Sternmassen bei der Entstehung eines offenen Haufens wird als „initial mass function" (IMF, „ursprüngliche Massenfunktion") bezeichnet. Aufgrund von Beobachtungen in der Milchstraße dürfen wir annehmen, dass die IMF einem Potenzgesetz folgt, dessen Verlauf bisweilen publiziert wird: Für die Anzahl N von Sternen mit einer Masse m gilt $N(m) \propto m^{\Gamma}$ (mit der Steigung Γ). Tragen wir die Zahl der Sterne mit einer bestimmten Masse auf, so nimmt diese Zahl mit zunehmender Masse ab. Die ursprüngliche Modellierung durch Salpeter erfolgte 1955 und lieferte eine Steigung von $\Gamma = -1{,}35$ (siehe Kapitel 6: Entwicklungszeiten von Hauptreihensternen). Bei M 52 erhalten wir für alle Haufensterne in einem Radius von 700″ die Steigung $\Gamma = -1{,}53 \pm 0{,}08$. Das Ergebnis ändert sich, wenn wir den inneren, mittleren und äußeren Bereich von M 52 separat betrachten. Dann folgt nämlich die Massenverteilung der Sterne in diesen Bereichen keinem einfachen Potenzgesetz mehr. Die innere und mittlere Region zeigen für Massen zwischen 0,92 bis 1,63 Sonnenmassen einen steilen Verlauf der IMF mit einer Steigung $\Gamma = -1{,}73$ bis $-2{,}59$, für Massen von 1,31 bis 4,04 Sonnenmassen aber einen flachen Verlauf mit $\Gamma = -0{,}70$ bis $-1{,}59$. Die äußere Region weicht deutlich davon ab. Hier beschreibt eine sehr steile Funktion mit $\Gamma = -3{,}35$ die Massenverteilung. Vergleichen wir diese Zone mit den anderen weiter innen liegenden Bereichen, besteht dort offenbar ein markanter Mangel an massereichen Sternen.

M 52 scheint aus zwei Teilen mit unterschiedlichen Massenfunktionen zu bestehen. Diese Zweiteilung könnte durch die Annahme zweier Sternentstehungsphasen erklärt werden: Modellieren wir im Farben-Helligkeits-Diagramm die gemessene Hauptreihe mithilfe zweier theoretischer Isochronen, finden wir eine gute Übereinstimmung, wenn es zwei Sterngruppen in M 52 gibt, von denen die eine vor 100 Millionen Jahren und die zweite vor 32 Millionen Jahren entstanden ist.

M 67

CNC | 8^h 51^m 23^s | 11° 48′ 48″

Zwischen den Sternen Regulus im Sternbild Löwe und Prokyon im Kleinen Hund liegt etwa auf halber Strecke der Haufen M 67 im Sternbild Krebs. Mit seinen 500 Sternen zeigt M 67 eine auffällige Konzentration, mit der Trumpler-Klassifikation II 2 m und einer visuellen visuellen Helligkeit von 6,7 mag. Seine Entfernung beträgt etwa 2900 Lichtjahre, er steht uns also relativ nah.

Blättern wir durch die bibliografischen Einträge der Simbad-Datenbank für M 67, so finden wir zwischen den Jahren 1890 und 2019 insgesamt 1980 Referenzen – eine beeindruckende Anzahl an Veröffentlichungen! Für den eben beschriebenen Haufen M 52 gibt es nur 165 Einträge.

Die Beliebtheit von M 67 ist auf sein hohes Alter zurückzuführen, das etwa vier Milliarden Jahren beträgt. Im Farben-Helligkeits-Diagramm von M 67 erkennen wir eine vergleichsweise kurze Hauptreihe, denn viele seiner hellen Sterne haben sich schon weiterentwickelt und die Hauptreihe verlassen. Im Diagramm beginnt sie erst bei B–V = 0,6 mag und bei Helligkeiten von 13,0 mag bis 13,5 mag. Es fehlen also blaue und weiße Sterne. Das Farben-Helligkeits-Diagramm von M 67 enthält hauptsächlich sonnenähnliche G-Sterne.

In vielen Studien werden die Sterne von M 67 als Altersreferenzpunkte herangezogen. Für M 67 liegen daher viele sehr hoch aufgelöste Spektren vor. So wurde am Nordic Optical Telescope auf La Palma mittels eines Echelle-Spektrografen eine Auflösung von R = 67.000 mit einem Signal/Rausch-Verhältnis über 100 erreicht. Damit lassen sich in den Spektren auch feinste Liniendetails beobachten, mit deren Hilfe komplexe Modelle für Sternatmosphären, wie aus der Astroseismologie, angepasst werden können. Mit dieser Analyse lassen sich Oszillationen in den äußeren Schichten des Sterns mit Veränderungen der Linienstrukturen in Verbindung bringen. Entscheidend ist die Oberflächenbeschleunigung log(g), die mit dem Sonnenspektrum kalibriert wurde.

Die Pulsationen des Sterns beeinflussen die Helligkeitsstruktur der Photosphäre, also der sichtbaren äußeren Sternatmosphäre. Die Sternoberfläche hat hierbei Ähnlichkeit mit einer dreidimensionalen Version der Chladni-Klangfiguren, die wir von akustischen Schwingungen kennen: Streichen wir mit einem Geigenbogen eine horizontal montierte dünne Metallplatte an, wird diese in Schwingungen versetzt. Auf die Platte gestreuter Sand bleibt an den Schwingungsknoten liegen. So entstehen aus Überlagerungen von Schwingungen komplexe, symmetrische Figuren. In einem Stern geschieht prinzipiell dasselbe, was aber erst durch die typischen Beiträge der Schwingungsmoden im Frequenzspektrum des Sterns sichtbar wird.

Für einen der Riesensterne in M 67 ermittelten die Astronomen eine Oberflächentemperatur von 4650 K und einen Wert für die Oberflächenbeschleunigung von log(g) = 2,3. Die Variationen dauern typischerweise nur wenige Minuten bis Stunden und können als Indikator für das Alter des Sterns genutzt werden.

M 29

CYG | $20^h\ 23^m\ 46^s$ | 38° 29′ 12″

Der offene Haufen M 29 steht im Sternbild Schwan und seine Trumpler-Klassifizierung III 3 p n lässt sich anhand der Aufnahme auf schöne Weise nachvollziehen: Ein lockerer Verbund von etwa 50 Sternen, die sich in ihrer Helligkeit deutlich unterscheiden. Der Zusatz „n“ macht deutlich, dass der Haufen auch Nebelanteile enthält. Seine galaktische Breite beträgt nur 0,6°, er liegt inmitten der Milchstraße und wir sehen ihn durch dichte Staub- und Gasschichten. M 29 ist etwa 5900 Lichtjahre entfernt und der Winkeldurchmesser von 7′ entspricht einem Durchmesser von 11 Lichtjahren. Mit einem Alter von nur 5 Millionen Jahren ist M 29 ein junger Haufen.

Blicken wir in Richtung von M 29, sehen wir in den lokalen Spiralarm unserer Milchstraße, der hier etwa 15.000 Lichtjahre weit reicht. Astronomen haben sowohl M 29 als auch Sterne der nächsten Sonnenumgebung genutzt, um durch Messungen der Helligkeiten und Farbindizes die interstellare Extinktion zu untersuchen. In einem 1,5 Quadratgrad großen Feld wurden 1110 Sterne ausgewählt und Regionen mit unterschiedlicher Transparenz zugeordnet. Auswahlkriterium war die Sterndichte in den festgelegten Arealen des Gesamtfelds, im Vergleich zu den auffälligen Dunkelwolken des großen Cygnus-Rifts.

Die fotometrischen Untersuchungen führten die Forscher mit dem sogenannten „Vilnius 7-Farben-System“ durch. In ihm werden sieben relativ schmalbandige Spektralbereiche von UV bis Rot mit definierter Halbwertsbreite festgelegt, was einfache Spektralklassifikationen ermöglicht. Im zentralen Bereich des Feldes platzierten die Astronomen ein Quadrat mit 15′ × 15′, in dem M 29 liegt. Für dieses Quadrat ermittelten sie den Farbexzess $R_{BV} = A_V / E(B–V) = 2{,}9$. In den umgebenden Bereichen mit geringerer Transparenz zeigt sich bei einer Distanz von 2500 Lichtjahren ein markanter Sprung der Extinktion A_V auf 4,0 mag bis 4,7 mag.

Im untersuchten Feld lag auch TGU H466, eine extrem dichte Staubwolke mit Farbexzessen zwischen 10 mag und 12 mag. Diese Wolke muss in 4200 Lichtjahren noch einen weiteren Staub- und Gaskomplex besitzen. Somit ist das Gesamtfeld in Richtung von M 29 durchlässiger als in den anderen Bereichen. Wir haben also wirklich Glück gehabt: Läge M 29 nur 1° bis 2° versetzt, so hätte Charles Messier ihn wohl nicht entdecken können.

M 103

CAS | $1^h\ 33^m\ 21^s$ | 60° 39′ 30″

Der offene Haufen M 103 liegt im Sternbild Cassiopeia und seine Entfernung beträgt laut WEBDA-Datenbank 7200 Lichtjahre (in Simbad, aufgrund jüngerer Veröffentlichungen, 8745 Lichtjahre). Dort finden wir auch ein Alter von 22 Millionen Jahren und eine Anzahl von etwa 300 Sternen mit der gleichen Eigenbewegung, die damit dem Haufen zugeordnet werden. Die Trumpler-Klassifikation III 2 p bezeichnet einen schwach konzentrierten Haufen. Bei Aufnahmen von M 103 wird oft darauf verwiesen, dass die drei hellen Sterne im Zentrum Vordergrundsterne seien, die nicht zum Haufen selbst gehören. Die Mitte der Dreierreihe besetzt ein 8,5 mag heller roten Riesenstern mit der Bezeichnung SAO 11826. Der rechts oben liegende Endpunkt der Reihe ist Struve 131 (HD 9311 und V 1122 Cas), ein optischer Doppelstern mit einem B3- und einem B5-Riesenstern. Deren Helligkeiten liegen bei 7,3 mag und 9,9 mag, und ihr Winkelabstand beträgt 14″. Unten links in der Reihe, eigentlich schon außerhalb der Haufenregion, steht SAO 11829 (HD 9365), ein 8,2 mag heller F1V-Stern.

Ziehen wir nun die neueren Gaia-Parallaxenmessungen der drei Sterne heran, ist die Frage der Zugehörigkeit der drei Sterne zum Haufen schnell untersucht. Wir beginnen mit der Haufenentfernung. Mit den Gaia-EDR3-Daten und den Koordinaten des Zentrums von M 103 sowie einem Suchradius von 1,5′ erhalten wir die Messdaten von 249 Sternen. Neben der Position benutzen wir als zweites Kriterium die Helligkeit, die im Gaia-G-Band mehr als 17 mag betragen muss. Dies liefert uns eine Teilmenge von 52 Sternen. Die Verteilung ihrer Parallaxen zeigt ein ausgeprägtes Maximum bei 0,378 ± 0,020 mas. Diese Entfernung von 8630 ± 458 Lichtjahren für M 103 übersteigt den WEBDA-Wert. Für Struve 131 (Gaia EDR3 509863199881958656) finden wir 0,3440 ± 0,0191 mas und damit 9483 ± 528 Lichtjahre. Der Begleiter des optischen Doppelsterns hat eine Entfernung von 8745 ± 343 Lichtjahren.

Damit wäre Struve 131 kein Vordergrundstern, sondern würde hinter M 103 stehen. Der zentral gelegene rote Riese (Gaia DR2 509862169090128000) befindet sich einer in Entfernung von 9447 ± 491 Lichtjahren. Im Vergleich zu Struve 131 steht der Riese dem Zentrum etwas näher, bleibt aber hinter dem Großteil der Sterne im Haufenzentrum. Nur der Stern links unten in der Dreierreihe (Gaia EDR3 509861894212242176) ist eindeutig ein Vordergrundstern, denn er ist nur 394 Lichtjahre von uns entfernt.

MELOTTE 20

PER | $3^h\ 26^m\ 28^s$ | 48° 58′ 30″

Der Sternhaufen Melotte 20 wird auch als α-Persei-Gruppe bezeichnet und ist einer der wenigen Haufen in der näheren Sonnenumgebung. Der 1,79 mag helle F5-Stern α Persei (Mirfak) steht nahe dem Bildzentrum. Der Sternhaufen Melotte 20 liegt links unterhalb davon und hat eine Ausdehnung von etwa 3°. Die Entfernung des Haufens beträgt 570 Lichtjahre, die meisten Mitglieder sind O- oder B-Sterne. Damit ist der Haufen eine OB-Assoziation, die 60 Millionen Jahre alt ist. Die mittlere Extinktion entlang der Sichtlinie beträgt 0,3 mag. Die Mitglieder des Haufens haben sonnenähnliche Metallizität. Auch wenn die Aufnahme einen anderen Eindruck vermittelt, ist der Stern Mirfak, gemäß seiner Gaia-Parallaxe, 507 ± 13 Lichtjahre von der Erde entfernt. Er liegt daher vor Melotte 20.

Die geringe galaktische Breite von 7° erschwert die Zuordnung von Sternen zum Haufen, da viele Feldsterne der Milchstraße im Blickfeld liegen. Melotte 20 war Bestandteil vieler Untersuchungen, daher gibt es viele Kandidaten für die Haufenzugehörigkeit. Grenzen wir die Auswahl mithilfe der Gaia-DR2-Daten ein, folgt eine Liste von 1711 Sternen, die mit hoher Wahrscheinlichkeit zu Melotte 20 gehören. All diese Sterne haben eine mittlere Parallaxe von 5,72 mas, woraus die oben erwähnten 570 Lichtjahre folgen, sowie eine Eigenbewegung von 35 mas/a. Dabei ist bemerkenswert, dass ihre Helligkeiten im Gaia-G-Band von 6,5 mag bis 21 mag reichen. Melotte 20 zeigt somit eine breite Verteilung an Sternhelligkeiten in seinem Fundus. Tragen wir die Parallaxen und die Eigenbewegungen der bekannten und vermuteten Melotte-20-Mitglieder in ein Diagramm ein, sind die meisten Sterne entlang einer Gerade mit etwa gleicher Eigenbewegung zu finden. Diese Gerade ist leicht geneigt, wobei nahe Sterne eine mittlere Eigenbewegung von 38 mas/a und weiter entfernte Sterne 32 mas/a aufweisen. Die zentrumsnahen Sterne von Melotte 20 liegen in der Mitte der Gerade – sie bilden den „harten Kern" des Haufens.

Nahe der unteren rechten Bildecke stößt man auf den Offenen Haufen NGC 1245. Visuell ist dieser 8,4 mag hell und misst 10' im Durchmesser. Mit den Gaia-Daten kann man für NGC 1245 eine Entfernung von 11.290 ± 80 Lichtjahren berechnen. Sein Alter liegt bei einer Milliarde Jahren und macht ihn zur grauen Eminenz im Hintergrund.

NGC 188

CEP | $0^h\ 47^m\ 12^s$ | 85° 14′ 36″

Der Sternhaufen NGC 188 steht nur knapp 5° vom Himmelsnordpol entfernt, im nördlichen Teil des Sternbilds Cepheus. Seine visuelle Helligkeit beträgt 8,1 mag und seine Ausdehnung 15′. Die Trumpler-Beschreibung II 2 r drückt die Auffälligkeit des Haufens vor dem Hintergrund aus. Die helleren Sterne, die auf der Aufnahme den Haufen in Form eines flachen Sechsecks umschließen, besitzen Helligkeiten zwischen 7 mag und 8 mag. Die meisten Haufensterne sind lichtschwächer, wobei die hellsten Sterne in NGC 188 etwa 12 mag aufweisen.

Eine Möglichkeit, in der Gaia-Datenbank eine bestimmte Gruppe von Sternen auszuwählen, ist eine positionsabhängige Suche. Dazu benutzen wir die Koordinaten des gewünschten Objekts und geben zusätzlich einen Suchradius an, in der Hoffnung, auch lichtschwache Haufenmitglieder zu erfassen. Mit einem Radius von 7,5′ liefern die Gaia-Daten für NGC 188 eine Kandidatenliste mit 1260 Sternen. Diese Sterne sind nicht alle möglichen Haufenmitglieder, wie ihre unterschiedlichen Parallaxen zeigen. Die Tabelle muss daher bereinigt werden. Der erste Schritt ist die Entfernung offensichtlicher Messfehler, zum Beispiel Einträge mit negativer Parallaxe. Der nächste Schritt ist die Darstellung der Sternparallaxen in einer Häufigkeitsverteilung. Dahinter steckt die Annahme, dass alle Sterne des Haufens auch fast die gleiche Parallaxe besitzen. Diese Verteilung besitzt einen Häufungspunkt. Mit den Sternen, die diese Häufung liefern, berechnen wir die mittlere Parallaxe und erhalten für NGC 188 eine Entfernung von 6455 ± 14 Lichtjahren.

Verfeinern wir diese Häufigkeitsverteilung der Parallaxen, fallen auf dem Verteilungsmaximum, mit seiner Breite von ungefähr 900 Lichtjahren, zwei schmalere Spitzen auf: In ihnen befinden sich doppelt so viele Sterne wie im breiteren Maximum. Die zugehörigen Entfernungen sind 6400 und 6800 Lichtjahre, mit einer Breite von etwa ± 30 Lichtjahren. Diese Doppelspitze könnte ein Hinweis darauf sein, dass NGC 188 eine räumlich differenzierte Struktur besitzt. Der Kernradius des Haufens beträgt zwei bis vier Lichtjahre und sein Gezeitenradius liegt bei etwa 40 Lichtjahren. Das ist deutlich geringer als der Abstand der beiden Spitzen von 400 Lichtjahren. Da sich die beiden Werte um die mittlere Entfernung von NGC 188 gruppieren, liegt der Verdacht nahe, dass es sich um zwei Gezeitenströme des Sternhaufens handelt, also um Sterne, die den Haufen im Lauf der Jahrmillionen verlassen haben, sich aber immer noch auf ähnlichen Umlaufbahnen befinden.

Das Alter des Haufens ermitteln wir durch den Abknickpunkt im Farben-Helligkeits-Diagramm des Haufens. Er ist im Gaia-G-Band bei einer Helligkeit von 15 mag und der Farbe $G_{BP}–G_{RB}$ = 0,8 mag gut zu erkennen und liefert eine Altersschätzung von etwa sieben Milliarden Jahre. Einige Sterne in NGC 188 haben sich schon weit entwickelt, die Hauptreihe hinter sich gelassen und befinden sich im Riesenast. Die oben getroffene Auswahl enthält acht dieser Sterne, mit Helligkeiten zwischen 11,6 mag und 12,6 mag. Das hohe Alter macht NGC 188 zu einem der ältesten bekannten offenen Sternhaufen der Milchstraße.

NGC 457/436

CAS | 1^h 19^m 33^s | 58° 16′ 42″

Im Sternbild Cassiopeia finden wir 2° südlich des Sterns δ Cassiopeiae (Ruchbah), der den östlichen Fußpunkt im Himmels-W beschreibt, den Sternhaufen NGC 457, der gelegentlich auch als „Eulenhaufen" („owl cluster") bezeichnet wird. Auf der Aufnahme befindet sich NGC 457 unten links. Zwei helle Sterne markieren den unteren Rand des Haufens, befinden sich aber im Vordergrund und gehören nicht zum Haufen. Der hellere der beiden Sterne ist ϕ Cassiopeiae, ein 5 mag heller F5-Stern. Oben links im Bildfeld, etwa 40′ von NGC 457 entfernt, liegt der halb so große Sternhaufen NGC 436. Die Trumpler-Klassifikationen der beiden Haufen lauten I 2 m (NGC 436) und II 3 r (NGC 457). Schon eine einzige Aufnahme zeigt die Unterschiede hinsichtlich Konzentration (I = stark zentralisiert, II = schwach zentralisiert), der Sternhelligkeiten (2 = moderat verteilt, 3 = helle und schwache Sterne) und des Sternreichtums (r = reich, m = mittlere Anzahl) (siehe Kapitel 6: Klassifikation von Sternhaufen).
Beide Haufen sind Teil des benachbarten Perseus-Spiralarms und etwa 10.500 Lichtjahre (NGC 457) beziehungsweise 12.450 Lichtjahre (NGC 436) entfernt. Die Fehlergrenzen in den Entfernungsangaben sind geringer als etwa ±200 Lichtjahre. Der Fehler erklärt sich durch die große Zahl an Sternen im Milchstraßenband, die durch die Bildregion läuft.

Vergleichen wir die Einträge der beiden Haufen in der WEBDA-Datenbank, so finden wir fast identische Rötungen, die 0,46 mag für NGC 436 und 0,47 mag für NGC 457 betragen. Das spricht dafür, dass beide Haufen im benachbarten Spiralarm liegen und ihr Licht auf dem Weg zu uns die gleiche Milchstraßenregion mit Staub und Gas durchlaufen muss.
Nutzen wir die Gaia-Daten der beiden Haufen und mitteln die Eigenbewegung aller Sterne, erhalten wir für NGC 457 die Werte –2,30 mas/a in Rektaszension und 0,94 mas/a in Deklination. Für NGC 436 lauten die entsprechenden Werte –2,32 mas/a und –0,97 mas/a. Die Fehlergrenzen dieser Messwerte betragen für NGC 457 rund 10 % und für die Sterne in NGC 436 rund 20 %. Dass die Bewegungsrichtungen der beiden offenen Haufen nahezu identisch sind, deutet ebenfalls auf ihre fast gleiche Position im Milchstraßenarm hin.
Allerdings unterscheiden sich ihre Altersangaben: Hier ist der Eulenhaufen NGC 457 mit 21 Millionen Jahren deutlich jünger als sein kosmischer Nachbar NGC 436 mit 84 Millionen Jahren. Dies sehen die Astronomen als Hinweis darauf, dass die Sternhaufen zwar in der Milchstraße fast am gleichen Ort, aber in verschiedenen Phasen der Sternentstehung im Spiralarm ihren Ursprung nahmen.

NGC 663

CAS | $1^h\ 46^m\ 21^s$ | 61° 12′ 42″

Der Astronom Frederick William Herschel erspähte am 3. November 1787 diesen offenen Haufen im Sternbild Cassiopeia. In derselben Beobachtungsnacht fügte Herschel noch zwei weitere Entdeckungen hinzu: NGC 654 und NGC 659. Letzterer wurde durch seine Schwester Caroline Lucretia Herschel entdeckt. Diese neu entdeckten Sternhaufen gehören zusammen mit dem Haufen M 103 zur Cassiopeia-OB8-Assoziation. Deren Sterne verteilen sich auf einem Himmelsareal von 1,5°, sodass wir alle problemlos im Bildfeld eines Feldstechers beobachten können.

NGC 663 ist der massereichste Haufen dieser Gruppierung und bildet ihr Zentrum. Seine Trumpler-Klassifikation ist II 3 r. Im Vergleich dazu ist NGC 654 mit II 2 r ähnlich sternreich, während NGC 659 mit I 3 m weniger Sterne enthält. Die visuelle Helligkeit von NGC 663 beträgt 7,1 mag und mit einem Durchmesser von 15′ ist er größer als die anderen Haufen innerhalb der OB-Assoziation. Seine Entfernung beträgt 10.194 ± 64 Lichtjahre. Mit einem Alter von 20 Millionen Jahren zählt NGC 663 zu den jungen Sternhaufen.

Ein Beleg für sein geringes Alter sind die Be-Sterne. Typischerweise werden sie nur 10 bis 30 Millionen Jahre alt. Diese heißen jungen Sterne fallen durch Emissionslinien in ihren Spektren auf. Ursprung der Linien ist nicht nur der Stern, sondern auch eine hell leuchtende Scheibe, die den Stern umgibt. Gespeist wird diese Scheibe durch die Materie der äußeren Bereiche des Be-Sterns: Er rotiert so schnell, dass die Sternmaterie in Äquatornähe die Gravitation überwinden kann, nach außen abströmt und eine flache Scheibe ausbildet. Wegen der Drehimpulserhaltung umkreist diese Scheibe den Stern. Um solche Scheiben herum finden wir auch Bereiche von zirkumstellarem Staub, der sich durch seine Infrarotstrahlung bemerkbar macht. Durch ihre hohe Rotationsgeschwindigkeit sind Be-Sterne auch verformt. Sie besitzen keine Kugelgestalt mehr, sondern ähneln eher einem abgeplatteten Sphäroid.

Die hellsten 6 Sterne in NGC 663 liegen im Bereich zwischen 8,5 mag und 9,2 mag. Fünf von ihnen haben Spektralklassen zwischen B6Iab und B9Iab, alle sind somit blaue Riesensterne. Der sechste Stern ist ein roter M3-Riese. Die Zahl der Riesensterne sorgt auch für eine enorme Gesamtleuchtkraft von NGC 663, die bei diesem offenen Haufen einen beachtlichen Wert von über 120.000 Sonnenleuchtkräften erreicht.

N

NGC 869/884 h/chi PERSEI

PER | 2^h 18^m 58^s | 57° 8′ 0″

Die große Anzahl an wissenschaftlichen Veröffentlichungen über die beiden Haufen NGC 869 und NGC 884 wird durch die Zahl an Astrofotos, die von diesen Haufen gemacht wurden, bei Weitem übertroffen. Auch visuell sind „h und chi Persei" wohl jedem Besucher einer öffentlichen Sternführung bekannt, der durch ein Teleskop diesen Doppelhaufen betrachten durfte. Die Bezeichnung h Persei für NGC 869 und χ Persei für NGC 884 hat sich etabliert, nachdem anfangs unklar war, ob Johann Bayer, der diese Bezeichnung in seiner Uranometria eingeführt hat, mit h Persei einen nahe am Haufen gelegenen Stern gemeint haben könnte.

Es verwundert nicht, dass die Gaia-DR2-Daten der beiden prominenten Haufen von mehreren Forschergruppen genutzt wurden. Ihre Nähe und große Winkelausdehnung von etwa 16′ erlaubt eine differenzierte Betrachtung aller Größen und liefert gute Vergleichsmöglichkeiten. Eine Arbeitsgruppe definierte einen Ausgangspunkt zwischen den beiden Haufen, sowie einen Suchradius von 7,5°, um sicher alle Sterne zu erfassen, die zu den Haufen gehören könnten. In der Haufenentfernung von etwa 8250 Lichtjahren entspricht dieser Radius einer Strecke von etwa 1000 Lichtjahren. Damit sind im Suchbereich auch die Molekülwolken enthalten, aus denen die beiden Haufen entstanden sind.

Mithilfe mehrerer Auswahlkriterien schränkten die Forscher die große Zahl der Treffer auf 2186 mögliche Mitgliedssterne ein, deren räumliche Verteilung über die bislang benutzte Grenze der Haufen hinaus reichte. Überraschend war die Entdeckung westlich gelegener Filamente mit zwei Sternkonzentrationen, die 2,9° und 5,1° vom Zentrum entfernt liegen – und damit außerhalb des Bildfelds der Aufnahme sind. Kinematisch sind sie aber dem Doppelhaufen zuzuordnen. Die projizierten Winkelabstände dieser beiden Gruppen entsprechen 380 und 680 Lichtjahren. Der ebenfalls projizierte Abstand zwischen NGC 869 und NGC 884 beträgt etwa 60 Lichtjahre und ist damit deutlich kleiner als der Abstand der beiden gefundenen Sternkonzentrationen.

Auffällig ist auch, dass die Eigenbewegungen der zwei Konzentrationen fast senkrecht aufeinander stehen. Vermutlich wurden im Außenbereich der Sternhaufen mindestens einmal – durch Gezeitenwechselwirkung zwischen Haufen und Milchstraße – Sterne aus den Haufen herausgezogen und bilden nun eine Art „Halo" um den Doppelhaufen. Die Strukturen sind noch sichtbar, da die Wechselwirkungen zwischen den Sternen diese Konzentrationen noch nicht auflösen konnten.

Die Zentren des Doppelhaufens blieben davon unbeeindruckt und weisen die zu erwartenden Werte auf. Die Massen von NGC 869 und NGC 884 enthalten etwa 5500 und 4300 Sonnenmassen, die zugehörigen Gezeitenradien schätzen die Astronomen auf 75 Lichtjahre. Die Relaxationszeiten der beiden Haufen liegen im Bereich von 100 Millionen Jahren. Sie sind weit größer als das Alter der Haufen, das zu 14 Millionen Jahren abgeschätzt wird. Die Relaxationszeit gibt aber an, wie lange ein System benötigt, um nach einer Störung wieder einen Gleichgewichtszustand zu erreichen. Auch das unterstützt die Annahme, dass die beiden beobachteten Sterngruppen noch recht „frisch" sind.

NGC 1342 und LDN 718/719

PER | $3^h\ 31^m\ 35^s$ | 37° 22′ 48″

Der offene Haufen NGC 1342 im Sternbild Perseus besitzt die Trumpler-Klassifikation III 3 p. Mit knapp 100 Sternen ist er eindeutig sternarm. Seine Entfernung beträgt etwa 2200 Lichtjahre und wir nehmen an, dass er sich hinter der etwa 1800 – 2000 Lichtjahre entfernten Perseus-Molekülwolke befindet. NGC 1342 liegt nördlich dieses Komplexes aus Staub und Gas. In der Aufnahme sind diese Wolkenfilamente als schwacher rotbrauner Schleier zu sehen, der teilweise die Haufensterne überdeckt.

Die Verfärbung wird durch den Rotanteil des Lichts verursacht, das den Molekülnebel durchdringen kann. Dessen Energie ist zu gering, um die Nebelatome selbst zum Leuchten anzuregen. Es wird vielmehr durch die Rayleigh-Streuung zur Seite gestreut. Bei diesem als elastische Streuung bezeichneten Effekt ist der Streuquerschnitt umgekehrt proportional zur vierten Potenz der Wellenlänge. Das bedeutet: Blaues Licht wird stärker gestreut. Im Licht, das die Wolken verlässt, fehlt also der Blauanteil des Sternenlichts, daher erscheinen die Filamente rotbraun.

Die Dunkelnebel bestehen aus Staubteilchen, die meist kleiner als ein Mikrometer sind. Diese kleinen Teilchen sind mit einer dünnen Eisschicht aus Kohlenmonoxid und Stickstoff überzogen. Das Gas in den Nebeln besteht aus Wasserstoff, Helium, Ammoniak und Formaldehyd. Es sind auch viele andere Moleküle zu finden, auch vergleichsweise große Kohlenwasserstoffe wie Cyclopropenyliden ($c\text{-}C_3H_2$). Diese aromatischen Moleküle sind sehr reaktionsfreudig und trotz der geringen Energie des Lichts können in den Wolken aus ihnen durch Photodissoziation noch größere organische Moleküle entstehen. Das Zusammenbauen der komplexeren Moleküle erfolgt auf den Oberflächen der Staubteilchen, die für diese Entstehungsprozesse ein wichtiger Katalysator sind.

Auf der Aufnahme sichtbar sind Teile der Dunkelnebel LDN 718 und LDN 719. Sie gehören zum „Lynds Catalog of Dark Nebulae" (LDN), der 1962 veröffentlicht wurde. Seine Grundlage war die Analyse von Plattenaufnahmen des Palomar Observatory Sky Atlas durch die amerikanische Astronomin Beverly T. Lynds. Der Katalog der Dunkelnebel umfasst 1791 Einträge. Oft werden diese LDN-Objekte aber mit denen des LBN-Katalogs verwechselt. Auch er geht auf Beverly T. Lynds zurück und ist der 1255 Einträge umfassende Katalog „Lynds bright nebulae" (LBN). Da es aber keine objektiven Messkriterien gab, erfolgte die Zuordnung zu LDN oder LBN in den meisten Fällen rein subjektiv.

NGC 1502

CAM | $4^h\ 7^m\ 49^s$ | 62° 19′ 54″

Auf der Aufnahme liegt – gerade noch im Bildfeld – unten rechts der hellblaue B2-Stern HD 25443. Er ist zugleich eine gute Aufsuchhilfe für den offenen Sternhaufen NGC 1502, der hier im Bildzentrum steht. HD 25443 ist der Endpunkt einer auffälligen, 2,5° langen Kette von etwa 20 Sternen, die als „Kemble's Cascade 1" bekannt sind. Der kanadische Franziskanerpater und Amateurastronom Lucian F. Kemble hat dieses Muster, einen sogenannten Asterismus, 1980 mit einem 7×35-Fernglas im Sternbild Camelopardalis entdeckt und – damals war das noch so üblich – in Briefform der Zeitschrift „Sky and Telescope" mitgeteilt. Den Brief schickte Kemble an Walter Scott Houston, der die Kolumne „Deep-Sky Wonders" betreute. Er wies auf diese „wunderbare Kaskade von lichtschwachen Sternen, die aus nordwestlicher Richtung bis zu NGC 1502 hinunterplätschert" hin. Mit der Veröffentlichung begann auch der Ruhm dieses Asterismus, der sich bis heute erhalten hat.
Mit einem Alter von nur 11 Millionen Jahren ist NGC 1502 ein sehr junger Sternhaufen, fast alle seiner Sterne befinden sich auf der Hauptreihe. Er steht bei einer galaktischen Breite von knapp 8°, sein Licht ist also nur wenig durch den Staub gerötet und er gehört vermutlich zum Randgebiet der Camelopardalis-OB1-Assoziation. Diese gehört zum „Orion-Spiralarm" der Milchstraße, der auch als lokaler Spiralarm bezeichnet wird, da er auch unser Sonnensystem enthält. Wir betrachten hier also unsere weitere galaktische Nachbarschaft.
Mithilfe der Gaia-Daten können wir für die Entfernung von NGC 1502 einen Wert von 3560 Lichtjahren ermitteln. Für diese Auswertung wurde ein Suchradius von 2′ um das Haufenzentrum gewählt, was zu einer Liste von 179 Sternen führte. Die Verteilung ihrer Parallaxen zeigt ein deutliches, von über 30 Sternen gebildetes Maximum bei 0,93 mas. Verfeinern wir diese Verteilung, spaltet sich das Maximum in zwei Maxima auf, die Entfernungen von 3580 ± 40 Lichtjahren und 3425 ± 35 Lichtjahren entsprechen. Dies könnte ein Hinweis darauf sein, dass NGC 1502 keinen homogenen Aufbau besitzt. Diese Annahme passt zu dem Schluss, den Astronomen bei der Untersuchung der Dichteverteilung des Haufens mithilfe von Infrarotdaten zogen: Es könnte sich bei NGC 1502 um einen bereits aufgelösten oder sich ausdehnenden Haufen handeln. Auf jeden Fall können wir davon ausgehen, dass die Dynamik für eine baldige Auflösung des Haufens sorgen und NGC 1502 wohl kein hohes Alter erreichen wird.

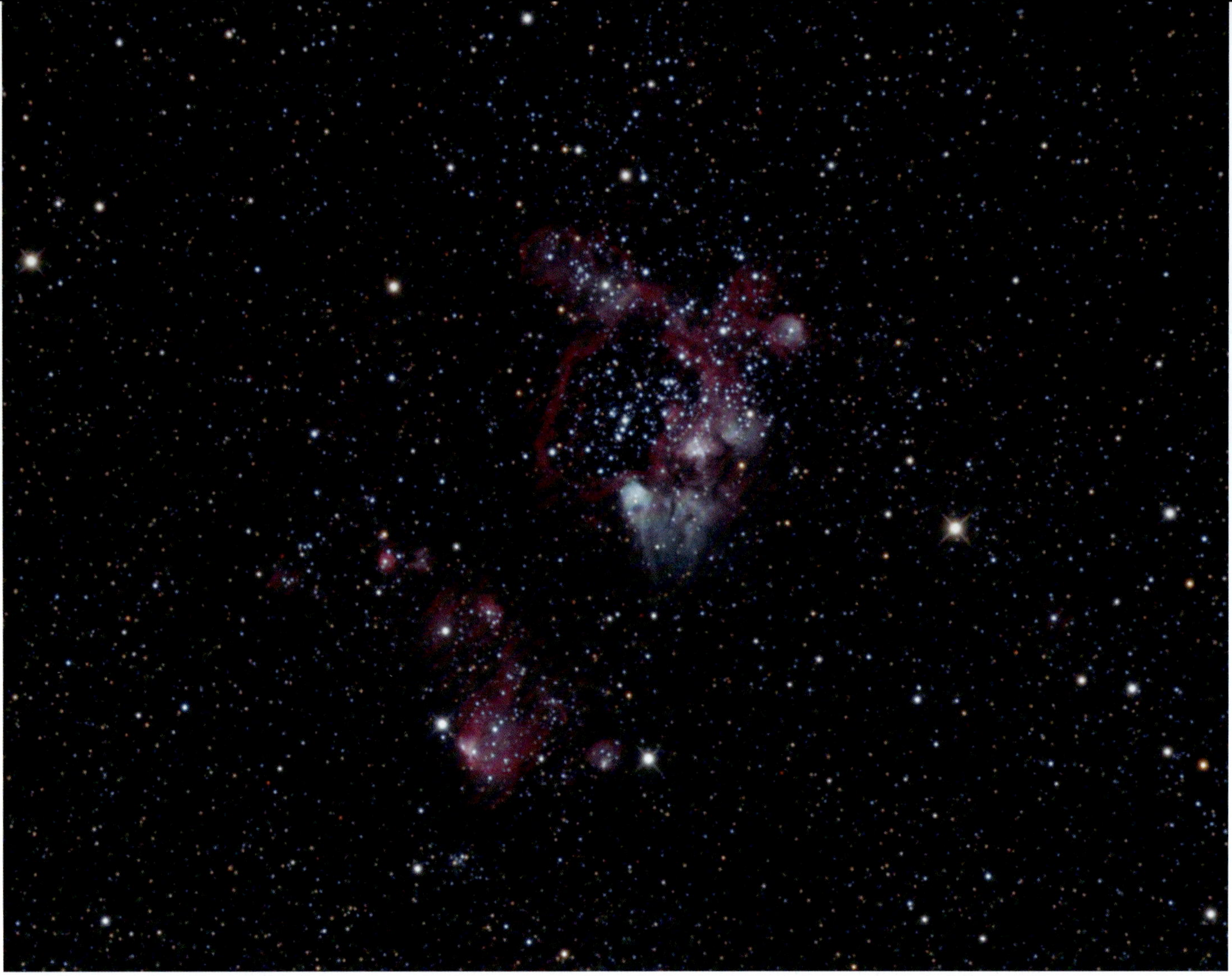

NGC 1929

DOR | $5^h\ 21^m\ 38^s$ | -67° 54′ 43″

Der Haufen NGC 1929 liegt in der Großen Magellanschen Wolke, einer Begleitgalaxie der Milchstraße im Sternbild Dorado (Schwertfisch). Der Sternhaufen ist von einem Emissionsnebel umgeben und gehört zur Nebelstruktur LHA 120-N 44, die auch als „Superblase" bezeichnet wird. Die Entfernung liegt bei etwa 160.000 Lichtjahren, die Größe von N 44 beträgt etwa 500 Lichtjahre.

Das Erscheinungsbild wird durch mehrere Emissionslinien bestimmt: Die roten Beiträge werden durch ionisierten Wasserstoff erzeugt, blaugrüne Emissionslinien entstehen durch mehrfach ionisierten Sauerstoff. Betrachten wir die Aufnahme genau, so stellen wir fest, dass der Nebel sehr weit reicht. Er füllt fast das gesamte Bildfeld mit seinem rötlichen Schimmer aus.

Die Blase wird durch den Strahlungsdruck der zentralen Sterngruppe geformt, die etwa 40 Mitglieder hat. Bei diesen heißen Sternen handelt es sich um OB-Sterne und Wolf-Rayet-Sterne. Zudem liefern explodierende Supernovae, die sich bereits aus den massereichen Sternen des Haufens entwickelt haben, Energie für die Ausdehnung der Blase.

In N 44 gibt es die drei OB-Assoziationen LH 47, LH 48 und LH 49. Ihr Alter variiert mit dem Abstand vom Zentrum: Die zentrumsnahen Sterne sind etwa 10 Millionen Jahre alt, diejenigen am Rand der Superblase haben ein Alter von knapp 5 Millionen Jahren.

In LHA 120-N 44 gibt es einige weitere kleinere Blasen. Eine davon, N 44F, liegt am nordwestlichen Rand von N 44, im Bild rechts oben, mit einem Durchmesser von knapp unter 1′. Auf Aufnahmen mit dem Weltraumteleskop Hubble zeigen sich Staubfinger, die in Richtung des Zentrums der Blase N 44F weisen. Sie ähneln den bekannten „pillars of creation" im Adlernebel (siehe Kapitel 3: M 16). Wie auch dort gehen Astronomen davon aus, dass es durch die starke Strahlung in N 44F zur Photoevaporation kommt. Dabei wird der Staub durch die hochenergetischen Photonen der UV- und Röntgenstrahlung aufgeheizt. Atome und kleinste Teilchen dampfen vom Staub ab, der durch den Rückstoß beschleunigt wird. Die Strahlung bläst damit Material aus dem Haufen hinaus.

Das leichteste Element Wasserstoff wird als erstes „verdampft". Dieser Verdampfungsprozess kostet Energie, die bei der Ausdehnung der Blase fehlt. Die Größe solcher Blasen bleibt kleiner, als es Modellrechnungen zur Wirkung der Sternwinde vorhersagen. Es ist dabei nicht klar, ob die zentrale Energiequelle in N 44F der Wind eines Sterns oder einer kleinen, sehr kompakten Sterngruppe ist. Gehen wir von einem Stern aus, so müsste es ein O7-Stern sein, dessen enormer Sternwind den der Sonne um das 10^8-fache übersteigen würde.

NGC 2362

CMA | $7^h\ 18^m\ 41^s$ | -24° 57′ 12″

NGC 2362 ist ein beliebtes, für Feldstecher geeignetes Objekt am Winterhimmel, ein offener Sternhaufen im Sternbild Canis Major (Großer Hund). Der Haufen liegt in einer Entfernung von etwa 4400 Lichtjahren. Mit einem Alter von 5 – 9 Millionen Jahren handelt es sich um einen noch jungen Sternhaufen. Seine Trumpler-Klassifikation lautet I 3 p und seine etwa 40 Sterne erscheinen fast alle gleich hell. Bis auf eine Ausnahme sind es B-Hauptreihensterne. Diese Ausnahme ist τ Canis Majoris, ein O9II-Stern, der im Haufenzentrum steht und auch die Aufnahme dominiert.

Bei τ Canis Majoris (HD 57061) handelt es sich nicht um einen einzelnen Stern, sondern um ein komplexes Mehrfachsystem, das fast schon einen „Miniatursternhaufen" innerhalb von NGC 2362 bildet. Im Washington Double Star Catalog (WDS) finden wir für τ Canis Majoris fünf Einträge (Stand August 2022). Das Zentrum dieses Systems ist die A-Komponente. Sie ist ein Doppelstern und wird daher auch als Aa/Ab bezeichnet. Die zwei Sterne haben eine Helligkeit von 4,9 mag bzw. 5,3 mag und einen Abstand von 0,1″. Ihre geschätzte Umlaufzeit beträgt 250 Jahre. Die zweite Komponente, B, ist ein 10-mag-Stern in 8,3″ Abstand von Aa/Ab. Die Komponente C hat 11,2 mag mit einem Abstand von 14,2″ und für die Komponente D lauten die Werte 8,2 mag und 85″ Abstand. Die zuletzt entdeckte Komponente E ist 9,7 mag hell und liegt nur 0,9″ von Aa/Ab entfernt.

Diese Komponenten (Aa, Ab, B, C, D, E) sind zusammen bereits sechs Sterne. Doch bei der Komponente Aa fanden die Forscher Hinweise, dass in ihr sowohl ein Bedeckungsveränderlicher Doppelstern mit einer Periode von 1,28 Tagen als auch ein sogenannter „single-lined spectroscopic binary" (SB1, etwa „spektroskopischer Einzelliniendoppelstern") mit einer Umlaufszeit von 155 Tagen enthalten sind.

Ein solches System ist ein spektroskopischer Doppelstern, in dessen Spektrum nur die Linien eines der beiden Sterne zu sehen sind. Daraus wird gefolgert, dass die Aa-Komponente ein Dreifachsystem sein könnte. Damit besteht das Mehrfachsystem τ Canis Majoris aus mindestens acht Sternen. Seine Gesamtmasse liegt im Bereich von 40 – 50 Sonnenmassen und seine Gesamtleuchtkraft bei 50.000 Sonnenleuchtkräften. Diese große Zahl mag auf den ersten Blick zwar überraschen, ist jedoch bei O-Sternen häufig – die Wahrscheinlichkeit, dass O-Sterne in Haufen mindestens einen Begleiter haben, beträgt 75 %.

NGC 2439

PUP | 7^h 40^m 47^s | -31° 41′ 36″

Im Sternbild Puppis, das südlich des Sternbilds Großer Hund liegt, finden wir bei einer Deklination von fast −32° den offenen Haufen NGC 2439. Seine Trumpler-Klassifikation lautet II 3 r und wir erkennen in der Aufnahme die deutlichen Unterschiede in den Helligkeiten der Mitgliedssterne. Die visuelle Helligkeit des Haufens ist 6,9 mag und seine Ausdehnung beträgt 10′. Die Entfernung ist mit 14.060 Lichtjahren relativ groß und sein Alter wird in den Haufen-Datenbanken mit 10 Millionen Jahren angegeben.

Die galaktischen Koordinaten von NGC 2439 betragen l= 246,44° und b = −4,47°. Unterteilen wir die galaktische Länge l in vier „galaktische Quadranten“, gehört NGC 2439 zum dritten Quadranten (180° < l < 270°). Diese Aufteilung nutzen die Astronomen, um die Milchstraßenebene zu untersuchen. Im dritten Quadranten finden wir eine signifikante Verbiegung der Ebene; der Fachausdruck dafür lautet „warp“ („Verbiegung“).

Sie zeigt sich in den Verläufen von Gas und dem Vorkommen junger Sterne. Die Abweichungen von einer idealen flachen Ebene liegen zwischen 5000 und 10.000 Lichtjahren. Das Maximum der Verbiegung liegt bei galaktischen Längen um l = 240°. Diese galaktische Länge liegt im Bereich des Sternbilds Großer Hund. Die genaue Lage der offenen Sternhaufen in dieser Region hilft mit, diese Verbiegung näher zu betrachten. Überraschenderweise reihen sich die Sternhaufen im lokalen Arm, der auch als lokaler Orion-Arm (LOA) bezeichnet wird, entlang einer Linie auf. Diese führt weiter zum Perseus-Spiralarm, durchquert ihn und endet im äußeren Spiralarm, dem Norma-Cygnus-Spiralarm. Die offenen Sternhaufen dienten in dieser Untersuchung als Messwerkzeuge, die wir noch mehr als 60.000 Lichtjahre vom galaktischen Zentrum entfernt beobachten können. Somit sind die gewonnenen Ergebnisse keineswegs auf einen kleinen Bereich der Milchstraßenebene beschränkt, sondern erlauben eine Aussage über die Ausdehnung und Form der verbogenen Ebene.

Aus den Analysen ergaben sich Hinweise auf die Existenz zweier Sternansammlungen in Richtung des Sternbilds Puppis bei 3200 Lichtjahren und 10.000 Lichtjahren. Zusammengenommen betrachtet erhalten wir das folgende Bild: Blicken wir in Richtung NGC 2439, scheinen diese Sternansammlungen aufgrund der Verbiegung den offenen Haufen zu umgeben, in Wirklichkeit liegt NGC 2439 aber dazwischen.

NGC 2477

PUP | 7^h 52^m 11^s | -38° 32′ 12″

Die Aufnahme blickt in das Sternbild Puppis (Achterdeck des Schiffs) am Südhimmel. Die Bildvertikale umfasst den Deklinationsbereich von –36° bis –41°. Im Zentrum stehen die beiden offenen Sternhaufen NGC 2477 (links) und der weniger kompakte Haufen NGC 2451 (rechts), die einen Abstand von etwa 1,5° besitzen.
Die Trumpler-Klassifikation von NGC 2477 lautet I 3 r, seine visuelle Helligkeit beträgt 5,8 mag und seine Mitglieder sind fast durchgehend 12 mag helle B2V-Sterne. Die Entfernung wurde zu 4900 Lichtjahren bestimmt. Sein projizierter Durchmesser beträgt daher rund 30 Lichtjahre. Der Haufen besteht aus etwa 1900 Mitgliedern, was ihn zu einem der sternreichsten und dichtesten Haufen macht. Sein Aussehen erinnert schon fast an einen Kugelsternhaufen. Dazu passt auch sein Alter von etwa einer Milliarde Jahren.
Der Haufen NGC 2451 hat die Klassifikation II 2 p und besitzt hellere Sterne als sein kompakter Nachbar. Seine Sterne sind mit 100 Millionen Jahren auch deutlich jünger. Herausragend ist hier der 3,6 mag helle K4III-Stern c Puppis (HD 63032), der sich in einer Entfernung von 1132 ± 75 Lichtjahren befindet. Um diesen orangefarbenen Stern herum liegen etwa 40 hellere Sterne, die restlichen der etwa 300 Haufenmitglieder sind lichtschwächer. Die Entfernungswerte lassen den Schluss zu, dass in Richtung von NGC 2451 zwei Sternhaufen liegen. Der eine, NGC 2451A, befindet sich in etwa 650 ± 50 Lichtjahren Entfernung, während sich der zweite Haufen, NGC 2451B, bei 1200 ± 100 Lichtjahren befindet. Mitunter wird der nähere Haufen NGC 2451A auch als „Puppis Moving Group“ (etwa „Puppis-Sternstrom“) bezeichnet. Sie besteht aus etwa einem Dutzend Sternen, die sich in den Entfernungsdaten vom entfernteren Haufen, NGC 2451B, abheben.
Im unteren Bildteil erkennen wir noch einen schwachen Lichtstreifen, der von der Hα-Emission des Nebels Gum 12 hervorgerufen wird. Er liegt in den Sternbildern Puppis und Vela und ist der riesige Überrest einer oder mehrerer Supernovae, die vor einigen tausend Jahren explodiert sind (siehe Kapitel 5: Gum-Nebel). Der Durchmesser von Gum 12 liegt bei enormen 40° und der Nebelkomplex expandiert immer noch! Der Entdecker war der australische Astronom Colin Stanley Gum, der 1955 einen Katalog mit 85 Nebeln veröffentlichte. Die Ausdehnung des Gum-Nebels reicht von 330 Lichtjahren bis zu 1500 Lichtjahren (gemessen in Entfernungen zur Sonne). Damit übertrifft er die Strecke zwischen den beiden vermuteten Sternhaufen NGC 2451A und NGC 2451B.

NGC 4755 SCHMUCKKÄSTCHEN

CRU | 12^{h} 53^{m} 40^{s} | -60° 22′ 18″

Der Haufen NGC 4755 steht im Sternbild Kreuz des Südens und wurde von Nicolas Louis de Lacaille entdeckt, der in den Jahren 1751 bis 1752 am Kap der Guten Hoffnung (Republik Südafrika) den Südhimmel systematisch katalogisierte. Besonders beeindruckend ist sein kleines Linsenteleskop, das er hierfür benutzte: Es hatte eine Öffnung von nur 12 mm! Erschwerend kam hinzu, dass innerhalb eines Jahres nur 126 Nächte für seine Messungen nutzbar waren. Trotz dieser Einschränkungen bestimmte Lacaille die Positionen von 9766 Sternen und 42 Deep-Sky-Objekten, darunter die Sternhaufen 47 Tucanae und Omega Centauri. Zudem beschrieb er 14 neue Sternbilder am Südhimmel.

Der heute für NGC 4755 benutzte Name „Schmuckkästchen" (engl. „jewel box") geht auf den Astronomen John Frederick William Herschel zurück, der in der Zeit von 1834 bis 1838 ebenfalls von Südafrika aus beobachtete. Er lebte von 1792 bis 1871 und gehört zu den Astronomen der „Herschel-Familie": John wurde von seiner Tante Caroline Lucretia Herschel unterrichtet und wirkte als Assistent seines Vaters William Herschel. John Herschel überprüfte dessen Nebelbeobachtungen, ergänzte 525 Einträge und veröffentlichte zwischen 1825 und 1833 den „Catalogue of nebulae and clusters of stars" („Katalog der Nebel und Sternhaufen") sowie einen mehrteiligen Doppelsternkatalog. Diese dienten auch als Basis des ersten New General Catalogue (NGC), der im Jahr 1880 zusammengestellt und 1888 von Johan Ludvig Emil Dreyer publiziert wurde. Die Trumpler-Klassifikation von NGC 4755 lautet I 3 r und seine visuelle Helligkeit beträgt 4,2 mag. Die Entfernung des Sternhaufens beträgt etwas mehr als 7000 Lichtjahre, und mit einem Alter von nur 16 Millionen Jahren zählt er zu den jüngsten bekannten offenen Haufen. In NGC 4755 fällt ein Asterismus auf, dessen Form sich als liegendes „A" beschreiben lässt. Die am linken Rand befindliche Spitze des A ist der blaue B9-Überriese HD 111904 mit 5,8 mag. Im Balken des A strahlt ein roter Stern, der Veränderliche DU Crucis, ein M2-Überriese, dessen Licht unregelmäßig zwischen 7,1 mag und 7,6 mag schwankt.

Im Vergleich zu Lacailles Minirefraktor (dies soll seine Leistung nicht schmälern) war der von John Herschel benutzte 46-cm-Reflektor deutlich größer. In seinen Beobachtungsnotizen katalogisierte er nicht nur 110 Haufensterne, sondern notierte auch bildhaft seine Eindrücke von NGC 4755: Es sei ein „außerordentlich funkelndes und schönes Objekt, wenn man es mit einem Instrument hinreichender Öffnung beobachtet, welches die vielen unterschiedlichen Farben der Sterne, aus denen es besteht, deutlich wiedergeben kann, die ihm das Aussehen eines außergewöhnlichen Colliers funkelnder Juwelen verleihen".

NGC 5617/PISMIS 19

CEN | $14^h\ 29^m\ 48^s$ | -60° 43′ 6″

Im Sternbild Centaurus liegt der Sternhaufen NGC 5617 mit einer Trumpler-Klassifikation vom Typ I 3 m. Die meisten Sterne sind 8 mag hell und das Haufenzentrum ist auffallend kompakt. Mit einer Helligkeit von 6,3 mag ist der Haufen signifikant heller als der zweite auf der Aufnahme sichtbare Haufen Pismis 19, der unterhalb von NGC 5617 zu sehen ist und dessen Helligkeit 12 mag beträgt.

Pismis 19 weist eine deutliche Rötung von E(B–V) = 1,45 mag auf. Das lässt vermuten, dass er weit entfernt ist und durch die interstellare Extinktion lichtschwächer und röter erscheint als der näher gelegene Haufen NGC 5617. Dessen Farbexzess ist E(B–V) = 0,52 mag. Die Katalogwerte bestätigen diese Vermutung, aber mit einer Einschränkung: NGC 5617 ist etwa 8200 Lichtjahre, Pismis 19 ist 12.800 Lichtjahre entfernt. Der Unterschied ist nicht groß, aber dennoch von Bedeutung, denn genau zwischen den beiden Sternhaufen müssen dichte Staub- und Gaswolken liegen. Im Vergleich dazu ist die Strecke von der Erde zu NGC 5617 vergleichsweise durchsichtig. Pismis 19 hat eine Ausdehnung von etwa 3′ × 4′, was in dieser Entfernung ungefähr 10 Lichtjahren entspricht. Ein weiterer Grund für die Rötung des Haufens sind auch die älteren Sterne in Pismis 19: Dessen Alter wird auf eine Milliarde Jahre geschätzt, während es bei NGC 5617 nur 70 Millionen Jahre sind.

Nicht auf der Aufnahme zu sehen ist ein weiterer benachbarter Haufen, der 0,6° entfernte Trumpler 22. Er hat fast dieselbe Entfernung wie NGC 5617. Da die Sterne beider Haufen auch einen ähnlichen Metallgehalt besitzen, gehen einige Astronomen davon aus, dass diese beiden einen großen Doppelhaufen bilden könnten. Damit hätten sie einen gemeinsamen Ursprung, wären gleich alt, aber räumlich voneinander getrennt.

Der Name Pismis 19 geht auf die armenischstämmige Astronomin Paris Maria Pismis zurück, die 1959 eine Sammlung von 24 offenen Haufen veröffentlichte. Entdeckt hatte sie die Objekte auf Fotoplatten, die mit dem 64-cm-Schmidt-Teleskop des Tonantzintla-Observatoriums bei Puebla (Mexiko) entstanden waren. Sie war die erste Frau, die in der naturwissenschaftlichen Fakultät der Universität Istanbul promoviert hatte. Ihr Tutor, der deutsche Astronom Erwin Freund, musste 1937 in die USA fliehen. Paris Pismis folgte ihm, wurde 1938 Harvard-Stipendiatin und arbeitete so mit bekannten Astronomen wie Harlow Shapley oder Bart Bok zusammen. Anfang 1940 ging sie nach Mexiko. Dort wirkte sie am Aufbau des brandneuen Observatoriums mit und veröffentlichte viele Artikel, die ihr breites Wissen zeigten. So beschäftigte sich Paris Maria Pismis auch mit der Strukturbildung in Haufen und Spiralgalaxien und prägte damit die damals noch junge Stellardynamik mit.

N

NGC 6231

SCO | $16^h\ 54^m\ 9^s$ | -41° 49′ 36″

Im Sternbild Skorpion, im Band der Milchstraße, finden wir den offenen Sternhaufen NGC 6231. Er befindet sich etwa 30′ nördlich des Sterns ζ Scorpii und hebt sich mit einer visuellen Helligkeit von 2,6 mag deutlich von dem dunkleren Staubband im Hintergrund ab. Er ist 5500 Lichtjahre von der Erde entfernt und mit einem Alter von nur wenigen Millionen Jahren noch so jung, dass wir davon ausgehen dürfen, den Haufen fast noch zum Zeitpunkt seiner Entstehung zu beobachten. Der Haufen liegt im Zentrum der sogenannten Scorpius-OB1-Assoziation, die noch weitere Haufen enthält, die alle in der uns zugewandten Seite des Carina-Sagittarius-Spiralarms beheimatet sind. Die strahlenden O-Sterne in seinem Zentrum erreichen Helligkeiten von etwa 6 mag und besitzen starke Sternwinde. Dies sind die Energielieferanten für die HII-Regionen des Nebels Gum 55, der einige Quadratgrad groß ist, aber außerhalb des Bildfelds der Aufnahme liegt. Die Wolke aus molekularem Gas, aus der NGC 6231 geboren wurde, ist mittlerweile von den Sternwinden aus dem Bereich des Haufens weggeblasen worden. Diese Materie hat in der Umgebung des Haufens viele Wolkenstrukturen entstehen lassen. Der Materieverlust hat dazu geführt, dass zwar in NGC 6231 die Sternentstehung zum Stillstand gekommen ist, diese aber in der Umgebung angeregt wurde. Daher ist NGC 6231 von aktiven Sternentstehungsregionen umrahmt. Bei NGC 6231 ist nicht nur interessant, dass alle Sterne fast zum gleichen Zeitpunkt entstanden, sondern dass diese Phase durch den Materieverlust auch zeitlich eng begrenzt ist. Für die Astronomen herrschen hier fast ideale Laborbedingungen für die Prüfung von Modellen der Sternentwicklung.

NGC 6231 wurde unter anderem mit dem Röntgensatelliten Chandra beobachtet. In dessen Bildfeld zeigten sich etwa 2000 Sterne, die zum Haufen gehören dürften. Theoretische Überlegungen führten auf 6000 bis 7000 Haufensterne, mit einer Massenuntergrenze bei 0,08 Sonnenmassen. Die Astronomen gehen davon aus, dass während der letzten 3 Millionen Jahre in NGC 6231 mindestens eine Supernovaexplosion stattgefunden hat. Sie erzeugte den Röntgendoppelsterns HD 153919, dessen kompaktes Objekt vermutlich ein Neutronenstern ist. Sein Vorgängerstern war einer der massereichsten O-Sterne im Haufen. Diese sind selten: Nur etwa 20 Sterne des Haufens besitzen mehr als acht Sonnenmassen.

Die Verteilung der Sterne liefert ein Bild, das wir schon von vielen anderen Haufen kennen: Die massereichsten Sterne sind im Zentrum häufiger vertreten, wodurch sich auch ein Altersgradient ergibt. Demzufolge ist das mittlere Haufenalter 3,2 Millionen Jahre. Die jüngsten Sterne sind 2 Millionen Jahren alt und befinden sich im Haufenzentrum. Weiter außen beträgt das Alter der Sterne mehrere Millionen Jahre.

NGC 6633

OPH | $18^h\ 27^m\ 31^s$ | 6° 34′ 12″

Der Sternhaufen NGC 6633 besteht aus nur knapp drei Dutzend Sternen. Seine Trumpler-Klassifikation III 2 m beschreibt ihn als wenig auffälliges Objekt. Um diesen 4,6 mag hellen und etwa 30′ großen Haufen mit dem Feldstecher zu finden, ist das als „Starhopping" (etwa „Springen von Stern zu Stern") bekannte Verfahren am besten geeignet.

Wir beginnen im Sternbild Schlangenträger (Ophiuchus), einem Sternbild des Sommerhimmels, das nur wenige helle Sterne enthält und in etwa zwischen den Sternbildern Herkules und Skorpion zu finden ist. Der hellste Stern ist α Ophiuchi (Ras Alhague), mit einer visuellen Helligkeit von 2,08 mag. Wenige Grad südlich steht eine auffällige Zweiergruppe, deren hellere Komponente der 2,76 mag helle K2-Stern β Ophiuchi (Cebalrai) ist. Ein 7×50-Feldstecher hat ein Gesichtsfeld von etwa 5° bis 7°. Blicken wir damit in Richtung β Ophiuchi, fallen einige Sterne auf, die geringere Helligkeit als Cebalrai aufweisen und etwa auf halber Strecke zum linken Rand des Bildfelds stehen. Schwenken wir den Feldstecher, sodass die Sterne im Bildzentrum landen, und lassen dabei β Ophiuchi am rechten Rand verschwinden, kommen links zwei Sternhaufen ins Bildfeld: NGC 6633 und – noch etwas weiter links – IC 4756. Beide erscheinen gleich hell, wobei IC 4756 schon zum östlich angrenzenden Sternbild Schlange gehört. Der auffällige Stern am unteren Rand der Aufnahme ist der 5,8 mag helle B8-Stern HC 170200. Die Haufensterne in NGC 6633 erreichen nur Werte von maximal 7,6 mag. Für die Entfernung von NGC 6633 liefern die Gaia-Katalogdaten einen Wert von 1293 ± 2 Lichtjahren. Der Haufen gehört damit noch zur näheren Sonnenumgebung, deren Grenze bei etwa 6500 Lichtjahren gezogen wird. In diesem Bereich tummeln sich 128 Sternhaufen. Halbieren wir diesen Radius, so finden wir in einem Achtel des vorherigen Volumens immer noch 90 Haufen.

Die Forscher stellten bei NGC 6633 außerdem fest, dass die Gaia-Parallaxe größer ist als eine frühere vom Satelliten Hipparcos gemessene Parallaxe – der Haufen ist uns damit etwas näher gerückt. Als Grund für die Abweichung gelten systematische Fehler bei Hipparcos, die mit ±0,3 mas deutlich größer sind als die Messgenauigkeit von 0,0023 mas bei Gaia.

Erstellen wir eine Häufigkeitsverteilung aus den Gaia-Parallaxen der Haufensterne, finden wir ein auffälliges Maximum bei 2,52 mas, das von den Haufensternen gebildet wird. Wir können also davon ausgehen, dass die Gaia-Entfernung von NGC 6633 verlässlich ist und dieser Haufen damit den 23. Rang in der Reihenfolge der nächstgelegenen Haufen einnimmt.

NGC 6791

LYR | $19^h\ 20^m\ 53^s$ | 37° 46′ 42″

Bei dem im Sternbild Lyra (Leier) gelegenen Haufen NGC 6791 handelt es sich um ein Objekt, den viele Beobachter aufgrund seiner Kreissymmetrie und seiner Kompaktheit eher als Kugelsternhaufen einordnen würden. Er ist etwa 17.000 Lichtjahre von der Erde entfernt. Für sein Alter finden sich Angaben zwischen 4 Milliarden Jahren und 8 Milliarden Jahren. Damit zählt NGC 6791 zu den älteren Objekten der Milchstraße, ist zugleich aber nur wenig jünger als die Kugelsternhaufen unserer Galaxie.

Eine auffallende Eigenschaft von NGC 6791 ist die hohe Metallizität seiner Sterne. Das Verhältnis von Eisen zu Wasserstoff ist doppelt so groß wie in der Sonne. Den Wert von [Fe/H] = 0,4 dex erreicht kein anderer offener Sternhaufen. Damit sind in NGC 6791 zwei Eigenschaften vereinigt, die nur selten zusammen auftreten: Er ist ein sehr altes und zugleich extrem metallreiches Objekt. Eigentlich erwarten wir aber, dass sehr alte Sterne metallarm sind. Um diesen Widerspruch aufzulösen, haben die Astronomen die Entwicklungsgeschichte von NGC 6791 näher untersucht.

Seine heutige Position befindet sich etwa 25.000 Lichtjahre vom Zentrum der Milchstraße entfernt und mit Z = 2500 Lichtjahren steht er am oberen Rand der Scheibe unserer Galaxis. Mit den heute bekannten Geschwindigkeitskomponenten wurde versucht, den Orbit von NGC 6791 zurückzuverfolgen. Eine der Startbedingungen bei diesen Simulationen war, dass der Haufen nahe der galaktischen Ebene, also bei Z = 0, seinen Ursprung hat, da sich dort das kalte, molekulare Gas befunden haben muss, aus dem seine ersten Sterne entstanden waren. Es zeigte sich, dass nur diejenigen simulierten Bahnen, die mehrfach mit nicht-axialsymmetrischer Scheibenmaterie wechselwirkten, in der Lage waren, einen passenden Z-Wert hervorzubringen. Statistische Betrachtungen führten zu dem Schluss, dass im Schnitt nur einer von 420 offenen Haufen, die in der Scheibenebene entstehen, eine solche Außenseiterlage haben sollte. Somit ist die Position von NGC 6791 zwar plausibel, aber für einen Sternhaufen recht ungewöhnlich.

Es spricht vieles dafür, dass NGC 6791 vermutlich nahe dem oder im Sphäroid der Milchstraße entstanden ist, was seine ungewöhnliche Chemie erklären würde. Wie aber konnte der Haufen diese Odyssee bis heute überleben? Die Antwort liefern N-Körper-Berechnungen, in denen Sternhaufen und Milchstraße durch die Wechselwirkung vieler einzelner Teilchen simuliert werden. Mithilfe der gefundenen Bahnen wurde geprüft, wie gut das Dichteprofil des Haufens die Auswirkungen der Gezeitenkräfte überstehen kann. Laut den Ergebnissen lag die Anfangsmasse bei etwa 50.000 Sonnenmassen, die heutige Haufenmasse beträgt noch etwa 5000 Sonnenmassen. Somit ist NGC 6791 zwar nur noch ein Schatten seiner einstmaligen Größe, hat aber seine lange Reise bisher gut überstanden.

NGC 6819

CYG | $19^h\ 41^m\ 18^s$ | 40° 11′ 24″

Der offene Haufen NGC 6819 besitzt die Trumpler-Klassifikation I 1 r. Etwa zwei Dutzend seiner Sterne sind heller als 10 mag. Die anderen Mitglieder sind lichtschwächer, weshalb die visuelle Helligkeit des Haufens bei 7,3 mag liegt. Laut Simbad ist er knapp 9200 Lichtjahre von der Erde entfernt. Seine Ausdehnung von etwa 11′ entspricht in dieser Entfernung 29 Lichtjahren. NGC 6819 ist einer von vier Haufen, die vom Kepler-Weltraumteleskop eingehend untersucht wurden. Diese Messungen sind etwas älter als die Simbad-Daten und bestimmen unter anderem das Farben-Helligkeits-Diagramm des Haufens. Mit einem Farbexzess von 0,15 und zwei verschiedenen Objektgruppen ermittelten die Astronomen ein Entfernungsmodul von 11,9 bis 12,2, was einer Entfernung von 7800 bis 9000 Lichtjahren entspricht. Das Anpassen theoretischer Isochronen an das Farben-Helligkeits-Diagramm des Haufens führte auf ein Alter von etwa 2,5 Milliarden Jahren.

Die Kepler-Mission wurde im März 2009 von der NASA gestartet und hatte die Aufgabe, extrasolare Planeten zu entdecken. Der Satellit ist mit einem 0,95-m-Schmidt-Teleskop ausgerüstet, das mithilfe einer Matrix aus 42 CCDs ein riesiges Bildfeld von etwa 12° belichtete, was etwa 105 Quadratgrad entspricht. Jedes CCD hat die Abmessungen 2,8 cm × 3,0 cm – alle zusammen umfassen 95 Megapixel. Die Einzelbelichtungszeiten lagen bei 30 min. Von einigen tausend Sternen wurden zusätzlich „Schnappschüsse" von einer Minute angefertigt, so auch bei den vier Haufen im Feld des Kepler-Satelliten: NGC 6811, NGC 6819, NGC 6791 und NGC 6866.

Die für dreieinhalb Jahre geplante Mission sollte immer auf das gleiche Feld blicken, welches zwischen den Sternbildern Schwan und Leier liegt. Die Aufnahmetechnik arbeitete mit einigen Besonderheiten: Es wurden nur Sterne heller als 16 mag aufgenommen, zudem waren die Bilder absichtlich defokussiert. Was Astronomen sonst vermeiden, produzierte Sterndurchmesser von 10″ und erhöhte die fotometrische Genauigkeit. Die spektrale Empfindlichkeit war so gewählt, dass der Transit eines erdähnlichen Planeten vor einem sonnenähnlichen Stern zwölfter Größe bei einer Belichtungszeit von 6,5 Stunden mit über 99 % Genauigkeit nachgewiesen werden konnte.

Das Kepler-Weltraumteleskop hatte 150.000 Hauptreihensterne im Blick, die permanent beobachtet wurden. Um dies zu erreichen, kreiste das Teleskop nicht um die Erde, sondern bewegte sich auf einer erdähnlichen Bahn um die Sonne, wobei es der Erde folgte. Ein „Jahr" für den Satelliten beträgt 372,5 Tage, was dazu führte, dass sich der Abstand zur Erde allmählich vergrößerte. Die Daten wurden im Teleskop gespeichert und einmal monatlich übermittelt. Dazu führte das Teleskop mithilfe von Steuerdüsen und Schwungrädern ein Flugmanöver aus, bei dem es die Antennen zur Erde ausrichtete. Durch den Ausfall aller vier Schwungräder im Mai 2013 musste die NASA umdisponieren. Ein Jahr später folgte die K2-Mission, die nicht mehr einer fixen Richtung folgte, sondern mithilfe des Sonnenwindes balanciert wurde. Damit untersuchte man nun Objekte entlang der Ekliptik, in 83 Tage langen Beobachtungsfenstern, um das Teleskop vor direktem Sonnenlicht zu schützen. Mehrfach kam es zu Ausfällen. So versagten einige CCDs, doch immer wieder schafften es die Techniker, Lösungen zu finden, um Kepler weiter im Sonnenwind surfen und beobachten zu lassen. Das endgültige Ende war mit dem restlos erschöpften Treibstoffvorrat im November 2018 erreicht. Keplers Ergebnisse sind überaus beeindruckend: Es wurden 2662 Exoplaneten nachgewiesen und parallel dazu noch 61 Supernovae dokumentiert.

NGC 6910

CYG | $20^h\ 23^m\ 11^s$ | 40° 46′ 18″

Im Zentrum des Sternbilds Cygnus (Schwan) liegt nur ein halbes Grad nordöstlich von γ Cygni der offene Sternhaufen NGC 6910 mit der Trumpler-Klassifikation I 2 p n. Er steht inmitten des γ Cygni-Nebelkomplexes, der zur Cygnus-OB9-Assoziation gehört und sich in etwa 3600 Lichtjahren Entfernung im Orion-Spiralarm der Milchstraße befindet. Die gesamte Assoziation umfasst knapp 2,5° × 1,5°, was in der Projektion 175 × 100 Lichtjahren entspricht. Jüngeren fotometrischen Untersuchungen zufolge – darunter auch Gaia – hat der Sternhaufen eine Entfernung von 5600 bis 6000 Lichtjahren. Simbad schiebt ihn allerdings in etwa 9000 Lichtjahre Entfernung, was zeigt, dass die Daten dort immer auch mit Vorsicht zu genießen sind. Der Kernbereichs des Haufens umfasst etwa 1,4′ und 90 % seiner Sterne befinden sich innerhalb von etwa 5,5′. Mit einer Entfernung des Haufens von 5600 Lichtjahren sind dies 23 beziehungsweise 90 Lichtjahre. Die gesamte Haufenmasse wird mit rund 200 Sonnenmassen abgeschätzt. Das Alter des Sternhaufens beträgt etwa 4,5 Millionen Jahre.

Auf der Aufnahme fällt der Farbkontrast zwischen den blauen Vordergrundsternen und den gelblichen Haufensternen auf, der auf die starke Rötung ihres Lichts durch den Staub zurückzuführen ist. Der Wert für den Farbexzess E(B–V) wird mit 0,97 mag angegeben, in Detaildaten der WEBDA-Datenbank beträgt das Maximum eines Einzelsterns 1,55 mag. Somit können wir folgern, dass die visuelle Helligkeit des Haufens von 7,1 mag um fast eine Magnitude reduziert ist. Ohne den Staub wäre er also fast mit bloßem Auge zu erkennen. Der helle Haufenstern, der etwas links der Bildmitte steht, ist HD 194279. Sein Spektrum identifiziert ihn als B1,5Ia-Stern, es handelt sich also um einen blauen Überriesen. Etwas oberhalb der Bildmitte leuchtet ein zweiter heller Stern mit 8,5 mag, dessen Farbe ähnlich gelb erscheint. Es ist HD 194241, ein Stern vom Spektraltyp KIII, der uns allerdings mit etwa 900 Lichtjahren etwa sechsmal näher steht als HD 194279. Die Oberflächentemperatur des „normalen" Riesensterns liegt bei etwa 4200 K, im Vergleich dazu ist HD 194279 mit 20.000 K deutlich heißer. Wir erkennen an diesem Beispiel, wie durch die starke Farbselektion der Lichtstreuung die dominierenden Blauanteile des heißen B-Sternes verringert werden. Obwohl die Oberflächen beider Sterne unterschiedlich heiß sind, haben sie durch die Streuung ein ähnliches Erscheinungsbild.

Mithilfe der Gaia-DR2-Daten von NGC 6910, insbesondere der Eigenbewegungen in Rektaszension und Deklination, sowie der Parallaxe, können wir die Bewegung der Haufensterne im Raum statistisch untersuchen. In diesen Daten zeigt sich ein auffälliger Häufungspunkt, der aus etwa drei Dutzend Sternen besteht. Ihre Helligkeiten liegen im Bereich zwischen 12 mag und 15 mag. Ihre Eigenbewegungen sind von Betrag und Richtung her mit –3,4 mas/a in Rektaszension bzw. –5,3 mas/a in Deklination sehr ähnlich. Die Sterne befinden sich alle im Entfernungsbereich von 6000 ± 200 Lichtjahren. Bei einem Haufenradius von etwa 90 Lichtjahren ist dies ein schwacher Hinweis auf eine Tiefenstruktur in NGC 6910. Die hellen Haufensterne wären dann nur der uns zugewandte Teil eines langgestreckten Sternentstehungsgebietes, das viel tiefer in die Cygnus-OB9-Assoziation hineinragen könnte.

NGC 7044

CYG | $21^h\ 13^m\ 8^s$ | 42° 29′ 36″

Dieser kleine Sternhaufen ist in nur etwa 2° Distanz vom bekannten Nordamerikanebel im Sternbild Cygnus (Schwan) zu finden. Die Entfernung zu NGC 7044 beträgt mehr als 10.000 Lichtjahre und wir stellen eine moderate bis starke Rötung fest. In verschiedenen Veröffentlichungen schwankt der Wert zwischen 0,57 mag und 0,88 mag. Die Altersangaben für den Sternhaufen überspannen einen Zeitraum von 1,5 – 2,5 Milliarden Jahre. Die Metallizität des Haufens ist mit [Fe/H] = 0 dex eher sonnenähnlich. Würde NGC 7044 jüngere Sterne enthalten, würden wir einen positiven Wert von [Fe/H] erwarten, also eine höhere Metallizität, wären es ältere Sterne, so sollte der Wert negativ sein.

In einer ausgiebigen Beobachtungskampagne eines Forscherteams der Universität Wrocław (Polen) wurde NGC 7044 über 26 Nächte im Spätsommer 2005 beobachtet. Mit dem 60-cm-Cassegrain-Teleskop des Białków-Observatoriums konnten nur Aufnahmen mit jeweils 100 Sekunden Belichtungszeit erstellt werden, da es leider keine automatische Nachführkontrolle (Autoguider) gab. Dennoch war es möglich, Sterne bis etwa 19 mag fotometrisch zu untersuchen. Der Standort des Observatoriums liegt 45 km nördlich von Wrocław. Die dortige Luftunruhe, die durch das sogenannte „Seeing“ wiedergegeben wird, liegt mit 2,5″ eher im schlechten Bereich, ist für die tiefen Lagen Mitteleuropas aber nicht ungewöhnlich.

Die Universität von Wrocław widmet sich seit vielen Jahren der Erforschung veränderlicher Sterne. Auch in den NGC-7044-Daten wurden die Zeitreihen der Sternhelligkeiten auf mögliche Helligkeitsschwankungen untersucht. Im 12,8′ × 11,7′ großen Bildfeld lagen 2800 Sterne, deren Messdaten ein ausreichend hohes Signal/Rausch-Verhältnis aufwiesen, um sie einer Fourier-Analyse zu unterziehen. Die Astronomen konnten bei 23 Sternen Helligkeitsveränderungen nachweisen. Bei 14 Sternen handelte es sich um regelmäßige Variationen, bei neun Sternen stuften sie die Variationen als irregulär ein.

Betrachten wir die zugehörigen Lichtkurven, so sehen wir bei einigen weiteren Sternen langsame, aber stetige Trends während der 53 Tage langen Gesamtbeobachtungszeit. Es könnte sich um langperiodische Veränderliche handeln. Die schnellste Variabilität besaß ein Pulsationsveränderlicher δ-Scuti-Stern mit einer Periode von nur 2,13 Stunden. Die anderen 13 Veränderlichen sind vermutlich Bedeckungsveränderliche. Das sind Doppelsternsysteme, bei denen eine der beiden Komponenten vor dem helleren vorbeizieht und damit eine Absenkung der Lichtintensität bewirkt. Ihre Perioden liegen zwischen acht Stunden und vier Tagen. Sieben Veränderliche sind Algol-Sterne (benannt nach β Persei), mit einem scharf definierten Lichtabfall. Fünf Objekte sind W-Ursae-Majoris-Sterne. Hier berühren sich die Oberflächen des Sternpaares und bilden eine gemeinsame Hülle, was einen kontinuierlichen Lichtwechsel zur Folge hat. Der letzte Veränderliche in NGC 7044 wurde als ein β-Lyrae-Stern identifiziert. Dies ist ein Bedeckungsveränderlicher, dessen meist unterschiedlich große Komponenten durch Gezeiten- und Fliehkräfte elliptisch verformt sind. Diese veränderten Formen der beiden Sterne ergeben eine charakteristische Doppelwelle in der Lichtkurve.

N

NGC 7789

CAS | $23^{h}\ 57^{m}\ 20^{s}$ | 56° 43′ 36″

Die Entdeckung dieses Sternhaufens im Sternbild Cassiopeia geht auf Caroline Lucretia Herschel zurück, die ihn in der Nacht vom 31. Oktober zum 1. November 1783 zum ersten Mal beobachtete. Sie benutzte dazu einen 10,7-cm-Newton-Reflektor, der im selben Jahr gebaut worden war. Seine Brennweite betrug 68 cm und ermöglichte eine 30-fache Vergrößerung. Mit einem Durchmesser von 16′ füllte NGC 7789 etwa ein Viertel des Bildfeldes des kleinen Reflektors aus. Trotz der geringen visuellen Helligkeit von 6,7 mag muss er aufgrund seines Sternreichtums einen beeindruckenden Anblick geboten haben, was auch seine Trumpler-Klassifikation II 2 r widerspiegelt. In den Katalogen finden wir als Entfernung zur Erde 7600 Lichtjahre und als Alter werden 1,7 Milliarden Jahre angegeben.

Für NGC 7789 gibt es überdurchschnittlich viele Referenzen in der astronomischen Fachliteratur, was durch die vielen entwickelten Sterne des Haufens erklärt werden kann, die sich gut als Prüfsteine für alle möglichen Modelle eignen. Eine Untersuchung beschäftigte sich mit der Suche nach sogenannten „heißen Jupitern“, dies sind extrasolare Planeten, die etwa so viel Masse besitzen wie Jupiter und die ihren Stern auf einer so engen Bahn umlaufen, dass ihre Oberflächen vergleichsweise hohe Temperaturen aufweisen. Die Beobachtungen erfolgten am 2,5-m-Isaac-Newton-Teleskop (INT) auf La Palma (Spanien). Verteilt über drei Jahre, wurden in 30 Nächten insgesamt 880 Aufnahmen mit einer Belichtungszeit von jeweils 300 Sekunden erstellt.

Mit automatischen Programmen wurden die Lichtkurven auf Transits untersucht – das Vorbeiziehen eines Begleiters vor einem Stern, ähnlich wie bei einem Bedeckungsveränderlichen. Etwa 2400 Sterne mit einem Fehler in der Helligkeit unter 1 % bildeten das Ausgangsmaterial. Darin fanden die Astronomen 24 Transitkandidaten. Aus der Form der Helligkeitseinsenkung folgerten sie, dass es sich bei 21 Kandidaten tatsächlich um Bedeckungsveränderliche handeln könnte. In drei dieser Sterne hatte der Transit eher die Form einer kleinen Delle, mit Einsenkungen zwischen 0,02 mag und 0,06 mag, weshalb sie als die wahrscheinlichsten Transitkandidaten gelten. Die Transits dauerten zwei bis drei Stunden. Beim hellsten der drei Sterne lieferte die Analyse auch die verlässlichsten Daten: Der 18 mag helle F-Stern INT-7789-TR-2 besitzt demnach eine Masse von 1,2 Sonnenmassen. Der Planet besäße eine Masse von 0,185 Sonnenmassen, was 1,8 Jupitermassen entspricht. Seine Umlaufzeit liegt im Modell bei 1,8 Tagen mit einem Fehler von 1,3 Tagen, was die Unsicherheit dieses Verfahrens deutlich macht.

Alle drei Transitkandidaten hielten auch noch eine besondere Überraschung parat: Keiner von ihnen gehört zu NGC 7789. Einer befindet sich im Vordergrund, zwei stehen hinter dem Haufen, so auch INT-7789-TR-2, in 17.000 Lichtjahren Entfernung.

N

RIDDLE 4

CAS | $2^h\ 7^m\ 23^s$ | 60° 15′ 25″

Im Sternbild Cassiopeia steht dieser 2′ große Sternhaufen. Entdeckt wurde er auf POSS-Platten durch Dave Riddle, einem Mitglied der Deep Sky Hunters Collaboration. Die erste Publikation erfolgte 2006, wobei zu Anfang nicht sicher war, ob es sich um ein zufälliges Sternmuster oder einen Sternhaufen handelte. Im Jahr 2010 veröffentlichten Astronomen des National Research Institute of Astronomy and Geophysics aus Kairo (Ägypten) eine fotometrische Analyse zu Riddle 4, die seine Haufennatur belegte.

Die Auswertung des Farben-Helligkeits-Diagramms ergab ein Alter von etwa 50 Millionen Jahren und einen Farbexzess von E(B–V) = 0,91 mag. Die Anzahl der Sterne wurde mit 120 angegeben, und als Gesamtmasse des Haufens gingen sie von 230 Sonnenmassen aus. Die Massenfunktion zeigt aber starke Schwankungen. Fast 90 % der Sterne liegen im Bereich von 0,2 – 0,4 Sonnenmassen. Nur sieben Sterne haben Massen zwischen 0,7 – 0,9 Sonnenmassen.

Die Relaxationszeit eines Sternhaufens ist als die Zeit definiert, die der Haufen nach seiner Entstehung (oder nach einer äußeren Störung) benötigt, um einen Gleichgewichtszustand zu erreichen. Sie ist ein Anhaltspunkt, wann die störenden Einflüsse – zum Beispiel Gasdruck, Rotation oder magnetische Kräfte – ausgeglichen werden konnten. Die Berechnung hängt unter anderem von der Anzahl der Mitglieder, der mittleren Masse und dem Radius ab. Bei Riddle 4 beträgt sie 2,2 Millionen Jahren. Das ist sehr kurz, was mit der Konzentration des Haufens und seiner geringen Sternanzahl zusammenhängt. Die anderen vier untersuchten Sternhaufen lieferten Relaxationszeiten zwischen zwei und 20 Millionen Jahren. Das Alter von Riddle 4 ist deutlich größer als seine Relaxationszeit, weshalb der Sternhaufen als „dynamisch relaxiert" bezeichnet wird – er befindet sich also in einem Zustand dynamischen Gleichgewichts.

Da sich für Riddle 4 kaum Referenzen finden, lohnt sich ein Blick in seine Gaia-Daten. Wir stellen fest, dass die Eigenbewegung in Rektaszension mit −0,9 ± 0,2 mas/a deutlich konzentrierter ist als in Deklination mit −0,5 ± 0,4 mas/a. Etwa 50 Sterne besitzen ähnliche Eigenbewegungen in Rektaszension. Ihre Parallaxen liegen im Bereich von 0,32 mas bis 0,37 mas eher auf einer Linie. Aus dem Mittelwert folgt eine Entfernung von 9600 ± 500 Lichtjahren.

Auf der Aufnahme sehen wir, sehr dicht rechts neben den weiß erscheinenden Haufensternen, zwei hellere Sterne. Dichter am Haufen steht HD 236946, ein 10,7 mag heller F5-Stern. Etwas nach unten versetzt und deutlich röter ist der 12,3 mag helle M1-Stern [NBM54] 27 (Gaia EDR3 507212277341133056) zu finden. Mithilfe der Gaia-EDR3-Daten können wir die Lage dieser beiden Sterne relativ zu Riddle 4 bestimmen: HD 236946 steht etwa 500 Lichtjahre und [NBM54] 27 fast 1000 Lichtjahre vor dem Haufen. HD 236946 liegt am Rand der gefundenen Längsstruktur, er könnte also noch zum Umfeld von Riddle 4 gehören. Der rötliche [NBM54] 27 ist ein Vordergrundstern, der nur rein zufällig in Haufenrichtung liegt.

SIRIUS und GAIA 1

CMA | 6^h 45^m 54^s | -16° 44′ 0″

Im September 2016 wurde der erste Gaia-Katalog veröffentlicht und viele Arbeitsgruppen stürzten sich in die Analyse der Daten. Dabei waren diejenigen im Vorteil, die bereits automatisierte Verfahren einsetzen, um in dem Wust an Daten die sprichwörtlichen Stecknadeln im Heuhaufen zu finden. Eine Gruppe um den Astronomen Sergey E. Koposov setzte Algorithmen ein, die Muster in der Verteilung der Sterndichte erkennen konnten. Ihr Ziel war das Auffinden noch unbekannter Satellitengalaxien der Milchstraße. Da die DR1-Daten keine Farbinformationen enthielten, konnten nur Sternhelligkeiten genutzt werden. Da nach unbekannten Begleitgalaxien gesucht wurde, wählten die Astronomen Sterne aus, deren Gaia-G-Helligkeit schwächer als 17 mag waren. Als untere Grenze legten sie G = 21 mag fest. Ein Suchparameter war die Größe des sogenannten Gaußkerns, der die typische Mustergröße angibt und zwischen 1,5′ und 24′ variierte. Sie führten auf 15 bislang unbekannte Objekte, wovon die meisten sich als Zwerggalaxien herausstellten.
Bei zwei Objekten handelt es sich jedoch um bis dato unbekannte Sternhaufen, die als Gaia 1 und Gaia 2 bezeichnet werden.
Die Aufnahme zeigt Gaia 1 links neben Sirius. Die Winkelgröße von Gaia 1 liegt bei etwa 13′ und das Zentrum ist nur 11′ von Sirius entfernt. Dessen Helligkeit verhinderte auch die Entdeckung des Haufens bei früheren Untersuchungen. Das achtstrahlige Erscheinungsbild geht auf die Irisblende des Objektivs zurück, eine spezielle Aperturblende wurde nicht verwendet. Die spektroskopischen Daten von Gaia-DR2 bestätigten, dass Gaia 1 ein Sternhaufen ist. Ausgewählt wurden 41 Haufensterne. Sie lieferten 2017 bei erdgebundenen Untersuchungen die mittlere Metallizität [Fe/H] = −0,13 ± 0,13 dex und die Radialgeschwindigkeit 58,30 ± 0,22 km/s.
Die gesamte dynamische Haufenmasse beträgt 12.900 Sonnenmassen, das Alter wurde zu 3 Milliarden Jahren geschätzt. Aus den Entfernungsmodulen der Sterne schätzten die Forscher eine Entfernung von 14.550 ± 680 Lichtjahren, Simbad nennt mittlerweile 22.500 Lichtjahre. Zum Vergleich: Die Distanz der Erde zu Sirius beträgt nur 8,6 Lichtjahren.
Durch Kombination der Transversal- und Radialgeschwindigkeiten wird deutlich, dass sich Gaia 1 auf einem kreisförmigen Orbit um das galaktische Zentrum mit einem Bahnradius von etwa 39.000 Lichtjahren befindet. Derzeit befindet sich der Sternhaufen 2100 Lichtjahre von der Milchstraßenebene entfernt. Aus Simulationen können wir schließen, dass Gaia 1 einen maximalen Abstand von der Ebene von 3500 Lichtjahren erreichen wird und als Sternhaufen schon 30-mal die galaktische Hauptebene durchlaufen und bisher alle diese Passagen überlebt hat.

STOCK 23

CAM | 3^h 16^m 18^s | 60° 22′ 36″

Bei Stock 23 handelt es sich um einen mittelgroßen Sternhaufen im Sternbild Camelopardalis, der einen eher lockeren Aufbau besitzt und dessen Trumpler-Klassifikation II 3 p n lautet. Mit einem Feldstecher betrachtet, dominiert eine Vierergruppe aus hellblauen Sternen in Trapezform das Erscheinungsbild. Die Seitenlänge beträgt etwa 5′. Die Helligkeiten der vier Sterne liegen zwischen 7 mag und 8 mag. Ergänzen wir dieses Muster durch den nördlich stehenden Stern, so ist Stock 23 eine Miniaturversion des Sternbilds Cepheus. Die Giebelspitze ist der gelbliche G2III-Stern HD 20040, dessen Gaia-Parallaxe eine Entfernung von 1299 ± 70 Lichtjahren ergibt. WEBDA nennt 1240 Lichtjahre für diesen etwa 32 Millionen Jahre jungen Sternhaufen. Auffälligerweise zeigen die Gaia-Daten der Haufenkandidaten keine eindeutige Konzentration bei einem festen Entfernungswert. Eine sichere Klassifikation als Haufen ist daher, auch wegen der geringen Kandidatenzahl, schwierig.

Der Entdecker dieses Haufens war der Astronom Jürgen Stock, der 1954 einen Katalog von 24 Haufen veröffentlichte, beruhend auf Objektivprismen-Plattenaufnahmen, die er am Warner-and-Swasey-Observatory in Cleveland (USA) belichtet hatte. Jürgen Stock hatte 1951 in Hamburg bei Otto Heckmann promoviert, der später der erste Generaldirektor der ESO wurde. Einige Jahre später – er arbeitete zu dieser Zeit bei Gerard Kuiper an der Universität in Chicago – wurde er mit der Aufgabe betraut, in Chile einen geeigneten Standort für ein 1,5-m-Teleskop zu finden.

Die Reise, die zunächst nur für einige Tage geplant war, dauerte dann aber mehr als drei Jahre. Zu Anfang stellte Stock fest, dass die für den Beobachtungsort vorgesehenen Berge in der Nähe von Santiago nicht geeignet waren. So entschloss er sich, sein Glück weiter nördlich, zwischen dem kalten Pazifischen Ozean und den hohen Bergen der Anden zu suchen, da ihm dort die Wetterbedingungen deutlich besser erschienen. Die technische Ausrüstung, Zelte und Verpflegung ließ er mit Mauleseln transportieren, für die damalige Zeit und Region ein durchaus adäquates und erprobtes Transportmittel. Schließlich fand er im Cerro Tololo einen idealen Standort. Stocks Doktorvater Otto Heckmann stand Anfang der 1960er-Jahre kurz vor der Unterzeichnung der Verträge für die erste europäische Südsternwarte in Südafrika, änderte aber diesen Plan, als er von Stocks Einschätzung der astronomischen Qualität des Cerro Tololo erfuhr.

In den Jahren 1963 bis 1966 war Jürgen Stock der erste Direktor des Cerro Tololo Inter-American Observatory. Auch wenn sein Katalog nur unscheinbare Haufen umfasst, so hat er mit seiner Arbeit bei der Auswahl des Standortes und dem Bau der ersten ESO-Südsternwarte einen richtungsweisenden Eckpfeiler für die erdgebundene astronomische Forschung erstellt.

TRUMPLER 2

PER | $2^h\ 36^m\ 56^s$ | 55° 54′ 18″

Im Lick Observatory Bulletin Nr. 420 erschien 1930 ein 36-seitiger Artikel von Robert Julius Trumpler, der mit dem Titel „Preliminary results on the distances, dimensions and space distribution of open star clusters“ („Vorläufige Ergebnisse über Entfernungen, Abmessungen und räumlicher Verteilung offener Sternhaufen“) überschrieben war. In dieser umfassenden Zusammenstellung benutzte Trumpler die Daten aller bis dato bekannten Haufen und fügte Spektren hinzu, die mit dem 91-cm-Refraktor des Lick-Observatoriums auf dem Mount Hamilton nahe des kalifornischen San José (USA) erstellt wurden. Mit den Spektren konnte er den Spektraltyp bestimmen und so auf die absolute Helligkeit und schließlich auf die Entfernung der Sternhaufen schließen.

In der Veröffentlichung von Trumpler ist auch eine Grafik enthalten, die in einem Seitenriss der Milchstraße die Positionen der 334 Sternhaufen zeigt. Wir sehen, wie dicht sie zur Milchstraßenebene konzentriert sind, und ebenso erkennen wir ihre abnehmende Dichte mit zunehmender Entfernung von der Ebene. Er hatte an die Haufenpositionen auch eine Gerade angepasst, die nicht mit der Milchstraßenebene zusammenfällt, sondern um einige Grad geneigt ist. Eine zweite Grafik zeigt den Blick von oben auf die Milchstraße, in der Trumpler das galaktische Umfeld skizzierte, das die Sichtbarkeit der Haufen beeinflusst. Dadurch wird die geringe Haufenzahl in Richtung dichter Staubwolken im Sternbild Adler sowie die hohe Zahl von Haufen in Richtung der Sternbilder Auriga, Perseus und Cassiopeia deutlich. Sie werden durch die Lage der Spiralarme und Sternentstehungsregionen bestimmt, die den Blick an manchen Stellen verdecken, an anderen freigeben.

Was Trumpler in seinem Artikel präsentierte, und was er zuvor analog und akribisch erarbeitet hatte, wird heute als „Big-Data-Analyse“ bezeichnet, also eine systematische Suche nach Zusammenhängen in Beobachtungsdaten, die aus verschiedenen Quellen zusammengefügt wurden. Zusätzlich lieferte er Klassifikationsmethoden für Sternhaufen und Modelle. Er versuchte mit wenigen Kenngrößen auszukommen, um die Aussagekraft seiner Anpassungen zu erhöhen. So war es ihm möglich, aus der Symmetrieebene der Haufenverteilung abzuleiten, dass die Sonne relativ dazu 32 Lichtjahre nördlich der Milchstraßenebene steht. Der heutige genauere Wert von 65 Lichtjahren zeigt, dass Trumpler mit seinen Berechnungen prinzipiell richtig lag.

In seiner Kompilation gab es zunächst 41 unbekannte Objekte, aus denen dann die Liste der Trumpler-Haufen mit 37 Einträgen entstand. Unsere Aufnahme zeigt den 89 Millionen Jahre alten Haufen Trumpler 2 im Sternbild Perseus vom Typ II 2 p in etwa 2300 Lichtjahren Entfernung. Der rötliche Stern im Zentrum ist HD 16068, ein K3-Riesenstern mit einer Helligkeit von 7,45 mag und einer Gaia-Entfernung von 2199 ± 31 Lichtjahren. Damit ist HD 16068 der dominante Stern dieses Haufens – alle anderen der etwa 150 Sterne sind deutlich lichtschwächer.

UPGREN 1

CVN | $12^h\ 35^m\ 1^s$ | 36° 22′ 18″

Die Aufnahme zeigt den Sternhaufen Upgren 1, der im Sternbild Canes Venatici (Jagdhunde) zu finden ist. Verglichen mit anderen offenen Haufen ist er auffällig sternarm und befindet sich bei der hohen galaktischen Breite von +80,1°, also fast am galaktischen Nordpol.

Entdeckt wurde er von Arthur R. Upgren und Vera C. Rubin, die 1965 auch eine Arbeit über ihn veröffentlichten. Dort beschreiben sie, wie sie in Objektivprismenaufnahmen eine kompakte Gruppe aus F-Sternen fanden und für die hellsten sieben Sterne detaillierte Spektren erstellten. Ihre visuellen Helligkeiten liegen im Bereich zwischen 7,3 mag und 9,9 mag und die Autoren ermittelten Entfernungen zwischen 330 und 550 Lichtjahren. Für die Radialgeschwindigkeiten erhielten sie Werte zwischen −19 km/s und −44 km/s. Aus diesen wenigen Sternen lässt sich kein Farben-Helligkeits-Diagramm erstellen, mit dem ein Alter bestimmt werden könnte. Die Spektren der F-Zwergsterne führten für Upgren 1 auf ein Alter von 3 Milliarden Jahren. Dieses ungewöhnlich hohe Haufenalter machte Upgren 1 interessant für nachfolgende Beobachtungen, die mit genaueren Methoden die kleine Sterngruppe betrachteten. 1988 wurden die Parallaxen genauer untersucht. Obwohl die Entfernungen noch als ähnlich bezeichnet wurden, wiesen die Autoren auf eine mögliche Unterteilung in zwei Gruppen hin. Damals lag die Genauigkeit bei 1,1 mas. Eine Untersuchung aus dem Jahr 1997 zeigte dann, dass die Geschwindigkeiten zweier Sterne deutlich abweichen. Auch die Geschwindigkeiten der anderen fünf Sterne liegen im Vergleich zu den Daten von 1965 weiter auseinander.

Ist Upgren 1 tatsächlich ein Sternhaufen? Die Antwort hierzu liefern die Gaia-DR2-Daten der sieben Sterne. Der Mittelwert ihrer Parallaxen ergibt mit 7,47 ± 1,68 mas einen Mittelwert von 440 Lichtjahren und einen für Sternhaufen viel zu großen Fehlerbereich, der von −80 Lichtjahren bis +127 Lichtjahren reicht.

Die räumliche Anordnung der sieben Sterne zeigt keine Konzentration, sondern bildet eine breite Verteilung. Nur zwei Sterne, es sind der linke und der mittlere Stern der horizontalen Dreiergruppe, sind direkte Nachbarn. Ihre mittlere Entfernung beträgt 344 ± 1 Lichtjahre. Nehmen wir nun die beiden nächstgelegenen Sterne der ursprünglichen sieben dazu – der rechte Stern der Dreierkette und der helle, darüber stehende Stern – erhalten wir einen Mittelwert von 371 ± 29 Lichtjahren. Der Fehler ist sprunghaft angewachsen und deutet an, dass schon diese vier Sterne nicht mehr aneinander gebunden sein könnten.

Die Präzession von Gaia löst also faktisch die Haufeneigenschaft des vermeintlich offenen Haufens Upgren 1 auf. Übrig bleiben nur ein Sternenpaar und ein hübsches Sternmuster im Feldstecher.

KUGELSTERNHAUFEN

Kugelsternhaufen sind die dichtesten und – nach Galaxien – die zweitältesten gravitativ gebundenen Sternsysteme im Universum. Bei den dichtesten Exemplaren erreicht die Sterndichte in ihrem Zentrum Werte, die millionenfach höher sind als die in der Sonnenumgebung.

In der Milchstraße kennen wir etwa 170 Kugelsternhaufen. Da wir nicht alle Bereiche in der Ebene unserer Heimatgalaxie einsehen können, schätzen wir ihre Gesamtzahl auf etwa 200. Die Astronomen vermuten, dass große elliptische Galaxien, die inmitten von Galaxienhaufen zu finden sind, sogar über 10.000 Kugelsternhaufen besitzen.

Obwohl das äußere Erscheinungsbild der Kugelsternhaufen fast identisch ist, gibt es feine Unterschiede. Die Sterne aller Kugelsternhaufen sind fast gleichzeitig entstanden – genaugenommen gilt dies aber nur für die erste Sterngeneration. Bisweilen konnten innerhalb eines Kugelsternhaufens weitere Phasen der Sternentstehung folgen. Einige der in diesem Kapitel vorgestellten Kugelsternhaufen zeigen Spuren länger andauernder Sternentstehung.

Die heute sichtbaren Kugelsternhaufen sind geradezu „Stern-Museen". Sie sind geprägt von langlebigen Sternen geringer Masse, deren Evolutionswege Milliarden Jahre in Anspruch nehmen. Im Vergleich zu ihnen wäre unsere Sonne in einem Kugelsternhaufen fast schon ein Entwicklungsschnellläufer. Die Sonne wäre in einem heutigen Kugelsternhaufen nur noch ein ausgeglühter Sternrest.

Da die Sterne eines Kugelsternhaufens sowohl zeitlich wie räumlich praktisch denselben Startbedingungen unterlagen, die nahezu gleiche chemische Ausgangslage vorfanden und heute noch hohe Sterndichten vorliegen, sind diese Haufen ideale Laboratorien zur Untersuchung der Entwicklung von Sternen und der dynamischen Prozesse bei der Begegnung von Sternen. Schaut man zum kosmischen Nachbarn der Milchstraße, zur Andromedagalaxie, so fällt auf, dass diese mit rund 400 Kugelsternhaufen deutlich mehr enthält als die Milchstraße. Auch weisen deren Kugelsternhaufen eine etwas andere Chemie auf.

Abb. 7.1: Omega Centauri ist der beeindruckendste von der Erde aus beobachtbare Kugelsternhaufen. Aufnahme: Stefan Binnewies, Rainer Sparenberg mit 13-cm-Reflektor.

KLASSIFIKATION DER KUGELSTERNHAUFEN

Bei Kugelsternhaufen dient die sichtbare Konzentration der Sterne als Basis einer Klassifizierung, die auf Harlow Shapely und Helen Sawyer zurückgeht. 1927 entstand diese zwölfteilige Skala bei der Sortierung der Aufnahmen von fast 100 Haufen. Dabei orientierten sich die Astronomen an ihrem eher subjektiven Eindruck der Konzentration dieser Haufen. Sie nutzen also keine technischen Verfahren, wie beispielsweise die Sternzählung in Ringen bestimmter Breite. Den Kugelsternhaufen wurden jeweils römische Ziffern zugewiesen, wobei die „I" den am stärksten konzentrierten Haufen vorbehalten ist, zum Beispiel M 75. Mit „XII" werden Kugelsternhaufen mit der schwächsten Konzentration gekennzeichnet, beispielsweise NGC 4372. Messier 13, der hellste Kugelsternhaufen am Nordhimmel, gehört zur Klasse „V". Würden wir diese Aufnahmen heute beurteilen, so kämen wir bei mehreren Haufen zu einer anderen Einordnung. Auch ist die zwölffache Unterteilung nicht immer nachvollziehbar. Daher spielt diese Klassifikation in der Forschung keine Rolle. Im Amateurbereich wird sie hingehen oft benutzt, da sie den Eindruck beim Blick durch das Teleskop kennzeichnet, besonders dann, wenn wir Kugelsternhaufen mit verschiedenen Öffnungen beobachten und es beispielsweise darum geht, ob einzelne Sterne im Zentrum aufgelöst werden können.

CHEMIE DER KUGELSTERNHAUFEN

Ein moderneres Kriterium für den Vergleich von Kugelsternhaufen ist deren chemische Zusammensetzung: insbesondere in Form des Verhältnisses [Fe/H]. Es gilt streng genommen nur für das Metall Eisen (Fe). Die Bezeichnung „Metall" gilt in der Astronomie aber für alle Elemente, die schwerer

Abb. 7.2: Als hellster Kugelsternhaufen des Nordhimmels ist M 13 weithin bekannt. Mit einem Abstand von 15.800 Lichtjahren steht er weit im Halo der Milchstraße.

als Helium sind (siehe Einleitung: Infobox Metallizität von Sternen). Entspricht die Metallizität derjenigen der Sonne, so ist der Wert 0. Bei Kugelsternhaufen liegt die mittlere Metallizität [Fe/H] im Bereich von −0,1 dex bis −2,5 dex („dex" kennzeichnet einen logarithmischen Wert). Bei solchen Angaben müssen wir aber darauf achten, wie der Metallgehalt bestimmt wurde, da in Studien oft nur bestimmte Sterntypen, etwa Sterne auf dem asymptotischen Riesenast, betrachtet werden. Sie besitzen andere Elementhäufigkeiten als massearme und metallarme Hauptreihensterne. Erstellen wir ein Histogramm aus den mittleren Metallizitäten der bekannten Kugelsternhaufen unserer Milchstraße, springt dessen bimodaler Verlauf ins Auge: Es gibt eine metallarme Gruppe mit einem Maximum bei etwa [Fe/H] = −1,5 dex und eine metallreichere Gruppe mit einer niedrigeren Spitze bei [Fe/H] = −0,5 dex. Die Haufen der metallarmen Gruppe werden als „blaue Kugelsternhaufen", die der metallreichen Gruppe als „rote Kugelsternhaufen" bezeichnet. Beide Verteilungen sind recht breit und überlappen sich.

Wir können diese beiden Gruppen grob in metallärmere Haufen des Halos und in metallreiche Haufen der galaktischen Ebene sowie des zentralen Sphäroids der Milchstraße unterteilen. Dies ist eine Verdickung der Milchstraße, die man oft mit dem englischen Begriff „Bulge" beschreibt. Bei der Milchstraße besitzt der Bulge einen Durchmesser von rund 16.000 Lichtjahren.

Neuere Untersuchungen zeigten aber, dass dieses Rot-Blau-Schema ins Wanken gerät, sobald wir Details der Kugelsternhaufen betrachten. Beispielsweise gibt es viele Haufen, die mehrere Sterngenerationen enthalten. Ihre Chemie ist komplexer, weil aufeinanderfolgende Sterngenerationen die Materie recyceln. Sie entstehen aus Gas und Staub, das die ersten Sterngenerationen des Haufens abgestoßen haben. Hinzu kommen äußere Einflüsse, da die Kugelsternhaufen mit ihrer Heimatgalaxie wechselwirken oder infolge dynamischer Wechselwirkungen sogar ihre Galaxie wechseln können. Dann stimmt der Metallgehalt des Haufens natürlich nicht mehr mit dem der Galaxie überein und vergleichende Studien würden falsche Ergebnisse liefern.

Abb. 7.3: Mit gut 46.000 Sonnenmassen gehört M 71 zu den kleineren Kugelsternhaufen. Das Alter des metallreichen Haufens wird auf neun bis zehn Milliarden Jahre geschätzt.

ENTSTEHUNG DER KUGELSTERNHAUFEN

Die Astronomen gehen davon aus, dass die ersten Kugelsternhaufen bereits wenige hundert Millionen Jahre nach dem Urknall entstanden. Die Sterne entstanden genau wie junge Galaxien oder – einige Zeit später – die offenen Sternhaufen, in gasreichen Regionen der Milchstraße. Diesen ersten Kugelsternhaufen folgten während der nächsten zwei bis drei Milliarden Jahre weitere Haufen.

Während desselben Zeitraums entstanden auch die Galaxien. Die Gaswolken, aus denen sie sich bildeten, besaßen zu Anfang noch keine dominierende Rotationsachse. Allerdings gab es Dichteunterschiede, die unterschiedliche Anziehungskräfte innerhalb verschiedener Bereiche der Wolken verursachten. Daher gab es in den Protogalaxien auch Turbulenzen. Während sich die Wolken zu den späteren Galaxien zusammenzogen, begannen sie aufgrund der Drehimpulserhaltung zu rotieren. In bestimmten Modellen zur Entwicklung von Galaxien entscheiden die Materiedichte und die Intensität des Drehimpulses darüber, ob sich elliptische Galaxien oder Spiralgalaxien entstehen. Galaktische Scheiben benötigen dabei mehr Zeit, um sich zu bilden, da sich die riesigen protogalaktischen Wolken erst zusammenziehen müssen. Kugelsternhaufen, die viel früher aus Dichteschwankungen in der kollabierenden galaktischen Wolke entstehen, haben daher einen deutlichen Vorsprung vor offenen Sternhaufen und Feldsternen.

Dieser zeitliche Versatz bewirkt auch, dass die Kugelsternhaufen nicht Teil einer galaktischen Scheibe sind, sondern auf Bahnen mit hohem Neigungswinkel um das Galaxienzentrum laufen – was vor 14 Milliarden Jahren eine kollabierende Gaswolke war, bezeichnen wir heute als Halo der Milchstraße. Da auch im System aus Kugelsternhaufen und Milchstraße der Prozess der Differentiation wirkt, hohe Massen also zum Massenzentrum hin absinken, muss die Konzentration der Kugelsternhaufen zum Massenzentrum der Galaxie zunehmen. Genau das beobachten wir bei der Milchstraße. Aus der exzentrischen Lage der Sonne, wegen der ein Teil des Himmels durch die Milchstraße verdeckt

wird, folgt auch, dass die meisten Kugelsternhaufen bei galaktischen Breiten von b = ± 20° am Himmel liegen.
Die Kugelsternhaufen sind ein Resultat der ersten Sternentstehungsphase im jungen Universum. Der sichtbare Sternreichtum der Haufen ist ein Beleg dafür, wie hoch die damaligen Dichteunterschiede in den Wolken waren. Wir können durchaus sagen, dass die Kugelsternhaufen die hohe Gasdichte der galaktischen Urwolke bis heute konservieren.
Eine deutsch-chinesische Arbeitsgruppe simulierte 2016 im Rahmen des DRAGON-Projektes die Entstehung von Kugelsternhaufen. Auf einem Hochleistungsrechner der „Max Planck Computing and Data Facility" (etwa „Daten- und Rechenzentrum der Max-Planck-Gesellschaft") wurde die Strukturbildung der Kugelsternhaufen im Detail untersucht. Durch die hohe Sterndichte kommt es zu Wechselwirkungen zwischen den Sternen und den Überresten der ersten massereichen Sterne, die in den Urhaufen enthalten waren. Im Zeitraffer ist nachzuverfolgen, wie Einzel- und Doppelsterne mit verschiedenen Massen entstehen, und auch welche Folgen die Anziehungskräfte der Milchstraße für einen Kugelsternhaufen haben. Die Farben-Helligkeits-Diagramme der theoretischen Kugelsternhaufen entsprechen ausgezeichnet den realen Messungen – was nicht verwundert, da andernfalls die Simulationen geändert worden wären, bis es passende Ergebnisse gäbe. Die Massenverteilung der einzelnen Sterne in den Haufen offenbart aber deutliche Unterschiede, die von den Sterntypen abhängen. Es zeigt sich auch, dass Hauptreihensterne mit geringer Masse von 0,1 – 0,7 Sonnenmassen den Hauptbeitrag zur Gesamtmasse des Haufens liefern. Sie sind etwa 500-mal häufiger als Riesensterne. Die Riesen auf dem asymptotischen Riesenast sind noch seltener anzutreffen. Nur auf jeden zehntausendsten Hauptreihenstern kommt ein solcher AGB-Stern. Erstaunlicherweise belegt die Simulation ebenfalls, dass Doppelsternsysteme praktisch nur im Innenbereich anzutreffen sind. Eines der Ergebnisse war der Nachweis von Schwarzen Löchern mit 10 – 50 Sonnenmassen in den dichten Kernen der Kugelsternhaufen. Die Wissenschaftler gehen davon aus, dass Kugelsternhaufen wichtige Quellen von Gravitationswellen sind.
Kugelsternhaufen sind eigenständige Systeme. Ihre Eigengravitation ist so hoch, dass sie die Anordnung der Sterne dominiert. Im Laufe der Existenz von Kugelsternhaufen können Wechselwirkungen dieses in sich abgeschlossene System stören. Jedoch können wir Kugelsternhaufen als die am besten geschützten Sternlaboratorien betrachten, deren innere Entwicklungen maßgeblich durch die große Anzahl der Sterne bestimmt werden.
Aufgrund der hohen Sterndichte in einem Kugelsternhaufen ist die relative Zahl der Doppelsterne größer als bei Feldsternen. Daher müssen bei Entwicklungsrechnungen die Lebenszyklen dieser Sternpaare mitberücksichtigt werden. Beispielsweise spielen der Massenverlust in der Sternwindphase sowie Massenübertragungen bei der Entwicklung zum Riesen eine wichtige Rolle. Einer der Sterne oder auch beide können als Kernkollapssupernova explodieren und ihre Überreste können im Haufen verbleiben. Zwar können wir die Neutronensterne oder Schwarzen Löcher nicht mehr direkt beobachten, aber ihre Anziehungskräfte bleiben natürlich erhalten. Beispielsweise ist die große Anzahl der in Kugelsternhaufen gefundenen Radiopulsare ein deutlicher Hinweis auf die dort vorkommenden Neutronensterne.

ENTWICKLUNG DER KUGELSTERNHAUFEN

Durch die Vielzahl der dynamischen Wechselwirkungen gibt es in einem Kugelsternhaufen eine fortwährende Umverteilung von kinetischer Energie. Dies führt zu einer sogenannten Relaxation: Das System versucht, insgesamt ein thermisches Gleichgewicht erreichen. Gemäß den Gesetzen der Thermodynamik, die auch für Kugelsternhaufen gelten, sollten die Geschwindigkeiten der Sterne eine sogenannte „Maxwellsche Verteilung" aufweisen. Sie steigt bei niedrigen Geschwindigkeiten steil zu einem Maximum an und fällt danach, zu hohen Geschwindigkeiten, exponentiell wieder ab. Dieser theoretische Gleichgewichtszustand wird erreicht, weil ein Kugelsternhaufen ständig Sterne verliert, deren Geschwindigkeit die Entweichgeschwindigkeit übertrifft. Somit muss ein Kugelsternhaufen zwangsläufig „verdampfen" – es handelt sich um denselben Prozess wie bei offenen Sternhaufen, nun aber in einem anderen Maßstab. Die Zeitskala bis zum völligen Verschwinden eines Kugelsternhaufens ist viel größer als das Weltalter. Zudem gibt es weitere von außen einwirkende Prozesse, die dem Kugelsternhaufen Schaden zufügen können.
Für Kugelsternhaufen wird oft die Relaxationszeit genannt. Ganz allgemein ist sie die Zeit, die ein System benötigt, um nach einer Störung wieder einen Gleichgewichtszustand zu erreichen. Gemäß einer auf der Energie basierenden Definition für Sternhaufen ist die Relaxationszeit die Zeitspanne, nach der die Summe der erfahrenen Energieänderungen eines Sterns im Mittel so groß ist wie seine kinetische Energie. Die Relaxationszeit wächst schwach mit dem Radius des Haufens an. Als Formel wird dies in der Form $T_R \propto r^{1,5}$ formuliert, mit der Relaxationszeit T_R und dem Haufenradius r. Die Stärke der Wechselwirkung lässt sich durch Betrachtung eines einzelnen Sterns gut darstellen. Sehen wir von schwachen Begegnungen ab und betrachten nur starke, bei denen die Bewegungsrichtung um mindestens 90° verändert wird, wird jedem Stern eines Kugelsternhaufens im Laufe seines Bestehens statistisch mindestens einmal ein anderer Stern begegnen. Berechnen wir diese Wahrscheinlichkeit für einen Stern in der Milchstraßenebene, sind solche Begegnungen nahezu ausgeschlossen. Für Kugelsternhaufen liegt die Relaxationszeit zwischen 100 Millionen Jahren und 10 Milliar-

den Jahren. Die meisten Haufen tummeln sich am oberen Ende dieser Zeitskala. Die Zeit für das oben beschriebene Verdampfen eines Haufens ist etwa hundertmal größer als die Relaxationszeit. Die Relaxationszeit wird oft mit einer Reihe von Annahmen berechnet, die nicht streng gelten. Daher sollte die Relaxationszeit nur als Richtwert und nicht als exaktes Zeitmaß verwendet werden. Wichtig ist für uns nun, dass im bekannten Universum nur in Kugelsternhaufen die Wahrscheinlichkeit für so enge Begegnungen, dass wir sie als Sternkollision bezeichnen können, groß genug ist. Ein Beleg dafür ist das Auftreten von sogenannten „blue stragglers" (wörtlich: „blaue Abweichungen"). Wir werden in einigen Haufenbeschreibungen auf diese Sterne eingehen.

Die größte Gefahr für den Zusammenhalt von Kugelsternhaufen erwarten wir, wenn die Haufen die Scheibe der Milchstraße durchqueren. Eine Folge der dabei auftretenden Gravitationswechselwirkungen mit den Sternen der Scheibe und dem Gravitationspotential der Milchstraße als Ganzes ist die Abweichung von der idealen Kugelform. Hier sind Unterschiede zwischen den Haufen im Halo und in der Nähe der Scheibe zu erkennen. Tendenziell weicht die Form der Kugelsternhaufen umso mehr von der Kugelform ab, je weiter außen sie zu finden sind. Im Mittel sind die Haufen aber nur leicht verformt: Ihre Achsenverhältnisse liegen bei 9 zu 10 (die Abplattung, ähnlich wie bei Planeten, wäre dann 0,9, geschrieben wird dies aber oft als 9:10). In den Außenbereichen der Milchstraße erreichen Haufen extreme Verformungen mit Werten von 6:10.

Die Massen von Kugelsternhaufen können oft nur geschätzt werden, zumeist aus einer Kombination von Helligkeitsmessungen und dem Verlauf der Massenfunktion. Dynamische Daten, anhand derer die Bewegung der Sterne in den Haufen untersucht werden können, sind rar. Gaia sollte auch dafür Daten in guter Qualität liefern können. Einen indirekten Hinweis auf große oder kleine Masse geben drei Größenparameter: Der Kernradius, der Radius, in dem die halbe Masse konzentriert ist und der Gezeitenradius. Der Kernradius kann aus dem Helligkeitsverlauf des Kugelsternhaufens abgeschätzt werden. Dort im Kern bleibt die Helligkeit nahezu konstant. Sie sinkt danach exponentiell ab und erreicht beim Gezeitenradius den Himmelshintergrund. Der Gezeitenradius ist, einfach ausgedrückt, der „Rand" eines Kugelsternhaufens. Sehr kleine Kernradien bedeuten hohe Sterndichten, die manchmal auch durch mittelschwere Schwarze Löcher verursacht werden können – ein weiteres aktuelles Forschungsgebiet bei Kugelsternhaufen.

Die räumliche Verteilung der Kugelsternhaufen der Milchstraße zeigt, dass die dichten und stark konzentrierten Haufen näher beim Zentrum und näher an der Milchstraßenebene anzutreffen sind. Dies können wir als Auswahleffekt deuten, ähnlich der Differentiation in der jungen Erde, bei der massereiche Elemente in das Erdinnere absanken. Die Haufen im Halo laufen zudem auf weitläufigeren Bahnen

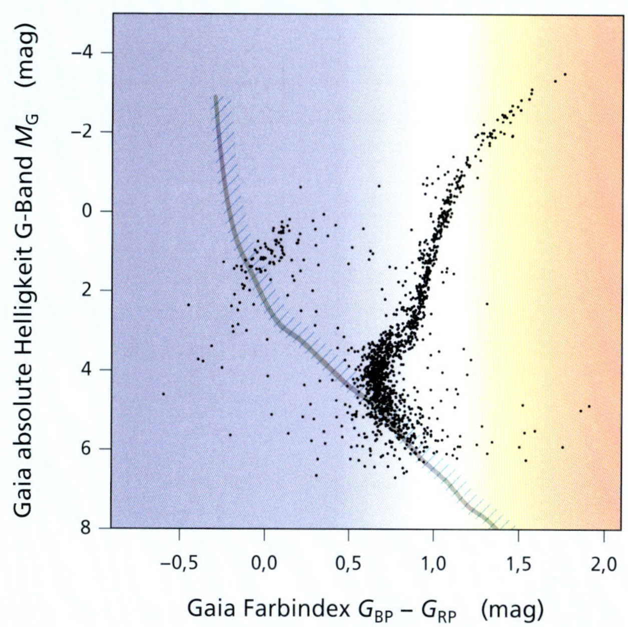

Abb. 7.4: Das Gaia-Farben-Helligkeits-Diagramm zeigt die Sterne des Kugelsternhaufens M 13. Für das Diagramm wurden im Gaia-EDR3-Katalog Sterne ausgewählt, die mit hoher Wahrscheinlichkeit zu M 13 gehören. Die eingezeichnete Linie ist die Hauptreihe. Die Sterne von M 13 haben sich zum Großteil von der Hauptreihe weg entwickelt, viele davon sind schon den Riesenast hinaufgewandert. Die Gruppe, die sich bei einem Farbindex von etwa 0 mag und einer Helligkeit von 1 mag sammelt, bildet das blaue, linke Ende des Horizontalastes.

und besitzen höhere Bahngeschwindigkeiten. Dadurch bleibt die Zeit für Wechselwirkungen geringer, folglich erwarten wir auch schwächere Wechselwirkungen beim Passieren der Scheibe. Dennoch kommen im Lauf der zehn oder zwölf Milliarden Jahre, in denen Kugelsternhaufen durch die galaktische Ebene pflügen, viele dutzend Passagen zusammen, die immer zu Sternverlusten führen. Nicht zuletzt die Gaia-Daten konnten Vermutungen und frühere Beobachtungen erhärten, nach denen viele Kugelsternhaufen von Gezeitenströmen flankiert werden: Sterne, die einst zum Haufen gehörten, aufgrund der Wechselwirkungen mit der Milchstraße den Haufen verließen und sich nun noch mit ähnlicher Geschwindigkeit und in ähnliche Richtung wie der Haufen bewegen.

Vergessen wir auch nicht, dass Form und Konzentration zunächst nur subjektive Eigenschaften von Kugelsternhaufen sind und keine Messgrößen. Ein kugelförmiger Sternhaufen könnte genauso gut eine Ellipse sein, die entlang der großen Halbachse, also „von der Seite", beobachtet wird. Ebenfalls von Bedeutung ist die Frage, ob ein Kugelsternhaufen tatsächlich in der Milchstraße entstanden ist, oder durch Auflösung einer Zwerggalaxie von der Milchstraße „verschluckt" wurde. Manche Beobachtungen deuten darauf hin, dass bis zu einem Viertel der Kugelhaufen ursprünglich in anderen Galaxien entstanden, die sich im Lauf der Jahrmilliarden in der Milchstraße auflösten. Retrograde Bahnen– Umlaufbahnen, die gegen die übliche Drehrichtung der Milchstraße verlaufen – sind eines der Indizien solcher Haufen. Unterschiedliche Metallizitäten und Massenfunktionen sind weitere.

SPEKTRALE EIGENSCHAFTEN VON KUGELSTERNHAUFEN

Obwohl massearme Sterne am stärksten zur Gesamtzahl der Haufensterne beitragen, wird das Licht eines Kugelsternhaufens von den wenigen hundert hell leuchtenden roten Riesensternen dominiert. Selbst die Leuchtkraft der hellsten Hauptreihensterne bleibt um zwei bis drei Größenordnungen geringer.

Erst lichtempfindlichere Detektoren erlaubten Ende des 20. Jahrhunderts eine Messung lichtschwacher Sterne, sodass Farben-Helligkeits-Diagramme der Kugelsternhaufen erstellt werden konnten, die auch den Abknickpunkt der Hauptreihe enthalten. Die Verringerung der fotometrischen Fehler ließ in diesen Diagrammen scharfe Strukturen hervortreten, wie etwa das Ende des Riesenastes, den Verlauf des Horizontalasts oder auch einzelne Weiße Zwerge.

Die Spektrografie von Kugelsternhaufen führt meistens auf einen mittleren Spektraltyp von F5 bis F7. Es gibt auch Haufen, in denen A-Sterne dominieren, aber auch solche mit späteren Spektraltypen. Bereits in den 1960er-Jahren wurde festgestellt, dass Kugelsternhaufen in der Nähe des Milchstraßenzentrums eher frühe bis mittlere G-Sterne aufweisen. Damals schon wurde die Vermutung aufgestellt – die sich mittlerweile als richtig herausgestellt hat –, dass die Kugelsternhaufen zur Population II der Milchstraße gehören. Diese ist älter als die Population I, die vereinfacht gesprochen die Scheibenpopulation der Milchstraße enthält.

Abb. 7.5 unten vergleicht das Spektrum des Kugelsternhaufens M 15 mit dem eines F-Sterns. Bei der Aufnahme des Spektrums wurde der Spektrografenspalt über den Kugelsternhaufen M 15 gelegt. Das spektrale Profil ist ein mittleres Spektrum vieler Sterne des Haufens. Im Haufenspektrum treten die Absorptionslinien der Balmer-Serie des Wasserstoffs deutlich hervor (siehe Abb. 3.2 auf S. 121). Bei etwa 590 nm liegt die Absorptionslinie, die auf die Überlagerung der beiden bekannten Natriumlinien zurückgeht. Um die typische Ähnlichkeit eines Kugelsternhaufenspektrums mit dem eines F-Sterns zu zeigen, wurde das spektrale Profil des F5V-Sterns Iota Pegasi hinzugefügt.

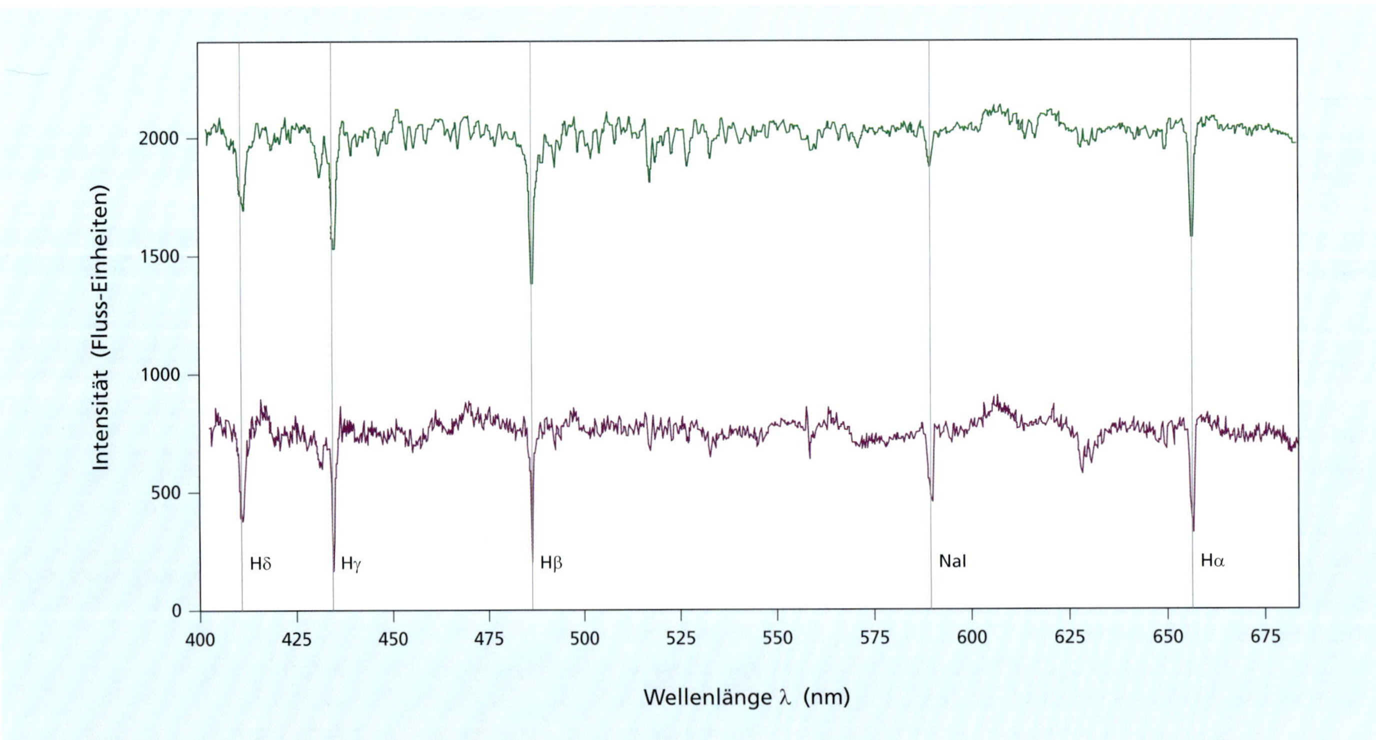

Abb. 7.5: Das Spektrum des Kugelsternhaufens M 15 (violettes Profil) ähnelt stark dem Spektrum des F5V-Sterns Iota Pegasi (grünes Profil). In beiden Spektren wurde das Kontinuum korrigiert, sodass sich ein horizontaler Verlauf ergibt, der einen Vergleich der Intensität von Spektrallinien erleichtert. In beiden Profilen erkennen wir die Absorptionslinien der Balmer-Serie und die Natrium-Doppellinie. Letztere ist aufgrund der geringen spektralen Auflösung jedoch nur als einzelne Linie zu erkennen.

N

ARP-MADORE 1

HOR | $3^h\ 55^m\ 3^s$ | -49° 36′ 52″

Der Kugelsternhaufen Arp-Madore 1 ist mitteleuropäischen Beobachtern unbekannt, da er mit einer Deklination von knapp –50° tief am Südhimmel liegt. Starten wir im nördlichen Teil des Sternbilds Eridanus, westlich von Orion, und folgen dem Verlauf des himmlischen Flusses nach Süden, treffen wir auf die Grenze zum kleinen Sternbild Horologium (Pendeluhr). Dort finden wir auch Arp-Madore 1, der eine Ausdehnung von nur 1,23′ hat. Etwas links oberhalb des Zentrums fallen zwei helle Sterne mit einem Abstand von knapp 12″ auf. In der Simbad-Datenbank finden sich keine Referenzen zu einzelnen Sternen in Arp-Madore 1.

Die Unscheinbarkeit von Arp-Madore 1 erklärt somit, warum der Kugelsternhaufen erst in den späten 1970er-Jahren entdeckt wurde. Mehrere Arbeitsgruppen hatten dieses Objekt Mitte der 1970er-Jahre beobachtet, waren sich aber oft nicht sicher, wie es einzuordnen war. Bei einer Suche nach nichtstellaren Objekten auf Platten des 1-m-ESO-Schmidt-Teleskops in Chile fand der schwedische Astronom Andris Lauberts 1974 auf den blauempfindlichen Platten drei bislang unbekannte Kugelsternhaufen. Den lichtschwächsten Haufen nannte er E 1. Die Helligkeit des hellsten Sterns bestimmte er zu 19,3 mag. Er fand fünf Sterne, die heller als 20,5 mag sind. Damit lag E 1 gerade einmal eine Größenklasse über der Grenzgröße des Schmidt-Teleskops, dessen Platten eine Stunde belichtet wurden.

Andris Lauberts gehörte zum Team von Erik B. Holmberg, das zu dieser Zeit anhand der blauen ESO-Platten eine Durchmusterung des Südsternhimmels durchführten (der „ESO/Uppsala survey of the ESO (B) atlas of the southern sky“). Die Veröffentlichung von Lauberts zu den neu entdeckten Kugelsternhaufen stammt von 1976 und er vermutete damals, dass die drei Haufen mögliche Satelliten der Großen Magellanschen Wolke sein könnten. Zwar bemerkte er, dass die lichtschwachen Haufen den weit entfernten Palomar-Haufen ähnelten, eine Entfernung gab er aber nicht an.

Eine ähnliche Studie, die 1977 von den Astronomen Halton Arp und Barry F. Madore durchgeführt wurde, benutzte Fotoplatten des 1,24-m-UK-Schmidt-Teleskops in Australien. Auch sie fanden drei Kugelsternhaufen, einer davon war mit Lauberts E 1 identisch, die beiden anderen Haufen waren Neuentdeckungen. Arp und Madore legten fest, dass E 1 ein Kugelsternhaufen sei und bezeichneten ihn als AM 1. Ihre Entfernungsschätzung betrug knapp 980.000 Lichtjahre. Sie wiesen darauf hin, dass AM 1 weiter entfernt liegen könnte als die Palomar-Haufen („palomar clusters“, sehr lichtschwache Kugelsternhaufen, die auf den POSS-Platten entdeckt worden waren). Bei einer 1989 durchgeführten fotometrischen Untersuchung von AM 1 konnte ein Farben-Helligkeits-Diagramm mit über 100 Haufensternen erstellt werden. Die daraus abgeleitete Entfernung von AM 1 war geringer als die erste Schätzung und betrug nur noch 400.000 Lichtjahre. Der heutige Wert von 402.000 Lichtjahren geht auf die genauen Gaia-DR2-Daten zurück und konnte die Entfernungsfrage abschließend klären. Er bestätigt den Wert von 1989 und rückt AM 1 auf Platz 2 der am weitesten entfernten Kugelsternhaufen der Milchstraße.

IC 1276/PALOMAR 7

SER | $18^h\ 10^m\ 44^s$ | -7° 12′ 27″

Das Sternbild Schlange wird durch das Sternbild Schlangenträger zweigeteilt. Im östlichen Schwanz der Schlange finden wir den Kugelsternhaufen IC 1276, der auch als Palomar 7 bezeichnet wird. Die auffallend strohgelbe Färbung des Kugelsternhaufens entsteht nicht durch die Farbe der Haufensterne, sondern beruht auf der starken Rötung des Lichts. IC 1276 liegt in Richtung der Milchstraßenebene. Durch Streuprozesse in den Gas- und Staubwolken der Milchstraße wird der Blauanteil des Lichts der Haufensterne auf dem Weg zu uns reduziert. Die hohen Lichtverluste zeigen sich auch in einem Vergleich der visuellen Bilder mit den Infrarotaufnahmen des Two Micron All Sky Survey in Simbad: Während IC 1276 im Visuellen deutlich abgeplattet erscheint, ist er im Infraroten rund und gut zum Zentrum konzentriert.

Der Durchmesser des Haufens liegt bei etwa 5′. Für den Kernradius von IC 1276 finden wir in der Literatur den Wert von 65″ und für seinen „half light radius“ (der Radius, bei dem die Helligkeit auf die Hälfte des Werts im Zentrum abgesunken ist) 141″. Die scheinbaren Helligkeiten der Sterne reichen von 16 mag bis 21 mag. Die Sterne häufen sich im Farben-Helligkeits-Diagramm bei V = 17,5 mag und einem Farbindex von B–V = 2 mag. Mit etwas Fantasie können wir darin auch noch ein breiteres Plateau bei 20 mag bis 21 mag mit einem Farbindex von 1,5 mag bis 2,2 mag erkennen.

Dieses Farben-Helligkeits-Diagramm von IC 1276 ermöglicht es uns, die Lage des Abknickpunkts auf dem Horizontalast abzulesen. Er befindet sich bei V = 17,7 mag und dem Farbindex B–V= 2,1 mag, woraus wir E(B–V) = 1,16 mag bestimmen können. Nehmen wir für die Extinktion A_V = 3,83 mag an, erhalten wir mithilfe des Entfernungsmoduls einen Abstand von etwa 13.000 Lichtjahren von der Sonne. Dieser 1998 bestimmte Wert konnte über zwanzig Jahre später mithilfe der Gaia-EDR3-Astrometriedaten genauer festgelegt werden. Aus ihnen folgt ein Abstand von 16.400 Lichtjahren zur Sonne. Zugleich ist IC 1276 etwa 12.000 Lichtjahre vom Milchstraßenzentrum entfernt. Die Ausdehnung von IC 1276 beträgt etwa 90 Lichtjahre. Aufgrund seiner galaktischen Länge von ungefähr 22° befindet er sich zwischen unserem Sonnensystem und dem Milchstraßenzentrum. Der Abstand von IC 1276 zur Mittelebene der Milchstraße beträgt 1500 Lichtjahre. Der Kugelsternhaufen wird den „bulge clustern“ (den Kugelsternhaufen des Sphäroids, das den inneren Bereich der Milchstraße umgibt) zugeordnet und entfernt sich aktuell mit 155 km/s von uns.

Aufgrund der Rötung können die Farben einzelner Haufensterne nur mit Fehlern zur Altersbestimmung von IC 1276 herangezogen werden. Eine davon unabhängige Methode benutzt die Helligkeitsdifferenz zwischen dem Horizontalast und dem Abknickpunkt der Sterne auf der Hauptreihe. Bei IC 1276 beträgt sie 3,45 ± 0,20 mag. Damit reiht er sich unter den vergleichsweise metallreichen Kugelsternhaufen ein. Die Metallizität von IC 1276 liegt bei [Fe/H] = –0,75 dex. Obwohl eine genaue Zuordnung schwierig ist, können wir annehmen, dass IC 1276 mit etwa 11 Milliarden Jahren für einen Kugelsternhaufen noch nicht sehr alt ist.

M 2

AQR | $21^h 33^m 27^s$ | -0° 49′ 24″

Der Kugelsternhaufen M 2 liegt nahe der Ekliptik und ist der hellste der drei Kugelsternhaufen, die sich im Sternbild Aquarius (Wassermann) befinden. Mit einer visuellen Helligkeit von 6,4 mag könnte er in sehr dunklen Gebieten gerade noch mit bloßem Auge beobachtet werden. Im Feldstecher ist er ein kleines Nebelfleckchen, einige Grad nördlich von β Aquarii.
Charles Messier gelang im September 1760 die Wiederentdeckung von M 2. Er beschrieb seine Entdeckung 1771 in den Memoiren der französischen Akademie der Wissenschaften: „Am 11. September 1760 entdeckte ich im Kopf des Wassermanns einen schönen Nebel, der keine Sterne enthielt ... Er besitzt ein hell leuchtendes Zentrum und der ihn umgebende Nebel ist rund.“ Messier benutzte für seine Beobachtung einen 15-cm-Gregory-Reflektor mit einer Brennweite von etwa 800 mm und 104-facher Vergrößerung. Er schätzte den Durchmesser des Kugelsternhaufens auf 4′. Messier verwies auch auf Giovanni Domenico Maraldi, der den Nebel schon fünfzehn Jahre zuvor beobachtet hatte. Maraldi wiederum suchte nach einem Kometen, der 1746 in Lausanne von Jean-Philippe Loys de Cheseaux beobachtet worden war, und stolperte dabei über den Kugelsternhaufen. Messier suchte eigentlich den – heute als Halleyscher Komet bekannten – Himmelskörper, den Johann Georg Palitzsch am 25. Dezember 1758 entdeckte. Übrigens hat Messier am 3. August 1746 einen weiteren „Nebel ohne Sterne“ entdeckt – heute kennen wir ihn als Kugelsternhaufen M 30.
Der Astronom William Herschel betrachtete den heutigen M 2 im Oktober 1794 mit seinem 15-cm-Reflektor und konnte den Kern zum ersten Mal auflösen. Herschel schreibt, „Ich kann erkennen, dass es sich um eine Ansammlung von Sternen handelt, von denen viele [als Einzelsterne] ‚sichtbar‘ sind“. William Herschel legte im September 1799 nach, mit einem 1,22-m-Reflektor und einer Brennweite von 12 m. Er schrieb: „... dass das zentrale gebündelte Licht auf eine Vielzahl von Sternen zurückzuführen ist, die in unterschiedlichen Entfernungen hinter- und nebeneinander stehen. Ich konnte sogar im zentralen Bereich Sterne erkennen und voneinander unterscheiden“.
Fügen wir zur Historie einige aktuelle Fakten hinzu: M 2 gehört zu den Kugelsternhaufen des inneren Halos der Milchstraße. Er ist etwa 40.000 Lichtjahre entfernt und mit ca. 150 Lichtjahren Durchmesser einer der größten bekannten Haufen. Mit etwa 100.000 Sternen ist er auch einer der kompaktesten Haufen und zudem mit 13 Milliarden Jahren einer der ältesten. Das zeigt sich auch am Licht seiner Sterne, von denen viele gelb oder rötlich schimmern. Der mittlere Spektraltyp dieses Haufens entspricht F5. M 2 umläuft das Milchstraßenzentrum auf einer stark exzentrischen Bahn, deren Umkehrpunkt etwa 150.000 Lichtjahre vom galaktischen Zentrum entfernt ist. Seine Bahnebene liegt fast frontal zu unserer Sichtlinie zu M 2. Seine Radialgeschwindigkeit von –5,3 km/s ist vergleichsweise gering. Es gibt Anzeichen eines „Halos“ schwacher Sterne um M 2, die sich über 600 Lichtjahre vom Haufenzentrum erstrecken. Allerdings ist noch nicht eindeutig geklärt, ob der Kugelsternhaufen sehr viel größer ist als bisher bekannt, oder ob es sich um einen Gezeitenstrom von Sternen handelt, die M 2 verlassen haben. Seine Bahn, Größe und chemische Zusammensetzung sehen manche Arbeitsgruppen als Indiz, dass der Kugelsternhaufen zu einer Zwerggalaxie gehört haben könnte, die von der Milchstraße eingefangen wurde und sich darin aufgelöst hat.

M 3

CVN | $13^h\ 42^m\ 12^s$ | 28° 22′ 38″

Dicht bei der südlichen Grenze des Sternbilds Canes Venatici (Jagdhunde) steht dieser 6,4 mag helle Kugelsternhaufen. Etwa 10° nordwestlich von Arkturus leuchtet M 3 im Feldstecher als runder Nebelfleck mit diffusem Rand. Seine Entdeckungsgeschichte verlief ähnlich wie bei M 2. Charles Messier entdeckte diesen Haufen im Mai 1764, doch erst William Herschel konnte 1810 einzelne Sterne im Zentrum auflösen. M 3 (NGC 5272) ist mit etwa 500.000 Sternen einer der reichsten Kugelsternhaufen und mit einem Durchmesser von rund 200 Lichtjahren auch einer der größten. Seine Entfernung zur Erde beträgt etwa 30.000 Lichtjahre. Sein Abstand zum Milchstraßenzentrum ist mit 38.000 Lichtjahren etwas größer und M 3 bewegt sich mit 147 km/s auf die Sonne zu.

Seine Sterne sind durch eine mittlere Metallizität von [Fe/H] = −1,5 dex gekennzeichnet. Rechnen wir dies um, so hat M 3 nur etwa 3,2 % der solaren Elementhäufigkeit. Die Astronomen schreiben M 3 ein Alter von 11,4 Milliarden Jahren zu.

Allgemein betrachtet, können wir Kugelsternhaufen als „Wimmelbücher der stellaren Entwicklung“ deuten. Wir sehen hier auf engstem Raum Entwicklungszustände von Sternen, die alle zur gleichen Zeit entstanden sind. Das Farben-Helligkeits-Diagramm von M 3 stellt eine Momentaufnahme der Entwicklungsphasen dar. Es zeigt, dass die meisten Sterne, es sind die masseärmeren, noch auf der Hauptreihe liegen. Am Abknickpunkt, den wir bei V = 19 mag und B–V = 0,4 mag finden, wandern die Unterriesen im Diagramm nach oben. Der Rote-Riesen-Ast reicht in M 3 bis V = 13 mag und B–V = 1,6 mag. Er endet damit in einem röteren Bereich als die lichtschwächsten Hauptreihensterne.

In M 3 ist eine große Anzahl von Veränderlichen bekannt. Viele der über 200 Sterne sind Pulsationsveränderliche RR-Lyrae-Sterne, deren Periodenlänge meist nur wenige Stunden beträgt. Wir finden hier aber auch Veränderliche, die sich nur im Radiobereich nachweisen lassen, nämlich die Millisekundenpulsare (MSP). Sie bestehen aus einem Doppelsternsystem, das einen Neutronenstern und einen entwickelten Begleiter enthält. Zu Beginn rotiert der Neutronenstern nur langsam. Im Lauf der Zeit akkretiert er aber die Materie seines Begleiters, der sein Roche-Volumen ausfüllt. Dabei erfolgt eine Drehimpulsübertragung, die den Neutronenstern beschleunigt und schließlich mit einer Periode im Millisekundenbereich rotieren lässt. Wir kennen heute 150 solcher Pulsare, die sich in 28 Kugelsternhaufen befinden. Die Haufen Terzan 5 und 47 Tucanae teilen sich ein Viertel der Pulsare. In M 3 wurden drei Millisekundenpulsare sicher identifiziert. Bei J 1342+2822B und J 1342+2822D konnten die vermeintlichen Begleitsterne beobachtet werden. Deren Helligkeiten betragen 22,4 mag und 23,0 mag. Es handelt sich um Weiße Zwerge, mit Massen von etwa 0,2 Sonnenmassen. Sie versorgten ihren massereichen Partner, der sich schneller entwickelte und zu einem Neutronenstern wurde, schon seit dem Verlassen der Hauptreihe mit Materie. Der Massentransfer erreichte sein Maximum in ihrer Unterriesenphase und dauerte insgesamt eine Milliarde Jahre. In dieser Zeitspanne rotierten die beiden Pulsare immer schneller und erreichten ihre heutigen, extrem stabilen Perioden von 2,389420757786(1) ms und 5,44297516(6) ms. Die letzte Stelle gibt den Messfehler an, der etwa einhundert Mal kleiner ist als die Genauigkeit der Atomuhren an Bord der GPS-Satelliten.

M 4

SCO | $16^h\ 23^m\ 35^s$ | -26° 31′ 33″

Der Kugelsternhaufen M 4 (NGC 6121) liegt fast inmitten der Sommermilchstraße im Sternbild Scorpius (Skorpion). Von α Scorpii (Antares) aus müssen wir das Teleskop nur 1,3° nach Westen schwenken und landen bei diesem 5,0 mag hellen Haufen.
Anhand der Gaia-EDR3-Daten erhalten wir eine Entfernung von nur 5876 ± 106 Lichtjahren. Sein Durchmesser ist mit knapp 80 Lichtjahren eher klein. Auch seine Konzentration ist mit „IX“ eher gering. Unter den Kugelsternhaufen ist M 4 mit 64.000 Sonnenmassen ein Leichtgewicht, das aber aufgrund seiner Nähe und seiner Helligkeit für viele Untersuchungen zur Verfügung steht. Der Abknickpunkt der Hauptreihe liegt laut Gaia bei einer Helligkeit von etwa 17 mag und der Gaia-Farbindex beträgt $G_{BP}-G_{RP}$ = 1,25 mag. Wir sehen im Farben-Helligkeits-Diagramm den Riesenast, der bis zu 12 mag hinaufreicht, sowie den Horizontalast, der bei etwa 13 mag verläuft. Blue Stragglers sind Gaia zufolge in einem Radius von 2′ nicht zu finden, außerdem ist der Bereich der Weißen Zwerge unterhalb der Hauptreihe nur sehr spärlich besetzt.
In den letzten Jahrzehnten stellten die Forscher fest, dass die stellare Population in einem Kugelsternhaufen nicht unbedingt homogen sein muss. Vielmehr sahen sie in hoch aufgelösten Spektren von Sternen dieses Haufens, dass trotz ähnlicher Intensitäten der Eisenlinien Unterschiede bei den leichteren Elementen – beispielsweise bei Kohlenstoff, Stickstoff, Sauerstoff, Natrium, Magnesium oder Aluminium – zu erkennen sind. Es hat sich gezeigt, dass die Häufigkeiten dieser leichten Elemente bei den Roten Riesen einem bestimmten Muster folgen: Die beobachteten Häufigkeiten der Elemente Na und O sind antikorreliert. Damit gibt es Sterne mit hohem Natriumgehalt, aber geringem Sauerstoffgehalt und umgekehrt. Das Gleiche gilt auch für die Bandenspektren der Moleküle CH und CN.
In einer Studie über 105 Riesensterne in M 4 wurde 2008 nach diesen chemischen Mustern gesucht. Die mittlere Metallizität aller dieser Sterne beträgt [Fe/H] = –1,07 dex. Die Häufigkeiten der „α-Elemente“, die sich aus Vielfachen des Heliumkerns aufbauen, lag über diesem Mittelwert. Die logarithmischen Häufigkeitswerte waren bei Kalzium und Titan um 0,3 dex höher, bei Silizium und Magnesium um 0,5 dex. Fasst man die α-Häufigkeiten zusammen, so ergibt sich [α/Fe] = +0,39 dex. Neben dieser Überhäufigkeit zeigen die Riesensterne in M 4 auch die erwartete Gegenläufigkeit in der Intensität von [Na/Fe] und [O/Fe]. Interessant war bei dieser Studie, dass die [Na/Fe]- und die [O/Fe]-Häufigkeitsverteilungen jeweils zwei deutliche Maxima aufwiesen.
Die Wissenschaftler sehen darin einen eindeutigen Hinweis auf die Existenz zweier Sternpopulationen in M 4, eine natriumarme und eine natriumreiche. Sie bilden zusammen den Riesenast im Farben-Helligkeits-Diagramm von M 4, bevölkern dort aber unterschiedliche Bereiche. Da beide Populationen im Haufen gleichverteilt und sich auch dynamisch ähnlich sind, ist es wahrscheinlich, dass sie von Anfang an existierten und sich nicht bildeten, weil der Kugelsternhaufen in irgendeiner Form Materie ansammelte, die zur Bildung neuer Sterne führte. Auch wenn es aufgrund der kleinen Masse von M 4 überraschend erscheint, ist dieser vermutlich vor 12 Milliarden Jahren aus zwei Molekülwolken unterschiedlicher Chemie entstanden, die sich vermischten und die beiden Populationen hervorbrachten.

M 5

SER | $15^{h}\ 18^{m}\ 33^{s}$ | 2° 4′ 52″

Der Astronom Gottfried Kirch entdeckte 1702 diesen Kugelsternhaufen im Sternbild Serpens (Schlange). Bekannt war Kirch zu seiner Zeit als „Kalendermacher“. Aus heutiger Sicht waren seine Veröffentlichungen meist populärwissenschaftlich, aber sie waren Vorläufer astronomischer Jahrbücher. Noch als Kurfürst befahl 1699 der spätere König Friedrich I. in Preußen die Einführung des gregorianischen Kalenders im protestantischen Preußen. Er erließ schon am 10. Mai 1700 ein Kalenderpatent, das der neu gegründeten „Kurfürstlich-Brandenburgischen Societät der Wissenschaften“ in Berlin übertragen wurde. Fortan durften in Preußen – bei Strafandrohung – nur noch der von dieser Institution erstellte Kalender verwendet werden. Im Januar 1701 wurde Kirch, im Alter von 60 Jahren, der „erste königliche Astronom“. Die offizielle Arbeit am Kalender lastete ihn nicht wirklich aus und ließ ihm und seinen Mitarbeitern auch Zeit für astronomische Grundlagenforschung. Zur Finanzierung genügte glücklicherweise eine niedrige Steuer. Da der preußische König ständig in Geldnöten steckte, waren weitere Gelder eher nicht zu erwarten.

Zusammen mit seiner Frau Maria, eine der ersten offiziellen Astronominnen, entdeckte er im Mai 1702 den später als M 5 bezeichneten Haufen. Schon 1681 hatte Kirch einen anderen solchen „Nebelstern“ gefunden, den wir heute als M 11 kennen. 1764 beobachtete Charles Messier M 5 unabhängig von Kirch und fügte ihn seinem Katalog hinzu. Maria Magdalena Kirch war eine eigenständige Astronomin und entdeckte im April 1702 einen Kometen. Sie führte die Beobachtungen nach dem Tod ihres Mannes 1710 in der Privatsternwarte des Geheimen Rats Bernhard Friedrich von Krosigk, dem Mäzen der Familie Kirch, fort. So stand sie im Briefwechsel mit namhaften Gelehrten der Zeit, etwa mit Gottfried Leibniz, der Friedrich I. die Gründung der wissenschaftlichen Gesellschaft vorgeschlagen hatte.

Die visuelle Helligkeit von M 5 liegt bei knapp 6 mag. M 5 ist mit 13 Milliarden Jahren einer der ältesten, und mit einem Durchmesser von über 200 Lichtjahren auch einer der größten bekannten Kugelsternhaufen. Die Entfernung von M 5 beträgt 23.100 Lichtjahre. Mithilfe der Gaia-EDR3-Astrometriedaten können wir die Sterne im Umfeld von M 5 auf eine dynamische Zugehörigkeit zum Haufen untersuchen. Analysieren wir die Eigenbewegungen solcher Kandidaten, finden wir etwa 70 Sterne, die sich westlich des Haufens befinden. Dieser Sternstrom überdeckt einen Winkel von etwa 50° und übertrifft damit das Bildfeld der Aufnahme um fast das Hundertfache. Da auch die Farben und Helligkeiten dieser Sterne zu M 5 passen, gehen die Astronomen davon aus, dass M 5 einen Gezeitenschweif besitzt. Zwar ist dieser mit 1,5 Sternen pro Quadratgrad nur sehr sparsam ausgebildet, aber dank Gaia statistisch signifikant, d. h. die Sterne heben sich deutlich von zufällig in Blickrichtung stehenden Feldsternen ab. Ursache des Schweifs könnte das mehrfache Durchqueren der galaktischen Scheibe sein. Dabei „verdampfen“ Sterne durch die Wechselwirkung mit der Milchstraße aus dem Sternhaufen, bewegen sich aber auf ähnlichen Bahnen weiter. Da M 5 sich wieder auf die Ebene zubewegt, dürfte der Sternstrom sich in Zukunft vergrößern. Glauben wir den Simulationsrechnungen, so hat der Kugelsternhaufen M 5, der mehr als doppelt so alt ist wie unser Sonnensystem, das letzte Mal vor etwa 300 Millionen Jahren die Milchstraßenebene durchlaufen.

M 9

OPH | 17^h 19^m 12^s | -18° 30′ 59″

Der Kugelsternhaufen M 9 (NGC 6333) besitzt eine Deklination von mehr als –18° und ist im südlichen Teil des Sternbilds Ophiuchus (Schlangenträger) zu finden. Der Haufen liegt inmitten des Milchstraßenbandes. Unter und östlich von M 9 befindet sich das Sternbild Schütze, westlich davon der Skorpion. Seine galaktischen Koordinaten liegen etwa bei l = 5,5° und b = +10,7°. Er befindet sich also nahe des Milchstraßenzentrums.

Die Aufnahme entstand mit einem 10-cm-Refraktor, der eine Brennweite von 540 mm besitzt. Der CCD-Chip der verwendeten Kamera hat eine Diagonale von 14,8 mm, daher beträgt der Bildfelddurchmesser bei vollständiger Ausleuchtung des Chips 2,9°. Diese relativ geringe Brennweite verdeutlicht anschaulich den Sternreichtum der Aufnahmeregion, den wir aufgrund der galaktischen Koordinaten erwarten dürfen.

Vor dem Hintergrund der Milchstraßensterne zeichnet sich die Dunkelwolke Barnard 64 (LDN 173 und LDN 175) deutlich ab. Die Entfernung von M 9 beträgt etwa 24.200 Lichtjahre. Das Licht seiner Sterne durchquert auf dem Weg zu uns dichte Bereiche der Milchstraße und wird dabei mindestens eine Magnitude abgeschwächt, die Intensität wird also um das 2,5-Fache verringert. Zudem wird das Licht gerötet, was durch den Farbexzess von E(B–V) = 0,36 mag deutlich wird.

In M 9 wurden etwa zwei Dutzend Pulsationsveränderliche vom Typ RR-Lyrae gefunden. Diese kurzperiodischen Veränderlichen, die sogenannten „RRab-Sterne“, weisen im Minimum ihrer charakteristischen Lichtkurve eine bestimmte Farbe auf. Bei M 9 konnte so gezeigt werden, dass die Rötung über der Fläche von M 9 nicht gleichmäßig ist, sondern um einen Betrag von etwa 0,25 mag variiert. Aus diesen Werten modellierten die Astronomen eine „Rötungssternkarte“ der inneren Milchstraße. Sie macht deutlich, dass die dichten, zentralen Wolken auf kleinen Skalen keineswegs homogen, sondern von feinen Filamenten durchzogen sind. Die Abmessungen dieser Strukturen sind feiner als die dunkle Wolke Barnard 64.

Im Gegensatz zu vielen anderen Kugelsternhaufen befindet sich M 9 sehr nahe am Zentrum der Milchstraße. Sein Abstand beträgt nur etwa 5500 Lichtjahre. Dort steht er natürlich nicht still, sondern bewegt sich auf einer Umlaufbahn um das galaktische Zentrum. Aktuell entfernt er sich mit einer Geschwindigkeit von 220 km/s. M 9 kommt dem Zentrum so nahe, dass bei seiner Ausdehnung von 90 Lichtjahren die Gezeitenwirkung der Milchstraße deutlich spürbar wird: Die Gravitation wirkt nicht gleichförmig auf den ganzen Haufen, vielmehr wird die Seite, die dem Zentrum am nächsten steht, auch am stärksten angezogen, die gegenüberliegende Seite wird dagegen weniger stark angezogen. Deshalb ist die Milchstraße dabei, den Haufen in die Länge zu ziehen.

M 10

OPH | 16^h 57^m 9^s | -4° 6′ 1″

Der Kugelsternhaufen M 10 im Sternbild Schlangenträger besitzt einen Durchmesser von etwa 20′ und eine visuelle Helligkeit von 6,4 mag. Er ist etwa 16.300 Lichtjahre von uns entfernt und sein Durchmesser beträgt fast 85 Lichtjahre. Die Masse wird auf rund 230.000 Sonnenmassen geschätzt. Die mittlere Metallizität [Fe/H] liegt zwischen −1,4 dex und −1,6 dex.

Durch die Entwicklung von Sternen verändern sich die Elementverhältnisse, die sich in ihren Atmosphären messen lassen. In Kugelsternhaufen werden gerne die Häufigkeiten der leichten Elemente von Kohlenstoff bis Kalzium benutzt, um chemisch unterschiedliche Sternpopulationen zu unterscheiden. So erzeugt der CNO-Zyklus charakteristische Elementverhältnisse, in denen die Häufigkeiten von Kohlenstoff und Stickstoff beziehungsweise von Natrium und Sauerstoff gegenläufig verlaufen, also antikorreliert sind. Ist das eine Element häufig, ist das andere gering vorhanden. Dies schränkt die möglichen Szenarien für die Bildung mehrerer Haufen-Populationen stark ein.

Durch Messung der Häufigkeiten von Kohlenstoff, Stickstoff und Lithium in den Spektren der Riesensterne können wir angeben, ob es Mischungsprozesse gibt und wie tief sie in den Stern hineinreichen. Diese Prozesse beruhen darauf, dass der äußere Teil des Sterns konvektiv ist (siehe Einleitung: Energietransport). Aus der Theorie weiß man, dass Sterne mit einer Sonnenmasse bis in die Tiefe durchmischt werden, sobald sie sich auf dem unteren Teil des Riesenasts befinden. Dadurch „verunreinigen" Elemente aus dem CNO-Prozess die oberen Sternschichten. Konkret sinkt dadurch die relative Li-Häufigkeit im Spektrum messbar ab. Ein weiteres Ergebnis der Kernfusion im Sterninneren während der Entwicklung auf dem Riesenast ist auch das Verhältnis von ^{12}C / ^{13}C, das ein sehr empfindlicher Indikator für das CNO-Brennen ist. Bei leichteren Sternen zwischen 0,5 und 2 Sonnenmassen beobachten wir wegen des konvektiven „Ausbaggerns" eine Veränderung der Elementhäufigkeiten. Ursache ist ein Wiederaufleben des normalen Wasserstoffhüllenbrennens, sobald wasserstoffreiches Material aus den Außenbereichen des Sterns in die Tiefe transportiert wird und die wasserstoffbrennende Schale erreicht. Dadurch produziert der Stern mehr Energie, er wird heller und blauer. Seine Entwicklung auf dem Riesenast wird dabei abgebremst. Sie setzt sich erst fort, wenn der frische Wasserstoff vollständig verarbeitet wurde. Innerhalb eines Kugelsternhaufens sind davon viele Sterne gleichzeitig betroffen. Es entsteht daher eine „Beule" in der Leuchtkraftfunktion, im Englischen als „luminosity function bump" (LFB) bezeichnet. Die Leuchtkraftfunktion beschreibt, wie häufig Sterne mit einer bestimmten Helligkeit vorkommen.

Untersuchen wir die Sterne des Roten-Riesen-Asts, stoßen wir auf eine Abweichung von der Theorie. Im Unterschied zu anderen hat M 10 überdurchschnittlich viele Riesensterne, die sich in dieser Beule befinden. Man findet Hinweise auf zwei Generationen von Riesensternen, die sich chemisch in Bezug auf die C-N-Häufigkeiten unterscheiden, deren ^{12}C / ^{13}C-Verhältnisse aber fast gleich sind. Das passt aber nicht zusammen! Vermutlich laufen in den Sternen von M 10 komplexere Mechanismen ab. Möglicherweise handelt es sich auch um einen Auswahleffekt, da nur einige Dutzend Riesensterne untersucht werden konnten. Würden mehr Sterne untersucht, könnten die erwarteten Unterschiede der Kohlenstoffisotope zutage treten – oder es könnte einen anderen Hinweis geben, warum die Riesen in M 10 eine etwas andere Chemie an den Tag legen.

M 12

OPH | $16^h\ 47^m\ 14^s$ | -1° 56′ 55″

Im Sternbild Ophiuchus befinden sich elf Kugelsternhaufen, davon sind sieben Objekte des Messier-Katalogs. Auf dieser Aufnahme ist M 12 zu sehen, der zu den beiden hellsten gehört. Im Vergleich zu seinem 6,5 mag hellen Nachbarn M 10, der etwa 3° südöstlich steht, ist die Konzentration der Sterne in M 12 deutlich geringer. Die Shapley-Sawyer-Klassifikation ordnet M 12 als „IX" ein. Die Sterne im Zentrum stehen also relativ locker. In M 10, mit der Klassifikation „VII", sind die Sterne höher konzentriert. Sein Kernradius beträgt etwa 4 Lichtjahre, die Hälfte der Masse befindet sich in einem Radius von 13 Lichtjahren und seinen Gezeitenradius finden wir bei 148 Lichtjahren.

M 12 (NGC 6218) enthält etwa 200.000 Sterne mit knapp 110.000 Sonnenmassen. Die hellsten besitzen eine Helligkeit von 12 mag, der Mittelwert der 25 hellsten Sterne in M 12 liegt bei 13,97 mag. Im Jahre 2006 wurde festgestellt, dass M 12 überraschend wenig massearme Sterne enthält. Insbesondere sind zu wenig M-Zwerge zu finden. Normalerweise sind massearme Sterne häufiger in großen Ansammlungen von Sternen anzutreffen als massereiche. Daher gehen die Astronomen davon aus, dass M 12 viele Sterne bei seinen Passagen durch die galaktische Scheibe verloren hat. Rechnen wir zurück, wie viele Sterne M 12 zu Anfang gehabt haben müsste und gehen wir dabei von einer typischen Sternmassenverteilung aus, kommen wir auf die riesige Zahl von 1,2 Millionen Sternen. Heute ist davon erbärmlich wenig übrig geblieben. Dieser Kugelsternhaufen hat durch gravitative Wechselwirkungen über eine Million Sterne verloren, die sich entlang seiner Bahn um das galaktische Zentrum verteilen. Bei dieser Verlustrate wird sich M 12 während der nächsten 4,5 Milliarde Jahren komplett auflösen.

Aus den Gaia-Daten lassen sich weitere Schlüsse über den Zustand von M 12 ziehen. Im Farben-Helligkeits-Diagramm ist die Hauptreihe nur ansatzweise sichtbar: Das rote Ende ist wenig ausgeprägt und die Hauptreihe erscheint eher als breiter, kompakter Block unterhalb des Abknickpunktes. Dieser hat den Farbindex $G_{BP}-G_{RP}$ = 0,9 mag und eine Grünhelligkeit von 18 mag. Der dort beginnende Riesenast reicht weit nach oben – die hellsten Roten Riesen erreichen 12 mag.

Durch die Gaia-Messungen können wir auch die räumliche Position von M 12 in der Milchstraße bestimmen. Der Abstand zur Sonne beträgt 15.250 ± 670 Lichtjahre. Er ist daher 13.300 Lichtjahre vom Zentrum der Milchstraße entfernt und befindet sich 6700 Lichtjahre oberhalb der Mittelebene der Milchstraße – und damit deutlich oberhalb der galaktischen Scheibe. Seine Radialgeschwindigkeit wurde von Gaia zu −41,7 km/s bestimmt, der Haufen bewegt sich somit auf uns zu. Seine Tangentialgeschwindigkeit in der galaktischen Ebene beträgt 127 km/s. Senkrecht dazu bewegt er sich mit −79 km/s. Der Kugelsternhaufen M 12 rast also wieder einmal auf die galaktische Scheibe zu, deren Mittelebene er in knapp 400.000 Jahren durchqueren dürfte.

M 13

HER | $16^h\ 41^m\ 42^s$ | 36° 27′ 41″

Obwohl fast jeder Amateurastronom diesen hellsten Kugelsternhaufen des nördlichen Himmels schon einmal beobachtet hat, haben die wenigsten den 5,8 mag hellen M 13 (NGC 6205) mit bloßem Auge gesehen. Anders als der Entdecker von M 13, Edmund Halley, von dem 1714 überliefert wird, dass man den kleinen Fleck gut erkennen könne, wenn der Himmel klar ist und kein Mond scheine. M 13 steht im Sternbild Herkules, an der „rechten Seite" des Trapezes und dort im oberen Teil der Verbindungslinie zwischen den Sternen η und ζ Herculis. Sein Bekanntheitsgrad zeigt sich in der großen Zahl an wissenschaftlichen Veröffentlichungen, die sich mit M 13 befassen: In Simbad finden wir über 2000 Referenzen, was M 13 zu einem der Superstars der Kugelsternhaufenszene macht.
M 13 ist etwa 25.700 Lichtjahre entfernt und besitzt eine mittlere Metallizität von [Fe/H] = –1,5 dex. Sein Alter liegt zwischen 11,8 Milliarden Jahren und 12,5 Milliarden Jahren. Er dürfte schätzungsweise 300.000 Sterne enthalten, mit einer Masse von etwa 500.000 Sonnenmassen. Der Winkeldurchmesser von M 13 liegt bei 20′, was etwa 150 Lichtjahren entspricht. Der Kernradius beträgt etwa 6,2 Lichtjahre, während der Gezeitenradius 438 Lichtjahre weit reicht. Die Entfernung vom galaktischen Zentrum ist mit 28.200 Lichtjahren recht groß. M 13 gehört also nicht zu den Bulge-Kugelsternhaufen, er steht auch mit einem Abstand von 15.800 Lichtjahren weit im Halo der Milchstraße. Aktuell bewegt sich M 13 mit etwa –245 km/s auf uns zu. Die Komponente, mit der er sich auf die galaktische Ebene zubewegt, beträgt 83 km/s. Der hellste Stern in M 13 ist ein veränderlicher Roter Riese mit der Bezeichnung M 13 V11. Dieser Cepheide hat eine mittlere visuelle Helligkeit von 11,95 mag.

Die hohe Genauigkeit der Gaia-Daten reicht immer noch nicht aus, um die relative Bewegung der Sterne innerhalb von M 13 zu untersuchen. Dazu müssen spektroskopische Untersuchungen durchgeführt werden, in denen die Radialgeschwindigkeiten aus den gemessenen Wellenlängenverschiebungen von Spektrallinien bestimmt werden. So konnten aufgrund verschiedener Metallizitäten in M 13 mehrere Populationen von Riesen unterschieden werden, die auch unterschiedliche Bewegungen aufweisen. Die Astronomen erstellten Geschwindigkeitskarten und konnten zeigen, dass die meisten Riesensterne, die sich östlich einer Achse befinden, auf uns zu bewegen. Die Sterne, die westlich davon stehen, entfernen sich von uns. M 13 zeigt also eine deutliche Rotation, auch wenn deren Bewegungskomponenten weniger als ± 10 km/s betragen. Die Rotationsachse von M 13 ist knapp 15° gegen die Nord-Süd-Achse geneigt. Der Fehler liegt bei fast 20° – dennoch ist die Rotation statistisch eindeutig nachweisbar. Auch hier zeigen die verschiedenen Populationen ihre Eigenständigkeiten, denn sie rotieren nicht identisch, sondern nur ähnlich: Sterne mit „normalen" Elementhäufigkeiten bewegen sich langsamer, die Riesensterne mit extremen Elementverhältnissen rotieren schneller.
Als Ursache dieser rotierenden Sterngruppen vermuten die Wissenschaftler einen gemeinsamen Ursprung der jeweiligen Gruppen. Der gleiche Drehsinn ginge dabei auf die ursprüngliche Rotation der Gaswolke zurück, aus der M 13 geboren wurde. Folgt man dieser Idee, so kann diese ursprüngliche Wolke dann nicht chemisch homogen gewesen sein, sondern es muss bereits unterschiedliche Elementhäufigkeiten gegeben haben, die sich in den verschiedenen Sternpopulationen bis heute erhalten haben.

M 19

OPH | 17^h 2^m 38^s | -26° 16′ 5″

Fast auf gleicher Höhe wie α Scorpii (Antares) finden wir den 7,7 mag hellen Kugelsternhaufen M 19 (NGC 6273). Dieser ist etwa 23.000 Lichtjahre entfernt und sein Durchmesser von 18′ entspricht 120 Lichtjahren. Die Hälfte seiner 700.000 Sonnenmassen konzentriert sich in einer Kugel mit 14 Lichtjahren Radius.

Die Aufnahme zeigt gut die Besonderheit von M 19: Er ist einer der am stärksten abgeplatteten Kugelsternhaufen. Sein Achsenverhältnis misst man zu 5:7, wobei M 19 in Nord-Süd-Richtung in die Länge gezogen zu sein scheint. Der mögliche Grund für diese Verformung wird nach einem Blick auf die Umlaufbahn von M 19 deutlich: Wenigstens während der letzten 500 Millionen Jahre bewegte sich M 19 nicht aus einem Gebiet von 10.000 Lichtjahren um das galaktische Zentrum.

Mit nur 4600 Lichtjahren Abstand vom Milchstraßenzentrum gehört M 19 zu den Bulge-Kugelsternhaufen. Diese Haufen passieren immer wieder dichte Gebiete der Milchstraße und deren Schwerkraft verzerrt die Kugelform. Dazu kommt, dass sie ständig Sterne verlieren, die sie entlang ihrer Bahn zurücklassen.

Auch wenn diese Erklärung plausibel erscheint, entstanden Zweifel, ob sie auf M 19 zutrifft, da Infrarotaufnahmen keine Abplattung zeigen. Eine Studie zur Form von Kugelsternhaufen fand heraus, dass Haufen mit einer großen Extinktion von mindestens $A_V >$ 1 mag im Visuellen eine stärkere Abplattung erkennen lassen als Haufen mit geringer Extinktion, also $A_V < 1$ mag. Die Extinktion bei M 19 beträgt $A_V = 1{,}27$ mag. Zudem wurde durch Beobachtung von Einzelsternen in M 19 festgestellt, dass sich der Farbexzess im Haufen selbst stark verändert. Vermutlich liegen längliche Wolkenfilamente vor M 19, die das Licht des Haufenrands verschlucken und so die Abplattung auf dem im visuellen Spektralbereich aufgenommenen Foto bewirken. Auf der rechten, östlichen Seite des Haufens wäre dieser Effekt besonders stark.

Die Sichtweise der Kugelsternhaufen hat in den letzten zwei Jahrzehnten der Forschung eine deutliche Wandlung erfahren. Sie werden nicht mehr als einheitliche Objekte betrachtet, sondern die immer feineren chemischen Analyseverfahren bringen deutliche Unterschiede in diesen so ähnlich aussehenden Sternkugeln hervor. Der Schlüssel hierzu ist die Elementhäufigkeit der einzelnen Sterne. Während bei manchen Kugelsternhaufen die Verteilungen der gemessenen [Fe/H]-Werte nur eine Breite von 0,3 dex besitzt, ist sie bei M 19 doppelt so breit. Die Elementhäufigkeiten reichen von −1,3 bis −1,9 dex. Daher unterteilen die Astronomen die Sterne von M 19 in drei Gruppen: Eine metallarme mit [Fe/H] ≈ −1,75 dex, eine metallreiche mit [Fe/H] ≈ −1,50 dex und eine „anomale" Population mit [Fe/H] ≈ −1,30 dex. Aufgrund dieser verschiedenen Populationen wird M 19 als „iron-complex cluster" (etwa „Haufen mit komplizierter Eisenhäufigkeit") bezeichnet, zu denen auch ω Centauri gehört.

Die Ursachen dafür werden noch intensiv diskutiert. Die verschiedenen Sterngruppen müssen nicht zwangsläufig alle in M 19 entstanden sein. Insbesondere passt die Elementhäufigkeit seiner „anomalen" Population gut zu den Feldsternen. Möglicherweise hatte der Kugelsternhaufen die Sterne aus der Milchstraße eingefangen.

Auch wenn man die Details der Entstehung der Sternarten in M 19 nicht genau rekonstruieren kann, gilt dieses Szenario als sehr wahrscheinlich. Aus der Anzahl der Populationen kann man vermuten, dass M 19 mindestens zweimal so ein Ereignis erlebt hat, eines davon hat die Sternentstehung im Haufen neu belebt.

M 15

PEG | $21^h\ 29^m\ 58^s$ | 12° 10′ 1″

Der Kugelsternhaufen M 15 (NGC 7078) wurde am 7. September 1746 von Giovanni Domenico Maraldi auf der Suche nach Kometen entdeckt. Er berichtete „...bemerkte ich zwischen den Sternen ε Pegasi und β Equulei einen nebelhaften aber dennoch hellen Stern, der aus mehreren Sternen besteht." 25 Jahre später beobachtete Charles Messier diesen Kugelsternhaufen unabhängig von Maraldi und fügte ihn seinem Katalog hinzu. Da M 15 nur 4,2° vom Stern ε Pegasi (Enif) im Kopf des Pegasus entfernt ist, kann er in einem 8×30-Feldstecher leicht gefunden werden. Befindet sich Enif am linken unteren Rand des Bildfelds, taucht M 15 am rechten oberen Rand auf.

Bei M 15 fällt die starke Konzentration auf, die als „IV" klassifiziert wird. Der Kugelsternhaufen ist etwa 33.600 Lichtjahre von uns entfernt. Seine sichtbare Ausdehnung von knapp 20′ entspricht daher etwa 180 Lichtjahren, allerdings beträgt der Gezeitenradius etwa 440 Lichtjahre. Die Hälfte der Masse von etwa 630.000 Sonnenmassen befindet sich dennoch in einem Bereich von nur 14 Lichtjahren um das Haufenzentrum. Die Helligkeit von M 15 liegt bei 6,2 mag. Seine mittlere Metallizität ist sehr gering, sie liegt bei [Fe/H] = –2,37 dex. Neueren Untersuchungen zufolge ist M 15 zwischen 12,9 Milliarden Jahren und 13,3 Milliarden Jahren alt. Damit ist M 15 einer der ältesten und einer der dichtesten bekannten Kugelsternhaufen.

Im Jahr 1928 wurde in M 15 der planetarische Nebel Pease 1 (PN G065.0-27.3) gefunden (siehe Markierung in den Abbildungen). Sieben Jahre zuvor war er noch als Stern mit der Bezeichnung Kuestner 648 katalogisiert worden. Planetarische Nebel in Kugelsternhaufen sind äußerst selten: Pease 1 war der Erste, der gefunden wurde! Die Zuordnung zu M 15 war sicher, da das Spektrum von Kuestner 648 typische Spektrallinien enthält.

Die hohe Dichte im Zentrum von M 15 – der Kernradius beträgt ganze 0,13 Lichtjahre – war schon 1975 Anlass zu Spekulationen, ob sich im Zentrum von M 15 ein „mittelschweres" Schwarzes Loch befinden könne. Auslöser waren Beobachtungen der ersten Röntgensatelliten, die M 15 als Röntgenquelle identifizierten. Zuerst wurde vermutet, dass die Quelle eine heiße Akkretionsscheibe sein könnte, die ein Schwarzes Loch mit etwa 1000 Sonnenmassen umkreist. Die Erklärung stand jedoch auf wackligen Füßen, daher gab es immer Gegenargumente, nach denen die hohe Masse durch dichte Sterngruppierungen verursacht würde. Daten des Weltraumteleskops Hubble zeigten 2002 Sterne im Zentrum von M 15, die mit hoher Geschwindigkeit um das Zentrum kreisten, was als Hinweis auf ein Schwarzes Loch mit 4000 Sonnenmassen galt. Andere Astronomen kamen ein Jahr später, mit den gleichen Daten, zu dem Schluss, dass auch ein Haufen kompakter Sternreste, etwa Neutronensterne, die hohen Sterngeschwindigkeiten erklären würde. Nebenbei fanden diese Astronomen einen Fehler in der Publikation des Vorjahres. Nun entfaltete sich ein Schlagabtausch mit kosmischen Ausmaßen.

Das erste Team meldete sich wieder zu Wort, bestätigte den Fehler und schätzte die zentrale Masse auf 1700 – 3200 Sonnenmassen. Im Gegenzug wiesen sie einen möglichen Fehler der zweiten Arbeitsgruppe nach: Sie hatte der Einfachheit halber angenommen, dass die Neutronensterne am Ort ihrer Entstehung, also nahe am Haufenzentrum, verbleiben würden. Das wäre falsch, da auf Neutronensterne bei Supernovaexplosionen oft Impuls übertragen würde, der sie aus dem Zentrum herausschleudert.

Nun rechnete das zweite Team nach und reduzierte die benötigte Anzahl an Neutronensternen und Weißen Zwergen. Selbst wenn nun 95 % der Neutronensterne das Zentrum verließen, würde die verbleibende Anzahl noch eine Zentralmasse von 1600 Sonnenmassen erreichen. Damit wären die Beobachtungen auch ohne Zuhilfenahme eines Schwarzes Loches zu erklären.

Ursache dieser intensiven Debatte sind weniger die fehlerhaften Annahmen und Berechnungen als vielmehr die Probleme der theoretischen Vorstellungen, nach denen Schwarze Löcher mittlerer Masse entstehen sollten. Ein Problem ist die denkbare Verschmelzung von Sternen auf engen Umlaufbahnen. Je größer die Sternmasse wird, desto schneller werden deren Bewegungen, sodass auch mehr Sterne aus der engen Gruppe herausgeschleudert werden. Die Gruppe fand eine Wachstumsgrenze von weniger als 1000 Sonnenmassen. Daher schlagen einige Forscher vor, dass bereits zu Anfang ein Schwarzes Loch existiert haben könnte, dessen Masse nur wenig wuchs. Vielleicht wären dann zumindest einige Kugelsternhaufen Bindeglieder zu den Galaxien, die in ihren Zentren supermassereiche Schwarze Löcher mit Millionen Sonnenmassen beherbergen.

Dass Kugelsternhaufen nicht verschmelzen und nicht, ähnlich wie wechselwirkende Galaxien, immer größere Galaxien formen, bis hin zu den riesigen cD-Galaxien in großen Galaxienhaufen, hat zwei Ursachen:

Zum einen sind Kugelsternhaufen zu klein und zu kompakt, als dass Gezeitenkräfte sie wirksam zerreißen könnten. Der andere Grund ist der Drehimpulserhaltungssatz. Kugelsternhaufen besitzen auf ihrer Bahn um das galaktische Zentrum Bahndrehimpuls, der auch bei engen Passagen mit anderen Haufen erhalten bleibt und die Verschmelzung zweier Haufen verhindert. Aus demselben Grund können auch Sterne nicht einfach zusammenstoßen, sondern benötigen viele enge Begegnungen, in denen der Drehimpuls aufgezehrt wird. Vereinfachend gesagt: Kugelsternhaufen haben keine eingebaute Bremse.

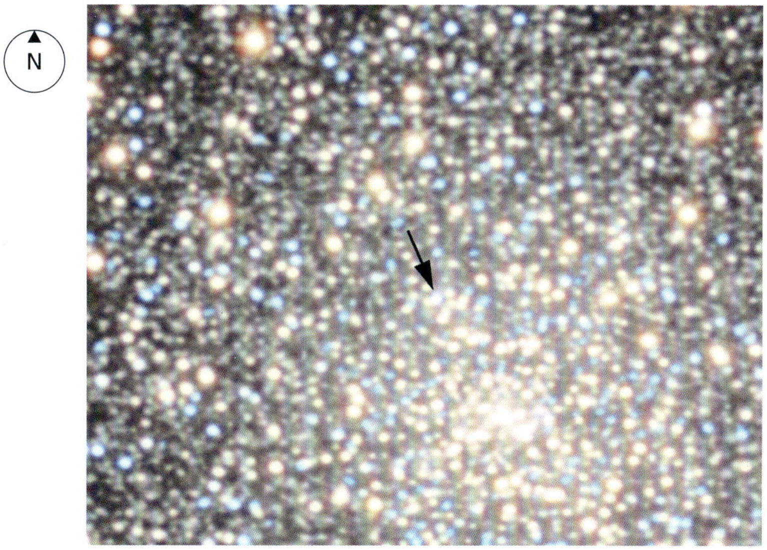

Der Pfeil deutet auf den planetarischen Nebel Pease 1.

Ausschnittsvergrößerung von Pease 1

M 22

SGR | $18^h\ 36^m\ 24^s$ | -23° 54′ 17″

M 22 (NGC 6656) ist mit einer Helligkeit von 5,5 mag der hellste Kugelsternhaufen des Messier-Katalogs. Nur zwei der etwa 150 bekannten Kugelsternhaufen der Milchstraße, ω Centauri und 47 Tucanae, sind heller als M 22. Da sie aber zu weit südlich liegen, konnte Messier sie nicht beobachten und sie fanden daher keinen Einzug in seinen Katalog.

M 22 steht im Sternbild Schütze inmitten des Milchstraßenbands. Mit einem Durchmesser von 32′ ist er größer als der Vollmond – der optische Eindruck ist allerdings kleiner. In seiner Entfernung von etwa 10.700 Lichtjahren entspricht dies einem Durchmesser von etwa 100 Lichtjahren.

Als Entdecker von M 22 gilt Johann Abraham Ihle, ein Leipziger Amateurastronom, der den Kugelsternhaufen am 26. August 1665 als Erster beobachtete. Auch Ihle teilte seine Beobachtung Gottfried Kirch mit, der sie in seinem Jahrbuch von 1682 veröffentlichte. Am Ende dieses Jahrbuchs fügte Kirch Appendizes an, Ergänzungen des Buchs, in denen er auf neue astronomische Beobachtungen hinwies. Dort notierte er, dass Ihle die Entdeckung mit einem kleinen Refraktor gelang, als er den Saturn beobachtete. Mithilfe eines Planetariumprogramms können wir feststellen, dass M 22 zum Zeitpunkt der Entdeckung nur etwa 1,5° südöstlich von Saturn stand. Kirch hatte das Objekt dem Anschein nach im September 1681 in Augenschein genommen. Ihn erinnere die Form dieses nebelartigen Sterns an einen Kometen. Da er aber in den darauffolgenden Beobachtungen weder Position noch Form verändert hätte, wäre er sich sicher, keinen Kometen beobachtet zu haben, sondern „mit Sicherheit einen stella nebulosa".

Für uns steht M 22 vor dem Hintergrund des Bulges der Milchstraße. Diese Position brachte die Astronomen 1999 auf die Idee, mit dem Weltrumteleskop Hubble in M 22 nach Microlensing-Effekten zu suchen, die von Sternen beziehungsweise Sternansammlungen in M 22 verursacht werden und Helligkeitsveränderungen von hinter dem Haufen stehenden Sternen der Milchstraße erzeugen. Damals konnten sechs solcher Ereignisse beobachtet werden. Als Ursache wurde eine planetenähnliche Gravitationslinse mit etwa 80 Erdmassen angenommen, die sich frei durch M 22 bewegen sollte.

An solchen „free-floating planets" („ungebundene Planeten") in M 22 kamen aber bald Zweifel auf. Eine erneute Analyse der Hubble-Daten im Jahr 2018 suchte nach einem Schwarzen Loch mittlerer Masse als Gravitationslinse. Trotz verbesserter Auswertungsprogramme konnte keines der früheren Ereignisse reproduziert werden. Die planetengroßen Gravitationslinsen waren softwarebedingt nur Illusionen und lösten sich in Luft auf – wie auch die damals vermutete Sonderstellung von M 22.

N

M 30

CAP | 21^h 40^m 22^s | -23° 10′ 48″

In der südöstlichen Ecke des Sternbilds Capricornus (Steinbock), oberhalb des Südlichen Fisches, finden wir den Kugelsternhaufen M 30 (NGC 7099). Der blaue Stern auf der Aufnahme, links neben dem Haufen, ist HD 206034. Dieser A3-Stern hat eine visuelle Helligkeit von 8,6 mag und befindet sich in einer Entfernung von 6′ vom Zentrum von M 30. Die visuelle Helligkeit des Haufens beträgt 7,7 mag und sein Durchmesser 12′. Das Bild macht auch deutlich, dass diese Festlegung ein geschätzter Winkelabstand ist, bei dem die Dichte der Haufensterne derjenigen der umgebenden Feldsterne entspricht. Die Entfernung von M 30 liegt bei etwa 24.000 Lichtjahren, der Haufendurchmesser bei rund 95 Lichtjahren. Der Gezeitenradius von M 30 ist mit über 18′ relativ groß, in Projektion sind es 250 Lichtjahre. Dieser Radius definiert die Entfernung, bei der das Dichteprofil des Haufens Null wird. Der Kernradius ist dagegen mit nur 0,2 Lichtjahren sehr gering. Die Masse von M 30 wird mit etwa 160.000 Sonnenmassen angegeben, die Hälfte dieser Masse befindet sich in einer Kugel mit etwa 15 Lichtjahren Radius. M 30 enthält etwa 300.000 Sterne. Die mittlere Metallizität ist mit [Fe/H] = –2,2 dex sehr gering, was schon auf sein hohes Alter von 12,9 Milliarden Jahren hindeutet.
Auffallenderweise bewegt sich M 30 auf einer retrograden Bahn um das galaktische Zentrum: M 30 läuft also entgegen dem galaktischen Drehsinn. Seine Bahnebene ist derzeit 50° gegen die Milchstraßenebene geneigt, aber das ändert sich ständig, denn wie die meisten Kugelsternhaufen bewegt er sich auf einem Schlingerkurs um das galaktische Zentrum. Die Astronomen gehen davon aus, dass M 30 von der Milchstraße eingefangen wurde, beispielsweise bei der Kollision mit einer früheren Nachbargalaxie. Einen solchen extragalaktischen Ursprung besitzen etwa ein Drittel der Kugelsternhaufen.
Bekannt wurde M 30 als Prototyp eines sogenannten „post core collaps cluster" (PCC, „Kugelsternhaufen nach dem Kernkollaps") – wie der enge Kernradius deutlich macht. Solche Haufen zeigen einen radialen Farbgradienten. M 30 ist zum Zentrum hin blauer als in der Randzone. Der Hauptgrund ist ein Mangel an roten Riesen im Kernbereich. Intensiviert wird diese Blaufärbung durch massereichere blaue Sterne, die sich im Farben-Helligkeits-Diagramm in der Nähe des Abknickpunkts der Hauptreihe befinden. Diese finden sich häufiger im Zentrum. Die masseärmeren roten Hauptreihensterne sind dagegen weniger zum Kern konzentriert. Wir dürfen dabei nicht vergessen, dass dieser Farbeffekt im allerinnersten Kern gemessen wird: Innerhalb eines Radius von 1′ (etwa 7 Lichtjahre) sinkt B–V von 0,8 mag auf 0,4 mag. Auf unserer Aufnahme können wir das aber nicht erkennen.
Mithilfe des Hubble Space Telescope konnten in M 30 auch 48 Blue Stragglers identifiziert werden. Diese blauen Sterne mit einer Farbe B–V zwischen –0,2 mag und +0,2 mag stehen im Farben-Helligkeits-Diagramm noch oberhalb des Abknickpunkts. Darüber hinaus wurde auch ein Stern mit extremem B–V = –1 mag gefunden. Fast 70 % der Blue Stragglers liegen innerhalb eines Radius von 10″ (etwa mehr als einem Lichtjahr). Dies passt zum gemessenen Farbgradienten in M 30. Was nun PCC entstehen lässt, welcher Prozess also die roten Riesen aus dem Zentrum entfernt, ist noch unklar. Es wird vermutet, dass Wechselwirkungen zwischen den Sternen, ein Überfließen von Sternmaterie über die Roche-Grenzen oder Kollisionen eine Rolle spielen könnten. Eine Folge wäre das Entstehen von Doppelsternen und würde auch eine mögliche Verbindung zwischen der Population der Blue Stragglers in M 30 und dem Kernradius andeuten.

M 54

SGR | $18^h\ 55^m\ 3^s$ | -30° 28′ 48″

Mit einer Deklination von –30,5° steht der Kugelsternhaufen M 54 (NGC 6715) in der südlichen Sommermilchstraße inmitten des Sternbilds Sagittarius (Schütze), am Boden des himmlischen „Teekessels". Die hohe Konzentration zeigt sich in der Klassifizierung dieses Haufens mit einer „III". M 54 wirkt nicht nur kompakt, sein Durchmesser ist tatsächlich gering: Der helle Kern misst nur etwa 2′ im Durchmesser. Bei einer Entfernung von fast 62.000 Lichtjahren entspricht das etwa 36 Lichtjahren. Sein Kernradius wird mit 1,8 Lichtjahren angegeben und die Hälfte seiner Masse von etwa 1,78 Millionen Sonnenmassen steckt in einer Kugel von 17 Lichtjahren Radius. Die Ausdehnung von M 54 widerspricht allerdings dem optischen Eindruck, denn sein Gezeitenradius von fast 924 Lichtjahren macht ihn zu einem der am weitesten ausgedehnten Kugelsternhaufen. Mit einer visuellen Helligkeit von 8,4 mag ist M 54 zwar in Amateurteleskopen auffindbar, jedoch braucht es eine große Öffnung und eine große Brennweite, um Sterne im Zentrum auflösen zu können.

Bei M 54 handelt es sich nicht um einen in der Milchstraße entstandenen oder einen eingefangenen Kugelsternhaufen, sondern um ein extragalaktisches Objekt! Dieser Haufen wird der Sagittarius-Zwerggalaxie (im Fachjargon mit SagDEG abgekürzt) zugeordnet. Es handelt sich um eine kleine, elliptische Nachbargalaxie der Milchstraße, die von ihr eingefangen wurde. Die Bahn des kleinen Nachbarn verläuft, bezogen auf die Milchstraßenebene, fast polar. Aktuell befindet sie sich in einer Entfernung von 87.400 Lichtjahren hinter dem galaktischen Bulge. Damit steht sie uns also deutlich näher als die Magellanschen Wolken. Die nächste Passage der Zwerggalaxie durch die galaktische Mittelebene ist in 100 Millionen Jahren zu erwarten. Wegen der versteckten Lage der Sagittarius-Zwerggalaxie wurde sie erst 1994 entdeckt, denn ihr Licht wird durch die intensive interstellare Extinktion der Milchstraße geschwächt. Die Ausdehnung der Zwerggalaxie wird mit 8° angegeben, übertrifft also deutlich die von M 31. In ihrer Entfernung sind dies etwa 12.200 Lichtjahre.

Ein Vergleich der Orte und Geschwindigkeiten der Zwerggalaxie sowie von M 54 zeigt ihre Verwandtschaft: Die Zwerggalaxie entfernt sich mit etwa 130 km/s, M 54 mit 142 km/s. Unterschiede gibt es in den Breiten der Geschwindigkeitsverteilungen ihrer Sterne. Dies wird als Hinweis darauf gesehen, dass M 54 im Halo von SagDEG entstanden ist und den Kern der kleinen Galaxie umläuft. Gelangt M 54 dabei in dichtere Bereiche, kommt es zur dynamischen Reibung, es geht Drehimpuls verloren und die Umlaufbahn von M 54 wird immer kleiner. Da die Position von M 54 am Himmel fast mit dem Zentrum der Zwerggalaxie zusammenfällt, könnte es sich bei M 54 auch um den Kern der Zwerggalaxie handeln. Modelliert man die Sterndichte und nutzt die Masse aus den Bahnanalysen, so findet man Belege, dass sich in M 54 eine kompakte Masse von 9800 Sonnenmassen befindet – vielleicht handelt es sich um ein „mittelschweres" Schwarzes Loch.

Gaia fügte den Besonderheiten von M 54 eine weitere hinzu: Nach dem Rückrechnen der Bewegung von Sternen in der Zwerggalaxie schlossen einige Forscher auf drei Episoden der Sternentstehung, die vor 5,7 Milliarden Jahren, vor 1,9 Milliarden Jahren und vor 1 Milliarde Jahren stattgefunden haben müssen. Zu jedem dieser Zeitpunkte durchquerte die Galaxie die Ebene der Milchstraße. Und der Reigen der Eigenheiten geht noch weiter: Der Durchgang der SagDEG vor 5,7 Milliarden Jahren könnte die Kontraktion der Gaswolke ausgelöst haben, aus der dann unser Sonnensystem entstanden ist. Somit wäre uns M 54 schon einmal, zumindest räumlich, relativ nahe gewesen – damals war M 54 bereits 5 Milliarden Jahre alt, aber die Sonne nur ein Staubklumpen.

N

M 56

LYR | $19^{h}\ 16^{m}\ 36^{s}$ | 30° 11′ 1″

Am oberen Rand dieser Aufnahme leuchtet der 5,9 mag helle M0-Riese HD 180450 und bildet farblich einen Kontrast zum Kugelsternhaufen M 56. Das Bild zeigt einen Ausschnitt der Leier, etwas weiter links schließt das Sternbild Schwan an. Anhand der Aufnahme hat der helle Kernbereich des Kugelsternhaufens einen Durchmesser von knapp 3′. In der Entfernung von M 56 entspricht dies etwa 30 Lichtjahren. Der Kernradius von M 56 beträgt 3,9 Lichtjahre. Der Gezeitenradius, praktisch der „Rand“ des Kugelsternhaufens, liegt 316 Lichtjahre vom Zentrum entfernt. Die Haufenmasse ist rund 190.000 Sonnenmassen. Die Kugel, in der sich die halbe Masse befindet, hat einen Radius von 14,7 Lichtjahren. Das spricht nicht für einen stark konzentrierten Haufen.

Die visuelle Helligkeit von M 56 beträgt 8,3 mag und der mittlere Spektraltyp des Haufens ist F5. Sein Metallgehalt ist mit [Fe/H] = −1,9 dex gering. Die meisten Sterne des Haufens haben Helligkeiten zwischen 11 mag und 14 mag. Der Farbexzess E(B−V) = 0,2 mag bestätigt die Nähe zum Band der Milchstraßen: Die galaktische Breite von M 56 beträgt nur 8,3°.

M 56 wird selten in Veröffentlichungen genannt. Oft wird er nur als Vergleich für fotometrische Untersuchungen herangezogen, etwa in einem Artikel aus dem Jahr 2000, der M 56 mit M 15 verglich und ein Entfernungsmodul m−M von 15,4 ± 0,3 mag bestimmte. Mit plausiblen Annahmen zur Extinktion und Absorption des Lichts führte dies auf eine Entfernung von 32.900 Lichtjahren. Allerdings ist dies eine differenzielle Messung und keine absolute. Die Entfernung wird auf Basis einer anderen bestimmt. Ändern sich die Daten für das Vergleichsobjekt, dann müssen sich auch die Messwerte ändern. Zudem war die Absorption fehlerbehaftet, sodass diese Entfernung einen Fehler von ± 20 % beinhalten dürfte. Dennoch zieht sich diese Entfernungsangabe für M 56, mangels anderer Messungen, bis heute wie ein roter Faden durch die Angaben im Internet. Mit den Gaia-DR2-Daten hat man die Möglichkeit, diese etablierte Entfernungsangabe am eigenen PC zu überprüfen. Mit einem Suchradius von 1,5′ erhält man für 1437 Sterne Parallaxen. Die Häufigkeitsverteilung der Parallaxen zeigt interessanterweise im Bereich der altbekannten Entfernung ein Minimum. Das ist ein deutlicher Hinweis, dass die korrekte Entfernung entweder größer oder kleiner sein muss. Eine genauere Sternauswahl ist schwierig, weil die Gaia-Daten, trotz der kleinen Suchfläche, durch viele andere Sterne kontaminiert sind. Die Parallaxenverteilung zeigt dann kein eindeutiges Maximum, sondern wird durch ein ständiges Auf und Ab geprägt. Da eine Veröffentlichung aus dem Jahr 2000 ein Farben-Helligkeits-Diagramm von M 56 zeigt, können wir mit einem einfachen Vergleich Licht ins Dunkel bringen. Zuerst benutzen wir die von Gaia gemessenen Eigenbewegungen, um die Daten auf wahrscheinliche Mitglieder von M 56 einzuschränken. Hier lässt sich ein kompakter Häufungspunkt finden. Für die Sterne, die diesen Punkt bilden, erstellen wir ein Farben-Helligkeits-Diagramm. Das stimmt gut mit dem über 20 Jahre älteren Farben-Helligkeits-Diagramm überein. Der Horizontalast unseres neuen Diagramms besteht allerdings aus ganzen 17 Sternen, deren Grünhelligkeit bei etwa 16,5 mag liegt! Wählen wir aus dieser Gruppe mit den „passenden“ Sternen auf dem Horizontalast diejenigen aus, die geringe Messfehler aufweisen, erhalten wir schließlich eine mögliche Entfernung von 28.000 ± 2000 Lichtjahren. Der Fehler dieser Auswertung der Gaia-Daten ist geringer als derjenige der Messung im Jahr 2000. Führt man die Analyse mit den aktuellen Gaia-EDR3-Daten nochmals durch, so rückt M 56 wieder von uns ab: Seine Distanz beträgt nun 35.900 ± 4400 Lichtjahre, was innerhalb des Fehlers sogar gut zur fotometrischen Entfernung passen würde.

M 71

SGE | $19^h\ 53^m\ 46^s$ | 18° 46′ 45″

Für Amateurastronomen gehört der Besuch bei M 71 (NGC 6838) an sommerlichen Beobachtungsnächten zum Standardprogramm. Das kleine Sternbild Sagitta (Pfeil), durch das die Milchstraße verläuft, besitzt nur 4 Sterne heller als 4 mag. Zwischen δ Sagittae und γ Sagittae können wir den 7,2 mag hellen Kugelsternhaufen M 71 in kleinen Teleskopen und in Feldstechern leicht ausfindig machen. Seine Ausdehnung lässt sich auf ca. 8′ abschätzen, was bei einer Entfernung von etwa 13.000 Lichtjahren rund 30 Lichtjahren entspricht. Mit etwa 46.000 Sonnenmassen gehört M 71 zu den kleineren Kugelsternhaufen. Sein Kernradius von etwa 4 Lichtjahren deutet ebenfalls auf wenig Masse im Haufen hin. Der Gezeitenradius beträgt nur 141 Lichtjahre, was im Vergleich zu anderen Haufen ebenfalls gering ist.

Entdeckt wurde M 71 vom Schweizer Astronomen Jean-Philippe Loys de Cheseaux, der M 71 als 13. Objekt in seiner 21 Einträge umfassenden Liste aufführt. In ihr nannte Cheseaux nicht nur bereits bekannte Objekte, sondern auch acht Neuentdeckungen. Bei einigen beschrieb er nur grob die Position im Sternbild, ohne Koordinaten zu nennen. Diese Aufstellung wurde 1746 von der französischen Akademie der Wissenschaften veröffentlicht, erlangte aber nie die Bekanntheit des Messier-Katalogs.

M 71 liegt nur wenig unterhalb der Milchstraßenebene. Der Haufen gehört mit [Fe/H] = −0,8 dex zu den metallreichen Kugelsternhaufen und sein Alter wird auf neun bis zehn Milliarden Jahre geschätzt.

In verschiedenen Quellen ist zu M 71 nachzulesen, dass erst in den 1970er-Jahren sich die Meinung durchgesetzt hätte, dass es sich um einen Kugelsternhaufen handeln würde – vermutlich motiviert durch die hohe Metallizität von M 71. Schauen wir in die Referenzen von M 71, so finden wir keinen eindeutigen Hinweis auf einen Disput zu dieser Zeit. Vielmehr gibt es in den Veröffentlichungen aus den 1960er-Jahren und 70er-Jahren immer nur die Beschreibung „globular cluster" für M 71.

Gehen wir in der Zeit weiter zurück, so stoßen wir auf eine Arbeit aus dem Jahr 1953 von Helen B. Sawyer Hogg, einer kanadischen Astronomin. Sie suchte auf Plattenaufnahmen von elf Kugelsternhaufen nach variablen Sternen. Für M 71 konnte sie sich auf 87 Aufnahmen stützen, in denen sie zwei variable Sterne identifizierte. Interessant ist ihre Anmerkung, dass die Verschiebung von M 71 vom Katalog der offenen Haufen zur Kategorie der Kugelsternhaufen „in recent years" („in den letzten Jahren") erfolgte. Für diese neue Zuordnung nennt sie eine Quelle – einen Artikel aus dem Jahr 1947, den sie selbst verfasst hat! Es handelt sich um eine Veröffentlichung des Richmond Hill David Dunlap Observatory, einem Institut der University von Toronto in Richmond Hill, Ontario (Kanada). Mit dem dortigen 183-cm-Reflektor untersuchte Helen Sawyer Hogg mit Vorliebe Kugelsternhaufen. Unter anderem veröffentlichte sie seit 1939 eine Reihe von Katalogen veränderlicher Sterne in Kugelsternhaufen. Der letzte stammt von 1973 und beinhaltete auch Material anderer Astronomen und Observatorien. Er umfasst 141 Kugelsternhaufen und 2119 Veränderliche. Für ihre Katalognummer 131, die wir als M 71 kennen, konnte sie vier Veränderliche identifizieren.

Auf einer 1992 mit modernen fotometrischen Verfahren durchgeführten Suche nach Veränderlichen in M 71 wurden die Lichtkurven von 989 Sternen analysiert. Es wurden nur die vier bekannten Veränderlichen nachgewiesen. Dies ist ein Beleg für die hervorragende astronomische Arbeit, die Helen Sawyer Hogg über sechs Jahrzehnte geleistet hat.

M 79

LEP | $5^h\,24^m\,11^s$ | -24° 31′ 27″

Schon das Sternbild Lepus (Hase), in dem der Kugelsternhaufen M 79 (NGC 1904) zu finden ist, verrät, dass dieser Haufen etwas besonders sein könnte. Dieses Sternbild steht südlich des Sternbilds Orion, wir blicken hier fast in die entgegengesetzte Richtung des galaktischen Zentrums. Bei einer galaktischen Breite von −29,4° sollte die Absorption durch die Milchstraße eher gering sein. Seine Farbe ist mit B − V = 1,05 dennoch kräftig gerötet. Die meisten der über 150 Kugelsternhaufen der Milchstraße finden sich nämlich auf der anderen Seite, also im Halo, nahe des Bulges und in der Nähe der Milchstraßenebene.

Die Entfernung von M 79 ist etwa 43.300 Lichtjahre. Aufgrund seiner galaktischen Breite befindet er sich 21.000 Lichtjahre unterhalb der Mittelebene der Milchstraße. Der Abstand zwischen M 79 und dem Zentrum der Milchstraße beträgt etwa 62.000 Lichtjahre. Der Durchmesser des Haufens kann zu etwa 5′ abgeschätzt werden, was etwa 50 Lichtjahren entspricht. Sein Kernradius ist etwa 1,4 Lichtjahre und der Haufenrand befindet sich bei etwa 214 Lichtjahren. Er enthält etwa 140.000 Sonnenmassen, mit einem Halbmassenradius von 10,5 Lichtjahren.

Heute wird davon ausgegangen, dass es sich bei M 79 um einen extragalaktischen Kugelsternhaufen handelt. Er gehört mit NGC 1851, NGC 2298 und NGC 2808 zu den vier Kugelsternhaufen, die der erst 2003 entdeckten Canis-Major-Zwerggalaxie (CMZ) zugeordnet werden. Diese ist oder besser war eine der nächstgelegenen Nachbargalaxien der Milchstraße, wurde aber durch die Gezeitenkräfte unserer Galaxie aufgelöst, die sich gerade die Reste der Zwerggalaxie einverleibt.

Bei allen vier Kugelsternhaufen der CMZ sehen wir nicht nur Abweichungen von der Kugelgestalt, sondern auch Hinweise auf stärkere Einflüsse durch die Gezeitenkräfte. Eine Arbeit aus dem Jahr 2016 berichtet über Beobachtungen der Canis-Major-Zwerggalaxie mit der sogenannten Dark-Energy-Kamera am 4-m-Reflektor des Cerro Tololo Inter-American Observatoriums bei La Serena (Chile). Die Kamera hat ein drei Quadratgrad großes Bildfeld. Daher waren alle vier Kugelsternhaufen in einem Mosaik aus nur sieben Aufnahmen enthalten.

Gesucht wurden Ausreißer, deren Energie größer ist als die sogenannte Jacobi-Energie. Für Sternhaufen ist das grob dasselbe wie die Rochesche Grenzfläche bei einem Stern. Damit verbunden ist ein bestimmter Abstand vom Haufenzentrum. Unterhalb der Grenze befindet sich eine kleine Masse, die eine größere Masse umläuft, im Schwerefeld der größeren Masse. Sterne innerhalb des Jacobi-Radius „gehören“ somit zum Haufen. Die gesuchten Ausreißer würden also mit dem Kugelsternhaufen durch den Raum ziehen, gehörten aber eigentlich nicht mehr wirklich zu ihm. Dies ist ein theoretischer Richtwert, der keine scharfe Grenze darstellt. Interessant waren daher Lichtansammlungen, die außerhalb des Jacobi-Radius lagen und vom symmetrischen Lichtabfall abwichen, der bei einem Kugelsternhaufen erwartet wird. Bei allen vier Haufen sind solche auffälligen Bereiche erhöhter Sterndichte zu finden. Bei NGC 1851 und NGC 2808 waren sogar Ansätze von Gezeitenschweifen zu erkennen.

Somit ist M 79 nicht nur außergalaktischer Herkunft, sondern hat auch eine bewegte Vergangenheit. Dazu passt, dass in M 79 eine große Anzahl von Blue Stragglers nachgewiesen wurde. Diese nur jung aussehenden, aber schon relativ alten Sterne entstehen beispielsweise bei Zusammenstößen von Sternen. Auch die werden in den dichten Zentren von Kugelsternhaufen häufig erwartet. M 79 könnte als Beispiel dienen, dass solche „inneren“ Wirkungen auch durch äußere Effekte ausgelöst worden sein könnten.

M 80

SCO | $16^h\ 17^m\ 2^s$ | -22° 58′ 34″

Der er Blick zu M 80 führt knapp an den großen Gas- und Molekülwolkenkomplexen vdB 105 und vdB 106 im Sternbild Scorpius (Skorpion) vorbei. Der Kugelsternhaufen liegt etwa 5° nordwestlich von Antares und sitzt – wenn wir die mythologische Gestalt des Skorpions als Orientierung benutzen – am Hinterkopf des Skorpions.

Viele Amateure kennen die Region von Weitfeldaufnahmen der farbenprächtigen Nebel zwischen Antares und ρ Ophiuchi. M 80 (NGC 6093) ist oft als Beifang in diesen Aufnahmen zu finden, allerdings ist dieser Kugelsternhaufen weniger auffällig als der größere und hellere Sternhaufen M 4, der dicht bei Antares steht. M 80 ist 7,3 mag hell und seine Größe liegt bei knapp 6′. Der bläuliche Stern HD 146457, der auf der Aufnahme in etwa 4,3′ Entfernung rechts unterhalb (in nordöstlicher Richtung) zu sehen ist, hat eine visuelle Helligkeit von 8,5 mag. Es ist ein A5-Riesenstern, der sich in einem Abstand von 464 ± 4 Lichtjahren zur Sonne befindet. HD 146457 gehört zur sogenannten „Upper Scorpius Group", einer Assoziation von Sternen, die aufgrund von Gaia-Daten einen zusammengehörigen Sternstrom bilden. Am Himmel überdecken diese „co-moving stars" („Sterne mit gemeinsamer Bewegungsrichtung") einen Bereich von 20° Radius.

Weit hinter dieser Gruppe, in 32.000 Lichtjahren Entfernung, befindet sich M 80. Seine Ausdehnung am Himmel entspricht etwa 50 Lichtjahren. Schon das deutet eine hohe Dichte an, tatsächlich gehört M 80 zu den dichtesten Kugelsternhaufen der Milchstraße. Sein Kernradius beträgt etwa 1,3 Lichtjahre. Die Hälfte seiner Masse von 340.000 Sonnenmassen finden wir in nur 8,6 Lichtjahren, während der Gezeitenradius etwa 200 Lichtjahre beträgt.

Am 21. Mai 1860 beobachtete Arthur Auwers an der Sternwarte Königsberg eine Nova in M 80, die den Namen T Scorpii (auch Nova Scorpii 1860) erhielt. Sie zählt zu den wenigen Novae, die in Kugelsternhaufen nachgewiesen werden konnten. Bei ihrem Aufleuchten besaß sie eine Helligkeit von 7 mag. Auwers beschrieb 1886 seine Versuche, den Nebel zu beobachten: „...konnte mich aber gar nicht orientiren, indem ich den Nebel nicht finden konnte, vielmehr immer, wenn ich an der richtigen Stelle zu sein glaubte, einen Stern 7" traf. ...und bei genauer Betrachtung mit 65 f. Vgr. sah ich, dass dieser Stern in dem Nebel, ein wenig auf seine Mitte folgend, stand und ihn fast ganz überstrahlte." Auwers versuchte die Nova in den nächsten Wochen weiter zu beobachten und schätzte ihre Helligkeit am 3. Juni auf nur noch 10 mag. Zu dieser Zeit „macht [er] sich eigentlich nur dadurch kenntlich, dass der Nebel stärker verdichtet scheint, als er früher war. Erst bei genauem Hinsehen erkennt man zuweilen das Sternchen selbst". Ende Juni 1860 war die Nova nicht mehr zu sehen.

Mit dem Hubble Space Telescope wurde 1995 die Nova aus dem Jahr 1860 gesucht. Innerhalb von 1″ um die von Auwers genannten Koordinaten wurde ein extrem blauer Stern gefunden. Auf der Ausschnittsvergrößerung steht T Scorpii genau im Zentrum. Die Fotometrie nutzte die Johnsonschen U- und B-Filterbereiche und lieferte eine Blauhelligkeit des Himmelskörpers von 22,2 mag und U–B = 0,9 mag. Im Verlauf dieser Beobachtungen wurden über 20.000 Sterne vermessen. Die hellsten flossen in ein Farben-Helligkeits-Diagramm ein. Der Novakandidat findet sich in einem nahezu leeren Teil des Diagramms, auf der blauen Seite des Abknickpunktes der Hauptreihe und 4 mag lichtschwächer als der Horizontalast.

In der Regel gehen Novae auf Helligkeitsausbrüche in engen Doppelsternsystemen zurück. Einer der Sterne hat sich bereits zu einem Weißen Zwerg entwickelt, die zweite Komponente ist ein weiter entwickelter Stern, der sein Roche-Volumen ausfüllt, sodass Materie vom Begleiter auf den Weißen Zwerg überströmen kann. Wird die Dichte hoch genug, gibt es eine Kernexplosion. Eigentlich sollte die Wahrscheinlichkeit für das Auftreten solcher Doppelsternsysteme in den dicht gepackten Zentren von Kugelsternhaufen sehr groß sein. Aus der Tatsache, dass Novae in Kugelsternhaufen relativ selten beobachtet werden, schließen einige Forscher aber, dass die Lebenszeit von Doppelsternsystemen in den Kernen von Kugelsternhaufen eher gering ist. Die Komponenten solcher Systeme würden durch die störenden Gravitationswechselwirkungen der eng benachbarten Sterne zu einem Objekt verschmelzen oder ganz aus dem Haufen hinausgeschleudert werden.

Der Ausschnitt dieser Aufnahme ist auf T Scorpii zentriert, der im Mai 1860 als Nova aufleuchtete.

M 92

HER | 17^h 17^m 7^s | 43° 8′ 9″

Im nördlichen Teil des Sternbilds Herkules steht der kompakte Kugelsternhaufen M 92 (NGC 6341). Sein bekannter Nachbar M 13 liegt etwa 9,5° weiter im Südwesten. Beim direkten Vergleich im Bildfeld desselben Teleskops ist M 92 nur halb so groß wie M 13. Im Gegensatz zu M 13 fällt es bei M 92 schwerer, einzelne Sterne zu erkennen. Die Entfernung zu diesem Haufen beträgt etwa 29.100 Lichtjahre. Der auf Bildern erkennbare Kernbereich misst 4′, was einem Durchmesser von etwas mehr als 30 Lichtjahren entspricht. Die visuelle Helligkeit von M 92 liegt bei 6,3 mag. Sein Kerndurchmesser beträgt 2,5 Lichtjahre, während der Gezeitenradius bei etwa 390 Lichtjahren zu finden ist.

M 92 ist einer der kompaktesten der knapp 160 Kugelsternhaufen der Milchstraße. Er nimmt vielleicht sogar die Spitzenposition ein. Seine Masse wird in Forschungsarbeiten der letzten Jahre unterschiedlich angegeben und liegt zwischen 230.000 und 350.000 Sonnenmassen. Die Hälfte davon liegt in einer Kugel mit einem Durchmesser von etwa 30 Lichtjahren. Frühere Vermutungen, nachdem es im Zentrum von M 92 ein „mittelschweres" Schwarzes Loch geben müsste, sind vorerst vom Tisch. Für den Kernbereich wurde eine Masse von 820 Sonnenmassen abgeleitet, die sich auf etwa 50 Sterne verteilen. Somit kommen die Modelle von M 92 ohne ein kompaktes Objekt im Kern aus.

Auf der Aufnahme von M 92 scheint der Kugelsternhaufen entlang einer Achse, die zwischen 2 Uhr und 8 Uhr verläuft, leicht abgeplattet zu sein. Der Eindruck könnte durch die Lage einzelner Feldsterne und der menschlichen Fähigkeit zur Mustererkennung entstehen. Doch auch wissenschaftlich fundierte Messungen konnten bei M 92 nicht nur die Abplattung, sondern sogar die Existenz von Gezeitenströmen auf beiden Seiten des Haufens nachweisen. Den ersten Hinweis fanden mehrere Arbeitsgruppen in den Gaia-Daten von 2018. Mithilfe des fotometrischen Katalogs des Canada-France Imaging Surveys (CFIS) und des zweiten Release von Pan-STARRS 1 konzentrierten sich die Forscher auf Sterndaten der Region um M 92. Die Unterscheidung zwischen Feldsternen und Sternen, die zu M 92 gehören könnten, erfolgte anhand der fotometrischen Ähnlichkeit der Objekte. Die Astronomen benutzten gleich mehrere Farbdifferenzen, um die Sterne von M 92 herauszuarbeiten.

Dabei wurde ein Gezeitenstrom gefunden, der aus einem vorauslaufenden und einem nachlaufenden Arm besteht. Der Strom überdeckt eine Länge von 17°, bei einer Breite von nur 0,3°. M 92 liegt in der Mitte des Stroms. In der Entfernung von M 92 hat der Strom eine Länge von etwa 8000 Lichtjahren, bei einer Breite von nur 150 Lichtjahren. Die Masse beider Arme wird auf 32.000 Sonnenmassen oder einem Zehntel der Haufenmasse geschätzt.

Simuliert man die Bewegung von M 92, verfolgt man also die zurückgelegten Orbits um das galaktische Zentrum, so ergeben die Modelle eine alle 125 Millionen Jahre wiederkehrende Passage der Milchstraßenebene. Jedoch muss man anmerken, dass sich die Lage des Orbits auch durch dynamische Reibung im Laufe der Lebenszeit von 11,0 ± 1,5 Milliarden Jahren verändert haben könnte. Dann wäre der kinetische Rückblick nicht angebracht, und es trifft vielleicht ein Szenario zu, das ebenfalls diskutiert wird – M 92 könnte das Überbleibsel einer von der Milchstraße eingefangenen Zwerggalaxie sein.

NGC 104

TUC | $0^h\ 24^m\ 5^s$ | -72° 4′ 53″

Auch wenn die Aufnahme dieses Haufens nicht viel anders aussieht als die anderen dieses Kapitels, bei NGC 104 (47 Tucanae) handelt es sich um den zweithellsten und zweitgrößten Kugelsternhaufen, den wir von der Erde aus beobachten können. Nur ω Centauri übertrifft ihn hierbei. Sein Durchmesser beträgt etwa 32′ und seine visuelle Helligkeit liegt bei 4 mag. Er steht am Südhimmel bei einer Deklination von −72° und in direkter Nachbarschaft zur Kleinen Magellanschen Wolke. Der Name 47 Tucanae verrät, dass dieser Haufen als 47. Stern des Sternbilds Tukan katalogisiert wurde, bevor ihn Nicolas Louis de Lacaille 1751 in seinen Katalog „Sur les Étoiles Nébuleuses du Ciel Austral" aufnahm.

Die Ausdehnung von NGC 104 entspricht in seiner Entfernung von etwa 14.100 Lichtjahren einem Durchmesser von 120 Lichtjahren und er bewegt sich mit einer Geschwindigkeit von knapp −20 km/s auf uns zu. Seine Masse wird auf enorme 500.000 Sonnenmassen geschätzt. Die Hälfte dieser Masse ist in einer Kugel mit 42 Lichtjahren gebündelt. Ein mittelschweres Schwarzes Loch von mehr als 1000 Sonnenmassen im Zentrum gilt zumindest als nicht ganz ausgeschlossen, wurde aber noch nicht beobachtet. Trotz seiner optischen Nähe zur Kleinen Magellanschen Wolke ist er gravitativ nicht an sie gebunden, denn diese Satellitengalaxie der Milchstraße ist mit 210.000 Lichtjahren viel weiter entfernt.

Bei NGC 104 handelt es sich um einen der metallreichsten Haufen: Sein Mittelwert für [Fe/H] liegt bei −0,72 dex. NGC 104 wird zu den „Bulge/Disk"-Haufen gezählt. Kugelsternhaufen dieser Gruppe sind im Vergleich zu den Haufen des Halos im Schnitt zwei bis drei Milliarden Jahre jünger. Das Alter von NGC 104 schätzt man auf 11,8 Milliarden Jahre.

Zeichnet man für NGC 104 das Hertzsprung-Russell-Diagramm, so findet man Hinweise auf die Existenz von zwei stellaren Sternpopulationen. Die kleinere umfasst etwa 30 % der Haufensterne und besitzt eine Metallizität, die der von Feldsternen entspricht. Die größere Gruppe zeigt in ihren Spektren eine Anreicherung von Stickstoff und Helium, aber ein Defizit an Kohlenstoff und Sauerstoff. Nehmen wir als weiteres Kriterium die Natrium-Häufigkeit hinzu, können wir sogar drei Populationen in NGC 104 erkennen. Die Besonderheit bei NGC 104 besteht darin, dass dieser Kugelsternhaufen nicht nur eine, sondern mehrere HRD-Sequenzen enthält, die in sich vollständig sind: Sie bestehen also aus drei verschiedenen Hauptreihen, drei Riesenästen, drei Horizontalästen und drei asymptotischen Riesenästen.

Zur Erklärung für das Auftreten verschiedener Populationen in einem Kugelsternhaufen bemüht man die Archäologie des Haufens, also verschiedene Ereignisse der Vergangenheit, die Sternentstehungsepisoden auslösten. Im letzten Jahrzehnt der Forschung kamen differenziertere Betrachtungen zum Gashaushalt von Kugelsternhaufen hinzu. Etwa wird überlegt, welche Rolle die Urstruktur des Kugelsternhaufens spielen kann. Ist diese besonders massiv, so kann das Gas, das bei der Entwicklung massereicher Sterne ausgestoßen wird, nicht den Haufen verlassen, sondern steht folgenden Generationen zur Verfügung. Dazu zählen auch die von Supernovae abgestoßenen Hüllen. Bei eher massearmen Haufenvorläufern kann die geringere Gravitation nur das langsame Gas der Sternwinde mittelschwerer Sterne im Haufen halten, alles andere Gas geht dem Haufen verloren.

NGC 104 gehört zu den massereichsten Kugelsternhaufen. Geht man davon aus, dass NGC 104 nicht durch Verschmelzung von Haufen entstanden ist, spräche dies dafür, dass dieser Kugelsternhaufen schon bei seiner Entstehung enorm massereich war und so auch das meiste Material, das seine Sterne produziert haben, in sich konserviert hat.

NGC 2298

PUP | $6^h\ 48^m\ 59^s$ | -36° 0′ 19″

Visuelle Beobachter nutzen das Verfahren des „Starhoppings“, bei man von bekannten Sternen ausgeht und durch Schwenks zum Zielobjekt hüpft. Würde man bei Sirius (α Canis Majoris) starten und knapp 20° nach Süden schwenken, so käme NGC 2298 in Bildfeld. Für mitteleuropäische Beobachter klappt dies leider aufgrund der südlichen Lage dieses Kugelsternhaufens nicht. NGC 2298 steht im Sternbild Puppis (Achterdeck des Schiffs) und ist visuell 9,0 mag hell. Sein Winkeldurchmesser wird mit 7′ angegeben, der helle Kernbereich in der Aufnahme misst aber nur 1′. In der Entfernung des Haufens entspricht das etwa 55 bzw. 8 Lichtjahren. Die Ausdehnung des Bildfelds lässt sich mithilfe des 9,9 mag hellen Sterns nahe der unteren, linken Ecke abschätzen. Es handelt sich um CD +35 3157, der vom Zentrum 7′ entfernt ist. Die Aufnahme zeigt also einen recht kleinen Himmelsausschnitt. Erreicht wurde dieser tiefe Einblick in NGC 2298 durch einen 80-cm-Reflektor mit einer Brennweite von 5,6 m.

Neuere Studien zur Fotometrie von Sternen in NGC 2298 lieferten einen Entfernungswert von 26.960 ± 2470 Lichtjahren. Anpassen von Linien gleichen Alters an das Farben-Helligkeits-Diagramm führt auf ein Alter von 13,2 ± 0,4 Milliarden Jahren, beobachtet wurde die geringe Metallizität von [Fe/H] = –1,92 dex. In NGC 2298 wurden vier RR-Lyrae-Veränderliche gefunden. Deren mittlere Helligkeit beträgt etwa 16,5 mag und ihre Perioden liegen im Bereich von 8 Stunden bis 16 Stunden. Die Amplituden der Lichtkurven reichen von 0,36 mag bis 1,06 mag.

NGC 2298 gehört zu den vier bekannten Kugelsternhaufen, die der Canis-Major-Zwerggalaxie (CMZ) zugeordnet werden. Wie auch in M 79, NGC 1851 und NGC 2808 ist NGC 2298 ein extragalaktischer Kugelsternhaufen, der nicht im Bereich der Milchstraße geboren sondern durch ihre Gezeitenkräfte eingefangen wurde, während seine Muttergalaxie sich in der Milchstraße auflöste. Bei allen vier Kugelsternhaufen wurden Gezeitenströme gefunden – die natürlich nicht die gleiche Stärke und Ausdehnung haben, da die Haufen seit ihrem Einfang unterschiedliche Bahnen zurückgelegt haben. Bei NGC 2298 ergaben sich nur drei leichte Abweichungen von einem radialsymmetrisch abfallenden Profil der Sterndichte. Sie reichen nur etwa 2° weit, was nicht wirklich unserer Vorstellung von einem Gezeitenstrom entspricht. Die Bahnparameter der vier Kugelsternhaufen zeigen ebenfalls Unterschiede. Die Exzentrizitäten aller vier Bahnen liegen zwischen 0,63 und 0,73. NGC 2298 weist dabei den Maximalwert auf. Den am weitesten entfernten Bahnpunkt erreicht NGC 1851 mit über 100.000 Lichtjahren. Die Bahn von NGC 2298 erreicht einen Maximalabstand vom CMZ-Zentrum von 57.000 Lichtjahren. Die Bahnneigung des Kugelsternhaufens beträgt etwa 60°, die Werte der drei anderen Haufen liegen zwischen 30° und 36°. Interessanterweise läuft NGC 2298 retrograd, im Gegensatz zum prograden Umlaufsinn der drei anderen, um das Zentrum der Canis-Major-Zwerggalaxie. Zusammengefasst fällt NGC 2298 deutlich aus der Reihe. Es könnte sein, dass dieser Haufen nicht einmal in der Zwerggalaxie entstanden ist, sondern auch von dieser eingefangen wurde.

Da das Helligkeitsprofil von NGC 2298 deutliche Abweichung von einem Standardprofil zeigt, gehen wir davon aus, dass NGC 2298 bereits dabei ist, sich aufzulösen. Egal, welches der genannten Szenarien Sie bevorzugen: NGC 2298 fehlen Sterne! Der Haufen hat schätzungsweise schon fast 90 % seiner Sterne verloren. Sein Zerfallsprozess ist nicht mehr aufzuhalten und NGC 2298 hat im Vergleich zu anderen Kugelsternhaufen eine hohe Zerstörungsrate. Berechnen wir die restliche Lebensdauer für NGC 2298, erhalten wir 17,5 Milliarden Jahre. Für Kugelsternhaufen schreitet die Zeit selbst beim Zerfall eher gemächlich voran.

M 53 und NGC 5053

COM | $13^h\ 14^m\ 24^s$ | 17° 59′ 00″

Zwischen den Sternbildern Bootes und Löwe finden wir das Sternbild Haar der Berenike (Coma Berenices oder kurz Coma), das viele Beobachter vom gleichnamigen Galaxienhaufen kennen. Er ist mit etwa 300 Millionen Lichtjahren weiter entfernt als der einige Grad weiter südlich liegende Virgo-Galaxienhaufen in einem Abstand von 55 Millionen Lichtjahren. Der Galaxienreichtum dieser Region beruht auf der Nähe zum galaktischen Nordpol. Hier gibt es in der Milchstraßenebene nur wenige störende Staub- und Gaswolken.
In Coma Berenices liegen die drei Kugelsternhaufen NGC 4147, NGC 5053 und M 53. Die Aufnahme zeigt die beiden letztgenannten Haufen, die am Himmel nur 58′ voneinander entfernt sind. Damit wird ein direkter Vergleich möglich.
Rechts der Bildmitte steht M 53 (NGC 5024) mit einer Helligkeit von 7,8 mag und einer Ausdehnung von 12,6′, was etwa 180 Lichtjahren entspricht. Aufgrund seiner Konzentration wird er als „V“ klassifiziert. Durch seine mittlere Metallizität von [Fe/H] = −1,9 dex gehört er zu den metallarmen Haufen. Mit einer Masse von 460.000 Sonnenmassen zählt er zu einem der massereichsten bekannten Haufen. Das Alter von M 53 wird auf 12,6 Milliarden Jahre geschätzt.
Sein Bildnachbar NGC 5053 ist mit 9,8 mag deutlich lichtschwächer. Auch seine Sternkonzentration ist deutlich geringer, weshalb die Konzentration als „XI“ klassifiziert wird. Mit 10,5′ Winkeldurchmesser erscheint NGC 5053 zwar kleiner als M 53, sein projizierter Durchmesser von 200 Lichtjahren ist aber geringfügig größer als der von M 53. Seine 74.000 Sonnenmassen machen NGC 5053 zu einem der kleineren Kugelsternhaufen. Durch seine Metallizität von [Fe/H] = −2,3 dex ist er zudem einer der metallärmsten Haufen. Diese deutlichen Abweichungen vom Mittelwert der Kugelhaufen unserer Milchstraße sehen einige Wissenschaftler als Indiz einer möglichen extragalaktischen Herkunft.

Die Entfernungen von M 53 und NGC 5053 sind mit 48.690 ± 8210 Lichtjahren beziehungsweise 65.240 ± 15.080 Lichtjahren deutlich unterschiedlich. Allerdings sind die Fehler dieser Gaia-EDR3-Messungen recht hoch, so dass man vermuten kann, dass die beiden Haufen im Raum benachbart sind.
Interessanterweise sind ihre Eigenbewegungen in Rektaszension mit −0,133 mas/a für M 53 beziehungsweise −0,329 mas/a für NGC 5053 ähnlich. In Deklination sind sie mit −1,3 mas/a und −1,2 mas/a fast gleich. Sie bewegen sich daher nicht unabhängig, sondern könnten Kräfte aufeinander ausüben. Auch die Rückberechnungen der Bahnen zeigt, dass sie während der letzten 500 Millionen Jahre fast dieselbe Bahn um die Milchstraße einschlugen. Die Gezeitenradien der Haufen betragen 20′ bei M 53 und 15′ für NGC 5053. In einem Umkreis von 2 bis 3 dieser Radien können Sterne vom Nachbarn eingefangen werden. Sofern verbesserte Messungen die relative Nähe der beiden Haufen bestätigen, würden sich ihre Einfangzonen überlappen. Geht man davon aus, dass bei Wechselwirkungen Gezeitenströme entstehen, also Material einen Haufen verlässt, so kann es dazu kommen, dass Sterne aus diesen Strömen den Eigentümer wechseln.
Aktuelle Beobachtungen benutzten als Indikatoren 74 RR-Lyrae-Sterne, die in einem Feld von acht Quadratgrad lagen, das beide Haufen einschloss und die man in den beiden Farben-Helligkeitsdiagrammen eindeutig nachweisen konnte. RR-Lyrae-Veränderliche sind zwar massearm, aber leuchtstark und lassen sich gut zur Entfernungsmessung nutzen. Die Astronomen konnten einige RR-Lyrae-Sterne identifizieren, die nicht originär zu ihrem jeweiligen Haufen gehörten. In M 53 waren es vier Veränderliche, die vom Nachbarn NGC 5053 stammen. Damit liegen nun Beweise vor, dass es bei den zwei Haufen nicht nur zu Wechselwirkungen, sondern auch zu einem gravitativen Sternenraub gekommen ist.

NGC 2419

LYN | 7^h 38^m 9^s | 38° 52′ 55″

Der in der Aufnahme gezeigte Kugelsternhaufen NGC 2419 bildet das linke Ende einer Dreierkette. Zwei ihrer Glieder sind Sterne: In der Mitte steht HD 60771, ein 7,3 mag heller A5-Stern, und rechts der mit 8,0 mag etwas lichtschwächere HD 60694. Er ist ein Doppel- oder Mehrfachsystem mit einem integrierten Spektraltyp von A0/2. Die beiden blauen Wegweiser zu NGC 2419 haben Entfernungen von 350 ± 1 Lichtjahren und 528 ± 42 Lichtjahren. Es ist also unwahrscheinlich, dass diese beiden Sterne direkte Nachbarn sind.

Aus ihrem Winkelabstand von 4,4′ können wir den Durchmesser von NGC 2419 grob abschätzen. Die inneren, hellen Bereiche haben etwa 1′, und der Außendurchmesser beträgt 2′ bis 2,5′. Die Flächenhelligkeit des Kugelsternhaufens beträgt 10,1 mag. NGC 2419 liegt im unscheinbaren Sternbild Luchs, das zwischen dem Fuhrmann und dem Großen Bären zu finden ist. Die galaktischen Koordinaten des Haufens (l = 180,4°, b = +25,2°) zeigen, dass wir fast genau in Gegenrichtung zum galaktischen Zentrum blicken.

Die Entfernung von NGC 2419 zur Sonne übertrifft die der meisten Kugelsternhaufen: Sie liegt bei 285.000 ± 11.000 Lichtjahren. Die Distanz vom Haufen zum Zentrum der Milchstraße ist sogar noch größer und beträgt 300.000 Lichtjahre. Der Kugelsternhaufen ist damit noch weiter entfernt als etwa die beiden Magellanschen Wolken. Die Große Magellansche Wolke ist 163.000 Lichtjahre, die Kleine Magellansche Wolke 210.000 Lichtjahre von uns entfernt. Diese Distanz brachte NGC 2419 den Beinamen „intergalactic wanderer" („der intergalaktische Wanderer") ein. Die neueren Astrometriedaten zeigen, dass der Haufen nicht zwischen den Satellitengalaxien unserer Milchstraße umherwandert, sondern dass er das Milchstraßenzentrum auf einer eigenständigen Bahn umläuft.

In seiner Entfernung beträgt der Kernradius des Haufens etwa 26 Lichtjahre und sein Gezeitenradius fast 2700 Lichtjahre. Die Hälfte seiner 970.000 Sonnenmassen befindet sich in einem Radius von etwa 86 Lichtjahren. Seine enorme Ausdehnung deutet bereits an, dass NGC 2419 selten – wenn überhaupt – durch die galaktische Scheibe gewandert sein kann. Die Gezeitenwechselwirkung mit der Milchstraße hätte seine äußeren Sterne entfernen müssen.

In einer Publikation aus dem Jahr 2011 wurde versucht, aus den bekannten Positions- und Bewegungsdaten von NGC 2419 mittels Simulationen auf dessen Bahnebene zu schließen. Das Ergebnis war eine Bahn, die etwa 45° zur Milchstraßenebene geneigt ist. Der maximale Abstand vom Zentrum liegt bei 300.000 Lichtjahren, damit würde NGC 2419 aktuell diesen fernen Teil seiner Bahn durchlaufen. Die Umlaufperiode schätzten die Astronomen auf 1,3 Milliarden Jahre. NGC 2419 begann seine Reise vor 9,6 Milliarden Jahren. Den Astronomen zufolge entstand der Haufen wahrscheinlich bei der Begegnung einer Zwerggalaxie mit der Milchstraße. Seine ursprüngliche Masse schätzen sie zu einer Million Sonnenmassen, wobei auch Sterne zu NGC 2419 gezählt wurden, die schon älter waren.

2017 nutzten Astronomen die neuen Gaia-Daten, um die Bahnebene von NGC 2419 besser zu bestimmen. Die Eigenbewegung des Haufens ist recht gering. In Rektaszension liegt sie bei −0,17 mas/a, in Deklination immerhin bei −0,49 mas/a. Die Radialgeschwindigkeit beträgt −20,3 ± 0,7 km/s. Damit konnten die Wissenschaftler zum ersten Mal die Umlaufbahn des Sternhaufens im galaktischen Gravitationspotenzial direkt berechnen – ohne auf Simulationen zurückgreifen zu müssen! Diese neu bestimmte Bahn verläuft deutlich polarer als die von 2011. Vom Milchstraßenzentrum besitzt sie einen minimalen Abstand von 175.000 Lichtjahren und einen Maximalabstand von 320.000 Lichtjahren. Ein vollständiger Umlauf um die Milchstraße dauert etwa 3 Milliarden Jahre. Auch das bestätigt die Vermutung, dass der Kugelsternhaufen noch nicht durch die Milchstraße gewandert ist.

Die Rotationsrichtung von NGC 2419 ist identisch mit derjenigen der Milchstraße und dieselbe wie die Rotationsrichtung der Sagittarius-Zwerggalaxie. Obwohl NGC 2419 deutlich weiter von uns entfernt ist als die Zwerggalaxie, könnte zwischen ihnen eine Verbindung bestehen. Wir dürfen nicht vergessen, dass die Zwerggalaxie nur noch aus Bruchstücken besteht und früher massereicher und kompakter war. Ihre Reste verteilen sich über einen Bereich von 300.000 Lichtjahren. Dazu kommt, dass die Bahnebene der Sagittarius-Zwerggalaxie im Lauf der Zeit in die Milchstraßenebene hineinwandert. Die Lage aller Wechselwirkungspartner zueinander dürfte vor langer Zeit deutlich anders gewesen sein. Vermutlich wird NGC 2419 vor langer Zeit von der Sagittarius-Zwerggalaxie zur Milchstraße gewechselt haben.

Vielleicht trifft auch eine Vermutung zu, die auf der einzigartigen Elementhäufigkeit von NGC 2419 basiert. Die passt nicht zu einem typischen Kugelsternhaufen, sondern entspricht eher dem, was wir vom Kern einer Galaxie erwarten würden. Damit wäre NGC 2419 der verbliebene Kern einer Zwerggalaxie, die vor etwa 10 Milliarden Jahren von der Milchstraße aufgelöst wurde.

NGC 5139 ω CENTAURI

CEN | $13^h\ 26^m\ 47^s$ | -47° 28′ 46″

Beim Kugelsternhaufen ω Centauri (NGC 5139) können wir von dem Superstar der Milchstraßenhaufen sprechen. Seine Ausdehnung beträgt etwa 36′, er erscheint also größer als der Vollmond, und mit einer visuellen Helligkeit von 5,3 mag ist er eines der eindrucksvollsten Objekte am Südhimmel. Da seine Helligkeit die Beobachtung mit bloßem Auge ermöglicht, wurde er in der Antike als Stern interpretiert und erhielt im 17. Jahrhundert auch seine Bayersche Bezeichnung mit griechischem Buchstaben. Edmund Halley wies 1677 auf das nebelhafte Aussehen des vermeintlichen Sterns hin. Seine südliche Lage im Sternbild Centaurus (Zentaur), er hat die Deklination −47,5°, macht ihn zu einem beliebten Fotomotiv von Astroreisenden.

Die Entfernung von ω Centauri beträgt 16.900 ± 800 Lichtjahre, sein Durchmesser 180 Lichtjahre. Die Hälfte seiner Masse von etwa 3,7 Millionen Sonnenmassen konzentriert sich innerhalb eines Radius von 25 Lichtjahren. Die Anzahl der Sterne von ω Centauri wird auf etwa 10 Millionen geschätzt.

Sternbewegungen um das Haufenzentrum, die mit dem Weltraumteleskop Hubble untersucht wurden, führten 2008 zu dem Schluss, dass im Zentrum von ω Centauri ein Schwarzes Loch mit 40.000 Sonnenmassen sein müsse. Später zeigten genauere dynamische Daten eine Abweichung bei der Bestimmung des Haufenzentrums, weshalb die Massenkonzentration überschätzt wurde. Die heutige Obergrenze der Zentralmasse liegt bei 12.000 Sonnenmassen. Sie könnte durch dichte Sternhaufen erklärt werden. Die Sterndichte von ω Centauri unterstützt diese Annahme, denn das Profil der Sterndichte verläuft über einige Lichtjahre hinweg flach, statt im Zentrum eine Spitze zu zeigen.

Die Elementhäufigkeiten überdecken in ω Centauri einen breiten Wertebereich. Während bei „normalen" Kugelsternhaufen die Metallizität [Fe/H] nur innerhalb von ± 0,5 dex schwankt, variiert sie bei ω Centauri um einen Faktor 100, also 2 dex. Es lassen sich anhand der Metallizität fünf gut unterscheidbare Sterngruppen nachweisen. Anhand der Häufigkeiten bei leichten Elementen kann jede Gruppe in mindestens zwei bis drei Untergruppen unterteilt werden. Damit existieren in ω Centauri 15 oder mehr eigenständige Sternpopulationen! Es ist kaum möglich, diese große Zahl mit häufigen Durchgängen durch die Milchstraßenebene zu erklären, die jeweils das Entstehen einer Sternpopulation ausgelöst haben. Als wahrscheinlicher gilt, dass es sich bei Omega Centauri um den Kern einer zerrissenen Zwerggalaxie handelt. Das würde gleichzeitig auch dessen retrograde Bahn, bezogen auf die Rotationsrichtung der Milchstraße, erklären.

Die mittlere Metallizität von ω Centauri liegt bei [Fe/H] = −1,4 dex und würde, ohne die oben genannte enorme Breite der Verteilung, zu falschen Schlüssen führen, wie diese 11,5 Milliarden Jahre alte Sternansammlung entstanden sein könnte. Die Analyse einzelner Stern-Metallizitäten lieferte Werte unter −2 dex. Diese extrem metallarmen Sterne unterschieden sich in ihrer Lage und ihrer Bewegung im Sternhaufen nicht von den Daten anderer Populationen. Auch dies ist ein Pro-Argument für die Zwerggalaxienherkunft von ω Centauri. Nimmt man alle Beobachtungen zusammen, dann stellt man fest, dass das Etikett „Kugelsternhaufen" vermutlich falsch ist. ω Centauri würde seine Spitzenposition beim Kugelsternhaufen-Ranking verlieren und zu einer normalen Zwerggalaxie herabgestuft werden.

NGC 5466

BOO | $14^h\ 5^m\ 27^s$ | 28° 32′ 4″

Das Sternbild Bootes (Bärenhüter) ist mit über 900 Quadratgrad eines der größten am Nordhimmel. Etwa 8° nördlich seines Hauptsterns α Bootis (Arcturus) finden wir mit NGC 5466 den einzigen Kugelsternhaufen dieses Sternbildes. NGC 5466 besitzt einen Winkeldurchmesser von rund 9′ und eine visuelle Helligkeit von 9,7 mag. Sein Kernradius beträgt 21 Lichtjahre und sein Gezeitenradius ist 293,2 Lichtjahre. Die Masse des Kugelsternhaufens beträgt etwa 60.000 Sonnenmassen. Sein Abstand zur Erde misst etwa 57.200 Lichtjahre, die Distanz zum Milchstraßenzentrum ist mit fast 53.800 Lichtjahren nur wenig größer. Der größte Teil dieser Strecke liegt oberhalb der galaktischen Mittelebene, daher befindet sich der Haufen zurzeit im galaktischen Halo. Aufgrund seiner Radialgeschwindigkeit von etwa 107 km/s steigt er noch weiter in den Halo auf. Entdeckt wurde NGC 5466 im Mai 1784 durch William Herschel.

Auf der Aufnahme ist gut zu erkennen, warum dieser Haufen der schwächsten Konzentrationsklasse „XII" zugeordnet wurde. Selbst in unmittelbarer Nähe des Zentrums haben wir den Eindruck, durch den Haufen sehen zu können. Berechnen wir die mittlere Masse von NGC 5466, indem wir die Gesamtmasse durch das Volumen innerhalb des Gezeitenradius teilen, erhalten wir den Wert 0,00423 M_{Sonne}/Lj^3. Dessen Logarithmus ist –2,37. Um ihn mit tabellierten Werten für andere Kugelsternhaufen vergleichen zu können, müssten wir das Volumen noch in Kubikparsec umrechnen. Auch so wird deutlich, dass die Dichte um 1 bis 2 Größenordnungen geringer ist als bei anderen Haufen. Mit einer mittleren Metallizität von [Fe/H] = –2,0 dex zählt er zu den metallarmen Haufen. Sein Alter wird auf über 13 Milliarden Jahre geschätzt. Dieses hohe Alter ist auch durch das entwickelte Farben-Helligkeits-Diagramm zu erahnen.

Mithilfe von UV-Beobachtungen, die blaue Objekte besonders gut sichtbar machen, wurden in NGC 5466 vierzehn Blue Stragglers gefunden. Obwohl immerhin 14 % der Sterne Doppelsternsysteme sind, können Sternkollisionen die Blue Stragglers wegen der geringen Sterndichte nicht erklären. Viel wahrscheinlicher wurde dieser blaue Entwicklungsschub durch Massentransfers in Doppelsternsystemen ausgelöst.

Kugelsternhaufen, die sich ungestört entwickeln, zeigen eine Massentrennung: Massereiche Sterne sinken in Richtung des Zentrums, masseärmere Sterne tummeln sich in den Außenbereichen. Die Positionen der Blue Stragglers zeigen bei NGC 5466, dass dessen Massenverteilung in Zentrumsnähe weniger steil verläuft als bei anderen Kugelsternhaufen. Demnach hat die Wanderung der massereicheren Sterne ins Haufenzentrum erst begonnen. Trotz seines „biblischen Alters" ist NGC 5466 aus dynamischer Sicht immer noch ein relativ junger Haufen, der sich noch entwickeln muss.

NGC 5986

LUP | $15^h\ 46^m\ 3^s$ | -37° 47′ 11″

Das Sternbild Lupus (Wolf) überdeckt den galaktischen Längenbereich von 320° bis 340° und die galaktischen Breiten zwischen 8° und 16°. Es befindet sich fast vor dem galaktischen Zentrum und nur wenige Grad unterhalb des Sternbilds Scorpius (Skorpion) sowie rechts des Sternbilds Norma (Winkelmaß), durch das die Milchstraße verläuft. Der Kugelsternhaufen NGC 5986 liegt im nördlichen Bereich des Sternbilds und besitzt eine Deklination von rund –38°. Damit liegt der Haufen etwa 14,5° südwestlich von α Scorpii (Antares). Dadurch ist der Kugelsternhaufen für Astrofotografen nur im Süden Deutschlands und nur in den Sommermonaten als horizontnahes Objekt erreichbar. Die extreme Lage erklärt auch, weshalb NGC 5986 erst am 10. Mai 1826 vom schottischen Astronomen James Dunlop entdeckt wurde. Er arbeitete allerdings nicht auf der britischen Insel, sondern war nach Australien ausgewandert.
Am Himmel beträgt der Durchmesser von NGC 5986 etwa 9′ und seine Konzentration wird mit „VII" angegeben. Die visuelle Helligkeit wird oft mit 7,6 mag angegeben. Dieser Wert bezieht sich auf die von Philbert J. Melotte 1915 veröffentlichte Zusammenstellung „A Catalogue of Star Clusters shown on the Franklin-Adams Chart Plates" („Ein Katalog von Sternhaufen, die auf den Franklin-Adams Chart Plates sichtbar sind". Die Franklin-Adams Chart Plates sind der 1913 veröffentlichte erste fotografische Himmelsatlas.) Moderne Messungen liefern 6,9 mag, sind aber nicht weit verbreitet, denn NGC 5986 wird nur in wenigen Fachartikeln erwähnt.
Der Kernradius ist mit vier Lichtjahren relativ kompakt, der Gezeitenradius beträgt etwa 215 Lichtjahre. Am Himmel sind das knapp 8′. Seine gemittelte Metallizität von –1,54 dex macht ihn zu einem eher metallarmen Haufen, dessen Alter auf 12,2 Milliarden Jahre geschätzt wird. Seine Masse beträgt 330.000 Sonnenmassen. Das Farben-Helligkeits-Diagramm von NGC 5986 zeigt am Abknickpunkt von der Hauptreihe eine dichte Sternansammlung, die sich bis zu schwachen Helligkeiten fortsetzt. Der Riesenast reicht bis zu Helligkeiten von 13,5 mag. Der Horizontalast ist im Diagramm gut zu erkennen und verläuft bei etwa 16,5 mag und einem Farbindex (V–I) von 0,7 mag. Besonders die Häufigkeiten der leichten Elemente deuten auf vier bis fünf unterschiedliche Sterngruppen hin, die im ganzen Haufen gut durchmischt sind. Daher müsste der Haufen bereits einen Großteil seiner Sterne verloren haben.
Benutzen wir die Gaia-EDR3-Daten von Riesensternen in NGC 5986, schließen wir auf eine Entfernung von etwa 29.400 Lichtjahren. NGC 5986 steht deutlich näher zum galaktischen Zentrum als zu uns: Sein Abstand zum Zentrum beträgt etwa 15.800 Lichtjahre. Aus unserer Blickrichtung gesehen, steht der Kugelsternhaufen also hinter dem galaktischen Bulge der Milchstraße.
Der Kugelsternhaufen bewegt sich auf einem deutlich exzentrischen Orbit (e = 0,8). Auf seiner Bahn nähert er sich immer wieder bis auf 1500 Lichtjahre an das Milchstraßenzentrum an. Im Verlauf der letzten 500 Jahrmillionen schlingerte er auf seiner Bahn mindestens acht Mal um das Milchstraßenzentrum. Das ist allerdings keine „ordentliche" Bahn, wie die Planetenbahnen des Sonnensystems, vielmehr ändert sich die Ausrichtung der Bahn bei jeder Passage des Milchstraßenzentrums, ohne ihre exzentrische Form allzu sehr zu verändern. Vertikal bleibt er die meiste Zeit etwa 3500 Lichtjahren von der Ebene entfernt. Seinen größten Abstand erreicht er mit etwa 16.000 Lichtjahren, was derzeit der Fall ist. NGC 5986 ist mit einer Umlaufzeit von rund 60 Millionen Jahren ein Schnellläufer unter den Kugelsternhaufen. Im Laufe seines Lebens hat dieser Haufen schon einige hundert Male das innere Zentrum unsere Heimatgalaxie passiert und dabei immer einen Teil seiner Sterne an die Milchstraße verloren.

NGC 6229

HER | 16^h 46^m 59^s | 47° 31′ 36″

Im nördlichen Teil des Sternbilds Herkules, ganz in der Nähe des Kopfs des Drachens aus dem angrenzenden Sternbild, finden wir den Kugelsternhaufen NGC 6229. Obwohl es M 13 und M 92, die beiden anderen Kugelsternhaufen im Herkules, in den Messier-Katalog geschafft haben, blieb NGC 6229 außen vor. Mit einer Helligkeit von 9,8 mag ist er lichtschwächer als seine Nachbarn und mit einem Durchmesser von etwa 4′ auch kleiner. Der helle Innenbereich hat eine Ausdehnung von nur 1,5′. Zur Orientierung können wir den Abstand der beiden knapp 9 mag hellen Sterne benutzen, die westlich von NGC 6229 einen Winkelabstand von 5,7′ besitzen. Entdeckt wurde NGC 6229 am 12. Mai 1787 durch William Herschel, der ihn mit seinem 48-cm-Reflektor beobachtet hat.
Die Entfernung von NGC 6229 beträgt rund 100.000 Lichtjahre. Obwohl ihn die Parallaxen von Gaia-EDR3 in „nur" 80.000 Lichtjahre verschieben, ist deren Fehler noch so groß, dass sich an der etwas älteren Entfernungsangabe noch nichts geändert hat. Auf jeden Fall gehört dieser Haufen zu denjenigen, die sich weit draußen im Halo befinden, im Fachjargon als „outer halo clusters" bezeichnet. Der Abstand zum Milchstraßenzentrum ist mit etwa 96.000 Lichtjahren fast genauso groß. Er befindet sich zudem etwa 63.500 Lichtjahre oberhalb der galaktischen Ebene. Während der letzten halben Milliarde Jahre hat er gerade mal einen Umlauf um das galaktische Zentrum geschafft. Das hatte er vermutlich so eng passiert, dass er weit über die galaktische Mittelebene geschleudert wurde.
Die galaktische Breite von NGC 6229 mit +40,3° und der geringe Farbexzess E(B–V) = 0,01 mag zeigen, dass wir den Haufen weitgehend ungestört von Gas und Staub der Ebene betrachten können. Der Mittelwert seiner Elementhäufigkeit liegt bei [Fe/H] = –1,31 dex. Sein Alter wird auf 12 Milliarden Jahre geschätzt und seine Masse auf etwa 290.000 Sonnenmassen.

Das Farben-Helligkeits-Diagramm zeigt einen Riesenast, der vom Abknickpunkt bei etwa 21 mag bis zu Sternhelligkeiten von 15 mag hinaufreicht. Die Sterne des Horizontalasts liegen bei 17 mag. Zwischen dem asymptotischen Riesenast und dem Horizontalast tummeln sich einige veränderliche Sterne, die Teil von Langzeitbeobachtungsprogrammen waren. Dabei wurden die Lichtkurven von über 60 RR-Lyrae-Veränderlichen fotometriert. Der Vorteil bei dieser Veränderlichen sind die kurzen Perioden, die meist im Bereich von 8 – 14 Stunden liegen. Die Astronomen nutzten dabei den Trick, dass sie 20 Beobachtungsnächte über einen Zeitraum von 3 Jahren verteilten. Da die RR-Lyrae-Sterne sehr periodenstabil sind, kann man zwischen den einzelnen Beobachtungen die Anzahl der Periodenverläufe interpolieren. Das Resultat ist eine deutliche Reduzierung des Fehlers der Periodenmessung, die nur noch wenige Sekunden beträgt.
Die Astronomen prüften mit diesen Daten, wie weit die Perioden der RR-Lyrae-Sterne um einen Sollwert schwanken. Dabei zeigten die Veränderlichen zufällige Streuungen mit kleinen Abweichungen von den regelmäßigen Perioden. Die Astronomen erklären das durch individuelle Veränderungen in den Sternen beim Durchlaufen des Instabilitätsstreifens im Farben-Helligkeits-Diagramm. Bei NGC 6229 werden solche Auswertungen durch mindestens zwei Sternpopulationen mit unterschiedlichen Metallizitäten erschwert. NGC 6229 gehört zu den Haufen, die als „iron-complex clusters" bezeichnet werden. Diese feinen chemischen Unterschiede machen sich bei Sternen während ihrer Entwicklungsphase als Veränderliche deutlich bemerkbar und sorgen für eine Überlagerung der Abweichungen in den Perioden. Allgemein betrachtet kann man folgern, dass die Individualität von Sternen in einer Gruppe, also hier im Kugelsternhaufen, herausgemittelt wird und damit verloren geht.

N

NGC 6366

OPH | $17^{h}\ 27^{m}\ 44^{s}$ | -5° 4′ 48″

Auf der Aufnahme sticht zunächst der blau leuchtende 4,5 mag helle F3-Stern 47 Ophiuchi ins Auge. Er ist 16,5′ vom links davon stehenden Kugelsternhaufen NGC 6366 entfernt und im östlichen Teil des Sternbilds Schlangenträger zu finden. Das Milchstraßenband verläuft nur 15° südöstlich und sorgt für eine deutliche Rötung der Sternfarben. NGC 6366 ist ein schwach konzentrierter Haufen der Klasse „XI". Die visuelle Helligkeit der Kernregion beträgt 9,5 mag und sein Durchmesser liegt bei rund 15′. In seiner Entfernung von etwa 11.500 Lichtjahren entspricht das grob 50 Lichtjahren. Es gibt nur wenige Artikel, die sich direkt mit NGC 6366 befassen. Viele Informationen lassen sich jedoch aus den Gaia-Daten ablesen. Der Kernradius von NGC 6366 beträgt 6,4 Lichtjahre, während der Gezeitenradius, der als „Rand" eines Kugelsternhaufens aufgefasst werden kann, etwa 114 Lichtjahre beträgt. Mit nur 38.000 Sonnenmassen gehört er zu den masseärmsten Kugelsternhaufen. Sein geringer Abstand macht NGC 6366 zu einem der am nächsten gelegenen Kugelsternhaufen. Die visuelle Flächenhelligkeit von 13,1 mag/Quadratbogenminute macht ihn trotz seiner relativen Nähe zu einem unauffälligen Objekt am Himmel.

Die Bahn um das galaktische Zentrum sieht während der letzten 500 Millionen Jahre fast wie ein Kleeblatt aus, das sich langsam verschiebt. Er kommt auf dieser Bahn dem Zentrum kaum näher als etwa 6500 Lichtjahre. Auch senkrecht zur galaktischen Ebene pendelt er einigermaßen regelmäßig zwischen etwa ±6000 Lichtjahren hin und her. Er bewegt sich praktisch ständig in der galaktischen Scheibe, und dürfte daher den größten Teil seiner anfänglichen Masse bereits verloren haben. Dass dieser Haufen schon sehr locker ist, zeigt sich auch an seinem Dichteprofil, das praktisch über den ganzen Kernradius horizontal verläuft und erst am Rand abfällt.

Entdeckt wurde der Haufen am 12. April 1860 durch Friedrich August Theodor Winnecke. Völlig zu Unrecht ist Friedrich Winnecke heute kaum mehr als wichtige astronomische Persönlichkeit des 19. Jahrhunderts bekannt. Seine Beiträge als Wissenschaftler und als akademischer Lehrer setzen in seiner Zeit Maßstäbe und waren wegweisend für die Entwicklung der astronomischen Forschung. Sein rastloses Wirken an den großen Observatorien würde heute als gelungenes „Social Networking" bezeichnet.

Friedrich Winnecke wurde am 5. Februar 1835 in Groß-Heere bei Hildesheim geboren und studierte in Göttingen. Dort wurde er unter anderem von Carl Friedrich Gauß unterrichtet und unterstützt, der auch erste Beobachtungen Winneckes bei den Astronomischen Nachrichten einreichte. Winnecke promovierte im August 1856 mit einer Arbeit über den Doppelstern η Coronae Borealis. Danach ging er zum damaligen Meister der praktischen Astronomie, Friedrich Wilhelm August Argelander, nach Bonn, wo er unter anderem die Hauptsterne der Plejaden, einschließlich der zu ihnen gehörenden Nebel untersuchte, deren Parallaxen er bestimmte. 1858 half er bei der Wiederentdeckung des Kometen 7P/Pons-Winnecke.

Im Herbst 1857 besuchte ihn Friedrich Georg Wilhelm Struve und lud ihn ein, an das Pulkowo-Observatorium bei Sankt Petersburg zu wechseln. Es war damals das Hauptobservatorium der Russischen Akademie der Wissenschaften und eines der renommiertesten Observatorien seiner Zeit. Struve war dessen erster Direktor. Bei seiner Gründung 1839 war der dortige 38-cm-Refraktor das weltweit größte Linsenteleskop. 1878 wurde in Pulkowo ein 76-cm-Refraktor in Betrieb genommen, der dem Observatorium diese Stellung für weitere zehn Jahre sicherte. Winnecke folgte Struves Ruf und wechselte 1858 nach Russland – wie auch zehntausende deutsche Siedler, denen die deutschstämmige Zarin Katharina 100 Jahre zuvor gute Lebensbedingungen versprochen hatte.

Friedrich Winnecke fand in Pulkowo ideale Bedingungen vor. Es entstanden Arbeiten über Doppelsterne, Kometen sowie der „Pulkowa General Catalogue of Stars". In diese Zeit fällt auch die Entdeckung von NGC 6366. In seinen Jahren am Observatorium war er zeitweise dessen Direktor und korrespondierte mit namhaften Astronomen. Darüber hinaus unternahm er Forschungsreisen. Eine führte ihn zusammen mit der „British Himalaya Expedition" 1860 nach Nordspanien, um am 18. Juli zum ersten Mal eine Sonnenfinsternis fotografisch zu dokumentieren. Der irreführende Name der Expedition geht auf den Namen des Schiffs zurück, das die Expedition nutzte, um Menschen und Material von England nach Santander und Bilbao zu transportieren.

1864 heiratete Friedrich Winnecke die Nichte von Otto Struve. Aus gesundheitlichen Gründen – er hatte sich auf einer Reise eine Erkran-

kung zugezogen und war vermutlich aufgrund der hohen Verantwortung erschöpft; wir würden dies heute „Burnout" nennen – verließ er 1865 das Observatorium und ging zur Behandlung und Rekonvaleszenz nach Bonn, wo er 1867 völlig wiederhergestellt war. Aufgrund der Beziehungen seiner Frau führte sein Lebensweg dann wieder in die Astronomie zurück. In Karlsruhe überließ ihm Großherzog Friedrich I. von Baden im Erbprinzengarten, dem heutigen Nymphengarten, ein kleines Observatorium. Im Jahr 1872 überquerte Friedrich Winnecke den Rhein und ging ins Elsass, das seit dem Ende der Vereinigungskriege unter deutscher Herrschaft stand. Dort nahm er eine Professur an der neuen kaiserlichen Universität in Straßburg an und wirkte bei der Planung des Observatoriums mit. Sein Ziel war die Ausbildung und Förderung von Wissenschaftlern, auch für die Beobachtung des 1874 anstehenden Venustransits. Er genoss als akademischer Lehrer einen sehr guten Ruf. Es wird berichtet, dass er die Ausbildung immer mit praktischen Übungen kombinierte – das war zur damaligen Zeit ein Novum. Und wurde ihm eine schwierige Frage gestellt, war es typisch für ihn, um Bedenkzeit zu bitten, in der Literatur zu recherchieren, um dann fundiert antworten zu können. 1880 wurde das Straßburger Observatorium fertiggestellt. Zu dieser Zeit erhielt Winnecke einen Ruf an die Universität München, die kaiserliche Verwaltung lehnte seinen Wunsch jedoch ab.

Seine Kollegen wählten ihn 1882 zum Rektor der Straßburger Universität, doch leider unterbrach ein Schicksalsschlag sein dortiges Wirken. Seit dem 1881 erfolgten Tod seines ältesten Sohnes litt Winnecke unter Depressionen, damals wurde das mit „Melancholie" umschrieben. Wieder begab er sich zur Behandlung nach Bonn. Diesmal jedoch erfolglos. Im Lauf der Zeit verschlechterte sich sein Zustand. Friedrich Winnecke verbrachte dort seine letzten Lebensjahre. Er starb am 2. Dezember 1897 in Bonn.

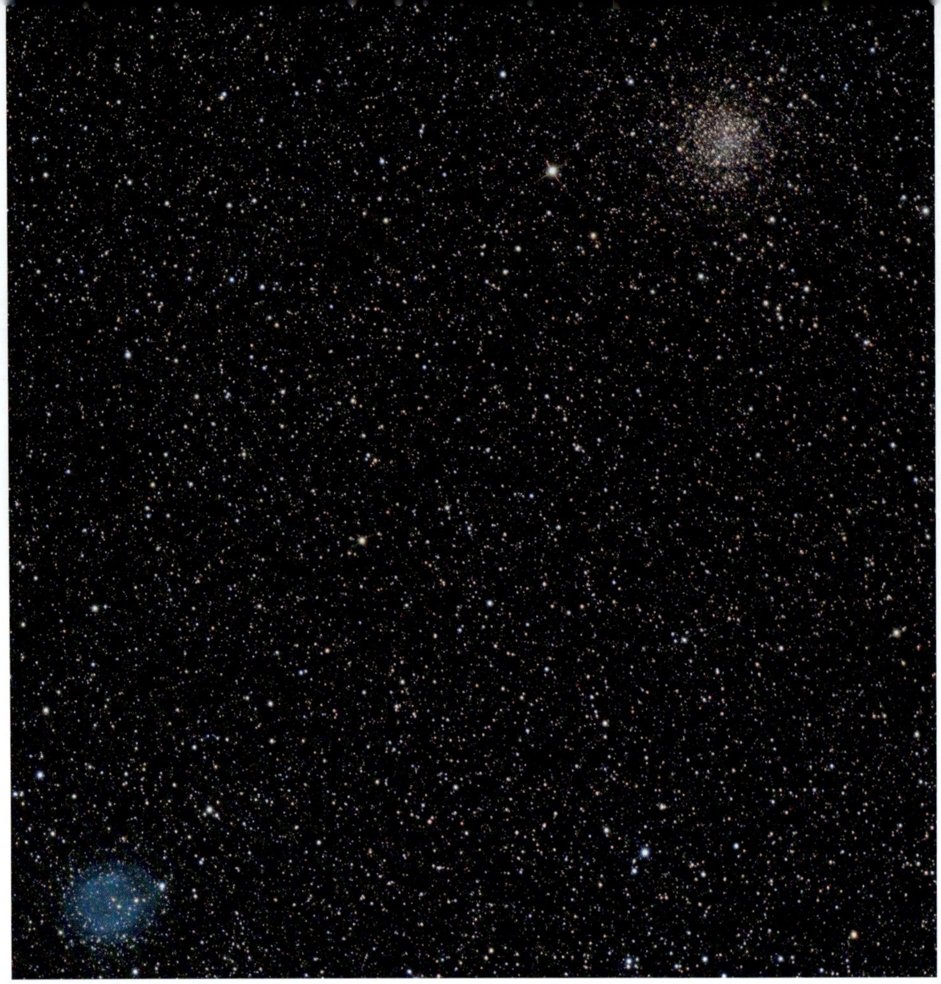

NGC 6712

SCT | $18^h\ 53^m\ 4^s$ | -8° 42′ 22″

Betrachten wir die südliche Sommermilchstraße, blicken wir in Richtung des galaktischen Zentrums. Hier finden wir auch die sogenannte Scutum-Wolke. Es handelt sich nicht um eine dunkle Staubwolke, sondern um eine 5° große Aufhellung im Sternbild Scutum (Schild) an der Grenze zum Sternbild Adler. Der Eindruck einer hellen Wolke am Himmel entsteht durch eine an dieser Stelle reduzierte Staubdichte, die uns den Blick in den etwa 6000 Lichtjahre entfernten Teil eines Spiralarms ermöglicht.

Das Bild zeigt den südlichen Bereich der Scutum-Wolke mit einem Feld von 24′ × 24′. Der Fotograf kombinierte Aufnahmen mit einem 60-cm-Reflektor bei 5 m Brennweite zu einem Mosaik. Gegenüber von NGC 6712 leuchtet der planetarische Nebel IC 1295 im charakteristischen Grün des ionisierten Sauerstoffs mit einer visuellen Helligkeit von 12,5 mag. Der Kugelsternhaufen besitzt eine visuelle Helligkeit von 8,7 mag und einen Durchmesser von rund 6′. Aufgrund des Sternreichtums lässt sich bei NGC 6712 der Übergang von seinen Randsternen zu Feldsternen aber nur schwer erkennen. In seiner Entfernung von rund 22.300 Lichtjahren sind das etwa 40 Lichtjahre. Der Kernradius des Haufens beträgt etwa 3,5 Lichtjahre, sein Gezeitenradius 110 Lichtjahre. Seine Masse wird auf 96.000 Sonnenmassen geschätzt. Sie allein deutet schon an, dass der Haufen im Verlauf seiner Lebenszeit deutlich geschrumpft sein dürfte.

Das Farben-Helligkeits-Diagramm zeigt, dass die meisten Sterne im Haufen Helligkeiten zwischen 18 mag und 25 mag haben. Der Riesenast reicht bis 13 mag und besitzt dort einen Farbindex von B–V = 2 mag. Der Horizontalast von NGC 6712 ist bei 16,5 mag gut definiert und verläuft zwischen B–V = 1,1 mag und B–V = 0,3 mag. Bei den Sternen im Horizontalast konnte eine rote und eine blaue Population identifiziert werden. Die Modelle liefern dafür eine mittlere Metallizität von [Fe/H] = –0,80 ± 0,20 dex und einen Farbexzess von E(B–V) = 0,33 ± 0,05 mag. Im Vergleich zu anderen Kugelsternhaufen ordnet sich NGC 6712 zwischen den Haufen mittlerer bis hoher Metallizität ein, sein Alter schätzt man auf etwa 12 Milliarden Jahre. Aus dem ermittelten Entfernungsmodul von m–M = 14,55 mag folgt für NGC 6712 eine Entfernung von 26.500 Lichtjahren, etwas mehr als es die derzeitigen Gaia-Daten nahelegen.

Die Bahnform von NGC 6712 ist stark exzentrisch und verläuft zum größten Teil im Innenbereich des Bulges und im nahen Scheibenbereich der Milchstraße. Der Kugelsternhaufen nähert sich dabei auf nur 1500 Lichtjahre dem galaktischen Zentrum an. In den letzten 500 Millionen Jahren lag die Bahnebene fast senkrecht zur Mittelebene der Milchstraße. Verfolgen wir den modellierten Bahnverlauf zurück, so könnte der Haufen vor etwa 4000 Jahren das letzte Mal die Ebene durchquert haben. Aufgrund der großen Zahl dieser Passagen ist der heutige Haufen faktisch nur ein kleiner Rest des ursprünglichen Kugelsternhaufens. Die vielen Umläufe und die Stärke der Gezeitenwechselwirkungen haben ihre Spuren hinterlassen. Es wird geschätzt, dass NGC 6712 vor langer Zeit eine Masse von 10 Millionen Sonnenmassen besessen haben muss, von der heute nur noch 1 % übrig ist.

NGC 6752

PAV | 19^h 10^m 52^s | -59° 59′ 4″

Der Kugelsternhaufen NGC 6752 ist ein Objekt des Südsternhimmels und liegt im Sternbild Pavo (Pfau). Seine Deklination beträgt fast genau –60°. Dieser Haufen ist mit einer visuellen Helligkeit von 5,4 mag der vierthellste Kugelsternhaufen und steht 31° vom zweithellsten Kugelsternhaufen, 47 Tucanae, entfernt. Zum hellsten Kugelsternhaufen ω Centauri sind es von NGC 6752 gemessen 48°. Beim hellen, bläulichen Stern, der südwestlich des Haufenzentrums zu sehen ist, handelt es sich um HD 177999, ein Doppel- oder sogar Mehrfachsystem mit dem Spektraltyp B9II/III und einer visuellen Helligkeit von 7,4 mag. Der Abstand zwischen Stern und Haufenzentrum liegt bei 4,3′. Für den Durchmesser von NGC 6752 findet man in der Literatur oft 20′, projiziert sind dies etwa 75 Lichtjahre. Aus Gaia-EDR3-Daten folgt ein Kernradius von einem halben Lichtjahr, der Gezeitenradius beträgt etwa 220 Lichtjahre.

Für die Altersbestimmung bei Kugelsternhaufen werden sogenannte Marker im Farben-Helligkeits-Diagramm benutzt. Ein solcher Marker ist der Abknickpunkt des Riesenastes der Hauptreihe. Diese „stellare Uhr" liefert gute Schätzungen, jedoch hängt der Fehler davon ab, wie gut dieser Punkt im Diagramm definiert ist. Weicht die Helligkeit beim Abknickpunkt um nur 0,1 mag ab, führt dies zu einem Fehler von rund 10 % in der Altersangabe. Zur Ermittlung des Haufenalters passt man auch Kurven der theoretischen Sternentwicklung in das Diagramm des Kugelsternhaufens an. Liegt die Heliumhäufigkeit in solchen Modellen um 2 % daneben, erzeugt dies einen Fehler von 2 % im Haufenalter.

Die präzisesten Marker beziehen sich auf die feinsten Strukturen im Farben-Helligkeits-Diagramm. Beliebt sind die Weißen Zwerge (siehe Kapitel 4: Die spektrale Klassifikation der Weißen Zwerge). Da diese keine metallhaltigen Atmosphären besitzen, fallen in den Modellen Parameter für die Elementhäufigkeiten weg und der Fehler in der Altersbestimmung wird reduziert. Der Nachteil der Weißen Zwerge ist ihre geringe Helligkeit. Selbst bei den nächstgelegenen Kugelsternhaufen liegt sie nur bei 24 mag.

Bei NGC 6752 führen solche Marker in den Diagrammen auf ein Alter von 13,7 ± 0,5 Milliarden Jahren. Nach den Gaia-EDR3-Daten liegt seine Entfernung bei 12.843 ± 506 Lichtjahren. Neueren Untersuchen zufolge sind im Haufen drei Sternpopulationen vorhanden. Zwischen der ersten und der dritten Generation liegen bei den Berechnungen etwa 500 Millionen Jahre. Dies legt den Schluss nahe, dass NGC 6752 in einer sehr frühen Phase mindestens zweimal enge Wechselwirkungen mit der Milchstraße gehabt haben könnte. Dabei könnte er auch Massenanteile seiner heutigen rund 200.000 Sonnenmassen eingebüßt haben. Das scheint sich mittlerweile deutlich geändert zu haben. Modelle seiner Bahn in den letzten 500 Jahrmillionen weisen in der Projektion auf die Ebene eine Kleeblattstruktur auf, in der er dem galaktischen Zentrum kaum näher kommt als etwa 10.000 Lichtjahre. In der Vertikalen pendelt er zwischen etwa ±6500 Lichtjahren hin und her. Er pflügte – zumindest in der jüngeren Vergangenheit – am Rande des Bulges immer wieder durch die galaktische Scheibe.

NGC 6934

DEL | 20h 34m 11s | 7° 24′ 16″

Das Sternbild Delfin besteht aus einer bekannten Raute von Sternen, deren Helligkeit zwischen 3 mag und 4 mag liegt. NGC 6934 findet wir wenige Grad südlich davon. Auf der Aufnahme steht unten links der K5-Stern HD 196123. Mit 8,4 mag ist er heller als der Stern in der oberen, rechten Bildecke. Dort leuchtet orangegelb TYC 1087-1249-1 mit 10,5 mag. Die beiden spannen einen Winkel von 36° auf und fassen NGC 6934 ein. 2' rechts fällt ein Pärchen aus dem K2-Typ BD +06 4570 und dem A5-Typ TYC 522-1117-1 auf, das an Albireo erinnert. Dessen Abstand von 2' hilft abzuschätzen, dass der Durchmesser von NGC 6934 auch in dieser Größenordnung liegen könnte. Allerdings zeigen schon Simbad-Aufnahmen, dass der Haufen etwa doppelt so groß ist. Dort wird für den Durchmesser des hellen Innenbereichs des Haufens eine Größe von 1,2′ genannt. NGC 6934 besitzt die Konzentrationsklasse „VII". Er ist rund 42.000 Lichtjahre entfernt.

Die visuelle Helligkeit von NGC 6934 beträgt 9,8 mag bei einem Farbexzess von 0,1 mag. Trotz der relativen Nähe zur Milchstraße – die galaktische Breite des Haufens liegt bei knapp –19° – werden die Sterne durch Staub kaum gerötet. Das Farben-Helligkeits-Diagramm von NGC 6934 zeigt einen gut ausgebildeten Riesenast, dessen hellste Sterne 17 mag erreichen. Die Spitze des Riesenastes offenbart bei genauem Hinsehen zwei Häufungspunkte, die auf zwei verschiedene Sterngenerationen zurückgeführt werden. Wird eine solche Aufsplittung im Farben-Helligkeits-Diagramm beobachtet, sprechen die Wissenschaftler von einem „Typ-II-Haufen". Im Gegensatz dazu zeigen „Typ-I-Haufen" keine Differenzierung bei den Riesensternen. Oft finden sich in den Fachartikeln auch der aus der Biologie entlehnte Begriff der „chromosome map" („Chromosomenkarte"), da die Verteilung der Sternpunkte solcher Darstellungen an Chromosomen erinnern. Diese Darstellung lässt bei Typ-II-Haufensternen die Zweiteilung ebenfalls gut erkennen. Nicht zu verwechseln ist dies mit Bezeichnungen wie „normal" oder „anormal" für Kugelsternhaufen, die sich auf die Metallizität des Haufens beziehen. Die Elementhäufigkeit von NGC 6934 liegt bei [Fe/H] = –1,4 dex, für Kugelsternhaufen liegt dies im mittleren Bereich. Es besteht aber ein Zusammenhang: Normale Haufen haben meist eine Chromosomenkarte, die einem Typ-I-Haufen entspricht, während nahezu alle anormalen Haufen als Typ-II klassifiziert werden.

NGC 6934 hat mit –406 km/s eine sehr große Radialgeschwindigkeit und bewegt sich auf uns zu. Dieser große Wert hilft bei der Identifikation von Haufenmitgliedern und der Unterscheidung von Feldsternen. Dadurch verringern sich mögliche Messfehler von spektralen Parametern und die Modellrechnungen werden genauer. In den Riesensternen von NGC 6934 findet wir die charakteristische Anreicherung mit α-Elementen – das sind Elemente, die aus Vielfachen des Heliumkerns bestehen. Daher wird der Haufen der Population II zugeordnet. Die Spektren der Riesensterne zeigen gleichartige Wasserstofflinien, sie besitzen also ähnliche Temperaturen. Aber schon eine kleine Auswahl von Sternen zeigt Variationen bei den Eisenlinien. Die beiden oben genannten Gruppen haben Eisenwerte von etwa [Fe/H] = –1,5 dex und [Fe/H] = –1,3 dex. Die Astronomen vermuten als Ursache lang zurückliegende Sternentstehungsprozesse, in denen Materie verarbeitet wurde, die von frühen Supernovae innerhalb des Haufens ausgestoßen wurde. Was aber, wenn eine solche Klassifikation des Haufens auf eine Vorgeschichte in einer Zwerggalaxie hinweist? In diesem Fall würden die Chromosomenkarten von etwa 20 % aller Kugelsternhaufen der Milchstraßen diesen extragalaktischen Fingerzeig aufweisen.

NGC 7006

DEL | $21^h\ 1^m\ 29^s$ | 16° 11′ 16″

Die zahlreichen Sterne dieser Aufnahme lassen erahnen, dass wir uns relativ nahe der Milchstraße befinden. Der Kugelsternhaufen NGC 7006 hat die galaktischen Koordinaten I = 63,8° und b = −19,4° und liegt im Sternbild Delfin. Der „springende" Delfin deutet etwa auf diesen nur 10,5 mag hellen Sternhaufen. Südlich von NGC 7006 ist im unteren linken Quadranten der 8,6 mag helle M0-Stern HD 200393 zu sehen. Vor ihm erkennen wir schwache galaktische Zirren, die nach oben führen. Im Bildfeld ist auch eine Reihe von Galaxien zu finden. Auffällig ist eine Gruppe, die westlich, knapp unterhalb von NGC 7006 zu sehen ist. Ihre Helligkeiten sind größer als 15 mag und ihre Durchmesser liegen deutlich unter 0,5′. Etwas größer ist die Galaxie MCG+03-53-009, die nördlich, also rechts oberhalb des Kugelsternhaufens, steht. Bei ihr lassen sich Gezeitenschweife erkennen, die symmetrisch zum hellen Zentrum liegen und einen Winkel von knapp 3′ aufspannen. Bei der Galaxie dürfte es sich um das Produkt einer Verschmelzung von mindestens zwei Galaxien handeln.

Die Blau-Helligkeit von MCG+03-53-009 liegt bei 15,3 mag. Im Vergleich zum 10,5 mag hellen Kugelsternhaufen in 11,5′ Entfernung ist ihr Lichtstrom etwa 80-mal schwächer. Der helle Innenbereich von NGC 7006 misst nur 1′. Betrachten wir die Außenzone des Haufens in Ultraviolettaufnahmen, können wir für den Haufen einen Durchmesser von etwa 2,5′ abschätzen, deutlich größer als MCG+03-53-009. Ihre Entfernungen sind natürlich völlig unterschiedlich. Für die Galaxie finden wir keine Literaturwerte, aber mithilfe der typischen Größen von Galaxien erhalten wir als grobe Abschätzung 250 Millionen Lichtjahre.

Die ersten Abstandsmessungen von NGC 7006 erfolgten 1920. Aus der Bestimmung der Helligkeiten von Riesensternen schloss man auf 220.000 Lichtjahre. Die Vermessung von RR-Lyrae-Sternen in NGC 7006 führte 1930 auf eine genauere Entfernung von 185.000 Lichtjahren. Später kamen weitere RR-Lyrae-Sterne hinzu und die Abstände von NGC 7006 schrumpften immer mehr. Mithilfe der Gaia-DR2-Daten erhalten wir eine Entfernung von 139.600 Lichtjahren. Die aktuellen Gaia-EDR3-Daten verkürzen die Distanz schon wieder: auf nunmehr 93.200 Lichtjahre. Allerdings erreicht Gaia bei diesem Objekt seine Grenzen und der Messfehler ist noch sehr hoch. Der Kernradius des Haufens wird mit 5,2 Lichtjahren, der Gezeitenradius mit 511 Lichtjahren angegeben. Die Hälfte der 136.000 Sonnenmassen ist in einem Radius von etwa 23 Lichtjahren enthalten. Trennen wir mithilfe der Eigenbewegungsdaten die Haufensterne von den Feldsternen und erstellen das Farben-Helligkeits-Diagramm, erkennen wir einen aufsteigenden Riesenast, der bei etwa 16 mag endet. Besser ausgeprägt ist der Horizontalast, der etwa bei 18,7 mag liegt. Anhand der Parallaxen von jenem Dutzend Sternen, die das blaue Ende des Asts bilden, erhalten wir eine Gaia-DR2-Entfernung von 127.900 Lichtjahren, mit einem Messfehler von 10 %. NGC 7006 steht etwa 42.600 Lichtjahre südlich der Milchstraßenebene, sein Abstand zum Zentrum der Milchstraße ist mit fast 120.000 Lichtjahren sehr groß. Zurzeit rast der Kugelsternhaufen mit einer Radialgeschwindigkeit von knapp −400 km/s auf uns zu. In der letzten halben Jahrmilliarde ähnelt seine Bahn einer Angelschnur, die weit aus der Milchstraße hinausgeworfen wird. Sie führte ihn bis auf nur 6800 Lichtjahre an das galaktische Zentrum heran, doch der größte Abstand lag bei riesigen 180.000 Lichtjahren. Das ist zwar weniger als bei seinem Kollegen NGC 2419 (siehe Kapitel 7: NGC 2419), die große Entfernung zur Milchstraße ist dem Haufen aber anzusehen. Da es sich bei NGC 7006 um einen metallarmen Haufen handelt, könnte auch er von der Milchstraße eingefangen worden sein.

PALOMAR 5

SER | $15^h\ 16^m\ 5^s$ | 0° 6′ 41″

Die meisten der heute bekannten Kugelsternhaufen wurden im 18. und 19. Jahrhundert entdeckt. Nur wenige kamen später dazu, oft als Neubewertung, wobei ein offener Haufen als schwach konzentrierter Kugelsternhaufen katalogisiert wurde. In den Jahren 1949 bis 1957 identifizierten die Astronomen auf Fotoplatten des Palomar Observatory Sky Surveys (POSS) 15 Kugelsternhaufen, die heute unter der Bezeichnung „Palomar-Kugelsternhaufen" bekannt sind. Unsere Aufnahme zeigt im Zentrum den Kugelsternhaufen Palomar 5, der 1950 von Walter Baade auf den Platten entdeckt wurde und im Sternbild Serpens (Schlange) zu finden ist. Die Helligkeit von Palomar 5 beträgt 11,8 mag, seine hellsten Sterne erreichen 15,5 mag. Damit liegt er unter den Palomar-Haufen im Mittelfeld. Der hellste der fünfzehn Haufen ist Palomar 9 mit 8,4 mag, der lichtschwächste ist Palomar 14 mit 14,7 mag. Das optische Erscheinungsbild von Palomar 5 lässt sich als „äußerst dürftig" beschreiben. Das erklärt, warum der Haufen zu Anfang als schwache Zwerggalaxie eingeordnet wurde. In der Simbad-Datenbank ist der Haufen auch noch als „Serpens Dwarf" (UGC 9792) eingetragen. Auf der Aufnahme steht links unterhalb des Haufens der rötliche Stern HD 135660. Er ist ein 9,0 mag heller K2-Riese in 1203 ± 3 Lichtjahren Abstand. Oben rechts über Palomar 5 leuchtet mit TYC 5002-422-1 ein weiterer rötlicher Stern mit einer Helligkeit von 10,6 mag. Seine Entfernung beträgt 3625 ± 63 Lichtjahre. Der Winkelabstand der beiden Sterne beträgt 9,5′. Palomar 5 zählt mit einer Entfernung von 68.000 Lichtjahren zu den Halo-Haufen. Vom Milchstraßenzentrum ist er etwa 56.000 Lichtjahre entfernt. Auf seiner exzentrischen Bahn der letzten 500 Millionen Jahre kam er dem Milchstraßenzentrum kaum näher als 26.000 Lichtjahre, durchquerte aber mehrfach die galaktische Scheibe.

Palomar 5 ist ein Lehrbuchbeispiel eines fast vollständig zerrissenen Kugelsternhaufens. Durch Wechselwirkungen mit der Milchstraße entstanden Gezeitenströme, die man auf tiefen Weitfeldaufnahmen erkennen kann. Die aus dem Haufen herausgerissenen Sterne bilden einen 20° weiten Bogen vor und hinter dem Haufen. Mithilfe der Gaia-Daten lässt sich die Länge des Stroms auf 30° ausweiten, was rund 40.000 Lichtjahren entspricht. Die Astronomen schätzen, dass er etwa 90 % seiner ursprünglichen Masse verloren haben könnte. Heute sind nur noch 10.000 Sonnenmassen vorhanden. Die Hälfte dieser Masse befindet sich in einem Radius von etwa 90 Lichtjahren. Der Kernradius des Haufens beträgt 48,5 Lichtjahre, während sein Gezeitenradius etwa 150 Lichtjahre beträgt. Auch das ist ein deutliches Anzeichen eines von der Zeit schwer gebeutelten Sternhaufens. Palomar 5 ist mit [Fe/H] = −1,4 dex metallarm. Sein hohes Alter von 12 Milliarden Jahren entspricht einer großen Zahl an Passagen durch die galaktische Ebene. In den Gezeitenströmen werden Geschwindigkeitsgradienten gemessen, die von diesen halsbrecherischen Umläufen zeugen. In den Sternen im Gezeitenstrom findet man die gleichen Elementhäufigkeiten. Dies gilt als Hinweis, dass Palomar 5 überwiegend aus einer Urpopulation besteht, und dass die Scheibendurchgänge nicht die Bildung weiterer Sterngenerationen angestoßen haben.

Daraus lässt sich nun folgern, dass der Haufen vergleichsweise wenig interstellares Gas besessen haben muss, denn es wäre die Voraussetzung eines Haufens mit vielen Sterngenerationen. Allerdings passte es auch zu der Interpretation als Zwerggalaxie, die später fallen gelassen wurde. Zwerggalaxien gelten in der Regel als reich an dunkler Materie. Trotz ihrer geringen Abmessungen üben sie also hohe Anziehungskräfte aus und können so den Wechselwirkungen mit großen Galaxien trotzen. Für diese Interpretation wäre Palomar 5 ein Gegenbeispiel – die Astronomen gehen davon aus, dass der Haufen den nächsten Durchgang durch dichte Milchstraßenbereiche in etwa 110 Millionen Jahren nicht überstehen wird. So gesehen befindet sich Palomar 5 auf seiner Abschiedstournee und empfiehlt sich Astrofotografen für eine letzte Aufnahme.

PALOMAR 10

SGE | $19^h\ 18^m\ 2^s$ | 18° 34′ 18″

Das Bildfeld dieser Aufnahme ist mit Sternen übersät und wir müssen nicht lange raten, um zu wissen, dass wir in Richtung der Milchstraße blicken. Genauer ist es der westliche Teil des Sternbilds Sagitta (Pfeil). Das aus vier Sternen aufgebaute Sternbild befindet sich 6° weiter links. Die Diagonale misst etwa 50′. Könnten wir herauszoomen, würden wir sehen, dass sich links und unterhalb des Ausschnitts dichte Staubwolken befinden, die das Licht des Haufens stark röten.

Die galaktische Breite des hier gezeigten Haufens Palomar 10 beträgt nur 2,7°, die Blickrichtung liegt also fast genau in der Mittelebene der Milchstraße. Der quantitative Beweis für die Anwesenheit von Staub ist der gemessene große Farbexzess E(B–V) = 1,7 mag. Die Entfernung von Palomar 10 zur Sonne ist etwa 29.125 Lichtjahre, sein Abstand zum Milchstraßenzentrum ist mit 24.800 Lichtjahren etwas kleiner. Der Haufen steht nur knapp 1400 Lichtjahre oberhalb der Ebene, befindet sich also am Rand der galaktischen Scheibe. Damit zählt Palomar 10 zu den Kugelsternhaufen mit dem geringsten Abstand von der Ebene. Der Kernradius des Haufens beträgt 6,8 Lichtjahre, sein Gezeitenradius berechnet sich zu 220 Lichtjahren. Die Masse wird auf etwa 160.000 Sonnenmassen geschätzt. Die Hälfte der Masse befindet sich in einem Radius von etwa 21 Lichtjahren. Die Bahn führte in den letzten 500 Jahrmillionen epizykelartige Schleifen in der Milchstraßenebene aus und bewegte sich dabei in vertikaler Richtung zwischen etwa ±3500 Lichtjahren. Dem Milchstraßenzentrum kam er kaum näher als 10.000 Lichtjahre. Der Kugelsternhaufen pflügte zumindest in jüngerer Vergangenheit unermüdlich durch die galaktische Scheibe.

Für Palomar 10 finden sich nur spärliche Referenzen. Die Gaia-Daten helfen hier auch nicht weiter, da die Eigenbewegung von Palomar 10 sich kaum von den Feldsternen unterscheidet. Schon 1997 wurde ein Farben-Helligkeits-Diagramm präsentiert, dass aus fotometrischen Daten von 9893 einzelnen Sternen zusammengestellt wurde. Dort ist der Riesenast zu erkennen, der von 23 mag bis 18 mag hinauf reicht. Seine Lage innerhalb des Diagramms zeigt aber die auffällige Rötung der Beobachtungen. Der Horizontalast bei 19,5 mag ist recht gut zu erkennen. Auffälligerweise verläuft er keineswegs horizontal, sondern steigt im Diagramm nach oben. Dieser Effekt wird als „differenzielle Rötung der Riesensterne" bezeichnet. Weiterhin ist die Farbe der visuell helleren Riesen auch blauer. Die genaue Ursache ist unklar, zumal Palomar 10 mit einer Metallizität von nur [Fe/H] = 0,1 dex und mit einem Alter von 10 Milliarden Jahren ein vergleichsweise metallreicher junger Haufen ist. Die Daten legen nahe, dass nur eine Sternpopulation vorliegt. Daher dürfte diese differenzielle Rötung auf äußere Einflüsse zurückzuführen sein, beispielsweise eine veränderliche Dichte des Staubbandes, das über dem Kugelsternhaufen liegt – was unterschiedliche Rötungen verursacht.

Der Fotograf dieser Aufnahme hat mit einem trickreichen Verfahren versucht, diese Rötung zu entfernen, denn er wollte zeigen, wie Palomar 10 aussähe, wenn wir ihn abseits der Milchstraßenebene beobachten könnten. Dazu kalibrierte er die Farbkanäle neu und passte deren relative Gewichtung an. Als Vergleichsfeld benutzte er das Innere von Palomar 10 und definierte anhand der RGB-Kanalwerte den Weißpunkt. Wir könnten genauso gut den typischen Spektraltyp F der Kugelsternhaufen benutzen, was einem Farbindex von etwa 0,3 mag entspräche. Dem Fotografen erschien dies aber als zu blau, sodass er „weiße Sterne" definierte, deren Farbindizes B–V = 0,65 mag betrugen. Da die helleren Riesensterne in nicht geröteten Kugelsternhaufen zwischen B–V = 0,5 und B–V = – 1,0 mag liegen, ist dieses Vorgehen durchaus gerechtfertigt. Um die Aufnahme weiter zu „entröten", wurde der G-Kanal um das Dreifache und der B-Kanal um das Siebenfache verstärkt. Das Ergebnis zeigt die zweite Aufnahme – es ist erstaunlich, wie deutlich Palomar 10 jetzt hinter dem Staubvorhang hervortritt!

EXOTISCHE NEBEL

In den ersten Kapiteln dieses Buchs widmeten wir uns Nebeln, die vornehmlich durch Prozesse am Anfang oder am Ende eines Sternenlebens sichtbar werden. Im letzten Abschnitt gehen wir auf Nebel ein, die durch Sternwindphänomene hervorgerufen werden und exotische Formen annehmen können.

STERNWINDE

Alle Sterne produzieren Sternwinde, wobei die Oberflächentemperatur – und damit die Leuchtkraft – über die Bestandteile und die Stärke des abströmenden Windes entscheidet. Wie bei der Sonne sind diese Winde ein heißes Plasma und elektrisch leitfähig, denn sie bestehen aus einem Strom geladener Teilchen: Zu 95 % handelt es sich um Protonen, also Wasserstoffkerne, 4 % sind die Kerne von Heliumatomen und der Rest sind schwerere Ionen. Nur im Promillebereich enthalten sind Kohlenstoff, Stickstoff und weitere Elemente bis hin zum Eisen. Die Anzahl der Elektronen, die mitfliegen, ist etwa gleich groß wie die der Ionen, sodass der Sonnenwind als Ganzes sozusagen elektrisch neutral ist.
Die Sonne verliert durch ihren Sonnenwind eine Masse von etwa einer Million Tonnen pro Sekunde. Die Abströmgeschwindigkeit der Teilchen liegt zwischen 100 km/s und 800 km/s. Es wird zwischen langsamen und schnellen Sonnenwinden differenziert, deren Zusammensetzung sich aber nur wenig unterscheidet. Im Nahbereich der Sonne, bis etwa zwei Sonnenradien über der Sonnenoberfläche, produzieren Plasmawellen die schnellsten Windteilchen. Die Energie für die Beschleunigung stammt aus dem solaren Magnetfeld und der Sonnenrotation. Auf dem Weg in den interplanetaren Raum dünnt sich der Sonnenwind aus und in Erdnähe messen wir Geschwindigkeiten von bis zu 750 km/s und etwa 10 Teilchen pro Kubikmeter. Auf der Erde können wir als Auswirkungen des Sonnenwinds Polarlichter beobachten. Diese entstehen aber nicht durch die Teilchen im Sonnenwind, sondern gehen auf physikalische Folgeprozesse im Schweif der Erdmagnetosphäre zurück. Die Magnetosphäre unseres Heimatplaneten bildet eine Stoßfront aus, die als Bollwerk gegen den Teilchenstrom wirkt. Auf der sonnenabgewandten Seite reicht der Schweif der Magnetopause dutzende Erddurchmesser weit in den Raum. Diese Magnetosphäre der Erde ist allerdings nicht statisch, sondern flattert wie eine Fahne im Wind der Sonne.
So beeindruckend der Sonnenwind auch ist – denken Sie nur an die bereits genannten Polarlichter – die Winde bei heißen Sternen sind noch viel stärker. Sterne der Spektralklassen O, B und A zeigen während ihrer gesamten Lebenszeit Anzeichen von Winden in ihren Spektren. Selbst bei massearmen Sternen entstehen Winde, sobald sich diese zu Roten Riesen entwickeln. Die Geschwindigkeiten der Sternwinde sind für jeden Stern anders. Auch auf dem Entwicklungsweg eines einzelnen Sterns sind unterschiedliche Geschwindigkeiten zu erwarten. Die Winde bei Roten Riesen sind eher langsam, aber sehr dicht und reich an Staub. Bei blauen Riesen gibt es einen Zusammenhang zwischen der Stärke des Sternwindes und ihrer Leuchtkraft. Sie erlaubt den Astronomen, aus der Intensität der Spektrallinien im Sternspektrum die Leuchtkraft abzuschätzen. Beobachten wir einen blauen Riesenstern in einer entfernten Galaxie, lässt sich daraus dessen ungefähre Entfernung ermitteln.
Die Theorie der Sternwinde ist komplex und Gegenstand aktueller Forschung. Die Astronomen versuchen, durch Simulationen des Strahlungstransports die Modelle immer realistischer zu gestalten und immer mehr Parameter zu berücksichtigen. Dazu gehören ganze Felder aus Sternwind, die mit dem Stern mitrotieren. Dort bewirken Magnetfelder, zusammen mit der Leitfähigkeit des Plasmas, dass Sternwind und Stern miteinander gekoppelt bleiben. Dichte Regionen innerhalb des Windfelds folgen dann der Rotation des Sterns (im Englischen werden sie als „corotation regions", CIR, bezeichnet). Dadurch gelingen auch Einblicke in Doppelsternsysteme, in denen die Winde der beiden Sterne kollidieren. Es entstehen Zonen, in denen die Stoßfronten mitbewegt werden. Durch den Umlauf dienen sie als Sammelstelle für

Abb. 8.1: Der Hummerscheren-Nebel (Sh2-157) ist ein höhlenförmiger Nebelkomplex, der einen Haufen heißer Sterne einschließt. Hier finden sich Mehrfachsysteme, die auch einen Wolf-Rayet-Stern (WR157) enthalten. Der Komplex ist ein großes Mosaik aus dem roten Urnebel des Sternhaufens, aus blauen Reflexionsnebeln und dem Wolf-Rayet-Sternwind. Aufnahme: Josef Pöpsel, Stefan Binnewies, Frank Sackenheim mit 60-cm-Reflektor.

die Materie im Wind, das von dort aus spiralförmig in den interstellaren Raum abströmt. Die Zone der Stoßfronten hat eine hyperboloide Form (sie sehen aus wie eine rotierte Hyperbel) und befindet sich näher bei dem Stern im System, dessen Sternwind den geringeren Impuls besitzt. Setzt sich das System aus einem Wolf-Rayet-Stern und einem O-Stern zusammen, so gewinnt der WR-Stern. Die Stoßfront befindet sich dann nahe am O-Stern und umgibt diesen wie ein Schutzschild.

Sternwinde sind die Quellen der vielfältigen Verteilungswege, die das Universum mit Elementen versorgen. Die schweren Elemente, die in den Sternen entstehen, werden durch sie über den gesamten Lebenszyklus hinweg in das interstellare Medium hineingetragen. Erst in den letzten beiden Jahrzehnten wurde bekannt, dass die Sterne auf dem asymptotischen Riesenast einen bedeutenden Beitrag am galaktischen Elementcocktail haben. Ihre Sternwinde enthalten Metalle, diese kondensieren und bringen verschiedene Arten von Staub hervor, die von galaktischen und kosmologischen Theorien zur Nukleosynthese benötigt werden.

Wer sich hier wundert, dass in diesem letzten Kapitel des Buches schon wieder von Staub die Rede ist, muss sich nur klarmachen, dass die Hauptbestandteile des kosmischen Staubes, die Silikate und alle Kohlenstoffverbindungen, ganz erheblichen Anteil daran hatten, dass sich mit den Sternen auch Planeten und letztlich Leben entwickeln konnte.

P-CYGNI-PROFILE

Die Strahlung eines Sterns wird im Wesentlichen radial ausgesandt, denn die meisten Photonen strömen senkrecht von der Sternoberfläche ab. Treffen die Photonen auf Teilchen, so übertragen sie ihre Energie und ihren Impuls auf den Sternwind. Die Energie wird zur Ionisation genutzt, der Impuls schubst das Windteilchen an. Wenn das ionisierte Atom im Wind wieder auf seinen Grundzustand zurückfällt, wird ein Photon emittiert. Ein Teil des Impulses des Atoms wird auf das Photon übertragen und wegen der Impulserhaltung wird das Atom in entgegengesetzter Richtung beschleunigt. Diese Emission hat aber keine Vorzugsrichtung. Außerdem ist die vom Wind sichtbare Fläche des Sterns klein gegenüber der Fläche des freien Himmels. Über viele Emissionsvorgänge gemittelt, werden die Windteilchen durch die Strahlung des Sterns nach außen, vom Stern weg, beschleunigt.

Das Strahlungsfeld heißer Sterne ist stark genug, um ihre Massenverlustraten zu erklären. Bei kühlen Sternen reicht dies nicht aus. Damit bei diesen Sternen Winde auftreten können, müssen im Sternwind Teilchen vorhanden sein, die eine genügend große Anzahl von Übergängen in ihren Atomhüllen ermöglichen. Es braucht also die passenden Elemente, damit Photonen absorbiert werden können, und natürlich müssen genügend Atome vorhanden sein. Erst wenn die Teilchendichte groß genug ist, sind im Spektrum die charakteristischen P-Cygni-Profile sichtbar, die nach dem Stern benannt sind, in denen sie zum ersten Mal beobachtet wurden (siehe Kapitel 8: P Cygni).

P-Cygni-Profile setzen sich aus zwei Teilen zusammen – aus einer Absorptionslinie und einer Emissionslinie. Die Absorption erfolgt durch das Gas, das sich vor der Sternoberfläche befindet, die wir also durch dieses Gas beobachten. Da es sich in einer expandierenden Hülle befindet, die sich auf uns zu bewegt, wird die Absorption durch den Dopplereffekt blauverschoben. Die Wellenlängen dieser sich bewegenden leuchtenden Hüllenteile finden wir daher bei etwas kürzeren Wellenlängen als das Gas der Hülle, das sich relativ zum Beobachter nicht bewegt. Statt von einer Absorptionslinie sprechen wir nun von einem „Absorptionstrog", der bis zu einer minimalen Wellenlänge reicht. Diese kurzwellige (blaue) Kante des Trogs wird von dem Gas verursacht, das sich am schnellsten auf uns zubewegt. Die Dopplerverschiebung der blauen Kante des Absorptionstroges ist daher ein direktes Maß für die Maximalgeschwindigkeit des Windes. Aus der Tiefe des Troges können die Astronomen auf die Teilchendichte des absorbierenden Gases in Blickrichtung schließen. Außerhalb der Sternscheibe ist keine Absorption zu sehen. Hier leuchtet nur das expandierende Gas und es entsteht der Emissionslinienteil der P-Cygni-Linienform. Zu dieser Emission tragen die verschiedenen Bereiche der expandierenden Hüllen bei, die sich sowohl auf uns zubewegen (sie bilden die uns zugewandte Hälfte) als auch von uns wegbewegen (das ist die von uns abgewandte Hälfte). Durch den wirkenden Dopplereffekt enthält das Linienprofil daher blau- und rotverschobene Teile. Die Emissionslinie ist leicht asymmetrisch, weil der hinter dem Stern liegende Teil der Hülle durch die Sternoberfläche verdeckt wird und damit nicht zur Linie beitragen kann.

Sehen wir in einem Sternspektrum eine P-Cygni-Linienform, so sehen wir also die Überlagerung der beiden Prozesse. Die genaue Form hängt von der Materialdichte im Wind und vom Geschwindigkeitsfeld des Winds ab. Die Astronomen passen das Modell eines P-Cygni-Profils durch die Variation der Parameter an die Spektrallinien an, bis die gemessene Linienform mit der theoretischen Linie übereinstimmt. Kompliziert wird dieses Verfahren, wenn die Linien der Elemente in der Gashülle energetisch dicht beieinanderliegen. Dann überlappen sich mehrere P-Cygni-Profile. Zudem erzeugt die Rotation des Sterns eine zusätzliche Asymmetrie des Profils. Und schließlich ist das Idealmodell einer homogenen expandierenden Hülle nicht unbedingt der Regelfall, da ein Stern bei seiner Entwicklung Phasen intensiver und weniger intensiver Sternwinde durchläuft und seine P-Cygni-Profile empfindlich darauf reagieren.

Dennoch gelingen uns durch dieses Verfahren Einblicke in das Geschehen im direkten Sternumfeld. Die Gashüllen von OB-Riesen besitzen Expansionsgeschwindigkeiten im Bereich von 2000 km/s und Massenverlustraten von 10^{-6} – 10^{-5}

Abb 8.2: P Cygni gehört zur Sternklasse der Leuchtkräftigen Blauen Veränderlichen. Mit seinem Namen steht er Pate für ein charakteristisches Linienprofil im Sternspektrum.

Sonnenmassen pro Jahr. Bei den heißesten Exemplaren erreichen die Geschwindigkeiten 4000 km/s oder gehen sogar darüber hinaus.

WOLF-RAYET-STERNE

Genau genommen gibt es keine „Wolf-Rayet-Sterne", sondern nur einen Entwicklungszustand, bei dem massereiche Sterne bestimmte Eigenschaften zeigen. Heute sind rund 670 Wolf-Rayet-Sterne bekannt – sie sind also in der Milchstraße eher selten anzutreffen. Entdeckt wurden sie 1867 durch Charles Wolf und Georges Rayet, als sie mit einem visuellen Spektrometer am 40-cm-Reflektor am Pariser Observatorium von Leon Foucault helle Sterne im Sternbild Schwan untersuchten. Sie fanden drei sehr ungewöhnliche Sterne, in deren Spektren nicht nur wie sonst üblich Absorptionslinien zu sehen waren, sondern auch breite Emissionslinien.
Erst rund 60 Jahre später wurden die spektralen Besonderheiten durch Carlyle Beals den ionisierten Elementen Helium, Stickstoff und Kohlenstoff zugeordnet. Die Wolf-Rayet-Sterne der ersten Stunde erhielten damit ihre Spektralklassifikation: WR 134 als WN6, WR 135 als WC8 und WR 137 als WC7. In Abbildung 8.3 auf Seite 382 werden für die drei Sterne die Spektralbänder und Ausschnitte aus ihren Spektralprofilen gezeigt.

Wolf-Rayet-Sterne sind allesamt massereich und die heute bekannten WR-Sterne haben schätzungsweise mehr als 20 Sonnenmassen. Die Wolf-Rayet-Phase macht bei einem Stern von 20 Sonnenmassen etwa 10 % seiner Lebensdauer von nur rund 5 Millionen Jahren aus. Seine Existenz beginnt er als O-Stern. Wolf-Rayet-Sterne sind zwischen 30.000 K und 120.000 K heiß. Ihre starke Strahlung beschleunigt die abgestoßenen Sternwinde, sodass Windgeschwindigkeiten von einigen 1000 km/s gemessen werden. Die jährliche Massenverlustrate eines Wolf-Rayet-Sterns ist mit 10^{-4} Sonnenmassen bis 10^{-5} Sonnenmassen um eine Größenordnung höher als bei masseärmeren Sternen. Die Sternwinde sind so intensiv, dass ein Wolf-Rayet-Stern große Teile seiner äußeren Hülle abstößt. Dabei durchläuft er mehrere Phasen, die unter anderem von seiner Masse abhängen. Wir unterscheiden hierbei zwischen WN-Typen und WC-Typen.
WN-Typen zeigen ein wasserstoffarmes Spektrum. Es sind hauptsächlich Helium-Emissionslinien und die Linien des mehrfach ionisierten Stickstoffs zu erkennen. Die „leichteren" Wolf-Rayet-Sterne, mit Massen unter 40 Sonnenmassen, werden als WN-Typ beobachtet, bevor sie als Typ-Ib-Supernova explodieren. Bei den massereicheren Wolf-Rayet-Sternen, mit Massen über 40 Sonnenmassen, entwickelt sich aus dem WN- ein WC-Stern. In dessen Spektrum tauchen Emissionslinien des einfach ionisierten Sauer-

stoffs und des mehrfach ionisierten Kohlenstoffs auf. Aus solchen Sternen entsteht später eine Supernova vom Typ-Ic. Die Spektren von sehr massereichen Wolf-Rayet-Sternen enthalten zu Anfang noch Wasserstofflinien, die dann aber verschwinden. Ihr Entwicklungsweg führt ebenfalls über WN zu WC und zu einer Typ-Ic-Supernova.

Im Hertzsprung-Russell-Diagramm durchlaufen massereiche Sterne bei ihrer Entwicklung die Traverse von links nach rechts (siehe Abb E.12 auf S. 30) und passieren dabei auch den Instabilitätsstreifen. In diesem Abschnitt zeigen die Sterne einen regelmäßigen Lichtwechsel und werden als „luminous blue variables" bezeichnet (LBV, zu Deutsch leuchtkräftige blaue Variable). Bei den massereicheren Wolf-Rayet-Sternen ist ihr Intermezzo als LBV mit dem Wechsel vom wasserstoffreichen WN-Stern zum wasserstoffarmen WN-Stern verbunden. Erklärt wird dieser Wandel durch das Abstoßen der wasserstoffhaltigen äußeren Schichten während der Pulsationen des LBV. Möglich macht dies die nur schwache Anziehungskraft, die diese Hyperriesen auf ihre äußere Schicht ausüben. Trotz ihrer Masse können diese Sterne den hohen Massenverlust als leuchtkräftiger blauer Veränderlicher nicht vermeiden. Betrachten wir diesen Sterntyp als schwingendes System, so pulsieren sie nicht nur radial, sondern auch in anderen Schwingungsmoden. Der Hyperriese ähnelt großen, fallenden Wassertropfen, die durch eine Stroboskoplampe beleuchtet werden. Sie stehen dicht davor, durch ihre eigenen Schwingungen zu zerreißen. Die Schwingungen eines LBV lassen sich daher eher als „Wobbeln" bezeichnen denn als regelmäßiges Pulsieren.

Die LBV-Phase dauert typischerweise 10.000 Jahre. Ein bekannter leuchtkräftiger blauer Variabler ist Deneb, dessen Sternwinde rund 10^{-6} Sonnenmassen pro Jahr wegtragen. Mit einer Masse von 20 Sonnenmassen ist Deneb relativ massearm. Sein Radius beträgt etwa 200 Sonnenradien und die Leuchtkraft liegt bei 200.000 Sonnenleuchtkräften. Denebs Spektralklassifikation lautet A2Ia, seine Oberflä-

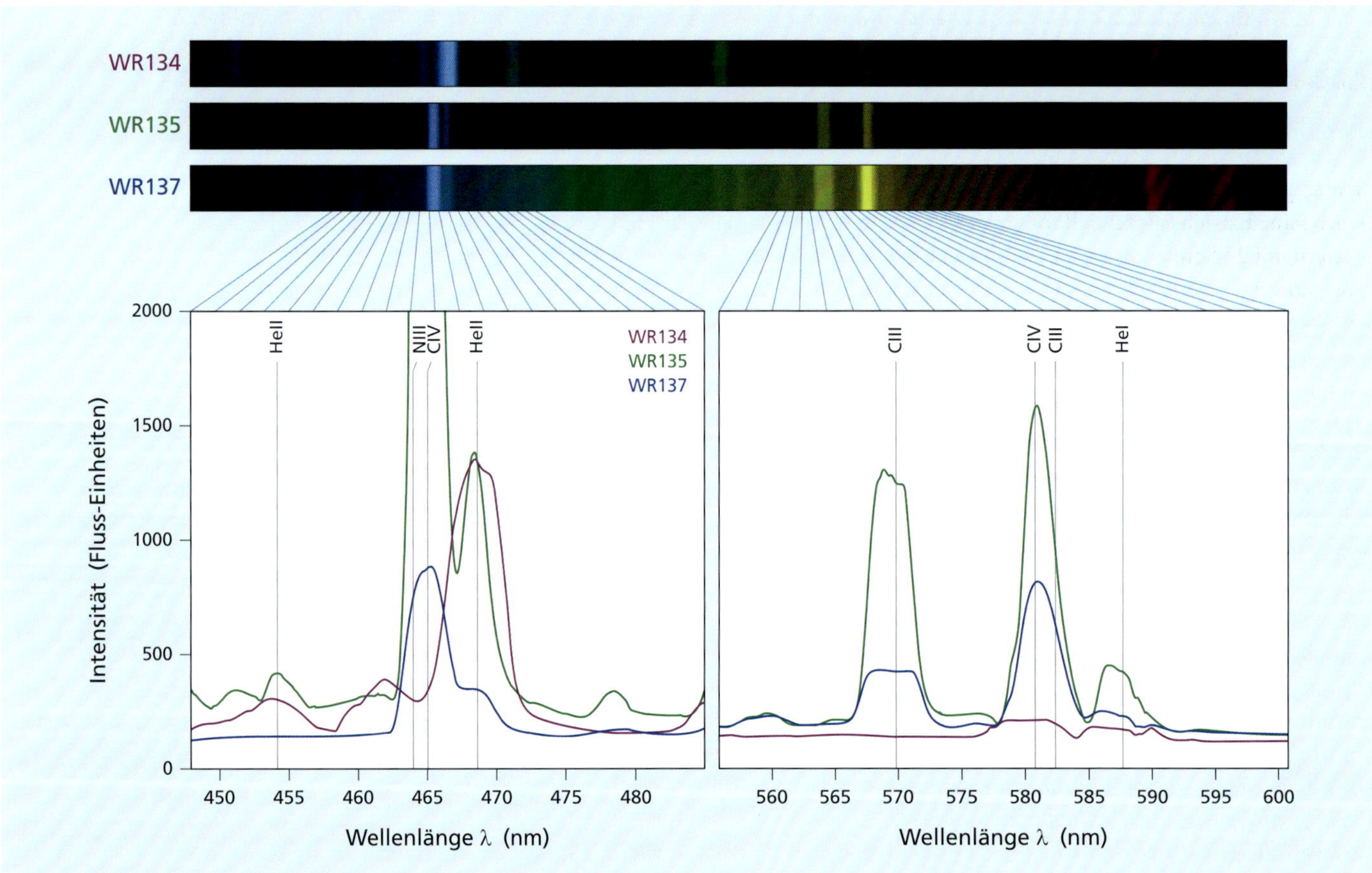

Abb 8.3: Die drei Farbstreifen für WR 134, WR 135 und WR 137 wurden aus den Spektralprofilen berechnet. WR 134 ist ein WN6-Typ, in dessen Spektrum breite Emissionslinien des Heliums dominieren (violettes Profil). Bei WR 135 (grünes Profil) und WR 137 (blaues Profil) handelt es sich um die Sterntypen WC8 beziehungsweise WC7, in denen mehrfach ionisierter Kohlenstoff die Emission bestimmt. Die Einordnung in Untergruppen erfolgt durch den Intensitätsvergleich der Linien C III / IV bei 465,0 nm mit der HeII-Linie bei 468,6 nm sowie der NIII-Linie bei 464,0 nm. Bei den WC-Sternen dominiert im Blauen die C III / IV-Emission deutlich gegenüber der HeII-Emission. Im Gegensatz dazu kommen bei den WN-Sternen zur markanten He-Linie noch die NIII-Linien dazu. Bei den WC-Sternen (WR 135, WR 137) fallen im gelben Bereich die breiten Kohlenstoffemissionen bei 569,8 nm und 580,8 nm auf. Bei einem WN-Stern wie WR 134 sehen wir in diesem Bereich fast nichts.

Abb 8.4: WR 134 gehört zu den beeindruckendsten Wolf-Rayet-Sternen. Seine Masse wird auf 18 Sonnenmassen und seine Größe auf über 10 Sonnendurchmesser geschätzt.

chentemperatur wird mit 8500 K angegeben. Begonnen hat Deneb seine Existenz als schnell rotierender Hauptreihenstern mit 23 Sonnenmassen. Ob sich Deneb, bevor er als Supernova explodieren wird (was recht sicher ist), noch zu einem Wolf-Rayet-Stern entwickeln wird, ist fraglich. Im Inneren von Deneb hat die Konvektion schon Materie aus den tiefer liegenden Fusionszonen nach außen transportiert. Das Spektrum von Deneb zeigt dies bereits – bei den Metallen sind die Elemente C, N, O am häufigsten anzutreffen.

Das Spektrum von Deneb macht deutlich, dass der Stern schon Teile der Hülle abgestoßen hat: Es zeigen sich die charakteristischen P-Cygni-Profile. Aus deren Form schließen wir auf Expansionsgeschwindigkeiten zwischen 60 und 120 km/s. In den Flanken der Linien sind mitunter kleine „Wackler" zu erkennen, Variationen, die auf Verklumpungen im Sternwind zurückzuführen sind. Dies deutet an, dass es im Verlauf der Variationen, die einige Tagen andauern, immer wieder zum Abstoßen von dichteren Teilen der Hülle kommt. Eine mögliche Ursache ist eine nicht laminar ablaufende Konvektion, die bereits Verklumpungen enthält.

In den Spektren der Wolf-Rayet-Sterne wurden schon früh Charakteristika gefunden, die sich durch starke Sternwinde und Hüllen aus dichtem, heißem Gas erklären lassen. Diese Hüllen expandieren, was zu einer Verdünnung des Gases und zu Abkühlungseffekten führt. Das Sternspektrum ist also nicht allein durch das Licht der Sternoberfläche bestimmt. Vielmehr setzt sich ein Wolf-Rayet-Spektrum aus mehreren Teilen zusammen. Einige Linien stammen von der heißen Sternoberfläche, andere Linien gehen auf expandierende Teile der Hülle zurück, in denen andere physikalische und chemische Verhältnisse herrschen.

Die genaue Zuordnung der Linien im Spektrum zu den Wolf-Rayet-Gruppen ist daher schwierig. Bei den WN-Sternen benutzen wir die Stärke der Stickstofflinien zur feineren Unterscheidung in WN-Subtypen. Das Verhältnis der NIII- / NIV- und HeI- / HeII-Linien führt zu den frühen WN-Sternen WN2 bis WN5 und zu den späten WN7- bis WN9-Sternen. Fügen wir noch ein „h" an, drückt dies aus, dass wir Wasserstoffemissionslinien im Spektrum sehen und wir es vermutlich mit einem sehr massereichen Wolf-Rayet-Stern zu tun haben. Bei den WC-Sternen nutzen wir das Linienverhältnis von CIII / CIV für die Einführung von Subtypen. Sehr selten kommen Wolf-Rayet-Sterne mit starken Sauerstofflinien vor – diese erhalten mit WO eine eigene Kategorie und Abkürzung. Unter den heute (Januar 2023) bekannten 667 Wolf-Rayet-Sternen gibt es nur 4 WO-Typen, was einem Anteil von 0,15 % entspricht. Die WN-Typen sind mit 58 % etwas häufiger als die WC-Sterntypen.

Die Spektren der Wolf-Rayet-Sterne zeigen Ähnlichkeiten mit den Spektren der Zentralsterne planetarischer Nebel. Bei diesen handelt es sich aber um massearme Sterne, die wir nicht mit den Hyperriesen verwechseln dürfen. Um Verwechslungen mit Wolf-Rayet-Sternen zu vermeiden, wird bei der Bezeichnung der Zentralsterne, die ein WR-ähnliches Spektrum zeigen, der Typ in eckige Klammern gestellt (beispielsweise [WC] oder [WN]).

ABELL 35

HYA | $12^h\ 53^m\ 36^s$ | -22° 52′ 0″

Dicht an der Nordgrenze des Sternbilds Wasserschlange (Hydra) liegt das hier gezeigte Objekt Abell 35 (PN A66 35). Das Gebilde misst etwa 15′ × 11′, und wir erkennen auch das typische Rot und Blau eines planetarischen Nebels. Auffällig ist jedoch der enge blaue Bogen, der den 9-mag-Stern BD –22 3467 umgibt.

Bei der Analyse zeigte sich, dass es sich um einen Weißen Zwergstern vom Typ DAO handelt, mit einer Oberflächentemperatur von 80.000 K, der einen kühlen Begleiter besitzt. Die Helligkeit des DAO-Zwergs beträgt 13,7 mag. 2010 beschrieb eine Gruppe von Astronomen den Nebel als „bow shock nebula in a photoionized Strömgren sphere", also einen Nebel mit bogenförmiger Stoßfront in einer durch Licht ionisierten Strömgren-Sphäre. Träfe dies zu, dann wäre Abell 35 kein klassischer planetarischer Nebel, sondern ein Weißer Zwerg würde eine ihn – vielleicht zufällig – umgebende Gaswolke ionisieren.

Die spektralen Untersuchungen gestalteten sich schwierig, weil der kühle, aber hellere G8-Begleiter das optische Spektrum dominiert. Die Linien, die sehr wahrscheinlich auf den Weißen Zwerg zurückzuführen sind, konnten mithilfe einer Modellatmosphäre und der „Tübingen Model Atom Database" (TMAD) identifiziert werden. Im UV-Spektrum fanden sich fast 500 Linien, die „Trans-Eisen-Elementen", also Elementen schwerer als Eisen wie Zn, Ga, Ge, Br, Kr, etc., zugeordnet werden konnten. Deren Häufigkeiten waren vergleichsweise hoch, sodass bei diesem Zwergstern vermutlich Materie aus dem Inneren nach außen transportiert wurde. Die Masse von BD –22 3467 ist mit 0,53 Sonnenmassen gering. Die Masse des Vorläufersterns lag schätzungsweise unter einer Sonnenmasse. Damit war dieser zu leicht, als dass in seiner AGB-Phase derart viel Materie hätte nach außen transportiert werden können. Möglicherweise hatte sich der Zwergstern direkt aus dem extremen Horizontalast zur Abkühlsequenz der Weißen Zwerge begeben. Damit hätte der Stern sich den Umweg über eine AGB-Phase und auch einen planetarischen Nebel gespart. Es bleibt die Frage, woher der sichtbare Nebel stammt. Vielleicht ist es auch ein planetarischer Nebel, der auf einen anderen Stern zurückgeht und den der Weiße Zwerg gerade durchschießt. Dazu würde die beobachtete hohe Eigenbewegung von BD –22 3467 passen, die 56 mas/a misst.

Bei dem Begleiter wissen wir inzwischen, dass dieser sehr schnell rotiert. Der Stern dreht sich in 18 Stunden einmal um seine Achse. Aus Variationen des Hα-Linienprofils wurde auch auf eine magnetische Aktivität des G8-Sterns geschlossen.

Neuere Studien brachten aber Zweifel hervor, ob Abell 35 wirklich ein Doppelsternsystem im Zentrum besitzt. Die aus dem Spektrum abgeleitete Distanz von 1200 Lichtjahren ist deutlich größer als die Gaia-Entfernung mit 447 ± 20 Lichtjahren, ist aber durch ihren Fehler von 50 % nicht wirklich aussagekräftig. Rätselhaft ist aber, dass Gaia noch eine zweite, etwa 9,5″ von BD –22 3467 entfernte Quelle gemessen hat. Diese ist mit 541 ± 3 Lichtjahren weiter entfernt, besitzt aber fast genau denselben Betrag der Eigenbewegung. Die beiden Gaia-Quellen fliegen also vermutlich in Formation und die uns näher gelegene (BD –22 3467) durchpflügt das Nebelmaterial und bringt dieses zum Leuchten.

Im Bildfeld sind auch 4 Asteroiden mit enthalten, die sich durch kurze Striche verraten. Links über Abell 35 läuft 2000 WL11, in der rechten Außenzone ist 1998 QO84 und am linken Rand ist 6746 Zagar. Dicht darüber ist noch ein Strich zu sehen, es könnte sich um 2000 DA 117 handeln, die Position passt aber nicht genau zu den Daten des Minor Planet Centers.

CED 155

HER | $18^h\,7^m\,30^s$ | 45° 51′ 33″

In dem Artikel „Studies of bright diffuse galactic nebulae with special regard to their spatial distribution“ (Untersuchung heller diffuser galaktischer Nebel, mit besonderer Berücksichtigung ihrer räumlichen Verteilung) veröffentlichte Sven Cederblad 1946 einen Katalog mit insgesamt 166 Objekten, bei denen es sich meist um HII-Regionen oder Reflexionsnebel handelte. Die Nummer 155 fällt aus dem Rahmen, da diese auf eine Nova im Herkules zurückgeht. Sie wurde am 12. Dezember 1934 entdeckt und erreichte eine Helligkeit von 1,5 mag. Heute liegt die Helligkeit im Visuellen bei 14,4 mag.

Die Nova Herculis 1934 ist ein Doppelsternsystem, das schon vor dem Novaausbruch als DQ Herculis bekannt war. In diesem System umlaufen sich ein roter Zwergstern und ein Weißer Zwerg mit einer Periode von 4,65 Stunden. Der rote Stern ist ein Hauptreihenstern mit 0,4 Sonnenmassen, der Weiße Zwerg ist das Endergebnis der Entwicklung eines massereicheren Sterns.

Noch schneller als der Umlauf der zwei Sterne rotiert der Weiße Zwerg um seine Achse. Er ist mit nur 142 Sekunden der Rekordhalter unter den Weißen Zwergen. Gemessen wurde dies durch eine 71-sekündige Oszillation in der Lichtkurve. Die Astronomen erklären sie durch zwei heiße Stellen auf der Oberfläche, sehr wahrscheinlich nahe den Magnetpolen.

Der Weiße Zwerg ist von einer Akkretionsscheibe umgeben. Strömt Materie vom roten Begleiter auf den Weißen Zwerg, so stürzt dieses nicht direkt auf den Stern, sondern bewegt sich in der Scheibe spiralförmig nach innen. Im Innenbereich der Scheibe greifen die Feldlinien der beiden Magnetpole in diese Materiescheibe hinein und lenken es auf den Weißen Zwerg herab. Durch diese magnetische Kopplung zwischen dem Zwerg und der Scheibe wird Drehimpuls übertragen. Ist die Scheibe gut gefüllt, wird dadurch der Weiße Zwerg beschleunigt.

In der Detailaufnahme können wir den elliptischen Ring, der das Zentrum umgibt, gut erkennen. Die Abmessungen der beiden Halbachsen betragen 8″ und 12″. Die Entfernung liefert die Gaia-Parallaxe mit 1618 ± 1 Lichtjahren sehr genau. Und der Durchmesser der Ellipse errechnet sich damit zu 0,19 Lichtjahren oder 12.000 AE.

Bei dem Ring handelt es sich um die Schale einer Nova, also um Materie, die beim Novaausbruch abgestoßen wurde. Verantwortlich dafür war Materie, die sich in einer Schicht auf dem Weißen Zwerg angesammelt hatte. Durch den Druck der immer mehr zunehmenden darüber lastenden Masse wurde sie so heiß, dass sie in einer thermonuklearen Fusion zündete. Dieses Ereignis wurde 1934 als Novaausbruch beobachtet, und das weggeschleuderte Material expandierte. Durch die Rotation gibt es eine Vorzugsrichtung in der Äquatorialebene des Weißen Zwerges, weshalb wir heute einen leuchtenden Ring sehen. Zwischen dem Ausbruch und dem Datum der Aufnahme liegen 75 Jahre, sodass wir damit auf eine maximale Geschwindigkeit der Expansion von 380 km/s schließen können.

So unscheinbar der Ring auch ist, DQ Herculis ist der Prototyp kataklysmischer Veränderlicher, die aus einem roten Zwergstern und einem Weißen Zwerg aufgebaut sind. Die Nova belegt eindrucksvoll, welche Rolle das „Kataklysmische“ – im ursprünglichen griechischen Wortsinn eine Überschwemmung – in diesen Systemen spielt, also das Überströmen von Materie von einem zum anderen Stern.

IC 2220

CAR | 7^h 56^m 51^s | -59° 7′ 31″

Die Spitznamen, die den Objekten von der englischsprachigen Astroszene gegeben werden, lassen sich mitunter schwer ins Deutsche übersetzen. Der Reflexionsnebel IC 2220 wird von Simbad als „toby-jug-nebula" bezeichnet. Schlagen wir diese Begriffe nach, so stoßen wir auf die Bezeichnung eines Kruges aus Keramik, der die Karikatur eines Pfeife rauchenden Mannes mit einem Dreispitz zeigt. Das englische „tobacconist" findet sich in „Toby" wieder und geht auf die Figur des Toby Belch in der Komödie „Was ihr wollt" von William Shakespeare zurück.

Sie dürfen gerne bezweifeln, ob alle diese Formen im Nebel sichtbar sind. Wir erkennen aber gelb leuchtende Staubbögen. Auf der linken Seite erscheint der Staubwirbel geschlossen, rechts reichen die Bögen weiter, links außen sind sie nur noch schwach zu erkennen. Insgesamt ergibt sich ein bipolarer Aufbau, in dessen Zentrum der Stern V341 Carinae (HD 65750) steht.

In der Horizontalen erreicht der Durchmesser 12′ und liegt damit etwas über der Bildbreite. Es handelt sich bei V341 Carinae um einen 6,3 mag M1II-Stern, also einen hellen Riesenstern. Der Stern ist als langperiodisch Veränderlicher geführt, eine Periode ist aber nicht bekannt. Beobachtet werden langsame, unregelmäßige Schwankungen seiner Helligkeit. In 5 Jahren steigt oder fällt die Helligkeit um etwa 0,5 mag, selten kommt es zu Verdunkelungen, die dann innerhalb von mehreren Monaten um den gleichen Betrag wieder ansteigen.

Die Entfernung von V341 Carinae beträgt 1419 ± 32 Lichtjahre. Die Sternoberfläche ist etwa 3700 K heiß und leuchtet orangefarben. Diese Sternfarbe ist auch der Grund für die Färbung des Reflexionsnebels, die dazu passenden Zahlen sind der Farbindex B–V = 2,02 mag und der Gaia-Farbindex $G_{BP}-G_{RP}$ = 2,53 mag. Es handelt sich bei V341 Carinae um einen entwickelten Riesenstern, der sich in seiner AGB-Phase befindet. Der Radius des Sterns entspricht rund 120 Sonnenradien, seine Leuchtkraft beträgt 2500 Sonnenleuchtkräfte. Die gegenwärtige Sternmasse liegt bei 2,2 Sonnenmassen, im Nebel steckt eine weitere Sonnenmasse.

Mithilfe von Mikrowellenbeobachtungen gelang tatsächlich der direkte Nachweis einer Ringstruktur, die den Stern umgibt. Dieser Ring, so vermuten die Astronomen, gehört zu einer optisch dichten Scheibe aus Gas und Staub, die sich in der Äquatorialebene ausgebildet hat. In dieser Scheibe strömt Materie von der Außenhülle des AGB-Sterns ab und liefert Nachschub für den Nebel. Der Durchmesser des Rings beträgt nur etwa 10 mas, was in der Entfernung des Sterns 4,4 AE oder 500 Sonnenradien entspricht. Das Modell liefert auch die physikalischen Werte des Rings: Er ist 1700 K heiß und beinhaltet Staubteilchen, die rund 1 µm groß sind.

Es ist bekannt, dass von AGB-Sternen Sternwinde abströmen, normalerweise sind diese aber weniger prägnant als bei V341 Carinae. Die besondere bipolare Hülle geht auf ein Ereignis zurück, das sich vor 3900 Jahren ereignete. Setzen wir die Indizien zusammen, könnten die Wolken des Nebels auch durch einen ehemaligen kleinen Begleiter erklärt werden, der dem Riesen zu nahe kam und durch die Gezeitenkräfte zerrissen wurde. Der Nebel, den wir heute noch sehen, wären dann die Rauchwolken dieser Begegnung, die damit gut zum eingangs erwähnten Pfeifenraucher passen.

MEROPE und IC 349

TAU | $3^h\,46^m\,20^s$ | 23° 56′ 54″

Im Zentrum der Aufnahme strahlt hell der Stern Merope (23 Tauri). Dieser B6IVe-Stern ist einer der hellsten Plejadensterne und formt das kleine Kästchen im Sternbild Stier mit seinen Geschwistern. Merope besitzt eine Oberflächentemperatur von 13.700 K und einen Farbindex von B–V = –0,06 mag. Der Gaia-Farbindex ist $G_{BP}–G_{RP}$ = –0,01 mag. Sein blauweißes Licht sorgt für die Blaudominanz der Aufnahme. Dies gilt auch für den Reflexionsnebel NGC 1435, der bei Merope steht, und die leichte Linientextur im Hintergrund bestimmt (siehe Kapitel 6: Plejaden). In diesem Nebel, sehr dicht bei Merope, fand der amerikanische Astronom Edward Emerson Barnard 1890 eine kleine, 13 mag helle v-förmige Nebelstruktur, die als IC 349 beschrieben wird und das Licht des Sterns Merope reflektiert. Auf der Aufnahme steht sie links vom Stern.

Die Entfernung von Merope folgt mit 461 ± 19 Lichtjahren aus der Gaia-EDR3-Parallaxe. Der kleine Nebel steht in einem projizierten Abstand von 35″ zu Merope, als Seitenlänge seiner dreieckigen Grundform werden 15″ gemessen. Da IC 349 die blaue Farbe von Merope wiedergibt, ist es wahrscheinlich, dass sich der kleine Nebel ebenfalls in der Nähe des Sterns befindet. Die absolute Größe des Nebels liegt damit bei etwa 2100 AE.

1999 wurden Vergleichsspektren von Merope und IC 349 aufgenommen. Im Nebelspektrum wurden die gleichen Linien gefunden, die auch das Sternspektrum zeigt, was die Nachbarschaft von Nebel und Stern bestätigt. Aber auch eine relative Verschiebung der Spektrallinien ist zu erkennen. Die Messungen zeigten, dass der Unterschied der Radialgeschwindigkeiten 7,1 km/s beträgt. Vergleichen wir dies mit den relativen Bewegungen der anderen Plejadensterne, so stellen wir fest, dass die Unterschiede der Radialgeschwindigkeiten der Sterne im Haufen kleiner sind als die Relativgeschwindigkeit von IC 349. Daraus schlossen die Forscher, dass der kleine Nebel kinematisch sehr wahrscheinlich nicht zu den Plejaden gehören kann. Mit dem gleichen Verfahren schlossen sie auch aus, dass dieser winzige Nebel zur größeren Taurus-Auriga-Wolke gezählt werden kann. Zwei Jahre später führten die Astronomen George Howard Herbig und Theodore Simon alle Informationen zu IC 349, also alles, was an Artikeln in Journalen und Forschungsberichten zu finden war, zusammen. Anders als ihre Vorgänger relativierten sie die Aussage hinsichtlich der Zugehörigkeit des Nebels zur Taurus-Auriga-Wolke. Aufgrund genauerer Messungen von Geschwindigkeiten der einzelnen Fragmente der großen Taurus-Auriga-Molekülwolke ist der kleine Nebel möglicherweise ein Fitzelchen dieser großen Molekülwolke. Diese Überlegungen wurden auch durch Bilder des Weltraumteleskops Hubble beeinflusst. Sie zeigen, dass die dreieckige Struktur von IC 349 nicht in Richtung von Merope zeigt und somit nicht direkt mit dem Stern in Verbindung steht. Es handelt sich also wohl um eine zufällige Übereinstimmung. Diese ergibt sich, weil der Haufen der Plejaden auf kosmischer Wanderschaft ist und in die größere Molekülwolke hineinläuft. Die feinen Strukturen von IC 349, die auch schon die gezeigte Aufnahme erahnen lässt, sahen Herbig und Simon als Hinweis auf ein Zusammentreffen von Meropes Sternwindfeld mit einer Verdichtung der Molekülwolke, die das ausgefranste Dreieck entstehen ließ.

NGC 2359 THORS HELM

CMA | $7^h\ 18^m\ 30^s$ | -13° 13′ 36″

Die Aufnahme blickt in den Nebel NGC 2359, der in einer dichten Molekülwolke im Sternbild Großer Hund liegt. Die Entfernung der Wolke beträgt rund 15.600 Lichtjahre. Diese erstreckt sich am Himmel auf über 30′ × 15′ und übertrifft damit deutlich den Ausschnitt dieser Aufnahme. Die zentrale, bläuliche Nebelblase besitzt einen Durchmesser von etwa 4,5′ und wird durch den Stern HD 56925 erzeugt. Dieser 11,6 mag helle Wolf-Rayet-Stern ist als WN4b klassifiziert. Er gehört also zur Stickstoffsequenz der wasserstofffreien Wolf-Rayet-Sterne. In der Milchstraße sind rund 388 solcher Sterne bekannt (Stand 2023). HD 56925 ist im Katalog der Wolf-Rayet-Sterne mit der Bezeichnung WR 7 eingetragen. Seine Farbindizes liegen bei B–V = 0,18 mag und bei $G_{BP}-G_{RP}$ = 0,73 mag, die Sternfarbe ist damit nicht Blau, sondern Weiß.

Einige Astronomen bezeichnen NGC 2359 als Archetypen eines Wolf-Rayet-Nebels. Die Dichte der abgestoßenen Hülle wird durch ihre Expansion verringert und durch die Strahlung des zentralen Sterns zum Leuchten angeregt. NGC 2359 ist fast kugelförmig und die Außenschale ist von einem Netz aus Filamenten durchzogen. Mittels Spektren ließ sich zeigen, dass die hellen Strukturen reich an Stickstoff sind. Unterhalb der Nebelkugel und gerade noch zu erkennen steht ein großer, heller Balken der Molekülwolke. In diesem Teil, wie auch in den anderen Bereichen, wurde molekularer Wasserstoff und CO nachgewiesen. Mittels dieser neutralen Gasanteile lassen sich die Massenverhältnisse der Molekülwolke gut abschätzen. Für die Masse findet man so Werte zwischen 70 und 100 Sonnenmassen. Im südlichen Balken stecken 90 – 120 Sonnenmassen und die Masse der umgebenden Wolken wird auf mindestens 600 Sonnenmassen geschätzt. Den Modellen zufolge beträgt die Temperatur der Wolke 30 K, es handelt sich also um eine relativ warme Umgebung. In der Wolke verlaufen Verdichtungen, die als helle Streifen zu sehen sind. Zusammen mit der Kugel ergibt sich ein Bild, das fantasiebegabte Beobachter an einen Wikingerhelm erinnert. So ist auch zu klären, warum er als Ganzes den Beinamen „Thor's helmet" erhalten hat.

WR 7 besitzt eine Oberflächentemperatur von 112.000 K und einen Sternradius von 1,3 Sonnenradien. Seine aktuelle Masse liegt bei 13 Sonnenmassen. Es handelt sich um einen Heliumstern, der kompakter aufgebaut ist als ein Hauptreihenstern. Im Hertzsprung-Russell-Diagramm ist WR 7 ganz oben links, unterhalb der Hauptreihe zu finden. Bei diesem Wolf-Rayet-Nebel strahlt vornehmlich nicht das vom Stern abgestoßene Gas, sondern das Gas, das durch die mechanische Wirkung der Stoßwellen aufgeschoben wurde. In NGC 2359 gelang 2001 auch der erste Nachweis von NH_3 in einem solchen Nebel. Die Expansionsgeschwindigkeiten des kugelförmigen Bereichs liegen zwischen 10 km/s bis 30 km/s, woraus wir auf die Vorgeschichte schließen können. Bei HD 56925 stand am Anfang möglicherweise ein O-Stern mit 35 Sonnenmassen, der sich in rund 78.000 Jahren zu einem Wolf-Rayet-Stern entwickelte. Der Massenverlust erreichte in dieser Zeit Spitzenwerte von mehr als einer Sonnenmasse in 100 Jahren. Die große Bühnenwirkung, die NGC 2359 als leuchtender Nebel besitzt, bringt der Wolf-Rayet-Stern aber nicht selbst mit, sondern verdankt diese seiner wolkenreichen Umgebung.

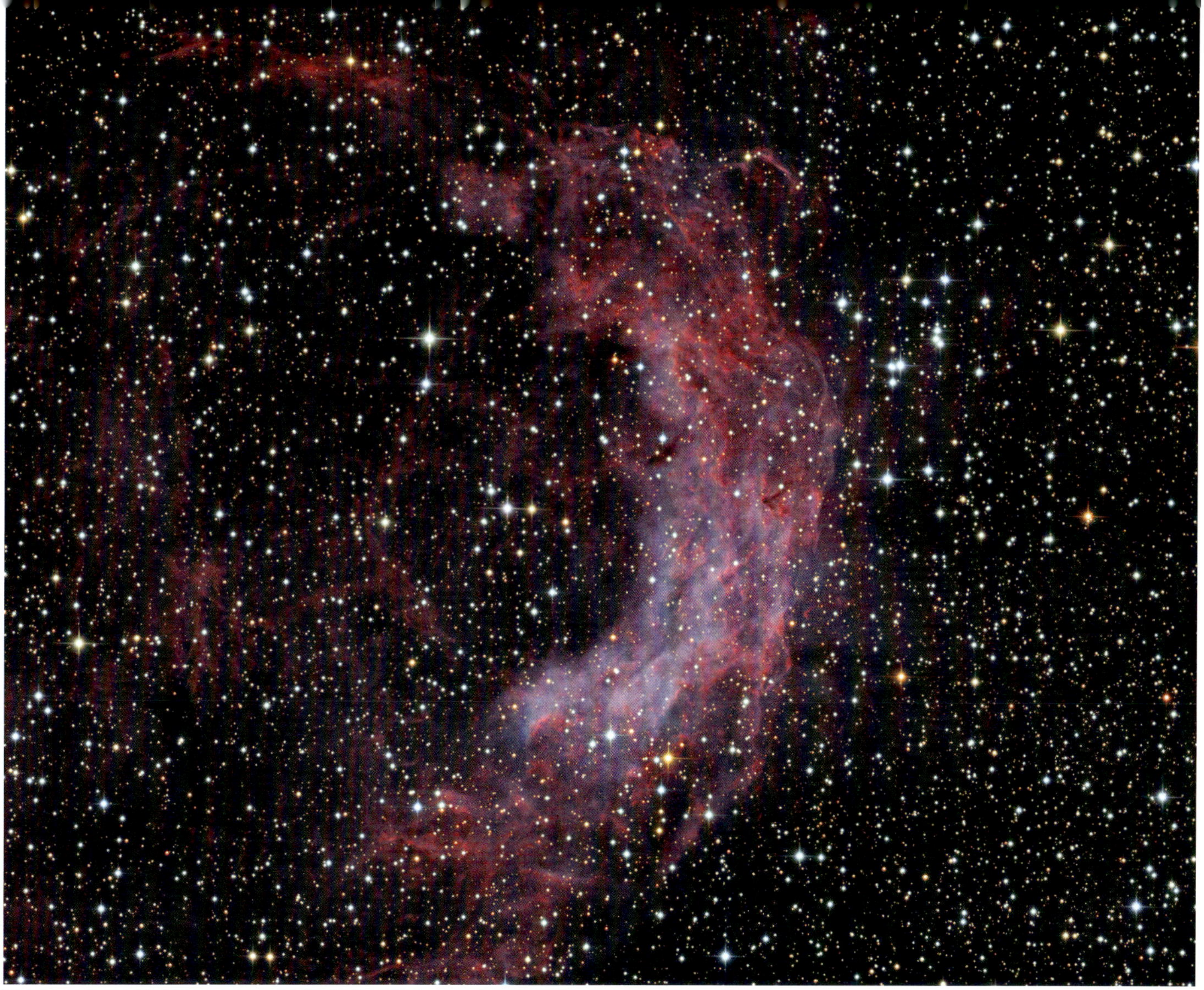

NGC 3199

CAR | $10^h\ 16^m\ 33^s$ | -57° 56′ 2″

Der rotviolett leuchtende Nebelbogen gehört zu NGC 3199. Es handelt sich um den Westrand eines fast kreisförmigen Nebels, der 20′ × 18′ einnimmt und über den linken Rand des Bildfelds hinausreicht. Der Bogen wird als Stoßfront um den Wolf-Rayet-Stern WR 18 interpretiert. In den Katalogen ist dieser auch als HD 89358 bekannt. Seine visuelle Helligkeit beträgt 10,8 mag, er hat den Spektraltyp WN4 und eine Temperatur von 112.000 K.

Die Position des Sterns WR 18 können wir gut abschätzen, indem wir mithilfe des Bogenradius auf den Mittelpunkt schließen. So stoßen wir auf zwei helle Sterne: einen gelblichen und links daneben, in 22″ Abstand, einen weißen Stern (WR 18). Mit der Gaia-Parallaxe bestimmen wir die Entfernung zu 10.730 ± 390 Lichtjahren. Sehen wir den Nebelbogen als Teil einer großen Kugel an, so hat diese einen Durchmesser von 62 Lichtjahren.

Wie man schon in der Aufnahme erkennen kann, liegt WR 18 nicht im Zentrum dieser Kugel. Was man sieht, passt aber zu dieser Asymmetrie, denn der leuchtende Nebelbogen steht rechts von WR 18 und verweist auf besonders dichtes interstellares Medium, in das die Stoßfronten der expandierenden Wolf-Rayet-Hülle hineingelaufen sind. Auf der linken Seite ist demzufolge das Medium weniger dicht und hier hat die Hüllenmaterie weniger Material zum Komprimieren vorgefunden. Daher wurden sie links von WR 18 auch weniger stark abgebremst und konnten eine zwar größere, aber weniger stark leuchtende Halbkugel ausformen.

Mit den Gaia-Daten der Sterne im Zentralbereich von NGC 3199 konnten die Astronomen 2021 auch einige Vermutungen der Vergangenheit klären. So handelt es sich bei WR 18 nicht um einen „runaway star" – wie anfänglich vermutet, um den leuchtenden Bogen zu erklären. Vielmehr bewegt sich WR 18 wie seine nahen Nachbarn mit einer Geschwindigkeit, die zur galaktischen Rotation passt. Bei der Untersuchung der Nachbarn wurde auch geprüft, ob es andere Quellen gibt, um die Materie von NGC 3199 zu ionisieren. Es wurden aber keine O-Sterne gefunden, die dazu in der Lage wären. Nur ein B0V-Stern (CD −57°3120) liegt in Zentrumsnähe, der aber nur einen kleinen einprozentigen Beitrag der benötigten UV-Photonen liefert. Die Strahlung von WR 18 reicht bis in den Bereich der weichen Röntgenstrahlung. In den Spektren der heißen Gase wurden die Elemente Stickstoff, Magnesium und Silizium nachgewiesen, die metallreiche Winde von WR 18 in NGC 3199 hineingetragen haben.

N

NGC 6164/6165

NOR | $16^h\ 33^m\ 52^s$ | -48° 6′ 40″

Südlich des Sternbilds Skorpion steht das kleine Sternbild Norma (Winkelmaß). Es besitzt keine Sterne, die heller als 4 mag sind, und liegt nahe der Milchstraßenebene. Die zehn NGC-Objekte in Norma enthalten nur einen Gasnebel, der dafür gleich zwei NGC-Nummern besitzt. Auf der Aufnahme finden wir NGC 6164 im oberen, nördlichen Teil des Nebels, NGC 6165 steht unten. Beide rot leuchtenden NGC-Objekte sind Teile des bipolaren Emissionsnebels, den der Stern HD 148937 im Bildzentrum produziert hat. HD 148937 ist 3875 ± 100 Lichtjahre von uns entfernt und sein Gaia-Farbindex liegt bei $G_{BP}-G_{RP} = 0,53$ mag. Den Winkelabstand der beiden hellen Enden messen wir zu 5,6′. Daraus errechnet sich ein projizierter Abstand von 6,3 Lichtjahren.

Der strahlend helle Stern HD 148937 hat die Spektralklassifikation O6f?p. Diese Spektraltypen treten selten auf und deuten auf stellare Magnetfelder hin. Der erste dieser magnetischen O-Sterne wurde 2002 gefunden und bis heute sind erst eine Handvoll solcher besonderer blauer Überriesen bekannt. In dieser kleinen Gruppe ist HD 148937 mit einer Temperatur von 41.000 K der heißeste. Es wird vermutet, dass diese Sterne ein ausgeprägtes Dipolmagnetfeld aufweisen, dessen Stärke über 20 Kilogauß hinausreicht. Im Vergleich dazu beträgt das Magnetfeld auf der Sonnenoberfläche etwa 0,1 Kilogauß. In einzelnen Sonnenflecken schafft die Sonne Magnetfeldstärken von 4 Kilogauß – das ist zehntausendmal stärker als das Erdmagnetfeld. In den optischen Spektrallinien von HD 148937 verursachen die Magnetfelder eine Variabilität mit einer Periode von 7,03 Tagen.

Kein anderer Stern aus der Gruppe der magnetischen O-Sterne besitzt einen Nebel. Die Ursache könnte in ihrer Doppelsternnatur liegen. Auch bei HD 148937 vermuten die Forscher einen spektroskopischen Doppelstern. Passen wir Modelle an das Spektrum an, so ergibt sich eine Lösung für zwei Sterne mit 49 beziehungsweise 34 Sonnenmassen, die sich auf einer etwa 40° geneigten Umlaufbahn befinden (bei 0° würden wir senkrecht auf die Bahnebene blicken). Es sieht so aus, als ob der masseärmere Stern das größere Magnetfeld besitzt und dessen Rotation auch die gefundene Periode erklären kann. Die Umlaufzeit der zwei O-Sterne ist mit 9591 Tagen so groß, dass sie keinen merklichen Einfluss auf die Spektren hat.

Gehen wir von einem solchen Doppelsternsystem aus, so können wir die auffallend exakte bipolare Struktur des Nebels verständlich erklären. Die Verdichtungen in den hellen Endbereichen lassen sich genau am Stern spiegeln. Dies belegt die strenge Symmetrie der magnetischen Prozesse, die das Abströmen der Sternwinde steuert. Es wurde auch festgestellt, dass das Dipolfeld einer Komponente aus der Bahnebene heraus weist. Damit können wir berechnen, dass der Emissionsnebel vor 600.000 Jahren durch einen außergewöhnlich starken Sternwind entstanden sein könnte.

Da außerhalb von NGC 6164/5 noch eine etwa fünfmal größere, aber viel schwächere ellipsoide [OIII]-Gasblase nachgewiesen werden kann (siehe Kapitel 3: NGC 6188), deren Hauptachse ebenfalls zur polaren Ausrichtung passt, dürfen wir spekulieren, ob ein solches Ereignis nicht schon viel früher aufgetreten sein könnte. Das läge etwa 1,2 Millionen Jahre zurück. Auch wenn Fragen offenblieben, erkennen wir doch, dass die Sternwind-Episoden bei diesen Sternen einen großen Zeitraum ihrer kurzen Existenz ausmachen – die Lebensdauer der magnetischen Hauptkomponente in HD 148937 liegt bei nur rund 5 Millionen Jahren.

OU 4

CEP | $21^h\ 11^m\ 48^s$ | 59° 59′ 12″

Die rote Wolke, die am unteren Bildrand zu sehen ist, gehört zu der HII-Region Sh2-129. Sie liegt in der Nachbarschaft des Nebelkomplexes IC 1396, der schon bei den HII-Regionen besprochen wurde (siehe Kapitel 3: IC 1396). Dort wurde auch auf den lichtschwachen schlauchförmigen Nebel hingewiesen, den der französische Amateur Nicolas Outters 2011 entdeckte. Absolut beeindruckend sind neben seinem Instrument, einem 106-mm-Refraktor, die 12,5 Stunden Belichtungszeit, die er in eine [OIII]-Schmalbandfilter-Aufnahme investiert hat. Die Schlauchform erinnerte an einen bipolaren planetarischen Nebel und war auch eine der ersten Ideen, die professionelle Astronomen diskutierten, als sie weitere Aufnahmen und Spektren von Ou 4 aufnahmen. Die Bezeichnung Ou 4 (PN G098.5+07.9) geht auf eine Liste mit anderen Entdeckungen von Nicolas Outters zurück, die aus acht Objekten besteht, sechs davon sind vermutlich planetarische Nebel.

Die Ausdehnung von Ou 4 am Himmel ist mit 1,2° relativ groß und überdeckt fast Sh2-129. Die Hauptachse des Nebelschlauchs verläuft relativ zur Aufnahme zwischen ein Uhr und sieben Uhr (also von rechts oben nach links unten). Die Aufnahme selbst zeigt nur einen Ausschnitt. Es ist das südliche Ende, das auch den hellsten Teil des Ou4-Nebels beinhaltet. Die direkte Verbindung zur HII-Region bildet HR 8119 (HD 202214). Es ist ein O9,5IV-Dreifachsystem, das zum einen die Ionisationsquelle von Sh2-129 und zum anderen auch sehr wahrscheinlich der Verursacher des Nebels Ou 4 ist. Die primäre Komponente ist ein junger B0V-Stern, dessen Masse auf 32 Sonnenmassen und dessen Alter auf 3,7 Millionen Jahre geschätzt wird. Die Entfernung von HR 8119 beträgt ungefähr 2300 Lichtjahre.

Dem hellen Südteil gegenüber liegt im Norden ein ähnlich geformter Bogen, sodass die Nebelgeometrie stark an die Abströmungen von Herbig-Haro-Objekten erinnert (siehe Kapitel 2: Herbig-Haro-Objekte). Da im Zentrum des Nebels kein Weißer Zwerg steht, sondern ein O-Stern, gehen die Astronomen davon aus, dass Ou 4 kein planetarischer Nebel ist, sondern durch Sternwinde entstanden sein könnte, die HR 8119 abgegeben hat und die mit der interstellaren Materie kollidierten. Die Stoßfronten bilden eine zusätzliche Ionisationsquelle und sorgen für das Leuchten der von ihnen aufgeschobenen Materie. Für die südlichen Stoßfronten wurde eine Expansion mit 112 km/s gemessen, die im Nordteil bewegen sich mit 83 km/s. Rechnen wir zurück, so verließ der Sternwind das Dreifachsystem vor 90.000 Jahren. Die Ausdehnung des Nebels beträgt etwa 47 × 8 Lichtjahre, und die aufgeschobene Hüllenmaterie enthält 2,1 Sonnenmassen. HR 8119 erreicht dies alles durch einen Sternwind, der lediglich 0,003 Sonnenmassen beinhaltet. Der Trick von HR 8119, um die nötige Energie für den Nebel zu liefern, war also keinesfalls eine große Masse, sondern eine hohe Geschwindigkeit – die Sternwinde waren rund 2500 km/s schnell.

P CYGNI

CYG | 20h 17m 47s | 38° 1′ 59″

Etwas links unterhalb der Bildmitte strahlt der Stern P Cygni. Dieser blaue B1-Überriese liegt im Sternbild Schwan und steht dort etwa 1° östlich von NGC 6888. In seiner Umgebung sehen wir dichte Wolken aus Staub und Gas, wie sie für die Milchstraßenebene typisch sind. Zu diesem Interieur gehören auch offen Sternhaufen, wie Berkeley 85 am linken unteren Rand und der rechts unten nur teilweise sichtbare IC 4996. Gehen wir auf der rechten Seite nach oben, in Richtung der rot umrahmten Dunkelwolken, so führt unser Weg an den beiden Haufen C 2014+377 und Gulliver 42 vorbei, die sich nur wenig von der Sternfülle der Milchstraße abheben. Am rechten Bildrand schwebt die Gasblase des planetarischen Nebels PN Ju 1 (PG G75.5+1.7), der erst 2008 von Dave M. Jurasevich entdeckt wurde (siehe Kapitel 4: Jurasevich 1).

Der Hauptakteur der Aufnahme, P Cygni, steht ebenfalls vor einem offenen Haufen, der als Feibelman 1 katalogisiert ist und sich in einer Entfernung von etwa 12.000 Lichtjahren befindet. P Cygni ist uns mit 5220 ± 620 Lichtjahren deutlich näher. P Cygni besitzt eine Masse von knapp 40 Sonnenmassen, sein Durchmesser liegt bei 150 Sonnenradien und seine Leuchtkraft übertrifft 600.000 Sonnenleuchtkräfte. Bereits im 17. Jahrhundert wurde festgestellt, dass P Cygni ein veränderlicher Stern ist. Seine Helligkeit von 4,8 mag schwankt innerhalb von Monaten um einige Zehntel Magnituden. Es gibt vage Hinweise auf eine 4,7-jährige Periode und damit auf einen möglichen Begleiter.

Aus dem Jahr 1600 ist eine große Eruption von P Cygni bekannt, die den Stern fast zwei Größenklassen heller werden ließ. Die bläulichen Filamente, die wir im nahen Umfeld von P Cygni sehen können, gehen nicht auf dieses Ereignis zurück. Sie stammen vermutlich aus früheren Episoden mit starken Sternwinden. Diese Beobachtungen passen zu seiner Entwicklung als leuchtkräftiger blauer Veränderlicher (LBV, luminous blue variable), der Teile seiner Außenhülle aufgrund starker Sternwinde und von Pulsationen abgestoßen hat. Dieser Umstand hat P Cygni auch zu einer „spektralen Berühmtheit“ gemacht, da in seinem Spektrum eine besondere Form von Spektrallinien gefunden wurde: Sie besteht aus der Kombination einer Absorptions- und einer Emissionslinie und wird als P-Cygni-Profil bezeichnet. Diese ungewöhnliche Form entsteht durch die verschiedenen Beiträge einer expandierenden Gashülle (siehe Kapitel 8: P-Cygni Profile). Diese Besonderheit wurde bei den Wasserstoffspektrallinien von P Cygni schon zu Ende des 19. Jahrhunderts beobachtet, es dauerte aber bis in die 1930er-Jahre, ehe das Phänomen auch astrophysikalisch erklärt werden konnte.

Aus den Profilen der Hα- und der HeI-Spektrallinie (667,8 nm) können wir ein Hüllenmodell für P Cygni ableiten. Es ergibt sich das Bild einer zweiteiligen Hülle, die mit rund 220 km/s expandiert. Ihr Innenteil ist reich an Helium und weist einen Durchmesser von etwa 13 Sternradien auf. Darum herum befindet sich eine wasserstoffreiche Hülle, die mehr als doppelt so groß ist.

R AQUARII

AQR | 23h 43m 49s | -15° 17′ 4″

Zu Beginn des 19. Jahrhunderts beobachtete der deutsche Astronom Karl Ludwig Harding auf der Suche nach dem „fehlenden Planeten“ zwischen Mars und Jupiter den Veränderlichen R Aquarii. Dieser verändert mit einer Periode von 387 Tagen seine visuelle Helligkeit zwischen 6 mag und 11 mag. R Aquarii wurde zuerst als Mira-Veränderlicher klassifiziert, doch 1919 führten spektroskopische Beobachtungen zu der Erkenntnis, dass es sich um einen symbiotischen Doppelstern handelt. In ihm fließt Materie von einer Komponente, einem M7III Mira-Stern, auf die zweite Komponente, einen kompakten Weißen Zwergstern. Die Spektralklasse des Roten Riesen variiert aufgrund von Größen- und Temperaturschwankungen zwischen M6,5 und M8,5. Erst später wurde der Nebel erkannt, der dieses System umgibt: Er wurde als Cederblad 211 katalogisiert und ist auf der Aufnahme als roter Ring um R Aquarii zu erkennen.

Bei R Aquarii ermitteln wir aus der Gaia-Parallaxe eine Entfernung von 1045 ± 94 Lichtjahren. Damit ist R Aquarii eines der uns nächstgelegenen symbiotischen Systeme. Eine Radiobeobachtung lieferte 1997 eine Winkeldistanz der beiden Komponenten von 55 mas, was in dieser Entfernung 18 AE entspricht. Die Masse des Mira-Sterns beträgt etwa 1,5 Sonnenmassen und sein Radius 430 Sonnenradien, das entspricht etwa 2 AE. Die Umlaufdauer seines kompakten Begleiters liegt bei ca. 44 Jahren. Aufgrund einer stark exzentrischen Bahn kommt dieser dem Riesen zeitweise sehr nahe und saugt dann, über eine Akkretionsscheibe, große Mengen an Gas aus der Hülle des Riesensterns ab.

Ist die Scheibe, die als Materiesammler fungiert, ausreichend gefüllt, so wird der Zustrom auf den Weißen Zwerg stark genug und führt diesen an die Novakritikalität heran. Dieser Puffermechanismus bewirkt, dass der Ausbruch, bezogen auf den Bahnverlauf, erst zeitlich versetzt nach der engsten Begegnung der zwei Sterne stattfindet. Das langsame Entleeren der Akkretionsscheibe dauert länger als die 387 Tage der Mirastern-Periode und ist vermutlich der Grund, dass nach einem Ausbruch in der Lichtkurve noch über etwa 8 Jahre nicht-periodische Variationen in der Lichtkurve von R Aquarii festgestellt werden. Das aufgesammelte Gas wird bei den Novaausbrüchen des Weißen Zwerges mit Überschallgeschwindigkeit abgestoßen und im umgebenden Gas früherer Episoden stark abgebremst. Abströmendes Material erzeugt so zum einen Stoßfronten, die im Röntgenlicht strahlen, erklärt zum anderen aber auch, dass sich die Lichtkurve von R Aquarii durch kurzzeitige Abschattungen der Lichtquellen als Mischung von periodischen und nicht-periodischen Helligkeitsvariationen präsentiert.

Seit den 1980er-Jahren kennt man die bipolaren Jets von R Aquarii, die die vertikalen, blauen Lichtbögen ausformen, die auf der Aufnahme zu sehen sind. Der Chandra-Röntgensatellit hat diese als Röntgenquellen des symbiotischen Systems bestätigt und es gelang Forschern, aus den Jetveränderungen der Jahre 2000 bis 2005 einen Zeitrafferfilm zu animieren.

Schon in historischen Aufzeichnungen der Jahre 1073 und 1773 konnten für R Aquarii Novaausbrüche nachgewiesen werden. Anhand der verschiedenen Perioden in diesem System wird der nächste Novaausbruch im Jahr 2470 erwartet, bis dahin tickt die „R Aquarii-Uhr“ im 387-Tages-Takt.

Sh2-80 MERRILL'S STAR

SGE | $19^h\ 11^m\ 31^s$ | 16° 51′ 38″

Der galaktische Nebel Sh2-80 (M 1-67) wird vom Wolf-Rayet-Stern WR 124 zum Leuchten angeregt. Die Aufnahme zeigt den 11,5 mag hellen Stern im Zentrum einer orangefarbenen Nebelstruktur. Abgesehen vom nordwestlichen Quadranten ist sie fast kreisförmig. Dort fehlt Materie, sodass der Nebelkreis mit 1,2′ Durchmesser hier weniger hell ist. Im nahinfraroten K-Band liegt die Sternhelligkeit bei 7,7 mag. Die Differenz von vier Größenklassen ist ein Zeichen für Gas und Staub, die den Stern umgeben.

Paul Willard Merrill erkannte 1938, dass WR 124 ein Wolf-Rayet-Stern ist. Er stellte auch fest, dass sich dieser Stern mit 190 km/s sehr schnell von uns entfernt. Die Entfernung von WR 124 beträgt 20.800 ± 1900 Lichtjahre. Die Astronomen schätzen seine Masse auf 33 Sonnenmassen und die Leuchtkraft auf eine Million Sonnenleuchtkräfte. Die Massenverlustrate beträgt 8×10^{-5} Sonnenmassen/Jahr und die Abströmgeschwindigkeit ist 710 km/s. Interpretieren wir den umgebenden Nebel als Kugel, so hat diese einen Durchmesser von rund 7,2 Lichtjahren. WR 124 wurde zudem fotometrisch und spektroskopisch als Veränderlicher mit einer Periode von etwa 2,4 Tagen nachgewiesen.

Das Spektrum des Nebels ist nahezu frei von Sauerstoff, aber reich an Stickstoff (WN-Typ). Dies deutet an, dass der CNO-Prozess bereits vollständig in Gang ist, wodurch wir einen Hinweis auf den Entwicklungsstand von WR 124 haben. Es ist ein noch junger WR-Stern, der sich gerade von der Hauptreihe wegbewegt. Als WN8h-Stern gehört WR 124 zu jenen seltenen Wolf-Rayet-Sternen, die in ihrem WR-Spektrum auch einige verbotene Nebellinien aufweisen.

Einige Wissenschaftler glauben, dass es sich bei WN8h-Sternen um Doppelsternsysteme handeln könnte, die aus einem massereichen Wolf-Rayet-Stern und einem Neutronenstern (ns, von „neutron star") oder einem Schwarzen Loch aufgebaut sind. Der Wolf-Rayet-Stern ist der Lieferant von Materie, die auf das kompakte Objekt strömt und dabei so stark erhitzt wird, dass Röntgenstrahlung abgestrahlt wird. Solche Systeme werden auch „high mass x-ray binaries" (HMXRB, zu Deutsch Röntgendoppelsterne mit hoher Masse) genannt. Damit der Materiestrom möglich wird, muss ein solches System aus WR-Stern und kompaktem Objekt auch kompakt aufgebaut sein. Die beiden Sterne stehen sich also sehr nahe. Die gefundene Periode von 2,4 Tagen bei WR 124 könnte durch die Bahnbewegung entstehen, sicher ist das aber nicht. Wenn die Annahme einer Kombination aus WR- und Neutronenstern zutrifft, so wird das kompakte System vermutlich von einer gemeinsamen Hülle umgeben. Diese ist so dicht, dass wir nicht direkt auf die Komponenten blicken können. Der dichte Sternwind, der von WR 124 ausgeht, absorbiert nur die Röntgenstrahlung fast vollständig.

Für ein System aus Wolf-Rayet- und Neutronenstern bei WR 124 spricht die bipolare Struktur des Nebels im Infraroten. Wir sehen sie, weil das Abströmen von Gas senkrecht zur Bahnebene des Doppelsterns leichter erfolgen kann. Wenn sich WR 124 weiterentwickelt, wird der Nebelschleier fallen und wir dürften dann einen typischen HMXRB beobachten.

Sh2-174

CEP | $23^h\ 45^m\ 2^s$ | 80° 57′ 0″

Mit Sh2-174 beobachten wir das nördlichste Objekt des Sharpless-Katalogs. Dieser Nebel besitzt eine Deklination von 81° und auch seine galaktischen Koordinaten von l = 120° und b = 18° platzieren ihn abseits der Orte, an denen wir solche Nebel üblicherweise erwarten. In der Simbad-Datenbank ist das Objekt als planetarischer Nebel (PN G120.3+18.3) eingetragen und hat unter anderem die Lynds-Katalognummer LBN 598.

Das Erscheinungsbild von Sh2-174 ist diffus. Im Vergleich zu den Nebelhüllen anderer planetarischer Nebel wirkt sein Gas eher verloren als von einem Stern abgestoßen. Die Strahlung der Nebelhülle wird durch die Hα-Emission dominiert. An der nordwestlichen rechten Seite besitzt Sh2-174 eine blaue Zone, die durch [OIII]-Filter gut zum Vorschein gebracht werden kann. Das gesamte Gebilde misst am Himmel etwa 20′ × 10′. Aufgrund der Morphologie wird vermutet, dass es sich bei Sh2-174 um einen sehr alten planetarischen Nebel handeln könnte, der dabei ist, sich im interstellaren Medium aufzulösen.

1994 bestätigte ein Forscherteam, dass der planetarische Nebel mit dem Weißen Zwerg GD 561 assoziiert ist. Schon damals wurde der westliche Offset des Zentralsterns festgestellt. Im Artikel nannten die Autoren das Objekt einen „planetary nebula abandoned by its central star" – einen Planetarischen Nebel, der von seinem Stern verlassen wurde. GD 561 hat eine visuelle Helligkeit von 14,6 mag und liegt inmitten des blauen Streifens. Es handelt sich bei dem Weißen Zwerg um einen DAO.7-Typ mit einer Oberflächentemperatur von 69.000 K. Die Gaia-Entfernung des Zwerges beträgt 946 ± 8 Lichtjahre. Der Gaia-Farbindex ist mit $G_{BP}–G_{RP} = –0{,}46$ mag so blau, wie wir es für einen Weißen Zwergstern erwarten.

Ungewöhnlich ist hingegen die hohe Eigenbewegung mit 27,8 mas/a. Die Richtung zielt leicht nach rechts oben und wir bekommen den Eindruck, dass der Zwergstern eine blaue Bugwelle aus Gas vor sich herschiebt.

Da wir nun alle Zutaten für einen planetarischen Nebel zusammen haben – einen Gasnebel, der im Hα- und [OIII]-Licht leuchtet sowie einen Weißen Zwerg, der sich zwar schnell bewegt, aber geometrisch im Nebel zu liegen scheint, hält sich weiterhin die These, dass Sh2-174 ein planetarischer Nebel ist. Aber es mehren sich die Zweifel: Die Position des Weißen Zwergs GD 561 auf der Abkühlsequenz führt auf ein Alter von über einer Million Jahre. So alt kann das Nebelgebilde Sh2-174 nicht sein, denn andernfalls hätte sich der Nebel schon lange aufgelöst. Im Spektrum von Sh2-174 sehen wir zwar Emissionslinien; die Kinematik, die wir daraus ableiten können, passt aber nicht zu der des Weißen Zwerges. Auch wenn Simbad anderer Meinung ist: Sh2-174 ist für viele Astronomen kein planetarischer Nebel, sondern eine Strömgren-Zone, die entsteht, weil GD 561 durch eine interstellare Wolke läuft und sie zum Leuchten anregt. Radiobeobachtungen des neutralen Wasserstoffgases in dieser Wolke zeigen, dass Sh2-174 Teil eines größeren, etwa 1,2° langen Filaments ist.

Anhand der projizierten Bahn können wir vermuten, dass GD 561 sehr wahrscheinlich vor 27.000 Jahren in den Nebel eintrat. Es lässt sich abschätzen, dass die Geschwindigkeit von GD 561 durch die Wechselwirkung mit der interstellaren Materie seitdem um den Faktor 3 abgenommen hat. Somit wäre Sh2-174, auch wenn wir ihn als einen Nebel betrachten, der „aufgegeben wurde", gerade dabei, sich einen Weißen Zwergstern einzufangen.

Sh2-308

CMA | $6^{h}\ 54^{m}\ 13^{s}$ | -23° 55′ 42″

Die Aufnahme wurde mit kurzer Brennweite gemacht und besitzt eine Diagonale von 9,5°. Das Bildfeld liegt etwa 8° südlich des Sirius im Sternbild Großer Hund. Rechts oben erkennen wir den Sternhaufen M 41. Der goldgelbe Stern links unterhalb der Mitte ist 16 Canis Majoris. Dieser 3,9 mag helle K2-Überriese ist 2530 ± 240 Lichtjahre entfernt. Über diesem Stern steht der kleine blaue Stern HD 50896. Er würde kaum auffallen, wenn er nicht das Zentrum eines fast kreisförmigen Nebelrings wäre. Dieser besitzt einen Radius von etwa 15′ und sein südlicher Bogen liegt vor 16 Canis Majoris. Über dem blauen Ring lässt sich die schwache HII-Region LBN 1047 ausmachen.

Beim blauen Kreismittelpunkt HD 50896 handelt es sich um den Wolf-Rayet-Stern WR 6. Dies ist ein WN4b-Stern mit der visuellen Helligkeit 6,9 mag. Aus den Gaia-Daten erhalten wir eine Entfernung von 5010 ± 280 Lichtjahren und den Gaia-Farbindex $G_{BP}-G_{RP}$ = 0,03 mag. Dies bestätigt den blauen Farbeindruck – im Vergleich dazu ist der Farbindex des K2-Überriesen mit 1,71 mag deutlich röter.

WR 6 ist einer der leuchtkräftigsten Wolf-Rayet-Sterne. Aus seinem Spektrum können wir auf intensive Sternwinde schließen, die reich an Helium und Stickstoff sind. Auch erkennen wir, dass die Elemente hoch ionisiert vorliegen, was auf die hohe Oberflächentemperatur zurückzuführen ist.

Seit 80 Jahren wird bei WR 6 darüber debattiert, ob er Teil eines Doppelsternsystems sein könnte, denn schon früh wurde eine Modulation seiner Lichtkurve festgestellt. Ende der 1970er-Jahre etablierte sich eine Periode von 3,77 Tagen. Es zeigte sich aber, dass die Phase der Periode nicht stabil ist. Dies kann bedeuten, dass es sich zwar um einen Umlauf handelt, der die Periode erzeugt, dass aber das leuchtende Material nicht gleichförmig abstrahlt, sondern Variationen unterworfen ist, die sich über Zeiträume von einigen Wochen verändern.

Da der Begleiter nicht zu beobachten ist, war ein Vorschlag, dass es ein massearmes Objekt, vielleicht sogar ein Neutronenstern sein könnte, das den massereichen WR-Stern in einem äußerst exzentrischen Orbit umläuft. Ein Modell aus dem Jahr 2020 sagt voraus, dass diese Umlaufbahn aufgrund der Allgemeinen Relativitätstheorie um den WR-Stern präzediert. Der gleiche Effekt bewirkt auch beim Planeten Merkur die Präzession des Perihels auf seiner Bahn um die Sonne. Die Bahnebene von WR 6 ist relativ zur Himmelsebene um 60° – 70° gekippt, und so werden die Minima, die wir in den Röntgenlichtkurven finden, durch Bedeckungen zweier Komponenten erklärt. Genau genommen überdecken sich nicht nur die Sterne, sondern auch verdichtete Windzonen, von denen die Sterne umgeben sind.

Sehr wahrscheinlich handelt es sich bei WR 6 also um ein Doppelsternsystem. Für den Wolf-Rayet-Stern erhalten die Astronomen eine Masse von 20 Sonnenmassen, der massearme Begleiter liegt bei drei bis fünf Sonnenmassen. Der Abstand der beiden Sterne ist mit 0,13 AE sehr gering. Bedenken wir, dass der Radius von WR 6 etwa 3,5 Sonnenradien beträgt, dann führt die Bahn den massearmen Begleiter so nahe um den massereichen Partner, dass er kaum aus der optisch dichten Außenhülle um WR 6 herauskommt.

Die Umlaufbahn allein ist schon staubig – jedoch wird es für den Begleiter noch ungemütlicher. WR 6 ist als WN4-Stern gerade auf dem Absprung zur Supernova. Sie dürfte vom Begleiter wie auch vom schönen blauen Kreis in der Aufnahme wenig übrig lassen.

V838 MON

MON | $7^h 4^m 5^s$ | -3° 50′ 51″

Am 1. Januar 2002 wurde im Sternbild Einhorn eine Nova mit der Bezeichnung V838 Monocerotis beobachtet. Die Helligkeit der Nova lag visuell bei rund 10 mag und nahm im Laufe des Monats auf 11 mag ab. Am 2. Februar 2002 kam es zu einem zweiten Ausbruch. Die Helligkeit stieg innerhalb eines Tages abrupt an und erreichte 6,5 mag. Es folgte ein erneutes Absinken der Helligkeit, diesmal auf 8,5 mag. Anfang März wurde die Nova heller und erreichte 7,2 mag, um dann wieder schwächer zu werden. Ende April war die Helligkeit auf unter 14 mag gesunken. Auf früheren Aufnahmen wurde an der Position der Nova nach einem möglichen Vorgänger gesucht. Gefunden wurde ein unscheinbarer Stern mit 15 mag, der nicht als Veränderlicher bekannt war.

V838 Monocerotis wurde durch die damaligen Aufnahmen des Hubble-Weltraumteleskops berühmt, weil diese im Laufe des Jahres 2002 sichtbar machten, wie sich das Licht des Ausbruchs ausbreitete und dabei eindrucksvolle Lichtechos erzeugte. Damit verbunden war eines der ersten Missverständnisse bei der Entdeckung von V838 Monocerotis: Die Hubble-Aufnahmen zeigten keine Materie, die ein Stern ausgestoßen hatte, sondern das Licht des Ausbruchs, das vom Material der umgebenden Staubwolken reflektiert wurde! Das Licht bewegt sich weiter nach außen und so treten immer neue Lichtechos auf. Aus der Zunahme des beleuchteten Bereichs wurde damals die Entfernung von V838 Monocerotis zu 7500 Lichtjahren bestimmt. Dieser Wert wurde später korrigiert. Heute wird von einer Entfernung von 19.200 ± 1300 Lichtjahren ausgegangen.

Die Spektren, die im Januar 2002 von V838 Monocerotis gemacht wurden, waren untypisch für eine Nova. Zu sehen waren zwar P-Cygni-Profile in den Balmer-Spektrallinien, aber nur eine schwach ausgeprägte Hα-Linie. Somit fehlte der eindeutige Hinweis auf eine abgestoßene äußere Sternhülle. Aus den Spektren nach dem Ausbruch wurde auf einen kühlen M-Stern und einen heißeren B3-Stern geschlossen. Die Astronomen gehen heute davon aus, dass der M-Stern der Nachfolger eines Roten Riesen war, dessen Oberflächentemperatur nur 2200 K betrug. Zuerst wurde der gegenseitige Abstand der beiden Sterne auf 28 AE berechnet und das System als Bedeckungsveränderlicher gedeutet. Das wurde später korrigiert. Heute gehen die Astronomen davon aus, dass die beiden Sterne 250 AE voneinander entfernt sind.

Möglicher Auslöser des novaähnlichen Ereignisses im Jahr 2002, so die aktuelleren Vermutungen, könnte eine Sternverschmelzung gewesen sein, die aus einem Dreifachsystem das Doppelsternsystem entstehen ließ. Ein dritter, massearmer Stern könnte in den Roten Riesen hineingestürzt und mit diesem verschmolzen sein.

Dass diese Annahme gar nicht so unwahrscheinlich ist, zeigt das nahe Umfeld von V838 Monocerotis: Hier wurden einige B-Sterne als mögliche Mitglieder eines Sternhaufens bei V838 Monocerotis identifiziert. Dazu passt, dass Radiobeobachtungen auch noch Staub- und Gaswolken bei diesem Sternhaufen nachgewiesen haben, der sich weit entfernt von uns im äußeren Spiralarm der Milchstraße befindet.

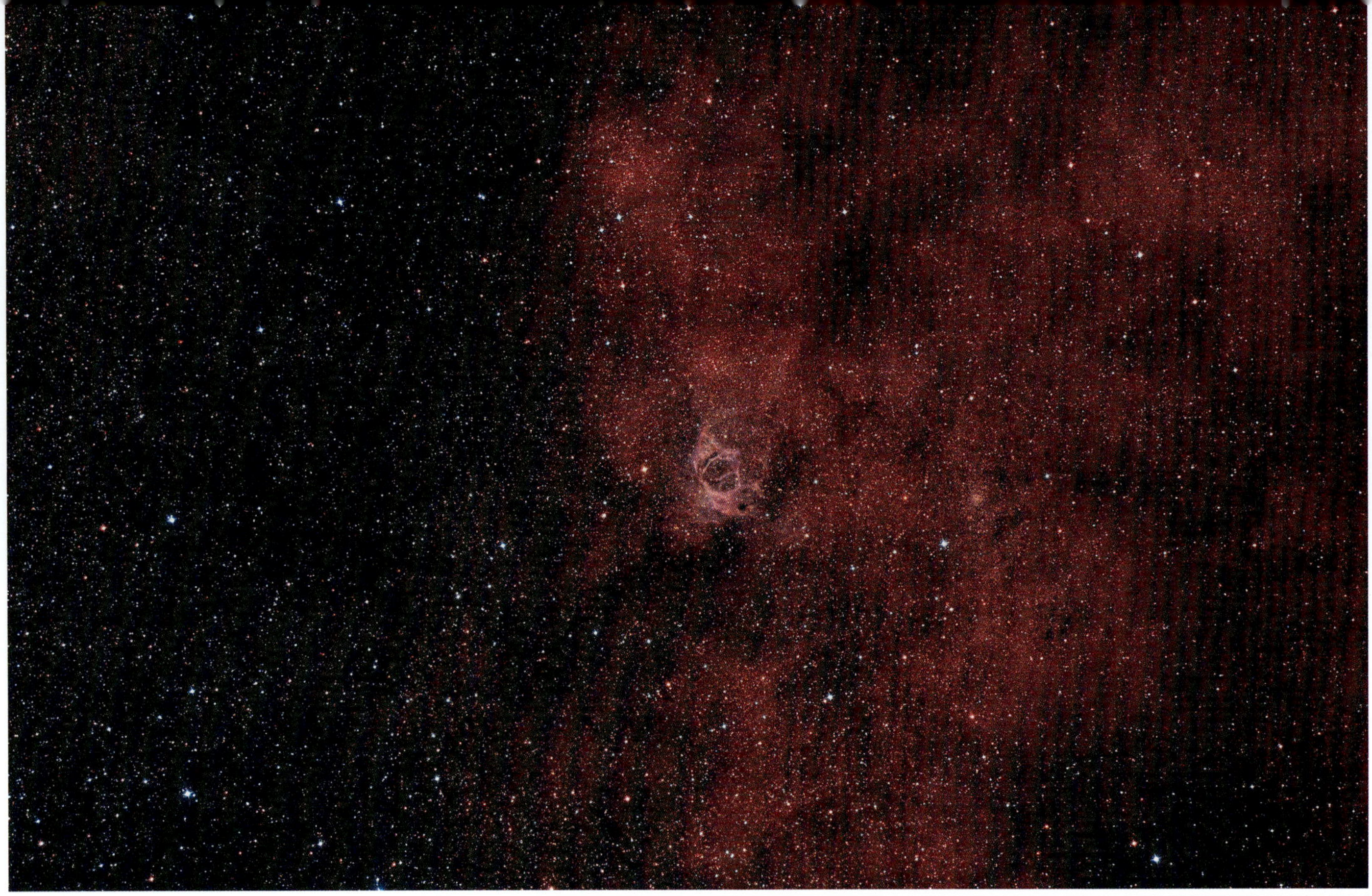

WR 102

SGR | 17^h 45^m 48^s | -26° 10′ 27″

Schauen wir in Richtung des Sternbilds Schütze, blicken wir in Richtung des galaktischen Zentrums. Die Milchstraße ist hier reich an Dunkelwolken und dichten Sternfeldern. Das hier gezeigte Bildfeld liegt im Nordteil des Schützen, rechts oberhalb seiner hellsten Sterne, die gut als Kaffee- oder wahlweise Teekanne durchgehen können. Die roten Nebelregionen in der rechten Hälfte bilden einen Hell-Dunkel-Kontrast mit der linken Seite. Dort stoßen wir in den Katalogen auf die Bezeichnung Bania Clump 2. Dieser Katalog von Thomas M. Bania aus dem Jahr 1977 ist wenig bekannt. Er enthält ein paar Molekülwolken, die in der Nähe des galaktischen Zentrums zu finden sind. Auch die leuchtende rechte Seite bietet keine bekannten Nebelobjekte, lediglich einige unscheinbare aus dem Terzan-N-Katalog. An der rechten Kante beginnt LDN 64.

Im Zentrum der Aufnahme ist eine lachsrosa leuchtende Ringstruktur zu sehen. Diese wird dem Wolf-Rayet-Stern WR 102 zugeordnet und ist als „Wolf-Rayet-Bubble" G 2.4+1.4 katalogisiert. Der Durchmesser der Gaskugel beträgt nur etwa 4,5′ und liegt gerade noch im Schützen. Rechts davon beginnt schon das Sternbild Ophiuchus. Gehen wir in diese Richtung horizontal etwa 28 Bogenminuten weiter, so gelangen wir zu Palomar 6. Dieser Kugelsternhaufen ist 18.900 Lichtjahren entfernt und umkreist das Milchstraßenzentrum auf einer exzentrischen Bahn, die vermutlich nicht über das galaktische Sphäroid hinausreicht.

Bei WR 102 handelt es sich um einen der vier bekannten WO-Sterne. Dieser seltene Wolf-Rayet-Stern ist 15,1 mag hell und sein Abstand zu uns beträgt 9530 ± 580 Lichtjahre. In seinem Spektrum gibt es neben den HeII- und CIV-Linien auch OV- und OVIII-Emissionslinien. Die meisten Linien sind stark verbreitert und verweisen auf Geschwindigkeiten des Sternwinds zwischen 4600 km/s und 6600 km/s. Die Masse von WR 102 liegt zwischen 40 und 60 Sonnenmassen und seine schnellen Winde sind ein Hinweis, dass WR 102 kurz vor einer Explosion als Supernova-Ic stehen könnte. Durch die extremen Verhältnisse werden die geladenen Teilchen des Sternwinds so stark beschleunigt, dass G 2.4+1.4 als nichtthermische Quelle im Radiobereich nachzuweisen ist. Aus dem Spektrum wird auf eine Massenverlustrate von $1{,}2 \times 10^{-5}$ Sonnenmassen/Jahr und damit auf eine Leuchtkraft von 280.000 Sonnenleuchtkräften geschlossen (siehe Kapitel 8: Sternwinde).

Interessanterweise steht WR 102 nicht im Zentrum der Blase G 2.4+1.4, sondern an ihrem oberen nördlichen Rand. Da WR 102 kein Schnellläufer ist, könnte dieser Versatz durch Sternwinde erklärt werden, die von uns aus betrachtet auf eine schräg nach hinten verlaufende Wolke des interstellaren Mediums auftreffen. Steht WR 102 hinter der Wolke, läuft die expandierende Kugel seiner Sternwinde auf uns zu und erzeugt beim Auftreffen auf der Wolke eine ringförmige Stoßfront. Durch die Projektion erscheint dieser Ring versetzt zur Position von WR 102.

Dass diese Erklärung die Realität nicht vollständig beschreibt, zeigten Bilder der Infrarotsatelliten WISE und Spitzer. Außer dem bereits beschriebenen Ring sind noch drei weitere Ringe erkennbar, die etwa doppelt so groß sind. Dass sie zudem schwächer sind, wird als Hinweis auf frühere, weniger intensive Phasen von Sternwinden angesehen. Außerdem sind die umgebenden Wolken, in die WR 102 seine Sternwindblase hineingeformt hat, nicht homogen.

N

WR 134

CYG | 20^h 10^m 14^s | 36° 10′ 35″

Der Wolf-Rayet-Stern WR 134 war einer der drei Sterne, die 1867 von Charles Wolf und Georges Rayet beobachtet wurden, was den Grundstein für diese besondere Klasse von Sternen legte. WR 134 steht im Sternbild Schwan und wird der Cygnus-OB3-Assoziation zugerechnet. Auf der Aufnahme ist er in der Bildmitte zu sehen. WR 134 ist der pinkfarbene Stern, der unter dem blauen und über dem gelben Stern leuchtet. Seine visuelle Helligkeit liegt bei 8,1 mag und seine Entfernung bei 6220 ± 210 Lichtjahren. Es handelt sich bei ihm um einen WN6-Stern. Die Hülle dieses Sterns expandiert mit 2600 km/s und seine Massenverlustrate beträgt $8{,}3 \times 10^{-5}$ Sonnenmassen/Jahr. Die Masse von WR 134 wird auf 18 Sonnenmassen und seine Größe auf über 10 Sonnendurchmesser geschätzt. WR 134 ist auch als der Bedeckungsveränderliche V1769 Cygni bekannt. Seine Lichtkurve senkt sich im Minimum um 0,1 mag ein und 1999 wurde eine Periode von 2,25 ± 0,5 Tagen veröffentlicht. Damals wurden Helligkeitsmessungen benutzt, die mehr als ein Jahrzehnt abdecken. Auch wenn die Daten große Lücken enthalten, würden wir erwarten, dass ein Bedeckungsveränderlicher eine besser definierte Periode liefert. Auch im Spektrum zeigen die Linienbreiten der HeII-Linien eine Periode (die HeII-Linie ist auch im Spektrum in Abb. 8.3 zu sehen). Da die Periode nicht scharf ausgeprägt ist, könnte bei WR 134 die Helligkeitsmodulation nicht durch den bedeckenden Begleiter entstehen, sondern durch eine dichte, mitrotierende Windregion, die vor dem hellen WR-Stern vorüberzieht. Diese Bedeckung wäre damit zwar auch periodisch, zeigt aber Veränderungen der Dichte und den Windgeschwindigkeiten, denn selbst eine dichte Windregion ist zwangsläufig diffuser als ein Begleitstern. Untersuchungen aus dem Jahr 2012 führten auf eine Periode von 1,89 Tagen. Zudem wurde eine Variabilität, also ein nicht-periodisches Auf und Ab der Sternhelligkeit, auf Zeitskalen von Stunden gefunden. Dies spricht ebenfalls für eine Bedeckung durch Windzonen. Als Begleiter vermuteten die Autoren einen massearmen K-Stern, der als Prellbock für WR 134 fungiert und die dichte Windzone mit entstehen lässt.

Die farbenfrohe Aufnahme lässt von der Problematik „Doppelstern oder nicht?“ nichts erahnen. Erkennbar ist ein blauer [OIII]-Nebelbogen, der auf Ionisation durch WR 134 zurückgeht und von diesem rund 10′ entfernt ist. Der Bogen liegt am Rand einer größeren blasenförmigen Struktur, die durch Radiostrahlung des HI entdeckt wurde und sich mit 10 km/s ausdehnt. Daraus wurde ein dynamisches Alter von 1,3 Millionen Jahren berechnet. Dies würde bedeuten, dass die Blase durch Materie aufgeschoben wurde, die der Vorgänger von WR 134 abgestoßen hat, als er noch ein O-Stern auf der Hauptreihe war.

WR 134 war nicht allein und hatte tatkräftige Unterstützung bei der Gestaltung der Nebelhüllen. Am rechten Rand der Aufnahme ist mit WR 135 ein zweiter Wolf-Rayet-Stern der ersten Stunde zu erkennen. Die Entfernung von WR 135 passt mit 6870 ± 470 Lichtjahren gut zu dieser Annahme. Und auf eine gewisse Art und Weise hätten wir mit den beiden WR-Sternen dann doch noch ein „Doppelsternsystem“ gefunden, das die Wasserstoffwolken der OB3-Assoziation ausgearbeitet hat.

Aufnahmedaten

Objekt	Teleskop	Kamera	Belichtungszeiten	Fotografen	Ort
Abell 24	80-cm-Reflektor	FLI Proline 16803	L-R-G-B = 180-200-200-200 min	Chart 32-Team	CTIO, Chile
Abell 31	80-cm-Reflektor	FLI Proline 16803	Hα-[OIII]-L-R-G-B = 400-400-440-140-140-140 min	Chart 32-Team	CTIO, Chile
Abell 35	60-cm-Reflektor	SBIG ST-10XME	L-Hα-[OIII]-B = 70-35-20-20 min	S. Binnewies, J. Pöpsel	Amani Lodge, Namibia
Abell 39	1,3-m-Reflektor	Andor DZ 436	[OIII]-R-V-B = 60-25-25-25 min	M. Palaiologou, S. Binnewies	Skinakas-Observatorium, Kreta
Abell 7	60-cm-Reflektor	SBIG ST-10XME	L-Hα-R-G-B = 45-60-18-18-18 min	D. Böcker, E. von Voigt, S. Binnewies, J. Pöpsel	Amani Lodge, Namibia
Abell 70	1,3-m-Reflektor	Andor DZ 436	Hα-[OIII]-R-V-B = 60-60-50-50-80 min	M. Palaiologou, S. Binnewies, J. Pöpsel	Skinakas-Observatorium, Kreta
Abell 74	60-cm-Reflektor	SBIG STL-11000M	Hα-R-G-B = 210-90-90-90 min	S. Binnewies, J. Pöpsel	Skinakas-Observatorium, Kreta
Abell 78	60-cm-Reflektor	SBIG STL-11000M	L-R-G-B = 360-60-60-60 min	J. Pöpsel, S. Binnewies	Skinakas-Observatorium, Kreta
Arp-Madore 1	80-cm-Reflektor	FLI Proline 16803	L-R-G-B = 240-60-60-60 min	Chart 32-Team	CTIO, Chile
Barnard 150	30-cm-Reflektor	SBIG STL-6303E	R-V-B = 232-220-272 min	M. Palaiologou, S. Binnewies	Skinakas-Observatorium, Kreta
Barnard 72/75	30-cm-Reflektor	Andor DZ 436	R-V-B = 19-24-36 min	M. Palaiologou, S. Binnewies	Skinakas-Observatorium, Kreta
Barnards Loop	200-mm-Objektiv	SBIG STL-11000M	L-Hα-G-B = 360-180-360-360	S. Binnewies, R. Sparenberg	La Palma, Spanien, Vulkan-Eifel und Vogelsberg
Berkely 54	30-cm-Reflektor	QSI 660wsg-8	L-R-G-B = 216-96-96-96 min	B. Hubl	Nussbach, Österreich
BHR 37	60-cm-Reflektor	SBIG ST-10XME	L-Hα-R-G-B = 45-60-20-20-20 min	J. Pöpsel, B. Behle	Amani Lodge, Namibia
BP Piscium	1,3-m-Reflektor	Andor DZ 436	Hα-R-V-B = 270-16-20-27 min	M. Palaiologou, S. Binnewies	Skinakas-Observatorium, Kreta
Cas A	60-cm-Reflektor	SBIG STX-16803	L-R-G-B = 300-75-60-60 min	M. Palaiologou, J. Schedler, J. Pöpsel, S. Binnewies	Skinakas-Observatorium, Kreta
Ced 155	60-cm-Reflektor	SBIG STL-11000M	L-Hα-R-G-B = 135-176-45-45-45 min	J. Pöpsel, S. Binnewies	Skinakas-Observatorium, Kreta
Cirrusnebel Detail Südost	1,3-m-Reflektor	Andor DZ 436	[SII]-Hα-[OIII]-R-V-B = 70-80-100-4-8-13 min	M. Palaiologou, S. Binnewies	Skinakas-Observatorium, Kreta
Cirrusnebel gesamt	200-mm-Objektiv	Nikon D850a	L-Hα-R-G-B = 60-150-60-60 min	S. Binnewies, R. Sparenberg	Furkapass, Schweiz
Cirrusnebel Pickerings Dreieck	60-cm-Reflektor	SBIG STL-11000M	Hα-R-G-B = 200-80-80-80 min	S. Binnewies, R. Sparenberg, J. Pöpsel	Skinakas-Observatorium, Kreta
CTB 1	60-cm-Reflektor	ZWO ASI094MC Pro	Hα-[OIII]-R-G-B = 100-100-37-37-37 min	J. Pöpsel, F. Sackenheim, S. Binnewies	Skinakas-Observatorium, Kreta
Dark Doodad Nebula	10-cm-Refraktor	Pentax 67 II	90 min	S. Binnewies	Astrofarm Tivoli, Namibia
DoDz 6	25-cm- und 13-cm-Reflektor	SBIG ST2000XM und SXV-H9	L-R-G-B = 72-24-24-24 min	M. Blauensteiner	Gahberg Sternwarte, Österreich
DWB 111 (oben)	60-cm-Reflektor	SBIG STL-11000M	Hα-L-R-G-B = 165-60-60-60-60 min	S. Binnewies, J. Pöpsel, S. Heutz	Skinakas-Observatorium, Kreta
DWB 111 (unten)	30-cm-Reflektor	SBIG STL-11000M	Hα-[SII]-[OIII] = 180-180-180 min	M. Palaiologou, S. Binnewies	Skinakas-Observatorium, Kreta
EGB 9	13-cm-Reflektor	Nikon D850a	210 min	S. Binnewies	Vulkan-Eifel, Deutschland
Eta Carinae	60-cm-Reflektor	SBIG ST-10XME	Hα-R-G-B = 0,2-3-3-3 min	R. Sparenberg, S. Binnewies, V. Robering	Amani Lodge, Namibia
GN 16.43.7	60-cm-Reflektor	SBIG ST-10XME	Hα-R-G-B = 60-12-12-12 min	J. Pöpsel, B. Behle	Amani Lodge, Namibia
GN 20.18.3	1,3-m-Reflektor	Andor DZ 436	R-V-B = 83-83-83 min	M. Palaiologou, S. Binnewies	Skinakas-Observatorium, Kreta
Gum-Nebel Übersicht	24-mm-Objektiv	Canon 6D und 600Da	67 min	S. Binnewies	Insel Praslin, Seychellen
Gum-Nebel Zentrum	200-mm-Objektiv	Nikon D850a	85 min	S. Binnewies, R. Sparenberg	Astrofarm Kiripotib, Namibia
Haffner 15	37-cm-Reflektor	FLI Proline 16070	L-R-G-B = 18-21-21-21 min	M. Blauensteiner	Hacienda Los Andes, Chile
HBH 3	30-cm-Reflektor	Andor DZ 436	Hα-[SII]-[OIII]-R-V-B = 700-700-780-26-25-34 min	M. Palaiologou, S. Binnewies	Skinakas-Observatorium, Kreta
HDW 2	60-cm-Reflektor	ZWO ASI094MC Pro	Hα-[OIII]-R-G-B = 98-98-40-40-40 min	J. Pöpsel, S. Binnewies, F. Sackenheim	Vulkan-Eifel, Deutschland
Henize 2-111	80-cm-Reflektor	FLI Proline 16803	Hα-[OIII]-R-G-B = 600-400-140-140-140 min	Chart 32-Team	CTIO, Chile
HFG 1	13-cm-Reflektor	Moravian G2-8300	Hα-[OIII]-L-R-G-B = 1650-1520-430-260-260-260 min	M. Blauensteiner	ROSA Remote-Observatorium, Frankreich
HH 1 und HH 2	1,3-m-Reflektor	SBIG STL 6303E	Hα-[SII]-[OIII] = 15-15-15 min	M. Palaiologou, J. Pöpsel, S. Binnewies	Skinakas-Observatorium, Kreta
HH 34	1,3-m-Reflektor	Andor DZ 436	Hα-[SII]-B = 200-120-100 min	M. Palaiologou, S. Binnewies	Skinakas-Observatorium, Kreta
HH 588 in IC 1396	1,3-m-Reflektor	Andor DZ 436	Hα-[SII]-R-V-B = 190-215-3-5-119 min	M. Palaiologou, S. Binnewies	Skinakas-Observatorium, Kreta
Hyaden	200-mm-Objektiv	Canon 6D	120 min	S. Binnewies	Vulkan Eifel, Deutschland
IC 1276	30-cm-Reflektor	Moravian G4-16000	L-R-G-B = 180-60-60-60 min	B. Hubl	ATHOS, La Palma, Spanien
IC 1318	10-cm-Refraktor	SBIG STL-11000M	L-Hα-G-B = 60-90-60-60 min	J. Pöpsel, S. Binnewies	Bad Arolsen, Deutschland
IC 1318 Detail	60-cm-Reflektor	SBIG STL-11000M	L-Hα-R-G-B = 60-150-105-105-105 min	V. Wendel, J. Pöpsel, S. Binnewies	Skinakas-Observatorium, Kreta
IC 1396	200-mm-Objektiv	SBIG STL-11000M	Hα-[SII]-[OIII]-L-G-B = 200-150-150-50-50-50 min	S. Binnewies, R. Sparenberg	La Palma, Spanien
IC 1805	30-cm-Reflektor	Andor DZ 436	Hα-[SII]-[OIII] = 188-248-211 min	M. Palaiologou, S. Binnewies	Skinakas-Observatorium, Kreta
IC 1805 Detail	60-cm-Reflektor	SBIG STL-11000M	L-Hα-G-B = 135-60-60-105 min	J. Pöpsel, S. Binnewies	Skinakas-Observatorium, Kreta
IC 2118	200-mm-Objektiv	SBIG STL-11000M	L-R-G-B 0 60-60-60-60 min	S. Binnewies, R. Sparenberg	Furkapass, Schweiz
IC 2162/Sh2-255	30-cm-Reflektor	QSI 660wsg-8	L-R-G-B = 640-192-192-192 min	B. Hubl	Nussbach, Österreich
IC 2177	200-mm-Objektiv	SBIG STL-11000M	L-Hα-G-B = 40-30-30-30 min	S. Binnewies, R. Sparenberg	La Palma, Spanien
IC 2220	60-cm-Reflektor	SBIG ST-10XME	L-R-G-B = 5-2-2-2 min	R. Sparenberg, S. Binnewies, V. Robering	Amani Lodge, Namibia
IC 2944	60-cm-Reflektor	SBIG ST-10XME	L-R-G-B = 60-30-30-30 min	R. Sparenberg, S. Binnewies, V. Robering	Amani Lodge, Namibia
IC 405	200-mm-Objektiv	SBIG STL-11000M	L-Hα-G-B = 60-60-60-60 min	S. Binnewies	Bergisches Land, Deutschland

Objekt	Teleskop	Kamera	Belichtungszeiten	Fotografen	Ort
IC 405 Detail	60-cm-Reflektor	SBIG STL-11000M	L-R-G-B = 130-30-30-50 min	M. Palaiologou, S. Binnewies, J. Pöpsel	Skinakas-Observatorium, Kreta
IC 417	1,3-m-Reflektor	Andor DZ 436	Hα-[SII]-[OIII]-R-V-B = 60-90-120-6-10-13 min	M. Palaiologou, S. Binnewies	Skinakas-Observatorium, Kreta
IC 423/426	60-cm-Reflektor	ZWO ASI094MC Pro	R-G-B = 40-40-40 min	J. Pöpsel, S. Binnewies, F. Sackenheim	Vulkan-Eifel, Deutschland
IC 434	60-cm-Reflektor	SBIG STL-11000M	L-Hα-R-G-B = 50-90-30-30-30 min	M. Palaiologou, S. Binnewies, J. Pöpsel	Skinakas-Observatorium, Kreta
IC 4406	80-cm-Reflektor	FLI Proline 16803	R-G-B = 30-30-30 min	Chart 32-Team	CTIO, Chile
IC 443	30-cm-Reflektor	Andor DZ 436	Hα-[SII]-[OIII] = 70-75-75 min	M. Palaiologou, S. Binnewies	Skinakas-Observatorium, Kreta
IC 4604	200-mm-Objektiv	SBIG STL-11000M + Canon 6Da	L-R-G-B = 60-60-60-60 min + 240 min mit DSLR-Kamera	S. Binnewies, R. Sparenberg	Lastovo, Kroatien und La Palma, Spanien
IC 4628	13-cm-Reflektor	Canon 6Da	200 min	S. Binnewies, R. Sparenberg	Astrofarm Kiripotib, Namibia
IC 4665	60-cm-Reflektor	SBIG STL-11000M	R-G-B = 20-20-20 min	S. Binnewies, J. Pöpsel	Skinakas-Observatorium, Kreta
IC 4995	60-cm-Reflektor	SBIG STL-11000M	L-R-G-B = 150-30-30-30 min	S. Binnewies, J. Pöpsel, R. Sparenberg	Skinakas-Observatorium, Kreta
IC 5070	30-cm-Reflektor	Andor DZ 436	Hα-[SII]-[OIII]-R-V-B = 50-100-100-2-3-5 min	M. Palaiologou, S. Binnewies	Skinakas-Observatorium, Kreta
IC 5070 Detail	60-cm-Reflektor	SBIG STX-16803	L-Hα-R-G-B = 165-210-60-60-45 min	J. Pöpsel, M. Palaiologou, S. Binnewies	Skinakas-Observatorium, Kreta
IC 5146	60-cm-Reflektor	SBIG STL-11000M	L-Hα-R-G-B = 65-60-30-30-30 min	M. Palaiologou, S. Binnewies, J. Pöpsel	Skinakas-Observatorium, Kreta
IC 5148	80-cm-Reflektor	FLI Proline 16803	Hα-[OIII]-L-R-G-B = 360-280-180-100-100-100 min	Chart 32-Team	CTIO, Chile
IPHAS J205013.6 +465515	1,3-m-Reflektor	Andor DZ 436	Hα-[OIII]-R-V-B = 180-200-2-4-8 min	M. Palaiologou, S. Binnewies, J. Pöpsel	Skinakas-Observatorium, Kreta
Jacoby 1	60-cm-Reflektor	ZWO ASI094MC Pro	Hα-[OIII]-R-G-B = 282-282-72-72-72 min	F. Sackenheim, J. Pöpsel, S. Binnewies	Vulkan-Eifel, Deutschland
Jones 1	60-cm-Reflektor	ZWO ASI094MC Pro	Hα-[OIII]-R-G-B = 140-140-100-100-100 min	J. Pöpsel, S. Binnewies, F. Sackenheim	Vulkan-Eifel, Deutschland
Jurasevich 1	60-cm-Reflektor	SBIG STL-11000M	Hα-[OIII]-R-G-B = 180-270-60-60-60 min	S. Binnewies, J. Pöpsel	Skinakas-Observatorium, Kreta
King 7	30-cm-Reflektor	QSI 660wsg-8	L-R-G-B = 448-192-192-192 min	B. Hubl	Nussbach, Österreich
KjPn 8	60-cm-Reflektor	SBIG STL-11000M	Hα-G-B = 360-60-60 min	S. Binnewies, J. Pöpsel	Skinakas-Observatorium, Kreta
Kronberger 61	1,3-m- und 60-cm-Reflektor	SBIG STL 6303E und SBIG STX-16803	[OIII]-L-R-G-B = 180-180-75-75-75 min	M. Palaiologou, S. Binnewies, J. Pöpsel	Skinakas-Observatorium, Kreta
LBN 15	200-mm-Objektiv	Nikon D850a	95 min	S. Binnewies, R. Sparenberg	Astrofarm Kiripotib, Namibia
LBN 248	60-cm-Reflektor	Moravian G3-16200	L-Hα-R-G-B = 120-180-60-60-60 min	F. Sackenheim, J. Pöpsel, S. Binnewies	Vulkan-Eifel, Deutschland
LBN 406	10-cm-Refraktor	SBIG STL-11000M	L-R-G-B = 285-60-60-45 min	S. Binnewies, J. Pöpsel	Skinakas-Observatorium, Kreta
LBN 437	60-cm-Reflektor	SBIG STX-16803	L-R-G-B = 75-45-45-45 min	S. Binnewies, J. Pöpsel	Skinakas-Observatorium, Kreta
LBN 468 und PV Cephei	60-cm-Reflektor	SBIG STX-16803	L-R-G-B = 330-150-120-120 min	M. Palaiologou, J. Pöpsel, S. Binnewies	Skinakas-Observatorium, Kreta
LBN 696/ NGC 1491/1624	200-mm-Objektiv	SBIG STL-11000M	L-Hα-R-G-B = 60-180-40-40-50 min	S. Binnewies	Bergisches Land, Deutschland
LDN 1495	30-cm-Reflektor	SBIG STL-11000M	L-R-G-B = 390-90-90-90 min	M. Palaiologou, S. Binnewies	Skinakas-Observatorium, Kreta
LDN 1622	30-cm-Reflektor	SBIG STL-6303E	R-V-B = 174-197-150 min	M. Palaiologou, S. Binnewies, J. Pöpsel	Skinakas-Observatorium, Kreta
Longmore 5	80-cm-Reflektor	FLI Proline 16803	Hα-[OIII]-R-G-B = 320-320-100-100-100 min	Chart 32-Team	CTIO, Chile
LoTr 5	60-cm-Reflektor	SBIG STL-11000M	Hα-[OIII]-L-R-G-B = 120-285-120-45-45-45 min	S. Binnewies, J. Pöpsel	Skinakas-Observatorium, Kreta
Lupus 1006-SNR	60-cm-Reflektor	SBIG ST-10XME	Hα-R-G-B = 90-10-10-10 min	S. Binnewies, J. Pöpsel	Amani Lodge, Namibia
M 1	60-cm-Reflektor	SBIG STL-11000M	L-Hα-R-G-B = 60-180-45-45-45 min	J. Pöpsel, V. Wendel, S. Binnewies	Skinakas-Observatorium, Kreta
M 10	60-cm-Reflektor	SBIG STL-11000M	R-G-B = 20-20-20 min	S. Binnewies, J. Pöpsel	Skinakas-Observatorium, Kreta
M 103	25-cm- und 10-cm-Reflektor	SBIG ST2000XM	L-R-G-B = 30-45-45-45 min	M. Blauensteiner	Gahberg Sternwarte, Österreich
M 11	80-cm-Reflektor	FLI Proline 16803	R-G-B = 80-80-100 min	Chart 32-Team	CTIO, Chile
M 12	60-cm-Reflektor	SBIG STL-11000M	R-G-B = 40-40-40 min	S. Binnewies, R. Sparenberg, J. Pöpsel	Skinakas-Observatorium, Kreta
M 13	60-cm-Reflektor	SBIG STL-11000M	R-G-B = 20-20-20 min	S. Binnewies, J. Pöpsel	Skinakas-Observatorium, Kreta
M 15	60-cm-Reflektor	SBIG STL-11000M	R-G-B = 20-20-20 min	S. Binnewies, J. Pöpsel, R. Sparenberg	Skinakas-Observatorium, Kreta
M 16	30-cm-Reflektor	SBIG STL 6303E	Hα-[SII]-[OIII]-R-G-B = 38-60-60-3-5-5 min	M. Palaiologou, S. Binnewies, J. Pöpsel	Skinakas-Observatorium, Kreta
M 16 Detail links	1,3-m-Reflektor	Andor DZ 436	Hα-R-V-B = 25-2-3-7 min	M. Palaiologou, S. Binnewies, J. Pöpsel	Skinakas-Observatorium, Kreta
M 16 Detail rechts	1,3-m-Reflektor	Andor DZ 436	Hα-R-V-B = 30-8-15-20 min	M. Palaiologou, S. Binnewies, J. Pöpsel	Skinakas-Observatorium, Kreta
M 17	60-cm-Reflektor	SBIG ST-10XME	Hα-R-G-B = 8-4-4-4 min	J. Pöpsel	Amani Lodge, Namibia
M 19	80-cm-Reflektor	FLI Proline 16803	L-R-G-B = 90-90-90-90 min	Chart 32-Team	CTIO, Chile
M 2	60-cm-Reflektor	SBIG STL-11000M	L-R-G-B = 15-15-15-15 min	M. Palaiologou, S. Binnewies, J. Pöpsel	Skinakas-Observatorium, Kreta
M 20	60-cm-Reflektor	SBIG ST-10XME	L-Hα-[OIII]-B = 32-32-32-16 min	J. Pöpsel, B. Behle	Amani Lodge, Namibia
M 22	80-cm-Reflektor	FLI Proline 16803	L-R-G-B = 15-60-60-60 min	Chart 32-Team	CTIO, Chile
M 27	60-cm-Reflektor	ZWO ASI094MC Pro	Hα-[OIII]-R-G-B = 98-98-40-40-40 min	J. Pöpsel, S. Binnewies, F. Sackenheim	Vulkan-Eifel, Deutschland
M 29	60-cm-Reflektor	SBIG STL-11000M	L-R-G-B = 20-20-20-20 min	J. Pöpsel, S. Binnewies	Skinakas-Observatorium, Kreta
M 2-9	1,3-m-Reflektor	Andor DZ 436	Hα-[SII]-[OIII]-R-G-B = 132-135-105-7-10-14 min	M. Palaiologou, S. Binnewies, J. Pöpsel	Skinakas-Observatorium, Kreta
M 3	60-cm-Reflektor	SBIG STL-11000M	R-G-B = 15-15-20 min	J. Pöpsel	Skinakas-Observatorium, Kreta
M 30	80-cm-Reflektor	FLI Proline 16803	L-R-G-B = 100-70-70-70 min	Chart 32-Team	CTIO, Chile
M 34	60-cm-Reflektor	SBIG STL-11000M	L-R-G-B = 17-12-12-12 min	M. Palaiologou, S. Binnewies, J. Pöpsel	Skinakas-Observatorium, Kreta
M 35	13-cm-Reflektor	ZWO ASI183MM	R-G-B = 54-54-54 min	R. Sparenberg	Münsterland, Deutschland

Aufnahmedaten

Objekt	Teleskop	Kamera	Belichtungszeiten	Fotografen	Ort
M 38	60-cm-Reflektor	SBIG STL-11000M	L-R-G-B = 8-10-10-2 min	M. Palaiologou, S. Binnewies	Skinakas-Observatorium, Kreta
M 39	60-cm-Reflektor	SBIG STL-11000M	R-G-B = 25-25-25 min	V. Wendel, S. Binnewies, J. Pöpsel	Skinakas-Observatorium, Kreta
M 4	80-cm-Reflektor	FLI Proline 16803	R-G-B = 140-140-140 min	Chart 32-Team	CTIO, Chile
M 42	60-cm-Reflektor	SBIG ST-10XME	L-R-G-B = 0,5-1-1-1,5 min	S. Binnewies	Amani Lodge, Namibia
M 42/43	13-cm-Reflektor	Nikon D850a	110 min	S. Binnewies	Vulkan-Eifel, Deutschland
M 44	13-cm-Reflektor	Nikon D850a	88 min	S. Binnewies	Vulkan Eifel, Deutschland
M 45	30-cm-Reflektor	SBIG STL-11000M	L-R-G-B = 36-15-15-18 min	M. Palaiologou, S. Binnewies	Skinakas-Observatorium, Kreta
M 45 Übersicht	200-mm-Objektiv	SBIG STL-11000M	L-R-G-B = 30-30-20-20 min	S. Binnewies, R. Sparenberg	La Palma, Spanien
M 46	80-cm-Reflektor	FLI Proline 16803	Hα-[OIII]-L-R-G-B = 160-160-60-12-12-12 min	Chart 32-Team	CTIO, Chile
M 47	200-mm-Objektiv	Canon 600Da	40 min	S. Binnewies, T. Binnewies	Hesselberg, Deutschland
M 5	60-cm-Reflektor	SBIG STL-11000M	R-G-B = 60-60-50 min	F. Sackenheim, S. Binnewies, J. Pöpsel	Vulkan-Eifel, Deutschland
M 52	60-cm-Reflektor	SBIG STL-11000M	L-R-G-B = 17-12-12-12 min	M. Palaiologou, S. Binnewies	Skinakas-Observatorium, Kreta
M 53/NGC 5053	10-cm-Refraktor	SBIG STL-11000M	L-R-G-B = 20-25-25-30 min	S. Binnewies, J. Pöpsel	Skinakas-Observatorium, Kreta
M 54	60-cm-Reflektor	SBIG ST-10XME	L-R-G-B = 3-2-2-2 min	R. Sparenberg, S. Binnewies, V. Robering	Amani Lodge, Namibia
M 56	60-cm-Reflektor	SBIG STL-11000M	R-G-B = 30-30-30 min	S. Binnewies, J. Pöpsel	Skinakas-Observatorium, Kreta
M 57	60-cm-Reflektor	SBIG STL-11000M	Hα-[OIII]-L-R-G-B = 105-180-255-120-120-120 min	V. Wendel, J. Pöpsel, Bernd Koch, S. Binnewies, R. Sparenberg	Skinakas-Observatorium, Kreta
M 6	10-cm-Refraktor	SBIG ST2000XM	L-R-G-B = 72-30-30-30 min	B. Hubl	La Palma, Spanien
M 67	60-cm-Reflektor	SBIG STL-11000M	L-R-G-B = 15-15-15-20 min	S. Binnewies, J. Pöpsel	Skinakas-Observatorium, Kreta
M 7	60-cm-Reflektor	OES CCD-Kamera 7k x 4k	L-R-G-B = 75-30-30-30 min	J. Pöpsel, B. Behle	Amani Lodge, Namibia
M 71	60-cm-Reflektor	SBIG STL-11000M	R-G-B = 20-20-20 min	J. Pöpsel, S. Binnewies, R. Sparenberg	Skinakas-Observatorium, Kreta
M 76	60-cm-Reflektor	SBIG STL-11000M	Hα-R-G-B = 225-40-40-40 min	S. Heutz, S. Binnewies, J. Pöpsel	Skinakas-Observatorium, Kreta
M 78	60-cm-Reflektor	SBIG STL-11000M	L-R-G-B = 35-20-20-20 min	M. Palaiologou, S. Binnewies, J. Pöpsel	Skinakas-Observatorium, Kreta
M 79	80-cm-Reflektor	FLI Proline 16803	R-G-B = 140-140-140 min	Chart 32-Team	CTIO, Chile
M 8 Detail links	80-cm-Reflektor	FLI Proline 16803	R-G-B = 120-120-120 min	Chart 32-Team	CTIO, Chile
M 8 Detail rechts	80-cm-Reflektor	FLI Proline 16803	Hα-[SII]-[OIII]-R-G-B = 280-280-280-120-120-120 min	Chart 32-Team	CTIO, Chile
M 8/M 20	13-cm-Reflektor	Canon 6Da	84 min	S. Binnewies, R. Sparenberg	Astrofarm Kiripotib, Namibia
M 80	80-cm-Reflektor	FLI Proline 16803	R-G-B = 110-110-110 min	Chart 32-Team	CTIO, Chile
M 9	45-cm- und 30-cm-Reflektor	SBIG ST-10XME und SBIG ST2000XM	L-R-G-B = 20-108-54-54 min	B. Hubl, Wolfgang Ries	Seng und Nussbach, Österreich
M 92	60-cm-Reflektor	SBIG STL-11000M	R-G-B = 20-20-20 min	S. Binnewies, J. Pöpsel	Skinakas-Observatorium, Kreta
M 97	1,3-m-Reflektor	SBIG STL-11000M und Andor DZ 436	Hα-Hα-[OIII]-R-G-B = 100-100-100-10-10-10 min	M. Palaiologou, S. Binnewies, J. Pöpsel	Skinakas-Observatorium, Kreta
MBM 152	13-cm-Reflektor	Canon 6Da	160 min	S. Binnewies, R. Sparenberg	Astrofarm Kiripotib, Namibia
MBM 54/55	200-mm-Objektiv	SBIG STL-11000M	L-R-G-B = 120-120-120-120 min	S. Binnewies, Lucas Binnewies	Lastovo, Kroatien
Melotte 20	200-mm-Objektiv	Canon 6D	40 min	S. Binnewies	Vulkan Eifel, Deutschland
Menzel 3	80-cm-Reflektor	FLI Proline 16803	Hα-R-G-B = 60-40-50-40 min	Chart 32-Team	CTIO, Chile
Merope und IC 349	60-cm- und 36-cm-Reflektor	SBIG STL-11000M	L-R-G-B = 40-5-5-5 min	V. Wendel, J. Pöpsel, S. Binnewies	Skinakas-Observatorium, Kreta und Pfälzer Wald
Monoceros-SNR	200-mm-Objektiv	SBIG STL-11000M	L-Hα-G-B = 60-60-60-60 min	S. Binnewies, R. Sparenberg	Ebbegebirge, Deutschland
NGC 104	80-cm-Reflektor	FLI Proline 16803	L-R-G-B = 64-40-40-40 min	Chart 32-Team	CTIO, Chile
NGC 1333	30-cm-Reflektor	SBIG STL 6303E	R-V-B = 664-636-740 min	M. Palaiologou, S. Binnewies	Skinakas-Observatorium, Kreta
NGC 1342	13-cm-Reflektor	SXV-H9	L-R-G-B = 240-32-32-32 min	M. Blauensteiner	Gahberg Sternwarte, Österreich
NGC 1360	60-cm-Reflektor	SBIG ST-10XME	Hα-[OIII]-R-G-B = 90-45-15-15-15 min	D. Böcker, E. von Voigt, S. Binnewies, J. Pöpsel	Amani Lodge, Namibia
NGC 1499 oben	200-mm-Objektiv	SBIG STL-11000M	L-Hα-R-G-B = 60-40-60-60-60 min	S. Binnewies, R. Sparenberg	Furka Pass, Schweiz
NGC 1499 unten	30-cm-Reflektor	Andor DZ 436	Hα-[SII]-[OIII] = 200-195-210 min	M. Palaiologou, S. Binnewies	Skinakas-Observatorium, Kreta
NGC 1502	25-cm- und 10-cm-Reflektor	SBIG ST2000XM	L-R-G-B = 178-48-48-48 min	M. Blauensteiner	Gahberg Sternwarte, Österreich
NGC 1514	1,3-m-Reflektor	Andor DZ 436	Hα-[OIII]-R-V-B = 70-70-5-12-45 min	M. Palaiologou, S. Binnewies	Skinakas-Observatorium, Kreta
NGC 1555	60-cm-Reflektor	SBIG STX-16803	L-R-G-B = 270-60-60-60 min	M. Palaiologou, S. Binnewies, J. Pöpsel	Skinakas-Observatorium, Kreta
NGC 1788	80-cm-Reflektor	FLI Proline 16803	L-Hα-R-G-B = 240-560-120-120-120 min	Chart 32-Team	CTIO, Chile
NGC 188	10-cm-Refraktor	SBIG ST2000XM	L-R-G-B = 60-120-60-50 min	B. Hubl	Schlierbach, Österreich
NGC 1929	50-cm-Reflektor	FLI Proline 16803	R-G-B = 36-36-36 min	B. Hubl	Hacienda Los Andes, Chile
NGC 1999	30-cm-Reflektor	SBIG STL-11000M	Hα-[SII]-[OIII] = 120-120-120 min	M. Palaiologou, S. Binnewies	Skinakas-Observatorium, Kreta
NGC 2070	60-cm-Reflektor	SBIG ST-10XME	L-R-G-B = 35-14-13-15 min	S. Binnewies	Amani Lodge, Namibia
NGC 2246	30-cm-Reflektor	Andor DZ 436	Hα-[SII]-[OIII] = 30-60-70 min	M. Palaiologou, S. Binnewies	Skinakas-Observatorium, Kreta
NGC 2264	1,3-m-Reflektor	Andor DZ 436	Hα-R-V-B = 105-40-27-27 min	M. Palaiologou, S. Binnewies, J. Pöpsel	Skinakas-Observatorium, Kreta
NGC 2298	80-cm-Reflektor	FLI Proline 16803	L-R-G-B = 180-80-80-80 min	Chart 32-Team	CTIO, Chile
NGC 2359	1,3-m-Reflektor	Andor DZ 436	R-V-B = 22-22-22 min	M. Palaiologou, S. Binnewies	Skinakas-Observatorium, Kreta

Objekt	Teleskop	Kamera	Belichtungszeiten	Fotografen	Ort
NGC 2362	50-cm-Reflektor	FLI Proline 16803	L-R-G-B = 20-12-12-12 min	B. Hubl	Hacienda Los Andes, Chile
NGC 2392	1,3-m-Reflektor	SBIG STX-16803 und Andor DZ 436	Links: LRGB = 10-15-13-13 min Rechts: [NII]-Hα-[OIII] = 38-42-47 min	M. Palaiologou, S. Binnewies, J. Pöpsel	Skinakas-Observatorium, Kreta
NGC 2419	30-cm-Reflektor	SBIG ST2000XM	L-R-G-B = 360-120-120-120 min	B. Hubl	Nussbach, Österreich
NGC 2438 oben	80-cm-Reflektor	FLI Proline 16803	Hα-[OIII]-L-R-G-B = 160-160-60-12-12-12 min	Chart 32-Team	CTIO, Chile
NGC 2438 unten links	13-cm-Reflektor	Nikon D850a	40 min	S. Binnewies	Vulkan-Eifel, Deutschland
NGC 2439	37-cm-Reflektor	FLI Proline 16070	L-R-G-B = 78-27-27-27 min	B. Hubl	Hacienda Los Andes, Chile
NGC 2440	80-cm-Reflektor	FLI Proline 16803	Hα-[SII]-[OIII]-R-G-B = 120-140-140-105-105-105 min	Chart 32-Team	CTIO, Chile
NGC 246	1,3-m-Reflektor	Andor DZ 436	Hα-[OIII]-R-V-B = 110-110-3-5-48 min	M. Palaiologou, S. Binnewies	Skinakas-Observatorium, Kreta
NGC 2477	200-mm-Objektiv	Canon 600Da	120 Min	S. Binnewies, Lucas Binnewies	Praslin, Seychellen
NGC 2633	60-cm-Reflektor	Moravian G3-16200	L-R-G-B = 185-60-60-60 min	F. Sackenheim, S. Binnewies, J. Pöpsel	Vulkan-Eifel, Deutschland
NGC 2736	60-cm-Reflektor	SBIG ST-10XME	Hα-R-G-B = 60-15-15-15 min	E. von Voigt, D. Böcker, S. Binnewies, J. Pöpsel	Amani Lodge, Namibia
NGC 2818	80-cm-Reflektor	FLI Proline 16803	Hα-[SII]-[OIII]-R-G-B = 400-320-200-100-100-100 min	Chart 32-Team	CTIO, Chile
NGC 2899	60-cm-Reflektor	SBIG ST-10XME	L-R-G-B = 36-18-18-18 min	R. Sparenberg, S. Binnewies, V. Robering	Amani Lodge, Namibia
NGC 3132	80-cm-Reflektor	FLI Proline 16803	Hα-[SII]-[OIII]-R-G-B = 280-280-280-120-120-120 min	Chart 32-Team	CTIO, Chile
NGC 3199	80-cm-Reflektor	FLI Proline 16803	Hα-R-G-B = 160-40-40-40 min	Chart 32-Team	CTIO, Chile
NGC 3242	80-cm-Reflektor	FLI Proline 16803	Hα-[OIII]-R-G-B = 320-320-120-120-120 min	Chart 32-Team	CTIO, Chile
NGC 3293/3324	60-cm-Reflektor	SBIG STL-11000M	L-R-G-B = 45-20-20-20 min	S. Binnewies, J. Pöpsel	Amani Lodge, Namibia
NGC 3372	13-cm-Reflektor	Canon 6Da	88 min	S. Binnewies, J. Pöpsel	Astrofarm Kiripotib, Namibia
NGC 3572	80-cm-Reflektor	FLI Proline 16803	Hα-[OIII]-R-G-B = 360-280-160-160-160 min	Chart 32-Team	CTIO, Chile
NGC 3582	80-cm-Reflektor	FLI Proline 16803	Hα-[OIII]-R-G-B = 240-120-120-120-120 min	Chart 32-Team	CTIO, Chile
NGC 3699	80-cm-Reflektor	FLI Proline 16803	Hα-[OIII]-R-G-B = 280-320-140-140-140 min	Chart 32-Team	CTIO, Chile
NGC 4361	80-cm-Reflektor	FLI Proline 16803	Hα-[OIII]-L-R-G-B = 240-240-120-120-120-120 min	Chart 32-Team	CTIO, Chile
NGC 457/436	10-cm-Refraktor	SBIG ST2000XM	L-R-G-B = 72-80-40-40 min	B. Hubl	Nussbach, Österreich
NGC 4755	80-cm-Reflektor	FLI Proline 16803	R-G-B = 80-80-80 min	Chart 32-Team	CTIO, Chile
NGC 5139	60-cm-Reflektor	SBIG ST-10XME und OES-CCD 7k x 4k	L-R-G-B = 14-8-8-8 min	R. Sparenberg, S. Binnewies, V. Robering, J. Pöpsel, B. Behle	Amani Lodge, Namibia
NGC 5189	80-cm-Reflektor	FLI Proline 16803	Hα-[SII]-[OIII] = 260-160-80 min	Chart 32-Team	CTIO, Chile
NGC 5367/CG 12 Detail	60-cm-Reflektor	SBIG ST-10XME	L-R-G-B = 90-20-20-20 min	J. Pöpsel, B. Behle	Amani Lodge, Namibia
NGC 5367/CG 12 Übersicht	13-cm-Reflektor	Canon 6Da	110 min	S. Binnewies, R. Sparenberg	Astrofarm Kiripotib, Namibia
NGC 5466	60-cm-Reflektor	SBIG STL-11000M	R-G-B = 30-30-30 min	S. Binnewies, J. Pöpsel	Skinakas-Observatorium, Kreta
NGC 5617	40-cm-Reflektor	Apogee U9000	L-R-G-B = 28-20-20-20 min	B. Hubl	Northern Galactic Members Telescope, Australien
NGC 5882	80-cm-Reflektor	FLI Proline 16803	Hα-[OIII]-R-G-B = 480-480-100-100-100 min	Chart 32-Team	CTIO, Chile
NGC 5986	80-cm-Reflektor	FLI Proline 16803	R-G-B = 13-13-13 min	Chart 32-Team	CTIO, Chile
NGC 6164/6165	60-cm-Reflektor	SBIG ST-10XME	L-R-G-B = 17-5-5-5 min	R. Sparenberg, S. Binnewies, V. Robering	Amani Lodge, Namibia
NGC 6188	13-cm-Reflektor	Canon 6Da	105 min	S. Binnewies, R. Sparenberg	Astrofarm Kiripotib, Namibia
NGC 6229	60-cm-Reflektor	SBIG STL-11000M	L-R-G-B = 60-60-60-60 min	V. Wendel, J. Pöpsel, S. Binnewies	Skinakas-Observatorium, Kreta
NGC 6231	80-cm-Reflektor	FLI Proline 16803	R-G-B = 30-30-30 min	Chart 32-Team	CTIO, Chile
NGC 6302	1,0-m-Reflektor	FLI Proline 16803	Hα-[OIII]-L-R-G-B = 160-160-180-65-65-65 min	B. Hubl	ChileScope, Chile
NGC 6357/6334	13-cm-Reflektor	Canon 6Da	127 min	S. Binnewies, R. Sparenberg	Astrofarm Kiripotib, Namibia
NGC 6366	60-cm-Reflektor	Moravian G3-16200	R-G-B = 60-90-70 min	F. Sackenheim, J. Pöpsel, S. Binnewies	Vulkan-Eifel, Deutschland
NGC 6520/CB 107	50-cm-Reflektor	FLI Proline 16803	L-R-G-B = 46-12-12-12 min	B. Hubl	Hacienda Los Andes, Chile
NGC 6543	60-cm-Reflektor	SBIG STL-11000M	Hα-[OIII]-L-R-G-B = 75-75-225-60-60-60 min	J. Pöpsel, S. Binnewies	Skinakas-Observatorium, Kreta
NGC 663	13-cm-Reflektor	Atik 16HR	L-R-G-B = 72-25-25-25 min	M. Blauensteiner	Gahberg Sternwarte, Österreich
NGC 6633	60-cm-Reflektor	SBIG STL-11000M	R-G-B = 30-30-30 min	S. Binnewies, R. Sparenberg, J. Pöpsel	Skinakas-Observatorium, Kreta
NGC 6712	60-cm-Reflektor	SBIG STX-16803	L-R-G-B = 90-45-45-60 min	J. Pöpsel, S. Binnewies, J. Schedler	Skinakas-Observatorium, Kreta
NGC 6726	60-cm-Reflektor	SBIG ST-10XME	L-Hα-G-B = 17-15-15-15 min	J. Pöpsel	Amani Lodge, Namibia
NGC 6752	80-cm-Reflektor	FLI Proline 16803	R-G-B = 35-35-35 min	Chart 32-Team	CTIO, Chile
NGC 6781	60-cm-Reflektor	SBIG ST-10XME	Hα-[OIII]-L-G-B = 20-20-40-20-20 min	J. Pöpsel, B. Behle	Amani Lodge, Namibia
NGC 6791	60-cm-Reflektor	SBIG STL-11000M	R-G-B = 20-30-30 min	V. Wendel, S. Binnewies, J. Pöpsel	Skinakas-Observatorium, Kreta
NGC 6819	60-cm-Reflektor	SBIG STX-16803	L-R-G-B = 20-20-20-20 min	S. Binnewies, J. Pöpsel	Skinakas-Observatorium, Kreta
NGC 6820	60-cm-Reflektor	SBIG STL-11000M	L-R-G-B = 210-30-30-30 min	S. Binnewies, J. Pöpsel, R. Sparenberg	Skinakas-Observatorium, Kreta
NGC 6826	1,3-m-Reflektor	Andor DZ 436	Hα-[OIII]-R-V-B = 40-42-21-21-21 min	M. Palaiologou, S. Binnewies	Skinakas-Observatorium, Kreta
NGC 6894	30-cm-Reflektor	QSI 660wsg-8	Hα-[OIII]-L-R-G-B = 464-464-92-32-32-32 min	B. Hubl	Nussbach, Österreich
NGC 6894 Detail	60-cm-Reflektor	SBIG STL-11000M	L-R-G-B = 135-45-45-45 min	V. Wendel, S. Binnewies, J. Pöpsel	Skinakas-Observatorium, Kreta
NGC 6910	30-cm-Reflektor	SBIG ST2000XM	L-R-G-B = 78-36-36-36 min	B. Hubl	Nussbach, Österreich

Objekt	Teleskop	Kamera	Belichtungszeiten	Fotografen	Ort
NGC 6934	30-cm-Reflektor	QSI 660wsg-8	L-R-G-B = 174-66-66-66 min	B. Hubl	Nussbach, Österreich
NGC 6960	60-cm-Reflektor	SBIG STL-11000M	L-Hα-[OIII]-R-G-B = 345-375-375- 150-150-180 min	V. Wendel, S. Binnewies, J. Pöpsel	Skinakas-Observatorium, Kreta
NGC 6992	60-cm-Reflektor	SBIG STX-16803	L-Hα-R-G-B = 180-120-60-60-60 min	S. Binnewies, J. Pöpsel	Skinakas-Observatorium, Kreta
NGC 6995	60-cm-Reflektor	SBIG STX-16803	L-R-G-B = 90-45-45-60 min	S. Binnewies, J. Pöpsel	Skinakas-Observatorium, Kreta
NGC 7000	200-mm-Objektiv	SBIG STL-11000M	L-Hα-G-B = 60-60-60-60 min	S. Binnewies	Lastovo, Kroatien
NGC 7000 Cygnus Wall	60-cm-Reflektor	SBIG STL-11000M	L-Hα-G-B = 120-120-60-60 min	S. Binnewies, J. Pöpsel	Skinakas-Observatorium, Kreta
NGC 7000 LDN 935	60-cm-Reflektor	ZWO ASI094MC Pro	Hα-[OIII] = 30-30 min	J. Pöpsel, S. Binnewies, F. Sackenheim	Vulkan-Eifel, Deutschland
NGC 7006	60-cm-Reflektor	SBIG STL-11000M	L-R-G-B = 95-30-30-30 min	S. Binnewies, F. Sackenheim, J. Pöpsel	Vulkan-Eifel, Deutschland
NGC 7023	60-cm-Reflektor	ZWO ASI094MC Pro	R-G-B = 100-100-100 min	J. Pöpsel, S. Binnewies, F. Sackenheim	Vulkan-Eifel, Deutschland
NGC 7044	30-cm-Reflektor	SBIG ST2000XM	L-R-G-B = 66-56-28-32 min	B. Hubl	Nussbach, Österreich
NGC 7048	30-cm-Reflektor	QSI 660wsg-8	Hα-[OIII]-L-R-G-B = 896-608-200-72-72-72 min	B. Hubl	Nussbach, Österreich
NGC 7293	80-cm-Reflektor	FLI Proline 16803	Hα-[OIII]-L-R-G-B = 720-560-260-200-260-260 min	Chart 32-Team	CTIO, Chile
NGC 7293 Übersicht	30-cm-Reflektor	SBIG STL-11000M	Hα-[SII]-[OIII]-R-G-B = 240-240-240-15-15-15 min	M. Palaiologou, S. Binnewies, J. Pöpsel	Skinakas-Observatorium, Kreta
NGC 7380	60-cm-Reflektor	SBIG STL-11000M	L-Hα-R-G-B = 60-110-40-40-40 min	J. Pöpsel, S. Binnewies	Skinakas-Observatorium, Kreta
NGC 7538	60-cm-Reflektor	SBIG STL-11000M	L-Hα-R-G-B = 45-120-45-45-45 min	S. Binnewies, J. Pöpsel	Skinakas-Observatorium, Kreta
NGC 7635	60-cm-Reflektor	SBIG STL-11000M	Hα-[SII]-[OIII] = 105-135-195 min	J. Pöpsel, S. Binnewies	Skinakas-Observatorium, Kreta
NGC 7789	60-cm-Reflektor	SBIG STL-11000M	R-G-B = 20-20-20 min	V. Wendel, S. Binnewies, J. Pöpsel	Skinakas-Observatorium, Kreta
NGC 7822	200-mm-Objektiv	Nikon D850a	107 min	S. Binnewies	Vulkan-Eifel, Deutschland
NGC 869/884	60-cm-Reflektor	SBIG STL-11000M	R-G-B = 15-15-15 min	V. Wendel, S. Binnewies, J. Pöpsel	Skinakas-Observatorium, Kreta
Ou 4	1,3-m-Reflektor	Andor DZ 436	Hα-[SII]-[OIII]-R-V-B = 140-107-133-4-7-10 min	M. Palaiologou, S. Binnewies	Skinakas-Observatorium, Kreta
P Cygni	60-cm-Reflektor	ZWO ASI094MC Pro und SBIG STL-11000M	Hα-[OIII]-R-G-B = 180-120-42-42-42 min	J. Pöpsel, Max Pöpsel, S. Binnewies, F. Sackenheim	Vulkan-Eifel, Deutschland
Palomar 10	30-cm-Reflektor	QSI 660wsg-8	L-R-G-B = 496-168-168-168 min	B. Hubl	Nussbach, Österreich
Palomar 5	60-cm-Reflektor	ZWO ASI094MC Pro	R-G-B = 90-90-90 min	J. Pöpsel, S. Binnewies, F. Sackenheim	Vulkan Eifel, Deutschland
Parsamian 21	1,3-m-Reflektor	Andor DZ 436	R-V-B = 56-73-85 min	M. Palaiologou, S. Binnewies	Skinakas-Observatorium, Kreta
Patchick 5	60-cm-Reflektor	ZWO ASI094MC Pro	Hα-[OIII]-R-G-B = 155-155-20-20-20 min	J. Pöpsel, S. Binnewies, F. Sackenheim	Vulkan-Eifel, Deutschland
PFP 1	11-cm-Refraktor	SBIG STL-11000M	Hα-R-G-B = 200-60-60-50 min	R. Sparenberg, S. Binnewies	Münsterland, Deutschland
PN G080.1-06.5	1,3-m-Reflektor	Andor DZ 436	R-V-B = 33-40-50 min	M. Palaiologou, Ralf Kreuels, S. Binnewies	Skinakas-Observatorium, Kreta
PN G218.9-11.7	1,3-m-Reflektor	Andor DZ 436	Hα-R-V-B = 25-2-2-2 min	M. Palaiologou, S. Binnewies	Skinakas-Observatorium, Kreta
PuWe 1	13-cm-Reflektor	Moravian G2-8300	Hα-[OIII]-L-R-G-B = 2070-1290-310-300-300-300 min	M. Blauensteiner	ROSA Remote-Observatorium, Frankreich
R Aquarii	80-cm-Reflektor	FLI Proline 16803	Hα-[OIII]-R-G-B = 600-600-160-160-160 min	Chart 32-Team	CTIO, Chile
RCW 114	200-mm-Objektiv	Nikon D850a	215 min	S. Binnewies, R. Sparenberg	Astrofarm Kiripotib, Namibia
Riddle 4	25-cm- und 13-cm-Reflektor	SBIG ST2000XM und SXV-H9	L-R-G-B = 264-112-112-112 min	M. Blauensteiner	Gahberg Sternwarte, Österreich
RNO 109	1,3-m-Reflektor	Andor DZ 436	R-V-B = 110-120-155 min	M. Palaiologou, S. Binnewies	Skinakas-Observatorium, Kreta
S 147	200-mm-Objektiv	SBIG STL-11000M	L-Hα-G-B = 30-220-40-40 min	S. Binnewies, R. Sparenberg	La Palma, Spanien
Sandqvist 103	60-cm-Reflektor	SBIG ST-10XME	L-R-G-B = 60-24-24-24 min	E. von Voigt, D. Böcker, S. Binnewies, J. Pöpsel	Amani Lodge, Namibia
Sandqvist 169	13-cm-Reflektor	Canon 6Da	110 min	R. Sparenberg, S. Binnewies	Astrofarm Kiripotib, Namibia
Sh1-89	1,3-m-Reflektor	SBIG STL-11000M	Hα-[OIII]-R-G-B = 130-130-12-24-12 min	M. Palaiologou, S. Binnewies, J. Pöpsel	Skinakas-Observatorium, Kreta
Sh2-101	60-cm-Reflektor	SBIG STX-16803	L-Hα-R-G-B = 150-150-75-75-75 min	M. Palaiologou, J. Pöpsel, S. Binnewies	Skinakas-Observatorium, Kreta
Sh2-106	60-cm-Reflektor	SBIG STL-11000M	L-R-G-B = 250-60-60-60 min	J. Pöpsel, S. Binnewies, S. Heutz	Skinakas-Observatorium, Kreta
Sh2-106 Detail	1,3-m-Reflektor	Andor DZ 436	Hα-[SII]-[OIII]-R-V-B = 120-120-165-3-4-4 min	M. Palaiologou, S. Binnewies, J. Pöpsel	Skinakas-Observatorium, Kreta
Sh2-114	60-cm-Reflektor	SBIG STX-16803	L-Hα-R-G-B = 240-330-75-60-75 min	M. Palaiologou, S. Binnewies, J. Pöpsel	Skinakas-Observatorium, Kreta
Sh2-126/LBN 442	200-mm-Objektiv	SBIG STL-11000M	Hα-R-G-B = 50-50-50-50 min	S. Binnewies	Lastovo, Kroatien
Sh2-140	60-cm-Reflektor	ZWO ASI094MC Pro	Hα-R-G-B = 225-93-93-93 min	F. Sackenheim, J. Pöpsel, S. Binnewies	Vulkan-Eifel, Deutschland
Sh2-174	13-cm-Reflektor	Moravian G2-8300	Hα-[OIII]-L-R-G-B = 1410-1010-670-250-250-250 min	M. Blauensteiner	ROSA Remote-Observatorium, Frankreich
Sh2-188	60-cm-Reflektor	ZWO ASI094MC Pro	Hα-[OIII] = 80-80 min	J. Pöpsel, S. Binnewies, F. Sackenheim	Vulkan-Eifel, Deutschland
Sh2-216	200-mm-Objektiv	SBIG STL-11000M	Hα-[OIII]-L-G-B = 180-180-40-40-40 min	S. Binnewies	Bergisches Land, Deutschland
Sh2-239	25-cm-Reflektor	SX Trius 694	L-R-G-B = 540-180-180-180 min	M. Blauensteiner	ROSA Remote-Observatorium, Frankreich
Sh2-239 mit L1551	1,3-m-Reflektor	Andor DZ 436	Hα-[SII]-R-V-B = 150-165-22-10-7 min	M. Palaiologou, S. Binnewies	Skinakas-Observatorium, Kreta
Sh2-239 HL-Tauri-Gruppe	1,3-m-Reflektor	Andor DZ 436	Hα-R-V-B = 315-150-150-135 min	M. Palaiologou, S. Binnewies	Skinakas-Observatorium, Kreta
Sh2-264	200-mm-Objektiv	SBIG STL-11000M	L-Hα-R-G-B = 60-60-60-60 min	S. Binnewies	Bergisches Land, Deutschland
Sh2-27	60-mm-Objektiv	Canon 600Da	240 min	S. Binnewies	Lastovo, Kroatien
Sh2-308	200-mm-Objektiv	Canon EOS 600Da	80 min	S. Binnewies	Teneriffa, Spanien

Objekt	Teleskop	Kamera	Belichtungszeiten	Fotografen	Ort
Sh2-42	80-cm-Reflektor	FLI Proline 16803	Hα-[OIII]-R-G-B = 400-400-140-140-140 min	Chart 32-Team	CTIO, Chile
Sh2-80	60-cm-Reflektor	SBIG STX-16803	L-R-G-B = 105-60-60-60 min	J. Pöpsel, S. Binnewies	Skinakas-Observatorium, Kreta
Sh2-82	60-cm-Reflektor	SBIG STL-11000M	L-R-G-B = 270-60-60-90 min	J. Pöpsel, S. Binnewies	Skinakas-Observatorium, Kreta
Sh2-91	60-cm-Reflektor	ZWO ASI094MC Pro	Hα-[OIII]-R-G-B = 180-180-60-60-60 min	J. Pöpsel, S. Binnewies, F. Sackenheim	Vulkan-Eifel, Deutschland
Shapley 1	60-cm-Reflektor	SBIG ST-10XME	L-R-G-B = 60-30-30-30 min	R. Sparenberg, S. Binnewies, V. Robering	Amani Lodge, Namibia
Sirius und Gaia 1	200-mm-Objektiv	Canon 6D	11 min	S. Binnewies	Vulkan Eifel, Deutschland
SNR 110.3+11.3	60-cm-Reflektor	SBIG STL-11000M	L-Hα-G-B = 30-180-30-30 min	S. Binnewies, J. Pöpsel, F. Sackenheim	Vulkan-Eifel, Deutschland
Stock 23	15-cm-Reflektor	Atik 16HR	L-R-G-B = 205-85-85-85 min	M. Blauensteiner	Gahberg Sternwarte, Österreich
Trumpler 2	25-cm- und 13-cm-Reflektor	SBIG ST2000XM und SXV-H9	L-R-G-B = 273-90-90-90 min	M. Blauensteiner	Gahberg Sternwarte, Österreich
Upgren 1	15-cm-Reflektor	Atik 16HR	L-R-G-B = 60-30-30-30 min	M. Blauensteiner	Gahberg Sternwarte, Österreich
V 1025 Tau	1,3-m-Reflektor	Andor DZ 436	R-V-B = 155-150-150 min	M. Palaiologou, S. Binnewies	Skinakas-Observatorium, Kreta
V 1331 Cygni	1,3-m-Reflektor	Andor DZ 436	R-V-B = 117-107-110 min	M. Palaiologou, S. Binnewies	Skinakas-Observatorium, Kreta
V 1515 Cygni	60-cm-Reflektor	SBIG STL-11000M	L-R-G-B = 110-30-30-30 min	S. Binnewies, J. Pöpsel, R. Sparenberg, S. Heutz	Skinakas-Observatorium, Kreta
V 2493 Cygni links	1,3-m-Reflektor	Andor DZ 436	R-V-B = 85-110-127 min	M. Palaiologou, S. Binnewies	Skinakas-Observatorium, Kreta
V 2493 Cygni rechts	1,3-m-Reflektor	Andor DZ 436	R-V-B = 106-137-208 min	M. Palaiologou, S. Binnewies	Skinakas-Observatorium, Kreta
V1647 Orionis	1,3-m-Reflektor	Andor DZ 436	R-V-B = 80-80-62 min	M. Palaiologou, S. Binnewies	Skinakas-Observatorium, Kreta
V838 Mon	60-cm-Reflektor	SBIG ST-10XME	L-R-G-B = 60-30-30-10 min	D. Böcker, E. von Voigt	Amani Lodge, Namibia
vdB 1	1,3-m-Reflektor	Andor DZ 436	R-V-B = 50-60-50 min	M. Palaiologou, S. Binnewies	Skinakas-Observatorium, Kreta
vdB 126	10-cm-Refraktor	SBIG STL-11000M	L-R-G-B = 240-60-60-60 min	J. Pöpsel, S. Binnewies	Skinakas-Observatorium, Kreta
vdB 142	60-cm-Reflektor	SBIG STL-11000M	L-Hα-R-G-B = 50-80-40-40-40 min	S. Binnewies, J. Pöpsel, R. Sparenberg	Skinakas-Observatorium, Kreta
vdB 149	60-cm-Reflektor	ZWO ASI094MC Pro	R-G-B = 40-40-40 min	J. Pöpsel, S. Binnewies, F. Sackenheim	Vulkan-Eifel, Deutschland
vdB 149/152	200-mm-Objektiv	Canon 6D	159 min	S. Binnewies, R. Sparenberg	La Palma, Spanien
vdB 29	30-cm-Reflektor	QSI 660wsg-8	L-R-G-B = 368-144-144-144 min	B. Hubl	Nussbach, Österreich
vdB 4	1,3-m-Reflektor	Andor DZ 436	R-V-B = 82-118-145 min	M. Palaiologou, S. Binnewies	Skinakas-Observatorium, Kreta
Vela-SNR	60-cm-Reflektor	SBIG STL-11000M	L-R-G-B = 50-20-20-20 min	S. Binnewies, J. Pöpsel	Amani Lodge, Namibia
W 44	10-cm-Refraktor	Moravian G3-16200	L-Hα-R-G-B = 150-920-160-180-150 min	F. Sackenheim	Astrofarm Kiripotib, Namibia
W 63	13-cm-Reflektor	Moravian G2-8300 und QHY 268m	Hα-[OIII]-L-R-G-B = 525-1100-270-220-220-220 min	M. Blauensteiner	ROSA Remote-Observatorium, Frankreich
WeBo 1	1,1-m-Reflektor	SBIG STL-11000M	Hα-R-G-B = 300-30-30-30 min	R. Sparenberg	Melle, Deutschland
WR 102	13-cm-Reflektor	Canon EOS 6Da	50 min	S. Binnewies, R. Sparenberg	Astrofarm Kiripotib, Namibia
WR 134	60-cm-Reflektor	ZWO ASI094MC Pro und Moravian G3-16200	Hα-[OIII]-R-G-B = 130-310-60-60-50 min	F. Sackenheim, J. Pöpsel, S. Binnewies	Vulkan-Eifel, Deutschland

Chart 32-Team: Philipp Keller, Konstantin Buchhold, Bernd Flach-Wilken, Johannes Schedler, Volker Wendel

Literaturhinweise

EINLEITUNG

Angström, A.J.: *Recherches sur le spectre solaire*, 1868

Ashworth, W.B.: *Scientist of the Day – Henry Draper*, Linda Hall Library, 2019

Brouwer, D.: *National Academy of Science – Biographical Memories of Frank Schlesinger*, 2021

Ertel, T.: *Verzeichniß der mathematischen Instrumente, welche in dem mathemat.-mechanischen Institute von T. Ertel in München*, Astronomische Nachrichten, 10, 1831

Gerlach, W.: *Gustav Robert Kirchhoff*, www.deutsche-biographie.de, 2022

Gilli, S.: *Spektrographie – Geschichte der Spektrographie*, 2022

Häfner, R: *Geschichte der Universitäts-Sternwarte München*, 2022

Hearnshaw, J.E.: *The Analysis of Starlight: Two Centuries of Astronomical Spectroscopy*, Cambridge University Press, 1986

Hoffleit, D.: *Reminiscences on Antonia Maury and the c-Characteristic, The MK process at 50 years. A powerful tool for astrophysical insight*, Astronomical Society of the Pacific Conference Series, Proceedings of a Workshop of the Vatican Observatory, Tucson, Arizona, 1994

Huggins, W.: XXI. *Further observations on the spectra of some the stars and nebulæ, with an attempt to determine therefrom whether these bodies are moving towards or from the earth, also observations on the spectra of the sun and of comet II.*, The Royal Society Publishing, 1868

Kippenhahn, R. u.a.: *Stellar Structure and Evolution*, Springer-Verlag Berlin, 1990

Kippenhahn, R.: *Hundert Milliarden Sonnen – Geburt, Leben und Tod der Sterne*, Piper-Verlag, 1984

Lamp, E.: *Die Theilungsfehler des Reichenbach'schen Meridiankreises der Sternwarte in Kiel*, Astronomische Nachrichten, 123, 1889

Payne-Gaposchkin, C.: *Sterne und Sternhaufen*, Vieweg-Verlag, 1984

Rapp, W.: *Nukleosynthese im p-Prozess: Querschnittsmessungen und Häufigkeiten*, Diss. FZ-Karlsruhe, 2004

Scheffler, H.: *Interstellare Materie*, Vieweg-Verlag, 1987

Scholz, M: *Die Physik der Sterne – Aufbau, Entwicklung und Eigenschaften*, Springer-Verlag, 2012

Repsold, J.A.: *Friedrich Wilhelm Bessel*, Astronomische Nachrichten, 210, 1919

Schlesinger, F.: *Photographic Determinations of Stellar Parallax Made with the Yerkes Refractor II*, Astrophysical Journal, 33, 1911

Schlimmer, J.S.: *Der Doppelstern 61 Cygni*, http://epsilon-lyrae.de, 2022

Voigt, H.H. u.a.: *Abriß der Astronomie*, Wiley-VCH, 2012

Werner, K.: *Einführung in die Astronomie*, Vorlesung WS 2008/2009, Universität Tübingen

Gaia-Team Universität Heidelberg, *ARI Gaia Services*, https://gaia.ari.uni-heidelberg.de, 2022

☞ *Literaturhinweise*

DUNKELWOLKEN, REFLEXIONSNEBEL, GALAKTISCHE ZIRREN

BARNARD 72/75

Barnard, E. E.: *On The Dark Markings of the Sky, With a Catalogue of 182 Such Objects*, ApJ, 49, 36, 1919

BARNARD 150

Furuya, R. S. u. a.: *Low-Mass Star-Forming Cores in the Gf9 Filament*, PASJ, 60, 421, 2008

Gaudel, M. u. a.: *Angular Momentum Profiles of Class 0 Protostellar Envelopes*, A&A, 637, A92, 2020

BHR 37/ESO 210-6A/GN 08.26.2

Hanse, E. C. u. a.: *Magnetohydrodynamik Effects On Pulsed Young Stellar Object Jets I. 2.5D Simulations*, ApJ, 800, 41, 2015

Hector, G. u. a.: *Alma Observations of the HH 46/47 Molecular Outflow*, ApJ, 774, 39, 2013

Zhang, Y. u. a.: *An Episodic Wide-Angle Outflow In HH 46/47*, ApJ, 883, 1 2019

GN 16.43.7

Sugitani, K. und Katsuo, O.: *A Catalog of Bright-Rimmed Clouds With Iras Point Sources: Candidates For Star Formation By Radiation-Driven Implosion. Ii. The Southern Hemisphere*, ApJ Supplement, 92, 163, 1994

Thompson, M. A. u. a.: *A Compact Array Imaging Survey of Southern Bright-Rimmed Clouds*, A&A, 415, 627, 2004

Urquhart, J. S: u. a.: *Observational Study of Sites of Triggered Star Formation Co And Mid-Infrared Observations*, A&A, 497, 789, 2009

IC 423/426

Afonso, J. M. u. a.: *Hcn In Bok Globules: A Good Tracer of Collapsing Cores*, AJ, 115, 1111, 1998

IC 2118

Guieu, S. u. a.: *Spitzer Observations of IC 2118*, AJ, 720, 46, 2010

IC 2944

Reipurth, B. u. a.: *Thackeray's Globules In IC 2944*, A&A, 327, 1185, 1997

Thackeray, A. D. und Wesselink, A. J.: *A Photometric And Spectroscopic Study of the Cluster IC 2944*, MNRAS, 131, 121, 1965

Thackeray, A. D.: *Some Southern Stars Involved In Nebulosity*, MNRAS, 110, 524, 1950

IC 4604

Aizawa, M. u. a.: *Search For Alignment of Disk Orientations In Nearby Star-Forming Regions: Lupus, Taurus, Upper Scorpius, P Ophiuchi*, ApJ, 899, 55, 2021

Luhman, K. L. und Rieke, G. H.: *Low-Mass Star Formation And The Initial Mass Function In The P Ophiuchi Cloud Core*, ApJ, 525, 440, 1999

IC 4955

Delgado, A. J. u. a.: *Photometric And Spectroscopic Study of Stars In The Field of the Young Open Cluster Roslund 4*, AJ, 128, 330, 2004

Dutra, C. M. und Bica, E.: *New Infrared Star Clusters And Candidates In The Galaxy Detected With 2Mass*, A&A, 376, 434, 2001

Ishihara, D. u. a.: *Akari Infrared Imaging of Reflection Nebulae IC4954 And IC4955*, PASJ, 59, S443, 2007

Phelps, R. L.: *A Photometric And [S II] Survey of the Young Cluster Roslund 4*, AJ, 126, 826, 2003

LBN 15

Bruzzone, J. S. u. a.: *Imaging The 44 Au Kuiper Belt Analog Debris Ring Around HD 141569A with GPI Polarimetry*, AJ, 159, 53, 2020

Drummond, J. D: *Binary Stars Observed With Adaptive Optics At The Starfire Optical Range*, AJ, 147, 65, 2014

Panic, O. u. a.: *Planet Formation In Intermediate-Separation Binary Systems*, MNRAS, 501, 4317, 2021

Straizys, V. u. a.: *High-Latitude Dust Clouds LDN 183 And LDN 169: Distances And Extinctions*, A&A, 611, A9, 2018

LBN 248

Dobashi, K. u. a.: *Atlas and Catalog of Dark Clouds Based on Digitized Sky Survey I*, PASJ, 57, S1, 2005

Dobashi, K.: *Atlas And Catalog of Dark Clouds Based On The 2 Micron All Sky Survey*, PASJ, 63, S1, 2011

Magakian, T. Y. u. a.: *New Powerful Outburst of the Unusual Young Star V1318 Cygni S (LkHα 225)*, A&A, 625, A13, 2019

LBN 406

Mattila, K. u. a.: *Optical And Uv Surface Brightness of Translucent Dark Nebulae*, A&A, 617, A42, 2018

LDN 1495

Roccatagliata, V. u. a.: *A 3D View of the Taurus Star-Forming Region By Gaia And Herschel: Multiple Populations Related To The Filamentary Molecular Cloud*, A&A, 638, A85, 2020

Yang, Y. u. a.: *High-Resolution Near-Infrared Polarimetry And Submillimeter Imaging of FS Tau A: Possible Streamers In Misaligned Circumbinary Disk System*, AJ, 889, 140, 2020

LDN 1622

Großschedl, J. E. u. a.: *3D Dynamics of the Orion Cloud Complex - Discovery of Coherent Radial Gas Motions At The 100-pc Scale*, A&A, 647, A91, 2021

M 78

Ha, T. u. a.: *Measuring Turbulence With Young Stars In The Orion Complex*, ApJ Letters, 907, L40, 2021

Hubble, E.: *A Relation Between Distance And Radial Velocity Among Extra-Galactic Nebulae*, PNAS, 15, 168-173, 1929

Könyves, V. u. a.: *Properties of the Dense Core Population In Orion B As Seen By The Herschel Gould Belt Survey*, A&A, 635, A43, 2020

MBM 54/55

McGehee, P. M.: *Star Formation and Molecular Clouds at High Galactic Latitude*, Handbook of Star Forming Regions Vol. II Astronomical Society of the Pacific 2008

Yamamoto, Y. u. a.: *High-Latitude Molecular Clouds In an H I Filament Toward The MBM 53, 54, And 55 Complex: Existence of an H2 Cloud With Low Co Intensity*, AJ, 592, 217, 2003

MBM 152

Kandori, R. u. a.: *Distortion of Magnetic Fields In The Dense Core Sl 42 (CrA-E) In The Corona Australis Molecular Cloud Complex*, ApJ, 900, 20, 2020

Juvela, M. u. a.: *A Corona Australis Cloud Filament Seen In Nir Scattered Light, Iii. Modelling And Comparison With Herschel Sub-Millimetre Data*, A&A, 544, A14, 2012

NGC 1788

Alcala, J. M. u. a.: *Multi-Wavelength Observations of the Star Forming Region In L1616*, A&A, 416, 677, 2004

NGC 2633

Bot, C. u. a.: *Serendipity Observations of Far Infrared Cirrus Emission In The Spitzer Infrared Nearby Galaxies Survey: Analysis of Far-Infrared Correlations*, ApJ, 695, 469, 2009

Miville-Deschenes, M.-A. u. a.: *ISOCAM Observations of the Ursa Major Cirrus: Evidence For Large Abundance Variations of Small Dust Grains*, A&A, 381, 209, 2002

DARK DOODAD NEBULA

Bonne, L. u. a.: *Dense Gas Formation In The Musca Filament Due To The Dissipation of a Supersonic Converging Flow*, A&A, 641, A17, 2020

Bonne, L. u. a.: *Formation of the Musca Filament: Evidence For Asymmetries In The Accretion Flow Due To a Cloud–Cloud Collision*, A&A, 644, A27, 2020

Kainulainen, J. u. a.: *Gravitational Fragmentation Caught In The Act: The Filamentary Musca Molecular Cloud*, A&A, 586, A27, 2016

NGC 5367/CG 12

Getman, K. V. u. a.: *The Stellar Population And Origin of the Mysterious High-Latitude Star-Forming Cloud CG 12*, ApJ, 673, 331, 2008

Hawarden, T. G. und Brand, P. W. J. L.: *Cometary Globules And The Structure of the Gum Nebula*, MNRAS, 175, 19, 1976

NGC 6520/CB 107

Campeggio, L. u. a.: *Total To Selective Extinction In The Dark Globule CB 107*, ApJ, 668, 316, 2007

Odell, A. P.: *A New Look At Open Cluster NGC 6520*, AJ, 147, 7, 2014

NGC 7023

Bisyarina, A. P. u. a.: *Variability of Emission Lines In The Optical Spectra of the Herbig Be Binary System HD200775*, Research In A&A, 19, 36, 2019

Saha, P. u. a.: *A Census of Young Stellar Population Associated With The Herbig Be Star HD200775*, MNRAS, 494, 5851, 2020

SANDQVIST 103

Rebull, L. M. u. a.: *New Young Star Candidates In CG4 And SA101*, AJ, 142, 25, 2011

Sandqvist, A. und Lindroos, K. P.: *Interstellar Formaldehyde In Southern Dark Dust Clouds*, A&A, 53, 179, 1976

Sandqvist, A.: *More Southern Dark Dust Clouds*, A&A, 57, 467, 1977

SANDQVIST 169

Kwon, J. u. a: *First Near-Infrared Imaging Polarimetry of Young Stellar Objects In The Circinus Molecular Cloud*, ApJ Supplement Series, 234, 42, 2018

Rector, T. A: u. a.: *Herbig–Haro Outflows In Circinus W*, AJ, 160, 189, 2020

VDB 4

Van den Bergh, S.: *Polarisation des Sternlichtes Im Gebiet der Plejaden*, Veröffentlichungen der Universitäts-Sternwarte zu Göttingen, 6, 437, 1961

Van den Bergh, S.: *A Study of Reflection Nebulae*, AJ, 71, 990, 1966

VDB 29

Ozuyar, D. und Stevens, I. R.: *The Period Evolution of V473 Tau*, Commissions G1 and G4 of the IAU Information Bulletin 63, 6245, 2018

VDB 126

Josafatsson, K. und Snow, T. P.: *CCD Observations of Diffuse Interstellar Bands In Reflection Nebulae*, ApJ, 319, 436, 1987

Lallement, R. u. a.: *Edibles II. On The Detectability of C60+ Bands*, A&A, 614, A28, 2018

VDB 142

Soam, A.: u. a.: *Magnetic Fields In Multiple Bright-Rimmed Clouds In Different Directions of H II Region IC 1396 – Ii*, MNRAS, 476, 4782, 2018

VDB 149/152

Di Francesco, J. u. a.: *Herschel Gould Belt Survey Observations of Dense Cores In The Cepheus Flare Clouds*, ApJ, 904, 172, 2020

Kim, J. u. a.: *Infrared And Radio Observations of a Small Group of Protostellar Objects In The Molecular Core, L1251-C*, ApJ Supplemental Series, 218, 5, 2015

Schwarz, K. R. u. a.: *A Systematic Search For Molecular Outflows Toward Candidate Low-Luminosity Protostars And Very Low Luminosity Objects*, AJ, 144, 115, 2012

NEBEL UM JUNGE STERNE

BP PISCIUM

De Boer, J. u. a.: *BP Piscium: Its Flaring Disk Imaged With Sphere/Zimpol*, MNRAS Letters, 466, L7, 2016

Kastner, J. H. u. a.: *Chandra X-Ray Detection of the Enigmatic Field Star Bp Psc*, ApJ Letters, 719, L65, 2010

Melis, C. u. a.: *Shocks And a Giant Planet In The Disk Orbiting BP Piscium?*, ApJ, 724, 470, 2010

GN 20.18.3

Neckel, T. und Staude, H. J.: *A New Cometary Nebula In Cygnus*, ApJ Letters, 320, L145, 1987

Scarrott, S. M. u. a.: *The Nature of the GN20.18.3 Nebulosity*, MNRAS, 250, 111, 1991

HH 588 IN IC 1396

Froebrich, D. u. a.: *Star Formation In Globules In IC 1396*, A&A, 432, 575, 2005

LBN 437 / Lacerta

Lovelace, R. V. E. u. a.: *One-Sided Outflows/Jets From Rotating Stars With Complex Magnetic Fields*, MNRAS, 408, 2083, 2010

LBN 468 UND PV CEP

Arce, H. G. und Goodman, A. A.: *The Great Pv Cephei Outflow: A Case Study In Outflow-Cloud Interaction*, ApJ, 575, 911, 2002

Boyd, D.: *Pv Cephei And Gyulbudaghian's Variable Nebula*, SASS, 31, 65, 2012

Vioque, M. u. a.: *Gaia DR2 Study of Herbig Ae/Be Stars*, A&A, 620, A128, 2018

M 42

Fukui, J. u. a.: *A New Look At The Molecular Gas In M42 And M43; Possible Evidence For Cloud-Cloud Collision Which Triggered Formation of the OB Stars In The Orion Nebula Cluster*, ApJ, 859, 166, 2018

O'Dell, C. R. u. a.: *Which Stars Are Ionizing The Orion Nebula?*, ApJ, 837, 151, 2017

Blinova, A. A. u. a.: *Boundary Between Stable And Unstable Regimes of Accretion. Ordered And Chaotic Unstable Regimes*, MNRAS, 459, 2354, 2016

ETA CARINAE

Merali, Z.: *Light Echoes Cause Rethink of Supernova Imposter*, Nature, 482, 375, 2012

NGC 1333

Maury, A. J. u. a.: *Characterizing Young Protostellar Disks With The Calypso Iram-Pdbi Survey: Large Class 0 Disks Are Rare?*, A&A, 621, A76, 2019

Neufeld, D. A. u. a.: *Sofia/Exes Observations of Warm H2 At High Spectral Resolution: Witnessing Para-To-Ortho Conversion Behind a Molecular Shock Wave In HH7*, ApJ Letters, 878, L18, 2019

NGC 1555 UND T TAURI

Colombo, S. u. a.: *A New View of the Corona of Classical T Tauri Stars: Effects of Flaring Activity In Circumstellar Disks*, A&A, 624, A50, 2019

Lee, C. u. a.: *The Parsec–Scale Relationship Between ICO And Av In Local Molecular Clouds*, MNRAS, 474, 4672, 2018

Ratzka1, T. u. a.: *Spatially Resolved Mid-Infrared Observations of the Triple System T Tauri*, A&A, 502, 623, 2009

NGC 1999

Stanke, T. u. a.: *Hier ist wahrhaftig ein Loch im Himmel - The NGC 1999 Dark Globule Is Not a Globule*, A&A, 518, L94, 2010

Antoniucci, S. u. a.: *The HH34 Outflow As Seen In [Fe Ii] 1.64 M M By Lbt-Luci*, A&A, 566, A129, 2014

NGC 2070

Bestenlehner, Joachim M., Crowther, Paul A. u. a.: *The R136 Star Cluster Dissected With Hubble Space Telescope/STIS. II. Physical Properties of the Most Massive Stars In R136*, MNRAS, 499, 1918, 2020

Brands, Sarah A., Crowther, Paul A. u. a.: *The R136 star cluster dissected with Hubble Space Telescope/STIS. III. The most massive stars and their clumped winds*, A&A, preprint, 2022

Crowther, Paul A. u. a.: *The R136 Star Cluster Dissected With Hubble Space Telescope/Stis. I. Far-Ultraviolet Spectroscopic Census And The Origin of He II λ1640 In Young Star Clusters*, MNRAS, 458, 624, 2016

Lennon, D. J.: *Gaia DR2 Reveals a Very Massive Runaway Star Ejected From R136*, A&A, 619, A78, 2018

NGC 6726

Bresnahan, D. u. a.: *The Dense Cores And Filamentary Structure of the Molecular Cloud In Corona Australis: Herschel Spire And Pacs Observations From The Herschel Gould Belt Survey*, A&A, 615, A125, 2018

Fukagawa, M. u. a.: *Subaru Near-Infrared Imaging of Herbig Ae Stars*, PASJ, 62, 347, 2010

PARSAMIAN 21

Draper, P. W. u. a.: *A Polarization Study of the Cometary Nebula Parsamyan 21*, MNRAS, 212, 1P, 1985

Kospal, A. u. a.: *High-Resolution Polarimetry of Parsamian 21: Revealing The Structure of an Edge-On FU Ori Disc*, MNRAS, 383, 1015, 2008

Postel1, A. u. a.: *Infrared And Sub-Mm Observations of Outbursting Young Stars With Herschel And Spitzer?*, A&A, 631, A30, 2019

RNO 109

Tsitali, A. E. u. a.: *The Spitzer C2D Survey of Nearby Dense Cores. X. Star Formation In L673 And CB188*, ApJ, 725, 2461, 2010

SH2-106

Comeron, F. u. a.: *The Ionizing Source of the Bipolar Hii Region S106: A Close Massive Binary*, A&A, 615, A2, 2018

Schneider, N. u. a.: *Anatomy of the Massive Star-Forming Region S106 - The [O I] 63 Mm Line Observed With Great/Sofia As a Versatile Diagnostic Tool For The Evolution of Massive Stars*, A&A, 617, A45, 2018

SH2-239

Liseau, R. u. a.: Physics of Outflows: *The Binary Protostar L1551 Irs 5 And Its Jets*, ApJ, 619, 959, 2005

Moriarty-Schieven, G. H. u. a.: *Multigenerational Star Formation In L1551*, ApJ, 645, 357, 2006

V1025 TAURI

Alfonso-Garzón, J., Domingo, A., Mas-Hesse, J. M. and Giménez, A.: *The First Integral-Omc Catalogue of Optically Variable Sources*, A&A, A79, 2012

Christopher M. Johns-Krull, C. M. u. a.: *A Candidate Young Massive Planet In Orbit Around The Classical T Tauri Star Ci Tau*, ApJ, 826, 206, 2016

Vrba, F. J. u. a.: *Additional Ubvri Photometric Searches For Periodic Light Variability From T Tauri Stars*, AJ, 97, 483, 1989

V1331 CYGNI

Quanz, S. P. u. a.: *Dust Rings And Filaments Around The Isolated Young Star V1331 Cygni*, ApJ, 656, 287, 2007

V1515 CYG/VDB 132

Agra-Amboage, V. und P. J. V. Garcia, P. J. V.: *Spectro-Astrometry of V1515 Cyg*, MNRAS, 483, A92, 2019

Milliner, K. u. a: *Disc Wind Models For FU Ori Objects*, MNRAS, 483, 1663, 2019

V2493 CYG/HBC 722

Semkov, E. H. u. a.: *Photometric And Spectroscopic Study of the New Fuor Star V2493 Cyg*, A&A, 542, A43, 2012

Siwak, M. u. a.: *Insights Into The Inner Regions of the FU Orionis Disc*, A&A, 618, A79, 2018

Takami, M. u. a.: *Near-Infrared High-Resolution Imaging Polarimetry of FU Ori-Type Objects: Toward a Unified Scheme For Low-Mass Protostellar Evolution*, ApJ, 864, 20, 2018

VDB 1

Dent, W. R. F. u. a.: *Co Emission From Discs Around Isolated Haebe And Vega-Excess Stars*, MNRAS, 359, 663, 2005

Johnson L. C. u. a.: *Panchromatic Hubble Andromeda Treasury. Xviii. The High-Mass Truncation of the Star Cluster Mass Function*, ApJ, 839, 78, 2017

Matthews, B. C. u. a.: T*he Molecular Gas Environment Around Two Herbig Ae/Be Stars: Resolving The Outflows of Lkhα 198 And Lkhα 225S*, ApJ, 671, 483, 2007

HII-REGIONEN

DWB 111

Dickel, H. R. u. a.: *The Cygnus X Region. V. Catalogue And Distances of Optically Visible H II Regions*, A&A, 1, 270, 1969

IC 405

Rangelov, B. u. a.: *Runaway O-Star Bow Shocks As Particle Accelerators? The Case of Ae Aur Revisited*, ApJ, 885, 105, 2019

Ryu, T. u. a.: *An Analytic Method For Identifying Dynamically-Formed Runaway Stars Taeho Ryu1?*, MNRAS, 470, 2, 2017

IC 434

Bally, J. u. a.: *Kinematics of the Horsehead Nebula And IC 434 Ionization Front In Co And C+*, AJ, 155, 80, 2018

Guetter, H. H.: Spectroscopic *Studies of Stars In Ori Ob1 (Belt)*, AJ, 86, 1057, 1981

IC 1318

Röserl, S. u. a.: *Nine New Open Clusters Within 500 Pc From The Sun*, A&A, 595, A22, 2016

Wendker, H. J. u. a.: *The Cygnus X Region. Xiii - The Dark Cloud Between IC 1318B and C*, A&A, 121, 69, 1983

IC 1396

Burkholder, V. u.a.: *The „Mass Discrepancy" For Massive Stars: Tests of Models Using Spectroscopic Binaries*, Apj, 490, 328, 1997

Sicilia-Aguilar, A. u. a.: *Iram And Gaia Views of Multi-Episodic Star Formation In IC 1396A. The Origin And Dynamics of the Class 0 Protostar At The Edge of an Hii Region*, A&A, 622, A118, 2019

IC 1805

Dias, W. S: u. a.: *The Spiral Pattern Rotation Speed of the Galaxy And The Corotation Radius With Gaia DR2*, MNRAS, 486, 5726, 2019

Panwar, N. u. a.: *Understanding Formation of Young, Distributed Low-Mass Stars And Clusters In The W4 Cloud Complex*, AJ, 157, 112, 2019

IC 2162/SH2-255

Ryabukhina, O. L. u. a.: *Study of the Filamentary Infrared Dark Cloud G192.76+00.10 In The S254-S258 OB Complex*, Research In A&A, 18, 95, 2018

Samal1, M. R. u. a.: *Star Formation In The Filament of S254-S258 OB Complex: A Cluster In The Process of Being Created*, A&A, 581, A5, 2015

IC 2177

Paunzen, E.: *A New Catalogue of Stroemgren-Crawford Uvbyβ Photometry*, A&A, 580, A23, 2015

IC 4628

Shull, J. M. und Danforth, C. W.: *Distances To Galactic Ob-Stars: Photometry vs. Parallax*, ApJ, 882, 180, 2019

IC 5070

Kajdic, P. und Raga, A. C.: *Numerical Simulations of HH 555*, ApJ, 670, 1173, 2007

Loral, V. u. a.: *The Angular Momentum of Condensations Within Elephant Trunks*, A&A, 503, 477, 2009

Raga, A. C. u. a.: *HH Jets Aligned Perpendicular To Elephant Trunks*, RevMexAA, 46, 179, 2010

IC 5146

Kuhn, M. A. u. a.: *Kinematics In Young Star Clusters And Associations With Gaia DR2*, ApJ, 870, 32, 2019

Strömgren, B.: *The Physical State of Interstellar Hydrogen*, ApJ, 89, 526, 1939

LBN 696/NGC 1491/1624

Luisi, M. u. a.: *Ionization Profiles of Galactic H II Regions*, ApJ Supplement Series, 241, 2, 2019

Straizys, V. und Laugalys, V.: *Young Stars In The Camelopardalis Dust And Molecular Clouds. I. The Cam OB1 Association*, Baltic Astronomy, 16, 167, 2007

M 8/M 20

Ramirez-Tannus, M. C. u. a.: *The Young Stellar Content of the Giant H II Regions M 8, G333.6−0.2, And NGC 6357 With VLT/KMOS*, A&A, 633, A155, 2020

Tapia, M. u. a.: *The Star-Forming Cores In The Centre of the Trifid Nebula (M 20): From Herschel To The Near-Infrared*, MNRAS, 475, 3029, 2018

M 16

Flagey, N. u. a.: *The Eagle Nebula Unveiled By The Spitzer/Mipsgal Survey*, BAAS, 41, 379, 2009

Malin, D. und Murdin, P.: *Colours of the Stars*, Cambridge University Press, 1984

M 17

Wanggi, L. u. a.: *Surveying The Giant Hii Regions of the Milky Way With Sofia: Ii. M17*, ApJ, 888, 98, 2020

M 20

Dekany, I. u. a.: *Discovery of a Pair of Classical Cepheids In an Invisible Cluster Beyond The Galactic Bulge*, ApJ Letters, 799, L11, 2015

Wolf, M.: *Verzeichnis von in den Jahren 1891-1902 aufgenommenen Gegenden des Himmels*, Publikationen des Astrophysikalischen Instituts Koenig, 2, 1, 1903

M 42/43

Draper, H.: *On Photographs of the Nebula in Orion and of its Spectr*, MNRAS, 42, 367, 1882

Fukui, Y. u. a.: *A New Look At The Molecular Gas In M42 And M43: Possible Evidence For Cloud–Cloud Collision That Triggered Formation of the OB Stars In The Orion Nebula Cluster*, ApJ, 859, 166, 2018

Teng, Y. H. u. a.: *Physical Conditions And Kinematics of the Filamentary Structure In Orion Molecular Cloud 1*, ApJ, 893, 63, 2020

United States Naval Observatory: *Observations Made During the Year, H. Draper Orion-Nebula*, U.S. Government Printing Office, 1882

NGC 1499

Massa, D. u. a.: *Coordinated Uv And X-Ray Spectroscopic Observations of the O-Type Giant Ξ Per: The Connection Between X-Rays And Large-Scale Wind Structure*, ApJ, 873, 81, 2019

Ramiaramanantsoa, T. u. a.: *Most Detects Corotating Bright Spots On The Mid-O Type Giant Ξ Persei*, MNRAS, 441, 910, 2014

NGC 2246/SH2-275

Wareing, C. J. u. a.: *A New Mechanical Stellar Wind Feedback Model For The Rosette Nebula*, MNRAS, 475, 3598, 2018

NGC 2264

Venuti, L.: *Deep, Multiband Photometry of Low-Mass Stars To Reveal Young Clusters: A Blind Study of the NGC2264 Region*, A&A, 621, A14, 2019

NGC 3293/3324

Preibisch, T.: *Chandra X-Ray Observation of the Young Stellar Cluster NGC 3293 In The Carina Nebula Complex*, A&A, 605, A85, 2017

NGC 3372

Mookerjea, B. u. a.: *Opening The Treasure Chest In Carina*, A&A, 626, A131, 2019

Preibisch, T. u. a.: *Herschel Far-Infrared Observations of the Carina Nebula Complex I. Introduction And Global Cloud Structure*, A&A, 541, 132, 2012

Shariff, J. A. u. a.: *Submillimeter Polarization Spectrum of the Carina Nebula*, ApJ, 872, 197, 2019

NGC 3572

Smith, N. u. a.: *The Mysterious Ring In The Open Cluster NGC 3572: Planetary Nebula Or Photoevaporating Globule?*, Publications of the Astronomical Society of the Pacifi, 115, 342, 2003

Smith, N. u. a.: *Carina's Defiant Finger: HST Observations of a Photoevaporating Globule In NGC 3372*, MNRAS, 351, 1457, 2004

NGC 3582

Girardi, L. u. a.: *Long-Slit Spectrophotometry of the H II Regions Gum 38A And Gum 38B*, ApJ, 486, 847, 1997

Maercker, M. u. a.: *L-Band (3.5 Mm) IR-Excess In Massive Star Formation. Ii. Rcw 57/NGC 3576*, A&A, 450, 253, 2006

NGC 6188

Mahy, L. u. a.: *Evolutionary Status of the Of?P Star HD 148937 And of Its Surrounding Nebula NGC 6164/5*, A&A, 599, A61, 2017

Sana, H. u. a.: *Three-Dimensional Orbits of the Triple-O Stellar System HD 150136*, A&A, 553, A131, 2013

NGC 6357/6334

Barr Dominguez, A. u. a.: *Eclipsing High-Mass Binaries I. Light Curves And System Parameters For CPD −51° 8946, Pismis 24-1 And HD 319702*, A&A, 557, A13, 2013

Sadaghiani, M. u. a.: *Physical Properties of the Star-Forming Clusters In NGC 6334 - a Study of the Continuum Dust Emission With Alma*, A&A, 635, A2, 2020

Yasuo, F. u. a.: *Molecular Clouds In The NGC 6334 and NGC 6357 Region: Evidence For a 100 pc-Scale Cloud-Cloud Collision Triggering The Galactic Mini-Starbursts*, PASJ, 70, 541, 2018

NGC 6820

Klaassen, P. D. u. a.: *Cloud Disruption Via Ionized Feedback: Tracing Pillar Dynamics In Vulpecula*, MNRAS, 441, 656, 2014

Riaz, B. u. a.: *Young Stellar Objects In NGC 6823*, MNRAS, 419, 1887, 2012

Veneziani, M. u. a.: *An Analysis of Star Formation With Herschel In The HI-Gal Survey I. The Science Demonstration Phase Fields*, A&A, 549, A130, 2013

NGC 7000

Carruthers, G. R. & Page, T.: *Far-Ultraviolet Brightness of Nebulae In Cygnus*, ApJ, 205, 397, 1976

Comeron, F. und Pasquali, A.: *Discovery of the Star That Ionizes The North America And Pelican Nebulae*, 2021

Steinicke, W.: *Observing and Cataloguing Nebulae and Star Clusters: From Herschel to Dreyer's New General Catalogue*, Cambridge University Press, 2010

NGC 7380

Blesson Mathew, D. P. K. u. a.: *Studies of a Possible New Herbig Ae/Be Star In The Open Cluster NGC 7380*, Research In A&A, 12, 167, 2012

Chen, W. P. u. a.: *A Kinematic And Photometric Study of the Galactic Young Star Cluster NGC 7380*, AJ, 142, 71, 2011

NGC 7538

Maiz Apellaniz, J. u. a.: *The Galactic O-Star Spectroscopic Survey (Goss). Iii. 142 Additional O-Type Systems*, ApJ Supplement Series, 224, 4, 2016

Ospina-Zamudio, J. u. a.: *Deuterated Methanol Toward NGC 7538-IRS1*, A&A, 627, A80, 2019

NGC 7635

Green, S. u. a.: *Thermal Emission From Bow Shocks I: 2D Hydrodynamic Models of the Bubble Nebula*, A&A, 625, A4, 2019

NGC 7822

Eswaraiah, C. u. a.: *Broad-Band Optical Polarimetric Studies Towards The Galactic Young Star Cluster Berkeley 59*, MNRAS, 419, 2587, 2012

Lata, S. u. a.: *Photometric Search For Variable Stars In The Young Open Cluster Berkeley 59*, MNRAS, 418, 1346, 2011

Majaess, D. J. u. a.: *The Exciting Star of the Berkeley 59/Cepheus Ob4 Complex And Other Chance Variable Star Discoveries*, Journal of the AAVSO, 36, 90, 2008

SH2-27

Thomson, A. J. M. u. a.: *Through Thick Or Thin: Multiple Components of the Magneto-Ionic Medium Towards The Nearby H II Region Sharpless 2-27 Revealed By Faraday Tomography*, MNRAS, 487, 4751, 2019

SH2-82

Yu Nai-Ping, Y. und Jun-Jie, W.: *A Multiwavelength Study of the Star Forming H II Region Sh2-82*, Research In A&A, 12, 651, 2012

SH2-101

Rao, A. u. a.: *Kinematic Study of the Association Cyg OB3 With Gaia DR2*, MNRAS, 495, 1491, 2020

SH2-114

Green, D. A.: *Galactic Supernova Remnants: an Updated Catalogue And Some Statistics*, Bulletin of the Astronomical Society of India, 32, 335, 2004

SH2-126/LBN 442

Allers, K. N. u. a.: *2Mass 22344161+4041387Ab: A Wide, Young, Accreting - Low-Mass Binary In The Lkhα233 Group*, ApJ, 697, 824, 2019

Rao, A. u. a.: *Kinematic Study of the Association Cyg OB3 With Gaia DR2*, MNRAS, 495, 1491, 2019

SH2-140

Donkov, S. u. a.: *Statistical Mass Function of Prestellar Cores From The Density Distribution of their Natal Clouds*, A&A, 635, A88, 2020

SH2-264/VDB 38/WDHS 1

Gordon, K. D. u. a.: *Angular Sizes And Effective Temperatures of O-Type Stars From Optical Interferometry With The CHARA Array*, ApJ, 869, 37, 2018

PLANETARISCHE NEBEL

ABELL 7

Abell, G. O.: *Properties of Some Old Planetary Nebulae*, AJ, 144, 259, 1966

Werner, K. u. a.: *Spectral Analysis of the Extremely Hot DA White Dwarf PG 0948+534*, MNRAS, 483, 5291, 2018

Werner, K. u. a.: *The Hot White Dwarf In The Peculiar Binary Nucleus of the Planetary Nebula EGB 6*, A&A, 616, A73, 2018

ABELL 24

Haywood Smith, Jr.: *On The Distances of Planetary Nebulae*, MNRAS, 449, 2980, 2015

Phillips, J. P.: *The Relation Between Zanstra Temperature And Morphology In Planetary Nebulae*, MNRAS, 344, 501, 2003

ABELL 31

Werner, K. u. a.: *Spectral Analysis of the Extremely Hot DA White Dwarf PG 0948+534*, MNRAS, 483, 5291, 2019

ABELL 39

Jacoby, G. H. u. a.: *The Planetary Nebula A39: an Observational Benchmark For Numerical Modeling of Photoionized Plasmas*, ApJ, 560, 272, 2001

ABELL 70

Miszalski, B. u. a.: *A Barium Central Star Binary In The Type I Diamond Ring Planetary Nebula Abell 70*, MNRAS, 419, 39, 2012

ABELL 74

Phillips, J. P.: *The Relation Between Zanstra Temperature And Morphology In Planetary Nebulae*, MNRAS, 344, 501, 2003

Reindl, N. u. a.: *Radial Velocity Variable, Hot Post-AGB Stars From The Muchfuss Project*, A&A, 587, A101, 2016

ABELL 78

Rechy-Garcia, J. S. u. a.: *Discovery of a Fast Expanding Shell In The Inside-Out Born-Again Planetary Nebula Hubi 1 Through High-Dispersion Integral Field Spectroscopy*, ApJ Letters, 903, L4, 2020

Werner, K. u. a.: *Fuse Observations of the Central Star of Abell 78*; Symposium - International Astronomical Union, 209, 239, 2002

EGB 9

Ali, A. u. a.: *Interacting Planetary Nebula*, A&A, 541, A98, 2012

Jacob, R. u. a.: *The Evolution of Planetary Nebulae VIII. True Expansion Rates And Visibility Times*, A&A, 558, A78, 2013

Wareing, C. J. u. a.: *The Interaction of Planetary Nebulae And Their AGB Progenitors With The Interstellar Medium*, MNRAS, 382, 1233, 2007

PN G080.1-06.5

Forrest, W. J. u. a.: *Spectrophotometry of CRL 2688 From 2 To 24 Microns*, ApJ, 199, L181, 1975

Sahai, R. u. a.: *The Structure of the Prototype Bipolar Protoplanetary Nebula CRL 2688 (Egg Nebula): Broadband, Polarimetric, And H2 Line Imaging With Nicmos On The Hubble Space Telescope*, ApJ, 492, L163, 1008

Ueta, T. u. a.: *Proper-Motion Measurements of the Cygnus Egg Nebula*, ApJ, 641, 1113, 2005

PN G218.9-11.7

Bujarrabal, V. u. a.: *Alma Observations of the Red Rectangle, a Preliminary Analysis*, A&A, 557, L11, 2013

De Marco, O.: *The Origin And Shaping of Planetary Nebulae: Putting The Binary Hypothesis To The Test*, PASJ, 121, 316, 2009

HDW 2

Hartl, H. u. a.: *Alte Planetarische Nebel: Neue Kandidaten*, Mitteilungen der Astronomischen Gesellschaft, 60, 325, 1983

Hartl, H. und Weinberger, R.: *Planetary Nebulae of Low Surface Brightness: Gleanings From The „Poss"*, A&AS, 69, 519, 1987

HENIZE 2-111

Dopita, M. A. u. a.: *IFU Spectroscopy of Southern PN VI: The Extraordinary Chemo-Dynamics of Hen 2-111*, MNRAS, 475, 424, 2018

Henize, K. G.: *Observations of Southern Planetary Nebulae*, ApJ Suplememtal Series, 14, 125, 1967

HFG 1

Chiotellis, A. u. a.: *Modelling The Cometary Structure of the Planetary Nebula HFG1 Based On The Evolution of Its Binary Central Star V664 Cas*, MNRAS, 457, 9, 2016

IC 4406

Moser Faes, D. u. a.: *Mapping And Modeling The Properties of Bipolar Planetary Nebulae*, RevMexAA, 40, 233, 2011

IC 5148

Barria, D. u. a.: *Planetary Nebula IC 5148 And Its Ionized Halo*, A&A, 620, A84, 2018

IPHASX J205013.6+465515

Drew, J. E. u. a.: *The INT Photometric Hα Survey of the Northern Galactic Plane (Iphas)*, MNRAS, 362, 753, 2005

Sabin, L. u. a.: *New Candidate Planetary Nebulae In The Iphas Survey: The Case of Pne With Ism Interaction*, PASA, 27, 166, 2010

Sabin, L. u. a.: *First Release of the Iphas Catalogue of New Extended Planetary Nebulae*, MNRAS, 443, 3388, 2014

JACOBY 1

Green, R. F. u. a.: *The Palomar-Green Catalog of Ultraviolet-Excess Stellar Objects*, ApJ Supplement, 61, 305, 1986

Jacoby, G. H. und van de Steene, G.: *Detection of an Old Planetary Nebula Around The Known Hot Sdo Star PG 1520+525*, BAAS, 25, 1369, 1993

Werner, K. u. a.: *The Far-Ultraviolet Spectra of Two Hot PG 1159 Stars*, A&A, 593, A104, 2016

JONES 1

Jones, R. B. und Emberson, R.: *A Large New Planetary Nebula*, Harvard College Observatory Bulletin, 911, 11, 1939

JURASEVICH 1

Acker, A. u. a.: *Discovery of New Faint Northern Galactic Planetary Nebulae*, RevMexAA, 48, 223, 2012

Central Bureau for Astronomical Telegrams, IAU: *PN G75.5+1.7*, 2021

KJPN 8

Poumis, P. und Meaburn, J.: *The Expansion Proper Motions of the Extraordinary Giant Lobes of the Planetary Nebula Kjpn 8 Revisited*, MNRAS, 430, 3397, 2013

Vazquez, R. u. a.: *Spectrophotometry of the Planetary Nebula KjPn 8*, MNRAS, 296, 594, 1998

Rechy-Garcia, J. S. u. a.: *Kinematical Investigation of Possible Fast Collimated Outflows In Twelve Planetary Nebulae*, MNRAS, 492, 1957, 2020

KRONBERGER 61

De Marco, O. u. a.: *Identifying Close Binary Central Stars of PN With Kepler*, MNRAS, 448, 3587, 2015

García-Díaz, M. T. u. a.: *A Spectroscopic And Photometric Study of the Planetary Nebulae Kn 61 And Pa 5*, AJ, 148, 57, 2014

LONGMORE 5

Longmore, A. J.: *New And Known Planetary Nebulae On Plates Taken With The Uk 1.2-M Schmidt Telescope*, MNRAS, 178, 251, 1977

LOTR 5

Aller, A. u. a.: *A New Look Inside Planetary Nebula LoTr 5: A Long-Period Binary With Hints of a Possible Third Component*, MNRAS, 476, 1140, 2018

Kovari, Z. u. a.: *Surface Magnetic Activity of the Fast-Rotating G5 Giant In Comae, Central Star of the Faint Planetary Nebula LoTr 5*, A&A, 624, A83, 2019

Longmore, A. J. und Tritton, S. B.: *A Second List of New Planetary Nebulae Found On United Kingdom 1.2-M Schmidt Telescope Plates*, MNRAS, 193, 521, 1980

Van Winckel, H. u. a.: *Binary Central Stars of Planetary Nebulae With Long Orbits: The Radial Velocity Orbit of Bd+33·2642 (PN G052.7+50.7) And The Orbital Motion of HD 112313 (Pn Lotr5)*, A&A, 563, L10, 2014

M 2-9

Castro-Carrizo, A. u. a.: *Two Short Mass-Loss Events That Unveil The Binary Heart of Minkowski's Butterfly Nebula*, A&A, 545, A1, 2012

Castro-Carrizo, A. u. a.: *Structure And Dynamics of the Molecular Gas In M 2-9: A Follow-Up Study With Alma*, A&A, 600, A4, 2017

Lykou, F. u. a.: *A Disk Inside The Bipolar Planetary Nebula M2-9?*, A&A, 527, A105, 2011

Schwarz, H. E. u. a.: *M 2-9: Moving Dust In a Fast Bipolar Outflow*, A&A, 319, 267, 1997

M 27

Lagrois, D. u. a.: *An Optical Investigation of the Dumbbell Planetary Nebula (M27, NGC 6583)*, MNRAS, 448, 1584, 2015

Meaburn, J. u. a.: *The Global Kinematics of the Dumbbell Planetary Nebula (NGC 6853, M27, Pn G060.8-03.6)*, RevMexAA, 41, 109, 2005

M 57

Cox, N. L. J. u. a.: *Polycyclic Aromatic Hydrocarbons And Molecular Hydrogen In Oxygen-Rich Planetary Nebulae: The Case of NGC 6720*, MNRAS, 456, L89, 2016

Martin, T. B. u. a.: *Optimal Fitting of Gaussian-Apodized Or Under-Resolved Emission Liness In Fourier Transform Spectra Providing New Insights On The Velocity Structure of NGC 6720*, MNRAS, 463, 4223, 2016

M 76

Ramos-Larios, G. u. a.: *The Interaction of the Halo Around The Butterfly Planetary Nebula NGC 650-1 with the Interstellar Medium*, MNRAS, 475, 932, 2018

Van Hoof, P. A. M. u. a.: *A Herschel Study of NGC 650*, A&A, 560, A7, 2013

M 97

García-Díaz, M. T. u. a.: *The Owl And Other Strigiform Nebulae: Multipolar Cavities Within a Filled Shell*, MNRAS, 479, 3909, 2018

MENZEL 3

Akashi, M. und Soker, N.: *Shaping Planetary Nebulae By Light Jets*, MNRAS, 391, 1063, 2008

Akashi, M. und Soker, N.: *Impulsive Ejection of Gas In Bipolar Planetary Nebulae*, MNRAS, 436, 1961, 2013

Guerrero, M. A. u. a.: *Mz 3, a Multipolar Nebula In The Making*, AJ, 128, 1694, 2004

NGC 246

Adam, C. und Mugrauer, M.: Hip 3678: *A Hierarchical Triple Stellar System In The Centre of the Planetary Nebula NGC 246*, MNRAS, 444, 3459, 2014

Aller, A. u. a.: *Planetary Nebulae Seen With Tess: Discovery of New Binary Central Star Candidates From Cycle 1*, A&A, 635, A128, 2020

NGC 1360

Miszalski, B. u. a.: *SALT HRS Discovery of a Long Period Double-Degenerate Binary In The Planetary Nebula NGC 1360*, MNRAS, 473, 2275, 2017

NGC 1514

Herschel, W.: *On Nebulous Stars, properly so called*, Philosophical Transactions of the Royal Society of London, 81, 71, 1791

Mendez, R. H. u. a.: *The Two Central Stars of NGC 1514: Can They Actually Be Related?*, ApJ, 829, 73, 2016

Ressler, M. u. a.: *The Discovery of Infrared Rings In The Planetary Nebula NGC 1514 During The Wise All-Sky Survey*, AJ, 140, 1882, 2010

NGC 2392

Garcia-Diaz, M. T. u. a.: *A Detailed Morpho-Kinematic Model of the Eskimo, NGC 2392. a Unifying View With The Cat's Eye And Saturn Planetary Nebulae*, ApJ, 761, 172, 2012

Guerro, M. A. u. a.: *Variable Hard X-Ray Emission From The Central Star of the Eskimo Nebula*, ApJ, 884, 134, 2019

Mizalski, B. u. a.: *The Post-Common-Envelope X-Ray Binary Nucleus of the Planetary Nebula NGC 2392*, PASA, 36, 18, 2019

NGC 2438

Miszalski, B. u. a.: *MASH-II: more planetary nebulae from the AAO/UKST Hα survey*, MNRAS, 384, 525, 2008

Öttl, S. u. a.: *Ionization Structure of Multiple-Shell Planetary Nebulae I. NGC 2438*, A&A, 565, A87, 2014

Sabin, L. u. a.: *ALMA Reveals The Coherence of the Magnetic Field Geometry In OH 231.8+4.2*, MNRAS, 495, 4297, 2020

Stone, N. u. a.: *Evaporation And Accretion of Extrasolar Comets Following White Dwarf Kicks*, MNRAS, 448, 188, 2015

NGC 2440

Mata, H. u. a.: *Spitzer Mid-Infrared Spectroscopic Observations of Planetary Nebulae*, MNRAS, 459, 841, 2016

Palla, F. u. a.: *Measurements of 12C/13C In Planetary Nebulae: Implications On Stellar And Galactic Chemical Evolution*, A&A, 355, 69, 2000

NGC 2818

Bastian, N. u. a.: *Extended Main Sequence Turnoffs In Open Clusters As Seen By Gaia – I. NGC 2818 And The Role of Stellar Rotation*, MNRAS, 480, 3739, 2018

NGC 2899

Chornay, N. und Walton, N. A.: *Searching For Central Stars of Planetary Nebulae In Gaia DR2*, A&A, 638, A103, 2020

Drew, J. E. u. a.: *The VST Photometric Hα Survey of the Southern Galactic Plane And Bulge (Vphas+)*, MNRAS, 440, 2036, 2014

Maciel, W. J und Pottasch, S. R.: *Distances of Planetary Nebulae*, A&A, 88, A85, 1980

NGC 3132

Monreal-Ibero, A. und Walsh, J. R.: *The Muse View of the Planetary Nebula NGC 3132*, A&A, 634, A47, 2020

Pascoli, G.: *Magnetic Fields In Circumstellar Envelopes of Evolved AGB Stars*, PASP, 132, 034203, 2020

Schönberner, D. und Steffen, M.: *Confronting Expansion Distances of Planetary Nebulae With Gaia DR2 Measurements*, A&A, 625, A137, 2019

NGC 3242

Gomez-Munoz, M. A. u. a.: *Morpho-Kinematics of the Planetary Nebula NGC 3242: an Analysis Beyond Its Multiple-Shell Structure*, MNRAS, 481, 4175, 2008

NGC 3699

Hoffleit, D.: *A Preliminary Survey of Nebulosities And Associated B-Stars In Carina*, Annals of Harvard College Observatory, 119, 37, 1953

Phillips, J. P. und Ramos-Larios, G.: *Spitzer Mid-Infrared Observations of Seven Bipolar Planetary Nebulae*, MNRAS, 405, 2179, 2010

Robinson, G. J. u. a.: *Measurements of Expansion Velocities In Planetary Nebulae*, MNRAS, 199, 649, 1982

NGC 4361

Pena, M. u. a.: *Characteristics of Planetary Nebulae With [WC] Central Stars*, The Eighth Texas-Mexico Conference On Astrophysics, 18, A122, 2003

NGC 5189

Manick, R. u. a.: *A Radial Velocity Survey For Post-Common-Envelope Wolf-Rayet Central Stars of Planetary Nebulae: First Results And Discovery of the Close Binary Nucleus of NGC 5189*, MNRAS, 448, 1789, 2015

Toala, J. A. u. a.: *A Carbon-Rich Hot Bubble In The Planetary Nebula NGC 5189*, ApJ, 886, 30, 2019

NGC 5882

Miller, T. R. u. a.: *Co-Spatial Uv-Optical HST/STIS Spectra of Six Planetary Nebulae: Nebular And Stellar Properties*, MNRAS, 482, 278, 2019

Pottasch, S. R. u. a.: *Abundances of Planetary Nebulae IC 418, IC 2165 and NGC 5882*, A&A, 423, 593, 2004

NGC 6302

Meaburn, J. u. a.: *Hubble-Type Outflows of the High-Excitation Poly-Polar Planetary Nebula NGC 6302 – From Expansion Proper Motions*, MNRAS, 385, 269, 2008

Paretto, N. u. a.: *The Massive Expanding Molecular Torus In The Planetary Nebula NGC 6302*, A&A, 473, 207, 2007

Szyszka, C. u. a.: *Detection of the Central Star of the Planetary Nebula NGC 6302*, ApJ, 707, L32, 2009

Szyszka, C. u. a.: *The Expansion Proper Motions of the Planetary Nebula NGC 6302 From Hubble Space Telescope Imaging*, MNRAS, 416, 715, 2011

NGC 6543

Akras, S. u. a.: *H2 Emission In The Low-Ionization Structures of the Planetary Nebulae NGC 7009 And NGC 654*, MNRAS, 493, 3800, 2020

Prinja, R. K. u. a.: *Looking Deep Into The Cat's Eye: Structure And Rotation In The Fast Wind of the PN Central Star of NGC 6543*, ApJ, 759, L28, 2012

NGC 6781

Ueta, T. u. a.: *The Herschel Planetary Nebula Survey (Herplans) - NGC6781*, A&A, 565, A36, 2014

NGC 6826

Barria, D. und Kimeswenger, S.: *HST/WFPC2 Imaging Analysis And Cloudy Modelling of the Multiple Shell Planetary Nebulae NGC 3242, NGC 6826 And NGC 7662*, MNRAS, 480, 1626, 2018

Handler, G. u. a.: *Kepler Photometry And Optical Spectroscopy of the Zz Lep Central Star of the Planetary Nebula NGC 6826: Rotational And Wind Variability*, MNRAS, 430, 2923, 2013

Schmitt, C.: *Rotationsgeschwindigkeiten Weißer Zwerge aus dem ESO Spy-Survey*, Diplomarbeit - Dr. Karl Remeis-Sternwarte Bamberg, Astronomisches Institut der Universität, Erlangen-Nürnberg, 2007

NGC 6894

Soker, N. u. a.: *The Interaction of the Planetary Nebula NGC 6894 With The ISM Magnetic Field*, MNRAS, 289, 665, 1997

NGC 7048

Algarni, E.: *Distances to Planetary Nebulae Using Astrometric Data of Gaia DR2*, IJSBAR, 54, 80, 2020

Ali, A. u. a.: *A new statistical distance scale for planetary nebulae, based on GaiaEDR3*, preprint, 2022

Hajduk, M. u. a.: *Radio Observations of Planetary Nebulae: No Evidence For Strong Radial Density Gradients*, MNRAS, 479, 5657, 2018

Phillips, J. P.: *The Relation Between Zanstra Temperature And Morphology In Planetary Nebulae*, MNRAS, 344, 501, 2003

NGC 7293

Andriantsaralaza, M. u. a.: *CO In The C1 Globule of the Helix Nebula With Alma*, MNRAS, 491, 758, 2020

PATCHICK 5

Kronberger, M. u. a.: *New Galactic Open Cluster Candidates From DSS And 2MASS Imagery*, A&A, 447, 921, 2006

Oestensen, R. H. u. a.: *First Kepler Results On Compact Pulsators I. Survey Target Selection And The First Pulsators*, MNRAS, 409, 1470, 2010

PFP 1

Pierce, M. u. a.: *PFP 1: A Large Planetary Nebula Caught In The First Stages of ISM Interaction*, PASA, 21, 334, 2004

PUWE 1

Baessgen, M. u. a.: *Search For Faint Halos of Planetary Nebulae*, Mitteilungen der Astronomischen Gesellschaft, 67, 342, 1986

Jacob, R. u. a.: *The Evolution of Planetary Nebulae VIII. True Expansion Rates And Visibility Times*, A&A, 558, A7, 2013

Purgathofer, A. und Weinberger, R.: *A Huge New Nearby Planetary Nebula*, A&A, 87, L5, 1980

SH1-89

Hua, C. T.: *Deep Morphologies of Type I Planetary Nebulae*, A&A Supplemental Series, 125, 355, 1997

Weinberger, R.: *A Catalogue of Expansion Velocities of Galactic Planetary Nebulae*, A&A Supplement Series, 78, 301, 1989

SH2-42

Parker, Q. A. und Morgan, D. H.: *More Wolf-Rayet Central Stars of Planetary Nebulae Identified On The AAO/UKST Hα Survey*, MNRAS, 341, 961, 2003

SH2-188

Rosado, M. und Kwitter, K. B.: *The Filamentary Nebula S188*, RevMexAA, 5, 217, 1982

Salter, C. J. u. a.: *Observations of the Emission Nebulae S 188 And S 274 at 2.7 And 5 GHz*, A&A, 137, 291, 1984

Wareing, C. u. a.: Sh2-188: *A Model For a Speedy Planetary Nebula*, Memorie Della Società Astronomica Italiana, 76, 477, 2005

SH2-216

AL-Zetoun, A. und Achterberg, A.: *The Contribution of Nearby Supernova Remnants On The Cosmic Ray Flux At Earth*, MNRAS, 493, 1960, 2020

Fesen, R. A. u. a.: *Sharpless 216: A Curious Emission-Line Nebula*, ApJ, 245, 131, 1981

Reynolds, R. J.: *Fabry-Perot Observations of the Unusual Emission-Line Nebula S216*, ApJ, 288, 622, 1985

Tweedy, R. W. und Napiwotzki, R.: *The Central Star of S 216*, MNRAS, 259, 315, 1992

Sezer, A. u. a.: *Discovery of Recombining Plasma Inside The Extended Gamma-Ray Supernova Remnant HB9*, MNRAS, 489, 4300, 2009

SHAPLEY 1

Bond, H. E. und Livio, M.: *Morphologies of Planetary Nebulae Ejected By Close-Binary Nuclei*, ApJ, 355, 5568, 1990

Bond, H. E. u. a.: *Ring Planetary Nebulae Ejected From Close Binary Stars*, BAAS, 28, 1401, 1996

Jones, D. u. a.: *The Morphology And Kinematics of the Fine Ring Nebula, Planetary Nebula Sp 1, And The Shaping Influence of Its Binary Central Star*, MNRAS, 420, 2271, 2012

Shapley, H.: *Five Planetary Nebulae And a Globular Cluster*, Harvard College Observatory Bulletin, 902, 26, 1936

WEBO 1

Bond, H. E. u. a.: *WeBo 1: A Young Barium Star Surrounded By a Ringlike Planetary Nebula*, AJ, 125, 260, 2003

Siegel M. H. u. a.: *Swift/Uvot Photometry of the Planetary Nebula WeBo 1: Unmasking a Faint Hot Companion Star*, AJ, 144, 65, 2012

SUPERNOVAÜBERRESTE

Liu, N. u. a.: *Late formation of silicon carbide in type II supernovae*, Science Advances, 4, eaao1054, 2018

RCW 114

Kim, I. -J. u. a.: *C IV Emission-Line Detection of the Supernova Remnant RCW 114*, ApJ, 709, 823, 2010

BARNARDS LOOP

Barnard, E. E.: *The Great Photographic Nebula of Orion, Encircling The Belt And Theta Nebula*, Popular Astronomy, 2, 151, 1894

O'Dell, C. R. u. a.: *Physical Conditions In Barnard's Loop, Components of the Orion-Eridanus Bubble, And Implications For The Wim Component of the ISM*, ApJ, 733, 9, 2011

CAS A

Orlando, S. u. a.: *Modeling SNR Cassiopeia a From The Supernova Explosion To Its Current Age: The Role of Post-Explosion Anisotropies of Ejecta*, ApJ, 822, 22, 2016

Ryle, M. u. a.: *A Preliminary Survey of the Radio Stars In The Northern Hemisphere*, MNRAS, 110, 508, 1950

NGC 6960

Katsuda, S. u. a.: *Discovery of a Pulsar Wind Nebula Candidate In The Cygnus Loop*, ApJ Letters, 754, L7, 2012

CTB 1

Schinzel, F. K. u. a.: *The Tail of PSR J0002+6216 And The Supernova Remnant CTB 1*, ApJ Letters, 876, L17, 2019

Wilson, R. W. u. a.: *Survey of galactic radiation at 960 mc/s*, PASP 72, 331, 1960

GUM-NEBEL

Cantat-Gaudin, T. u. a.: *A Ring In a Shell: The Large-Scale 6D Structure of the Vela OB2* Complex, A&A, 621, A115, 2019

Grondin, M. -H. u. a.: *The Vela-X Pulsar Wind Nebula Revisited With Four Years of Fermi Large Area Telescope Observations*, AJ, 774, 110, 2013

Richardson, N. D. u. a.: *The Variability of the Brite-Est Wolf-Rayet Binary, Γ 2 Velorum I. Photometric And Spectroscopic Evidence For Colliding Winds*, MNRAS, 471, 2715, 2017

HBH 3

Hanbury Brown, R., Hazard, C.: *A Survey of 23 Localized Radio Sources In The Northern Hemisphere*, MNRAS, 113, 123, 1953

Xin Zhou u. a.: *Interaction Between The Supernova Remnant HB 3 And The Nearby Star-Forming Region W3*, ApJ, 833, 4, 2016

IC 443

Alarie, A. und Drissen, L.: *A Multispectral Analysis of the Northeastern Shell of IC 443*, MNRAS, 489, 3042, 2019

Ubertini, P.: *Position Sensitive Multiwire Proportional Counters For X-ray Astronomy*, Space Science Reviews, 46, 1, 1987

LUPUS 1006-SNR

Katsuda, S.: *Supernova of 1006 (G327.6+14.6)*, Handbook of Supernovae, Springer, Cham, 63, 2017

Leahy, D. u. a.: *Emission Measures and Emission-measure-weighted Temperatures of Shocked Interstellar Medium and Ejecta in Supernova Remnants*, AJ, 158, 49, 2019

Stephenson, F. R.: *SN 1006: The Brightest Supernova*, Astronomy & Geophysics, 51, 5.27, 2010

M 1

Amenomori, M. u. a.: *First Detection of Photons With Energy Beyond 100 TeV From an Astrophysical Source*, PRL, 123, 051101, 2019

Antoniadis, J.: *Gaia pulsars and where to find them in EDR3*, Research Notes of the AAS, 4, 223, 2020

Fraser, M. und Boubert, D.: *The Quick And The Dead: Finding The Surviving Binary Companions of Galactic Supernovae With Gaia*, AJ, 871, 92, 2019

MONOCEROS-SNR

Zeng, H. u. a.: *Evolution of High-Energy Particle Distribution In Supernova Remnants*, AJ, 874, 50, 2019

S 147

Dinçel, B. u. a.: *Discovery of an OB Runaway Star Inside SNR S147*, MNRAS, 448, 3196, 2015

Ren, J. J. u. a.: *Mapping The Emission Line Strengths And Kinematics of Supernova Remnant S147, With Extensive Lamost Spectroscopic Observations*, Research In A&A, 18, 111, 2018

SH2-91

Shelton, K. u. a.: *G65.2+5.7: A Thermal Composite Supernova Remnant With a Cool Shell*, AJ, 615, 275, 2004

Xiao, L. u. a.: *Radio Properties of the Low Surface Brightness SNR G65.2+5.7*, A&A, 503, 827, 2009

SNR 110.3+11.3/SNR G107.0+9.0

Bally, J. und Reipurth, B.: *When Star Birth Meets Star Death: A Shocking Encounter*, ApJ, 552, L159, 2001

Fesen, R. u. a.: G107.0+9.0: *A New Large Optically Bright, Radio And X-Ray Faint Galactic Supernova Remnant In Cepheus*, MNRAS, 498, 5194, 2020

Hubble, E.: *The Distribution of Extra-Galactic Nebulae*, Contributions From The Mount Wilson Observatory, 485, 1, 1934

W 44

Cardillo, M. u. a.: *The Supernova Remnant W44: Confirmations And Challenges For Cosmic-Ray Acceleration*, A&A, 565, A74, 2014

Spengler, G.: *Search For Galactic Pevatron Candidates In a Population of Unidentified Γ-Ray Sources*, A&A, 633, A138, 2020

W 63

Zhao, H. u. a.: *A Systematic Study of the Dust of Galactic Supernova Remnants. I. The Distance And The Extinction*, ApJ, 891, 137, 2020

OFFENE HAUFEN

BERKELEY 54

Salaris, A. u. a.: *The Age of the Oldest Open Clusters*, A&A, 414, 163, 2004

DODZ 6

Dolidze, M. V. und Jimsheleishvili, G. N.: *New possible star clusters*, Astronomicheskii Tsirkulyar, 382, 1966

HAFFNER 15

Haffner, H.: *Neue Galaktische Sternhaufen in der Südlichen Milchstraße*, Zeitschrift Für Astrophysik, 43, 89, 1957

HYADEN

Reino, S. u. a.: *A Gaia Study of the Hyades Open Cluster*, MNRAS, 477, 3197, 2020

Röser, S. u. a.: *Hyades Tidal Tails Revealed By Gaia DR2*, A&A, 621, L2, 2019

IC 4665

Manzi, S. u. a.: *Detection of the Lithium Depletion Boundary In The Young Open Cluster IC 4665*, A&A, 479, 141, 2008

KING 7

King, I.: *Some New Galactic Clusters*, Harvard College Observatory Bulletin, 919, 41, 1949

King, I. R.: *Five New Open Cluster*, PASP, 78, 81, 1966

M 6

Gao, X: *Memberships of the Open Cluster NGC 6405 Based On a Combined Method: Gaussian Mixture Model And Random Forest*, AJ, 156, 121, 2018

M 7

Reddy, A. B. S., Lambert, D.: *Comprehensive Abundance Analysis of Red Giants In The Open Clusters Stock 2, NGC 2168, 6475, 6991 And 7762*, MNRAS, 485, 3623, 2019

M 11

Bavarsad, E. A. u. a.: *The Detached Eclipsing Binary Kv29 And The Age of the Open Cluster M11*, ApJ, 831, 48, 2016

M 29

Straizys, F. J. u. a.: *Interstellar Extinction In The Direction of the Open Cluster M29*, AJ, 149, 161, 2015

Zdanavicius, K. u. a.: *Seven-Color Vilnius Photometry And Classification of Stars In The Region of the North Ecliptic Pole*, A&A, 544, A49, 2012

M 35

Gondoin, P.: *Magnetic Activity Evolution On Sun-Like Stars*, A&A, 616, A154, 2018

Meiborn, S. u. a.: *Stellar Rotation In M35: Mass-Period Relations, Spin-Down Rates, And Gyrochronology*, ApJ, 695, 679, 2009

M 38

Pandey, A. K. u. a.: *Stellar Contents of Two Intermediate Age Clusters: NGC 1912 and NGC 1907*, PASJ, 59, 547, 2007

M 39

Yen, S. X. u. a.: *Reanalysis of Nearby Open Clusters Using Gaia DR1/TGAS and HSOY*, A&A, 615, A1, 2018

M 44

Röser, S. und Schilbach, E.: *Praesepe (NGC 2632) And Its Tidal Tails*, A&A, 627, A4, 2019

M 45

Fujii, M. S. und Hori, Y.: *Survival Rates of Planets In Open Clusters: The Pleiades, Hyades, And Praesepe Clusters*, A&A, 624, A110, 2019

Gibson, S. J. und Nordsieck, K. H.: *The Pleiades Reflection Nebula. II. Simple Model Constraints On Dust Properties And Scattering Geometry*, ApJ, 589, 362, 2003

Ilin, J. u. a.: *Flares In Open Clusters With K2*, A&A, 622, A133, 2019

Orellana, R. u. a.: *A Method To Deconvolve Stellar Rotational Velocities III - The Probability Distribution Function Via Maximum Likelihood Utilizing Finite Distribution Mixtures*, A&A, 623, A138, 2019

M 46

Davidge, T. J.: *The Open Cluster NGC 2437 (Messier 46)*, PASJ, 125, 115, 2013

Kimeswenger, S. und Barria, D.: *Planetary Nebula Distances In Gaia DR2*, A&A, 616, L2, 2018

M 47

Richer, H. J u. a.: *A Massive Magnetic Helium Atmosphere White Dwarf Binary In a Young Star Cluster*, ApJ, 880, 75, 2019

M 52

Laur, J. u. a.: *Variability Survey of Brightest Stars In Selected OB Associations*, A&A, 598, A108, 2017

Pandey, A. K. u. a.: *NGC 7654: an Interesting Cluster To Study Star Formation History?*, A&A, 374, 504, 2001

M 67

Buder S. u. a.: *The GALAH Survey: an Abundance, Age, And Kinematic Inventory of the Solar Neighborhood Made With TGAS*, A&A, 624, A19, 2019

Slumstrup, D. u. a.: *Systematic Differences In Spectroscopic Analysis of Red Giants*, A&A, 622, A111, 2019

MELOTTE 20

Lodieu, N. u. a.: *A 5D View of the Aper, Pleiades, and Praesepe Clusters*, A&A, 628, A66, 2019

NGC 188

Chumak, Y. u. a.: *Numerical simulations of tidal tails for the open cluster NGC 188*, MNRAS 402, 1841. 2010

Vats, S. und Van den Berg, M: *A Chandra X-ray census of the interacting binaries in old open clusters—NGC 188*, American Astronomical Society Meeting Abstracts, 229, 326.02, 2017

Vats, S. und Van den Berg, M: *A Chandra X-Ray Census of the Interacting Binaries In Old Open Clusters—NGC 188*, MNRAS, 481, 3708, 2018

NGC 457

Topasna, G. u. a.: *Interstellar Polarization And Extinction Towards The Open Cluster NGC 457*, PASJ, 129, 104201, 2017

NGC 869/884

Yu, H. u. a.: *Unveiling The Hierarchical Structure of Open Star Clusters: The Perseus Double Cluster*, ApJ, 899, 144, 2020

Zhong, J. u. a.: *Substructure And Halo Population of Double Cluster H and X Persei*, A&A, 624, A34, 2019

NGC 1502

Topsana, G. u. a.: *Interstellar Polarization And Extinction Towards The Young Open Cluster NGC 1502*, A&A, 615, A166, 2018

NGC 1929

Naze, Y. u. a.: *Structure And Dynamics of Candidate O Star Bubbles In N44*, AJ, 124, 3325, 2002

Tsuge, K. u. a.: *Formation of the Active Star-Forming Region LHA 120-N 44 Triggered By Tidally Driven Colliding HI Flows*, ApJ, 871, 44, 2019

NGC 2362

Dahm, S. E.: *The Young Cluster NGC2362*, AJ, 130, 1805, 2005

Sana, H. u. a.: *Southern Massive Stars At High Angular Resolution: Observational Campaign And Companion Detection*, ApJ Supplement Series, 215, 15, 2014

Stickland, D. J.: *Spectroscopic Binary Orbits From Ultraviolet Radial Velocities. Paper 27: Tau Canis Majoris (HD 57061)*, The Observatory, 118, 7, 1998

NGC 2439

Carraro, G.: *The Thickening of the Thin Disk In The Third Galactic Quadrant*, AJ, 149, 12, 2015

NGC 2477

Dias, W. R. u. a.: *The Spiral Pattern Rotation Speed of the Galaxy And The Corotation Radius With Gaia DR2*, MNRAS, 486, 5726, 2019

NGC 6231

Kuhn, M. A. u. a.: *The Structure of the Young Star Cluster NGC 6231. I. Stellar Population*, AJ, 154, 87, 2017

NGC 6633

Randich, S. u. a.: *The Gaia-ESO Survey: Open Clusters In Gaia-DR1*, A&A, 612, A99, 2018

NGC 6791

Martinez-Medina, L. A. u. a.: *New Insights in the Origin and Evolution of the Old, Metal-Rich Open Cluster NGC 6791*, MNRAS, 474, 32, 2018

NGC 6819

Balona, L. A. u. a.: *Kepler observations of the open cluster NGC6819*, MNRAS, 430, 3472, 2013

NASA: *Kepler and K2*, 2021

NGC 6910

Halbedel, E. M.: HDE 229189: *A Variable Ae Star In The Field of NGC 6910*, PASJ, 103, 452, 1991

Kaur, H. u. a.: *Unveiling the Physical Conditions in NGC 6910*, ApJ, Volume 896, 29, 2020

NGC 7789

Bramich, D. M. u. a.: *A Survey For Planetary Transits In The Field of NGC 7789*, MNRAS, 359, 1096, 2005

RIDDLE 4

Bisht, D. u. a.: *Photometric Study of Open Star Clusters In II Quadrant: Teutsch 1 And Riddle 4*, New Astronomy, 42, 66, 2016

SIRIUS UND GAIA 1

Huang, K. und Koposov, S. E.: *Search For Globular Clusters Associated With The Milky Way Dwarf Galaxies Using Gaia DR2*, MNRAS, 500, 986, 2021

Simpson, J. D. u. a.: *Siriusly, a Newly Identified Intermediate-Age Milky Way Stellar Cluster: A Spectroscopic Study of Gaia 1*, MNRAS, 471, 4087, 2017

STOCK 23

MacDonnel, D. J.: *Hommage to Jürgen Stock*, RevMexAA, 25, 73, 2006

TRUMPLER 2

Frolov, V. N. u. a.: *Proper Motions and CCD-Photometry of Stars in the Region of the Open Cluster Trumpler 2*, A&A, 451, 901, 2006

KUGELSTERNHAUFEN

Forbes, D. A., Bridges, T.: *Accreted versus in situ Milky Way globular clusters*, MNRAS, 404, 1203, 2010

ARP-MADORE 1

Holmberg, E. B., u. a.: *ESO/Uppsala survey of the ESO (B) atlas of the southern sky I*, A&A, Suppl. Ser., 18, 463, 1974

Lauberts, A.: *Three Distant Stellar Clusters Found On ESO Blue Survey Plates*, A&A, 52, 309, 1976

Madore, B. F. und Arp, H. C.: *Three New Faint Star Clusters*, ApJ, 227, L103, 1979

Madore, B. F. und Freedman, W. L.: *Photographic, Near-Infrared, and CCD Photometry of the Distant Globular Cluster Am-1*, ApJ, 340, 812, 1989

IC 1276/PALOMAR 7

Barbuy, B. u. a.: *Terzan 3 and IC 1276 (Palomar 7): Two Metal-Rich Bulge Globular Clusters Uncovered*, A&A, 132, 333, 1998

Baumgardt, H. u. a.: *Mean Proper Motions, Space Orbits, And Velocity Dispersion Profiles of Galactic Globular Clusters Derived From Gaia DR2 Data*, MNRAS, 482, 5138, 2019

Baumgardt, H. u. a.: *Accurate distances to Galactic globular clusters through a combination of Gaia EDR3, HST, and literature data*, MNRAS, 505, 5957, 2021

Chaboyer, B. u. a.: *Globular Cluster Ages And The Formation of the Galactic Halo*, ApJ, 459, 558, 1996

M 2

Herschel, W.: *Astronomical Observations Relating to the Sidereal Part of the Heavens, and Ist Connection with the Nebulous Part; Arranged for the Purpose of a Critical Examination*, Philosophical Transactions of the Royal Society of London, 104, 248, 1814

Messier, C.: *Histoire de l'Académie Royale de Sciences Année MDCCLXXI*, p. 436, 1771

M 3

Cadelano, M. u. a.: *An Extremely Low-Mass He White Dwarf Orbiting The Millisecond Pulsar J1342+2822B In The Globular Cluster M3*, ApJ, 875, 25, 2019

M 4

Marino, A. F. u. a.: *Spectroscopic and Photometric Evidence of two Stellar Populations in the Galactic Globular Cluster NGC 6121 (M4)*, A&A, 490, 625, 2008

M 5

Grillmair, C. J.: *Detection of a 50° Long Trailing Tidal Tail For The Globular Cluster M5*, ApJ, 884, 174, 2019

M 9

Alonso-Garcia, J.: *Uncloaking Globular Clusters In The Inner Galaxy*, AJ, 143, 70, 2012

Ferro, A. A. u. a.: *A detailed Census of Variable Stars in the Globular Cluster NGC 6333 (M9) from CCD Differential Photometry*, MNRAS, 434, 1220, 2013

M 10

Denise, L. u. a.: *The Unusual Luminosity Function of the Globular Cluster M10*, ApJ, 628, 729, 2005

Maas, Z. G. u. a.: *Carbon Isotope Ratios In M10 Giants*, ApJ, 878, 43, 2019

M 12

Johnson, C. I. und Pilachowski, C. A.: *A Moderate Sample Size, Multielement Analysis of the Globular Cluster M12 (NGC 6218)*, AJ 132, 6, 2021

M 13

Cordero, M. J. u. a.: *Differences in the Rotational Properties of Multiple Stellar Populations In M13: A Faster Rotation for the 'Extreme' Chemical Subpopulation*, MNRAS, 465, 3515, 2017

M 15

Monelli, M. u. a.: *The Absolute Age of the Globular Cluster M15 Using Near-Infrared Adaptive Optics Images*, ApJ, 812, 25, 2015

M 19

Johnson, C. I. u. a.: *A Spectroscopic Analysis of the Galactic Globular Cluster NGC 6273*, AJ, 150, 63, 2015

Johnson, C. I. u. a.: *A Chemical Composition Survey of the Iron-Complex Globular Cluster NGC 6273 (M19)*, ApJ, 836, 168, 2017

Van den Bergh, S.: *The Flattening of Globular Clusters*, AJ, 135, 1731, 2008

M 22

Kains, N. u. a.: *A Search for Black Hole Microlensing Signatures in Globular Cluster NGC 6656 (M22)*, ApJ, 867, 37, 2018

M 30

Forbes, D. A. und Bridges, T.: *Accreted Versus in Situ Milky Way Globular Clusters*, MNRAS, 404, 1203, 2010

Guhathakurta, P. u. a.: *Globular Cluster Photometry With the Hubble Space Telescope Vii. Color Gradients and Blue Stragglers in the Central Region of M30 (NGC 7099) from WFPC2 Observations*, AJ, 116, 1757, 1998

Howell, J. H. u. a.: *Radial Color Gradient And Main Sequence Mass Segregation in M30 (NGC 7099)*, AJ, 119, 1259, 1999

M 54

Ibata, R. u. a.: *Density And Kinematic Cusps in M54 at the Heart of the Sagittarius Dwarf Galaxy: Evidence For a 104 Msun Black Hole?*, ApJ, 699, L169, 2009

M 56

Bajkova, A. T. u. a.: *Milky Way Subsystems From Globular Clusters Kinematics using Gaia DR2 and HST Data*, ApJ, 895, 69, 2020

Ivanov, V. D. u. a.: *Extending The Red Giant Branch Versus Metallicity Calibration Toward Metal-Poor Systems: Near-Infrared Photometry of the Galactic Globular Clusters M56 And M15*, AJ, 119, 2274, 2000

Watkins, L. L. und Van der Marel, R. P.: *Tycho-Gaia Astrometric Solution Parallaxes and Proper Motions for five Galactic Globular Clusters*, ApJ, 839, 89, 2017

M 71

Hodder, P. J. C. u. a.: *Deep CCD photometry and variable stars in the metal-rich globular cluster M71*, AJ, 103, 460, 1992

Hogg, H.: *A Third Catalogue of Variable Stars in Globular Clusters Comprising 2119 Entries*, Publications Of The David Dunlap Observatory University Of Toronto, Vol. 3, No. 6, 1973

Sawyer, H. B.: *Variable Stars In The Globular Cluster NGC 6838*, AJ, 57, 1604, 1952

Sawyer, H. B.: *Thirty-Eight New Variable Stars In Eleven Globular Clusters*, Journal of the Royal Astronomical Society of Canada, 47, 229, 1953

M 79

Carballo-Bello, J. A. u. a.: *Tails and Streams Around the Galactic Globular Clusters NGC1851, NGC1904, NGC2298 And NGC2808*, MNRAS, 474, 460, 2018

M 80

Wilkinson, S. u. a.: *New Member Candidates of Upper Scorpius From Gaia DR1*, A&A, 618, A12, 2018

M 92

Kamann, S. u. a.: *The Central Dynamics of M3, M13, And M92: Stringent Limits On The Masses of Intermediate-Mass Black Holes?*, A&A, 566, A58, 2014

Thomas, G. F. u. a.: *The Hidden Past of M92: Detection And Characterization of a Newly Formed 17° Long Stellar Stream Using The Canada-France Imaging Survey*, ApJ, 902, 89, 2020

NGC 104

Gratton, R. G. u. a.: *Multiple Populations in Globular Clusters Lessons learned from the Milky Way Globular Clusters*, The A&A Review, 20, 50, 2012

Monelli, M. u. a.: *The Sumo Project I. a Survey of Multiple Populations In Globular Clusters*, MNRAS, 431, 2126, 2013

Mucciarelli, A. u. a.: *The Potassium Abundance in the Globular Clusters NGC104, NGC6752 and NGC6809*, A&A, 600, A104, 2017

Valcarce, A. A. R. und Catelan, M.: *Formation of Multiple Populations In Globular Clusters: Another Possible Scenario*, A&A, 533, A120, 2011

NGC 2298

Carballi-Bello, J. A. u. a.: *Tails and Streams around the Galactic Globular Clusters NGC1851, NGC1904, NGC2298 and NGC2808*, MNRAS, 474, 683, 2017

Clement, C. M.: *NGC2298*, 2021

Monty, S. u. a.: *The Gems/Gsaoi Galactic Globular Cluster Survey (G4Cs). I. a Pilot Study of the Stellar Populations in NGC 2298 and NGC 3201*, ApJ, 865, 160, 2018

Sollima, A.: *The Eye of Gaia On Globular Clusters Structure: Tidal Tails*, MNRAS, 495, 222, 2020

NGC 2419

Antoja, T. u. a.: *An All-Sky Proper-Motion Map of the Sagittarius Stream Using Gaia DR2*, A&A, 635, L3, 2020

Brüns, R. C. und Kroupa, R.: *A new Formation Scenario for the Milky Way Cluster NGC 2419*, ApJ, 729, 69, 2011

Cohen, J. G. u. a.: *The Peculiar Chemical Inventory of NGC 2419, an Extreme Outer Halo Globular Cluster*, ApJ, 740, 60, 2011

Massari, D. u. a.: *The Power of Teaming Up HST and Gaia: The First Proper Motion Measurement of the Distant Cluster NGC 2419*, A&A, 598, L9, 2017

Natali, G. u. a.: *Bvi CCD Surface Photometry of the Globular Cluster NGC 2419*, A&A, 248, 426, 1991

M 53 UND NGC 5053

Boberg, O. M. u. a.: *Chemical Abundances In NGC 5053: A Very Metal-Poor And Dynamically Complex Globular Cluster*, ApJ, 804, 109, 2015

Ngeow, C-C. u. a.: *A Search for Extra-Tidal Rr Lyrae in the Globular Cluster NGC 5024 and NGC 5053*, AJ, 160, 31, 2020

NGC 5139

Johnson, C. I. u. a.: *The Most Metal-Poor Stars in Omega Centauri (NGC 5139)*, AJ, 159, 25, 2020

NGC 5466

Beccari, G. u. a.: *Deep Multi-Telescope Photometry of NGC 5466. Ii. The Radial Behavior of the Mass Function Slope*, AJ, 814, 14, 2015

Sahu, S. u. a.: *Detection of a White Dwarf Companion To a Blue Straggler Star In The Outskirts of Globular Cluster NGC 5466 With The Ultraviolet Imaging Telescope (Uvit)*, AJ, 876, 34, 2019

NGC 5986

Johnson, C. u. a.: *Chemical Complexity in the Eu-enhanced Monometallic Globular NGC 5986*, ApJ, 842, 24, 2017

Lanzoni, R. u. a.: *The ESO Multi-Instrument Kinematic Survey (MIKIS) of Galactic Globular Clusters: Solid-Body Rotation And Anomalous Velocity Dispersion Profile In NGC 5986*, ApJ, 865, 11, 2018

Shapley, H. und Sawyer, H. B.: A Classification of Globular Clusters, Harvard College Observatory Bulletin, 849, 1, 1927

NGC 6229

Ferro, A. A. u. a: *Revisiting the Variable Star Population in NGC 6229 and the structure of the horizontal branch*, MNRAS, 452, 727, 2015

Khamidullina, D. A.: *Chemical Abundances In The Globular Clusters NGC 6229 And NGC 6779*, Astrophysical Bulletin, 69, 09, 2014

NGC 6366

Hingley, P. D.: *The first photographic Eclipse*, Astronomy and Geophysics, 42, 1.18, 2001

N.N: *Obituary Notices : Associates :- Winnecke, Friedrich August Theodor*, MNRAS, 58, 155, 1898

NGC 6712

Deras, D. u. a.: *NGC 6712: The Variable Star Population of a Tidally Disrupted Globular Cluster*, MNRAS, 493, 1996, 2020

Paltrinieri, u. a.: *VLT Observations of the Peculiar Globular Cluster NGC 6712. Iii. The Evolved Stellar Population*, AJ, 121, 3114, 2001

Rimvydas, J. und Smriglio, F.: *Interstellar Reddening In The Direction of the Globular Cluster NGC6712*, Baltic Astronomy, 1, 430, 1992

NGC 6752

Renzini, A. u. a.: *The White Dwarf Distance To The Globular Cluster NGC 6752 (And Its Age) With The Hubble Space Telescope*, ApJ, 465, L23, 1996

Souza, S. O. u. a.: *Self-Consistent Analysis of Stellar Clusters: an Application To HST Data of the Halo Globular Cluster NGC 6752*, AJ, 890, 38, 2020

NGC 6934

Dinescu, D. I. u. a.: *Orbits of Globular Clusters In The Outer Galaxy: NGC 7006*, AJ, 122, 1916, 2001

Marino, A. F. u. a.: *Metallicity Variations In The Type II Globular Cluster NGC 6934*, ApJ, 859, 81, 2018

NGC 7006

Saviane, I. u. a.: *Homogeneous Metallicities And Radial Velocities For Galactic Globular Clusters*, A&A, 540, A27, 2012

PALOMAR 5

Bonaca, A. u. a.: *Variations In The Width, Density, And Direction of the Palomar 5 Tidal Tails*, ApJ, 889, 70, 2020

Koch, A. und Cote, P.: *Galactic Pal-Eontology: Abundance Analysis of the Disrupting Globular Cluster Palomar 5*, A&A, 601, A41, 2017

Starkman, N. u. a.: *An Extended Pal 5 Stream In Gaia DR2*, MNRAS, 493, 4978, 2020

PALOMAR 10

Bonatto. C. u. a.: *Mapping The Differential Reddening In Globular Clusters*, 435, 263, 2013

Kaisler, D. u. a.: *Palomar 10 and NGC 6749: A Study In Contrasts*, PASP, 109, 920, 1997

EXOTISCHE NEBEL

ABELL 35

German Astrophysical Virtual Observatory: *TMAD*, 2022

Löbling L, u. a.: *First Discovery of Trans-Iron Elements In a Dao-Type White Dwarf (Bd-22 3467)*, MNRAS, 492, 528, 2020

Werner K., u. a.: *An extremely hot white dwarf with a rapidly rotating K-type subgiant companion: UCAC2 46706450*, A&A, 642, A228, 2020

CED 155

Schaefer, B. E.: *Sudden And Steady Orbital Period Changes Across The Classical Nova Eruptions of Dq Her And Bt Mon*, MNRAS, 492, 332, 2020

IC 2220

Ohnaka, K. u. a.: *Infrared Interferometric Imaging of the Compact Dust Disk Around The AGB Star HR3126 With The Bipolar Toby Jug Nebula*, A&A, 643, A175, 2020

IC 349

Barentine, J., Esquerdo, G. A.: *Barnard's Merope Nebula (IC 349): an Interstellar Interloper*, ApJ, 117, 1402, 1999

Herbig, G. H., Simon, T.: *Barnard's Merope Nebula Revisited: New Observational Results*, AJ, 121, 3138, 2001

NGC 2359

Rizzo, J. R. u. a.: *Shocked Gas Layers Surrounding The Wr Nebula NGC2359*, A&A, 411, 465, 2003

NGC 3199

Toala, J. A. u. a.: *Hot Gas In The Wolf-Rayet Nebula NGC 3199*, ApJ, 846, 76, 2017

NGC 6164/6165

Mahy, L. u. a.: *Evolutionary Status of the Of?P Star HD 148937 And of Its Surrounding Nebula NGC 6164/5*, A&A, 599, A61, 2017

Wade, G. A. u. a.: *A Remarkable Change of the Spectrum of the Magnetic Of?P Star HD 148937 Reveals Evidence of an Eccentric, High-Mass Binary*, MNRAS, 483, 2581, 2019

OU 4

Corradi, R. L. M. u. a.: *Gas Physical Conditions And Kinematics of the Giant Outflow Ou4*, A&A, 570, A105, 2014

P CYGNI

Mizumoto, M. u. a.: *A Newly Identified Emission-Line Region Around P Cygni*, MNRAS, 481, 793, 2018

Templeton, M.: *P-Cygni*, 2021

SH2-80

Toala, J. A. u. a.: *On The Apparent Absence of Wolf–Rayet+Neutron Star Systems: The Curious Case of WR124*, ApJ, 869, L11, 2018

SH2-174

Guerrero, M. A., De Marco, O.: *Analysis of Far-UV Data of Central Stars of Planetary Nebulae: Occurrence And Variability of Stellar Winds*, A&A, 553, A126, 2013

Ransom, R. R. u. a.: *The Emission Nebula Sh2-174: A Radio Investigation of the Surrounding Region*, ApJ, 799, 198, 2013

SH2-308

Koenigsberger, G. und Schmutz, W.: *The Nature of the Companion In The Wolf-Rayet System Ez Canis Majoris*, A&A, 639, A18, 2020

V838 MON

Ortiz-Leon, G. u. a.: *SiO Maser Astrometry of the Red Transient V838 Monocerotis*, A&A, 638, A17, 2020

WR 102

Prajapati, P. u. a.: *Investigating Particle Acceleration In The Wolf-Rayet Bubble G2.4+1.4*, ApJ Letters, 884, L49, 2019

Toala, J. A. u. a.: *Wise Morphological Study of Wolf-Rayet Nebulae*, A&A, 578, A66, 2019

Tramper, F. u. a.: *A New Prescription For The Mass-Loss Rates of WC And WO Stars*, ApJ, 833, 133, 2016

WR 134

Morel, T. u. a.: *A 2.3 Day Periodic Variability In The Apparently Single Wolf-Rayet Star WR 134: Collapsed Companion Or Rotational Modulation?*, ApJ, 518, 428, 1999

Rustamov, D. N. und Cherepashchuk, A. M.: *Spectral And Photometric Studies of the Wolf-Rayet Star WR 134 = HD 191765*, Astronomy Reports, 56, 761, 2012

IMPRESSUM

Umschlaggestaltung von Büro Jorge Schmidt, München, unter Verwendung von einer Aufnahme von Stefan Binnewies und Rainer Sparenberg auf der Vorderseite und einer Aufnahme von Makis Palaiologou, Stefan Binnewies und Josef Pöpsel auf der Rückseite.

Mit 344 Farb- und Schwarzweißfotos, 13 Zeichnungen von Agathe Schmid-König, einem Rendering von Anton König (S. 33) und zwei Sternkarten von Sven Melchert/Kosmos (Vor- und Nachsatz).

Unser gesamtes Programm finden Sie unter **kosmos.de**. Über Neuigkeiten informieren Sie regelmäßig unsere Newsletter, einfach anmelden unter **kosmos.de/newsletter**

MIX Papier | Fördert gute Waldnutzung FSC® C004592

Gedruckt auf chlorfrei gebleichtem Papier

ISBN 978-3-440-16934-6
Redaktion: Dr. Gunnar Radons, Sven Melchert, Michael Geymeier
Gestaltung und Satz: CDN Media, Klaus Numberger
Produktion: Ralf Paucke
Druck und Bindung: FIRMENGRUPPE APPL, aprinta Druck, Wemding
Printed in Germany/Imprimé en Allemagne

NGC 2633
M 97
PuWe 1
NGC 1502
HFG 1
HDW 2
IC 1805
HBH 3
Stock 23
WeBo 1
Ridd
Tr. 2
NGC 869/884
LBN 696
King 7
Sh2-216
Melotte 20
M 34
NGC 2419
M 38
IC 405
IC 417
NGC 1499
NGC 1342
NGC 1333
NGC 1514
S 147
vdB 29
LDN 1495
M 45
IC 349
M 35
IC 443
M 1
V1025 Tau
NGC 1555
Sh2-239
Hyaden
NGC 2392
M 44
IC 2162
M 67
Abell 31
NGC 2264
Sh2-264
EGB 9
Mon-SNR
NGC 2246
Abell 24
LDN 1622
V1647 Ori
IC 423/426
M 78
Barnards Loop
IC 434
IC 2118
M 42
V838 Mon
PFP 1
NGC 1999
NGC 1788
IC 2177
PN G218.9-11.7
NGC 2438
NGC 2359
M 47
Abell 7
Gaia 1
M 46
NGC 2440
NGC 3242
NGC 2362
Sh2-308
M 79
NGC 1360
NGC 2439
Haffner 15
NGC 2818
NGC 2298
NGC 3132
NGC 2477
Gum-Nebel
Longmore 5
Sandqvist 103
Arp-Madore 1
BHR 37
NGC 3699
NGC 3572
NGC 3372
NGC 3293
NGC 2899
NGC 3199
IC 2220
Eta Car
NGC 3582
IC 2944
NGC 2070
NGC 1929